Inge Keil

Augustanus Opticus

Institut für Europäische Kulturgeschichte
der Universität Augsburg

Colloquia Augustana Band 12

Herausgegeben von
Johannes Burkhardt und Theo Stammen

Inge Keil

Augustanus Opticus

Johann Wiesel (1583–1662) und 200 Jahre optisches Handwerk in Augsburg

THEORIA CUM PRAXI

Akademie Verlag

Gedruckt mit Unterstützung der Stadt Augsburg und der Bayerischen Einigung e. V.

Die Deutsche Bibliothek – CIP-Einheitsaufnahme

Keil, Inge:
Augustanus Opticus : Johann Wiesel (1583–1662) und 200 Jahre optisches Handwerk in Augsburg / Inge Keil. – Berlin : Akad. Verl., 2000
(Colloquia Augustana ; Bd. 12)
ISBN 3-05-003444-0

ISSN 0946-9044

Der Akademie Verlag ist ein Unternehmen der Oldenbourg-Verlagsgruppe

Das eingesetzte Papier ist alterungsbeständig nach DIN/ISO 9706.

Druck: Druckhaus „Thomas Müntzer“ GmbH, Bad Langensalza
Bindung: Norbert Klotz, Jettingen Scheppach

Printed in the Federal Republic of Germany

Vorwort

Daß ein kulturhistorisches Institut eine Monographie zur Geschichte der Naturwissenschaften und Technologie vorlegt, mag auf den ersten Blick erstaunen. Denn in der heutigen Wissenschaftslandschaft sind die kulturwissenschaftlichen Disziplinen weit von den Naturwissenschaften abgerückt und haben sich die jeweiligen Forschungsaktivitäten nebst den ihnen zugrundeliegenden Methoden nahezu vollständig entflochten. Bei näherem Zusehen erweist sich indessen, daß diese Unterschiedlichkeit einerseits selbst historisch bedingt ist und vor allem in der Frühen Neuzeit so noch nicht gegeben war, andererseits ihre Überwindung, die erneute Zusammenführung der beiden Kulturen, zu den wichtigsten Anliegen heutiger historischer Kulturwissenschaft zählt.

Bis weit in die Frühe Neuzeit hinein begegnen wir in demjenigen Bereich der Kulturgeschichte, der als deren Zentralbereich gilt, also der Kunst, immer wieder genialen Menschen, die zugleich als bahnbrechende Naturwissenschaftler und Techniker wirkten; Leonardo da Vinci (1452 - 1519) ist nur ein einziges, wenngleich besonders eindrucksvolles Beispiel. Auch unterhalb ihrer Ebene, bei zahllosen kleinen Künstlern, lassen sich vielfach gleichzeitige handwerklich-technische Betätigungen und innovative Leistungen feststellen. Diese parallele Aktivität in heute strikt getrennten Bereichen beruhte offenbar nicht nur auf vergleichbaren Grundqualifikationen, vom wachen Realitätsblick über Phantasie und Experimentierfreude bis zur Ausdauer und handwerklichen Disziplin. Sie entsprang vielmehr auch einem gleichen Motivationskomplex, nämlich die wahrnehmbare, gegebene Welt besser verstehen zu können, zu erfassen, zu vervollkommnen oder gar überwinden zu wollen, und wurde durch die Entwicklung und Anwendung gleicher oder zumindest verwandter Methoden ermöglicht. Die Mischung der Farben zur Erzielung eines bestimmten, künstlerisch geforderten Farbtons verschaffte dem Maler unausweichlich chemische Kenntnisse, über die andere möglicherweise noch nicht verfügten. Aus dem künstlerischen Konzept, Menschen die Fähigkeit des Fliegens zu verleihen, um sie die Welt phantasievoll von oben betrachten zu lassen, konnte leicht Experimentieren mit künstlichen Flügeln oder Fluggeräten erwachsen. Das deutsche Adjektiv „künstlich“ hat sich diese doppelte oder besser: einheitliche Bedeutung des Künstlerischen und des naturüberwindend Künstlichen noch weit bis ins 19. Jahrhundert hinein bewahrt.

Die lange gemeinsame Geschichte von Kultur/Kunst und Naturwissenschaft/ Technik konstituiert sich jedoch keineswegs nur aus gemeinsamen Perspektiven und Methoden. Vielmehr stellen viel grundsätzlicher und in einem weiteren Verständnis ihre jeweiligen Hervorbringungen auch zugleich die Bedingungen ihrer jeweiligen Existenz dar. Eindeutig wird diese gegenseitige Bedingtheit, wenn man Kultur als Gesamtkomplex aller menschlichen Wahrnehmung, Sinnzuschreibung, Wertung und entsprechender Praxis auffasst. Denn diese Erkenntnis gehört mittlerweile zum Basiswissen unserer Zeit: naturwissenschaftlich-technische Entwicklung ist nach Geschwindigkeit, Umfang und Qualität stets kulturabhängig, und die naturwissenschaftlich-technische Entwicklung einer Gesellschaft hat unabdingbar bestimmte Kulturphänomene zur Folge.

Auch wenn bereits die Erkenntnis dieses unaufhebbaren Wirkungsverhältnisses und damit der grundsätzlichen Verflochtenheit von Kulturgeschichte und Geschichte der Naturwissenschaft und Technik die Aufnahme des vorliegenden Werkes in die Publikationsreihe des Instituts für Europäische Kulturgeschichte rechtfertigt, so gibt es noch einen besonderen Grund. Was historisch vorliegt und in dieser Monographie erstmals akribisch untersucht wird, ist eine bislang kaum bekannte Verknüpfung von Augsburger Leistungen mit der europäischen Entwicklung. Obwohl die Hauptperson, um die es in der nachfolgenden Darstellung geht, mit der Signatur Augustanus Opticus ihre Stadtzugehörigkeit betonte, handelte es sich um einen zeitgenössisch europaweit bekannten und vernetzten Erfinder und Hersteller fortgeschrittener optischer Technologie. Für eine bestimmte Phase stellten Geräte aus Augsburger Fertigung weltweit führende Spitzenprodukte dar, stand also die oberdeutsche Reichsstadt und Zentrale süd-mitteleuropäischen Austauschs auch in dieser Hinsicht im Mittelpunkt der einschlägigen Welt – das ist ein Befund, an dem nicht länger vorbeigegangen werden kann.

Es wird eigener, besonderer Anstrengungen bedürfen, um die allgemeineren kulturgeschichtlichen Voraussetzungen und Konsequenzen dieses Beitrags Augsburgs zur Geschichte der Naturwissenschaften und Technologie – und damit der Kultur im Ganzen – näher auszuleuchten. Mit der vorliegenden Pionierarbeit ist jedoch die unerläßliche Basis für derartige weiterführende Anstrengungen geschaffen. Die Autorin, die sich die Grundlagen ihrer Forschungstätigkeit selbst erarbeitete und als Expertin ihres Gebiets mittlerweile internationale Anerkennung genießt, hat eine außergewöhnliche Rekonstruktionsleistung vollbracht. Ihre Darstellung ist dreigeteilt. Im ersten Teil wird ein kompakter Überblick über die Voraussetzungen optischen Schaffens im Augsburg des beginnenden 17. Jahrhunderts geboten. Der zweite Teil ist detailliert den Persönlichkeiten und Schicksalen der Augsburger Optiker des frühen 17. bis zur Mitte des 19. Jahrhunderts gewidmet, wobei die Gründerfigur, Johann Wiesel, im Vordergrund steht. Im dritten Teil werden in akribischer Rekonstruktion die von Wiesel gefertigten Instrumente zusammengestellt, die – soweit sie überhaupt erhalten sind – heute an ganz unterschiedlichem Ort aufbewahrt werden. Die Abbildungen und die Textdokumentationen des Anhangs illustrieren nicht nur die Darstellung, sondern bieten auch wertvolle Ansätze für weitere Forschungen.

Das Institut fühlt sich der Verfasserin zu großem Dank verpflichtet. Wir freuen uns, daß wir diesen gewichtigen Beitrag gemeinsam auf den Weg bringen können.

Augsburg, im Frühjahr 1999 Wolfgang E. J. Weber

Inhaltsverzeichnis

Einführung: Grundlagen, Ziele und Aufbau der Untersuchung 11

I. Leben und Wissenschaft in Augsburg um 1600 19

1. Soziale, wirtschaftliche und kirchliche Verhältnisse 21
2. Zur Geschichte und Situation der Naturwissenschaften 26

II. *Perspectivmacher, Optici* und ihre Werkstätten 39

1. Johann Wiesel Augustanus Opticus (1583-1662)

1.1 Herkunft und Beginn in Augsburg 41
1.2 Das optische Handwerk um 1620 47
1.3 Schwere Zeiten 50
1.4 Familiäre Veränderungen 60
1.5 Opticus – I · W · A · O 63
1.6 Anton Maria Schyrleus de Rheita und das Erdfernrohr 66
1.7 Wiesels zweite Heirat. Aufstieg in die Kaufleutestube 70
1.8 Die letzten Kriegsjahre und der Friede 73
1.9 Arbeiten nach 1648 76
Optische Instrumente 76
Podagrischer Spiritus 82
Lackarbeiten 84
1.10 Ruhm und Nachruhm 86
Ehrungen 86
Zechpfleger bei Evangelisch Heilig Kreuz 88
Wiesels Porträt und Tod 89
Wiesel in der zeitgenössischen Literatur 93

2. Transfer von Wissen und Instrumenten

2.1 Johann Wiesel im Netzwerk der europäischen Kommunikation 99
2.2 Der Kundenkreis und seine Belieferung 105

3. Europäische Beziehungen

3.1 Skandinavien 114
3.2 Italien und Frankreich 118
3.3 England – Hartlib – Moriaen 123
3.4 Danzig – Hevelius 138
3.5 Die Niederlande – Huygens 147
3.6 Zusammenfassung 150

4. Daniel Depiere (+1682)

4.1 Familiäre Situation 151
4.2 Depieres Arbeiten 156
4.3 Das Verzeichnis von 1674 160

5. Cosmus Conrad Cuno (1652-1745)

5.1 Erste Jahre in Augsburg 162
5.2 Cunos erster Druck über seine Mikroskope 1685 165
5.3 Das Porträt 169
5.4 Familiäre Situation 170
5.5 Cunos Sammlung und sein Stammbuch 173
5.6 Weitere Drucke 178
C.C.Cuno Observationes ... 1734 178
Sonstige Schriften 181
5.7 Zusammenfassung: Der Werkstattbetrieb von Depiere und Cuno 184

6. Weitere Augsburger Optiker

6.1 (Bernhard ?) Knauss 186
6.2 Johann Philipp Treffler 187
6.3 Beuthers Bericht (um 1740) 189
6.4 Bemerkungen zu G.F. Brander, C.K. Höschel und J.L. Späth 191
6.5 Anton Andreas Schwaiger 197

7. Das optische Handwerk außerhalb Augsburgs

7.1 Zeitgenössische Optiker im deutschsprachigen Raum 199
7.2 Europäische Optiker des 17. Jahrhunderts 211

III. Optische Instrumente 217

1. Rohstoffe und ihre Bearbeitung

1.1 Das Glas 220
1.2 Metalle 238
1.3 Pappe und Papiere, Pergament und Leder 239
1.4 Horn und Bein 243
1.5 Zusammenfassung 246

2. Brillen und andere Sehhilfen

2.1 Die Lage des Brillenhandwerks um 1620 247
2.2 Wiesels Brillen 249
2.3 Das Vergrößerungsglas für Johann Valentin Andreae 253
2.4 *Perspectivröhrlein* – monokular und binokular 255
2.5 Starbrillen 258
2.6 Schießbrillen und Geschützkästlein 262
2.7 Kunden 264
2.8 Die verschiedenen Arten von Wiesels Sehhilfen 266

3. Fernrohre

3.1 Frühgeschichte (etwa bis 1620) 267
3.2 Wiesels Fernrohre von 1621 bis etwa 1642 278
3.3 Das Erdfernrohr 282
3.4 Wiesels Fernrohr-Preisliste 291
3.5 Beschreibung einzelner Fernrohre mit zusammengesetztem Okular 295
3.6 Binokulare Fernrohre 306

4. Mikroskope

4.1 Das Schraubgewinde an den Flohgläsern 308
4.2 Zusammengesetzte Mikroskope 312
Feldlinse und Schraubgewinde 313
Wiesels Beschreibungen 315
Objekthalter und Beleuchtung 319
Der Nachbau in Leiden 1954 321
4.3 Beobachtungen und Zeichnungen 323
4.4 Depieres Mikroskope 329
4.5 Die 'einfachen' Mikroskope von C.C. Cuno 334

5. Andere optische Instrumente

5.1 Brenngeräte und Laternen 344
5.2 Die Camera obscura 350
5.3 Ophthalmoscopium und Tubus anatomicus 355
5.4 Das Polemoscopium 361
5.5 Optische Spielereien und Vergnügungen 365
Vexierbrillen, Anamorphosen und anderes 365
Die Laterna magica und der Guckkasten 366

Nachwort 369
Summary 371
Abbildungen 389

IV. Anhang 421

A.1 Texte der Produktionsverzeichnisse im Wortlaut 423
A.2 Instrumente von Wiesel, Depiere und Cuno 435
A.3 Briefe von und an Wiesel bzw. Depiere 447
A.4 Zeittafeln 479

Abbildungsverzeichnis 484
Abkürzungsverzeichnis 485
Quellen- und Literaturverzeichnis 487
Museen 531

Register der Orts- und Personennamen 534
Abbildungsnachweis 550

Einführung

Grundlagen, Ziele und Aufbau der Untersuchung

> *Von allen diesen verdienten Männern findet man nichts in Ansehung ihrer Lebens-Umstände. Mahler und Ihre Kunst-Genoßen, sind darinn noch immer glücklicher gewesen, daß man ihrer gedacht hat, als Mechanische Künstler, obwohlen es diese eben so würdig gewesen wären.*
>
> Paul von Stetten d. J. 1765

Kein geringerer als einer der letzten beiden Stadtpfleger der Freien Reichsstadt Augsburg, Paul von Stetten d.J.(1731-1808) traf diese Feststellung in seinen 'Erläuterungen der in Kupfer gestochenen Vorstellungen aus der Geschichte der Reichsstadt Augsburg'.[1] Der exzellente Stadthistoriograph versuchte zwar diese Lücke in der Augsburger Geschichtsschreibung zu schließen: In den Jahren 1779 bis 1788 erschienen die beiden Bände seiner berühmten 'Kunst-, Gewerb-, und Handwerksgeschichte der Reichsstadt Augsburg', worin er zu den 'Mechanischen Künstlern' auch die optischen Handwerker zählte. Allerdings blieben seine Informationen zu dieser spezifischen Gruppe ziemlich spärlich, auch wenn sie eine gute Grundlage für weitere Forschungen boten.[2] Optische Instrumente des 17. Jahrhunderts aus Augsburg sind kaum erhalten. Aus diesem Grund fielen die frühen Optiker nahezu völligem Vergessen anheim. Mit dieser Studie über Johann Wiesel (1583-1662) und dessen Nachfolger soll nicht nur eine Lücke in der Handwerksgeschichte von Augsburg geschlossen, sondern auch ein Beitrag zur Frühgeschichte der optischen Instrumente erbracht werden.

In der frühen Neuzeit lebten in Augsburg Uhrmacher und Feinmechaniker, deren Uhren, Automaten, Sonnenuhren und wissenschaftliche Instrumente wie Zirkel, astronomische Bestecke, Geräte für Artillerie und Feldmessung, Armillarsphären, Globen u.a. in alle Welt gingen. Vieles davon findet man heute in den Museen Europas und Nordamerikas. Die kleinen tragbaren Sonnenuhren waren geradezu ein Exportschlager. Sie bildeten eine gute Ergänzung zu den vielen

[1] Stetten: Erläuterungen S. 174.

[2] Stetten: Kunst u. Handwerksgeschichte Bd. 1. S. 169f. u. 173.

kunstvollen Uhren, die Augsburgs Werkstätten verließen, benötigte man sie doch noch bis zum 19. Jahrhundert für die Korrektur der noch ungenau gehenden Räderuhren.[3] Sie enthielten einen Kompaß zur Ausrichtung nach Norden, weshalb man ihre Hersteller, wie die Instrumentenmacher überhaupt, 'Kompaßmacher' nannte. Nur der herausragendste unter ihnen, Christoph Schißler d.Ä. (um 1531-1608) bezeichnete sich als 'geometrischen und astronomischen Werkmeister'. Georg Friedrich Brander (1713-1783), der mit seinen vielfältigen Instrumenten Augsburg im 18.Jahrhundert noch einmal an die Spitze des deutschen Instrumentenbaus führen sollte, nannte sich 'Mechanikus'. Diese Kunsthandwerker, von Schißler und seinen Zeitgenossen bis hin zu Brander und seinem Schwiegersohn Christoph Kaspar Höschel (1744-1820), sind durch die Bücher von Maximilian Bobinger hervorragend dokumentiert. Auch über die wichtigsten Kunstuhrmacher des 16. und 17. Jahrhunderts hat Bobinger berichtet.[4] Eine zusätzliche, ausführliche Dokumentation von Leben und Werk Branders und Höschels wurde 1983 im Deutschen Museum in München erstellt.[5]

Völlig in Vergessenheit geraten war aber, daß Augsburg bereits im 17. Jahrhundert eine berühmte optische Werkstatt besaß.

> *Was sonsten den Tubum betrifft, den mein Herr allhier von Dantzig aus begehrt, so kann ich dem Herrn hiemit berichten, daß auch nicht ein einziges gutes telescopium allhier zu kaufen sey, denn sie nicht gemacht werden, man muß sie, wo man sie nicht selbsten machen kann, in Niederland, von Rom oder Augsburg suchen,*

schrieb 1661 der Astronom Johannes Hevelius (1611-1687) in Danzig.[6] Johann Wiesel, der Gründer der Augsburger Werkstatt, wurde mit seinen erst kurz zuvor in Holland erfundenen optischen Instrumenten wie Fernrohr und Mikroskop als 'Augustanus Opticus', wie er seine Instrumente in späteren Jahren signierte, in ganz Europa bekannt. Er fand nach seinem Tod in Daniel Depiere und Cosmus Conrad Cuno geschickte Nachfolger, die sich vor allem auf den Bau von Mikroskopen spezialisierten. Weil auch Brander und Höschel optische Instrumente aller Art bauten – Brander verfertigte unter anderem 1737 das erste Spiegelteleskop in Deutschland – können wir in Augsburg auf zweihundert Jahre hoher optischer Handwerkskunst zurückblicken.

Bei der Suche nach Quellen für einen Beitrag zu der Festschrift zum 450-jährigen Jubiläum des Augsburger Gymnasiums bei St. Anna[7] stieß ich in Ernst

---

3 Bachmann: Sonnenuhren als Eichinstrumente.

4 siehe Literaturverzeichnis. Maximilian Bobinger (1895-1973) war Mathematiker und Direktor des Maria-Theresia-Gymnasiums in Augsburg. Mit optischen Instrumenten hat er sich nicht näher beschäftigt, was auch aus seinem Nachlaß im Stadtarchiv Augsburg hervorgeht.

5 Brachner: Brander.

6 Observatoire Paris. Correspondance Hevelius C 1. t. 5 S. 668. 5.7.1661 J. Hevel an G. Rabener.

7 Keil/Keil: Astronomie am Gymnasium bei St. Anna. 1981.

Zinners 'Instrumente' zum ersten Mal auf den Namen von Johann Wiesel.[8] Er war einer der ersten kommerziellen Fernrohrbauer des 17. Jahrhunderts. Deshalb war die Frage naheliegend: Hatte man in Augsburg seine Fernrohre zu astronomischen Beobachtungen benützt? Das Gymnasium besaß ja seit 1613 auf dem Turm der benachbarten Stadtbibliothek eine Sternwarte. In der kurzen Zeit, die bis zum Schuljubiläum zur Verfügung stand, konnte diese Frage nicht geklärt werden. Zwei Jahre später veröffentlichte Dr. Alfons Thewes in Oldenburg eine Biographie des Kapuziners Anton Maria Schyrleus de Rheita (1604-1659/60), die den endgültigen Anstoß zu meinen Forschungen über Wiesel gab. Von Rheita, der sich vor allem in den Jahren nach 1640 mit dem Fernrohrbau beschäftigte, schienen etliche Fäden zu Wiesel zu führen. Sein umfangreiches Buch 'Oculus Enoch et Eliae', das 1645 in Antwerpen erschien und das damalige Weltbild behandelte, enthielt ein Kapitel über den Fernrohrbau, in dem Rheita ausdrücklich auf Wiesel als äußerst erfahrenen 'Opticus' hinwies.[9]

Um 1983 lagen eine Reihe von Übersichtsarbeiten zur Geschichte der optischen Instrumente[10] wie auch zur Geschichte der Brille und der Augenheilkunde vor.[11] Auch über die Glasherstellung war einiges zu finden.[12] Die Augsburger Optiker wurden nur selten erwähnt. Zu anderen Optikern des 17. Jahrhunderts standen z.B. die Arbeiten von Maria Habacher über den Wiener Hof, Hubert de Martin über Griendel von Ach (um 1631-1687) und L.C. Palm und H.A.M. Snelders über Antoni Leeuwenhoek (1632-1723) zur Verfügung.[13]

1916 hatte Max Engelmann über Depieres Mikroskop in der Dresdner Kunstkammer berichtet. Armin Geus hatte 1976 einen Neudruck von Cunos mikroskopischen Beobachtungen herausgegeben, dem 1978 einige Arbeiten von Gerhard Müller über Cunos ersten Bericht von seinen Mikroskopen folgten.

Als ich mit meinen Nachforschungen begann, war nichts über die persönlichen Lebensumstände Wiesels und seiner Nachfolger bekannt, nichts über die Zeit vor 1644, nichts über Wiesels Tätigkeit als Brillenmacher und Hersteller von augendiagnostischen Geräten, nichts genaues über die Einführung der Feldlinse im Mikroskop und wenig über die weitgefächerte Produktion des Optikers und seine geschäftlichen Beziehungen im In- und Ausland. Depieres Verzeichnis war unbe-

---

8 Zinner: Instrumente. S. 585: Fünf Zeilen, die das damalige mangelhafte Wissen über Wiesel zeigen.

9 Thewes: Oculus Enoch ... 1983. Weitere Arbeiten von Thewes zu Rheita im Literaturverzeichnis.

10 z.B. von Rohr 1918 u. 1938; Daumas 1953; Fernrohr: King 1955; Riekher 1.Auflage 1956; Mikroskop: Harting 1859; Mayall 1886; Petri 1896; Clay/Court 1932; Rooseboom 1967; Zingg 1973; G.L'E.Turner 1979 u.1981; Camera Obscura: Hammond 1981.

11 z.B. Greeff, Pflugk, verschiedene Arbeiten von Moritz v.Rohr; Hirschberg ; Münchow 1983.

12 z.B. Lobmeyer 1874; Vopelius 1895; Von Rohr: Zur Geschichte des optischen Glases 1917; Hudig 1923; Schulz 1928; Duncan 1960; Douglas/Frank 1972; Godfrey 1975.

13 Habacher 1960; Martin 1970; Palm/Snelders 1982.

kannt und Cunos Mikroskope wurden mit Ausnahme von Geus und Müller nur am Rande erwähnt. Damit sind die Ziele der Arbeit umrissen, das Leben und Wirken des bedeutenden Optikers Johann Wiesel und seiner Nachfolger in Augsburg aufzuhellen, aber auch ihre Arbeiten in das nationale und internationale Umfeld einzuordnen und Wechselwirkungen aufzuzeigen.

Erste Spuren von Wiesels Tätigkeit konnte ich in Paul von Stettens oben erwähnter Handwerksgeschichte finden.[14] Die historischen Schriften des Jenaer Optikers Moritz von Rohr (1868-1940) brachten Hinweise auf Wiesels Porträt und seine Fernrohrpreisliste. Maria Rooseboom zitierte 1967 in ihrer Mikroskopgeschichte Christiaan Huygens (1629-1695), der Instrumente von Wiesel untersucht hatte. Aus der neueren Zeit sind die Arbeiten der amerikanischen Wissenschaftshistoriker Silvio A. Bedini, Washington, und Albert Van Helden, Houston, zu nennen. Bedini hatte zwischen 1963 und 1971 einige umfassende Aufsätze über frühe, vor allem italienische optische Instrumente und ihre Herstellung veröffentlicht. Van Helden hatte seit 1974 über die Erfindung des Fernrohrs und seine weitere Entwicklung geschrieben, wobei er auf Wiesels Anteil beim Bau des zusammengesetzten Okulars einging und den Verkauf von Fernrohren nach England und nach Bologna (Riccioli) belegte. Beide Wissenschaftler standen mit dem Stadtarchiv Augsburg in Verbindung.

In den ersten Jahren meiner Forschungen erschienen die letzten Bände des Mersenne-Briefwechsels und Auszüge aus dem Briefwechsel von Philipp Hainhofer (1578-1647) mit Herzog August dem Jüngeren von Braunschweig-Lüneburg (1579-1666). Seitdem sind zahlreiche einschlägige Arbeiten gedruckt worden, darunter einige sehr wichtige, z.B. seit 1986 die Arbeiten von Carlos Gilly, Julian Paulus und Günther Hoppe über den Augsburger Arzt Carl (Carolus) Widemann (1555-1637), einen frühen Förderer Wiesels, und 1988 von Hans Remky über die ersten Versuche zum Augenspiegel, 1985 bis 1992 die Aufsätze von Allen Simpson, Edinburgh, über den englischen Zeitgenossen Wiesels, den Optiker Richard Reeve (+1666), oder 1989 von Marian Fournier über die Mikroskopentwürfe von Huygens und 1991 ihr Buch über die frühen Mikroskopiker, 1997 Peter de Clercqs Buch über die Musschenbroek-Werkstatt in Leiden. 1990 erschien Wolfgang Jaegers Vortrag über die Begründung der physiologischen Optik im 17. Jahrhundert und 1995 Rolf Willachs Aufsatz über Rheitas 'Oculus Enoch'. Neuere Beiträge zur Geschichte des Buntpapiers, vor allem 1992 und 1995 von Nedim Sönmez, seien erwähnt. 1997 machte mir Frau Dr. Anita McConnell ihre noch unveröffentlichte Arbeit zur Geschichte des englischen Glases zugänglich und ebenso John Young seine Dissertation über Johann Moriaen (1591- ca.1668), den Mittelsmann zwischen Wiesel und dem Hartlib-Kreis in England, wofür ich beiden ganz herzlich danken möchte.

[14] Stetten: Kunst u. Handwerksgeschichte Bd. 1. S. 169f.

Profundes Hintergrundwissen lieferten die Mikroskopgeschichte von Wolfgang Gloede von 1986 und die 1990 erschienene, erweiterte Neuauflage von Rolf Riekhers 'Fernrohre und ihre Meister', in die er bereits einige Informationen über Wiesel aufnahm[15], wie auch verschiedene Arbeiten von Gerard Turner. Durch das 1996 abgeschlossene 'Hartlib Papers Project' an der Universität Sheffield wurden die Quellen über Wiesels Beziehungen nach England besser zugänglich.[16]

Auch zur Geschichte von Augsburg erschienen seit 1981 eine Reihe von Arbeiten, zum 17. Jahrhundert vor allem von Bernd Roeck. Man kann ruhig sagen, ohne die Neuerscheinungen der letzten zwanzig Jahre hätte dieses Buch über die Augsburger Optiker nicht so geschrieben werden können, wie es jetzt vorliegt. Besonders fördernd erwies sich das in den letzten zwei Jahrzehnten verstärkte Interesse an den wissenschaftlichen Instrumenten als Zeugen nicht nur der damaligen Handwerkskunst sondern auch der Entwicklung der Naturwissenschaften.[17] 1977 war die 'Scientific Instrument Commission of the International Union of the History and Philosophy of Science' gegründet worden, deren erster wissenschaftlicher Sekretär Professor Gerard L'E. Turner war. Er zeigte in zahlreichen Aufsätzen über historische Instrumente, welche wichtigen Hinweise die Einbeziehung der Instrumente und ihrer Hersteller für die Geschichte der Naturwissenschaften geben können. Die 'Scientific Instrument Society' (SIS) bringt seit ihrer Gründung 1983 in ihrem Bulletin stets aufschlußreiche Beiträge zu diesem Thema.

Die erfolgreiche Suche nach Lebensdaten im Augsburger Stadtarchiv, im Staatsarchiv Augsburg und im evangelischen Kirchenregisteramt hellte die persönliche Situation Wiesels und seiner Familie und seine Herkunft aus der Pfalz auf. In der Staats- und Stadtbibliothek Augsburg fanden sich zeitgenössische Handschriften und Bücher, die Zeugnis von Wiesel geben, sowie das bisher einzige Exemplar des Depiere'schen Verzeichnisses von 1674. Eine Fülle an Informationen hat sich in verschiedenen, nicht veröffentlichten Korrespondenzen erhalten, vor allem in Wolfenbüttel, Paris, Sheffield und London. Instrumente, die an fürstliche Höfe gelangt waren, fanden sich in Inventaren von Kunstkammern oder in Hofkammerrechnungen verzeichnet, z.B. in Gotha, München und Stuttgart.

Ein sehr erfreulicher Fund ergab sich bei den Forschungen über Alchemisten und Paracelsisten des 17. Jahrhunderts durch Carlos Gilly in Basel: Briefe des Augsburger Stadtarztes Carl Widemann und Wiesels an August Fürst zu Anhalt (1575-1653), deren Abschriften in der Niedersächsischen Landesbibliothek in Hannover liegen. Sie stammen aus den Jahren 1625 bis 1628 und enthalten Angebote Wieselscher Instrumente samt Preisen, ein einmaliges Zeugnis aus dieser ersten Zeit des neuen optischen Handwerks. Herrn Dr. Gilly bin ich zu großem

15 Riekher 1990 S. 52 und 55f.

16 Resultat des Projekts sind zwei CD-Roms, die in Deutschland zur Zeit in der Staatsbibliothek Berlin und in der Herzog August Bibliothek in Wolfenbüttel verfügbar sind.

17 Van Helden/Hankins: Instruments in the History of Science. 1994.

Dank verpflichtet. Im Niedersächsischen Staatsarchiv und in der Herzog August Bibliothek in Wolfenbüttel, in der Universitätsbibliothek Sheffield, in der Universitätsbibliothek Leiden, im Thüringischen Staatsarchiv Gotha und in der Staats- und Stadtbibliothek Augsburg fanden sich eigenhändige Schreiben des Optikers.

Erst im Verlauf meiner Recherchen wurden einige Instrumente aus den Augsburger Werkstätten entdeckt. 1989 stieß ich durch Herrn Ernst Goercke auf zwei Wiesel-Fernrohre im Schloß Skokloster und auf die in Schweden bereits darüber vorliegende Literatur.[18] 1993 fand sich ein von Wiesel signiertes Relikt im Germanischen Nationalmuseum in Nürnberg und erst 1998 in Schloß Rosenborg in Kopenhagen die Schiffslaterne, die Wiesel um 1637/40 dem dänischen König Christian IV. (1577-1648) geliefert hatte. Auch das einzige heute bekannte Mikroskopkästchen von Cuno, 1692 signiert, tauchte erst 1996 in einer Auktion bei Christie's auf und wurde vom Mathematisch-Physikalischen Salon in Dresden erworben.

Das erste Kapitel des Buchs soll dem Leser einen Eindruck über Leben, Handel, Handwerk und Wissenschaft um 1600 in der Reichsstadt Augsburg bieten, Voraussetzungen für die Erfolge des Optikers. Danach wird von Wiesels Leben berichtet, vor allem von den schweren Jahren des Dreißigjährigen Kriegs, von den Fortschritten im Instrumentenbau, die er erzielen konnte, von seinem Aufstieg in die Kaufleutestube der Stadt und von den Ehrungen, die er erhielt. Seine Geschäftsbeziehungen in Europa werden dargestellt, seine Kunden genannt. Leben und Arbeiten von Wiesels Schwiegersohn, Daniel Depiere aus Danzig, und seinem Nachfolger, Cosmus Conrad Cuno aus Hamburg, stehen im Mittelpunkt der nächsten Kapitel. Danach wird von den übrigen Vertretern des optischen Handwerks in Augsburg berichtet. Einige Angaben zu zeitgenössischen deutschen und ausländischen Optikern des 17. Jahrhunderts sollen Wiesels Stellung im europäischen Raum verdeutlichen.

Die letzten Kapitel informieren über die benötigten Materialien und ihre Beschaffung wie über Wiesels Brillen und die einzelnen Instrumente der Augsburger Produktion. Abbildungen, Instrumentenangebote, Produktions- und Preislisten, die Liste der gebauten Instrumente, soweit bekannt, Briefe von und an Wiesel und Depiere, und zwei Zeittafeln vervollständigen die Arbeit.

Ein Wort zur *Zitierweise*: Originalzitate erscheinen kursiv, wobei Abkürzungen und Doppel-m (m mit Querstrich) aufgelöst wurden, ebenso z.B. yt in that in englischen Texten. Zur besseren Verständlichkeit sind manchmal einzelne Wörter in den Originaltext eingefügt worden. Sie stehen in eckigen Klammern und nicht kursiv. Originalzitate in deutscher Übersetzung stehen in Anführungszeichen. Die

---

[18] Alm S. 151-154; Losman/Sigurdson.

Abkürzungen EFD (Eure Fürstliche Durchlaucht) und FG (Fürstliche Gnaden) u.ä. in Briefen wurden beibehalten.

Alle benützten Handschriften der Herzog August Bibliothek in Wolfenbüttel stammen aus dem Bestand Cod.Guelf. Deshalb wurde in den Fußnoten diese Bezeichnung weggelassen.

Bei Zitaten aus den Hartlib-Papers wurde die Bezeichnung A und B für recto und verso beibehalten.

Wiederholt kommt in den Zitaten die Benennung 'Schuh' (oder Fuß) vor. Nachdem die Maße zur damaligen Zeit noch nicht vereinheitlicht waren, wurde meistens als Mittel 30 cm angenommen. Der Augsburger Schuh betrug genau 29,62 cm. An anderen Orten war der 'Schuh' meistens etwas länger.

Vielen wäre zu danken. Ich bitte um Nachsicht, daß ich hier nicht alle Namen erwähnen kann. Herrn Dr. Alfons Thewes in Oldenburg danke ich für seine Anregung, das Thema aufzunehmen, und für weiterführende Informationen. Herr Dr. Hans-Reinhard Bachmann in München war mir vor allem bei meinen ersten Schritten mit gutem Rat und wertvollen Hinweisen behilflich. Herrn Ernst Goercke (1919-1996) in Ingolstadt habe ich für viele Informationen und lebhafte Diskussionen zu danken. Herr Dr. Siegfried Spring (1915-1992), Altphilologe am Anna-Gymnasium, Verfasser aufschlußreicher Arbeiten über einige Rektoren der Schule, übersetzte mir freundlicherweise manche lateinische Textstelle, ebenso Frau Christiane Kühn. Auch Herr Dr. Klaus Meyer in Soest, Übersetzer der Leeuwenhoek-Briefe, half mir mit Übersetzungen und war mir ein wertvoller Ratgeber in medizinischen Fragen und speziell zum Thema der einfachen Mikroskope um 1700. Danken möchte ich ebenso Herrn Joachim Rienitz in Tübingen, meinem Augenarzt Dr. Wolfgang Hälbig und Herrn Professor Hans Remky in München.

Den Damen und Herren aller genannten und nicht genannten Archive und Bibliotheken, in denen ich arbeiten konnte, und in den vielen Museen, in denen ich nach Instrumenten gesucht habe, sei herzlich für ihre Hilfsbereitschaft und Geduld gedankt. In erster Linie sind die Augsburger Institutionen zu nennen, Stadtarchiv, Staatsarchiv, Evangelisches Kirchenregisteramt, Staats- und Stadtbibliothek, Universitätsbibliothek sowie die Städtischen Kunstsammlungen, die Herzog August Bibliothek in Wolfenbüttel, die Bibliothek des Pariser Observatoriums und das Deutsche Museum in München mit seinen verschiedenen Einrichtungen. Stellvertretend sei Frau Edeltraud Prestel und den Herren Wolfgang Mayer und Ekkehard Nowak der Augsburger Staats-und Stadtbibliothek gedankt, den Herren Helmut Rischert und Alois Senser vom Stadtarchiv Augsburg, sowie Herrn Wolf-Dieter Otte in Wolfenbüttel und Frau Dr. Jill Bepler, die mir einige Gastaufenthalte an der Herzog August Bibliothek ermöglichte. Dankbar erinnere ich mich an das freundliche Entgegenkommen von Frau Dr. Susanne Netzer in Berlin und der

Herren Dr. Arne Losman in Skokloster, Mogens Bencard und Jørgen Hein in Schloß Rosenborg, Jeremy Collins in South Kensington, Neil Brown in London und Dr. Johannes Willers in Nürnberg, die mir erlaubten, Augsburger Instrumente (unter manchmal schwierigen Bedingungen) zu sehen und zu fotografieren.

Durch den Besuch der Jahrestagungen der Deutschen Gesellschaft für Geschichte der Medizin, Naturwissenschaft und Technik und der International Scientific Instrument Symposien ergaben sich wertvolle Kontakte in ganz Europa, seit der Grenzöffnung 1989 auch nach Ostdeutschland. Herr Dr. Klaus Schillinger, Direktor des Mathematisch-Physikalischen Salons im Dresdner Zwinger, und Frau Dr. Helga Beez, Leiterin der Sammlung im Optischen Museum in Jena, sind mir seitdem verständnisvolle und interessierte Diskussionspartner und Freunde geworden, ebenso die Herren Rolf Riekher und Dr. Jürgen Hamel in Berlin. Herr Dr. Hartmut Ross in Oranienbaum eröffnete mir den Zugang zur Geschichte von Sachsen-Anhalt. Mit Frau Dr. Anita McConnell in London verband mich ein besonders freundschaftlicher und offener Gedanken- und Informationsaustausch, ebenso mit Herrn Dr. John Young in Sheffield und den Professoren Silvio Bedini und Albert Van Helden in den USA. Herrn Professor Gerard L'E.Turner danke ich für sein Interesse und Wohlwollen, mit dem er mir manchen Kontakt erleichterte. Herr Dr. Hans-Olof Boström in Karlstad, der beste Kenner der Augsburger Kunstschränke, half mir mit wichtigen Informationen aus Schweden.

Besonderen Dank schulde ich Herrn Rolf Willach in Tägerwilen (Schweiz) dafür, daß er mir seine Untersuchungen der Wiesel-Fernrohre zur Verfügung stellte, und nicht zuletzt meinem Mann für seine Geduld, sein Interesse und seine vielfältigen Hilfeleistungen.

1990 wurde an der Universität Augsburg das 'Institut für Europäische Kulturgeschichte' gegründet. Herr Professor Jochen Brüning, dessen erster Geschäftsführender Direktor, ermunterte mich sehr, meine Forschungen auch im Rahmen des Instituts fortzuführen. Die Teilnahme an den Kolloquien des Instituts brachte mir nicht nur wertvolle Informationen und den Kontakt mit den historischen Wissenschaften, sondern bereitete mir auch viel Freude durch die Begegnung mit jungen Wissenschaftlern und Wissenschaftlerinnen. Den Mitarbeiterinnen und Mitarbeitern des Instituts, heutigen und ehemaligen, sei herzlich gedankt für ihre stets freundliche Hilfsbereitschaft, ebenso Herrn Professor Wolfgang Weber für die Durchsicht des Manuskripts, seine wertvollen Hinweise und sein großes Verständnis und Engagement für meine Anliegen, und schließlich dem Direktorium, den Professoren Johannes Burkhardt, Thomas Scheerer und Theo Stammen dafür, daß sie das Erscheinen meiner Arbeit in den Colloquia Augustana ermöglichten. Dank gilt nicht zuletzt auch dem Lektor des Akademie Verlages Herrn Manfred Karras.

I. Leben und Wissenschaft in Augsburg um 1600

Abb. 1. Sternwarte des Gymnasiums bei St. Anna

1. Soziale, wirtschaftliche und kirchliche Verhältnisse.[1]

Um die Situation, die Johann Wiesel um 1620 in der schwäbischen Reichsstadt antraf, zu zeichnen, sollen zunächst die Augsburger Verhältnisse erörtert werden.

Die Augsburger Bürgerschaft setzte sich um 1600 aus vier Ständen zusammen. Das Patriziat, der Stadtadel, stand an der Spitze. Danach kamen die mit ihnen verschwägerten nichtpatrizischen Familien, die sogenannten Mehrer. Die beiden Gruppen versammelten sich in der Bürger- oder Herrenstube. Daneben gab es die Kaufleute und die 'Gemein'. Zu den Kaufleuten zählten diejenigen, die Groß- und Fernhandel betrieben, aber auch Akademiker wie Juristen, Ärzte, Pfarrer und Magister (Lehrer), sofern sie nicht aus patrizischen Familien stammten. Nur vereinzelt fanden Künstler und Handwerker Aufnahme in der Kaufleutestube, deren Mitglieder mit 'Herr' angesprochen wurden. Die kleinen Kaufleute, die Einzelhändler, gehörten zu den Kramern mit offenen Läden, und die wiederum zu den Handwerkern und damit zur Gemeinde. Zu der untersten Gruppe der Gemeinde zählten die Bürger, die nicht Handwerker waren, z.B. Fuhrleute und Taglöhner oder die Soldaten der Stadtgarde. Neben den Bürgern lebten allerdings auch Menschen ohne Bürgerrecht in der Stadt, z.B. Dienstboten. Daneben gab es einen sogenannten 'Beisitz', ein Bürgerrecht auf Zeit, das man sich erkaufen konnte.[2]

Augsburg hatte als freie Reichsstadt seine eigene Regierung, die direkt dem Kaiser unterstand, und verfügte über einen Sitz im Reichstag. An der Spitze standen zwei Stadtpfleger, denen sechs Bürgermeister in untergeordneten Funktionen zugesellt waren. Von ihnen amtierten zwei alternierend je vier Monate lang.[3] Die eigentliche Regierung bildete der siebenköpfige Geheime Rat. Daneben gab es den Kleinen (45 Mitglieder) und den Großen Rat (300). Stadtpfleger und 'Geheimer' konnte nur werden, wer Patrizier war. Unter den Bürgermeistern, im Kleinen und im Großen Rat hingegen waren Vertreter der Mehrer, der Kaufleute und der Gemeinde zu finden. Seit Kaiser Karl V. 1548 die seit 1368 bestehende, aus Patri-

---

[1] Kurze Überblicke geben entsprechende Artikel im Katalog: Welt im Umbruch Bd.1 und im Augsburger Stadtlexikon; tiefergehende Arbeiten zur Augsburger Geschichte z.B.: Gottlieb/Baer 1984, hier Teil III und IV; Zorn: Augsburg. 1994; Lenk; speziell für die Zeit des Dreißigjährigen Kriegs: Roeck: Eine Stadt in Krieg und Frieden; Roeck: Als wollt die Welt schier brechen.

[2] Stadtlexikon 1985 (Geffcken: Regimentsordnung); Zorn: Gesellschaftsgeschichte 1518-1650. In: Umbruch Bd.1 S. 72-75; Stadtlexikon 1985 u. 1998 (Steuer: Beisitz).

[3] Stadtlexikon 1985 u. 98 (Geffken/Rajkay: Bürgermeister). Batori; Sieh.

ziern und Zünften gemischte Stadtverfassung aufgelöst und die Zünfte verboten hatte, hatten diese aufgehört, als politische Organisationen zu bestehen. Wenn man nach diesem Zeitpunkt von Zunft spricht, dann nur im Sinn von organisiertem Handwerk, nicht als politischer Kraft. Die 'Handwerke' wurden jetzt von sogenannten Vorgehern geleitet. Der Rat setzte Handwerkspfleger, 'Verordnete', ein, die die Einhaltung der Gewerbeordnung zu überwachen hatten.

Jeder Bürger von Augsburg mußte entweder der Herren- oder der Kaufleute-Stube angehören oder eine Handwerksgerechtigkeit besitzen.[4] Die Bürgerschaft konnte man sich erkaufen oder erheiraten. Man heiratete den Stand praktisch mit, mußte aber gewisse Bedingungen erfüllen, die z.B. in der Hochzeitsordnung von 1580 festgelegt waren: Fremde, die das Bürgerrecht mit einem Augsburger Partner erheiraten wollten, sollten briefliche Urkunden erbringen, daß sie ehelich geboren und niemands leibeigen seien, und an Eides Statt angeloben, daß sie *über* [außer] *erkaufte Handwerks Gerechtigkeit, Kleider, Hausrat und Werkzeug, fünfzig Gulden an barem Geld* hätten. Zwei Augsburger Bürger, *so eigene Häußer haben, oder sonsten wißentlich vermöglich*, sollten solches verbürgen. Falls die Fremden andernorts im Bürgerrecht ständen, sollten sie dieses aufsagen. Augsburger Bürger sollten vor der Heirat geloben, fünf Jahre lang das Spital, Almosen oder andere Stiftungen nicht in Anspruch zu nehmen. Fremde sollten sogar zehn Jahre damit warten.[5]

Augsburgs Wirtschaft hatte ihre hohe Zeit in der ersten Hälfte und der Mitte des 16. Jahrhunderts erlebt. Ein ausgedehnter Fernhandel und die Beteiligung Augsburger Kaufleute an Finanzgeschäften und Bergbauunternehmungen hatten zum Aufstieg geführt. Der Handel wurde durch die Lage der Stadt an verschiedenen Fernhandelswegen begünstigt. Mehrere Straßen führten nach Italien. Über Lindau gelangte man in die Schweiz und nach Südfrankreich oder nach Mailand und Genua, über Ulm und Straßburg nach Paris. Lebhaft war der Verkehr nach Antwerpen und den Niederlanden. Nürnberg bildete die Verbindung nach Norden und Osten. Über Regensburg führte der Weg nach Prag und Wien. Einen nicht unbedeutenden Anteil am Handel hatten die verschiedenen Augsburger Handwerker, unter denen die Weber dominierten. Augsburg galt als führende Textilstadt Deutschlands; 1610 gab es mehr als 2000 Webermeister. Die meisten der von ihnen gewebten Tuche, vor allem Leinen und Barchent (ein Mischgewebe aus Leinen und Baumwolle) wurden ausgeführt.[6] Für den Export arbeiteten ebenso die Kunsthandwerker, z.B. Goldschmiede (1610: 187 Meister), Uhrmacher (40 Mei-

---

4 StAA. EWA Akt 1585 t. 3 fol. 8r: Hochzeitsordnung. Zusatz vom 8.10.1602.

5 StAA. EWA Akt 1585 t. 3 fol. 1r-4r: Hochzeitsordnung von 1580.

6 Clasen: Die Augsburger Weber 1981; Stadtlexikon 1985 u. 1998 (Kießling: Weber).

ster) und Möbelschreiner oder Kistler (115 Meister).[7] Auch Augsburger Kabinett- und Kunstschränke waren gefragt.

Das Druckereigewerbe hatte nach der Erfindung des Buchdrucks rasch Fuß gefaßt und sich laufend ausgeweitet. Es bot die Grundlage für graphische Arbeiten der zahlreichen in Augsburg ansässigen Künstler.[8] Der schon länger bestehende Botendienst zwischen der Stadt und Venedig und die Ansiedlung eines Postmeisters der Taxis-Post im Jahr 1520 trugen dazu bei, daß Augsburg zu einem Nachrichtenzentrum wurde.[9] Neben den Nachrichtendiensten der führenden Firmen arbeiteten im 16. und 17. Jahrhundert stets 'Zeitungsschreiber' in der Stadt, die z.B. auch auswärtige Fürstenhöfe mit Neuigkeiten belieferten.[10] 1573 hatten Jeremias Krasser und Jeremias Schiffle das erste gewerbsmäßige private Nachrichtenbüro eröffnet.[11] Schon 1482 war in Augsburg ein Flugblatt erschienen, das 'Neue Zeitung' genannt wurde.[12] Solche Flugblätter und Flugschriften berichteten in der folgenden Zeit in Wort und Bild über politische und kriegerische Ereignisse, über Entdeckungen in der neuen Welt, erschreckende oder wunderbare Himmelserscheinungen, Sensationen und Kuriositäten jeder Art. Im 16. Jahrhundert stand Augsburg als Druckort von Flugschriften an erster Stelle.[13]

Durch die Finanzkraft ihrer reichsten Bürger erlangte Augsburg Einfluß auf die Politik des Reiches. Nicht weniger als zwölf Reichstage wurden im 16. Jahrhundert in der Stadt abgehalten.[14] Als nach der Mitte dieses Jahrhunderts die Könige von Spanien, Portugal und Frankreich die Rückzahlungen ihrer Schulden einstellten, traf das die hiesige Wirtschaft schwer. Es gab bis in die achziger Jahre rund 70 Bankrotte Augsburger Handelshäuser. Bis zum Beginn des Dreißigjährigen Krieges 1618 konnte sich die Wirtschaft dennoch erholen, auch wenn die Umsätze im Bankgeschäft zurückgingen.[15]

Über die Zahl der Einwohner zu Beginn des Dreißigjährigen Krieges kann man verschiedene Zahlen lesen. Mit 45 000 oder mehr zählte Augsburg zu den größeren Städten des Kontinents, wie Roeck schreibt: *Nach oder neben Köln und viel-*

---

7 StAA. Schätze 37/II: Musterbuch 1610. Register 53: Verzeichnis der Berufe; Schätze 37/III: Musterbuch 1619. Register 56: 186 Goldschmiede, 42 Uhrmacher, 106 Kistler mit 91 Gesellen.

8 Stadtlexikon 1985 (Seitz: Druckgraphik) 1998 (Krämer); Gier/Janota.

9 Dallmeier; Behringer S. 244.

10 StAA Schätze 37: Musterbücher.

11 Hart: Augsburg. Sp. 386.

12 Ebd. Sp. 387; Mančal: Augsburger Zeitungen ... In: Aufbruch ins Industriezeitalter. Bd. 2. S. 607-623, hier S. 608: Flugblatt 1482 gedruckt von Johann Bämler: *Historie, wie die Türken die christliche Kirche angefochten.*

13 Stadtlexikon 1985 u. 1998 (Salzbrunn: Flugschriften); Hortzitz S. 146-158.

14 Stadtlexikon 1985 u.1998 (Kreuzer: Reichstage).

15 Kellenbenz: Augsburger Wirtschaft; Häberlein S. 395-399. Häberlein nennt eine kleinere Zahl von Firmenbankrotten, vor allem weil er nicht Personen sondern Firmen zählt, die oft von mehreren Personen geführt wurden.

leicht noch vor Nürnberg wäre es eine der drei größten Städte des Reiches gewesen, nach der Zahl seiner Bewohner etwa vergleichbar mit Barcelona, Marseille, Brüssel, Brügge, Danzig, Prag oder Wien.[16] München hatte nicht einmal halb soviel Einwohner.[17] 1617 lebten in Augsburg 11 000 steuerpflichtige Bürger, meistens Haushaltsvorstände, aber auch Witwen oder alleinstehende Frauen. Die katholische Geistlichkeit war von der Steuer befreit. Jeder Bürger mußte eine kleine Kopfsteuer von 36 Pfennigen zahlen: 30 Pfennige 'habnitsteuer' und 6 Pfennige Wachgeld. Die übrige Steuer war eine reine Vermögenssteuer. 1618 waren über 43% der Steuerpflichtigen sogenannte 'Habnits', Habenichtse, die nur die Kopfsteuer bezahlen mußten. Dabei muß man berücksichtigen, daß ein 'Sparhafengeld' von 500 Gulden steuerfrei blieb. Das war eine ansehnliche Summe, sodaß man schließen kann, daß nicht alle Habenichtse wirklich arm waren. Daneben gab es eine solide Mittelschicht und eine kleine Gruppe von sehr reichen Bürgern.[18]

Augsburg war um 1600 eine zu mehr als drei Vierteln evangelische Stadt. Allerdings saßen im Rat mehr katholische als evangelische Patrizier, vor allem in den höchsten Ämtern. Das Zusammenleben verlief relativ erträglich, wenn auch seit der Niederlassung der Jesuiten 1580 starke gegenreformatorische Bestrebungen im Gange waren. Der Orden hatte 1582 ein eigenes Gymnasium bei St. Salvator mitsamt einem Kollegium, d.h. einem Schülerheim für unbemittelte Schüler, errichtet. Weil man im städtischen, schon fünfzig Jahre bestehenden Gymnasium bei St. Anna Schulgeld verlangte, war eine Abwanderung der Schüler zu befürchten, die auch zum Teil eintrat. Evangelische Bürger spendeten deshalb erhebliche Summen, so daß man 1582 auch ein evangelisches 'Kollegium bei St. Anna' für minderbemittelte Schüler gründen konnte. Ab diesem Zeitpunkt gab es zwei konfessionelle Gymnasien und Kollegien in der Stadt, zwischen deren Lehrern sich zum Teil freundschaftliche Kontakte entwickelten.[19]

1584 entzweite der Streit um die Einführung des von Papst Gregor XIII. 1582 reformierten Kalenders die Konfessionen jedoch erneut. Evangelische Bürger lehnten den gregorianischen Kalender meist ab, auch wenn es um Sachlichkeit bemühte Stimmen wie die des Mathematikers Georg Henisch (1549-1618) gab.[20] Der Streit wurde so heftig geführt, daß es sogar zur Ausweisung des Pfarrers von St. Anna Dr. Georg Müller (Mylius) und etlicher evangelischer Bürger kam. Der Rat führte den neuen Kalender schließlich trotz allem Aufruhr in Augsburg ein. In den evangelisch regierten Ländern und Reichsstädten hingegen blieb der alte Kalender noch bis 1700 in Gebrauch. Um Mißverständnisse zu vermeiden mußte man anmerken, welchen Kalender man verwendete. Das Datum nach dem 'neuen

[16] Roeck: Bäcker. S. 71-82, zitiert S. 82.
[17] Bauer: München. S. 168.
[18] Warmbrunn S. 30-36; Clasen: Weber. S. 26-31: Vermögensverteilung 1610; Clasen: Steuerbücher.
[19] Baer/Hecker.
[20] Spring: Henisch. S. 54.

Stil' (*stylo novo*) war dem nach dem alten julianischen Kalender (*stylo vetero*) zehn Tage voraus, weil man bei der Neuordnung zehn Tage übersprungen hatte, um das Datum wieder mit dem Sonnenstand in Übereinstimmung zu bringen.[21] Augsburger Bürger benutzten daneben in ihren Briefen noch lange beide Versionen nebeneinander.

Auch die Gründung eines Kapuzinerklosters 1602 führte zu Spannungen. Einerseits waren die Kapuziner wegen ihrer sozialen Tätigkeit, besonders in Pestzeiten, geachtet, andererseits wegen ihrer Bettelei, der wöchentlichen Prozessionen und vor allem ihrer eifernden, gegen den evangelischen Glauben gerichteten Predigten gehaßt. Jesuiten und Kapuziner hatten sich nur durch die Unterstützung des Rats und der führenden katholischen Familien, vor allem der Fugger, in Augsburg niederlassen können. Wirkliche Feindschaft zwischen den verschiedenen Konfessionen sollte jedoch erst durch die wechselvollen Geschehnisse des Dreißigjährigen Krieges aufkommen: 1629 bis 1632 im Gefolge des Restitutionsedikts zum Schaden der evangelischen Bürger, 1632 bis 1635 anläßlich der Besetzung der Stadt durch die Schweden zum Nachteil der Katholiken, 1635 bis 1648 infolge der Besetzung durch die Kaiserlichen wiederum gegen die Protestanten.[22] Diese Ereignisse verhinderten aber nicht, daß einzelne Bürger untereinander freundschaftliche private oder geschäftliche Beziehungen pflegten, wie unlängst Etienne François für die Zeit nach dem Krieg ausführlich nachgewiesen hat.[23]

Als Johann Wiesel um 1620 nach Augsburg kam, ging gerade der Bau des neuen Rathauses seinem Ende entgegen. Noch einmal manifestierten sich die Bedeutung und der Reichtum der Reichsstadt. Aber der Bau stellte auch eine Maßnahme zur Arbeitsbeschaffung dar; denn auf der Grundsteinplatte vom 25.8.1615 heißt es eindeutig: *Urbis Vindl. Patriae Ornamento atque Sublevandae officium penuriae*, also "Der Vaterstadt zum Schmuck und um der Not der Werkleute abzuhelfen".[24] 1618 hatte der Dreißigjährige Krieg begonnen, der soviel Leid über Deutschland bringen sollte. Um 1620 war in Augsburg davon allerdings noch nichts zu spüren.

---

21 Warmbrunn S. 359-375; Bialas S. 263-265; Hamel: Geschichte S. 155-159.

22 Zorn 1994. S. 236-239; zu den Kapuzinern: Warmbrunn S. 247-251.

23 Die Jesuiten bestellten z.B. bei den evangelischen Kupferstechern Kilian; Hainhofer und Hirt waren mit dem katholischen Bürgermeister Christoph Bechler eng befreundet: Otte; François.

24 Roeck: Elias Holl. S. 187.

2. Zur Geschichte und Situation der Naturwissenschaften

Es lohnt sich, etwas weiter auszuholen, vollzog sich doch während des 16. und 17. Jahrhunderts jene ungeheuerliche und aufregende Veränderung im Denken und in der Vorstellung der Menschen, die man gemeinhin den Wandel des Weltbilds nennt. Das alte Bild des Ptolemäus (2. Jh. nach Christus) paßte scheinbar perfekt zu den Ansichten von Bibel und Kirche: die Erde steht im Mittelpunkt des Weltalls still, um sie herum kreisen die sieben Planeten Mond, Venus, Merkur, Mars, Sonne, Jupiter und Saturn. 1531, als in Augsburg im aufgelösten Karmeliterkloster das städtische Gymnasium bei St. Anna gegründet wurde, herrschte Ptolemäus noch unangefochten.

1543, zwölf Jahre danach, sechs Jahre nach der Gründung der Stadtbibliothek, wurde in Nürnberg das bahnbrechende Werk des Nicolaus Copernicus 'De revolutionibus orbium coelestium libri VI' gedruckt. Copernicus, geboren am 19.2.1473 in Thorn, Arzt und Astronom, katholischer Geistlicher, Domherr zu Frauenburg im Ermland, starb in demselben Jahr, am 24. Mai 1543. Das neue Weltbild stellte die Sonne in den Mittelpunkt des Weltalls: Alle Planeten, auch die Erde, drehen sich um die Sonne, was als ganz im Gegensatz zum Wortlaut der Bibel stehend betrachtet wurde. Deshalb sowie wegen astronomischer Gründe wurde das System des Copernicus noch lange nicht anerkannt. In Rom wurde es als mathematische Hypothese betrachtet. Besonders Philipp Melanchthon an der Universität Wittenberg stellte sich zunächst strikt dagegen, was ihn sowie eine große Zahl von Astronomen und Kalenderschreibern nicht daran hinderte, die mathematischen Ableitungen von Copernicus und dessen Parameter der Gestirnbewegung ausgedehnt für astronomische Berechnungen zu benützen.[1]

Die Rektoren des Gymnasiums bei St. Anna waren in Personalunion Leiter der Stadtbibliothek. Sixt Birk (1501-1554), seit 1536 Rektor in Augsburg, war wie sein Nachfolger Hieronymus Wolf (1516-1580, seit 1557 Rektor) ein großer Liebhaber der Astronomie. Dementsprechend findet man in der Stadtbibliothek erstaunlich viele naturwissenschaftliche Bücher des 16. Jahrhunderts, die zum Teil aus dem Altbesitz der Bücherei stammen, zum Teil aus einigen in der Säkularisation aufgelösten Klosterbibliotheken.[2] In Augsburg waren schon seit dem Beginn des Buchdrucks astronomische Werke erschienen. Günther Zainer druckte 1471

[1] Zinner: Entstehung 1988; Hamel: Geschichte der Astronomie S. 117-141; ders.: Copernicus.

[2] Köberlin; Schmidbauer.

Tafeln des Neu- und Vollmonds. Es folgten weiter astronomische Tafeln, Practica (Vorhersagen), Kometenschriften, Kalender sowie antike Schriftsteller oder Beschreibungen astronomischer Instrumente wie des Astrolabiums. Erhard Ratdolt druckte Werke des Regiomontan.[3] Hieronymus Wolf, der unter anderem in Wittenberg studiert hatte, zeigte wie viele seiner Zeitgenossen eine Vorliebe für die Astrologie. Himmelsbeobachtungen wurden oft wegen der astrologischen Vorhersagen durchgeführt. Der Glaube, daß sich Gott durch die Bewegungen der Planeten offenbare und die Menschen durch besondere Ereignisse, wie Kometen und Finsternisse, zur Buße rufe, war allgemein verbreitet. Er wurde auch von wissenschaftlich arbeitenden Astronomen vertreten. Sie erstellten demzufolge Horoskope oder Nativitäten, was zudem noch einen einträglichen Nebenverdienst erbrachte, vor allem, wenn der Auftraggeber ein Fürst oder Patrizier war. Flugschriften und Einblattdrucke über Kometen und andere Himmelserscheinungen fanden reißenden Absatz. Als der später berühmte Astronom Tycho Brahe (1546-1601) aus Dänemark 1569 nach Augsburg kam, vermutlich um sich vor allem in den Werkstätten der Instrumentenmacher umzusehen, entwickelte sich zwischen Hieronymus Wolf, dem über fünfzigjährigen, hypochondrischen, weitum berühmten Philologen, und dem jungen Edelmann eine herzliche Freundschaft, die durch Wolfs spätere Briefe an Tycho bezeugt wird.[4] In diese Freundschaft waren auch andere Lehrer des Gymnasiums, so Johann Mayr (Maior, + 1615), der seit 1563 Arithmetik unterrichtete, und vor allem die früheren Schüler Birks, die Brüder Hainzel, Johann Baptist (1524-1581) und Paulus (1527-1581), eingeschlossen. Die beiden letzteren waren mittlerweile zu Ratsherrn und Bürgermeistern aufgestiegen. Sie stammten aus einer begüterten Kaufmannsfamilie und besaßen deshalb die Mittel, eine höchst vielversprechende Idee des jungen Dänen zu verwirklichen, nämlich durch größere Instrumente bei astronomischen Beobachtungen höhere Genauigkeit zu erzielen. Im Gartengut des Paulus Hainzel, im heutigen Göggingen, wurde nach den Plänen von Tycho Brahe ein Quadrant errichtet, der mit 5m Kantenlänge das damals größte, fest im Boden verankerte astronomische Beobachtungsgerät in Europa darstellte. Nachdem Tycho Brahe nach einjährigem Aufenthalt Augsburg verlassen hatte, wurden weiter Beobachtungen mit diesem Quadranten durchgeführt, bis er schon vier Jahre später durch einen Sturm zerstört wurde. Für den Dänen mag diese Konstruktion eine Vorübung für die großen Instrumente gewesen sein, die er später für seine berühmte Sternwarte auf der Insel Hven bauen ließ. Seinen Gönnern, den Gebrüdern Hainzel, verehrte er den ersten von ihm entworfenen Sextanten.

Es ist anzunehmen, daß die Freunde während Brahes Aufenthalt in Augsburg auch über das Weltbild des Copernicus diskutierten. Tycho Brahe konnte sich so-

---

[3] Zinner: Literatur.

[4] Briefwechsel in: Dreyer. Opera omnia. Band 7 (1924) S. 5-58; in Band 10 (1923) finden sich die astronomischen Beobachtungen, die Brahe in Augsburg durchgeführt hat.

wohl aus astronomischen Gründen als auch deshalb, weil er bestimmten Stellen der Bibel nicht widersprechen wollte, auch in späteren Jahren das Copernicanische Weltbild nicht zu eigen machen. 1588 brachte er seine entprechenden Vorstellungen zum Druck: er ließ die Erde unbewegt in der Mitte des Weltalls stehen und Mond und Sonne um sie kreisen, die Planeten Merkur bis Saturn dagegen um die Sonne.[5] Dieses Brahesche Modell wurde im 17. Jahrhundert, nachdem die katholische Kirche 1616 die Anerkennung der Copernicanischen Theorie verboten hatte, zum Teil in leicht veränderter Form, viel benutzt. In Augsburg blieb man im 16. und 17. Jahrhundert wie andernorts vorerst bei der ptolemäischen Lehre.

Tycho Brahe wohnte in Augsburg bei dem Goldschmied Lorenz Thenn (+1599), den er in seinen lateinisch geschriebenen Briefen Laurentius Danus nannte.[6] In Thenn (auch Den, Dhenn oder Lorenz auf der Walck) und dessen Schwiegersohn, dem Arzt Balthasar Minderer aus Eßlingen, begegnen wir Vertretern der jungen chemischen Wissenschaft, die allerdings noch sehr der Alchemie verhaftet war. Thenns Einfluß ist es vielleicht zuzuschreiben, daß sich Tycho nach seiner Heimkehr eine Zeitlang mehr mit chemischen als mit astronomischen Fragen beschäftigte. Auch auf der Insel Hven ließ er 1575 neben der Sternwarte ein Laboratorium errichten.[7] Thenns Enkel Raymund Minderer (um 1575-1621) wurde später ein bekannter Augsburger Stadtarzt.[8]

Die Augsburger Ärzte schlossen sich 1582 zum Collegium medicum zusammen. Nur Ärzte, die ein erfolgreiches, mit der Doktorprüfung abgeschlossenes Studium nachweisen konnten, wurden als Mitglieder aufgenommen und durften sich in der Stadt niederlassen. Viele Augsburger Ärzte zeigten sich aufgeschlossen gegenüber neuen naturwissenschaftlichen Erkenntnissen, betrieben medizinische oder botanische Studien und schrieben entsprechende Bücher. Paracelsus (1493-1541) hatte 1536 die erste Ausgabe seiner 'Großen Wundarznei' in Augsburg drucken lassen.[9] Er hatte sich von den antiken Autoritäten gelöst, eine neue, auf alchemistischen Grundlagen beruhende Theorie entwickelt und als einer der Ersten die Einführung chemisch veränderter Naturstoffe in die Therapie propagiert.[10] Seine Ideen fanden in der Stadt Eingang. Raymund Minderer und sein Kollege Carl Widemann gehörten zu seinen Anhängern. Sie mußten sich allerdings in der Praxis streng an den Eid der Augsburger Ärzte halten, der die Galenische Heilmethode vorschrieb. Immerhin erschienen in der 'Pharmacopoeia Augustana', einer seit 1564 wiederholt aufgelegten Rezeptvorschrift für die Apotheker, 1613

[5] Tycho Brahe: De mundi ... 1588; ND in Dreyer: Opera omnia. Bd. 4. S. 158; Teichmann S. 74f. S. 310: Abb. 79.

[6] Keil: Tycho Brahes Aufenthalt in Augsburg; Stadtlexikon 1998 (Keil: Thenn, Lorenz).

[7] Dreyer: Tycho Brahe. S. 37; Engel S. 150.

[8] Ahorner: (1834) Nr. 65 S. 293f. und Nr. 90 S. 399-402; Husemann; Stadtlexikon 1998 (Grünsteudel: Minderer, Raymund).

[9] Stadtlexikon 1985 u. 1998 (Bellot: Hohenheim bzw. Paracelsus).

[10] Zitiert nach Habrich: Medizinhistorisches Museum; Engel S. 145f.

zum ersten Mal einige Medikamente mit Metallverbindungen wie sie Paracelsus angeregt hatte. Diese Ausgabe der Pharmakopöe hatte Minderer besorgt.[11]

Auch zur Erstellung von Kalendern wurde der Himmel beobachtet. Der bekannteste Kalendermacher in Augsburg war Dr. med. Georg Henisch aus Bartfeld im damaligen West-Ungarn, der 1575 von Rektor Hieronymus Wolf als Professor der Mathematik an das städtische Gymnasium bei St. Anna berufen worden war. Henisch hatte wie Wolf unter anderem auch in Wittenberg studiert. Neben seiner Tätigkeit am Gymnasium führte er eine ärztliche Praxis und gehörte dem Collegium medicum an.[12] Als er 1575 nach Augsburg kam, konnte er Tychos Quadrant nicht mehr benutzen; er wird das Fehlen einer Beobachtungsstation sehr bedauert haben. 1609 bat er beim Rat der Stadt um eine Erhöhung seines Kalenderhonorars und bemerkte dabei, er habe die jährlichen Kalender *auch aus dreissigjärigen täglichen observationibus, so in dieser löblichen Statt geschehen, gebessert.* Daraufhin erhielt er jährlich die doppelte Summe, nämlich 24 Gulden.[13] Wie schon früher Sixt Birk vermittelte auch Henisch seinen Schülern astronomische Kenntnisse und verfaßte mathematische, geographische und astronomische Lehrbücher für sie, die alle auf dem Ptolemäischen System basierten, wie die meisten anderen im 16. Jahrhundert erschienenen Bücher.[14] Im deutschsprachigen Gebiet erfuhr das Buch von Copernicus in diesem Jahrhundert nur noch eine zweite Auflage, 1566 in Basel, während in Deutschland mindestens hundert Auflagen von Werken erschienen, denen das ptolemäische Weltbild zu Grunde lag.[15] 1594 führte Henisch die Berechnungen für eine große astronomische Uhr durch, die von den Uhrmachern Michael und Hans Marquart und dem Kompaßmacher Tobias Klieber für den Augsburger Dom gebaut wurde. Auch ihr war, wie Tychos Quadrant, nur kurze Zeit beschieden; 1609 wurde sie aus heute unbekannten Gründen wieder abgebaut.[16]

Die Lehrer des Anna-Gymnasiums und ihre Schüler und Freunde waren nicht die einzigen in der Stadt, die sich mit der Sternkunde beschäftigten. Von den Klöstern sind vor allem St. Ulrich, Heilig Kreuz und St. Magdalena (Dominikaner) zu nennen, in denen sie gepflegt wurde.[17] Mit den Jesuiten war ein Orden nach Augsburg gekommen, unter dessen Mitgliedern bedeutende Astronomen und Physiker zu finden waren. In den Jesuitenschulen wurde Astronomie und Mathematik im Rahmen der antiken Schriftsteller gelehrt, im Lyceum nach Aristoteles. Von

11 Gensthaler. S. 130-132.

12 Ahorner (1833) Nr. 81 und Nr. 92 o.S.; Spring: Henisch; Bartfeld heißt heute Bardiov (Bardejov) und liegt in der Slowakei.

13 StAA. EWA 1042: Brief Henischs an die Stadt vom 3.12.1609; StAA Baumeisterbücher: Verehrungen.

14 Spring: Henisch: Werkverzeichnis; zum Weltbild S. 106.

15 Zinner: Entstehung. 1988. S. 278f.

16 Bobinger: Kompaßmacher. S. 87-95; Umbruch Bd. 2. S. 449.

17 In historischen naturwissenschaftlichen Büchern der Stadtbibliothek Augsburg findet man bevorzugt die Exlibris dieser Klöster. (St. Magdalena: Kirche heute Römisches Museum).

praktisch betriebener Astronomie wie Himmelsbeobachtungen ist aus dem Augsburger Gymnasium St. Salvator allerdings nichts überliefert.[18] Katholische Augsburger Bürgersöhne zogen häufig auf die Bayerische Landesuniversität Ingolstadt, an der in den Jahren 1610 bis 1622 die Jesuiten Christoph Scheiner (1573/75-1650) und Johann Baptist Cysat (1587-1657) in der Artistenfakultät für eine Blüte der Astronomie sorgten.[19] Noch im 16. Jahrhundert hatte Johannes Bayer (1572-1625) aus Rain am Lech in Ingolstadt studiert, genau wie sein Augsburger Studienkollege Julius Schiller (+1627). Beide ließen sich um 1600 als Juristen in Augsburg nieder. Bayer veröffentlichte 1603 eine 'Uranometria', einen Sternatlas mit 51 Sternkarten. Sie enthielten zum ersten Mal zwölf neue Sternbilder des Südhimmels, die der holländische Kapitän Pieter Keyser auf seiner Fahrt um das Kap der guten Hoffnung nach Java aufgezeichnet hatte. Bayer führte zudem ein neues System der Klassifizierung ein: Er bezeichnete die einzelnen Sterne eines Sternbilds der Helligkeit nach mit griechischen Buchstaben. Der hellste Stern eines Sternbilds erhielt den Buchstaben Alpha, der nächste Beta usw. Diese Namensgebung ist noch heute gebräuchlich. Über hundert Jahre lang sollte die Uranometria der wichtigste und am meisten benützte Himmelsatlas bleiben. Volker Bialas bezeichnet ihn als den *ersten zuverlässigen Sternatlas der Neuzeit.*[20] 1612 wurde Johann Bayer Ratskonsulent, d.h. städtischer Jurist. Leider besitzen wir kein Bild von ihm. Das in manchen Aufsätzen veröffentlichte Porträt stellt nicht den Juristen und Astronomen dar, sondern einen evangelischen Pfarrer gleichen Namens.[21]

Eine weitere Unternehmung verdient hier Erwähnung, nämlich die Vermessung der Stadt. Schon im frühen 16. Jahrhundert waren einige Stadtpläne von Augsburg entstanden. Inzwischen waren exaktere Methoden der Vermessung und neue Geräte dafür entwickelt worden. 1598 erhielt der fähigste der Augsburger Kompaßmacher, Christoph Schißler d.Ä., von der Stadt den Auftrag, eine exakte Vermessung des Stadtgebiets und der Stadtvogtei, des kleinen zur Stadt gehörigen Umlands, durchzuführen, *nach Geometrischer Art und Kunst*, wie Schißler in seinem Gesuch um ein kaiserliches Privileg für den Stadtplan bemerkte. Über 2400 Gulden erhielt er bis 1606 dafür ausbezahlt.[22] Der Stadtplan wurde von Alexander Mair (1559 - nach 1617) gestochen und 1602 gedruckt. Der Plan der Vogtei liegt im Stadtarchiv.[23] Auch die späteren schönen und genauen Stadtpläne, wie z.B. der 1626 von Wolfgang Kilian (1581-1662) gestochene, fußen auf dieser Vermessung. Ein Beispiel für Schißlers Vermessungsinstrumente ist das 'Quadratum

---

[18] Baer/Hecker v.a. S. 30-31.

[19] Ingolstadt: Jesuiten ...; v.a. S. 140-165.

[20] Bialas S. 284; Hamel: Geschichte der Astronomie S. 228.

[21] Duerbeck: Uranometria; Swerdlow; Rupp: Bayer; Bayerische Staatsbibliothek München: Cod. Germ. 7228 (1587) fol. 2r: Vorlage für Rein: Ev. Ministerium Nr. 79; Habich.

[22] Bobinger: Schißler. S. 70f.

[23] StAA: Plansammlung 243.

Geometricum', das er 1569 nach Dresden geliefert hatte und das man heute dort im Mathematisch-Physikalischen Salon studieren kann. Es diente zur Ausmessung rechtwinkliger Dreiecke und somit zur mittelbaren Streckenmessung sowie zu Vertikalwinkelmessungen und zu Nivellierungen.[24] 1605 vollendete Schißler sein letztes Werk, eine Armillarsphäre oder Ringkugel. Mitsamt dem Fuß erreichte sie eine Höhe von fast 2m. Metallene Ringe stellen die Großkreise des Himmels dar. Das Gerät diente als Anschauungsmittel für die Bahnen der Himmelskörper und den Bau der Welt. Es wurde von der Stadt gekauft und in die Stadtbibliothek gstellt, wo es auch dem Unterricht im Anna-Gymnasium dienen konnte. Heute findet man es im städtischen Maximilianmuseum.[25] Verwundert es nach der bisher aufgezeigten Entwicklung noch, daß auch Schißler das Weltmodell des Ptolemäus wählte? Erst die Werke von Johannes Kepler (1571-1630), die Erfindung des Fernrohrs, die 1608, im Todesjahr Schißlers, bekannt wurde, und die Entdeckungen, die Galileo Galilei (1564-1642) und anderen Astronomen damit in den folgenden Jahren am Himmel gelangen, brachten die Diskussion um das Weltbild erneut in Gang.

Eine zentrale Gestalt in der Stadtgeschichte um die Jahrhundertwende war Markus Welser (1558-1614). Aus dem bedeutenden Handelshaus der Welser stammend, fühlte er sich sehr zu den Wissenschaften hingezogen. Studienreisen hatten ihn schon sehr jung nach Italien und Frankreich geführt. In Padua studierte er Jura; mehrere Jahre lebte er in Rom und in Venedig. 1583 nach Augsburg zurückgekehrt, führte Markus Welser mit seinen Brüdern das Handelshaus und erhielt verschiedene Ämter in der Stadtregierung. Von 1600 bis 1614 amtierte er als Stadtpfleger von Augsburg, sicher einer der gelehrtesten und vielseitig interessiertesten, die die Stadt je hatte. Sein Hauptinteresse galt der römischen Vergangenheit Augsburgs und der Geschichtsschreibung. Markus Welser besaß eine reiche Bibliothek und führte einen ausgedehnten Briefwechsel.[26] Durch seine literarischen Interessen stand er in lebhaftem Kontakt mit David Hoeschel (1556-1617), seit 1581 Lehrer, ab 1593 Rektor des Anna-Gymnasiums, der wie seine Vorgänger gleichzeitig das Amt des Stadtbibliothekars versah. Hoeschel, der griechische Handschriften und Bücher der Stadtbibliothek bearbeitete und ins Lateinische übersetzte, vermochte Welser zu bewegen, 1594 einen eigenen Verlag mit dem Signum 'ad insigne pinus', im Zeichen der Pinie, ins Leben zu rufen.[27] Welser verlegte philologische und religiöse Bücher, aber auch naturwissenschaftliche

---

[24] Mathematisch-Physikalischer Salon, Hg.: Uhren – Globen – wissenschaftliche Instrumente. S. 31; Zinner: Instrumente S. 190 u. S. 511f.

[25] Bobinger: Schißler S. 74-82. Abb. 24; Umbruch Bd. 2. S. 463f.

[26] Umbruch Bd. 1. S. 345-348; Roeck: Unkultur; Stadtlexikon 1998 S. 924 (Lengle: Welser, Markus). Welsers Bibliothek kam nach seinem Tod in die Augsburger Stadtbibliothek. Leider fehlt immer noch eine neuere ausführliche Biographie von Markus Welser. Bisherige Arbeiten gehen nicht auf seine Beziehungen zu den Naturwissenschaften ein.

[27] Spring: Hoeschel; Bellot: Humanismus S. 352-354.

Werke, einige Bücher von Georg Henisch, die oben angeführte 'Uranometria' des Johann Bayer, und zwei wichtige Werke der frühen Fernrohrzeit: 1611 die 'Dioptrice' von Johannes Kepler und 1612 Christoph Scheiners Briefe über die Sonnenflecken. In Alexander Mair stand sowohl für die Sternkarten von Bayers Himmelsatlas als auch für Scheiners Sonnenfleckenzeichnungen ein hervorragender Kupferstecher zur Verfügung.[28]

Johannes Kepler war sehr beeindruckt, als er im April 1610 von Galileis Entdeckungen gehört hatte, erkannte er doch sofort die Auswirkungen auf die Diskussion über das Weltbild. In seinem Werk 'Epitome Astronomiae Copernicanae' z.B. führte er immer wieder Galileis Entdeckungen an den Planeten als Beweise für seine Überlegungen an.[29] Als Theoretiker, der er an erster Stelle war, entwikkelte er die Theorie des Fernrohrs (der Linsenoptik) und fügte noch eine neue Form des Teleskops hinzu: das Rohr mit zwei konvexen Linsen – später Keplersches oder astronomisches Fernrohr genannt, weil man es wegen des auf dem Kopf stehenden Bildes vor allem in der Astronomie einsetzte. Er hatte das betreffende Werk, die 'Dioptrice', dem Kölner Kurfürsten, Erzbischof Ernst von Wittelsbach (1554-1612), gewidmet. Dieser hatte ihm im September 1610 in Prag für ein paar Tage sein Fernrohr geliehen. Vermutlich durch die guten Beziehungen des Kurfürsten zu Marcus Welser gelangte diese Dioptrik zum Druck nach Augsburg und wurde in Welsers Verlag herausgegeben, wenn sie auch nicht das Verlagszeichen trägt.[30]

Welser, zwar tolerant, doch der alten Kirche treu verbunden, hielt offenbar gute Verbindungen zu den Jesuiten in Ingolstadt. Von Pater Jakob Gretser hörte er von Christoph Scheiners Entdeckung der Sonnenflecken. Als Welser zur Veröffentlichung drängte, schickte ihm Scheiner Ende 1611 drei Briefe über seine Beobachtungen. Flecken auf der Sonne, das schien unglaublich! Die von Aristoteles verkündete absolute Reinheit der Sonne und die Unveränderlichkeit der Himmelskörper waren in Gefahr. Scheiners Prior hatte ihm verboten, die Beobachtungen unter seinem Namen zu veröffentlichen, weshalb Welser im Januar 1612 die drei Briefe über die Sonnenflecken unter dem Pseudonym Apelles drucken ließ.[31] Er schickte sie an Johann Faber (1574-1629) in Rom, einen deutschen Arzt aus Bamberg, mit der Bitte um Galileis Meinung. Galilei antwortete und diskutierte in drei ausführlichen Briefen diese Erscheinungen auf der Sonne, wobei er Welser mitteilte, er habe die Sonnenflecken bereits im Juli 1610 gesehen. Scheiner verteidigte sich in drei weiteren Briefen, die im September 1612 von Welser publiziert

[28] Stadtlexikon 1998 (Biedermann/Krämer: Mair, Alexander); Umbruch Bd. 2. S. 260f.

[29] Kepler Werke Bd. 7: Epitome Astronomiae Copernicanae. 1614. München 1953.

[30] Kepler: Dioptrice; Kepler Werke Bd. 4. S. 462-485: Nachbericht zur Dioptrice; Van Helden: Astronomical Telescope. S. 13-36.

[31] Rösch.

wurden.[32] Diese Aktivitäten Welsers brachten ihm wohl die Aufnahme in die Accademia dei Lincei, die Gesellschaft der 'Luchsgenossen', die 1603 von Fürst Federico Cesi (1585-1630) in Rom gegründet worden war, eine Vereinigung von Gelehrten und Wissenschaftlern, die das naturwissenschaftliche Experiment in den Mittelpunkt stellten. Sie bestand zuerst nur aus vier Mitgliedern, bis 1610 Giovanni Battista della Porta (1535-1615) aus Neapel hinzugewählt wurde. 1611 kam Galilei nach Rom, um sein Fernrohr und seine Entdeckungen vorzustellen und zu verteidigen. Cesi hielt ihm zu Ehren am 24. April ein Bankett, an dem unter anderen Johann Faber teilnahm. Bei diesem Bankett wurde der Name 'Telescopio' für das neue Instrument kreiert. Kurz darauf wurde Galilei das sechste Mitglied der Akademie. Es folgten bald weitere, darunter Johann Faber.[33] Faber war in Augsburg nicht nur Welser bekannt. Der Stadtarzt Raymund Minderer z.B. widmete ihm 1617 sein Buch 'De calcantho seu vitriolo', zu dem Faber den Anstoß gegeben haben soll.[34]

Cesi ließ 1613 im Namen der Akademie Galileis Briefe an Welser in Rom drucken. Der häßliche und noch lange dauernde Prioritätsstreit zwischen Galilei und Scheiner um die Entdeckung der Sonnenflecken wäre eigentlich gar nicht nötig gewesen, denn zuallererst hatten Thomas Harriot (1556-1621) in England und Johannes Fabricius (1587-1615), Sohn des ostfriesischen Pfarrers und Astronomen David Fabricius (1564-1617), die rätselhaften Gebilde auf der Sonne bemerkt. Johannes Fabricius hatte 1609/10 in Leiden studiert und von dort eine 'batavische Fernröhre' (Batavica perspicilla) oder 'holländische Brill' heimgebracht. 1611 erschienen seine Beobachtungen unter dem Titel 'De Maculis in Sole observatis ... Narratio' in Wittenberg im Druck.[35] Weder Scheiner noch Galilei scheinen davon Kenntnis gehabt zu haben.

Sicher stieß das neue Fernrohr und vor allem die mit seiner Hilfe entdeckten neuen Fakten am Himmel, die vier Jupitermonde, die sich verändernde Gestalt der Venus, die Mondgebirge und Sonnenflecken, in Augsburg auf lebhaftes Interesse. Ob Henisch ein Fernrohr benützte, ob Markus Welser eines besaß, ist nicht bekannt. Ein brauchbares Instrument war in diesen ersten Jahren nur schwer zu bekommen und sehr teuer. Welser starb bereits 1614. Nach seinem Tod ging das Welsersche Unternehmen in Konkurs und der Verlag 'Ad Insigne Pinus' hörte zu bestehen auf.

Noch zu Lebzeiten Welsers kam es zu einem Neubau des Schulhauses bei St. Anna und zu einem Umbau der benachbarten Stadtbibliothek durch den Stadtbaumeister Elias Holl. Das 1563 erbaute Bibliotheksgebäude hatte, wohl als Hin-

---

32 Tres epistolae de maculis solaribus. Scriptae ad Marcum Velserum, Augsburg 1612; De maculis solaribus et stellis circa Jovem errantibus accuratior disquisitio. Augsburg 1612.

33 Rosen: Naming of the telescope; Drake; Krenzer; Dizionario Biografico degli Italiani Bd. 43. 1993. S. 686-689; Johann Faber, päpstlicher Arzt und Gartendirektor, lebte seit 1598 in Rom.

34 Raimund Minderer: De calcantho. Augsburg 1618.

35 Goercke: Rivalen; Riekher S. 39; Mudry Bd. 1. S. 145-167; Bd. 2. S. 264-266.

weis auf die Sieben Freien Künste, sieben spitze Dächer erhalten. Auch der Turm besaß zuerst ein spitzes Dach. Sehr schön kann man diese frühe Gestalt im Stadtmodell des Hans Rogel im Augsburger Maximilianmuseum sehen. Nun erhöhte Holl den Bibliotheksturm und versah ihn mit einer Plattform.[36] Die Lehrer Georg Henisch und Johann Maior hatten bereits vor Jahren bei der Stadt darum gebeten, damit man den Horizont sehen könnte, wenn wieder ein neuer Stern auftauchen sollte. Damit bezogen sie sich auf die 'Nova' vom Herbst 1604.[37] Maior hatte schon zusammen mit Tycho Brahe und auch nach dessen Weggang die Sterne beobachtet, besonders die Nova von 1572. Diese beiden besonders hellen 'neuen Sterne', die plötzlich an einer Stelle aufleuchteten, an der vorher nichts zu sehen war, hatten die Diskussion um die Unveränderlichkeit des Fixsternhimmels, wie sie Aristoteles gelehrt hatte, heftig aufleben lassen. Die Tradition der astronomischen Beobachtungen war also in Augsburg nicht abgerissen. In seinem Tagebuch notierte Holl 1613:

> *Auch dismahl den Thurn an der Bibliothec umb 20 Schuech* [6m] *höcher aufgefüert, oben mit Kupfer gedeckht und ein Brustmauer darumb gemacht, mit einem Steinen gesimbs. Auf disem Thurn können die Astronomi die Stern bei der Nacht sechen und ire Kunst Exercieren.*[38]

Augsburg verfügte damit über die erste Schulsternwarte zumindest in Deutschland, wenn nicht in ganz Europa, sowie über eines der ersten speziell zu astronomischen Beobachtungen gebauten Observatorien (Abb. 1). Der Turm stand direkt hinter der Stadtmauer an der heutigen Fuggerstraße und bot reichlich freie Sicht. Für Henisch kam diese Sternwarte freilich ziemlich spät. Schon fünf Jahre nach ihrem Bau starb er im Alter von 69 Jahren.[39] Sein Nachfolger als Kalendermacher wurde Elias Ehinger (1573-1653), nach Rektor Hoeschels Tod im Jahr 1617 neuer Leiter des Gymnasiums. Sein Interesse an der Astronomie bezeugen zwei Kometenschriften von 1618 als sich ein gewaltiger Komet am Himmel zeigte.[40]

---

[36] Umbruch Bd. 1. S. 278f.; zu Hans Rogel (ca. 1532-1592/3), deutscher Schulmeister, Formschneider, Briefmaler, Verleger: Umbruch Bd. 1. S. 234.

[37] StAA Reichsstadt Bauamt: Rechnungsbelege 83 (Acta das Baumeisteramt betreffend, 1593-1611) fol. 108r. 20.6.1605: *D.Henisch und M.*[agister] *Johann Mayer begehren auf den thurn bei der bibliothec zu mauren, und ein gang herumb zumachen, damit wann neue stern und meteora sich an himel erzaigen, man den horizontem sehen künde*; fol. 129r. 30.8.1605: wiederholte Bitte der beiden Lehrer, weil sie einen neuen Stern beobachten wollen. Diese Notizen wurden mir freundlicherweise von Herrn Benedikt Mauer mitgeteilt.

[38] SuStBA 4° Cod. Aug. 82 fol. 27v; Meyer: Hauschronik der Familie Holl. S. 58. Eine neue von B. Mauer bearbeitete Edition ist geplant.

[39] Spring: Henisch. S. 104: Henisch bedankte sich 1613 in der Widmung seines zweiten Rhetoriklehrbuches bei den Stadtpflegern für die Errichtung des Turmes; Henisch: Praeceptionum rhetoricarum tabulis comprehensarum liber unus. Augsburg 1613.

[40] Elias Ehinger: Cometenhistoria. Augsburg 1618; E. Ehinger: Iudicium Astrologicum Von dem Newen Cometa. Augsburg 1618; Keil/Keil: Astronomie. S. 14f: Abb. 3: Titel von Ehinger: Iudicium.

Daß aber sehr wohl schon früh Fernrohre nach Augsburg gelangten, geht aus der Korrespondenz des Augsburger Kunsthändlers Philipp Hainhofer hervor. Für Herzog August den Jüngeren von Braunschweig-Lüneburg, dessen Agent er 1613 wurde, besorgte er von Anfang an wiederholt Fernrohre.[41] 1617 schickte er dem Herzog von Pommern einen üppig mit Kleinodien, Werkzeugen, Kuriositäten und Naturalien gefüllten 'Kunstschrank', unter dessen astronomischen Geräten sich auch ein Fernrohr befand.[42] Von Hainhofers langwierigen Bemühungen, in Italien ein gutes Gerät zu erhalten, zeugen seine Briefe. Etwa ab 1630 bezog er die optischen Instrumente von Wiesel, erachtete sie also schon damals den italienischen mindestens gleichwertig.[43] Mehr über die frühen Fernrohre im Kapitel III.3.

Aus einem späteren Brief von Philipp Hainhofer erfährt man, daß in Augsburg noch ein zweiter Sternwartenturm gebaut worden war und zwar von Philipp Eduard Fugger (1546-1618). Hainhofer wollte sich 1644 für Herzog Augusts Bibliothek nach dem Buch des Schreckenfuchs 'Commentaria in novas theorias planetarum' umsehen, *sonderlich in deß hern grafen Philip Eduard Fuggers seel: stattlicher bibliotheca (welche mit den Mathematischen instrumentis et picturis weit über die m/100. Rt.ʳ* [100 000 Reichstaler] *gekhostet hatt, vnd diser geweste gelehrte herr sich auf alle sachen wol verstanden*). Der Graf, schrieb Hainhofer weiter,

> *hatt sich gar schlecht vnd eingezogen ghalten, nur mit 2.rossen an der gutschen gefahren, all sein gelt nur auf bucher vnd raritäten gewendet, gelehrte leutt und khunstler zu sich an die tafel gesezt ... und stets, als ein alter herr, brillen auf der nasen tragen, und auf ein thurm, den Er an sein hauß dazu bauen lassen per tubum Galilaeum die maculas solaris und die neuen stern an des himmels firmament gesucht; ist gar ein freundlicher herr gewesen, den Ich wol gekhant habe.*[44]

Schon der Vater des Grafen, Georg II. Fugger (1518-1569), hatte eine Neigung zur Mathematik und Astronomie gezeigt. Der bekannte Astronom und Astrologe Cyprian Leovitius (1514-1574) hatte einige Jahre in seinem Haus in der damaligen Klebsattelgasse gelebt, das Philipp Eduard, der älteste Sohn, erbte. Dieses Anwesen in der Nähe von St. Ulrich, in der heutigen Armenhausgasse, war vermutlich der Ort dieses Beobachtungsturms. Auf einem Stich des Jeremias Wolff vom benachbarten Kapuzinerkloster um 1700 sieht man im Hintergrund ein Haus

---

[41] Wenn im folgenden von 'Hzg. August' ohne weiteren Zusatz die Rede ist, so ist damit jeweils Herzog August der Jüngere von Braunschweig-Lüneburg gemeint.

[42] Lessing/Brüning S. 39 und Tafel XXIV; Riekher S. 47; mehr darüber im Kap. III.3. Fernrohre.

[43] Gobiet: Auszüge des Hainhofer-Briefwechsels, die Kunst, Kunsthandwerk, Optik und Bücher betreffen. Die vielfältigen und zahlreichen Mitteilungen Hainhofers über die politische und soziale Situation in Augsburg und der übrigen Welt und persönliche Nachrichten fehlen.

[44] HAB 96 Novi fol. 328r-329r: 21.11./1.12.1644. Hainhofer an Hzg. August (teilweise in Gobiet 1404; aus Gobiet werden jeweils die Nummern der betreffenden Briefe angegeben.)

mit einem darangebauten Turm.[45] Von 1560 bis 1567 hatte Philipp Eduard in Padua, Bologna und Rom studiert und schon als Student lebhaftes Interesse für die Astronomie gezeigt.[46] Zusammen mit seinem Bruder Octavian Secundus hatte er sich 1578 aus der Familienfirma gelöst und eine eigene Handelsgesellschaft, die 'Georg Fuggerischen Erben' gegründet, die mit der Firma der Welser-Brüder in Geschäften stand.[47] Philipp Eduard kannte demnach sicher Markus Welser und ebenso den kaiserlichen Reichspfennigmeister Zacharias Geizkofler (1560-1616), von dem berichtet wird, daß auch er sich mit astronomischen Beobachtungen abgab, vor allem nachdem er 1603 sein Amt niedergelegt und von Augsburg auf sein Lehen Haunsheim bei Lauingen gezogen war.[48] Durch Geizkofler, der unter Wolf Schüler am Anna-Gymnasium gewesen war, und durch Marcus Welser war die Verbindung zu Henisch gegeben. Sie ist durch ein 'Judicium' des Jahres 1597 von Henisch für Philipp Eduard Fugger belegt.[49]

Daß zu Anfang des 17. Jahrhunderts wissenschaftlich eine aufgeschlossene Atmosphäre in Augsburg herrschte, zeigte auch ein öffentlicher pädagogischer Versuch. Mitglieder des evangelischen Scholarchats, der oberen Schulbehörde, ließen im Mai 1614 den Reformpädagogen Wolfgang Ratke (latinisiert Ratichius, 1571-1635) nach Augsburg kommen. Mit Unterstützung von Rektor David Hoeschel vom Anna-Gymnasium und vom Ephorus (Leiter) des Annakollegs Peter Meiderlin (1582-1651) und finanziert von Augsburger Bürgern, versuchte Ratke mit seinen zwei Gehilfen Christoph Helwig (1581-1617) und Joachim Junge (Jungius, 1587-1657) die von ihm entwickelte neue Lehrmethode zu erproben. Es ging vor allem um das schnelle Erlernen von Sprachen.[50] Sicher hat man auch darüber gesprochen, wie man Naturwissenschaften mit der neuen Methode lehren könnte, war doch Meiderlin ebenso daran interessiert wie Jungius, der von 1609 bis 1624 Professor der Mathematik in Gießen war, später Rektor des Hamburger Gymnasiums wurde und eine Reihe bedeutender physikalischer Schriften verfaßte.[51] Daß die Methode des Ratichius nicht offiziell am Anna-Gymnasium eingeführt werden konnte, mag indessen nicht nur an der ablehnenden Haltung des städtischen Rats gelegen haben, sondern auch an dem schwierigen Charakter von

---

45 Rummel Abb. 16.

46 Bastl; Hildebrandt R. S. 30; Lehmann z.B. S. 196, 214-230. Die Bibliothek dieses Fuggerzweiges befindet sich heute in Wien.

47 Hildebrandt, R.

48 Blendinger: Z. Geizkofler. S. 186. Zacharias Onkel Michael und Dr. Lukas standen lange Jahre im Dienst der Fugger.

49 Bastl S. 392: Österreichische Nationalbibl. Wien Handschriftenabteilung: CVP 13864: G. Henisch: Judicium de revolutione huius anni 1597.

50 SuStBA Cod. 2° S. 171. Akten des Steueramts zu Augsburg S. 238: *Wolfgang Ratichio u. 2. seiner Collaboratoren M. Joachimo Jungio u. Christophero Helvico welche in Lateinischer Sprach die jungen u. alten Personen eine neue Kunst zu lehren fürgeben, ein Jahr allhie zu wohnen vergönnt im Geh.Rath. 26. Juni 1614.*

51 Guhrauer S. 36-46; Karl Meyer: Optische Lehre; Meinel S. 35-39.

Ratichius, der im Juli 1615 die Stadt wieder verlassen mußte. Immerhin flossen 1633 unter Rektor Ehinger viele von Ratkes Gedanken in eine neue Schulordnung ein.[52]

Als Johann Wiesel etwa 1620 nach Augsburg kam, konnte er also durchaus mit einem starken Interesse an den neuen optischen Geräten rechnen, auch wenn Markus Welser, Hoeschel und Henisch, Philipp Eduard Fugger und Zacharias Geizkofler bereits tot waren. Vielleicht hat er Johann Bayer (+1625), Julius Schiller (+1627) und den ihnen freundschaftlich verbundenen Raymund Minderer (+1621) noch kennengelernt. Bayer hatte seine Sternbeobachtungen nach dem Erscheinen seines Himmelsatlas fortgesetzt und zusammen mit Schiller eine zweite Auflage vorbereitet, die ein Drittel mehr Sterne enthielt als die erste. Schiller ließ die antiken heidnischen Sternbildzeichnungen durch christliche Bilder ersetzen. Der 'Christliche Himmel', *Coelum Stellatum Christianum*, erschien 1627, im Todesjahr von Schiller, im Druck. Er fand durchaus Interesse, konnte sich aber in der Praxis nicht durchsetzen.[53]

Die Amtsjahre von Rektor Elias Ehinger waren überschattet von Teuerung, Pest und der Verschärfung der konfessionellen Spannungen. Wegen des Restitutionsedikts mußte er Augsburg von 1631 bis 1632 verlassen. 1635 zog er endgültig weg und wurde Rektor des Gymnasiums in Regensburg. Jetzt erlahmte die Beschäftigung mit der Astronomie in Augsburg.[54] Peter Meiderlin lebte bis zu seinem Tod 1651 in der Stadt.[55] Ob Wiesel zu Ehinger oder Meiderlin Kontakt hatte, ist nicht überliefert. Sehr bald aber muß der oben genannte Stadtarzt Carl Widemann den Weg in die neue optische Werkstatt gefunden haben.

---

52 Zu Hoeschel und Ratke vgl. Spring: Hoeschel S. 104-108; Hoppe S. 135-141.

53 Duerbeck: Der christliche Sternhimmel; J. Bellot: Coelum Stellatum Christianum.

54 Keil/Keil.

55 Bauer, L.: Meiderlin.

II. *Perspectivmacher, Optici* und ihre Werkstätten

Abb. 2. Kupferstich von Bartholomäus Kilian

1. Johann Wiesel Augustanus Opticus (1583 – 1662)

1.1 Herkunft und Beginn in Augsburg

Johann Wiesel, der später seine Instrumente mit 'Augustanus Opticus' signierte, war kein geborener Augsburger, wie man aus dieser Signatur schließen könnte. Er kam vielmehr aus der heutigen Rheinpfalz, aus dem kleinen Winzerort Burrweiler bei Landau, nahe am Pfälzer Wald gelegen, und wurde erst durch seine Heirat mit einer Augsburger Bürgerstochter selbst Bürger von Augsburg.[1] Sein Geburtsjahr war 1583.[2] Burrweiler gehörte zum kaiserlichen Lehen Geisburg, das die Dörfer Burrweiler, Flemlingen, Roschbach und Wernersberg umfaßte. Im 13. Jahrhundert erhielt das Zisterzienserinnen-Kloster von Heilsbruck bei Edenkoben das Patronatsrecht an der Pfarrkirche in Burrweiler und Anteile am Zehnten. Das kaiserliche Lehen war seit dem 13. Jahrhundert im Besitz der Familie von Dahn, die sich der Reformation in der Kurpfalz anschloß und Mitte des 16. Jahrhunderts in Burrweiler den protestantischen Gottesdienst einführte. Durch die Reformation fielen die Güter der umliegenden Klöster an den Kurfürsten von der Pfalz in Heidelberg. Die Einwohner des Lehens waren um 1600 zum überwiegenden Teil kurpfälzische Untertanen. Zu ihnen gehörte ein gewisser Hans Martin Wisel (Wessel), der Felder und Weinberge besaß. Dem Alter nach könnte er Johann Wiesels Vater gewesen sein.[3] Seine Wiederverheiratung im Jahr 1608 als Witwer ist ebenso belegt.[4] Hinweise von Richard Menges, daß Hans Martin Wisel ein

---

1 StAA Hochzeitsamtsprotokoll der Stadt Augsburg 1621 S. 197.

2 Eine der Quellen für Wiesels Alter ist sein Porträt, auf dem zu lesen ist: *Aetat:77. A° 1660.*

3 1588: H-M.Wisel Hausbesitzer im Hinterdorf (Mitteilung Richard Menges); zum Grundbesitz von Hans-Martin Wisel: Landesarchiv Speyer. F2, 188, S. 20a, 43, 46, 50; Geistliche Güter Administration Heidelberg Nr. 150a: Grundbuch Flemlingen 1609 Nr. 32; Steuerbuch 1609; Gerichtsbuch Burrweiler S. 58, Briefprotokoll 662: 1615, Klage gegen Hans Martin Wisel wegen Steuer von ¼ Logel Wein; Kurfürstlicher Untertan: StaatsA Wien Reichs-Hof-Rats-Akten Karton 97: Untertanenliste von 1603: Hans-Martin Wisel verweigerte zusammen mit anderen Kurpfalz-Leibeigenen in Flemlingen den Huldigungseid für den vorgesehenen neuen katholischen Lehnsherrn von Schönburg; Menges: Einwohner S. 285.

4 ZentralA der Ev. Kirche der Pfalz Speyer: Hochzeitsbuch der ev. Pfarrei Böchingen (Nachbarort von Burrweiler): 30.11.1608 Johann Martin Wässel zu Flemblingen, Witwer, heiratet Maria Knebs. Für diese Mitteilung danke ich Herrn Richard Wiesel, St. Leon-Rot.

wohlhabender, vermutlich zugewanderter Weber war, passen recht gut zu den Folgerungen des Ahnenforschers Richard Wiesel, daß die Wurzeln des Familiennamens Wiesel in der Stadt Wesel zu suchen seien. Reformierte Glaubensflüchtlinge, Tuchmacher zumeist, aus den südlichen Niederlanden hatten sich dort niedergelassen bevor sie ihre Wanderung nach Süden und Osten fortsetzten.[5]

Burrweiler erhielt nach dem Aussterben der Dahner Linie (Ludwig von Dahn +15.9.1603) 1604 einen neuen, diesmal katholischen Lehnsherrn, den kaiserlichen Leib-Gardehauptmann Hans Reichardus von Schönburg. Dieser führte wieder die katholische Konfession ein.[6] Spätestens jetzt dürfte Wiesel seine Heimat verlassen haben, wenn nicht schon früher. Wo er sich in den unmittelbar folgenden Jahren aufhielt, ist nicht bekannt. Der Eintrag im Augsburger Hochzeitsbuch weist ihn als Schreiber aus. Vielleicht hatte er das Schreiberhandwerk in der Dahner Kanzlei in Burrweiler erlernt? Der Lehrer Veltin Eberle übte in Burrweiler das Amt des Schreibers aus, sein Bruder in Flemlingen.[7]
Der Eintrag in das städtische Hochzeitsbuch erfolgte am 17.1.1621:

> *Hanns Wißel von Burweiler bei Landau am Rhein, ein Schreiber und Regina Arnöldin, hießig, beide ledig. Seine Bürgen Jeremias Schiffle Zeitungsschreiber und Andreas Sibenbürger Goldschmidt. ir Beistand Georg Jungmair Goldschmidt,*

derjenige ins Hochzeitsregister der evangelischen Gemeinde bei Heilig Kreuz am 10.2.1621. Als Bürgen des Bräutigams sind der Zeitungsschreiber Jeremias Schiffle (1559-1627) und der Goldschmied Andreas Sibenbürger (1579-1624) vermerkt.[8] Nachdem solche Bürgschaften nur von nahestehenden Personen geleistet wurden, ist zu vermuten, daß Wiesel als Schreiber für Schiffle tätig war, das heißt, daß er sich bereits 1620 in Augsburg aufgehalten hatte.[9] Wiesels Braut war Regina Arnold, die jüngste Tochter des um 1585 verstorbenen Kistlermeisters Weigand Arnold. Die Kistler waren Möbelschreiner und angesehene Handwerker.[10] Reginas Eltern, Weigand Arnold und Magdalena Dietrich, waren aus Grün-

---

[5] Herrn Bildhauer Richard Menges in Kaiserslautern, dessen Vorfahren aus Burrweiler stammten, bin ich für Informationen über die Geschichte und die Einwohner von Burrweiler sowie über vorhandene Akten zu großem Dank verpflichtet; ebenso Herrn Richard Wiesel für Ergebnisse seiner Ahnenforschung.

[6] Menges: Ein Beitrag; Nürck; Kirchenbücher von Burrweiler aus dem 16. Jh. existieren nicht mehr. Das private Von der Leyensche Archiv in Waal war mir leider nicht zugänglich. Es wurde 1998 nach Saarbrücken verkauft. Die Freiherren von der Leyen waren seit 1657 Inhaber des Lehens Geisburg.

[7] Schriftliche Mitteilung von Herrn Richard Menges vom 8.4.1992.

[8] StAA Hochzeitsamtsprotokoll der Stadt Augsburg 1621. S. 197; Ev.KRAA Hochzeitsbuch der ev. Gemeinde von Heilig Kreuz I S. 46 Eintrag 5 (K I 46/5).

[9] StAA Schätze 37/III, und 37/IV: Beschreibung der Stadt Augsburg von 1619; Register 56: Alphabetisches Register nebst Verzeichnis der Berufe; nach dieser Beschreibung hatte Schiffle 1619 keinen Gesellen.

[10] Stadtlexikon 1985 u. 1998 (Kapfhammer: Kistler).

berg im Taunus eingewandert und wurden am 20.9.1560 Bürger von Augsburg.[11] Der Goldschmied Hans Arnold, ein naher Verwandter, folgte und heiratete 1566 eine Augsburgerin, Barbara Miller, vielleicht die Schwester des bekannten Goldschmieds Wendel Miller I. (1520-1597), auf jeden Fall eine nahe Verwandte.[12] Regina lebte seit dem Tod ihrer Mutter 1604 im Haus des Goldschmieds Georg Jungmayr (1564-1634).[13] Üblicherweise wurden nach dem Tod eines Vaters für die Witwe und die Waisen jeweils zwei Pfleger bestellt. Auch beim Tod der Mutter, vor einer Wiederverheiratung des Vaters, wurden eventuellen Kindern aus früheren Ehen zwei Pfleger zugeordnet, die meistens zum Verwandtenkreis gehörten. Georg Jungmayr war 1604 zusammen mit dem Metzgermeister Onophrius Fürst Regina Arnolds Pfleger geworden und wurde bei der Hochzeit als ihr Beistand aufgeführt.[14] Er war mit Barbara Arnold verheiratet, der Tochter von Hans Arnold und Barbara Miller.[15] In der Familie Fürst gab es eine Sabina Arnold.[16] Andreas Sibenbürger, der zweite Bürge Wiesels bei seiner Hochzeit, war ein Nachbar der Familie Jungmayr.

Johann Wiesel und seine Braut waren beide noch ledig. Wiesel war mindestens 37 Jahre alt, Regina Arnold nicht viel jünger. Durch die Heirat fand Wiesel Eingang in eine verzweigte und künstlerisch vielseitig tätige Augsburger Handwerkerfamilie. Fünf der Brüder von Regina Arnold waren Goldschmiede, einer Kistler wie der Vater.[17] Durch die Familie Miller ergaben sich verwandtschaftliche Beziehungen zu dem Maler Martin Reichart, zu den bekannten Kupferstechern Lukas und Wolfgang Kilian, zu dem Goldschmied Johannes Lencker und zu zahlreichen anderen Augsburger Handwerkern, vor allem zu Goldschmieden. Martin Reichart (+ vor 1649), in drei Ehen mit Frauen der Familien Miller und Arnold verheiratet, scheint eine Schlüsselstellung in der Großfamilie innegehabt zu haben. Er trat jedenfalls wiederholt als Bürge, Pfleger und Pate in diesem Umkreis auf. Reichart bildete verschiedene 'Lernknaben' aus, darunter seine Söhne

---

11 StAA Reichsstadt Schätze 74: Bürgerbuch II 1557-1680.

12 StAA Hochzeitsbuch 23.6.1566. S. 125b; Steuerbuch 1566 S. 90a; StaatsAA Reichsstadt Augsburg Literalien B 560 S. 118 rechts: Barbara Arnold erwarb 1607 nach dem Tod von Wendel Miller (II), Sohn von Wendel (I), dessen Anwesen am Hohen Weg; zu Wendel Miller (I): Umbruch Bd. 1. S. 356f.; Seling Nr. 650.

13 StAA Steuerbücher.

14 StAA großes Pflegschaftsbuch 1594-1605. S. 406b. 16.11.1604; kleines Pflegschaftsbuch 1581-1613. S. 222b. 16.11.1604.

15 Heirat 1596: Ab September 1593 bis 1603 und von 1608-1617 besteht eine Lücke in den Hochzeitsamtsprotokollen der Stadt Augsburg. Die kirchlichen Hochzeitsbücher beginnen erst um 1600. Man kann das Hochzeitsjahr in den Steuerbüchern finden: StAA Steuerbuch 1596. S. 84b; StaatsAA Reichsstadt Augsburg Literalien 560 S. 21 (1609).

16 StaatsAA Reichsstadt Augsburg Literalien 560 (Haus C 359) 1596.

17 Arnold: Herkunft und Verbreitung; Der zweite Sohn Weigand Arnolds, Georg, lebte als Goldschmied in Nürnberg. Regina, die jüngste Tochter Weigands, vielleicht erst im Todesjahr ihres Vaters, 1585, oder danach geboren, ist in der genannten Schrift nicht erwähnt, ist aber durch die Einträge in den Pflegschaftsbüchern sicher als Tochter ausgewiesen.

Hans Jacob und Wolfgang aus seiner zweiten Ehe mit Susanna Arnold, den später bekannten Jonas Arnold d.J. (1609-1669 Ulm, Sohn von Jonas d.Ä.), einen Neffen von Regina Wiesel, und Elias Holl d.J. (1611-1657), einen Sohn des Stadtbaumeisters Elias Holl. 1632 heiratete Reichart in dritter Ehe Regina Arnold, die Schwester von Jonas d.J. Leider sind von ihm keine Werke bekannt.[18] Daß Johann Wiesel in den Familienverband integriert wurde, zeigen vor allem verschiedene Pfleg- oder Vormundschaften, die er im Lauf der Jahre übernahm. Zusammen mit Wolfgang Kilian war er Pfleger der Söhne von Martin Reichart und Susanna Arnöldin, zusammen mit Martin Reichart Pfleger von Philipp Arnold, einem Sohn seines Schwagers Wolfgang Arnold, und zusammen mit dem Goldschmied Jeremias Michael Pfleger seines Neffen Samuel Arnold.[19] Wiesels Frau Regina übernahm Patenschaften, z.B. 1633 und 1635 bei Kindern von Martin Reichart, 1639 bei einem Sohn des befreundeten Silberdrechslers Jakob Treffler.[20]

Einige Familienmitglieder waren sehr wohlhabend, so z.B. die älteren Brüder von Regina Arnold, die Goldschmiede Wolfgang I. (um 1564-1622) und Jonas d.Ä. (um 1570-1617). Wolfgang, der älteste Bruder Reginas, zahlte 1621 70 Gulden Steuer, Jonas in seinen letzten Lebensjahren 25 fl.[21] Auch Regina war nicht ohne Vermögen. 1621 mußte sie 200 Gulden mit einem Gulden versteuern. Diese Steuer hatte sie auch schon vor ihrer Ehe bezahlt.[22] Sicher erleichterte diese Situation Johann Wiesel die Gründung einer eigenen Werkstatt. Die erste Wohnung des Paares war bei der 'Sackpfeife', gegenüber dem Haus der Pflegeeltern Reginas, im Haus des Schuhmachers Georg Katzenschwanz, heute Äußeres Pfaffengäßchen 36 (Litera E 191 und 192).[23] Die meisten Mitglieder der Familien Arnold und Miller wohnten in dieser Gegend östlich des Domes, sowohl in der Frauenvorstadt als auch innerhalb des Frauentors in der Gegend des heutigen Mauerbergs, im Steuerbezirk 'Beim Diepold'.

---

18 Martin Reichart übernahm nach seiner ersten Hochzeit mit Sabina Millerin am 10.7.1611 die Meistergerechtigkeit seines 'Schwähers', des Stadtmalers Hans Miller (Schwager, Schwiegervater?). Von 1633 bis 1636 war er Vorgeher der Maler. StAA Malerbuch II, S. 51, 67, 193; Ev.KRRA Hochzeitsbücher: 4.7.1611 A I 68/59; 5.8.1613 A I 76/79; 8.11.1632 K I 86/58; Arnold: Jonas Arnold; Haemmerle: Elias Holl.

19 StAA Pflegschaftsbücher: 5.10.1632. S. 253: Wolfgang Kilian und Johann Wisel Pfleger bei den Söhnen von Martin Reichart und Susanna Arnöldin; ohne Beleg: Martin Reichart und Johann Wiesel Pfleger bei Philipp Arnold, Sohn von Wolfgang (I) Arnold; 27.4.1638. S. 453b: Wisel *auf eine Zeitlang* aus der Pflege entlassen; Pflegschaftsbuch 1639-1649. S. 140. 11.8.1640: Johann Wiesel und Martin Reichart Pfleger bei Philipp Arnold; ebd. S. 123. 19.5.1640: Johan Wißel und Jeremias Michael, Goldschmied, Pfleger von Samuel Arnold, Sohn von Hans (II) Arnold und Maria Roll.

20 Ev.KRAA Taufbücher: K I 277/56 (Hl.Kreuz); B II 110/52 und 216/241 (Barfüßer).

21 StAA Steuerbücher.

22 StAA Steuerbuch 1620 S. 25c; 1621 S. 25c.

23 StAA Steuerbuch 1621 S. 25c; Grundbuchauszüge E 191 & 192. Die Litera-Bezeichnung der Augsburger Häuser bestand von 1781-1938. Stadtlexikon 1985 u. 1998 (Hetzer: Litera); StAA Grundbuchauszüge: Rep. 336-353. Namensregister dazu: Rep. 361-364.

In den Jahren 1621 bis 1626 bekamen Johann Wiesel und seine Frau drei Kinder, Anna, Johannes und Regina. Von den beiden jüngeren fehlt später jede Spur; es ist möglich, daß sie früh verstorben sind. Paten waren bei jedem Kind der Goldschmied Hans Lencker und Anna Neuwäldin, die Frau des Goldschmieds Amos Neuwald.[24] Hans Lencker (1573-1637), Amos Neuwald (1575-1634), und dessen Schwiegervater Balduin Drentwett (1545-1627) gehörten zu den bedeutendsten Goldschmieden ihrer Zeit in Augsburg. Hans Lencker, ein Schwager Wolfgang Kilians, war zudem von 1622 bis 1631 und von 1632 bis 1635 Bürgermeister 'von der Gemein' und Mitglied des Kleinen Rats.[25] Wiesels Schwager Wolfgang Arnold gehörte dem Großen Rat an und wurde 1619 zusammen mit dem Maler Matthias Kager als Vertreter der Gemeinde in das Stadtgericht gewählt.[26] So hatte Wiesel mit seinem ganz neuartigen optischen Handwerk nicht nur Zugang zu einem Netz von Kunsthandwerkern gefunden, sondern auch zu politisch einflußreichen Kreisen der Reichsstadt. Katharina Sieh-Burens nennt in ihrer bahnbrechenden Studie zu diesem Thema neben den Patrizier-'Netzen' das 'Seitz-Netz', dessen Begründer und Mittelpunkt im 16. Jahrhundert der Weber Mang Seitz gewesen war. Ihm hatte neben anderen Handwerkern der Goldschmied Philipp Endris (+1612) angehört, der Schwiegervater von Johann Lencker und Wolfgang Kilian. Endris, verheiratet mit Susanna Miller, einer Tochter von Wendel I., war ebenfalls zeitweise Bürgermeister gewesen und von 1606 bis 1612 Mitglied des Kleinen Rats.[27]

Die Gründung der Werkstatt

Wiesel mag rasch erkannt haben, daß die Eröffnung einer optischen Werkstatt in Augsburg Erfolg haben könnte:

– Die Brillenmacher waren die ersten Handwerker, die optische Linsen schliffen. Im Musterregister von 1619, einem Verzeichnis waffenfähiger Augsburger Bürger mit Berufsangaben, ist jedoch kein einziger Brillenmacher verzeichnet.[28] Wiesel war also ohne Konkurrenz in der Stadt!

---

24 Ev.KRAA Taufbücher:	A II 565/326 (St.Anna):	Anna	12.11.1621
	A II 612/81	Johannes	12. 3.1623
	K I 230/11	Regina	1. 2.1626

25 StAA Rep. 39 Ämterbesetzung S. 26.

26 StAA Rep. 39 Ämterbesetzung S. 48: *Die von der Gemain eines Löblichens Statt Gerichts*; das Stadtgericht bestand aus 17 Mitgliedern, 11 von den Patiziern, 2 von den Mehrern, 2 von den Kaufleuten und 2 von der 'Gemein'.

27 Sieh-Buhrens: über das Seitz-Netz S. 116-122; StAAug Rep. 39 Ämterbesetzung S. 25.

28 StAA Register 56: Register über die Beschreibung der Stadt Augsburg von 1619.

– Das Brillenmacherhandwerk war in Augsburg kein organisiertes Handwerk mit Vorschriften für Lehrzeit und Meisterstücke und festen, zum Teil einengenden Regeln, wie z.B. in Nürnberg oder in Regensburg. Die Herstellung von Brillen, Fernrohren und anderen optischen Geräten war in Augsburg vielmehr eine 'freie Kunst'. Dies bot Wiesel sowohl die Möglichkeit, eine Werkstatt zu eröffnen, als auch den Spielraum für die Ausdehnung seines Angebots auf immer neue Instrumente und für die Zusammenarbeit mit anderen Handwerkern.[29]

– Augsburg hatte schon seit dem 16. Jahrhundert einen hervorragenden Ruf als Herstellungsort hochwertiger wissenschaftlicher Instrumente, Uhren und Automaten. Auch zu Wiesels Zeiten lebten bedeutende Uhr- und Kompaßmacher in Augsburg, z.B. Andreas Stahel, Georg Zorn oder Mitglieder der Familien Buschmann, Langenbucher, Pepfenhauser, Rugendas u.a.[30] 1619 gab es 42 Uhrmachermeister in der Stadt.[31]

– Augsburg konnte durch die Verbindungen seiner Kaufleute im In- und Ausland und die günstige Lage an großen Überlandstraßen gute Geschäftsbedingungen bieten. Es kamen ständig Reisende und damit potentielle Kunden in die Stadt, besonders auf dem Weg nach oder von Italien oder in kaiserlichen Geschäften nach Regensburg und Wien.

– Dank der schon lange bestehenden lebhaften Handelsbeziehungen zu Venedig war es nicht schwierig, venezianisches Glas zu erwerben, welches für den Schliff von Linsen am besten geeignet war.

Leider wissen wir nicht, wo Johann Wiesel das optische Handwerk erlernt hatte. Es fand sich keinerlei Hinweis auf seine früheren Aufenthaltsorte. Nürnberg und Regensburg schlossen ihre Brillenmacher streng nach außen ab. Die Nürnberger Brillenmacher waren sogar zeitweise ein 'gesperrtes' Handwerk, d.h. sie durften nicht wandern. Die hochspezialisierten Kenntnisse sollten in der Stadt bleiben. Sicher fertigten die Brillenmacher in diesen beiden Städten in den Jahren um 1620 auch einfache Fernrohre an. Herzog August von Braunschweig-Lüneburg z.B. wies Philipp Hainhofer 1624 darauf hin, daß er genügend *gemeine* besitze und keine solchen mehr wolle.[32] In beiden Städten konnte sich jedoch kein Brillenmacher als Hersteller der neuen optischen Instrumente profilieren. Die katholische Universitätsstadt Ingolstadt ist als Aufenthaltsort Wiesels wohl auszuschließen. Wiesel selbst schrieb im März 1625 an August Fürst zu Anhalt, daß er sich wohl rühmen dürfte, daß seine Linsen besser wären als andere, die zu Straß-

---

29 Greeff/Radicke: Die Nürnberger Brillenmacher-Ordnungen; Kurt Müller: Hat es in Nürnberg eine Brillenmacherzunft gegeben?; dieselben: Die Regensburger Brillenmacherordnung.

30 Bobinger: Kompaßmacher; Bobinger: Kunstuhrmacher.

31 StAA Register 56: Register über die Beschreibung der Stadt Augsburg von 1619.

32 HAB 94 Novi fol. 337r. 12.6.1624. Hzg. August an Hainhofer.

burg, in Frankreich und an anderen Orten gemacht würden.[33] Sollte das ein Hinweis darauf sein, daß er sich in Straßburg umgesehen hatte, wo es schon um 1466 einen Brillenmacher gab?[34] Wiesels Geburtsort in der Pfalz lag nicht weit davon entfernt.

1.2 Das optische Handwerk um 1620

Die gewöhnlichen Erzeugnisse der Brillenmacher wie Brillen, einfache Fernrohre oder Vergrößerungsgläser wurden auf den Jahrmärkten feilgeboten. Hainhofer erwähnt z.B. 1618 die 'Savoyer', denen er auf dem Jahrmarkt Brillen und 'perspicilla' abgekauft habe.[35] Es handelte sich hier um Einwohner des heutigen Grenzgebietes zwischen Frankreich und Italien. Auch die Bewohner der heutigen französischen Schweiz um Genf wurden als Savoyer bezeichnet. Der Fürst von Anhalt berichtete seinerseits von einem Optiker in Köln.[36] Weder dort noch in Straßburg ist etwas über das optische Handwerk in dieser Zeit überliefert.

Auch aus dem sonstigen Ausland sind aus den ersten zwölf Jahren nach dem Bekanntwerden der neuen Erfindung des Fernrohrs im Jahr 1608 nur wenige Namen von berufsmäßigen Optikern bekannt. Von den ersten Fernrohrbauern in den Niederlanden, die sich um die Ehre der Erfindung stritten, war Hans Lipperhey schon 1619 gestorben. Jacob Adriaenszoon (Metius) und Sacharias Janssen starben um 1630. Von ihren Arbeiten weiß man wenig. Sie scheinen keine Nachfolger gefunden zu haben, die über die engeren Grenzen hinaus bekannt geworden wären.[37] Selbst noch 1637 beklagte sich der holländische Astronom und Mathematiklehrer am Gymnasium in Amsterdam Martinus Hortensius (1605-1639) bei Galilei, daß man in den Niederlanden kein Fernrohr kaufen könne, das die Jupitermonde klar zeigen würde.[38] Cornelis Drebbel (1572-1633), ein zeitweise in London und Prag lebender Niederländer, der mit den Glashütten und Glasschlei-

---

33 NSLB Hannover Ms IV 341. S. 850-864: Kopien von Auszügen des Briefwechsels Widemanns und Wiesels mit August Fürst zu Anhalt in Plötzkau, von Widemanns Hand; S. 853. März 1625. Wiesel an August Fürst zu Anhalt: *Darff mich wohl rüemen daß mir keiner den Puncten so hoch suechet. deren doch sonsten vill 100. Aber gegen dem Meinen wie Taag und Nacht zue Straßburg, Inn Frangkreich und Mehr andern Ortten gemachet werden.* Vgl. Anhang A.1 Nr. I b; im folgenden wird das von Widemann verwendete Kürzel AFzA benutzt.

34 Rohr: Zu Thomas Youngs Gedächtnis. S. 195; Corson S. 25 (nach Pflugk).

35 NSAW 1 Alt 22 Nr. 172. fol. 187v-188r. 11.10.1618. Hainhofer an Hzg. August: *...die Christallinine Brillen... werden in Frankreich gemacht... Von den perspicillis in die weitten zu sehen, hab Ich von den saphoyern 3:ley sorten gekaufft.* (Gobiet 413).

36 NSLB Ms IV 341 S. 861. 3/13.12 1626. AFzA an Widemann.

37 Van Helden: Invention.

38 Galilei Opere XVII. S. 19. 26.1.1637. Hortensius an Galilei. Nach Van Helden: Importance. S. 9 FN 42.

fern seiner Heimat vertraut war, unternahm um 1620 in London Versuche, geeignetes Glas für Linsen herzustellen. Um die gleiche Zeit baute er Mikroskope mit zwei konvexen Linsen. Man kann ihn aber nicht zu den gewerbsmäßigen Optikern zählen; er war eher Ingenieur und Erfinder.[39] Der englische Gelehrte Thomas Harriot (1560-1621) hatte einen Gehilfen, Christopher Tooke (1572-1630), angelernt, der gute Fernrohre gebaut haben soll. Nach Harriots Tod hörte man jedoch nichts mehr von ihm.[40]

Von dem Prager Mechaniker und Uhrmacher Heinrich Stolle (+1626) hat sich im Britischen Museum in London ein kleines, etwa 8 cm langes Fernröhrchen erhalten. Es wurde aus Messing gefertigt und vergoldet. Die Hülse, aus demselben Material, ist mit einer Krone verziert; deshalb nimmt man an, daß das Instrumentlein dem Kaiser gehörte. Von diesem Handwerker Stolle weiß man leider wenig. Es haben sich einige Geräte erhalten, aber nur dieses eine optische.[41]

In Paris lebte Daniel Chorez (ca. 1580-1659), der 1625 ein Flugblatt als Werbung für ein 'Binoculum', ein Fernrohr für beide Augen, drucken ließ. Darin gab er an, daß er dem König schon 1620 ein Fernrohr präsentiert habe.[42] Wenn er auch später noch als 'lunetier' erwähnt wird, scheint er sich doch mehr durch mathematische und mechanische als durch optische Instrumente ausgezeichnet zu haben.[43]

In Italien setzte Galilei die ersten Fernrohre zusammen. Bedini schildert ausführlich, welche Schwierigkeiten Galileis Freunde in Venedig hatten, geeignete Linsen für ihn zu erwerben.[44] In ihren Briefen werden einige Namen von dortigen Linsenschleifern genannt, Girolamo Bacci, ein Spiegelmacher Maestro Antonio oder der Brillenmacher Armanno. Sie scheinen bis 1620 keine bemerkenswerten Fortschritte in der Fertigung von Linsen erzielt zu haben. Keiner von ihnen machte sich jedenfalls als Hersteller von Teleskopen oder Mikroskopen einen Namen, obwohl man in Venedig schon 1612 Fernrohre mit mehreren Auszügen kaufen konnte.[45] In Florenz entstanden um 1618/20 zwei Glashütten. Dort fand Galilei um 1619 einen begabten jungen Arbeiter, der Mosaiksteine schliff, 'pietre dure', Ippolito Francini (1593-1653). Er betrieb um diese Zeit bereits eine eigene Werkstatt und produzierte in den folgenden Jahren, wohl unter der Anleitung Galileis die besten Linsen, die Galilei je zur Verfügung standen, arbeitete aber später ausschließlich für den Florentiner Hof.[46]

---

39 McConnell Chapter 4. S. 8f.; Drebbel konstruierte z.B. ein Tauchboot für die Themse und versuchte sich am Perpetuum mobile.

40 McConnell Chapter 5. S. 2f.; Riekher S. 35-37.

41 Riekher S. 46.

42 BNP f. fr. 9531: 'Les admirables lunettes d'approche ... , dedié au Roy, l'an 1625. Par D. Chorez' fand sich unter den Papieren von Peiresc.

43 Mersenne Correspondance Bd. 8. S. 542. 16.10.1639. Descartes an Mersenne; Pierre Borel: De vero telescopii inventore. 1655. S. 11. Siehe Kap. II.7.2.

44 Bedini: The makers; ders.: A treatise S. 105f.; Pedersen S. 142-148.

45 Bericht von J.V. Andreae; siehe Kap. III. 3: Fernrohre.

46 Bedini: The makers. S. 108-115; Varetti.

Daß man sich in Neapel schon im 16. Jahrhundert mit optischen Forschungen beschäftigt hat, ist durch die Werke von Giovanbattista della Porta bezeugt. Es ist deshalb nicht zu verwundern, daß dort schon früh optische Instrumente zu finden waren. Der Neapolitaner Francesco Fontana (1580-1656) veröffentlichte 1646 seine Beobachtungen: 'Novae coelestium terrestriumque rerum observationes'.[47] Darin gab er an, schon 1608 das Mikroskop und 1614 ein Fernrohr mit zwei konvexen Linsen gebaut zu haben. Diese Angaben wurden vielfach angezweifelt. Um 1620 wird er aber bereits optische Instrumente hergestellt haben, wenn auch im übrigen Italien sein Name erst nach 1635 bekannter wurde. Ob Fontana unter die berufsmäßigen Optiker gerechnet werden kann, d.h. ob er vom Verkauf seiner Instrumente leben konnte oder mußte, ist nicht klar. Wenn er das oben genannte, lateinisch geschriebene Buch selbst verfaßt hat, kann er kein einfacher Handwerker gewesen sein. Van Helden nennt ihn 'telescope maker' und zitiert einen Brief vom 11.9.1638, in dem es von Fontana heißt, er sei gut gebildet, und habe ohne Studium der Mathematik, nur geführt durch die Natur und Neigung seiner Begabung, begonnen Linsen zu polieren und es zu ausgezeichneten Ergebnissen gebracht.[48] In der Literatur wird er manchmal als Jurist bezeichnet.[49]

In Spanien wurden schon früh Brillen gefertigt. Daza de Valdes, ein Notar aus Sevilla, veröffentlichte 1623 eines der ersten Bücher über den Gebrauch der Brillen: 'Uso de Los Autojes'.[50] Obwohl es in Spanien im Gegensatz zum übrigen Europa Mode wurde, Brillen zu tragen, ist über die weitere Entwicklung des optischen Handwerks, vor allem über die Herstellung von Fernrohren und Mikroskopen nichts bekannt. Das hat auch mit dem zunehmenden Abschluß des Landes nach außen zu tun. Die Inquisition und die äußerst konservative Haltung der katholischen Kirche und der spanischen Könige trieben das Land in eine gewisse Isolation.

Als Wiesel um 1620 nach Augsburg kam, war das Brillenmacherhandwerk in manchen Städten gut etabliert. Trotzdem war es noch schwierig ein brauchbares

---

47 Winkler/Van Helden: Representing the Heavens. S. 216: *the first picture book of telescopic astronomy.*

48 Galilei: Opere. 1890-1909. Bd. XVII. S. 374f: 11.9.1638. Giovanni Giacomo Cozzolani an Carlo Antonio Manzini: *Hora si trova in Napoli una persona assai civile, chiamata il Fontana, la quale, senza alcun studio di matematica, ma guidata ed indutta solamente dalla naturalezza et inclinatione del proprio genio, s'è messa a polire vetri di cannocchiali, et in tale arteficio è pervenuta a tanta eccellenza che con questi arriva a scoprire nel cielo cose nove e ad ingrandire straordinariamente l'altre.* Zitiert nach Van Helden: The Astronomical Telescope. S. 19f u. 25-29, hier S. 27; Arrighi.

49 Hirzgarter 1643. S. 12f: *..vor wenig Jahren/ hat ein Sinnreicher Neapolitanischer Edelmann/ zwey die allerbesten Perspectiv=Rohr/ von denen jemals ghört worden/ zurichten lassen...* Hirzgarter erwähnt den Namen Fontana nicht, bezieht sich aber wiederholt auf das *Neapolitanisch Perspectiv=Rohr* (S. 20-22). Man weiß also nicht, wer der Edelmann war. Rudolf Wolf schreibt 'vielleicht Franz Fontana' in: R. Wolf: Hirzgarter S. 93; Whitaker: Selenography S. 129-131; Poggendorf I Sp. 767: 'Dr. Juris und Edelmann'.

50 Kuisle S. 46.

Fernrohr zu bekommen, obwohl man das Instrument seit etwa zehn Jahren kannte. Vergrößerungsgläser waren schon länger in Gebrauch. Zwar hatte bereits Galilei sein Fernrohr auch als Mikroskop verwendet, aber auf dieses aus zwei Linsen zusammengesetzte Instrument wurde man erst 1622 in Paris aufmerksam, als Jakob Kuffler Drebbels Mikroskop Maria de Medici vorführte und 1624, als Galilei in Rom das Drebbelsche System kennen lernte. Während er sein 'holländisches' Rohr mit Konkav- und Konvexlinse (Zerstreuungs- und Sammellinse) benützt hatte, verwendete Drebbel zwei Konvexlinsen. Bei der Eröffnung von Wiesels Werkstatt zu Beginn des Jahres 1621 stand die Entwicklung der optischen Instrumente also noch ganz an ihrem Anfang.

1.3 Schwere Zeiten

Gleich in Wiesels ersten Augsburger Jahren spitzte sich die Situation im deutschen Münzwesen zu. Schon seit dem 16. Jahrhundert war eine 'Münzverschlechterung' im Gange, d.h. gute Münzen wurden eingezogen und dafür solche mit geringerem Edelmetallgehalt geprägt. Nach der Schenkelbewegung der Balkenwaagen, mit denen das Geld gewogen wurde, sprach man etwa seit 1620 von der sogenannten 'Kipper- und Wipperzeit'. Die Folge waren Geldverknappung und Teuerung, was vor allem die Getreidepreise, aber auch die Preise anderer Dinge des täglichen Lebens betraf.[51] Hainhofers Klagen über die *erschröckliche theurung* zogen sich ab 1621 über einige Jahre hin. 1623 kann man lesen: es *wechst die theurerung umb sovil mehr, weil der Bayrfürst nichts herein lasset.*[52] In demselben Jahr wurde eine Währungsreform durchgeführt, durch die man zur Reichsmünzordnung zurückkehrte.[53]

Weil das optische Handwerk in Augsburg als freies Wesen galt, gibt es in den Handwerkerakten keinen Nachweis über den Beginn von Wiesels Werkstatt. Der früheste Beleg darüber, daß er mit dem optischen Gewerbe den Unterhalt seiner Familie verdiente, fand sich in einer 'Getreideverteilungsliste' vom Dezember 1622. Die 214 'Gassenhauptleute' von Augsburg sollten diejenigen Bürger in ihrem Bezirk aufzeichnen, die ihrer Meinung nach so bedürftig waren, daß sie von der Stadt Getreide zum verbilligten Preis bekommen konnten. Festgehalten wurden Name und Beruf, Mietzins, Anzahl der zum Haushalt gehörenden Personen, Zahl der Kinder und deren Alter. Bei Wiesel wurde notiert: '*Arbait von glaß*, 18 Kreuzer wöchentliche Miete, vier Personen, darunter ein Kind von einem Jahr'.

---

51 Schrötter S. 306f.; Häberlein: Brüder S. 318-323.

52 Gobiet: vgl. vor allem die Nummern 600 bis 800; HAB 96 Novi fol. 15v. 14.9.1623. Hainhofer an Hzg. August (Gobiet 704).

53 Stadtmüller: Münzwesen.

Vom städtischen Proviantamt wurde eine ganze Menge der über 6 400 aufgelisteten Haushaltsvorstände wieder gestrichen, entweder weil sie Hausbesitzer waren, höhere Steuern bezahlten oder keine Kinder hatten, wie Roeck vermutet.[54] Auch Wiesel gehörte zu diesen wohlhabenderen Bürgern. Er zahlte über einen Gulden Steuer und seine Miete ließ auf eine größere Wohnung, wenn auch einschließlich der Werkstatt, schließen. Unklar ist, wer die vierte Person im Haushalt war. Wahrscheinlich handelte es sich um eine Magd; denn Wiesel beschäftigte vor 1638 keine Mitarbeiter.[55]

Trotz der Teuerung konnte Wiesel sein Geschäft entwickeln und vier Jahre nach seiner Heirat, zu Beginn des Jahres 1625, eine ganze Palette optischer Instrumente anbieten. Dieses Angebot, das erste, das uns bekannt ist, wurde von Carl Widemann an August Fürst zu Anhalt in Plötzkau an der Saale im heutigen Sachsen-Anhalt verschickt. Wiesel nannte sich darin *Perspectivmacher und Kristalldreher* und setzte sich damit von Anfang an von den gewöhnlichen Brillenmachern ab.[56] Daß Widemann auch in den folgenden Jahren seinen Briefpartnern von Wiesels Arbeit berichtete, bezeugt die Liste, die er 1630 an Herzog August d.J. von Braunschweig-Lüneburg sandte.[57] Man kann ihn demnach als einen Förderer der jungen Werkstatt ansprechen. Wiesels Bekanntschaft mit Widemann zeigt, daß Wiesel rasch Zugang zu naturwissenschaftlich interessierten Kreisen in Augsburg fand, wozu schon früh die Ärzte gezählt hatten.

Carl Widemann, am 2.8.1555 in München geboren, hatte in Ingolstadt, Leipzig, Padua und Dole Medizin studiert und wurde 1586 in das Augsburger Collegium Medicum aufgenommen. Schon der Eintrag in die Matrikel in Padua am 22.5.1582 bezeichnet ihn als 'Augustanus', d.h. als Augsburger Bürger.[58] Das deutet darauf hin, daß seine Familie aus Augsburg stammte oder nach der Geburt des Sohnes Carl in die Reichsstadt gezogen war, und dieser nicht erst 1584 durch seine Heirat mit Regina Zimmerman, der Tochter eines Juristen, das Bürgerrecht erhielt.[59] Er bekleidete städtische Ämter wie Pestarzt und Stadtarzt. Seine Kollegen wählten ihn dreimal zum Dekan des Collegium Medicum und 1616 zum stän-

---

54 StAA Reichsstadt Musterungsbücher (EWA 248): *Ordentliche Beschreibung: In welcher die Viertl: und Gassenhauptleüth auch vieuiel Jeder vnder seiner Haubtmanschaft Mitburger, vnd wie starckh Jeder in sein Haußhaben vber sein Tüsch gewesen, so in der A° 1622 eingefallne*[n] *Schweren Theürung Meiner Herren Hilff genommen* (Getreideverteilungsliste). fol. 136r: Wiesels zuständiger Gassenhauptmann war der Weber Elias Vischer; Roeck: 'Arme'; Stadtlexikon 1985 u. 1998 (Kraus: Gassenhauptmannschaften).

55 NSAW 1 Alt 22 Nr. 177i. fol. 7r-8v. 3/13.2.1631. Hainhofer an Hzg. August: (7r) *Umb die brüllen und perspicilla halte ich offt an, der Wisel hat aber eben vil arbait, khaine ghilfen, und machet alles nur allain.* (Gobiet 1041).

56 NSLB Ms IV 341. S. 850-864: siehe Anhang A.1 Verzeichnisse; Gilly: Andreae. S. 46-51.

57 HAB 95 Novi fol. 228r. 30.9.1630. Hzg. August an Hainhofer; HAB Bibliotheksarchiv II: Widemann Briefe.

58 Matricule Nationis Germanicae Artistarum in Gymnasio Patavino 1553-1721 a cura die Lucia Rossetti. Padova 1986. S. 53 Nr. 456.

59 Haemmerle: Hochzeitsbücher Nr. 1235.

digen Vikar. Widemann war, wie bereits angedeutet, Anhänger des Paracelsus, alchemistisch interessiert und besaß in seiner reichen Bibliothek einschlägige Bücher und Handschriften, von denen er viele selbst abgeschrieben hatte. Er pflegte einen ausgedehnten Briefwechsel, hatte aber auch persönliche Kontakte zu alchemistischen Kreisen. So war er mit dem Augsburger Goldschmied Lorenz Den, Tycho Brahes Gastfreund, befreundet gewesen.[60] Manches Werk des Paracelsus hat sich nur in der Kopie von Widemanns Hand erhalten.[61] Joachim Telle nennt ihn eine *Zentralgestalt des frühneuzeitlichen Paracelsismus*[62] und Carlos Gilly schreibt, er habe *durch seine unermüdliche Kopisten- und Sammlertätigkeit während mehr als dreißig Jahren viele ungedruckte Werke des Paracelsus für die Nachwelt gerettet*, wie auch einen großen Teil der Handschriften von Schwenckfeld und seinen engsten Mitarbeitern.[63] Widemann war zweimal verheiratet und hatte eine Tochter und neun Söhne, die alle das Erwachsenenalter erreichten.[64] In den letzten Jahrzehnten seines langen Lebens mußte er bitteres Leid ertragen. Durch die hohen Ausgaben für seine Bibliothek und seine zahlreichen Kinder, von denen einige studierten, und die Teuerung in den frühen zwanziger Jahren arm geworden, suchte er seine Handschriften zu verkaufen. 1624 schrieb er an Herzog August:

> *Meine Bibliothecam librorum manuscriptorum, daran Ich 40.v.mehr Jahr hab colligirtt in Allerlaj loblichen facultatib.v.scientijs mit vilem Raißen, Versaumnus, gfar v. cossten, sehe Ich gern das sie ain verstendigen v.milden Patronum bekeme, damit sie nit post Obitum* [nach meinem Tod] *In vnwüerdiger vnverstendiger Leütt hände keme.*[65]

Durch das Restitutionsedikt verlor der alte Arzt seine städtischen Ämter. Am 16.3.1630 bat er bei der Stadt um Zeugnisse der ehelichen Geburt für seine sechs Söhne aus zweiter Ehe, die man benötigte, wenn man die Stadt verlassen wollte. Ein Wegzug scheiterte wahrscheinlich an der Summe, die man beim Austritt aus

---

60 Keil: Tycho Brahes Aufenthalt; siehe auch Kap. I. 2.

61 Sudhoff; Widemann-Briefe: LandesA Sachsen-Anhalt in Oranienbaum. Abteilung Köthen A 17a Nr. 100; NSLB Hannover; Murhardt'sche Bibliothek in der Gesamthochschulbibliothek Kassel, 2° Ms. chem. 7 Bl. 63r-94v; HAB und NSAW Wolfenbüttel; Paulus S. 335-406; Gilly: Haslmayr.

62 Telle: Vom Stein der Weisen. S. 183.

63 Gilly: Theophrastica Sancta. S. 447.

64 2. Ehe 1606 mit Regina Zorzi, Tochter eines italienischen, in Augsburg ansässigen Kaufmanns; Haemmerle: Hochzeitsbücher Nr. 1948. Zu Sebastian Zorzi: Backmann S. 233-237.

65 HAB Bibliotheksarchiv II: Widemann Briefe o.S. 5.7.1624 (st.n.). Widemann an Hzg. August; colligere lat. sammeln, erwerben.

dem Bürgertum zahlen mußte.[66] 1635 mußte er den Verlust von zwei Söhnen, beides Ärzte, beklagen. Am 21.10.1637 starb er selbst im Alter von 82 Jahren.[67]

August Fürst zu Anhalt gehörte zu dem deutschen Alchemistenkreis, mit dem Widemann in Verbindung stand.[68] Er hatte 1603 bei der Erbteilung des Landes Anhalt auf ein eigenes Fürstentum verzichtet, erhielt aber 1606 nachträglich die winzige Herrschaft Plötzkau an der Saale. 1611 bezog er das Schloß und ließ im Nebengebäude ein Labor und eine Münzstätte einrichten. Der Briefwechsel über optische Instrumente, in dem auch Briefe von Wiesel selbst enthalten sind, zog sich mehr als drei Jahre lang hin, von 1625 bis 1628, zeitweise unterbrochen und vielleicht auch beendet durch den Krieg. Schon im Herbst 1625 fiel Wallenstein mit seinem Heer in den Saalekreis ein und verwüstete das Land. Fürst August interessierte sich in Wiesels Angebot vor allem für Vergrößerungsgläser und Brenngläser, die man in chemischen Versuchen benützen konnte, kaufte aber auch Flohbüchslein, Landschaftsspiegel und ein Perspektiv (Fernrohr). Flohbüchslein nannte man kleine Dosen, deren Deckel aus einem Vergrößerungsglas, der Boden aus einer durchsichtigen Scheibe aus Glas, Glimmer oder Gipskristall (Fraueneis) bestand. In ein derartiges Döschen konnte man z.B. Insekten jeglicher Art setzen und sie durch die Linse betrachten.

In den Jahren 1627 und 1628 suchte die Pest die Stadt Augsburg heim. Sie raffte über 12 000 Menschen dahin, mehr als ein Viertel der Bevölkerung.[69] Besonders schlimm war es im August 1628, wie Hainhofer anschaulich schilderte:

> *Die pestis nimmt leider hie mehr zu dan ab, und khombt dise woche über 700 persohn* [ins Grab] *hinein. Gott wöll sich unser in gnaden erbarmen und dise straf, sowohl als Krieg, contribution und theuerung zusammen abwenden.*[70] Zehn Tage später hieß es drastisch: *Die infectio reisset leider alhie von tag zu tag mehr ein, sein verschiene woche 454 gestorben, würdt dise woche nit weniger sein und schon 3 medici drauf gangen alle 3,*[71] und im April 1629: *in die 40. Küstlerwerkhstetten auß gestorben* [Kistlerwerkstätten].[72]

1629 traf die Durchführung des Restitutionsedikts die evangelischen Einwohner von Augsburg schwer. Der Kaiser hatte verfügt, daß ein Artikel des Augsburger Religionsfriedens, der sogenannte 'geistliche Vorbehalt', der von den Protestanten

---

66 HAB Bibliotheksarchiv II. 17.8.1629 (st.n.) Widemann an Hzg. August: ... *hab 9. söhn so Alle noch im leben seindt. ... bin Ich gentzlich bedacht mich mitt den meinigen Inn sicherere Ort v. lufft zue begeben*; StAA Reichsstadt Urkundenkonzepte. Geburtsbriefe Nr. 311/12.3.

67 StAA Akten des Collegium Medicum; biographische Angaben bei Ahorner: Beilage zum Intelligenzblatt Nr. 47 (1854) 205f.; Paulus; Gilly: Haslmayr; Gilly: Cimelia.

68 Hoppe; Paulus S. 343f.

69 StAA EWA 1715: Tabelle der Geburten, Hochzeiten und Todesfälle 1501-1783.

70 NSAW 1 Alt 22/177f fol. 26r-v. 11/21.8.1628. Hainhofer an Hzg. August (fehlt bei Gobiet).

71 NSAW 1 Alt 22/177f fol. 23r. 21/31.8.1628. Hainhofer an Hzg. August (fehlt bei Gobiet).

72 NSAW 1 Alt 22/177g fol. 8r. 16/26.4.1629. Hainhofer an Hzg. August (Gobiet 948); 1610 hatte es laut Musterregister 115 Kistlermeister gegeben.

nie anerkannt worden war, in Kraft treten sollte. Alle den Katholiken nach 1552 genommenen Kirchengüter mußten zurückgegeben werden.[73] Die evangelischen Kirchen wurden geschlossen, zwei, nämlich Ev. St. Georg und Ev. Heilig Kreuz 1630 sogar abgerissen. Die Pfarrer, die nicht Bürger waren, wurden aus der Stadt gewiesen. Dr. Widemann gehörte zu jenen evangelischen städtischen Angestellten und Ratsherren, die 1630/31 wegen ihrer Konfession entlassen wurden, ebenso der Stadtbaumeister Elias Holl und die Lehrer des städtischen Gymnasiums bei St. Anna (diese schon Ende 1629). Wiesel als eigenständiger Handwerker war von den Maßnahmen weniger betroffen; denn wollte man gute Ware einkaufen, so spielte vor allem deren Qualität und nicht die Konfession des Herstellers die entscheidende Rolle. Bei den organisierten Handwerkern wurden allerdings nur noch Gesellen zur Meisterprüfung zugelassen, die den Besuch der katholischen Gottesdienste gelobten und die Ämter in den Handwerken wurden nur noch mit katholischen Mitgliedern besetzt.[74]

Herzog August d.J. von Braunschweig-Lüneburg sollte der treueste Kunde des Augsburger Optikers werden und über dreißig Jahre bis zu Wiesels Tod mit ihm in Verbindung bleiben. Die Korrespondenz von Herzog August mit seinen Augsburger Agenten und Räten Philipp Hainhofer und dessen Schwiegersöhnen Hans Martin Hirt (1588-1661) und Johann Georg Anckel (+1676), die sich in Wolfenbüttel erhalten hat, ist eine außerordentlich ergiebige Quelle für Wiesels Geschäft und sein weiteres Leben.[75] Dagegen konnte von den Instrumenten, die der Optiker in der langen Zeit an den Braunschweiger Hof geliefert hat, nicht eines mehr aufgefunden werden. Philipp Hainhofer, aus einer angesehenen Augsburger Kaufmannsfamilie stammend, die mehrmals mit Patriziern versippt war, weitgereist, studiert und sprachkundig, war vor allem als Kunsthändler tätig. Daneben versorgte er seine verschiedenen fürstlichen Kunden mit politischen und anderen Nachrichten sowie allen möglichen Dingen des täglichen Bedarfs. Ein großer Teil der Bestellungen Herzog Augusts, der zu Anfang als nachgeborener Sohn in Hitzacker an der Elbe lebte, bezog sich auf Bücher für seine schon damals berühmte Bibliothek. 1635 wurde ihm das Herzogtum Braunschweig zugesprochen und erst in diesem Jahr übernahm er die Herrschaft. Weil kaiserliche Truppen die Stadt Wolfenbüttel besetzt hielten, zog August einstweilen nach Braunschweig. 1643 konnte er nach einem Separatfrieden mit dem Kaiser endlich von seiner Wolfenbütteler Residenz Besitz ergreifen.

---

73 Stadtlexikon 1985 u. 1998 (Rajkay bzw. Rummel: Restitutionsedikt); Jesse S. 208-220; Roeck: Als wollt die Welt. S. 227.

74 Weiss: Goldschmiede S. 199; am 22.9.1631 wurden die ev. Ratsmitglieder entlassen; StAA Baumeisterbuch 1631: für das Jahr 1631 findet sich für Widemann keine Besoldung mehr.

75 Eine Übersicht der Briefe findet sich bei den Quellen. Verschiedene Beiträge zu Hainhofer und Hirt in Brüning/Niewöhner; zu Anckel: Härtel.

Hainhofer unternahm als Pommerscher oder Braunschweigischer Rat wiederholt Reisen an verschiedene Fürstenhöfe, aber auch in anderen Geschäften.[76] Sein Urteil als Kunstsachverständiger war gefragt. 1632 wurde er von König Gustav II. Adolf von Schweden in die sogenannten 'Schwedischen Geschlechter', d.h. ins Augsburger Patriziat aufgenommen.[77] Hainhofer sorgte für bedeutende Aufträge an die Kunsthandwerker, stellte allerdings hohe Ansprüche an die Ausführung der Erzeugnisse. Sein Name ist besonders mit dem Entwurf und der Herstellung Augsburger Kunstschränke, die er oft Schreibtische nannte, verbunden.[78] Er war selbst Sammler und besaß eine berühmte Kunstkammer. Oft suchten ihn Reisende auf der Durchreise auf, um seine Sammlungen und seine Stammbücher zu sehen, in denen sich Einträge allerhöchster Herrschaften fanden.[79] Er führte seine Besucher auch zu den Handwerkern und Künstlern und beriet sie beim Einkauf, so z.B. den Kardinal Alessandro Orsini (1593-1626), der 1624 drei Tage lang anonym mit Hainhofer *in der Statt zu den künstlern nur mit ainem Cammerdiener herumb gehausiert,*[80] oder den Prinzen Mattias de Medici (1613-1667), der 1637 eine beachtliche Anzahl mathematischer Instrumente des verstorbenen Christoph Schißler in Augsburg kaufte.[81] Auch brieflich wurden oft Anfragen an ihn herangetragen, die er an die Handwerker weitergab. Nicht zu Unrecht nannte ihn der mit ihm befreundete bekannte Stuttgarter Theologe Johann Valentin Andreae *aller Künstler Apollo und Vatter.*[82]

Seit Herzog August, angeregt durch Wiesels Angebotsliste, die er 1630 von Widemann erhalten hatte, etliche optische Geräte bestellt hatte, hatte Hainhofer die Übersendung von Wiesels Waren an den Braunschweiger Hof übernommen. Von ihm erfuhr Herzog August im Dezember 1630, daß Wiesel bereits für den deutschen Kaiser Ferdinand II. (1578-1637) und den bayerischen Kurfürsten Maximilian I. (1573-1651) arbeitete.[83] Wiesel hatte sich rasch einen guten Namen erworben. Es gab in diesen Jahren noch wenige Handwerker, die die hohe Präzi-

---

76 Haeutle: Reisen; Doering: Hainhofer Reisen nach Innsbruck und Dresden. S. 6-13.

77 Stetten d.Ä.: Geschichte Bd. 2. S. 181.

78 Alfter S. 42-62.

79 z.B.: NSAW 1 Alt 22 Nr. 177a fol. 23r-25v. 20/30.3.1623. Hainhofer an Hzg. August: *Gestern ist Don Giulio di Medices, so zum Kayser rayset, bey mir in meim cabinet gewest, vnd 2.tag zuuor il s.ʳ Alacius ... deß Papsts commissarius, die haidelbergische bibliotec abzuholen,...* (Gobiet 674); HAB 96 Novi fol. 93v. 28.7./7.8.1636. Hainhofer an Hzg. August: *allhie haben wir schon .6.tag des Englischen gesanten le Conte Arondel.* Der Earl of Arundel war auf dem Weg zu Ferdinand II. (Gobiet 1187).

80 NSAW 1 Alt 22 Nr. 177b fol. 30v. 24.6./4.7.1624. Hainhofer an Hzg. August (Gobiet 751).

81 HAB 96 Novi fol. 394r. 6/16.2.1645. Hainhofer an Hzg. August (Gobiet 1414); HAB 17.26 Aug 4°: zwischen fol. 285r und 351r finden sich in diesem Kopialbuch Hainhofers etliche Briefe von 1637 nach Florenz, die die Schißler-Instrumente betreffen. Diese befinden sich heute im Museo di Storia della Scienza in Florenz.

82 HAB 74 Noviss. 2° fol. 57v. 7/17.9.1642. J.V. Andreae an Hainhofer. Apollo wurde hier als Herr der Künste und Musen zitiert.

83 NSAW 1 Alt 22 Nr. 177h fol. 92v. 2/12.12.1630. Hainhofer an Hzg. August (Gobiet 1031).

sion erbringen konnten, die der Schliff von optischen Linsen für ein Fernrohr erforderte. Von anderen Kunden aus der Zeit vor und um 1630 kennen wir nur noch zwei Namen: Graf Ott Heinrich Fugger (1592-1644) und einen Herrn von Schönberg. Fugger war seit 1617 Offizier unter spanischen Waffen gewesen. Er stellte 1618 ein eigenes Regiment auf, das sich im Lauf der nächsten Jahre an etlichen Schlachten beteiligte. 1629 dankte das Regiment Fugger ab und Ott Heinrich trat in bayerische Dienste. 1635 wurde er kaiserlicher Statthalter von Augsburg, 1636 wegen seines allzu strengen Regiments zum Kommandant der Augsburger Stadtgarde zurückgestuft.[84] Die erhaltenen Quellen über Wiesels Instrumente hängen, zumindest in Deutschland, meistens mit fürstlichen Höfen zusammen, so daß wir wenig über bürgerliche Kunden wissen. Schönberg war vermutlich wie Fugger höherer Offizier. Diese beiden Kunden deuten schon früh auf den Gebrauch des Fernrohrs in militärischen Kreisen hin.[85] 1632 warb Hainhofer in einem Brief an einen Geschäftsfreund in Hamburg direkt mit dieser Verwendungsart:

> *So haben wir auch hier einen maister der schöne tubos Galileanos, oder rohr machet, dardurch man uff 4. und 5. Meil weit perfect sehen kan, kostet ain solches rohr 70. In 80. ReichsTaler und ist dises Instrument sonderlich krieges obristen sehr nuzlich und dienlich zum recognosciern* [beobachten].[86]

Hainhofer trug durch seine zahlreichen Geschäftsverbindungen sicher dazu bei, Wiesel bekanntzumachen. Aber es gab auch andere Augsburger Bürger mit weitreichenden Verbindungen, sei es aus wissenschaftlichen Interessen wie bei Widemann, sei es aus kaufmännischen Gründen.

Nachdem die Augsburger Bürger durch Teuerung und Pest heimgesucht worden waren, und seit 1629 unter der rigorosen Durchführung der Rekatholisierung stöhnten, näherten sich die schwedischen Truppen. Der Raum um die Stadt wurde zum Kriegsgebiet. Als König Gustav II. Adolf in der Frühe des 24.April 1632 in Augsburg einzog und sich zuerst in die Anna-Kirche zur Predigt seines Hofpredigers begab, mag ihn die überwiegend evangelische Bürgerschaft mit großer Erleichterung begrüßt haben. Sofort wurde die Regierung der Stadt mit evangelischen Bürgern besetzt; alle vorher entlassenen Bediensteten konnten in ihre Stellungen zurückkehren. Aber die schwedischen Truppen verursachten auch ho-

---

84 Fürstlich und gräflich Fugger'sches Familien- und Stiftungs-Archiv Dillingen (FA). 1.2.78c (1629) fol. 55r und 1.2.78d (1630) fol. 47v: Einträge von 1630 im Rechnungsbuch des Ott Heinrich Fugger; Frau Stephanie Haberer, Augsburg, arbeitet zur Zeit an einer Dissertation über Ott Heinrich Fugger, einen Nachfahren des Anton Fugger (1493-1560). Ihr danke ich für die biographischen Daten; ADB 8 S. 184.

85 Schönberg: NSLB Hannover Ms IV 341 S. 857. 16.7.1625. Wiesel an AFzA: *Printz Moritzen Augenglaß bedreffendt, Mitt welchem er ain gantzes Lager übersehen können, kan sein und ist wahr, dann Ich des Herrn Obristen von Schönbergs Herrn Bruder S:* [Selig] *dergleichen aines gemachtt.* Die Identität dieses Schönberg aufzulösen, ist noch nicht geglückt.

86 HAB 17.27 Aug. 4° fol. 353v. 1.7.1632. Hainhofer an Heinrich Schmidt in Hamburg. 80 Reichstaler waren 120 Gulden oder 40 Dukaten wert.

he Kosten. Die Stadt mußte bis zum April 1633 monatlich 20 000 Reichstaler an die Schweden bezahlen und die Befestigungen der Stadt durch mächtige Sternschanzen verstärken. Die Bürger mußten außerdem unangenehme und kostspielige Einquartierungen ertragen und hohe Abgaben für die Befestigungen leisten. Getreide, Wein, Bier und Fleisch wurden durch Steuern (Ungelder) teurer.[87] Gustav Adolf forderte die Aufstellung einer Bürgerwehr durch die evangelischen Handwerker. Im Mai 1632 wurden zwei Kompanien Reiter und 24 Bürger-Fahnen mit je 130 Mann vereidigt. Wiesel gehörte dem 18.Fähnlein als Leutnant an, obwohl er immerhin schon 49 Jahre alt war.[88] Immer wieder führte er in den nächsten Jahren das *stete aufziehen auf die wachten* dafür an, daß er nicht zum arbeiten gekommen sei. Er nannte aber auch die *hizige Krankheit* als Grund.[89] Im August 1633 berichtete Hainhofer, *daß der paß von ven*[a] [Venedig] *herauß durch Tyrol und Bayrn gesperrt* sei und nichts herauskomme.[90] Das mag auch Wiesel betroffen haben, der ja für die optischen Linsen 'weißes', d.h. farbloses Glas benötigte, wie es in Venedig hergestellt wurde.

Trotz dieser Schwierigkeiten konnte Wiesel im Juli 1632 zwei Fernrohre ausliefern, an Herzog Ernst von Sachsen-Weimar, den Bruder von Bernhard von Weimar, später Ernst der Fromme von Sachsen-Gotha, der mit den Schweden in die Stadt gekommen war,[91] und an Herzog August. In demselben Jahr hatte der schwedische König Wiesel *fünferlay gläser angefrimmbt*, d.h bestellt.[92] Leider ist nicht bekannt, um welche Art von Gläsern (Brillen, Fernrohre, Lupen?) es sich dabei gehandelt hat. Gustav Adolf soll hochgradig kurzsichtig gewesen sein. In der Rüstkammer des Stockholmer Schlosses wird ein Feldherrnstab des Königs verwahrt, der ein Fernrohr enthält, aber wahrscheinlich nicht von Wiesel stammt.[93] Die Stadt Augsburg hatte dem König bei seiner Ankunft einen Kunstschrank verehrt, der von Hainhofer in den Jahren zuvor in Auftrag gegeben und zusammengestellt worden war. Der Inhalt eines solchen Schrankes sollte den ganzen damaligen Kosmos widerspiegeln; neben Kleinodien, Medaillen, Miniaturgemälden und Naturalien enthielt er auch eine kleine Apotheke, Toilettenartikel, Schreib-Utensilien, mathematische und astronomische Instrumente, allerlei Werkzeuge. In dem Schrank, der Gustav Adolf geschenkt wurde, lagen zwei Brillen und ein sogenanntes 'Flohbüchslein', ein Vergrößerungsglas in Form einer kleinen

---

87 HAB 17.26 Aug. 4° fol. 25r. 20/30.3.1634. Hainhofer an Hzg. August; Roos; Zorn: Augsburg S. 256.

88 Caspar Augustin: Der newen Cornet und Fahnen. 1633. S. 88; Roos S. 19 u. 39.

89 NSAW 1 Alt 22 Nr. 177k fol. 30r, 47r, 64r. 7/17.11.1632. 8/18.3.1633. 3/13.7.1633. Hainhofer an Hzg. August (Gobiet 1117, 1121, 1125).

90 HAB 96 Novi fol. 54r. 21/31.8.1633. Hainhofer an Hzg. August (Gobiet 1127).

91 A. Beck Bd. 1. S. 75; Stetten d.Ä.: Geschichte Bd. 2. S. 173; siehe Kap. II.2.1.

92 NSAW 1 Alt 22 Nr. 177k fol. 14v u. 19v. 7/17.6.1632 u. 1.7.1632. Hainhofer an Hzg. August (Gobiet 1113 u. 1115).

93 Court/v.Rohr: New Knowledge S. 113-117; Källström/Ahlström; siehe auch Kap. III.2.2: Wiesels Brillen.

Tonne aus Bein (Abb. 26-28).[94] Der schwedische König ließ sich von Hainhofer den Schrank erklären und erfuhr vielleicht auf diese Weise von dem in Augsburg tätigen Optiker. Er verbrachte vom 27. Mai bis zum 2. Juni nochmals einige Tage in Augsburg, bevor er am 16. November in der Schlacht bei Lützen fiel.[95] Ob die optischen Geräte im Kunstschrank von Wiesel stammen, ist allerdings nicht überliefert. Sie werden heute mit den anderen Stücken des Inhalts und dem Schrank selbst im 1997 eingerichteten Museum Gustavianum der Universität Uppsala aufbewahrt.[96]

Nach der Niederlage der Schweden bei Nördlingen am 5. und 6. September 1634 wurde Augsburg belagert und ab Januar 1635 vollkommen blockiert. Eine grauenvolle Hungersnot breitete sich aus, ein kalter Winter und der Höhepunkt der schon länger dauernden, erneuten Pest-Epidemie kamen hinzu. Immer wieder schrieb Hainhofer, daß man in Augsburg *in größter theuerung* und *mangel an allen sachen* lebe.[97] Im November 1634 hieß es:

> *Wir sein hie so hart bloquiert, daß unß nichts zukhommet, und leiden großen mangel an allen victualien, Gott erbarm sich unser. ... Bey uns will hier auch pestis sich anfangen merkhen lassen, weil die leut also verhungern und allerley krankheiten dadurch bekhommen ... weil wir hie von Bayerischen Volkh bloquiert sein, die unß auch den lech und brunnenwasser genommen haben und alle feindseeligkeit üben, darmit der Statt nichts zu khommen und wir außgehungert werden, so khünden wir auch nit aigentlich wissen wie es ander orthen hergehet, weil weder auß osten noch Italia noch frankreich jetzt in etliche wochen alhero khommen und ohnerachtet EFD Ich wochentlich geschriben dennoch nit weiß in wessen hande meine briefe gerathen.*[98]

Am 28. März 1635 besetzten kaiserliche und bayerische Truppen kampflos die Stadt, nachdem man am 14. März im Leonberger Akkord die religiösen Verhältnisse im Sinne des Restitutionsedikts geregelt hatte. Der kaiserliche Statthalter Graf Ott Heinrich Fugger stellte den Zustand von 1629 wieder her. Zwar war den evangelischen Bürgern jetzt erlaubt worden, zwei Prediger anzustellen und eine Kirche zu bauen, doch fehlten zu diesem Bau die Gelder. Bis zum Ende des Dreißigjährigen Krieges konnte daher der Gottesdienst nur noch unter freiem Himmel im Hof des Protestantischen Kollegiums bei St. Anna gehalten werden, weil dieses als private Stiftung Augsburger Bürger einen Sonderstatus innehatte und nicht

94 Böttiger Bd. 3. S. 70 u. Tafel 87 Fig. 4-6; über 'Flohbüchslein' siehe Kap. III.4: Mikroskope.

95 Stetten d.Ä.: Geschichte Bd. 2. S. 198-200.

96 Freundliche Mitteilung von Herrn Olov Amelin, Direktor der Gustavianums. Der Kunstschrank wurde nach Schweden gebracht und später von Königin Christine nach Uppsala überführt. 1694 schenkte ihn König Karl XI. der Universität von Uppsala. Bemerkenswert ist, daß sich auch der größte Teil des Inhalts dort erhalten hat. Böttiger; Boström: Hainhofer and Gustavus Adolphus's Kunstschrank; ders.: Hainhofer: Kunstkammer; Amelin.

97 NSAW 1 Alt 22 Nr. 1771 fol. 57r. 6.9.1634. Hainhofer an Hzg. August.

98 NSAW 1 Alt 22 Nr. 1771 fol. 59v-60r. 4/14.11.1634. Hainhofer an Hzg. August.

unter das Edikt fiel wie das städtische Gymnasium bei St. Anna. Hier zogen die Jesuiten ein. Der Leiter des Kollegs, Peter Meiderlin, ermöglichte es, im Kollegium einen eingeschränkten Unterricht der früheren Schüler des Anna-Gymnasiums durchzuführen.[99]

Von der sehr klein gewordenen Bevölkerung (16 432 Einwohner wurden im Oktober 1635 gezählt)[100] mußte ein ungeheuer hohes Strafgeld an den Kaiser und den Kurfürsten von Bayern bezahlt werden. Katholische Bürger mußten eine achtfache Jahressteuer zahlen, evangelische eine zwölffache.[101] Im Januar 1636 schrieb Hainhofer an Herzog August: ... *khaine Reichßstatt* [ist] *so übel eingangen, alß dise Statt, welche ex Augusta wol Angusta worden, ... vil dapferer khünstler peste, fame et maerore gestorben vnd verdorben, vnd noch täglich.*[102] Es gab neue Einquartierungen, von denen hauptsächlich die evangelischen Bürger betroffen waren. Wiesel wurde an der Arbeit gehindert, weil ihm Soldaten seine Glasscheiben zerschlagen hatten.[103] Bald aber lieferte er Brillen an den Braunschweiger Hof und im Dezember 1637 endlich die langersehnten Windbrillen, mit denen man sehen konnte, *was hinter einem folget*. Eine solche fertigte er gleichzeitig auch für Kaiser Ferdinand III. (1608-1657) an, der seit Frühjahr dieses Jahres regierte.[104]

Daß Wiesel treuer Anhänger seiner Kirche war, sollte sich später zeigen: 1647 unterschrieb er zusammen mit vielen anderen evangelischen Bürgern eine Resolution, die zu den Friedensverhandlungen in Osnabrück geschickt wurde.[105] 1653/54 diente er seiner Gemeinde bei Heilig Kreuz als Zechpfleger (Verwalter der Kirchenkasse).[106]

Im Sommer 1637 fuhr Hainhofer mit dem dänischen Gesandten Reichsgraf Christian von Pentz (1600-1651), Gouverneur von Glückstadt, einem Schwiegersohn des dänischen Königs Christian IV., zu Wiesel. Dieser zeigte dem Grafen ein größeres Fernrohr, für das er den hohen Preis von 150 Reichstaler forderte. Ob es der Gesandte gekauft hat, ist nicht klar; aber er bestellte bei Wiesel eine große

---

99 Köberlin S. 155-170; Bauer, L.: Meiderlin S. 20-26 u. 31-38.

100 StAA EWA Nr. 448 T.2. Summarischer Extract der in Augsburg vorhandenen Personen... Oktober 1635; EWA Akt 1715. Tabelle der Geburten, Hochzeiten und Todesfälle 1501-1783. In den Jahren 1632 bis 1635 sind 17 756 Tote verzeichnet, im Jahr 1635 allein 6 243.

101 Zorn Augsburg S. 259.

102 NSAW 1 Alt 22 Nr. 177m fol. 7r-10v. 14/24.1.1636. Hainhofer an Hzg. August (teilweise in Gobiet 1160); fames, is lat. Hunger; maeror, oris lat. Trauer, Betrübnis.

103 HAB 96 Novi fol. 70v: 28.4./8.5.1636. Hainhofer an Hzg. August (Gobiet 1174).

104 NSAW 1 Alt Nr. 177n fol. 41r u. 77v. 29.6./9.7.1637 u. 14/24.12.1637. Hainhofer an Hzg. August (Gobiet 1212 u. 1227).

105 2.8.1647 Erklärung der Evangelischen Bürgerschaft wegen der Parität. In: Stetten d.Ä.: Geschichte Bd. 2. S. 747-754.

106 StAA EWA 876. Zechpflegbuch von Ev. Heilig Kreuz 1621-1673; StAA Rep.39 Ämterbesetzung: darin Zechpflege (o.S.).

Schiffslaterne und gab ihm 300 Reichstaler auf die Hand.[107] Möglicherweise blieben die Beziehungen nach Dänemark weiter bestehen; denn 1652 kam es zum Verkauf eines langen Fernrohrs für astronomische Beobachtungen an König Frederik III. von Dänemark (1609-1670), der ab 1648 regierte.[108]

1.4 Familiäre Veränderungen

Offenbar mehrten sich die Aufträge; denn Wiesel konnte nunmehr einen Gesellen beschäftigen. 1631 hatte Hainhofer geschrieben, Wiesel habe *khaine ghilfen, vnd machet alles nur allain.*[109] Etwa 1638 nahm der Meister Daniel Depiere (Depier, de Pierre, de Bühr u.a.), einen Glasarbeiter aus Danzig, in die Werkstatt auf.[110] Zwei Jahre später heiratete Depiere die älteste Tochter Wiesels, Anna, damals knapp 19 Jahre alt. Am 30.9.1640 wurde die Hochzeit in die Hochzeitsamtsprotokolle der Stadt eingetragen, am 8.10.1640 in das Hochzeitsbuch der evangelischen Gemeinde 'zu den Barfüßern'.[111] Depieres Bürgen waren der schon oben erwähnte Maler Martin Reichart und der Notar Johann Ulrich Wielandt. Für Anna Wiesel bürgte der Notar Christoph Weysenmaier. Im Oktober 1641 erhielt Depiere von den Goldschmieden die Kramergerechtigkeit als 'Glaspossierer', was wohl Glasbläser bedeutete.[112] Im gleichen Jahr kam der erste Sohn, Hans Jacob, zur Welt.[113] Bis zu ihrem Tod am 26.6.1657 schenkte Anna Wiesel noch elf Kindern das Leben. Sie wurde nur 35 Jahre alt und ist möglicherweise bei der Geburt des dreizehnten Kindes gestorben.[114] Aus den Taufeinträgen kennen wir die Paten von Anna Wiesels Kindern: Der bekannte Stadtarzt Dr. Johannes Henisius (1585-1656), der 1628 aus Ulm nach Augsburg berufen worden war,[115] der Barbier Gabriel Knuth (1599-1656) und eine sonst unbekannte Maria Lehnerin. An deren Stelle trat 1642 Susanna Kilianin, die Frau oder Tochter des Kupferstechers

[107] NSAW 1 Alt 22 Nr. 177n fol. 48v u. 51r. 6/16.7.1637 u. 13/23.7.1637. Hainhofer an Hzg. August (Gobiet 1214 u. 1215); Christian Graf Penz befand sich auf der Reise nach Wien; Dansk Biografisk Leksikon Bd. 11. Kopenhagen/Gyldenda 1982 S. 252f.

[108] OP C 1. t. 3 fol. 15v. 20.11.1652. Wilhelm Lange an Hevelius; siehe Kap. II.3.1 u. III.3.5.

[109] NSAW 1 Alt 22 Nr. 177i. fol. 7r. 3/13.2.1631. Hainhofer an Hzg. August (Gobiet 1041).

[110] Depiere Verzeichnis S. 14: *als der ich bey ihm* [Wiesel] *in die 24. Jahre mich aufgehalten.* Wiesel starb im März 1662.

[111] StAA Hochzeitsamtsprotokoll der Stadt Augsburg 1640. fol. 344f.: *Daniel de Bühr von Danzig, Glaspossirer, und Anna Wißlin hißig*; Ev.KRAA Hochzeitsbuch Barfüßer I (B I) 60/10.

[112] StAA Kramerakten (Goldschmiede) Nr. 16. 6.10.1641 u. 13.10.1641; Der Begriff 'Posse' wurde im 16./17. Jh. für Musterfigürchen verwendet: Diemer: Handwerksgeheimnisse S. 30f.

[113] Ev.KRAA Taufbuch B I 276/425. 8.11.1641.

[114] HAB 83 Novi fol. 111r. 18/28.6.1657. Anckel an Hzg. August: ... *dessen einige Tochter ist vorgöstern mit todt abgangen*; Ev.KRAA Taufbuch K I 333/42: Das letzte Kind von Anna Wiesel-Depiere, Hans Antoni, war am 15.5.1656 getauft worden.

[115] Ahorner Nr. 17 (1836) S. 75-78.

Wolfgang Kilian, und 1649 ersetzte der Ratsherr Abraham Hosenestel (1604-1670) den Dr. Henisius.

Über die Vermögen der Augsburger Bürger geben die Steuerbücher Auskunft. Neben 36 Pfennigen 'habnit Steuer' und Wachgeld, die jeder bezahlen mußte, steht der eigentliche Steuerbetrag. Es war eine reine Vermögenssteuer zu zahlen, vom liegenden Gut ¼ %, vom fahrenden Vermögen ½ %.[116] Im Jahr der Hochzeit heißt es jeweils: *dat nihil* (zahlt nichts); der Hochzeiter hatte außer dem Wachgeld nichts zu bezahlen. Bei Wiesel ist in seinem Hochzeitsjahr 1621 außerdem vermerkt: *50 fl. sein, 200 fl. ir.* Diese 200 Gulden der Regina mußten mit einem halben Prozent versteuert werden: *mer* [mehr] *für si 1 fl.*[117] Ein Gulden hatte 60 Kreuzer, für 50 Gulden Vermögen waren 15 Kreuzer zu bezahlen. In den nächsten acht Jahren blieb Wiesels Steuer gleich bei 1 Gulden 15 Kreuzern, ab 1630 betrug sie 1 Gulden 25 Kreuzer. Diese Steuerleistung bezeugt einen gewissen Wohlstand. Viele der Augsburger Handwerker zahlten weit unter einem Gulden Steuer.

1635 und 1636 ist in den Steuerbüchern eine andere Adresse Wiesels angegeben: *Salta zum Rotten itzo Wertachbrugger Thor Intra*, Hauseigentümer Busch. 1637 erwarb Wiesel das Haus von Georg Jungmayr und kehrte mit seiner Familie an die 'Sackpfeife' zurück. Er entrichtete jetzt nur noch einen Gulden und zehn Kreuzer Steuer. Die Geschichte dieses Hauses E 189, heute Äußeres Pfaffengäßchen 23, Ecke Kleines Karmelitengäßchen, läßt sich aus den Grundbüchern rekonstruieren: Als Gartenhaus im 16. Jahrhundert erbaut, war es eine Zeitlang im Besitz der Familie Welser. Der Goldschmied Georg Jungmayr, der 1596 Barbara Arnold, eine Tochter von Hans Arnold und Barbara Miller, geheiratet hatte, wohnte zuerst im Haus der Witwe Arnold. Er war 1604 Reginas Pfleger geworden und ihr Beistand bei der Hochzeit mit Johann Wiesel. 1609 hatte er dieses Eckhaus bei der Sackpfeife gekauft. 1631 mußte er Geld aufnehmen. Die Pfleger des Philipp Arnold erhielten einen Schuldschein über 700 fl., der 1634 auf 900 fl., und 1635 auf 1000 fl. erhöht wurde.[118] Nach Jungmairs Tod im Jahr 1634 wurden offenbar die Schulden auf seine Tochter Magdalena übertragen; denn am 9. Oktober 1635 unterschrieb die von ihrem Mann, dem Steinschneider Hanns Conrad Schneider, verlassene Magdalena Jungmayrin für Johann Wiesel und seine Ehefrau Regina Arnoldin einen Schuldschein über 300 fl., die Wiesel ihrem Vater bar geliehen hatte. Als Pfand gab sie die von ihrem

> *Vater Ererbte grosse Eckhbehausung, hofsach, gesäß und garten, vor unser lieben frauen Thor, gegen den newen gang, an weiland Abraham Girots sel. wittib, und Eliae Zachariae Manharts sel. Erben Güetter, und sonsten zue zweyen orthen auf ReichStraß stossend.*[119]

---

[116] Clasen Steuerbücher S. 7; Hartung.
[117] StAA Steuerbuch 1621 S. 25c.
[118] StaatsAA Reichsstadt Augsburg Literalien 560. S. 21 links.
[119] StAA Stadtkanzlei Schuldbriefe 1635-1639. 9.10.1635.

Auf diesem Haus lag bereits die oben erwähnte Schuld von 1000 fl., zu zahlen an den Neffen Philipp von Wiesels Frau, Sohn ihres 1622 verstorbenen Bruders Wolfgang Arnold. Am 30.1.1637 verkaufte Magdalena Jungmayr gegen Kassierung des Schuldbriefs das Haus für 1300 Gulden an Wiesel und seine Frau, die die Hypothek des Philipp Arnold übernahmen. Von da an trug es den Namen 'Wieselhaus'.[120] Mit den Häusern an der Sackpfeife und speziell mit dem Wieselhaus, das heute noch steht, kennen wir den Ort, wo die ersten größeren kommerziellen Fernrohre in Deutschland angefertigt wurden. Wiesel muß schon damals einen eigenen Schmelzofen besessen haben.[121] Vielleicht befand sich die Werkstatt in dem niederen Anbau, der ursprünglich als Gärtnerhaus diente. (Abb. 20 und 21)

Am 16. August 1642 zeigte Wiesel in der Stadtkanzlei an, daß er die 1000 Gulden an seinen Neffen bezahlt hätte und der Schuldbrief wurde kassiert. An demselben Tag verkaufte Wiesel das Haus um 3150 Gulden an den Karmeliterorden. Dieser Verkauf war nun offenbar nicht ganz freiwillig erfolgt. Die Karmeliter, denen Kloster und Kirche bei St. Anna gehört hatten, hatten sich schon früh, in den zwanziger Jahren des 16. Jahrhunderts, zur Reformation bekannt. Daraufhin wurde das Kloster aufgelöst und die Gebäude wurden der 1531 gegründeten lateinischen Stadtschule als Sitz zugewiesen, die seitdem den Namen 'Gymnasium bei St. Anna' trägt.[122] In den Jahren 1630 bis 1632 und 1635 bis 1648, in denen die Gegenreformation in Augsburg so rigoros durchgeführt wurde, verhinderten die Jesuiten, die selbst das Schulgebäude in Besitz nahmen, eine Rückkehr der Karmeliten nach St. Anna. Dafür wurde diesen vom Rat der Stadt 1637 ein Grundstück an der heutigen Karmelitengasse in der Nähe des Domes übergeben. In den folgenden Jahren wünschten sie die Abrundung ihres Besitzes durch den Kauf benachbarter Häuser.[123] So heißt es im Grundbuch:

> *Ernannter Johann Wisel und Regina Arnoldin, uxor, Crafft ergangnen Gehaymen RathsDecret vom 12. Augusti A° 1642 und erthailten mündtlichen bevelchs* [Befehls] *von beeden herrn StattPflegern, verkhauffen, obbeschribne grosse Eggbehaußung, hofsach, gesäß und Gartten für frey ledigs aigen, denen Ehrwürdigen und Gaistlichen herrn P.Brunoni à Sancta Teresia, Priori, und Convent der Discalceaten Carmeliter alhie zue Augspurg, umb 3150 fl. Reinisch in Münz, Siglet herr Stattvogt. datum 16. Augusti A° 1642.*[124]

---

[120] StaatsAA Reichsstadt Augsburg Literalien 562. S. 38 links; Pfaud S. 108f.; Grundbuchamt Augsburg. Eintrag im Grundbuch; StAA Grundbuchauszüge.

[121] Siehe Kap.III.1.1: Das Glas. Abschnitt über die Herstellung der Linsen.

[122] Das heute staatliche Gymnasium trägt diesen Namen immer noch. Es mußte allerdings aus Platzgründen 1965 die alten Schulgebäude neben der St. Anna-Kirche verlassen. Es zog in einen Neubau an der Schertlinstraße. Der Hollbau von 1614 steht noch und wird von der Ev. Kirchenverwaltung genützt; Festschrift St. Anna.

[123] Rummel S. 47; Stadtlexikon 1985 u. 1998 (Liebhart: Karmeliten; Unbeschuhte Karmeliten).

[124] StaatsAA Reichsstadt Augsburg Literalien 562. S. 38 links; 'discalceatus' lat. unbeschuht. Die

Die Witwe Gyrott, Besitzerin des angrenzenden Gartens, hatte nach einigem Sträuben bereits 1638 ihr Anwesen an die Karmeliter verkauft.[125] Auf einem Stich von Jeremias Wolff vom neuen Karmeliterkloster um 1700 ist in der linken unteren Ecke das nun in das Gartengrundstück des Ordens eingegliederte Wieselhaus zu erkennen. Man sieht hier deutlich, daß damals die Arkaden noch nicht zugemauert waren.[126]

Am 16. August 1642 erfolgte gleichzeitig der Kauf des neuen Hauses 'außerhalb Hl. Kreuzer Thor' gegenüber der Kirche von Heilig Kreuz in der heutigen Heilig-Kreuz-Straße 22, F 373: Die Erben von Hieronymus Scheurle und Magdalena Kläßin verkauften

> *behaußung, hofsach, gesäß Stadel und garten, für recht frey ledigs aigen, dem Ehrenvesten und kunstreichen Herrn Johann Wisel, optico, burgern zue Augspurg und Regina Arnoldin, seiner Ehewürthin, auch allen Ihren Erben und nachkhommen umb 2300 fl Rheinisch in Münz, underschreiben beede Thail.*[127]

Das Haus wurde im letzten Weltkrieg zerstört und nicht mehr aufgebaut. Sein Aussehen zeigen uns alte Ansichten (Abb. 22). Im Jahr 1641 sind neben dem Steuereintrag 2300 fl. vermerkt. Das war genau der Kaufbetrag für das neue Haus.

1.5 Opticus – I·W·A·O

Aus dem Eintrag im Grundbuch vom August 1642 ergeben sich zwei weitere interessante Fakten: erstens lebte Regina Arnold noch und zweitens tritt hier zum ersten Mal der Begriff 'Opticus' anstelle des bis dahin benutzten 'Perspectivmacher' als Berufsbezeichnung auf. Daß Hainhofer im gleichen Jahr in einem Brief Wiesel als Brillenmacher bezeichnete, geht sicher auf Wiesels Erfolge mit den Brillen zurück. Er hatte eingeführt, daß man ihm bei der Brillenbestellung ein 'Maß des Gesichts' schicken mußte, einen Faden, dessen Länge angab, in welcher Entfernung man einen beigelegten Mustertext noch gut lesen konnte. Wiesel konnte auf diese Weise besser angepaßte Brillen liefern als seine Konkurrenten.[128]

Unbeschuhten Karmeliten gehen auf die Reformen der spanischen Karmelitin Theresa von Avila (1515-1582) zurück. Der neue Orden bestand seit 1568.

125 Stetten d.Ä. Geschichte Bd. 2. S. 527: ... *Daher gelüstete sie* [die Karmeliter] *noch immer gar sehr, den daran stoßenden, einer hiesigen evangelischen Wittib, Catharina Gyrottin, geborene Wialin, gehörigen sogenannten Welserischen großen Garten, nebst den dabey befindlichen Häusern an sich zu bringen. Kauf-Brief 18.5.1638, Acten die Carmeliter betreffend in A.P.Rehlingerischen Stadtpfleger Amts-Protocoll 1635-1638, S. 48, 50, 111, 166;* SuStBA 2° Cod. S 145 Extract aus des Stadtpflegers Bernhard Rehlinger Amtsprotokoll 1624-1644.

126 Rummel Abb. 17 (o.S.).

127 StaatsAA Reichsstadt Augsburg Literalien 561 S. 89 rechts (89b).

128 HAB 17.29 Aug.4° fol. 178r. 15/25.9.1642. Hainhofer an J.V. Andreae; vgl. Kap. Brillen.

Die Begriffe 'Optica' und 'Opticus', abgeleitet von dem griechischen Wort für Augenstrahl, wurden um 1600 noch in einem anderen Sinn verwendet als heute das Wort Optik. Das Buch 'Optica' zum Beispiel, von Paul Pfinzing (1554-1609), einem Nürnberger Patrizier, 1598 mit dem Titel 'Ein schöner kurtzer Extract der Geometriae und Perspectiva' in Nürnberg als Privatdruck veröffentlicht, dessen 2. Auflage 1616 in Augsburg gedruckt wurde, handelte von der perspektivischen Darstellung: *Optica d.i. Gründliche doch kurze Anzeigung wie nothwendig die löbliche Kunst der Geometriae seye in der Perspectiv.*[129] Es wurde übrigens von dem Verleger Michelspacher Philipp Hainhofer gewidmet. Kepler bezeichnete mit opticus einen Menschen, der die 'mores opticorum', also die optischen Gesetze, beherrschte.[130] Von Daniel Schwenter, Professor der Mathematik an der Universität Altdorf (1585-1636), wurde 1636 posthum ein Buch mit dem Titel 'Mathematische Erquickstunden' veröffentlicht. Er spricht darin von dem 'Opticus oder der Perspectiv Erfahrnen'. Moritz von Rohr zeigte in einem Aufsatz den Kupferstich eines Christian Müller in Berlin von 1635, der darauf als 'Notarius publicus et Electoris Brandenburgici Opticus' bezeichnet wurde. Müller, von dem Rohr nichts weiter erfahren konnte, ist mit einem Zirkel abgebildet und im Text des Blatts ist auch von der Arithmetica, Geometrica und Musica die Rede. Ob dieser kurfürstliche Opticus sich durch die Herstellung optischer Geräte auszeichnete, ist daraus nicht zu ersehen. Sicher festgestellt ist es dagegen für Gervasius Mattmüller, dem seit November 1637 in Wien eine Hofbesoldung als Opticus und Ingenieur zuerkannt wurde.[131]

Schon einige Jahre zuvor, 1630, gab der Ulmer Rechenmeister und Ingenieur Johann Faulhaber (1580-1635) auf dem Titelbild seiner 'Ingenieurs-Schul' der 'Frau Optica' ein Fernrohr in die Hand.[132] Auch der Nürnberger Ratsherr und Schriftsteller Georg Philipp Harsdörffer (1607-1658) stellte im zweiten Teil der Mathematischen Erquickstunden 1651 die 'Optica oder Sehkunst' als Frau mit einem 'Stern-oder Fernglas' dar.[133] Man verstand 'Optik' jetzt als Wissenschaft vom Licht und vom Sehen, verbunden mit den neuen Instrumenten, die wir heute optische Instrumente nennen, oder wie Christian Wolff es 1717 ausdrückte: *Die Optick ist eine Wissenschaft aller sichtbaren Dinge, in so weit sie durch Strahlen, die von ihnen gerades weges in das Auge fallen, sichtbahr sind und begreiffet die Catoptrick und Dioptrick mit darunter.*[134] Katoptrik nannte man die Lehre von der Abbildung durch Spiegel, Dioptrik die Lehre von der Abbildung durch Linsen. Ab Mitte des 17. Jahrhunderts setzte sich Opticus als Name für den Handwerker

---

129 May S. 162-165; Poggendorf Bd. 2. S. 431.
130 Gerlach Walther S. 42f.
131 Rohr v.: Zu Thomas Youngs Gedächtnis S. 226; auch Herr Dr. Jürgen Hamel, Berlin, suchte vergeblich nach Spuren von C. Müller; Habacher S. 13.
132 Faulhaber: Ingenieurs-Schul 1630. Titelkupfer. In: Zweckbronner S. 128.
133 Schwenter 1636. S. 261; Harsdörffer 1651. S. 230.
134 Christian Wolff: Anfangsgründe 1717. S. 283.

durch. Später wurde daraus in Deutschland der Optiker, in Frankreich der 'opticien', in England der 'optician'. Wiesel unterzeichnete seine Briefe ab den vierziger Jahren mit dieser Berufsbezeichnung und signierte seine Geräte mit *Johann Wiesel Augustanus Opticus* oder mit der Abkürzung *J·W·A·O*. Diese Buchstabenfolge wurde zu seinem Markenzeichen. Wenn man im Europa seiner Zeit vom 'Opticus in Augsburg' sprach, wußte jeder, wer gemeint war.

Diese Tatsache bezeugt auch Hainhofer, der am 25.9.1642 an Andreae schrieb: *Johann Wisel, welcher mit seiner Khunst nunmehr inner und ausser reichs bekhant ist, für den Keyßer, König in Dennemarkh, Duca di Bracciano zu Rom, und andere grosse herrn, stattliche wunderliche sachen gemacht hat, ...*[135] Hainhofer hatte nicht nur den dänischen Gesandten zu Wiesel gebracht, sondern vermutlich auch den Herzog von Bracciano aus der Familie Orsini. Hatte er 1630 etwas abschätzig an Herzog August geschrieben, Wiesel imitiere den Galilei,[136] so sprach er jetzt, zwölf Jahre später, voll Anerkennung von ihm: *vorhin ist der Galilaeus de Galilaeis in perspettiva & optica arte zu florentz beruembt gewesen. Jetzt füret diser Wisel den ruem* [Ruhm].[137] Man kann daraus schließen, daß Hainhofer, der rundum die Künstler und Kunsthandwerker kannte, von keinem Wiesel vergleichbaren optischen Handwerker Kenntnis hatte; er rückte den Augsburger Optiker im Teleskopbau sogar in die Nähe Galileis, der am 8. Januar 1642 verstorben war.

1643 konnte Wiesel seinen 60. Geburtstag begehen. Ob seine Frau Regina noch mit ihm feiern konnte, wissen wir nicht. Sie muß zwischen 1643 und 1645 gestorben sein. Obwohl es auch schwere Jahre gewesen waren, die sie zusammen durchlebt hatten, so konnte Regina doch noch an den internationalen Erfolgen ihres Mannes teilhaben. Vielleicht hat sie auch noch erlebt, daß die kurzen sogenannten 'Perspectivröhrlein', kleine Fernröhrchen mit zwei Linsen, die man in der Hand verbergen konnte, in Mode kamen und ihr Mann gute Geschäfte damit machte. Überhaupt ging es den Handwerkern noch am besten unter den Augsburger Bürgern; denn sie konnten Barzahlung für ihre Produkte fordern, was Agenten wie Hainhofer in Schwierigkeiten brachte.[138] Durch die Kriegslasten hatte sich in der Stadt eine drückende Armut verbreitet, und der Krieg war ja noch nicht vorüber.

---

[135] HAB 17.29 Aug.4° fol. 178r. 15/25.9.1642. Hainhofer an J.V. Andreae.

[136] NSAW 1 Alt 22 Nr. 177h fol. 84r. 20/30.10.1630. Hainhofer an Hzg. August: *...waiß Ich anderst nit, dan das EFG vor der zeit Ich schon der gleichen* [Ferngläser] *geschükht, die der Galilaeus de Galileis gemachet, vnd die der hanß Wisel imitiert.* (Gobiet 1023).

[137] HAB 17.29 Aug.4° fol. 178r-v. 15/25.9.1642. Hainhofer an J.V. Andreae.

[138] HAB 96 Novi fol. 276r. 8/18.8.1644. Hainhofer an Hzg. August: *Die kurze perspectiv röhrlen habe Ich angefrümmet, aber auß mangel gelt, dan sie gleich baar mussen zalt werden, nit sollicitiert..* (Gobiet 1391). [anfrümmen – bestellen; sollicitieren ist vielleicht mit antreiben, Nachdruck verleihen zu übersetzen].

1.6 Anton Maria Schyrleus de Rheita und das Erdfernrohr

Ab 1643 trat der Kapuzinermönch Anton Maria Schyrleus de Rheita in Wiesels Leben wie auch in die Geschichte der optischen Instrumente.[139] Meistens unterzeichnete er als Anton Maria de Rheita[140] und schon sein Ordensbruder Cherubin d'Orleans (1613-1697) nannte ihn 1677 in seinem Buch 'La vision parfaite' einfach Rheita.[141] Unter diesem Namen treffen wir ihn auch in der heutigen optikgeschichtlichen Literatur. Er wurde 1604 als Johann Burchard Schyrle (Schierl, Schürle) in Reutte in Tirol, in der Nähe von Füssen, geboren; daher stammt der spätere Namenszusatz 'de Rheita'. Mitglieder seiner im 16. Jahrhundert geadelten Familie waren als Beamte und Offiziere im Dienst der Tiroler Landesfürsten tätig. Johann Burchard trat als sehr junger Mann in das Augustinerchorherrenstift Indersdorf in Bayern ein, das zwischen Augsburg und Freising gelegen ist. 1622 empfahl ihn der Fürstbischof von Freising, Veit Adam von Gepeckh (1584-1651), bei dem Rheitas älterer Halbbruder Georg Schyrle als Hofrat und Küchenmeister tätig war, zum Studium in Ingolstadt. Dort wurde er am 14.10.1623 als 'humanista' immatrikuliert.[142] Die 'Humaniora', die Lektüre lateinischer Autoren, wurden nach drei Jahren Grammatik in der vierten Klasse des Gymnasiums gelehrt. Danach folgte die Rhetorikklasse bevor man den philosophischen Kurs der Universität beginnen konnte.[143] Wahrscheinlich lernte Rheita in Ingolstadt die junge Wissenschaft der Optik kennen. Denn im Fächerkanon der sieben freien Künste, die einem Fachstudium in Medizin, Recht oder Theologie vorausgingen, wurde Mathematik und Astronomie gelehrt, und Ingolstadt stand damals in der Tradition der beiden Jesuiten Scheiner und Cysat.[144] Christoph Scheiner, von 1610 bis 1616 in Ingolstadt, war einer der ersten gewesen, der das neuentdeckte Fernrohr nachgebaut und zu astronomischen Beobachtungen eingesetzt hatte, zusammen mit seinem Schüler Johann Baptist Cysat. Dieser wurde 1618 Nachfolger Scheiners als Professor der Mathematik und lehrte bis 1622 in Ingolstadt. Sein Nachfolger und vermutlich Rheitas Lehrer wurde der Jesuit Hieronymus Kinig (1582-1646), der bis 1626 in Ingolstadt blieb. Er hatte von 1617 bis 1622 im Jesuitenkollegium in

[139] Die biographischen Angaben wurden verschiedenen Arbeiten von Alfons Thewes entnommen, vor allem: 'Oculus Enoch ...' Siehe Literaturverzeichnis. Thewes vertritt in seinen Schriften die heute nicht mehr haltbare These, Wiesel hätte seine Kenntnisse von Rheita erhalten, und Rheita hätte mit Wiesel zusammen in Augsburg die Werkstatt gegründet.

[140] z.B. Briefe Rheitas im Staatsarchiv Würzburg. Schönborn Archiv: Korrespondenzarchiv Kurfürst Johann Philipp.

[141] Cherubin d'Orleans: La vision parfaite, Paris 1677. S. 47.

[142] Pölnitz: Matrikel der Universität Ingolstadt. Sp. 444.

[143] Ingolstadt: Jesuiten. S. 106f.

[144] Ingolstadt: Jesuiten z.B. S. 129.

Dillingen Mathematik gelehrt und schon dort von Cysat Fernrohrlinsen für seine Studenten erworben.[145]

Rheita verließ 1626 die Universität ohne Examen und trat in den Kapuzinerorden über. Am 13.3.1627 wurde er in Passau eingekleidet und erhielt den Klosternamen Anton Maria. Über die folgenden Jahre ist nichts bekannt. 1636 wurde er Lektor der Philosophie im Kapuzinerkloster Linz. Dort lernte ihn ein Jahr später der Kurfürst von Trier, Erzbischof Philipp Christoph von Sötern (1567-1652), kennen. Sötern war aus politischen Gründen in kaiserliche Gefangenschaft geraten und machte 1637 auf dem Weg nach Wien in Linz Station. Er nahm Rheita als seinen Beichtvater mit nach Wien, wo er ihn bald auch mit diplomatischen Aufträgen betraute, was am Kaiserhof großes Mißtrauen erweckte. Im Herbst 1640 reiste Rheita als Vertreter des Kurfürsten zum Liminum-Besuch, dem turnusgemäß fälligen Besuch eines Bischofs beim Papst, nach Rom. Seine Aktivitäten führten im Jahr darauf zu seiner Ausweisung aus der österreichisch-böhmischen Ordensprovinz, um ihn auf diese Weise von Sötern zu trennen.[146]

Die folgenden Jahre verbrachte Rheita an verschiedenen Orten, unter anderem in Köln, wo er 1642 astronomische Studien betrieb und sich mit der Konstruktion von Fernrohren beschäftigte. Ende 1643 und im Frühjahr 1644 hielt sich Rheita in Augsburg auf, wo er oft mit Wiesel zusammenkam. Näheres darüber wird weiter unten, im Kapitel III.3: Fernrohre, mitgeteilt. Rheitas Besuche in Augsburg hingen vermutlich mit den Bestrebungen zusammen, die der Birgittenorden unternahm, um sein nach Reformation und Bauernkriegen aufgegebenes Kloster Maria Maihingen bei Nördlingen zurück zu erhalten. Ein Bruder von Rheita, Elias Schirle, lebte als Birgittenpater nicht weit von Augsburg in Altomünster. Rheita unterstützte das Kloster Altomünster in seinen Bemühungen. Er brachte im September 1643 eine Klage beim Papst auf den Weg und schickte im März 1644 eine Papstbulle aus Rom durch Soldaten seines Bruders Albrecht, eines Offiziers, nach Altomünster.[147]

Im August 1644 weilte Rheita bereits in Antwerpen,[148] um den Druck seines Buches 'Oculus Enoch et Eliae sive radius sidereomysticus ...' vorzubereiten, das

---

[145] Ziggelaar S. 373f: Brief von Kinig an Cysat vom 22.3.1619; Poggendorf Bd. 1. Sp. 1256: Kinich.

[146] A.Thewes: Oculus S. 12; ders.: Pater Anton Maria.

[147] Liebhart; HauptstaatsA München Bestand Kloster Altomünster. Klosterliterale 30. Frater Ludwig Rieger: *Verzaichnis etlicher denckwirdiger Sachen angefangen im Jahr 1643.* Herr Professor Liebhart stellte mir freundlicherweise seine Exzerpte dieses unveröffentlichten Tagebuchs zur Verfügung. Leider sind die Eintragungen über die Patres Schirle (Elias und Anton Maria) nicht immer eindeutig, so daß nicht sicher daraus hervorgeht, wann Rheita in Altomünster war. Die Bemühungen der Birgitten blieben ohne Erfolg. Maria Maihingen wurde dem Franziskanerorden übergeben.

[148] Rheita: Oculus Enoch. Bd. 1. S. 177: Brief Rheitas vom 19.8.1644 aus Antwerpen.

im Sommer 1645 erschien.[149] Im ersten Band behandelte er das Weltsystem, wobei er sich Tycho Brahes Meinung anschloß. Der zweite Band des umfangreichen Werkes war Maria, der Mutter Gottes, gewidmet, worin der Kapuziner an seiner gegenreformatorischen Einstellung keinen Zweifel ließ. Im vierten Kapitel des ersten Bands beschrieb er die Herstellung optischer Linsen und Fernrohre.[150] In einem kurzen verschlüsselten Text von sechs Zeilen wies er auf eine neue Fernrohrkonstruktion hin. Dieses 'Secretum' wurde bald entschlüsselt und machte das terrestrische oder 'Erdfernrohr' mit vier konvexen Linsen, das die Dinge aufrecht zeigte und ein größeres Gesichtsfeld als das ursprüngliche holländische Fernrohr hatte, weit bekannt. Später sollte es als Rheita'sches Fernrohr in die Literatur eingehen. Im Vorwort zu diesem Fernrohrkapitel nannte Rheita zwei ihm bekannte Optiker, bei denen man solche Fernrohre kaufen könnte. Der eine war Johann Wiesel in Augsburg, der andere der kaiserliche Opticus Gervasius Mattmüller (um 1593-1668). Dieser stammte aus Freiburg im Breisgau und stand seit den zwanziger Jahren als Ingenieur in den vorderrheinischen habsburgischen Besitzungen in kaiserlichen Diensten. Seit 1637 lebte er in Wien.[151] Vielleicht hatte Rheita Mattmüller schon in seiner Wiener Zeit kennengelernt. Auch Mattmüller hielt sich im Mai und Juni 1644 in Augsburg auf, um einen kaiserlichen Auftrag für eine Türkenverehrung zu überbringen und die Herstellung eines Tischbrunnens und eines Prunkservices zu überwachen.[152] Tribute des deutschen Kaisers an den Sultan in Istanbul wurden oft in Form von aufwendigen Goldschmiedewaren und kostbaren Uhren geleistet, welche die Kaiser gern in Augsburg herstellen ließen.[153] Sicher traf Mattmüller in Augsburg auch mit Wiesel zusammen, denn Stetten berichtet in seiner Handwerksgeschichte von einer Korrespondenz Mattmüllers mit Wiesel.[154]

In Rheitas Beschreibung der Herstellungsmethoden von optischen Linsen dürfte einiges aus der Praxis der Wieselschen Werkstatt eingeflossen sein. Vielleicht nahm das neue, vierlinsige Erdfernrohr in der Diskussion mit dem erfahrenen Optiker Wiesel erst konkrete Gestalt an, zumal sich Rheita 1645 in seinem

---

[149] Rheita: Oculus Enoch. Bd. 2. S. 280: Die letzte Zensur vom Generalvikar des Erzbischofs in Brüssel ist vom 3.8.1645 datiert.

[150] Rheita: Oculus Enoch. Bd. 1. S. 336-356.

[151] Rheita: Oculus Enoch. Bd. 1. S. 339f.; Habacher S. 13-15 u. S. 24.

[152] Kaiserliche Hofzahlamtsbücher 1644. In: Habacher S. 13: 150 fl. *als raissuncosten nach Augspurg*; HAB 96 Novi fol. 243r. 25.4./5.5.1644. Hainhofer an Hzg. August: *Alhie machet man für kays:May:ᵗ ain silberin possament von silber, welches wol in 300. röhren haben solle, darauß wasser sprizet, welches Ihre May:ᵗ wöllen dem Türkhischen kayser verehren, vmb Ihne desto mehr in gueter correspondenz zu erhalten, das Er dem Ragozi nit assistiere, vnd solle dises postament auf m/30 t:ʳ kommen.* (Gobiet 1384); HAB 96 Novi fol. 260v. 13/23.6.1644. Hainhofer an Hzg. August: *Den 21. dises hatt man den silbernen brunnen mit wasser werkh, so 2½ stund in ainem zimmer von selber lauffet, wie auch das silbergeschürr, so Kay: May.t nach Constantinopolim schükchen, von hinnen abgefuert* (Gobiet 1389).

[153] Zorn: Türken.

[154] Stetten Kunst Bd. 1. S. 169f.; siehe Kap. III.3.

Buch nicht mehr als Erfinder dieses Gerätes bezeichnete wie noch zwei Jahre zuvor in einem Brief.[155] Viel ist hierüber schon spekuliert worden, sicher aber ist, daß Wiesel etwa ab 1643 an diesem neuen Typ von Fernrohr arbeitete. Das erste Instrument sollte bis Anfang 1645 fertig sein und dem Kaiser verehrt werden.[156] Im Herbst 1647 gelangte eine Fernrohr-Preisliste Wiesels über Hamburg nach England,[157] und von da ab bis in die fünfziger Jahre hinein sind Verkäufe dieser langen Rohre in ganz Deutschland und Europa belegt. Sie bestanden aus mehreren Auszügen und konnten auseinandergezogen einige Meter lang werden. Die ersten uns heute bekannten Auslieferungen eines Wieselschen Erdfernrohrs erfolgten allerdings erst in den Jahren 1648/1649.[158] Daß wir von keinem früheren Verkauf wissen, kann mit der Quellenlage zusammenhängen, aber auch mit der kriegsbedingten schwierigen Situation in Augsburg, das 1646 und 1648 noch einmal Belagerungen durch feindliche Truppen erdulden mußte.

Der Kapuziner Rheita trat in Wiesels Leben nicht mehr in Erscheinung. Im Mai 1645 wurde der Kurfürst von Trier wieder in seine Rechte eingesetzt und kehrte im Herbst in sein Bistum zurück. Sofort trat Rheita wieder in dessen Dienste und verbrachte bis zu Söterns Tod am 7.2.1652 fast sieben Jahre in Trier. Angefeindet von seinem Domkapitel, mit dem er sich durch seine eigenwilligen Handlungen zerstritten hatte, war dem betagten Bischof freilich kein leichtes Regieren beschieden. Auch sein Beichtvater und Berater Anton Maria de Rheita hatte unter dieser Situation zu leiden, was sich vor allem nach dem Tod des Kurfürsten zeigte. Rheita mußte Trier verlassen und wandte sich nach Belgien, um eine Neuauflage seines 'Oculus Enoch' vorzubereiten. Da erreichte ihn in Brüssel eine Anklage der Inquisition, die vermutlich auf einer Verleumdung beruhte. Sie führte aber letztlich dazu, daß er 1656 in Bologna in Klosterhaft genommen wurde. Eine Verlegung nach Ravenna überlebte Rheita nicht mehr lange. Er starb am 27.11.1659.[159] Aus den Jahren 1649 bis 1659 haben sich Briefe Rheitas an Johann Philipp von Schönborn (1605-1673), Erzbischof und Kurfürst von Mainz, erhalten.[160] Die Korrespondenz hatte wegen diplomatischer Verhandlungen zwischen Trier und Mainz begonnen. Weil sich Schönborn, der auch Bischof von Würzburg war, sehr für die Optik interessierte, war bald von Fernrohren die Rede. Rheita

---

155 Novem Stellae. 1643. S. 9. Siehe Kap. III.3: Fernrohre.

156 BL Ms Additional 4278. fol. 193r und 192r-v.

157 BL Ms Sloane 651. fol. 173r-174r; Keil: Technology transfer S. 273; siehe Kap. III.3.

158 Mersenne Bd. 16. S. 415. 3/13.7.1648. Haak an Mersenne; HAB 98 Novi fol. 308r. 22.10.1649. Johann Moriaen an Wiesel. Das Fernrohr war im September 1649 bereits in Amsterdam (OP C 1. t. 2 Nr. 194. 9.4.1650. Moriaen an Hevelius).

159 Staatsarchiv Prag: Archiv der Kapuziner. Handschriften Nr. 36: Verzeichnis der Mitglieder aus den Jahren 1599-1821. S. 7 und Nr. 44: Liste der verstorbenen Mitglieder von 1607-1785. fol. 164r; Nach anderen Quellen starb Rheita erst am 14.11.1660: Thewes: Ordensbruder S. 104; Thewes: Südtirol S. 295.

160 StaatsA Würzburg, Bestand Schönborn Archiv. Korrespondenzen Kurfürst Johann Philipp. S. 460, 510, 565, 577, 624, 686, 921, 1027, 1836.

hatte sich offenbar in Trier eine Werkstatt eingerichtet und befaßte sich auch mit anderen Arbeiten, z.B. einem Perpetuum mobile. Er gab seine Kenntnisse an besonders ausgewählte Leute weiter, so z.B. an einen Hauptmann Lorenz, den ihm Schönborn 1650 geschickt hatte. 1651 verehrte Rheita dem Mainzer Kurfürsten einige Fernrohre verschiedener Bauart. Weitere Pläne, die er ihm aus seiner Haft in Italien unterbreitete, zum Beispiel für den Bau einer Sternwarte in Mainz, konnten wegen der widrigen Umstände und Rheitas frühem Tod nicht zur Ausführung gelangen.[161] Die Hilfe, die sich Rheita in seiner Haft von Schönborn erhofft hatte, konnte dieser offensichtlich nicht leisten, weil er selbst wegen seiner Bestrebungen um eine Annäherung der Konfessionen in Rom nicht in bestem Ansehen stand.[162]

1.7 Wiesels zweite Heirat. Aufstieg in die Kaufleutestube

Am 12.8.1645 wurde eine *Beschreibung der Stadt Augsburg, Bürger und Inwohner sambt Weib, Kindern und Dienstbotten* durchgeführt, wobei auch die vorhandenen Pferde und Waffen, *Wöhr und Büx*, sowie der Vorrat an Getreide notiert wurden. Für Wiesels Haushalt sind 8 evangelische Personen eingetragen, darunter zwei wehrpflichtige Männer zwischen 15 und 60 Jahren und zwei 'Wöhr', wahrscheinlich Gewehre. Mit Sicherheit lebten noch Wiesel selbst, seine Tochter und der Schwiegersohn, sowie zwei Enkelkinder, das sind fünf Personen. Wiesel war schon 61 oder 62 Jahre alt, Depiere vermutlich etwa 30. Wiesels Sohn Johannes wäre 22 Jahre alt gewesen, falls er noch lebte, wofür aber kein Anhaltspunkt besteht. Ziemlich hoch ist die Menge des eingelagerten Getreides, nämlich 4 ½ Schaff eigenes und 5 ½ Schaff fremdes.[163] Nach Roeck hatten nur 0,76 % der privaten Haushalte mehr als 5 Schaff eingelagert. Nahezu 50 % besaßen etwa ein Schaff und 40,8 % der Haushalte waren ohne Getreidevorrat.[164]

Regina Wiesel war vermutlich schon tot, denn am 28. Oktober 1645, zwei Monate nach der Zählung, wurde Johann Wiesel und seiner zweiten Frau Anna Maria Ulstettin, der Witwe des Unterkäufels Jakob Grimm d.Ä., der Hochzeitszettel erteilt[165] und am 7. November 1645 wurde im Hochzeitsbuch der Barfüßer-Gemeinde die Eheschließung testiert: *Hr.Johann Wisel Opticus, Wittiber und Anna Maria Uhlstädin, Jacob Grimm des ältern sel. hinterlaßne witib.*[166] Im nächsten

[161] Thewes: 'Auge von Mainz'.
[162] Mentz.
[163] StAA Schätze 37/I. Musterbuch 1645. S. 70 Nr. 13.
[164] Roeck: Bäcker S. 119; Rainer Beck S. 194f.: 1811 faßte 1 Schaff ca. 214,5 Liter.
[165] StAA Hochzeitsbuch S. 165. 28.10.1645.
[166] Ev.KRAA Hochzeitsbuch B I 98/88. 7.11.1645.

Jahr, 1646, sind ferner am Rand des Steuerbuchs zusätzliche 700 Gulden eingetragen, und Wiesel zahlte dafür 45 Kreuzer mehr Steuern, im ganzen 1 Gulden, 55 Kreuzer und 1 Pfennig Wachgeld. Diese 700 Gulden brachte wohl Anna Maria mit in die Ehe. Der Steuerbetrag änderte sich danach bis zu Wiesels Tod kaum.

Wiesels zweite Frau stammte aus der patrizischen Familie Ulstett. Der Großvater ihres Vaters, Marx Ulstett, war 1538 in den Geschlechterstand erhoben worden und versah 1548 sogar das Stadtpflegeramt. Anna Marias Vater Ludwig Ulstett (1572-1642) wurde als Mitglied der Kaufleutestube geführt, während sein Bruder Hans (1570?-1635) der Bürgerstube, also den Patriziern, angehörte. Ludwig Ulstett war bei seinem Schwager David Milfeld in 'Handlungsdiensten' gewesen und heiratete am 10.8.1598 dessen Witwe Felicitas Zeillerin.[167] Von den Kindern dieser Ehe erreichten drei das Erwachsenenalter: Marx, geboren am 29.5.1600, Anna Maria, geboren im Juni 1604, und Felicitas, geboren am 27.8.1605. Am 7. Mai 1608 starb die Mutter bei der Geburt des achten Kindes. Pfleger für Anna Maria und ihre beiden noch lebenden Geschwister wurden ihr Onkel Hans Ulstett und der Handelsmann Georg Peurlin, ein Schwager ihrer Mutter. Die drei Kinder Ulstett erbten von ihrer Mutter gemeinsam ein Vermögen von 1000 Gulden.[168] Der Vater heiratete am 1.12.1609 zum zweiten Mal, Barbara Rehmin, jetzt wieder in der Bürgerstube.[169] Ihr Bruder Ludwig Rehm (1564-1633) wurde zur Schwedenzeit Stadtpfleger. Aus dieser Ehe gingen elf Kinder hervor, von denen fünf oder sechs sehr früh starben. Ludwig Ulstätt starb 1642.[170] Die Stiefmutter Barbara Ulstätt (+3.11.1648) erlebte die Hochzeit von Anna Maria und Johann Wiesel noch, ebenso die Geschwister Marx (+25.5.1666), Susanna und Judith und möglicherweise Felicitas, Barbara und Sabina. Die Schwestern hatten alle nach auswärts geheiratet, Felicitas 1637 Caspar Albrecht, Sohn des Augsburger Pfarrers von Heilig Kreuz, Bernhard Albrecht. Sie wohnte in Kempten. Die Stiefschwestern lebten in und bei Ulm, Nürnberg und Regensburg. Marx Ulstett hatte seit 1613 in Venedig, seit 1645 in Frankfurt am Main gelebt. Seine Hochzeit mit Felicitas Lidlin, Ulrich Hopfers Witwe, wurde 1650 im Hause Wiesel gefeiert. Das Paar gehörte der Bürgerstube an.[171] Ein Vetter von Wiesels zweiter Frau, David Ulstett (1606-1672), Sohn von Hans, wurde 1659 in den geheimen Rat berufen.

---

[167] SuStBA Stetten Geschlechter S. 192f.; SuStBA [LS Aug 58] Seifert: Genealogische Stammtafeln. S. 62-66; Reinhard: Eliten S. 845f.; Ev.KRAA Hochzeitsbuch A I 13/78. 10.8.1598; Haemmerle Hochzeitsbücher Nr. 1618: Hochzeit Ludwig Ulstätt mit Felizitas Zeillerin, der zweiten Frau von David Milfeld.

[168] StAA Kleines Pflegschaftsbuch. 16.8.1608.

[169] Ev.KRAA Hochzeitsbuch A I 62/117. 1.12.1609; Haemmerle Hochzeitsbücher Nr. 1990.

[170] Haemmerle gibt zwei verschiedene Daten an: 31.5. (Nr. 1990) oder 4.7.1642 (Nr. 1618).

[171] StAA Hochzeitsbuch der Stadt Augsburg. 24.5.1650; Haemmerle Hochzeitsbücher Nr. 2852; HAB 98 Novi fol. 314r. 11/21.4.1650. Hirt berichtete Hzg. August, *das der Wisel eine hochzeit im hause hat.*

Aus Anna Maria Ulstetts erster Ehe mit dem wesentlich älteren Jakob Grimm, geschlossen 1632, haben offenbar keine Kinder überlebt. Eine Tochter Felicitas, geboren 1635, verstarb wohl noch im Kindesalter.[172] Jakob Grimm war als sogenannter Sensal oder Underkäufel im Geldgeschäft tätig gewesen.[173]

Daß Wiesel in die Familie Ulstet einheiraten konnte, zeigt, welch guten Ruf er mit seiner Arbeit und mit seinen Geschäftsbeziehungen inzwischen erworben hatte. Die Hochzeit mit Anna Maria Ulstett brachte ihm die Mitgliedschaft in der Kaufleutestube, außerdem verwandtschaftliche Beziehungen zur Bürger- oder Herrenstube.[174] Es geschah nur sehr selten, daß ein Handwerker Zugang zur Kaufleutestube erlangte. Beispiele aus Wiesels Zeit sind der Kupferstecher Lukas Kilian oder die Maler Melchior Küsel und Johann Ulrich Mair.[175] Sogar zu Philipp Hainhofer, dem bedeutenden Patron der Augsburger Künstler, lassen sich Fäden ziehen. Anna Marias Onkel Hans I. Ulstet (+1635) war seit 1602 mit Regina Hainhofer (+1654) verheiratet gewesen. Ihr Vater Melchior III. war ein Vetter von Philipp Hainhofer. Einen weiteren, jüngeren Hans II. Ulstett bezeichnete Hainhofer 1644 als Vetter. Dabei kann es sich nur um den Sohn von Hans I. gehandelt haben. Dieser jüngere Hans (1623-1654) stand von 1637 bis 1646 als Kammerjunker in den Diensten des Marchese Giovanni Battista Visconte, bereiste mit ihm u.a. Spanien und lebte in Neapel und Rom. Hainhofer bat ihn wiederholt um Nachrichten aus Italien.[176]

---

[172] Ev.KRAA Hochzeitsbuch A I 148/20. 25.10.1632: *Jacob Grimm ∞ Jungfrau Anna Maria Ulstättin, Herrn Ludwig Ulstätts Ehrentochter*; Haemmerle Hochzeitsbücher Nr. 2527; Ev.KRAA Taufbuch B II 118/185: *4.9.1635, Felicitas*; Es fand sich nach Grimms Tod am 14.10.1643 kein Eintrag für Kinder Anna Maria Ulstetts im Pflegschaftsbuch, nur für die Witwe: StAA Pflegschaftsbuch 19.12.1643: *Caspar Weißmiller not.*[Notar] *stellt Anna Maria Ulstettin w. Jacob Grimm sel. hinderlaßne W. zu räth und beistand für: Hans Jerg Beurlin und Hans Jerg Beckenmaier, beide Handelsleuthe, die habens gelobt.*

[173] Zu den städtischen Wechselgeschäften vergl. Zorn Augsburg S. 229: *Seit 1550 wurden alle Wechselgeschäfte, Darlehen und Edelmetallerwerbungen am Ort in die Maklerbücher der städtischen Wechselunterkäufer eingetragen.*

[174] Industrie- und Handelskammer Augsburg Archiv Nr. 53. Protokollbuch der Kaufleutestube 1541-1710: Zusatz 'erheurat'; Haemmerle Hochzeitsbücher Nr. 2770.

[175] Haemmerle Hochzeitsbücher Nr. 1780, 3088, 3016.

[176] Anna Maria Ulstets Onkel Hans (I) hatte zwei Söhne, die den Namen Hans trugen; der ältere lebte von 1603 bis 1622; Gobiet 1400, 1403, 1422, 1434, 1458.

1.8 Die letzten Kriegsjahre und der Friede

Die Jahre nach 1635, nach dem Abzug der Schweden, waren zwar Jahre mit schrecklicher Teuerung und Not, doch gab es nur noch ausnahmsweise kriegerische Ereignisse in Augsburg und seiner Umgebung. 1643 begannen die Friedensverhandlungen in Münster und Osnabrück. Damit hörten allerdings die Kriegszüge und Schlachten in Deutschland nicht auf. Im Sommer 1646 drangen französische und schwedische Truppen wieder nach Süddeutschland vor und näherten sich Augsburg, belagerten von August bis Oktober die Stadt und schlossen sie vollkommen ein. Nachdem den evangelischen Bürgern vom Rat und von Kurfürst Maximilian I. von Bayern mehr Rechte versprochen worden waren, beteiligten auch diese sich an den Verteidigungsmaßnahmen. Ende September 1646 lagen die Jakober- und die Frauenvorstadt unter Beschuß, am 7. und am 11. Oktober versuchten die Schweden zweimal vergeblich das Klinker- und das Wertachbruckertor zu erstürmen. Dabei richteten etliche Kugeln innerhalb der Stadtmauer Schaden an, auch in der Gegend von Wiesels Haus, das nicht weit vom Klinkertor entfernt lag. Ein Bauprotokoll von Wiesels Nachbar Hieronymus Rechlinger berichtet von einer Granate, die während der Belagerung eingeschlagen war.[177] Nachdem sich ein bayerisch-kaiserliches Heer genähert hatte, zogen die schwedischen Truppen am 12. Oktober 1646 ab.[178]

Augsburg durchlitt in diesen Monaten wieder eine fürchterliche Hungersnot. Denn große Teile der Landbevölkerung aus den umliegenden Gebieten hatten sich in die Stadt geflüchtet, über 19000 Fremde. Das kam etwa einer Verdoppelung der Bevölkerung gleich.[179] Gleichzeitig war jeglicher Handel unterbunden. Aber

177 StAA Bauamtsprotokolle Band 70 S. 195. 12.12.1646: *Rechlinger Hieronymus* (IV.) [...] *mag die von einer Granate während der Belagerung erschlagene Abseite gar abbrechen lassen.* Es handelte sich um die Häuser F 371 und F 372, Heilig Kreuzstraße, später im 19. Jh. in Fuggerschem Besitz, von 1817 bis 1825 Wohnung Napoleons III. (1808-1873) und seiner Mutter, im letzten Krieg zerstört. Heute steht dort der Musculushof.

178 HAB 97 Novi 290-294 u. 295-296. 17/27.9.1646. Hainhofer an Hzg. August: [291v] *interim sein wir hier eingeschlosssen nit nur bloquiret, sondern gar belägert, unsere pasteyen aber und schanzen zur defension voller geschüz und soldaten* [... 292r ...] *Wir haben alhie iezo in die 1500 Reutter, den gestern der obrist* [292v] *Royer mit etlich 100 reuttern von Memmingen herab auch herein khomen* [...] *gestern 26 huius früe Bayernseits am lech diese Statt anfangen zu beschießen.* [... 293r] *gestern..in Jacober Vorstatt 24 Pfundige Kuglen biß durch das 3te hauß trungen* [... 293v ...] *leute in die inner stadt geflohen* [...]; 4/14.10.1646. [295r ...] *aus der Bayern armee vil officier im Hauß* [...] den 25. Sept. [...] *confactorirte* [zusammengezogene] *Cronen Frankreich und Schweden armeen durch den lech für* [vor] *dise Statt khommen, den 26 dato anfangen tag und nacht zu umbschanzen und biß auf den 12. October zu canoniern und etliche tausend feuer und stain kuglen von 100 biß in 400 Pfund schwer herein zu werfen, gleich anfangs das wasser abzugraben, dahero weil man nit mahlen khünde bey allen menschen herinnen große noth umb das broth und beim vih umb die fueterung gewesen.*

179 Zorn Augsburg S. 260.

auch nach dem Abzug der feindlichen Truppen kamen die Augsburger nicht zur Ruhe. Bis weit in das Friedensjahr 1648 zogen immer wieder Soldaten durch das umliegende Land. Hainhofers Schwiegersohn Hans Martin Hirt äußerte im März 1648 die Sorge vor einer neuen Blockade.[180] Eine der letzten entscheidenden Schlachten des Krieges fand am 17. Mai 1648 bei Zusmarshausen unweit von Augsburg statt, wobei es den vereinigten Schweden und Franzosen nicht gelang, die kaiserlich-bayerischen Truppen zu besiegen. Trotzdem kontrollierten Schweden und Franzosen weite Teile Bayerns und Kurfürst Maximilian I. mußte sein Land erneut verlassen. Die Schweden zogen nach Prag und nahmen es teilweise ein. Im Juni 1648 trat tatsächlich das von Hirt befürchtete Ereignis ein: Franzosen und Schweden blockierten neuerlich die Stadt Augsburg und zu den vielen Fremden innerhalb der Mauern kamen schließlich auch noch gefangene schwedische Soldaten.[181]

Am 24. Oktober 1648 wurde der Friede von Münster und Osnabrück geschlossen, wobei den evangelischen Bürgern Augsburgs die Parität zugesichert wurde, d.h. die Gleichberechtigung mit den katholischen Mitbürgern in Regierung und Verwaltung. Alle Ämter mußten fortan doppelt besetzt werden, entweder gleichzeitig mit einem katholischen und einem evangelischen Bürger, oder alternierend. Am 1.November brachte ein Kurier die Meldung vom Friedensschluß nach Augsburg. Es dauerte aber noch lange, bis sich eine Normalisierung in der Stadt vollzog. Der katholische Magistrat und der katholische Klerus wehrten sich gegen die Durchführung der Parität. Erst im Februar des nächsten Jahres wurden den evangelischen Bürgern die vormals in ihrem Besitz gewesenen Kirchen wieder eingeräumt und konnten die ersten evangelischen Predigten darin gehalten werden.

Im März 1649 wurde der erste evangelische Stadtpfleger gewählt, während einer der bisherigen zwei katholischen zurücktreten mußte. Es folgten die paritätischen Neubesetzungen des kleinen Rates und der übrigen Ämter der Stadtverwaltung. Im August wurden die 300 Mitglieder des Großen Rats neu gewählt; auch sie verteilten sich nunmehr je zur Hälfte auf die katholische und die evangelische Konfession. Johann Wiesel wurde als einer der Vertreter der Kaufleute entsandt.[182] Der Große Rat hatte zwar keine wesentliche politische Bedeutung mehr, aber ihm anzugehören deutete auf hohes Ansehen.[183]

Der Abzug der bayerischen Soldaten aus der Stadt vollzog sich nur langsam. Im Umland schweiften noch immer schwedische Truppen umher. Im Februar

---

180 HAB 98 Novi fol. 111r. 16/26.3.48. Hirt an Hzg. August: *in Sorge, wir werden täglich wieder ploquiert* [...] *Neues Regiment 12 000 stark in die Stadt. Haben die 21.Compagnie einquartiert, dazu viel hundert Bauern, Bayerisch und Schwäbisch mit Weib und Kind und Vieh. Mangel an Brot* [... 111v ...] *Die schwedischen und französischen Armeen sind bereits am Thonaustrom angelangt.*

181 HAB 98 Novi fol. 83r. 25.5./4.6.48. Hirth an Hzg. August: *Die Stadt Augsburg sei bloquieret.*

182 StAA Rep.39 Ämterbesetzung S. 106: *Die Herren Kaufleuthe des Grossen Raths.*

183 Stadtlexikon 1985 u. 1998 (Geffcken: Rat).

1649 kamen schwedische Gesandte nach Augsburg, um für die Bezahlung der geforderten hohen Kontributionen zu sorgen, während ihre Regimenter vor der Stadt lagen, z.B. in Oberhausen.[184] Bürger, die nicht zahlen konnten, wurden in das Gefängnis geworfen. Dazu gesellte sich eine enorme Teuerung und ein Mangel an Brot, denn in den vorhergehenden Jahren hatte infolge der Krieghandlungen nur wenig Land bebaut werden können. Deutlich wird diese Not, wenn man zeitgenössische Berichte liest. Am 18.1.1649 notierte Bartholomäus Bayer (Bavarus), Lehrer am Anna-Gymnasium, in sein Tagebuch:

> *Dißе wochen hat angefangen abermal grosser mangel an roggen: und weissem brott bey den becken zue werden, weil vorige wochen auß mangel der zufuhr das getraid in der schrand sehr auffgeschlagen, daß das korn auf 9 und der kern auf fl 13 kommen und gestigen ist, dahero das brott umb ein zimlichs kleiner worden; dann auß Bayern wegen mangel proviants, so vorigen Sommer durch freunds und feindsvölcker wol auffgezehret worden, nichts kan der statt zugeführt werden, wie auch auß Schwaben wegen unsicherheit und verpflegung der Schwed. völcker sehr wenig zukommen mag jetziger Zeit. Diese wochen hat man auch allenthalben in der statt von den hiesigen burgern, beysizern u. innwohnern allen Rest der bißher schuldig verblibenen Contributionen oder Kriegsanlagen, es seyen derselben wenig oder vil, bey bedrohung der militarischen Execution zu erlegen befohlen und angesagt.*[185]

Vier Monate später, am 18.5.49. erging ein Dekret wegen einer 'Extraordinari Anlag'. Niemand war davon außgenommen, *damit man von der ... Kriegslast möge befreit werden.* Gefordert wurden von einem vornehmen Hauß fl. 15
" mittleren " fl. 8
" gemeinen " fl. 4
" schlechten " fl. 2.[186]

Philipp Hainhofer hatte den Frieden nicht mehr erlebt; er war am 23. Juli 1647 gestorben. Sein Schwiegersohn Hans Martin Hirt wurde sein Nachfolger als Agent und Rat von Herzog August d.J. von Braunschweig-Lüneburg und übernahm die Verbindung zu Wiesel.[187] Er berichtete im Juni 1649 nach Wolfenbüttel, daß viele Leute ihr Bürgerrecht aufgekündigt hätten, weil *überaus großer Jammer, Hunger und gelts noth in der Stadt, die nicht zu beschreiben* sei. *Ein Scheffel Korn, welches doch schwerlich zu bekommen, gilt 18 bis in 20 fl.*[188] Es hatte demnach nach einer gewissen Normalisierung in den letzten Kriegsjahren jetzt wieder einen Preisanstieg gegeben. 1639 hatte man für ein Schaff Roggen 8 Gulden,

---

[184] SuStBA 4° Cod. Aug. 238: Tagebuch Bavarus 1648-51. S. 25-27.
[185] SuStBA Bavarus S. 22 links.
[186] SuStBA Bavarus S. 32 links.
[187] Otte: Hirt.
[188] HAB 98 Novi fol. 194v. 24.5./3.6.1649. Hirt an Hzg. August.

1645 nur noch 4 Gulden 15 Kreuzer bezahlen müssen.[189] Am 21.10.1649 schrieb Hirt: *Wegen der schwedischen Satisfactionsgelder werden allhier täglich starke Umlagen gemacht, die wir schier nimmermehr ertragen und erschwingen können.*[190] Selbst noch im Mai 1650 mußte er berichten, daß *von der Obrigkeit alhie vil arme Burger der ausstendigen Steuer und Contributiones wegen in die gefängknu ßen geworfen werden.*[191] Ein Jahr später, im Herbst 1651 wurden bereits neue Zahlungen erhoben: Bair notierte am 5.9.1651 eine *Extraordinari Jarssteuer innerhalb 14 Tagen für die Reichscassa ... wegen der Evacuation Spanischer Besetzung der Pfalzischen Völcker ... wer nicht zahlt kommt in Arrest.*[192] Im Februar 1652 mußte Hirt bei Herzog August persönlich dringend um Geld bitten, denn er habe *von der obrigkeit 2 Soldaten im Hause, bis die Steuern und andere Contributionen bezahlt seien.*[193] Um dieses Anliegen zu verstehen, muß man wissen, daß die fürstlichen Auftraggeber oft sehr säumige Zahler waren, so daß die Agenten beträchtliche Summen vorstrecken mußten, vor allem jetzt, da kein Handwerker mehr auf Kredit arbeiten konnte. Aus diesen Berichten geht hervor, wie stark die Augsburger Bevölkerung noch lange nach dem Friedensschluß unter den Kriegsfolgen zu leiden hatte. Um so mehr wird man Wiesels Leistungen in diesen Jahren würdigen müssen.

1.9 Arbeiten nach 1648

Optische Instrumente

Durch die Belagerung und Blockade Augsburgs im Herbst 1646 und die folgenden unruhigen Jahre wurde Wiesels Arbeit stark beeinträchtigt, war er doch einerseits auf die Einfuhr von Glas aus Venedig angewiesen, andererseits auf den auswärtigen Absatz seiner Instrumente. Es ist gut möglich, daß sich deshalb die Verfertigung der neuartigen Erdfernrohre hinauszog. Durch den Hinweis in Rheitas Buch von 1645 und durch die schon erwähnte Fernrohr-Preisliste wußten jedenfalls die an optischen Instrumenten interessierten Kreise, daß Wiesel diese Fernrohre baute. Rheita, der ja seit Herbst 1645 als Beichtvater und Berater am

189 Weiss Goldschmiede S. 202f.
190 HAB 98 Novi fol. 246r. 11/21.10.1649. Hirt an Hzg. August.
191 HAB 98 Novi fol. 320v. 2/12.5.1650. Hirt an Hzg. August.
192 SuStBA Bavarus S. 42.
193 HAB 99 Novi fol. 15-16. 12/22.2.1652. Hirt an Hzg. August.

Hof des wieder eingesetzten Trierer Kurfürsten weilte, hatte wohl in der ersten Zeit seines Trierer Aufenthalts kaum die Möglichkeit, Fernrohre herzustellen. Außerdem durfte er, als Mitglied des Kapuzinerordens zu äußerster Armut verpflichtet, keinen Gewinn machen, also nichts verkaufen. Von einem Verkauf größeren Ausmaßes durch Gervasius Mattmüller in Wien, den Rheita auch in seinem Buch erwähnt hatte, ist nichts bekannt. Man konnte diese Instrumente folglich nur von Wiesel beziehen.

Die Berichte und Briefe aus Augsburg an den Braunschweiger Hof bieten auch für die Jahre nach dem Krieg eine hervorragende Quelle der Zustände in Augsburg im Allgemeinen und von Wiesels Arbeit und Leben im Besonderen. Hans Georg Anckel, der von 1636 bis 1647 bei Philipp Hainhofer als 'Scribent und Amanuensis' [Schreiber und Sekretär] und ab 1648 bei Herzog August als geheimer Kammerschreiber und Kammerdiener des Prinzen Anton Ulrich diente, war im Herbst 1656 nach Augsburg zurückgekehrt und hatte im Jahr darauf seine langjährige Verlobte Augusta, eine Tochter Philipp Hainhofers, geheiratet. Er übernahm sofort die Besorgungen für Herzog August bei den Augsburger Handwerkern, speziell bei Wiesel. Offenbar waren dem Herzog Zweifel an Hirts Eignung als Agent gekommen, war dieser doch, seit er Mitte 1650 einen Schlaganfall erlitten hatte, körperlich sehr behindert. Er konnte nicht mehr selbständig gehen, mußte sich zu den Handwerkern bringen lassen oder diese zu sich bitten. Die Zweifel waren wohl durch den Konkurrenten Anckel geschürt worden; sie erwiesen sich schließlich aber als weitgehend haltlos, denn trotz der Anwesenheit Anckels in Augsburg blieb Hirt Agent des Herzogs. Dadurch entstand die ungewöhnliche Situation, daß bis zum Tod von Hirt im März 1661 zwei Braunschweiger Agenten in einer Stadt lebten.[194] In beiden Korrespondenzen spiegeln sich die Wertschätzung Wiesels und seine gehobene Stellung in Augsburg als Mitglied der Kaufleutestube und des Großen Rats wieder. Hirt schrieb schon 1648, bei der ersten Erwähnung Wiesels, vom *berüembten Optico*[195] und nannte ihn wiederholt *Herr Wiesel*. Hainhofer hingegen hatte Wiesel als normalen Handwerker behandelt und ihm auch schon einmal einen *Filz* (Verweis) gegeben, als er ihm zu langsam arbeitete.[196] Erst in den späteren Jahren wurde auch bei Hainhofer die Anerkennung spürbar, die er Wiesel zollte. Sowohl Hirt als auch Anckel standen eher in einer freundschaftlichen Beziehung zu Wiesel, zumal sie ja nicht von so hoher Geburt wie ihr Schwiegervater waren. Ihre Berichte an Herzog August bezogen sich nicht nur auf geschäftliche, sondern auch auf persönliche Ereignisse in Wiesels Leben.

---

[194] Härtel: Anckel; Otte: Hirt.

[195] HAB 98 Novi fol. 115v. 7/17.12.1648. Hirt an Hzg. August.

[196] NSAW 1 Alt 22 Nr. 177n fol. 14r. 9/19.3.37. Hainhofer an Hzg. August: [...] *bin Ich wider zum brillenmacher, welcher wisel haisset,*[...] *propter moram mit den windbrillen, ainen filz geben, der entschuldigt sich mit verlust von.6.von den soldaten verbrochner scheiben, mit seim podagran, mit welchem er allenmitten wider behafftet, und mit anderm* (Gobiet 1199).

Ab Mitte 1649 bis zum Ende der fünfziger Jahre verkaufte Wiesel terrestrische Teleskope nach England, Wolfenbüttel, Gotha, Paris, Kopenhagen, an den schwedischen General Wrangel, nach Antwerpen, in die Niederlande, nach Dresden und nach Danzig an den Astronomen Hevelius. 1658 nahm gar ein Kaufmann aus Smyrna eins mit in die Türkei und wollte es dem türkischen Kaiser bringen.[197] Vermutlich hatten auch die Höfe in Wien und Berlin Fernrohre gekauft; dem konnte in der vorliegenden Studie leider nicht weiter nachgegangen werden.[198] Dazu kamen sicher noch private Kunden, von denen man nur einige wenige Namen aus den Korrespondenzen kennt.

Hirt erwähnte in den Jahren nach 1650 öfters den Augsburger Kaufmann Johann Koch (1614-1693), der mit ihm verschwägert war. Beide waren mit Frauen aus der Familie Lotter verheiratet.[199] Johanns Vater Matthias Koch (1581-1633) war ein sehr reicher Kaufmann gewesen und hatte 1622 das Gut Gailenbach bei Augsburg erworben, das er seinen Söhnen vererbte. Johann wurde 1653 mit seinem Bruder Matthias (1610-1680) vom Kaiser geadelt und 1654 ins Augsburger Patriziat aufgenommen. Er nannte sich Johann Koch von Gailenbach. In seiner Jugend verbrachte er einige Jahre in Lucca und in Leipzig, wo er wohl auch die Universität besuchte. Nach ausgedehnten Reisen in Spanien, Holland, England und Frankreich kehrte er 1635 nach Augsburg zurück.[200] Seine Vorliebe für die mathematischen Wissenschaften zeigte sich in einer umfangreichen Bibliothek und einer Sammlung von wissenschaftlichen Instrumenten, unter denen auch Wiesel-Geräte gewesen sein dürften. Leider ist davon nichts mehr erhalten.[201] Koch kaufte aber nicht nur Instrumente, sondern ließ sich von Wiesel in die Geheimnisse seiner Kunst einweihen, wie der Augsburger Silberdrechsler Tobias Treffler einem Besucher in Wolfenbüttel erzählte: *Es wehre aber ein Kaufmann zu Augspurg nahmens Koch, der bey Weisseln gelernet, der thäte es Ihm mit gläßer Schleiffen u Perspectiv machen noch weit zuvor, machte aber keine auf den*

[197] Zeiller: Centuria III variarum quaestionum. 1659. S. 462f.

[198] Von den Kammerrechnungen des Großen Kurfürsten aus dem fraglichen Zeitraum hat sich nur ein Band (1653/54) im Brandenburgischen Staatsarchiv Potsdam erhalten. In ihm war nichts von Wiesel zu finden.

[199] Hirt hatte nach dem Tod seiner ersten Frau Barbara Hainhofer (+6.9.1647) am 31.1.1650 wieder geheiratet; Haemmerle Hochzeitsbücher Nr. 2607 und 2847.

[200] StadtAA Rep.100 Nr. 58. Leichenpredigt von Narciß Rauner. November 1693; Mayr Vermögen S. 105; Deutsche Barockgalerie 1984. S. 41.

[201] StAA Archiv von (Benedikt v.) Paris (HP 19, 44) Historische Beschreibung von Gailenbach. Friedrich von Paris hatte im 18.Jh. in die Familie Koch eingeheiratet und Gut Gailenbach übernommen. Leider hat das Paris'sche Archiv im StAA erhebliche Kriegsverluste erlitten. StAA Nachlässe: Testament des Johann Koch von Gailenbach; handelt nur von Grundbesitz und Geldvermögen.

kauff, Sondern nur zu seinem eigenen contentement, weil Er doch reich genug wehre.[202] Hirt berichtete:

> *Ich habe einen nahenden Schwager allhier, namens Johannes Koch, deßen Hausfrau auch eine Lotterin, der ist wegen seines Adelich guts Gailenbach, so vor diesem dem Herrn Geitzkoflern gehörig gewesen der Schwäbischen Ritterschaft incorporieret, daneben aber in underschiedlichen Sprachen und vielen Künsten / wie solches der Trefler Trechslern wol wissent / ein hochverständiger Junger Mann. Welcher ebenmäßig einen schönen großen Tubum: und vor die churfstl.Durchl. in Bayern eine perfecte kunstreiche Wasser Uhr gemacht, dergleichen der Wisel, weiln er nit studiert, auch kheine fundamenta in lingua Latina hat, nimmermehr praestieren kann. Allein ist dieses dabei zu observieren, daß alles was er macht, nicht auf den Verkhauff gerichtet ist, sondern weil er ein reicher gesell, und nunmehr den adligen Ritterstand hat, es vor sich selbsten, nur zum lust und gedechtnus aufhelt. Dieser mein Schwager ist anietzo mit Magneten die er nothwendig dazu gebrauchen muß, nicht genugsam versehen, er hat aber derentwegen in Italiam geschrieben, sonsten getrauete ich wohl eine dergleichen Wasseruhr von ihm zu pringen, es solle aber unvergessen bleiben.*[203]

Für den Kaiser entwarf Koch einen Kompaß und eine kunstvolle Uhr, die von Hans Buschmann und Kaspar Langenbucher ausgeführt wurden.[204] Stetten berichtete, Koch habe Ferdinand III. einen Tubus geschickt und dieser *war so vergnügt darüber, daß er dem Verfertiger nicht nur den Adelsstand, sondern auch die hiesige Geschlechter-Würde ertheilte.*[205] Daß dies nicht die ganze Wahrheit ist, hören wir von Hirt im Juli 1653:

> *So hat vor höchst besagte Ire Kayl:Mtt: auch mein Schwager Johannes Koch underschidliche stuckh verfertiget, darfür Sie ihme eine guldin Kettin, sampt dem Kays:Bildnus verehrt, auch ihne und seinen Bruder |· ohn angesehen Sie zuvor nobilitiert, und im Ritterstand sein ·| zu Patriciis gemacht, daß sie also künfftig bei der Statt Augspurg zu hohen Ämptern gelangen: und mütlerweil gar StattPfleger werden kenden, welches sonsten wann sie gleich Edelleüth, nicht geschehen were. Es haben aber hierzu starkh geholfen beede Herrn Churfürsten Mainz und Heidelberg, dann diser hat in seines Kochs Brueders:*

[202] OP C 1. t. 2 Nr. 171. 23.1.1650. Brief aus Wolfenbüttel, anonymer Schreiber. Eine Kopie dieses Briefes erhielt Hevelius von Hartlib. Treffler war 1648 nach Wolfenbüttel gezogen. Siehe Anhang A.3 Nr. 25.

[203] HAB 98 Novi fol. 305r-v. 28.3./7.4.1650. Hirt an Hzg. August.

[204] HAB 99 Novi fol. 169r. 14/24.4.1653. Hirt an Hzg. August; HAB 99 Novi fol. 366r. 16/26.11.54. Hirt an Hzg. August: *Diese Uhr wie auch des Compaßes Inventor ist mein Schwager J. Koch von Gailenbach, der bei Kais.M. in großen gnaden ist.*

[205] Stetten: Kunst Bd. 1. S. 171.

der ander in seiner Schwester Hauß logiert, welche bej Kay: Mtt: ihrentwegen intercedendo auch einkhommen.[206]

Für Wiesel war Koch mit Lateinkenntnissen und einem weitreichenden Briefwechsel sicher ein wertvoller und interessanter Gesprächspartner.[207] Wiesels teure Instrumente konnten sich wohl nur wenige Augsburger Bürger leisten, zumal das Interesse im allgemeinen an der Astronomie und an den Wissenschaften durch die schrecklichen Kriegsjahre stark zurückgegangen war. Am städtischen Gymnasium, das 1649 seinen Unterricht wieder in den Räumen bei St. Anna aufgenommen hatte, wurde bis 1684, über dreißig Jahre lang, kein Mathematikunterricht mehr erteilt – welcher Gegensatz zum vorigen Jahrhundert! Augsburg war jetzt auch keine Großstadt mehr, wie die dramatisch geschrumpfte Bevölkerungszahl zeigt: 1645 waren nur noch 19 960 Einwohner gezählt worden. Dazu kamen 1 058 Soldaten und eine größere Anzahl von Mönchen und katholischen Geistlichen.[208] Das Gesamtvermögen der Augsburger Bürgerschaft war bei Kriegsende gegenüber 1618 auf ein Viertel gesunken.[209]

Die großen Teleskope, die aus mehreren, ineinander schiebbaren Rohren bestanden und mindestens vier Linsen enthielten, kosteten bis zu 180 Reichstaler oder 270 Gulden (fl.).[210] Um diesen Preis besser verstehen zu können, ist ein Vergleich mit Lebenshaltungskosten und Arbeitslöhnen angebracht: ein Schwein kostete in den teuren Zeiten um 1635 40 fl., ein Pfund Butter 1 fl., ein Pfund Zucker 2 fl.[211] August Weiss vergleicht die Preise von einem Schaff Weizen: 1622: 15 fl., 1635: 40 fl., 1638: 10 fl., 1644: 4 fl. 30 kr.[212] Ein Maurer brachte es bei zehn Stunden täglicher Arbeitszeit etwa auf fünf Gulden im Monat.[213] Die Augsburger Ratskonsulenten, hohe städtische Juristen, verdienten zu Wiesels Lebzeiten im Vierteljahr 175 Gulden. Damit standen sie in der Spitzengruppe der städtischen Besoldungen.[214]

Die Herstellung langbrennweitiger Objektivlinsen war die schwierigste Aufgabe für die damaligen Optiker. Deshalb wurden auch einzelne Linsen verlangt. Wiesel verkaufte astronomische Fernrohre mit zwei konvexen Linsen wie auch kleinere und ganz kurze Fernrohre und Binokulare, durch die man mit beiden Au-

---

206 HAB 99 Novi fol. 193r-v. 23.6./3.7.53. Hirt an Hzg. August; SuStBA 2° Cod.Aug.148: *Relatio die Wahl Ferdinand IV. betreffend.* In dieser Handschrift findet man die Angaben Hirts bezüglich der kurfürstlichen Wohnungen bei der Familie Koch bestätigt.

207 Stetten: Kunst Bd. 1. S. 171f.

208 StAA Schätze 37/I. Zählung 1645.

209 Mayr: Vermögen S. 13.

210 Das erste Teleskop nach England hatte 240 fl. gekostet (HAB 98 fol. 309); Hevelius hatte 180 Reichstaler bezahlt (OP C 1 t. 4 fol. 526v; BNP Man. lat. 10347 t. 4 S. 80) 26.10.1658. Hevelius an Caramuel L.: [...] *quem a Wiselio Optico August. pro 180 imperial. acquisivi.*

211 Stetten d.Ä.: Geschichte Bd. 2. S. 369.

212 Weiss: Goldschmiede S. 202f.

213 Elsas: Preise S. 728.

214 StAA Reichsstadt Baumeisterbücher: Bedienstete.

gen schauen konnte, ferner Spazierstöcke, die man in ein Fernrohr verwandeln konnte, wenn man Knopf und Spitze abschraubte. Vergrößerungsgläser und das sogenannte Polemoscopium, ein Gerät, durch das man mit Hilfe von Linsen und Spiegeln 'um die Ecke' sehen konnte, hatte er schon lange in seinem Programm, ebenso die Camera Obscura als Zeichenhilfe für Künstler. 1649 tauchte zum ersten Mal das *Ophthalmoscopium* auf, ein kleines Instrument zum Erkennen von Fehlern im Auge. 1655 wird von einem *tubus anatomicus* für Ärzte berichtet.[215] Vielleicht waren diese Geräte durch Wiesels Freundschaft mit einigen Augsburger Ärzten angeregt worden. Besonders begehrt waren ab 1650 Wiesels zusammengesetzte Mikroskope. Soviel wir heute wissen, hatte er um diese Zeit als erster Optiker eine dritte Linse, die Feldlinse, die das Gesichtsfeld erweiterte, in das Mikroskop eingesetzt. Sie brachte einen bedeutenden Fortschritt im optischen System und wurde in Zukunft zum festen Bestandteil des Okulars. Den Mikroskopen gehörte in den letzten Lebensjahren Wiesels ganze Liebe. Aus seinen Beschreibungen und in den Berichten der Augsburger Agenten spürt man die Faszination, die von der 'kleinen Welt' ausging, die man durch dieses Instrument entdecken konnte. Solche Geräte gingen an die Höfe nach München, Wolfenbüttel, Gotha, Altenburg, Stuttgart, wohl auch an den kaiserlichen Hof sowie nach England, Holland und Danzig.[216] Daneben lieferte Wiesel Brillen jeglicher Art.[217]

Daß Wiesels Eifer, seine Instrumente zu verbessern, auch im Alter nicht erlahmte, zeigen einige der Briefe oder Berichte, die er an Herzog August d.J. in Wolfenbüttel schrieb. Im Dezember 1653 – Wiesel war jetzt 70 Jahre alt – äußerte er sich z.B. zu den Brillen:

> *Wo nur der Meister daß seinige so Ime Gott verliehen (.neben der Natur.) vleißig in acht nimmet, würdt niemandt ohne getröst hinweckh gehen, oder gelaßen werden. Wie ich dan ein solches werckhstellig zue machen mich mehr dan schuldig erkhenne, und verobligirt bin. Soll also nit underlaßen, meine gedanckhen weitter zue haben, wie der sachen noch umb etwaß möge geholffen werden.*[218]

Drei Jahre später, Ende 1656, schrieb Wiesel an den Herzog:

> *Durchleuchtigster Hochgeborner Fürst, Gnedigster Herr. Weil bey diesen letsten Zeitten dieser Welt alle Künsten dermaßen so hochgestiegen, daß mann nit vermeinet* [daß] *noch etwaß ubrig seye, herfüer zu geben, under welchen dan die Optic sich auch hochrümblich herfüer gethan; daß ich mir selbsten eingebildet* [,daß] *nicht wohl etwaß weitters darinnen zu erforschen sein werde, So*

[215] siehe Kap. III.5: Andere Instrumente.
[216] siehe Kap. III.4: Mikroskope.
[217] siehe Kap. III.2: Brillen.
[218] NSAW 1 Alt 22 170 fol.54r. 24.11./4.12.53. Wiesel an Hzg. August. Vgl. A.3 Nr. 37.

gibt doch Gott noch alle Tag weittern Verstandt und seegen, daß mit dieser Kunst vielen 1000 Persohnen noch ferner kan gedienet werden.[219]

Podagrischer Spiritus

Hirt, seit 1650 an den Folgen eines Schlaganfalls leidend, nahm an Wiesels Krankheiten besonderen Anteil und berichtete immer wieder vor allem von dessen Podagra (Gicht).[220] Im Dezember 1653 ist von einer *Engin des Hertzens und der Brust* die Rede,[221] im Februar 1654 von einem drei Wochen langen *hitzigen Fieber*[222] und im Dezember 1656 von einem *Catharro Suffocativo*: ein starker Fluß sei ihm auf das Herz gefallen, der Atem gehe kurz.[223]

Im Januar 1660 fürchteten beide Agenten um Wiesels Leben. Hirt schrieb am 22. Januar, er habe von Wiesels Frau erfahren,

> *daß er albereit vierzehen tag tödtlich kranckh lige, in disen 14.tagen habe ihne der gewallt Gottes vilmalen berürt, daß er gar von dem Verstand kombt, und manichsmal nit weiss, waß er redet und thuet, und daran ist der Tochtermann, deme Wiesel alle seine Künsten gelehrnet, schuldig, der den alten 76.Jährigen Wisel lieber todt alß lebendig sähe, Sie beede haben ein grossen streitt und Zanckh miteinander gehabt, darüber sich Wisel also erzürnet, daß er dardurch in dise schwere Kranckheit gefallen, die Medici halten nicht darvor, daß er mehr mit dem Leben darvon komme, Gott wird disen vndanckhbaren Tochtermann zu seiner Zeit schon finden, Sein Wisels Todt wurde* [würde] *vilen vornemmen:* [vornehmen] *auch Hohen Standts Personen laide werden, dann seines gleichen* [355r] *waiss man nicht, so ist vngewiß, ob der Tochtermann eben inn allen stückhen perfect ist, vnd auch das glückh haben wirdt.*[224]

---

219 NSAW 1 Alt22 170 fol. 65r. 18.12.1656. Wiesel an Hzg. August. Vgl. A.3 Nr. 48.

220 HAB 100 Novi fol. 75v. 2/12.10.56. Hirt an Hzg. August: *der gute Herr Wisel wird eben hart von dem Podagra gequellet.*

221 HAB 99 Novi fol. 263v-264r. 15/25.12.1653. Hirt an Hzg. August [263v]: *Herr Wisel befindet sich in etwas unpäßlich, und laborieret an meinem morbo der Engin des hertzens* [264r] *und der brust.*

222 NSAW 1 Alt 22 170 fol. 55r. 5.2.1654. Wiesel an Hzg. August: ... *die Zeit wohl vonnöthen gehabt. In dem ich vast in die 3.wochen lang an einem hitzigen Fieber darnider gelegen.*

223 HAB 100 Novi fol. 90v-91r. 27.11./7.12.1656. Hirt an Hzg. August: *Es ist aber er Herr Wisel underdessen sehr gefährlich erkrankhet, daß die Medici zu thun genug im ihme bekhommen, dan ihme ein starker fluß, auf das Herz gefallen. Dadurch ihm der athem gar kurz worden; es bessert sich aber Gott lob wohl*; HAB 83 Novi 9v, 27.11./7.12.56, Anckel an Hzg. August: *Herr Wisel ist dieser Tag mit einem Catharro Suffocativo wie er ihn nennet überfallen, hatt sich aber Gott lob wider gebessert.* suffocatio,onis lat. das Ersticken.

224 HAB 100 Novi fol. 354v-355r. 12./22.1.1660. Hirt an Hzg. August.

Auch Anckel gab Daniel Depiere die Schuld an Wiesels Krankheit: *H.Wisel, liget anietzo in agone, ist von Seinem Schwieger Sohn /: einem groben Dantzger :/ alteriret, und Ihme solche Krankheit dardurch causiret worden; PS In diesem momento, vernimme Ich, daß eß sich mit dem weitberühmbten optico h Wieseln, hinwiderumben in etwaß wenige, zur besserung anlasse.*[225] Drei Wochen später hatte sich Wiesel tatsächlich wieder erholt und sich vorgenommen, *Deo volante* [so Gott will], *künfftige Wochen, in Seinem Musaeo abermalen zu laboriren.*[226] So geschah es auch: er konnte nach dieser Krankheit wieder arbeiten, er konnte sogar wieder verreisen. Im November 1660 hielt er sich etliche Wochen beim Bischof von Eichstätt auf.[227]

Im Zusammenhang mit dem Podagra berichtete Anckel am 28.11.1658 über Kenntnisse Wiesels in der Chemie, die erstaunliche Wirkungen erzielt hätten:

> *Er Wisel ist sonsten vor diesem immer Valitudinarius, insonderheit mit dem Podagra stetigs geplagt gewesen, anjetzo aber, weilen er ein wenig die Chimische Kunst verstehet, selbsten ein solches Oleum zu seiner Krankheit präparieret, daß so oft er nur dasselbige Ihme adhibiret und gebrauchet allzeit hievon wieder geneset, frisch, fröhlich und munter wirdt, worab sich dann viele Leute verwundern.*[228]

Ein ähnlicher Bericht über Wiesels 'Chimische Kunst' ist von Martin Zeiller (1589-1661) in Ulm überliefert. In seinem 1659 gedruckten Buch 'Centuria III Variarum Quaestionum' heißt es, Wiesel habe ihm unter anderem im Oktober 1658 geschrieben:

> *Sonsten hat vilwolermelter Herr, (der, in die 35 Jahr lang mit dem laidigen Podagra behaftet gewesen, und oftermals, wie Er schreibt, in die 8. und 9. Wochen mit großen schmertzen des Betts Hüetter seyn müeßen, und dardurch also zugerichtet worden, daß Er an beeden Knien erkrumt, und vornemlich das Lincke Knie eines Menschen Kopfs groß, gleich als ein Bein erhartet ist, und er daher lange Jahr gantz krum und gebuckter gehen müeßen) einen besonderen Podagrischen Spiritum erfunden, in denselben ein Schwämlein geduncki und mit solchen des Tags 3. oder 4. mal die erhartete Geschwulsten überstrichen und davon gleich anfangs in wenig Stunden Linderung der Schmertzen empfunden, und hat also damit continuirt, biß Er entlich sein großes erhartes und geschwollenes Knüe zur gueten Gesundheit gebracht, und nun mehr in die 12 Jahr lang von disem unfreundlichen und ungeladnen Gast das wenigste mehr vermercken können, und an jetzo in allen Gliedern gantz gesund, als eine Person von 30 Jahren seyn mag, sich befindet.*

[225] HAB 83 Novi fol. 530v. 12/22.1.1660. Anckel an Hzg. August. (alterieren – sich aufregen).
[226] HAB 83 Novi fol. 542r. 2./12.2.1660. Anckel an Hzg. August.
[227] HAB 83 Novi fol. 666r. 22.11./2.12.1660. Anckel an Hzg. August.
[228] HAB 83 Novi fol. 332r. 18/28.11.1658. Anckel an Hzg. August; valetudinarius lat. kränklich, Patient; adhibere lat. anwenden, benutzen.

Weiter hat Er auch einen Spiritum, oder Geist, alle Halßkröpff so noch nicht sehr eraltet und erhartet seyn, in zweyen vierzehen Tagen unfehlbar zu heilen, so an vilen probirt worden, wie er berichtet.[229]

Die beiden Texte mögen uns heute leicht übertrieben scheinen; aber wenn wir Wiesels Porträt betrachten, das im Jahr 1660 entstanden ist, so blickt uns dort ein für sein Alter von 77 Jahren gut aussehender Mann entgegen (Abb. 2).

Lackarbeiten

Ob Wiesels chemische Kenntnisse aus seiner Bekanntschaft mit verschiedenen Ärzten und Barbieren herrührten, weiß man nicht. Dr. Carl Widemann, der schon vor 1625 in Wiesels Werkstatt gekommen war, war sehr an der chemischen Wissenschaft interessiert gewesen. Wiesel verwandte seine Kenntnisse auch zur Herstellung von Lack-Arbeiten. Zeiller berichtete 1659:

Als Er [Wiesel] *gesehen und erfahren, daß in Indien oder Japonien sehr schöne und künstliche Lac-Arbeiten von allerhand Manier gemacht, in Teutschland verführet und in sehr hohem Preiß verkaufft werden, hat Er diese Kunst auch erlehrnet, beraits vil darinnen gearbeitet, und etlichen vornehmen Potentaten, wie Er abermals schreibet, zu großem Belieben darmit gedienet.*

Das hatte ihm Wiesel selbst in einem Brief am 13.10.1658 mitgeteilt. Von anderer Seite hatte Zeiller gehört, daß es sich dabei um *Spazier-Stäbe von Japonischer Lack-Arbeit* gehandelt habe.[230]

Vermutlich enthielten diese lackierten Spazierstäbe ein Fernrohr, das sichtbar wurde, wenn man Griff und Fußspitze abschraubte. Einen solchen Fernrohr-Stock hatte Wiesel schon 1650 an Herzog August geliefert. Marschierstock oder Scipio nannte ihn der Fürst und wünschte, daß der Knauf mit Balsam gefüllt werde.[231]

Das Lackieren war in China eine uralte Kunst. Schon seit 4000 v. Chr. benutzte man den zu einer harten und isolierenden Schicht trocknenden Saft des Lackbaumes, Rhus vernicifera, um damit Holzgefäße zu überziehen und zu schützen. Bis zu dreißig Lagen Lack waren nötig, um ein Stück luft- und wasserdicht zu machen. Meistens wurden kleine Schachteln, Gefäße oder Möbel lackiert.[232] In Japan

---

229 Zeiller: Centuria III variarum quaestionum 1659. S. 461f.; zu Zeiller: Häcker; Brunner.

230 Zeiller: Centuria III variarum quaestionum S. 462f.

231 HAB 14 Noviss. 8° fol. 142v-143r. 26.2.[8.3.] 1650. Hzg. August bestellte bei Hirt: [142v] *Imgleichen einen marschierstock, welcher ein Tubus wäre; dadurch man unausgezogen in die ferne sehen könte: oben mit einem silbernen verguldeten bichsen Knopf, welchen* [143r] *man abschrauben könte: unten mit einem Stachel, welchen man ebenmäßig abscrauben könte, wan man durch dy gläßer sehen wolte.*

232 Feddersen S. 150-209; Ausstellung 'Das alte China': Hypo-Kunsthalle München 1995 (nicht im Katalog enthalten).

wurden im 6. Jahrhundert n.Chr. die ersten Lackarbeiten bekannt. Mit dem Beginn des europäischen Handels mit Japan um 1600 gelangten solche Arbeiten nach Europa, vor allem über Holland, und wurden schnell zur großen Mode.[233] Deshalb versuchte man bald, solche Lackmöbel und andere Dinge zu imitieren. 'Japanning' nannte man es in England. 1688 erschien in Oxford eine Anleitung zum Lackieren, 'A Treatise of Japanning', der ähnliche Bücher in Deutschland folgten, z.B 1696 'Der Curieusen Kunst- und Werck-Schul Erster Theil', oder 1707 eine 'Grundmäßige und sehr deutliche Anweisung zu der schönen Laccir- und Schildkrotten-Arbeit', beide in Nürnberg.[234] Zentren waren in der zweiten Hälfte des 17. Jahrhunderts Venedig und Spa in Belgien. In Deutschland gab es gegen Ende des Jahrhunderts einige Lackkünstler in Hamburg, wahrscheinlich unter englischem Einfluß. Hundert Jahre später, von 1763 bis 1832, blühte die Lackwarenmanufaktur von Johann Heinrich Stobwasser (1740-1829) in Braunschweig.[235] In Nürnberg und Augsburg, den süddeutschen Zentren des Kunsthandwerks lassen sich im 17. Jahrhundert zwar keine namentlich bekannten Lackierer belegen; es erschienen dort aber Musterbücher für chinesische und exotische Verzierungen. Für Augsburg weist Stetten 1788 im zweiten Band seiner Kunst- und Handwerksgeschichte darauf hin, daß es seine Zeitgenossen, die Instrumentenmacher Brander und Höschel *in Lack und Firnis* weit gebracht hätten. Alles Messing und das meiste Holzwerk ihrer wissenschaftlichen Instrumente seien mit unzerstörlichem und festem Lack überzogen.[236]

Der Saft des ostasiatischen Lackbaumes ließ sich nicht über weite Strecken transportieren. Er mußte in Europa durch andere Lacke ersetzt werden. Man verwendete verschiedene Naturharze, die in Alkohol, Spiritus und Öl gelöst wurden. Zu den heute noch bekannten, die damals bereits eingeführt wurden, gehört Schellack, der aus gereinigtem Stocklack bereitet wurde. Stocklack besteht aus den Exkrementen der Lackschildlaus und kam aus Ostindien oder Indonesien. Mastix, das Harz der Mastix-Pistazie, bezog man aus Griechenland oder Nordafrika. Bernstein von der Ostsee läßt sich bei 350° schmelzen und danach in Terpentin oder Leinöl auflösen.[237] Durch Mischen verschiedener Harze konnte man Haltbarkeit und Glanz erreichen. Jede Lage Lack mußte sorgfältig getrocknet werden, wozu man Öfen benutzte. Es ist durchaus möglich, daß in Augsburg zu Wiesels Zeiten die Kenntnis des Lackierens bereits vorhanden war, und zwar bei den Herstellern von Musikinstrumenten. Schon im 16. Jahrhundert wurden in der Stadt Streich- und Zupfinstrumente, vor allem Lauten, gebaut. Wie weit einer der bedeutendsten Lautenmacher, Sixtus Rauwolf (Rauchwolf), mit der Familie Ar-

---

233 Boyer S. 48-51.

234 Stalker 1688.

235 Sträßer S. 278-284; Holzhausen S. 204-235; Prospekt 'Braunschweiger Lackkunst'. Ausstellung im städtischen Museum Braunschweig am Löwenwall 1997.

236 Stetten: Kunst Bd. 1. S. 261-263; Bd. 2. S. 115; Huth S. 63-85 (zu Augsburg: S. 65).

237 Sträßer; Hardy; Hammerl.

nold in Kontakt stand, wäre noch nachzuweisen.[238] Wolfgang Arnold, der älteste Bruder von Wiesels Frau, war in zweiter Ehe mit Katharina Rauchwölfin verheiratet (1614-1615). Die Tochter Regina aus dieser Ehe, geboren 1615, war bis zu ihrem frühen Tod 1626 in der Familie von Matthaeus Rauchwolf d.J. zur Pflege gewesen.[239]

Wiesels Lackarbeiten gehören sicher zu den frühen Erzeugnissen dieser neuen Mode, die in Europa geschaffen wurden. Wir begegnen dem Optiker hier als einem Handwerker, der nicht nur über neue Handwerkstechniken und Modetrends informiert war, sondern auch neue Absatzchancen erkannte und sie sofort nutzte, und das bis ins hohe Alter. Er hatte ja von Anfang an neue Ideen aufgegriffen, neuartige Instrumente wie z.B. das Ophthalmoscopium hergestellt, oder seine Instrumente mit neuartigen Zutaten bereichert, wie z.B. mit Schraubgewinden oder der Feldlinse.

Die Geschichte von Wiesels Lackarbeiten mag auch ein Zeichen dafür sein, daß Augsburg jetzt, einige Jahre nach dem Ende des Krieges, wieder ein Zentrum für Nachrichten aus aller Welt zu werden begann und sich das Kunsthandwerk langsam erholte.

1.10 Ruhm und Nachruhm

Ehrungen

Bei seinen fürstlichen Kunden war Wiesel hochgeschätzt. Im Mai 1653 kam Kaiser Ferdinand III. zur Wahl seines Sohnes Ferdinand IV. zum deutschen König nach Augsburg, die am 31.Mai stattfand.[240] Bei einer solchen Gelegenheit erhielten gar manche Handwerker in der Stadt kaiserliche Aufträge. Auch Wiesel hatte für den Kaiser zu arbeiten, wir wissen nur leider nicht, was er anzufertigen hatte. Vermutlich waren mehrere Schießbrillen dabei. Man verstand darunter ein Glas

[238] Stadtlexikon 1985 (Mančal: Musikinstrumentenbau und Rauwolf, Sixtus); Mančal: Aspekte Augsburger Musikgeschichte in: Stadtlexikon 1998 S. 186-197.

[239] Ev.KRAA Hochzeitsbuch A I 80/70: Heirat am 6.10.1614; Taufbuch A I 330/236: 7.9.1615; StAA Schuldbuch S. 358 rechts: 23.11.1626 (Quittierung der Erbschaft bei den Pflegern von Regina Arnold). Matthaeus Rauchwolf war Kaufmann. Eine Verwandtschaft mit Sixt Rauchwolf ist noch fraglich.

[240] Lenk S. 23.

zum Aufstecken auf das Gewehr.[241] Stetten berichtete: *Bey Kaiser Ferdinand III., welcher die mathematischen Wissenschaften ausnehmend liebte, war er* [Wiesel] *in großen Gnaden* und Hirt meldete im Juli 1653 nach Wolfenbüttel, Wiesel habe *vor die Kayl:Mtt: unlangsten sachen gemacht, darfür er große gnaden empfangen.*[242]

Vom Münchner Kurfürsten wissen wir genaueres. Hirt schrieb noch kurz vor Maximilians Tod im Jahr 1651: *Gewiß ist, daß der ChurFürstl. Durchleüchtigkeit in Bayern gesichte er* [Wiesel] *bißhero erhalten, wie Er dann offt nach Munichen raiset, und Ihre ChurFürstl. Durchl. ihme das bildtnus sambt einer gulden Ketten ohnelangsten gnedigst verehrt haben.*[243] Mit dem 'Gesicht' war die Sehkraft gemeint. Das 'Bildnis' war eine Medaille mit dem Abbild des Kurfürsten. Wiesel ist auf seinem Porträt mit einer solchen Kette abgebildet.[244] Es ist schwierig, den Wert dieser Gabe anzugeben, weil es auf das uns unbekannte Gewicht ankam. 1647 wurden dem Augsburger Goldschmied Balthasar Miller für zwölf Gnadenpfennige (Medaillen) und fünf lange goldene Ketten von 343 ½ Kronen Gold samt Macherlohn 595 Gulden 48 Kreuzer bezahlt.[245] Eine Krone Gold war um 1640 etwa zwei und ein Viertel Gulden wert, später wohl etwas weniger. Sicher wird der Wert von Wiesels Kette mindestens bei 50 Gulden gelegen sein.

Auch der Herzog von Braunschweig sandte 1653 seinem Optiker einen 'Gnadenpfennig', nämlich eine mit vier Rubinen besetzte goldene Bildnismedaille, um ihm für seine guten Dienste nach der Staroperation zu danken.[246] Philipp Hainhofer hatte wiederholt solche Medaillen für den Herzog in Augsburg herstellen lassen.[247]

---

[241] HAB 83 Novi fol. 246r-v. 23.5.1658. Anckel an Hzg. August: *er Wisel hette auch vor wenig Jahren der verstorbenen Röm.Kaiserlichen Maj. Christlobseel. Gedechtnis, etliche dergleichen Brillen verfertigen müssen.* Siehe Kap. III.2.6: Schießbrillen.

[242] HAB 99 Novi fol. 193r. 23.6./3.7.1653. Hirt an Hzg. August.

[243] HAB 98 Novi fol. 524v. 28.8./7.9.1651. Hirt an Hzg. August.

[244] Abbildungen von Medaillen Maximilians in: Glaser: Kurfürst Maximilian I. Tafel 32. Abb. 99 und 100 entsprechen am ehesten der Medaille, die Wiesel auf seinem Porträtstich trägt. Zum Porträt siehe unten.

[245] StaatsA München Hofzahlamtsrechnungen Bd. 97 (1647) fol. 416r.

[246] HAB 99 Novi fol. 250r. 3/13.11.1653. Hirt an Hzg. August; Brockmann Medaillen S. 119-125; Bei Wiesels Gnadenpfenning könnte es sich um die Medaille Nr. 163 auf S. 120 gehandelt haben. Hier ist von einer Fassung mit 4 Rubinen die Rede; siehe Kap. III.2.5: Starbrillen.

[247] Z.B. HAB 95 Novi fol. 232r. 30.10.1630. Hzg. August an Hainhofer: [...] *alßdan ich woll 18 guldene gnadenpfenninge vonnöthen: darunter 6. mit kleinen Diamanten und Rubinen.* (Gobiet 1024).

Zechpfleger bei Evangelisch Heilig Kreuz

Immer wieder klingen in den Zeugnissen aus den letzten Lebensjahren die Hochachtung und Wertschätzung des Menschen Johann Wiesel an. 1652 bis 1654 versah er den ehrenvollen Dienst als Zechpfleger – Verwalter der Gemeindekasse – seiner Kirchengemeinde zum Heiligen Kreuz. Die evangelische Kirche, der katholischen eng benachbart und Wiesels zweitem Wohnhaus direkt gegenüber gelegen, war im Vollzug des Restitutionsedikts 1630 abgerissen worden. Als den evangelischen Bürgern im März 1635 im Leonberger Akkord erlaubt worden war, sich eine Kirche zu bauen, fehlte das Geld. Erst nach dem Ende des Krieges, nachdem Pfarrer Thomas Hopfer 1650 in Begleitung von zwei Augsburger Bürgern eine Reise bis nach Stockholm unternommen hatte, um Geld für den Kirchenbau zu sammeln, konnte man den Neubau von Heilig Kreuz beginnen. Zahlreiche Augsburger Bürger trugen durch Spenden oder Arbeit zum Bau bei. In den Spendenquittungen finden sich auch Spuren von Wiesel: Er stiftete zum Beispiel sechs Gulden für eine *gemahlte Tafel an der Pfarrkürchen* und 18 Gulden als Beitrag zum Kupferdach, hohe Summen im Vergleich mit den Gaben der übrigen Handwerker.[248] Die Einweihung der neuen Kirche fand gerade während Wiesels Zechpflegerzeit statt, worüber Hirt berichtete:

> *Auff morgenden Freitag würt in unserer neuen Kürchen zum heyligen +, durch herrn M. Fabern Seniorn des morgens umb 7 Uhr die erst: und nachmitag von M.Hopfern die andere Predigt gehaltten werden. Nun ist Wiesel, als der nechste Vicinus* [Nachbar], *diser neuen Kürchen Pfleger, dahero er mit derselben dise wochen sehr vil mühe und arbeit hat.*[249]

Mit Pfarrer Hopfer verband den Optiker weiterhin eine tiefe Freundschaft. *Er ist des H.M. Hopfers nechster Nachbar und sind täglich beysamen und gute Freunde mitteinander,* berichtete Anckel im Januar 1660 nach Wolfenbüttel.[250] Herzog August hatte sich wie manch anderer evangelischer Fürst am Bau der Kirche beteiligt und 1500 Gulden gespendet. Die höchste Spende kam von der schwedischen Kö-

---

[248] StAA EWA. Ev. Heilig Kreuz 884 Tomus I: Zechpflegrechnungen bis 1660; 883 T. V: Reiseunterlagen und Spenden; 883 T. II: *Verzeichnis der Persohnen, die umb ein Kupfernes Kirchendach zu machen, an Cu und Gelt verehrt* (1652-1653).

[249] StAA Rep. 39. Ämterbesetzung: darin Zechpflege (o.S.); HAB 99 Novi fol. 239v. 13/23.10. 1653. Hirt an Hzg. August; zur Geschichte von Ev. Hl. Kreuz siehe Jesse S. 228 (Leonberger Akkord 14.3.1635) und S. 243-246 (Neubau).

[250] HAB 83 Novi fol. 514v. 1.1.1660. Anckel an Hzg. August; Magister Thomas Hopfer, geb.1.3.1618 in Augsburg, von 1649 bis 1661 Pfarrer bei Heilig Kreuz. Wegen Streitigkeiten mit dem Rat mußte er 1661 Augsburg verlassen, wurde Superintendent in Heidenheim und Schorndorf, wo er am 17.6.1678 starb; Rein Bd. 1. Nr. 132; Wiedemann Pfarrerbuch S. 21 Nr. 113; Adolf Schott S. 30; Umbruch Bd. 1. S. 417f.

nigin Christine, der Tochter Gustav Adolfs, die wenige Jahre später zur römischen Kirche konvertierte.[251]

Wiesels Porträt und Tod

Am 2. Dezember 1660 ließ Wiesel durch Anckel sein Porträt an Herzog August schicken (Abb. 2). Im dazugehörigen Schreiben heißt es: *Herr Wisel Opticus alhier, recommendiret EFD sich zum allertyfdemütigsten, mit gehorsambster übersendung 4. Exemplarien Seines Effigies, welches ohne Sein wissen und willen, durch einen guten Freund ist in Kupfer gebracht worden.*[252] Dieser 'gute Freund' dürfte der Ulmer Ratsherr Theodorus Schad gewesen sein, der Verfasser des lateinischen und des deutschen Widmungsgedichtes:

Quod Pena Gallorum, Rhodius quod & opticus ille
Praeceptis monstrant, hoc Wisel hicce facit:
Aut acuit visum, vitreos aut in serit orbes
Humano capiti, devocat astra tubis.
Quae post terga latent, Drebbel praesentia sistit
Arte sua mutat schemata, more magi.[253]

Was in der Optic Kunst, der Galilè gewesen,
Was von Fontana ruhm und Drebbel wird gelesen:
Wie Reiita mit Divin, Rom, die klein Welt, erhoben
Wie man Septalam pflegt in Mailand hoch zu loben,
Dis kan mit warheits-grund Augspurg vom Wisel sagen,
Schad ists, das diser Mann einmal ins grab wirdt tragen.

Also verehret seinem hochgeehrten Freind, Heren Wiesel, Theodorus Schaad

Aus diesen etwas holprigen Versen spricht einiges Wissen um die Situation des Instrumentenbaus. Schad erinnerte an Galileo Galilei, Francesco Fontana, Cornelis Drebbel und Anton Maria de Rheita; er kannte die Bücher von Pena und Rhodius.

Auch von Eustachio Divini (1610-1685), dem um 1660 führenden Optiker in Rom, hatte man in Augsburg und Ulm gehört, ebenso von dem Kanonikus Man-

---

[251] StAA EWA: Heilig Kreuz 883 Tomus II: Verzeichnis der Potentaten, die gespendet haben.

[252] HAB 83 Novi fol. 665v. 22.11./2.12.1660. Anckel an Hzg. August.

[253] "Was Pena aus Frankreich, was jener Optiker Rhodius lehren, das setzt dieser Wisel hier in die Tat um. Entweder schärft er die Sehkraft oder er setzt gläserne Scheiben auf das Haupt des Menschen und holt mit seinen Fernrohren die Sterne herab. Was im Hintergrund verborgen ist, was Drebbel nach vorne holt, wie ein Magier verändert er die Umrisse durch seine Kunst." Übs. Spring; Jean Pena (1528-1558) gab 1557 in Paris Euclids 'Optica' heraus; Ambrosius Rhodius, Prof.d. Mathematik in Wittenberg (1577-1633) schrieb 1611 eine 'Optica'.

fred Septala (1600-1680), der in Mailand eine umfangreiche Sammlung von optischen Instrumenten zusammengetragen hatte und sich auch selbst mit der Herstellung von Linsen beschäftigte. Eine Beschreibung seines Museums erschien erst vier Jahre später im Druck.[254] Divini, ursprünglich Uhrmacher, bot seit 1646 Fernrohre zum Kauf an. Die Kunde verbreitete sich rasch, wozu Italienreisende beitrugen wie auch ein Werbeblatt von 1649, auf dem eine Zeichnung von Mond und Planeten von der guten Qualität seiner Teleskope zeugte.[255]

Theodorus Schad (1603-1668), aus der patrizischen Familie der Schad von Mittelbiberach, war nach dem Tod seines Vaters Albrecht (1568-1615) von seinem Onkel Hans Schad erzogen worden. Seine Mutter Sabina Apian (1570-1615) stammte aus der Mathematiker- und Astronomenfamilie Apian. Ihr Vater war Philipp Apian (1531-1589), Arzt und Astronom, ihr Großvater der berühmte Peter Apian (1495-1552) in Ingolstadt gewesen.[256] Philipp Apian hatte Ingolstadt verlassen müssen, nachdem er evangelisch geworden war, und lebte seit 1568 in Tübingen. Der Onkel von Theodorus, Hans Schad (1575-1634), Bürgermeister und Diplomat der Stadt Ulm, war seit 1608 mit der Augsburgerin Veronica Haintzel (1577-1635) verheiratet.[257] Hans Schad nahm seinen Neffen wiederholt auf Reisen mit. In seinem Tagebuch notierte er auch besondere Ereignisse im Leben von Theodorus. Im Juni 1623 z.B. wechselte dieser von der Universität Altdorf zur Universität Straßburg. Nachdem er dort, wo er auch Matthias Bernegger gehört hatte, am 29.9.1625 'public disputiert' hatte, brach er einen Monat später zu einer Studien- oder Kavaliersreise durch die Schweiz und Frankreich auf.[258] 1627 zog er in die Niederlande in den Kriegsdienst. 1631 wurde er Vogt in Geißlingen, 1650 Ratsherr in Ulm, 1661 regierender Bürgermeister und 1663 Kriegsrat.[259] Theodorus Schad war ein Freund von Musik und Antiquitäten, und er interessierte sich für optische Geräte, ebenso wie in Augsburg der Kaufmann Johann Koch. Von

[254] Terzago 1664.

[255] Righini Bonelli / Van Helden.

[256] Röttel.

[257] Veronica Haintzel war die Tochter von Hans Heinrich Hainzel, der sich im Kalenderstreit gegen die Einführung des neuen Kalenders gestellt hatte und 1685 Augsburg verlassen mußte. Sein Vater, Johann Baptist Hainzel war einer der Gönner von Tycho Brahe gewesen (siehe Kap. I.2); Sieh-Burens S. 187-193.

[258] Greiner: Das Memorial- und Reisebuch des Hans Schad. Über Theodorus: S. 396 Eintrag Nr. 250; S. 405 Nr. 403; S. 410 Nr. 471; S. 411 Nr. 483; S. 419 Nr. 606 und 607.

[259] StadtA Ulm. Eitel-Albrecht Schad von Mittelbiberach: Die Schad von Mittelbiberach, als Manuskript vervielfältigt. Weißenhorn 1971: Albrecht Schad in Bd. 3. S. 203 Nr. 104; Hans Schad in Bd. 3. S. 223 Nr. 110; Theodorus Schad in Bd. 5. S. 65-68 Nr. 139. Das Schadsche Archiv liegt ungeordnet im Stadtarchiv Ulm; das Kollegienbuch und das Stammbuch von Theodorus Schad waren unauffindbar (Bd. 5. S. 68). Die Reichsstadt Ulm hatte eine andere Verfassung als Augsburg. Der regierende Bürgermeister hatte das höchste Amt der Stadt inne. Theodors Onkel Hans Schad wurde in Augsburg so sehr geschätzt, daß man ihm dort 1625 bei einem Besuch *mit 75 Pferden und 3 Trommeten* entgegenritt: Bd. 3. S. 330. Die Arbeit von Greiner (vorige FN.) findet sich in Bd. 3.

Koch hörten wir, daß er sich von Wiesel anlernen ließ. Vermutlich traf dies auch für Schad zu, denn der Ulmer Kaufmann und spätere Ratsherr Christoph Weickmann (1617-1681), der eine reiche Kunst- und Naturaliensammlung besaß, führte 1659 im Verzeichnis seiner Sammlung ein 'Macroscopium' und vermerkte dazu:

> *dergleichen Macroscopia dann/ neben vilen vortrefflichen Optischen/ Chymischen/ und andern Sachen mehr/ von dem berühmten Optico, Herrn Johann Wisel in Augspurg inventirt und bey Ihme zu finden seyn ... mir aber dergleichen Instrumentum Opticum, von dem WohlEdlen und Gestrengen/ Herrn Theodoro Schaden/ OberRichtern und deß Raths allhier/ aller Studien und Rechtschaffnen Künsten sonderbahren Beförderer zusammen gesetzt verehrt worden.*[260]

Wiesel war also in Ulm gut bekannt. Von seinem Briefwechsel mit Martin Zeiller war schon die Rede. Zeiller, weitgereister Lehrer und Geograph, hatte seine Schulzeit in Ulm verbracht und wohnte seit 1629 wieder ständig in dieser Stadt. Er wurde vor allem durch seine Reisebücher und die Texte zu Merians Topographien bekannt. Seit 1640 lebte der Maler Jonas Arnold, ein Neffe von Wiesels erster Frau, Regina Arnold, in Ulm. Er hatte von 1622 bis 1626 bei Martin Reichard gelernt, den wir schon früher (Kap. II.1.1) als eine zentrale Figur des Familienverbandes Miller – Arnold kennengelernt haben.[261]

Für den Kupferstich von Wiesels Porträt gab es offenbar keine Vorlage. Stecher war Bartholomäus Kilian (1630-1696), Sohn von Wolfgang Kilian, mit der Familie Wiesel verwandtschaftlich verbunden. Nach der Ausbildung bei seinem Vater hatte er von 1648 bis 1651 bei Matthäus Merian in Frankfurt am Main gearbeitet und danach drei Jahre bei François Poilly in Paris. Nach seiner Heimkehr heiratete er 1655 Rosina Warmberger, die Tochter des Juweliers Johann Jacob Warmberger (+1671). Bartholomäus Kilian war einer der gesuchtesten Porträt-Stecher seiner Zeit.[262] Porträtstiche wurden in Augsburg schon bald nach der Einführung des Kupferstichs um 1570 ausgeführt. Auftraggeber waren anfangs vor allem die Patrizier. Aber auch Gelehrte, Ärzte, Kaufleute, Geistliche und Künstler wurden porträtiert. Zu Wiesels Zeiten fungierten solche Porträts meistens als Widmungsblätter zu Ehren des Dargestellten.[263] Die Auflage von Wiesels Stich kann nicht klein gewesen sein, weil sich eine größere Anzahl des Blattes erhalten hat, z.B. in den verschiedenen Augsburger graphischen Sammlungen, in Wolfen-

---

[260] Weickmann: Exoticophylaeium Weickmannianum (1659). Ulm 1741. S. 64f.; die Verwendung des Wortes 'inventiert' d.h. erfunden, darf man nicht wörtlich nehmen; Häcker: Die Kunst- und Naturalkammer; zu Weickmann: Weyermann: Nachrichten S. 535f.

[261] Jonas Arnold d.J. ließ sich nach etwa zehn Reisejahren 1640 in Ulm nieder. Er war mit dem Ratsherrn Joseph Furtenbach befreundet, dessen Sohn bei ihm lernte; Augsburger Barock 1968. S. 164f.; Arnold: Jonas Arnold.

[262] Haemmerle: Kilian; Stadtlexikon 1985 u.1998 (Biedermann bzw. Krämer: Kilian).

[263] Rolf Biedermann: Gedruckte Eitelkeiten. In: Augsburger Allgemeine Nr. 173. 28.7.1984. S. 25.

büttel, im Optischen Museum in Jena, in Bamberg, Coburg, Dresden, Amsterdam und Wien, wie auch in Privatbesitz.[264]

Herzog August bedankte sich postwendend für die Zusendung von Wiesels Porträt. Er wird es eingehend betrachtet haben, verbanden ihn doch dreißig Jahre treuer Kundschaft mit seinem Optiker.[265] Das Bild stellt ihn *als einen fein aussehenden Mann mit einem kleinen Spitz und Knebel Bärtlein auch kurtzen geraden Haaren* dar, notierte der Augsburger Ingenieur Beuther etwa achtzig Jahre später.[266] Aus dem Stich läßt sich noch manches andere herauslesen: So ist Wiesels Alter angegeben: 'aetate 77'. Das Porträt ist damit die vornehmlichste Quelle für sein Geburtsjahr, weil wir die Entstehungszeit des Bildes kennen: Herbst 1660. Die Kette mit der daranhängenden Medaille, die Wiesel trägt, könnte das Geschenk von Kurfürst Maximilian I. von Bayern gewesen sein, von dem oben berichtet wurde. Auf das abgebildete Fernrohr werden wir unten im Kapitel Fernrohre zurückkommen.

In der rechten oberen Ecke findet man ferner Wiesels Wappen, ein von drei Pfeilen durchbohrtes Herz. Mit diesem Wappen siegelte er auch seine Briefe.[267] Bürgerliche Wappen konnten von den kaiserlichen Hofpfalzgrafen verliehen werden, wobei der Antragsteller einen Entwurf für sein Wappen einreichte. Leider konnte der Ursprung von Wiesels Wappen nicht geklärt werden. Es ist nicht bekannt, ob es bereits aus seiner Familie stammte, oder ob er es sich selbst erwarb.[268]

Es scheint, als ob das Bild Wiesels Leben abrunden sollte. Noch im Dezember 1661 hielt sich Anckel *über 2.stunden lange in discursu* bei Wiesel auf und ließ sich von ihm sein neuestes Mikroskop zeigen, das Wiesel für den Kaiser (seit 1658 Leopold I.) bestimmt hatte.[269] Wiesel war also bis ans Ende seines langen Lebens tätig, immer bestrebt, seine Geräte zu verbessern. Doch am 27. März 1662 mußte man ihn begraben.[270] Anckel berichtete zum letzten Mal über ihn an Herzog August:

> *Herr Johan Wisel, weitberümbter Opticus alhier, /: nachdem er schon bey Jahr und tagen hero, immer schwach und baufellig gewesen :/ ist diese vergangene Wochen todtes verblichen, und folgendes solenniter begraben worden, seines alters im 78.Jahre; und ob er zwar in Seiner Kunst an Seinem Tochterman seines gleichen hinterlassen, so wirdt er doch wegen Seiner gehabten Erudition*

[264] Singer: Bildniskatalog Bd. 13. 1934. S. 106; Hollstein's German Engravings Bd. 16. 1975. S. 163 Nr. 352.

[265] HAB 83 Novi fol. 62v. 13/23.12.1660. Anckel an Hzg. August: ... *will ich den gnedigst anbefolenen gruß bey H.Wiseln, wie auch, daß an Überschickung Seines Contrafeits in Kupfer gestochen, EFD zu gnedigstem gefallen hieran geschehen worden seye* [ausrichten].

[266] SuStBA Beuther Nachlaß, Mappe 7: *Ad Historiam Opticae spectantia.*

[267] Abb. 3; HAB 84 Novi fol. 27r-v. 24.2.1661. Wiesel an Anckel: fol. 27v: Siegel.

[268] Beispiele für Wappenverleihungen aus dem Augsburger Raum durch den Reichspfennigmeister Zacharias Geizkofler in: Hofpfalzgrafenregister Bd. 2. 1966. S. 35-68.

[269] HAB 84 Novi fol. 220r. 30.12.1661. Anckel an Hzg. August.

[270] Haemmerle Totenregister S. 14.

> [Bildung] *und andern schönen qualiteten sehr betrauret, dieser aber, alß ein hochtrabender Dantiscer* [Danziger], *nicht sonders geästimiret.*[270]

Nimmt man diese Notiz von Ende März 1662, daß Wiesel bei seinem Tod *im 78. Jahre*, damals im Sinn von '78 Jahre alt' gebraucht, gestanden habe, und die Angabe auf dem Porträt Ende 1660, '77 Jahre', zusammen, so muß Wiesel zwischen April und November 1583 geboren sein.

Wiesels Witwe Anna Maria Ulstett heiratete am 7. Juli 1664 Hans Jacob Warmberger, den Vater der oben erwähnten Rosina, also den Schwiegervater Bartholomäus Kilians. Sie starb aber bereits ein Jahr später, am 6. Juli 1665.[271]

Wiesel in der zeitgenössischen Literatur

Wiesels Ruhm in wissenschaftlichen Kreisen seiner Zeit kann man in schriftlichen Zeugnissen nachgehen. Nicht nur in handschriftlichen Berichten und Briefen findet man seinen Namen, sondern auch in verschiedenen Publikationen. Manche Berichte fußten auf persönlicher Bekanntschaft oder zumindest auf einem Briefwechsel mit dem Optiker, andere Autoren beriefen sich auf frühere Bücher. Zum ersten Mal erschien Wiesels Name 1645 in Rheitas 'Oculus Enoch' im Druck. 1647 wurde er in der 'Selenographia' von Johannes Hevelius erwähnt.[272] 1651 erschienen gleich zwei Bücher, die Kunde von Wiesel gaben. Beide wurden viel gelesen und erreichten eine weite Verbreitung. Der Jesuit Giovanni Battista Riccioli (1598-1671) in Bologna berichtete in seinem Buch 'Almagestum novum' über sein Wiesel-Fernrohr, das er für Mondbeobachtungen seinen anderen Instrumenten vorgezogen habe. Das Resultat dieser Observationen, die er zusammen mit seinem Mitpater Francesco Maria Grimaldi (1618-1663) durchgeführt hatte, war eine Mondkarte, die unserer heutigen Karte schon sehr ähnelt. Riccioli gab den Mondkratern und Bergen die Namen von verdienten Astronomen vom Altertum bis hin zu seinen Zeitgenossen wie Kepler, Scheiner und Rheita. Diese Nomenklatur hat sich durchgesetzt, und so finden wir heute noch die Augsburger Hainzel, Bayer und Schiller auf dem Mond.[273]

Der Nürnberger Ratsherr Harsdörffer, der mit Wiesel offensichtlich persönlich bekannt war, schrieb in seinen 'Mathematischen Erquickstunden' von Fernrohren bis zu 40 Schuh (ca. 12 m) lang,

---

270 HAB 84 Novi fol. 282r. 27.3./6.4.1662. Anckel an Hzg. August.

271 Ev.KRAA Hochzeitsbuch von Ev. St. Ulrich II 32/11; Haemmerle Hochzeitsbücher Nr. 3056. Zu Hans Jakob I Warmberger: Rathke-Köhl S. 171.

272 Hevelius: Selenographia. 1647. S. 15f.

273 Riccioli: Almagestum Novum I. 1651. S. 204. Siehe auch Kap. II.3.2.

wie dergleichen zu finden bey dem hochberühmten und kunstreichen Herrn Johann Wiesel, wolerfahrnen Optico in Augsburg, meinem insonders geehrten Freunde, der es in dieser Kunst weiter gebracht als Galileus Galilei, welcher sich in dem Gestirn blind gesehen hat. Das Gläser schleiffen ist heut zu Tage der größten Meisterstücke eines und sind solche zu Augsburg sonderlich zu bekommen.[275]

1655 kam in Ulm Martin Zeillers 'Handbuch' heraus, in dem er einen ausführlichen Bericht über Wiesels Werkstatt gab: *Herr Johann Wiesel, weitberümter Opticus im Augspurg, hat folgende Optische werck ausgefertigt* ... Das 'Handbuch' stellt die frühe Form einer Enzyklopädie dar. 1659 veröffentlichte Zeiller in seinen 'Centuria III variarum quaestionum' oder dem 'Dritten Hundert Fragen von allerley Materien und Sachen', noch einmal neue Nachrichten von Wiesel, diesmal als Antwort auf die Frage: *Hast Du nichts von sonderbaren Kunststücken gelesen? Da auch von H.J.Wiesels weitern Erfindungen und sonderlich dem Microscop gesagt wird*, wobei Zeiller sich zum Teil auf einen Brief des Optikers vom 13. Oktober 1658 bezog.[276] Im selben Jahr, 1659, erschien die Beschreibung der Kunstkammer des Ulmer Patriziers Christoph Weickmann im Druck, in der dieser auf Wiesels Arbeiten, besonders auf die Mikroskope hinwies.[277]:

Aus Rheitas Buch übernahm Petrus Borellus (Pierre Borel 1620-1689), königlicher Leibarzt in Paris, seinen Text: *Princeps omnium artificum* [erster unter allen Künstlern] *pro conspicillis est Johannes Wiselius August.Vindelic. degens* [in Augsburg lebend], schrieb er 1655. Die Notiz, daß Wiesels Rohre aus Pappe bestanden, hatte er wohl in der Selenographie von Hevelius gelesen.[278]

Der Jesuit Kaspar Schott (1608-1666), seit 1655 Professor der Mathematik in Würzburg, der lange Zeit in Italien gelebt hatte, berief sich auf die Bücher von Rheita und Harsdörffer. Er zählte Wiesel 1657 neben den Italienern Septala und Divini zu den drei besten Fernrohrbauern.[279] Francini und Fontana waren schon gestorben. In der 'Technica curiosa', 1664, gab Schott den Bericht eines Mitpaters wieder, der Wiesels Werkstatt besucht hatte, und nannte Wiesel nochmals unter den hervorragendsten Fernrohrherstellern.[280]

---

[275] Harsdörffer 1651. S. 203 und 289f.

[276] Zeiller: Handbuch II 1655. S. 346-348; M. Zeiller: Centuria III variarum quaestionum ... 1659. S. 457-461.

[277] Weickmann 1659. S. 65; siehe oben.

[278] Borellus: De vero Telescopii inventore. 1655. S. 24 u. 42.

[279] Schott: Magia universalis... I. 1657. S. 495f: *Tertius est Joannes Wisel, Augustae Vindelicorum, instructus à Reyta, à quo, ut & ab Harstorffero, alliisque, vehementer laudatur propter excellentiam suam. Facit tubos tam monoculos, quam binoculos.* (Der Dritte ist Johann Wisel in Augsburg, von Reyta unterwiesen, von dem er wie auch von Harsdörffer und anderen, wegen seiner Vortrefflichkeit äußerst gelobt wird. Er macht sowohl monokulare als auch binokulare Fernrohre. Übs. Kühn)

[280] Schott: Technica curiosa. 1664. S. 836f und 857. Mehr über Wiesels 'Catoptricum spectaculum novum', das hier beschrieben ist, im Kap. III.5.4: Polemoscopium.

Natürlich bezog sich Depiere in seinem 1674 gedruckten Katalog auf seinen berühmten Schwiegervater, und um 1700 finden wir Wiesels und Depieres Namen in dem Widmungsgedicht auf Cunos Porträt.[280] Auch außerhalb Augsburgs taucht Wiesels Name in späteren Jahren noch manchmal auf: In Eberhard Werner Happels Aufzählung der besten Fernrohrbauer, gedruckt 1685 im zweiten Band der 'Größten Denkwürdigkeiten der Welt',[281] fehlte er ebensowenig wie 1698 in Christoph Weigels 'Hauptständen'. Der Kupferstecher Weigel (1654-1725), ein Vetter des Jenaer Mathematikprofessors Erhard Weigel, hatte von 1678 bis 1681 seine Ausbildung in Augsburg erfahren und von 1691 bis 1697 nochmals in Augsburg gelebt.[282] Der römische Jesuit Philipp Bonnani zitierte 1691 und 1709 aus dem 'Oculus Enoch' von Rheita.[283]

Der Nürnberger Kupferstecher und Astronom Georg Christoph Eimmart (1638-1705) brachte 1691 astronomische Beobachtungen, die angeblich von Wiesel stammten, in die Zeitschrift der Leopoldina, die fünf Jahre später von dem Würzburger Pater Johannes Zahn (1641-1707) verwendet wurden.[284] Auch Eimmarts Tochter Maria Clara (1676-1707) zeichnete sie in ihren Planeten-Aquarellen ab, von denen einige heute noch in der Specola, dem alten Observatorium in Bologna, zu sehen sind. Auf Eimmarts Veröffentlichung bezog sich 1730 auch der Nürnberger Mathematiker Johann Gabriel Doppelmayr (1677-1750).[285] Ob Paul von Stetten die Behauptung, Eimmart habe in Nürnberg ein Fernrohr Wiesels zu seinen Beobachtungen gebraucht, aus dem Doppelmayrschen Text schloß oder ob er dafür andere Quellen hatte, ist nicht klar. Bis jetzt konnte dafür kein schlüssiger Nachweis gefunden werden. Eimmart, 1638 in Regensburg geboren, hatte in Altdorf und Jena bei Erhard Weigel studiert, und war 1660 nach Nürnberg gekommen, wo er als Maler und Kupferstecher arbeitete. 1674 wurde er Mitdirektor, 1699 Direktor der dortigen Malerakademie. Er schaffte sich viele astronomische Instrumente an, die er 1677 auf einer Bastei der Burg aufstellen durfte. Von 1688 bis 1691 mußte er die Bastei wegen Kriegsgefahr räumen, konnte sie jedoch danach wieder nutzen. Nach dem Brand der Danziger Sternwarte 1679 und Hevelius Tod 1687 galt die Eimmartsche Sternwarte als die bedeutendste im deutschen Raum. Nach Eimmarts Tod 1705 erwarb die Stadt Nürnberg die Instrumente und übergab sie Johann Heinrich Müller, der ein Jahr später Eimmarts Tochter Maria Clara heiratete und später Professor der Physik an der

280 Depiere siehe Kap. II.4; C.C. Cuno siehe Kap. II.5.

281 Happel 1683-1691. Bd. 2 .S. 36.

282 Christoph Weigel 1698. S. 397; Stadtlexikon 1985 u.1998 (Biedermann: Weigel).

283 Bonanni: Micrographia curiosa. 1691. S. 17; ders.: Musaeum Kircherianum. 1709. S. 328.

284 Georg Christoph Eimmart: Observatio CCXXV. In: Miscellanea curiosa ... II Dec. 9. Nürnberg 1690. S. 417-423; Zahn: Specula 1696: zwei Tafeln neben den Seiten 88 und 92.

285 Doppelmayr S. 126.

Nürnbergischen Universität Altdorf wurde. Seitdem betreute Doppelmayr die Nürnberger Sternwarte.[286]

In der Broschüre 'Von dem Zustand des Eimmartschen Observatoriums, Magister Christoph Jacob Glaseri epistola ad Martin Knorre', 1691 in Nürnberg gedruckt, sind Eimmarts Instrumente, darunter etliche Fernrohre, aufgeführt und durch einen Kupferstich abgebildet, aber es fehlt leider jeder Hinweis auf ihre Herkunft.[287] Eimmarts Nachlaß, 57 Bände, die allerdings nicht alle von der Astronomie handeln sondern auch von Eimmarts graphischen Künsten, liegt in der Staatlichen Bibliothek zu St. Petersburg.[288] Die ersten zehn Bände enthalten Briefe, die meistens erst nach Depieres Tod 1682 geschrieben wurden. Ich fand darin keinen Hinweis, daß Eimmart Instrumente der Augsburger Optiker verwendet hatte. Er schrieb allerdings überhaupt nicht, wer ihm seine Instrumente gebaut hatte. Um 1700 verwies Eimmart bei Anfragen nach Fernrohren auf die optische Werkstatt von Mur und Sterr in Freising.[289] Das Rätsel, wie Eimmart dazu kam, Wiesels angebliche Beobachtungen 1690 in den 'Miscellanea curiosa', der Zeitschrift der Leopoldina, zu veröffentlichen, war nicht zu lösen. Die Suche im Nachlaß nach Unterlagen dazu war vergeblich. Es fand sich lediglich der lateinische Text, ohne Zeichnungen, zufällig in einem Band über Kometen.[290] Ein Rätsel stellt dieser Eimmartsche Bericht, der auch von Doppelmayr erwähnt wurde, deshalb dar, weil die Zeichnungen samt Daten eindeutig aus den 1646 in Neapel gedruckten 'Observationes' des Francesco Fontana stammen. Als Eimmart diesen Bericht in die Zeitschrift brachte, waren Wiesel und Depiere schon tot, Wiesel beinahe seit dreißig Jahren. Eimmart bemerkte, daß er den Text aus dem Deutschen ins Lateinische übersetzt hätte. Eine Möglichkeit wäre, daß Wiesel das Buch von Fontana gekannt hatte und die Einträge über die Beobachtungen ins Deutsche übersetzen ließ. Von dieser deutschen Liste muß Eimmart irgendwie Kenntnis erlangt und die Beobachtungen als die Wiesels betrachtet haben. Nach allem, was man von Wiesels Charakter weiß, ist es unwahrscheinlich, daß Wiesel fremde Zeichnungen als seine eigenen ausgegeben hatte, was in diesem Fall auch unsinnig gewesen wäre, nachdem sie bereits gedruckt vorlagen. Es gibt nur eine Briefstelle, in der Wiesel seine 'Kupfer' (Kupferstiche) erwähnte. Im Februar 1651 schrieb er an Moriaen:

> *Ich habe einen Astrischen Tubum von 20.schuhe gerichtet, der thut so viel als ein anderer von 45 fueß, mit welchem ich der Planeten wahre Gestalt so nett gesehen als noch mit keinem der besten meiner Perspectifen iemahls gesehen*

---

286 Will Bd. 1. S. 333; ders. Bd. 5. S. 273; Forbes: Das Eimmartische Observatorium; Rost 1718 S. 286f.

287 Glaser: Epistola 1691.

288 StaatsB. St. Petersburg Handschriftenabteilung: Ф N 998 (Eimmart-Nachlaß).

289 Siehe Kap. II.7.1.

290 StaatsB. St. Petersburg. Eimmart-Nachlaß Bd. 44. fol. 138r-140v.

> *worden, derowegen ich meine kupffer wieder ändern muß, v. so bald selbige fertig soll der abtruck folgen.*

Hartlib hatte diesen Text von Moriaen erhalten und Hevelius mitgeteilt.[291] Von einem Druck dieser Bilder ist nichts überliefert.

Seit 1695 erschien eine monatliche Zeitschrift 'Novellen aus der gelehrten und curiösen Welt', in der viel aus Briefen und Büchern zitiert wurde. In einem Paragraph über die Fernrohre wurden einige Abschnitte aus den beiden Büchern von Zeiller fast wörtlich abgedruckt. Neben Wiesel wurden Scheiner, Mattmüller, Hevelius, Rheita und Griendel und von den Zeitgenossen Papin und Tschirnhaus kurz erwähnt.[292] Auf diese Novellen verwies 1721 Johann Kanold (1679-1729) in seiner 'Sammlung von Versuchen aus der Natur und Medizin', die von Andreas Elias Büchner 1736 in Erfurt publiziert wurde[293] Kanold war Arzt in Breslau und Mitglied der Leopoldina, Büchner (1701-1769) Professor der Medizin in Erfurt und Halle und ab 1735 langjähriger Präsident der Leopoldina.[294]

Der letzte Autor, der im 18. Jahrhundert über Wiesels Leben und seine Instrumente schrieb, dürfte in den Jahren 1765 und 1779 der schon am Anfang dieser Arbeit erwähnte Augsburger Stadtpfleger Paul von Stetten d.J. gewesen sein.[295] Danach tauchte Wiesel erst wieder in Berichten des 20. Jahrhunderts auf, z.B. am 26.4.1912 im Feuilleton der Neuen Augsburger Zeitung (NAZ) in einem Aufsatz über 'Augsburger Astronomen und Sternwarten'. Der Autor ist nicht genannt, aber die meisten dieser Feuilleton-Artikel stammen von dem Schriftsteller und Heimatforscher August Vetter (1862-1923).[296] Weil er keine Quellen angibt, sind seine Aussagen über Wiesels Sternwarte am Pfaffenkeller und die mehrmaligen Besuche Kaiser Ferdinands III. in Wiesels Werkstatt nicht nachzuprüfen. Es ist bekannt, daß Wiesel für Ferdinand arbeitete. Als er 1653 als Kaiser nach Augsburg kam, wohnte Wiesel allerdings schon in der Heilig-Kreuz-Straße. Ein Besuch in Wiesels Werkstatt wäre damals durchaus möglich gewesen, zumal der Kaiser das 'wunderbarliche Gut' in der katholischen Heilig Kreuz Kirche aufsuchte, also in der unmittelbaren Nachbarschaft von Wiesels Haus.[297] Auf jeden Fall bestellte Ferdinand bei diesem Aufenthalt in Augsburg optische Geräte, die ihm Wiesel im September 1653 nach Regensburg lieferte.

---

[291] OP C 1 t. 2 fol. 215r-v. 3. Seite (BNP Man. lat. 10347 t. 2 fol. 107). 20.3.1651. Hartlib an Hevelius: *So weit H. Morian v. H. Weissel deren Schreiben im Febr.u. martio dieses jahr datiert.* Vgl. Anhang A.3 Nr. 29.

[292] Novellen ... communiciret von G.Z.J.C. April 1695. S. 276-280.

[293] Von Kanold 1717 bis 1726 herausgegebene 38 Versuche 1736. Bd. 7. S. 549f. u. Bd. 8. S. 555.

[294] A. Hirsch: J.Kanold. In: ADB Bd. 15. S. 80f.; ders.: A.E. Büchner. In: ADB Bd. 3. S. 488.

[295] Stetten Erläuterungen S. 173; Stetten Kunst Bd. 1. S. 169-171.

[296] Stadtlexikon 1985 u. 1998 (Wagner/Grünsteudel: Vetter, August); Vetter: Alt-Augsburg.

[297] SuStBA 2° Cod. Aug. 148: Relatio die Wahl Ferdinand IV. betreffend.

In den dreißiger Jahren des 20. Jahrhunderts wurde Wiesel in optik- und astronomiegeschichtlichen Aufsätzen erwähnt, z.B. 1929 in der 'Liste de Savants, Amateurs et Constructeurs', die Albert Nachet zusammengestellt hatte, wobei er Zahn, Bonanni, Rheita und Monconys zitierte.[298] Moritz von Rohr, dessen Freund und Kollege Thomas Court in der British Library Wiesels Preisliste von 1647 entdeckt hatte, schrieb ab 1930 darüber.[299] Ernst Zinner nahm 1956 eine kurze Notiz über den Augsburger Optiker in sein umfassendes Instrumentenbuch auf. Nach dem damaligen Forschungsstand sind die Angaben jedoch fehlerhaft und unvollkommen.[300]

Abb. 3. Wiesels Wappen.[301]

[298] Nachet S. 144.

[299] Z.B. Court/Rohr: New Knowledge; Rohr: Die älteste Fernrohrpreisliste; Rohr: Zur Entwicklung des Erdfernrohrs S. 724f.

[300] Zinner: Instrumente S. 585.

[301] Zimmermann Tafel 125 Nr. 3720; als Vorlage diente Wiesels Porträt.

2. Transfer von Wissen und Instrumenten

2.1 Johann Wiesel im Netzwerk der europäischen Kommunikation

Nicht nur für den käuflichen Erwerb von Kunstwerken und technischen Neuerungen, sondern bereits für die Kenntnis von deren Existenz war es wichtig, ein gut funktionierendes Nachrichtennetz zur Verfügung zu haben. Mit den Netzwerken, die sich August Fürst zu Anhalt und Herzog August d.J. von Braunschweig-Lüneburg aufgebaut hatten, haben wir berühmte Beispiele derartiger früher Nachrichtenvermittlung vor uns. Agenten in den verschiedenen Städten lieferten diesen Fürsten in erster Linie Nachrichten aus der Politik und vom Kriegsgeschehen, versorgten sie aber auch mit Neuigkeiten aus sonstigen Bereichen: über die Witterung und die damit verbundenen Ernteerträge, über den Verlauf von Epidemien, über Himmelserscheinungen, über familiäre Ereignisse in anderen Fürstenhäusern, über sonstige sonderbare Begebenheiten, über neue Erfindungen, usw. Herzog August d.J. diente sein Netz von Agenten daneben vor allem dazu, Bücher für seine berühmte Bibliothek zu erwerben, ferner Uhren und anderes Kunsthandwerk, aber auch Objekte des täglichen Gebrauchs.[1] Bei August von Anhalt stand demgegenüber neben der Politik die Beschäftigung mit der Alchemie im Vordergrund. Der nachgeborene Prinz aus der sächsischen Zweigdynastie unterhielt ein chemisches Laboratorium; entsprechend wollte er über neue Experimente und Rezepte informiert sein, weshalb sich unter seinen Briefpartnern namentlich auch Ärzte und Chemiker finden. Beide Fürsten hatten Augsburg in ihrem Netz, Herzog August durch seine Räte Hainhofer, Hirt und Anckel, August von Anhalt durch den in Alchemistenkreise eingebundenen Stadtarzt Carl Widemann.

Herzog Ernst der Fromme von Sachsen-Gotha (1601-1675) hatte eine besondere Beziehung zu Augsburg, die im Jahr 1632 begonnen hatte. Damals war er als Prinz von Sachsen-Weimar und junger Offizier im Gefolge von König Gustav II. Adolf in Augsburg krank darniedergelegen. Er wohnte in der Familie des evangelischen Patriziers und Ratsherrn Melchior Langenmantel (1569-1644) am Weinmarkt.[2] Mit seinem 'Wirt', wie sich Hainhofer ausdrückte, suchte er Wiesel auf

---

1 Verschiedene Aufsätze in Brüning/Niewöhner; Schinkel S. 18: Das Agentennetz.

2 Stetten d.Ä.: Geschichte Bd. 2. S. 173.

und kaufte ein Teleskop bei ihm.[3] Ernst hatte sich offenbar mit dem fast gleichaltrigen, noch unverheirateten Sohn Anton (1602-1670) von Melchior Langenmantel angefreundet.[4] Zwanzig Jahre später war dieses Band noch nicht zerrissen, wie eine einschlägige Rechnung belegt: 1651 zahlte Anton Langenmantel, nach dem Krieg Ratsherr geworden, an Wiesel für ein nach Gotha geliefertes Fernrohr die geforderten hundert Reichstaler (Abb. 38).[5] Drei Jahre später bat Herzog Ernst seinen Freund Langenmantel, seinem Sohn Johann Ernst bei einem Besuch in Augsburg behilflich zu sein. Der Prinz versäumte es nicht, am 12. September 1654 mit seinem Hofmeister Hiob Ludolph Wiesels optische Werkstatt zu besuchen. Er reiste freilich inkognito, und Wiesel war offenbar nicht sehr geneigt, fremde Besucher zu empfangen. Erst als sie *mit Herrn Langenmantel zugesprochen*, wie Ludolph berichtete, wurde der Meister zugänglicher:

> *Den Optico Wieseln, welcher uns, als wir erstlich allein zu Ihm kommen, gantz abgewiesen, haben wir hernach mit H.Langenmantel zugesprochen, und von Ihm verstanden, das große perspectiv, so nach Dennemark kommen, were 28 werkschuh lang gewesen, und hatte nur 3 gläser gehabt, der größe wie eine mittelmäßige glasscheibe; Dergleichen Er auch eins auf anhalten herfür gesucht, aber als die dicke deßselben mit dem Circkel genommen werden wollen, alsobalden wieder eingepackt. Er berichtete, gedachtes perspectiv hette die corpora umgekehrt gezeigt, daherrs* [?] *Sie aber recht stehen solten, müßte der tubus noch um ein glas vermehret und 7 schuhe länger werden. Sonsten hat er nichts sonderliches zu zeigen gehabt.*[6]

Herzog Ernst, dem in der Erbteilung von 1640 das Herzogtum Gotha zugefallen war, baute sein vom Krieg schwer heimgesuchtes Land vorbildlich wieder auf. 1654 war der Bau des Residenzschlosses Friedenstein vollendet und Ernst richtete Kunstkammer, Drechslerwerkstatt und Laboratorium ein. Zur Führung der Lateinschule in Gotha hatte er schon im Dezember 1640 Andreas Reyher (1601-1673)

---

3 NSAW 1 Alt 22 177k fol. 12r. 10/20.5.1632. Hainhofer berichtete Hzg. August, daß Herzog Ernst von Sachsen Weimar *(dessen Fürstl.Durchlaucht in die 4.Wochen an Fieber hie krankh laagen, mit derselben aber Gott lob es sich umb etwas gebessert, und durch verenderung des luffts, in dem Sie vorgestern zum Künig wieder in das lager gerayset, völlige reconvalision verhoffen) mit seim würth zum wisel gefahren,* [...]*;* die Stelle (...) fehlt bei Gobiet Nr. 1109; siehe Kap. III.3 Fernrohre.

4 A.Beck. Bd. 1. S. 75; SuStBA: ein Kupferstich von Wolfgang Kilian zeigt den jugendlichen Ernst in der Rüstung; zu Langenmantel "vom RR": SuStBA: Seifert: Genealogische Stammtafeln S. 27 u. 29f.; Stadtlexikon 1985 u. 1998 (Geffcken: Langenmantel "vom RR").

5 Thür.StaatsA Gotha Kammerrechnungen. Belege 1650/51 Bd. III. Blatt 430. Beleg Nr. 4; vgl. Anhang A.3 Nr. 29; siehe auch Kap. II.1.

6 Thür.StaatsA Gotha. E IV 2a, Nr. 18. 24.9.1654. Brief Antoni Langenmantel an Hzg. Ernst; E IV o Nr. 2b. 1654: *Diarium der Lustreyse Herzog Johann Ernst im September 1654 nach Nürnberg, Augsburg, Ulm gethan* (31.8.-25.9.1654), von Hiob Ludolph, fol. 3r-v. Ein weiterer Begleiter war Georg Rumpel, rechtskundiger Kammerdiener des Prinzen; sein Bericht in: Dussler Bd. 1. S. 97-101.

berufen. Beide, der Fürst und der Schulmeister, waren an naturwissenschaftlichen und technischen Neuerungen interessiert, so daß man annehmen kann, daß die nach Gotha gelieferten Fernrohre und Mikroskope wirklich benützt wurden, bevor sie in die Kunstkammer gelangten.[7] Im ersten Inventar der Kunstkammer von 1656 bildeten Naturalia und mathematisch-optische Instrumente mehr als die Hälfte des Bestands. Wolfgang Zimmermann vermutet, daß vielleicht sogar eine Sternwarte vorhanden war.[8] Ernsts Sammlung barg noch andere Fernrohre, z.B. eines von Hevelius, und ein Mikroskop von Wiesel wie auch Mikroskope aus Leipzig [9]. Vier Monate vor Wiesels Tod, im November 1661, kaufte Ernst noch ein kleines Fernrohr für zwei Taler, das offenbar aus einer Ansichtssendung ausgewählt worden war: *Zwen Thaler Vor ein schwartzes perspectiv der Mitteln Gattung, so von denen von Augspurg geschikten, behalten*, liest man auf dem Beleg.[10] Später, 1668, diskutierte der Herzog mit dem Mainzer Kurfürst Schönborn, der auch Landesfürst im benachbarten Erfurt war, optische Fragen und tauschte mit ihm 'optische Werke' aus.[11]

Auch im bürgerlichen Bereich lassen sich eindrucksvolle Beispiele für erfolgreiche Nachrichtenbeschaffung finden. Natürlich hatten die großen Kaufleute ein Netz von Niederlassungen und Geschäftspartnern, mit denen sie ständig in enger Verbindung bleiben mußten. Für den Handelsverkehr war es daneben wichtig, frühzeitig über kriegerische Vorkommnisse informiert zu werden. Wir kennen aus Augsburg die sogenannten Fuggerzeitungen aus dem 16. Jahrhundert.[12] In der Stadt hatten sich schon früh, spätestens um die Mitte des 16. Jahrhunderts, Zeitungsschreiber, zeitgenössisch Novellanten oder Novellisten genannt, niedergelassen. Im Musterbuch von 1615 sind nicht weniger als 28 Schreiber und sieben Zeitungsschreiber verzeichnet. 1619 waren es 47 Schreiber und vier Zeitungsschreiber.[13] Diese Spezialisten mußten gute Verbindungen unterhalten, um schnell und zuverlässig alle diejenigen Neuigkeiten zu erfahren, welche die Bürger und vor allem ihre ständigen Kunden interessierten. Dem Sohn von Wiesels Trauzeugen, Jeremias Schiffle d.J. (+1667), wurden z.B. in den Jahren 1655 bis 1658 vom Rentamt Günzburg jährlich 23 Gulden für seine *überschickten neuen Zeitungen* ausgezahlt.[14] Schon Jeremias Schiffle d.Ä. berichtete dem Augsburger Rat über

---

7 Vogel: Ernst I.; dies.: Andreas Reyher; Gerlach Annette.

8 Zimmermann, W.: Sammlungsgegenstände.

9 siehe Kap. Fernrohre u. Mikroskope u. Instrumentenverzeichnis im Anhang A.2; Keil: Die Fernrohre von Herzog Ernst I. von Sachsen-Gotha (im Druck).

10 Thür.StaatsA Gotha: Kammerrechnungen 1660/61 fol. 236r Nr. 1477; Kammerrechnungen 1661/62 und Beleg Blatt 322 Nr.1595; vgl. Anhang A.3 Nr. 52.

11 StaatsA Würzburg Schönborn Archiv. Korrespondenzen Johann Philipp. fol. 1450. Drei Briefe ohne Seitenzahlen: 30.3.1668 Ernst an J. Ph.; 26.10.1668 Ernst an J. Ph.; 26.11.1668 J. Ph. an Ernst.

12 Stadtlexikon 1985 und 1998 (Bellot: Fuggerzeitungen); D'Ester; Klarwill; Bastl.

13 StadtAA Schätze 37 IV: Musterbuch 1619; Register 56. Register 54: 1615.

14 StaatsA Innsbruck. Oberösterreichisches Kammer Raitbuch (1659) Bd. 191. fol. 572v-573v.

technische Neuheiten, so z.B. 1620 und 1621 über Erfindungen des Ulmer Rechenmeisters Johann Faulhaber.[15] Daß er auch Stoff für die häufig in der Stadt gedruckten, 'Neue Zeitungen' genannten Einblattdrucke lieferte, ist anzunehmen.

Auf Kunde von Entdeckungen, Erfindungen und neuen Ideen genauso wie auf die Verbreitung und Diskussion ihrer eigenen Erkenntnisse waren vor allem Wissenschaftler, Lehrer und Ärzte angewiesen. Viele Angehörige dieser Berufe waren deshalb eifrige Briefschreiber. Der Brief bot neben dem nicht immer möglichen persönlichen Gespräch, dem Manuskript, das in Abschriften verbreitet wurde, und dem gedruckten Buch die einzige Möglichkeit, etwas voneinander zu erfahren. Der Absender wußte freilich und billigte, daß seine Briefe abgeschrieben und weiterverschickt wurden. Carl Widemann und sein Kreis z.B. tauschten nicht nur chemische und medizinische Informationen aus, sondern sorgten auch für die Verbreitung der paracelsischen Lehren im 16. und 17. Jahrhundert.[16]

Neben den Großen der Wissenschaft wie Brahe, Kepler, Galilei, Descartes, Boyle, Huygens und Leibniz, um nur einige Namen unermüdlicher Briefschreiber aus der damaligen Epoche zu nennen, gab es einzelne Männer, deren Briefwechsel in erster Linie der allgemeinen Wissensvermittlung und dem Austausch von Neuigkeiten diente. In England nennt man diese Nachrichtenvermittler 'intelligencer'. Zu ihnen zählt der geistliche Rechtsgelehrte Nicolas Claude Fabri de Peiresc (1580-1637), dessen Stammsitz in Aix-en-Provence lag. Er hatte in Frankreich und Italien studiert, begab sich des öfteren auf Reisen und hielt sich längere Zeit in Paris auf. Zu seinen vielen Interessen zählten sowohl die Astronomie als auch die optischen Instrumente. Bei seinen frühen Beobachtungen mit dem Fernrohr entdeckte er am 26. November 1610 den Orionnebel im sogenannten Schwertgehänge des Sternbilds Orion.[17] Sein Bericht über die Vorführung eines Drebbel-Mikroskops in Paris 1622 ist eines der ersten Zeugnisse über dieses Instrument.[18] Zu seinen Briefpartnern gehörte Markus Welser in Augsburg, den man ebenfalls zu den Männern zählen kann, die sich dafür einsetzten, daß neue Ideen verbreitet wurden. In Paris betätigten sich der Minoritenpater und Mathematiker Marin Mersenne (1588-1648) und Ismael Boulliau (Bullialdus, 1605-1694), auch er Mathematiker, als Korrespondenten, in London Samuel Hartlib (1600-1662) und Henry Oldenburg (ca.1618-1677).[19] Wer diese Namen kennt, weiß, daß diese Männer weit mehr waren als bloße 'Nachrichtenvermittler'. Denn sie nahmen neue Ideen nicht nur auf und förderten ihre Durchführung, sondern brachten Personen mit gleichen Interessen zusammen, protegierten junge Wissenschaftler, beförderten

---

15 StAA Handwerkerakten Fasz. 3; Hawlitschek S. 85.

16 Widemann siehe Kap. II.1.3.

17 Der 'Orionnebel' ist ein Gasnebel in unserem galaktischen System, im Gegensatz zu den außergalaktischen Nebeln, die eigene Milchstraßen, also Sternsysteme darstellen.

18 Tamizey: Lettres; Tamizey: Les correspondants; Brown: Peiresc; Humbert: Un amateur; Rienitz: Ein Virtuose.

19 Harris; Mersenne; Hatch; Nellen; Oldenburg; Greengrass.

Arbeiten zum Druck, regten Übersetzungen fremdsprachiger Bücher an, und anderes mehr. Während Peiresc, Mersenne, Boulliau und Hartlib in eigener Regie und mit Unterstützung ihres Freundeskreises agierten, wurde für Oldenburg als erstem Sekretär der Royal Scientific Society die Korrespondenz zur Pflicht. Aber schon vor Gründung der Society hatte Oldenburg zu Hartlibs Informanten gehört. Hartlib war die Schlüsselfigur in der Verbindung Wiesels nach England neben seinem Partner Johann Moriaen in Amsterdam. Den Kontakt des Hartlib-Kreises zu Mersenne und nach Frankreich hielt vor allem Theodore Haak (1605-1690), ein gebürtiger Pfälzer, der 1625 nach England gekommen war und etwa seit 1628 vorwiegend dort lebte.[20] Haak hatte kurze Zeit in Köln verbracht und dort vermutlich Moriaen kennengelernt. In seinen späteren Lebensjahrzehnten wurde er ein enger Freund des englischen Naturwissenschaftlers Robert Hooke (1635-1703).

Hartlib sorgte schon vor dem Verkauf der Instrumente dafür, daß Wiesel bei seinen Korrespondenten bekannt wurde; so kopierte er 1647 Wiesels Preisliste und schickte sie an seine Briefpartner, z.B. an den Mathematiker John Pell (1611-1685), der zu dieser Zeit in Breda in den Niederlanden lebte, an Hevelius in Danzig sowie an Mersenne in Paris. Leider konnte der Hamburger Korrespondent Hartlibs, der ihm Wiesels Preisliste geschickt hatte, bisher nicht ermittelt werden. War er ein Handelsmann oder Bankier? Ein möglicher Kandidat, Antoni Erhart, wird sowohl in Hartlibs Tagebuch, den Ephemeriden, als auch in Hainhofers Briefen erwähnt. Andererseits hatten beide Kreise, sowohl derjenige um Hartlib als auch derjenige um Hainhofer, mehrere Partner in der Hansestadt Hamburg. Hartlibs Briefpartner in Hamburg hielten sich allerdings oft nur zeitweilig dort auf. In den Papieren des Joachim Jungius, der wie sein Kollege Adolf Tassius zu Hartlibs Korrespondenten gehörte, fand sich kein Hinweis auf Wiesels Preisliste. Nur ein kleiner Zettel mit wenigen Zeilen im Nachlaß von Jungius bezeugt, daß ihm der Augsburger Optiker bekannt war. Diese Notiz wurde vermutlich nach 1645, nach dem Erscheinen des 'Oculus Enoch', geschrieben, denn auch Mattmüller ist darauf erwähnt.[21] Jungius, der verschiedene physikalische Werke verfaßte, war zwar vor allem Theoretiker, führte jedoch auch astronomische Beobachtungen durch, so z.B. 1647 des veränderlichen Sterns Mira im Sternbild Walfisch (Omikron Ceti), wozu allerdings nicht unbedingt ein Fernrohr nötig war. Leider ist nicht bekannt, ob Jungius selbst Fernrohre besaß und ob er noch über Verbindungen nach Augsburg verfügte, wo er sich 1614/15, also noch vor Wiesels Zeit, an dem oben erwähnten pädagogischen Versuch des Ratichius beteiligt hatte.[22]

Die französischen Wissenschaftler unterhielten enge Beziehungen nach Italien und in die südlichen und nördlichen Niederlande. Nachrichten aus Italien gelang-

---

[20] Barnett; Theodor Haak war Mitinitiator der Royal Society.

[21] Staats- und Universitätsbibliothek Hamburg, Jungius Handschriften: Petersen 71/2, o.D.: *Telescopiorum artifices Vitrorum politores. Wiselius zu Augspurg gibt ein Telescopium für 150 Ducaten. Gervasius Mattmüller helt sich auf beim Kaiser.*

[22] Schorr; Karl Meyer: Optische Lehre; zu Ratichius siehe Kapitel I.2.

ten oft über Mersenne nach England, wo man andererseits über die protestantischen Niederlande bestens informiert war. Gute Verbindungen nach Paris hatte der junge Christiaan Huygens schon durch seinen Vater, den holländischen Diplomaten Constantijn d.Ä. (1596-1687). Später, nach der Gründung der Societé Royale de Sciences im Jahr 1666, wurde Huygens deren Mitglied und hielt sich immer wieder längere Zeit in Paris auf.[23]

Auch Johannes Hevelius in Danzig war mit dem europäischen Nachrichtennetz verbunden, was aus seiner umfangreichen Korrespondenz ersichtlich ist.[24] Auf seiner langen Studienreise 1629 bis 1634 hatte er manchen späteren Briefpartner in Holland, England und Frankreich persönlich kennengelernt. Derartige Reisen trugen viel zum Informationsaustausch bei. Man schloß Freundschaften mit anderen Wissenschaftlern oder man lernte die kaufmännische Praxis bei Geschäftspartnern kennen. Solche Aufenthalte wie auch das Studium an den Universitäten konnten sich über einen längeren Zeitraum erstrecken. Jüngere oder unbemittelte Wissenschaftler nützten oft den Beruf des Reisebegleiters oder Hofmeisters, um in fremde Länder zu gelangen.

Es gab immer wieder Männer, die ihre Reiseberichte drucken ließen, wie etwa Martin Zeiller in Ulm, Balthasar de Monconys in Lyon oder später Johann Georg Keyßler und Friedrich Nicolai. Bevorzugt wurde über die Sehenswürdigkeiten der Städte berichtet. Hatte der Reisende naturwissenschaftlich-technische Interessen, so suchte er die entsprechenden Handwerker, Bauwerke und Sammlungen auf. Italien war das bevorzugte Reise- und Studienland für die Bewohner der Länder nördlich der Alpen. Deutsche Reisende besuchten außerdem Frankreich und die Niederlande. Protestantische Studenten schrieben sich gern an der Universität Leiden ein. Umgekehrt war Deutschland während des Dreißigjährigen Kriegs nicht gerade ein einladendes Land. Aber schon in den fünfziger Jahren wurde Augsburg erneut häufig aufgesucht. Deutschland besaß jedoch keinen Mittelpunkt, in dem sich Wissenschaftler sammelten wie in London, Paris, Florenz oder Rom. Natürlich suchten die deutschen Fürsten gute Handwerker an ihre Residenzen zu holen oder hervorragende Wissenschaftler für ihre Universitäten zu gewinnen. Aber diese lagen oft an einem anderen Ort als die Residenz. Außerdem hatte das Interesse an den Wissenschaften während des dreißigjährigen Krieges sehr nachgelassen. Augsburg, das um 1600 zu den reichsten und machtvollsten Städten im Reich gehört hatte, war ausgeblutet und verarmt. Daß sich sein Handwerk so rasch wieder erholte, ist erstaunlich. Vor allem die Augsburger Gold- und Silberschmiede brachten es im 18. Jahrhundert zu einem neuen Höhepunkt ihrer Kunst.

Geht man den internationalen Wegen nach, auf denen sich die Kunde von Wiesels Werkstatt und seinen Produkten verbreitete, so kann man die einzelnen Länder nur schwer voneinander trennen. Von dem großen Bereich Niederlande –

---

[23] Bell; Bos u.a.

[24] Originale im Observatoire Paris, Kopien in der Bibliothèque Nationale Paris; siehe Quellen.

England – Danzig – Frankreich – Italien kann man nur die skandinavischen Länder Schweden und Dänemark als einigermaßen isoliert betrachten. Hinzu kommen direkte Verbindungen Augsburger Kaufleute nach Italien und Holland. Nachrichten aus Spanien fehlen hingegen ganz, was mit dem allgemeinen historischen Befund übereinstimmt: Spanien war zu Beginn des 17. Jahrhunderts ziemlich isoliert. Die Universitäten waren veraltet und die Inquisition führte ein striktes Regiment.[25] Auch über Beziehungen Wiesels in den osteuropäischen Raum, abgesehen von Danzig, wissen wir nichts. Auf jeden Fall wurde Wiesel am polnischen Hof in Warschau bekannt, vor allem durch den Besuch von König Johann II. Kasimir (1609-1672) und Königin Marie-Louise de Gonzaga (1612-1667) auf der Danziger Sternwarte in den Jahren 1659/1660 und die enge Bekanntschaft von Pierre Desnoyers (des Noyers, Petrus Nucerius, 1606-1693), dem französischen Sekretär der Königin, mit Hevelius und Boulliau. Allerdings bestanden bereits früher Handelsbeziehungen nach Augsburg, war doch der vorige polnische König Wladislaw IV. Sigismund (1595-1648) als Prinz 1624 in Augsburg gewesen und hatte, begleitet von Philipp Hainhofer und seinem Agenten, dem Augsburger Juwelier Hans Georg Peurlin (Peyerle, Beuerle 1584-1649), Erzeugnisse des Kunsthandwerks eingekauft.[26] Kostbare Goldschmiedewaren aus Augsburg wurden an den polnischen Hof geliefert, vor allem zur ersten Hochzeit des Königs im Jahr 1637. Seine zweite Gattin wurde 1644 Marie-Louise de Gonzaga, die nach seinem Tod seinen Stiefbruder Johann II. Kasimir heiratete.[27] Übrigens hatte Peuerlin von seinem 1617 verstorbenen Vater die Pflegschaft für Anna Maria Ulstett und ihre Geschwister übernommen und fungierte 1643 nach dem Tod ihres ersten Mannes auch als ihr Beistand.[28] Zwei Jahre später heiratete sie Johann Wiesel. Der Optiker konnte demnach dem polnischen Agenten kein Unbekannter gewesen sein.

2.2 Der Kundenkreis und seine Belieferung

Bevor Johann Wiesel beschloß, eine optische Werkstatt zu gründen, dürfte er über die Absatzchancen nachgedacht haben. Augsburg als geschäftige Handelsstadt europäischen Formats, deren Kaufleute über weitgespannte Geschäftsbeziehungen verfügten, konnte zweifellos als höchst geeigneter Standort angesehen werden. Hinzu kam, daß die Stadt in bezug auf die Herstellung von mathematisch-

[25] Pintard S. 102.

[26] NSAW 1 Alt 22 Nr. 177b fol. 42r-45v. 5/15.8.1624. Hainhofer an Hzg. August (Gobiet 758).

[27] Marie-Louise war die Tochter von Charles de Gonzague, Herzog von Nevers und Katharina von Lothringen.

[28] StAA Pflegbücher 1608, 9.8.1617 und 19.12.1643; zu Peurlin: Seling Bd. 3. Nr. 2846.

astronomischen Instrumenten, Uhren und Sonnenuhren schon lange einen guten Ruf hatte, aber keine Brillenmacher unter ihren Einwohnern aufweisen konnte.

In Wiesels Anfangsjahren bildete gewiß der Verkauf von Brillen die Grundlage seiner Werkstatt. Aber schon bald fanden die erwähnten Flohbüchslein guten Absatz. Brennspiegel gingen in alchemistische Kreise; Künstler kauften die Camera obscura und die ersten Galileischen Fernrohre fanden ihre Käufer vor allem unter Offizieren oder an fürstlichen Höfen. Während der vierziger Jahre kamen die kleinen Perspektivröhrchen in Mode, und ohne Zweifel baute Wiesel jetzt auch zusammengesetzte Mikroskope mit zwei Linsen sowie astronomische Fernrohre.

Nach dem blutigen Krieg fanden die deutschen Fürsten wieder Zeit, sich ihren Kunstkammern zu widmen. Wohl keiner, der an den Fortschritten der Naturwissenschaften interessiert war, ließ es sich entgehen, ein Fernrohr oder ein Mikroskop des mittlerweile berühmten Augsburger Optikers für seine Sammlungen zu erwerben. Die wichtigsten dieser Sammlungen, Prestigeobjekte der Fürsten, gehen ins 16. Jahrhundert zurück. Die Dresdner Kunstkammer, 1560 von Kurfürst August von Sachsen (1526-1586) geschaffen, war zu Anfang spezifisch auf Handwerk, Gewerbe und Wissenschaft ausgerichtet. Sie enthielt 1587 unter den annähernd 10 000 Sammlungsstücken etwa 7 500 Werkzeuge und 950 wissenschaftlich-technische Instrumente, Globen und Uhren. Sie standen als Anschauungsmaterial jedem interessierten Besucher zur Verfügung und sollten auch der technischen Entwicklung des Landes, z.B. dem Bergbau und dem Aufbau feinmechanischer Werkstätten, dienen.[29] Die Kunstkammer der bayerischen Herzöge wurde 1565 von Herzog Albrecht V. (1528-1579) als eigener Komplex neben der Schatzkammer gegründet. Wissenschaft und Technik spielten in ihr eine geringere Rolle, was nicht nur an dem anders gearteten wirtschaftlichen Charakter des bayerischen Landes, sondern auch an den abweichenden Sammelinteressen der bayerischen Herzöge lag.[30] Herzog August d.J. von Braunschweig-Lüneburg war vor allem auf den Ausbau seiner Bibliothek bedacht und schenkte seiner Kunstkammer weniger Aufmerksamkeit.

Im Dreißigjährigen Krieg erfuhren die deutschen Kunstkammern wenig Zuwachs, ja manche wurden sogar durch feindliche Truppen zerstört oder geplündert, wie es z.B. in, München (1632), Stuttgart (1634) und Prag (1648) geschah.[31] Nach dem Krieg begann man, die Verluste zu ersetzen und neue Schätze dazuzugewinnen. Mancherorts wurden neue Kunstkammern zusammengestellt, wie z.B. in Gotha durch den oben erwähnten Herzog Ernst von Sachsen. So lieferte Wiesel an einige Fürsten eher Dinge für ihren persönlichen Gebrauch, vor allem Brillen,

---

29 Schillinger: Instrumente. Die wissenschaftlichen Instrumente wurden im 18. Jh. als eigene Sammlung abgespalten und befinden sich heute im Staatlichen Mathematisch-Physikalischen Salon im Zwinger in Dresden.

30 Seelig: Die Münchner Kunstkammer.

31 Ders. S. 125; Stuttgart: Fleischhauer S. 44; Prag: '1648 Westfaliska Freden'. Vasamuseet och Skoklosters Slott 1998. Katalog. S. 43.

z.B. nach München und Wolfenbüttel. Andere Instrumente gelangten gleich in die Kunstkammer, wieder andere wurden zuerst vom Fürsten und seinem Mathematicus zu Beobachtungen benutzt, bevor sie dort abgestellt wurden. Allerdings gab es um 1650 weder an den deutschen Fürstenhöfen noch an den Universitäten astronomische Observatorien. Die einzige Sternwarte im europäischen Raum, die mit guten Instrumenten ausgestattet war, blieb die 1641 von Hevelius gegründete in Danzig. Was Hevelius von den Professoren an deutschen Universitäten hielt, zeigt folgender Brief, den er 1661 schrieb nachdem ein großer Komet erschienen war:[32]

> *Ich versichere dem Herren daß nicht ein eintziger professor Matheseos in gantz Deutschlandt so viel mier bewußt [,] solte so viel gethan haben; ... die meisten professores welches fast schande, haben ihn [den Kometen] verschlaffen und gar nicht gesehen; die welche ihn noch gesehen zuletzt, haben ihn nicht ein eintziges mahl observiret, wie dann solche Herrn gar selten den bestirnten Himmel in acht nehmen; wann sie ja noch etwas thun, blettern sie die Ephemerides und machen sich lustig [lächerlich] mit ihren praedictionibus Astrologicis, es mag zutreffen wie es kan, darumb bekümmert sich keiner, dahero insgemein die meisten coeli phaenomena, daran doch der Astronomia so höchlich gelegen, insgemein von ihnen verabsäumet werden.*

Ein ähnliches Urteil fällte 1680 Gottfried Kirch (1639-1710), der um 1700 nach Berlin berufen wurde, um dort die erste Sternwarte der neuen Preußischen Akademie aufzubauen, in der 'neuen Himmels-Zeitung':[33]

> *Hier in Teutschland sind keine öffentlichen Obvservatoria, wie etwan in China, da gewisse Personen bestellet sind, welche Tag und Nacht den Himmel betrachten müssen, damit nicht etwas Merckwürdiges unobservirt hingehe. Dahero geschieht es auch, daß bey uns die Astronomi selten einen Cometen finden wann er noch klein ist: sondern mehrentteils alsdann, wann er schon ziemlich groß und etwan von Bothen, Schildwachten, Bauern oder reisenden Personen vor etwas Ungewöhnliches erkannt werde. Es ist zu verwundern, daß unsere lieben Vorfahren, welche viel auf Universitäten und Hohe Land-Schulen gewendet, keinen bequemen Ort zur Beschauung des Himmels angeordnet und mit nötigen Instrumenten versehen, da sie doch Astronomiam nicht verachtet sondern vielmehr zu lehren anbefohlen. Was ist es aber nütze, wann man eine Kunst lernet und will oder kan sie nicht gebrauchen? Kleine Instrumenta, entweder von Holtz oder Pappier findet man ja noch allenthalben. Aber diese dienen nur zur Information und nicht zum Gebrauch. Ist irgenwo ein Metallin Instrument vorhanden (wiewol diese dünne gesäet seyen) so ist es doch klein, und also damit wenig Gewisses zu haben. Und dieses ist eben derer grösseste Ursachen eine, warum sowohl die Astronomia, als auch Geographia, bis daher noch so unvollkommen.*

---

32 OP C 1. t. 5 S. 668. 5.7.1661. Hevel an J. Gebhard Rabener; Praedictio: Vorhersage

33 Gottfried Kirch: Der neuen Himmels Zeitung Erster Theil. Nürnberg 1681. S. 24.

Durch die Quellenlage sind wir vor allem über Wiesels fürstliche Kunden informiert. Wir wissen aber auch vom Verkauf von Fernrohren und Mikroskopen an wissenschaftliche Kreise. Vor allem Italien, Dänemark, England, die Niederlande, Paris und Danzig wären in diesem Zusammenhang zu nennen. Hierüber soll in den nächsten Kapiteln berichtet werden. Dabei darf nicht übersehen werden, daß das wissenschaftliche Leben in Deutschland und besonders im süddeutschen Raum durch den langen Krieg sehr gelitten hatte. Außerdem waren zwischen 1624 und 1635 führende süddeutsche Wissenschaftler gestorben: Simon Marius in Ansbach 1624, Johann Bayer in Augsburg 1625, Johannes Kepler in Regensburg 1630, die beiden Tübinger Professoren Michael Maestlin 1631 und Wilhelm Schickard 1635, Johann Faulhaber in Ulm 1635. Andere Vertreter der mathematischen Fächer hatten Bayern verlassen, so die Jesuiten Christoph Scheiner und Johann Baptist Cysat Ingolstadt 1616 bzw. 1622, Athanasius Kircher (1602-1680) sowie Kaspar Schott (1608-1666) Würzburg 1631.

Die Auslieferung der bestellten Instrumente erfolgte meistens durch die Post oder mittels Fuhren der Handelsleute. Nur manchmal besuchte Wiesel selbst seine Auftraggeber. Während des Dreißigjährigen Krieges und in den Jahren danach waren die Straßen unsicher; dennoch fuhr Wiesel bis zum Tod des Kurfürsten Maximilian I. im September 1651 des öfteren in die bayerische Hauptstadt München. 1642 heißt es z.B. im Rechnungsbuch des Hofzahlamts München unter der Rubrik Zehrungen: *Johann Wießel von Augspurg, so in Ir Churfstl. Drl. unseres gnädigsten Herrn geschefften alhier gewesen per hierunder außgelegten Zöhrung laut Zetl fl. 6.-.-.* Im Jahr 1644 wurden *Andreas Krüeb, Pierpreuen* [Bierbräu in München] *für Johann Wiesel von Augspurg laut Zetl fl 4.21.4* [4 Gulden 21 Kreuzer 4 Pfennig] an Zehrung bezahlt; auch im nächsten Jahr erhielt derselbe Gastwirt 4 Gulden und 48 Kreuzer für einen Aufenthalt des Optikers. Wiesel selbst bekam für *empfangene Wahren und zur Zöhrung* 50 Gulden.[34] Hainhofers Schilderung seiner Reise nach München im Jahr 1636 gibt ein Beispiel, wie eine derartige Fahrt während des Krieges ablief. Zuerst mußte der Reisende beim Stadtpfleger seine Reise anmelden, um einen Paß zu bekommen, dann im Steuer- und Quartieramt eine Kaution hinterlegen. Mit einer Kutsche und vier Pferden dauerte die Fahrt nach München etwa 12 Stunden; ein Postmeister, der an den Poststationen die Pferde wechseln konnte, hatte mindestens 6 Stunden zu reiten.[35]

Wiesel lieferte verschiedene Produkte seiner Werkstatt an den bayerischen Kurfürsten, für den er bereits 1630 arbeitete. *Kurze perspectiv röhrlen*, 1650 eins der ersten aus drei Linsen zusammengesetzten Mikroskope und sogenannte *Schießbrillen* können belegt werden. Schießbrillen waren Vergrößerungsgläser,

---

34 HauptstaatsA München Hofzahlamtsrechnungen Bd. 92 (1642) fol. 445r; ebd. Bd. 94 (1644) fol. 432v; ebd. Bd. 95 (1645) fol. 254v u. 410r.

35 Haeutle S. 271f.

die man auf Gewehre setzte, um Fehlsichtigkeiten auszugleichen.[36] Vor allem aber diente Wiesel dem Kurfürsten. mit Brillen. 1639 wurden ihm für *9 Augengläßer à 1 Ducaten (zu 3fl)* 27 Gulden bezahlt.[37] Übrigens existiert von Maximilians Vater, Herzog Wilhelm V., ein Bild, auf dem er mit einer Bügelbrille hinter dem Ohr zu sehen ist. Fürstenbildnisse mit Brille sind äußerst selten.[38]

Im September 1653 schrieb der Augsburger Agent Hirt von einer weiteren Reise Wiesels: *Vergangen Samstag ist H.Wisel aufm wasser des Lech, von hier nacher Regenspurg zu der Röm:Kayl:Maytt: gereiset. Er khompt aber in ungefahr 14 tagen, geliebts Gott, wiederumben alhero.*[39] Die Beförderung nicht nur von Lasten, sondern auch von Personen auf Flößen war auf dem Lech und auf der Donau üblich. Ob eine derartige Fahrt sehr angenehm war? Wiesel war 1653 immerhin schon 70 Jahre alt. Es lag aber ein besonderer Reiseanlaß vor: Kaiser Ferdinand III. hielt sich schon das ganze Jahr beim Reichstag in Regensburg auf. Als er im Mai zur Wahl seines Sohnes Ferdinand IV. zum deutschen König einige Tage in Augsburg verbrachte, hatte er offenbar bei Wiesel optische Geräte bestellt, die der Optiker nun persönlich nach Regensburg lieferte.[40] Daß ein Auftreten im Umkreis eines Reichstags Gelegenheit bot, auch mit anderen hohen Herrn ins Geschäft zu kommen, beweist ein Brief an den Mainzer Kurfürsten, Johann Philipp von Schönborn aus dem Jahr 1656. Der ihm zugrunde liegende Vorgang zeigt aber auch, daß es mit der Zahlungsmoral auch höchster Persönlichkeiten in dieser Zeit nicht zum besten bestellt war. Wiesel mußte in diesem Brief im Juli 1656 in Mainz die Bezahlung eines 'zweiaugigen Perspectivs', also eines Binoculums, anmahnen. Bereits im Juni 1654 hatte der Hofzahlmeister des Kurfürsten, der sich zu der Zeit in Regensburg aufhielt, die dafür ausstehenden 10 Dukaten zugesagt. Nachdem es wiederholt nicht glückte, von ihm das geschuldete Geld zu bekommen, wandte sich Wiesel zwei Jahre später notgedrungen an den Kurfürsten persönlich.[41] Er war sicher schon länger in Würzburg und Mainz bekannt, spätestens seit 1650, als Rheita in einem Brief an den Kurfürsten den Augsburger Optiker namentlich erwähnte.[42] Vielleicht lernte er Wiesel im Mai 1653 in Augsburg oder auf dem Reichstag in Regensburg persönlich kennen als dieser dem Kaiser seine Instrumente brachte.

36 Siehe Kap. III.2.6: Schießbrillen.

37 HauptstaatsA München Hofzahlamtsrechnungen Bd. 89 (1639) fol. 249r Nr. 10: Rubrik Churfürstliche Durchlaucht Camer; d.h. die Kosten für die Brillen gehörten zu den persönlichen Ausgaben des Kurfürsten.

38 Marly: Spectacles S. 58: irrtümlich mit Wilhelm II. bezeichnet.

39 HAB 99 Novi fol. 217v. 1/11.9.1653. Hirt an Hzg. August; Deißer; Stadtlexikon 1985 u. 1998 (Kießling: Flößerei, Floßmeister).

40 Siehe Kapitel II.1.9.

41 SuStBA Beuther-Nachlaß Mappe 7. Handschrift Wiesel o.S.: Kopie eines Schreibens an den Kurfürsten von Mainz. 12.7.1656; vgl. Anhang A.3 Nr. 44.

42 Thewes: Oculus S. 21: StaatsA Würzburg. Schönborn Archiv: Korrespondenzen Johann Philipp 510 fol. 96v-97r. 31.10.1650. Rheita an Schönborn.

Schönborn erfuhr dort auch von einer anderen neuen wissenschaftlichen Erkenntnis, nämlich einem entscheidenden Fortschritt in der Lehre vom Vakuum, die damals heftig diskutiert wurde. Otto von Guericke (1602-1686), Ingenieur und Bürgermeister von Magdeburg, der sich als Vertreter seiner Stadt von Februar 1653 bis Juli 1654 beim Reichstag aufhielt, führte dem Kaiser und den Fürsten im Frühjahr 1654 seine Experimente mit der Luftpumpe vor. Der Kurfürst von Mainz war davon so begeistert, daß er ihm die Geräte abkaufte und sie nach Würzburg bringen ließ.[43] Den ersten Bericht über die Instrumente und die damit ausgeführten Versuche lieferte Kaspar Schott, der 1655 aus Rom nach Würzburg zurückkehrte, 1657 in seinem Buch 'Mechanica hydraulico-pneumatica'. Guerickes eigenes Manuskript wurde erst 1672 gedruckt. Darin teilte er unter anderem mit, daß ihm Schönborn ein Fernrohr verehrt habe. Möglicherweise stammte es von Wiesel oder es war eines der Rohre, die Rheita dem Kurfürsten geschickt hatte. Es könnte auch schon von dessen Kammerdiener Benz verfertigt worden sein, der seit 1666 in Schönborns Diensten stand. Bedauerlicherweise ist darüber nichts Näheres bekannt.[44] Sicher ist dagegen, daß Guericke den Kaiser im Mai 1653 mit den anderen Gesandten und den Kurfürsten nach Augsburg zur Königswahl begleitet hatte.[45] Eine Begegnung mit Wiesel wäre mithin durchaus möglich gewesen, entweder im Mai in Augsburg oder im Herbst 1653 in Regensburg, zumal sich Guericke lebhaft für die Astronomie interessierte. Gerade die Frage, ob der Weltraum zwischen der Erde und den Gestirnen leer sei oder etwa einen sogenannten Äther enthalte, hatte Guericke zu seinen Vakuum-Experimenten veranlaßt. Er meinte, wenn es möglich wäre, auf der Erde ein Vakuum herzustellen, so wäre das ein Beweis für das Vakuum des Himmels. Guericke gehörte in den Jahren nach dem Krieg neben Joachim Jungius in Hamburg zu den bedeutendsten Naturwissenschaftlern in Deutschland.

Eine Reise zu seinem langjährigen Auftraggeber Herzog August hat Wiesel mehrmals erwogen. Im Oktober 1651 meinte er, *wann die raise nach Wolffenbüttel in zweyen oder dreyen tagen könte verichtet werden, wolte er nicht underlaßen, EFD underthänigest selbst auf zu warten.*[46] Am 31.7.53 notierte Hirt jedoch:

> *Ferner meldet wisel, daß er khein mühe und arbeit, auch die Zeit sich nicht wolte betauren laßen, in Person zu EFD zu reisen, wann der Weg von hier aus nacher Wolffenbüttel nicht weiter were als bis nacher Franckhfort am Meyn,*

[43] Gumpelzhaimer Bd. 3. S. 1325; Mentz Bd. 2. S. 257f.

[44] Otto von Guericke: Experimenta nova Magdeburgica de vacuo spatio. Amsterdam 1672. S. 205; dt.: Hans Schimank, Hg.: Neue Magdeburger Versuche über den leeren Raum. Düsseldorf 1968. S. 235; Goercke: Rheita über das Vakuum.

[45] Schneider: Guericke. S. 98f.

[46] HAB 98 Novi fol. 492v. 9/19.10.51. Hirt an Hzg. August.

welches doch 44. meilen sein, ein solche underthänigste getreue affection trägt zu EFD er Wisel.[47]

Herzog August hat demnach seinen Optiker nicht persönlich kennengelernt. Ob Wiesel die näheren Reichsstädte besucht hat, in denen Freunde, Kunden und Briefpartner wie Georg Philipp Harsdörffer (in Nürnberg) oder Theodorus Schad und Martin Zeiller (in Ulm) lebten, war nicht nachzuweisen. Größere Reisen hat Wiesel während des Kriegs und in seinen älteren Jahren gewiß nicht mehr unternommen. Über einen mehrwöchigen Aufenthalt beim Bischof von Eichstätt, Marquard II. Schenk von Castell (1605-1687), *so ein großer Liebhaber aller Künsten seyn sollen*, im Jahr 1660, war nichts Näheres zu erfahren.[48]

Daß Reisende, die in Augsburg Station machten, Wiesel besuchten und bei ihm einkauften, ist vielfach nachweisbar. Prominente Beispiele sind der schwedische König und seine Begleiter 1632, der dänische Gesandte Graf Pentz und der Herzog von Bracciano im Jahre 1637, ein Prinz von Sachsen-Gotha auf seiner Bildungsreise 1654, der dänische Prinz Ulrik Frederik Guldenlöw 1656, Herzog Johann Friedrich von Braunschweig-Lüneburg, ein Vetter von Herzog August, im Jahr 1657, sowie englische Reisende 1659 und 1661.[49]

Noch einige Angaben zum Transport der kostbaren Instrumente erscheinen angebracht. In den Briefen an und von Herzog August d.J. spiegeln sich vor allem die schwierigen Umstände im Dreißigjährigen Krieg und in den ersten Jahren danach. Die Warensendungen gingen von Augsburg aus zuerst nach Nürnberg, wo sie der dortige Braunschweiger Agent, Georg Forstenhäuser, in Empfang nahm und weiter über Leipzig oder Magdeburg auf den Weg brachte.[50] Briefe und kleine Sendungen wie z.B. eine Brille wurden mit der 'Ordinari Post' verschickt. Hainhofer benützte außerdem die Gelegenheit, sie Reisenden mitzugeben, die ihm bekannt waren, wie z.B. 1632 Wiesels Fernrohr einem Licentiaten Uhtenbusch, der mit einer Reisegesellschaft in der Kutsche nach Norden fuhr.[51] 1634, während der Blockade Augsburgs und Nürnbergs, wurde die Post nach Hitzacker sogar einmal über Füssen, Antwerpen und Hamburg geleitet. Jetzt bewährten sich Hainhofers Beziehungen; denn in Hamburg und Antwerpen waren ihm die Adressaten namentlich bekannt.[52] Zwei Brillen für den Kanzler in Trier wollte Hainhofer *nach Frankhfurt an Postmeister Herrn Joh:Bapt:von Hooßwinckhel recommandiern,*

47 HAB 99 Novi fol. 204r. 21/31.7.1653. Hirt an Hzg. August.

48 HAB 83 Novi fol. 666r. 22.11./2.12.1660. Anckel an Hzg. August; weder in Eichstätt noch im Staatsarchiv Nürnberg war etwas über Wiesels Aufenthalt zu finden; Sax.

49 Nachweise in den entsprechenden Kapiteln.

50 Kleinpaul: Der Nachrichtendienst der Herzöge von Braunschweig.

51 NSAW 1 Alt 22 Nr. 177k fol. 19v. 1.7.1632. Hainhofer an Hzg. August (Gobiet 1115).

52 NSAW 1 Alt 22 Nr. 177l fol. 62. 3. Seite. 24.11./4.12.1634. Hainhofer an Hzg. August: *weiln Nürnberg gleich so vest alß Augspurg, bloquiert sein solle, so schickhe Ich dises schreiben under frembder coperta uber fuessen nach Antorf, ob es von dannen sicherer nach hamburg an S.r Silvio Tensino und forts an EFD nach hitzger khommen möchte. Rückantwort auf demselben Weg. von Hamburg an Henrico et Michaelo Moes nach Antorf* [Antwerpen].

das Er sie E:Ex^z: sicher zuschaffe, d.h. es wurde auch hier die Post benützt.[53] Die Sendungen für August Fürst zu Anhalt in Schloß Plötzkau an der Saale, etwa in der Mitte zwischen Magdeburg und Halle gelegen, wurden über Nürnberg nach Naumburg oder nach Leipzig verschickt, wo zwei Agenten des Fürsten lebten.[54] Leipzig war ebenso Zwischenstation für den Versand nach Danzig.[55] Wiesel erwähnte wiederholt in seinen Briefen, daß er seine diversen Instrumente *auf die Messe* fertiggestellt haben wollte. Dabei ist insbesondere von Naumburg, Leipzig und Frankfurt die Rede.[56] Er gab sie demnach Augsburger Kaufleuten zur Messe mit, wo sie dann von Kaufleuten aus den Bestimmungsorten übernommen wurden. Bestimmt diente dies auch der Sicherheit der Waren, denn Hainhofer berichtete, daß die Handelsleute 'im Geleit' reisten.

Auf den Transporten passierten immer wieder Unfälle und traten Schäden oder Verluste ein, nicht nur infolge von Überfällen zu Kriegszeiten.[57] Postsendungen erreichten den Adressaten nicht, wie Wiesel im April 1658 Moriaen berichtete:

> *Das lange Objectivum will Ich gerne machen, allein auf meine gefahr nicht versenden, dan Ich erst newlich dem Graffen von Waldegk, welcher zu Bartenstein an den Kindsblattern gestorben, auff begehren bei der Post geschickt aber nicht empfangen, sondern auf der Post verlohren gangen, will also die bezahlung deßwegen nicht folgen.*[58]

Es regnete in die Kisten, oder die empfindlichen Instrumente zerbrachen, wenn sie nicht sorgfältig eingepackt waren.[59] Die *Güter werden auf hohen Karren geladen,*

---

53 HAB 17.29 Aug. 4° fol. 175r-v. 15.9.1642. Hainhofer an Johann Anethan.

54 Briefwechsel Widemann – Wiesel – Fürst zu Anhalt; siehe Anhang A.3 Nr. 1-18.

55 Siehe Kap. II.3.4 Danzig.

56 Naumburg: NSLB Hannover, Ms IV 341 S. 857. 7/17.6.1625. AFzA an Widemann; NSAW 1 Alt 22 Nr. 177k fol. 18r. 14/24.6.1632. Hainhofer an Hzg. August: [...] *berichte ich hiemit, das weiln der Naumburger markht vor der thür, vnd verhoffe, das hiesige handelß leut mit Ihren wahren im glait dahin raysen werden,* [habe] *Ich* [...] *die* [...] *bucher erhebt, in ain vaß paquen, vnd noch darzue ein machen lassen .5. schachtlen* (Gobiet 1114); Leipzig: HAB 98 Novi fol. 309r: 1650. Wiesel an Hzg. August: *Daß Perspectiv in form eines Marschierstaabs soll auch, wie herrn Deupolt, Per 10 Ducaten ehistes gefertiget, und, noch bej erstkünfftiger Leipßiger Meß geliefert werden*; Frankfurt: HP 37/154B. 21.7.1650. Wiesel an Moriaen; vgl. Anhang A.3 Nr. 26.

57 HAB 17.29 Aug 4° fol. 19v. 11/21.6.1640. Hainhofer an Hzg. August: [...] *das ohnferrn von bamberg die Beyrische Soldaten dem hamburger botten alle selbige briefe, bey denen auch EFG paquet gewesen, abgenommen, vnd die brief nit wieder geben...* (Gobiet 1288); HAB 96 Novi fol. 351r. 19/29.12.1644. Hainhofer an Hzg. August: *so betrubet mich, das der hamb.bott mit den briefen von 8.dec., 2.eingemacheten schachtlen und 11.eingeneheten kästlin,* [...] *bey Erfurt solle sein geblindert* [geplündert] *worden* [...] (Gobiet 1409).

58 HP 42/2/7A. 5.4.1657. Wiesel an Moriaen; vgl. Anhang A.3 Nr. 50.

59 HAB 14 Noviss. 8° fol. 131r. 15.1.1650. Hzg. August an Hirt: *Kasten Nr.115 wol angelangt. Aber einwändig ob gleich ein waxtuch darüber sich befunden, obenher vom wasser zimlich genezzet.* [...] *Die Sphaera armillaris war in irem kasten ganz los und der Stab oder das Stänglein derselben von dem dreiekkichten schwartzen Fuße abgebrochen und vile ledige Ringe dabey.*

welche leichtlich offt umbgeworffen werden, bemerkte Hirt 1656.[60] Da konnte es schon einmal geschehen, daß eine Kiste in das Wasser fiel.[61] Kritisch wurde es, wenn der Empfänger eingetretene Schäden an den Instrumenten selbst zu reparieren versuchte, wie etwa Herzog August, nachdem er 1624 ein italienisches Teleskop erhalten hatte: *Dieweyl das eine rohr sehr fest gestecket, ist das runde kräntzlein herab gangen, habe doch gleichwol, das rohr mit der Zangen herauß gerucket*, schrieb er an Hainhofer.[62] Als noch schlimmer erwies sich, daß Johann Moriaen in Amsterdam 1650 eine Linse, die sich während des Transports gelöst hatte, festklebte, wodurch der Gebrauch des Fernrohrs völlig unmöglich wurde, wie Wiesel aus der Ferne diagnostizierte.[63] Die Linsen wurden nur durch Sprengringe oder Schraubverschlüsse in ihren Fassungen gehalten. Nicht nur Wiesels Instrumente erfuhren solches Mißgeschick, wie man aus einem Brief aus Königsberg sehen kann. Der dortige Hofmathematiker Christian Otter (1598-1660) berichtete Hevelius im Jahr 1656: *Ich weiß nicht, ob ich meinem Herr vor diesem geschrieben, von einem Tubo Optico so von Rom kommen, ist meine ich über 12 Ellen lang, aber es muß etwas darin verrückt seyn, weil es hier keinen sonderlichen effect zeigen will, da es doch zu Rom das verwundern gewest getahn hat.*[64] Dabei kann es sich nur um ein Instrument von Eustachio Divini gehandelt haben.

Falls nicht ein fürstlicher Agent das Risiko übernahm, hatte es Wiesel am Anfang seiner Karriere als Optiker selbst getragen und deshalb manchen Verlust erlitten. Die Folge war, daß Wiesel später kein Instrument mehr auf eigene Gefahr verschickte, weil er *in wenig Jaren bei diesen vnsicheren Lauffen mehr dan vmb 1000 fl verloren*, wie er im Frühjahr 1650 klagte.[65] Im April 1657 schrieb er an Moriaen: *derwegen Ich auf mein gefahr keins mehr versende; wo aber ein kauffman alhier mir benennet, deme Ich es zustelle, vnd das gelt dagegen ziehen solle so erbitte* [erbiete] *Ich mich etwas rars zumachen.*[66]

60 HAB 99 Novi fol. 54r. 1656. Hirt an Hzg. August.
61 HAB 99 Novi fol. 352. 8.10.1654. Hirt an Hzg. August.
62 HAB 94 Novi fol. 369r. 13.11.1624. Hzg. August an Hainhofer (Gobiet 777).
63 HP 37/149A. 8.4.1650. Moriaen an Hartlib; HP 37/153A. 21.4.1650. Wiesel an Moriaen; vgl. A.3 Nr. 27.
64 BNP Man. lat. 10347 t. 4 S. 18-21. 10.9.1656. C. Otter, Ragnetanus, an Hevel; hier S. 21.
65 HAB 98 Novi fol. 309v. o.D. Wiesel an Hzg. August; vgl. A.3 Nr. 26.
66 HP 42/2/7A. 5.4.1657. Wiesel an Moriaen.

3. Europäische Beziehungen

3.1 Skandinavien

Schweden

Im Wrangel-Schloß Skokloster haben sich die bisher einzigen noch existierenden signierten Fernrohre von Johann Wiesel gefunden, in Uppsala wird der Kunstschrank von 1632 samt Inhalt aufbewahrt. Dennoch sind unsere Kenntnisse über Wiesels Beziehungen nach Schweden höchst beschränkt.

1632 schenkte die Stadt Augsburg dem schwedischen König Gustav II. Adolf einen reich gefüllten Kunstschrank, der heute samt dem größten Teil seines Inhalts der Universität Uppsala gehört. Zwei Brillen und ein Flohbüchslein befinden sich darunter. Es ist zwar nicht sicher, ob diese von Wiesel stammen, aber sie sind doch frühe Zeugnisse optischer Handwerkskunst, die Philipp Hainhofer in den Schrank gelegt hatte. 1632 bestellte Gustav Adolf *fünferlei Gläser* bei Wiesel; der in schwedischen Diensten stehende Herzog Ernst von Sachsen-Weimar kaufte ein Fernrohr. Es ist zu vermuten, daß Wiesel nach des Königs frühem Tod weiterhin schwedische Offiziere und Adlige zu Kunden hatte, zumindest bis 1635, als die schwedische Besatzung abrücken mußte. Beziehungen zwischen Augsburg und Schweden blieben schon deshalb bestehen, weil etliche evangelische Bürger den abziehenden Schweden folgten und mit ihnen die Stadt verließen, um dem kommenden katholischen Regiment zu entgehen.

Wie der schwedische Feldmarschall Carl Gustav Wrangel (1613-1676), zu den Augsburger Fernrohren kam, ließ sich leider bisher nicht ermitteln. Die Rohre besaßen ursprünglich fünf Linsen, wurden also frühestens gegen das Ende des Krieges hergestellt. Vielleicht erfuhr Wrangel 1649/50 bei einem längeren Aufenthalt in Nürnberg, wo er am Friedensexekutionskongreß teilnahm, von Wiesel. Wrangel pflegte regen Umgang mit dem gelehrten Nürnberger Ratsherrn Georg Philipp Harsdörffer. Dieser, Mitglied des Pegnesischen Blumenordens, dem es um die Pflege der deutschen Sprache ging, war als Dichter und Verfasser praktischer Schriften weit bekannt. Er führte einen regen Briefwechsel, z.B. mit Herzog August d.J. oder mit Athanasius Kircher in Rom. In seinem Buch 'Mathematische Erquickstunden II' bezeichnete er den Augsburger Optiker als seinen *insonders geehrten Freund.*[1] Bei diesem Kongreß weilte unter anderen Christoph von Stetten als Abgeordneter der Stadt Augsburg in Nürnberg. Nachdem Wiesel Ende 1649 über das Handelshaus Stetten ein Fernrohr nach Amsterdam schicken ließ, wie unten im Abschnitt 'England' ausgeführt wird, könnte auch dieser Ratsherr den Feldmarschall informiert haben. Daß er mit ihm in Verbindung war und blieb, zeigen Briefe von Stettens in Stockholm.[2] Es gibt noch andere Möglichkeiten: 1647, kurz vor Hainhofers Tod, kaufte ihm Herzog August von Braunschweig-Lüneburg den letzten Kunstschrank ab und schenkte ihn Wrangel, seit 1645 schwedischer Oberbefehlshaber in Deutschland, um diesen seinen Plänen geneigt zu machen.[3] Wahrscheinlich enthielt dieser Schrank Wieselsche Instrumente.[4] Der Kauf des Schranks lief über den Braunschweiger Agenten in Nürnberg, Georg Forstenhäuser, der auch für Wrangel tätig war und ihm zahlreiche Gegenstände des Kunsthandwerks für seine Hofhaltung, vor allem Silber, aus Augsburg besorgte.[5] Wrangel war 1648 Generalgouverneur im damals schwedischen Pommern geworden und residierte in den Schlössern dieses Landes wie ein Herzog. Er kann aber auch durch schwedische Offiziere von Wiesel gehört haben, die einst in Augsburg stationiert gewesen waren. Persönlich war er jedenfalls nie in Augsburg. Daß er sehr an Fernrohren interessiert war, zeigt seine noch heute reiche Sammlung in Skokloster; in ihr sind einige seltene frühe Teleskope enthalten, die sich Wrangel 1668/69 aus England kommen ließ.[6]

Dänemark

Johann Wiesel hat über lange Jahre hinweg Instrumente nach Dänemark verkauft. Ob der dänische Gesandte, Reichsgraf Christian von Pentz, der erste dänische Kunde war, wissen wir allerdings nicht. 1637 passierte er Augsburg auf einer Fahrt nach Wien und hielt sich im Juni 1638 auf der Rückreise wieder zwei Wochen in der Stadt auf, wovon ein Eintrag in Hainhofers Stammbuch zeugt. Schon 1637 besuchte er durch Philipp Hainhofers Vermittlung Wiesels Werkstatt. Pentz kaufte Vergrößerungsgläser oder Brillen; außerdem ließ er von dem Optiker eine

---

1 Losman: C.G. Wrangel; Harsdörffer siehe Kap. II.1.10; 'Von teutscher Not zu höfischer Pracht 1648-1701.' Katalog. Nürnberg 1998.

2 StadtAA Stadtkanzlei Urkundenkonzepte 16: Christoph von Stetten ersuchte am 9.5.1649 um einen Paß für seine Fahrt nach Nürnberg, nach Friedrich Blendinger: Reisende... S. 147; ReichsA Stockholm, E 199: Briefe Christoph von Stettens an Wrangel.

3 Boström: Ein wiederentdeckter Hainhoferschrank; der Schrank steht heute, leider ohne den Inhalt, in Wien.

4 HAB 83 Extravagantes 20 fol. 314r-342v: Inhalt des Wrangelschrankes; optische Geräte fol. 319v und 320v (Gobiet 1514. S. 840-842).

5 Losman: Wrangel S. 56-104; Losman: Informationssystem S. 124.

6 Losman/Sigurdsson; Losman: Wrangel S. 221-229.

große Schiffslaterne anfertigen. Er gab ihm bei der Bestellung 300 Reichstaler auf die Hand, wovon schon in Kapitel II.1.3 die Rede war.[7] Hainhofer stand weiterhin mit Graf Pentz in Briefwechsel und besorgte den Transport Wieselscher Geräte.[8] Am 15/25.9.1642 schrieb er an Johann Valentin Andreae: Er [Wiesel] *hatt dem König in Dennemk:* [Christian IV.] *eine latern auf ein schiff zu steckhen gemacht, daß man auf 10. und noch vil mehr meil wegs das liecht bey der nacht sehen, und andere schiff darnach fahren khönden.* Diese Laterne hat sich erst kürzlich in Schloß Rosenborg in Kopenhagen gefunden.[9]

Die Beziehungen nach Dänemark scheinen nach Hainhofers Hinscheiden im Jahr 1647 und nach dem Tod von Graf Pentz 1651 nicht abgerissen zu sein, denn 1652 verkaufte Wiesel ein Ophthalmoscopium, ein Gerät zum Betrachten der Augen, nach Dänemark[10] und Ende desselben Jahres gelangte ein Fernrohr aus seiner Fertigung nach Kopenhagen, wie der königliche Astronom Villum Lange (1624-1682) am 20.11.1652 schrieb: *Vor 14 Tagen hatten wir uns daran gemacht, mit meinem gnädigen Herrn und König den Mond mit Hilfe eines sehr großen und langen Fernrohrs, das er von Augsburg erhielt, zu beobachten.*[11] Vielleicht hatte es vorher entsprechende Informationen aus Wolfenbüttel gegeben: Der seit 1648 regierende dänische König Frederik III. (1609-1670) hatte 1643 Sofie Amalie von Braunschweig-Lüneburg (1628-1685), eine Base Herzog Augusts, geheiratet. Die Brüder der Königin waren auf ihren wiederholten Reisen nach Italien mehrmals durch Augsburg gekommen; mindestens Johann Friedrich war Kunde Wiesels.[12]

Zwei Jahre später, 1654, tauchte ferner ein gewisser Nicolaus Gyntelberg (Hintelberg, Iuntelberg) in Hartlibs Ephemeriden auf: Der Däne, so heißt es, sei von seinem König entsandt worden, um seine handwerklichen Kenntnisse zu vervollkommnen. Er wolle speziell in der Optik Wiesel übertreffen.[13] Der Augsburger Meister galt demnach um diese Zeit in Dänemark als der führende Optiker. Gyntelberg (1626-1661) hatte 1651 in Leiden, 1652 bis 1654 in Padua studiert, Rom und Neapel besucht, wo er Divini und Fontana kennengelernt hatte. Er wur-

---

7 NSAW 1 Alt 22 Nr. 177n fol. 46r-50v (48v). 6/16.7.37. Hainhofer an Hzg. August (Gobiet 1214); fol. 51r-v. 13/23.7.37. Hainhofer an Hzg. August (Gobiet 1215).

8 HAB 17.26 Aug. 4° fol. 467r-469r (467r). 14/24.3.1639. Hainhofer an Graf Pentz in Glückstadt: [...] *Dieses dienet anfangs dem Inschluß vom Joh: Wisel brillenmacher zu lieb*, [...]

9 HAB 17.29 Aug. 4° fol. 178v. 15/25.9.1642. Hainhofer an J.V. Andreae. Siehe Kap. III.5.1: Brenngeräte und Laternen.

10 OP C 1. t. 2 S. 306. 28.5.1652. Moriaen an Hevelius: ...[Wiesel] *berichtet mich darneben, wie Er neulich ein ophthalmoscopium verfertiget und nach Dennemarkh versandt, ad 10 Ducaten, mit welchem ein jede Persohn sehen mag, was vor mängel einer in seinen augen von Innen habe, dergleichen nie erdacht gewesen weniger gemacht worden;* siehe Kap. III.5.3: Ophthalmoskop.

11 BNP Man. lat. 10347 t. 3 fol. 15v. 20.11.1652. Langius an Hevelius.

12 Isenburg, Stammtafeln; Amalies Bruder Ernst August wurde 1692 Kurfürst von Hannover.

13 HP 29/4/27B. Ephemerides 1654: *One Hintelberg Danus in omni scibili Mechanico et ingenio et manus versatisimus Autodidactos and one sent by the King of Denmark to perfect himself in those Natural Abilities. Hee intends excels in like manner in opticis bejond Wieselius.*

de 1656 nach seiner Heimkehr Architekt und Verwalter in der um 1650 gegründeten königlich dänischen Kunstkammer.[14]

Im Jahr 1656 hielt sich ein dänischer Prinz von Guldenlöw etliche Monate in Augsburg auf. Er verließ Augsburg am 27.11.1656, um über Wolfenbüttel heimzukehren, wie der Braunschweiger Agent H.M. Hirt Herzog August berichtete.[15] Wiesel verkaufte ihm im August ein Fernrohr; es muß ein terrestrisches gewesen sein, ähnlich den Teleskopen, die in Skokloster liegen. Die erste Seite einer Kopie der Beschreibung für den Hofmeister des Prinzen von Wiesels Hand fand sich in der Augsburger Staats- und Stadtbibliothek:[16]

> *Anno 1656 12.August.*
>
> *Herrn Carl Christian Todt von Torgau in Saxen, Ihr Durchlaucht [?] Herrn Friderich Ulrich Gulden Leew auß Denn.Marckht H. Hofmeister. Underricht Deß auf die neue Manir gemachten Perspectives mit 5 Gläßern und wie dasselbe auf drei wege zu gebrauchen.*

Prinz Ulrik Frederik (1638-1704) war ein Sohn von König Frederik III. und Margrethe Pape. Er immatrikulierte sich 1654 an der Universität Siena und kam auf seiner Rückreise nach Dänemark durch Augsburg.[17] Offenbar hatte er hier fröhliche Gesellschaft gefunden, denn er verabschiedete sich von seinen Freunden mit üppigen "Gastereien" und einem Festmahl in der Bürgerstube für die Oberen der Stadt.[18] Daß Hirt den Prinzen Ulrich Christian nennt, beruht wohl auf einem Versehen.[19] Ulrik Frederik wurde 1657 dänischer Offizier und später Statthalter in Norwegen.

Das Beispiel Dänemark zeigt einerseits, welche Verdienste sich ein Agent wie Hainhofer um die Augsburger Handwerker erworben hat. Andrerseits wird deutlich, wie wichtig durchreisende Fremde für den Absatz des Kunsthandwerks waren.

---

14 HP 29/4/30A. Ephemerides 1654; Weilbachs Kunstnerleksikon S. 61; Gundestrup Bd. 1. S. XX.

15 HAB 100 Novi fol. 86r-87v. 13/23.11.56. Hirt an Hzg. August: (87r)[...] *Nechst künfftigen Montag, den 17/27. 9bris würt der Königliche Prinz auß dennemarkh mit sackh und Packh von hier wider aufbrechen* [...] *über Wolfenbüttel und Hamburg.*

16 SuStBAug Nachlaß Beuther Mappe 7.

17 Dansk Biografisk Leksikon Bd. 5. Kobenhavn 1980. S. 406-409; Helk S. 228.

18 HAB 100 Novi fol. 90r-91v. 27.11./7.12.56. Hirt an Hzg. August: (90v) *Der Königl. Dennemärkhische Prinz Herr Ulrich Christian GuldenLöw hat verschine wochen underschidliche Gastereyen von Lutherischen Herrn und Jungkffrauwen und auf der Geschlechterstuben den luth. Stattpfleger und vornembste Rathsherrn* [...] *gastiert.*

19 Ulrik Christian (1630-1658), Sohn von Christian IV. und Vibeke Kruse, war Offizier; Dansk Biografisk Leksikon Bd. 5. Kobenhavn 1980. S. 404f.

3.2 Italien – Frankreich

Daß Instrumente von Wiesel nach Italien gelangten, steht außer Zweifel, auch wenn im Einzelnen wenig darüber bekannt ist. 1642 berichtete Philipp Hainhofer seinem Briefpartner Andreae, daß Wiesel für den Herzog von Bracciano in Rom gearbeitet habe. Paolo Giordano II. Orsini (lat. Ursinus, 1591-1656), dessen Stammschloß in dem Städtchen Bracciano stand, war offenbar wie sein Bruder, der Kardinal Alessandro Ursino (1593-1626) an neuen Erfindungen interessiert. 1630 hatte er durch seinen Hofbuchdrucker das Buch über die Sonnenflecken von Christoph Scheiner in Bracciano drucken lassen. Es erhielt ihm zu Ehren den Titel: 'Rosa Ursina'.[20] Hainhofer war schon länger mit der Familie Orsini bekannt. 1622 wollte ihm ein Prinz aus dem Hause Ursino eine Uhr abhandeln.[21] Der Kardinal Alessandro, den er 1624 inkognito zu den Augsburger Kunsthandwerkern geführt hatte, wollte von seinem Bruder in Rom einen Beitrag zu Hainhofers berühmtem Stammbuch erbitten.[22] Der Herzog selbst weilte im Winter 1636/1637 in Augsburg und lernte den Optiker vermutlich bei diesem Aufenthalt persönlich kennen.[23] Was Wiesel im einzelnen nach Rom geliefert hat, ist leider nicht bekannt. Hainhofer drückte sich nur sehr allgemein aus: *Stattliche wunderliche Sachen* habe er für den Herzog und *andere grosse Herrn* gemacht.[24]

In den Jahren nach 1642 ist in den Briefen, die zwischen Paris, Italien, Holland und England gewechselt wurden, häufig von dem neuen Fernrohr, das in Augsburg hergestellt wurde, die Rede. Der Briefwechsel von Marin Mersenne ist dafür eine aufschlußreiche Quelle. Im Januar 1643 erregte Rheitas Brief über die neun Jupiterbegleiter, die er entdeckt haben wollte, großes Aufsehen. Eine Kopie des Briefs zirkulierte bald in Paris, denn schon im April ließ ihn der Mathematiker Pierre Gassendi (1592-1655), ein Freund von Mersenne, mit einer heftigen Entgegnung drucken.[25] Dennoch war man gespannt, mehr über die Bauart von Rheitas neuem Fernrohr, das ein Binoculum sein sollte, zu erfahren. Ende 1644 erreichte die Nachricht, daß Wiesel in Augsburg solche Instrumente baue, den englischen Adligen Charles Cavendish (1591-1654), der sich zu der Zeit in Hamburg aufhielt. Er informierte sofort John Pell in Amsterdam, worauf dieser er-

---

20 Daxecker: Rosa Ursina S. 7.

21 NSAW 1 Alt 22 Nr. 176 fol. 39r. 6/16.6.1622. Hainhofer an Hzg. August (Gobiet 641).

22 NSAW 1 Alt 22 Nr. 177b fol. 30v. 24.6./4.7.1624. Hainhofer an Hzg. August (Gobiet 751); Grande Dizionario Enciclopedico UTET Bd. 13. Turin 1970.

23 HAB 17.26 Aug 4° fol. 214r. 9.3.37. Hainhofer an Frau Barmettin in Wien: [...] *Herzog von Bracciano (welcher ohnlengsten alhier war, das Fürstenthumb Piombino überkhommen, und der Herren Appiani beweißliche schulden zu zahlen auf sich genommen hat)* [...]; Barbara Barmet geb. Hainhofer war die Tochter von Hainhofers Vetter Melchior (1560-1626): Reinhard S. 220. Siehe auch Kap. III.3: Fernrohre.

24 HAB 17.29 Aug. 4° fol. 177v. 15/25.9.1642. Hainhofer an Andreae.

25 Novem stellae. Paris 1643; siehe auch Kap. III.3: Fernrohre.

klärte, daß ihm der Augsburger Instrumentenmacher keineswegs unbekannt sei. Cavendish traf im März 1645 in Antwerpen mit Rheita zusammen, von dem er auf sein Buch 'Oculus Enoch' vertröstet wurde, in dem Rheita dann auch richtig auf Wiesel verwies. Im Mai 1645 erreichte Cavendish Paris, wo er mit den dortigen Wissenschaftlern Kontakt aufnahm. Schon bevor Rheitas Buch im November in Paris zu kaufen war, schrieb Mersenne, der erst im September von einer Italienreise nach Paris zurückgekommen war, seinem Briefpartner Evangelista Torricelli (1608-1647), dem Nachfolger Galileis als Hofmathematiker in Florenz, von dessen Erscheinen.[26] Mersenne hatte Torricelli in Florenz getroffen und von ihm ein Fernrohr aus eigener Fabrikation erhalten. Dieser, in erster Linie Wissenschaftler, dessen Name heute vor allem im Zusammenhang mit der Erforschung des Vakuums bekannt ist, hatte begonnen, Linsen zu schleifen. Diese Linsen galten 1645 neben denjenigen von Francesco Fontana in Neapel als die besten in Italien. Nachdem Mersenne Rheitas Buch in der Hand hatte, berichtete er sofort Hevelius von den angeblich zwei Augsburger Optikern, die Rheita genannt hatte. Das heißt, es unterlief ihm wie auch anderen, späteren Autoren der Fehler, Mattmüller in Augsburg anzusiedeln.[27] Im Dezember schrieb Mersenne an Torricelli, daß in Augsburg weit bessere Teleskope gemacht würden als die von Torricelli, weil sie für beide Augen gedacht seien, weshalb sie der Kapuziner Rheita Binocula nenne.[28]

Es dauerte offenbar längere Zeit, bis Rheitas Buch Italien erreichte, denn im Februar 1646 wartete der Pater Emanuel Maignan (1601-1676) in Rom noch darauf,[29] und Torricelli hatte es sogar im Juli noch immer nicht gesehen.[30] Gerade in diesem Jahr trat übrigens Divini in Rom mit seinen Fernrohren an die Öffentlichkeit und Francisco Fontanas Buch 'Novae coelestium terrestriumque rerum observationes' erschien. Reagierte Fontana damit auf Divinis schnelles Bekanntwerden? Auch die in Italien lebenden deutschen Jesuiten Athanasius Kircher und Kaspar

---

[26] Mersenne Bd. 13. S. 522 Nr. 1402. 11.11.1645. Cavendish, Paris, an Pell: ... We received Reita book yesterday....; BL Ms Add. 4278 S. 227 und Mersenne Bd. 13. S. 540 Nr. 1406. 18.11.1645. Cavendish an Pell: ... He [Mersenne] hath now Reietas booke, ...; Mersenne Bd. 13. S. 492-495 Nr. 1393. 10.10.1645. Mersenne an Torricelli (S. 493): [...] *Est unus Capucinus Rheita Antuerpiae, qui facit prospicilia, quae duodecim diametros Lunae diametro aequales, et ipsam Lunam aeque, ac tuae, et nostrae dioptricae quatuor brachiorum, quae solummodo 1/4 Lunae qualibet vice, ut probe nostri, referunt. Imprimit Librum, cui titulus: Oculus Enoch, in foglio, in quo modum faciendi huiusce generis telescopia tradit; quae quum in (494) libro videro, et ipsis oculis experti fuerimus, fusius ea de re scribam.*

[27] Mersenne Bd. 13. S. 541-544 Nr. 1407. 25.11.1645. Mersenne an Hevel (542f): Rheita ... *docet artem perspiciliorum faciendorum, quibus binis oculis mira videantur in coelis. Tubus continet quatuor vitra convexa et sunt duo artifices Augustae Vindelicorum, quos ait optimè in illis laborare ...*

[28] Mersenne Bd. 13. S. 553-556 Nr. 1412. 13.12.1645. Mersenne an Toricelli (S. 554).

[29] Mersenne Bd. 14. S. 51-55 Nr. 1423. 4.2.1646. Maignan, Rom, an Mersenne (S. 54): ... *je ... n'attendray pas que le livre de Rheite soit venu, ...*

[30] Mersenne Bd. 14. S. 363f. Nr. 1486. 7.7.1646. Torricelli an Mersenne.

Schott lasen in Rheitas Buch die Kunde von dem Augsburger Optiker. Schott benützte in seinen späteren Büchern unter anderem Rheita als Quelle. Ab September 1647 verschickte Hartlib in London Kopien von Wiesels Preisliste an seine Briefpartner. Man wußte also in Paris, daß Wiesel in Augsburg Fernrohre baute, wie auch die Briefe, die mit Haak und Hartlib in England ausgetauscht wurden, belegen. Mitte April 1648, wenige Monate vor seinem Tod, schrieb Mersenne an Hartlib: "wenn wir doch einmal ein echtes Fernrohr von Eurem Wiesel sehen könnten, nach der dritten Art, die, wie ich vermute, dem Secretum Rheitas auf S. 356 in seinem Oculus Enoch entspricht".[31] Die Formulierung "Euer Wiesel" und die Erwähnung der dritten Art (tertium genus) deutet darauf hin, daß Mersenne Wiesels Liste von Hartlib erhalten hatte: *tertium genus sequitur* heißt es darin, und dann wird die dritte Art, nämlich das Erdfernrohr genannt.

In diesem Jahr 1648 erreichten die ersten Fernrohre des Eustachio Divini die französische Hauptstadt. Der englische Adlige Sir Kenelm Digby (1603-1665) hatte sie aus Rom mitgebracht.[32] Charles Cavendish, der sich mit seinem Bruder William, dem späteren Earl of Newcastle, von 1645 bis 1648 in Paris aufhielt, schrieb an Pell aus Paris von sieben Fernrohren von Fontana, Divini und Torricelli, die sein Bruder nun besitze. Dazu sollte sich noch eines vom Pater Rheita gesellen, welches gerade in den Niederlanden angekommen war. Dieses Fernrohr könnte ein Wiesel-Instrument gewesen sein, also ein Rohr, wie es Rheita beschrieben hatte.[33] In einem der letzten Briefe von Haak an Mersenne findet man eine rätselhafte Mitteilung, die Haak von dem bekannten englischen Juristen John Selden (1584-1654) erhalten hatte, und die mit obiger Nachricht von Cavendish zeitlich ungefähr zusammenpassen würde. Haak schrieb Anfang Juli, daß Selden gerade erfahren habe, daß der 'lunetier d'Augsbourg', also der Optiker von Augsburg, mit seinen besonderen Fernrohren in Amsterdam angekommen sei und für ein Stück jeweils hundert Pfund Sterling verlange.[34] Noch ein weiterer Hinweis paßt: Benjamin Worsley schrieb am 27.7.1648 aus Amsterdam: *Here is one in Amsterdam, treating about the buying one of them, As supposing it a Present for the greatest Prince in Christendom. The disadvantage is they are 12 foot long,*

---

[31] Mersenne Bd. 14. S. 233-235. 19.4.1648. Mersenne an Hartlib und Comenius: *Utinam vero telescopium aliquod selectum hic (235) tandem videre possimus ab illo vestro Johanne Wiselio elaboratum quod ad tertium genus refertis, quod suspicor illud esse quod occulte describit Rheita, pagina 356 sui Oculo Enoch quodque illius secretum* [...]

[32] Mersenne Bd. 14. S. 433f. 27.7.1648. Mersenne an Hevel; Fulton: Sir Kenelm Digby.

[33] BL Ms Add. 4280 fol. 92r. 1648. Cavendish an Pell [?], Kopie von Pells Hand (o.D.); BL Ms Add. 4280 fol. 131v. 1/11.3.1648. Pell an Cavendish: *I should be glad to hear that with some of your 8 perspicills you discover more than Hevelius & Fontana have done* [...]

[34] Mersenne Bd. 14. S. 412-416 Nr. 1833. 3/13.7.1648. Theodore Haak an Mersenne: [...] *Il vient d'apprendre que le lunetier d'Augsbourg avec ses rares lunettes de longue et large veue est arrivé à Amsterdam et qu'il demande pour la paire cent livres sterlings. Si elles sont so bonnes, j'espere estant arrivées en ce pais-là, l'industrie de ces gens les nous rendra bien tost de meilleur marché* [...]; zu Selden: Dictionary of National Biography 17. S. 1150-1160.

beeing drawne, if this be to be accounted a disadvantage.[35] Sollten demnach bereits 1648 Wiesel-Fernrohre nach Amsterdam gekommen sein? Von einer Reise Wiesels nach Holland ist nichts bekannt. Wenig später, im September 1648, starb Marin Mersenne. Die unerschöpfliche Quelle seiner Briefe versiegte.

1650 schrieb Wiesel an Moriaen, daß er an einem Teleskop arbeite, welches *von der Universitet zue paris bestellet worden, weil selbige nation vor andern dieser zeit in allen künsten floriren, auch in opticis nit die geringsten sein.*[36] Leider konnte in Paris keine Spur davon gefunden werden. Die Universität bestand aus einer Reihe von Kollegien. Es könnte sich hier um das Collège de France gehandelt haben, an dem zu der Zeit Jean-Baptiste Morin (1583-1656) als Mathematikprofessor lehrte.

1651 brachte Giovanni Battista Riccioli, Professor am Jesuitenkolleg in Bologna, ein großes astronomisches Werk 'Almagestum novum' heraus. Er hatte zusammen mit seinem Kollegen Francesco Maria Grimaldi, astronomische Beobachtungen, vor allem des Mondes, durchgeführt und veröffentlichte nun in seinem Buch eine neue Mondkarte. Dabei berichtete er, daß er Fernrohre von Galilei, Fontana, Torricelli, Manzini u.a. zur Verfügung gehabt hatte, eines aber, das er von einem Handwerker in Bayern gekauft hatte, sei das beste gewesen.[37] Daß es sich tatsächlich um ein von Wiesel hergestelltes Instrument handelte, bestätigte Hevelius, wie unten ausgeführt wird. Dieser Bericht Ricciolis nimmt eine besondere Stellung ein, ist er doch eines der wenigen Zeugnisse dafür, daß man Wiesels Fernrohre zu wissenschaftlichen astronomischen Beobachtungen benützt hat. Er zeigt ferner, daß sich der Augsburger Meister um 1650 durchaus mit den italienischen Fernrohrbauern messen konnte. Dabei darf man freilich nicht übersehen, daß nicht jedes Instrument, das eine Werkstatt verließ, von gleich guter Qualität war.

Daß Wiesel selbst am Hof der Medici in Florenz mit Geräten vertreten war, erfahren wir aus den Ephemeriden des Samuel Hartlib in London. 1656 notierte er den Bericht eines gewissen Strauch über Wiesels Spiegel in Florenz, die der Unterhaltung dienten.[38] Im Mai 1653 war dieser Strauch zum ersten Mal in den Ephemeriden aufgetaucht. Hartlibs Schwiegersohn Clodius hatte ihn in Hamburg getroffen, wo er als Hofmeister den jungen *Earl of Banier* auf seiner Studienreise

---

[35] HP 8/27/2B-7B. 27.7.1648. Worsley an unbekannt.

[36] OP C 1. t. 2 Nr. 171. 17.2.1650. Wiesel an Moriaen.

[37] Riccioli: Almagestum novum. Bononiae 1651. S. 204; Van Helden: The telescope in the seventeenth century. S. 47f. Siehe Kap. III.3.4.

[38] HP 29/5/97A. Ephemerides 1656: *Hee* [Strauch] *affirmed to have seene by him those Optical Glasses, which represent objects vpwards, to that all things may bee seene under womens coates. which Glasses as scandalous are severely forbidden by the Emp*[ero]*r. Optical obscene; But the D*[uke] *of Florence having received from Wiselius vpon this ground hee judging it to bee a meere shift and evasion* [Ausflucht und Ausrede ?] *to shew the possibility of such representations, called in his little girl and demonstrated it upon her, all the clothes seeming to open thems*[elves] *strangely. Id. Strauch.*

begleitete. Dieser junge Mann war Graf Gustav Adam Baner (1632-1681), ein Sohn des schwedischen Generals Johan Banér (1596-1641). Sein Hofmeister hieß nach anderen Quellen Rudolf Strauch (um 1617-1681).[39] Er stammte aus Windau in Livland, hatte das Gymnasium in Riga besucht, ab 1635 in Königsberg und ab 1638 in Dorpat studiert. 1642 immatrikulierte er sich in Leiden für Jura, zwei Jahre später in Siena.[40] Die erste Station der Reise mit dem jungen Grafen war Riga, wo die beiden am 31.8.1649 eintrafen. Der weitere Weg führte sie über Königsberg, Danzig, Hamburg und Leipzig im Januar 1650 nach Nürnberg. Hier trafen sie mit Pfalzgraf Karl Gustav, dem späteren schwedischen König, und Feldmarschall Carl Gustaf Wrangel zusammen. Von Nürnberg ging es weiter nach Venedig und Rom. Strauchs Erzählungen, die uns Hartlib überlieferte, lassen darauf schließen, daß er während seiner Reisen in Augsburg gewesen war, was schon 1644 auf seiner Fahrt nach Siena möglich gewesen wäre. Im Matrikelbuch der Universität Siena findet man auf derselben Seite neben Strauch die Namen mehrerer Augsburger Bürgersöhne, was bedeuten könnte, daß sie zusammen gereist waren.[41] Auf der Reise mit Graf Baner könnte der Weg von Nürnberg nach Venedig über Augsburg geführt haben, aber auch der Rückweg im Jahr 1652 von Regensburg nach Straßburg. Wiesel hatte Strauch eine gut passende Brille angefertigt, was den Balten höchst verwunderte; denn bis zu diesem Zeitpunkt hatte er keine geeignete Sehhilfe finden können: *Wisselius an excellent gift for fitting all kind of sights with their due spectacles, which hath beene performed to Strauch (which could never vse any before) to his very amazement for goodnes.*[42]

Im Herbst 1651 verbrachte Strauch mit seinem Schützling einige Zeit in Florenz. Im Dezember 1652 erreichten sie Hamburg, die letzte Station vor der Rückkehr nach Schweden im Frühjahr 1653. Rudolf Strauch lebte etwa ab 1656 zumindest einige Jahre in England und soll 1681 gestorben sein.[43]

---

39 HP 28/2/62B. Ephemerides. May 1653: *Strauch young Earl of Baniers hofmeister a pious man and in omni scibili versatissimus et in Medica and a Vniversal Philologus or Linguist. Clodius came acquainted with* (28/2/63A) *him at Hamburg and he would needs have had them along into Sweden. Hee was resolved to come and live in England*; Sylvan S. 22-28. Den Hinweis auf die Identität des Rudolf Strauch und auf dieses Buch verdanke ich Herrn Dr. Hans-Olof Boström, Karlstad, Schweden.

40 Zedler Bd. 40. Sp. 783; Tering: Matrikel Dorpat S. 178.

41 Weigle: Matrikel Siena S. 286f.: Rudolph Strauch, Johann Matthaeus Rem, Hieronymus Hainhofer und Pandolfo Leonardo Sulzer sind alle auf folio 330 eingetragen. Für diesen Hinweis danke ich Herrn Dr. Paul Bertold Rupp, Universitätsbibliothek Augsburg.

42 HP 29/5/97A. Ephemerides 1656; Strauchs Bemerkungen über Wiesel sind wiederholt in den manchmal stichwortartigen Ephemeriden zu finden: HP 29/5/97B: *Strauch also confirmed the truth of the optical-riding Glasses representing all what was behinde*; HP 29/6/6B. 1657: *Weisselius hath an Optical Instrument to see foreward together with representations from the objects of the right and left hand. About 15 rixdollars. Strauch. A great vse of some kind of the Optical Glasses in levelling of the shooting of Ordnance* [Geschütze].

43 Tering: Matrikel Dorpat. S. 178.

Eine besonders ergiebige Quelle für das optische Handwerk etwa aus den Jahren 1645 bis 1665 sind die Reiseberichte des französischen Edelmanns Balthasar de Monconys aus Lyon. Er besuchte überall die Optiker und kaufte optische Geräte. Schon auf seiner ersten Italienreise (1646) erwarb er ein Fernrohr von Torricelli. Später kaufte er Instrumente von Divini. Nach Augsburg kam Monconys erst nach Wiesels Tod. Wie schon erwähnt, kaufte er 1664 ein Mikroskop von Depiere.[44]

3.3 England – Hartlib – Moriaen

Die Familie Hartlieb stammte aus der heutigen Rheinpfalz. Jakob Hartlieb siedelte 1515 von Landau nach Augsburg über und wurde zum Stammvater der süddeutschen Linie Hartlieb, genannt Walsporn. Die Mitglieder dieses Familienverbandes findet man unter den evangelischen Patriziern von Augsburg, Ulm und Memmingen.[45] Schon im Jahr 1500 schloß sich Jakobs Bruder Nikolaus Hartlieb pfälzischen Auswanderern an, die nach Polen zogen. Samuel Hartlibs Vater Georg (+1627) lebte als angesehener Kaufmann und evangelischer Kirchenpfleger in Posen. Von dort durch die Gegenreformation vertrieben, wandte er sich 1589 nach Danzig und schließlich in das nahegelegene Elbing in Preußen (heute Elblag in Polen). In Elbing gab es eine Kolonie englischer Kaufleute, und Georg Hartlieb heiratete in dritter Ehe eine Engländerin. Samuel wurde um 1600 in dieser Ehe in Elbing geboren, studierte zuerst in Königsberg und danach, 1625 bis 1626, in Cambridge. Nach einem erneuten Aufenthalt in Elbing siedelte er 1628 endgültig nach England über,[46] wodurch sich eine Änderung des Familiennamens ergab: während sich in Deutschland die Schreibweise Hartlieb erhalten hat, änderte sie sich in England in Hartlib. Seit etwa 1630 finden wir Samuel in London, nachdem sein Versuch, in Chichester zusammen mit dem Mathematiker John Pell eine Reformschule zu führen, gescheitert war. Samuel Hartlibs finanzielle Verhältnisse erlaubten ihm offenbar, seinen Interessen zu leben, Bücher zu schreiben und zu übersetzen, junge Talente zu fördern, und im oben beschriebenen Sinne den Kontakt zwischen interessierten Zeitgenossen herzustellen. Später, in der Cromwell-Zeit, erhielt er sogar staatliche Zuwendungen, um sein Informationsbüro zu unterhalten, die er mit der Wiedereinsetzung der Monarchie 1660 wieder verlor. Sa-

---

44 Mehr über Monconys und seinen Besuch in Augsburg in Kap. III.4.4.

45 SuStBA. MS 4° Gen 66. Ludwig von Hartlieb: Eine Vorstudie zur Hartlieb'schen Familiengeschichte 1893. Kopie einer Handschrift; Ruepprecht: Memminger Patrizier. S. 67-69; Turnbull: Hartlib, Dury and Comenius S. 110: 3.8.1660. Hartlib an Worthington (BL Ms Add.6269 S. 29f) über seine Familie. Zitat: [...] *some syndics of Augspurg and Norimberg*.

46 Wotschke; Boas Hall: Hartlib, S. In: DScB 6. S. 140-142; ADB 10. S. 672f.; NDB 7 S. 721f.

muel Hartlib starb ziemlich mittellos am 10. März 1662 (20.3. neuer Zeitrechnung), nur wenige Tage vor Johann Wiesel.

Hartlib, seine Freunde und Gesprächspartner, der 'Hartlib-Kreis', waren an vielem interessiert: Sie wollten helfen, die Spaltung der reformierten Kirchen zu überwinden, die Erziehung und die Lebensbedingungen der Menschen überhaupt zu bessern, die Erträge aus der Landwirtschaft zu steigern und anderes mehr. Für alle diese Ziele sollten ihnen neue Erkenntnisse und Erfindungen dienen.[47] Die Verbindungen des Kreises zum Kontinent liefen zum Teil über deutsche evangelische Flüchtlinge, die nach England gekommen waren und von Hartlib protegiert wurden, wie z.B. Theodore Haak oder Joachim Hübner (1611-1666). Flüchtige Anhänger der englischen Monarchie (z.B. Digby, Henshaw) und junge Briten, die auf ihrer Kavaliersreise das Festland durchquerten (z.B. Boyle, Wren), knüpften dort ebenfalls Kontakte. Andererseits waren Mitglieder des Kreises oft unterwegs, um vor allem den propagierten irenischen Bestrebungen, der Versöhnung der Konfessionen, persönlich nachzugehen, so z.B. der Schotte John Dury (Duraeus, 1596-1680). Hartlib war außerdem maßgeblich daran beteiligt, die pädagogischen Ideen von Jan Amos Comenius (1592-1670) in England bekannt zu machen, und veranlaßte den Besuch des Pädagogen 1641/42 auf der Insel.[48] Früh schon interessierte sich der Kreis um Hartlib für die Herstellung des Glases und der neuen optischen Instrumente. 1649 notierte Hartlib in sein Tagebuch: *They are yet very defective of making Glasse in England. There is an excellent little Treatise in Italian which Dr.Merrick* [Merret] *as I take it is said to have De Arte Vitraria which if it were translated would bee a booke only of 3. or 6. d. price.*[49] Der Verfasser dieser Schrift, die 1612 in Florenz erschienen war, war Antonio Neri. 1662 übersetzte der englische Arzt und Mitglied der Royal Society Christopher Merret (1615-1695) tatsächlich Neris Buch und fügte etliche Anmerkungen hinzu. Ob dies noch auf Hartlibs Anregungen zurückgeführt werden kann, ist eine offene Frage.

Bindeglied zu Johann Wiesel war Johann Moriaen, einer von Hartlibs zahlreichen Informanten.[50] In Nürnberg als Sohn einer im 16. Jahrhundert aus den Niederlanden eingewanderten kalvinistischen Tuchmacherfamilie geboren, schrieb er selbst seinen Namen in der holländischen Form 'Moriaen', oder lateinisch 'Morianus'. Er immatrikulierte sich 1611 an der evangelisch-reformierten Universität in

---

47 Einige Aspekte werden behandelt in: Greengrass: Hartlib; Einen guten Überblick über die Situation der Wissenschaften im England Cromwells gibt Webster: The great Instauration.

48 Turnbull: Hartlib, Dury and Comenius; J.A. Comenius: Orbis sensualium pictus ... Die sichtbare Welt. Die bibliophilen Taschenbücher Nr. 30. Dortmund 1978. S. 393f. Erste Ausgabe Nürnberg 1658.

49 HP 28/1/37A. Ephemerides 1949.

50 John Young: Godly Wisdom: A Study of the German Correspondence of Johann Moriaen. Dissertation. Univ.Sheffield 1996; Young: Faith, Medical Alchemy and Natural Philosophy. Herrn Dr.Young, der die deutschen Briefe in den Hartlib Papers transkribierte, danke ich für viele Informationen über Moriaen und den Hartlib-Kreis.

Heidelberg,[51] wo er wohl Theologie studierte. Das lutherische Nürnberg hatte den reformierten Glaubensflüchtlingen aus den Niederlanden zwar Schutz geboten, ihnen aber verboten, öffentlich ihren Glauben zu bekennen und Gottesdienste abzuhalten. Deshalb bekamen die Angehörigen des reformierten Bekenntnisses immer wieder Schwierigkeiten, so daß Moriaen nicht mehr dorthin zurückkehren wollte. Es ist möglich, daß sich seine Familie nach Frankfurt am Main gewandt hatte.[52] Moriaen war dort jedenfalls als Prediger tätig, bevor er 1619 (bis 1627) als Prediger an die 'Hochdeutsch-Reformierte' Gemeinde in Köln berufen wurde. In Köln, dem Sitz eines Erzbischofs und Kurfürsten, war die Ausübung jeglichen evangelischen Gottesdienstes freilich streng verboten. Die Zusammenkünfte hatten deshalb im Geheimen zu geschehen.[53] Während in den evangelisch-lutherischen Reichsstädten Nürnberg und Frankfurt diese geheimen Treffen der Kalvinisten geduldet wurden, wurden sie in Köln jedoch mit Strafen belegt. Vermutlich diente Moriaen eine Tätigkeit als Optiker zur Tarnung. August zu Anhalt berichtete im Dezember 1625 von einem Meister in Köln, der einen Gesellen habe, Morian genannt.[54] Auch Moriaen selbst sprach wiederholt von seiner Beschäftigung mit dem optischen Handwerk in früheren Jahren.[55] Neben der deutschen reformierten Gemeinde gab es in Köln noch die niederländische reformierte, die wallonische (französisch sprechende) reformierte und die lutherische Gemeinde. Freunde fand Moriaen auch in den anderen Gemeinden. Hier mögen die ersten Verbindungen zum späteren Hartlib-Kreis geknüpft worden sein. Der Schotte John Dury, enger Freund Hartlibs, lebte von 1624 bis 1626 als Prediger der wallonischen Kirche in Köln, von 1626 bis 1630 in Elbing. In Köln folgte ihm Pierre Serrurier (Petrus Serrarius) bis 1628. Justinus Van Assche diente von 1622 bis 1627 der niederländischen Gemeinde. Auch die Familie Kuffler, aus der die Schwiegersöhne Cornelis Drebbels stammten, lebte in Köln und war evangelisch.[56] 1627 gab Moriaen die Predigerstelle auf, blieb aber noch weiter in der Stadt, wenn er nicht gerade auf Reisen war. Nach Nürnberg existierten vielleicht noch familiäre Bindungen. Moriaen engagierte sich dort vor allem bei der Organisation des reformierten Kollektenwerks für die Oberpfalz, d.h. der Verteilung gesammelter Gelder an die aus der an Bayern gefallenen Oberpfalz geflüchteten reformierten Geistlichen und Beamten.[57] 1633 allerdings gab Moriaen sein Nürn-

---

[51] G.Toepke: Matrikel Heidelberg. Bd. 2. S. 254 Eintrag 84.

[52] Neidinger; Pilz.

[53] Löhr: Bd. 1. S. 235 und S. 334-7; Bd. 4: Register, bearbeitet von Ursula Schmitz. S. 11-33: Zur Geschichte der vier heimlichen Kölner Gemeinden.

[54] NSLB Hannover. MS IV 341 S. 861. 3/13.12.1625. AFzA an Widemann.

[55] HP 37/47A. 14.11.1639. Moriaen an Hartlib: *Ich hab in diesen sachen auch etwas gethan vnd verstehe die handarbeit so weit sie dieser zeit vblich vnd bekand ist*[.]; OP C 1. t.2 fol. 194r-v: 9.4.1650. Moriaen an Hevelius: [...] *microscopia* [...] *von 2 gläßern (wie sie* [?] *bißher im brauch gewesen) hab Ich sie etwan vor Jahren selbsten gemacht.*

[56] Young S. 10-12.

[57] Neidinger S. 269-275. 1623 war die Oberpfalz an Bayern gefallen.

berger Bürgerrecht auf, verließ die Stadt und reiste über Frankfurt in die Niederlande, wo er im August Isaak Beeckman (1588-1637), Rektor des Gymnasiums in Dordrecht, einen Schwager von Van Assche, traf.[58] Beeckman war ebenso wie Moriaen an optischen Instrumenten interessiert und war mit den Kuffler-Brüdern bekannt. Im Oktober 1633 heiratete Moriaen in Köln Odilia van Zeuel. Das Paar lebte in den nächsten Jahren in Köln, wo der Ehemann Arzneimittel herstellte und verkaufte. Das Interesse an Medizin und Chemie behielt Moriaen sein ganzes Leben. Am 13.6.1637 wurde seine Tochter getauft. Schließlich ließ sich Moriaen mit seiner Familie 1638 in Amsterdam nieder, wo er seinen Lebensunterhalt nunmehr mit dem Handel verdiente und bald einer der Mittelsmänner des Hartlib-Kreises wurde. Interessiert an den Fortschritten in der Chemie, schloß er mit dem deutschen Chemiker Rudolf Glauber Freundschaft, als dieser sich in den Niederlanden aufhielt. Auch am Fortgang des optischen Handwerks nahm er weiter Anteil. 1634 muß er in Utrecht mit Descartes zusammengetroffen sein. Moriaen berichtete davon, daß er Descartes Ansinnen abgelehnt hatte, für ihn hyperbolische Linsen zu schleifen. Dieses Vorhaben schien ihm nach seinen praktischen Erfahrungen unmöglich zu verwirklichen.[59] Aus dem gleichen Grund gab Moriaen den Bemühungen des Mathematikers John Pell und Richard Reeves, eines Optikers in London, wenig Chancen, zum Erfolg zu kommen:

> *Ich höre nicht gern aus M. Haaks schreiben* [,] *das D Pellius mit hulff eines der woll in optischen gläßern arbeitet sich an des des Cartes brillen werck machen vnd sein heil tentirn [will] Ich will ihn woll versichern das* [er] *umb viel zeit vnd muhe nur vergeblich zuebringen vnd andere gute occasionen der welt zue dienen verabsaumen wird. was Er suchet ist noch vngewiß vnd darzue nur ein particular stuckh. ... Auß diesem fundament der parabolae ist es meines erachtens nicht zue practiziern. auff dem pappier kan mans woll demonstrirn aber der artifex kans nicht praestirn, wie sie mit der that woll finden werden,*

---

58 Waard: Beeckman Bd. 3. S. 302.

59 HP 37/47A. 14.11.1639. Moriaen an Hartlib: *H des Cartes hatt mich berait vor 5 jahren sehr eijferig ersucht das Ich ihme die handt bieten vnd sein furhaben ins werckh richten wolte, Ich sehe aber darzue keine müglichkeit, wie sie auch bißher im werckh selber erfahren haben*; OP C 1. t. 2 fol. 194v. 9.4.1650. Moriaen an Hevelius: *Die gläser parabolicé oder hyperbolicé zu schleiffen hab ich für dieses unmöglich gehalten und derohalben H.Cartesio S. der vor 10 Jahren mich darumb ersuchet gehabt, meine Hand dazu zu lehnen geweigert* [...]; Leon Roth S. 10. 8.12.1635. Descartes, Utrecht, an Const. Huygens: *Il y a quelque temps qu'un honneste homme de Nüremberg nommé Mr. Morian passant par icy me dist qu'il auoit souuent taillé sur le tour des verres spheriques qui s'estoient trouués fort bons, mais il m'auoua aussy qu'il s'y seruoit de deus mouuemens, applicant tantost vne partie de son modelle contre le milieu du verre, tantost vne autre; ce qui est bon pour les verres spheriques à cause que toutes les parties d'vn globe sont esgalement courbées, mais, comme vous scaués mieus que moy, ce n'est pas le mesme de l'Hyperbole dont les costés sont fort differens du milieu.* [...] (Vor einiger Zeit kam ein ehrlicher Mann von Nürnberg, Mr. Morian genannt, hier vorbei. Er sagte mir, daß er oft auf der Drehbank sphärische Gläser geschliffen hatte, die er sehr gut gefunden hatte.)

schrieb er im November 1639 an Hartlib.[60] Mit dieser letzten Bemerkung traf er den Kern des Problems.

Wie Moriaen dazu kam, die Bestellungen der Augsburger optischen Instrumente zu übernehmen, ist nicht bekannt. Es wäre möglich, daß er durch John Pell von Johann Wiesel gehört hatte. Denn Pell lebte seit 1643 in Amsterdam und hatte Ende 1644 im Verlauf seiner Suche nach Rheita, die er zusammen mit Charles Cavendish geführt hatte, erfahren, daß Wiesel die neuen Erdfernrohre baute. Von diesen Nachforschungen wird ausführlich im Kapitel Fernrohre berichtet. Die Informationen über den Augsburger Meister könnten auch direkt zu Moriaen gelangt sein, vielleicht über Augsburger Kaufleute, die nach Amsterdam handelten, vielleicht über Nürnberg, zumal wir von Pell wissen, daß ihm Wiesel schon länger bekannt war. Freunde und Verwandte von Moriaen lebten noch in Köln, wo Rheita um 1642 astronomische Studien betrieben hatte. Eine andere Möglichkeit ergibt sich aus Philipp Hainhofers Verbindungen nach England. Der Augsburger Kunsthändler war mit durchreisenden englischen Gesandten bekannt geworden und hatte seinem Neffen Hieronymus Hainhofer 1634 einen Posten in England als Reisemarschall vermittelt. Durch das Netz deutscher Landsleute kam dieser in Kontakt mit dem Hartlib-Kreis.[61] Außerdem war nach 1645 Wiesels Fernrohr-Preisliste im Umlauf, deren Abschrift Hartlib im Herbst 1647 aus Hamburg erhielt. Die lateinische Kopie, die in der British Library verwahrt wird, hatte Hartlib vermutlich an Pell geschickt. Ein großer Teil der Pell-Korrespondenz findet sich in dieser Bibliothek.

Die ersten Fernrohre von Wiesel gelangten im Dezember 1649 und im Frühjahr 1650 nach England, die ersten dreilinsigen Mikroskope im März 1651. Die Fernrohre waren für Benjamin Worsley (1618-1677) bestimmt. Er war seit einigen Jahren ein aktives und vielseitig interessiertes Mitglied des Hartlib-Kreises mit guten technischen Kenntnissen, besonders interessiert an Chemie und Mikroskopie. Worsley hielt sich von Januar 1648 bis zum Herbst 1649 in den Niederlanden auf, wo er mit Moriaen persönlichen Kontakt pflegte. Vermutlich findet sich deshalb kein Hinweis auf die Bestellung der Instrumente in den Hartlib-Papers. Über astronomische Beobachtungen Worsleys ist nichts bekannt.[62] Deshalb ist es nicht verwunderlich, daß er sein "Augsburg-Glas" im Februar 1650 an einen begüterten Sammler, Mr. Palmer of Gray's Inn, verkaufte: *One Palmer of Gray's Inne a Gentlem*[an] *of 7,8 or 900 lb* [pounds sterling] *a y*[ear] *hath 15 or 17 Perspectives also microscopes and a world of other Rarities. He bought Mr.Wor*[sleys'] *Augsburg-Glasse,* notierte Hartlib in sein Tagebuch.[63] Gray's Inn

60 HP 37/47A. 14.11.1639. Moriaen an Hartlib.

61 Bepler: Augsburg – England – Wolfenbüttel.

62 Webster: Worsley; Webster: Worsley, Benjamin. In: DNB - Missing Persons. 1993. S. 732f.

63 HP 28/1/56B. Ephemerides 1650. 28.2.1650.

war eine der vier juristischen Schulen von London und Dudley Palmer (ca. 1617-1666) gehörte ihr als Jurist an.[64]

Wiesel korrespondierte eigenhändig mit Moriaen, was möglich war, weil Moriaen in Nürnberg mit der deutschen Sprache aufgewachsen war. Moriaen schickte jedoch nicht nur die Instrumente weiter nach England, sondern er verkaufte Wiesel-Instrumente auch in den Niederlanden und an Hevelius in Danzig. Auch bei der Korrespondenz mit Hartlib und mit Hevelius bediente er sich mit Vorliebe der deutschen Sprache. Wiesels Briefe oder Abschriften von ihnen schickte er als Information an Hartlib. Entsprechend liegen Briefe von Moriaen, in denen er Wiesel erwähnte, unter den Hartlib Papers und bei der Hevelius-Korrespondenz. Ein Brief von Moriaen an Wiesel vom Oktober 1649 fand sich sogar in Wolfenbüttel.[65] Dieser Brief zeigt zusammen mit anderen Schreiben weitere besonders interessante Zusammenhänge auf.

Nach Hainhofers Tod 1647 kam es nur noch selten vor, daß die Augsburger Agenten von sich aus Herzog August Angebote unterbreiteten. Bestellungen und Wünsche kamen nunmehr fast ausschließlich aus Wolfenbüttel, so z.B. 1650 die Frage nach dem neuen Fernrohr aus Augsburg. Der Herzog mußte von anderer Seite erfahren haben, daß Wiesel Fernrohre nach England verkauft hatte. Der Informationsweg ist rekonstruierbar: 1648/1649 hielt sich Augusts ältester Sohn Rudolf August (1627-1704) zusammen mit seinem Hofmeister Friedrich von Cram (Fritz von Kram) nahezu ein ganzes Jahr in der zweiten Residenz von Kurfürst Friedrich Wilhelm von Brandenburg (1620-1688) in Kleve auf. Seit 1644/5 stand Joachim Hübner (+1666), ein Mitglied des Kreises um Hartlib, in den Diensten des Kurfürsten. Er sollte eine brandenburgische Geschichte schreiben und die Bibliothek betreuen. Hübner, geboren in Schöningen bei Braunschweig, hatte sich 1634 an der Leidener Universität eingeschrieben. Ab 1636 lebte er etliche Jahre in England und bemühte sich, wohl durch die Vermittlung von Hartlib, vor allem um die Herausgabe der Werke des Comenius. Er hatte von Kleve aus noch gute Kontakte nach England, weshalb Hofmeister von Cram mit ihm vereinbarte, 'englische Zeitungen', d.h. Neuigkeiten aus England, nach Wolfenbüttel zu liefern.[66] Durch ihn hörte Herzog August 1650 von dem Augsburger Fernrohr, das in England angelangt war, und äußerte gegenüber Hirt den Wunsch, ebenfalls ein Exemplar zu erhalten, denn Hirt schrieb Mitte März:

---

64 Evelyn: Diary. Bd. 3. S. 93.

65 HAB 98 Novi fol. 308. 22.10.1649. Moriaen an Wiesel; vgl. Anhang A.3 Nr. 21.

66 Zu Hübner: Tautz S. 5-16; die letzten Lebensjahre verbrachte Joachim Hübner (Fundanius) in Sulzbach in der Oberpfalz, wo er 1666 starb: NSAW 1 Alt 22 143a u. 143b: Briefe von Prinz Rudolf August und Fritz von Kram (Cramm, +1671) aus Kleve; NSAW 1 Alt 22 143b. fol. 35v. 21./31.3.1649. Kram an Hzg. August: [...] *und werde ich* [...] *was die Englischen Zeitungen anbelanget EFG gd: befehl gehorsahms nachzugehen* [?] *wissen, anietzo hett mein correspondent, welches ein Churfürstl. Secretarius ist nahmens Hubener auß Engelland, weil die post außengeplieben, nichts bekommen;* die 'Englischen Zeitungen' konnten in Wolfenbüttel nicht mehr aufgefunden werden.

Nach beschließ: und spedierung diser briefe, will ich mich also balden zu Herrn Wiseln führen laßen, und mit ihme wegen Herrn Joachim Huebners von Schöningen an Mons:r. frederic te Cram gethanen schreibens über das Englische perspectiv Conferieren, Vor EFD zugleich eines bestellen, und dahin trachten, daß solches, wie auch der Marschier stockh, des Buschmanns ührlin, und dann die Stotzen Uhr zu Ulm bey dem Sayler also gefertiget werden mögen, damit alle ietzt erzehlte Stückhe durch obgemelten Schreiner den Hertel nacher Wolffenbüttel könden mitgenommen werden. Allein werde ich zu denen vor 8.tagen underthänigest begerten 500. wegen des großen perspectivs wenigest noch 100. und also 600.Reichsthlr. hochvonnöthen haben.[67]

Acht Tage vorher hatte Hirt von einem Frederic te Cram berichtet, der ihn auf der Rückreise aus Italien besucht hatte. Dieses Rätsel löste der echte Friedrich: Sein Cousin Johann Philipp von Kram war auf der Heimreise durch Augsburg gekommen.[68] Dem Herzog war offenbar ein falscher, zu niedriger Preis für das Fernrohr genannt worden. Um den richtigen Preis zu dokumentieren, legte Wiesel seinem Schreiben an den Herzog den oben erwähnten Brief von Moriaen bei.[69]

Seltsam muten uns heute diese Wege an. Hatte Wiesel, der seit zwanzig Jahren für den Herzog arbeitete, nicht daran gedacht, seine neuen Fernrohre dem Agenten Hirt und damit dem Herzog in Wolfenbüttel anzubieten? War er genugsam mit Arbeit eingedeckt oder meinte er zu wissen, daß man am dortigen Hof kein Interesse an astronomischen Beobachtungen hatte? Immerhin spielten Fernrohre im Briefwechsel des jungen Prinzen Rudolf August am Brandenburger Hof mit seinem Vater durchaus eine Rolle, wozu auch das Klima am Hof in Kleve beitragen mochte. Sowohl der Kurfürst als auch Fürst Johann Moritz von Nassau-Siegen (1604-1679), seit 1647 brandenburgischer Statthalter in Kleve, der großen Einfluß auf den Kurfürsten ausübte, waren an der Astronomie interessiert.[70] Im Februar 1649 schickte der Prinz seinem Vater ein Perspectiv, das er von dem Kurfürst erhalten hatte, und berichtete: *welches zwar von ansehen nicht schön, aber sonst sehr gutt ist, wann ich hier im Fenster gestanden bin, habe ich mitt demselben zu Emmerich die steine auffm Dache zehlen können, welches Dach über eine stunde gehens ist von hier.*[71] Als der Prinz im März 1650 den Kurfürsten nochmals be-

---

67 HAB 98 Novi fol. 301v. 14/24.3.1650. Hirt an Hzg. August.

68 NSAW 1 Alt 22 143b fol. 87v. 19.3.1650. Kram an Hzg. August: *Was vergangenen von Augspurg von einem von Kram geschrieben wurde, solches wird von meinem Vetter Johann Philipp von Kram zu verstehen seyn, welcher auß Italien ietzo heimkert, und ist die Zeitunge das Er auf dem weg ist, seinen brüdern zu Sawleben, welchen Ich solches communicirt, zumahl lieb und angenehm;* Fritz von Kram erhielt 1656 das Erbkämmereramt des Herzogtums Braunschweig.

69 HAB 98 Novi fol. 309r-310r. Wiesel an Hzg. August; vgl. Anhang A.3 Nr. 26.

70 'Soweit der Erdkreis reicht.' S. 359f.

71 NSAW 1 Alt 22 143b fol. 11. 2/12.2.1649; fol. 12. 3/13.2.1649. Rudolf August an Hzg. August.

suchte, diesmal in Gröningen bei Magdeburg, sandte ihm sein Vater gleich *zwey artige Perspectivlens*, die er als Geschenk weitergeben sollte.[72]

Briefe von Wiesel an Herzog August kennen wir erst aus der Zeit nach Hainhofers Tod. Allerdings muß er bereits um 1638 einen Brief des Herzogs erhalten haben, also schon in persönlichem Kontakt zu ihm gestanden sein.[73]

Es ist anzunehmen, daß auch der Kurfürst von Brandenburg durch Hübner von Wiesels Instrumenten erfuhr und sich dafür interessierte. Er war wissenschaftlichen Neuerungen aufgeschlossen, gründete Kunstkammer und Bibliothek. Leider hat sich aus diesen Jahren nach dem Dreißigjährigen Krieg nur ein einziger Band der Kammerrechnungen des Brandenburgischen Hofes erhalten, nämlich derjenige von 1653/54.[74] Deshalb konnte kein Kauf nachgewiesen werden.

In Moriaens Korrespondenz finden sich weitere Angaben über den Ablauf der Sendungen. Als er am 22. Oktober 1649 den Empfang von Wiesels erstem Tubus bestätigte, hören wir, daß dieser durch einen Herrn Christian von Kottenbach nach Amsterdam geschickt worden war. Kottenbach war ein Nürnberger Kaufmann, wie Wiesel selbst an Herzog August schrieb. Moriaen hatte ihm den Preis mit einem Wechsel durch den Augsburger Handelsherrn Christoph Georg Mayr bezahlen lassen.[75] In demselben Schreiben bestellte Moriaen ein zweites Fernrohr und bat Wiesel um eine schnelle Antwort, *waß sein Urtheil und Wille dißfals* sei. Er gab genaue Anweisungen, an wen Wiesel seine Briefe schicken sollte: *Er kann den Brief an Herrn Grillen daselbsten* [in Augsburg], *oder einem andern Khauffmann der anhero correspondiert* [,] *einzuschlagen geben, oder auf Nürnberg an Herrn Abraham Plomart, auf Franckhfurt an Herrn Peter Neefen oder Jacob te Tamars, oder auf Cöln an Hr. Peter van Zevel senden, so werden sie mir wol zu khommen.*[76] Die vier letztgenannten waren holländische Kaufleute. Plomart (Blomart, +1656) war Mitglied der niederländisch-reformierten Gemeinde in Nürnberg,[77] Neefen war mit einer Nichte Moriaens verheiratet, van Zevel war sein Schwager.[78] Nürnberg, Frankfurt, Köln, in allen drei Orten hatte sich Moriaen früher aufgehalten.

Zwei Monate später, Mitte Dezember 1649, hatte Wiesel das zweite Teleskop bereits aufgegeben. Dieses Mal hatte ein Herr von Stetten in Augsburg das In-

[72] NSAW 1 Alt 22 143b fol. 84. 16.3.1650. Rudolf August an Hzg. August; fol. 86r. 18.3.1650. Kram an Hzg. August.

[73] HAB 99 Novi fol.240v. 13/23.10.1653 Hirt an Hzg. August: *ferner sagt wisel, EFD hetten Ime vor 15.Jaren ungefehr geschriben,*

[74] Der große Kurfürst, Sammler – Bauherr – Mäzen. Katalog Potsdam 1988; Brandenburgisches LandeshauptA Potsdam. Kurmärkische Kriegs- und Domänenkammer. Rechnungsregistratur Rep. 2. R 61 (1653/54).

[75] HAB 98 Novi fol. 309r. o.D. Wiesel an Hzg. August; vgl. Anhang A.3 Nr. 26. Mayr war der Großvater von Cunos zweiter Frau; siehe Kap. II.5.4.

[76] HAB 98 Novi fol. 308r-v. 22.10.1649. Moriaen an Wiesel; vgl. A.3 Nr. 21.

[77] Neidinger S. 242, 244, 270-277.

[78] Freundliche Mitteilung von Herrn Dr. John Young, Sheffield.

strument in Empfang genommen und Wiesel die 100 Reichstaler dafür ausgezahlt.[79] Die Familie von Stetten hatte sich im 15. Jahrhundert in Augsburg niedergelassen, war durch Handel schnell zu Ansehen gekommen und 1538 ins Patriziat aufgenommen worden. Um 1650 führten zwei Familienmitglieder die Geschäfte: David II. (1595-1675) und sein Neffe Christoph I. (1609-1673). Die Firma, im Warengroßhandel und im Wechselgeschäft tätig, hatte unter anderem Verbindungen nach Amsterdam, England, Venedig und Moskau. Beide Geschäftsführer waren Ratsherren, David von 1653 bis zu seinem Tod Stadtpfleger.[80]

Am 17. Februar 1650 bat Wiesel Moriaen um Nachricht, *ob der Tubus einsten an kommen vnd wie der selbe reusiert*, und er fuhr fort:

> *weil Ich nun gern vernommen was weiter zue tage kombt vnd etwas rares sein vnderlaß ich es zue überschreiben, nit, fält dan dieser zeit in Holland auch was nuzliches, Pitte Ich vmb gleichmaßigen bericht. ... Pitte auch umb bericht wie vnd was durch den Tubum bey heller* [klarer] *nacht am Mondt vnd den planeten observiret worden, ob wir zuegleich mit ein ander eintreffen.*[81]

Moriaen war demnach für Wiesel nicht nur ein Kunde, sondern er tauschte mit ihm auch Informationen aus, z.B. über neue Erfindungen oder über astronomische Beobachtungen. In demselben Brief hatte er ihm zum ersten Mal von seinem Mikroskop mit drei Linsen geschrieben. Das ist die früheste Mitteilung über die Feldlinse im Mikroskop, die wir überhaupt kennen. Wiesel baute sie um 1649/50 wohl als erster Optiker in ein Mikroskop ein. Moriaen schickte Abschriften dieser Wiesel-Briefe am 11. März (alten Kalenders) an Hartlib. Wiesel datierte seine Schreiben wie in Augsburg üblich nach dem neuen Kalender. In den nordischen protestantischen Ländern und in England wurde hingegen noch der alte Kalender verwendet. Wiesels Brief vom 17. Februar hatte höchstens drei Wochen nach Amsterdam gebraucht. Am 4. März (14. März neuen Kalenders) bestätigte Moriaen, Hartlibs Brief vom 25. Februar soeben erhalten zu haben. Die Laufzeit des englischen Briefes hatte mithin eine Woche betragen. Das zweite Fernrohr war wesentlich länger unterwegs gewesen. Moriaen hatte es nach seiner Ankunft in Amsterdam sofort nach England senden müssen. Es *war bereit zue Schiffe gebracht,* als Moriaen ein Schreiben von Hevelius vom 11. März erhielt, also etwa Ende März.[82] Demnach hätte der Transport von Augsburg nach Amsterdam rund drei Monate gedauert.

Wie lange das erste 'englische' Teleskop unterwegs war, kann nicht mehr festgestellt werden. Rechnet man eine ähnliche Tranportzeit, so dürfte es etwa im Juni 1649 Augsburg verlassen haben, denn im September benützte es Moriaen

79 HP 37/144A. 17.12.1649. Wiesel an Moriaen; vgl. Anhang A.3 Nr. 22.
80 Stetten: Ehrenbuch.
81 HP 37/144B. 17.2.1650. Wiesel an Moriaen; vgl. Anhang A.3 Nr. 24.
82 OP C 1. t. 2 fol. 194r-v. 9.4.1650. Moriaen an Hevelius.

schon zu astronomischen Beobachtungen in Amsterdam.[83] Hartlib hatte Wiesels Preisliste im September 1647 versandt. Falls schon im Winter 1647/48 eine Bestellung aus Holland in Augsburg eintraf, fiel sie in eine Zeit, in der die Gegend um Augsburg nochmals zum Kriegsschauplatz wurde, was schließlich im Sommer 1648 zur Blockade der Stadt führte. Nach dem Abschluß des Friedensvertrags von Münster im Oktober 1648 dauerte es nochmals eine geraume Weile, bis sich die Lage normalisierte. Ob nun diese Ereignisse den Optiker an seiner Arbeit hinderten und den Transport hinauszögerten, oder ob Wiesels Arbeitszeit für ein Fernrohr noch immer viele Monate betrug, ist nicht zu klären. Wahrscheinlich trafen alle Gründe zusammen.

Bei den Mikroskopen kann man ähnliche Schlüsse ziehen. Wiesel bestätigte am 21. April 1650 Moriaens Bestellungen auf mehrere Mikroskope, worunter mindestens zwei für England bestimmt waren, nämlich für Worsley und Boyle. Drei Monate später wollte er vier Mikroskope *auf die Franckhfurter HerbstMeß* fertig haben, und bat um Anweisungen für den Transport.[84] Im Februar/März 1651 trafen die Geräte in den Niederlanden ein, Mitte März in England.[85] Obwohl es jetzt in Deutschland keine Behinderungen durch Kriegshandlungen mehr gab, umfaßte der Zeitraum zwischen Bestellung und Empfang dieser Mikroskope ein Jahr. Natürlich muß man bedenken, daß Wiesel nicht nur diese Aufträge aus England zu bearbeiten hatte. Offenbar arbeitete er nur auf Bestellung und hatte damit soviel zu tun, daß er keine Instrumente für ein Lager ansammeln konnte.

Hevelius bestellte Ende November 1650 ein Mikroskop bei Moriaen, nachdem ihm dieser im April von Wiesels neuem Mikroskop geschrieben hatte.[86] Moriaen erhielt dieses Schreiben erst am 4. März 1651. Seine daraufhin erfolgte Bestellung kam aber nicht in Augsburg an. Deshalb bestellte er im Juli von neuem. Wiesel bestätigte diese Neubestellung im August. Auf ein Schreiben von Moriaen an Hevel im Oktober 1651 antwortete dieser am 12.1.1652:

> *Mein hochgeehrter Herr, Daß ihm freundlich hat belieben wollen, ein Microscopium von dem Herrn Wiesel für mich zu verschreiben, bedanke ich mich gantz höchlich, wil hinwiederumb in allen occasionen dem Herrn meine Willfährigkeit erweisen. Das geldt dafür, nehmlich 8 Ducaten oder auch so etwas*

[83] OP C 1. t. 2 fol. 194r. 9.4.1650. Moriaen an Hevelius: *Mit dem ersten Telescopio meinten wir das verwichene Jahr im 7ber* [September] *in fallor die Sonnenfinsternis zue observirn aber das gewitter hatts unß nicht zuegelaßen wie woll die vorige Zeit desselben tags große hoffnung dazue gegeben hatte.*

[84] HP 37/153A. 21.4.1650. Wiesel an Morian (Kopie von Morian an Hartlib); HP 37/154B. 21.7.1650. Wiesel an Moriaen.

[85] OP C 1. t. 2 fol. 215r-v. 3.Bl. (BNP Man. lat. 10347 t. 2 S. 107). 20.3.1651. Hartlib an Hevel: *Vergangene Woche sind 2 von seinen Microscopiis durch Schiffe geschicket alhier angelanget.*

[86] OP C 1. t. 2 fol. 194r-v. 9.4.1650. Moriaen an Hevelius; OP C 1. t. 2 fol. 195r-v. 29.11.1650. Hevelius an Moriaen, bestellt Mikroskop.

mehrers dafür möchte an Unkosten seyn ausgeleget worden, wird ihm Herr Cornelius Leendert, Kauffmann in Amsterdam meinethalber, durch Herrn Cornelius Kreutziger darzu veanläßiget, gern zahlen, auch solches mir willig mit erster gelegenheit anhero schicken.[87]

Moriaen schrieb darauf am 22.2.1652 an Hevel:

Mein hochgeehrter Herr, Deßselben geliebtes vom 12. Januarii hab Ich wol empfangen und dem zuefolge hab ich das microscopium sambt der Instruction zue desselben Gebrauch H.Cornelis Leendert zugestellet und dagegen 17 Rthler von Ihm empfangen. 16 Rtl habe zu Augsburg dafür bezahlt, für fracht und briefflohn die noch nicht Rechnung gebracht sindt, habe provisionaliter 1 Rthl. gefordert und empfangen.[88]

Am 30.8.1652 meldete Hevelius den Erhalt des Mikroskops an Moriaen.[89] Im November 1650, also zwei Jahre zuvor, hatte er seine Bestellung abgeschickt! Rechnet man die Verzögerung von vier Monaten ab, die durch den Verlust eines Briefes verursacht worden war, und nimmt man an, daß Hevelius den Empfang nicht postwendend bestätigt hatte, so bleiben etwa 15 bis 16 Monate Lieferzeit. Allerdings sind darin mindestens sechs Monate Postzeit für die Strecke Amsterdam – Danzig und zurück enthalten.

Was bedeuteten derart lange Lieferzeiten für die Verbreitung der Instrumente und der mit ihnen verbundenen Informationen? 1645 war Rheitas 'Oculus Enoch' in Antwerpen gedruckt worden. Bestellung und Versand dauerten gewiß eine Weile, besonders im Hinblick auf entferntere Länder. In Paris z.B. war das erste Exemplar im November 1645 angekommen.[90] Dann verging nochmals eine Zeitspanne, bis der verschlüsselte Text über das neue Teleskop gelöst war. Bis Mitte 1646 dürften die interessierten Kreise die Information über das Fernrohr mit vier Linsen in Händen gehabt haben, ohne jedoch noch Näheres darüber zu wissen. 1647 war Wiesels Preisliste im Umlauf, die lediglich etwas über die Länge und den Preis der Instrumente aussagte. Zwei Jahre später, nach den letzten Kriegsjahren, erreichte Wiesels erstes 'englisches' Rohr Amsterdam und England und war immer noch 'neu'. Selbst 1652, wieder drei Jahre später, als Christiaan Huygens in Holland anfing, sich mit dem Linsenschleifen zu beschäftigen, war ihm die Konstruktion von Wiesels Instrumenten noch fremd. Das erste Fernrohr, welches er untersuchen konnte, fand er Ende 1652 bei einem Bekannten in Antwerpen.[91]

---

87 OP C 1. t. 2 fol. 239 (BNP Man.lat.10347 t.2 S. 172f). 12.1.1652. Hevel an Moriaen.

88 OP C 1. t. 2 fol. 304r-v (BNP Man.lat.10347 t.2 S. 296). 22.2.1652. Moriaen an Hevel.

89 OP C 1. t. 2 fol. 307r-v (BNP Man.lat.10347 t.2 S. 298f). 30.8.1652. Hevelius an Moriaen: [...] *Seine beiden mir gar angenehmen Schreiben von dem 22.Febr. und 28.May benebenst dem Microscopio habe ich gar wol empfangen.*

90 BL Ms Add.4278. S. 223. 1/11.11.1645 und S. 227. 8/18.11.1645. Cavendish an Pell.

91 OC Huygens Bd. 1. S. 190 Nr. 135. 4.11.1652. Huygens an Gerard van Gutschoven; näheres siehe unten im Abschnitt 3.5 Niederlande.

Bei den Mikroskopen, die nach dem Krieg geliefert wurden, ging die Herstellung und der Transport etwas schneller als bei den Fernrohren. Im Februar 1650 schrieb Wiesel zum ersten Mal über sein Mikroskop mit drei Linsen. Nur ein Jahr später erreichten die ersten derartigen Instrumente Amsterdam und Mitte März London. Die weitere Entwicklung in England läßt sich gut verfolgen. Richard Reeve arbeitete unter dem Patronat von Sir Paul Neile (Neale 1613-1686) schon eine Zeitlang daran, Linsen für ein großes Fernrohr zu schleifen.[92] Aus den erhaltenen Quellen geht deutlich hervor, daß Reeve und Neile sich die Geräte Wiesels zum Vorbild nahmen, die offenbar die besten waren, die bisher in England zu sehen waren. Am 12. Dezember 1649 (22.12. nach dem neuen Kalender), also ganz kurz nach der Ankunft des ersten Fernrohrs in London, notierte Hartlib in sein Tagebuch, daß Sir Neile am 11. oder 12. Dezember in sein Haus gekommen sei, um das "Augsburg-Glas" zu betrachten.[93] 1650 lesen wir, daß er Reeve, den einzigen lokalen Handwerker, der fähig war, passendes Glas zu schleifen, entsprechend instruiert hatte, und daß die beiden überzeugt waren, nun optische Linsen herstellen zu können, die das beste Glas des Augsburger Opticus weit übertreffen sollten.[94] Ein Jahr später, im Januar 1651, war dies jedoch noch immer nicht gelungen. Sir Neile würde mit Mr. Reeve mächtig arbeiten und wolle im März ans Ziel gelangen, teilte ein Informant Hartlib mit.[95] Im März schrieb Hartlib, *unsere Philosophi u. Artificis alhier thun sich sonsten einbilden, das ihre gläßer des Wisselii zu Augsburg (deren wir zwey alhier haben) weit ubertreffen sollen. Aber der Augenschein wird solches innerhalb wenig wochen am besten ausweißen können.*[96] Im April notierte er, daß Sir Neile im Sommer fertig werden wolle und daß Reeve ständig bei ihm sei,[97] und im Juli: *Er hat mir aber vergangene 14. tag abermahl andeuten lassen, das Er hoffe zu einem gewünschten Ende innerhalb wenig Wochen unfehlbar gnade Gott zu gelangen.*[98] Am 17. Oktober 1651 be-

---

92 Sir Paul Neile gehörte zu den Gründungsmitgliedern der Royal Society; Ronan/Hartley.

93 HP 28/1/36B. Ephemerides. 12.12.1649: *The 11 or 12 of December Sir Paul Neale sonne* [son] *to the Archbishop of Yorke came first day to my house to see the Augsburg-Glasse having great skil in opticks.*

94 HP 28/1/73B. Ephemerides 1650: *Sir Paul Neale lives at Farnham and having instructed Reeves who is the only Mechanical Man for turning of Glasses they are now persuaded they shall make such Optical glasses the like have never beene* [28/1/74A] *and that shall far exceed the best of the Augsburg-Opticus, Sir Paul bending all his strength that way. Sir Paul Neale* [Mitteilung von] *Hinshaw.*

95 HP 28/2/4A. Ephemerides. 16.1.1651: *The 16. of Jan. Mr. Willimson of Gray's-Inne came to mee about some scruples in Hev*[elii] *Sel*[enographia] *and telling likewise that S*[ir] *Paul Neale was mighty busy with Mr.Reeves about the Persp*[ective]*-Glasses, and hoped to bee at a certainty in March next, that either hee had obtained that which hee p*[ro]*mised, or a rational account why I could reach at the end.*

96 OP C 1. t. 2 fol. 215r-v. 3.Bl. (BNP Man.lat.10347 t.2 S. 107). 20.3.1651. Hartlib an Hevel.

97 HP 28/2/14A. Ephemerides April 1651: *Sir Paul Neale hopes about Midsummer to come to a perfect trial or experiment with his Optical tubes. Reeves being continually with him.*

98 OP C 1. t. 2 fol. 247. 9.7.1651. Hartlib an Hevelius.

richtete Hartlib schließlich, *daß es noch immer Aufschub haben werde mit Ausfertigung der lang verhofften perspectiven des Englischen Ritter H. Paul Neale.*[99]

Mittlerweile waren fast zwei Jahre vergangen seit Wiesels Fernrohre in London angekommen waren. Daß man sich auch an anderer Stelle in London bemühte, Wiesels Gläser zu imitieren, geht aus einer Notiz in Hartlibs Tagebuch vom Herbst 1650 hervor: Ein Arbeiter von des Königs Hof arbeitete auch an optischen Gläsern und Hartlibs Informant, ein Mr. Carter, war überzeugt, daß er der geeignetste Mann wäre, die Augsburg-Gläser nachzubauen: *that If any hee was the only fittest man to perfect or re-invent the Augsburg Glasses.* Sonst hörte man nichts von diesem Arbeiter namens Bushel.[100]

Erst im Frühjahr 1653 findet sich wieder ein Eintrag in Hartlibs Ephemeriden, nämlich eine Nachricht von Worsley, daß Reeve und Sir Neile eine neue Art von Teleskopen gefunden hätten, welche besser seien als alle bisherigen.[101] Sie hatten letztendlich mindestens zwei wenn nicht gar drei Jahre benötigt, um Wiesels Rohre zu übertreffen. Es war ihnen nun möglich, sogar noch längere Fernrohre zu bauen. 1656 wurde das erste einer Serie von 36 Fuß Länge fertig, gearbeitet für Neiles Haus in White Waltham. Es wurde von Christopher Wren (1632-1723) benützt, um der Struktur des Saturn näher zu kommen, bevor es 1657 in das Gresham College nach London transportiert wurde. Einige Fernrohre waren für das Observatorium des Wadham College in Oxford bestimmt. Hooke, jetzt Professor für Geometrie am Gresham College, veranlaßte in den Jahren 1662 bis 1665 die Konstruktion von Fernrohren von 60 Fuß Länge. Vom 11. März 1660 hat sich eine Preisliste von Reeve erhalten, in der er holländische, astronomische und Erdfernrohre wie auch Mikroskope anbot, bereits zu mäßigeren Preisen als der Augsburger Optiker dreizehn Jahre früher.[102] Leider ist heute kein Instrument von Reeve bekannt. Die englischen Erdfernrohre seiner Nachfolger aus dem 17. und 18. Jahrhundert, die noch existieren wie z.B. die von Christopher Cock (+1697), zeigen oft die Bauweise Wiesels: Das Objektiv befindet sich im dünnsten Rohr, das Okular im dicksten, äußersten.[103]

Die Feldlinse im Mikroskop scheint Reeve sofort übernommen zu haben, nachdem im März 1651 Wiesels Mikroskope in London angekommen waren. Ende 1652 wird von seinen weitaus verbesserten Mikroskopen berichtet, für die er jetzt einen höheren Preis verlangte.[104] Das englische aus drei Linsen zusammenge-

---

99 OP C 1. t. 2 fol. 248r. 17/27.10.1651. Hartlib an Hevelius.

100 HP 28/1/78A. Ephemerides. Herbst 1650.

101 HP 28/2/58A. Ephemerides. März bis Mai 1653: *Reeves and Sir Paul Neale have found out a new kind of telescope which is said to excel all others whatsoever.*

102 Court/Rohr: New knowledge. S. 120-122.

103 Riekher S. 51.

104 Christ Church Oxford. Evelyn Collection. Correspondence 889: 27.9.1652 (7.10.) Thomas Henshaw to Evelyn: *I was lately with Mr.Reeve where I find that [...] he hath altered his price [...] tis true hee hath very much improved his microscope, and sells it now for foure pound*

setzte Mikroskop nach Wiesels Bauweise, die Rohre in ein Dreibein verschraubt, wurde sehr bekannt und in Deutschland so populär, daß sich später der Ausdruck 'englisches Mikroskop' dafür einbürgerte. Am schönsten findet man das in einem Inventar der Stuttgarter Kunstkammer kurz nach 1700 dokumentiert:

> *Zwei .. Engländische .. Microscopia von einerley größe und facon, so sich auf und abschrauben lassen, jedes von 5 Cylindris oder Tubis, deren der äußerste mit schwartz Corduan überzogen und zierlich vergult, zu unterst seind meßing scheiben welche sich herumb drehen lassen, mit unterschieden darauf geleimten Objectis, haltend in der Länge, gantz zusammen geschraubt einen schuch: Authore I·W·A·O.*

'*Engländische*' über *Zwei .. Microscopia* wurde später hinzugefügt. (Abb. 41)[105]

Im nächsten Inventar heißt es nur noch: *zwei englische Microscopia.*[106] Es ist sehr zu bedauern, daß diese Wiesel-Instrumente nicht mehr vorhanden sind. In einschlägigen Büchern dieser Zeit wird die Meinung vertreten: *Den Vorzug vor andern Instrumenten mit dreyen Gläsern / hat das so genannte Englische Microscopium ... das mittlere Glaß ziemlich groß.*[107]

Richard Reeve war der erste in einer langen Reihe von hervorragenden englischen Optikern. Im Gegensatz zu Wiesel erfuhr Reeve die ideelle und wohl auch finanzielle Unterstützung von Wissenschaftlern und noblen Amateuren, den 'virtuosi'. Dazu kam der Impuls, der von Wiesels Instrumenten ausging. Reeves verbesserte Mikroskope wurden u.a. von Christopher Wren und von Robert Hooke benützt, dessen 'Micrographia' 1665 eine gute Reklame für Reeve war. Allerdings starb er schon im darauffolgenden Jahr. Eine 'Trade-card' des Optikers John Yarwell (ca. 1648-1712) von 1683 zeigt nicht nur ein solches Mikroskop im Dreibein, sondern auch einen Mann, der ein Fernrohr der Wieselschen Art mit dem Einblick am dicken Ende benutzt. Bald brachten in England viele Optiker solche Geschäftsanzeigen in Druck, auf denen man ihre Instrumente sehen konnte.[108] Auch John Marshall (1663-1723), der führende englische Optiker um 1700, baute Mikroskope, die in einem Dreibein verschraubt waren und eine Feldlinse enthielten. Allerdings trat daneben die Bauweise des am seitlichen Stativ befestigten Tubus in den Vordergrund, wie sie Hooke 1665 in seinem Buch 'Micrographia' darge-

---

[...] In: Simpson: Robert Hooke S. 37; weitere Arbeiten von Simpson über Reeve siehe Literaturverzeichnis.

105 Württembergisches HauptstaatsA Stuttgart. Kunstkammerinventare A 20a Büschel 23 S. 44 (Kasten Lit. O. 3. Gefach fol. 5r. C.C.): Inventar verfaßt von Johann Schuckard zwischen 1705 u.1723. Schuckard (1640-1725), 1690 Kunstkammerinspektor, 1702 Prof. 'Matheseos' am Gymnasium und Antiquarius bis 1723; Pfeilsticker § 2002.

106 HauptstaatsA Stuttgart. Kunstkammerinventare A 20a Büschel 109 fol. 9r Nr. 48.

107 J. Mich. Conradi: Der dreyfach geartete Sehe-Strahl. Coburg 1710. S. 108.

108 Calvert; G. Turner: Mikroskope. Abb. 1, 36 u. 37; Willach S. 108 Abb. 10.

stellt hatte.[109] Zwischen 1715 und 1730 wurde dann das Dreibein in veränderter Form durch Edmund Culpeper (1666-1738) nochmals aktuell.[110]

Moriaen und Hartlib hatten großen Anteil daran, daß Wiesels Geräte in England bekannt wurden. Unter den Hartlib-Papers fand sich sogar eine sonst unbekannte Preisliste Wiesels in englischer Sprache, leider ohne Datum. Sie dürfte aus den Jahren nach 1650 stammen: *A list of some New Workes, which now are made by mee here vnderwritten ... John Wiessel.*[111] Wie wir schon früher gehört haben, stand Moriaen mit Wiesel mindestens bis 1658 in Kontakt. Im Januar 1658 wollte er ihn um ein Urteil über Smethwicks 'discurs de tubis' bitten, eine Schrift, die er von Hartlib erhalten hatte und für Wiesel ins Deutsche übersetzen wollte. Damit beabsichtigte Moriaen aber auch, den Optiker zu veranlassen, sich mit den Ideen des englischen Erfinders auseinanderzusetzen.[112] Henry Oldenburg, ein anderes Mitglied des Hartlib-Kreises, versäumte es nicht, Wiesel aufzusuchen, als er im Herbst desselben Jahres in Augsburg Station machte und vermutlich bei Anckel wohnte. Er kaufte für einen Dukaten ein kurzes Perspektiv, das seiner Sehstärke angepaßt war. Weil er mit seinem Reisebegleiter nur einen Tag in Augsburg bleiben konnte, war die Zeit allerdings zu kurz, um Wiesels Vertrauen zu gewinnen und nähere Auskünfte von ihm einzuholen, was er gern getan hätte, wie er Hartlib berichtete.[113] Einige Monate vor seinem Tod erhielt Wiesel nochmals englischen Besuch: Robert Southwell (1635-1702), später Präsident der Royal Society, hatte sich eine Zeitlang in Florenz aufgehalten und kam im Oktober 1661 auf seinem Heimweg durch Augsburg. Er schrieb an den Hofmathematiker Vincenzo Viviani (1622-1703) in Florenz, daß er den "guten alten Wiesel", *quel bon veccherello*, besucht hätte, der ihm ausgezeichnete Fernrohre mit zwei, vier und fünf Linsen gezeigt hätte, ebenso Mikroskope und ein Polemoscopium.[114] Man war demnach

---

[109] Ein Dreibein-Mikroskop von Marshall befindet sich im Museum of the History of Science in Oxford. Ein ähnliches, von Marshall signiert, wurde 1995 von Christie's in London angeboten: Katalog Fine Scientific Instruments 4.10.1995. S. 47 Nr. 159.

[110] Gloede S. 82; Turner: Mikroskope S. 40-42.

[111] HP 39/2/143A-B. o.D. Wortlaut im Anhang A.1 Nr. IV.

[112] HP 56/2/1B. 8/18.1.1658. Moriaen an Hartlib: *Über Smethwicks discurs de tubis möcht ich H.Hevelii und Wiselii urheil woll wißen. Diesem gedenk ich den discurs zu verteuschen und nach Augsurg zue senden* [unleserlich] *dardurch werden solche ingenia auffgemundert zue einer loblichen ehrfurcht und wird offt viel gutts dardurch zuewegen gebracht.*

[113] Oldenburg Bd. 1. S. 288. 23.7./2.8.1659. Oldenburg an Hartlib: *We did not neclect to see Wiselius at Augsburg, yea I bought of him a litle perspective of a mans hand long, fitted for my sight, which is somewhat short, that costed a ducat. But to learne something of him, as we faine would have done, we found him not inclined, our time being very short, in which one cannot so conveniently insinuate onselfe into the good will of such men, as if one had more; we not being able to stay any longer in that towne, than 24.houres*; Oldenburg Bd. 2. S. 68f. 15.6.1663. Oldenburg an Anckel; A.R. Hall: Oldenburg. In: DScB Bd. 10. S. 200-203.

[114] Biblioteca Nazionale Centrale Firenze. Cod. Galilaeana 154. fol. 176r-177r. 9.10.1661. Southwell an Viviani; den Hinweis auf diesen Brief erhielt ich von Herrn Prof. Albert Van Helden.

nicht nur in England noch immer an Wiesel interessiert, sondern offenbar auch in Florenz.

John Bargrave (1610-1680), ein anderer englischer Reisender, der als Tutor in den Jahren 1646 bis 1660 Italien viermal aufsuchte, und mit seinen bescheidenen Mitteln allerhand Münzen, Medaillen, Antiquitäten, Naturalien und Kuriositäten aufkaufte, erwarb auch einige optische Instrumente, und zwar in Augsburg, Nürnberg und Wien. Nach der Restauration von Charles II. kehrte er nach England zurück und wurde 1662 'Canon of Canterbury Cathedral'. Fünf Jahre nach seinem Tod übergab seine Witwe die Sammlung der Bibliothek der Kathedrale von Canterbury, wo sich heute noch ein beträchtlicher Teil davon befindet.[115] Mit Ausnahme einer Linse sind die optischen Geräte wie Prismen, Zerrspiegel und ähnliches verloren gegangen.[116] Aus Bargraves eigener, erst 1676 aufgestellter Beschreibung gehen aber einige interessante Informationen über seine Einkäufe hervor. Er nannte einen Optiker Westleius in Nürnberg. Nachdem sich in Nürnberg keine Spur eines ähnlichen Namens fand, Bargrave aber auch in Augsburg war, wäre es durchaus möglich, daß er Wiesel gemeint hatte. Dieser Westleius hatte ihm erzählt, daß er große Verluste erlitten hatte, weil er versucht hatte, die 'optischen Spekulationen' von Pater *Kercherius*, einem römischen Jesuiten, nämlich Athanasius Kircher, in die Praxis umzusetzen, was ihm einen ganzen Korb fehlerhafter Gläser einbrachte.[117]

3.4 Danzig – Hevelius

Johannes Hevelke (Hewelke, Hevel, Hövel, lat. Hevelius) wurde am 28.1.1611 in Danzig als Sohn eines reichen Brauers und Ratsherrn geboren. Er durchlief die übliche Erziehung eines Bürgersohns und besuchte das Danziger Gymnasium. Dort war der Mathematiker und Astronom Peter Krüger (1580-1639) sein Lehrer, der in ihm wohl das Interesse für die Astronomie weckte. Als 1624 wegen der Pest die Schule zeitweise geschlossen war, wurde der junge Johannes nach Polen geschickt, um Polnisch zu lernen. 1629 reiste er über Köln[118] nach Leiden, wo er

---

[115] Sturdy/Henig; MacGregor: The Cabinet S. 153f. Die näheren Kenntnisse über die heutige Sammlung Bargrave verdanke ich den Bemühungen von Frau Dr. Anita McConnel und der freundlichen Hilfe von Herrn Dr. MacGregor.

[116] Sturdy/Henig. o.S.: Europe north of the Alps (c), Sammlungsnummern B 45-B 51.

[117] Robertson: Pope Alexander [...] with a Catalogue of Dr. Bargrave's Museum. S. 131-135: Nummern 45 bis 51; Bedini: the tube of long vision S. 191.

[118] Löhr: Protokolle. Bd. 1. S. 369 Nr. 1118. 7.11.1629: *Dem Johanni Hevelio M-D. kommend aus Deutschland nach NL zu reisen, ist seinem Angeben nach zu Bacharach und auf der Schanzen angehalten und allerdings an Zehrung und Kleidern beraubt worden; hält bittlich an um eine Beisteuer. – soll 6 Rtl. bekommen.*

ein Jahr lang Recht, Optik und Mechanik studierte. Der weitere Weg seiner Bildungsreise führte ihn 1631 nach London, wo er unter anderen Samuel Hartlib kennenlernte. In Paris, der nächsten Station, machte er die Bekanntschaft von Mersenne und Gassendi. Dem Mathematiker und Astronomen Ismael Boulliau begegnete er wahrscheinlich erst später.[119] In Avignon traf er 1632/33 Athanasius Kircher.[120] Der deutsche Jesuit, seit 1629 Professor in Würzburg, befand sich seit 1631 auf der Flucht vor den Schweden. 1633 gelangte er nach Italien, wo er bis zu seinem Tod in Rom lebte.

1634 kehrte Johannes Hevel heim nach Danzig, heiratete und übernahm die Brauerei seines Schwiegervaters. 1639 starb sein Lehrer Krüger. 1641 begann Hevelius den Bau einer eigenen Sternwarte mit einer kleinen Hütte auf dem Dach seines Hauses. Zehn Jahre später erstreckte sich sein Observatorium über drei Dächer, und Hevelius, ausgestattet mit besonders scharfen Augen, zählte bald zu den besten Himmelsbeobachtern Europas.[121] Es gab noch nicht viele Sternwarten. Vergleichbare Observatorien wurden erst etwa zwanzig Jahre später in Paris (1667-1671) und in Greenwich (1675) eingerichtet. Dank seiner handwerklichen Geschicklichkeit und seiner mathematischen Kenntnisse war Hevel fähig, seine Beobachtungsinstrumente selbst herzustellen, ja sogar Linsen selbst zu schleifen. Seine günstige wirtschaftliche Situation ermöglichte es ihm darüber hinaus, sehr viel Zeit und Geld zu investieren. 1647 gab er auf eigene Kosten in Danzig sein erstes großes astronomisches Werk, die 'Selenographia' oder die Beschreibung des Mondes (Lunae Descriptio) in Druck. Das Buch enthielt daneben teleskopische Beobachtungen der Planeten und der Sonnenflecken sowie sogar einen Anhang über die Konstruktion von Fernrohren einschließlich des Linsenschleifens. Selbst für den Leser, der des Lateinischen nicht mächtig war, bot das Buch wertvolle Informationen, denn Hevelius hatte es mit hervorragend gestochenen Bildern seiner Instrumente und seiner Beobachtungen bis hin zu vorzüglichen Mondkarten ausgestattet. Somit hob es sich erheblich von den wenigen in der Fernrohrzeit zuvor erschienenen Büchern ab. Hevelius mußte dem Maler und dem Kupferstecher nicht mühsam erklären, was er auf seinen Bildern sehen wollte, sondern er konnte beides selbst: sowohl zeichnen als auch die jeweilige Zeichnung auf die Kupferplatte übertragen. Winkler und Van Helden schildern, wie Hevelius durch dieses Buch zur Autorität wurde: Er zitierte die optischen Grundlagen des Fernrohrs aus früheren theoretischen Büchern, erklärte die Technik des Linsenschleifens einschließlich seiner Schleifmaschine, die er ebenfalls abbildete, den Einbau der Linsen in ein Fernrohr und seine Montierung. Sah man danach seine Ergebnisse in

[119] Nellen S. 259f u. S. 469-496. Der Briefwechsel der beiden Astronomen begann 1648.

[120] Fletcher: Astronomy. S. 67; Fletcher bezieht sich auf Olhoffius: Excerpta 1683. S. 107. Brief an Lubienetzki vom 25.7.1665.

[121] Ein Modell der Danziger Sternwarte wird in der Abteilung Astronomie im Deutschen Museum in München gezeigt.

Wort und Bild, so mußte man einfach glauben, was er beobachtet hatte.[122] Freilich stellte sich später heraus, daß Hevelius in der Beurteilung seiner Beobachtungen durch das Fernrohr auch Fehler unterlaufen waren. Man mußte ja erst lernen, mit den Bildern umzugehen, welche die noch fehlerhaften Linsen und Fernrohre zeigten. Manche Erscheinung war nicht real, sondern hatte ihren Grund in eben diesen Fehlern der verwendeten optischen Geräte.

Danzig hatte ab 1309 dem Deutschen Orden gehört und ab 1361 zur Hanse. 1454 sagte sich die Stadt vom Orden los, zerstörte die Ordensburg und begab sich unter das Protektorat Polens. Sie hatte dadurch eine weitreichende Selbständigkeit behalten. Durch das 'Privilegium Casimirianum' erhielt Danzig fast die Stellung eines unabhängigen Freistaats und das Recht der freien Religionsausübung. Die Danziger Ratsherrn sandten Vertreter in den Landtag von Westpreußen, die den polnischen Magnaten gleichgestellt waren. Danzig war die reichste und größte Stadt im polnischen Commonwealth und wurde zur wichtigsten Stadt im Baltikum. Die Bevölkerung von Danzig war überwiegend deutscher Abstammung und sprach deutsch.

Hevelius war es durch seine Sprachkenntnisse möglich, einen ausgedehnten Briefwechsel zu führen, etliche seiner Korrespondenten kannte er persönlich, entweder von seinen Reisen, oder von Besuchen. Kein astronomisch interessierter Reisender, der nach Danzig kam, versäumte es, Hevelius und seine berühmte Sternwarte aufzusuchen. Am Anfang seiner astronomischen Tätigkeit hatte er gelegentlich Fernrohre verliehen oder an Potentaten verschenkt. Herzog Ernst von Gotha,[123], der polnische König,[124] der Herzog von Holstein[125] oder schwedische Adlige wie etwa Wrangel[126] waren einige der Empfänger, die sich mit reichen Geschenken revanchierten.

Eine gewisse Tragik liegt über dem weiteren Leben des berühmten Astronomen. Der junge, äußerst begabte holländische Wissenschaftler Christiaan Huygens, damals 26 Jahre alt, entdeckte 1655 mit seinem neuen, 12 Fuß langen Fernrohr, dessen Linsen er gerade erst zusammen mit seinem Bruder Constantijn geschliffen hatte, daß auch um den Planet Saturn ein Mond kreist (Titan 8. Größe). Sein dadurch entstandener Anspruch, das beste Fernrohr gebaut zu haben, forderte manchen Widerspruch heraus, auch bei Hevelius. Im Jahr darauf löste

[122] Winkler/Van Helden: Hevelius.

[123] BN Paris Man. lat. 10347 t. 3 fol. 66r (OP C 1 t. 3 fol. 389r-v). 23.9.1653. Hzg. Ernst bedankte sich bei Hevelius für das Fernrohr. Es war durch die Vermittlung von Andreas Reyher, dem Rektor des Gothaer Gymnasiums nach Gotha gelangt; Landesbibliothek Gotha. Chart A 699 fol. 250r-251v. 29.7.1653. Hevel an Reyher; ebd. Chart A 699 fol. 252r-253v. 4.12.1653. Hevel an Reyher

[124] OP C 1. t. 1 fol. 185v (neue Zählung). 13.11.1647. Noyers an Hevel; BN Man. lat. 10347 t. 4 S. 91. 8.10.1658; Noyers an Hevel.

[125] Brandstätter: Hevelius. S. III.; Hevelke S. 174f.

[126] Losman/Sigurdsson S. 103; ein Polemoscopium, das von Hevelius stammen soll, liegt in Skokloster.

Huygens das Rätsel der Saturnerscheinung, das die Wissenschaftler seit vielen Jahren beschäftigt hatte: Der Planet, der im Fernrohr manchmal als Scheibe gesehen wurde, manchmal als ob er aus drei Körpern bestehe oder so, als ob er Henkel habe, war von einem Ring umgeben, was Huygens allerdings zuerst verschlüsselt als Anagramm veröffentlichte. Als er es drei Jahre später in seiner Schrift 'Systema Saturnium' auflöste, fand er nicht überall Zustimmung. Auch Hevelius war unter den Zweiflern.[127] Ab 1665 benützte Giovanni Domenico Cassini (1625-1712), Professor der Astronomie in Bologna und ab 1671 Direktor der Sternwarte in Paris, Fernrohre des römischen Optikers Giuseppe Campani (1635-1715) und erzielte mit ihnen hervorragende Ergebnisse. In den siebziger Jahren erhielt die Danziger Sternwarte bekanntlich Konkurrenz durch die großen neuen Sternwarten, die in Paris und Greenwich gebaut wurden. Cassini entdeckte z.B. in Paris weitere Satelliten des Saturn und erkannte 1675 die später nach ihm benannte 'Cassinische Teilung' des Saturnrings. Man fing ferner an, verstärkt Meßgeräte mit Fernrohren zu verbinden oder Mikrometer einzusetzen, und die Hoffnung, auf die Hevelius wie Huygens gesetzt hatte, nämlich durch Linsen mit immer größerem Durchmesser neue Entdeckungen zu machen, erwies sich als falsch. Die Rohre für solche Linsen wären, um die Abbildungsfehler klein zu halten, viel zu lang und damit instabil geworden, weshalb man die Linsen ohne Tubus an langen Stangen befestigte. Diese sogenannten 'Luftfernrohre' waren indessen sehr schwierig zu handhaben; ihre Technik galt deshalb bald als überholt. Hevelius gab zwar noch verschiedene weitere Schriften heraus, als wichtigste die beiden Bände 'Machinae coelestis', 1668 und 1679. Fast gleichzeitig erlitt er 1679, bald siebzigjährig, durch einen Brand den totalen Verlust seiner Sternwarte, wobei viele Exemplare des zweiten Bandes der 'Machinae Coelestis' verbrannten. Das Buch ist deshalb heute äußerst selten. Obwohl Hevelius nochmals ein Observatorium einrichtete, erholte er sich doch nicht mehr völlig von diesem Schicksalsschlag. Er starb am 28.1.1687.[128]

Daß Hevelius die außerhalb seiner Vaterstadt erzielten Fortschritte in der Fernrohrtechnik interessierten, liegt auf der Hand, zumal er neben seinem Amt als Ratsherr und der Arbeit an seinen Büchern immer weniger Zeit für die eigene Herstellung von Instrumenten erübrigen konnte. Seine Korrespondenz, die ab 1643 erhalten ist, gibt deshalb ein gutes Bild vom damaligen Stand des optischen Handwerks. In der Bibliothek des Pariser Observatoriums liegen die Originale der Briefe an Hevelius sowie Kopien seiner eigenen Schreiben. In der Nationalbibliothek in Paris sind Kopien von beiden aufbewahrt, die Hevelius noch selbst anfertigen ließ. Die beiden Sammlungen sind allerdings nicht identisch, manches fehlt in der einen, manches in der anderen. Die Kopien in der Bibliothèque Nationale sind oft besser zu entziffern. Aus dem Inhalt erfahren wir, daß Hevelius vie-

---

[127] Van Helden: Saturn and his anses; ders.: 'Annulo cingitur'.

[128] Hevelke; Zinner Instrumente S. 375-379.

len Wünschen nach einem Fernrohr, die an ihn herangetragen wurden, eine Absage erteilen mußte, daß er diese Absage aber oft mit Ratschlägen für die Herstellung von Linsen oder Instrumenten verband. Durch Hartlib erfuhr er von den Fortschritten der englischen Wissenschaftler und Optiker. Daneben tauschte man Neuigkeiten vor allem auch über Bücher aus, und Hartlib übernahm es, einige Exemplare von Hevelius 'Selenographia' an die Empfänger weiterzuleiten und weitere zu verkaufen.[129] Der Londoner 'intelligencer' konnte sicher sein, daß die Wieselsche Preisliste seinem Danziger Brieffreund hoch willkommen war. Am 28. September 1647 schickte er sie deshalb in der deutschen Fassung ab, am 10. Dezember bestätigte Hevelius, daß er die Liste bekommen hatte, und fügte an, daß ihm Wiesel vom Namen her bereits bestens bekannt sei (de nomine optimè mihi noti), hatte er ja schon in der Selenographia berichtet, daß Wiesel sich viel Mühe um die Weiterentwicklung der Teleskope gegeben habe und Papprohre verwende.[130] Hainhofer hatte also nicht unrecht gehabt, als er 1642 schrieb, Wiesel sei nunmehr innerhalb und außerhalb des Reiches wohlbekannt. In seiner Antwort erkundigte sich Hevelius bei Hartlib entsprechend ausführlich nach den näheren technischen Einzelheiten von Wiesels Rohren, wie viele Linsen sie enthielten, von welcher Form sie seien, ob es sich um monokulare oder um binokulare Teleskope handle, wie sie Rheita in seinem Oculus Enoch erwähnt habe.[131]

Als Hevelius im März 1650 von Christian Otter (1598-1660), Hofmathematiker in Königsberg und Bekanntem von Moriaen, erfuhr, daß dieser Fernrohre von Wiesel erhalten hatte, begann er mit Moriaen einen Briefwechsel.[132] Mit dem Kauf eines Fernrohrs zögerte er noch, erkundigte sich erst eingehend nach den Linsen und wie die Rohre zusammengesetzt seien, ob Moriaen Kenntnis von Divinis Arbeiten in Rom hätte und ob die Fernrohre des Römers besser wären als die von

---

[129] OP C 1. t. 2 fol. 215r. 20.3.1651; OP C 1. t. 2 fol. 248r-v. 17/27.10.1651; Hartlib an Hevelius.

[130] Hevelius: Selenographia S. 15f.: [...] *ex papyro concinnantur, sicut ejusmod. Tubi Johanni Wiselio Optico Augustano, qui diligentissiman in iis adornandis posuit operam,* [...].

[131] OP C 1. t. 1 alte Zählung fol. 78r, neue fol. 191r. 28.10.1647. Hartlib an Hevel: *Interim Tibi hanc Augustani cuiusdam Artificis Tuborum descriptionem transmitto*; OP C 1. t. 1 alt: fol. 80r-v 3.Blatt, neu: fol. 193r-194r (BNP Man. lat. 10347 t. 1 fol. 120v). 10.12.1647. Hevel an Hartlib: [193v] *Gratias tibi* [194r] *insuper debeo, pro tuborum ista, Diligentissimi Weselii, de nomine optimè mihi noti, descriptione. Sed adhaec gratum quàm quod maximé mihi existeret, si indagari posset, ex cuius generis lentibus, tubus iste ultimus, quem omnium maximi aestimat, sit compositus; utram videlicet lente altera concava, altera convexa, an utraqu.. convexa? et nam lentes sectionem exhibeant sphaericam, an conicam, quotqu.. ille constet vitris? nec non, an tubus ille sit unoculus an vero binoculus? prout Antonius Maria de Rheita, in oculo suo Enochiano eius mentionem facit.*

[132] OP C 1. t. 2 fol. 186r. 1.3.1650. Otter an Hevel: [...] *weil mein guter Freund H.Johan Morian von Amsterdam an mich schreibt, wie daselbst eine besondere Art eines Telescopii ankommen sey* [...] *Er schreibet auch, daß* [er] *in Kurtzen solch ein telescopium (von Augspurg, da es gemacht wird) bekommen werde*; OP C 1. t. 2 fol. 193 [3 Seiten]. 11.3.1650. *Hevel an Moriaen.*

Wiesel. Kircher hatte Hevelius schon 1648 von Divini berichtet.[133] Dieses Beispiel zeigt wieder deutlich welches Netz der Informanten ganz Europa überzog. Moriaen, der ja Wiesels Fernrohre verkaufen wollte, ignorierte offenbar Hevels Frage nach Divini. Hartlib schrieb am 9.7.1651 an den Danziger Astronomen, nachdem dieser sich über das lange Schweigen von Moriaen beklagt hatte: *Herr Moriaen schreibet mir zur Antwort wie folget: H.Hevelio habe ich umb verschiedener Ursachen bisher nicht geantwortet: den Er auch absolutè nicht bestelt, sondern nur wißen wollen, ob der Opticus zu Augsburg oder ein andrer zu Rom die besten mechte. Der Brieff ist den 7. Juli 1651 datiert.*[134]

Inzwischen hatte Hevelius ein Mikroskop von Wiesel bestellt, das ihm Moriaen 1652 übersenden konnte. Wieder stellte Hevel die Frage nach der Beschaffenheit und der Wirksamkeit von Wiesels Fernrohren. Moriaen, der noch einmal eines erhalten hatte, antwortete ihm im Mai, er habe kein Fernrohr eines anderen Optikers zum Vergleich in Händen.[135] Der Danziger Astronom war aber sehr hartnäkkig, die Augsburger Fernrohre ließen ihm keine Ruhe! Als er das Buch 'Almagestum novum' von Riccioli erhalten hatte, war ihm offenbar klar, daß das dort erwähnte "Teleskop aus Bayern" nur von Wiesel stammen konnte, wenn auch damals Augsburg nicht zum Kurfürstentum Bayern gehörte. Er schrieb im April 1654 an Athanasius Kircher:

> "Bevor ich aber mit Eustachius [Divini] wegen des Preises in Verbindung trete, bitte ich allerhöflichst, daß Du vorher von R. P. Johann Baptist Riccioli, Deinem großen Freund, (den ich ... grüßen möchte), erforschen mögest, ob ein Tubus opticus gleicher Länge von Eustachius de Divinis natürlich oder aber von Johann Wiesel, dem Optiker aus Augsburg in Bayern (dessen Tubus der Pater Riccioli besitzt, wie ich aus seinem vortrefflichsten Werk Almagestus, das ich neulich zum ersten Mal gesehen habe, erkannt habe) besser sei? Ich zweifle nicht, daß er bei seiner einzigartigen Menschlichkeit und seinem Interesse am Studium der Mathematik Dir und mir seine Meinung ganz offen und ehrlich ohne Schwierigkeit darlegt. Wenn er der Meinung ist, daß der Tubus des Eu-

---

133 OP C 1. t. 1 alt fol. 88r, neu fol. 203r. 14.2.1648. Kircher an Hevel: (203r) *Est hic modo Romae Horologiarius quidem Eustachius Divini nomine, qui ad tam eminentem tuborum conficiandorum notitiam pertigir, ut omnibus suumqu..*[?] *palmam praecipaisse underqu.. conficit is tubos 45 palmarum Rom: quibus ad 16 milliaria Italica homines docet dignoscere; Comites Joves sub magnitudine canis seu procyonis exhibet; res prossus miranda. Sed [Secret?] de tubis.*

134 OP C 1. t. 2 fol. 247r-v 3.u.4.Seite (BNP Man.lat.10347 t. 2 fol. 182). 9.7.1651. Hartlib an Hevelius.

135 OP C 1. t. 2 fol. 304r. 22.2.1652 Moriaen an Hevel: *Das Telescopium welches nun auch zu den observationibus solaribus bequemer sein soll, sobald ichs empfange will Ich geliebt es Gott alle Eigenschaften desselben anmerken und meinem Herrn zu wißen thun*; OP C 1. t. 2 fol. 306r (BNP Man. lat. 10347 t. 2 fol. 297). 28.5.1652. Moriaen an Hevel: *von dießes Tubi qualitetes kan ich nicht woll urtheilen ob Er beßer sey als etwan ander dieß ist gerühmet worden aldieweil derselben keinen bey handen mit dem Er conferirt* [verglichen] *werden könde.*

stachius nicht weniger wert sei als der des Wiesel aus Augsburg, in der Tat besser, bitte ich sehr, daß Du bei erster Gelegenheit irgendeinen ..., 35 palm. lang kaufst und zwar einen solchen, den Ihr als den besten seiner Art beurteilt, für 40, 50, 60 aber höchstens 70 Reichstaler, wenn ihr der Meinung seid, er ist es wert. Ich vertraue Dir dies als meinem hoch berühmten Freund an, denn ich glaube, daß niemand besser als Du weißt, was in dieser Sache für mich vorteilhaft ist. Das Geld überschicke ich durch Dr.Georg Forster, der wird es Dir sogleich in meinem Namen bezahlen. Ihm soll auch dieser Tubus übergeben werden (wenn eine bessere Gelegenheit fehlt) für mich. Ich bitte Dich immer wieder, daß Du die Kapsel gut verschließt.

Wenn aber R.P. Ricciolus meint, daß das Wieselsche oder Augsburger Teleskop besser sei als das Eustachische, bitte mache, daß ich dies durch den nächsten Boten erfahre, so glaube mir, ich werde Dir sehr verbunden sein. Dann werde ich mich bemühen, daß ich von Wiesel, wenn es P.Ricciolus so gut erscheint, irgendeinen Tubus kaufen kann. Diesen nur zu dem Zweck, damit ich jenen mit meinen Fernrohren vergleichen und zugleich ihre Möglichkeiten erforschen, und so besser und sicherer über ihre Leistungsfähigkeit und Güte zur rechten Zeit mein Urteil abgeben kann."[136]

Nachdem Hevelius von Kircher keine Antwort auf seine Frage erhalten hatte, wiederholte er sie im April 1655, diesmal in einem Brief an Riccioli selbst:

"Übrigens da ich aber nun sicher bin, daß Du sorgfältig sowohl das Teleskop des Eustachius de Divini als auch das des Augsburger Optikers Johannes Wiesel beim Mond und den übrigen Planeten erkannt und erprobt hast, deshalb bitte ich, mir ohne Umstände Dein Urteil zu eröffnen, wessen Fernrohr besonders zum Mond geeigneter, natürlich heller, sei, und zugleich die Objekte am besten vergrößert;"[137]

Auch Ricciolis Antwort kennen wir nicht. Sie muß zugunsten von Wiesel ausgefallen sein, denn Hevelius kaufte wirklich ein großes Fernrohr von Augsburg. Wann es in Danzig angekommen ist, war nicht festzustellen. Ab 1658 gibt es verschiedene Zeugnisse davon, nicht nur von Hevelius selbst. Offenbar bestrebt, seine eigenen Fernrohre immer noch als die besten anzusehen, schrieb er vor allem von dem hohen Preis, nämlich 180 Reichstaler. Das ist wirklich einer der höchsten Preise für ein Wiesel-Fernrohr, den wir kennen. Einige Beispiele aus Hevels Korrespondenz seien angefügt:

Hevelius korrespondierte häufig mit dem französischen Sekretär der polnischen Königin, Pierre Des Noyers. Am polnischen Hof verteidigte man die Ideen des Copernicus und hielt Verbindung zu den wissenschaftlichen Zentren Europas,

[136] OP C 1. t. 3 fol. 422r-v 2.Blatt r (BNP Man. lat. 10347 t. 3 S. 117-119). April 1654. Hevel an Athanasius Kircher. Übs. aus dem Lateinischen Spring.

[137] BNP Man. lat. 10347 t. 3 S. 154-156 (OP fehlt). 16.4.1655. Hevel an Riccioli. S. 156 Übs. Spring.

denn Johann II. Kasimir, von 1648 bis 1668 König von Polen, war wie seine Frau an den Naturwissenschaften interessiert.[138] Es weilten immer wieder Wissenschaftler, Ingenieure und Künstler in Warschau, wie etwa der Kapuziner Valeriano Magni (1581-1661) oder Tito Livio Burattini (1617-1682), der sich nicht nur mit Flugversuchen (fliegender Drache) und Experimenten zum Vakuum sondern auch mit dem Linsenschleifen beschäftigte. Er unterhielt die Verbindungen von Warschau nach Italien.[139] Des Noyers berichtete am 16.4.1659 seinem Freund Ismael Boulliau in Paris: "Monsieur Hevelius hat ein Fernrohr in Augsburg machen lassen, wo der beste Handwerker von Europa ist; dafür hat er 70 Dukaten bezahlt. Er hat mir gesagt, es ist gut und besser als die, die er macht."[140] Bei ihrem Besuch in Danzig im Dezember 1659 besichtigte die polnische Königin die Sternwarte von Hevelius. Des Noyers schrieb aus Danzig an Boulliau:

> "Er [Hevelius] stellte dieses exzellente Teleskop ein, das er von Augsburg hatte kommen lassen und für das er 500 francs bezahlt hat. Man sah nicht nur sehr klar die feinen Tröpfchen der Gischt des Meeres, sondern sogar die Bewegung des Wassers am Horizont. Daraufhin betrachteten wir den Mond, gerade als die Sonne unterging, und ich versichere Ihnen, daß ich seine Flecken nie so groß und deutlich gesehen habe."[141]

Der König selbst besichtigte am 29. Januar 1660 die Danziger Sternwarte. In dem Bericht darüber ist von dem "besten Fernrohr, das je gemacht wurde, von 7 Gläsern und dick wie ein Oberschenkel" die Rede.[142]

Am 31.5.1660 schrieb Hevel an Caspar March (1619-1677), Arzt und Mathematiker in Rostock: *ich habe einen* [Tubum] *fur* [vor] *etlichen jahren lassen von Auspurg* [sic] *kommen, der mir* [?] *Ducaten zu Auspurg zustehen kömbt, meritiret* [er ist es wert] *daß der Herr umb deshalben allein nach Dantzig kommen von*

---

[138] siehe auch Kap. II.2.1.

[139] Favaro; Dizionario Biografico degli Italiani Bd. 15. Rom 1972. S. 394-398.

[140] BNP f.fr. 13020 fol. 189v. 16.4.1659. Des Noyers an Boulliau: *M.Hev. a fait faire une lunette a Augsburg ou est le meilleur ouvrier de l'europe de laquelle il a payé 70 ducats. on me dit qu'elle est bonne et meilleure que celles qu'il fait.*

[141] BNP f.fr. 13020 fol. 294v-295v. 20.12.1659. Des Noyers an Boulliau (294v): *Il ajusta cette excellente lunette qu'il a fait venir d'Augsbourg et pour laquelle il a payée* (295r) *cinq cent francs. On voyait non seulement tres distinctement ce qui estoit au nuage de la mer, mais encore le mouvement de l'eau al 'orison. En suitte nous regardames la (* [lune] *juste comme le soleil se couchait, et je vous avoue que ja nay jamais vue ses macules sy grande n'y sy distinctes.* Auf diese Briefe von Des Noyers wies mich freundlicherweise Frau Dr. Mary Ellen Bowden hin.

[142] Ohhoff 1683 S. 66: *Ex Literis quibusdam Parisios transmissis, certi cujusdam Amici: ... si le ciel eust esté plus serain, il lui eust fait voir les eminences, les vallons, le solide & le liquide du globe de la Lune, avec la meilleure Lunette qui ait jamais esté faite, composée de sept verres, & presque aussi grosse, que la cuisse.*

Rostock.[143] Ismael Boulliau hatte im März und April 1661 Hevelius besucht und mit ihm zusammen beobachtet. Er reiste weiter nach Warschau zu Desnoyers, und schrieb am 11.7.1661 an Christiaan Huygens: "Monsieur Hevel hat mir mit seinem großen Fernrohr aus Augsburg von Viselius gezeigt, was Du im Schwertgehänge des Orion observiert hast. Die Sache ist schön anzusehen und wert, daß man darüber philosophiert."[144]

Am 5.7.1661 gab Hevel dem kurfürstlich brandenburgischen Hofrat Johann Gebhard Rabener (1632-1701) zur Antwort:

> *Was sonsten den Tubum betrifft, den mein Herr allhier von Dantzig aus begehrt, so kann ich dem Herrn hiemit berichten, daß auch nicht ein einziges gutes telescopium allhier zu kaufen sey, denn sie nicht gemacht werden, man muß sie, wo man sie nicht selbsten machen kann, in Niederland, von Rom oder Augsburg suchen, alwo sie zwar noch etzlichermaßen zu finden, wie wohl in einem sehr hohen preiß. ich habe einen außer denen, die ich selbst vor jahren gemacht (da ich itzo dazu keine Zeit) der zu Augsburg geschliffen, welcher mir bey 100 ducaten kost, wiewohl eztliche die ich selbst gemacht, ein viel mehreres thun können in gewißen sachen.*[145]

Auch Baron Bengt Horn in Reval, königlich schwedischer Generalgouverneur von Estland, wollte aus Danzig ein Fernrohr bekommen. Ihm schrieb Hevelius drei Jahre später, am 26.5.64:

> *Im übrigen ist mir herzlich leid, daß ich Ihrer Exc. mit einem gutten und langen perspectiv nicht wilfahren und bedienen kann, alldiweil schon fast viele iar verfloßen, daß ich ... kein eintziges mehr, als ich zur täglichen observation vonnöhten, habe selbsten verfertigen können; auch also das ich selbsten for wenig iaren ein langes Tel. zu etzlichen gewißen observationen mir von Augspurg von H. Wieseln für 180 Rth ungefehr habe verfertigen lassen. Welcher gedachte Wiesel ein vornehmer Opticus gewesen ist; aber, wie ich neulich vernommen, allbereits todes verblichen, unterdessen soll er ein anverwandten hinterlaßen haben, der sie ebenmeßig für allerley preiß verfertigen soll. Der mir meines verschrieben ist ein Kaufmann alhie zu Dantzig welchen ich auch wol, wo es möchte begehret werden, könnte Hr.Commiss. Kypern* [?] *an die handt geben, ein volligen Bericht von denselbigen perspectiven, wann nur von*

---

143 BNP Man. lat. 10347 t. 4 S. 169-173. 31.5.1660. Hevel an Dr. Caspar March. March wurde Prof. der Mathematik und Medizin an der Universität Rostock. 1663 besuchte er Hevelius (Nellen: Boulliau S. 474). Poggendorf Bd. 2. S. 43f.; Jöcher Bd. 3. S. 142f.

144 OC Huygens t. 3 S. 290 Nr. 872. 11.7.1661. Boulliau an Christiaan Huygens: *Monsieur Hevel m'a fait voir avec sa grande Lunette d'Augbourg de la facon de Viselius, ce que vouz avez observé in ense Orionis, la chose est belle a regarder, & digne que l'on philosophe dessus*; daß Peiresc schon 1610 den Orionnebel entdeckt hatte, war in Vergessenheit geraten.

145 OP C 1. t. 5 S. 668. 5.7.1661. Hevel an J.G.Rabener; zu Rabener: Brather S. 311f.; Jöcher-Adelung Bd. 6. Bremen 1819. S. 1193; Soweit der Erdkreis reicht. S. 359f. Rabener lebte zeitweilig im brandenburgischen Hinterpommern, ab Anfang der 90er Jahre in Berlin, wo er an der Gründung des astronomischen Observatoriums der Akademie beteiligt war.

zuvor möchte resolviert werden, wie lang das ferngesicht sein solte, wozu es soll gebraucht werden, ob es soll ad terrestria oder ad coelestia gerichtet sein, den nach dem sie lang oder kurz geben sie mehr oder weniger. Der gedachte Wiesel hatt sie verschrieben [?] *zu machen für 10, 20, 30, 50, 100 wie auch 200 Ducaten. Sonst ist auch ein vornehmer Künstler zu Rom vorhanden Eichstachius de Divinis genandt, der auch dergleichen perspectivi verfertiget, eben in solcher weise, ob aber diese eben so gut als jene kann ich so genau nicht sagen: wolte also eher zu einem von Augspurg rahten, so sie nur möchten zu bekommen sein.*[146]

Bei diesem Schreiben vom Mai 1664 fällt auf, daß Hevelius weder den englischen Optiker Reeve noch den neuen 'Star-Optiker' Italiens, Giuseppe Campani in Rom, erwähnte, der zwei Jahre zuvor an die Öffentlichkeit getreten war. Auch von Divinis Instrumenten hatte er offenbar immer noch keine genauen Nachrichten. Später erwarb er ein Fernrohr von ihm. Nachdem Hartlib 1662 gestorben war, trat Hevelius bald mit Henry Oldenburg in Briefwechsel, war also über die Fortschritte der englischen Wissenschaftler und Optiker weiter bestens informiert.

Aus dem Jahr 1677 sind einige Briefe erhalten, die Hevelius mit Depiere gewechselt hat. Daraus geht hervor, daß auch ein Verwandter des Danziger Astronomen, Hecker, Kunde der Augsburger Werkstatt war. Depiere schrieb: *Herrn Hecker in Dantzig haben wir unterschiedliche Sachen geschickt wie noch mein Herr Schwer S.* [Schwäher selig] *im leben war.*[147]

3.5 Die Niederlande – Huygens

Spätestens 1644 wird Wiesel in den Niederlanden bekannt geworden sein, als Pell sich dort aufhielt. Ein Jahr später weilte Rheita in Antwerpen, wo sein Buch 'Oculus Enoch' gedruckt wurde, das den Hinweis auf Wiesel enthielt. Seit wann Moriaen den deutschen Optiker in den Niederlanden vertrat, ist nicht bekannt. Wie oben berichtet, gelangten offenbar bereits 1648 Instrumente aus Augsburg nach Amsterdam. Johann Moriaen schickte seine Informationen über Wiesel nicht nur nach England und Danzig, sondern auch an andere interessierte Freunde oder Geschäftspartner. Zum Beispiel hatte er Anfang 1650 Christian Otter in Königsberg von der Ankunft des Wieselschen Fernrohrs berichtet.[148] Natürlich verkaufte Moriaen auch in Holland selbst Instrumente, z.B. an den Globen- und Kartenher-

---

[146] OP C 1. t. 6 S. 854. 26.5.1664. Hevel an Baron Bengt Horn.

[147] BNP Man. Lat 10348 t. 12 S. 372-375. 4.11.1677. Depiere an Hevel (S. 374f.): Abraham oder Johann Hecker; vgl.Anhang A.3 Nr. 55.

[148] OP C 1. t. 2 fol. 186r. 1.3.1650. Otter an Hevel

steller Joan Blaeu im Amsterdam[149] oder an Constantijn Huygens, den Vater von Christiaan.[150] Constantijn d.Ä. hatte sich in den Jahren 1621 bis 1623 während seines Aufenthalts in London viel bei Cornelis Drebbel umgesehen und Instrumente von ihm gekauft. Drebbel war um diese Zeit vor allem mit der Konstruktion von Mikroskopen aus zwei konvexen Linsen beschäftigt gewesen.[151]

Auch bei Christiaan Huygens läßt sich ein Einfluß Wiesels nachweisen. Die Instrumente mit dem aus mehreren Linsen zusammengesetzten Okular waren ihm noch fremd, als er um 1652 begann, sich zusammen mit seinem Bruder Constantijn d.J. für das Linsenschleifen zu interessieren. Er bemühte sich Wiesels Instrumente kennenzulernen, und als er sie 1653 und 1654 zu Gesicht bekam, hat er sie sorgfältig untersucht und ausgemessen. Das erste Instrument von Wiesel, das er sah, erhielt er Anfang 1653 von Jacobus Edelheer (1597-1657) aus Antwerpen zur Ansicht. Edelheer, ein hoher Justizbeamter der Stadt Antwerpen (Pensionaris), und mit der Familie Huygens bekannt, hatte 1645 wohl den Druck von Rheitas Buch gefördert, denn Rheita widmete ihm den Abschnitt über die Optik. Huygens hatte den Juristen im Herbst 1652 in Antwerpen getroffen und durch ihn von Wiesel erfahren. Diese Nachricht gab er an den Cousin seines Vaters, Daniel de Vogelaer (1599-1669), weiter:

> "Habe durch meinen Herrn Edelheer Pensionaris von Antwerpen einige Mitteilungen erhalten betreffend der Fernrohre, die in Deutschland hergestellt werden, ich wollte nicht unterlassen Euer Ehren soweit ich davon verstanden habe, damit bekannt zu machen. Der Name des Meisters in Augsburg ist Joannes Wiselius, bei welchem man allerlei Sorten und Größen von Ferngläsern bekommen kann, die alle sehr gut sind. Die mit vier Gläsern sind besonders geeignet um sie für große Entfernungen auf der Erde zu gebrauchen, die von zwei Gläsern dienen besser dazu um die Sterne zu sehen. Da sind außerdem welche durch die man mit beiden Augen zugleich hindurch sieht, was ergötzlich ist und fürs Gesicht sehr bequem nach Aussage des erwähnten Herrn Pensionaris. Er hat mir versprochen, sein Fernrohr von Antwerpen hierher zu entbieten, das

---

[149] HP 37/146B. 25.3.1650. Moriaen an Hartlib: [...] *sch(reiben) an mich darinen Er* [Hevelius] *mich ersuchet umb nachrichtung wegen des optici Telescopii will auch selben woll eins haben* [...] *Im gleichen auch Blavius.*; HP 37/150A. 8.4.1650. Moriaen an Hartlib: [...] *Blavius ist unser Blaw der die Atlantes außgibt* [...]; Joan Blaeu, tätig 1627-1669.

[150] Worp: Constanstijn Hugens Bd. 5. S. 240 Nr. 5414. 9.6.1655. Const. Huygens (Dordrecht) an Colvius: *Je suis extremement convoiteux pour avoir un microscopium qui soit de mise, pour celuy que j'ai eu; quelque seigneur l'ayant emprunté, et l'ayant donne à un autre, j'en demeure privé. Cela m'a despleu extremement et en ai escrit à Mr.Moriaen, qui demeure à present à Arnhem, pour avoir un semblable comme celui que j'ai eu par son moien d'Ausbourg, mais la reponse est qu'il n'en a point pour le present.* Andreas Colvius (1594-1627) seit 1627 reformierter Pfarrer in Dordrcht, Dichter und Naturwissenschaftler, war auch mit Beeckman und Descartes bekannt. Von 1622 bis 1627 hatte er im Gefolge des holländischen Gesandten in Venedig gelebt. Aus: Snelders S. 67.

[151] OC Huygens Bd. 13,2. S. 513 FN 10; siehe Kap. Mikroskope.

welches er von dem vorgenannten Meister erhalten hat, und das von vier Gläsern ist. ..."[152]

Nachdem Huygens das Fernrohr untersucht hatte, äußerte er sich vor allem lobend über die Qualität der Linsen in Wiesels Instrument: "wenn ich sie [die Kunst des Linsenschleifens] mit demselben Glück in die Tat umsetzen und so genaue und reine Linsen herstellen kann, wie ich solche in dem Fernrohr des Herrn Edelherius gesehen habe, dann glaube ich, kann ich die Erfindung des Fernrohrs soweit nur möglich vorantreiben."[153]

Im nächsten Jahr erhielt er durch Vermittlung von de Vogelaer Fernrohr und Mikroskop von Augsburg samt deren Beschreibungen von Wiesels Hand. Beide übersetzte er ins Holländische.[154] Von diesen und noch weiteren Wiesel-Geräten hat er in seinen Papieren die Maße der Instrumente und der Linsen festgehalten. Die Skizzen sind im Huygens-Nachlaß in der Universitätsbibliothek in Leiden noch vorhanden, zum Teil wurden sie in den Oeuvres complètes abgedruckt.[155] Auf Veranlassung von Maria Rooseboom, der damaligen Direktorin des Boerhaave-Museums in Leiden, wurde 1954, 300 Jahre später, das Mikroskop nachgebaut. Erst in unserer Zeit hat Rolf Willach die Angaben von Huygens dazu benützt, die Qualität des Wiesel-Fernrohrs von 1654 zu prüfen.[156]

Die ersten Versuche der Brüder Huygens im Linsenschleifen fielen nicht sonderlich befriedigend aus. Ihre ältesten Linsen, die heute noch vorhanden sind, stammen aus den Jahren 1655 und 1656 und sind von äußerst schlechter Qualität. Das Glas ist nicht sehr gut, die ebene Seite ist krumm und voller Buckel. Diese Linsen liegen in Museen in Utrecht und Leiden. Aus den Pariser Jahren von Huygens sind keine Schleifversuche bekannt. Mit den späteren Linsen, ab 1682, erzielten die Brüder bessere Ergebnisse.[157] Allerdings entdeckte Christiaan Huygens 1655 mit seinem selbstgebauten Fernrohr den größten Mond des Saturn, heute Titan genannt.

Albert Van Helden hat dargelegt, daß Huygens zuerst keine zwingende Notwendigkeit für das zusammengesetzte Okular sah. Erst als die Fernrohre immer länger wurden, wurde es wichtig, daß das Gesichtsfeld größer wurde, was sich

[152] OC Huygens Bd. 1. S. 190 Nr. 135. 4.11.1652. Huygens an Gutschoven; OC Huygens Bd. 1. S. 215 Nr. 148. 1.1.1653. Huygens an D. de Vogelaer (holl.). Übs. von R. Riekher.

[153] OC Huygens Bd. 1. S. 224 Nr. 153. 6.3.1653. Huygens an Gutschoven (lat.): [...] *lentes tam accuratas nitidasque expolire, quam sunt eae quas in tubo D.Edelherij insertas vidi, puto me, inventum telescopiorum quousque licet promovere posse.* Übs. Spring.

[154] OC Huygens Bd. 1. S. 309-311 Nr. 207: Gebrauchsanweisung Wiesels für das Mikroskop (Handschrift Wiesels in der Universitätsbibliothek Leiden: Man. Hug. 45); Nr. 206 und Nr. 208: Übs. der Anweisungen für Fernrohr und Mikroskop ins Holländische von Christiaan Huygens. Wiesels originale Anweisung für sein Fernrohr ist offenbar verloren.

[155] OC Huygens Bd. 13-2 (1916). Maße: S. 598f. (Fernrohre); S. 676 (Mikroskop).

[156] Rolf Willach S. 190f.; siehe Kap. Mikroskope und Fernrohre.

[157] Van Helden, Anne/Van Gent: Huygens Collection S. 22 und IV; dies.: The Lens Production S. 70f.

durch zusammengesetzte Okulare erreichen ließ. Huygens erkannte wohl auch nicht sofort, daß sich bei geschickter Zusammenfügung der Linsen der Farbfehler des Systems verringern ließ. Um 1662 fand er die optimale Zusammensetzung der Linsen, die man heute noch als Huygens-Okular bezeichnet.[158] Selbst um diese Zeit interessierte sich der Wissenschaftler noch für Wiesels Geräte. Im Mai 1662 bat er seinen Bruder, ihm Angaben über ein Fernrohr von fünf Gläsern zu senden, das im Besitz von Monsieur de Monconys sei. Dann würde er das Teleskop kennen als ob er es gesehen hätte und könnte es mit anderen Instrumenten nach Wiesels Bauweise vergleichen, deren Beschreibung er habe.[159]

Christiaan Huygens wird uns später noch einmal begegnen, 1678, als er etliche Formen für ein einfaches Mikroskop entwarf. Einer dieser Entwürfe wurde zum Vorbild für ein Instrument von Depieres Nachfolger Cosmus Conrad Cuno.

3.6 Zusammenfassung

Man kann davon ausgehen, daß die überlieferten Quellen nur einen Ausschnitt von Wiesels Geschäftsbeziehungen zeigen. Neben Abschlüssen, die in Augsburg selbst getätigt wurden, auch von durchreisenden Kunden, waren es in den Anfangsjahren neben dem Arzt Dr.Widemann Augsburger Kaufleute, durch die Wiesel bekannt wurde, vor allem Philipp Hainhofer. Gegen Ende des Krieges und danach tritt mehr das internationale Netz der Wissenschaftler und Korrespondenten in den Vordergrund, durch das die Kunde von dem Augsburger Optiker verbreitet wurde. Seit 1645 wurde wiederholt in gedruckten Büchern auf ihn hingewiesen. In den Versand und die Bezahlung durch Wechsel waren die Augsburger Kaufleute nach wie vor einbezogen. Leider besitzen wir über die Zeit nach Wiesels Tod nicht mehr so ausführliches Quellenmaterial. Depiere belieferte weiter einige fürstliche Höfe und wurde von Reisenden aufgesucht. Circa zehn Jahre nach dem Tod seines Schwiegervaters, 1674, hielt er es offenbar für nötig, mit einer gedruckten Angebotsliste Werbung zu betreiben. Das Augsburger Geschäft war jetzt nicht mehr so einmalig, auch wenn wir aus dieser Zeit kaum etwas über ähnliche optische Werkstätten in Deutschland wissen. Italienische und englische Optiker hatten die Führung in Europa übernommen.

[158] Van Helden: Development. S. 29-34.
[159] OC Huygens Bd. 4. S. 125 Nr. 1010. 3.5.1662.Christiaan Huygens an [Lodewijk H.].

4. Daniel Depiere (+1682)

4.1 Familiäre Situation

Wie Anckel im Nachruf auf Johann Wiesel schrieb, war dessen Schwiegersohn nicht sonderlich geschätzt. Er wurde als ein grober und *hochtrabender Danziger*, also immer noch als Fremder angesehen, obwohl er seit fast 25 Jahren in Augsburg lebte. Offenbar war Depiere von unbeherrschtem Temperament. In Berichten von Wiesels Krankheit im Winter 1660 ist von heftigem Streit mit dem Schwiegersohn die Rede. In Regensburg wurde Depiere 1664 in Raufhändel mit Landsleuten aus Danzig verwickelt.[1] Andererseits versah er Ehrenämter wie zuvor sein Schwiegervater: Im Juli 1665 wurde er zum Zechpfleger von Ev. Heilig Kreuz gewählt, 1678 als Vertreter der Kaufleute in den großen Rat entsendet.[2] 1677 findet er als Leutnant der Stadtgarde Erwähnung, was eigenartig erscheint, war er doch schon um die 60 Jahre alt.[3]

Als Wiesel 1660 ernsthaft erkrankte, fragte sich Hirt, *ob der Tochtermann eben inn allen stückhen perfect ist, vnd auch das glückh haben wirdt.*[4] Doch nach Wiesels Tod wurde Depieres Arbeit gelobt, mitunter sogar über die seines Schwiegervaters gestellt.[5] Ernsthafte Konkurrenz scheint er in Deutschland nicht gehabt zu haben. Im Ausland bezog man optische Instrumente allerdings nicht mehr aus Augsburg sondern vor allem aus Rom und London. Hirt hatte zwei Jahre vor Wie-

---

1 HAB 85 Novi fol. 49r. 17/27.3.1664. Anckel an Hzg. August: *Der Opticus Depier genant, ist noch diese woche nicht eingelanget, die verzögerung, solle daher rüehren, daß Er mit Seinen Landsleuthen zu Regenspurg /.welche bey ietziger Reichsversamblung daselbsten, viele geldte zu lösen verhoffet:/ in eine Ungelegenheit gerathen und von Ihnen darüber mit Schlägen, übel tractiret worden, und deßwegen Seine ruckreyß, nolens volens, tifferiren müssen.*

2 StAA, EWA Nr. 876, 1665, Zechpflegerrechnungen von Ev. Heilig Kreuz; Rep. 39 Ämterbesetzung: Großer Rat S. 110. Zechpflege o.S.

3 Jürgen Kraus: Das Militärwesen der Reichsstadt Augsburg 1548-1806. Augsburg 1980. Abhandlungen 26. S. 394; Stadtlexikon 1985 u. 1998 (Kraus: Stadtgarde).

4 HAB 100 Novi fol. 355r. 12./22.1.1660. Hirt an Hzg. August.

5 HAB 100 Novi fol. 96r. 14.12.1656. Hirt an Hzg. August: *Er hat zwar einen Tochtermann, der in Wisels Kunst auch excelliert*; Monconys siehe Dussler Bd. 1. S. 159: *Daniel de Piere, der Schwiegersohn des verstorbenen Weselius, der noch bessere Brillen macht als dieser selbst.* Ausgabe Paris 1695, S. 250: *Daniel de Pierre, gendre de feu Weselius, & qui fait les lunettes encore meilleures que lui.* Mit 'lunettes' sind hier eher Fernrohre als Brillen gemeint.

sels Tod über diesen geschrieben: *dann seines gleichen waiss man nicht.*[6] Depiere selbst notierte in der Vorrede zu seinem Instrumentenverzeichnis, er habe sich an die vierundzwanzig Jahre bei Wiesel aufgehalten und neben ihm, als seinem *Herrn Schweher Seel. ohnaufhörlich gearbeitet, auch alle neue Erfindungen darbey beflissen.*[7] Hevelius teilte er mit, er habe zu Lebzeiten Wiesels *viel Arbeit gemacht, daß vor Seine* [Wiesels] *Handt Arbeit ist weggegeben worden.*[8] Vielleicht mag das manchmal der Anlaß zum Zwist gewesen sein. Es war zu jener Zeit allerdings üblich, daß die Produkte nur den Namen des Meisters trugen.

Daniel Depieres Vater hieß Jacob Debier. Die Schreibweise des Namens war ganz verschieden: de Bühr, de Piere, depiere, Depier etc.. Der Mathematiker und Ingenieur Johann Konrad Beuther, der um 1740 in Augsburg lebte und etliche Aufzeichnungen über die Augsburger Optiker hinterließ, berichtete, Daniel habe sich selbst Depierre genannt, *da er doch als ein gebohrner Deutscher, Stein oder Steiner geheißen.*[9] Leider ist das Wappen auf Depieres Siegel schwer zu identifizieren.[10] Depieres Geburtsort Danzig ist bekannt, nicht aber sein Geburtsjahr. Es muß vor 1620 gelegen sein, denn Depiere trat um 1638 in Wiesels Dienste und heiratete am 30.9.1640 dessen Tochter Anna. In den Hochzeitsamtsprotokollen wird er als Glaspossierer bezeichnet.[11] 'Posse' war im plastischen Handwerk ein Ausdruck für Figur oder Modell, 'possieren' also für Figuren herstellen. Man kannte z.B. den Wachspossierer. Später schrieb Depiere einmal, *daß er den Cristal und das Glas drehen kan gleich als das Bein.*[12] Er hatte auch das Glasblasen gelernt, denn er arbeitete 'zur Lampe'.[13] Am 13.10.1641 wurde ihm der Schein für die Kramergerechtigkeit ausgestellt.[14] Am 6.1.1652 erkauften sich die Eheleute Daniel Depiere die Mitgliedschaft der Kaufleutestube.[15] Seltsamerweise heiratete Depiere nach dem Tod von Anna Wiesel 1657 nicht bald wieder, wie es damals üblich war, sondern erst 1668. Am 30.6.1668 lebten von den zwölf Kindern aus

---

6 HAB 100 Novi fol. 354v-355r. 12./22.1.1660. Hirt an Hzg. August.

7 'Danielis de Piere, Gedanensis, Civis & Optici Augustani Designatio Instrumentorum ...' Augsburg 1674. SuStBA 4° Aug. 1075; im folgenden 'Depiere Verzeichnis' genannt. S. 14.

8 BNP Man. lat. 10348 t. 12 S. 372-375. 4.11.1677. Depiere an Hevel; hier S. 375.

9 SuStBA. Nachlaß Beuther. Mappe 2. Seite 1. nicht numeriert. Zu Beuther siehe Kap. II.6.3

10 HAB 85 Novi fol. 64v. 31.3./10.4.1664. Depiere an Hzg. August.

11 StAA 30.9.1640 Hochzeitsamtsprotokolle S. 344/345: *Daniel de Bühr von Danzig, Glaspossirer, und Anna Wißlin hißig, beide ledigen Standes; sind Bürgen: Martin Reichart Mahler, Johan Ulrich Wielandt Notarius, Ihrerseits herr Christoph Weichenmaier Notarii.* Ev.KRAA Hochzeitsbuch Barfüßer I 60/110. 8.10.1640.

12 BNP Man. lat. 10348 t. 12 S. 374. 4.11.1677. Depiere an Hevel.

13 Journal des voyages de Monsieur de Monconys, Ausgabe Lyon 1666, Bd. 2. S. 342: *il travaille à la lampe*; Zu Monconys siehe Kap. III.4: Mikroskope.

14 StAA Kramerakten (Goldschmiede) Nr. 16. 6./13.10.1641.

15 Industrie- u. Handelskammer Augsburg: Archiv Nr. 53. Protokollbuch der Kaufleutestube 1541-1710.

der Ehe Depieres mit Anna Wiesel noch vier Knaben, zumindest in Augsburg, wie aus dem Pflegschaftsbuch hervorgeht.[16]

Daniel Depiere heiratete in zweiter Ehe am 9.7.1668 bei Ev. Heilig Kreuz Regina Salome Schaffnerin, die Tochter des Oculisten (Augenarztes) David Schaffner und der Salome Fischer.[17] Schaffner (+ vor 1670) war 1644 als fahrender Oculist, Stein-, Bruch- und Wundarzt aus Thüringen nach Augsburg gekommen.[18] Sein Gesuch vom Dezember 1644, bis zur Kurierung seiner Patienten in der Stadt bleiben zu dürfen, wurde vom Collegium Medicum zuerst mit der Begründung abgelehnt, es seien bereits zwei *Oculisten und Schnidtärzte* (Schneidärzte) in der Stadt ansässig. Nachdem sich neben seinen Patienten auch die 'Verordneten Vorgeher' und die 'Geschworenen Meister' der Barbiere und Wundärzte sowie die Verordneten über die Apotheker-Ordnung für Schaffner eingesetzt hatten, wurde ihm im März 1645 der Beisitz gewährt, eine Art vorübergehendes Bürgerrecht.[19] Im Musterbuch der Augsburger 'Bürger und Inwohner' vom 12.8.1645 wird er bereits mit einem großen Haushalt von sieben Personen und zwei Pferden aufgeführt.[20] Später unterschrieb er als *der Stadt bestelter Oculist, auch Burger allhier*.[21] David Schaffner erwarb 1650 zwei Häuser in der Gegend des heutigen Stadttheaters, in der Nähe von Wiesels Haus in der Heilig-Kreuz-Straße. 1660 mußte er eine Hypothek aufnehmen. 1670 verkauften die Erben die Häuser.[22]

Schaffners Tochter Regina Salome war am 1.9.1646 bei den Barfüßern getauft worden. Als Taufpaten wurden Dr. med. Johann Henisius, Marx Stenglin und Susanna Sedelmairin eingetragen.[23] Depieres zweite Frau war bei ihrer Hochzeit knapp 22 Jahre alt, mindestens 25 Jahre jünger als ihr Mann. Dem Paar wurden zwei Töchter geboren. Am 6.6.1669 wurde Helena Barbara getauft, am 7.3.1672 Regina Salome.[24] Paten waren beide Male Leonhard Weiß (+1701), Proviant- und Oberpfleger der Stadt, Frau Ursula Jenischin, Frau des Pfarrers Paul Jenisch, und Jungfrau Helena Barbara Schorerin, die 1671 Johann Jacob Reiser heiratete, alle aus der gehobenen Bürgerschicht der Stadt. Die zweite Tochter starb wohl bald,

---

[16] StAA Pflegschaftsbuch S. 302. 30.6.1668; siehe auch Kap. II.1.4.

[17] StAA Hochzeitsamtsprotokoll S. 120. 1.7.1668: *Daniel de Piere Witiber hießig und stubenmäßig, Opticus und Jungfrau Regina Salome Schaffnerin von Augsburg gebürtig*; Haemmerle: Hochzeitsbücher Nr.. 3106; Ev.KRAA Hochzeitsbuch Heilig Kreuz I 151/11. 9.7.1668.

[18] Ev.KRAA Taufbuch Barfüßer II 375/239. 30.6.1645: Sohn Johann Christof. Eltern: *David Schaffner von Erkersberg auß Thüringen, Salome Fischerin von Schneeberg.*

[19] StAA Collegium Medicum Faszikel 10 C. Nr. 10; die Verordneten Vorgeher und die geschworenen Meister bildeten die Vorstandschaft der Zunft oder des Handwerks. Barbierer und Wundärzte (Chirurgen, Augenärzte) zählten zu den Handwerkern.

[20] StAA Schätze 37/I. Musterbuch 12.8.1645. S. 64 Nr. 8; Stadtlexikon 1998 (Steuer/Kalesse: Beisitz).

[21] StAA Collegium Medicum Faszikel 10 C. Nr. 14. 1651.

[22] StaatsAA Reichsstadt Augsburg Literalien D 562: S. 198 a.

[23] Ev.KRAA Taufbuch der Barfüßer II 404/311. 1.9.1646: Regina Salome.

[24] Ev.KRAA Taufbuch Hl. Kreuz: K I 445/41. 6.6.1669: Helena Barbara; K I 473/22. 7.3.1672: Regina Salome.

aber auch die junge Mutter, denn am 5.11.1677 schloß Daniel Depiere in Memmingen eine dritte Ehe mit Sara Rupprechtin, Tochter des Memminger Ratsherrn David Rupprecht. Sara war am 2.12.1649 geboren. Sie war also fast 28 Jahre alt, als sie den etwa 60jährigen Daniel Depiere heiratete.[25] Am 9.8.1681 kam ein Sohn Leonhard David zur Welt, Paten waren wieder Leonhard Weiß, inzwischen Stadtpfleger, Leonhard Seyfried und die Frau von Lorentz Mangolt aus Memmingen.[26]

Daniel Depiere starb im Mai oder Juni 1682. Am 6. Juni heißt es im Pflegschaftsbuch: *Erscheint Philip Kraus stubenheizer und stelt frau Sara Ruprechtin weyl: H.Daniel de Piers Optici seel: Wittib zu beyständ für: H Johann Heissen Mahlern und H Christian Hoiler* [?] *die haben das handgelübd geleistet und soll die Frau Wittib ins glübt genommen werde.*[27] Für den kleinen Sohn wurden nach dem Tod des Vaters der Handelsmann Georg Schiffner und der Goldschmied Leonhard Heggenauer (Heckenauer) zu Pflegern bestellt. Das Vermögen belief sich auf 362 Gulden 23 Kreuzer, wovon 101 Gulden 12 Kreuzer aus den *für ihn verkauften mobilien und fahrniß* erlöst worden waren.[28] Leonhard David Depiere wurde später Soldat der Stadt-Garde, heiratete 1735 und starb am 5.8.1741.[29]

Als ihr Vater wieder heiratete, erhielt die achtjährige Tochter Helena Barbara aus der zweiten Ehe Depieres am 2. November 1677 zwei Pfleger, den Kupferstecher Bartholomäus Kilian und den Barbier Gabriel Knuth d.J.[30] Beide stammten aus der Verwandtschaft Arnold - Miller. Knuths Vater, Gabriel d.Ä. war Pate bei den Kindern aus Depieres erster Ehe gewesen. Bartholomäus Kilian, den Sohn Wolfgangs, kennen wir schon als den Stecher von Wiesels Porträt. Der Eintrag im Pflegschaftsbuch vom 9.1.1683 bezeugt nochmals den Tod von Daniel Depiere: *Nachdem aber der Vatter nunmehr auch gestorben ...* Das mütterliche Erbe hatte 150 Gulden betragen, dazu *der Mutter sel. Bettstatt, Kleidung, Silbergürtel, Mes-*

---

[25] Ev.Pfarramt St. Martin Memmingen Trauungsbuch S. 164 Nr. 37. 5.11.1677: *Der Ehrenvest und Kunstreiche Daniel Depier Opticus von Augsburg und die Tugendsame Jungfrau Sara Rupprechtin von Memmingen*; St. Martin Memmingen Taufbuch S. 23 Nr. 106. 2.12.1649: Sara, Tochter des David Rupprecht und der Catharina Schulerin (Schielin); Christian Ruepprecht und Otto von Wachter: Stammtafel des Memminger Geschlechts der Ruepprecht und seines Lindauer Zweigs. 1927: ein Exemplar wird in der Landesbibliothek Stuttgart aufbewahrt: Allg.G. fol. 448.

[26] Ev.KRAA Taufbuch Hl. Kreuz II 11/78. 9.8.1681. Lorenz Mangold, in Memmingen im Geheimen Rat, war in erster Ehe mit Elisabeth Ruepprecht, einer Tante der Sara verheiratet, in zweiter Ehe (6.4.1668) mit Ursula Schüelin.

[27] StAA Pflegschaftsbuch 1682-1689. S. 11r. 6.6.1682.

[28] StAA Pflegschaftsbuch 1682-1689. S. 150. 14.9.1686 und loser Zettel.

[29] Ev.KRAA Hochzeitsbuch St. Anna I 264/6. 18.4.1735. Leonhard David Depiere, Stadt-Garde Soldat, heiratete Elisabeth Frölichin, Witwe von Martin Himpel (1. Hochzeit 1714: St. Jacob II 104/9); Sterbezettel St. Ulrich 21/148: Leonhard + 5.8.1741.

[30] StAA Pflegschaftsbuch 1673-1681. S. 309. 2.11.1677; Pflegschaftsbuch 1675-1682. S. 149 Nr. 309. 10.9.1680.

serscheid und Mehlring.[31] Nach dem Tod des Vaters war das Erbe auf 400 Gulden angewachsen, eine stattliche Summe, die auf einem Haus lag.[32] Helena Barbara heiratete am 20.8.1690 den Maler Johann Baptist Bernhard (um 1655-1714), wobei als ihr Beistand *Kosmus Konrad Kuno, Opticus, der Stiefvater*, eingetragen ist. 1695 erwarben die Eheleute von Bernhards beiden Schwestern die Anteile am elterlichen Haus in der Peutingerstr. 22, das bis 1736 im Besitz der Familie Bernhard blieb. Helena Barbara Depiere starb bereits am 31.8.1704 mit 35 Jahren.[33]

Über die vier Söhne Depieres aus erster Ehe mit Anna Wiesel, die 1668 noch lebten, haben sich nur wenige Zeugnisse erhalten. Hans Jacob, der älteste, war damals 26 Jahre alt, David zählte 23 Jahre, Hans Heinrich 15 und Hans Anthoni, der Jüngste, zwölf. Die Pflegschaft wurde dem Handelsmann Emmanuel Ponthier und dem Goldschmied Lucas Lang übertragen. Beide waren mit der Familie Arnold, der Familie von Wiesels erster Frau verwandt. Aus dem mütterlichen Erbe standen jedem Sohn 75 Gulden zu, außerdem 30 Gulden *für die Erlernung eines ehrlichen Handwerks*.[34] Am 9.6.1682 wurde für den verstorbenen Lucas Lang Johann Philip Herkond (Herkommer?) als Vormund eingesetzt. Im Pflegschaftsbuch fehlte nun David. Der Vater, *weyland Daniel de Pier*, war bereits tot.[35] 1677 hatte er Hevelius berichtet, daß sich einer seiner Söhne in Venedig aufhalte.[36]

Hans Heinrich Depiere, 1653 geboren und Optiker geworden, war 1683 seinem Pfleger Ponthier 23 Gulden 32 Kreuzer schuldig geblieben, was zu einem Eintrag im Pflegschaftsbuch führte. Er war zu dieser Zeit schon 30 Jahre alt.[37] Er pflegte Umgang mit einem Augsburger Pater, vermutlich Pater Carolus Graff von Hl. Kreuz, der sich den mathematischen Studien widmete, und korrespondierte mit Eimmart in Nürnberg, was aus einem Brief Eimmarts an Pater Carolus hervorgeht.[38] Zehn Jahre später, 1693, ist im Steuerbuch der Abgang von Hans Heinrich

31 Einen Mehl-, Mahl- oder Mählring überreichten sich die Partner als Zeichen des abgeschlossenen Verlöbnisses: Grimms Wörterbuch Bd. 6. 1885. Spalte 1455: mählen; Sp. 1458: Mahlring, Mählring.

32 StAA Pflegschaftsbuch 9.1.1683 S. 1 Nr. 149.

33 Ev.KRAA Hochzeitsbuch Hl. Kreuz I 216/22. 4.9.1690; StAA Hochzeitsamtsprotokolle 20.8.1690 S. 85; StaatsAA Reichsstadt Augsburg Literalien F 564: S. 256a; StAA: *Richtige Verzeichnuß Aller der jenigen Manns- und WeibsPersonen ... welche das zuruckgelegte 1704. Jahr in dise des H.Röm.Reichs-Stadt Augspurg Evangelischen Theils gestorben sind und begraben worden von Johann Georg Langen/ TodtenGräbern mit Beytrag seiner Mit-Meistern.* Augspurg 1704 gedruckt durch Abraham Gugger: *31.8.1704 Frau Barbara Bernhärdin, Malerin, Leichenpredigt Herr Johann Marcus Göbel, Text Phil.1. Unterer Friedhof.*

34 StAA Pflegschaftsbuch S. 302. 30.6.1668.

35 StAA Pflegschaftsbuch 1682-1689. fol. 11v. 9.6.1682.

36 BNP Man. lat. 10348 t. 12 S. 373. 4.11.1677: Depiere an Hevel; vgl. A.3 Nr. 55.

37 StAA Pflegschaftsbuch 1682-1689. fol. 31v. 6.2.1683.

38 StaatsB. St. Petersburg: Ф N 998 Eimmart Nachlaß Bd. 4. fol. 236r. 1.5.1685 Eimmart an Pater Carolus; Bobinger: Kompaßmacher S. 163 u. 169; Zinner Instrumente S. 324.

Depiere vermerkt, der offenbar Augsburg verlassen hatte. Über seine Tätigkeit ist nichts bekannt.[39]

Depiere zahlte in den ersten Jahren seiner Ehe 37 Kreuzer und 1 Pfennig Steuer. Ab 1649 erscheinen Einträge über zusätzliche Steuerleistungen wegen der Kriegsfolgekosten, von 1652 bis 1656 genau wie bei Wiesel zwölf Striche, was zwölffache Steuer bedeutet. Im Todesjahr Wiesels, 1662, ist vermerkt: *1200 fl. l. Schweher Erb zu ufs Jahr,* und ab 1663 zahlte Depiere 3 Gulden mehr. 3 fl. sind 1/4 % von 1200 fl. Es handelte sich um liegendes Gut, also Hausbesitz. 1664 tauchte wieder eine zusätzliche Steuer von 12 Kreuzern auf, die Depiere bis zu seinem Tod jährlich zahlte. 1669, im Jahr nach der zweiten Hochzeit, erhöhte sich die Steuer um eineinhalb Gulden, was einer Mitgift der Braut von 300 Gulden entsprach (ein halbes Prozent vom baren Geld). Depiere zahlte also fortan 5 fl. 7 kr. 3 Pf., weit mehr als Wiesel je an Steuern entrichtet hatte. Diese Steuerleistung Depieres blieb bis zu seinem Tod unverändert. Der letzte Eintrag findet sich im Jahr 1681. Die Steuer für 1680 und 1681 wurde am 11.6.1682 durch einen Herrn Ponthier bezahlt. Depiere war zu diesem Zeitpunkt schon verstorben. Wahrscheinlich handelt es sich dabei um den Nachbarn Emmanuel Ponthier, Mitglied einer Augsburger Goldschmiede- und Kaufmannsfamilie, der 1668 als Pfleger für Depieres Söhne bestellt worden war. Ein Georg Pontier hatte 1607 eine Maria Arnold geheiratet. Wie lange diese Familienbindungen hielten!

Depiere wohnte noch bis Ende 1671 mit seiner zweiten Frau in dem *teils ererbten, teils sich erlösten* Haus gegenüber den Heilig-Kreuz-Kirchen, dann verkaufte er es Isaac Hosenestel *des Rats* für 2300 Gulden. Das war die gleiche Summe, für die Wiesel und seine Frau Regina das Haus erworben hatten.[40] Depiere wohnte von da an im Steuerbezirk 'Beim Rathaus' zur Miete, 1679 bis 1682 beim Apotheker Hans Caspar Welsch in der Maximilianstraße 23.[41]

4.2 Depieres Arbeiten

Depiere ging es wirtschaftlich sehr gut, was sich auch aus den Erbteilen seiner Kinder ablesen läßt. Er hatte als Schwiegersohn Wiesels und auch durch seine eigene Arbeit, vor allem durch seine Mikroskope, einen guten Namen. Er wurde von Reisenden aufgesucht, z.B. von dem Medizinstudenten Martin Fogel aus Hamburg und von Balthasar de Monconys aus Lyon. Dieser erwarb von Depiere

39 StAA Steuerbuch 1692 S. 57a.

40 StaatsAA Reichsstadt Augsburg Literalien 561. 1604: S. 89b.

41 StAA Steuerbücher: 1679 90d, 1680 90b, 1681 90b, 1682 90d; Grundbuchauszüge Litera C 1: 1681; nach dem Tod von Welsch übernahmen dessen Tochter Judith und ihr Mann, der Apotheker Heinrich Otto Rosenbaum das Haus.

ein zusammengesetztes Mikroskop, das er voller Lob in seinen Reiseberichten beschrieb.[42] Depiere korrespondierte mit optisch und astronomisch interessierten Persönlichkeiten, wie beispielsweise dem Kurfürstlich Brandenburgischen Postfaktor Abraham Ihle in Leipzig,[43] Johannes Hevelius in Danzig oder Fortunato Vinacesi in Brescia, der auch sein Kunde war.[44] In diesem Fall trat Depiere auch als Übermittler der Post zwischen Danzig und Brescia auf. Hevelius sandte zum Beispiel 1677 seine Post über Leipzig und Augsburg nach Italien und ließ seine Bücher, die 'Machinae Coelestis', von Frankfurt nach Augsburg bringen. Depiere schickte sie über Bozen nach Brescia weiter, nicht ohne vorher darin Hevels Schleifmaschine studiert zu haben.[45] Mit Ihle tauschte Depiere Beobachtungsergebnisse aus; er führte demnach selbst astronomische Beobachtungen durch. Vor einer Mondfinsternis im Oktober 1678 ersuchte Ihle seinen Augsburger Brieffreund, *acht zu haben, ob was von maculis extraordinaris sich merken lassen wolte.*[46]

Depiere belieferte weiterhin Herzog August in Wolfenbüttel bis zu dessen Tod 1666. Der Fürsterzbischof von Salzburg Guidobald Graf Thun (reg.1654-1668)[47] und Kurfürst Johann Georg II. von Sachsen[48] waren seine Kunden, vermutlich ebenso der Freisinger Fürstbischof Albert Sigismund von Bayern (1623-1685). Georg Anckel schrieb 1666 an Herzog August: *Deß Wisels Tochterman, Depier genant, auß Dantzig, solle seines Schweher Vaters Kunst, wie er sagt, völlige ja bessere wissenschafft haben, gestalten er bej Saltzburg und Freyssingen deßwegen gute addresse hette.*[49] Bescheidenheit spricht nicht aus diesen Zeilen. Da sie vier Jahre nach Wiesels Tod geschrieben wurden, kann man annehmen, daß die Augsburger Werkstatt schon zu Wiesels Zeiten beim Bischof von Freising bekannt gewesen ist. Rheita hatte schon Anfang der vierziger Jahre dem vorherigen Bischof Fernrohre verehrt, um seine Hilfe für das Kloster Maria Maihingen zu erwirken. Zu dieser Zeit war der Wittelsbacher Albert Sigismund bereits zum Koadjutor in Freising ernannt worden, d.h. ihm war die Nachfolge zugesichert, die er 1652 antrat. In seinem Nachlaß sind eine größere Anzahl von Fernrohren vermerkt, leider ohne Angabe der Hersteller.[50] Wann der später als Optiker bekannte Büchsenmacher Christian Mur (1635-1721) in Freising mit seinen opti-

[42] Vgl. Kap. III.4.4: Depieres Mikroskope.
[43] Döring, Detlev: Briefwechsel. S. 12-14. Zu Ihle siehe Kap. III.7.1.
[44] BNP Man. lat. 10348 t. 12 S. 285-286. 2.9.1677. Depiere an Hevel: ... *hab ich ihm unterschiedliche Arbeit von meiner Hand müssen fertigen*; vgl. Anhang A.3 Nr. 54.
[45] BNP Man. lat. 10348 t. 12 S. 373. 4.11.1677. Depiere an Hevel; vgl. A.3 Nr. 55.
[46] BNP Man. lat. 10349 t. 13 S. 141. 16.10.1678. Ihle an Hevel.
[47] BNP Man. lat. 10348 t. 12 S. 374. 4.11.1677. Depiere an Hevel: *dieser Spiegel und noch ein kleiner hat bekommen der vorige Fürst in Salzburg*; vgl. Kap. III.5.1 u.nd A.3 Nr. 55.
[48] 1665 lieferte Depiere ein Mikroskop nach Dresden; vgl. Kap. III.4.4: Mikroskope.
[49] HAB 85 Novi fol. 510v. 21.6.1666. Anckel an Hzg. August.
[50] Geheimes Wittelsbacher Hausarchiv München. Hausakten Nr. 1719: Freising. Nachlaß Albert Sigismund.

schen Arbeiten begann, ist nicht bekannt. Eine fantastische Geschichte von einer Traumerscheinung gibt das Jahr 1676 an.[51]

Das Mikroskop, das Depiere 1665 dem sächsischen Kurfürsten nach Dresden geliefert hatte, existierte noch bis 1945 im Mathematisch-Physikalischen Salon in Dresden. Unter den frühen optischen Instrumenten, die zu Beginn des 20. Jahrhunderts noch vorhanden waren, war es eines der ältesten zusammengesetzten Mikroskope, das sicher zu datieren war. Leider ging es in den letzten Kriegsmonaten verloren. Nur noch eine Fotografie zeugt von seinem Aussehen (Abb. 43).[52]

Auch Augsburger Kunden kamen in Depieres Werkstatt, denn Johann Conrad Beuther, von dem später noch die Rede sein wird, konnte um 1740 noch von *verschiedenen Perspectiven von Depierre* berichten, die ihm *zu Handen gekommen* seien, darunter ein 4 schuhiges Teleskop (ca. 1,20 m lang) in *Michls Garten Haus vor dem Klinker Thor.* Das Gartengrundstück in der heutigen Frölichstraße kam 1669 in den Besitz des Apothekers Bartholomäus Stoppel und gehörte von 1686 bis ins 18. Jahrhundert der Apotheker-Familie Michel.[53] Beuther hatte von Cuno zwei von Depiere geschliffene Objektivlinsen zur Prüfung erhalten und hinterließ eine genaue Beschreibung seiner Prüfmethode:[54]

[fol. 1r] *Objectivus Depierrianus*

A.1742 M. Jan. hat mir H.Cuno da ich ihn besucht 2. Objectiv.Gläser, um solche zu probieren mit nach Hauß gegeben; welche der berühmte Depierre * [am Rand:] * *(wie er sich genannt, da er doch als ein gebohrener deutscher, Stein oder Steiner geheissen) seiner Frauen voriger Mann, verfertiget hat. Ich habe also selbige mit guter Gelegenheit auf das genauste examiniert und folgender gestalt befunden.*

Das eine, auf welchem nahe am rand auf einer Seite mit dem Diamant geschrieben stehet: 16. Schuh, gut, hat im Diameter 3 Zoll und 1. Linie, ist auf beyden Seiten, und zwar dem Augenmaß nach gleich convex mit einer sehr schmalen facette angeschliffen am Rand selbst aber auf dem Schleiffstein von freyer hand rundiert, sodaß derselbe mit denen flächen gleichsam perpendicullar wiewohl eben nicht vollkommen rund erscheint, wie doch geschehen würde, wenn selbiger in einer Schale oder Cono formiert wäre. Die Dicke des Glases beträgt einen halben Viertel Zoll. Die Materie ist etwas grünlicht, wie die Venetianische Spiegel Gläser zu seyn pflegen und von allen anderen fehlern als deren allein denen Puncten oder subtilen Bläßlein dergleichen des der ziemlich viele hat, frey. Die Politur ist lebhafft, rein und gleich, doch zeigen sich hin und wider leichte Rißlein, so meist gerade ausgehen, welches vermuthen macht, daß die Bewegung der Politur in die Länge hin und her und nicht kreißförmig gewesen. Als ich dieses

---

51 A. Seitz: Wie man früher auf einfache Weise Optiker werden konnte. In: DOW (1929) Nr. 39. S. 645-647; zu Mur siehe Kap. II.7.1.

52 Siehe Kap. III.4: Mikroskope.

53 StAA Grundbuchauszüge: Rep. 363 S. 694: 'Michel'; Rep. 352 Litera I 16.

54 SuStBA Beuther Nachlaß: Mappe 2: *De Telescopiis.*

Glas in meinen 14.Schuhigen Astronomischen Tubum den ich noch mit einem Rohr verlängert, mit Beybehaltung des zu jenem gehorigen Oculars gesetzt, habe ich die Distanz des Foci von demselben nicht länger als 12. Schuh befunden; daß also obiges darauf verzeichnetes Maß à 16. Schuch falsch, und vielleicht im Gebrauch gegen ein allzunahes Objectum, welches sein Bild in einer grössern Distanz formiert, determiniert worden ist. Wie denn auch seyn kan, daß das beygesetzte wörtlein gut, [1v] *so viel als* reichlich, *nehml: 16. starcke Schuh bedeutet, wo es nicht zum Unterschied der bessern Qualität in Ansehung des hiernächst zu beschreibenden, welches in der that nicht so distinct als obiges praesentiert, gesetzt ist.*

Um zu erfahren ob dieses Objectiv recht centriert ist, d.i. ob das Centrum seine Circumferenz just in der Axi des Glases stehet, ließ ich die SonnenStralen gerade auf eine fläche desselben fallen, und von dar auf eine entgegen stehende weiße Wand in der Distanz von in cca: 3. Schuh reflectieren. Gleichwie nun bey solchem Experiment eine Probe eines wohl centrierten Glases ist, wann just miten in dem sich zeigenden größern Disco sich ein weit hellerer fleck praesentieret, da nehmlich jener von denen durch die vordern oder gegen die Wand u: Sonne gekehrten Fläche, reflectierten zweyen der Convexität zerstreuten Stralen, dieser aber als ein Bild der Sonne von der hintern fläche (als ein concavum in diesem Situ anzusehen ist) formiert wird: also befand sich hier gedachter heller fleck, wie auch das Glas um seine Axin gewendet wurde, zwar gar nahe, doch nicht völlig just in dem Centro gedachten dunklern Kreises. Dahingegen mein selbst geschliffenes 14.schuhiges objectiv-Glaß jenes Kriterium nach Wunsch zeigte und den hellen Fleck gantz exact in dem Centro des dunklern Limbi erscheinen ließ.

[2r] *Das andere dieser Gläser ist dem äußerlich nach obigem schier gantz gleich; nur ein wenig dünner und in der farbe zwar auch grünlich aber etwas mehr ins gräuliche fallend; sonst mit unzehlich Puncten angefüllt, so ich auch an andern Gläsern des Depierre wahrgenommen habe, welchem es also entweder an der Wahl des Glases gefehlt haben, oder solches nicht als ein Fehler an einem Objectiv bedünckt haben muß. Es ist dieses Glas auch beyderseits convex und auf einer Seite gegen den Rand mit ⊙ auf der andern aber mit ♂ bezeichnet, welches mich glauben macht, daß diese flächen auf 2. verschiedenen Schalen geschliffen worden. wie denn Depierre seine Schalen (davon ich auch etliche aber keine grössere als 10. Schuh im Diameter habe) auf dergl: Art zu zeichnen gewohnt gewesen. In dem Tubo habe ich den Jovum ungefähr 14. Schuh, 8 Zoll befunden. Es praesentierte nicht so nett und distinct als das erstere, und die Differenz oder Vergrösserung schiene nicht sonderlich merklich. Nachdem ich auch obiges Experiment wegen dessen Centricität vorgenommen, fand ich solche gantz falsch und der helle fleck fast näher bey der Circumferenz des duncklern Limbi als bey dessen Centro, ohne daß man doch an der Peripherie des Glases eine notable Ungleichheit der Dicke hätte wahrnehmen können.*

[3r] *Zusatz: Es sind mir nach der Hand verschiedene Perspective von Depierre zu Handen gekommen, darin die Objectiva allezeit nach obiger Facon und dem*

ansehen nach fleißig und nett [?] *die Oculare hingegen nicht sonderlich befunden habe. Auf jenen* [3v] *fand sich sein Nahmen mit dem Diamant nahe am Rand herum eingezeichnete: Daniel Depiere Opticus Augustanus (oder in Augusta) E. g. in dem Michls Garten Haus vor dem Klincker Thor, in einem 4 Schuhigen.*

4.3 Das Verzeichnis von 1674

Das wichtigste Zeugnis von Depieres Werk ist das 1674 in Augsburg bei Koppmayer gedruckte

> *Verzeichnuß aller Instrumenten und Optischen Kunstwercken/ so wohl Bekandten als Ungemein/ welche umb billichen Preiß zu kauffen seyn bey Daniel Depiere/ gebürtig von Danzig/ Burgern und Opticum in Augspurg. 1674.*

Es ist heute das älteste gedruckte und mit Preisangaben versehene Gesamt-Verzeichnis eines Instrumentenbauers, speziell eines Optikers, in Europa, das sich erhalten hat. Das einzige bisher bekannte Exemplar besitzt die Staats- und Stadtbibliothek in Augsburg (Abb. 4).[55] Die Broschüre enthält ein Vorwort, das Verzeichnis und ein Gedicht zum Lobe des Autors in lateinischer Sprache, danach in Deutsch. Die Verfasser der zwei Gedichte hießen beide Ris und waren vermutlich verwandt. Georg Philipp Ris (1626-1691), der Dichter der lateinischen Verse, war seit 1661 Pfarrer von Ev. Heilig Kreuz in Augsburg, also Nachbar der Familie. 1664 wurde Ris Pfarrer von St. Anna.[56] Latein, in Deutschland immer noch die Gelehrtensprache, stand am Anfang, erst danach folgte das deutsche Verzeichnis. Sollte demnach der Katalog in erster Linie für studierte Kreise gedacht sein? Im Vorwort verwies Depiere auf die internationale Berühmtheit seines Schwiegervaters, an dessen Seite er etwa 24 Jahre gearbeitet habe. Er lasse jetzt diese Schrift in *offentlichen Truck* kommen, weil zu wenig bekannt sei, daß man alle diese Instrumente und noch mehr nun bei ihm bekommen könne, und weil schon andere Optiker solche Verzeichnisse ausgefertigt hätten, *welche doch dergleichen Berühmlichkeit als Herr Wisel, sein Herr Schweher Seelig und er nicht* hätten.[57] Im einzelnen sind 33 Instrumente aufgeführt, auf die in den entsprechenden Kapiteln dieser Untersuchung noch eingegangen wird. Es sind Fernrohre, Mikroskope, Vergößerungsgläser, Brenngläser und Camerae obscurae, Brillen und alle Arten

---

[55] Depiere: Verzeichnis siehe Anhang A.1 V; Brief von Herrn Direktor Dr. Anderson, British Museum, vom 28.10.1994; Anderson/Burnett/Gee: Handlist. Der früheste Eintrag in dieser Arbeit betrifft John Prujean's *A catalogue of instruments*, Oxford 1701; Clercq Exporting S. 87.

[56] Rein Nr. 142; ein Verwandtschaftsverhältnis zu Carl-Christian Ris konnte nicht ermittelt werden.

[57] Depiere Verzeichnis S. 14.

optischer Spielereien enthalten. Darüber hinaus wies Depiere auf den Verkauf von Linsen und Spiegeln verschiedenster Art hin und schloß das Werk mit Hinweisen zur richtigen Anpassung von Brillen ab. Die Preise waren niedriger als zu Wiesels Zeiten. Der gesamte deutsche Text des Katalogs findet sich im Anhang A.1.

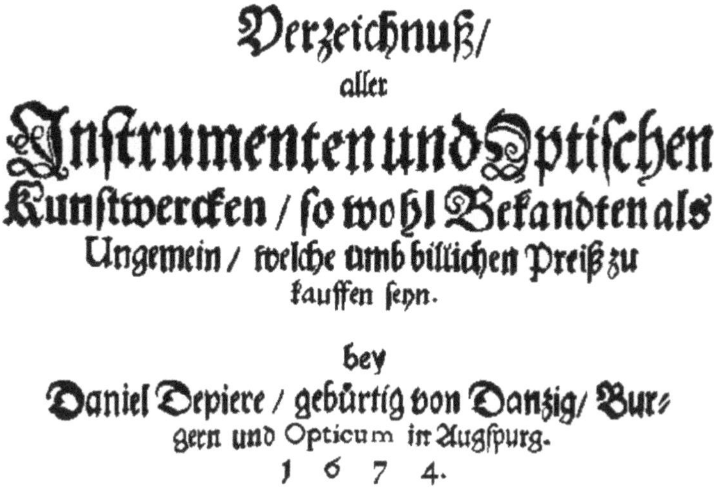

Verzeichnuß/
aller
Inſtrumenten und Optiſchen
Kunſtwercken / ſo wohl Bekandten als
Ungemein / welche umb billichen Preiß zu
kauffen ſeyn.

bey
Daniel Depiere / gebürtig von Danzig/ Burgern und Opticum in Augſpurg.
1674.

Abb. 4. Daniel Depiere: Verzeichnis aller Instrumente und Optischen Kunstwerke. Augsburg 1674. Deutsches Titelblatt.

5. Cosmus Conrad Cuno (1652 – 1745)

5.1 Erste Jahre in Augsburg

Etwa zwei Jahre nach Depieres Tod kam der Hamburger Goldarbeiter Cosmus Conrad Cuno nach Augsburg. Im Februar 1684 überbrachte er dem Augsburger Arzt Lukas Schroeck d.J. (1646-1730) einen Brief von dessen Freund und Kollegen Johann Georg Volckamer d.Ä. (1616-1693) in Nürnberg, wohl ein Empfehlungsschreiben.[1] Volckamer war seit 1678 Mitglied der deutschen Akademie der Naturforscher und wurde 1686 ihr Präsident. Ein Jahr später wurde sie durch Leopold I. zur kaiserlichen Akademie erhoben und seitdem 'Leopoldina' genannt. Schroeck, Mitglied seit 1676, wurde 1685 Herausgeber der 'Miscellanea curiosa', der Zeitschrift der Akademie. 1693 folgte er Volckamer im Präsidentenamt, das er bis zu seinem Tod ausübte. Während seiner Präsidentenzeit war Augsburg satzungsgemäß Sitz der Akademie, die 1652 von dem Schweinfurter Arzt und Stadtphysicus Johann Lorenz Bausch gegründet worden war. Ihre Mitglieder, in den ersten Jahren nur Ärzte, befaßten sich vor allem mit pharmazeutisch-botanischen Fragen. Weil sie in verschiedenen Orten wohnten, konnten sie nicht zu Sitzungen zusammenkommen wie die Mitglieder der später in den sechziger Jahren gegründeten englischen und französischen Akademien in London und Paris. Das persönlich aus- und vorgeführte Experiment stand deshalb nicht wie dort im Mittelpunkt. Man war auf schriftlichen Gedankenaustausch angewiesen. Die Zeitschrift, die seit 1670 jährlich erschien, war das erste naturwissenschaftliche Periodikum in Deutschland; sie wurde allerdings noch lange in lateinischer Sprache verfaßt.[2]

Cuno stammte wahrscheinlich aus einer Goldschmiedefamilie. Er war am 28.9.1652 in Hamburg als Sohn des Moritz Cuno geboren worden.[3]. Mauritz Cuno (16?-1712), Goldarbeiter und Juwelier in Hamburg, wird sein Bruder gewesen

---

[1] SuStBA. 4° Cod. Aug. 214. Briefe von Lucas Schroeck d.Ä. und d.J.: fol. 80r. 28.2.1684. L. Schroeck d.J. an J.G. Volckamer d.Ä.: *H.Cuno habe das Schreiben wohl eingeliffert*; Stadtlexikon 1985 u. 1998 (Rajkay: Schroeck, Lukas).

[2] Winau: Zur Frühgeschichte der Academia Naturae Curiosorum. Leopoldina und Zeitschrift bestehen heute noch.

[3] StaatsA Hamburg. Taufbuch der Kirche St. Nikolai: *Cosmus Conrad Kunouw, getauft am 28.9.1652, Vater Moritz.* Nach G. Müller: Der Augsburger C.C. Cuno S. 111 FN. 1.

sein. Der Vater, Moritz Cuno, war 1686 schon tot.[4] Cunos Weg hatte ihn über Nürnberg geführt, wo er, wie er 1734 berichtete, die Ehre gehabt hatte, Volckamer seine Kunst zu lehren: den *Weyland Hochseeligen Doctor Volchamer ... die Microscopia selbigen machen zu lernen.*[5] Dieser Doktor, 1734 schon verstorben (*weyland hochseelig*), kann nur der oben genannte Johann Georg d.Ä. gewesen sein. Sein ältester Sohn Johann Christoph (1644-1720) war Kaufmann, der zweite, Johann Friedrich (1651-1712), wohl auch kein 'Doctor'. Johann Georg d.J.(1662-1744) befand sich um 1684 auf einer großen Italienreise. Er wurde erst 1686 zum Dr.med. promoviert und lebte 1734 noch. Johann Georg d.Ä. hatte in Jena und Altdorf studiert und mehrere Jahre in Italien und Frankreich verbracht. Seit 1643 war er als berühmter Arzt in seiner Heimatstadt tätig. Vermutlich lernte Cuno während seines Aufenthalts in Nürnberg den botanischen Garten kennen, den der älteste Sohn Johann Christoph Volckamer angelegt hatte. In den Jahren 1708 und 1714 gab dieser sein Werk 'Nürnbergische Hesperides oder gründliche Beschreibung der Edlen Citronat, Citronen und Pomerantzen Früchte, ... welche zu Nürnberg würcklich gewachsen' in zwei Bänden heraus. 1720 wurde auch er Mitglied der Leopoldina, starb aber kurz darauf im August desselben Jahres. Offenbar war Cuno in der Familie Volckamer gut aufgenommen worden. Wie Doppelmayr überlieferte, verfertigte der Vater in seinen Mußestunden *schöne optische Gläser* und Sonnenuhren. Die Verwendung des Mikroskops in der Medizin hatte er wohl bereits als Student in Neapel kennengelernt, wo er im Winter 1641/42 sechs Monate lang bei dem berühmten Professor der Anatomie und Chirurgie Marco Aurelio Severino (1580-1656) wohnte, und wo der bekannte Optiker Francesco Fontana lebte. Severino hatte auch Kontakt zu Giovanni Battista Odierna (1597-1660), der 1644 mikroskopische Untersuchungen des Fliegenauges veröffentlichte. Nach seiner Heimkehr ließ Volckamer 1645 Severinos Buch 'Zootomia Democritaea' in Nürnberg drucken.[6] Er hielt ein offenes Haus für reisende Gelehrte und verkehrte mit dem Gründer der Nürnberger Sternwarte Georg Christoph Eimmart (1638-1705) und dem Altdorfer Mathematikprofessor Johann Christoph Sturm (1635-1703). Volckamers Sohn Johann Friedrich war ein eifriger Sammler. Vielleicht erhielt Cuno bei ihm die Anregung, sich ebenfalls ein Kunst- und Naturalien-Kabinett anzulegen.[7]

---

4 Ev.KRAA Hochzeitsbuch St. Anna I 214/16. 16.9.1686: *C. C. Cuno von Hamburg, des weyland Ehrenhaften und kunstreichen H. Moritz Cuno nachgelassener ehelicher Sohn*; Ev.KRAA Taufbuch A 167/10. 11.3.1693: Mauritius Cuno in Hamburg war Pate bei Cunos Tochter Catharina Elisabeth; Schröder: Lexikon Bd. 1. S. 613f.: Mauritz Cuno erlernte die Goldarbeiterkunst, machte viele Reisen, z.B. nach Paris, bevor er sich in Hamburg niederließ. Er beschäftigte sich nebenbei mit der Münzkunde, veröffentlichte einschlägige Schriften, wurde 1696 Kassierer bei der Hamburgischen Bank.

5 Cuno: Observationes. S. 4.

6 Odierna 1644; Belloni: Severinus als Vorläufer Malpighis.

7 Doppelmayr: Historische Nachricht. S. 108-110, 118f.; Will Bd. 4. S. 121-131.

Cunos Mikroskope waren sogenannte 'einfache Mikroskope' mit einer einzigen winzigen Linse. Offensichtlich besaß er bereits Kenntnisse über ihre Herstellung, als er nach Nürnberg kam. Er hatte es trotz der Protektion durch den bekannten Augsburger Arzt nicht leicht, in Augsburg Fuß zu fassen. *Seine Sachen hier wollen nirgend recht fort; hat eben starken Contrapart; doch möchte sich noch endlich etwas schickhen*, berichtete Schroeck im November 1685 nach Nürnberg und fügte einige Mikroskope von Cuno bei mit der Bitte um Weiterleitung an Dr. Sebastian Scheffer (1631-1686), einen Kollegen in Frankfurt, damit er *etwan dort einige anbringen möchte.*[8] Manche Ärzte bedienten sich zu Cunos Zeiten bereits des Mikroskops, wenn auch vorwiegend zu botanischen Untersuchungen. Das Interesse an mikroskopischen Beobachtungen war vor allem durch das Buch 'Micrographia' des englischen Naturwissenschaftlers Robert Hooke (1635-1703) geweckt worden, das 1665 erschienen war und eine Reihe mikroskopischer Zeichnungen enthielt. In der ersten Ausgabe der 'Miscellanea curiosa' (1670) gab der Breslauer Arzt Philipp Jacob Sachs von Löwenheim (Lewenheimb 1627-1672) einen Überblick über bisherige mikroskopische Arbeiten verschiedener Autoren: *Messis observationum microscopicarum è variis authoribus collectarum*. In den folgenden Jahrgängen wurden immer wieder einschlägige Beiträge abgedruckt, von Schroeck 1677: *De animali moschifero* und 1688: *De verme quadrato* [über den viereckigen Wurm].[9] Schroeck hielt weiter guten Kontakt zu Cuno, versorgte ihn auch mit mikroskopischem Material,[10] so daß er ihm die Einladung zu seiner Hochzeit nicht abschlagen mochte, obwohl er *nicht gern solche zusammenkünffte frequentire*, wie er an Volckamer schrieb. Dabei sollte *seines hochgeehrten Herrn Collegae und* [der] *hochwerthen Familie nicht vergessen werden.*[11]

Am 16.9.1686 heiratete Cuno in St. Anna, Sara Rupprechtin, Daniel Depieres Witwe.[12] Ihr Trauzeuge war der bekannte Maler Johann Heiß (Heiss, Heuß, 1640-1704), der ihr schon nach dem Tod ihres ersten Mannes im Juni 1682 als Beistand gegeben wurde. Wie die Braut stammte er aus Memmingen und war in erster Ehe mit einer Cousine Sara Rupprechts verheiratet gewesen.[13] Für den Bräutigam

---

8 SuStBA 4° Cod. Aug. 214. fol. 65r. (5/15.11.1685) u. 67v. (16/26.11.1685) Schroeck an Volckamer.

9 Fournier: fabric of life S. 220f.: Liste der mikroskopischen Artikel in den Miscellanea curiosa von 1670 bis 1750.

10 Geus S. 133.

11 SuStBA 4° Cod. Aug. 214 fol. 84r. 19.9.1686 st.n.: Schroeck an Volckamer.

12 StAA Hochzeitsamtprotokolle S. 185 links. 8.9.1686: *Cosmus Conrad Cuno, Opticus, von Hamburg ledig Standes und Fr. Sara Rupprechtin, weyl. Herrn Daniel de Piere gewesten Optici seel. nachgelaßene Wittib, hießig; ihr Beystand Herr Johann Heuß Mahler, seine Bürgen Herr Leopold Stenglin, Handelsmann und Paulus Seütter Goldschmied*; Ev.KRAA Hochzeitsbuch St. Anna I 214/16. 16.9.1686: siehe oben FN. 4.

13 Augsburger Barock S. 113f.; Königfeld; Stadtlexikon 1985 u. 1998 (Krämer: Heiß, Johann); Traubuch St. Martin Memmingen S. 129. 14.3.1670: J.Heiß heiratet Anna Ruepprecht, Tochter von Hans Leonhard Ruepprecht; freundliche Mitteilung von Dr. Freiherrn H.U. von

bürgten der Handelsmann Leopold Stenglin und der Goldschmied Paulus Seutter. Zur Familie gehörten 1686 noch zwei Kinder von Daniel Depiere, der fünfjährige Leonhard David und die siebzehnjährige Helena Barbara aus der zweiten Ehe Depieres. Die erste Wohnung der Familie Cuno lag in der Maximilianstraße 27, im Haus des Seilers Carl Riblinger. Bis 1686 hatte dort Georg Rueprecht gewohnt, vermutlich ein Verwandter von Sara Rupprecht. Von 1688-1690 war Jeremias Wolff (1663-1724), später ein bedeutender Kunstverleger, Cunos Hausgenosse.[14] Es wurden den Cunos vier Kinder geboren, zwei Söhne und zwei Töchter. Bei Johann Georg, getauft am 27.2.1689, stand entweder Johann Georg Volckamer d.Ä. aus Nürnberg Pate oder dessen gleichnamiger Sohn, daneben der schon erwähnte Augsburger Leopold Stenglin und Ursula Mangoldin aus Memmingen, eine Verwandte der Mutter. Bei Johann Conrad, getauft am 1.4.1690, waren es neben Ursula Mangold der Maler Johann Heiß, der schon bei der Hochzeit zum Freundeskreis gezählt hatte, und der Goldarbeiter Johann Christoph Seutter, der im selben Haus wie Cuno wohnte. Bei den Töchtern werden in den Jahren 1693 und 1694 Paten aus Hamburg genannt, darunter Mauritz Cuno, und als deren Augsburger Stellvertreter Michael Höschel (1644-1706), Lehrer am Anna-Gymnasium, und dessen Frau.[15] Höschel, ein Enkel des früheren Rektors David Hoeschel, wohnte im Haus seines Schwiegervaters Christian Frank in der Annastraße. Das Nachbarhaus Annastraße 33 (B 257) konnte Cuno 1695 erwerben.[16]

1693 wurde Cuno von der 'Gemain' in den Großen Rat der Stadt gewählt. Im Unterschied zu seinen Vorgängern gehörte er nicht der Kaufleutestube an.[17]

5.2 Cunos erster Druck über seine Mikroskope 1685

Zur Zeit der Hochzeit wurde Cuno genehmigt, 'Drahtarbeit' zu betreiben sowie Lehrjungen und einen Gesellen zu halten.[18] Bei der Ratswahl 1693 wurde er als Goldarbeiter bezeichnet, 1708 bei seiner zweiten Hochzeit als Silberdrahtarbeiter. Trotzdem hat er sich wohl mehr als Optiker betätigt, war er ja schon bei seiner ersten Heirat im Hochzeitsbuch als Opticus eingetragen worden. Paul von Stetten d.J notierte allerdings: *Cuno war wie ich gewis weis, ein Filigran-Arbeiter*

Ruepprecht, Stuttgart; seit 1677 in Augsburg; zweite Hochzeit: Haemmerle Hochzeitsbücher Nr. 3340. 21.5.1686: J.Heiß Witwer heiratet Magdalena Küsel.

14 StAA Steuerbücher. Steuerbezirk 'Rath Hauß' 1686 fol.87c; 1687 fol.83c; 1688 fol.86b. Litera-Bezeichnung A 2; Schwarz: Jeremias Wolff. S. 594.

15 Ev.KRAA Taufbuch St. Anna: A I 153/12. 27.2.1689: Johann Georg; A I 158/30. 1.4.1690: Johann Conrad; A I 167/10. 11.3.1693: Catharina Elisabeth; A I 172/39. 30.10.1694: Engel.

16 StaatsAA Reichsstadt Augsburg Literalien F 564: S. 65a. 30.4.1695.

17 StAA Rep. 39: Ämterbesetzungen S. 196.

18 StAA Goldschmiedeakten Band 16: 8.9.1686; Seling Nr. 1819; Rathke-Köhl S. 69 FN. 271.

biß an sein End, dann meine Mutter selbst Ketten bey ihm erkaufft. Die optica trieb er nur daneben.[19] Vermutlich hätte Cuno vom Verkauf seiner Mikroskope allein nicht leben können.

Am 18.10.1685 berichtete Lucas Schroeck nach Nürnberg: *Herr Cuno hat mir etliche exemplarien seiner gedruckten Schedae* [Schriften] *überlassen, die ich auch an etliche meiner correspondenten hin und wider versandt; sonsten hat er, wie ich vernemme, deren gar wenig drucken lassen.*[20] Ein Exemplar von diesem ersten gedruckten Bericht Cunos könnte die Schrift sein, die in der British Library in London liegt:

> *Cosmus Conrad Cuno, von Hamburg Bericht An die Herren Liebhabere Optischer Kunst-Wercken / den Handgrif und Gebrauch seiner hierbey verzeichneten Microscopiorum, samt denen darzu nöthigen Instrumenten betreffend.*[21]

Hier ist Augsburg noch nicht erwähnt, während es im Titel eines nur wenig veränderten Drucks in der Herzog August Bibliothek in Wolfenbüttel heißt: *Bericht ... Cuno, Burgers und Optici in Augspurg.*[22] Diese zweite Ausgabe ist sicher erst nach der Hochzeit im September 1686 gedruckt worden; denn erst durch die Hochzeit wurde Cuno Augsburger Bürger, genau wie Wiesel und Depiere vor ihm und wie so viele zugewanderte Handwerker anderer Berufe. Das Londoner Exemplar muß demnach vor der Hochzeit gedruckt worden sein und läßt sich nach der Bemerkung Schroecks dem Jahr 1685 zuordnen.

In der Universitätsbibliothek Erlangen hat sich ein weiteres Exemplar gefunden, das gegenüber der zweiten Auflage kleine Änderungen im Text aufweist und vor allem am Schluß den Vermerk trägt: *Augspurg, gedruckt bey Jacob Koppmayer, Stadt-Buchdrucker.* Es stammt aus der Bibliothek des Nürnberger Arztes Christoph Jacob Trew (1695-1769)[23] und stellt offenbar eine dritte oder weitere Auflage dar. In der Literatur wurde Cunos 'Bericht' öfters in die Zeit um 1730 eingeordnet. Schon Gerhard Müller hat nachgewiesen, daß das Werk früher entstanden sein muß, weil es bereits 1702 von Johannes Zahn zitiert wurde. Der Druckervermerk 'Koppmayer' ist ein zusätzlicher Beleg dafür. Jacob Koppmayer, der schon Depieres Verzeichnis gedruckt hatte und seit 1675 die erste Wochenzeitung in Augsburg herausgab, den 'Neuen Aviso', starb 1701.[24]

In der Broschüre beschrieb Cuno drei verschiedene Arten seiner Mikroskope und fügte eine Zeichnung der Geräte bei (Abb. 6). Einige Jahre früher, 1679, hatte

---

19 SuStBA 2° Cod. S 231: *Notizen Paul von Stettens, die Kunst betreffend.* Materialsammlung für den zweiten Band seiner Kunst-und Handwerksgeschichte, etwa um 1780. fol. 316r.

20 SuStBA 4° Cod. Aug. 214. fol. 62r. 8/18.10.1685. Schroeck an Volckamer.

21 BL London 8707 fff.1.(3.) ohne Datum; siehe Anhang A.1 Nr. VI.

22 HAB Wolfenbüttel Nx 89(8).

23 Universitätsbibliothek Erlangen/Nürnberg H 61/Trew 233 tw; freundliche Mitteilung von Herrn Bibl. Direktor Dr. H.-O. Keunecke.

24 Müller: Die Erstbeschreibung; Müller: Der Augsburger C.C. Cuno; Jakob Koppmayer (1640-1701) tätig von 1667-1701. Mancal: Zu Augsburger Zeitungen S. 683.

der seit etwa 1677 in Paris lebende englische Instrumentenmacher Michael Butterfield (um 1635-1724) eine solche Werbeschrift für sein einfaches Mikroskop mit einer Abbildung veröffentlicht: 'L'Vsage dv novveav Microscope, fait avec une seule et tres-petite Boulle de Verre'.[25] Sollte Cuno diese Schrift gekannt haben? Die zweite Art seiner Mikroskope zeigt durchaus Ähnlichkeiten mit Butterfields Instrument. Wie Cuno in seiner Einleitung schrieb, war es bekannt, *was für Nuzen und Vergnügen einem curieusen Gemüth die nunmehr wolbekandte Microscopia bringen*, und er war *öffters von Herren Liebhabern und Gönnern ersucht worden, deroselben Effect, samt dem Gebrauch deren hierzu dienlichen und beygezeichneten Instrumenten ihnen kund zu machen*. Allein zu deren Vergnügen, nicht zu seinem eigenen Ruhm und *nichtiger Selbst-Schmeichlung*, wollte er die Schrift in Druck bringen. Von Butterfield, der den Titel 'Ingénieur du Roi', Ingenieur des Königs für mathematische Instrumente, trug, sind heute vor allem tragbare Sonnenuhren bekannt.[26]

Die zweite Hälfte des 17. Jahrhunderts wird als ein Höhepunkt der frühen Mikroskopie angesehen. Obwohl nach der Erfindung des Mikroskops die 'kleine Welt', die man durch das neue Gerät entdecken konnte, Aufsehen erregt hatte, dauerte es doch bis zur Mitte des Jahrhunderts, bis das Mikroskop in größerem Umfang als Mittel wissenschaftlicher Forschung eingesetzt wurde, sei es zur Erforschung der Insekten und Pflanzen, sei es um die Anatomie und das Funktionieren der Lebewesen einschließlich des menschlichen Lebens besser zu verstehen. Vor allem fünf Männern ist der Aufschwung der Mikroskopie zu verdanken: Der Druck der 'Micrographia' von Hooke im Jahr 1665 stellt einen Markstein dieser Entwicklung dar. Seine Zeichnungen vom Kork zeigen zum ersten Mal Zellen. Schon seit 1661 veröffentlichte Marcello Malpighi (1628-1694) mikroskopische Berichte. Er lehrte in den Jahren 1656 bis 1659 als Professor der Medizin an der Florentiner Universität Pisa, danach verbrachte er die meiste Zeit seines Lebens in Bologna. Die Freundschaft und Zusammenarbeit in Pisa mit Giovanni Alfonso Borelli (1608-1679) hatten Malpighis Versuche wesentlich gefördert, wie auch das den Wissenschaften freundliche Klima unter Großherzog Ferdinando II. de Medici und seinem Bruder Leopoldo und die Anregungen der Mitglieder der in Florenz 1657 gegründeten Accademia del Cimento.[27] 1661 entdeckte Malpighi die Kapillaren in der Froschlunge und bestätigte damit Harveys 1628 veröffentlichte Lehre vom Blutkreislauf. Verbindungen nach England führten 1668 zu Malpighis Aufnahme in die Royal Society in London, die viele seiner Arbeiten drucken ließ.

Die Royal Society spielte ebenso eine wichtige Rolle für die anderen Mikroskopiker: Der englische Arzt Nehemia Grew (1628-1711) wurde 1671 Mitglied

[25] Daumas: Les Instruments. Tafel 20 Figur 51.
[26] Syndram S. 34; Poggendorf Bd. 1. Sp. 353.
[27] Middleton.

und im folgenden Jahr zum 'Curator for the Anatomy of Plants' bestellt. Er beschäftigte sich bis etwa 1677 ausschließlich mit der Beschaffenheit der Pflanzen und untersuchte sie mit dem Mikroskop. Antoni van Leeuwenhoek, ein Kaufmann in Delft, widmete sich etwa seit 1670 der Mikroskopie und veröffentlichte seine Beobachtungen seit 1673 in den 'Philosophical Transactions' der Royal Society.[28] Jan Swammerdam (1637-1680), der Medizin studiert hatte, aber danach ausschließlich für seine Forschungen lebte, hatte bereits 1658 rote Blutkörperchen beim Frosch nachweisen können. Er sah die mit dem Mikroskop gewonnenen Erkenntnisse vor allem als Beweis von Gottes Schöpfertum an. Seine Arbeiten faßte er als Gottesdienst auf.

Während die englischen und italienischen Wissenschaftler vor allem das zusammengesetzte Mikroskop benützten, arbeiteten die beiden Holländer mit dem sogenannten einfachen Mikroskop. Leeuwenhoek stellte seine Instrumente selbst her und erwarb sich große Gewandtheit im Umgang mit ihnen. Er hielt aber seine Mikroskope geheim und gab keines fort; er mußte allerdings nicht davon leben. Swammerdam bediente sich vor allem der Instrumente aus der Werkstatt Musschenbroek in Leiden. Der erste Instrumentenmacher der Familie war Samuel van Musschenbroek (1639-1681), der etwa seit 1660 tätig war. Vor allem unter seinem Bruder und Nachfolger Johan Joosten (1660-1707) wurden die einfachen Mikroskope der Werkstatt sehr bekannt.[29] 1673 wurde ein Mikroskop aus Leiden in der Royal Society in London vorgestellt.[30]

Der Würzburger Prämonstratensermönch Johannes Zahn (1641-1707) veröffentlichte 1702 in der zweiten Auflage seines 'Oculus artificialis' sowohl Cunos Zeichnung aus dem obengenannten Bericht als auch eine Zeichnung von Johan Musschenbroeks Mikroskopen. Die Originalschrift, aus der die Zeichnungen der holländischen Mikroskope entnommen waren, ist nicht bekannt.[31] Die Geräte der beiden Werkstätten weisen manche Ähnlichkeiten auf. Man ist versucht anzunehmen, daß Cuno die Niederlande besucht hatte, bevor er sich Anfang der achtziger Jahre in Nürnberg aufhielt. Er verstand die holländische Sprache, denn später übersetzte er Bücher aus dem Niederländischen ins Deutsche. Nachdem sein Bruder Mauritz in der Jugend längere Reisen unternommen und sich eine Zeitlang in Paris aufgehalten hatte, ist eine solche Reise auch für Cuno nicht auszuschließen, kann aber bisher nicht belegt werden.[32] Die erste Auflage von Zahns Buch war 1685 erschienen, etwa gleichzeitig mit Cunos erster Schrift. Sie enthielt weder Cunos noch Musschenbroeks Mikroskope. Beide Auflagen von Zahns 'Oculus artificialis' erreichten weite Verbreitung und wurden in späteren Werken zur Ge-

---

[28] Seit kurzem liegt ein Teil dieser Briefe in deutscher Übersetzung vor: Klaus Meyer: Geheimnisse.

[29] Clercq: Exporting Instruments; Clercq: Oriental Lamp.

[30] Gloede S. 37-39; Fournier: fabric S. 89; Clercq: Oriental Lamp S. 116.

[31] Zahn: Oculus artificialis, 2. Aufl., Nürnberg 1702. S. 795-797. Clercq: Oriental Lamp S. 115.

[32] Schröder: Lexikon Bd. 1. S. 613f.

schichte der optischen Instrumente immer wieder zitiert. Auch in anderen optischen Büchern fand Cunos Schrift Erwähnung. Der Coburger Lehrer Johann Michael Conradi (+1742) verwies 1710 in 'Der dreyfach geartete Sehe-Strahl' auf die Schrift, die C.C. Cuno *in Kupfer heraus gegeben.*[33] C.L. Denecke brachte 1757 in seinem Buch 'Vollständiges Lehrgebäude der ganzen Optik' den Kupferstich sowie Zahns Beschreibung von Cunos Mikroskopen.[34]

Am Ende dieser ersten Drucke wies Cuno darauf hin, daß *auch andere mehr dergleichen Optische Sachen* bei ihm zu finden seien. Die Aufzählung klingt ganz ähnlich wie bei Wiesel und Depiere. Hier der Wortlaut der zweiten Fassung (erste Fassung siehe Anhang A.1):

> *Kleine Faust= oder Reuth=Perspectiv, von 2. 3. 4. biß 5. Zoll: Stern=Röhre/ und Telescopia, von unterschiedlicher Länge: Fern=Perspectiv, mit 4. Gläsern/ auf etliche Schuh: Spazier=Stäbe/ so zugleich Perspectiv in sich haben: Perspectiv, damit man/ in einem Sessel sitzend/ oder in einem Bett ligend/ was auf der Gassen vor der Thür geschiehet/ sehen kann: Tubi Anatomici: Ophthalmoscopia, Microscopia, mit 2. oder 3. Gläsern: Ein Microscopium, die Wappen=Ringe und Edelgesteine zu betrachten: Gläser zu der Camera obscura: Optische Laternen/ die Farben deren Objectorum an einer Wand zu praesentiren: Unterschiedliche Vexier=Spiegel: Allerhand Arten Augen=Spiegel* [Brillen]*/ nach jedes Gesicht: Reiß= und Wind=Brillen/ mit welchen man ohne Umwendung deß Haupts/ zugleich hinter und vor sich sehen kan/ so zum Reisen sehr dienlich.*

Im Kapitel Mikroskope wird näher auf die Konstruktion der Mikroskope eingegangen.

5.3 Das Porträt

Zwei Arten von Cunos Mikroskopen (Nr.1 und 2) sieht man auf seinem Porträt,[35] einem Schabkunstblatt nach einem Gemälde des Augsburger Porträtmalers Johann Christoph Beyschlag (1645-1712).[36] Es muß um 1700 entstanden sein, denn der Stecher Marc Christoph I Steudner starb am 9.4.1704.[37] Beyschlag schuf zahlreiche Porträts, die oft als Stiche vervielfältigt wurden. (Abb. 45)

---

33 J.M. Conradi: Der dreyfach geartete Sehe-Strahl. Coburg 1710. S. 86.

34 Denecke S. 360 Tafel 43; G. Müller: Der Augsburger C.C. Cuno. S. 118-121.

35 SuStBA Graph St I 57.

36 Deutsche Barockgalerie S. 41.

37 Augsburger Barock S. 261f.: Steudner war um 1660 in Augsburg geboren. Hier heißt es: *Innerhalb der weitverzweigten Künstlerfamilie Steudner bildet er die markanteste Erscheinung*; Haemmerle: Steudner: S. 113 Nr. 9 das Porträt von Cuno. Nach einer Totenliste in

Als Stifter des Blatts gilt Johann Heinrich Manlich (1660-1718). Er hatte das Widmungsgedicht verfaßt:

Könt Wiesel und Depier noch einst zurücke sehen,
durch ihre Perspectiv, so sie berühmt gemacht,
Auf Cuno Rare Stück, Sie würden frey gestehen,
Er hab im Microscoop es fast aufs höchst gebracht.
Also Verehret seinem Aufrichtigen Freünd H. C. C. Cuno
Joh. Heinrich Mannlich

Manlich war einer der führenden Augsburger Goldschmiede um die Jahrhundertwende und im Handwerk mehrfach als Vorgeher und Geschaumeister tätig.[38] Auf dem Rahmen des Bildes steht ein Spruch, der sowohl auf Cunos Frömmigkeit als auch auf seine mikroskopischen Beobachtungen zielte: *Wir sehen Gottes Werck das wenigste, dann viel größere sind uns noch verborgen. Syrach 43, Vers 36.37.*[39] Offenbar hatte Cuno diesen Vers selbst ausgesucht, denn wie er in der Vorrede zu seinem späteren Buch schrieb, hätten ihn *die Worte Syrachs darzu animirt*, seine mikroskopischen Beobachtungen aufzuzeichnen und zu veröffentlichen.[40]

Es existiert ein zweites Exemplar des Porträts, auf dem die eingravierten Namen Beyschlag und Steudner fehlen. In bisherigen Publikationen wurde dieses Bild verwendet.[41]

5.4 Familiäre Situation

Cuno zahlte 1687, im Jahr nach seiner Eheschließung, 3 Gulden 25 Kreuzer und einen Pfennig Steuer, hatte demnach mit der Witwe Depieres keine schlechte Partie gemacht. Die Familie wohnte wie zu Lebzeiten Depieres im Steuerbezirk 'Beim Rathaus'. Wir finden aber im Steuerbuch wieder eine zwölffache Sondersteuer vermerkt: *dat 3* im August und *dat 9* im Oktober, die sich bis 1715 verfolgen läßt. In den Akten des Steueramtes ist wiederholt von Kriegsanlagen und Türkensteuer die Rede.[42] Ab 1688 zahlte Cuno nur noch 2 fl. 13 kr. 3 Pf., mit der Bemerkung *412 fl. diß in allem.*[43]

Aufzeichnungen Paul von Stettens wäre Marc Christoph Steudner nur 35 Jahre alt geworden, demnach 1669 geboren (SuStBA 2° Cod. S 231 fol. 324r).

38 Stadtlexikon 1998 (Hannelore Müller: Manlich); Augsburger Barock S. 346-348; Stetten: Kunst Bd. 1. S. 477f.; Bd. 2. S. 286; Seling Nr. 1866: Heirat 1695.

39 Jesus Sirach, Jerusalemer Jude, geboren um 200 vor Chr., hinterließ eine Sammlung von Sittensprüchen.

40 Cuno: Observationes. S. 3.

41 SuStBA Graph 18 I 41; Geus S. 133; G. Müller: Der Augsburger C.C. Cuno, neben S. 112.

42 SuStBA 2° Cod. S. 171: Steueramt-Akten I und II.

43 StAA Reichsstadt: Steuerbücher.

1695 kaufte Cuno ein Haus und es erfolgte der Umzug in den 'BarthsHof beym Gögginger Thor', in das Haus Annastraße 33 (B 257) gegenüber der Annakirche.[44] Die Steuer wurde geringer, betrug jetzt 1 Gulden 10 Kreuzer 1 Pfennig. 1701 fangen die Einträge der Steuer für den jetzt 20jährigen Stiefsohn Leonhard David Depiere an. Bis mindestens 1705 mußten für ihn jährlich 2 Gulden 12 Kreuzer und 2 Pfennige entrichtet werden. In den nächsten Jahren schwankte Cunos Steuer zwischen zwei und drei Gulden.

Um 1700 hatte sich Augsburg von den Folgen des Dreißigjährigen Krieges etwas erholt. Durch Zuwanderung aus dem Umland, war die Einwohnerzahl auf etwa 26 000 gestiegen, wodurch sich der Anteil der katholischen Mitbürger erhöhte. Auch die Augsburger Handwerkskunst war wieder gefragt. Der spanische Erbfolgekrieg (1701-1714) brachte allerdings eine unliebsame Unterbrechung des friedlichen Lebens. Frankreich und Bayern kämpften gegen den Kaiser, England und die Niederlande. Augsburg wurde als Mitglied des Schwäbischen Kreises in die Auseinandersetzungen hineingezogen. Im Heidenheimer Bund hatten sich im November 1700 der Schwäbische und der Fränkische Kreis zu einem Defensivbündnis zusammengeschlossen. Mit dem Beitritt des Österreichischen Kreises trat der Bund klar auf die kaiserliche Seite. Große Belastungen für die Stadt brachte die Aufstellung von Truppen für das Kreisheer. Im September 1702 hatte der bayerische Kurfürst Max Emanuel Ulm und andere schwäbische Städte besetzt. Augsburg, das nun ebenfalls bedroht war, konnte durch das Versprechen, keine fremden Truppen aufzunehmen, den Kurfürsten fern halten. Nachdem es gelungen war, sich einige Male fremden Heeren zu versagen, drohte im September 1703 der Oberbefehlshaber des schwäbischen Kreisheeres, Markgraf Ludwig Wilhelm von Baden-Baden, mit sofortiger Beschießung der Stadt. Die Stadt nahm ein kaiserliches Heer auf, das sich einen Monat später zurückzog, um Winterquartiere zu beziehen. Nun war der Weg für die bayerischen Truppen frei. Nach einer Belagerung und Beschießung der westlichen Stadtgebiete in den Tagen vom 8. bis zum 13.Dezember rückten französische und bayerische Soldaten ein. Die Franzosen stellten horrende Forderungen für die Quartier- und Verpflegungskosten, nahezu 6000 Gulden täglich. Der bayerische Kurfürst gliederte im März 1704 die Stadt in den bayerischen Staat ein. Er forderte die Erstattung der Belagerungskosten und leerte das Augsburger Zeughaus. Gold- und Silbergeräte der Einwohner wurden beschlagnahmt und eingeschmolzen, neue Steuern wurden erhoben. Im April zogen die Franzosen ab. Nach der Niederlage der Franzosen und Bayern im August 1704 bei Höchstädt räumten die Besatzer noch im selben Monat die Stadt. Die Reichsfreiheit wurde wieder hergestellt. Der alte Rat samt Stadtvogt und Burggraf kehrten in ihre Ämter zurück.[45]

---

[44] StaatsAA Reichsstadt Augsburg Literalien 564: fol. 65a u. 187b. 30.4.1695.

[45] Stadtlexikon 1985 u. 1998 (Rajkay: Spanischer Erbfolgekrieg); Zorn: Augsburg. S. 268-270; Faulmüller.

Am 14. September 1707 mußte Cuno seine Frau Sara begraben. Er hatte ein Grab im Kreuzgang der St. Anna-Kirche erworben.[46] Bereits am 16.1.1708 ging Cuno eine zweite Ehe ein, mit Susanna Mayr (Mair), der Witwe von Johann Friedrich Eberspach, einem Handelsmann. Vor dem Hochzeitsamt der Stadt traten der Eisenhändler Johann Sigmund Suppius als sein, und Susannas Bruder, der Kaufmann Benedikt Mayr, als ihr Beistand auf.[47] Susanna Mayr stammte aus einer Familie von wohlhabenden Kaufleuten. Susannas Großvater, Christoph Georg Mayr (1591-1671), war zusammen mit Johann Wiesel Zechpfleger von Heilig Kreuz gewesen. Über ihn lief 1650 der Wechsel, mit dem Johann Moriaen in Amsterdam Wiesels Fernrohr bezahlte. Er hatte ungewöhnliches kaufmännisches Geschick bewiesen und ein erhebliches Vermögen erworben, so daß er 1660 mit 400 Gulden Steuerleistung an dritter Stelle des Augsburger Großkapitals stand. Seit 1622 war er mit der Malerin und Kupferstecherin Susanna Fischer (1600-1674) verheiratet.[48] Ihr Sohn, Cunos Schwiegervater, Johann Ulrich Mayr (1630-1704), war ein erfolgreicher Maler, beliebt als Porträtist und seit 1684 evangelischer Direktor der Kunstakademie. Er hatte in den Niederlanden gelernt und England und Italien besucht.[49] 1662 hatte er Anna Maria Hosenestlin geheiratet, die Tochter von Abraham Hosenestel (1604-1670), Rat und Bürgermeister, einem der reichsten Männer von Augsburg. Die Brüder Abraham und Isaak Hosenestel waren durch Bijouterie- und Silberhandel reich geworden und kauften nach dem Dreißigjährigen Krieg viele leerstehende Häuser auf.[50] Johann Ulrich Mayr war wie schon sein Vater Mitglied der Kaufleutestube und stand 1702 mit 170 ½ Gulden Steuerleistung an achter Stelle der großen Vermögen der Stadt. Susanna Mayr wurde als ältestes Kind geboren und am 2.11.1663 getauft.[51] Im November 1684 schloß sie ihre erste Ehe mit Johann Friedrich Eberspach, der 1704 im Alter von 51 Jahren verstarb.[52] Es wundert nicht, daß Cunos Steuer sich nach seiner zweiten

---

46 StAA Reichsstadt. Gottesacker-Akten: 'Gräber in jedem Creutzgang sowohl als in der Kirchen, Leichthoff und Gottsäckerlein von St. Anna' S. 43 Nr. 25: *H. Cosmus Conrad Cuno hat ein grab im ersten Creutzgang, stoßt an Fleckheimer, kauft solches von H. Hunold; A 1707 d.14. Sept. wurde begraben Fr. Sara Cunoin - 58 Jahr alt.*

47 StAA Hochzeitsbuch 16.1.1708. fol. 3a; Ev.KRAA Anna I 234/2. 23.1.1708. Johann Sigmund Suppius stammte aus Memmingen und hatte 1694 in Augsburg geheiratet (Ulrich I 111/16: 9.8.1694).

48 Mayr: Vermögen. S. 106; Haemmerle Hochzeitsbücher Nr. 2295 K (Kaufleutestube) 18.4. 1622.

49 Stadtlexikon 1985 u. 1998 (Krämer: Mayr, J.U.); Augsburger Barock S. 126f. u. 221f.; Deutsche Barockgalerie S. 180-183. Die Kunstsammlungen besitzen Selbstbildnisse von Johann Ulrich Mayr und Porträts seiner Eltern.

50 Mayr: Vermögen S. 47-56. Abraham Hosenestel war 1649 bis 1656 Pate bei Depieres Kindern. Sein Bruder Isaak kaufte 1672 Depieres Haus in der Heilig Kreuz Straße.

51 Mayr: Vermögen S. 106 u. 122; Ev.KRAA Hochzeitsbuch Anna I 182/14. 5.6.1662: Heirat von Johann Ulrich Mair mit Anna Maria Hosenestlin; Haemmerle Hochzeitsbücher Nr. 3016 K; Ev.KRAA Taufbuch Anna II 60/58. 2.11.1663: Susanna.

Eheschließung auf 30 fl. 45 kr. und 1 Pf. erhöhte. Das Paar wohnte im *Egghaus ob dem alten Hewmarkht*, im Eckhaus auf dem alten Heumarkt, das heute als Köpfhaus in der Philippine-Welser-Straße 28 bekannt ist (Litera B 263 & 264).[53] 1710 stieg die Steuer sogar auf 39 fl. 15 kr. 11 Pf., 1711 auf 41 fl. 45 kr. 1 Pf., um ab 1713 bei 37 fl. 30 kr. 1 Pf. zu bleiben. Die Augsburger Steuerbücher sind nur bis 1717 erhalten.[54] In einer einzelnen Steuerliste von 1720 erscheint Cuno sogar mit 60 Gulden.[55]

1713 übernahmen die Eheleute Cuno von den Geschwistern Ebersbach das Haus Annastr. 21 (B 253) um 1700 Gulden. Dreißig Jahre später, 1743, verkauften sie es an die Tochter Regina Eberspachin aus erster Ehe der Susanna Cuno und an ihren Mann, den Handelsmann Johann Jacob Sandtner für 3400 fl., wobei sie sich das Wohnrecht ausbedingten.[56] Ein Jahr vorher hatte Cuno das Haus Annastr. 33 für 800 Gulden seinem Sohn Johann Conrad überschrieben.[57] Neue Verwandte aus der Familie Eberspach: Emanuel Ponthier, der uns schon als Nachbar Depieres begegnete, war seit 1665 mit Regina Eberspächin, einer Schwägerin von Susanna, verheiratet.[58] Die Witwe von Christian Eberspach, Sabina Rosina Riß, eine andere Schwägerin, hatte 1690 in zweiter Ehe den Zeitungsschreiber Jeremias Schifflin geheiratet, einen Enkel von Johann Wiesels Hochzeits-Bürgen.[59]

5.5 Cunos Sammlung und sein Stammbuch

Cuno wurde nicht nur durch seine Mikroskope bekannt, sondern auch durch seine reiche Sammlung von diversen Naturalien, mechanischen Kunststücken und Kuriositäten, die er gern seinen Besuchern zeigte. *Was kunst, was die nattur, was seltzam auf der erden, Kan in dem Cabinet bey Cuno g'funden werden,* schrieb Johann Rupert Härtl, *ChymoPhysicus, bossier und Kunstschmeltzer* im September 1743 in Cunos Stammbuch. Cuno war damals schon über 90 Jahre alt. Die meisten der etwa vierhundert Einträge in diesem Besucherbuch stammen aus den Jahren 1729-1738, oft mit mehr oder weniger geglückten Versen zum Lobe des Sammlers versehen. Leider sind fast alle Zeichnungen und eingeklebten Bilder

---

52 StAA Hochzeitsbuch 19.11.1684; Haemmerle Hochzeitsbücher Nr. 3324 K; Ev.KRAA Hochzeitsbuch Anna I 212/32. 27.11.1684.

53 Stadtlexikon 1998 (Wüst: Köpfhaus).

54 StAA Steuerbücher.

55 StAA EWA 426. Akten des Steueramts Augsburg Bd. IV: Verzeichnis der Steuererhebung 1720.

56 StaatsAA Reichsstadt Augsburg Literalien 564: fol. 132a. 20.10.1713 u. 26.8.1743.

57 StaatsAA Reichsstadt Augsburg Literalien 564: fol. 187b. 23.10.1742.

58 Ev.KRAA Hochzeitsbuch A I 188/15. 26.11.1665.

59 Ev.KRAA Hochzeitsbuch A I 219/9. 15.7.1690; Haemmerle Hochzeitsbücher Nr. 3393.

herausgetrennt worden, weshalb etliche Blätter fehlen.[60] Die Gäste kamen zum Teil von weit her: Ungarn, Zürich, Basel, Straßburg, Amsterdam, Hamburg, Berlin, Königsberg, Danzig, Schweden, Liegnitz, Prag, Wien findet man unter den Ortsangaben. Manche Einträge sind in fremden Sprachen geschrieben. Man sieht, daß Augsburg wieder eine vielbesuchte Stadt geworden war. Es kamen evangelische Geistliche und katholische Patres, Ärzte, Apotheker, Lehrer, Professoren und Studenten, Offiziere, zwei Grafen Eszterhazy aus Galantha, der Graf von Oettingen-Wallerstein und auch Frauen, nicht immer nur in Begleitung ihres Ehemannes. *Neue Kraft wünschet dem lieben alten Herrn Cuno* eine Frau J.E. Saltzmännin G.J. (? Germania Inferior). Künstler sind unter den Besuchern wie der Porträtmaler Maximilian Christoph Hirschmann und der Siegelschneider Conrad Börer (1711-1756), beide aus Nürnberg,[61] aus Augsburg der Silberkistler Emanuel Eichel (1690-1752 und sein gleichnamiger Sohn (1718-1782), der Kupferstecher und Hinterglasmaler Gabriel Bodenehr d.Ä. (1673-1765), die Malerin und Dichterin Christiana Rosina Spitzlin, geborene Corvinin (1710-1740) und Mitglieder der Familie Lotter.[62] Mit der damals zwanzigjährigen Frau Spitzlin, die bei ihrem Vater Johann August Corvinus (1683-1738) Kupferstich und Malerei gelernt hatte, war Cuno offenbar näher bekannt. Für den ersten Band ihrer Gedichte mit dem Titel 'Poetische Ergötzungsstunden' schrieb er ihr 1730 ein Gratulationsgedicht.[63] Im Jahr darauf findet man im Stammbuch einen *Giovanni Federico Folchamer di Norimberga*, sicherlich ein junger Vertreter der befreundeten Nürnberger Familie Volckamer, der möglicherweise von einer Italienreise heimkehrte und mit seinen frisch erworbenen Italienisch-Kenntnisse renommieren wollte.

Cuno nahm das Buch auch auf Reisen mit. Im September 1732 finden sich Einträge aus Memmingen, im Juni/Juli 1734 aus Ulm und Stuttgart, darunter der *Bourgemaitre de la Residence de Stouccard*! Cunos Verbindungen nach Memmingen müssen sehr intensiv gewesen sein, denn Memminger Bürger haben ihn wiederholt in Augsburg besucht, vor allem Patrizier aus dem Verwandtenkreis

---

60 StAA Sammlung Von Paris. Augs. N 221 K 21: Stammbuch Cuno. 11,4 cm x 18 cm; 417 S.

61 Börer (Böhrer) lebte später bis zu seinem Tod in Augsburg; Stetten Kunst Bd. 1. S. 504f.; Thieme Becker Bd. 4. S. 198.

62 zu Emmanuel Eichel: Stetten Kunst Bd. 1. S. 118, Bd. 2. S. 38; Haemmerle: Eichel. Rathke-Köhl S. 60. FN. 224; zu Bodenehr: Stadtlexikon 1998 (Biedermann/Krämer: Bodenehr).

63 Augsburger Frauenlexikon S. 106f.; Peterhof S. 63-67; C.R. Spitzlin: Poetische Ergötzungsstunden, Augsburg 1731. 268 Seiten voller Gedichte waren dem Stadtpfleger Johann von Stetten d.Ä. gewidmet. [SuStBA LD 6618]. Cunos Gratulationsgedicht: *Ich wags darauf/ mich aus der Festung zu begeben/ Doch der Frau Spitzlin Vers/ Kunstmäßig zu erheben Darzu bin ich zu schwach: Doch steht die frage frey: Ob Ihres Gleichen auch noch hier in Augspurg sey? Die nebst der Poesie kan schön in Kupffer etzen/ Und vor der Staffeley sich bald wird nieder setzen/ Zu mahlen nach der Kunst ein wahres Conterfait, Höchst rühmlich/ wenn man so zubringt die edle Zeit. Der Hoch=Ehr=Kunst=und tugendbelobten Frauen, Frau Spitzlin hat das, wegen Ihrer besonderen Gaben wohlverdientes Lob, mit diesen wenigen Zeilen, beyfügen wollen, der bekannte, das neun und siebentzigste Jahr erlebte Freund und Diener Cosmus Conrad Cuno, Augsburg 27.9.1730.*

seiner ersten Frau.[64] Auch die Zeitgeschichte erscheint, wenn man liest: *Andreas Grundtner, einer von den verdribenen aus Salzburger Land, 18.1.1732.* Bis Mitte 1732 kamen über 6000 evangelische Salzburger Exulanten, die auf Befehl des Salzburger Erzbischofs Anton Leopold von Firmian ihr Land verlassen mußten, auf der Durchreise nach Augsburg.[65]

Wenn man sich mit der Mikroskopgeschichte beschäftigt, fällt der Eintrag *Samuel Lieberkühn aus Berlin* vom 23.5.1733 auf. Vermutlich handelte es sich um den am 23.3.1710 geborenen späteren Prediger der Herrnhuter Brüdergemeinde.[66] Ob er ein Bruder des durch den sogenannten 'Lieberkühn-Spiegel' in die Mikroskopgeschichte eingegangenen Johann Nathanael Lieberkühn, geboren am 5.9.1711 ebenfalls in Berlin, war, konnte nicht ermittelt werden. Beide studierten jedenfalls in Halle und Jena, auch Johann Nathanael auf Wunsch des Vaters zuerst Theologie, bevor er sich später der Medizin zuwandte. Der bekannte Berliner Arzt beschäftigte sich eingehend mit dem Mikroskop und erzielte in der Herstellung mikroskopischer Präparate, vor allem durch ihre Färbung, große Erfolge. Sein konkaver Beleuchtungsspiegel am einfachen Mikroskop, der das Licht auf das Objekt konzentrierte, wurde um 1740 allgemein bekannt und deshalb nach ihm benannt. Allerdings hatte ihn bereits Descartes beschrieben und skizziert, und Leeuwenhoek hatte sich seiner schon bedient.[67]

Unter den Augsburger Besuchern von Cunos Sammlung findet man neben den Künstlern vor allem diejenigen, die sich um eine Verbesserung des naturwissenschaftlichen Unterrichts bemühten und den 'Realien' Eingang in die Schulen verschaffen wollten. Dazu sollten Sammlungen von Präparaten und Instrumenten angelegt werden. 1729 findet man den Stadtpfleger Johann von Stetten d.Ä.(1658-1738, Stadtpfleger 1726-1735), in den folgenden Jahren die Patrizier Paulus Amman und Balthasar von Hößlin im Besucherbuch. Gemeinsam kamen im September 1732 die Magister Johann Jacob Strohmeyer, Lehrer am Anna-Gymnasium, und Johann Christian Rende, der Inspektor des evangelischen Armenkinderhauses. Der Ephorus Heinrich Mezger, seit 1725 Leiter des Anna-Kollegiums, zitierte am 30.8.1736 Cicero: *Meliora sunt ea, quae natura quam quae arte perfecta sunt. Cic. de natura deorum*: "Besser sind die Dinge, die von der Natur als solche, die durch die Kunst gemacht sind". 1735 trug sich Jeremias Neuhofer ein, später Mathematiklehrer am Anna-Gymnasium und Nachfolger von Mezger als Ephorus. Auch er bemühte sich um die Modernisierung des Unterrichts.[68] Johann von Stet-

---

[64] Ruepprecht: Memminger Patrizier; Memminger Pfarrerbuch.

[65] Stadtlexikon 1985 (Schneider: Salzburger Emigranten); Stadtlexikon 1998 (Bregenzer: Salzburger Exulanten); Jesse S. 278-283.

[66] J.G. Meusel Bd. 8. Leipzig 1808. S. 247f.: Samuel Lieberkühn (23.3.1710 - 9.8.1777).

[67] Meusel Bd. 8. S. 243-245; Gloede S. 33 u. 84f.

[68] Ev. Dekanatsarchiv Augsburg: Scholarchatsakten 5b Nr. 5/II: J. Neuhofer: *Gedanken wie* [...] *die Anfangs Gründe der Mathematik mit Nutzen zu docieren seyn möchten.* 1744; Anschaffung einiger mathematischer Instrumente betreffend. 1744; Neuhofer erwarb übrigens nach

ten d.J. (1694-1773), Mitglied des Rats, Administrator des Ev. Kollegiums bei St. Anna, besuchte Cuno am 23.4.1737. Stetten hatte von 1713 bis 1718 in Halle studiert und dort das pädagogische Wirken des Pietisten August Hermann Francke kennengelernt. Rende war ein Schüler Frankes gewesen. 1735 hatte Stetten eine umfangreiche Schrift verfaßt: *Ohnmaßgebliche Gedanken und Vorschläge, wie das Gymn. Annaeanum in einen besseren Stand zu setzen*. Unter den Fächern, die, teils im Wahlunterricht, gelehrt werden sollten, findet man nicht nur Arithmetik und Astronomie sondern auch Mechanik, Experimentalphysik und Optik. Stetten wünschte für die Schüler auch eine praktische Ausbildung, z.B. im Glasschleifen. Erst etwa 40 Jahre später unter Rektor Mertens sollten sich viele dieser Gedanken im Lehrplan des städtischen Gymnasiums niederschlagen.[69]

1735 schrieb sich der Pfarrer der Barfüßerkirche, Johann Gottfried Essig in Cunos Buch ein. Einige Jahre später, am 23.9.1744 revanchierte sich Cuno mit einem Eintrag im Stammbuch seines Sohnes Johann Philipp, der gerade im Begriff war, zum Studium nach Tübingen zu reisen.[70] Weitere bekannte Namen aus Augsburg: Mitglieder der Silberhändler-Familien Gullmann und Rauner, der Arzt Johann Koch, Johann Jacob und Johann Marcus Wenng aus einer Juristenfamilie, Wolfgang Jakob Sulzer, später von 1739-1751 Stadtpfleger. Öfters fallen Apotheker oder Studenten der Pharmazie auf, unter ihnen der Augsburger Apotheker Johann Balthasar Michel, vermutlich derjenige, in dessen Garten J.C. Beuther ein Depieresches Fernrohr sah.

Cunos Sammlung fand auch in gedruckten zeitgenössischen Reiseberichten ihren Platz. In der 'Museographia' von C.F. Neickelius, gedruckt 1727, in der von den Kunst- und Raritätenkammern Europas berichtet wird, heißt es: *Augspurg*: *Ist eine Stadt, deren Einwohner fast lauter Künstler sind ... Es hat auch Herr Cuno ein hübsches Cabinet, sonderlich in Mechanicis, das von Reisenden offt besucht wird.*[71] Johann Georg Keyßler (1693-1743) hatte in Halle studiert und bereiste als Hofmeister junger Grafen ganz Europa. Sein zehntes Schreiben vom 1.7.1729 brachte 'Nachrichten von der Stadt Augspurg'. Neben dem Rathaus, dem Dom und einigen anderen Kirchen, der Stadtbibliothek, dem Zeughaus, der Fuggerei, dem alten Einlaß, einem mit besonderem Mechanismus zum Öffnen ausgestatteten Stadttor, und den Wassertürmen hatte er Cunos Sammlung besucht. Er erwähnte vor allem Besonderheiten aus der Natur wie Holzstücke mit Einritzungen, Vogelnester und mikroskopisch kleine kunstgewerbliche Arbeiten wie zarte Ketten aus

dem Tod von Cunos Sohn die Cunosche Grablege im Kreuzgang von St. Anna: StAA Reichsstadt Gottesacker-Akten: St. Anna S. 43.

69 Köberlin S. 211-215; Bregenzer; zu Mertens: Nießeler: Schneller - Mertens.

70 SuStBA 8° Cod. Aug. 75. S. 234.

71 Neickel: Museographia 1727. S. 184; S. 24: *Ex lit. D.D. Ehrhart d. 10. Sept. 1726.* Neickel zitiert hier aus einem Brief des Memminger Arztes Balthasar Erhart (Erhardt), der zu Cunos Verwandtenkreis gehörte. Er ist in Cunos Stammbuch vertreten. Erharts Naturalienkabinett ist auf S. 74 der Museographia beschrieben..

Stahl, an die man Flöhe hängen konnte und winzige elfenbeinerne Kelche, von denen 'hundert' in einem hohlen Pfefferkorn Platz hatten.[72] Schon der französische Reisende Maximilian Misson (um 1650-1722), der Augsburg 1687 besucht hatte, berichtete davon, daß man solche Dinge in der Stadt kaufen könne. Er *habe mehr als einmal diese subtilen instrumente der menschlichen hände arbeit mit sehr guten microscopiis oder vergrösserungsgläsern betrachtet.* Ob Cuno ein Jahr nach seiner ersten Hochzeit bereits eine Sammlung angelegt hatte, ist nicht bekannt. Misson erwähnte ihn nicht.[73]

In Publikationen des 19. und 20. Jahrhunderts wurde Cunos Sammlung allzusehr als Kuriositätenkabinett abgetan.[74] Dabei übersah man, daß manches Stück der Kollektion und manches Gedicht im Stammbuch im Zusammenhang mit seinen mikroskopischen Studien standen. So ließ er z.B. auf den Tafeln XI und XVI seines 1734 gedruckten Buches (siehe unten) von Würmern zerfressene Holzstükke und die dazugehörigen Tiere in natürlicher Größe und wie sie unter dem Mikroskop erschienen abzeichnen. Einmal waren es Holzwürmer, das andere Mal 'Holländische See-Würmer'. Dieses letztere Holz war samt den Würmern von Amsterdam nach Augsburg gesandt worden. Die Schiffswürmer hatten an Schiffen und Deichen schon viel Schaden angerichtet und waren auch in Holland Objekte mikroskopischer Untersuchungen.[75] Cuno, der vor der Jahrhundertwende zu den Herstellern modernster Mikroskope gezählt hatte, konnte sicher auch Jahrzehnte später seinen Besuchern noch ein interessanter Gesprächspartner sein. Die Freude und das Interesse an den Kuriositäten unserer Welt hatte schon das 17. Jahrhundert beherrscht und einerseits zur Beschäftigung mit den Naturwissenschaften geführt, andererseits einen Beitrag zur Popularisierung der Wissenschaften geliefert.

Besonders zu bedauern ist der Verlust aller Zeichnungen und Bilder aus Cunos Stammbuch. Darunter hätte sich manches Werk von Augsburger Künstlern gefunden. Stetten berichtet z.B. von einer Wachsmalerei des Wachsbossierers Daniel Neuberger d.J aus dem Jahr 1654, die einen Moses dargestellt habe.[76]

Vergeblich sucht man im Album nach dem jungen Georg Friedrich Brander (1713-1783), der seit 1734 als Mechanicus in Augsburg lebte. Vielleicht stand sein Name auf einer der verlorenen Seiten. Eine Verbindung der beiden, wie sie manchmal vermutet wurde, Brander als Mitarbeiter von Cuno, läßt sich auch

---

[72] Keyßlers Neueste Reisen. Hannover 1740. S. 81-87; 2. Auflage 1751. S. 65; zitiert in Gebele: Augsburg im Urteil der Vergangenheit S. 113; ADB 15 (1882) S. 702f.

[73] Misson: Nouveau Voyage d'Italie. 1691; dt. Übs.: Reise nach Italien. Leipzig 1701, 1713. S. 130-132; DNB Bd. 13. London 1909. S. 499f.: Misson, ev. Jurist, in Frankreich geboren, suchte 1685 Zuflucht in England und reiste als Tutor des späteren Earl of Arran nach Italien. Er lebte ab 1689 in London, wo er auch starb.

[74] Werner L.: Stammbücher. S. 76-78; Herre S. 139f.

[75] Ruestow S. 264f.

[76] Stetten Kunst Bd. 1. S. 439; Hampe S. 113.

heute noch nicht belegen.[77] Vermutlich hat Cuno mit 82 Jahren keine Werkstatt mehr geführt. Gekannt werden sich die beiden Instrumentenmacher sicher haben. Brander baute am Anfang seiner Laufbahn einfache Mikroskope nach dem Vorbild von Cuno, sowohl solche mit der drehbaren Objektscheibe (Abb. 48)[78] als auch Zirkelmikroskope (Abb. 50).[79] In seinem weiteren Programm orientierte er sich mehr an moderneren englischen Vorbildern. 1734 waren seit Cunos Ankunft in Augsburg genau fünfzig Jahre vergangen.

5.6 Weitere Drucke

Cosmus Conrad Cuno Observationes 1734

Daß Cuno bis ins hohe Alter geistig rege war, zeigt das Werk, das er 1734, mit 82 Jahren, drucken ließ, und das er selbst als Quintessenz seiner Arbeiten mit dem Mikroskop angesehen haben muß:

> *C. C. Cuno Observationes durch dessen verfertigte Microscopia. Deren unterschiedlichen Insecten nebst andern unsichtbaren Kleinigkeiten der Natur, Welche er nach dem Leben accurat abzeichnen und auf Verlangen Hoher Liebhaber in Kupffer stechen lassen. Augspurg/ Verlegts Johann Georg Merz, Kunsthandler. Cum Gratia & Privilegio Sac. Caesar. maj. Augspurg/ druckts Samuel Fincke. 1734.*[80]

Die Kupferstecher Elias Baeck (1679-1747) und Johann Georg Merz (1694-1762) zeichneten und stachen sechzehn Bildtafeln. Merz, der gleichzeitig Verleger war, erwirkte ein kaiserliches Privileg.[81]

Cuno fügte den Bildtafeln ausführliche Erklärungen bei, nicht ohne zu erwähnen, wer ihm gelegentlich solche Objekte gebracht hatte, z.B. der städtische Jurist

---

77 Brachner: Brander. 1983. S. 18f.

78 Clay/Court S. 33 u. 38 Fig. 15: Mikroskop mit drehbarer Objektscheibe (eine Abbildung desselben Mikroskops bei Schmitz: Bd. II A. Mikroskope. S. 17); Nach Mitteilung von Herrn Max Seeberger, Abteilung Mikroskope im Deutschen Museum München, vom 10.9.1997, wurde dieses Mikroskop 1974 gestohlen.

79 Brachner: Brander Katalog. S. 242; siehe auch Kap. II.6.4.

80 Erlangen Universitätsbibliothek. H 61/2 Trew. F 50; BL London 461.g.26; Reprint Marburg 1976 (Basiliken-Druck 1), mit einer Einführung hg. von Armin Geus; Geus: Die Microscopia des C.C. Cuno.

81 Gier/Janota: Bäck S. 1273; Merz S. 1275; Fincke S. 1272: Der Drucker Samuel Fincke (+1744) stammte aus Breslau und hatte 1725 eine Augsburger Druckerswitwe geheiratet.

Lauber eine geflügelte Spinne (Tafel I), ein *Tit. Herr Stangenberg* ein Stück Holz, das von Holländischen See-Würmern zerfressen war, *nebst etlichen Würmern in einem Liquor* (Tafel XV; vgl. Abb. 49), Dr. Schröck Würmer, die er aus Ungarn erhalten hatte (Tafel X). Auch in Augsburg wurden diese Würmer [Springschwänze] gefunden, und *zwar solche Menge, daß wo man sie gesehen, die ober Fläche des Schnees schwartz ausgesehen.* Man erfährt außerdem, daß Cuno einiges von der mikroskopischen Literatur kannte, z.B. Leeuwenhoeks Schriften oder einen Traktat des Florentiner Arztes Francesco Redi (1626-1697) von 1684.[82] Daß er die Artikel des Memminger Arztes Balthasar Ehrhardt (1700-1756) zitierte, verwundert nicht, denn Ehrhardt gehörte zu seinem Memminger Bekannten- und Verwandtenkreis und ist 1632 in Cunos Stammbuch mit einem Eintrag in Memmingen zu finden, worin er Cuno seinen *besonders lieben Freund* nannte.[83]

Auf Tafel XV ließ Cuno Schneeflocken abbilden, vier in natürlicher Größe und drei wie er sie *durchs Microscopium observirt, nach der Zeichnung, so die weitberühmte hiesige Miniatur-Mahlerin, Frau Sperlingen, in der Kälte gezeichnet* (Abb. 49). Zeichnungen von sechzehn verschiedenen Schneekristallen, die ihm die Künstlerin, Catharina Sperling (1699-1741) verehrt hatte, verwahrte Cuno in seinem Kabinett. Die mikroskopischen Vergrößerungen sollten zeigen,

> *was die Microscopia vor einen Unterschied unter Kunst und Natur machen, alle Creaturen auch Gewächs und was Creatürlich ist, wenn dessen Schönheit so klein, daß es unsere Augen nicht begreiffen können, und dasselbe mit einem guten Microscopio armirt, alsdenn siehet man erst dessen wahre Schönheit am Saamen, Blätter und Staub der Blumen.*[84]

Auch auf anderen Tafeln sieht man die Objekte in natürlicher Größe, um die Wirkung des Mikroskops um so deutlicher darzustellen, so auf Tafel VIII die Essig-Älchen oder auf Tafel XIV die Käsemilben. Es verwundert nicht, daß Cuno auf die Abbildung von Parasiten wie Flöhe und Läuse, die seine Mitmenschen damals plagten, nicht verzichten wollte. Die Untersuchung der Laus-Eier (Nissen), die Cuno unter anderm am Haar seines Kindes durchführte, bezeichnet Gerhard Müller als *Biologie par excellence.*[85]

Schon zu Ende des 17. Jahrhunderts war ein Nachlassen der mikroskopischen Forschungen zu verzeichnen. Um 1700 war nur noch Leeuwenhoek tätig, dessen Untersuchungen jetzt aber wenig Neues mehr hervorbrachten, sondern im wesentlichen Früheres bestätigten. Nach seinem Tod (1723) erlosch die Forschung fast gänzlich. Marian Fournier hat die Gründe dieses Auf und Ab untersucht und

---

82 Belloni: Francisco Redi. In DScB Bd. 11. S. 341-343.

83 Cuno: Observationes Tafeln IX u. XII; Ehrhardt war Mitglied der Leopoldina.

84 Catharina Sperling, geb. Heckel (Vater Silberarbeiter), verheiratet mit dem Kupferstecher Hieronymus Sperling (1695-1777), starb 1741 im ersten Wochenbett; Stetten Kunst Bd. 1. S. 335; SuStBA 2° Cod. S 231: Stetten Notizen. IV fol. 327r-v; Stadtlexikon 1998 (Kirstein: Sperling).

85 Müller: Die Kopflaus.

festgestellt, daß mehrere Ursachen zusammenwirkten.[86] Vielleicht hatte um 1650 die Einführung der Feldlinse einen Anstoß gegeben, sich intensiver mit dem Mikroskop zu beschäftigen. Gleichzeitig war die Frage nach dem Mechanismus des Lebens in den Blickpunkt der Forscher getreten. Man erhoffte sich Antworten durch das Mikroskop. Dann erkannte man, daß das einfache Mikroskop bessere Bilder lieferte. Da man trotzdem die erhofften Ergebnisse nicht erzielen konnte – was zum Teil an den Instrumenten aber auch an den noch mangelhaften Techniken des Präparierens der Objekte lag – ließ das Interesse an weiteren Untersuchungen nach. Es gab noch viele Wissenschaftler, die den Ergebnissen mißtrauten, wohl mit Recht, weil oft optische Täuschungen in die Irre führten.[87] Im Universal-Lexikon von Zedler wurde noch 1746 die Frage: *Ob die Vergrösserungs-Gläser die Sachen vielleicht anders vorstellen, als sie würcklich sind?* eingehend erörtert.[88] Henry Baker (1698-1774) meinte 1742 in seinem Buch 'The microscope made easy', das Mikroskop sei vor etwa 120 Jahren erfunden worden,

> *und in solch langer Zeit sollte man größeren Vorteil von ihm erlangt haben, wenn nicht viel Schwierigkeit und Abschreckungen den allgemeinen Gebrauch desselben verhindert hätten. Anfänglich war dieses Instrument nur wenigen Leuten eigen ..., da es aber mehr bekannt wurde, so war der Preis desselben so hoch. ... Viele wurden von dem Gebrauch dieses Instruments abgehalten, wann sie sich einbildeten, es werde dazu eine große Gelehrtheit und Erfahrung in Opticis erfordert. ... Andere haben den Gebrauch des Mikroskops vor ein Spielwerk oder Zeitvertreib angesehen, ... Andere haben die Mikroskopia wieder beyseits gesetzet, aus Mangel einer Kenntnis der Objekte, wie solche zu untersuchen, wo sie zu finden, wie sie zu praepariren, und auf was Weise dem Microcopium, zu appliciren.*[89]

Das 18. Jahrhundert brachte dagegen eine weit verbreitete Popularisierung des Mikroskopierens. Cunos 'Observationes' waren ein Zeugnis dieser Bewegung, die später die 'Insectenbelustigungen' des Malers August Johann Rösel vom Rosenhof (1705-1759), 'Mikroskopische Gemüths- und Augenergötzungen' von Martin Frobenius Ledermüller (1719-1769) oder die Bücher des fränkischen Freiherrn Johann Friedrich von Gleichen genannt Rußworm (1717-1783) hervorbrachte.[90] Die Untersuchungen dieser Männer haben die mikroskopischen Forschungen nicht abreißen lassen und sie sogar durch eine Vielzahl bedeutender Ergebnisse bereichert.[91] Cunos 'Observationes' war das erste Buch mit mikroskopischen Zeichnungen seit 1718, als Leeuwenhoeks 'Send-Brieven' und die 'Descriptions' des franzö-

86 Fournier: Fabric of life.
87 Mazzolini.
88 Zedler Bd. 47. Sp. 762; Belloni: Tierforschende Mikroskopie S. 455f.; Gloede S. 81.
89 Baker 1747; dt. Übs. von J. L. Steiner, Uhrmacher u. Opticus in Zürich. Zürich 1748. S. 4-6.
90 Rösel 1746-1761, Ledermüller 1759-1763, Gleichen 1764-1781; alle in Nürnberg erschienen.
91 Geus S. 132f.

sischen Gelehrten Louis Joblot (1645-1723) erschienen waren.[92] Schon in seiner ersten Schrift, 1685, hatte sich Cuno an die 'Herren Liebhaber' gewandt. Diese Broschüre war aber vor allem ein Bericht über die von ihm konstruierten Instrumente gewesen, mit einigen kurzen Hinweisen auf beobachtbare Objekte wie Insekten oder Blüten. Zwei Jahre später hatte Johann Franz Griendel von Ach (ca. 1631-1687) in seinem Todesjahr ein kleines Buch über sein zusammengesetztes Mikroskop veröffentlicht, die 'Micrographia nova', das eine Reihe von mikroskopischen Zeichnungen enthielt. Es erschien in Nürnberg in deutscher und in lateinischer Sprache.[93] Die in den 'Miscellanea curiosa' immer wieder gedruckten, meist kurzen mikroskopischen Artikel waren ausschließlich in Latein verfaßt worden.

Sonstige Schriften Cunos.

Cuno ließ nicht nur Berichte über seine Mikroskope und seine mikroskopischen Beobachtungen veröffentlichen, er übersetzte auch erbauliche Schriften aus dem Holländischen. Er habe sich *bey müßigen Stunden in Übersetzung der Verse delectirt,* schrieb er in der Vorrede zum ersten, 1707 erschienenen Büchlein:

> *Deß hochberühmten Herrn Doctor Jacob Cats Jungfern-Pflicht oder Amt der Jungfrauen in erbarer Liebe, Angewiesen durch 44 Sinn-Bilder. Aus dem Holländischen ins Teutsch übersetzt Durch Cosmus Conrad Cuno. Verlegt und zu finden bey Johann Christoph Kolb, Kupfferstecher In Augspurg, Anno 1707.*[94]

Wohlgemeinte Ratschläge, wie

> *beiderseits Eltern und Jungfrauen sich in ihrem Amt und Stand nach aller Erbarkeit aufzuführen haben, sind in zierliche Verse gesetzt. Ob es rathsam sey, sich zu verheurathen, – Keine Heurath leichtfertig und ohne Vorwissen der Eltern anzufangen,– Bedenken über die Wahl eines Mannes, – Ob es wohl übereinkommt ein großer Liebhaber der Bücher und zugleich der Frauen zu seyn, – Töchter wann sie von ihren Eltern zu einer ihnen widrigen Heurath angehalten werden, wie sie sich gegen dieselbe aufzuführen Ursach haben,*

das sind einige der Themen, die in 44 Kapiteln mit entsprechenden Sinnbildern oder Emblemen abgehandelt wurden, und zwar im Zwiegespräch zweier Jungfrauen, Anna und Phillis.

---

92 A.van Leeuwenhoek: Send-Brieven. Delft 1718; lat.: Epistolae physiologicae. Delphis 1719; dt. Übs. von Klaus Meyer: Send-Brieven. Soest 1995; Joblot: Descriptions 1718.

93 Siehe Kap. II.7.1.

94 Bayer. Staatsbibl. München [Res. L. eleg. m. 187m]; BL London [11556 bbb 3] 8°.

Der Augsburger Kupferstecher und Verleger Kolb (1680-1743)[95] hatte die Bilder aus dem Buch des Jacob Cats: 'Monita Amoris Virginei' oder holländisch: 'Maechdensplicht ofte Ampt der Jonck-Vrouwen in eerbaer liefden' kopiert und ersuchte Cuno um die Übersetzung der Verse, was dieser ihm *nach lang gepflogener Freundschaft nicht versagen wollte*, wie er in der Vorrede schrieb. Die Werke des Holländers Jacob Cats (auch Catz, 1577-1660) hatten in Deutschland eine weite Verbreitung gefunden. Der Jurist Cats war ein hoher Staatsbeamter und vielgelesener Dichter seiner Zeit gewesen. Im Brockhaus steht zu lesen, seine Werke in der deutschen Ausgabe (1710-1717) hätten lange Zeit als zweites Hausbuch neben der Bibel gegolten.[96] Der Einfluß der niederländischen Literatur in Deutschland war zu dieser Zeit sehr groß, was sich auch in den beliebten Emblembüchern zeigte. Zum Emblem gehört ein Bild (Pictura), ein dazugehöriges kurzes Motto (Inscriptio) und eine mehrzeilige Auslegung (Subscriptio). Die emblematisch dargestellten Dinge der Schöpfung, der Geschehnisse des täglichen Lebens oder der Geschichte, der Bibel und der Mythologie verlangten eine Deutung. Durch den Vorgang der Deutung sollten Einsicht in die Sinnzusammenhänge der Welt erlangt und allgemein gültige moralische Lehrsätze abgeleitet werden. Seit 1531 in Augsburg das erste Emblembuch 'Emblematum liber' von Andrea Alciato erschienen war, war die Stadt ein Zentrum für die Kunst des Emblems wie überhaupt ein Zentrum für den Druck illustrierter Bücher.[97] Cunos Übersetzung wurde des öfteren aufgelegt, später unter anderem Titel:

> *Neueröffnete Schule Vor das noch ledige Frauenzimmer Welche darinnen Durch 45. erfundene schöne Sinn-Bildern von dem hochgelehrten Herrn Doctor Jacob Cats Aufs beste unterrichtet wird ... ins Teutsche übertragen Durch Cosmus Conrad Cuno. Verlegt und zu finden Bey Johann Christoph Kolb/ Kupferstecher in Augspurg, Anno 1723.*[98]

Schon drei Jahre nach der ersten Schrift brachte Kolb Cunos Übersetzung eines zweiten Buchs heraus:

---

95 Johann Christoph Kolb gab eine Anzahl von Werken hervorragender Qualität heraus: Augsburger Barock S. 417 u. 444; Thieme-Becker Bd. 21. S. 223.

96 Jacob Cats, seit 1636 Ratspensionaris von Holland, 1645-1652 Großsiegelbewahrer. In der Landesbibliothek Stuttgart fanden sich zwei Ausgaben der 'Monita..': Middelburg 1618 [fr.D.qt.561] und Amsterdam 1622 bei Blaeu [Allg. Gesch. qt 522]. Sie stehen in beiden Fällen zusammen mit anderen Werken von Cats in einem Sammelband 'Silenus Alkibiades sive Proteus'; Bayer. StaatsB. München: 'Elogium in amoris virginei monita' Amsterdam 1622 [4 L. eleg. m. 36. Beibd. 2].

97 Edelhäuser: Emblematik.

98 SuStBA [LA 873]; Landesbibliothek Stuttgart [Allg. G. oct 3195]; eine andere Ausgabe: 'Neu eröffnete Schule....' in der Landesbibliothek Stuttgart [HB 5457] ist vielleicht ein Raubdruck. Auf dem Titelblatt fehlen die Namen Cats und Cuno, der des Verlegers und das Erscheinungsjahr. Dafür trägt es die Bemerkung *Zu finden auf denen Frankfurter und Leipziger Messen*. Der Text ist unverändert, aber neu gesetzt, die Bilder sind nachgestochen.

Jesus und die Seele, Ein geistlicher Spiegel des Gemüths, bestehend in 40. angenehmen und erbaulichen Sinnbildern, verfaßt in drey Theil, ... Ins Hochteutsch übersetzt Durch Cosmus Conrad Cuno. Verlegt und zu finden bey Johann Christoph Kolb, Kupfferstechern in Augspurg, 1710. druckts David Zacharias.[99]

Offenbar erschien 1737 eine neue Auflage.[100] Den vierzig Kupferstichen sind passende Betrachtungen beigegeben, vor allem Ermahnungen, auf den rechten Weg zurückzukehren. Sie sind reichlich durchsetzt mit Bibelversen. Als Vorlage diente vermutlich auch hier ein Werk aus den Niederlanden. Der Verfasser wird nicht genannt.

Nimmt man alles zusammen, was von Cuno überliefert ist, so ergibt sich das Bild eines vielseitig interessierten Mannes. Seiner Ausbildung nach war er Filigranarbeiter. Ob ihn seine Neigung zur Optik nach Augsburg gebracht hatte, wissen wir nicht. Er hatte sich jedenfalls in der Welt umgesehen, bevor er sich hier niederließ und Mitglied des Goldschmiede-Handwerks wurde. Durch seine Arbeiten, aber auch durch seine weitgespannten Interessen (Natur, Kunst, Literatur) fand er in Augsburg Zugang zu Künstlern und Druckern wie auch zu Intellektuellen; sein Freund Michael Höschel war Lehrer am Gymnasium bei St. Anna. Cunos vorteilhafte Heiraten trugen dazu bei, daß er sich als wohlhabender Mann eine naturwissenschaftliche Sammlung anlegen und ein offenes Haus führen konnte. Das Stammbuch bezeugt sein offensichtlich freundliches Wesen. Diesen interessierten Umgang mit seinen Zeitgenossen, besonders mit seinen Künstlerkollegen, finden wir dann später auch wieder bei Brander. Johann Konrad Beuther, selbst Ingenieur und Mathematiker, betrachtete um 1740 Cuno als den hervorragendsten, auch in der Theorie bewanderten Optiker in Augsburg. Der später viel berühmtere Brander war um diese Zeit noch ein junger Mann.[101]

Cuno erreichte das außerordentlich hohe Alter von 93 Jahren, *bey besten Leibes- und Gemüthes Kräften*, wie Georg Ludwig Ruepprecht, ein junger Verwandter aus Memmingen, berichtete:

Ich selbsten habe ihn in seinem 92. Jahr gesprochen. Er hatte mich 2 hohe Treppen herunter begleitet und gesagt: er thue solches ohne Beschwernuß, alleweilen er erst 32 Jahr alt seye. Denn er sagte: mit 60 Jahr finge das Alter erst an; Er war aber würklich so aufrecht, als lebhaft, als wenn er nur 32 Jahr auf sich hätte.[102]

---

[99] Ein Exemplar, eingebunden in einen Sammelband, wird in der Universitätsbibliothek Erlangen verwahrt [Thl. XX 194]. Auch die Stadtbibliothek Lübeck soll ein Exemplar besitzen (Müller: Der Augsburger Cuno. S. 112 FN. 10).

[100] Jöcher-Adelung Bd. 2. S. 582; Schröder: Lexikon S. 613.

[101] SuStBA Beuther-Nachlaß; zu Beuther siehe Kap. II.6.3.

[102] Georg Ludwig Ruepprecht: Ruepprecht'sches Geschlechtsregister, Memmingen 1764. Handschrift. Privatbesitz.

Am 12. Januar 1745 begrub man Cunos zweite Frau Susanna mit 82 Jahren und nur ein halbes Jahr später, am 31. August 1745, ihn selbst, beide im Kreuzgang von St. Anna.[103] Cunos beide Söhne sind keine Optiker geworden:
Johann Georg, *27.2.1689, ist wahrscheinlich früh gestorben.
Johann Conrad, *1.4.1690, Filigranarbeiter, erhielt am 20.3.1717 die Erlaubnis, *auf eigene Hand zu arbeiten*. Er heiratete am 30.9.1737 Anna Veronica Gebhardin, die Tochter des Zinngießers Hans Jacob Gebhardt.[104] Die Ehe blieb kinderlos. Am 23.10.1742 überschrieb Vater Cuno diesem Sohn sein Haus in der Annastraße 33 (Litera B 257). Johann Conrad starb 1764 und wurde am 30. September im Kreuzgang von St. Anna begraben.[105] Von seinen beiden Schwestern ist nichts bekannt.

5.7 Zusammenfassung: Der Werkstattbetrieb von Depiere und Cuno

Wissen wir aus Wiesels Zeit wenig über den Betrieb der optischen Werkstatt, so wissen wir von Depiere und Cuno noch weniger. Mit Ausnahme der 24 Jahre, in denen Depiere Wiesels Mitarbeiter war, ist nichts über Mitarbeiter, Zuarbeiter oder Lehrlinge bekannt. Die bestellten Geräte wurden einzeln angefertigt, zumindest die großen und die Brillen, das geht aus den Lieferzeiten hervor. Von Depieres Kunden kennen wir einige wenige. Die Herzöge von Braunschweig und von Sachsen waren schon Kunden bei seinem Schwiegervater gewesen, ebenso die Bischöfe von Salzburg und Freising. Der Franzose Balthasar Monconys, der Depiere 1664 auf der Durchreise besuchte, kannte vermutlich den Namen der Werkstatt noch aus Wiesels Zeit, waren ja erst zwei Jahre seit dessen Tod vergangen. Bei seinem vorhergehenden Besuch in London hatte Moncony außerdem von Oldenburg ein Empfehlungsschreiben an Anckel erhalten.[106] Depieres gedruckter Katalog von 1674 zeigt eine solche Fülle von Instrumenten, daß sie sicher nicht alle auf Lager waren. Andererseits geht aus Depieres Vorwort hervor, daß der

103 Haemmerle: Totenregister S. 55: *Kuno, Cosmus Konrad, Goldarbeiter (und Optiker) 93 J.* St. Anna, 31.VIII.1745; StAA Reichsstadt: Gottesacker-Akten: St. Anna S. 43: *Anno 1745 d. 12. Januar Frau Susanna Cunoin, gebohrne Meyrin, 82 Jahr alt; Anno 1745 d. 31. August Herr Cosmus Conrad Cuno. 93 Jahr alt ein Goldarbeiter.*

104 Ev.KRAA: Hochzeitsbuch St. Anna I S. 268v.

105 Johann Conrad Cuno (1690-1764): StAA: Goldschmiede-Akten Bd. 21. Fasc.XII b. fol.165v; Bd. 26. Fasc. XIV c. fol. 397v u. 398r; Ev.KRAA Anna I 268v: 30.9.1737; StaatsAA Reichsstadt Augsburg Literalien 564: S. 187b; Rathke-Köhl S. 69f.; Seling Nr. 2093; StAA Reichsstadt: Gottesacker-Akten. St. Anna S. 43: *Anno 1764 d. 30. Sept. Herr Johann Conrad Cuno. Gold und Dratarbeiter. 75 Jahr alt.*

106 Oldenburg Bd. 2. S. 68f.: 15.6.1663. Oldenburg an Anckel.

Katalog als Werbung gedruckt wurde. Vielleicht war Wiesels Stern am verblassen. Der sowohl lateinisch als auch deutsch verfaßte Text deutet darauf hin, daß Depiere durchaus an wissenschaftliche Kreise dachte, aber auch an den Bürger, der eine Brille nötig hatte, oder der sich aus Interesse oder Vergnügen optische Geräte kaufen wollte.

Das scheint vor allem der Käuferkreis von Cunos Mikroskopen gewesen sein, die naturwissenschaftlich interessierten Amateure oder Liebhaber, wie er sie nannte. Aus Schröcks Briefen wissen wir, daß zu Anfang von Cunos Augsburger Zeit Ärzten aus dem Korrespondentenkreis von Schröck Mikroskope angeboten oder geliefert wurden. Wir finden eine ähnliche Situation wie zu Beginn von Wiesels Werkstatt: Ärzte treten als Förderer auf, jetzt allerdings bereits in der Academia naturae curiosorum organisiert. Cunos 1685 gedruckte Flugschrift erfuhr mehrere Auflagen und trug zu seinem Bekanntwerden bei. Trotzdem wissen wir nichts über seine Geschäftsbeziehungen.

Das einzige signierte Mikroskop Cunos, das wir kennen, wurde als Auftragsarbeit für den Arzt und Wissenschaftler Ehrenfried Walther von Tschirnhaus (1651-1708) in Dresden hergestellt (Abb. 18 u. 19).[107] Leider sagt Cunos Stammbuch nichts darüber aus, ob die Besucher seines Kabinetts gelegentlich auch Mikroskope erwarben. Durch diese Besucher war Cuno bis ins hohe Alter mit der weiten Welt verbunden.

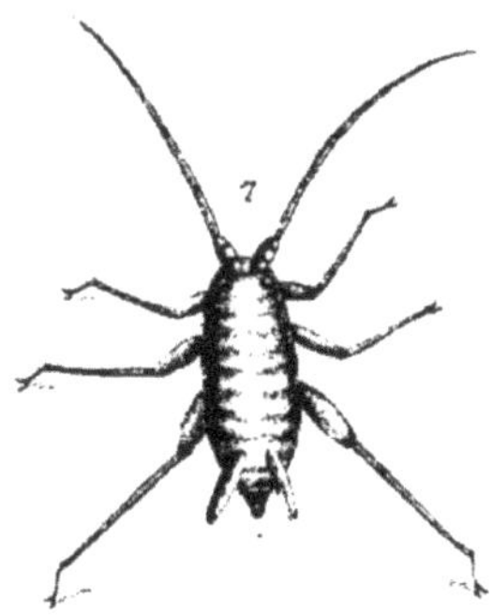

Abb. 5. Cuno Observationes: Aus Tafel XII: *Nr. 7 ist ein Insect welches den Nägel= und Rosen= Stöck die Kraft aussauget und verderbet.*

[107] Das Kästchen trägt auf dem Deckel die Signatur von Tschirnhaus; siehe Kap. III.4: Mikroskope.

6. Weitere Augsburger Optiker

6.1 (Bernhard ?) Knauss

Zu Wiesels Lebzeiten ist in Augsburg kein Brillenmacher bekannt. Es tauchte nur noch ein Name auf: Knauss. Anfang Juli 1651 schrieb Herzog August an den Rand eines Briefes: *NB Knausen sol auch dergleichen perspectivische gläslein machen, möchten wol von däme auch ein paar gemacht haben.*[1] Hirt führte den Auftrag wie immer treulich aus. Am 17.8.1651 schrieb er:

> *EFD habe ich vor 8 tagen drei kleine perspectivische röhrlin von dem wisel überschickhet. Und dabei underthänigst berichtet, bey heutiger ordinari* [Post] *noch ein wislisches und 2 Knausische hinachzusenden, welches ich auch ins werckh richten wolle. Künftige wochen sollen noch ein gar kleines perfectes röhrlin folgen, welches ebenmäßig der Knauß gemacht hat.*[2]

Intensive Suche in den Kirchenbüchern und den Akten des Stadtarchivs förderte keinen Optiker Knauss zutage. Es kann sich nur um den Silberdrechsler Bernhard Knauss gehandelt haben. Er hatte 1616 geheiratet und starb 1665, gehörte also der Generation Wiesels an. Aus einer Bemerkung von Anckel von *dem Knaussen, der die Perspectiv: oder flohebüxlen machet,* erfährt man, daß er sich noch 1656 damit beschäftigte. Über andere oder größere Instrumente von ihm ist nichts bekannt, genausowenig darüber, ob er die Linsen selbst geschliffen oder sie von Optikern bezogen hat. Die gedrechselten Rohre für die kleinen Fernröhrchen und Flohbüchsen waren offenbar ein guter Nebenverdienst für den Drechsler.[3]

---

1 HAB 14 Noviss. S. 8° fol.273r. 1.[11.] 7.1651. Hzg. August an Hirt.
2 HAB 98 Novi fol. 518r-v. 17.8.1651. Hirt an Hzg. August.
3 HAB 83 Novi fol. 13v. 11/21.12.56. Anckel an Hzg. August.

6.2 Johann Philipp Treffler

Der nächste Augsburger, der sich mit dem optischen Handwerk befaßte und *Opticus* genannt wurde, war Johann Philipp Treffler (21.6.1625 - 21.1.1698).[4] Er stammte aus einer weitverzweigten Familie von Drechslern, die seit dem 16. Jahrhundert in Augsburg nachweisbar ist. Sein Vater war der Elfenbein- und Silberdrechsler Tobias Treffler (*1598, + zwischen 1656 und 1665 in Wolfenbüttel). Seine Mutter Katharina Kopp verstarb früh. 1636, als Johann Philipp 11 Jahre alt war, heiratete Tobias Treffler Maria Rauschmeyer, die Witwe des bekannten Uhrmachers Veit Langenbucher. Sie brachte eine Tochter und drei Söhne mit in die Ehe, von denen nur der älteste, Melchior, schon ausgelernt hatte.[5] Johann Philipp ging wie sein älterer Bruder Johann Christoph (1623-1686) bei seinem Vater in die Lehre, erreichte aber keinen Abschluß. Möglich, daß er seine Uhrmacherkenntnisse der Familie Langenbucher verdankte. Während zwei seiner Stiefbrüder ebenfalls das Drechslerhandwerk erlernten, wurde der dritte, Kaspar Langenbucher (+1677/78), später ein gesuchter Uhrmacher. Tobias Treffler sah nach dem Krieg in dem verarmten Augsburg kein Auskommen mehr und siedelte 1648 mit Hilfe von Hans Martin Hirt nach Wolfenbüttel über, um dort die Prinzen im Drechseln zu unterweisen. Drechseln war damals ein beliebter Zeitvertreib vieler Fürsten.[6] Auch die Söhne Trefflers verließen die Stadt. Johann Christoph heiratete 1647 in Lindau Barbara Schnell und verbrachte etliche Jahre dort. Nach dem Tod seiner Frau kehrte er 1671 nach Augsburg zurück und heiratete die Augsburgerin Elisabeth Rem. Er wurde durch einen großen Automaten bekannt, *die sich selbstbewegende Himmels-Kugel*, eine Kombination von Uhr und Planetarium. Man schreibt ihre Konstruktion heute seinem Bruder Johann Philipp zu, aber die Druckschrift darüber trägt Johann Christophs Namen. Vielleicht wollte Johann Philipp dadurch weitere Zwistigkeiten mit dem Handwerk vermeiden. Sein Bruder war Meister und Mitglied des Drechsler-Handwerks.[7]

Über Johann Philipp Treffler hat S.A.Bedini verschiedene Arbeiten verfaßt.[8] Er ging etwa um 1650 nach Florenz, wo er es bis zum Hofuhrmacher brachte. Die Medici-Fürsten waren technischen Neuerungen stets aufgeschlossen. Dem jungen

---

4 Der Name wird auch Trefler, Dreffler, Drefler geschrieben. StaatsAA Reichsstadt Augsburg Literalien 561: fol. 232b: 4.6.1681. *J.Ph. Treffler Opticus* kauft zwei Häuser in der Dominikanergasse (Litera A 53); StAA Pflegschaftsbuch 18.2.1698: *Erschien Joseph Niggel Stubenheizer (?), Anwald & im Namen Anna Barbara Knuilerin, weiland J.Ph. Treffler, optici, sel. hinterlassener Wittib.*

5 Groiss; Melchior Langenbucher starb früh, vor 1647.

6 Lessmann; Maurice: Der drechselnde Souverän.

7 Christoff Treffler: Die sich selbst bewegende Himmels-Kugel ... 1679; Augsburger Barock S. 401f.; Dussler Bd. 2. S. 204.

8 Bedini: Treffler, Clockmaker; ders.: Agent for the Archduke; Prinz; Prof. Bedini plant, eine zusammenfassende Arbeit über Treffler zu schreiben.

Treffler gelang es in Florenz, Galileis Überlegungen zur Pendeluhr in die Praxis umzusetzen und die erste brauchbare Pendeluhr nach Galileis Prinzipien herzustellen, noch bevor Huygens seine etwas andersartige Erfindung des Pendels als Gangregler von Uhren veröffentlicht hatte. Huygens Schrift 'Horologium' erschien 1658. Auf Geheiß des Großherzogs sollte Vincenzo Viviani, der letzte Schüler Galileis und sein Nachfolger als Hofmathematiker, Treffler im Schleifen von Linsen unterweisen. Um 1665 kam J.Ph.Treffler von Florenz zurück nach Augsburg, drei Jahre nach Wiesels Tod, aber noch zu Lebzeiten von Depiere. Er heiratete Anna-Barbara Kneulin, Tochter eines Stadtarztes, und erheiratete sich dadurch die Mitgliedschaft in der Kaufleutestube. Er blieb mit dem Florentiner Hof in Verbindung und war als Agent des Großherzogs in Augsburg tätig. Durch seine Vermittlung wurde der Großuhrmacher Georg Lederle mit dem Bau einer Pendeluhr für den Turm des Palazzo Vecchio in Florenz betraut. Die Uhr ist heute noch in Betrieb.[9]

In den Augsburger Akten schlugen sich etliche Streitigkeiten nieder, die Johann Philipp Treffler mit dem Handwerk der Drechsler und dem der Uhrmacher ausfocht, weil er kein Meisterstück abgeliefert hatte und nicht die Handwerksgerechtigkeit besaß. Treffler wurde aber durch ein kaiserliches Privileg geschützt, das er offenbar durch Vermittlung der Medici erhalten hatte. Durch seine Florentiner Erfahrungen wäre er fähig gewesen, das Augsburger Uhrmacherhandwerk auf den neuesten technischen Stand zu heben. Daß dies nicht gelang, lag an den Augsburger Meistern, die ihm wegen der traditionellen Handwerksregeln untersagten, das Uhrmacherhandwerk auszuüben.[10] Dieses Beispiel kann nochmals deutlich machen, welche Chancen Johann Wiesel gehabt hatte, weil in Augsburg kein organisiertes optisches d.h. damals Brillenmacher-Handwerk bestand, das ihn hätte hindern können, neue Ideen umzusetzen.

Über Trefflers Augsburger Arbeiten ist nicht viel bekannt geworden. Als er 1671 vor dem Stadtgericht erscheinen mußte, weil er ohne Genehmigung die Stadt verlassen hatte, und befragt wurde, *waß seine handtierung davon er sich ernähre,* antwortete er, er *bediene sich underschiedlicher Künsten und Wissenschaften, sonderlich von Uhren, perspectiven und dergleichen.*[11] Demnach fertigte er auch 'Perspective', das heißt Fernrohre. In einigen anderen Akteneinträgen wurde er als Opticus bezeichnet.[12]

---

9 Bedini: Pulse of Time.

10 Maurice: Räderuhren.

11 StAA Urgichten. 16.4.1671. J.Ph.Treffler hatte wegen eines Streits mit seiner Frau Augsburg verlassen, um auf einem Lindauer Turm eine Pendeluhr zu installieren, und war deshalb auf das Rathaus zitiert worden. Dort wurden ihm die üblichen Fragen vorgelegt, die man an die Delinquenten richtete; StAA Strafbuch 1654-1699. S. 363. 16.4.1671: Treffler wurde ohne Strafe, nur mit einer Ermahnung, entlassen.

12 Z.B. StAA Pflegschaftsbuch 18.2.1698.

1647 hatte eine Cousine von Johann Philipp Treffler, ein Mündel seines Vaters Tobias, seinen Stiefbruder Balthasar Langenbucher geheiratet. Die Treffler-Familie, in der es in den nächsten Generationen vor allem Silberdrechsler und Goldschmiede gab, verschwägerte sich auch später noch mit Mitgliedern der Familie Langenbucher, unter denen weiterhin Hersteller von mathematischen Instrumenten bis hin zu Elektrisiermaschinen zu finden sind.[13] Ob Johann Philipp Treffler Kontakte zu Depiere oder zu Cuno hatte, ist nicht bekannt. Er stellte als Optiker wohl keine Konkurrenz für sie dar.

6.3 Beuthers Bericht (um 1740)

Johann Conrad Beuther (1721-1783) aus Lindau, Ingenieur, Mathematiker und Verfasser einiger Bücher zur Maß- und Münzkunde, lebte viele Jahre in Augsburg, wo er 1760 das Bürgerrecht erwarb. Er wurde Verwalter der oberen Bleiche und war von 1772 bis 1778 Mathematiklehrer am Anna-Gymnasium, dem er für die mathematische Sammlung drei vielflächige Sonnenuhren überließ.[14] Seine Bücher befaßten sich vor allem mit den verschiedenen Maßen, Gewichten und Münzen in den europäischen Städten und Ländern, deren Vielfalt den Handel erschwerten. Das Vorwort, das Beuther einem seiner Tabellenwerke voranstellte, mag charakteristisch sein. Sein Buch sollte sein: *zu Dienst und Nutzen den Anfängern von Goldschmieden, Malern, Bildhauern, Kupferstechern, Steinmetzen, Schreinern und Maurern samt Zimmerleuten und überhaupt für alle, die mit Zirkeln und anderen Instrumenten arbeiten.*[15]

Beuther beschäftigte sich als junger Mann eingehend mit der Herstellung von Linsen. Dies geht aus seinem Nachlaß in der Staats- und Stadtbibliothek Augsburg hervor.[16] Er hat darin aber nicht nur seine eigenen Schleifmethoden beschrieben, sondern auch die von einigen Augsburger Optikern. Beuther selbst kann man nicht zu den berufsmäßigen Optikern zählen. Lucas Schroeck berichtete 1685 von Cunos Schwierigkeiten, seine Waren zu verkaufen, er habe *eben starken contra-*

[13] Stadtlexikon 1998 (Baer/Grünsteudel: Langenbucher); Stetten Kunst I S. 172, 182; II S. 62.

[14] Johann Konrad Beuther, *18.6.1721 Lindau, +30.11.1783 Augsburg; Stetten Erläuterungen S. 237; ders.: Kunst Bd. 1. S. 52f.; Verzeichnis der Sammlungen des Anna-Gymnasiums. In: Mertens, 6. Fortsetzung. 1778. S. 20-22. Zwei dort erwähnte vielflächige Sonnenuhren sind wohl mit denen identisch, die heute im Depot des Maximilianmuseums verwahrt werden (Inv.Nr. 3540 u. 3541). Meusel, Leipzig 1802, S. 384; Stadtlexikon 1998 (Keil: Beuther); Haemmerle: Totenregister.

[15] J.K. Beuther: Tabellarische Aufzeichnungen sowohl zu Mr. Davilers ausführlicher Anleitung zu der ganzen Civilbaukunst, als auch zu des Vignolae Säulenordnungen und Bogenstellungen. Augsburg o.J. ca 1770, bei Georg Christoph Kilian [SuStBA 4° S 57].

[16] SuStBA Beuther Nachlaß; durch den freundlichen Hinweis von Herrn Wolfgang Mayer wurde ich auf den wertvollen Nachlaß aufmerksam; er ist bisher nicht katalogisiert.

part.[17] Sollte das bedeuten, daß es damals noch andere Optiker in der Stadt gab? Sollte Wiesels Ruhm doch einige Nachahmer gefunden haben? Beuthers Aufzeichnungen stammen aus den Jahren nach 1740, betreffen also die Situation im 18. Jahrhundert. Der junge Beuther hat offenbar nach seinem ersten Eintreffen in Augsburg alle optischen Handwerker aufgesucht, von denen er gehört hatte. 1742 besuchte er den neunzigjährigen Cuno. Daneben nannte er den Glasschleifer Veit Tränkel, von dem Stetten überlieferte, daß er 1734 einen Tubum für das Rathaus geliefert hätte. Tränkel habe das Glasschleifen in Freising erlernt, und Cuno habe ihm, *weil er gar keine Theorie gehabt, in einem und anderem ganz gute Anleitung gegeben*. Tränkel verkaufte zusammengesetzte Mikroskope für einen Dukaten, Perspective von drei Zoll Länge für einen Gulden, das Glas zur Laterna Magica für zwei Gulden. Er reiste auf die Märkte nach München, und *machte gegen einen Kenner keine Geheimniße aus seiner Kunst.*[18]

Auch bei dem Glasschleifer Alletag aus Regensburg bemängelte Beuther die fehlende Theorie, meinte aber, er verkaufe viele Perspective und Microscope und anderes.[19] Der evangelische Glaser Berkenstein auf dem oberen Graben schliff Brillen (das Paar um 10 bis 12 Kreuzer), Brenn- und andere Gläser, auch geometrische Körper aus Glas und optische Spielereien.[20] Beuther besuchte ebenfalls den Bildhauer und Form- oder Modelschneider Daniel Volkert (1677-1761) aus Danzig und notierte:

> *Er schleifft auch Optische sowohl sphärische Gläser als Polyaedrae, wie er sagt, meist aus der Hand, und setzet allerhand Optische Machinen zusammen, machet auch Conische, Cylindrische, Prismatische Spiegel von einer, seiner Meinung nach, ihm eigenen Composition von Metallen, welche ungemein hell und rein klinget ... Er macht sie auch von Moscovitischem FrauenEiß.*

Stetten schreibt, Volkert sei über Berlin und Kaufbeuren nach Augsburg gekommen und habe die Glasmalerei in Augsburg wieder belebt: *Er zeichnete sehr viele Bilder zu cylindrischen, conischen und auch Stahlspiegeln, wie auch zu geschliffenen optischen Gläsern*, was Beuther bestätigte:

> *Die deformierten Bilder* [Anamorphosen] *dazu verfertigt er auch und schneidet sie theils in Holtz, theils zeichnet er sie mit der Feder, ziemlich fein, gibt aber das Stücke von 1 Holtz Bogen nicht anderst als um 1 fl. Er mahlet auch die zur Laterna Magica gehörigen Bilder mit sehr lebhaften Farben, welche mit einem, wie er spricht: gantz besondern fürniß dicke überzogen und überaus durchscheinend sind, ein täfelgen worauf etwa 10.figuren um 1 Rtl. welches eben nicht theuer. Seine Laterna magica ist von Blech sehr klein und ist die Breite der Gläser und höhe der Bilder kaum 2.Zoll* [ca. 5cm].

---

17 SuStBA 4° Cod. Aug. 214. fol. 67v: 16/26.11.1685. Lucas Schroeck d.J. an J.G. Volckamer.
18 Stetten Kunst Bd. 1. S. 174; SuStBA Beuther Nachlaß. 7 (2).
19 SuStBA Beuther Nachlaß. 7 (5).
20 SuStBA Beuther Nachlaß. 7 (6).

Volkert erzählte Beuther, daß er vor einigen Jahren den *berühmten Leupold* in Leipzig beliefert habe.[21] Seine Herstellungsmethoden und Werkzeuge wollte er allerdings nicht preisgeben. Volkert war ein Liebhaber der Künste und legte eine Kunst- und Münzensammlung an, die sein Sohn Jeremias Volkert (1716-1773), ebenfalls ein Modelschneider, vermehrte.[22]

Es zeigt sich, daß das optische Handwerk, etwa 120 Jahre nach Wiesels Anfang in Augsburg, seine Ausnahmestellung längst verloren hatte. Es war keine Kunst mehr, Brillen, Fernrohre, Mikroskope und optische Spielereien für den Hausgebrauch herzustellen,. Die Verfertigung hochwertiger Instrumente, die auch zu wissenschaftlichen Zwecken eingesetzt werden konnten, erforderte jedoch andere Voraussetzungen als sie eine Handwerkerausbildung allein zu geben vermochte. Es mußten allerdings auch erst die Wissenschaftler wie Astronomen und Ärzte oder die Praktiker wie die Landvermesser auftreten, die nach besseren Instrumenten verlangten. Es hatte in Deutschland nach dem Niedergang durch den Dreißigjährigen Krieg lange gedauert, bis das Interesse an den Naturwissenschaften wieder erwachte. Noch 1680 beklagte der Astronom Gottfried Kirch (1639-1710) das Fehlen von astronomischen Observatorien und guten Instrumenten in Deutschland.[23] Obwohl er zum Leiter der Sternwarte der 1700 gegründeten Preußischen Societät der Wissenschaften berufen wurde, erlebte er die Vollendung des Observatoriums in Berlin 1711 nicht mehr. Erst Mitte des 18. Jahrhunderts wurden durch die Gründung mehrerer naturwissenschaftlicher Akademien, weiterer Sternwarten und der physikalischen Kabinette in den Klöstern wesentliche Impulse ausgesandt. Diese Situation kam Georg Friedrich Brander zustatten.

6.4 Bemerkungen zu G.F. Brander, C.K. Höschel und J.L. Späth

Noch zu Lebzeiten Cunos, um 1734, war der junge Regensburger Georg Friedrich Brander 21jährig nach Augsburg gekommen. Ihm gelang eine rasche Karriere. 1737 stellte er das erste Spiegelteleskop Newtonscher Bauart in Deutschland her. Als ihn Beuther um 1740 besuchte, beschrieb er ihn als

---

21 Zu Leupold siehe Kap II.7.1.

22 Stetten Kunst Bd. 1. S. 298 u. 375; Bd. 2. S. 229; SuStBA Beuther Nachlaß. 7 (7); Schiefe Bilder S. 114f.

23 Gottfried Kirch: Neue Himmels-Zeitung. Erster Teil. S. 24f.

Mann von ungefähr 30. Jahren, klain, niederer herkunft, aber von vieler Einsicht in mechanicis, worunter er auch das Glasschleiffen excoliert [ausübt]. *Er bedient sich hierzu der gewöhnlichen Drehe Bank mit einer horizontal lauffenden Spindel. Poliert bald auff dem FiltzeBald auf dem Papier. Seine concava schleifft er auf vertical lauffenden Scheiben oder mitten aus einer Kugel herausgeschnitten Segmento, das nicht viel dicker als die breite des Glaßes ist c.g. ab. so in c. an der Spindel läufft.*[24]

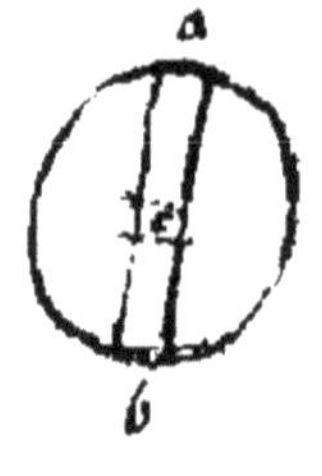

Aus der beigefügten Zeichnung läßt sich diese 'Breite' mit 1,5 cm entnehmen. Obwohl sich Beuther nur so kurz über Brander äußerte, zeigt diese Notiz, daß Brander zumindest am Beginn seiner Laufbahn in Augsburg selbst Linsen geschliffen hat, worüber bisher nichts bekannt war.

Branders weitere Erfolge im Instrumentenbau führten dazu, daß der 'Mechanicus' Brander 1759 Gründungsmitglied der Bayerischen Akademie der Wissenschaften wurde, die er mit seinen verschiedenen, nicht nur optischen Instrumenten belieferte. Sie sind heute im Deutschen Museum in München ausgestellt, wo sie einen ganzen Saal füllen. Zu Branders größten Erfolgen und Beiträgen zum Instrumentenbau gehören die Glasmikrometer, an denen er etwa seit 1755 arbeitete. Die optischen Instrumente waren durch den Einbau der Mikrometer zu Meßinstrumenten geworden. Brander gelang es, besonders feine und enge Linien und Gitter in Glasplättchen zu ritzen. Über sein Leben und seine Instrumente wurde in dem ausgezeichneten Katalog des Deutschen Museums von 1983.[25] Es seien einige Anmerkungen und Ergänzungen aus Augsburger Sicht hinzugefügt:

Bevor Brander nach Augsburg kam, hatte er einige Jahre in Nürnberg verbracht, wo er den Kaufmannsberuf erlernen sollte. Stetten und Veith berichten von einem Aufenthalt an der Universität Altdorf, aber es fand sich kein Eintrag in der Matrikel. Sein Lehrer und Freund Johann Gabriel Doppelmayr (1677-1750) lehrte nicht in Altdorf, sondern zeitlebens am Egidien-Gymnasium in Nürnberg.[26] Seltsamerweise wird in der kurzen Biographie, die Branders Schwager Johann Christoph Thenn (28.10.1729-20.4.1783) Anfang 1766 auf Wunsch Paul von Stettens d.J. verfaßte, der Aufenthalt in Nürnberg nicht erwähnt. Einige Sätze aus diesem sehr persönlichen Bericht über Brander:

... sein natürlicher Trieb zog ihn unüberwindlich zu der Mechanic hin, so daß man endlich seiner Neigung nachgeben mußte und sein H.Vater auf das Zureden vernünftiger und gelehrter Leute, die sein Genie dazu merkten, bewilligte, daß er von der Erlernung der Handlung abstehen dürfte. Er kam hier nach Augsburg mit guten Recommendationen, allein da er hier nicht fande was er

---

24 SuStBA Beuther Nachlaß. 7 (3); die Breite ab beträgt im Original ca. 1,6 cm.

25 Brachner: Brander.

26 Steinmeyer; Zu Doppelmayr: Will Bd. 1. S. 287-290; Pilz: 600 Jahre S. 312f.; Imhoff S. 217.

suchte, so wollte er anders wohin gehen; seine Gönner aber und gute Freunde überredeten ihn, da zu bleiben und nach seiner Natur Gaben, die sich an ihm gar bald entdeckten, ohne Lehrmeister zu handlen. Diesem Rath folgte er auch, er studierte die Mathesin mit großer Adplication [Fleiß] *ohne anfangs eigentlich selbst zu wißen, was für eine Lebens Art und Geschäfte er treiben sollte.* [27]

Brander heiratete 1754 Sabina Barbara Thenn (1727-?), Tochter des Magisters Daniel Thenn (1690-1774), der von 1723 bis 1766 als Lehrer am Anna-Gymnasium tätig war.[28] Der Bruder der Braut war der oben erwähnte Theologe Johann Christoph Thenn. In seinen ersten Berufsjahren, 1754 bis 1758, unterrichtete dieser ebenfalls am Gymnasium. Er war sehr an den Naturwissenschaften interessiert, übersetzte einige physikalische Werke ins Deutsche,[29] und sandte am 17.1.1756 *Unvorgreifliche Gedanken von Errichtung einer Experimental Physikalischen Schule* an die Aufsichtsbehörde der Schulen, das Scholarchat.[30] Später war J.C. Thenn Pfarrer an der evangelischen Kirche bei St. Ulrich und Senior des Pfarrkapitels. Er starb nur wenige Wochen nach seinem Schwager Brander.[31]

Brander hatte in Augsburg Förderer wie den Bankier Joseph von Halder (1701-1757) gefunden und bildete bald den Mittelpunkt eines an den Naturwissenschaften und Künsten interessierten Kreises, dessen Mitglieder astronomische Beobachtungen und physikalische Experimente durchführten und zum Teil auch selbst Instrumente bauten. Dazu gehörten der städtische Bauamtsschreiber Johann Jacob Haas (1693-1754), die städtischen Juristen Christoph Heinrich Weng (1710-1771) und Johannes Leonhard Tauber (1724-1777) sowie der Direktor der städtischen Kunstakademie Johann Esaias Nilson (1721-1788). Haas war der jüngste Sohn von Salomon Haas (1648-1702), der als Lehrer am Anna-Gymnasium seit etwa 1680 zum ersten Mal nach dem Dreißigjährigen Krieg wieder Unterricht in Ma-

---

27 SuStBA 2° Cod. S 231. S. 374-375: Ch. Thenn mit Begleitbrief an P.v. Stetten vom 25.2. 1766: *Ew Gnaden Verlangen zu folge, übersende hiemit nur einen kurzen Abriß von meines H.Schwagers Leben, so wie mir daßelbe aus mancherley abgebrochenen und verstümmelten freundschaftlichen Unterredungen bekannt ist, da man ihn niemals dazu bringen kann, eine aneinander hängende Beschreibung deßelben oder eine ordentliche Erzählung zu machen.*

28 Ev.KRAA Hochzeitsbuch St. Anna I 294/1. 25.2.1754; StAA Hochzeitsamtsprotokolle 1754. S. 82: Eintrag am 14.2.1754; die Städtischen Kunstsammlungen besitzen neben den Ölgemälden von Brander und seiner Frau auch ein Porträt von Daniel Thenn, alle drei gemalt von Sebastian Weygandt: Barock-Galerie S. 264f.

29 Physikalische Arbeiten von J.C. Thenn, alle bei Klett in Augsburg gedruckt: Übs. von Michael Du Crest: Sammlung einiger kleiner Schriften von den Thermometern und Barometern. 1757; Versuch einer neuen und deutlichen Erklärung der Kälte und ihrer Wirkungen. 1764; Übs. von Johann van Musschenbroek: Beschreibung der doppelten und einfachen Luftpumpe. 1765; Briefe eines Frauenzimmers an ihre Freundin in St. die Waschmaschine betreffend. 1767; Übs. von Johann Heinrich Lambert: Hygrometrie. 1774 u.a.; Meusel: Bd. 14. S. 41f.

30 Ev. Dekanatsarchiv Augsburg Scholarchatsakten 5b. Nr. 7 u. 8; Hochadel; Diss. von Oliver Hochadel in Vorbereitung.

31 Rein Bd. 3. Nr. 207, mit Porträt; Wiedemann 1962 S. 41; Stetten Kunst Bd. 1. S. 177; Im Brander-Katalog wird J. Christoph Thenn auf S. 22 als Schwiegervater Branders bezeichnet.

thematik erteilt hatte. Johann Jacob hatte wie sein ältester Bruder, Johann Matthias (1684-1742), in Wittenberg und Leipzig studiert.[32]

Vor allem die Freundschaft mit dem Zeitungsverleger Johann Andreas Erdmann Maschenbauer (1719-1773) erwies sich für Brander als fruchtbar. Maschenbauer hatte sich auf seinem Haus in der heutigen Maximilianstraße eine Sternwarte eingerichtet. Über seine astronomischen Beobachtungen und über bevorstehende Himmelserscheinungen berichtete er in der von ihm herausgegebenen Zeitung 'Augspurgischer Intelligenz-Zettel'. Dieses seit 1745 wöchentlich erscheinende Blatt war die erste 'gelehrte' Zeitung Augsburgs. Sie war im ganzen deutschen Sprachgebiet verbreitet. In Inseraten wurden wissenschaftliche Instrumente angeboten, eine Möglichkeit, die die Hersteller hundert Jahre früher im 17. Jahrhundert noch nicht gehabt hatten.[33] Zu Branders Freundeskreis gehörte auch der Augsburger Orgel- und Klavierbauer Johann Andreas Stein (1728-1792), dem er bei der Verbesserung der Klaviermechanik behilflich war.[34] Zusammen mit seinen Freunden betrieb Brander die 1780 erfolgte Gründung der Gesellschaft zur Beförderung der Künste, an der auch Paul v. Stetten d.J. großen Anteil hatte.[35]

Etwa 1760 trat Christoph Kaspar Höschel (1744-1820) in Branders Werkstatt ein. 1774 heiratete er dessen Tochter Barbara Euphrosina (*1754) und wurde ein Jahr später Branders Teilhaber.[36] Von 1772 bis 1782 lehrte Höschel am Anna-Gymnasium Physik, Mechanik und Mathematik. Es gab also nicht nur durch Vater und Sohn Thenn, sondern auch durch Höschel enge Beziehungen Branders zu dieser Schule. Hieronymus Andreas Mertens (1743-1799), fast gleich alt wie Höschel und wie dieser Schüler des Anna-Gymnasiums gewesen, wirkte seit 1767 als Lehrer, seit 1773 als Rektor an der Schule. Er setzte sich sehr für die Reformierung des Unterrichts ein und holte die 'Realien' an das Gymnasium. Mertens berichtete in den Schul-Nachrichten von 1776 begeistert von Branders 'Sternfinder', einem Gerät, das die Auffindung von Sternen erleichtern sollte:[37]

> *Diese merkwürdige Erfindung unseres Herrn Brander ist so beschaffen, daß wir Ursache haben, einer jeden Schule zu wünschen, mit einem solchen, zu viel hundert Sachen nützlichen Instrumente versehen zu werden. ... Kein Instrument hat uns noch soviel Vergnügen und Nutzen verschaffet, als dieses. Wir freuen uns, daß unsere Schule die erste in Deutschland ist, welche das Glück hat, von diesem Instrument Gebrauch zu machen.*

---

32 Ev. Dekanatsarchiv Augsburg. Scholarchatsakten, Stipendien: Nr. 11/32 und Nr. 10/120. Johann Matthias Haas lebte seit 1719 als Professor der Mathematik in Wittenberg und war Mitarbeiter des Homann-Kartenverlags in Nürnberg. Zwei weitere Brüder waren Uhrmacher.

33 Mančal: Zu Augsburger Zeitungen. S. 715; z.B. Intelligenzzettel vom 15.6.1747: Anzeige: *Ein Perspectiv von Hrn. Brander gemacht, ist von einer schönen Invention.*

34 Stetten: Erläuterungen S. 239; Fischer S. 153.

35 Stetten: Kunst Bd. 1. S. 177; Bd. 2. S. 59.

36 Ev.KRAA Hochzeitsbuch Ev. Heilig Kreuz 459/10. 22.11.1774.

37 Mertens: 2. Fortsetzung. 1776. S. 15f.; zum Sternfinder: Brachner: Brander S. 191-199.

Es bestand aus einem Fernrohr, das mit einer Himmelskarte verbunden war. Daneben sind 1778 im Inventar der Sammlungen des Gymnasiums ein Newton-Spiegelfernrohr und weitere physikalische und mathematische Instrumente von Brander verzeichnet.[38] Das 1613 errichtete Observatorium auf dem Bibliotheksturm wurde wieder benutzt. Georg Wilhelm Zapf berichtete in der 'Augsburger Bibliothek', daß Mertens eine Lebensgeschichte Branders verfaßt habe, die *verdiente gedruckt zu werden*. Leider ist sie heute verschollen.[39]

In den bisherigen Biographien heißt es, Branders Grab sei unbekannt. Im Protestantischen Friedhof an der Haunstetterstraße in Augsburg ist aber noch heute die Grabplatte zu sehen. Aus der lateinischen Inschrift geht hervor, daß Branders Schwiegervater Daniel Thenn 1766 das Grab erworben hatte:

> "Daniel Thenn, Lehrer der 1. Klasse am Gymnasium bei St. Anna, hat, noch unter den Lebenden aber der Sterblichkeit eingedenk, dafür gesorgt, daß dieser Ort der Ruhe, damit ermattete Glieder ausruhen, in der sichersten Hoffnung auf die zukünftige und auch glückliche Auferstehung, sich und seinen 4 Kindern und auch ihren legitimen Nachkommen vorbereitet und hergerichtet wurde."

Außer dem Namen von Daniel Thenn ist kein anderer Name vermerkt.[40] Nach Thenns Tod gehörte das Grab seinem Sohn. In einem 'Verzeichnis der im Protestantischen Friedhof vor dem Roten Tor begrabenen Personen' ist zu lesen:

> *3. April 1783, Herr Georg Friedrich Brander, weltberühmter Mechanicus und Mathematicus, liegt Nr.12 in des Tit. Herrn Senior Thenns Gruft.*[41]

Mit Höschel trat zum ersten Mal ein geborener Augsburger in die Reihe der bekannten Optiker der Reichsstadt. Ob er aus der Familie des ehemaligen Rektors Höschel stammte, wie Paul von Stetten angibt, war nicht zu belegen.[42] Höschels Vater Johann Daniel war Schuhmacher. Über Jahrhunderte hinweg waren es oft zugewanderte Handwerker und Künstler, die in Augsburg zu Ansehen und Ruhm gelangten. Die Bedeutung Augsburgs als Handelsstadt und als eigenständiges politisches Zentrum bis zur Eingliederung in das Königreich Bayern (1806) mag dabei eine Rolle gespielt haben. Nach dem Tod von Höschel im Jahr 1820 mußte die Werkstatt unter Branders Enkel bald geschlossen werden. Es gab verschiedene Gründe für den nachlassenden Absatz: Neue Firmen wie Johann Christian Breit-

---

38 Mertens 6. Fortsetzung. 1778. S. 19-21; Niesseler: Schneller - Mertens.

39 Zapf: Bd. 1. S. 875.

40 Die Grabplatte findet man im Westteil an der unteren Mauer hinter der Kirche: Alter Teil, Feld IX, 580/581. Die Original-Inschrift lautet: *Inter vivos adhuc mortalitatis autem non immemor hunc quietis locum quo tandem fessa membra quiescerent spe certissima futurae atque beatae ressurrectionis Daniel Thenn Preaeceptor I .Class. Gymn. Ann. sibi et liberis suis IV nec non legitime ex iisdem natis paraio et adaptari curavit. I. Thessal. IV. V. 14. MDCCLXVI.* Dt. Übs. von Spring.

41 StAA Reichsstadt Gottesacker-Akten.

42 Stetten: Kunst Bd. 1. S. 182.

haupt (1736-1799) und seine Nachfolger in Kassel, Johann Georg Repsold (1770-1830) in Hamburg und Georg von Reichenbach (1771-1826) in München schufen um die Jahrhundertwende präzisere Meßinstrumente, die den gestiegenen Ansprüchen der Astronomen gerecht wurden. Dazu kam die Verbesserung der optischen Gläser und der Fernrohrtechnik durch Joseph von Fraunhofer (1787-1826).[43] Durch die Säkularisation zu Anfang des 19. Jahrhunderts wurden viele Klöster aufgelöst und fielen als Kunden weg. Im 18. Jahrhundert hatten sich gerade Klöster physikalische Kabinette und Sternwarten eingerichtet und sie oft mit Instrumenten aus Augsburg ausgestattet.[44] Höschel hatte als zweites Standbein seiner Existenz das Amt des städtischen Eichmeisters übernommen, das sein Sohn später ebenfalls ausübte. Dieser wurde 1841 im Augsburger Adressbuch als 'Aichtmeister für Gewicht, Waagen, Längen und Flüssigkeits Maaße' geführt und wohnte 1851 im Eichamt am Schwall, in der Nähe des Klosters von St. Ursula.[45]

Freundschaftliche Kontakte von Vater und Sohn Höschel zum Kanonikus Augustin Stark (1771-1839) führten dazu, daß sich noch heute etliche Instrumente von Brander und Höschel in Augsburg befinden. Nachdem Augsburg 1806 bayerisch geworden war, gab es nur noch ein Gymnasium in der Stadt, das königliche Gymnasium bei St. Anna. Dort unterrichtete Augustin Stark Mathematik, bevor er 1820 Domherr wurde. Er hatte sich ein Observatorium eingerichtet, in dem er meteorologische und astronomische Beobachtungen durchführte, deren Protokolle er ab 1813 in eigenen Jahrbüchern drucken ließ. Die Kupferstiche für ein Instrumentenbuch, das 1815 herauskam, hatte Christoph Kaspar Höschel angefertigt.[46] Stark wurde so bekannt, daß ihm König Max I. von Bayern 1830 auf einem Stadtmauerturm am Pfaffenkeller, in der Nähe des Doms, eine Sternwarte mit einem drehbaren Aufsatz aus Blech einrichten ließ.[47] Durch die Vermittlung Starks konnte das 1828 neu gegründete katholische Gymnasium bei St. Stephan zwei Jahre später von Branders Enkel eine Anzahl von Instrumenten günstig erwerben. Seine Sternwarte, auf der er ebenfalls Brander-Instrumente verwendete, vermachte Augustin Stark 1836 dieser Schule, die sie bis zur Zerstörung im 2. Weltkrieg als Schulsternwarte benützte. Mehrere Instrumente aus der Werkstatt Brander-Höschel waren im Krieg ausgelagert, so daß sie noch heute im Museum von St. Stephan besichtigt werden können.[48] Newton-Spiegelfernrohr und Sternfinder

---

[43] Herbst: Das Wechselverhältnis; Wittig: Fraunhofer.

[44] Rabenalt.

[45] Eichamt Augsburg: Georg Abraham: Chronik des Augsburger Eichamts. 1966 (masch.); das Eichamt am Schwall (Litera-Bezeichnung A 435) war 1613 von Elias Holl gebaut worden. Es wurde 1928 aus Verkehrsgründen abgerissen.

[46] Stark: Beschreibung der meteorologischen Instrumente. Augsburg 1815.

[47] Der heutige Aufsatz des Turmes mit gläsernen Fenstern ähnelt dem Anblick in Starks Zeiten wie er auf Postkarten festgehalten ist: Seitz, W.: Augsburg in alten Ansichtskarten. S. 83.

[48] Das Kloster St. Stephan besitzt auch den Nachlaß von Augustin Stark; Helms: Brander und St. Stephan; Uhl: Stark und St. Stephan; Ölgemälde von Stark im Bischöflichen Ordinariat in Augsburg: Groll S. 794-802. Bild auf S. 1086; Stadtlexikon 1998 (Keil: Stark).

aus dem Anna-Gymnasium sind neben einigen anderen Instrumenten im städtischen Maximilian-Museum erhalten, wo auch die Porträts von Brander und seiner Frau und ein Wachsmedaillon mit Branders Porträt aufbewahrt werden.[49] Weitere Porträts hütet die Graphische Sammlung der Staats- und Stadtbibliothek Augsburg (Abb. 51).[50]

Nur kurz sei auf den Augsburger Johann Leonhard Späth (1759-1842) hingewiesen. Er war Schüler des Anna-Ggymnasiums, dessen Rektor Mertens ihn 1775 Brander empfahl. Die etwa zehnjährige Lehr- und Gesellenzeit in Branders Werkstatt bildete eine gute Grundlage für Späths weitere Laufbahn. Nach dem Studium in Altdorf und Leipzig wurde er 1788 in Altdorf Professor der Mathematik und Physik. Dort richtete er sich eine Werkstatt ein und konstruierte unter anderem Fernrohre für die Universität. 1806 wurde Nürnberg bayerisch und 1809 seine Universität Altdorf aufgehoben. Späth ging deshalb nach München, wo er zum Mitglied der Bayerischen Akademie der Wissenschaften und Professor an der Universität München ernannt wurde. Außer Höschel und Späth ist nichts über Mitarbeiter der Branderschen Werkstatt bekannt. Das umfangreiche Lieferprogramm war aber sicher nicht ohne Mit- oder Zuarbeiter zu bewältigen.[51]

6.5 Anton Andreas Schwaiger

Anton Andreas Schwaiger (1791-1879) war der letzte Optiker in Augsburg, der handwerklich größere Instrumente baute. Nach Angaben Brachners soll er ein Schüler Fraunhofers gewesen sei und eine Tochter des Münchner Optikers Martin Wörle geheiratet haben.[52] 1847 lieferte Schwaiger ein Newtonsches Spiegelteleskop von etwa 3 m Länge an die Würzburger Sternwarte. Der damalige Leiter der Sternwarte, Prof. Mayr, bezeichnete Schwaiger als 'Künstler', der dementsprechend zu behandeln sei. Das Instrument steht heute im Deutschen Museum in München.[53] 1850 eröffnete Schwaiger eine Filiale in Würzburg. Sein Geschäft in

---

[49] Bei den Gemälden handelt es sich um zwei Ölgemälde von Sebastian Weigand um 1780, abgebildet in: Brachner: Brander S. 22f.

[50] SuStBA. Nilson, Kupferstich; Sophonias de Derichs, Tuschzeichnung und Aquarell samt danach gefertigtem Kupferstich. Barockgalerie S. 48f.: Der schwedische Maler Derichs (1712-1773) lebte von 1765 bis 1772 in Augsburg.

[51] Uebele S. 37-99; Brachner: Brander S. 31; Toepell S. 125-134.

[52] Brachner: Wellen S. 124; Das Buch behandelt vor allem die Münchner Optik- und Astronomiegeschichte. Es beruht auf Brachners Dissertation: Die Münchner Optik in der Geschichte. Entstehung, Unternehmungen, Sternwarten, Lokalitäten, Ausbreitung 1750-1984. München1987 (masch). Bibliothek des Deutschen Museums: Signatur [988 B 473]

[53] Freundliche Mitteilung von der Kommission für die Geschichte der Julius-Maximilians-Universität Würzburg vom 2.2.1983; Deutsches Museum München Inventar-Nr. 2895: Öffnung 26,8 cm, Tubuslänge 308 cm, 8-eckiger Tubus von 30,5 cm Durchmesser, Holzstativ.

Augsburg lag zuerst am Eiermarkt, dem heutigen Rathausplatz, später an der Ecke Kesselmarkt – Karlstraße (Litera D 75), gegenüber dem damaligen Höchstetterhaus. In einem kleinen Führer '3 Tage in Augsburg' von 1840 liest man: *Das Eckhaus der Carls-Straße, sonst Judengasse, umschließt den mit mathematischen und optischen Instrumenten reich ausgestatteten Laden unsers berühmten Mitbürgers, des Optikers Herrn A.Schwaiger.*[54]

Spätestens 1854 beteiligte sich Schwaiger mit Spiegelteleskopen und Mikroskopen an der Industrie-Ausstellung in München.[55] Er muß sich auch schon früh mit den damals neuartigen fotografischen Apparaten beschäftigt haben, die man aus der Camera Obscura entwickelt hatte, und mit fotografischen Aufnahmen.[56] Schwaiger bildete einige Schüler aus, von denen Michael Rest sein Nachfolger wurde. Ab 1898 trug die Firma dessen Namen.[57]

Mit Schwaiger und seinen Schülern ging die Tradition des optischen Instrumentenbaus in Augsburg nach über 200 Jahren zu Ende. Mit den Erfolgen von Guinand und Fraunhofer in der Glashütte von Benediktbeuren zu Anfang des 19. Jahrhunderts und den ausgezeichneten Instrumenten von Fraunhofer im 'Optischen Institut der Herren Utzschneider, Reichenbach und Fraunhofer' in Benediktbeuren bzw. 'Utzschneider und Fraunhofer' in München und seiner Münchner Nachfolger Georg Merz (1793-1867) und Carl August von Steinheil (1801-1870) und Söhne, die auf Grund exakter Berechnungen und Messungen entstanden, war eine neue Ära angebrochen.[58] Die optischen Handwerksbetriebe wurden von industriellen Anstalten wie die von Johann Heinrich Duncker (1767-1843) in Rathenow (ca. 1800), Carl Zeiss in Jena (ab 1846), Nitsche & Güntherr in Rathenow (1866) und Rodenstock in Würzburg (1877) abgelöst.[59]

54 Wirtz S. 290.
55 Deutsche Industrie-Ausstellung. München 1854. Katalog S. 77 Nr. 2388.
56 Freundliche Mitteilung von Herrn Franz Häußler, Augsburg.
57 Brachner: Wellen S. 35 u. 124.
58 Brachner: Wellen S. 79 u. 103-117; Riekher 1990 S. 144-177 u. 193-221.
59 Kuisle S. 73-79; Beez: Brillen. In Löber S. 55f.; zu Repsold: Schramm S. 77-85 u. 125-129.

7. Das optische Handwerk außerhalb Augsburgs

7.1 Zeitgenössische Optiker im deutschsprachigen Raum

17. Jahrhundert

Die Frage nach anderen deutschen Optikern neben und nach Wiesel läßt sich nur sehr lückenhaft beantworten. Es bedürfte umfangreicher Sucharbeit in verschiedenen Städten, die in Briefen, Inventaren oder in der optischen Literatur erwähnt werden. Der Erfolg scheint zweifelhaft zu sein. Zu Anfang des 17. Jahrhunderts stand das Brillenmacher-Handwerk in Nürnberg und in Regensburg in voller Blüte. Trotzdem war kaum etwas über die Herstellung von Fernrohren und Mikroskopen zu finden. Wiesel nannte 1626 Straßburg als Ort mit optischem Handwerk. In demselben Jahr erwähnte August Fürst zu Anhalt eine Kölner Werkstatt, die einen Gesellen Morian beschäftigte.[1] Im Kunstkammer-Inventar in Gotha sind 1654 Mikroskope aus Leipzig verzeichnet, hergestellt von Georg Caspar Kluge. 1670 besaß Abraham Ihle in Leipzig einen Tubus von diesem Kluge, 7 Schuh lang.[2] Weder in Straßburg und Köln noch in Leipzig ist etwas über die dort ansässigen Optiker des 17. Jahrhunderts bekannt.

Andere Männer, die zu dieser Zeit in Deutschland, Österreich und der Schweiz optische Geräte herstellten, waren meistens keine Handwerker, sondern Wissenschaftler, Ingenieure oder Liebhaber. Der Augsburger Kaufmann Johann Koch (1614-1693), 1653/4 ins Patriziat erhoben, beschäftigte sich zum Zeitvertreib mit Mechanik und Optik. Die Verfertigung optischer Linsen hatte er bei Wiesel erlernt.[3] Theodorus Schad, Bürgermeister von Ulm, stellte in seinen Mußestunden Mikroskope her. Vermutlich hatte auch er seine Kenntnisse von Wiesel bezogen. Von Christoph Weickmann, Patrizier und Kaufmann in Ulm, Besitzer einer großen Kunstkammer, wird berichtet, daß er Fernrohre baute.[4]

---

[1] NSLB Hannover Ms IV 341. S. 853 u. 861. Moriaen bestätigte diese Angabe; siehe Kap. II.3.3.

[2] BNP Man. lat. 10348. t. 10. S. 48.

[3] Siehe Kap. II.1.9; HAB 98 Novi fol. 304r-306v. 28.3./7.4.1650. Hirt an Hzg. August; OP C 1. t. 2. Nr. 171. 1.3.1650. Unbekannt an Hartlib. Kopie Hartlib an Hevelius.

[4] Siehe Kap. II.1.10.

Gervasius Mattmüller (um 1593-1668) aus Freiburg im Breisgau wurde schon im Kapitel II.1.6 erwähnt. Seit etwa 1623 stand er als Ingenieur *zu Breisach und zu Veldt* [Feld] in habsburgischen Diensten, also auch in der kaiserlichen Armee. Im Jahr 1637 ist seine Übersiedlung nach Wien belegt. Ab November 1637 erhielt er als kaiserlicher Opticus und Ingenieur die hohe Besoldung von 60 Gulden im Monat. Über seine Instrumente ist kaum etwas bekannt. Spezielle Arbeiten für den kaiserlichen Hof wurden ihm zusätzlich bezahlt, so etwa 1642, als 463 fl. 35 kr. *wegen underschidlicher auszüge* [Fernrohre], *die Ihr Kay. May. selbst bei dero allergnädigsten händen behalten* in den Hofrechnungen verzeichnet sind. Schon im Herbst 1637 hatte Mattmüller dem Kaiser um 250 Gulden *perspectiv gläser* und ein *perspectiv* geliefert, zu einer Zeit als auch Wiesel schon größere Fernrohre baute. Daß der Hofopticus aber auch mit anderen Aufgaben betraut wurde, bezeugt seine Reise nach Augsburg. Nach dem Tod Kaiser Ferdinands III. wurde Mattmüller entlassen. In seinem Gesuch um Wiedereinstellung in den Hofdienst berichtete er von *150 rariteten*, die er in seiner zwanzigjährigen Dienstzeit erfunden und gemacht hätte. Das Gesuch wurde von Kaiser Leopold I. bewilligt. 1650 hatte Mattmüller das Bürgerrecht in Wien erworben und wurde bald darauf Mitglied des äußeren Rates, kam also dort zu ähnlichem Ansehen wie Wiesel in Augsburg. Aus Mattmüllers Testament geht hervor, daß Hanns Jacob Schaurhammer aus Enghien (südwestlich von Brüssel) dreißig Jahre lang sein Mitarbeiter war.[5] Auf Johann Bartholomäus Benz, den nächsten Hofoptiker in Wien, wird unten näher eingegangen.

Zeitgenosse Wiesels war der fürstlich-holsteinische Mathematiker Adam Olearius (um 1599-1671) in Schleswig. Er wurde durch die Berichte über seine Reise nach Moskau und Persien und über die Gottorfer Kunstkammer sowie verschiedene astronomische Schriften bekannt. Er entwarf den großen, begehbaren 'Gottorfer Globus'. Olearius schliff auch Linsen.

Oberst Basilius Titel (+1682), seit 1644 in Leipzig, von 1650 bis 1681 Kommandant der dortigen Pleißenburg, war besonders an der Entwicklung der optischen Instrumente interessiert.[6] Er erfand eine Schleifbank zum Linsenschleifen und fertigte Fernrohre an, eines sogar 70 Schuh (ca. 20 m) lang. Ismael Boulliau, der ihn im Herbst 1661 auf seiner Rückreise von Danzig besuchte, war von seinen Arbeiten sehr beeindruckt.[7] Zu Titels Freundeskreis gehörten u.a. Erhard Weigel, Mathematikprofessor in Jena, der bis 1652 in Leipzig studiert hatte, Otto Mencke (1644-1707), seit 1682 Herausgeber der 'Acta Eruditorum', und der kurbranden-

---

[5] Habacher S. 13-15 u. S. 19.

[6] Döring, Detlef: Korrespondenten von Leibniz; Döring nennt auf S. 106 einige Briefe aus dem Briefwechsel von Hevelius (mit Christian Philipp) und Leibniz (Philipp an Leibniz, August 1678, I,2 Nr. 342; Leibniz an Mencke, 23.3./2.4.1683, I,3 Nr. 504), in denen Titel erwähnt wird.

[7] OP C 1. t. 5. fol. 710. 20.10.1661. Andreas Brunner (Brömmer?) an Hevel.

burgische Faktor in Leipzig Abraham Ihle (1627- um 1700).[8] Ihle stellte keine Geräte her, sondern wirkte als Vermittler und Informant. Er kannte Wiesels Instrumente. Er besaß etliche Fernrohre, mit denen er astronomische Beobachtungen durchführte, und stand u.a. mit Hevelius (seit 1665) und Depiere in Briefwechsel. Von 1676 bis 1692 lebte der Astronom Gottfried Kirch mit einigen Unterbrechungen in Leipzig. Er bezeichnete Ihle als seinen werten Freund und großen Gönner.[9] Kirch hatte 1674 Hevelius assistiert und kannte Erhard Weigel. Er verdiente den Lebensunterhalt für sich und seine Familie vor allem mit dem Kalenderschreiben. 1688 wurde berichtet: *H.Kirch ist auch in opticis beschäfftigt, und kann man bei Ihme auch Tubos und microscopia haben zu kauffen, wie auch globen coel. et Terrest. zu Straßburg gemacht.*[10] Kirch handelte demnach mit optischen und astronomischen Geräten. Dem befreundeten Pfarrer Georg Samuel Dörffel schrieb er am 18. Mai 1682: *Mit dem Gläserschleiffen kan ich zwar selbst ein wenig umgehen, und mir damit helffen, es ist aber keine Zeit dazu, wolte sonst drann seyn, etwas langes zu verfertigen.* Gleichwohl baute er im Winter 1682/83 für Dörffel ein Auszugfernrohr mit drei Linsen, ca. 2,3 m lang.[11] Ende des Jahrhunderts erfand er ein Mikrometer für die Fernrohre. Kirch wurde 1700 nach Berlin berufen, um an der neu zu gründenden Sternwarte der Kurfürstlich Brandenburgischen Societät der Wissenschaften die Leitung zu übernehmen.[12]

Auch in Stralsund gab es in der zweiten Hälfte des 17. Jahrhunderts einen Kommandanten, Obrist von der Wyhe, der wie sein Kollege Titel in Leipzig *in Opticis, Geometria und anderen Mathematische Mechanicis fast excelliret ... Er hat etliche 1000 fl. allein auf das glasschleiffen spendiret, daher er überaus köstliche apparat zum tubo von 30 oder 32 Schuh, dergleichen Er J.K.M.* [Ihrer Königlichen Majestät] *hochs. angedenck in Schweden verehret, wodurch mira Löwen gesehen worden. ... Den Jovem habe er dadurch wie einen großen TischTeller gesehen....* Dem Dr. March in Rostock verehrte er 1664 eine Linse, die dieser in ein Fernrohr von sechs Ellen einbauen ließ.[13]

Ein anschauliches Bild für die zweite Hälfte des 17. Jahrhunderts bis etwa 1680 vermittelt der Briefwechsel von Johann Hevelius.[14] Der Danziger Astronom wurde immer wieder um Fernrohre gebeten. Meistens, besonders in späteren Jahren, verwies er die Fragesteller auf andere Herstellungsorte, vor allem auf Augs-

---

8 Döring D.: Briefwechsel Kirch – Kochanski. S. 12-14; StaatsB. St. Petersburg Eimmart-Nachlaß Bd. 3. fol. 345-363. 1697-Okt. 98. Briefe von Ulrich Juni (Junius), Student in Jena und Leipzig; Juni verkehrte mit Ihle und Tschirnhaus (fol. 352); er wurde später Prof. der Mathematik in Leipzig

9 Gottfried Kirch: Der neuen Himmels-Zeitung Erster Theil. Nürnberg 1681. S. 10.

10 StaatsB. St. Petersburg. Eimmart-Nachlaß Band 1. fol. 193-244. Jena 30.6.1688. Johann Christoph Klimm an Eimmart: Klimm hatte Kirch besucht (fol. 196v).

11 Freundliche Mitteilung von Frau Elvira Pfitzner.

12 Aufgebauer; Wattenberg.

13 OP C 1. t. 6. S. 851. 8.3.1664. Caspar March an Hevelius.

14 Zu Hevelius siehe Kap. II.3.4.

burg. Es zeigt sich für die Jahre nach 1650 folgendes Bild: Einfache und kleinere Fernrohre waren überall zu kaufen, entweder bei Brillenmachern oder auf Jahrmärkten und Messen. Es war aber äußerst schwierig, leistungsfähige Instrumente zu finden, die man für astronomische Beobachtungen einsetzen konnte, mit denen man z.B. den 1655 von Huygens entdeckten Saturnmond Titan (8. Größe) erkennen konnte. Außerdem waren solche Fernrohre sehr teuer. Einige Beispiele aus der Korrespondenz illustrieren die starke Nachfrage nach optischen Geräten:

Theodor Häsel, Kunstkämmerer in Dresden, suchte 1653 ein Fernrohr für die sächsische Kunstkammer und hatte *auf etzliche Leipziger Meßen bey Augspurgern, Amsterdammern, Hamburgern, wie auch einem von Berlin, so sich unterweilen mit perspicillen und sonst allerhand geschnittenen gesichtgläsern alhier befindet, nachfrage gethan und thun lassen,* war aber mit den angebotenen Geräten nicht zufrieden.[15]

Christian Otter, Mathematiker in Königsberg, bat 1656 um Rat: ... *hier ist keiner der sie machet.*[16] Caspar March, Arzt und später Professor der Mathematik in Rostock suchte 1660 einen Tubus zu kaufen.[17] Zwei Jahre später konnte er ein astronomisches Fernglas in Hamburg bekommen. 1661 antwortete Hevelius dem brandenburgischen Rat Johann Gebhard Rabener:

> *Was sonsten den Tubum betrifft, den mein Herr allhier von Dantzig aus begehrt, so kann ich dem Herrn hiemit berichten, daß auch nicht ein einziges gutes telescopium allhier zu kaufen sey, denn sie nicht gemacht werden, man muß sie, wo man sie nicht selbsten machen kann, in Niederland, von Rom oder Augsburg suchen, alwo sie zwar noch etzlichermaßen zu finden, wie wohl in einem sehr hohen preiß.*[18]

Sechs Jahre später war die Situation unverändert. Hevelius schrieb: "Tubi optici beliebiger Stärke zu astronomischen Beobachtungen stehen hier bei uns keine zum Verkauf".[19]

1664 ersuchte Baron Bengt Horn in Reval, schwedischer Generalgouverneur von Estland, Hevelius um ein *Perspectiv.* Hevelius konnte den Wunsch nicht erfüllen, weil er in den letzten Jahren kein einziges mehr selbst angefertigt hatte, außer denen, die er selbst zu den täglichen Observationen benutzte. Er berichtete dann von seinem Kauf in Augsburg, daß Wiesel verstorben, aber einen Nachfolger hätte, und von Divini in Rom: *ob aber diese eben so gut als jene kann ich so genau nicht sagen: wolte also eher zu einem von Augspurg rahten, so sie nur möchten zu bekommen sein.*[20]

---

15 OP C 1. t. 3. S. 388f.; BNP Man. lat. 10347. t. 3. fol. 63v. 4.11.1653. Th. Haesel an Hevel.

16 BNP Man. lat. 10347. t. 4. S. 21. 10.9.1656. Christian Otter an Hevel.

17 BNP Man. lat. 10347. t. 4. Korrespondenz mit Caspar March. 1660 bis 1665.

18 OP C 1. t. 5. S. 668. 5.7.1661. Hevel an Rabener.

19 OP C 1. t. 8. S. 1181. 7.2.1667. Hevel an Rabener: *Tubi optici alicuius virtutis ad observationes coelestes nulli hic apud nos prostant.*

20 OP C 1. t. 6. fol. 854r. 26.5.1664. Hevel an Bengt Horn.

In den Jahren 1670 bis 1677 lebte Johann Franz Griendel von Ach (um 1631-1687) in Nürnberg offenbar von den Produkten seiner optischen Werkstatt. Griendels Vater war kaiserlicher Rat, Doctor juris und hochfürstlicher Richter in Passau. Griendel studierte von 1650 bis 1654 in Ingolstadt und trat 1655 als Pater Ladislaus dem Kapuzinerorden bei. Er lebte in verschiedenen Klöstern, unter anderen in Würzburg, wo er Johannes Zahn kennenlernte. 1670 verließ er den Orden und ließ sich in Nürnberg nieder. Dort stand er unter anderen mit Gottfried Wilhelm Leibniz (1646-1716), Eimmart und J.G.Volckamer in Verbindung. In einem Brief an Leibniz vom 30.12.1671 zählte Griendel eine Vielzahl von ihm hergestellter optischer Instrumente auf, die sehr an die Wieselschen Geräte erinnern. Im April 1677 ging Griendel als kurfürstlicher Ingenieur nach Dresden, wo er vor allem mit dem Festungsbau beschäftigt war. Von 1684 bis 1687 war er als kaiserlicher Ingenieur in Wien tätig. In seinem Todesjahr 1687 erschien sein Traktat 'Micrographia nova', in deutscher und in lateinischer Ausgabe in Nürnberg. Darin sind sein Mikroskop und eine Anzahl von mikroskopischen Zeichnungen abgebildet. Bei diesem Instrument handelte es sich um ein zusammengesetztes Mikroskop mit sechs Linsen, von denen je zwei als Paare angebracht waren. Im Äußeren ähnelte es dem Cherubinschen Instrument, die Verwendung von Doubletts erinnert an Divinis Vorschlag. In seinem Vorwort wies Griendel darauf hin, daß es ihm schwer gefallen sei, ein Hookesches Mikroskop scharf einzustellen. Deshalb habe er ein eigenständiges Modell entworfen. Wiesel oder Depiere, der zu seiner Nürnberger Zeit noch lebte, wurden von Griendel nicht erwähnt. Allerdings verwendete er wie die Augsburger Optiker die Schraube im Dreibein, während Cherubins Mikroskop nur Schiebetuben hatte. Auf die um 1670 und erst recht um 1687 bereits bekannten einfachen Mikroskope ging Griendel nicht ein. Daß er davon wußte, geht aus einem Brief von 1682 an Volckamer hervor, in dem er schrieb, die kleinen Gläser *können im blasen sehr imperfect* sein, er selbst ziehe deshalb das zusammengesetzte Instrument vor.[21]

Nürnberg war bereits im 15. Jahrhundert im Mittelpunkt astronomischer Forschung gestanden, als Johannes Regiomontan (1436-1476) dort wirkte. Ab den siebziger Jahren des 17. Jahrhunderts wurde es wieder ein Zentrum der Astronomie, vor allem durch die Eimmartsche Sternwarte auf der Bastei der Burg.[22] An der Nürnberger Universität in Altdorf hatte schon vorher Abdias Trew (1597-1669) astronomische Beobachtungen durchgeführt. Seit 1669 lehrte dort Johann Christoph Sturm (1635-1703) Physik und stellte seinen Studenten optische Geräte vor. Es ist nicht bekannt, woher Trew und die Universität Altdorf ihre Instrumente bezogen. Augsburg ist als Herkunftsort nicht auszuschließen. Sturm berichtete in seinem 1676 gedruckten Buch von drei Fernrohren der Universität, eins mit zwei Linsen, die beiden anderen mit vier. Beim dritten, einer Anschaffung der Nürn-

[21] Martin: Griendel; Gloede S. 59f. u. 67f.
[22] Forbes: Das Eimmartische Observatorium.

berger Schulbehörde, saßen zwei der drei Okularlinsen in einem eigenen kleinen Rohr, wie wir es von Wieselschen Teleskopen kennen.[23] Bei der Besprechung der Mikroskope lobte Sturm vor allem ein englisches Mikroskop, ein Hookesches Modell, das der Nürnberger Rat und Scholarch Georg Friedrich Behaim (1616-1681) aus England mitgebracht hatte.[24] Der Beobachtungsturm, der sogenannte Trew-Turm der Stadtmauer, existiert heute nicht mehr. Auch Eimmart verwendete auf seinem Observatorium Fernrohre. Leider nennt das Verzeichnis, das Christoph Jacob Glaser von Eimmarts zahlreichen Instrumenten zusammengestellt hat, keine Hersteller.[25]

Kurz sei hier auf die sogenannten 'Nürnberger Holzmikroskope' eingegangen, von denen sich eine größere Anzahl in Museen erhalten hat. Sie besitzen meistens drei Linsen und sind zum Teil mit Monogrammen signiert. Sie müssen über einen langen Zeitraum verfertigt worden sein, denn Petri schreibt 1896 einerseits, daß sich ein Antwerpener Arzt Veroliet (+1764) ihrer bedient habe, und andererseits, daß die Mikroskope immer noch zu haben seien.[26] Bisher wurden noch kaum Nachforschungen über deren Hersteller angestellt. Gerard Turner vermutet, daß sie in Tirol oder im Schwarzwald gebaut und in Nürnberg nur vertrieben wurden.[27] Petri spricht von Mikroskopfabriken in Nürnberg, Clay und Court von den dortigen Spielzeugherstellern. In diesem Buch wird aber auch berichtet, daß der Berliner Arzt und Naturforscher Christian Gottfried Ehrenberg (1795-1876) ein Nürnberger Mikroskop zu seinen Forschungen über die Infusorien benützt habe.[28]

Aus Würzburg ist keine Werkstatt bekannt, aber auch dort wurden sicher Instrumente gebaut. Johann Philipp von Schönborn, seit dem 16.8.1642 Bischof von Würzburg, seit dem 19.11.1647 in Personalunion auch Erzbischof und Kurfürst von Mainz,[29] war sehr an der Entwicklung der optischen Instrumente interessiert. Von seinen Beziehungen zu Rheita, Wiesel und Guericke war schon die Rede.[30] Schönborns späterer Kammerdiener Johann Bartholomäus Benz (25.8.1643-1.5.1718), der seine erste Einführung noch von Rheita gehabt haben will, vielleicht durch dessen Buch 'Oculus Enoch', hatte seine Fähigkeiten in der Optik so weit ausgebaut, daß er nach Schönborns Tod 1673 von Kaiser Leopold in Wien als Hofopticus angestellt wurde.[31] Ob er Rheita wirklich noch persönlich kennengelernt hatte, ist fraglich. Als der Kapuziner Trier 1652 verlassen mußte, war Benz erst neun, 1656, als sich Rheita nach Italien begeben mußte, 13 Jahre alt.

---

23 Sturm 1676, S. 151f.
24 Sturm 1676. S. 141-145.
25 Glaser 1691.
26 Petri S. 151.
27 G.L'E. Turner: Mikroskope S. 45f.
28 Clay/Court S. 128f.
29 Jürgensmeier.
30 Siehe Kap.I.1.6 u. I.2.2.
31 Habacher S. 22-26, 31-46.

Als Benz 1666 Kammerdiener in Würzburg wurde, war Rheita bereits tot. Zwei Jahre später ist im Briefwechsel zwischen dem Kurfürst und Herzog Ernst von Gotha von Schönborns Opticus die Rede. Das könnte Benz gewesen sein.[32] In Wien stand er wie sein Vorgänger Mattmüller mit jährlich 600 Gulden, ab 1695 sogar 750 Gulden Besoldung an der Spitze der kaiserlichen Hofkünstler. Im Laufe der Jahre brachte er es zu erheblichem Reichtum, den er in seinem dritten und letzten Testament im Jahre 1717 Verwandten, Klöstern und wohltätigen Einrichtungen vermachte. Seine Werkstatt mit allen mathematischen und optischen Instrumenten, Werkzeugen, Skizzen und einer stattlichen Bibliothek von Fachbüchern sollte das Karthäuserkloster Mauerbach erhalten. Seinen kaiserlichen Herrn bedachte er schon 1707 mit einem Perspectiv von 12 Schuh Länge, *in einem weisen schiebkastlein, von 6 stucken zusamgeschraubt sampt noch einem von 6 schuh mit grünem pergament verguldet,* und mit vielen *büxen* gläsern [vermutlich Schießbrillen]. 1709 heißt es:

> *Ihro Kay- May. vermache ich den langen tubuss à 11 schu, sehr gut pro observatorio wan inskünfftig eines solte aufgerichtet werden, wie auch den andtern mit seinen beiden quadranten, auch einen zusamgechraubten mit blau vergulten papirn in weisn trüglein zerlegter. Item einen mit ein grünen überzug à 6 schu lang. Item 2 binoculi tubi, item einen so umb wendt pro astris und mond; item ein zu observirn die sonn in camera obscura der eclipsinuss, seindt alle curios und richtig.*

Von den Hinterlassenschaften des Hofopticus Benz ist nichts erhalten. Neben seinen optischen Arbeiten wurde auch er zu anderen Diensten herangezogen wie z.B. zur Anlegung von kaiserlichen Gärten, Wasserleitungen und Wasserkünsten.[33] Ob sich nach dem Weggang von Benz (1673) in Würzburg wieder ein Optiker etablierte, ist nicht bekannt. Der Jesuit Caspar Schott, Schüler und Freund von Athanasius Kircher, war 1655 aus Italien nach Würzburg zurückgekehrt, um als Mathematikprofessor an der Universität zu lehren. In den folgenden Jahren bis zu seinem Tod verfaßte er eine Reihe von Büchern zur Physik und Technik, auch über Optik und Instrumente. Einer seiner Schüler, Johannes Zahn, lebte später als Prämonstratenserpater in Würzburg. Er führte die Tradition weiter und verfaßte umfangreiche illustrierte Bücher über optische Instrumente.. Schott und Zahn selbst haben vermutlich keine Instrumente gebaut. Beide zitierten in ihren Büchern häufig frühere oder zeitgenössische Literatur, berichteten aber wenig von den Handwerkern ihrer Zeit.

Aus der Schweiz sind die Namen von Matthias Hirzgarter (1574-1653) und Hans Kaspar Schmutz (1624-1686) zu nennen, beide evangelische Pfarrer in der

---

[32] StaatsA Würzburg. Schönborn Archiv. Korrespondenzen Johann Philipp. fol. 1450. 3 Briefe ohne Seitenzahlen: 30.3.1668 Ernst an J. Ph., 26.10.1668 Ernst an J. Ph., 26.11.1668 Johann Philipp an Ernst.

[33] Habacher S. 22-26, 31-46

Umgebung von Zürich. Hirzgarter verfaßte Kalender und astronomische Schriften und gab 1643 in Frankfurt 'Detectio dioptrica' heraus. Es war eines der ersten Bücher, in denen Zeichnungen der Planeten erschienen, wie sie mit dem Fernrohr zu sehen waren. Hirzgarter bezog sich auf Fontana in Neapel, ohne seinen Namen zu erwähnen. Ob er selbst Instrumente baute, ist nicht bekannt. Über Schmutz berichtet Rudolf Wolf, seine *Perspectiv sind in ferne land verkauft worden.* 1663 wurde der Regierung von Zürich ein Fernrohr von zwölf Fuß verehrt. Auch der Sohn von Schmutz (1659-1737) wurde Optiker.[34]

Um und nach 1700

Obwohl um die Jahrhundertwende das optische Handwerk in Deutschland schon weit verbreitet war, sind nur wenige Namen von berufsmäßigen Optikern überliefert. Freising, nordöstlich von München gelegen, beherbergte um 1700 die optische Werkstätte von Christian Mur (1635-17.4.1721) und seinem Schwiegersohn Johannes Sterr (um 1667-16.4.1746). Von Mur und Sterr wurde die Tradition der Wieselschen Werkstatt im Fernrohrbau fortgeführt. Mikroskope aus Freising haben sich bis jetzt nicht gefunden. Zumindest in der Herstellung einfacher Mikroskope dürfte Cuno seit 1685 in Süddeutschland, vielleicht sogar in ganz Deutschland, eine Zeitlang führend gewesen sein.[35]

Schon Rheita hatte um 1640 dem Bischof von Freising, Veit Adam Gepeckh von und zu Arnbach (1584-1651), Fernrohre überreicht oder überbringen lassen, um ihn zur Hilfe für das aufgelöste Birgittenkloster Maria Maihingen zu bewegen. Der damalige Koadjutor und Nachfolger Albert Sigismund von Bayern (1623-1685) zeigte großes Interesse an Glas und Optik und speziell an der Herstellung von künstlichen Edelsteinen aus Glas, den sogenannten 'Freisinger Flüssen'. Vermutlich geht es auf seine Anregung zurück, daß sich Mur dem Fernrohrbau zuwandte. Im Nachlaß-Inventar des Bischofs sind eine Reihe von Fernrohren verzeichnet, deren Hersteller nicht genannt werden.[36] Ob Mur Wiesel noch persönlich kannte, ist nicht bezeugt. Sicher hatte er Kenntnis von der Augsburger Werkstatt, denn Depiere sprach 1666 von guten Beziehungen nach Freising; Depiere und vermutlich auch schon Wiesel, müssen demnach für die Freisinger Bischöfe gearbeitet haben.[37] Mur war zuerst als Kammerdiener und Büchsenmacher (Hersteller von Pistolen) des Bischofs beschäftigt. Nach der Überlieferung begann der Fern-

---

[34] Rudolf Wolf: Biographien Bd. 1. S. 108f.; Poggendorf Bd. 2.

[35] Prechtl S. 79; Riekher S. 56; Das Germanische Nationalmuseum Nürnberg besitzt ein Mikroskop, (Inv.Nr. WJ 451) dessen Material sehr an die Freisinger Fernrohre erinnert. Es konnte bisher nicht untersucht werden.

[36] Bayerisches HauptstaatsA. Geheimes Wittelsbacher Hausarchiv. Hausakten Nr. 1719.

[37] HAB 85 Novi fol. 510v. 21.6.1666. Anckel an Hzg. August.

rohrbau etwa um 1670. Aus dem Jahr 1699 sind einige Briefe von Christian Mur an Pater Franz Schuch SJ in Ingolstadt erhalten, dem er Linsen für ein Fernrohr lieferte.[38] G.Chr. Eimmart bezog um 1702 die benötigten Linsen aus Freising, ein Zeichen, daß dort die besten geschliffen wurden,[39] was auch der Nürnberger Mathematiker Johann Leonhard Rost (1688-1727) bestätigte. Er empfahl seinen Lesern Sorge zu tragen, daß die Teleskope *von einem guten Meister herkimmen, unter denen in Teutschlande der Herr Christian Mur und sein Consort, Johann Sterr zu Freysingen in Bayern ohnstreitig der berühmteste und beste ist.* Danach lobte er den günstigen Preis. Zwei Gläser zu einem *12 schuhigen Tubo* (ca. 3,60 m) habe er für sieben, und zu einem *6 schuhigen* für vier Gulden gekauft. Außerdem hatte Rost ein Erdfernrohr, ein *sogenandtes Cavallier-Perspectiv,* mit vier Gläsern, zwei Schuh (ca. 60 cm) lang für vier Gulden erworben.[40]

Eimmart besorgte für den italienischen Grafen Luigi Ferdinando Marsigli (1658-1730), dem er Kupferstiche für seine Donau-Karten anfertigte, Instrumente, unter denen vermutlich ein Fernrohr aus Freising war.[41] In der Specola in Bologna, einer Sternwarte, die mit Marsiglis Hilfe zu Anfang des 18. Jahrhunderts errichtet wurde, kann man heute noch ein von dem Grafen verehrtes Teleskop aus Deutschland sehen, das den signierten Freisinger Fernrohren sehr ähnlich sieht.[42]

In Freising wurden auch Lehrlinge ausgebildet. Beuther berichtete davon, daß der Augsburger Optiker Tränkel in Freising gelernt habe.

Eine ganze Reihe von Fernrohren aus der Freisinger Werkstatt haben sich erhalten, sowohl terrestrische als auch astronomische, z.B. in Freising, im Deutschen Museum München, im Science Museum London, in Greenwich. Im alten Observatorium in Uppsala hat sich eine große Objektivlinse von Sterr gefunden (Durchmesser etwa 9 cm, Brennweite um 10 m). Mur und Sterr und auch dessen Mitarbeiter und Nachfolger Matthias Maurstötter signierten ihre Linsen durch Eingravierung ihrer Namen entlang des Randes. Außerdem versahen sie ihre Tuben mit dem Namen. Christian Mur benützte dafür die Buchstaben MR, über die er einen Stern einprägte. Die Okulare sind nicht mehr im äußersten, dicksten Rohr eingesetzt wie bei Wiesel, sondern wie es heute noch gebräuchlich ist im dünnsten, innersten Rohr. Das äußerste Rohr wurde von Mur bevorzugt mit grünem Leder bekleidet, von Sterr mit schwarzem. Die inneren Auszüge wurden mit buntem Kleisterpapier beklebt. Die Linsen sind in Holzkapseln mit Sprengringen befestigt. Die Glasqualität ist nicht besonders gut. Mit Maurstötter, über den nur

---

38 StaatsB. Berlin. Haus 2 Potsdamer Platz. Handschriftenabteilung: Ms lat. 2° 640. fol. 40r-47v: Briefe von Christian Mur an Franz Schuch SJ (1655-1728) vom 20.2.1699, 3.7.1699 u. 6.8.1699.

39 StaatsB. St. Petersburg: Eimmart-Nachlaß; z.B. Bd. 4. fol. 38r und 43r. 25.4.1702 und 20.6.1702. Eimmart an S.H. Schmidt, Rektor in Heilsbronn.

40 Rost: Astronomisches Handbuch 1718 S. 349 u. 353.

41 Stoye S. 135.

42 Baiada u.a. S. 121: Inv.-Nr. MdS-40. Die Sternwarte ist heute ein Museum der Universität Bologna.

noch wenig bekannt ist, endet im späteren 18. Jahrhundert die Geschichte der Freisinger Werkstatt.[43]

In Leipzig wurden auch weiterhin wissenschaftliche Instrumente gebaut. Die Werkstatt des Mechanikus Christian Schober bestand nach seinen Angaben seit 1682. Er wandte sich 1718 gegen Monopolansprüche seines Konkurrenten Jacob Leupold (1674-1727). Dieser hatte sich in Jena und Wittenberg mathematische Grundkenntnisse erworben und in Leipzig Theologie studiert. Gegen 1700 verlegte sich Leupold auf die Herstellung mechanischer Instrumente und baute seine Werkstatt aus, in der er viele unterschiedlich spezialisierte Handwerker beschäftigte. Besonderen Ruf erlangten seine Luftpumpen. 1714 wurde Leupold Mitglied der Berliner Akademie der Wissenschaften. Er veröffentlichte seit etwa 1712 Schriften über die mechanischen Künste, darunter Beschreibungen von Luftpumpen und Anamorphosen, denen er Kataloge seiner Instrumente anfügte. Während man nicht weiß, ob Schober auch optische Geräte angeboten hat, findet man sie in geringer Anzahl in Leupolds Katalog von 1712 vertreten.[44] Nach Mitteilung von Klaus Schillinger, Dresden, hat keiner von diesen beiden Leipziger Mechanikern selbst optische Geräte angefertigt. Wie schon berichtet wurde, bezog Leupold Glasbilder für die Laterna magica und Anamorphosen von Daniel Volkert in Augsburg.

Joachim Friedrich Meyen (1704-1772), der 1747 in Dresden ein Buch über seine optischen Geräte drucken ließ, war ursprünglich Jurist, wie er in der Widmung bemerkte. Seit etwa 1737 beschäftigte er sich mit der Herstellung von optischen Instrumenten, deren Katalog er seinem Buch anfügte. Von 1749 bis zu seinem Tod bekleidete er als sächsischer Hofmathematicus und Opticus die Stelle des Inspektors am Mathematisch-Physikalischen Salon.[45]

Gottfried Teuber (1656-1731) entwarf 1709 ein einfaches Mikroskop, das dem zweiten Cunoschen Modell ähnelte, wenn auch ohne Objekt-Drehscheibe. Der Fürstliche Hofprediger in Zeitz besaß so gute mechanische Kenntnisse, daß ihm Leibniz die Ausführung seiner Rechenmaschine anvertraute.[46] Teubers Mikroskop wurde in der zeitgenössischen Literatur mehrmals erwähnt, z.B. 1718 von Johann Wenzel Kaschube und 1735 von Christian Wolff. Zedler widmete dem 'Teuberischen Vergrößerunsglas' sogar ein eigenes Stichwort.[47]

---

43 Dr. Ulrike Götz, die Leiterin des Museums des Historischen Vereins in Freising, bereitet eine Arbeit über die Freisinger Optiker vor.

44 Werner, Karl; Hiersemann.

45 Meyen 1747; Weichold S. 430.

46 Zedler Bd. 42, Spalte 1527: Teuber; Schmiedecke. Leibniz starb vor Fertigstellung der Rechenmaschine.

47 J.W. Kaschube: Cursus mathematicus. Jena 1718. S. 397, Fig. 22; Christian Wolff: Elementa matheseos universae III. Halle 1735. S. 345f, Tab. X Fig. 74; Zedler Bd. 47. Sp. 768: *Vergrößerungsglas Teuberisches*; Fournier: Huygens' Design. S. 595.

Im Hessischen Landesmuseum Darmstadt hat sich ein kostbares Kästchen mit zwei vergoldeten einfachen Mikroskopen Musschenbroekscher Bauart erhalten, das die Signatur *Muthius Francofurti fecit* trägt. Heinrich Ludwig Muth (1673-1754) lebte zuerst in Frankfurt am Main, ab 1718 als 'Optikus und Hofmathematikus' in Kassel.[48] Ludolf von Mackensen bezeichnet ihn als Professor der Optik. Muth war also nicht nur Handwerker. Von Rohr zitiert seine Schrift über die Brillen 'Perspicilla conservatoria ac corroboratoria', 1747 in Kassel erschienen, in der er über die Fürther Massenware klagte.[49] Daneben nennt von Mackensen als Optiker in Kassel Johann Andreas Zahn, ab 1701 Ludwig Temme und ab 1705 Henning Huthmann. In Hessen-Kassel regierte seit 1677 Landgraf Karl (1654-1730), der als Förderer der Naturwissenschaften und der Technik gilt. Während seiner Romreise 1699-1700 hatte er Giuseppe Campani, den damals führenden italienischen Optiker kennengelernt und ihm Instrumente abgekauft. Kassel kann sich glücklich schätzen, daß man im Astronomisch-Technischen Museum in der Orangerie unter einer großen Zahl früher optischer Geräte auch Mikroskope und Fernrohre von Campani bewundern kann.[50]

In Hamburg hatte der Tischlermeister Johann Beyer (1673-1751) aus Interesse für die Astronomie begonnen, astronomische Instrumente wie Ringkugeln, Quadranten und Sonnenuhren zu bauen. Auf seinem 1721 erbauten Haus am Baumwall errichtete er sich eine Sternwarte. Man beobachtete wohl aus dem obersten Stock durch die Fenster. Ein Verzeichnis, das die *vornehmsten Modelle, Machinen und Instrumenten die bey Beyer in Hamburg unter dem neuen Observatorio zu bekommen sind* auflistete, enthält auch eine Camera obscura, einen Tubus oder Helioscopiis und ein Augenmodell mit einer Linse. Über die Herstellung der Optik ist nichts bekannt.[51]

Im Jahr 1700 wurde in Berlin die Kurfürstlich Brandenburgische Societät der Wissenschaften gegründet, was vor allem auf das Betreiben von Leibniz zurückzuführen ist. Man beschloß sofort, auch eine Sternwarte zu errichten und berief Gottfried Kirch zu deren Leiter. In den Protokollen der Akademiesitzungen wurden einige Optiker notiert, die die Instrumente bauen sollten. Von 1715 bis 1722 ist im Berliner Adreßkalender der 'Opticus' Johann Christoph Rembold (+1723) aus Augsburg zu finden. Bereits 1715 nannte er sich Opticus der Akademie: *der Königl.Societät der Wissenschaften Opticus, wohnet in neu Cölln über der Köpnicker Brücke bey dem Caton Drucker Hr.Krausen.*[52] In Augsburg kann man der Spur Rembolds nachgehen. Er war wie sein Vater Jacob ein gelernter Silberdrechsler. Stetten nennt ihn einen geschickten Mann, der aber offenbar kein Glück

---

48 Hemmerling/Feustel S. 17, 22-25; Poggendorf Bd. 2. S. 247.

49 Rohr: Über die Entwicklung der Brille. S. 228.

50 Mackensen: Die Sammlung S. 30.

51 Schramm S. 49-57; Schorr.

52 Auf Rembold in Berlin machte mich dankenswerterweise Herr Rolf Riekher aufmerksam. Ihm verdanke ich auch alle Angaben aus den Berliner Archiven und Adreßkalendern.

in Geschäften hatte, um 1715 nach Berlin ging und 1723 dort verstarb.[53] Seltsamerweise war er in Augsburg nicht als Optiker in Erscheinung getreten. Dagegen hatte er das Buch eines französischen Geistlichen Jean Baptiste Dubreuil (1582-1663) über die Perspektive ins Deutsche übersetzt und mit eigenen Erfahrungen angereichert. Es erschien 1710 in Augsburg bei Jeremias Wolff.[54] Im Akademiearchiv Berlin fanden sich verschiedene Hinweise auf Rembolds optische Arbeiten in den Jahren 1718 bis 1722, unter ihnen ein umfangreiches gedrucktes Instrumenten-Verzeichnis von Rembold, das offenbar seinem Gesuch vom 2. August 1720 um die Stelle des 'Observators' beilag:

> *Verzeichniß Unterschiedlicher Mathematischer/ Optischer/ Mechanischer/ Physico-Mechanischer/ Hydraulischer/ Gnomonischer Kunst-Wercke, So bey Johann Christoph Rembold/ von Augstburg/ Dermahlen Reg.Societatis Scientarum Optico in Berlin/ Eines Theils bereits vorhanden/ übrigen Theils aber auf Begehren verfertiget werden.*[55]

Wie Rembold in diesem Gesuch vermerkte, habe er sich in den Mathematischen Wissenschaften *in Augsburg bereits geübet und practicirt.* Das Verzeichnis enthält unter 105 Nummern 70 *Optische oder Sehkünstliche Artificia*, wobei manche Formulierung stark an die Verzeichnisse von Depiere und Cuno erinnert. Am Schluß wies der Autor darauf hin, daß er auch *privatim in Mathematischen Wissenschafften ... und auch in der Gold- und Silber-Kunst Dreherey* informiere.

Rembolds Nachfolger als Optiker der Berliner Akademie war Johann Michael Dobler, von dem sich einige Fernrohre erhalten haben, darunter auch binokulare.[56] Doblers Lebenszeit muß etwa zwischen 1680 und 1748 gelegen sein. Im Berliner Adreßkalender ist er von 1724 bis 1742 als Opticus aufgeführt. 1724 wohnte bereits ein erwachsener Sohn in seines Vaters Haus. Von Rohr berichtet von einer Geschäftsanzeige von 1719.[57] 1731 veröffentlichte Andreas Elias Büchner in seinen 'Miscellanea physico, medico, mathematica' ein Verzeichnis des kurfürstlichen Opticus Dobler vom November 1727, in dem 22 verschiedene optische Geräte einschließlich einiger Brillen aufgelistet sind.[58]

In Wien bewarben sich nach dem Tod von Johann Bartholomäus Benz zwei seiner Mitarbeiter, Franz Labinger und Christian Hoeb, um seine Nachfolge als

---

53 Stetten Erläuterungen 1765. S. 211. Rembold war etwa seit 1677 mit Sabina Roth verheiratet, mit der er bis 1697 mindestens zwölf Kinder bekam.

54 Du Breuil: La perspective pratique, übersetzt von Rembold: Perspectiva Practica.

55 Archiv der Akademie der Wissenschaften Berlin: Protokolle der Sitzungen der Mathematischen Classe; ebd. I - XIV 26. Akten des Observatoriums 1713-1720 fol. 67: 2.8.1720. Rembold an die Königl. Preuß. Societät.

56 Z.B. Maistrov: Wissenschaftliche Instrumente. S. 68 Nr. 13: Abb. 132 in St. Petersburg; S. 68 Nr. 14 und 15: Abb. 124 u. 125 in Moskau.

57 Rohr v.: Über die Entwicklung der Brille. S. 228; er zitiert die Central-Zeitung für Optik u. Mechanik 8 (1887) S. 154.

58 Büchner: Miscellanea Band I. S. 738f.

Hofopticus, hatten aber keinen Erfolg. Dagegen wurde 1720 der *Universitätsopticus academicus* Adam Göllner (um 1653-1724) zum Kammeropticus angenommen. Interessant ist, daß er kurz vor seinem Tod darum bat, daß seine Witwe weiterhin Fernrohre liefern dürfe. Sie selbst betonte, sie habe *diser gläser verfertigung in der perfection gelehrnet.* Nach kurzer Zeit wurde aber wieder ein neuer Opticus angestellt. Alle diese und spätere Hofoptiker waren auch als mathematische Instrumentenmacher und Ingenieure tätig, manchmal mit und manchmal ohne diese Titel. Es sind keine optischen Geräte erhalten, aber einige Sonnuhren und mathematische Instrumente.[59]

7.2 Europäische Optiker des 17. Jahrhunderts

Im allgemeinen hielten die handwerklichen Optiker im 17. Jahrhundert ihre Kunst geheim. Sie arbeiteten meist allein, hielten kaum Lehrlinge, gaben ihre Kenntnisse höchstens an Söhne oder Schwiegersöhne weiter. Ganz extrem war die Geheimhaltung ihrer Werkstattverfahren bei den beiden großen italienischen Optikern Divini und Campani. Campani lernte als einzige Gehilfin seine Tochter an. Anders sieht es in England aus, was vielleicht damit zusammen hängt, daß in London auch die Optiker einem Handwerksverband angehörten, entweder der 'company of spectaclemakers' oder einer anderen Zunft. Die meisten englischen Optiker bildeten Lehrlinge aus, so daß gegen Ende des Jahrhunderts das optische Handwerk zur Blüte gelangte, konzentriert in der Hauptstadt London, wo eine genügend große Nachfrage nach optischen Instrumenten bestand.

Von Richard Reeve, dem unmittelbaren Zeitgenossen Wiesels, war oben schon die Rede. Erstes Zeugnis über seine Tätigkeit als Optiker gibt ein Brief von Moriaen Ende 1639. Reeve stammte aus einer Familie von Landadligen. Simpson bezeichnet ihn als *educated.* Das mag ihm den Umgang mit Wissenschaftlern und Patronen erleichtert haben. Zu Beginn seiner Laufbahn arbeitete er für Sir Charles Cavendish, später für den Londoner Arzt Jonathan Goddard (1617-1675). Wichtig war vor allem die Anleitung, die er durch Sir Paul Neile um 1650 erfuhr, als Wiesels Instrumente nach England gelangten und zur Nachahmung anspornten. In den folgenden Jahren wurde Reeve der führende Optiker in London. 1664 starb seine Frau bei einem Unfall und Reeve wurde für kürzere Zeit inhaftiert. Anfang des Jahres 1666 starb er vermutlich an der Pest.[60]

Direkter Nachfolger wurde sein gleichnamiger Sohn. Hooke und die Royal Society bevorzugten allerdings bald die Arbeiten von Reeves (Senior) früherem Lehrling Christopher Cock. Er war Mitglied der Drechslerzunft (Turners' Com-

---

[59] Habacher S. 46-80: Antonius Braun (1685-1728) fertigte z.B. eine Rechenmaschine.

[60] Simpson: Richard Reeve; ders.: Robert Hooke S. 36-47; vgl. Kap. II.3.3. und Kap. III.3.3.

pany) und später der Brillenmacherzunft assoziert. Gegen Ende des Jahrhunderts hatten John Yarwell, John Marshall, James Wilson (ca. 1665-ca. 1730) und andere einen guten Namen. Sie bauten sowohl Fernrohre als auch Mikroskope. Marshalls Kenntnisse kamen indirekt von Reeve, soll doch Marshalls Meister Lehrling von Reeve gewesen sein.[61] Von Yarwell ist eine der ersten sogenannten 'tradecards' erhalten, Geschäftskarten oder Firmenanzeigen, auf denen in der Regel die angebotenen Instrumente abgebildet waren. Unter den Instrumenten auf Yarwells Karte von 1683 sind Fernrohre mit dem Einblick im dicken Ende und ein Mikroskop in ein Dreibein verschraubt, die an die Augsburger Instrumente erinnern.[62] Eine nicht unbedeutende Rolle bei der Konstruktion der optischen Instrumente in England spielten Physiker und Astronomen wie Christopher Wren, Robert Hooke, Isaac Newton (1642-1727) und der erste Astronom der königlichen Sternwarte in Greenwich John Flamsteed (1646-1719) wie überhaupt die Mitglieder der Royal Society, die sich regelmäßig in London versammelten. Im 18. Jahrhundert wurde in Großbritannien die optische Handwerkskunst weiterentwickelt und London das Zentrum für die Herstellung von Spiegelfernrohren und von achromatischen Linsen.[63]

In den Niederlanden, dem Ursprungsland von Fernrohr und Mikroskop, wurden weiterhin Linsen geschliffen und optische Instrumente gebaut, wenn auch wenige Namen von Handwerkern bekannt sind. Es scheint aber keine bedeutende Fortentwicklung gegeben zu haben, hätten sonst die Instrumente von Wiesel um die Mitte des Jahrhunderts solches Aufsehen erregt? In der Korrespondenz von Herzog August in Wolfenbüttel ist im Januar 1655 von einem Optiker Johann van der Wijck aus Delft die Rede. Augusts Agent im Haag, Leo de Aitzema, hatte von ihm berichtet und ein Angebot von großen und kleinen Fernrohren sowie Mikroskopen und Camera obscura geschickt, das Herzog August für Wiesel ins Hochdeutsche übersetzen ließ.[64] Die Diskussion um Wijck zog sich eine Zeitlang hin, Aitzema schickte auch einige Fernrohre, über die aber nichts bekannt ist.[65] Auch die Brüder Huygens kannten Wijck.[66]Wie schon berichtet, baute Samuel Musschenbroek seit etwa 1660 optische Geräte, vor allem kleine einfache Mikroskope, angeregt durch Jan Swammerdam und später durch Christiaan Huygens. Bekannt damit wurde nach Samuels Tod (1681) vor allem sein jüngerer Bruder Johan, der auch deutsche Kunden belieferte. In der Werkstatt Musschenbroek, die unter Johanns Sohn Jan (1687-1748) noch bis zu dessen Tod bestand, wurden da-

---

61 Simpson: R.Reeve S. 360-365.

62 Whipple: Yarwell; Abb. der Geschäftskarte in Turner: Mikroskope S. 39 u. Willach S. 108.

63 McConnell; Clifton; Warner; Gloede S. 88, 105-108; Riekher S. 118-122.

64 HAB 83 Extravagantes fol. 413r-415v; HAB 14.1.Noviss. 8° fol. 99r. 29.1.1655. Hzg. August an Hirt: *Den Herrn Wisel wollet grüßen, und ihm berichten, daß wir das Niederteutsche ins Hochteutsche übersetzen lassen und alsdann ihm übersenden wollen bey der nechsten Post.*

65 HAB 376 Novi fol. 1r-10v: Mai - Juni 1655, Briefwechsel Hzg. August – Leo Aitzema mit Beilagen.

66 Van Helden, Anne/ van Gent: The Lens Production S. 70.

neben vor allem mechanische und physikalische Instrumente hergestellt, z.B. Luftpumpen, die sich eines ausgezeichneten Rufs erfreuten.[67]

Wissenschaftler, kein Handwerker, war Christiaan Huygens in Den Haag. Seit 1654 bemühte er sich zusammen mit seinem Bruder Constantijn gute Linsen zu schleifen. Zu Beginn seiner optischen Arbeiten untersuchte er sehr gründlich Wiesels Instrumente. In ihnen wird er zum ersten Mal ein aus mehreren Linsen zusammengesetztes Okular gesehen haben. Heute noch ist das von ihm 1662, in Wiesels Todesjahr, entwickelte zusammengesetzte Okular als Huygens-Okular bekannt.[68]. Während seiner Pariser Jahre (1666-1681) ruhten die praktischen Arbeiten. Erst ab 1682 schliffen die Brüder wieder Linsen, vor allem die schwieriger herzustellenden Objektivlinsen, und beschäftigten dabei auch Handwerker. Das Glas erhielten sie von Maastricht, Amsterdam und aus England [69] Wie im Kapitel 'Mikroskope' berichtet wird, befaßte sich Huygens etwa 25 Jahre später, beeindruckt von Leeuwenhoeks Erfolgen beim Mikroskopieren, auch mit der Konstruktion einfacher Mikroskope. Huygens Beschäftigung mit den optischen Gläsern stand stets im Dienst seiner vielfältigen Forschungsinteressen.

In den Jahren 1656 bis 1660 erlernte der jüdische Philosoph Baruch Spinoza (1632-1677) in Amsterdam das Linsenschleifen, nachdem er von der jüdischen Gemeinde mit dem Bann belegt worden war. Später, als er Amsterdam verlassen mußte und in der Nähe von Leiden in einem kleinen Ort wohnte, verdiente er seinen Lebensunterhalt mit der Herstellung von Linsen, um nicht zu sehr von der Unterstützung seiner Freunde abhängig zu sein.[70] Wenn auch Spinoza das optische Handwerk benützte, um davon zu leben, so kann man ihn ebensowenig wie Huygens unter die Handwerker zählen.

In Florenz schliff Ippolito Francini Da Tordo optische Linsen für Galilei und für den florentinischen Hof. In den Jahren 1629 bis 1637 schloß er sein Geschäft, in dem er einige Mitarbeiter beschäftigt hatte, und arbeitete ausschließlich für Großherzog Ferdinand II. Der Optiker blieb bis zu seinem Tod 1653 in den Diensten der Medici und trat im Ausland nicht in Erscheinung.[71] Der Neapolitaner Francisco Fontana wurde in den dreißiger Jahren in Italien unter anderem als Hersteller astronomischer Fernrohre bekannt. 1638 besaß man in Florenz Fernrohre von ihm, die man höher schätzte als die in Florenz selbst gearbeiteten. Fontana war vermutlich kein Handwerker.[72] 1646 veröffentlichte er 'Novae Coelestium Terrestriumque Rerum Observationes', in denen er auch von seinen mikroskopischen Beobachtungen berichtete. Die Fernrohre von Galileis Schüler Evangelista Torricelli, seinem Nachfolger als Mathematiker der Medici, wurden in den vierzi-

---

67 Siehe Kap. II.5.2; Clercq: Oriental lamp; Clercq: Exporting scientific instruments.

68 Van Helden: Development; ders.: Huygens. S. 158.

69 Van Helden,Anne/ van Gent: The Lens Production

70 Vries: Spinoza. S. 52, 68-70, 96f.

71 Bedini: The makers of Galileo's instruments. S. 108-110; Varetti.

72 Arrighi; siehe auch Kap. II.1.2.

ger Jahren als die besten Italiens gerühmt. Doch Torricelli starb bereits 1647. Der Kanoniker und spätere Direktor der Malerakademie in Mailand Manfredo Settala hatte eine reiche Sammlung wissenschaftlicher Geräte angelegt, die er zum Teil selbst herstellte.[73] Seit 1646 baute der Uhrmacher Eustachio Divini in Rom optische Geräte. Möglicherweise hatte er das Linsenschleifen von Torricelli gelernt.[74] Bereits 1649 erschien ein Flugblatt mit vorzüglichen Abbildungen des Mondes und der Planeten. Divini erfuhr die Unterstützung römischer Jesuiten und soll mit Caramuel Lobkowitz befreundet gewesen sein, der 1643 mit Rheita in Verbindung stand und sich 1655-1657 in Rom aufhielt. Divini löste in den fünfziger Jahren Wiesel in dem Ruf ab, bester Optiker Europas zu sein. Der Bologneser Graf Carlo Antonio Manzini, ein begeisterter Amateur der optischen Wissenschaften, bewunderte Divini und fügte 1660 sein Porträt in ein Buch über Linsen ein.[75] 1662, im Todesjahr Wiesels, trat in Rom Giuseppe Campani mit solch perfekten Fernrohren an die Öffentlichkeit, daß er in kurzer Zeit alle anderen Optiker in den Schatten stellte, was zu einer erbitterten Feindschaft mit Divini führte.[76] Campanis Zusammenarbeit mit dem italienischen Astronomen J.D. Cassini (1625-1712) in Bologna forderte ihn zu immer besseren Leistungen heraus. Als Cassini 1669 erster Direktor der neuen Pariser Sternwarte wurde und mit Campanis Linsen Aufsehen erregende Entdeckungen am Himmel machte, z.B. vier Saturnmonde fand, wurde Campanis Ruhm gefestigt.[77] Neben diesem großen Optiker gab es in der zweiten Hälfte des 17. Jahrhunderts in Italien noch eine Reihe anderer Hersteller, deren Instrumente wohl mehr für den täglichen Gebrauch bestimmt waren, über deren Identität und ihre Arbeiten aber wenig bekannt ist. Kleinere Fernrohre von Leonardo Semitecolo und Angelo Deregni aus Venedig kann man heute noch in beträchtlicher Anzahl in unseren Museen finden. Als kommerzielle Optiker arbeiteten auch Paolo Belletti in Bologna und die Mailänder Petrus Patroni (1676/7-1744)[78] und Francûs de Baillloû, der vielleicht Patronis Schüler war.[79]

In der Pariser Sternwarte erhielt man im 17. Jahrhundert die besten Linsen demnach aus Italien von Campani. Man kennt daneben die Namen einiger Pariser Optiker, weiß aber nicht viel über sie: Daniel Chorez lebte noch bis 1659, arbeitete aber nicht nur als Optiker. Erasmus Rasch, Dr. jur. aus Holstein, der sich im Dienste eines Adligen längere Zeit in Paris aufhielt, schrieb im Mai 1655 an Samuel Hartlib über Chorez: *er ist nunmehr über 70 Jahre ... hat nie kein handtwerck gelernet von andern, fur sich selbst aber so fleisig und nachsinnig,*

[73] Terzago: Musaeum Septalianum; Bedini: Citadels of learning. S. 253f.
[74] Bedini: A Treatise. S. 106.
[75] Manzini: L'Occhiale all'Occhio. 1660.
[76] Righini Bonelli/Van Helden: Divini and Campani.
[77] Gegenwärtig arbeitet Prof. Silvio A.Bedini, Washington, an einer umfassenden Biographie Campanis: 'Uncommon Genius. The Life and Work of Giuseppe Campani'.
[78] G.L'E. Turner: Three [...] telescopes (Beletti) Plate 2-16; Lualdi: Patroni.
[79] Lualdi: Baillou; Daumas; Bedini: A Treatise. S. 106f.

daß er allerhandt mathematische Instrumenten, telescopia, microscopia, uhrwercken etc aufs fertigst machet. Im Juli ergänzte Rasch: *Seine telescopia und microscopia achte ich nicht fur sonderlich, aber seine Mühle, sein zeiger oder Vhr, sein wegmesser und sein astrolabium sindt considerable, ...*[80] Die Werkstatt Ménard (Vater und Sohn) ist in den sechziger Jahren des 17. Jahrhunderts bezeugt. Sie arbeitete für Huygens und für den Kapuziner Cherubin d'Orleans (1613-1697). In der Auktion vom 8. April 1998 wurde bei Christie's ein Mikroskop mit drei Linsen und drei Schiebetuben versteigert, ausgezogen 55 cm hoch, signiert vermutlich vom Sohn: *SIMEON MESNARD A LA BELLE ETOILE A PARIS*. Die drei Stützen des Ständers sind als elegante Delphine gebildet.[81] Cherubin d'Orleans, Ordensbruder von Rheita, ist heute noch durch seine Bücher "La Dioptrique Oculaire" (Paris 1671) und "La Vision Parfaite" (Paris 1678) bekannt.[82] Er gilt als Erfinder des binokularen Mikroskops, worin man Rheitas Einfluß zu sehen glaubt.[83]

Unter den führenden Optikern Europas entspannen sich in der zweiten Hälfte des 17. Jahrhunderts verschiedene Streitigkeiten darüber, wer wohl die besten Linsen schleifen könnte. Sie nahmen manchmal häßliche Formen an, vor allem zwischen den beiden Römern Divini und Campani schon bald nach Campanis Auftreten. Um die Leistung ihrer Fernrohre besser beurteilen zu können, wurden in der Accademia del Cimento in Florenz Schriftblätter entwickelt, die sehr den Tafeln gleichen, die heute beim Augenarzt verwendet werden. Maria Luisa Righini Bonelli und Albert Van Helden haben die Dokumente des Wettstreits zwischen Divini und Campani veröffentlicht.[84] Von den Vergleichen anderer Instrumentenbauer kennt man nur einige Notizen:

1660 wurde ein Fernrohr von Richard Reeve, das nach Rom gelangt war, mit Instrumenten von Divini verglichen, wobei das englische Fernrohr gut abschnitt.[85]

Monconys brachte 1663 sein Divini-Teleskop (10 Fuß) mit nach Den Haag. Constantijn Huygens berichtete über den Vergleich mit Huygens-Fernrohren an seinen Bruder Christiaan in Paris, und auch Monconys hielt das Ereignis in sei-

---

[80] HP 26/89/13A-14B. 22. Mai 1655; HP 26/89/15A-16B. 17.7.1655; beide Briefe von Erasmus Rasch aus Paris an Hartlib. Rasch (* ca. 1618) stammte aus Tondern in Holstein, studierte in Leyden und Wittenberg und erwarb 1653 in Basel den Dr. iur. Er reiste viele Jahre mit 'jungen Herren' und gehörte zum Informantenkreis von Hartlib und Moriaen. Er starb 1665 in Amsterdam. Aus: Jöcher Bd. 3. Sp. 1913f.; Wackernagel Hg.: Matrikel Basel. Bd. 3. S. 487.

[81] Katalog 'Exceptional Scientific and Engineering Works of Art, Instruments and Models.' Auktion am 8.4.1998. Christie's South Kensington. S. 10 Nr. 4.

[82] Dictionnaire de Biographie Française Bd. 8. Paris 1959. Sp. 1031.

[83] Gloede S. 60, 67-69, 240.

[84] Righini Bonelli/ Van Helden: Divini und Campani.

[85] OC Huygens Bd. 3. S. 45f. 25.3.1660. Pierre Guisony (Rom) an Christiaan Huygens, zitiert nach Van Helden: The Development S. 30.

nem Reisetagebuch fest. Sie bezeichneten Divinis Objektiv gleich gut wenn nicht besser als die holländischen, das Okular schlechter.[86]

Im März 1664 trafen sich mehrere Mitglieder der Royal Society in Westminster um Gläser von Reeve und Campani zu vergleichen.[87]

1669, als der Großherzog von Florenz, Cosimo III., London besuchte und ein Campani-Fernrohr mitbrachte, wurde es vor der Royal Society mit einem Instrument von Cock verglichen. Die Anwesenden und sogar der Großherzog fanden das englische Instrument besser.[88]

Wenn auch immer noch ein Interesse an Augsburger Instrumenten bestand, so spielten doch deutsche Fernrohre bei dem europäischen Wettbewerb nach 1660 keine entscheidende Rolle mehr.

---

86 Van Helden: Eustachio Divini versus Christiaan Huygens. S. 43.

87 Daumas. Paris 1953, S. 93 zitiert Gunther Bd. 4. S. 238: *1664...au mois de mars, plusieurs membres de la Royal Society se réunirent à Westminster pour comparer des verres de Reeves à des verres identiques de Campani.*

88 Simpson: Richard Reeve S. 363.

III. Optische Instrumente

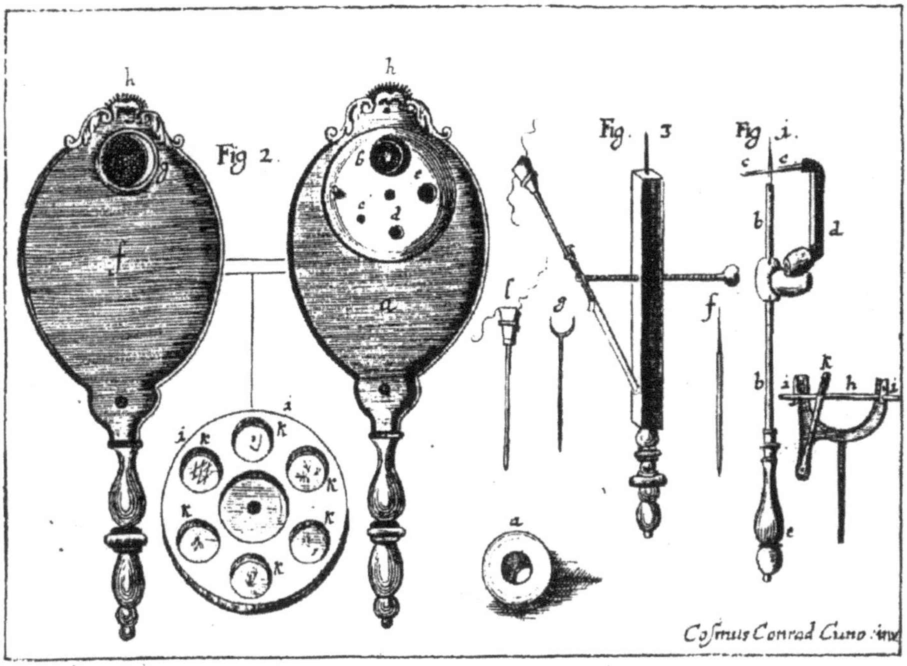

Abb. 6. Cosmus Conrad Cuno: Mikroskope 1685

1. Rohstoffe und ihre Bearbeitung

Bevor die einzelnen optischen Instrumente behandelt werden, soll zuerst von den Rohstoffen die Rede sein, die zu ihrer Herstellung nötig waren. In erster Linie brauchte man Glas, daneben Papprohre für die Fernrohre und Mikroskope sowie Leder, Pergament und Papiere um das Äußere dieser Rohre zu beziehen. Für die Gestelle dieser Instrumente wurde Holz benutzt. Aus Holz, Horn oder Bein drechselte man die Linsenfassungen. Für die Brillenfassungen wurde Metalldraht, Leder, Horn oder Schildpatt verwendet. Kleine Fernrohre wurden aus Horn, Bein oder Elfenbein gedreht. Die Spiegel für die Laternen oder die Brennspiegel wurden aus Metall gefertigt, ebenso die Schalen, in denen die Linsen geschliffen wurden. Zum Schleifen und Polieren benötigte man sogenannte Schleifmittel wie Sand u.a. Zu vielen Instrumenten wurden Futterale hergestellt.

Es stellt sich die Frage, ob die Optiker mit all diesen Materialien umgehen konnten, oder ob sie die Zuarbeit von anderen Handwerkern benötigten. Über eine Zusammenarbeit Wiesels mit anderen Handwerkern ist nichts bekannt, es ist aber sehr wahrscheinlich, daß er die Rohre von Buchbindern anfertigen ließ. Bei den Futteralmachern bestellten die Agenten hin und wieder Futterale für die Brillen.[1] Es ist deshalb zu vermuten, daß auch Wiesel die Futterale für Fernrohre und Mikroskope von ihnen bezog.

---

[1] NSAW 1 Alt 22 Nr. 177i fol. 51v. 13/23.10.1631. Hainhofer an Hzg. August: [...] *überschükhe ich hiemit 2:lay brillen vom wisel,* [...] *in dem büchßlin mit gruen gebaisseten helfenbain.* (Gobiet 1084); NSAW 1 Alt 22 Nr.177n fol. 45r. 3/13.7.1637. Hainhofer an Hzg. August: [...] *sampt den brillen zu täglichem gebrauch, zu welchen Ich schon ain schön fueterlin angefrimmet* [...] (Gobiet 1213); HAB 100 Novi fol. 96r-v. 4/14.12.56. Hirt an Hzg. August: [...] Wiesel [...] *auch mir den rath gegeben, ein futeral über die Brüllen machen zulassen, auf das die Meßine schinen so über das haubt gehet, nicht vertruckt oder verendert werde, welchem rathe zufolge EFD die Brüllen hiebey wohl verwahrt: und in dem bestellten futeral zuempfahen haben*; HAB 100 Novi fol. 102r. 4/14.12.56. Wiesel an Hirt: [...] *will hoffen mein geliebter Herr wurdt die Prillen nunmehr von dem Futralmacher empfangen haben.*

1.1 Das Glas

Die Zusammensetzung des Glases

Glas entsteht, wenn ein Gemenge von Sand (etwa 65-75%), Alkali (10-20%) und Kalk (12-20%) bei hoher Hitze (1000-1800° C) geschmolzen und danach langsam abgekühlt wird. Durch weitere Zusätze entstehen die verschiedenen (moderneren) Glassorten. Hauptbestandteile des Glases sind

1. Siliziumdioxid (SiO_2), das im Sand von Meeren und Flüssen oder in Flußkieseln enthalten ist (Quarzsand). (Schmelzpunkt 1713°).

2. Alkali, das als Flußmittel benötigt wird, damit das Gemenge zum 'Fließen' kommt, also geschmolzen wird. Es setzt den Schmelzpunkt herab.

In früherer Zeit wurde entweder Soda oder Pottasche verwendet:

Soda (Natriumkarbonat Na_2CO_3, Schmelzpunkt 850°) gewann man aus der Asche von Pflanzen salziger Meeresstrände: Rochetta kam aus der Levante, vor allem aus Syrien (alumen catinum), Barilla aus Alicante in Spanien. An britischen Küsten wuchs eine Pflanze namens 'Saltwort'. Man verwendete außerdem Asche aus Seetang, bevorzugte jedoch Barilla, auch in England.

Pottasche (Kaliumkarbonat K_2CO_3) entstand aus der Asche von Laubbäumen (Buchen oder Eichen), die man in einem Kupfer-Kessel (Pott) mit Wasser kochte bis alles Wasser verdampft war. Pottascheglas ist härter als Sodaglas. Wegen des Gehalts von Eisen in der Pottasche bekam es eine grüne Farbe. Es konnte in den waldreichen Gegenden Deutschlands und in Böhmen aus den heimischen Rohstoffen produziert werden und hieß deshalb 'Waldglas'.

Aus Sodaglas konnten dünnere Gläser als aus Pottascheglas hergestellt werden. In Venedig kannte man pottaschereiche Asche aus Farnen (alumen de fuligine). Auch sorgfältig bereitete und gereinigte Pottasche konnte bessere Glassorten ergeben. Dabei kam es z.B. auch auf den Standort der Bäume an.

3. Kalk: Kalkstein (limestone): Kalziumkarbonat ($CaCO_3$) oder Dolomit ($CaCO_3$ oder $MgCO_3$). Durch das Glühen oder Brennen des Kalksteins erhält man CaO, Kalziumoxid (gebrannter Kalk), das ins Gemenge gegeben wird. Kalk verleiht Glanz und Härte und wirkt als Stabilisator: Es verhindert die Aufnahme von Feuchtigkeit und damit den Massezerfall, der zur sogenannten Glaspest führt.

Gegen Ende des 17. Jahrhunderts entdeckte man, daß sich auch feingemahlene Kreide oder Blei als Stabilisatoren eignen. Das Kreideglas wurde um 1680 in Böhmen erfunden.[2] Das Bleiglas wurde nach 1676 in England von George Ravenscroft (1623-1683) produziert. Weil es am Anfang noch nicht sehr stabil war,

---

[2] Spiegl: Böhmische Einflüsse.

verzögerte sich seine Verbreitung. Ravenscroft verwendete Feuersteine (flint), weshalb das Glas auch Flintglas genannt wurde.[3]

4. Glasscherben wirken wie Flußmittel, beschleunigen das Flüssigwerden des Sandes und setzen den Schmelzpunkt herab. Sie vermindern dadurch die benötigte Hitze.

5. Glasmacherseifen nannte man die Entfärbungsmittel, die dem Gemenge beigegeben wurden: Braunstein, Arsenik, Salpeter oder Kalk.[4]

Ist das Gemenge geschmolzen und flüssig geworden, muß es weiter auf hoher Temperatur gehalten werden, damit die in ihm enthaltenen Luftblasen nach oben steigen und Verunreinigungen nach unten sinken. Dieses Klarschmelzen dauert viele Tage. Ist die Glasmasse etwas abgekühlt, kann sie bearbeitet werden. Man unterscheidet vor allem zwei Arten:

1. Hohlglas: Trinkgläser und Glasgefäße aller Art, die im Barock oft als 'Glaswerk' bezeichnet wurden, entstehen durch Blasen mit Hilfe des Blasrohrs. Hierunter fallen Glasgefäße für chemische Laboratorien, Thermometer, Barometer u.a.. Ihre Herstellung bereitete im 17. Jahrhundert oft noch große Schwierigkeiten. Indem man in geblasene Glaskugeln noch während der Herstellung eine Mischung aus Zinn oder Blei mit Antimon und Pech oder Harz hineinblies, entstanden verspiegelte Kugeln. Nach dem Abkühlen schnitt man sie in mehrere Teile zu kleinen runden konvexen Handspiegeln.[5] Durch das Blasen 'vor der Lampe' statt am Ofen konnten kleine Gefäße und Figuren gewonnen werden. Diese Technik wurde im 17. Jahrhundert in Deutschland bekannt und führte später zur Heimarbeit. Der Glasbläser verwendete fertige Glasröhren oder Stangen aus der Glashütte. Über Hohlgläser gibt es genügend Bücher, vor allem aus kunsthistorischer Sicht, aus denen man öfters auch etwas über die Glasherstellung und die Glashütten erfahren kann.[6]

2. Flachglas: Scheiben für Fenster und Spiegel. Man kannte zwei Herstellungsarten:

a) Das Blasen eines großen Zylinders in Form eines langen Luftballons, der, noch im heißen Zustand, oben, unten und der Länge nach aufgeschnitten wurde. Im Streckofen wurde die Glasscheibe aufgebogen, auf einer Metallplatte ausgebreitet und unter nochmaligem Erhitzen durch Drücken und Bügeln in ihre Form gebracht. Es entstand eine viereckige Scheibe (Zylinderverfahren). Durch Schleifen, Polieren und Belegen der Rückseite mit Quecksilber-Amalgam erhielt man Spiegel.

---

3 Macleod; Jaschke S. 65; Riekher S. 115-118.

4 Rückert S. 5f.; Pfänder: Schott-Glaslexikon, informiert besonders über moderne Glasarten und Verfahren.

5 Schweig.

6 Z.B. Rückert.

b) Das Blasen eines kugelförmigen Ballons, der nach dem Öffnen an einer Stelle durch Schleudern zu einer flachen runden Scheibe verformt wurde. Weil im Verlauf dieses Vorgangs die Glasmasse zeitweilig einer Krone ähnelte, sprach man vom Kronglas. Aus dem flachen Rand der Scheibe wurden Glasteile herausgeschnitten, die verdickte Mitte ergab den Butzen; daher der Name Butzenscheibe. Die vom Rand herausgeschnittenen Teile wurden wegen ihrer Form Mondglas genannt. Für größere Glasscheiben oder Spiegel eignete sich das Kronglas nicht (Mondglasverfahren).[7]

c) Erst nach Wiesels Tod kam zu Ende des 17. Jahrhunderts in Nordfrankreich der Guß auf. Dünnflüssiges Glas wurde gleich auf Eisen- oder Bronzeplatten gegossen und mit einer Walze gleichmäßig verteilt. Dieses Gußverfahren ermöglichte es, noch größere Glasscheiben herzustellen. Für die Herstellung der optischen Linsen waren sie jedoch nicht nötig.[8]

Zur Geschichte des Glases

Das Glas war schon im Altertum bekannt. In Ägypten wie auch in Mesopotamien und in Mykene kannte man seine Zusammensetzung und wußte Gefäße und Perlen daraus herzustellen. Im ersten Jahrhundert vor Christus gelang es, farbloses Glas zu produzieren. Durch die Erfindung der Glasmacherpfeife, eines langen Blasrohrs, konnte man dünnwandige Gefäße blasen. In der römischen Kaiserzeit wurde Glas ein erschwingliches Material. Damals gab es die ersten Fensterscheiben. Die Römer brachten die Kenntnis der Glasherstellung nach Mitteleuropa, wo besonders Köln ein Glasmacherzentrum wurde. Um 800 kam die Erzeugung von Hohl-, d.h. Trinkgläsern, fast ganz zum Erliegen. Nur noch in den Klöstern, wo vor allem bunte Glasscheiben für Fenster angefertigt wurden, kannte man das Geheimnis der Glasherstellung. In den fünf Prophetenfenstern des Augsburger Domes (um 1100) sind frühe Beispiele erhalten. Vielleicht stammt ihr Glas von einer Hütte am Tegernsee.[9]

Nach 900 n.Chr. begann die Glasherstellung in Venedig, die von den Glastechniken des Orients (Syrien) beeinflußt war. Im 12. Jahrhundert gab es bereits eine Glasmacherzunft und Vorschriften der Signoria, der Regierung von Venedig, die Glasmacher betreffend. Auch in anderen italienischen Orten wußte man Glas her-

---

7 Jaschke S. 48-51; Glocker S. 76-80.

8 Jaschke S. 66-68.

9 In der Gegend des heutigen Bad Wiessee hatten die Benediktiner von Kloster Tegernsee eine Werkstätte für Glasverarbeitung eingerichtet; Kaiser: Bad Wiessee. S. 376; Datierung der Fenster auf Ende des 11.Jhs. in Glocker S. 36; Datierung um 1100 oder nach 1132 in Becksmann S. 39-41; Haas S. 260; Chevalley S. 171-175.

zustellen. Seit 1282 sind die Glasmacher in Altare bei Genua bezeugt. Von ihnen, den Altaristen, wird noch die Rede sein.

Glas aus Venedig
'Venetianisches' Glas oder Glas nach venezianischer Art ?[10]

Die Glasmacher in Venedig waren in der glücklichen Lage, die Pflanzen in ihrer Region vorzufinden, die für die Gewinnung von Soda nötig waren. Zudem konnte Soda aus anderen Mittelmeerländern wie Syrien oder Ägypten eingeführt werden. Dazu kam, daß in den nahen Gebirgsflüssen Kieselsteine gefunden wurden, die, gemahlen, besonders reinen Quarzsand ergaben. Man konnte daher durchsichtiges, weitgehend farbloses, sogenanntes 'weißes' Glas erzeugen, das bald sehr begehrt war. Auf Grund des schwunghaften Handels, den Venedig vor allem mit Hilfe seiner Flotte betrieb, ergab sich ein reicher Absatz von Fensterglas, d.h. von Glasscheiben, aber auch von Trinkgefäßen aller Art. Um die Geheimnisse der Herstellung zu schützen, erließ die Signoria im 13. Jahrhundert weitreichende Vorschriften: 1285 verbot sie die Ausfuhr der Rohstoffe Sand und Asche wie auch von Bruchglas. Wiederholt wurde den Glasmachern untersagt auszuwandern. Ab 1291 durften im Stadtgebiet von Venedig wegen der Brandgefahr keine Glasöfen mehr errichtet werden. Die Glasindustrie konzentrierte sich seitdem auf der Insel Murano in der Lagune von Venedig.

Der Handel der deutschen Städte mit Venedig war besonders lebhaft. 1228 war dort eine Niederlassung der deutschen Kaufleute, der 'Fondaco dei Tedeschi', gegründet worden, in der meistens ein Augsburger oder Nürnberger zum Konsul der oberdeutschen Kaufleute gewählt wurde.[11] Das Glas wurde durch Händler vertrieben, mit Trägern, Pferden oder Wagen. 1284 gab es Steuervergünstigungen für deutsche Glasträger. Deutschland lieferte nach Venedig Bruchglas, farbige Scheiben und kleine konvexe Spiegel, die vor allem in Nürnberg gefertigt wurden.

Als man im 15. Jahrhundert in Venedig dem Sand-Soda-Kalk-Gemenge noch Braunstein (manganese) zusetzte, entstand ein besonders klares, brillantes Glas, das 'Cristallo' genannt wurde. Die Erfindung wird dem Glasmacher Angelo Barovier (1405-1460) zugeschrieben. Er ließ außerdem die größte Sorgfalt walten, um ein gutes Gemenge zu erhalten und führte spezielle Prozeduren zur Reinigung des Glasflusses durch.[12] Sicher kam der Name Cristallo vom Bergkristall her, aus dem noch bis ins 16. Jahrhundert Gefäße geschliffen wurden. Die damals übliche

---

[10] Dreier: Venezianische Gläser. S. 13-29.

[11] Simonsfeld: 'fondaco dei Tedeschi'; Müller, J.: Augsburgs Warenhandel. S. 326-347; Zorn: Grundzüge der Augsburger Handelsgeschichte; Kellenbenz: Wirtschaftsleben S. 258-301.

[12] Barovier Vorwort S. XLVI.

Verwendung des Namens Kristall für beide Materialien bereitet heute beim Lesen alter Texte manches Mal Schwierigkeiten. Die Bezeichnung 'venetianisches Glas' läßt nicht unbedingt auf seine Herkunft aus Venedig schließen, weil seit dem 16. Jahrhundert auch an anderen Orten in Europa Glas 'auf Venedische Art' oder 'à la Façon de Venise' erzeugt wurde. Eine weitere Unsicherheit ist die Bezeichnung 'Scheibe'. Handelte es sich um größere Scheiben Fensterglas (man lieferte kleine, mittlere und große), um kleine runde Butzenscheiben oder um Mondglas? Die Beschreibung, die Wiesel 1625 für ein großes Fernrohr gab: *einer fenster Scheiben digkh*, ergibt nur für eine runde Scheibe Sinn: Der Durchmesser des Rohres war gleich dem Durchmesser einer runden Scheibe.[13] Die Namen Spiegel und Glas stiften weitere Verwirrung. Nicht immer ist es so klar, was gemeint ist, wie bei den 'Augenspiegeln', den Brillen. Brillengläser konnten keine Spiegel in unserem heutigen Sinn sein.

Trotz der Verbote muß es italienischen Arbeitern immer wieder gelungen sein, in andere Länder zu gelangen. Im Gegensatz zu den venezianischen Glasmachern waren die Altaristen sogar verpflichtet, zeitweilig ins Ausland zu gehen. Sie gründeten vor allem in Frankreich und in den Niederlanden Glashütten. Vor 1300 wurden in Venedig die ersten Brillengläser geschliffen, wozu sich das klare venezianische Glas besonders gut eignete. Für die Linsen der neuen optischen Geräte des 17. Jahrhunderts stand das Cristallo zur Verfügung.

In einigen toskanischen Bergdörfern arbeiteten Glasmacher schon seit dem Mittelalter. Seit dem 14. Jahrhundert wurde in Florenz selbst Glas hergestellt, meistens für den Bedarf des Hofes, manchmal unter Aufsicht von Meistern aus Murano. Unter Großherzog Cosimo I. kam 1569 Bortolo d'Alvise mit zwei Kollegen nach Florenz.[14] Etwa zu gleichen Zeit gründete Cosimo I. in Pisa eine Glashütte, in der venezianische Meister beschäftigt waren.

Im übrigen Europa hatten sich ebenfalls Glasmacher angesiedelt. Schon im 13./14. Jahrhundert findet man Waldglashütten in den waldreichen Gebieten Deutschlands: Spessart, Thüringen, Schwarzwald, Bayerischer Wald. Philipp Apian hat 1566 auf seinen bayerischen 'Landtafeln' eine Reihe von 'Spieglhütn und Glaßhütn' eingezeichnet. Im 16. Jahrhundert wurden im habsburgischen Herrschaftsbereich, zu dem ja damals auch die Niederlande gehörten, die ersten Glashütten gegründet, die 'venedigisches', also farbloses Glas herstellen konnten. Entweder beschäftigten sie Altaristen oder erhielten mit besonderer Erlaubnis der Signoria zeitweise Glasarbeiter 'ausgeliehen', wie Erzherzog Ferdinand von Tirol für seine Hofglashütte in Innsbruck (1570-1591). Die Muranesen brachten die levantinische Asche mit. Die übrigen Hütten waren gezwungen, die Asche aus Spanien einzuführen.

---

[13] NSLB Hannover Ms IV 341 S. 852: Bericht Wiesels an August Fürst zu Anhalt. März 1625.

[14] Neri S. XLIV; Zecchin S. 22-25.

Die Hütten in Wien, Laibach, Kassel und München existierten jeweils nur wenige Jahre, weil die Einfuhr der Rohstoffe zu teuer und der Holzbedarf für die Heizung der Öfen zu groß war. Die einzige Hütte im deutschsprachigen Raum, die längere Zeit in Betrieb war, wurde 1534 von dem Augsburger Wolfgang Vitl (+1540), Faktor des Augsburger Handelshauses Höchstetter, in Hall in Tirol gegründet. Ihre Gläser kamen dank der italienischen Glasmacher bald jenen aus Venedig gleich. Vitl war aber 1540 so verschuldet, daß er die Hütte an Sebastian Höchstetter übergeben mußte. Sie blieb bis 1602 unter Augsburger Leitung. Höchstetter ließ deutsche Glasarbeiter anlernen, um von den ständig wechselnden italienischen Glasmachern unabhängig zu sein. Hall belieferte den Hof in Innsbruck und versorgte den süddeutschen Markt mit den Zentren Augsburg, Kempten, Ulm und Nürnberg mit Fensterglas. Die Produktion von Trinkgläsern spielte eine geringere Rolle. Der wirtschaftliche Niedergang in den süddeutschen Reichsstädten zu Ende des 16. Jahrhunderts wie auch die aufkommende Konkurrenz der böhmischen Hütten führte 1615 zur Stillegung der Haller Glashütte.[15] Über die ersten Jahrzehnte einer 1627 gegründeten neuen Hütte in Kramsach, in der Nähe von Hall, ist wenig bekannt.[16]

Auch in den Niederlanden gab es viele kurzlebige Glashütten. Daneben entwickelten sich Hütten in Lüttich (Liège), im 15. Jahrhundert gegründet, Antwerpen, Middelburg und Amsterdam zu Zentren der Glasherstellung. In Antwerpen begann 1549 ein Kaufmann aus Cremona mit der Lizenz von Karl V. die Produktion von venezianischem Glas. Nach der Einnahme Antwerpens 1585 durch den Herzog von Parma wandten sich Glaubensflüchtlinge, darunter auch Glasmacher, nach Middelburg, wo die Stadt den Aufbau von Glashütten förderte. 1611 erhielt Antwerpen ein Monopol für die sämtlichen Niederlande, das die eigenen Fabrikate und das aus Venedig importierte Glas betraf. Dadurch wurden Lüttich und andere Hütten gezwungen, aufzugeben. Aber schon 1620 wurde in Lüttich die Arbeit wieder aufgenommen. Die Familien Libon und Bonhomme stellten Kristallglas nach venezianischer Art und gewöhnliches Glas her und übernahmen auch auswärtige Hütten, z.B. in s'Hertogensbosch. 1648 wurde die Einfuhr des 'cristal de Venise' in den südlichen Niederlanden verboten, um das inländische Kristallglas zu schützen. Die Hütten warben sich gegenseitig die italienischen Glasmacher ab, durch deren Wanderungen bis nach England die Kenntnisse im westlichen Europa verbreitet wurden.

Ein Zentrum in Nordfrankreich war Rouen, wo 1538 eine Zunft von Brillen- und Spiegelmachern nachweisbar ist. Fensterscheiben wurden noch im 17. Jahrhundert aus Frankreich in die Niederlande und nach England exportiert.

Seit Mitte des 16. Jahrhunderts kamen venezianische und holländische Glasmacher nach England. Verschiedentlich wurden königliche Patente vergeben. Ab

---

[15] Weiß: Ullstein Gläserbuch: über Hall S. 125; Heimer; Egg.

[16] Ringler S. 10-13.

1610 wurde dort das Holz als Feuerung durch die Steinkohle ersetzt. 1615 wurde das Heizen mit Holz wegen des Holzmangels allgemein verboten. Weil der Kohlenrauch die Glasmasse in den bis dahin üblichen offenen Häfen verunreinigte, mußte man geschlossene Häfen verwenden. Von 1617 bis zu seinem Tod 1653 hielt Sir Robert Mansel das einzige Patent und beherrschte die Glasindustrie in ganz England. Wiederholte Verbote von Glas-Import begünstigten Mansels Bemühungen. Er schickte Agenten in andere Länder, um gute Arbeitskräfte anzuwerben und die fremden Techniken zu studieren. 1624 erklärte er, daß alle Sorten von kristallinem Murano-Glas in seinen Hütten gemacht würden.[17]

Georg Agricola (1494-1555) fügte seinem Buch 'De re metallica' über das Hüttenwesen auch ein Kapitel über Glashütten ein.[18] 1612 veröffentlichte Antonio Neri (1576-1614) 'L'Arte vetraria', ein Werk, in dem über die Herstellung verschiedenster Glassorten, vor allem von farbigem Glas, berichtet wurde. Neri, in Florenz geboren, lebte 1601 als Priester im Haushalt von Alamanno Bertolini in Florenz. 1603 arbeitete er in den Glashütten von Florenz, Pisa und Venedig und schließlich von Antwerpen. Nach seiner Rückkehr im März 1611 verfaßte er in Florenz das oben genannte Werk, das auf seinen praktischen Erfahrungen beruhte. Es fand weite Verbreitung.[19] Von den vielen verschiedenen Übersetzungen wurden vor allem zwei wichtig: 1662 die englische, der Christopher Merret, Arzt und Mitglied des Kreises der Londoner Virtuosi, seine eigenen Erfahrungen beifügte, und 1679 die deutsche von Johannes Kunckel (ca 1638-1703): 'Ars vitraria experimentalis oder Vollkommene Glasmacher-Kunst'. Kunckel, der aus einer norddeutschen Glasmacherfamilie stammte und in Hamburg eine Apothekerlehre durchlaufen hatte, übersetzte nicht nur die Texte von Neri und Merret sondern kommentierte sie auch sachkundig aufgrund seiner eigenen Experimente.[20] Später wurde Kunckel vor allem durch die Herstellung von Rubinglas bekannt.

Die Beschaffung des Glases

In Wiesels ersten Berichten nannte er sich Kristalldreher und gab an, das Kristalldrehen erfunden zu haben. Ob es sich hier um Bergkristall oder um das venezianische 'Cristallo' gehandelt hat, ist unklar. Als 1642 J.V. Andreae eine Kristallplatte als Vergrößerungsglas haben wollte, antwortete ihm Philipp Hainhofer:

---

17 Hudig; McConnell.

18 Agricola 1556. 12.Buch: Von den Salzen und vom Glas. S. 466-508.

19 R.B.Mentasti Hg.: Antonio Neri: L'Arte Vetraria. 1612. Introduction and notes, XLI-LXVIII. 1980. Aus: McConnell, Kapitel 2.

20 C.Merrett: The art of glass. London 1662; J.Kunckel 1679: McConnell Kap. 2; Jaschke S. 65f.; Kunckel pachtete 1679 eine Glashütte in Potsdam, 1685 eine auf der Pfaueninsel in Berlin. 1693 ging er nach Schweden, wo er 1703 starb.

Bey unserm hiesigen Brillenmacher Johann Wisel ... habe Ich außfüehrlich wegen ainer Cristallinen vergrößerplatten, geredet, in forma ohngefehrlich wie das gesandte papirlin, der sagt mir, das dergleichen vergrößerblatten von Cristall di Montagna, über die 50.fl gestehen wurde. Er wolte aber von goßnem Cristallin glaß p 5: in 6. dh^{ten}*:* [Dukaten] *ein dergleichen plättlin machen.*[21]

Hier wurden die beiden 'Kristalle' im Wert gegenübergestellt. 50 Gulden sollte die Platte aus Bergkristall kosten, 5 bis 6 Dukaten aus Kristallglas. 6 Dukaten entsprachen 18 Gulden, 3 mal 6 Dukaten 54 Gulden. Der in der Natur vorkommende Bergkristall war etwa dreimal so teuer wie das künstliche Glas. Das von Andreae mitgeschickte Muster war 6,5 cm x 9,5 cm groß.[22] Wiesel arbeitete demnach mit beiden Materialien, bevorzugte aber, auch des Preises wegen, das Kristallglas. Nachdem es offenbar in deutschen Hütten um diese Zeit nicht hergestellt wurde, war es für einen Augsburger naheliegend, es direkt aus Venedig zu beziehen.

Wahrscheinlich lief der Einkauf über Augsburger Kaufleute, die mit Venedig Handel trieben. Dafür sprechen zwei Gründe: Erstens sind aus Venedig keine direkten Verkäufe an Optiker bekannt, auch im späteren 17. Jahrhundert nicht, als die italienischen Optiker besonders berühmt wurden.[23] Zweitens gibt es ein direktes Zeugnis von Wiesel selbst. Als er 1657 mit seinem holländischen Briefpartner Moriaen die Ursache der Glaskrankheit diskutierte, schrieb er: *Mein großer schade hatt mich auch dahin getrieben das Ich es den Venetianischen glaßmachern durch bekandte Kauffleute entbieden laßen, was doch die ursach deßen sein möchte.*[24] Es ist anzunehmen, daß dies Augsburger Kaufleute waren, die aus Venedig Glas und Glaswaren importierten.

Es bestand auch die Möglichkeit, bei den Augsburger Glasern einzukaufen. Die Glaser selbst hatten die Beschaffung des Glases in der 1583 erlassenen Handwerksordnung folgendermaßen geregelt:

Punkt 4: Von frembdem Glas. Wann ein Fremder oder Gast mit Glas alher kombt, soll es allen Glasern angezeigt werden, damit jeder kaufen kann.[25]

Jeder Glasermeister sollte die Möglichkeit haben, Glas zu erwerben. Punkt 6 handelt noch einmal von diesen gleichen Chancen für alle Meister:

Punkt 6: Vom Glas bestellen oder frimmen. Wan ein Fuhrman alher kombt und ein Maister an Ihne glas frimmen oder bestellen wolte, soll er es im Handwerk herumsagen lassen und nit für Ihne allein Glas bestellen bey straf von zehen gulden ... Doch ist einem unbenommen seinen Sohn oder Diener auf die Glaß-

---

21 HAB 17.29 Aug. 4° fol. 177v-178r. 15/25.9.1642. Hainhofer an Andreae.

22 HAB 74 Noviss. 2° fol. 114r. Andreae an Hainhofer. Siehe auch Kap. III.2.3: Das Vergrößerungsglas für J.V. Andreae.

23 Freundliche Mitteilung von Prof. Bedini, Washington. Brief vom 2.11.1994.

24 HP 42/2/7A. 5.4.1657. Wiesel an Moriaen; vgl. Anhang A.3 Nr. 49.

25 StAA Handwerkerakten 28/6 Glaser Nr. 6 fol. 36v.

hütten zu schickhen und Ihme machen, frimmen oder bestellen zulassen, was Ihm gefällig.

Die Punkte 7 und 8 betreffen das 'fremde Glaswerk', das waren vor allem Trinkgläser. Sie durften auf jeden Fall auf den Augsburger Jahrmärkten verkauft werden. Davon gab es drei im Jahr, nach Ostern, zu St. Ulrich (4. Juli) und zu St. Michael (29. September):

Punkt 7: Vom faylhaben des frembden Glaswerkhs. die frembden, so Gläser zum failen Markht alher bringen, sollen außerhalb der gewohnlichen Kirchweyhe lenger nit dann zwey oder als lengst drey tag ihre gläser alhie failhaben und verkaufen.

Punkt 8: Hausieren verbotten. Trünckhgläser und ander dergleichen den Glasern zugehörige Sachen, das die Jenige, sie seyen burger oder frembd, welche das Glaser Handwerkh nicht redlich nach Handwerkhsgebrauch erlehrnet, vil weniger derselben fähig sind, hinfüran sich deß offnen und heimblichen verkauffens und haußierens obstehender allein dem glaßerhandwerkh gehöriger wahren, es seyen in gwölben oder ander orthen, nicht allein enthalten sondern hiemit dessen gäntzlich müessig stehen, und Ihnen außer der gewohnlichen Jahr: und wochenmärckht abgeschafft und verbotten sein solle. 20.10.1583 Decretum in Senatu.[26]

Im folgenden Jahr wurde dann auch zwei Augsburger Kramern durch Senatsbeschluß vom 26.4.1584 unter Strafe von 1 oder 2 Gulden verboten, das 'Venedisch Glaswerckh' im Laden feilzubieten. Auf den Jahrmärkten und in ihren Gewölben durften sie es verkaufen.[27]

Vierzig Jahre später, 1624, bezogen sich die Glaser auf diese Verordnung, als sie gegen den Kramer Hans Gross klagten, weil er wie andere Kramer in seinem Laden 'Cristalinische Trinkglässer' alle Tag öffentlich verkaufte, *alldiweil sich dieser Zeit Ihre viel alhie auf das venedisch Glaß verkauffen legen, auch daß ganz Jar über Tyroller und dergleichen Glaßtrager außer den drey gewohnlichen Jahrmärkchten alhier dieselben offentlich verkauffen.* Schließlich wurde es dem Kramer doch erlaubt, nachdem er argumentiert hatte, daß die Glaser selbst von ihm Glas kaufen würden, *und der wenigste Theil under Inen ganze Kisten venedischer Gläser alher kommen zuelassen nicht im verlag haben, und ist mehr als einmal geschehen, das bey allen Glasern alhie kein ganz duzet* [Dutzend] *gleicher Trinckhgläser zuebekommen gewesen.*[28] Vielleicht hat dieses letzte Argument die reichen Patrizier im Rat überzeugt.

1597 ist von 'Hallischen und Bohaimischen' Glasscheiben die Rede. Die Glaser sollten in Zukunft den Bauherrn befragen, ob er Hallische oder Böhmische Schei-

---

26 StAA Glaserakten 28/6 fol. 37r-v.

27 StAA Glaserakten 28/6 fol. 38r-v.

28 StAA Glaserakten 28/1. 1548-1645. Mai-Juni 1624; keine Paginierung.

ben haben wolle. Offenbar gab es qualitative Unterschiede.[29] Nachdem 1615 die Glashütte in Hall in Tirol stillgelegt worden war, beabsichtigten die Glaser im Jahr 1622, direkt in der Glashütte Konstein zu bestellen, weil sie seit einiger Zeit *bey den Alhiesigen Glaßhändlern nit allein grossen mangel an allerhand bedürfftigen glaßwerkh erlitten, sondern auch was* [sie] *bey Ihnen bekhommen, darmit der maßen verteuert und übersölzt worden sei.* Sie baten den Augsburger Rat um ein Schreiben an Herzog Wolfgang Wilhelm von Pfalz-Neuburg, in dessen Gebiet Konstein lag.[30] In der Eingabe an den Rat wurden die hiesigen Glashändler erwähnt. Ihre Rolle ist noch unklar. Handelte es sich um Kaufleute, die sich auf Glas spezialisiert hatten? Die Glashütte in Konstein, in der Nähe von Eichstätt, war im 16. Jahrhundert von zwei Ulmer Bürgern gegründet worden, die sie an Hans Greiner aus Augsburg verkauften. Bis Mitte des 19. Jahrhunderts blieb sie im Besitz der Familie Greiner. Erst 1986 wurde die Glasfabrikation in Konstein endgültig stillgelegt.[31]

Die Augsburger Glaser deckten nach diesen Quellen ihren Bedarf bei fremden Glas trägern oder Fuhrleuten, die in die Stadt kamen, oder bei 'alhiesigen' Glashändlern. Sie durften aber auch Angehörige ihrer Familie oder ihrer Werkstatt direkt zu den Glashütten schicken, um dort einzukaufen. Es werden die Hütten in Hall in Tirol, in Konstein, oder die bayerischen und böhmischen Hütten gewesen sein. Sicher konnten sich solche Reisen zu den Glashütten nur die wohlhabenderen Glaser leisten. Von einem direkten Einkauf der Augsburger Glaser in Murano ist nichts bekannt. Aus den nachfolgenden Jahrzehnten ist in den Glaserakten wenig vermerkt, aber daß sich in der Praxis hundert Jahre nach Erlaß der Ordnung kaum etwas geändert hatte, zeigt die Antwort der Stadt Augsburg vom 26.6.1685 auf eine Anfrage aus Ulm: *Wenn ein Frembder oder gast mit venedisch- oder andern Trünckgläsern alhero kommet,* ... hieß es darin, und dann wurde die alte Ordnung zitiert. Aus den Jahren 1697/98 sind einige Eingaben der Glaser an den Rat erhalten, in denen gefordert wurde, *unterschidlichen Landtfahrern, welche keine Glaßer, noch des Glaßhandels zu treiben befugt sein*, das Hausieren mit Glaswaren zu verbieten, denn *unterschiedliche Glashütten versehen die gantze Statt daß Jahr hindurch genugsamb und überflüssig durch derselben Glaß-Träger und gantze Glaßfuhren mit allerhandt Trinckh- und anderen Gläßeren.*[32]

Das Hausieren mit Glas war offenbar recht einträglich und verdarb den Glasern ständig das Geschäft. Daneben hatten die Glashütten den Glashandel mehr und mehr in eigene Regie genommen. Hier dürfte es sich um die bayerischen und böhmischen Waldhütten gehandelt haben.

---

[29] StAA Glaserakten 28/6 fol. 38r-v.

[30] StAA Glaserakten 28/1 (1548-1645). 13.12.1622.

[31] Jochmann; Mittel S. 36-43; Stillegung: Freundliche mündliche Mitteilung von Frau Hermine Röttel, Buxheim.

[32] StAA Glaserakten 28/2 (1646-1746); keine Paginierung.

Um 1680 erwuchs den Hütten in Murano durch die Erfindung des Kreideglases in Böhmen eine große Konkurrenz. Fein gemahlene Kreide (Kalziumkarbonat) statt Kalk verbesserte das Pottascheglas. Kreideglas besaß eine hohe Lichtbrechung und war farblos. Daraus konnten dickwandigere Gefäße geblasen werden als aus dem venezianischen Cristallo, die sich deshalb besser für den Glasschnitt eigneten, einer beliebten Verzierung der Gläser, die bis dahin nur bei Bergkristall angewendet werden konnte.[33]

Vielleicht bezog Wiesel im Anfang das Venezianische Glas sogar über Hainhofer selbst. 1610 stand dieser mit der venezianischen Familie Contarini in Verbindung und hatte unter anderem gebeten, *Christalline platten mit ehesten herauß zu schicken*. Die Bezahlung sollte über David und Hans Ulstett im Fondaco de Tedeschi erfolgen.[34] Hainhofer verkaufte wiederholt auch venezianische Trinkgläser und Spiegel.[35] Als er sich einmal sorgte, ob die Spiegel auch heil in Wolfenbüttel ankommen würden, schrieb er, es gebe in Augsburg einen Handwerker, *der die gläser zu überziehen waiß*, also einen Spiegelmacher.[36] Die Brüder Ulstett waren übrigens Onkel von Wiesels zweiter Frau. Sie kehrten nach Augsburg zurück, waren aber 1645, als Wiesel Anna Maria Ulstett heiratete, schon tot. Möglich, daß ihre Nachkommen noch mit Venedig handelten. Markus Ulstett, der Bruder von Wiesels Frau lebte von 1613 bis 1645 in Venedig.

Auch andere Kaufleute verkauften in Augsburg Scheiben aus Venedig. So hatte man z.B. die Fenster für das neue Rathaus aus Venedig bezogen.[37] Ein Eintrag im Baumeisterbuch, dem Rechnungsbuch der Stadt Augsburg, belegt 1642 einen weiteren Einkauf durch die Stadt: *Hansen Lehmann burger alhier umb 600*

---

33 Spiegl.

34 O. Doering: Hainhofers Beziehungen zu Hzg. Philipp II. von Pommern-Stettin. S. 9f.

35 z.B. NSAW 1 Alt 22 Nr. 177e fol. 22r. 19/29.4.1627. Hainhofer an Hzg. August: [...] *ein küstlin mit 24.venedischen tischgläßlen* (Gobiet 888); HAB 95 Novi fol. 342r. 15.6.1633. Hzg. August an Hainhofer: *Wan gegen den Herbst, etliche venedische Gläser füglich auf Leipzig oder Luneburgk zu bringen; wurde zur kunfftigen Kindtaufe, uns wol kommen.* (Gobiet 1124); HAB 96 Novi fol. 421v. 20/30.3.1645. Hainhofer an Hzg. August: *Zu Rothweil solle der Obriste Hagenbach, commandant daselbsten gestorben sein, der mir noch gar newlich vmb guete Canarj Vögel, vnd vmb 2.duzet Venedische Cristallinine gläser zu geschriben,* [...] *so habe ich Ihme auch khain wahr geschükht, beforauß, weil Ich die gläser erst hatte mussen von V.ª* [Venetia] *beschreiben.* (Gobiet 1420).

36 HAB 96 Novi fol. 137v. 1/11.12.1643. Hainhofer an Hzg. August: *Weiter hab Ich bekhommen, ainen gar grosen gevierten Spiegel in aine schöne schwarz geflammete raam gefast per 89 Rtl. Noch ainen dergleichen 8.ekheten spiegel per 70 Rtl.* (Gobiet 1348); HAB Bibliotheks-Archiv II, 12,1. 15/25.12.1642. Hainhofer an Hzg. August [...] *in aim küstlin 1.gevìertes vnd 1.achtekhetes venedische spiegelgläser sehr groß* (Gobiet 1351); NSAW 1 Alt 22 Nr. 177s fol. 37r. 12/22.1.1653. Hainhofer an Hzg. August: [...] *so aber die folj am glaß sich solte gestraift haben und durch das glaß herausser sehen, alß wan das glaß riß hette, so ist es nur umb ainen newen überzug mit frischer folj zuthon, mit deren man zu Venetia maister ist, wir hie auch ainen haben, der die gläser zu überziehen waist* (Gobiet 1353).

37 Roeck: Reisende S. 181.

große Venedische glaßscheiben ins Baugewölb laut zetels bezalt fl 25.30.-.[38] Eine Scheibe kostete demnach zwei und einen halben Kreuzer, für einen Gulden konnte man 24 Scheiben erhalten. Mitten im Krieg betrieb hier die Stadt offensichtlich Vorratshaltung. Ob das solche Scheiben waren, deren Verlust Wiesel im Jahr 1636 beklagt hatte?[39]

Es wurden vor allem zwei Routen von Augsburg nach Venedig benützt, die sogenannte 'obere' und die 'untere' Straße. Die erste ging über Füssen und den Fernpaß nach Imst und weiter über den Reschenpaß nach Bozen und Trient. Von dort aus erreichte man Venedig durch das Val Sugana und Bassano. Die untere Straße führte über Schongau, Oberammergau, Mittenwald, Seefeld, Innsbruck zum Brenner, weiter durch das Pustertal nach Toblach, und von da aus nach Süden über Pieve di Cadore entlang des Flusses Piave über Treviso nach Venedig. Man konnte aber auch vom Brenner über Bozen und Rovereto dorthin gelangen.[40]

Die Glaspest

Heutige Beobachter und Besitzer von Fernrohren gehen mit äußerster Vorsicht zu Werke, wenn sie die Linsen ihrer Instrumente reinigen wollen. Man wundert sich ein wenig, wenn man in Wiesels Berichten liest, daß man die Linsen immer wieder herausnehmen und säubern soll. Im Juli 1650 schrieb er einmal, warum dies nötig sei: ... *dann die weißen Gläßer baldt wegen Ihres bei sich uberhabenden Salzes anlauffen, derotwegen man Sie offters Lauth ubersanten berichts heraußnemmen und mit weißer Leinwath abseubern* soll.[41]

Vom Ende der fünfziger Jahre gibt es einige Beschwerden von Kunden über die nachlassende Qualität der Linsen in ihren Instrumenten. 1658 war ein Perspektiv in Wolfenbüttel 'zerfallen' und wurde nach Augsburg geschickt. Wiesel erbot sich, er *wolle die gläser, weiln diselben an dem rand herumb etwas riß: sowoln auch sonsten sehr schmozhafftig, gantz von neüem widerumb außschleiffen, rein polyren.*[42] Der Nürnberger Kaufmann Donat Fendt schickte Hirt im Januar 1660 ein kleines Fernrohr nach Augsburg zurück, weil das Glas darinnen *etwas dunckhel* geworden war.[43] Interessant ist Wiesels Antwort vom 5. April 1657 auf eine Anfrage des Johann Moriaen aus Amsterdam. Moriaen hatte berichtet, daß einige Gläser in den Rohren *windt rissig* geworden wären. Wiesel meinte, daß er

38 StAA Wochenbuch 1641/42. *gemaine Ausgaben*: 27.6.1642.

39 HAB 96 Novi fol. 70v. 28.4./8.5.1636. Hainhofer an Hzg. August (Gobiet 1174).

40 Roeck: Reisende S. 182f.

41 HP 37/154A-B. 21.7.1650. Wiesel an Moriaen.

42 HAB 83 Novi fol. 332r. 18./28.11.58. Anckel an Hzg. August.

43 HAB 100 Novi fol. 354v. 12/22.1.1660. Hirt an Hzg. August.

diesen mangel auch mit grossem schaden erfahren und sich anderster nie einbilden können, als das die weissen Moranischen Glässer etwan in dem kühlofen nicht abgekühlet worden, das sie hernach weder frost noch kälte vertragen können, oder aber ob die Soda etwas zuviel Saltz habe, welches fast auch zu glauben, vnd ein anzeigen giebet, wan solche weise gläßer eine Zeit in einem Tubo verschloßen gemeinlich anlauffen, v. wan man mit der zungen aufflecket, man grosse Saltzigkeit vermercket.

Die Venezianer hätten bestätigt, daß besonders bei großer Kälte *offtermahls die glässer in den verwarten kästen zerspringen.*[44] Moriaen waren diese Zusammenhänge bekannt, wie er einem anderen Briefpartner schrieb, nachdem er Wiesels Antwort zitiert hatte:

> "Dies erinnert mich an die Geschichte bestimmter Glashersteller, die in Köln eine Werkstatt eingerichtet hatten, die sich aber bald darauf aus dem Staub machen mußten, nur aus dem Grund, weil ihre Gläser, die recht klar und den venezianischen ganz ähnlich waren, an der Luft mit der Zeit von selbst Sprünge bekamen. Erfahrenere Hersteller von Linsen hatten keine Bedenken, dies auch damals auf den Salzgehalt der Asche zurückzuführen. Diese Meinung ist nicht sinnlos, zumal ja das dringende Verlangen des im Glas gebundenen Salzes sich richtet auf jenes Universalsalz, das in der Luft enthalten ist, wie auf seinen Ursprung und zumal sie sich gegenseitig anziehen und sich zu vereinigen streben. Aus dieser Vereinigung und realen Verbindung folgt die Auflösung der Materie (des Glases), einerseits weil zwei Körper in derselben ... nicht ... können, andererseits weil das Universalsalz als Katalysator (das Salz, das das Universum auflöst), existiert und überall eindringt. Wenn Leute, die mit diesen Gläsern umgehen, die Aschenbestandteile sorgfältig herauswaschen ließen, hätten sie vielleicht diese Schwierigkeit nicht. Dies hätten sie leicht herausfinden können, sie, die mit der Glasherstellung zu tun haben." [45]

Heute nennt man das Rissigwerden des Glases, das bis zum völligen Zerfall führen kann, Glaskrankheit oder Glaspest und man kennt die chemische Ursache. Wiesel hatte nicht so unrecht: zuviel Soda (*Saltzigkeit*) und zuwenig Kalk läßt die Gläser krank werden. Bei einer Luftfeuchtigkeit über 50% fangen sie an zu schwitzen, bekommen Risse, eine rauhe Oberfläche und blättern ab. Das Bestreben, immer reinere Gläser zu bekommen, hatte zu dieser Erscheinung geführt.[46]

Glas herzustellen, das für optische Instrumente geeignet war, blieb bis zum Beginn des 19. Jahrhunderts ein Problem, bis Pierre Louis Guinand (1748-1824)

---

[44] HP 42/2/7A. 5.4.1657. Wiesel an Moriaen; der Brief Moriaens existiert nicht mehr. Vgl. A.3 Nr. 50.

[45] HP 42/2/7A-B. 4.5.1657. Moriaen an unbekannt (lat.); zitierte dt. Übs. Spring.

[46] Scholze: Was ist Glas?; Franz; Merrets Anmerkungen in Kunckel 1689, S. 198.

und Josef Fraunhofer (1787-1826) mit ihren Versuchen und Forschungen in der Glashütte Benediktbeuren wesentliche Fortschritte erzielten.[47]

Die Herstellung der Linsen.

Es gab mehrere Möglichkeiten für den ersten Arbeitsgang:

1. Man bezog sogenannte Linsenrohlinge, das waren Glasstücke, die schon die Form einer Linse hatten, aus den Glashütten. Der Glasmacher schöpfte mit einer Zange, die vorne mit zwei löffelähnlichen Schaufeln versehen war, das weiche Glas und ließ es in der Form erkalten.[48] Allerdings konnte der Glasmacher bei dieser Methode wenig Einfluß auf die Reinheit des geschöpften Glases nehmen, so daß sich solche Rohlinge nicht für hochwertige Linsen eigneten.

2. Der Optiker verwendete Glasplatten und schnitt mit einem Diamanten runde Formen in der gewünschten Größe aus. Dieses Verfahren ist für Wiesel nachgewiesen. Hierbei konnte man aus einer größeren Glasplatte die Stellen aussuchen, die die wenigsten Blasen und Unreinheiten aufwiesen.[49]

3. Für die Herstellung plankonvexer oder plankonkaver Linsen benützte man gern venezianische Spiegelscherben, die ebenso zugeschnitten wurden. Der Optiker brauchte nur noch eine Seite zu schleifen. Die plane Seite mußte er nicht mehr extra bearbeiten, weil die Spiegel schon besonders eben und gut geschliffen waren. Die Glasplatten, die durch das Zylinderverfahren entstanden, wurden beidseitig geschliffen und poliert. Der Mailänder Sirturus hatte diese Technik in seinem Buch 'Telescopium' beschrieben. [50]

Auch Wiesel verwendete Spiegelglas, besonders nachdem ihm die Glaspest viele Linsen verdorben hatte.

> *Wan Ich denn mit großem schaden innen worden, das es allein beij den gesaltzenen weißen gläßern zu geschehen pfleget laß ich mir von der weisen Soda keines mehr arbeiten, sondern nur allein von dem besten Schauspiegel Zeug runde Taffeln schmeltzen die Ich beständiger finde. Nun ist ohne nicht, je weißer ein glaß ie schöner u. klärer zusehen, aber eine solche gefahr dabeij zu haben ist mir lieber der Spiegel Zeug hier zu, wan nur die arbeit gutt Darbeij gethan wirdt,*

---

47 Riekher S. 144-160.

48 Hertel: Anweisung zum Glas=Schleiffen. 1716. S. 13. Tafel 2. Figur 4.

49 BNP Man. lat. 10348. t. 10. S. 48. 10.7.1670. Ihle an Hevelius: [...] *dessen Objectivum ich vor Johann Wiesels arbeit halte, weil es wie dieser gepfleget mit einem Demant aus einem größern ausgeschnitten scheinet.*

50 Sirturus: Telescopium 1618; Willach S. 189

schrieb er 1657 an Moriaen. Allerdings ist hier nicht von Spiegelscherben die Rede, sondern vom *Spiegel Zeug*, von dem sich Wiesel runde Tafeln schmelzen ließ. Das konnte nur in einer Glashütte geschehen. Offenbar war der Soda-Anteil im Spiegelglas geringer als im Cristallo.[51]

4. Der Optiker erhitzte in einer Form kleinere Glasstücke oder Glasscherben bis sie weich und zähflüssig wurden. Rheita erwähnte im 'Oculus Enoch', man könne Glasstücke durch Erhitzen zu planparallelen Scheiben formen, wenn man sie in einen 'eisernen Ring von gleichmäßiger Höhe', der durch eine Metallplatte beschwert wurde, legte. Man nennt dieses Verfahren 'Senken'. Ob Rheita hier Wiesels Werkstattpraxis beschrieb, oder ob er schon vorher ähnliches selbst ausprobiert hatte, läßt sich nicht mehr klären. Wiesel besaß bereits vor 1642, schon bevor Rheita nach Augsburg kam, in seiner ersten Werkstatt an der Sackpfeife einen 'Schmelzofen'. Hainhofer berichtete im September 1642: *wann Er* [Wiesel] *ietzt vf Michaelis auß seinem allten in ein neues Hauß gezogen seye, in deme Er erst wider muesse einen neuen guß v. schmeltz ofen bawen v. zurichten lassen.*[52]

Wiesel benutzte seinen Schmelzofen vor allem dann, wenn er dickere Linsen brauchte, etwa für sehr starke Brillengläser. Er selbst bemerkte einmal, er habe *den gueß gethan undt an der reine sehr wohl gefallen* gefunden.[53] Diese Methode muß aber nicht so einmalig gewesen sein. Der Holländer Isaac Beeckman berichtete um 1630, der Optiker Johannes Sachariassen in Middelburg habe zerbrochene Glasstücke wieder eingeschmolzen und sie wochenlang über einem schwachen Feuer stehen lassen, um optimales Glas für Fernrohrlinsen zu bekommen.[54]

Wie Wiesels Ofen ausgesehen hat, ist unbekannt. Man kennt Darstellungen von den großen Schmelzöfen in den Glashütten, in denen das Gemenge geschmolzen wurde,[55] oder von den kleineren Öfen in Goldschmiedewerkstätten. Etienne Delaune (1518/19-1583) fertigte 1576 während seines Aufenthalts in Augsburg zwei sehr instruktive Kupferstiche solcher Werkstätten an.[56] Gold schmilzt bei 1063° C. Wiesels Ofen könnte demnach denen der Goldschmiede ähnlich gewesen sein, denn beim Schmelzen von Glasstücken oder Scherben bedurfte es nur geringerer Hitze als bei der Herstellung des Glases aus den Rohmaterialien. Auch andere Metallarbeiter wie Kupferschmiede oder Erzgießer benötigten Schmelzöfen, wobei für den Guß von kleinen Messinggeräten oder Bronzefiguren sicher kleine Öfen benutzt wurden.

[51] HP 42/2/7A. 5.4.1657 [st.n.]. Wiesel an Moriaen; vgl. Anhang A.3 Nr. 50.
[52] HAB 17.29 Aug. 4° fol. 178r. 15/25.9.164. Hainhofer an Andreae.
[53] NSAW 1 Alt 22 Nr. 170 fol. 49r. 16.10.1653. Wiesel an Hzg. August; vgl. A.3 Nr. 32.
[54] Journal de Isaac Beeckman Bd. 3. S. IV* u. S. 250.
[55] Agricola 1556. dtv reprint 1994. S. 500-508.
[56] Etienne Delaune: Goldschmiedewerkstatt I und II. Augsburg 1576. In: Umbruch Bd. 2. S. 240-242.

Das 'Senken' erbrachte Anfang des 19. Jahrhunderts durch den Schweizer Optiker P.L. Guinand in der Fraunhoferschen Glashütte neben dem Rühren der Glasmasse große Fortschritte in der Herstellung optischen Glases.[57]

Schliff und Politur. Das Polieren auf Papier

Die vorbereiteten Glasstücke wurden an einen Griff gekittet und in einer metallenen Schleifschale mit der Hand durch ständiges Bewegen geschliffen. Die Schale wurde mit Sand oder Schmirgel ausgestreut und angefeuchtet. Sie hatte dieselbe Krümmung, die die Linse bekommen sollte. Wiesel wies schon sehr früh auf den 'zentralischen' Schnitt hin, den er im Gegensatz zu den Brillenmachern führe. Vermutlich meinte er damit die Form der Schleifschale, deren Krümmung möglichst exakt sphärisch sein sollte. Es war auch wichtig, die Linse gut zu zentrieren, so daß die Mitte der Wölbung mit der Mitte der Linse übereinstimmte. Schon Sirturus legte großen Wert auf die sphärische Form der Schleifschalen und beschrieb ausführlich ihre Herstellung.[58] Nachdem die Linse die gewünschte Form erreicht hatte, mußte sie poliert werden. Dazu wurde meistens eine etwas größere oder dieselbe Schleifschale und Tripoli (Kieselgur), Polierrot (Eisenrot Fe_2O_3) oder geschlämmte Zinnasche verwendet. Man konnte die Schale mit feinem Stoff, Filz oder Leder auslegen und darauf polieren. Weil diese Materialien dem Druck leicht nachgaben und die Form der Linse deformieren konnten, polierten manche Optiker auf der blanken harten Schale. Rheita hatte im 'Oculus' in einem zweiten 'Secretum' das Einkleben von feinstem Papier angegeben, womit das Ergebnis des Poliervorgangs wesentlich verbessert werden konnte. Sicher wird Wiesel mindestens seit Anfang der vierziger Jahre auf Papier poliert haben. Auch Christiaan Huygens klebte Papier in seine Schleifschalen, nachdem er diese Methode 1652 durch den Mathematiker und Arzt Gerard van Gutschoven (1615-1668) kennengelernt hatte. Gutschoven hatte von 1640 bis 1643/44 in Antwerpen gelebt und dort zum Freundeskreis von Jacobus Edelheer gehört, bevor er wieder in seine Geburtsstadt Löwen zog. Er kannte Descartes und vermutlich auch Rheita, auf jeden Fall dessen Buch.[59]

Beuther hinterließ eine genaue Beschreibung, wie er das Papier in die Schale klebte. Er berichtete, daß Brander sowohl auf Filz als auf Papier poliere.[60] Die Methode hatte sich demnach in Augsburg bis ins 18. Jahrhundert erhalten. In der

---

[57] Die historische Fraunhofer Glashütte in Benediktbeuren. Begleitheft zur Ausstellung. München 1990; Riekher S. 148.

[58] Sirturus 1618 S. 33-38; Willach S. 105.

[59] Huygens OC XVII. S. 251 FN. 7; Gutschoven vgl. National Biografisch Woordenboek Bd. 13. Brüssel 1990. Spalte 347-354.

[60] SuStBA Beuther Nachlaß Mappe 5.

Literatur wird oft Cherubin d'Orleans (1613-1697), ein französischer Ordensbruder von Rheita, als Erfinder der Papier-Poliermethode angegeben. Da aber sein erstes Buch erst 1671 veröffentlicht wurde, war er sicher nicht der Erfinder. Offenbar fand in den späteren Jahrhunderten dieses 'Secretum' Rheitas aus dem Oculus wenig Beachtung.[61]

Die Herstellung der Linsen muß sehr mühsam und langwierig gewesen sein. Es gab viel Ausschuß, weil nicht jede Linse die gewünschte Form erreichte oder diese beim Polieren wieder verloren ging. Es hing alles vom Geschick und der Erfahrung des Optikers ab. Daß Wiesel für seine Zeit besonders gelungene Linsen schliff, hatte sich zu Anfang der vierziger Jahre herumgesprochen. Der Engländer John Pell hatte schon um 1640 von diesem Augsburger Optiker gehört, der "eine unvergleichliche Hand für die Linsen hatte": *the Augustanus whom some years agoe we heard that he had an incomparable hand for glasses,* schrieb er 1644.[62] Christiaan Huygens urteilte ähnlich, nachdem er Anfang 1653 das Wieselsche Fernrohr untersucht hatte, das ihm Jacob Edelheer aus Antwerpen geliehen hatte: "so genaue und reine Linsen, ... wie ich solche in dem Fernrohr des Herrn Edelherius gesehen habe".[63]

Über Versuche, das Schleifen zu erleichtern, gibt es schon sehr früh Berichte. Cornelis Drebbel (1572-1633) soll in London zu Anfang des 17. Jahrhunderts eine Schleifmaschine besessen haben.[64] Hieronymus Sirturus, der sich gründlich in den italienischen Werkstätten umgesehen hatte, und 1611 durch Östereich und Bayern reiste, empfahl den berufsmäßigen Kristallschleifern den Kauf einer eisernen Drehscheibe, wie sie in Augsburg verkauft wurde.[65] In den Büchern von Rheita (1645), Hevelius (1647), Maignan (1648) oder Mancini (1660) finden sich Beschreibungen und Illustrationen von Schleifmaschinen. Meistens mußte die Linse an einem Griff befestigt und mit der Hand an die Drehschale gehalten werden. Durch die Verwendung verbesserter Maschinen erhoffte man sich eine Rationalisierung des ermüdenden Schleifvorgangs. Die Linsen sollten einen gleichmäßigeren Schliff bekommen als bei der manuellen Fertigung und die Herstellung mehrerer gleicher Linsen sollte möglich werden,.[66] Außerdem konnte man mit der Maschine das Linsenschleifen von ungelernten Arbeitern ausführen lassen. Ob in Wiesels Werkstatt Maschinen eingesetzt wurden, ist nicht bekannt. Weil der Optiker aber vom 'Kristalldrehen' schrieb, ist anzunehmen, daß er eine Drehbank besaß. Cuno hat eine in *Art der Härtelschen Maschine* verwendet, wie Beuther berichtete. Auch die übrigen Augsburger Optiker und Glasschleifer, die Beuther

---

61 Cherubin d'Orleans: La dioptrique oculaire. Paris 1671. S. 366; ders: La vision parfaite. Paris 1677; Dictionnaire de Biographie Française 8. Paris 1959. Sp. 1031; zur Politur: Kröner.

62 BL Ms Add. 4280. fol. 109v. Amsterdam 2/12.10.1644. Pell an Cavendish.

63 OC Huygens Bd. I. S. 224. Nr. 153. 6.3.1653. C. Huygens an Gutschoven lat. (Übs. Spring).

64 Bibl. de Carpentras 1776. fol. 411v; zitiert in: Tierie S. 48.

65 Sirturus: Telescopium 1618. S. 60f.

66 Bedini: Lens making; ders.: The Cover Design.

um 1740 besuchte, benutzten Schleifmaschinen wie sie von Christian Gottlieb Hertel (1683-1743) und Johann Georg Leutmann (1667-1736) beschrieben worden waren.[67]

Von Beuther erfahren wir auch einiges über die damals in Augsburg verwendeten Schleifmittel: Cuno *poliert in der Schale mit Papier bezogen. und schleiffet grob und klar mit dem sogenannten Schweitzer Sande.* Der Glaser Berkenstein, wohnhaft auf dem Oberen Graben, beschäftigte Lohnarbeiter: *Etliche junge Mann, die um ein geringes Tag-Lohn-Arbeit, schleiffen den gantzen Tag aus in einer Tafel fest gemachten großen eisernen Schüsseln mit gelbem Sande der vom Sandberg verbracht wird und poliren sie auf dem Filtze mit der rothen Englischen Erde die sie Batich* [?] *nennen.*[68] Der Sandberg bei Steppach vor den Toren von Augsburg an der Straße nach Ulm trägt noch heute diesen Namen. Von der 'Englischen Erde' ist bei Denecke zu lesen, sie sei *leicht, dunkelgrau, hart und beim Schaben etwas glänzend* und gebe *die allerfeinste Politur.*[69] Andererseits könnte 'Batich' eine Verballhornung des englischen Wortes Potey sein, womit Zinnrot gemeint war.

Versuche hyperbolische Linsen zu schleifen

Viel Zeit und Mühe wurden vergeblich auf Versuche verwendet, hyperbolische Linsen zu schleifen, in der Hoffnung die Fehler der Linsen reduzieren zu können. Auch Rheita gab im 'Oculus' Vorschriften für den Bau einer entsprechenden Schleifmaschine an. Die Überlegungen dazu waren richtig, aber die Maschine konnte in der Praxis nicht funktionieren.[70] In der Augsburger Werkstatt hatte man offenbar solche Experimente aufgegeben, wie aus einem Brief von Depiere an Hevelius hervorgeht: *Ich habe zwar schon Hand angelegt an dergleichen Gläser aber wenig gutes gefunden, möchte wol eines sehen das just* [richtig] *wäre, nur was darhinter steckt.*[71] Nachdem Depiere Hevels Bücher studiert hatte, schrieb er an den Autor: *Meines Herrn* [Hevelius] *Machinam hab ich fleissig abgezeichnet, aber ich fürchte es werde auch im centro das Glas gleichsam ein wartz abgeben,*

---

67 SuStBA Nachlaß Beuther Mappe 7: *Ad Historiam Opticae spectantia*; Hertel: Vollständige Anweisung zum Glaß-Schleiffen. 1716. S. 3-6. Tafel 1. Fig.1. Hertel war bis 1726 Mathematikprofessor an der Ritterakademie zu Liegnitz; Leutmann: Neue Anmerkungen vom Glasschleifen. 1719. 2. Auflage Halle 1738: Leutmann, geboren und studiert in Wittenberg, 1694 ev. Pfarrer in Dabrun bei Wittenberg, 1725 Professor der Mechanik und Optik an der Akademie der Wissenschaften in St. Petersburg; Poggendorf Bd. 1. Sp. 1092 und 1438f.

68 SuStBA Nachlaß Beuther Mappe 7.

69 Denecke S. 270.

70 Goercke: Der Schliff; Willach S. 108; Riekher S. 63.

71 BNP Man. lat. 10348. t. 12. S. 373f. 4.11.1677. Depiere an Hevelius; vgl. Anhang A.3 Nr. 55.

dan es nicht just [eben?] *geben kan, doch wil ich es practisiren.*[72] Daraufhin versicherte Hevel: *Die hyperbolischen Gläser, deren ich noch nur 2 zu meinem Gebrauch habe, sind im centro gar gut, wie es ein jeder erkennen wird* [,] *thun viel mehr als andre sphaerische.*[73]

Selbst wenn es im 17. Jahrhundert technisch möglich gewesen wäre, hyperbolische Linsen zu schleifen, wäre das Ergebnis enttäuschend gewesen. Man hatte noch nicht erkannt, daß die Unschärfe der Bilder viel stärker von der chromatischen Aberration (dem Farbfehler) als von der sphärischen Aberration verursacht wurde. Der Farbfehler aber konnte mit hyperbolischen Linsen nicht behoben werden.

1.2 Metalle

In der um 1600 entstandenen Regensburger Brillenmacherordnung wurde im Abschnitt 'Von den Meisterstücken' verlangt, ein jeder soll die Schleifschalen samt allem übrigen Werkzeug zu solchen Stücken mit eigener Hand zurichten und herstellen können.[74] Der Brillenmacher mußte demnach auch mit Metall umgehen können. Die Schalen für optische Linsen erforderten größere Präzision als die für Brillengläser. Es kam vor allem darauf an, daß die Schale die genaue sphärische Form der späteren Linse erreichte. Es mußte mit äußerster Sorgfalt vorgegangen und die Form während ihrer Herstellung ständig mit Schablonen überprüft werden. Eiserne und kupferne Schalen wurden mit dem Hammer getrieben. Schalen aus Messing, Bronze oder Blei konnten gegossen werden. Schon Sirturus legte in seinem Buch 'Telescopium' den größten Wert auf die Anfertigung der Schalen. Rheita bevorzugte gegossene Schalen.[75]. Wiesel betonte 1650 in einem Brief an Moriaen, daß es ihm *leichtlich keiner wird nachmachen, wegen der Instrumenten, so man hierzu von nöthen*, und daß er sich *dieselbigen selbsten anrichten und machen thue.*[76] 1653 erwähnte er erneut Instrumente, die er gießen wolle.[77]

Brennspiegel wurden aus Metall hergestellt und ebenso die konkaven Spiegel in Lampen. Zeiller berichtete in seinem Handbuch, daß Wiesel *von Metall unterschiedliche Spiegel gegossen* hätte.[78] Ein solcher Spiegel ist in Wiesels Schiffslaterne in Schloß Rosenborg erhalten. Sein versilbertes Metall konnte bisher nicht

---

72 BNP Man. lat. 10348. t. 12 . S. 385. 30.11.1677. Depiere an Hevelius; vgl. A.3 Nr. 56.
73 BNP Man. lat. 10348. t. 12. S. 386. 14.4.2678. Hevelius an Depiere; vgl. A.3 Nr. 58.
74 Greeff/Radicke: Die Regensburger Brillenmacherordnung S. 24.
75 Willach S. 105-107.
76 OP C 1. t. 2. Nr. 171. 17.2.1650. Wiesel an Moriaen; vgl. Anhang A.3 Nr. 24.
77 NSAW 1 Alt 22 Nr. 170 fol. 54r. 4.12.53. Wiesel an Hzg. August; vgl. Anhang A.3 Nr. 36.
78 Zeiller 1655 S. 346; siehe Kap. III.5.1: Brenngeräte und Laternen.

analysiert werden (Abb. 29). Nach Neri wurde für Spiegel eine Zinn-Kupfer-Legierung verwendet.[79]

Das Gefäß dieser Laterne, eine große, sehr exakt gefertigte runde Dose, besteht aus Messing (Abb. 14 u. 29). Bei ihrem Anblick denkt man an Uhrgehäuse der Zeit. Falls Wiesel sie nicht selbst angefertigt hat, gab er sie vielleicht einem Uhrgehäusemacher oder einem Gürtlermeister in Auftrag. Dem Herzog in Wolfenbüttel berichtete Wiesel einmal, er hätte eine *Meßene Schiene machen laßen.*[80] Diese Schiene aus Messing, an der die Brillengläser befestigt werden sollten, hatte Depiere gearbeitet, wie aus Anckels Briefen zu erfahren ist.[81] Depiere fertigte auch für den Fürstbischof von Salzburg Metallspiegel an.[82]

1.3 Pappe und Papiere, Pergament und Leder

Die Papprohre

Die Papprohre für die Fernrohre und für die zusammengesetzten Mikroskope wurden vermutlich von Buchbindern hergestellt. Die erste bekannte Beschreibung von der Konstruktion ineinander schiebbarer Rohre lieferte Sirturus.[83] In einigen Buchbinder-Büchern des 18. Jahrhunderts finden sich Anweisungen zur Herstellung dieser Rohre oder Tuben wie auch zur Anfertigung von Futteralen.[84] Die Pufferringe am Ende der Rohre waren bei frühen Instrumenten ebenfalls aus Papier gerollt und zusammengeklebt, was man an Wiesels Fernrohren in Skokloster besonders schön sehen kann (Abb. 16). Das Beziehen der Auszüge mit Papier, Pergament oder Leder war typische Buchbinderarbeit. Die dekorativen Goldprägungen auf den äußeren Rohren erinnern an Bucheinbände der Zeit. Die Prägungen auf den um 1650 entstandenen Wiesel-Fernrohren in Skokloster, wurden mit einer Prägerolle erzeugt. Solche Rollen fanden vor allem bei den Bucheinbänden des

---

79 Neri Kap. 113.

80 SAW 1 Alt 22. Nr. 170. fol. 65r-v. 18.12.1656 st.n. Wiesel an Hzg. August; vgl. A.3 Nr. 47.

81 HAB 83 Novi fol. 5v. 20./30.11.56. Anckel an Hzg. August: *Der Herr Wisel arbeitet fleißig an den Brillen, dessen Schwigersoon aber, an der feder*; HAB 83 Novi fol. 9. 27.11./7.12.56. Anckel an Hzg. August: [...] *hette gedachte Brillen, wann dessen SchwiegerSoon nur mit der darzue gehörigen feder über den Kopf heute fertig worden were, überliefert, es müsse aber damit noch bis über 8.tage anstehen.*

82 BNP Man. lat. 10348. t. 12. S. 374. 4.11.1677f. Depiere an Hevel.

83 Sirturus: Telescopium S. 69; Riekher S. 54f.

84 Zeidler: Buchbinderphilosophie 1708. S. 140-142: *Von der Gepappten Arbeit*; Anonym: Anweisung zur Buchbinderkunst II. Leipzig 1762. S. 23.

16. Jahrhunderts Verwendung, oft über einen langen Zeitraum hinweg. Wiesels Rolle mit den ungewöhnlichen Motiven Adler, Hund und Blumen war offensichtlich eine noch sehr gute, d.h. ziemlich neue Rolle gewesen. Die Prägungen sind klar und deutlich zu erkennen (Abb. 30 u. 33).[85] Das Prägen war ein komplizierter Vorgang. Das Leder auf dem fertigen Rohr mußte angefeuchtet und das Prägemetall erhitzt werden. Eine Korrektur der Verzierung war nicht möglich. In der Augsburger Staats- und Stadtbibliothek fand sich das Rollenmuster der Skoklosterrohre auf einem hellen Schweinsledereinband des 1679 in Nürnberg erschienenen zweiten Bandes der 'Teutschen Akademie' von Joachim von Sandrart. Das Buch trägt im Innern des Deckels als Exlibris das Augsburger Stadtwappen, den Pyr (Pinienzapfen), ein Zeichen, daß es von Anfang an im Besitz der Stadtbibliothek war und daß der Einband in ihrem Auftrag angefertigt wurde, vermutlich vom Stadtbuchbinder (Abb. 34).[86] Die Prägerolle war noch länger in Betrieb, denn auch auf den für die Stadtbibliothek gebundenen Jahrgängen der Zeitschrift der deutschen Akademie der Naturforscher von 1681 bis 1702 findet man das Muster wie auch den schmalen Prägestreifen, der auf den Pufferringen der Fernrohre zu sehen ist.[87]

Die Prägungen auf dem Nürnberger Stück von Wiesel sind ganz anderer Art. Die Medaillons sind mit Hilfe einzelner Stempel zusammengesetzt (Abb. 17). Auch dieses Verfahren kennt man von Bucheinbänden. Während man diese Art der Dekoration noch lange auf in- wie ausländischen Instrumenten findet, Medaillons vor allem in England, ist eine Verzierung wie auf den Skokloster-Fernrohren selten.

In England. mit seiner lebhaften Produktion von optischen Instrumenten verselbständigte sich gegen Ende des 17. Jahrhunderts der Beruf des 'tubemakers', des Tubenmachers. In Deutschland kennt man keine solche Spezialisierung. Die äußeren Rohre der Fernrohre und der Mikroskope waren bei Wiesel meistens mit Leder bezogen. Nur bei den frühen Fernrohren wurde Samt verwendet.

Zu Wiesels Zeiten gab es in Augsburg sowohl Papier- und Pergamentmacher, die sogenannten Papierer und Pergamenter, als auch Gerber und Lederer, die Leder fabrizierten.[88] Alle diese Werkstoffe standen in Augsburg problemlos zur Verfügung.

---

[85] Urteil des Buchbindermeisters Olaf Nie, Herrsching am Ammersee.

[86] SuStBA [2° Kst 379 -2-]: Joachim von Sandrart (1606-1688): Teutsche Academie der edlen Bau-, Bild- und Mahlerey-Künste. Nürnberg. Bd. 1. 1675; Bd. 2. 1679; daß es einen Stadtbuchbinder gab, geht aus den Baumeisterbüchern der Stadt hervor, in denen aber kein Name verzeichnet ist.

[87] SuStBA [4° Enc 93]: Miscellaneorum medico-physicorum sive Ephemeridum Germanicum. 1681-1702.

[88] StAA Register Nr. 56: Alphabetisches Register über die Beschreibung der Stadt Augsburg von 1619 (Schätze 37/III) nebst Verzeichnis der Berufe: 6 Papierer, 5 Pergamenter; Gerber, Rotgerber und Lederer zusammen 30 Meister; Register Nr. 57 zu dem Musterbuch 1645

Buntpapiere

Interessant ist die Verwendung von Buntpapieren zur Verkleidung der inneren Auszugsrohre. Die Rohre entstanden durch Rollen von Papier, weshalb auf der Innenseite der Rohre manchmal zu sehen ist, was dafür verwendet wurde, etwa Seiten aus alten Büchern oder Kalendern. Manchmal wurden sie schwarz angestrichen. Für die äußeren Seiten der Rohre nahm man mit Vorliebe sogenannte türkische Papiere (türkisch 'Ebru'). Weil solche Papiere in Augsburg schon sehr früh verwendet wurden und ihre Produktion gegen Ende des 17. Jahrhunderts einen blühenden Wirtschaftszweig entstehen ließ, sei kurz auf die Geschichte der Buntpapiere eingegangen.[89]

Erste Rezepte gab es in Deutschland schon im 15. Jahrhundert. Dabei handelte es sich um Prägepapiere mit Ornamenten in Gold- oder Farbdruck. Die Prägeplatten wurden von den Klausurmachern hergestellt. Ende des 16. Jahrhunderts kamen Holzmodel auf. Man verwendete Buntpapiere z.B. zum Auskleiden von Truhen oder Kommoden. Das Buntpapiermachen war eine freie Kunst, die zum Beispiel von den Papiermachern und Buchbindern ausgeübt wurde. Um 1600 wurden in Deutschland die ersten türkischen Tunkpapiere bekannt. Orientreisende brachten sogenannte 'Stammbücher' mit, in die sich Reisegenossen eingetragen hatten. In der Türkei wurden diese Papiere auch als Schreibpapier und zur Abfassung von Urkunden benützt. Sie gewährten Fälschungssicherheit, weil man Korrekturen der Schrift am Papier gesehen hätte. Später wurden die türkischen Papiere gern als Vorsatzpapiere in Büchern verwendet. Augsburg hatte schon früh über Venedig Waren aus dem osmanischen Reich bezogen. Im Nachlaßinventar des Octavian Secundus Fugger (1549-1600, seit 1594 Stadtpfleger) von 1600/1601 sind *Zway büecher von türkischem Pappir* verzeichnet, die schon vor der Jahrhundertwende nach Augsburg gelangt sein müssen.[90] Ein anderes Beispiel ist das Stammbuch des Marcus Conrad Rehlinger (1575-1642) aus den Jahren 1618-1620. Rehlinger stammte aus einem der ältesten Augsburger Geschlechter. In den Jahren des Stammbuchs war er im ungarischen Kupfergeschäft tätig.[91] Seine Familie gehörte zu den ersten Augsburger Kaufleuten, die direkten Handel mit den Türken aufgenommen hatten.[92]

(Schätze 37/I): 2 Papierer, 1 Pergamenter, 24 Gerber. Bei diesen Zahlen muß man bedenken, daß Augsburg 1645 nur mehr etwa halb soviel Einwohner hatte wie 1619.

89 Enderli; Sönmez: EBRU; Zur Herstelllung der Marmorpapiere auch: Diem/Bieberstein.

90 Lieb: Octavian Secundus Fugger. S. 261. Nr. 702. Den Hinweis verdanke ich Herrn Prof. Wolfgang Zorn.

91 Das Stammbuch liegt in der Houghton Library. Boston: Sönmez: EBRU S. 50; zu M.C. Rehlinger, Bergbau-Unternehmer, Finanzier, Schatzmeister Bernhard v.Weimars: Lenk S. 35; Stadtlexikon 1985 und 1998 (Geffcken: Rehlinger); Schöningh S. 29-54. M.C. Rehlinger verließ Augsburg 1629 aus Glaubensgründen und lebte seitdem in der Schweiz.

92 Zorn: Augsburg und die Türken.

Francis Bacon (1561-1626) erwähnte die heute Marmorpapiere genannten Papiere in seinem erstmals 1627 erschienen Werk 'Sylva Sylvarum'. Athanasius Kircher nannte 1646 erste Rezepte in seinem Buch 'Ars magna lucis et umbrae'. Daniel Schwenter, Professor für orientalische Sprachen und für Mathematik in Altdorf, hinterließ die erste deutsche Anweisung zum Marmorieren, die Georg Philipp Harsdörffer 1651 in Nürnberg im zweiten Band der 'Mathematischen und Philosophischen Erqickstunden' publizierte.[93] Auf eine speziell vorbereitete schleimige Flüssigkeit, *Gummi dragacanthinum* in Wasser eingeweicht, werden Farben, vermischt mit Eiweiß und Ochsengalle, getropft. Aus ihnen lassen sich mit Stiften, Kämmen oder anderen Werkzeugen Muster und sogar Figuren wie Blumen formen. Legt man ein Papier sorgfältig auf diese Flüssigkeit, nimmt es die Farbschicht auf. Auch in Italien und in Frankreich wurde die Produktion begonnen. In Augsburg sollen um 1675 Franziskus Fuchs und Christoph Ainmüller die ersten 'Türkischen Papiermacher' gewesen sein. Stetten erwähnt den Papiermacher und Besitzer einer Papiermühle Abraham Mieser (1676-1742), der nebenbei türkisches Papier herstellte, später aber das Papier mit Modeln der Kottondrucker bedruckte.[94] Georg Christoph Stoy (1670-1750) entwickelte um 1700 die fabrikmäßig betriebene Herstellung, wobei auffällt, daß in einer Musterkarte von 1730 das Kleisterpapier als 'marmoriertes' Papier, das heutige Marmorpapier als Türkisches Papier bezeichnet wird.[95]

Woher aber bezog Wiesel schon um die Mitte des Jahrhunderts seine Papiere? Während das in Nürnberg aufbewahrte Rohr mit den Resten einer handgeschriebenen Notenschrift eines Marienhymnus bekleidet ist, sind die inneren Skokloster-Rohre mit schönen Kamm-Marmor-Papieren in den Farben Weiß, Gelb, Rot und Blau beklebt (Abb. 15 u. 16). Es ist ein 'Hin- und Her-Papier' darunter, so genannt, weil man einen Kamm oder einen Stift auf der Farbschicht hin und her ziehen mußte, um ein solches Muster zu erzielen. Nach Auskunft von Nadim Sönmez, dem Spezialisten für die Geschichte des Türkischen Papiers, sei es ein sehr frühes Beispiel für dieses Muster. Möglicherweise seien diese Papiere aus Frankreich bezogen worden, wo der Pariser Buchbinder Mace Ruette (1598-1644) als einer der ersten Marmorierer bekannt wurde.[96]

Das Fernrohr aus dem Pommerschen Kunstschrank, 1617 von Hainhofer nach Schwerin geliefert, war ebenso mit einem blau-weißem Marmorpapier bezogen, allerdings von einem unregelmäßigen Muster. Die Schubladen des Schranks, der von dem Kistler Ulrich Baumgartner in Augsburg fabriziert worden war, sollen ebenfalls mit diesem Papier ausgeschlagen gewesen sein. Weil der Schrank im letzten Krieg verloren ging, ist neben dem Fernrohr nur noch ein einziges Stück

[93] Harsdörffer: Erquickstunden 2. Teil. S. 523f.: *Türckisches Papyr zu machen.*

[94] Stetten Kunst Bd. 1. S. 257f.

[95] Enderli S. 7; Reschke S. 25-27.

[96] Persönliche Mitteilung von Herrn Sönmez; zu Ruette: Sönmez: EBRU S. 54.

Buntpapier mit dem gleichen Muster vorhanden (Abb. 12 u. 13). Es ist in eine Vertiefung auf der Rückseite eines Miniaturgemäldes von Anton Mozart geklebt, das die Übergabe des Schranks zeigt: Hainhofer steht mit allen beteiligten Handwerkern vor dem Herzogspaar und weist auf den Kunstschrank. In dieser Vertiefung lag die Kupfertafel, auf der Hainhofer die Namen der Künstler und Handwerker festgehalten hatte.[97] Unter diesen befand sich der Buchbinder Gabriel Mehlführer (1581-?). Vielleicht hatte er das Buntpapier fabriziert. Dies könnte ein Hinweis darauf sein, daß man in Augsburg schon in der ersten Hälfte des 17. Jahrhunderts türkische Papiere herstellte oder zumindest verwendete. Mehlführer könnte Wiesel Papiere oder die fertigen Rohre geliefert haben. Nach allem, was wir heute über Wiesels Vielseitigkeit wissen, ist aber nicht auszuschließen, daß er die Papiere selbst marmorierte, zumal er mit Harsdörffer gut bekannt war, der eine Gebrauchsanweisung besaß.

1.4 Horn und Bein

Nur kurz sei das Horn erwähnt. Die Hörner von Rindern wurden abgesägt. Die äußere Hülle, die Hornscheide, wurde längs aufgeschnitten. Das Innere, der Hornzapfen, war Abfall. Der Schlauch der Scheide wurde in heißem Wasser oder erhitztem Öl geschmeidig gemacht, gepreßt und getrocknet. Das ergab eine ebene Platte, die man weiter verarbeiten konnte.[98] Horn wurde sowohl für Brillenfassungen verwendet als auch für die Ringe an Fernrohren und Mikroskopen und für Linsenfassungen. In der Nürnberger Brillenmacherordnung von 1538 findet man die Anweisung, daß *alle Arbeit, wie es sich gehört, von gutem tauglichen Horn und nicht von Klauen gemacht wird.* 1589 gab es einen Nürnberger Ratserlaß: Die Kammacher sollten die Brillenmacher mit gutem Horn versehen und dabei auf einen günstigen Preis achten. Andernfalls sollte es den Brillenmachern erlaubt sein, ihr Horn selbst zu kaufen, das ihnen dann die Kammacher oder ihre Hornrichter gegen einen geziemenden Lohn zuzurichten hätten.[99] Im Augsburger Musterbuch von 1619 sind zwei Kammacher oder Streelmacher verzeichnet.[100]

In den alten Schriften ist meist vom 'Bein' die Rede. Dies war ein Sammelbegriff für Knochen, Geweih und Elfenbein. Über die Verarbeitung von Knochen ist wenig bekannt. Was man aus ihnen herstellte, waren Dinge des täglichen Ge-

---

97 Ein Dia dieser Rückseite wurde mir freundlicherweise von Herrn Dr. Lorenz Seelig, Bayerisches Nationalmuseum München, überlassen. Das Fernrohr und das Gemälde sind im Kunstgewerbemuseum Berlin ausgestellt; siehe Kap.III.3.3 Fernrohre; Hildebrand/Theuerkauff S. 68; Sönmez: EBRU S. 158 und 162; Reschke S. 26f.

98 'Knochenarbeit'. S. 15 und 119; Ausstellung im Römermuseum Augsburg. Juni 1995.

99 Greeff/Radicke: Die Nürnberger Brillenmacher-Ordnungen S. 135 und 157.

100 StAA Register 56.

brauchs: Kämme, Trink- und Pulverhörner, Griffe und Beschläge von Werkzeug und Waffen, Knöpfe, Paternosterperlen (Perlen für Rosenkränze) oder Würfel. Taschensonnenuhren aus Bein tauchen im 16. Jahrhundert auf.

Knochen bestehen zu etwa einem Drittel aus organischem Material (Ossein) und zu zwei Drittel aus anorganischem, besonders aus Kalziumphosphat. Dieser Anteil bewirkt die Festigkeit. Elfenbein enthält sogar etwa 82% Kalziumphosphat. Knochen von Wildtieren sind fester als die von Haustieren. Im 16. Jahrhundert wurde an den Fürstenhöfen vor allem Elfenbein bearbeitet. Etwa ab 1570 kam die Kunstdrechselei in Mode und wurde bald ein beliebter fürstlicher Zeitvertreib. Kunstvoll gedrehte Becher und Dosen waren bis ins 17. Jahrhundert willkommene Geschenke.[101]

Es dürfte in Augsburg nicht schwierig gewesen sein, Elfenbein zu bekommen, war es doch ein Werkstoff, der von den zahlreichen Goldschmieden und Drechslern häufig verwendet wurde. In den Münchner Hofzahlamtsrechungen ist belegt, daß man 1585 sechs Zentner Elefantenzahn aus Augsburg bezog.[102] Das afrikanische Elfenbein gelangte entweder über arabische Zwischenhändler in italienische Häfen (Venedig, Genua) oder durch portugiesische Seefahrer direkt nach Portugal oder Spanien. In den dreißiger Jahren des 17. Jahrhunderts wurden die meisten portugiesischen Handelsposten in Afrika von Niederländern übernommen, die ihre Waren nach Antwerpen und später nach Amsterdam verschifften. Von den Häfen wurde es nach Deutschland gebracht. Sowohl in Italien, in Lissabon wie auch in Antwerpen und Amsterdam waren Augsburger und andere deutsche Handelsgesellschaften durch ihre Faktoreien vertreten. Allerdings wurden in Augsburg keine Sonnenuhren aus Bein gefertigt, sondern nur aus Metall. Die Nürnberger Kompaßmacher dagegen stellten vor allem Elfenbeinuhren her.[103]

Depiere schrieb 1677 an Hevelius, daß er *den Cristal und das Glas drehen kan gleich als das Bein*.[104] Man kann daraus schließen, daß man in der Werkstatt Wiesel-Depiere die kleinen Gefäße und Rohre für die Flohbüchsen und die 'Perspectivröhrlein' selbst drechselte, vielleicht auch die Fassungen für die Linsen und die Ringe, die die Auszugsrohre der Fernrohre und der Mikroskope begrenzten.

---

[101] 'Knochenarbeit' S. 11, 13, 113, 121f., 141; Maurice: Der drechselnde Souverän. S. 277f.; Diemer: G.A. Maggiore.

[102] HauptstaatsA München. Hofzahlamtsrechnungen 1585. fol. 420r (Ainzige Ausgaben): *Martin Horngachern, Burgern zu Augspurg, per 6 C. etlich Pfundt hellefanten Zeen, so er von seiner f.g. [fürstlichen Gnaden] wegen erkhaufft unnd bezalt und ich ime wiederumben guetgethon ... 312 fl. 8 kr.* Aus: Diemer: G.A. Maggiore S. 303 FN. 47.

[103] Über den Handel mit Elfenbein und seine Bearbeitung: Gouk: v.a. S. 32-35 und 67-72.

[104] BNP Man. lat. 10348. t. 12. S. 374. 4.11.1677. Depiere an Hevelius; vgl. Anhang A.3 Nr. 55.

Belegte Arbeiten von Wiesel aus Bein und Horn:

1625: Vorschlag an August Fürst zu Anhalt: *Zwai schöne perspectivspiegell ... machen und sauber Inn helfenbain fassen.*[105]

1632: Elfenbein-Ringe an den Fernrohren, die im Juli an Herzog August d.J. und an Herzog Ernst von Sachsen verkauft wurden: ... *mit rotem Sammith ist der Tubus überzogen, dy Extremitates seynd von helfenbein, hat 6 Teile.*[106] ... *ein perspectiv mit 2 Gläsern und mit rothem Sammet auch güldenen Schnüren überzogen, von 6 Auszügen und Helfenbeinerner Mundung.*[107]

1649: Kleines zweiäugiges Perspektivröhrchen: Tubus binoculus *nur eines fingers lang von Helffenbein.*[108]

1652: Linsenfassungen am Mikroskop für Hevelius: *Zum ersten ist das kleineste gläßlein von beeden seiten gleiches schnidts so Ich das objectivum nenne unden am Carthonen schrauben zwischen Horn eingeschraubt ... Das dritte glaß so beym aug zwischen dem hornen mundstuckh ein verschraubet ist .*[109]

1654: ebenso am Mikroskop, das nach Holland gelangte: *das erste glaß ist im Lederen ror zwischen schwartz Horn verschrauffet ... das drithe gläßlen ... zwischen schwartz Horn verschraufet*.[110]

1654: Zwei kleine Rohre, nach Holland gesandt: "Die anderen von schwarzem Horn, eine Spanne lang, haben beide den Knopf wo das Verkleinerungsglas darinnen liegt mit einer Schraube verfertigt, so daß man sie nach jedermanns Gesicht ein wenig länger oder kürzer schrauben kann." [111]

1660: Brillenfassung: *Hab solche in Schildkroten Hornen gefaßet.* (Schildpatt).[112]

Arbeiten, die Wiesel zugeschrieben werden könnten:

1629: *Ain helffenbainin perspectiv röhrlin, Inn die weiten zu sehen*, in einem Schreibtisch (Beschreibung von 1629).[113]

1632: Flohbüchslein in Form einer kleinen Tonne von Bein (Knochen), im Gustav-Adolf-Kunstschrank; heute in der Universität Uppsala (Abb. 28).

---

105 NSLB Hannover Ms IV 341. S. 860. 3.12.1625. Wiesel an Widemann; vgl. A.3 Nr. 13.

106 HAB 14 Noviss. 8° fol. 158r. 16/26.4.50. Hzg. August an Hirt.

107 Thür. StaatsA Gotha. Kammer Immediate Capitel VIII Titul VII No. 5 (Nr. 1377): *Inventarium über die fürstl. Friedensteinische Kunstkammer Anno 1717, mense Juli verfertigt.* S. 108.

108 OP C 1. t. 2. Nr. 171. 30.12.1649. Wiesel an Moriaen (Kopie).

109 OP C 1. t. 2. Nr. 305. Beschreibung des Mikroskops.

110 OC Huygens. Bd. 1. S. 310.

111 Wiesels Beschreibung der Fernrohre gedruckt in: OC Huygens. Bd. 1. S. 308f.; Übs. aus dem Holländischen Rolf Riekher.

112 HAB 83 Novi fol. 526r. 8.1.1660. Wiesel an Hzg. August.

113 NSAW 1 Alt 22 Nr. 170 fol. 73r. Dr. Georg Nathan, Sekretär Hainhofers, an Hzg. August (Gobiet 1510).

1636: *Ain getröhets bainines büchßlin, durch deßen klaines löchlin im deckhelin man .2. am boden ligende flöh vergrösert, gar perfect sehen kan, ... ain bainin getrehetes perspectiv röhrlin,* ... in einem Kunstschrank.[114]

Vor 1647: *1.helfenbeinenes pfeiflin, welches man 2-mal außeinander schraufet, und man durch ein optisch vergrössergläßlin einen an ein subtilen draat gespiesten flohe, durch das perspectivgläßlin sehr groß sehen kan.*

1.helfenbeinin büchßlin mit vergrößgläßlin, auch ein vergröster flohe zusehen, beide Geräte in einem Kunstschrank.[115]

1.5 Zusammenfassung

Wiesel bezog aller Wahrscheinlichkeit den Rohstoff Glas in Form von Scheiben aus Venedig, entweder durch Augsburger Kaufleute, die mit Venedig Handel trieben, oder durch Augsburger Glaser, die das Glas von fahrenden Glashändlern erstanden. Er besaß schon vor 1642 einen eigenen Schmelzofen, in dem er fertiges Glas erweichte, um eigene Rohlinge herzustellen. Besonders in späteren Jahren, nachdem er durch die Glaspest viel Schaden erlitten hatte, bevorzugte Wiesel venezianisches Spiegelglas, aus dem er sich runde Tafeln schmelzen ließ. Aus Spiegelscherben wurde mit einem Diamant die gewünschte Form und Größe zugeschnitten. Diese Stücke mußten wegen der ebenen Beschaffenheit der Spiegel nur einseitig konvex oder konkav geschliffen werden. In vielen Wiesel-Instrumenten finden sich plankonvexe Linsen.

Die Schleifschalen aus Metall wie auch die Metallspiegel wurden von Wiesel und Depiere selbst hergestellt, ebenso die gedrechselten Röhrchen und Fassungen aus Horn und Bein. Eine Zusammenarbeit mit Buchbindern ist nicht belegt, aber sehr wahrscheinlich.

[114] HAB 68.3 Aug. 2° fol. 2r-3v. Hainhofer an Hzg. August (Gobiet 1511).

[115] HAB 83 Extrav. 2° fol. 314r-342v (Gobiet 1514); o.D. beide Instrumente fol. 319v. Hainhofer: (315r) *Beschreibung eines schönen Künstlichen, Köstlichen, Nützlichen Tischblattes.* (Wrangelschrank).

2. Brillen und andere Sehhilfen

2.1 Die Lage des Brillenhandwerks um 1620

Brillenmacher gab es schon seit dem 13. Jahrhundert, die ersten wohl in Italien und Spanien.[1] In Venedig wurden um 1300 Ordnungen für diese neuartigen Handwerker aufgestellt.[2] In Deutschland kennen wir vor allem zwei Städte, Regensburg und Nürnberg, in denen Brillenmacher in größerer Anzahl tätig waren und sich im 15. Jahrhundert als Handwerk organisierten. Die ersten deutschen Brillenmacher sind 1450 in Frankfurt, 1466 in Straßburg und 1478 in Nürnberg erwähnt,[3] zu einer Zeit, in der durch die steigende Anzahl der gedruckten Bücher vermutlich auch der Bedarf an Brillen stieg. In Nürnberg wurde das Brillenmachen 1482 ein gesperrtes Handwerk, es durfte kein Brillenmacher ohne Erlaubnis des Rats die Stadt verlassen. Das Wandern war untersagt. In Nürnberg hatte es mit Ausnahme der Jahre 1348/49 nie Zünfte mit politischem Einfluß gegeben. Die Handwerke standen unter strenger Kontrolle des Rats, wozu das sogenannte Rugsamt geschaffen wurde.[4] Es fand sich eine frühe Brillenmacherordnung (um 1535), in der die Zahl der Lehrjungen, die Lehrjahre, der Glaseinkauf, der Verkauf und manches andere geregelt wurde. Als Meisterstücke wurden zwei Brillen samt den Fassungen verlangt.[5] Den Draht für die Einfassungen lieferten die Draht- und Scheibenzieher. 1588 gab es bereits große Konkurrenz von den Regensburger Brillenmachern, deren Produkte als höherwertig eingeschätzt wurden.[6]

---

[1] Zur Erfindung und Geschichte der Brillen z.B. Rosen: Invention; Zeiss/Marwitz 1958; Poulet Bd. 1; Kuisle.

[2] Greeff: Eine venetianische Brillenmacherordnung aus den Jahren 1284-1317; ders.: Eine zweite venetianische Brillenmacherordnung vom Jahre 1319-1330.

[3] Beez: Brillen. In: Löber S. 55; Rohr: Beiträge zur Geschichte des Brillenhandels. S. 195; Pflugk S. 70.

[4] Ludwig: Die Nürnberger Brillenmacher und Drahtzieher; Kurt Müller: Hat es in Nürnberg eine Brillenmacherzunft gegeben?

[5] Brillenmacherordnung von 1538. In: Greeff/Radicke: Die Nürnberger Brillenmacherordnungen. S. 135-138.

[6] Ebd. S. 137: Nürnberger Ratsverordnung von 1588: *Da die Regensburger Meister ihre Arbeit allenthalben in solchen Ruf und solche Nachfrage gebracht haben, daß die hiesigen Meister ihre Arbeit, auf der der Adler steht, daneben nicht mehr verkaufen können, so soll die Bestimmung den Adler der Arbeit aufzuschlagen, eine Zeitlang aufgehoben werden, bis die hiesige Arbeit neben der von Regensburg wieder aufkommen kann und wieder bekannt wird.*

Von Regensburg ist eine Brillenmacherordnung aus der Zeit um 1600 bekannt, die mit hübschen Aquarellen der Brillen versehen ist. Im Gegensatz zu Nürnberg wurde hier offenbar verstärkt Wert auf Qualität gelegt. Für die Meisterprüfung wurden zehn Stücke verlangt, darunter Brillen für die verschiedenen 'Gesichter' (Sehschärfen) aus 'gewöhnlichem oder gemeinem' und aus venezianischem Glas, Fassungen aus verschiedenen Materialien wie Horn und Leder, eine 'Schießbrille' und ein Brennglas. Jeder angehende Meister sollte außerdem seine Schleifschalen samt allem übrigen Werkzeug von eigener Hand herstellen können. Selbständig konnte sich ein Meister nur machen, wenn er zuvor das Bürgerrecht erworben hatte. Meister, die von auswärts kamen, mußten erneut Meisterstücke anfertigen. Nürnberger Gesellen sollten sechs Jahre in Regensburg arbeiten, dann konnten sie zur Meisterschaft zugelassen werden. Lehrjungen mußten einen guten Leumund haben und ehelicher Geburt sein. Die Lehrzeit dauerte vier Jahre. Jeder Meister durfte nur einen Lehrjungen aufnehmen. Daneben war es ihm erlaubt, zwei Glasschleifer zu beschäftigen, *doch soll er sie nur einfache und gewöhnliche Gläser schleifen lassen.*[7]

Die erste Erwähnung der Brillen als Schutz gegen erhöhte Sonneneinstrahlung und Reflexion im Schnee, *vitrea conspicilia*, findet man 1574 in der Abhandlung des Schweizer Pfarrers und Theologieprofessors Josias Simler (1530-1576) über die Alpen und das Bergsteigen: 'De Alpibus Commentarius'.[8] Eines der ersten Brillenbücher wurde 1623 in Spanien gedruckt: Daza de Valdes: 'Uso de los Antojos' (Über den Gebrauch der Brillen). Auch de Valdes pries grüne Brillen zum Schutz der Augen.[9]

Oft wird als dritte süddeutsche Stadt, in der sich Brillenmacher angesiedelt hatten, Augsburg genannt. Dafür läßt sich in den Handwerkerakten jedoch kein Nachweis finden. Mit Sicherheit lebten in Augsburg immer höchstens einzelne Brillenmacher, deren Handwerk als 'freie Kunst' bezeichnet wurde. In den Aufstellungen der Bürgerschaft, den Musterbüchern, von 1610, 1615, 1619 z.B. fehlt diese Berufsbezeichnung sogar ganz.[10]

Eine persönliche Anpassung der Brille war um 1620 noch nicht üblich. Wenn wir heute eine Brille benötigen, gehen wir zum Augenarzt, der unsere Augen eingehend untersucht und die Brille anpaßt. Beim Optiker suchen wir uns ein hübsches Gestell aus und dann wird uns nach dem Rezept des Arztes die Brille angefertigt. Unvorstellbar, daß wir sie uns irgendwoher schicken ließen, ohne ärztliche Verordnung, nur mit Angabe unseres Alters! Das aber war damals die Regel, wobei es sich nur wenige leisten konnten, beim Perspektivmacher oder Opticus, wie man seit Mitte des 17. Jahrhunderts sagte, zu bestellen. Bei Wiesel kostete eine

---

7 StA Regensburg: Die Regensburger Brillenmacherordnung um 1600. In: C. Müller; Greeff/ Radicke: Die Regensburger Brillenmacherordnung.

8 Zürich 1574; Simler: Die Alpen. Deutsch 1931. S. 137.

9 Daza de Valdes: Sevilla 1623; Greeff: Daza de Valdes; ders.: Kurze Geschichte.

10 StAA Schätze 37: Musterbücher; Register 56 zum Musterbuch 1619.

Brille immerhin drei Dukaten oder sechs Reichstaler. Normalerweise kaufte man sich die Brille auf dem Jahrmarkt bei fahrenden Händlern, die billige Massenware feilboten. Wie gut man damit sehen konnte, kann man heute schlecht beurteilen. Wie es mit solchen Brillen gehen konnte, sieht man am Beispiel von Kurfürst August von Sachsen, der die größten Schwierigkeiten hatte, eine passende Brille zu bekommen. Um 1570 waren auf der Leipziger Messe keine Brillen mit geeigneten Gläsern zu finden. Der Kurfürst ließ sich deshalb welche aus Venedig und später aus England kommen. Eine Brille aus Venedig kostete zwischen 20 und 50 Reichstaler, eine aus London zwölf Taler. Bei seinem Tod hinterließ August von Sachsen 36 Brillen![11] Daß die Lage zu Anfang des 17. Jahrhunderts noch ähnlich war, mag die Geschichte von Lord William Howard (1563-1640) zeigen. Er lebte im Norden von England, hatte eine große Bibliothek und beschäftigte sich auch mit den Naturwissenschaften. Er bestellte ab 1620 in 13 Jahren 27 Brillen, nur für sich selbst. Die Erklärung kann nur darin liegen, daß er genügend Exemplare brauchte, um eine passende darunter zu finden. Die englischen Brillenmacher hatten einen guten Ruf, was man auch aus Wiesels Bemerkung von 1625 schließen kann. Aber sie arbeiteten in London, und wer sich nicht persönlich bei ihnen eine Sehhilfe aussuchen konnte, dem erging es wie Lord Howard, wenn er es sich leisten konnte.[12]

2.2 Wiesels Brillen

Wiesel stellte von Anfang an Brillen her. In seinem ersten Verzeichnis von 1625, das Dr. Karl Widemann dem Fürsten zu Anhalt schickte, heißt es, Wiesel könne

> *gar scharffe Ocularia oder Augenspiegel machen noch besser als die aus Engeland kommen. Er kan die Ocularia probieren ob sie rem obiectam recht presentieren oder nicht: da sie falsch und ein Teil guet das andere böß oder falsch* [,] *so verderben diese Spiegel gewaltig das gesichtt. Ist den augen gar schadt.*[13]

Offenbar fertigte Wiesel die Brillen individuell an und tat damit bereits einen Schritt auf dem Weg zu unserer heutigen Perfektion. Seine Brillen wiesen sicher genauer geschliffene Gläser auf und vermutlich außerdem besseres, aus Venedig stammendes Glas. Das damals übliche Waldglas hatte einen grünlichen Schimmer und war oft trüb oder voller Blasen. Aus dem obigen Zitat läßt sich schließen, daß die Gläser einer gewöhnlichen Brille oft von unterschiedlicher Qualität waren. daß vielleicht das eine Auge gut versorgt war, das andere aber überhaupt nicht,

[11] Münchow S. 250f.; Engelmann S. 47.
[12] Godfrey S. 243; DNB 10. S. 79-81.
[13] NSLB Hannover Ms IV 341. S. 850.

was zum Schaden für dieses Auge führen mußte, wie man bei Wiesel immer wieder lesen kann. In dem 1616 erschienenen deutschen Wörterbuch des Augsburger Mathematikers Georg Henisch findet man unter dem Stichwort 'Brill' eine Redewendung, die für sich spricht: *Brillen verkaufen / betriegen.*[14] Die Kunden mußten sich demnach des öfteren durch die Brillenhändler betrogen vorgekommen sein.

Im Briefwechsel mit dem Fürsten zu Anhalt spielten Brillen weiter keine Rolle. Fast alles, was wir über Wiesels Brillen wissen, kennen wir aus dem Briefwechsel, den Herzog August d.J. von Braunschweig-Lüneburg mit seinen Augsburger Agenten führte. Daneben beziehen sich noch einige Briefe Hainhofers an andere Adressaten auf Wiesels Brillen. Herzog August kaufte im Laufe der Jahre auch andere Geräte von Wiesel. Ein großer Teil seiner Einkäufe betraf jedoch Brillen. Er hatte sich schon früher von Hainhofer Brillen gewünscht, die dieser aus Italien kommen ließ oder auf der Augsburger Dult (Jahrmarkt) bei 'Savoyern' erstand.[15] Sobald der Herzog von Wiesel gehört hatte, bestellte er am 30.9.1630 durch Philipp Hainhofer die ersten Brillen, *2 Paar brillen, zum täglichen brauch, auf 50 Jahr gerichtet.*[16] Die Auslieferung dauerte lange, Arbeiten für den Kaiser und den Kurfürsten von Bayern gingen vor. Da Wiesel keine Gehilfen hatte,[17] konnte Hainhofer dem Herzog erst im Oktober 1631 die Brillen ankündigen: *überschückhe Ich hiemit 2:lay brillen vom wisel, mit dero beschreibung darbey. vnd so EFG in das künfftige für Ihr gesicht mehr begern solten, so khündten sie die Jenige brillen wider alhero schükhen, die Ihr tauget.*[18] Daß sich der Herzog auch ferner seine Brillen von Augsburg schicken ließ, wirft ein Licht auf deren Qualität. Kein Wunder, daß Wiesel *mit ordinarj brillen für Junge vnd alte gesichter vil zu schaffen* hatte, wie Hainhofer 1632 berichtete.[19] Brillen bildeten demnach zweifellos die hauptsächliche Einnahmequelle für das junge Geschäft.

Die Kunde von Wiesels Betrieb muß bald nach München gelangt sein, denn schon 1630 arbeitete er für Kurfürst Maximilian I. Unter anderem lieferte er Brillen nach München, wie Hirt 1651 schrieb: *Gewiß ist, daß der Chur Fürstl: Durchleüchtigkeit in Bayern gesichte er bißhero erhalten.*[20] 1632 bestellte der schwedische König Gustav II. Adolf verschiedene Gläser bei Wiesel, unter denen

---

[14] Henisch 1616; Umbruch Bd. 1. S. 352f. Der erste Teil umfaßt die Buchstaben A bis G. Weitere Teile sind nicht mehr erschienen. Henisch starb 1618.

[15] NSAW 1 Alt 22 Nr. 172 fol. 187v-188r. 11.10.1618. Hainhofer an Hzg. August: *Von brillen über land hab Ich 2.baar Christallinine, vnd 2 baar schlechte [188r] gekaufft, vnd sein die Christallinine brillen wol schön und guet, costen fl 4 alle 4.baar zusamen, werden in Frankreich gemacht. Von den perspicillis in die weitten zu sehen, hab Ich von den saphoyern 3.ley sorten gekaufft,* ... (Gobiet 413).

[16] HAB Novi fol. 228r. 30.8.1630. Hzg. August an Hainhofer (Gobiet 1018).

[17] NSAW 1 Alt 22 Nr. 177h fol. 92r. 2/12.12.1630. Hainhofer an Hzg. August (Gobiet 1031); NSAW 1 Alt 22 Nr. 177i fol. 7r. 3/13.2.1631. Hainhofer an Hzg. August (Gobiet 1041).

[18] NSAW 1 Alt 22 Nr. 177i fol. 51v. 13/23.10.1631. Hainhofer an Hzg. August (Gobiet 1084).

[19] NSAW 1 Alt 22 Nr. 177i fol. 83r. 16/26.2.1632. Hainhofer an Hzg. August (Gobiet 1098).

[20] HAB 98 Novi fol. 524v. 28.8./7.9.51. Hirt an Hzg. August. Siehe Kap. I.2.2.

sich sicher Brillen befanden. Der König soll hochgradig kurzsichtig gewesen sein, was man sowohl aus seinem Verhalten als auch aus seinen Bildnissen schließt. Kurzsichtige Augen besitzen einen längeren Augapfel, stehen also bei starker Kurzsichtigkeit vor. Im Kunstschrank, den die Stadt Augsburg dem König überreichen ließ, befand sich eine Brille für einen Kurzsichtigen mit der sehr starken Dioptrie -6,5. Früher wurde diese als die Brillenstärke des Königs angenommen, aber es gibt keinen Nachweis, daß er die Brille tatsächlich benützte. Nachdem sie zwar getragen wurde, sich jedoch heute noch im Kunstschrank befindet, ist es unwahrscheinlich, daß Gustav Adolf sie entnommen hatte. Sie hätte ja dann nach dem Tod des Königs auf dem Schlachtfeld wieder in den Kunstschrank gelegt werden müssen (Abb. 26).[21]

Aus der Wolfenbüttler Korrespondenz erfährt man, wie Wiesel beim Brillenverkauf vorging. Benutzte der Auftraggeber bereits eine Brille, so wollte er diese zuerst prüfen und sich danach richten. Hatte der Kunde noch keine Brille getragen, so sollte er einen Faden schicken, der anzeigen sollte, aus welcher Entfernung er eine beigelegte Schrift noch deutlich lesen konnte,

> *dan es nit alle mal an den Jaren oder dem alter gelegen. Offtmals muß eine 18.jährige Person der Steigerung nach wohl 80.jährige Spiegel gebrauchen, dan einer hat dieß, der ander daß gesicht, der eine daß quartier, der ander daß minder oder gar kurtze gesicht, zu anderm theil das Mehrer und doch schwache sehen, und so fortahn.*[22]

Aus diesen Zeilen Wiesels ersieht man die damals üblichen Bezeichnungen: Minder Gesicht für die Kurzsichtigen, Mehrer für die Weitsichtigen. Das Quartiergesicht bedeutete wohl das normale Sehen. Zum ersten Mal war von diesem Maßnehmen im März 1637 die Rede.[23] Herzog August hatte im Februar wieder *zwey paar guter Brillen* bestellt, *zum lesen und schreiben, sampt saubern futteralen, umb bey sich zu tragen, auf eine Person von etwa 56 jahren gerichtet.*[24] Wiesel wollte ein Muster haben, *das maaß von EFG gesichte, wie weit EFG aine klaine schrifft lesen khünden.* Im Juli bekam er den Faden in entsprechender Länge und ein Muster der Schriftgröße.[25] Er notierte die Maße, so daß er bei späteren Be-

---

[21] Der schwedische Ophthalmologe Professor Björn Tengroth in Stockholm will Untersuchungen mit Hilfe von DNA-Proben des Königs von seinen Kleidern durchführen, um nähere Aufschlüsse über seine Kurzsichtigkeit zu erhalten. Dies ist möglich, weil man heute den genetischen Ort für die Myopia kennt; Brief vom 16.5.1995.

[22] NSAW 1 Alt 22 Nr. 170 fol. 53r. o.D. Wiesels Handschrift. Beilage zu den Hirt-Briefen.

[23] NSAW 1 Alt 22 Nr. 177n fol. 14r. 9/19.3.1637. Hainhofer an Hzg. August: [...] *wegen der gemainen brillen hette er gern ain muster* (Gobiet 1199).

[24] HAB 95 Novi fol. 385r. 21.2.1637. Hzg. August an Hainhofer (Gobiet 1198).

[25] NSAW 1 Alt 22 Nr. 177n fol. 14r. 9/19.3.1637. (Gobiet 1199); ibid. fol. 24v. 11/21.5.1637. (Gobiet 1204); ibid. fol. 41r. 29.6./9.7.1637. (Gobiet 1212): alle Briefe Hainhofer an Hzg. August; HAB 95 Novi fol. 389r. 13/23.6.1637. Hzg. August an Hainhofer: *Ich schicke hiemit ein Fädlein, so weit kan ich die kleinere Buchstaben des umbschlages woll lesen.* (Gobiet 1209).

stellungen darauf zurückgreifen konnte.[26] Wiesel bediente mit seinen Brillen auch Reisende, die in Augsburg Station machten und oft glücklich waren, endlich eine passende Brille zu finden, wie etwa Rudolf Strauch Hartlib erzählte.[27]

Wiesels Schwiegersohn Depiere gab 1674 im Verzeichnis seiner Instrumente eingehende Hinweise, was bei der Bestellung einer Brille zu beachten war. Auch er warnte vor den falschen schlechten Brillen, durch die das Gesicht sehr geschwächt und verdorben würde. Die Lage hatte sich fünfzig Jahre nach Wiesels Werkstattgründung nicht entscheidend geändert.[28] Der Preis für eine Brille betrug bei Depiere einen bis vier Gulden, während Wiesel in den fünfziger Jahren meistens drei Dukaten, d.h. neun Gulden verlangt hatte.

Windbrillen

Im gleichen Jahr, 1637, erhielt der Herzog endlich *die Windbrillen mit welchen man zugleich unverwentes kopfs auch sehen kan, wer hinder ihn und nachfolgen thut.*[29] Sieben Jahre hatte er darauf warten müssen. Des öfteren hatte er sie angemahnt, da er sie *bey der staubigen Sommerzeit wol vonnöhten hätte.*[30] Eine zweite Windbrille fertigte Wiesel zur gleichen Zeit für Kaiser Ferdinand III.[31] Diese Brille muß ein sonderbares Gerät gewesen sein (mit Rückspiegeln?). In einer großen blechernen Büchse wurde sie in die Kiste gepackt, weil man sie auf der Post nicht angenommen hatte. Hainhofer meinte, sie sei *ohngeschmeidig und curios.*[32] Sie muß aber ihren Dienst getan haben, denn im Februar 1650 wollte der Herzog neue Windbrillen, *darinnen man die* [die] *hinter einem gehen oder reiten auch sehen kann.*[33] 1655 bezahlte Hirt dem Optiker sieben Dukaten für eine Windbrille mit vier Gläsern.[34] Wiesel baute dieses Ungetüme wohl auch für andere Kunden, denn Rudolf Strauch bestätigte Hartlib, daß er sie bei Wiesel gesehen habe: *Strauch also confirmed the truth of the optical-riding Glasses representing all what was behinde.*[35] Er erzählte auch von einem anderen Instrument, mit dem man

---

26 NSAW 1 Alt 22 Nr. 170 fol. 61r. 14/24.12.1654. Wiesel an Hzg. August; siehe A.3 Nr. 43.

27 HP 29/5/97A. Ephemerides 1656: *Wisselius an excellent gift for fitting all kind of sights with their due spectacles, which hath beene performed to Strauch (which could never vse any before) to his very amazement for goodnes*; zu Strauch siehe Kap.I.3.2.

28 Depiere Verzeichnis S. 22f. Text im Anhang.

29 HAB 95 Novi fol. 300r. 3.3.1632. Hzg. August an Hainhofer (Gobiet 1099).

30 Ebd. fol. 314v. 26.5.1632. Hzg. August an Hainhofer (Gobiet 1110).

31 NSAW 1 Alt 22 Nr. 177n fol. 30v. 1/11.6.1637 (Gobiet 1207); ibid. fol. 41r. 29.6./9.7.1637 (Gobiet 1212). Hainhofer an Hzg. August.

32 NSAW 1 Alt 22 Nr. 177n fol. 77v. 14/24.12.1637. Hainhofer an Hzg. August (Gobiet 1227).

33 HAB 14 Noviss. 8° fol. 142v. 26.2.1650. Hzg. August an Hirt.

34 4/14.1.1655 u. 18/28.1.1655. HAB 99 Novi 381r u. 385r. Hirt an Hzg. August.

35 HP 29/5/97B. Ephemerides 1656.

sowohl nach vorne als auch auf die Seiten sehen könne: *Weisselius hath an Optical Instrument to see foreward together with representations from the objects of the right and left hand. About 15 rixdollars.*[36] Handelte es sich hierbei um einen Kasten, wie ihn Denecke beschrieb? *Ein Kasten, in welchem man, ohne aus dem fenster zu sehen, alles observiren kan, was unten auf der Gasse und zu beyden seiten paßiret.* Die zugehörige Abbildung zeigt einen Kasten mit drei Fächern, in denen flache Spiegel entsprechend angeordnet waren.[37]

Zur Entschuldigung für die lange Wartezeit führte Wiesel 1637 diverse Gründe an: Die viele Arbeit, unter anderem für König Gustav Adolf von Schweden; eine hitzige Krankheit und Podagra; die Wachen, auf die er als Mitglied der evangelischen Bürgerwehr während der Schwedenzeit ziehen mußte; Soldaten hätten ihm Glasscheiben zerbrochen. Zwischen Bestellung und Lieferung lagen aber auch die Pest, die Besetzung der Stadt durch die Schweden, die Belagerung und die Besetzung durch kaiserliche Truppen. Vielleicht hat Wiesel die Anfertigung der Windbrillen bewußt hinausgezögert. Hainhofer notierte im Dezember 1637, sie seien *die ersten, so Wisel gemacht hat.*[38] Das erscheint merkwürdig, hatte er sie doch schon im März 1625 in seinem Programm.[39] Man hat den Eindruck, daß Wiesel manchmal schon Dinge anbot, die er erst in Gedanken mit sich herumtrug.

2.3 Das Vergrößerungsglas für Johann Valentin Andreae

Rund zwanzig Jahre nach der Eröffnung der optischen Werkstatt war Wiesel *mit seiner Khunst nunmehr inner und ausser reichs bekhant,* wie Hainhofer 1642 an den evangelischen Hofprediger Johann Valentin Andreae in Stuttgart schrieb.[40] Andreae (1586-1654) war der bedeutendste württembergische evangelische Theologe des 17. Jahrhunderts. Er hatte zu Anfang des Jahrhunderts die Rosenkreuzerbewegung ausgelöst, sich aber später davon distanziert. Hainhofer war mit Andreae befreundet und hatte dessen Briefwechsel mit Herzog August und seinen Söhnen angeregt, der zu einem intensiven Gedankenaustausch führte. In Wolfenbüttel liegen sowohl seine Briefe an die herzogliche Familie als auch die an Hainhofer. Andreae fragte im September 1642 seinen Augsburger Freund, ob nicht in Augsburg oder Venedig ein Vergrößerungsglas zu kaufen wäre, das er auf der Kanzel zum Lesen seines Predigttextes benutzen wollte: *weil nun Eure Herrlich-*

---

36 HP 29/6/6B. Ephemerides 1657.

37 Denecke S. 103 und Tafel 14 Figur 3, nach Zahn 1685 S. 755.

38 NSAW 1 Alt 22 Nr. 177n fol. 77v. 14/24.12.1637. Hainhofer an Hzg. August (Gobiet 1227).

39 NSLB Hannover Ms IV 341. S.854. März 1625. Wiesel an August Fürst zu Anhalt; siehe Anhang A.1 Liste I b Nr. 6.

40 HAB 17.29 Aug. 4° fol. 177v (Kopialbuch). 15/25.9.1642. Hainhofer an J.V. Andreae; Kurzbiographie Andreaes in Breymayer S. XXXVIf.; ausführlich: Montgomery.

keit aller Kunstler Apollo Und Vatter ist, werden sie vileicht hirinnen Rath oder anLeitung schaffen können.[41] Andreae hatte um diese Zeit offenbar noch nichts von Wiesel erfahren. Als er aber vier Wochen später von einem Besuch in Nürnberg zurückkehrte, berichtete er Hainhofer:

> *Von dem Brillenmacher Johann Wiseln habe ich in Nürnberg vil wunders gehört. Deßwegen ich große begirde habe mich mit ihme bekandt zu machen, Ich habe mich mein tag vil mit speculationibus opticis et perspectivicis bemühet. Und nie keinen Maister antreffen kunten. der mir satisfaction gethan hette. Will demnach Meine intention durch eine Visierung Mit ihme communicieren. Solte mir geholfen werden. Wehre mir Es sehr erfrewlich. und in Meinem Alter* [56 Jahre] *Notwendig. Ich gebrauche mich sonsten noch keine Brillen, und habe 2.ungleiche augen. Mit dem Rechten sehe ich fast nichts in die ferne, in der Nähe aber genugsam, auch den kleinesten Trukh. Das linkhe sihet Nahe und ferne fast gleich. Allein verspüre ich dabei das Abnemmen, deme ich durch einen solchen Cristal wolte zu hülf kommen, welchen ich iedoch nur auf der Canzel, Mein memorial so nur Ein klein Zettelin. ad sublevandem memoriae imbecillitatem* [um der Schwäche des Gedächtnisses zu helfen] *vor mir liegt, dadurch zu sehen, deßen form ich Nechstkunffig schikhen will.*[42]

Aus diesen Zeilen ersieht man, wie selten noch um 1640 in Deutschland gute Optiker anzutreffen waren. Weder in Stuttgart noch in Nürnberg gab es Konkurrenz für Wiesel. Mit dem *ingrossier cristal*, das Wiesel im November 1643 lieferte, war Andreae sehr zufrieden.[43] Die Anfertigung der Lesehilfe hatte sich vor allem deshalb so lange hingezogen, weil Andreae sich ein besonderes Gerät ausgedacht hatte:

> *Ich habe aber E.Gn. informiert, wie große satisfaction ich von dem Ergrößer glas habe. Wolte wünschen E.Gn. solte sehen wie ich selbiges in Eine Invention eines buchs gebracht. Alda die Rotula auf Undern, das glaß aber auf dem Obern Thail der Deckhin des holen holzerin buchs, so vngefarlich 3.Zoll dickh, welches die rechte Erhöhung ist. Das buch ist mit Leder vberzogen. Der hulzin schnitt vergult. und sihet einem rechten buch ganz gleich. darauß man auch den Text lesen und es nachmahl für sich auf das Pult legen kan, Wie dan die schieber öfnen und sich des Memorials gebrauchen.*[44]

Andreae hatte sich in Stuttgart einen hölzernen Kasten in Form eines Buches machen lassen. Das Papier mit dem Text wurde auf die Unterseite gelegt. Schlug man den Deckel auf, konnte man das Vergrößerungsglas benutzen. Andreae

---

41 HAB 74 Noviss. 2° fol.57r. 7/17.9.1642. Andreae an Hainhofer. Die Kenntnis der Briefe Andreaes verdanke ich der freundlichen Mitteilung von Herrn Wolf Dieter Otte, Wolfenbüttel. Siehe auch Kap.III.1.1: Glas.

42 HAB 74 Noviss. 2° fol. 60r. 5/15.10.17642. Andreae an Hainhofer.

43 HAB 74 Noviss. 2° fol. 107. 15/25.11.1643. Andreae an Hainhofer.

44 HAB 74 Noviss. 2° fol. 109r. 19.11./9.12.1643. Andreae an Hainhofer.

wollte unter dem Glas noch eine Uhr einbauen lassen, die ihn während der Predigt alle Viertelstunden mit einem Glöcklein an die Zeit mahnen sollte.[45] Dieser *invention* lag sein Bemühen zugrunde, niemand merken zu lassen, daß er an einer fortgeschrittenen Sehschwäche litt. Die gleiche Einstellung findet sich auch bei Käufern von kleinen Perspektivröhrchen. Sieht man die winzige Schrift Andreaes, versteht man, daß er ein Vergrößerungsglas nötig hatte. Fünf Jahre später bedauerte Andreae Hainhofers Tod in bewegten Worten:

> *Wie viel verlor ich an Hainhofer allein. Denn, ausser der Kenntnis mehrerer Sprachen und Menschen, und der vielfachen Erfahrung in mechanischen Künsten und in allem, was zierlich und fein ist, wodurch er sich die Freundschaft mancher Fürsten erwarb – seine Treue, seine Liebe und Dienstfertigkeit, von deren auch ungefehr 1000 Briefe zeugen, waren so groß gegen mich, daß ich izt keinen Freund mehr habe, dem ich mich mittheilen kan, und daher nach ihm desto mehr mich sehne.*[46]

Andreae korrespondierte fortan mit Hainhofers Schwiegersohn Johann Martin Hirt. Es fanden sich noch zwei Briefstellen, die Wiesel betrafen: 1645 bestellte Andreae ein Fernrohr,[47] 1653 eine Brille.[48]

2.4 *Perspectivröhrlein* – monokular und binokular

Etwa ab 1643 ist von kurzen optischen Instrumenten oder Perspektivröhrlein die Rede, kleinen galileischen Fernrohren mit Konkav- und Konvexlinse (Zerstreuungs- und Sammellinse). Die kleinsten konnte man in der Hand verbergen, so daß nicht gleich jeder sehen konnte, daß man eine Brille benötigte. Kurfürst Maximilian I. verwendete sie gern,[49] auch in der Nähe, wie Hirt 1651 schrieb: Wiesel habe dem bayerischen Kurfürsten *ein gar kurtzes perspectiv röhrlin gemacht, wel-*

---

[45] HAB 74 Noviss. 2° fol. 95r, 98r, 100r, 101v, 106r, 107r, 108r, 109r, 111r, 112r, 114r, 116r.

[46] J.V. Andreae: 'Vita ab ipso conscripta'; übs. und hg. von Seybold 1799; hg. von Rheinwald 1849, S. 298f.

[47] HAB 74 Noviss. 2° fol. 212r. 5/15.11.1645. Andreae an Hainhofer: *Von Herrn Wiseln raritaten möcht ich doch auch etwas sehen, insonderheit aber wan ich eines guten tubum zu meinen augen gerichtet haben könte. solte mich kein gelt bedaurn. Ich habe vor 30.Jahren einen gehabt mit dem ich uber 2.teutsche Meilen weges gar eigentlich etwas sehen könen. Den ich verehrt und zu keinem deßgleichen mehr gelangen mögen.*

[48] HAB 99 Novi fol. 239r-241v. 13/23.10.53. Hirt an Hzg. August: fol. 240r.

[49] HAB 96 Novi fol. 360v. 26.12.1644/5.1.1645. Hainhofer an Hzg. August: *So volgen auch hiemit noch 3.kurze perspectiv röhrlen. Der maister ist von Churf.Drl. nach München beschriben worden, für welche er auch der gleichen machen muß, vnd hatt dise 3.röhrlen vorher hinüber zum sehen geschükht, vnd darbey geschriben gehabt, das sie EFG zukhommen. hatt mich in balde noch auf 2. oder 3. Vertröstet.* (Gobiet 1410).

ches Sie in der linckhen Hand halten, und mit der rechten schreiben.[50] In den Anlagen, die Hirt seinen Briefen nach Wolfenbüttel beifügte, fand sich aus demselben Jahr folgende Beschreibung von Wiesels Hand:

> *Hierbei sende ich daß kurtze Perspectivlen, welches allein in Schreiben und Lesen zu gebrauchen, dan daßelbe vber 15. Zoll* [ca. 37 cm] *keine wurckhung mehr, sondern sich gantz verdunckhlet, Innerhalb der 15. Zoll aber mag man ein iede Schrifft oder Truckh nach gefallen dammit vergrößern, welches allein mit dem mittlern schraufen zu verrichten, Je weitter nun durch aufschraufung die beede gläßer von einander kommen, Je größer die Schrifften gesehen werden. doch mit etwaß näherung deß Gesichtes, darvor der nechste Preiß drej ducaten.*[51]

Dieses kleine Rohr bestand demnach aus zwei Teilen und konnte durch ein Schraubgewinde nach Bedarf verlängert oder verkürzt werden.

Viele solcher kleinen oder auch größeren Rohre in verschiedener Ausführung, ein- oder mehrzügig, gingen nach Wolfenbüttel. Sie dienten auch als willkommene Geschenke. 1651 bestellte der Herzog vier *gar kurze*, denn er *die gehabten alle verschenket.*[52] Sie eigneten sich besonders für die Ausstattung der berühmten Kunstschränke, die Hainhofer gestaltete und entwarf. In der Beschreibung eines solchen *Tischlins* von 1629 kommt schon *ain helffenbainin perspectiv röhrlin, Inn die weiten zusehen* vor.[53] Ob es von Wiesel stammte, wurde nicht vermerkt, aber in der Fattura (Liste) zur Kiste Nr. 81, die einen Schreibtisch enthielt, ist der Optiker genannt: *2.lay perspectivröhrlen vom Wisel, darunter ain gar kurzes.*[54]

Unter den hinterlassenen Papieren von Christiaan Huygens fand sich eine nach 1654 gezeichnete Skizze eines solchen Röhrchens von Wiesel. Huygens hatte daneben notiert:

> "Länge 3 Duym [3 Daumen, d.h. etwa 7,8 cm], Abstand der beiden Linsen 6,5 cm. Das Okular ist auf einem Schleifkopf von etwa 1,7 cm Radius geschliffen, das Objektiv in einer Schale von etwa 9 cm Radius. Öffnung etwa 9 mm." (Abb. 7)[55]

Es handelte sich also um ein kleines Galileisches Fernrohr mit Konkav- und Konvexlinse.

---

50 HAB 98 Novi fol. 524r. 28.8./7.9.51. Hirt an Hzg. August.

51 NSAW 1 Alt 22 Nr. 170 fol. 10r; vgl. Anhang A.3 Nr. 30.

52 HAB 14 Noviss. 8° fol. 273r. 1.7.1651. Hzg. August an Hirt.

53 NSAW 1 Alt 22 Nr .170 fol. 73r: *kurze Beschreibung aines schönen kunstlichen Tischblatts* (Gobiet 1510).

54 HAB Bibliotheksarchiv II.12.1. Hainhofer an Hzg. August (Gobiet 1513); HAB 96 Novi fol. 185r: Beilage zum Brief Hainhofers vom 17.12.1643 (Gobiet 1376).

55 Vgl. auch Kap. II.3.5.

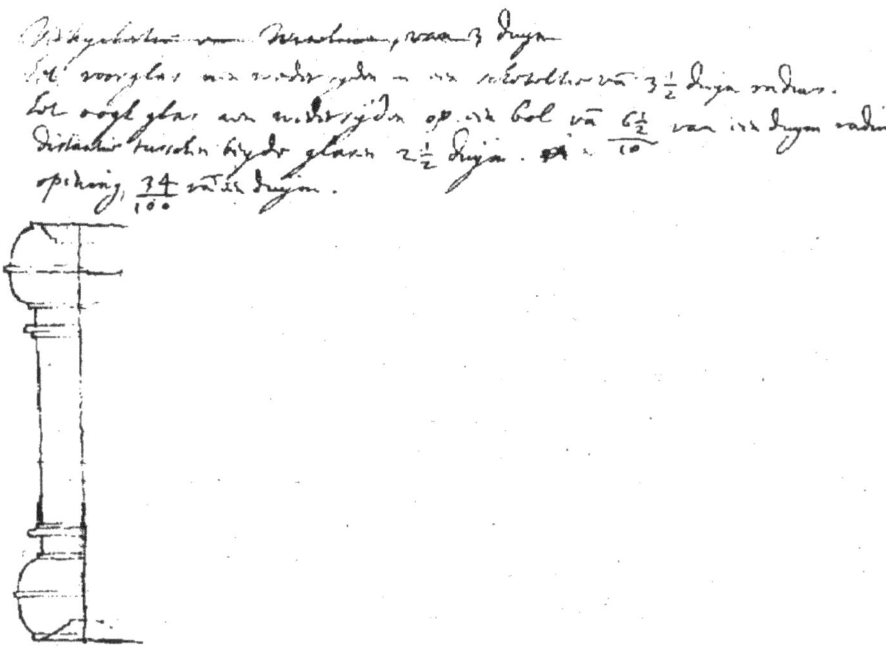

Abb. 7. Christaan Huygens: Notiz über ein Perspektivröhrlein von Wiesel
Länge des Röhrchens im Original 7,8 cm.
Universitätsbibliothek Leiden Hug. 3 fol. 43v.
(Text und französische Übersetzung in: OC Bd. 13-2. S. 598 FN. 3).

Verkijckertie van Wiselius, van 3 duijm
het voorglas aen wedersijden in een schoteltie van 3 ½ duijm radius.
het ooghglas aen wedersijden op een bol van 6 ½ /10 van een duim radius
distantie tusschen beijde glazen 2 ½ duijm
opening 34/100 van een duijm.

Kleines Fernrohr von Wiselius von 3 Daumen.
Das Objektiv ist auf beiden Seiten in einem Schüsselchen von 3,5 Daumen
Radius [geschliffen], [konvex; f obj ≅ 9 cm]
das Okular auf beiden Seiten auf einer Kugel von 6,5 Zehntel von einem
Daumen Radius [konkav; f oc ≅17 mm]
Distanz zwischen beiden Gläsern 2,5 Daumen. [ca. 6,5 cm]
Öffnung 34 Hundertstel von einem Daumen. [ca. 9 mm]

[Vergrößerung ≅ 5 fach] [1 Duim ≅ 2,6 cm]

Der spätere Sekretär der englischen Royal Scientific Society Henry Oldenburg besuchte Wiesel im Sommer 1658 während eines kurzen Aufenthalts in Augsburg, und kaufte ein kleines Fernrohr, "so lang wie eines Manns Hand", etwa 18 cm, das für seine Augen paßte.[55]

Solche kleinen Röhrchen aus Elfenbein oder aus Bein sind manchmal in Museen zu sehen, z.B. im Science Museum London. In den letzten Jahren kamen von neuem ganz ähnliche kleine monokulare Röhrchen in den Verkauf.[56]

Am 30.12.1649 unterbreitete Wiesel Johann Moriaen folgendes Angebot:

> *Berichte auch, daß ich dieser Zeit einen kleinen Tubum Binoculum nur eines fingers lang von helffenbein gemacht, wan durch denselben mit beiden augen gesehen wird kommen die objecta umb fast noch eins so groß zue sehen als dergleichen von einem einsichtigen zue geschehen pfleget. Ist eine schwehre arbeit, doch bezahlt es alle muhe und gegen dem Herrn wo Er dergleichen vonnöthen umb 8 Ungrische Ducaten verlaßen.*[57]

Wiesel fertigte die Perspektivröhrchen demnach auch für zwei Augen. 'Ein Finger lang' bedeutet eine Länge von etwa 8 cm. Das Gerät mag unseren Operngläsern ähnlich gewesen sein. Der Preis von 8 Dukaten (16 Reichstaler oder 24 Gulden) war ziemlich hoch. Dafür hätte man zwei bis drei Brillen kaufen können.

2.5 Starbrillen

Herzog August bestellte immer wieder Brillen zum Lesen und Schreiben. Im Lauf des Jahres 1652 wurde sein Sehvermögen immer schlechter, seine Schrift immer fahriger. Ab Oktober mußte der Herzog die Briefe diktieren. Nachdem er im März 1653 einen *Oculisten gebraucht hat*, d.h. sich einer Staroperation unterzogen hatte,[58] nützten ihm die Augenspiegel und die Vergrößerungsgläser wieder mehr. Das *kurzze perspecil mit einem großen Glase ... contentiret uns über dy maßen wol,*[59] schrieb er kurz nach der Operation, und bestellte ein weiteres. Er berichtete eingehend über seine Versuche mit den Brillen und über die Fortschritte seiner Sehfähigkeit, die vor allem bei hellem Licht zu verzeichnen seien. Seiner Unterschrift

---

55 Oldenburg Bd. 1. 1965. S. 288 Nr. 147. 23.7.1659. Oldenburg an Hartlib.

56 Zeiss Information mit Jenaer Rundschau 4 (1995) Nr. 5. S. 29: 'miniquick*': 5x10 T*. 11,3 cm lang, 1,75 cm dick, 10 mm Objektivdurchmesser, 5fache Vergrößerung, 100 m Sehfeld auf 1000 m Entfernung

57 OP C 1. t. 2. Nr. 171. 30.12.1649. Wiesel an Morian (Kopie); siehe auch Kap. III.3.6: Binokulare Fernrohre.

58 HAB 14 Noviss. 8° fol. 434r. 22.3.1653. Hzg. August an Hirt; näheren Bericht über die Augenoperation mit Schriftproben in: Kohl/Lindemann.

59 HAB 14 Noviss. 8° fol. 434r. 22.3.1653. Hzg. August an Hirt.

fügte er bisweilen schon einen eigenhändigen Satz bei. Im September 1653 unterzeichnete er: *Augustus, Beim lichte durch dy brillen.*[60]

Wegen der unzureichenden Hygiene konnte eine Staroperation zur damaligen Zeit lebensgefährlich sein. Überlebte der Patient, konnte der Erfolg der Operation ausbleiben. Während man heute die trüb gewordene Linse entfernt und eine künstliche Linse einsetzt, drückte man damals einfach die kranke Linse ins Augeninnere hinunter. Es kam vor, daß sie wieder hoch stieg und damit den Erfolg vereitelte. Die Brille mußte nach der Operation die Linse ersetzen. Sie war unumgänglich notwendig, damit man wieder sehen konnte.

Wiesel dachte sich immer neue Brillenformen aus, die er meist mit Beschreibungen und Erläuterungen dem Braunschweiger Agenten übergab. Einige dieser Berichte sind noch vorhanden. Die meisten davon liegen im Niedersächsischen Staatsarchiv in Wolfenbüttel.[61] Aus ihnen erfahren wir, daß Wiesel für die *Starenbrillen* ziemlich dicke Linsen brauchte. Weil seine Glasscheiben nicht dick genug waren, mußte er neue schmelzen. In seinem Schmelzofen konnte er dünnere Glasplatten und Glasscherben erweichen und in dickere Formen gießen:

> *Alß habe ich zue solchem ende sehr dickhe gläßer schmeltzen müßen, damit ich einen solchen Schnidt führen* [könnte], *welcher daß, waß ich suche, Tauren und Leiden könnd. eines schönen Tages erwartet, den gueß gethan, undt an der reine sehr wohl gefallen* [gefunden].[62]

Der Optiker riet dem Herzog, sich einen *steifen Atlas* an die Mütze nähen zu lassen, damit die Augen vor dem direkten Licht geschützt wären, und schickte ein Modell in Form einer Mondsichel dazu.[63] Daß der Herzog ein Käppchen zu tragen pflegte, kann man auf seinen Porträts sehen.

Nicht nur die Beschaffung des geeigneten Glases oder das Schleifen der Linsen war ein Problem, sondern auch die Befestigung der Brille. Einmal versuchte es Wiesel mit Bändeln an den Gläsern, die man an die Ohren hing,[64] – heute nennt man das Fadenbrille – , ein andermal mit einer Schiene oder Feder aus Messing, die man von hinten nach vorn über die Mütze legte und an der die Gläser befestigt wurden.[65] Der Herzog experimentierte auch selbst. Als ihm die Gläser durch den Faden zu nah vor den Augen saßen, ließ er sie an einen runden Ring schrauben, welchen er über der Tageshaube trug.[66]

---

60 Ebd. fol. 482r. 13.9.1653. Hzg. August an Hirt.

61 NSAW 1 Alt 22 Nr. 170 fol. 49r-67v. Die Kenntnis darüber verdanke ich Herrn Dr. Alfons Thewes. Text im Anhang A.3 Nr. 30 - 47.

62 NSAW 1 Alt 22 Nr. 170 fol. 49r. 16.10.1653. Wiesel an Hzg. August; vgl. A.3 Nr. 32. Siehe auch Kap. III.1.1: Glas.

63 Ebd. fol. 50v. 20.11.1653. Wiesel an Hzg. August; vgl. A.3 Nr. 33; HAB 99 Novi fol. 267v-268r. 1.1.1654. Hirt an Hzg. August.

64 NSAW 1 Alt 22 Nr. 170 fol. 49r. 16.10.1653. Wiesel an Hzg. August; vgl. A.3 Nr. 32.

65 NSAW 1 Alt 22 Nr. 170 fol. 65v. 18.12.1656. Wiesel an Hzg. August; vgl. A.3 Nr. 47.

66 HAB 14 Noviss. 8° fol. 494r. 25.10.1653. Hzg. August an Hirt.

Fernrohrbrillen

Als der Herzog noch schärfere Gläser in die Weite haben wollte, konstruierte ihm Wiesel eine Brille mit vier Gläsern, je zwei, konkav und konvex, hintereinander, die sogar ein Schraubgewinde zum Einstellen besaß. Wiesel hatte in seinem Verzeichnis vom März 1625 unter den Windbrillen eine ähnliche Brille beschrieben,

> *daß man damit so vill als mitt einem kleinen Perspectiu sehen mag: Aber solche müessen von .4.glasen vnd sonderlich gar digkem glaß gemachet werden, damitt die concavitet desto dieffer vnd die Conuexa desto höher geschnitten werden mag. doch müessen baide conuexa fornen mit Langen beiren schrauffen* [beinernen Schrauben] *auffgeschraufft werden damitt Man Im auff vnd zueschrauffen den Puncten finden mag.*[67]

Man könnte diese Sehhilfen als Fernrohrbrillen bezeichnen; *Fernspiegel* nannte sie der Optiker. Aus ihrer Beschreibung, die er dem Agenten Anckel lieferte, geht sein Bemühen hervor, beste Arbeit zu leisten, aber auch die Erkenntnis, daß seine Arbeitsweise noch voll auf dem Ausprobieren und ständigem Experimentieren beruhte: *Wie ich dan selbe auch gentzlich außgemacht, und auf begerte Manir hinder einander gesetzet, in der Prob aber gantz zue dunckhel und undüchtig befunden, also alhier behalten, und einer andern manir nachgesonnen.* Diese Brille kostete doppelt soviel wie eine normale, nämlich sechs Dukaten.[68] Für ein kleines Fernröhrchen verlangte Wiesel vier Dukaten oder acht Reichstaler.

Die Fassungen

Die Brillenfassungen selbst wurden aus Horn, aus Schildpatt,[69] aus Metall oder Leder hergestellt. Die Lederbrillen saßen wie ein Zwicker auf der Nase und bekamen ein Zeichen, damit man die äußere Seite erkannte. Als der Herzog einmal klagte, daß das Leder auf der Nase zu eng sei, ließ ihm Wiesel ziemlich ungerührt mitteilen, *daß sich dasselbe wegen stetigen gebrauchs schon noch gerade schikken und nuzlich gebraucht werden könne, wo aber nicht, kan er aber ein weitters und größeres Leder dazu schicken.*[70] Das ist eine bezeichnende Stelle für das Verhältnis des Optikers zum Fürsten. Neben den üblichen 'unterthänigen' Grußformeln klingen Wiesels Briefe an den Herzog im Gegensatz zu den Briefen der

---

[67] NSLB Hannover Ms IV 341. S. 853. März 1625. Wiesel an August Fürst zu Anhalt; siehe Anhang A.1, I b Nr. 6.

[68] NSAW 1 Alt 22 Nr. 170 fol. 62r-63r. 18.10.1656. Wiesel an Hirt, hier fol. 62r (Anhang A.3).

[69] HAB 83 Novi fol. 526r. 8.1.1660. Wiesel an Hzg. August: *Hab solche* [Lesebrille] *in Schildkroten Hornn gefaßet.*

[70] HAB 83 Novi fol. 110v. 28.6.1657. Anckel an Hzg. August.

Agenten durchaus nicht unterwürfig. Der Herzog schätzte Wiesel sehr, nannte ihn Künstler, schrieb von des Meisters Wissenschaft und seiner hohen Erfahrenheit. Er ließ den Optiker stets grüßen, schrieb ihm persönlich[71] und war besorgt, wenn er krank war: *Gott erhalte ja den fürtrefflichen Meister und Opticum Wiselium, daß er seine Kunst noch viele Jahre andern mittheilen möge.*[72]

Ein gutes halbes Jahr nach der Staroperation stellte Wiesel fest, daß ihm das eigenhändige Schreiben des Herzogs *über alle maßen wohlgefallen, daß alle Buchstaben wider in so schöner ordnung underschiden undt abgesetzet, daß es nit besser sein könne.*[73] Daß gute Starbrillen eine Seltenheit waren, klingt besonders eindringlich in Andreaes überschwenglichem Lob auf Wiesel an: *Benedicta sint Wiselij perspicilia, quae Oculos, manumque Augustissimj nobis reddiderunt*, schrieb er an Hirt: "Gepriesen seien Wiesels Brillen, die uns Augen und Handschrift unseres sehr geehrten August wiedergegeben haben."[74] Wiesel wollte wissen, wer der erfolgreiche Starstecher gewesen sei, worauf ihm Herzog August den Braunschweiger Oculisten Jochimb Schmid nannte.

Etwa um die gleiche Zeit übersandte der Herzog seinem Optiker als Anerkennung einen Gnadenpfenning, nämlich ein *rittratto d'oro* mit vier Rubinen, eine gefaßte goldene Medaille mit dem Porträt des Herzogs.[75] In Wiesels Dankschreiben an Herzog August heißt es: *die mich über alles dasjenige, so ich habe, herzlich erfreuet, mir auch die Zeit meines lebens ein sehr liebreiches Stückh sein und in ehren halten werde.*[76] Der Herzog erwiderte: *Die grosse Danksagung des Herrn Wisels für das geringschäzige übersandte war unnötig gewesen. Wyr vermeinen noch zu wenig übersandt zu haben wegen der guten Hülfe so uns durch Ihn an unserem Gesichte widerfahren.*[77] Aus Hirts Briefen wissen wir, daß Wiesel auch von anderen Fürsten solche Geschenke erhalten hatte, z.B. vom bayerischen Kurfürsten eine Medaille samt einer goldenen Kette.[78]

Wiesel führte die Arbeiten für Herzog August in diesen Jahren stets selbst aus. Er machte sich sofort an die Wolfenbütteler Aufträge und ließ bereits begonnene

---

[71] Z.B. HAB 14 Noviss. 8° fol. 508r-510v. 12.[22.]12.53. Hzg. August an Hirt: (508r) *Wie wir vor 8 tagen an Herrn Wyseln geschrieben* [...]; HAB 99 Novi fol.266r-268v. [22.12.53] 1.1.1654. Hirt: (268r) *Er wisel hat mir diser tagen EFD über alle maßen schön geschribenes und gnedigstes schreiben an Ihne zu lesen geschickht, welches Ja so schön ist, daß es EFD vor 10. 12. Jaren nicht beßer geschriben, es ist ein rechtes Göttliches wunder werkh.* Leider ist kein Schreiben des Herzogs an Wiesel erhalten.

[72] HAB 14 noviss. 8° fol. 467r. 26.7.1653 st.v. Hzg. August an Hirt.

[73] NSAW 1 Alt 22 Nr. 170 fol. 50r. 20.11.1653. Wiesel an Hzg. August.

[74] HAB 99 Novi fol. 237r-238v. 6/16.10.53. Hirt an Hzg. August.

[75] HAB 99 Novi fol. 250r. 3/13.11.1653. Hirt an Hzg. August; Abbildungen von Gnadenpfennigen in: Brockmann S. 117-123.

[76] NSAW 1 Alt 22 Nr. 170 fol. 50r. 10/20.11.1653. Wiesel an Hzg. August.

[77] HAB 14 Noviss. 8° fol. 504r. 28.11.[8.12.] 53. Hzg. August an Hirt.

[78] siehe Kap. II.1.9: Ruhm und Nachruhm.

Arbeit liegen.[79] Er versicherte dem Herzog, daß dieser gewiß der erste sei, dem er neue *Inventionen* anzeigen werde.[80] Die langen Jahre der Kundschaft hatten eine gewisse Verbundenheit erzeugt, und man kann sich gut vorstellen, wie interessiert der Herzog im Dezember 1660 Wiesels Porträt betrachtete, das ihm Wiesel durch Anckel schicken ließ.[81]

2.6 Schießbrillen und Geschützkästlein

In der Regensburger Brillenordnung um 1600 gehörte die Schießbrille zu den Meisterstücken, die ein Geselle für die Meisterprüfung anfertigen mußte. Die Zeichnung zeigt ein einzelnes in Metall gefaßtes Brillenglas mit einem Stiel, das man auf eine 'Büchse' stecken konnte. Es ist daher nicht zu verwundern, daß Wiesels erste Liste im Februar 1625 auch eine Schießbrille enthält: *Ainen Spiegel auff ain Rohr oder büchsen kann er beraitten dardurch das Zihl sonsten auff ettliche 100 schritt weitt, nur ainen claffter weitt scheinet. daß ainer also das schwartze allezeit kan dreffen. Wann er stett* [ruhig] *ist und nitt zittertt.*[82] Diese Stelle könnte ein Indiz dafür sein, daß Wiesel die Produktion der Nürnberger und Regensburger Kollegen kannte. Daß Wiesel Schießbrillen weiter in seinem Programm behielt und beispielsweise an Kaiser Ferdinand III. und den bayerischen Kurfürsten Maximilian I. verkaufte, geht aus einem Brief von Anckel an Herzog August vom 23.5.1658 hervor:

> *Euer Fürstl.Durchlaucht Schreiben vom 3.huius habe ich mit untertänigster Reverenz wol empfangen, ... mich alsobalden nach dem Hernn Wisel begeben, und demselbigen EFG gdg. befelch, daß nemblich EFG: Ihne H Wiseln gnedig grüeßen, und darbey vermelden lassen, daß er eine oder zwey runde Brillen wolle verferttigen, welche man uf Büxen hinter den Lauff schrauben könte, dardurch man, das gesicht und Korn uf der Büxen und einer Scheiben, oder ein thyr auf eine tistanz etwa auf 100 Schritt wohl sehen könnte wie alleß EFG gnädigste wortte lauten, vorgelesen: worauf er dann mich hinwiderumben berichtet, daß Er Wisel, für den so gdst zuentbottenen grußes sich gantz untertänigst bedancke, Und wolle er, ob er wol andere nötige arbeit genueg hette, dieelbe doch beyseits legen, und EFG von dato inner 3 Wochen zwey absonderliche gute und gerechte Brillen nach EFD allbereit verfertigten Spiegelgläser solcher gestalt verfertigen als wie er vor disem der verstorbenen Chur-*

[79] HAB 100 Novi fol. 96v. 4/14.12.1656. Hirt an Hzg. August; HAB 83 Novi fol. 106v. 28.5./1.6.1657. Anckel an Hzg. August.

[80] NSAW 1 Alt 22/170. fol. 63r. 18.10.1656. Wiesel an Hzg. August; vgl. Anhang A.3 Nr. 45.

[81] HAB 83 Novi fol. 665v. 2.12.1660. Anckel an Hzg. August; HAB Porträtsammlung: Kupferstich von Bartholomäus Kilian; siehe Kap. II.1.9.

[82] NSLB Hannover IV 341 S. 850. Februar 1625. Widemann an August Fürst zu Anhalt.

fürstlichen Durchlaucht in Bayern Christmiltesten ged: dergleichen etliche uf obige art und manyr gemacht habe, nemblich daß das glas oder brillen eingefaßt, so mit 2 anhangenden Läpplen bei den absehen des Läufers angeschraufft werden, also daß man die brillen hoch oder nieder oder wie man will richten, und dadurch vornenhero daß Korn und die Scheiben oder das Thier gar wol betrachten und sehen könne, er Wisel hette auch vor wenig Jahren der verstorbenen Röm. Kaiserlichen Maj. Christlobseel. Gedechtnis, etliche dergleichen Brillen verfertigen müssen. Ein Glas von dieser art und facon, will er selbsten, zum alsobalden gebrauch, sauber einfaßen und praepariren, das andere aber, zum geringen auswexeln, bloß und allein mit beylegen.[83]

Zwei Gewehre mit einem solchen Glas sind in Schloß Rosenborg in Kopenhagen und im Kunsthistorischen Museum in Wien erhalten. In beiden Fällen ist der Optiker unbekannt. Das Gewehr in Dänemark war vom kaiserlichen Kammerbüchsenmacher Max Wenger in Prag gefertigt und von Frederik III. von Dänemark (1609-1670) benutzt worden, vielleicht noch in seiner Kronprinzenzeit, also vor 1648.[84] Diese Datierung läßt eine Herstellung des Brillenglases durch Wiesel möglich erscheinen, nachdem er um diese Zeit für den dänischen Königshof arbeitete. Es liegt allerdings kein Beleg vor. Das zweite Gewehr wurde erst 1731 für Kaiser Karl VI. (1685-1740) angefertigt.[85] Diese Sehhilfe für Jäger war demnach lange in Gebrauch, bis sie im 18. Jahrhundert durch das Zielfernrohr, ein auf das Gewehr montiertes kleines Fernrohr, ergänzt und schließlich abgelöst wurde.[86]

In diesem Zusammenhang sei das *Geschützkästlein* erwähnt, das Wiesel 1630 an den Obristen in bayerischen Diensten, Graf Ott Heinrich Fugger, verkaufte. Heutige Waffenexperten konnten keine Auskunft darüber geben, worum es sich dabei gehandelt haben könnte.[87] Schon vor der Zeit der optischen Geräte verwendete man sogenannte 'Geschützaufsätze', um die Geschütze einzurichten. Von Christoph Schißler und anderen Augsburger Kompaßmachern sind mehrere solcher Richtgeräte erhalten.[88] Es gibt einen Hinweis, aus dem man schließen kann, daß Wiesel auch später noch optische Hilfen für die Artillerie baute. Rudolf

[83] HAB 83 Novi fol 246 r-v. 23.5.1658. Anckel an Hzg. August.

[84] Rosenborg. Official Guide 1997. S. 74 Nr. 2852; Hoff: Bd. 2. S. 165 Abb. 129; Hans Schedelmann: Die großen Büchsenmacher. Braunschweig 1972. S. 96f.

[85] Hoff S. 164f Tafel IV: Steinschloßbüchse von Georg Keiser Alt in Wien, 1731 für Kaiser Karl VI gefertigt.

[86] Lana 1684. Liber 2 caput 4 problema 5; Zahn zitierte Lana: Oculus, 2. Auflage 1702. S. 751f.; die erste Auflage Zahns 1685 enthält nichts über das Zielfernrohr; Leutmann 1719. S. 55-58. Tafel XIV; Kurt Müller: Zielfernrohr.

[87] Dillingen FA 1.2.78c (1629) fol. 55r. Rechnungsbuch von Ott Heinrich Fugger: *Den 8. Februari Anno 1630 bezalt Ich Johann Wisel, Perspectifmacher, umb underschidliche wahren, alß ein geschüzKästlen, ein proportional Spiegel und ein Kunstbixlen, so er Iro Excell. in dero alhie sein per 15 ReichsTaler verkhauft*; Befragt wurden Experten: Bayerisches Nationalmuseum und Jagdmuseum in München, Germanisches Nationalmuseum Nürnberg, Armeemuseum Ingolstadt, Waffenmuseum Suhl.

[88] Bobinger: Kompaßmacher S. 305f.; Umbruch Bd. 2. S. 451f.

Strauch berichtete Hartlib 1657: *Weisselius hath an Optical Instrument to see foreward together with representations from the objects of the right and left hand. About 15 rixdollars. A great vse of some kind of the Optical Glasses in levelling of the shooting of Ordnance.*[89] Manchmal ist die Ausdrucksweise der damaligen Zeit schwer zu verstehen, zumal dann, wenn die Information wie hier in Hartlibs Ephemeriden stichwortartig notiert ist. Man könnte übersetzen: "Ein großer Nutzen spezieller optischer Instrumente besteht beim Ausrichten von Geschützen".

2.7 Kunden

Durch exakt geschliffene Gläser und durch den Versuch der Anpassung an die persönlichen Bedürfnisse seiner Kunden erlangten Wiesels Brillen einen ausgezeichneten Ruf. Sie waren weit besser als die gewöhnlichen Augengläser, die man auf den Jahrmärkten kaufen konnte. Zur Qualität trug zweifellos auch das von Wiesel verwendete Glas bei. Der Verkauf von Brillen stellte zumindest in den Anfangsjahren wohl das Fundament seines Geschäftes dar: *Er hat eben mit ordinarj brillen für Junge und alte gesichter vil zu schaffen,* schrieb Hainhofer im Februar 1632.[90] Fernrohre und Mikroskope waren teure Instrumente, die vielleicht nicht immer genügend Käufer fanden. Auch von den englischen Optikern ist bekannt, daß sie vor allem vom Verkauf von Brillen lebten. Dagegen waren Divini und Campani in Rom gelernte Uhrmacher, die auch später, als sie schon bekannte Optiker waren, noch Uhren herstellten.

Leider wissen wir von den Augsburger Kunden nichts, und kennen auch sonst nur einige, die Brillen gekauft haben: Maximilian I. von Bayern;[91] König Gustav II. Adolf von Schweden (1632); König Christian IV. von Dänemark durch Graf Pentz (1637); Georg Forstenhäuser, Agent von Herzog August d.J. in Nürnberg (1642);[92] J.V.Andreae in Stuttgart (1653);[93] Herzog August von Braunschweig-Lüneburg und verschiedene seiner Hofleute, z.B. der Oberamtmann Wolf (1657)[94] und der Proviantverwalter Poppe (1661); Hofmarschall Hoyn und ein Herr Selner ließen sich Perspektivröhrlein schicken;[95] Herzog Johann Friedrich von Braun-

[89] HP 29/6/6B. Ephemerides 1657.

[90] NSAW 1 Alt 22 Nr. 177i fol. 83r. 16/26.2.1632. Hainhofer an Hzg. August (Gobiet 1098).

[91] z.B. StaatsA München. Hofzahlamtsrechnungen Bd. 89. 1639 fol. 249r: *Johann Wießel in Augspurg per 9 Augengläßer a 1 Ducaten zu 3fl lt.Z* [laut Zettel] *fl 27.-.-.*

[92] HAB 17.29 Aug 4° fol. 195r. 1.12.1642. Hainhofer an Donat Fend.

[93] HAB 99 Novi fol. 240v. 13/23.10.53. Hirt an Hzg. August: [...] *wann ich getrauete, von dem wisel ein par Brillen meinen Augen dienlich /. wie woln ich sonsten kheine gebrauche ./ zu überkhommen, solten mich etliche thaler nit betauren.*

[94] HAB 83 Novi fol. 91v. 7/17.5.1657. Anckel an Hzg. August.

[95] HAB 84 Novi fol. 66r. 11/21.4.1661. Anckel an Hzg. August: *Es hatt Herr Hier: JmHof under Couvert seines Vettern auß Nürnberg vor 8.tagen an mich geschriben und unter anderem*

schweig-Lüneburg, ein Vetter Herzog Augusts, kaufte auf der Durchreise Brillen und Perspektivröhrlein (1657);[97] Vergilio Constante in Wien (vor 1642);[98] der Trierer Kanzler Johann von Anethan ließ durch Constante zwei Paar Brillen bestellen (1642).[99]

Entweder hatten die Kunden den Augsburger Optiker bei einem Aufenthalt in der Stadt oder auf der Durchreise kennengelernt, oder sie oder ihre Freunde standen bereits in Geschäftsbeziehungen zu Augsburger Kaufleuten. Daß Hainhofer hier durch seinen großen Kunden- und Freundeskreis eine besondere Rolle spielte, steht außer Zweifel.

---

begeret, Ich solle bey dem H. Wiseln alhier für den ietzigen H. Hofmarschallen von Hoyn, von 58 Jahren alt, ein bequemliches Perspectiv Röhrlin, wie nicht weniger auch der Selner vor etlichen wochen, für den Proviantverwalter Poppe, ein gute baar brillen verferttigen zu lassen und solches alles mit nechstem zu ubersenden, welcheß Ich dann auch so weit dahin befördert, daß beede stuckh mir heut vormittag Herr Wisel selbst in mein hauß eingeliefert und hiemit in E Frstl: Paquet (66v) gehorsambst beyschliesse, underthenigst gehorsambst bittende, EFD geruhen gnädigst deßwegen nicht ungnädigst zu seyn.

97 HAB 83 Novi fol. 69v. 23.4./3.5.57. Anckel an Hzg. August: [...] *in discursu fragete er* [Wiesel], *ob man nicht wüße, wo Herrn Johan Friedrich Herzogen zu Braunswyk-Lüneburgs FGn aniezo sich aufhalten theten, dann er Wisel deroselbigen auch augengläser oder brillen, für eine Person von ungefehr 50.Jahren albereit verferttiget hette, so aber biß dato nicht abgefordert weren*[...]; HAB 83 Novi fol. 89r. 30.4./10.5.57. Anckel an Hzg. August: [...] *saget er Wisel zu mir, daß Hertzog Johan Friedrichs zu Braunsw: Lünebg: Frstl.Gn. mit wenig Leuten vor 3.tagen von Venedig alhier durch, und nach Heydelberg passirt seye,* [...] *Eß haben vor hochged[t] SFG von Ihme Wiseln ein paar augenspiegel, und 4.paar Perspectivröhrlen abgekaufft.*

98 HAB 17.29 Aug 4° fol. 170r-171r. 22.8.1642. Hainhofer an Constante.

99 HAB 17.29 Aug 4° fol. 175r-v. 15.9.1642. Hainhofer an Anethan; Baur: Philipp von Sötern: Dr. Johann von Anethan (+1668) war 40 Jahre lang Kanzler des trierischen Kurstaats, Bevollmächtigter zu Münster und Osnabrück. Constante konnte nicht identifiziert werden. 1642 lebte der Kurfürst von Trier, Philipp von Sötern, in kaiserlicher Gefangenschaft in Wien, worauf sicher die Verbindung Wien – Trier zurückzuführen ist.

2.8 Die verschiedenen Arten von Wiesels Sehhilfen:

a. Brillen für Kurz- und Weitsichtige
Perspicilla für Junge v. alte gesichter, wann Er gleich die Persohn nit sihet, wann Er nur die lenge an einem faden hatt, wie weit ainer eine zimbliche schrifft zu lesen siehet.[100]
Fassungen aus Leder, Metall, Horn, Schildpatt.
Fadenbrillen, Zwicker aus Leder. Brillengläser hängen an einer Schiene über dem Kopf oder an einem Ring, den man auf den Kopf setzt. Brillengläser werden an der Mütze befestigt.

b. Staub- oder Windbrillen,
mit denen man *zugleich unverwentes kopfs auch sehen kan, wer hinder ihn und nachfolgen thut.*[101]

c. Fernrohrbrillen
aus je zwei hintereinander gesetzten Gläsern, die durch eine Schraube justiert werden konnten.[102]

d. Starbrillen
für Personen, die am Star operiert wurden.

e. Schießbrillen:
ein Brillenglas, das auf ein Gewehr gesteckt wurde.
Geschützkästlein: eine ähnliche Vorrichtung zum Richten der Geschütze.

f. Vergrößerungsgläser, Lupen.

g. Kleine Fernröhrchen, *Perspectivröhrlein*
als Brillenersatz; auch als Binoculum.

---

[100] HAB 17.29 Aug. 4° fol. 178v. 15/25.9.1642. Hainhofer an Andreae.
[101] HAB 95 Novi fol. 300r. 3.3.1632. Hzg. August an Hainhofer. siehe Kap. III.2.2.
[102] siehe Kap. III.2.5.

3. Fernrohre

Wiesel hatte von Anfang an das holländische oder Galileische Fernrohr mit einer konkaven Zerstreuungslinse als Okular und einer konvexen Sammellinse als Objektiv im Programm. Leider kann man nicht sagen, ab wann er astronomische Fernrohre mit zwei konvexen Linsen baute. In der Geschichte des Erdfernrohrs mit einem aus mehreren konvexen Linsen zusammengesetzten Okular, das nach 1640 bekannt wurde, spielte Wiesel jedoch eine nicht geringe Rolle.

3.1 Frühgeschichte (etwa bis 1620)

Das Fernrohr war sicher die aufregendste und weitreichendste Erfindung zu Beginn des 17. Jahrhunderts. Als es im September 1608 in Holland dem Statthalter Moritz von Nassau zum ersten Mal vorgestellt wurde, erkannte man rasch die militärische Verwendbarkeit des Instruments. Trotz des Befehls zur Geheimhaltung verbreitete sich die Nachricht in Windeseile und man versuchte überall, das Fernrohr mit zwei Brillengläsern nachzubauen. Manchem Brillenmacher mag es geglückt sein und er verlangte teures Geld dafür. Allerdings kann man sich heute, an die Schärfe unserer Fernrohre und Feldstecher gewöhnt, wohl schwer vorstellen, was ein damaliges Instrument leistete. Es war schwierig, das gewünschte Objekt zu finden, denn das Gesichtsfeld des sogenannten holländischen Fernrohrs war sehr klein. Die Linsen boten ein relativ unscharfes Bild mit Farbrändern. Noch heute ist nicht mit Sicherheit zu sagen, wer der eigentliche Erfinder des Fernrohrs gewesen sei. Hans Lipperhey (+1619) aus Wesel, der seit 1594 als Brillenmacher in Middelburg in der Provinz Seeland lebte, war jedenfalls der erste, der am 25. September 1608 bei den Generalstaaten in Den Haag um ein Patent nachsuchte.[1] Keines der frühen Fernrohre aus den Niederlanden ist erhalten, aber Jan Brueghel der Ältere hat auf einigen Gemälden dieser Zeit Fernrohre dargestellt. Die 'Allegorien der Sinne', um 1617 gemalt und heute im Prado in Madrid aufbewahrt, sind öfters in Büchern zu sehen.[2] Interessant ist ein Gemälde von 1611, auf dem Erz-

[1] Eine genaue Schilderung der Erfindung des Fernrohrs mit Abdruck der Quellen findet man bei Van Helden: The Invention; eine gute Zusammenfassung gibt Riekher S. 19-21; über die erste Entwicklung: Bedini: The tube of long vision; Sluiter.

[2] Z.B. Pieter Breughel – Jan Brueghel. Katalog 1997. S. 310 Nr. 95a; Bedini: The tube of long vision. S. 171 u. 172; Asemissen: Jan Vermeer 1993. Abb. 27. S. 54.

herzog Albrecht, Gouverneur der Spanischen Niederlande, gezeigt wird, wie er einen Vogel durch ein Fernrohr betrachtet. Dieses Gemälde dürfte eines der ersten Bilder sein, auf dem der Gebrauch eines Fernrohrs dargestellt wurde. Albrecht hatte im Mai 1609 zwei Instrumente für 390 Gulden gekauft.[3]

Großes Aufsehen erregte Galilei, als er angeregt von den Nachrichten aus Holand ein Fernrohr zusammensetzte, das er am 21. August 1609 einigen venezianischen Ratsherren auf dem Turm von St. Marco präsentierte. Schon am 4. September 1609 berichteten die ersten deutschen periodischen Zeitungen, die Straßburger Zeitung und der 'aviso' in Wolfenbüttel, in fast gleichlautenden Texten darüber:

> *Aus Venedig. Hiesige Herrschaft hat dem Signor Gallileo von Florentz, Professoren in der Mathematica zu Padua, eine stattliche Verehrung gethan, auch seine Provision vmb 100 Cronen jährlich gebessert, weil er durch sein embsigs studiren ein Regel vnd Augenmaß erfunden, durch welche man einerseits auff 30 meil entlegene ortt sehen kan, als were solches in der nehe, anderseits aber erscheinen die anwesende noch so viel größer, als sie vor Augen sein, welche Kunst er dann zu gemeiner Statt nutzen präsendiert hat.*[4]

Bereits im August 1609 hatte der englische Mathematiker Thomas Harriot den Mond mit dem Fernrohr betrachtet und erste Zeichnungen davon angefertigt, die er jedoch nicht publizierte.[5] Auch Galilei richtete sein Fernrohr bald gegen den Himmel, wo er seine berühmten Entdeckungen machte: Die von Bergen und vermeintlichen Meeren (lat. Maria) gestaltete, erdähnliche Oberfläche des Mondes, die vier Satelliten um den Jupiter, die wechselnden Phasen der Venus, die 'Dreikörper-Gestalt' des Saturn und unzählig mehr Sterne als mit dem bloßen Auge zu erkennen waren. Eine Veröffentlichung folgte schon 1610: Galileis 'Sidereus Nuncius', die Sternenbotschaft.[6]

Es war unglaublich: man konnte völlig neue Dinge durch ein solches Rohr sehen. Waren Sie wirklich vorhanden? Konnte das mit rechten Dingen zugehen? Konnte man seinen Augen trauen, wenn man ein derartiges Rohr benützte? Es gab durchaus Stimmen gegen solch vermeintliches Teufelswerk, zumal Galileis astronomische Entdeckungen die Frage des Weltbilds erneut in den Blickpunkt der Gelehrten rückte. Hatte Copernicus also doch recht mit seiner Theorie, daß die Sonne der Mittelpunkt unseres Planetensystems sei? Die Frage war zu dieser Zeit durchaus noch nicht entschieden. Viele Wissenschaftler und Theologen, vor allem die Jesuiten, hatten sich dem von Tycho Brahe vorgeschlagenen Kompromiß angeschlossen: Die Planeten kreisen um die Sonne, diese aber kreist um die Erde. Die Erde blieb der Mittelpunkt der Welt und stand fest, wie es in der Bibel heißt.

---

3 Breughel – Brueghel. 1997 S. 252f. Nr. 72: Landschaft mit Schloß Mariemont. Richmond Virginia Museum of Fine Arts; Riekher S. 21.

4 Schöne: Der Aviso; Schöne: Die Relation des Jahres 1609.

5 North: Thomas Harriot S. 136.

6 Deutsche Übs. von Christian Wagner in: Mudry Bd. 1. S. 94-144.

Es spielten aber auch astronomische Gründe mit, die Tycho Brahe veranlaßt hatten, sein Weltbild zu entwerfen. Die Sternparallaxe, die nach dem neuen System hätte auftreten müssen, war mit den damaligen Mitteln nicht nachzuweisen. Erst 1837/38 gelang es Friedrich Wilhelm Bessel (1784-1846) mit einem Fraunhofer-Heliometer eine Fixsternparallaxe zu bestimmen.[7]

In den ersten Jahren nach der Erfindung des Fernrohrs war es äußerst schwierig, ein gutes Gerät zu bekommen, das für astronomische Beobachtungen taugte. Aus dem süddeutschen Raum und aus Prag kennen wir einige Beispiele:

Simon Marius (Mayr, 10.1.1573-26.12.1624), geboren in Gunzenhausen, hatte in Prag und Padua studiert. Er kannte Tycho Brahe und Galilei und erhielt 1606 nach seiner Heimkehr eine Anstellung als fürstlicher Hofmathematiker und Astronom in Ansbach beim Markgrafen von Brandenburg. In seinem Buch 'Mundus Jovialis' schilderte er 1614, wie er zu seinem ersten Fernrohr kam: Auf der Frankfurter Herbstmesse von 1608 hatte der Oberst Johannes Philipp Fuchs von Bimbach, ein hoher Beamter am Hof in Ansbach, einen Belgier getroffen, der ihm ein Fernrohr vorzeigen konnte. Allerdings verlangte er eine so hohe Summe dafür, daß Fuchs es nicht kaufte, zumal eine Linse einen Sprung hatte. Wieder zu Hause in Ansbach, diskutierte er mit Marius darüber. Sie erkannten das Prinzip des holländischen Fernrohrs, konnten aber bei den Brillenmachern in Nürnberg keine geeigneten Linsen bekommen. Erst im Sommer 1609 erhielt Fuchs von Bimbach ein Fernrohr aus Belgien, mit dem Marius beobachten konnte und die Jupitermonde fand. Ein anderes, das gegen Ende des Jahres aus Venedig kam und hervorragend geschliffene Gläser besaß, diente zur Bestätigung der Entdeckungen.[8]

Johannes Kepler war von der Erfindung des Fernrohrs begeistert. 1604 war sein bedeutendes Werk über die Optik 'Astronomiae Pars Optica' erschienen, in dem er unter anderem die Optik des menschlichen Auges, den Sehvorgang, erklärt hatte. Als er 1610 Galileis 'Sternenbotschaft' gelesen hatte, konnte er deshalb in ganz kurzer Zeit eine Erwiderung schreiben, die 'Dissertatio', und in der 'Dioptrice' die optische Wirkungsweise des Instruments aufzeigen. Seine eigenen Versuche, ein Fernrohr zu bauen, scheiterten daran, daß er in Prag keine geeigneten Linsen bekommen konnte. Vergebens hatte Kepler Galilei um ein Fernrohr gebeten. Erst Ende August 1610 lieh ihm der Kölner Kurfürst, Erzbischof Ernst von Wittelsbach, während eines Aufenthalts in Prag für einige Tage ein Instrument, das dieser aus Wien mitgebracht hatte und das von Galilei stammte. Damit konnte

---

[7] Hamel: Geschichte S. 182-189, S. 273-278; Riekher S. 172. Unter der Sternparallaxe versteht man die Ellipsenbewegung insbesondere näherer Fixsterne als Spiegelbewegung der Erdbewegung um die Sonne.

[8] Marius: Mundus Jovialis; übs. u. hg. von Joachim Schlör und einem Leistungskurs Latein des Simon-Marius-Gymnasiums in Gunzenhausen: siehe Schlör; die obige Schilderung auf S. 37-43. Auf Marius Entdeckungen der Jupitermonde, wohl unabhängig und gleichzeitig mit Galilei, und des Andromedanebels, wie auf die Anschuldigungen von Galilei soll hier nicht eingegangen werden; Riekher S. 37f.

Kepler endlich selbst die Jupitermonde sehen.[9] Am 28. März 1611 schrieb er an Galilei, daß man mit dem besten der Prager Fernrohre wohl die Jupitermonde, nicht aber die Venusphasen oder die Saturngestalt wahrnehmen könne.[10] Erst im Sommer 1623 erhielt er in Linz als Geschenk des römischen Jesuiten Niccolò Zucchi (1586-1670) ein Fernrohr, das ihn zufrieden stellte.[11] Daß Zucchi, der als Begleiter und Beichtvater des Kardinals Alessandro Orsini auf der Reise zu Kaiser Ferdinand II. war, von seinem Ordensgeneral Vitelleschi den Auftrag erhalten hatte, Kepler zur katholischen Religion zu bekehren, sei nur nebenbei bemerkt.[12]

Der Jesuit Christoph Scheiner (1573/75-1650) aus dem schwäbischen Markt Wald, lehrte von 1610 bis 1616 in Ingolstadt Mathematik und Hebräisch. Er setzte sich sehr bald Fernrohre zusammen, darunter das astronomische Fernrohr, das Kepler in seiner Dioptrik vorgeschlagen hatte. Es gibt einige Hinweise, daß Scheiner sich seine Linsen selbst schliff. Besonders für die Sonnenbeobachtungen verwendete er das grünliche 'Waldglas'.[13]

Jacob Christmann (1554-1613) lehrte an der Universität Heidelberg Logik und arabische Sprache. Im Anhang zu einem kleinen Werk über trigonometrische Funktionen beschrieb er seine Schwierigkeiten, im Dezember 1610 durch ein Fernrohr etwas an den Planeten zu erkennen. Wo Galilei Jupiter und seine Monde unterscheiden konnte, sah Christmann nur feurige Kugeln.[14] Sein Fernrohr bot demnach kein klares Bild und muß ein sehr mangelhaftes Instrument gewesen sein. Im Jahr darauf hatte er wohl bessere Teleskope zu Verfügung, denn er war der erste, der ein Fernrohr mit Meßgeräten wie Jakobsstab und Sextant verband. [15]

Selbst in Venedig hatte man Mühe, ein geeignetes Fernrohr zu finden. Der bereits erwähnte Johann Valentin Andreae berichtete Hainhofer, wie er 1612 in Venedig unter 400 Rohren gesucht hatte, bis er ein passendes Fernrohr fand. Das ausgewählte Teleskop war ausgezogen 4 Schuh (ca. 1,20 m) lang. Zu Hause wurde Andreae bald von Herzog Johann Friedrich von Württemberg (1582-1628) gebeten, ihm das Instrument zu überlassen. Bis 1642 konnte Andreae in Süddeutschland noch keinen gleichwertigen Ersatz finden, obwohl er dafür *vil gelt vergebenlich spendiert* hatte.[16] Diese Briefstelle bezeugt andrerseits, daß man in

---

9 Kepler: Gesammelte Werke Bd. 4. München 1901. S. 464 u. 470f.; Riekher S. 30; Van Helden: Telescope and Authority. S. 12f.

10 Kepler: Gesammelte Werke Bd. 4. S. 484.

11 Kepler: Gesammelte Werke Bd. 11,2 bearbeitet von V. Bialas u. H. Grössing. S. 484.

12 Redondi S. 135: Redondi bezieht sich auf D. Bartoli: Della vita del Padre Nicolo Zucchi. Rom 1683. S. 28f.; den Hinweis erhielt ich freundlicherweise von Herrn Rolf Riekher.

13 Goercke: Christoph Scheiners allgemeine Aussagen.

14 Jacob Christmann: Nodus Gordius ex doctrina sinuum explicatus. Heidelberg 1612. S. 42; zitiert in Van Helden: The Astronomical Telescope S. 19.

15 Zinner: Instrumente S. 280.

16 HAB 74 Noviss. 2° fol. 60r. 5.10.1642. Andreae an Hainhofer: *Ich habe von Venedig einen tubum mit mir heimgebracht, außgezogen auf 4. schuh lang, den ich gleichwol fur Mein gesicht under 400 außgesucht. Mit welchem ich auf 3 stund die Zeiger und stunden einer urtafel, auch uber 2.stund einen blumenkrug mit underschidenen blumen, item uber 3. Meil weges*

Venedig bereits 1612 zusammenschiebbare, aus mehreren Rohren zusammengesetzte Fernrohre verkaufte.

Frühe Fernrohre in Augsburg

Auf dem Weg über Frankfurt kam schon im Frühjahr 1609 mindestens ein Fernrohr nach Augsburg, was durch Briefe von zwei Kaufleuten oder Beamten Thomas Barmet (Bormeth) und Albrecht Behem (Behaim),[17] an Erzherzog Maximilian III. von Tirol (1558-1618) bezeugt wird. Beide waren mit einer Augsburgerin verheiratet, Thomas Barmet aus Wien seit 1606 mit Barbara Hainhofer.[18] Ihr Vater Melchior (1560-1626) war ein Vetter Philipp Hainhofers. Am 19. Juli 1609 schrieb Barmet,

> *jetzt wohnhaft zu Augsburg, dem Erzherzog Maximilian, daß ein hiesiger Bürger ihm gemeldet hätte, der Erzherzog habe in Erfahrung gebracht, es gebe ein neues "perspektivisch Instrument",* [um] *einen Gegenstand, in die Weite zu sehen und zu erkenen, und fürstl. Durchl. wünsche solches zu besitzen. Er habe für sich ein solches Instrument erkauft, welches sich besser erwiesen als alle nach demselben angefertigten, daher sein Instrument von mehreren Seiten begehrt worden sei. Im Bestreben, Ihrer fürstl.Durchlaucht einen Dienst zu erweisen, habe er auf Anregung genannten Bürgers dieses Instrument, an welchem Durchl. solchen Gefallen habe, zum Geschenk machen wollen mit der untertänigsten Bitte, es annehmen zu wollen.*[19]

Dieser 'hiesige Bürger' könnte durchaus Philipp Hainhofer gewesen sein, weil er einerseits mit Barmet verwandt war und andererseits mit dem Innsbrucker Hof in guter Verbindung stand.[20] Aus diesem Schreiben geht weiter hervor, daß auch andere Augsburger das Fernrohr gesehen hatten und es gerne erwerben wollten, und daß man es kopierte. Interessant wäre zu wissen, wer sich daran versuchte. Als

---

die Ziegel auf dem schloß Hohenzollern sehen können, welchen meinem g. F[ürsten] *und H*[errn] *Herzog Johann Friedrichen lobs. ged. auf g. begehren ich under*[thänigst] *verehret. Und Entzwischen nichts Rechts mehr uberkommen können. Ob nun meine augen hieran schuldig, oder Nicht, und ob noch derogleichen zu bekommen wehre, möchte ich wol wißen. dan ich schon vil gelt vergebenlich spendiret*; '400' dürfte ein Ausdruck dafür sein, daß er sehr viele Instrumente ausprobiert hatte; daß Andreae 1612 in Venedig war, geht aus seiner Selbstbiographie hervor. Andreae: Vita. S. 54f.

17 Hofpfalzgrafenregister Bd. 2. 1966. S. 46: Albrecht Behem (+1625), Reichspfennigmeisteramts-Verwalter in Augsburg, hatte 1590 vom Reichspfennigmeister Geizkofler einen Wappenbrief erhalten. Zu Thomas Barmet konnte kein Hinweis gefunden werden.

18 Haemmerle Hochzeitsbücher Nr. 1877 (Barmet 7.8.1606) und Nr. 1762 (Behem 10.2.1603).

19 Tiroler LandesA Innsbruck. Ambraser Akten Missiom fasc. Juli N 4. Zitiert nach: Schönach S. 175f.

20 Später lebte die Familie Barmet wohl wieder in Wien: HAB 17.26 Aug. 4° fol. 214r. 9.3.1637. Hainhofer an Frau Barbara Barmettin in Wien.

sich im September 1609, zwei Monate später, die Kunde von Galileis Fernrohr verbreitete, war das neue Instrument in Augsburg bereits bekannt.

Aus einem Antwortschreiben des offenbar mit Barmet geschäftlich oder freundschaftlich verbundenen Behem an Erzherzog Maximilian vom 21. August 1609, in dem Behem für die Bestätigung, daß das Instrument unversehrt in Innsbruck angekommen sei, dankte, geht hervor, daß es Barmet um zwei ungarische Dukaten in Frankfurt am Main gekauft hatte und daß diese Perspective

> *anfänglich als ein neu erfundenes Mirakel per Stück auf 30 Kronen gekommen sein, wie das jetzt im Besitz Ihrer fürstl.Durchlaucht befindliche, welches man unter allen als das beste Instrumente ausgesucht habe. Alsbald jedoch sei der Preis so gefallen, daß sie letzthin, namentlich die etwas schlechteren, per Stück um 2 fl, ja sogar um 1 Gulden käuflich waren.*[21]

Während Fuchs von Bimbach bei der Herbstmesse 1608 offensichtlich nur ein Fernrohr angeboten worden war, konnte Barmet auf der Frühjahrsmesse 1609 schon unter mehreren Instrumenten wählen, die zudem im Preis gefallen waren.[22] Etwa zur gleichen Zeit wie in Augsburg, im April und Mai 1609, tauchten in Paris und Mailand die ersten Fernrohre auf.[23]

Nach Daxecker war das Instrument aus Augsburg das erste Fernrohr, welches Erzherzog Maximilian von Tirol erhielt. An der weiteren Entwicklung interessiert, empfing der Fürst 1611 den durch Österreich und Süddeutschland reisenden Hieronymus Sirturus, der sich über die Herstellung von Linsen und Fernrohren in diesen Ländern informieren wollte. Er konnte Maximilian etliche Informationen liefern, hatte er sich doch schon in Spanien umgesehen und war kurz vor seiner Reise im April 1611 in Rom Gast beim Bankett des Fürsten Cesi gewesen, wobei er Galileis Fernrohr genauestens betrachtet hatte.[24] Der Italiener schrieb am Ende seiner Reise das Buch 'Telescopium', welches er Großherzog Cosimo II. de Medici widmete. Das Werk wurde zwar schon 1612 im Frankfurter Messekatalog angekündigt, erschien aber erst 1618.[25] Ab 1614 stand Maximilian von Tirol in lebhaftem Gedankenaustausch mit Christoph Scheiner und veranlaßte diesen zwei Jahre später, die Universität Ingolstadt zu verlassen, um nach Innsbruck überzusiedeln.[26]

Auch bei den Fuggern, die sich um diese Zeit neben dem Handel mit Vorliebe ihren Bibliotheken, den schönen Künsten und den Wissenschaften widmeten, müssen die Fernrohre früh bekannt gewesen sein. Zumindest Graf Philipp Eduard

---

[21] Tiroler LandesA Innsbruck. Ambraser Akten Missiom fasc. Aug. N 13: Schönach S. 176.

[22] Gobiet S. 873f.: Zwei Dukaten waren fünf Gulden und zwanzig Kreuzer wert, eine Silberkrone einen Gulden und 44 Kreuzer. Um die Mitte des Jahrhunderts galt: 2 Dukaten = 6 Gulden.

[23] Riekher S. 21.

[24] Sirturus: Telescopium S. 25-30, speziell Innsbruck S. 28-30; zu Cesi siehe Kap. I.2.

[25] Riekher S. 65-67.

[26] Daxecker: Briefe S. 7f.

Fugger, der 1618 starb, besaß ein Fernrohr und beobachtete damit *die maculas solaris und die neuen stern an des himmels firmament.*[27] Die Erwähnung der Sonnenflecken deutet darauf hin, daß dieser Graf Fugger mit Markus Welser und dem Jesuiten Christoph Scheiner in Verbindung stand. Philipp Eduard und seine Brüder waren jesuitisch erzogen worden und hatten die Ansiedlung der Jesuiten in Augsburg ermöglicht.[28] Ein entfernter Vetter, Hans-Ernst Fugger (1590-1639), Bruder von Ott Heinrich, war vermutlich Gastfreund oder sonstiger Patron des oben erwähnten Sirturus auf seiner Reise, denn dieser widmete ihm seine Ausgabe des 'Compendium Politicum ex universa civili Doctrina Justi Lipsi', also des einflußreichsten politikwissenschaftlichen Werkes aus der Feder des berühmten niederländischen Philologen und Historikers Justus Lipsius, welche 1614 in Frankfurt erschien.[29] Dieses kleine, aber umfangreiche Buch wirft ein neues Licht auf die Person des Hieronyms Sirturus, über dessen Beruf und Leben nur spärliche Informationen vorliegen. Er soll 1660 noch gelebt haben.[30]

Die Herstellung der frühen Fernrohre verlagerte sich schnell von den Niederlanden nach Italien und Philipp Hainhofer bezog sie fortan eher von dort als aus Frankfurt. Als er im Januar 1612 Herzog Maximilian I. von Bayern das Buch 'De radiis visus et lucis' von Marco Antonio de Dominis (1560-1624), dem damaligen Erzbischof von Split, schickte, das er von seinem Buchhändler in Venedig bekommen hatte, schrieb er: *Von Venezia hat mir der Begliori, dem ich offt bücher abhandle, dieses tractetlein de radiis visus et lucis zugesandt, weil es denn alhie noch neu und E.F.D. one zweifl von den in langen büchsen eingemachten gläsern auch* [welche] *haben.*[31] Hainhofer kannte nach drei Jahren offenbar noch keinen rechten Namen für das neue Instrument.

Herzog August d.J. von Braunschweig-Lüneburg hatte gleich zu Anfang seiner Beziehungen zu Philipp Hainhofer ein Fernrohr bestellt, denn am 13. Juli 1613 schrieb er, er erwarte das *Instrumentum opticum* mit Verlangen.[32] Hainhofer antwortete, daß er in dieser Angelegenheit bereits nach Venedig geschrieben habe.[33] Im Dezember kam das Instrument in Augsburg an, am 4. Februar 1614 bestätigte der Herzog den Erhalt: *Daß Instrumentum Opticum, will mir allerdingeß nicht gefallen, und kan ich nicht sehr weitt, damitt sehen, eß moß vielleicht noch ein*

---

27 HAB 96 Novi fol. 328v-329r. 21.11./1.12.1644. Hainhofer an Hzg. August; vgl. Kap. I.2.

28 Hildebrandt: Die "Georg Fuggerischen Erben".

29 Vgl. zur Person und zum Werk des Lipsius die Einleitung von Wolfgang Weber zum Faksimilenachdruck von Justus Lipsius: Politicorum sive Civilis Doctrinae libri sex (Nachdruck der Ausgabe Frankfurt a.M. und Leipzig 1704). Hildesheim u.a. 1998, S. I-XXV.

30 Rohr, v.: Zu Thomas Youngs Gedächtnis. S. 197.

31 Volk-Knüttel S. 96, 101f., 127. FN. 134: HAB 17.25 fol. 232r. 7.1.1612. Hainhofer an Kfst. Maximilian I.; an anderer Stelle nannte Hainhofer den venezianischen Buchdrucker und Buchhändler Tommaso Baglioni.

32 HAB 93 Novi fol. 11v. 13.7.1613. Hzg. August an Hainhofer (Gobiet 14). Der Briefwechsel zwischen Hainhofer und Hzg. August begann im März 1613.

33 NSAW 1 Alt 22 Nr. 171 fol. 13r. 31.7.1613. Hainhofer an Hzg. August (Gobiet 15).

grieff darauf sein, wie manß recht ausziehen solle. Am nächsten Tag fügte er noch an: *habe vor diesem Kleine zu Nurnbergk Kauffett, da ich viell weyter mitt sehe.*[34] Hainhofer antwortete, man könne das Fernrohr zweimal ausziehen (es bestand also aus drei Rohren), und nachdem man die Gläser mit einem Taschentuch geputzt habe, sie den jeweiligen Augen anpassen; er selbst habe das beste Ergebnis damit erzielt.[35]

Es hatte nicht nur ein halbes Jahr gedauert, bis Hainhofer ein Fernrohr aus Italien erhielt, es kostete offenbar auch ziemlich viel Geduld, ein Ausziehfernrohr richtig einzustellen. Am 30.9.1617 berechnete Hainhofer dem Herzog wieder einen 'Tubum Galilaeum'.[36] Bei den kleinen, in Nürnberg gekauften Instrumenten handelte es sich vielleicht um Fernrohre, die aus einem Rohr bestanden, ohne Auszug. Herzog August bevorzugte solche kleinen Rohre für den persönlichen Gebrauch. Aus manchen Bemerkungen in den Briefen läßt sich auf einen gewissen Hang zur Ungeduld schließen. Wiesel mahnte deshalb einmal den Fürsten, als er ihm ein kleines Fernrohr schickte: *Allein wollen E.Hochfl. Dhl. ein kleine mühe nicht ansehen biß Sie daß Aug iust in dem Centro deß glaßes haben und Treffen werden. Wo es nun einmal gefunden der lust alles erstatten wurdt.*[37] Ein andermal empfahl er, ein Diener solle das übersandte Mikroskop einstellen, bevor man es dem Fürsten zeigte: *gueth were daß zuvor ein Furstlicher Bedienter dieses Instrument recht nach dem Bericht zu richten wüßte, ehe und dan solches Ihrer Hochfl Dhl furgewiesen wurdt.*[38]

Im September 1618 schrieb Herzog August: *Die perspicilla, da man in die ferne mit sehen kan, werden itzo gar schmal und kurtz gemachet, wan ich der Art bekommen könte, zahlete ichs gerne.* Schon einen Monat später berichtete Hainhofer, er habe bei der St. Michaels Kirchweih *von den perspicillis in die weitten zu sehen, von den saphoyern 3:ley sorten gekauft, vnd haben noch newlich zeit deß Galilaej de Galilaeis allain souil gecostet vnd mehrers, alß Jetzt dise 3.sort mit ainander costen.*[39] Es war demnach 1618, zehn Jahre nach dem Bekanntwerden der neuen Erfindung, eine große Anzahl kleiner Fernrohre im Umlauf. Sie waren nicht mehr so teuer und genügten zur Beobachtung der näheren Umgebung.

---

[34] HAB 93 Novi fol. 30v. 4/14.2.1614. Hzg. August an Hainhofer (Gobiet 34); ebd. fol. 32r. 5/15.2.1614. Hzg. August an Hainhofer (Gobiet 35).

[35] NSAW 1 Alt 22 Nr. 171 fol. 36v. 6.3.1614. Hainhofer an Hzg. August: *l'instrumento optico si tira due volte fuora, et bisogna applicargli le canne, sevando che l'huomo hà la vista corta ò, longa, perrche le viste sono assaj diffe=* [37r] *renti, et hauendosi prima nettato ben bene col facelletto li vetrj, poi che prefissogli qualche segno, et tirato le canne tanto fuora, fino che li vetri rappresentano bene il prefisso segno, si vederà beniss. ° per essj, purche fin ben applicato ad vn occhio et l'altro serato, à me faceva buoniss: ° effetto, et spero, che lo farà anche à V.A. advertendo* (Gobiet 39).

[36] NSAW 1 Alt 22 Nr. 177d fol. 51r. 30.9.1617. Quartalskonto (Gobiet 329).

[37] NSAW 1 Alt 22 Nr. 170 fol. 58r-60v. 26.3.1654. Wiesel an Hzg. August; vgl. A.3 Nr. 41.

[38] HAB 84 Novi fol. 27r. 24.2.61. Wiesel an Anckel; vgl. A.3 Nr. 51.

[39] HAB 93 Novi fol. 420v. 12.9.1618. Hzg. August an Hainhofer (Gobiet 406); NSAW 1 Alt 22 Nr. 172 fol. 187v-188r. Hainhofer an Hzg. August (Gobiet 413).

Ein besonderer Wunsch des Braunschweiger Herzogs bereitete Hainhofer aber viel Mühe. Er hatte im Oktober 1618 Herzog August das Buch 'Telescopium' des Sirturus geschickt, das gerade in Frankfurt zur Herbstmesse erschienen war. Der Herzog schrieb postwendend: *Wan ich des sirturi dreyfaches perspicil, so er in dem übersanten tractat promittiret, von dem Inventore selber praeparieret, durch ewre Vermittelung erlangen könte: geschehe mir ein grosser gefalle daranne.*[40] Hainhofer gelang es trotz seiner guten Verbindungen nach Italien nicht, in den folgenden Jahren etwas über Sirturus zu erfahren. Im Dezember 1618 schrieb er: *es will Ihne aber kainer vnder den buch händlern kennen, noch wissen, wo er wohnt, ich will doch so lang forschen, biß Ich Ihne erfahre.*[41] Sechs Jahre später, im Juni 1624 erwachte bei Herzog August wieder der Wunsch nach diesem speziellen Teleskop: *der gemeinen habe ich noch viele: derselben wollet mir nuhr nicht schicken.*[42] Im Juli bekräftigte er, daß es ihn sehr verlange, *dermaln einst ein gerechtes und gutes zu erlangen.*[43] Die Situation hatte sich demnach in den vergangenen sechs Jahren nicht verändert: es war nicht schwierig, ein 'gemeines', d.h. einfaches Fernrohr zu kaufen, vielleicht bei einem Brillenmacher in Nürnberg oder Regensburg oder auf den Jahrmärkten, aber der Blick hindurch war nicht befriedigend. Im Oktober 1624 konnte Hainhofer endlich dem Herzog anzeigen, daß er ihm ein Telescopium schicke,

> *so Ich ainest auß Florenz bekhommen, vnd der Galilaeus mit seiner aignen hand gemacht hat, Ihme auch der Churf* [ürst] *in Bayrn 200 Rtt.*^{r} *für der gleichen aines solle bezahlt haben, für dises hat man Ihm 50.scudj bezahlt, auch noch 3.andere bey gelegte büchßlen vnd ain spiegl, so er auch gemacht, abkhauft, vnd muß man das lange rohr, wan man bey haiterem wetter darmit will in die weite sehen, 9.mahl auß ainander ziehen, Jedes thail biß auf das runde gerimmelin, so auf dem braunem papir ist, vnd mueß man es vornen auf ein gabelin stellen, auch wan mans brauchen will, die gläser vornen vnd hinden mit aim zarten seemischen leder fleissig außwischen, vnd khan man zum außwischen bayde gläser herauß nemmen, wan man vor die darüber hinein gestekhte liderne rayflen* [lederne Reiflein] *herauß thut, man soll mit disem instrumento auf etlich meil weegs sehen künden, wan mans dem gesicht recht applicieret, es muß aber haiter wetter sein, wan man wait dardurch sehen will, durch der gleichen rohr soll man die maculos solares vnd lunares observiern künden, vnd im mohn gar bruggen, beum, vnd berg, alß wie In ainem spiegl sehen, nach dem der mohn ab: oder zu nimmet.*[44]

40 HAB 93 Novi fol. 434r. 16.10.1618. Hzg. August an Hainhofer (Gobiet 414) (promittere: versprechen).

41 NSAW 1 Alt 22 Nr. 172 fol. 201r. 3/13.12.1618. Hainhofer an Hzg. August (Gobiet 428).

42 HAB 94 Novi fol. 337r. 12.6.1624. Hzg. August an Hainhofer (Gobiet 744).

43 HAB 94 Novi fol. 394r. 31.7.1624. Hzg. August an Hainhofer (Gobiet 756).

44 NSAW 1 Alt 22 Nr. 177b fol. 61r-v. 21/31.10.1624. Hainhofer an Hzg. August (Gobiet 775).

Im Quartalskonto zum 30. September 1624 berechnete Hainhofer für die optischen Geräte *sampt vncosten vnd botten lohn* 76 Taler.[45] Unkosten und Botenlohn waren ihm auf etwa 10 Taler gekommen. 26 Jahre später, als es um die Anschaffung eines Erdfernrohrs von Wiesel ging, erwähnte der Herzog diesen Tubus in einem Brief an Hans Martin Hirt:

> *Wir haben noch einen, der hat 9 teile, dan er 8 mahl kan ausgezogen werden: Der ist noch lenger: ist mit rotem leder überzogen mit guldenen Strichlein: Hat oben und unten ein blätlein, so man mit dem bändlein herauszihet, wan mans gebrauchen wil. Unser uns lib geweesener Hainhofer S*[elig] *hat sy uns beede gesandt, ohne Zweifel wird sy der H.Wisel gemachet haben.*[46]

Wiesel erzählte Hirt, er habe diesen Tubus zwar bei seinem *seel: herrn Schweher Vattern gesehen, aber selbigen selbsten nicht gemacht, sondern er sei vor disem dem herrn Graf Otto Heinrichen Fuggern zugehörig gewesen, von deme sein Schweher sel: ihne erhandlet und bekhommen habe.*[47] Ott Heinrich Fugger haben wir bereits als Kunden Wiesels kennengelernt. Ob den Tubus allerdings Galilei mit seiner eigenen Hand gemacht hatte, darf bezweifelt werden. Galilei stellte zwar viele Fernrohre her, um den Wünschen seiner einflußreichen Patrone, Fürsten und Freunde gerecht zu werden. Er kaufte aber die Linsen oder beschäftigte Handwerker, die im Glasschleifen und in der Herstellung von Brillen und Spiegeln oder von Mosaiksteinen (pietre dure) geübt waren. Ippolito Francini in Florenz, später Hofoptiker der Medici, wurde der bekannteste Optiker in Galileis Umgebung.[48]

Glücklicherweise hat sich eines der von Hainhofer vermittelten frühen Fernrohre erhalten, nämlich das Instrument aus dem 'Pommerschen Kunstschrank', den Hainhofer 1617 an den Herzog von Pommern lieferte (vgl. Kapitel I und III.1.3). Zusammen mit dem übrigen Inhalt des Schrankes ist es im Berliner Kunstgewerbemuseum ausgestellt. Dieses Instrument ist eines der ältesten Fernrohre, das man mit Sicherheit datieren kann. Es besteht aus sechs Rohren, kann bis etwa 93 cm ausgezogen werden und vergrößert etwa 16mal. Der ehemals wohl rote Samt des äußersten Rohrs ist verblaßt und wirkt heute gelblich. Mit Goldborten verziert, ist es ein wahrhaft fürstliches Instrument (Abb. 12).[49] Die Endringe der einzelnen Rohre haben alle den gleichen Durchmesser, genau wie wir es später an den Wieselschen Tuben sehen werden z.B. in Skokloster oder auf dem Porträt des Augsburger Optikers. Während Court und Von Rohr noch meinten, der Kupferstecher hätte wohl keine gute Kenntnis von den damaligen Fernrohren gehabt,[50] kennen

---

[45] NSAW 1 Alt 22 Nr. 177a fol. 69v. 30.9.1624. Quartalkonto Hainhofer (Gobiet 767).

[46] HAB 14 noviss. 8° fol. 158v. 26.4.1650. Hzg. August an Hirt.

[47] HAB 98 Novi fol. 319r. 25.4./5.5.1650. Hirt an Hzg. August.

[48] Varetti; Bedini: The makers S. 89-115.

[49] Lessing/Brüning S. 39. Tafel XXIV; Riekher S. 44-47.

[50] Court/Von Rohr: A history... S. 212: *Unfortunately the artist apparently had no great knowledge of these draw-tubes.*

wir heute einige solcher Rohre, die alle aus dem 17. Jahrhundert stammen, z.B. in der Eremitage in St. Petersburg, im Observatorium auf dem Monte Mario in Rom oder ein weiteres Instrument in Skokloster, dessen Signatur 'F P O P T 1652' bisher nicht aufgelöst werden konnte. Diese Bauweise trat vor allem zu Anfang und in der Mitte des 17. Jahrhunderts auf. Daneben gab es bei den frühen Instrumenten noch eine Trompeten-Form, das heißt, das Objektivende lief aus wie der Schalltrichter der heutigen Blechblasinstrumente. Beispiele sind aus der Kunstkammer in Dresden[51] und aus verschiedenen graphischen Darstellungen bekannt, z.B. in der Umrahmung von Galileis Porträt von 1613.[52] In der zweiten Hälfte des ersten Fernrohr-Jahrhunderts setzte sich die verlaufende Form der Rohre durch.

Vermutlich wurde das Instrument aus dem Pommerschen Kunstschrank in Augsburg zusammengebaut, vielleicht durch den Buchbinder Gabriel Mehlführer; denn Wiesel ist 1617 noch nicht in Augsburg nachweisbar (vgl. Kap. III.1.3). Hainhofer hätte in diesem Fall nur die Linsen aus Italien besorgt. Es könnte auch sein, daß Hainhofer zwar das Fernrohr im ganzen aus Italien erhalten hatte, ihm das Äußere aber nicht gefiel, weil es ihm nicht 'fürstlich' genug war, und er deshalb die Linsen in neue Rohre einsetzen oder die Rohre neu überziehen ließ. Auch später haben die Optiker Linsen einzeln verkauft, was zwar den Transport erleichterte, aber den Kunden Schwierigkeiten beim Zusammenbau bereiten konnte. Ein Beispiel ist aus dem Briefwechsel von Sir Charles Cavendish bekannt: Sir Kenelm Digby brachte Cavendishs Bruder aus Italien Linsen von Fontana mit, für die man erst die Tuben machen lassen mußte.[53]

Augsburg war also ein Ort, an dem man, wenn auch mit einigen Schwierigkeiten, schon in der Frühzeit Fernrohre bekommen konnte, wenn man sich nicht mit den 'gemeinen' oder 'schlechten', d.h. schlichten, einfachen begnügen wollte. Grund dafür waren die lebhaften Handelsbeziehungen nach Italien, die Augsburger Kaufleute schon im 15. und 16. Jahrhundert unterhielten, und ebenso ihr Besuch der Frankfurter Messen. Daneben spielte Augsburg in der Frühgeschichte des Fernrohrs als Druckerstadt eine gewisse Rolle.[54]

Es ist wenig darüber bekannt, ob man, abgesehen von Philipp Eduard Fugger, in Augsburg Fernrohre einsetzte. Auf dem Kupferstich vom Anna-Gymnasium und der benachbarten Stadtbibliothek, 1623 von Lukas Kilian gestochen, sieht man einen Beobachter auf der Plattform des Turms stehen. Er hält jedoch kein Fernrohr, sondern einen Quadranten in der Hand (Abb. 1).[55] Markus Welser starb

---

[51] Engelmann S. 48-51; Riekher S. 45; Diese Fernrohre gingen im letzten Krieg verloren.

[52] Mudry Bd. 1. Titelbild; Riekher S. 44; Lindgren: Naturwissenschaft S. 117; Bedini: The tube of long vision S. 162-164, 174-177.

[53] BL Add. 4280 fol. 92r. o.D. nach 1647. Cavendish an Pell; Riekher S. 47.

[54] Markus Welser verlegte 1611 die 'Dioptrice' von Kepler und 1612 Scheiners Briefe über die Sonnenflecken. Vgl. Kap. I.2.

[55] Lukas Kilian: Gymnasium Augustanum und Bibliothek. Kupferstich Augsburg 1623. In: Festschrift St. Anna 1981.

bereits 1614, der Mathematiker und Astronom Georg Henisch 1618. Es ist nicht überliefert, wie Henisch auf das neue Instrument reagiert hatte. Er beschäftigte sich in diesen Jahren allerdings vor allem mit der Abfassung eines Wörterbuchs 'Teutsche Sprach und Weißheit'. 1616 erschien der erste Teil (Buchstabe A bis G). Durch Henischs Tod blieb das großartige Werk unvollendet.[56] Während das Stichwort 'Brille' vorhanden ist, fehlt das 'Fernrohr', wohl ein Zeichen dafür, daß man dieses Wort damals noch nicht gebrauchte. Neben den lateinischen Bezeichnungen Perspectiv, Tubus opticus, Instrumentum opticum, Perspicillum, Telescopium verwendete man die deutschen Wörter Sehrohr, Augenrohr oder Spiegelrohr.[57] In Italien hatte Galilei zuerst vom 'occhiale', vom 'Augenglas', gesprochen, bevor 1611 in Rom im Kreis der Accademia dei Lincei die Bezeichnung 'Telescopium' geprägt wurde.[58]

3.2 Wiesels Fernrohre von 1621 bis etwa 1642

Wann Wiesel die ersten Fernrohre baute, ist nicht bekannt. Doch bereits in seinen ersten Produktionsverzeichnissen, die Widemann von Januar bis März 1625 an August Fürst zu Anhalt übermittelte, ist von Fernrohren die Rede:

- *Ainen Spiegel darinnen man 5 und 6 Meill sehen kann, ziemlich scharff und aigentlich.* [ca. 40 km]
- *Ainen Spiegel beraitten, dardurch der Mond gleichsam reinzogen wirdt daß er so kaum über 2 oder 3 größer scheindt zue sein, daß man alles in .). kan sehen gantze Dörffer, häuser, gsichter maculi. Zweiffelson kan dis auf die Sonn auch usurpirt werden.*
- *Spiegel auff vill Meill zue sehen bei Tag und nacht.*[59]

'Spiegel' konnte im damaligen Sprachgebrauch Linse oder Glas bedeuten, wie wir bei den 'Augenspiegeln', den Brillen, gesehen haben. Auf keinen Fall konnte es sich im Jahr 1625 schon um Spiegelteleskope handeln. Diese 'Perspective', wie man sie in Deutschland zuerst nannte, waren Galileische oder holländische Fernrohre. Gegen Ende des 17. Jahrhunderts bürgerte es sich ein, die großen Rohre, die immer länger gebaut wurden, 'Teleskope' zu nennen und das Wort 'Perspektiv' für die kleinen Handfernröhrchen zu verwenden. Zu Beginn der Entwicklung wurden beide Namen noch synonym gebraucht. Daneben wurde das Wort 'Per-

[56] Spring: Henisch. S. 111-113; Umbruch Bd. 1. S. 352f.
[57] Z.B. Kothmann. S. 27 u. 30.
[58] Rosen: The naming of the telescope; siehe auch Kap. I.2.
[59] NSLB Hannover Ms IV 341 S. 850 u. 852. 1625. Karl Widemann an August Fürst zu Anhalt. Abdruck der vollständigen Listen im Anhang A.1.

spectiv' weiterhin als Bezeichnung für die perspektivische Darstellung eines Raumes oder einer Landschaft benützt.[60]

In Wiesels Liste von 1625 findet man noch: *Ein großes Rohr, einer Fenster Scheiben digkh, 11 Spannen lang und von 4 Glasen*, mit dem man *über 14 meil über Füssen hinauf Bäume unterscheiden kan*. Der weiteren Beschreibung nach bestand es vermutlich aus zwei Linsen und zwei Spiegeln und stellte ein Polemoskop dar, ein Gerät, mit dem man um die Ecke sehen konnte.[61]

August Fürst zu Anhalt bestellte im Mai 1625 verschiedene Instrumente von Wiesel, darunter ein Fernrohr, *ein perspectiv Inn die ferne zue sehen, so man kan bey sich stegken mitt den kegelen*. Die Kegel beziehen sich auf die Beschreibung des Rohres mit den vier Gläsern.[62] Der Fürst war vor allem an der Alchemie und deshalb an Brennspiegeln wie auch an Mikroskopen interessiert.

Aus den folgenden fünf Jahren fand sich kein Beleg für Wiesels Fernrohre. Am 17. März 1630 bezahlte Graf Ott Heinrich Fugger 18 Gulden für ein *Reit Perspectif und andere Sachen*.[63] Es ist nicht ganz klar, was man darunter verstehen soll, wahrscheinlich ein kleines Fernrohr, das man bei sich tragen konnte. In demselben Jahr schickte Carl Widemann eine Liste von Wiesels Instrumenten an den Herzog von Braunschweig-Lüneburg (Abb. 25). Darin sind dieselben Angebote wie 1625 verzeichnet.[64] Eigenartig ist, daß Herzog August erst 1630 durch Carl Widemann von Wiesels Instrumenten erfuhr und nicht schon früher durch seinen Agenten Hainhofer, der doch stets bestens über die Augsburger Handwerker informiert war. Er antwortete dem Herzog auf dessen Bestellung etwas abwertend: *waiß ich anderst nit, dan das EFG vor der zeit Ich schon der gleichen* [Fernrohre] *geschükht, die der Galilaeus de Galileis gemachet, vnd die der hanß wisel imitiert*.[65] Fürchtete er die Konkurrenz in der eigenen Stadt für die bisher von ihm aus Italien importierten Geräte? Es sollte vom Dezember 1630 bis zum 1. Juli 1632 dauern, bis Wiesel das bestellte Teleskop für Herzog August ausliefern konnte. Dazwischen lagen Aufträge des deutschen Kaisers, des Kurfürsten von Bayern[66] und des Schwedenkönigs. Darunter könnte auch ein Fernrohr gewesen sein.

---

60 Z.B. HauptstaatsA München Hofzahlamtsrechnungen Bd. 89 (1639) fol. 510v: Wilhelm Vistulator, Marmorator, erhielt 15 fl. *vor ainen grossen perspectiv aufzureissen und mit farben außzumahlen*. Dabei handelte es sich um eine in Scagliola-Technik ausgeführte Architekturperspektive. Scagliola nannte man die Nachahmung der aus farbigen Steinen zusammengesetzten Bilder (Pietra dura) durch farbigen Stuck. Seelig: Scagliola und Pietra dura.

61 Siehe Kap. III.5 Andere Instrumente.

62 NSLB Hannover Ms IV 341. S. 855.

63 Dillingen FA 1.2.78d. fol. 47v. Rechnungsbuch des Ott H. Fugger 1630; vgl. Kap. II.1.3.

64 HAB Bibliotheksarchiv BA II, 1-12. Widemann-Briefe; siehe Anhang A.1 Liste II.

65 NSAW 1 Alt 22 Nr. 177h fol. 84r. 20/30.10.1630. Hainhofer an Hzg. August.

66 NSAW 1 Alt 22 Nr. 177h fol. 92r. 2/12.12.1630. Hainhofer an Hzg. August: [...] *zu spiegl aber bey tag vnd nacht in die weittin zusehen, hat er* [Wiesel] *iezt khaine zeit zu machen, weil er nöthige arbait für den Kayser vnd Chur Bayrn hat.* (Gobiet 1031).

Im Gefolge von König Gustav II. Adolf von Schweden befand sich Herzog Ernst von Sachsen-Weimar. Der Prinz war krank nach Augsburg gekommen und verbrachte etliche Zeit im Hause des Melchior Langenmantel. Als er Anfang Mai 1632 in Wiesels Werkstatt das beinahe fertige Fernrohr sah, das Wiesel für August d.J. in Arbeit hatte, wollte er es sofort kaufen. Auf Wiesels Angebot, Herzog Ernst in Bälde ein anderes zu bauen, für das er die Linsen schon fertig hätte, wollte Ernst nicht eingehen. Er setzte alles daran, Hainhofers Einwilligung zum Erwerb des Tubus zu erhalten, weil er *Ihne iezt zum recognasciern im feld brauche.* Wiederholt schickte der Fürst Boten zum Agenten und lud ihn zur Tafel.[67] Herzog August zeigte sich schließlich einverstanden:

> *Anlangend den tubum, wird der Meister verhoffentlich mich bald mit einem andern erfrewen. S.l. der Herzog zu Weymar kan ins kunfftige, ... mir hinwieder ein freundschafft erzeigen: Und kan ich leicht die 6 wochen, ut puerpera* [bis zur Niederkunft] *abwarten: wollet aber Jah nicht zugeben, das die praesentes ins künfftige weyter den absentibus et Longè remotis vorgezogen werden.*[68]

Wiesel lieferte beide Fernrohre Ende Juni aus und Hainhofer konnte das Exemplar für Herzog August einem durchreisenden Scholaren nach Hitzacker mitgeben, wo August seine Ankunft am 6. Juli, also etwa eine Woche später, bestätigte.[69] Ernst soll sein Fernglas tatsächlich im August bei einem Angriff auf Nürnberg benützt haben, wie sein Biograph berichtet.[70]

Von diesem 1632 erworbenen Fernrohr gab Herzog August im April 1650 eine Beschreibung, weil er sicher gehen wollte, daß Wiesels neue Rohre wirklich besser wären als das alte: Sechs Teile zum Ausziehen, mit rotem Samt bezogen und in Elfenbein eingefaßt.[71] Über Anzahl und Beschaffenheit der Linsen äußerte sich der Herzog nicht. Es ist deshalb nicht klar, ob es sich um ein Galileisches Fernrohr mit zwei Linsen handelte, oder um den Tubus mit vier Gläsern, den Herzog August auch bestellt hatte. In einem Inventar der Kunstkammer vom Schloß Friedenstein in Gotha findet sich ein Fernrohr, das dem obigen so ähnlich beschrieben wird, daß es vermutlich dasjenige ist, das Wiesel 1632 zur gleichen Zeit Herzog Ernst verkauft hatte: *ein perspectiv mit 2 Gläsern und mit rothem Sammet auch*

---

67 NSAW 1 Alt 22 Nr. 177k fol. 12r-13r. 10/20.5.1632. Hainhofer an Hzg. August (Gobiet 1109); siehe auch Kap.II.2.1.

68 HAB 95 Novi fol. 314r-v. 26.5.1632. Hzg. August an Hainhofer (Gobiet 1110).

69 NSAW 1 Alt 22 Nr. 177k fol. 14r-15v. 7/17.6.1632; ebd. fol. 19v-20r. 1.7.1632; beide Briefe Hainhofer an Hzg. August (Gobiet 1113 u. 1115); HAB 95 Novi fol. 320r. 7.76.1632. Hzg. August an Hainhofer (Gobiet 1116).

70 A. Beck Bd. 1. S. 76.

71 HAB 14 Noviss. 8° fol. 154r. 12.4.1650. Hzg. August an Hirt; ebd. fol. 158r-v. 26.4.1650. Hzg. August an Hirt.

güldenen Schnüren überzogen, von 6 Auszügen und Helfenbeinernen Mundung.[72] Damit dürfte sicher sein, daß es sich bei den beiden Instrumenten aus dem Jahr 1632 um Galileische oder holländische Fernrohre gehandelt hatte.

Der Gebrauch des Fernrohrs als 'Kriegsinstrument' hatte sich um diese Zeit herumgesprochen. Hainhofer wies in einem Brief vom 1.7.1632 an seinen Geschäftsfreund Heinrich Schmidt (Schmitz) in Hamburg ausdrücklich darauf hin:

> *So haben wir auch hier einen maister* [,] *der schöne tubos Galileanos, oder rohr machet, dardurch man uff 4. und 5.Meil weitt perfect sehen kan, kostet ain solches rohr 70. In 80. ReichsTaler und ist dises Instrument sonderlich kriegesobristen sehr nuzlich und dienlich zum recognosciern.*[73]

In Hainhofers Briefen ist erst wieder im Juli 1637 von einem Fernrohr die Rede. Nach den schrecklichen Pestjahren, der Besatzungs- und Belagerungszeit und dem Abzug der Schweden (1635) hatte sich zumindest die militärische Lage im Augsburger Raum etwas beruhigt. Hainhofer war mit dem dänischen Gesandten Graf Pentz während dessen Aufenthalt in Augsburg zu Wiesel gefahren: *Er hat Ihrer Excellenz ainen tubum per 150 Rt:r durch welchen man bey haiterer zeit auf 14.meil weegs in das gebürg sehen kann, gezaigt, welchen Ihre Ex.z Ihne wol abhandlen möchte.*[74] 150 Reichstaler war eine beachtliche Summe. Es muß sich folglich um ein ziemlich langes Fernrohr mit mehreren Auszügen gehandelt haben. Die Angabe, man könne damit bei heiterem Wetter 14 Meilen weit ins Gebirge sehen, ist plausibel, denn man sieht von Augsburg aus bei *haiterer zeit*, d.h. klarer Sicht, sogar mit bloßem Auge das Gebirge weit vom Südosten über Karwendel und Zugspitze bis zu den Allgäuer Alpen im Südwesten. 14 Meilen entsprechen etwa 100 km, der Luftlinie Augsburg – Füssen oder Augsburg – Garmisch.

Zu Anfang der vierziger Jahre des 17. Jahrhunderts kamen die kurzen 'Perspectivröhrlein', kleine holländische Fernröhrchen, in Mode. Sie wurden bereits im Kapitel Brillen behandelt, da sie auch als Brillen-Ersatz benutzt wurden.[75]

---

[72] Thür. StaatsA Gotha Kammer Immediate (Findbuch 62, Capitel VIII Titul VII No 5 nr. 1377): *Inventarium über die fstl. Friedensteinische Kunstkammer Anno 1717 mense Julii verfertigt.* S. 108.

[73] HAB 17.27 Aug. fol. 353v. 1.7.1632. Copialbuch des Philipp Hainhofer; H.Schmitz ging 1644 in Konkurs, kommt deshalb wohl nicht als Empfänger von Wiesels Preisliste in Frage: HAB 17.29 fol. 341r. 11/21.4.1644. Hainhoferan Hzg. August: *zu Hamburg der Heinrich Schmitz und zu Ambsterdam 5.andere mercatores gefalliert haben.*

[74] NSAW 1 Alt 22 Nr. 177n fol. 48v. 6/16.7.1637. Hainhofer an Hzg. August (Gobiet 1214); Dansk Biografisk Leksikon Bd. 11. Kopenhagen 1982: Christian von Pentz, dänischer Reichsgraf, war mit Sophie Elisabeth, Gräfin von Schleswig und Holstein verheiratet, einer Tochter Christians IV. Pentz war seit 1630 Gouverneur von Glückstadt und Statthalter in Holstein. Er führte wiederholt Verhandlungen mit deutschen Fürsten und befand sich 1637 auf dem Weg nach Wien zum Kaiser.

[75] Siehe Kap. III.2.4 Perspectivröhrlein.

3.3 Das Erdfernrohr

In diesen Jahren muß sich der Kapuzinerpater Rheita wiederholt in Augsburg aufgehalten haben. Belegt ist, daß er 1643/44 längere Zeit in der Reichsstadt verbrachte und oft mit Wiesel zusammenkam. Diese Begegnung trug dazu bei, daß die neuen terrestrischen Fernrohre mit vier und mehr konvexen Linsen aus Augsburg in ganz Europa bekannt wurden und sich Johann Wiesels Ruhm als 'Augustanus Opticus' weiter verbreitete. Über Rheitas Lebenslauf wurde bereits im Kapitel II.1.6 berichtet.

Welchen Beitrag Rheita und welchen Wiesel zur Entwicklung dieses neuen Fernrohrs leistete, ist nicht mehr festzustellen. Vielleicht hatten beide die Idee dazu, denn die bis dahin bekannten Fernrohre konnten auf Dauer nicht zufriedenstellen: Das Galileische Instrument hatte ein sehr kleines Gesichtsfeld, das Keplersche zeigte die Gegenstände auf dem Kopf stehend. Vermutlich trafen in Augsburg die theoretischen Kenntnisse Rheitas und die praktischen Erfahrungen Wiesels in glücklicher Weise zusammen.

Aus verschiedenen Zeugnissen kann man die Entwicklungsgeschichte des terrestrischen Fernrohrs darstellen. Die erste Arbeit darüber hat Albert Van Helden 1977 vorgelegt.[76] In den Jahren der Trennung vom Trierer Kurfürsten (1641 bis 1645) hielt sich der Kapuziner an verschiedenen Orten auf. 1642 weilte er in Köln, wo er sich mit optischen Problemen und astronomischen Beobachtungen beschäftigte. Im folgenden Jahr wurde die wissenschaftliche Welt auf ihn aufmerksam.

Novem Stellae circa Jovem

Am 6. Januar 1643 sandte Rheita von Köln einen Brief an Erycius Puteanus (1574-1646), Professor in Löwen (Louvain), in dem er von seiner Erfindung, einem doppelten (binokularen oder zweiäugigen) Fernrohr berichtete. Mit diesem habe er am 29. Dezember 1642 nicht nur die vier Galileischen Jupitermonde gesehen, sondern fünf weitere entdecken können. Demnach würden "neun Sterne um den Jupiter" kreisen. Sofort wurden Kopien dieses Briefes verschickt. Die Nachricht gelangte sehr schnell in die nördlichen Niederlande und von da nach Paris,[77] Italien[78] und England.[79] Überall erregte sie lebhaftes Interesse an dem neu-

---

[76] Van Helden: The Development of compound eyepieces.

[77] Mersenne Bd. 12. S. 8-11.

[78] Galuzzi Bd.1. S. 50f. 20.3.1643. Jean Francois Niceron an Hzg. Leopold de Medici..

[79] BL Ms Add. 4280 S. 107. 20/30.7.1644. John Pell an Charles Cavendish: *Sir William* Boswel*l sent me the friars Epistle*. Boswell war der englische Gesandte in den Niederlanden.

en Fernrohr. Rheitas Brief erreichte Gabriel Naudé (Naudaeus, 1600-1653), den Bibliothekar von Kardinal Mazarin in Paris. Naudé bat den Geistlichen Pierre Gassendi (1592-1655), zeitweilig Professor der Mathematik am Collège de France in Paris, um seine Meinung. Im April 1643 sandte Gassendi sein Urteil an Naudé zurück. Dieses 'Iudicium' Gassendis wurde zusammen mit Rheitas Brief unter dem Namen 'Novem stellae circa Jovem visae Coloniae exeunte Anno 1642 & ineunte 1643. Et de iisdem Petri Gassendi Iudicium.' in Paris gedruckt, was zur weiteren Verbreitung der Neuigkeit führte.[80] Gassendi hielt die von Rheita neu entdeckten Jupitermonde für Fixsterne, was sich später als wahr herausstellte. Der Zisterzienser J. Caramuel Lobkowitz (1606-1682) ließ wenig später das ganze Werk in Löwen unter dem gleichen Titel nachdrucken und fügte eine Verteidigung Rheitas aus seiner eigenen Feder an: 'Novem stellae circa Iovem, circa Saturnum sex, circa Martem nonnullae. Antonio Reita detectae & Satellitibus adiudicate. De primis D. Petri Gaßendi Iudicium, D. Ioannis Caramuel Lobkowitz eiusdem Iudicii'.[81] Das Interesse an Rheitas Fernrohr konnte aber nicht so schnell befriedigt werden, wie aus der zeitgenössischen Korrespondenz hervorgeht. Als Beispiel sei der Briefwechsel zwischen dem englischen Mathematiker John Pell und seinem Gönner oder Patron Sir Charles Cavendish angeführt, der auch Wiesel betrifft.[82]

Charles Cavendish, mathematisch gebildet und arbeitend, hatte bereits 1639 Versuche des Londoner Linsenschleifers Richard Reeve zur Verbesserung der Linsen ermöglicht,[83] denen jedoch kein Erfolg beschieden war. John Pell beaufsichtigte diese Versuche, bis er 1643 England verließ und die Niederlande als Aufenthaltsort wählte.[84] Ein Jahr später, nach der von den Royalisten verlorenen Schlacht von Marston Moore mußte Cavendish mit seinem Bruder William England verlassen. Sie wandten sich zuerst nach Hamburg. Die Kontakte mit John Pell in Amsterdam wurden erneuert. In ihren Briefen ging es auch um Rheitas 'novem stellae' und vor allem um dessen darin erwähntes neues Fernrohr, das Cavendish gern erwerben wollte. Pell fragte deshalb im Herbst 1644 in Köln nach Rheita und erhielt die Antwort, er sei in Augsburg. Auch ein Brief Rheitas vom Dezember 1643 sei in Augsburg geschrieben.[85] Im Dezember 1644 erhielt Caven-

---

80 Novem Stellae ... Paris 1643. 4°; Nachdruck in Gassendi: Institutionis Astronomicae. Hagae-Comitis 1656 S. 255-283. Dieser Sammelband enthält Briefe Gassendis an seinen Lehrer Godefrid Wendelin (1580-1667) in Brüssel. Im Juni 1643 schickte er ihm seine Schrift 'Novem Stellae.' (S.246).

81 Lovanii 1643. 12°.

82 BL Ms Add. 4278, 4279, 4280: Pell-Cavendish-Briefwechsel, zum Teil veröffentlicht in Halliwell; siehe auch Kap. II.3.2.

83 HP 37/47A. 14.11.1639. Moriaen an Hartlib.

84 Keil: Technology transfer. S. 271-273.

85 BL Ms Add. 4280 fol. 109r. 7/17.9.1644. Pell an C.Cavendish (fehlt in Halliwell): [...] *the same Capuchin a yeare after (VII Kal Decemb 1643) writes againe to the same Puteau: that he saw the same starres about Jupiter in May, June & July but not since.*[...] *I intend there-*

dish aus Augsburg eine Nachricht vom 20. November, Rheita sei nicht mehr dort, sondern in Antwerpen.[86] Dieser Brief hat sich in zwei Kopien erhalten und zeigt interessante Zusammenhänge auf [y^e, y^t, y^u wurde aufgelöst in 'the', 'that', 'you'] :

From Augsburg 1644 Novemb.20.

Conscerning the Instrument of that famous Capuciner whome you write of. The man himselfe is not at present here, but hath his residence at Antwerpe. But here is a verry excellent master in that Arte, whose name is Wissell, who constantly conversed with that Capuciner, by whose meanes the Capuciner attained unto some good knowledge in that Art, who is at present makinge one of the forementioned Instruments & as he informeth me, it is aboud two years worke to make one of them; & the first of them is to be presented unto the Emp: May:; & as I understand from him, that it will be finished within a quarter of a yeare. This Instrument is exeedinge usefull & proffittable for the studdie of Astrologia, for which you seeme to desire it. By which not only those 9 starres you mention, but also others besides them which have not formerly bin knowne, are to be discerned. Thereby also a Person maye be discerned & knowne at the distance of a Dutch mile, as well & plainely as if he were but one paße from you. I farther enquired of him, what prisse he valewed such an Instrument, who gave me for answeard at 250 hungerish Duccats; & that for that prisse he would also make a fittinge case for it, that it might be safely transported; & thus much I have willingely informed you touchinge [?] *your request in this matter.*[87]

Dieser in holprigem Englisch verfaßte Brief wurde offensichtlich in Augsburg geschrieben. Der Ausdruck *Capuciner* (Kapuziner) deutet auf einen deutschen Schreiber, ebenso der letzte Satz. Vermutlich ist dieser Zettel eine Kopie des Briefes, weil Über- und Unterschrift fehlen. Bei den Briefkopien Pells in der British Library ist daneben ein zweiter, sehr kleiner Zettel eingeheftet, eine Abschrift in Pells winziger Handschrift. Hier ist einiges verbessert, z.B. heißt es jetzt Capucci-

---

fore the next time send you a coppy of this letter; BL Ms Add. 4280 fol. 109v. 2/12.10.1644. J.Pell an C.C.: *In that booke* [novem stellae.] *you have nothing from de Reita since April 24 1643. I therefore send you herewith a letter of his 8 months jounger. I transcribed it out of a coppy which was with halfe date and so false written that in some places I could not make sense of it. I therefore by freinds caused inquiry to be made at Collen among the Capuchins where de Reita was. they answered he was gone to Augspurg. I was then assured that this letter was also written thence and that his workman is the Augustanus whom some years agoe we heard that he had an incomparable hand for glasse.* Der von Pell hier erwähnte Brief vom Dezember 1643, der Rheitas Aufenthalt in Augsburg bestätigen würde, fand sich nicht.

86 BL Ms Add. 4278 fol. 190r. 17/27.12.1644. C. Cavendish, Hamburg, an Pell: *I have little to adde, but this inclosed concerning Reietas glass. I desire you will be pleased to inquire if he be at Antwerp.* (Halliwell S. 87 alte Zählung: fol. 163); Rheita: Oculus Enoch S. 177: das Buch enthält einen Brief Rheitas, der am 19. August 1644 in Antwerpen geschrieben war.

87 BL Ms Add. 4278 fol. 193r: *From Augsburg 1644 November 20.*

ne (modernes Englisch: Capuchin) statt Capuciner, workeman statt master, Astronomy statt Astrologia. Der letzte Satz fehlt:

> *From Augspurg. 1644. Novemb. 20*
>
> *As for the instrument of that famous Capuccine whom you write of. The man himselfe is not heere, but hath his residence at Antwerpe. But heere is a very excellent workeman, whose name is Wissell, who constantly conversed with that Capuccine while he was heere and from whom he attained some good knowledge in that art. He is now making one of the forementioned instruments, & as he informeth me, it is above two yeeres worke to make one of them. The first of them he intends to present to the Emperour, which he sayes, will be finished within a quarter of a yeare. This instrument is exceeding usefull in the study of Astronomy, for which you seeme to desire it. By it, not onely those 9 starres you mention, but others also which have not as yet beene spoken of, are to be discerned. Thereby also a man may be discerned and knowen, at the distance of a German mile as well & plainely as if he were but one passe from you. I farther inquired of him, what price he would aske for such an instrument. He answered me, 250 Hungary Ducats and that for that price he would also make a fitting case for it, that it might be safely transported.*[88]

Der schwerwiegendste Unterschied der beiden Kopien liegt in folgendem Satz:

> *But here is a verry excellent master in that Arte, whose name is Wissell, who constantly conversed with that Capuciner, by whose meanes that Capuciner attained unto some good knowledge in that Art.* [erste Kopie].
>
> *But heere is a very excellent workeman, whose name is Wissell, who constantly conversed with that Capuccine while he was heere and from whom he attained some good knowledge in that art.* [Pells Abschrift].

Wer hat nun von wem gelernt? Aus dieser Mitteilung geht hervor: Wiesel arbeitete an dem terrestrischen Fernrohr, im Frühjahr 1645 sollte es fertig sein und dem Kaiser präsentiert werden. Die Arbeitszeit betrug zwei Jahre: Wiesel hatte also im Frühjahr 1643 mit der Entwicklung begonnen. Von ganz anderer Seite, nämlich aus Paul von Stettens Handwerksgeschichte, erfährt man ebenso von Wiesels Arbeit in diesen Jahren: Stetten zitierte aus einem Brief Wiesels von 1644 an den kaiserlichen Ingenieur und Opticus Gervasius Mattmüller in Wien:

> *Er* [Wiesel] *habe eine neue Art von Perspektiven erfunden, die allen andern unendlich weit vorgehe. Man könne sie nicht allein bey tage, sondern auch bey Nacht zu den Gestirnen gebrauchen, denn diese neue Invention komme aufrecht zu stehen, und werde von wunderbarlichen Gläsern zusammengesezt; es mache einen so großen Platz, daß er dadurch mit unverwendtem Rohr 20 000*

88 BL Ms Add. 4278 fol. 192r-v: *From Augsburg 1644 November 20.*

Mann in Schlachtordnung übersehen könne, wenn sie schon einige Meilen entfernet wären.

Stetten berichtete weiter: *Dem Kaiser und Mattmüllern kam das Wieselsche Vorgeben unglaublich vor, ehe sie das Instrument selbst gesehen.*[89] Leider konnten die von Stetten als Beleg zitierten Mattmüllerschen Briefe an Johann Koch von 1644 im Stadtarchiv Augsburg nicht mehr gefunden werden. Wiesels Brief muß zu Beginn des Jahres 1644 geschrieben worden sein, bevor sich Mattmüller im Mai und Juni 1644 in Augsburg aufhielt, um einen kaiserlichen Auftrag, die Herstellung eines Tischbrunnens für den türkischen Kaiser, zu beaufsichtigen.[90] Hier wird er mit Wiesel und Rheita zusammengetroffen sein.

Oculus Enoch et Eliae

Auf der Reise nach Paris besuchte Cavendish im März 1645 Rheita in Antwerpen, der dort sein Buch 'Oculus Enoch et Eliae' zum Druck vorbereitete. Sein bestes Fernrohr konnte ihm Rheita allerdings nicht zeigen, weil, wie er sagte, eine Linse zersprungen sei. Ein anderes beeindruckte Cavendish nicht sonderlich.[91] Einem Studenten, der Rheita aufgesucht hatte, erging es nicht anders: Der Kapuziner ließ ihn kein Fernrohr sehen.[92] Die Unterhaltung mit Cavendish scheint aber freundlich und offen gewesen zu sein. Rheita verwies ihn auf sein Buch, das in Kürze erscheinen sollte.[93] Es dauerte allerdings noch bis November 1645 bis es in Paris und in Holland zu kaufen war.[94] Man hatte offenbar mehr davon erwartet. Das Kapitel über die praktische Optik: 'Oculus Astrospicus Binoculus sive Praxis Dioptrices' am Ende des ersten Teils stellt nur einen kleinen Abschnitt der beiden umfangreichen Bände dar.[95] Über das neue Fernrohr hatte Rheita gar nur sechs

---

89 Stetten: Kunst Bd. 1 S. 169f: *Er* [Wiesel] *stund mit dem gelehrten Gervas. Mattmüller, kaiserlichem Ingenieur und Optiker, in Briefwechsel.*

90 Siehe Kap. II.1.6.

91 Van Helden: Development. S. 28; BL Ms Add. 4278 S. 203. 26.3.1645. Cavendish an Pell: [...] *as I guess it is not better than myne.*

92 BL Ms Add. 4280 S. 111. 10/20.1.1645. Pell an Cavendish: *Heere was a student lately came from Antwerpe who said, he had there talked with Reita but said he would not let me see his glasses.*

93 BL Ms Add. 4278 S. 203. 26.3.1645. Cavendish an Pell (Halliwell S. 77 Nr. 177).

94 Die Druckerlaubnis der verschiedenen geistlichen Zensoren stammen vom September 1642 bis zum 3.August 1645; BL Ms Add. 4278 fol. 223r. 1/11.11.1645. C. Cavendish, Paris, an Pell: *wee received Reieta's booke yesterdaie.* In: Vaughan S. 365/367; BL Ms Add. 4280 fol. 115v. 15/25.11.1645. Pell, Amsterdam, an C. Cavendish: *I have seene Reitas booke, it seemed to me a most monstrous Frierly composition, having nothing, meerely nothing worthy of the hundred-thousandth part of the noise that he had made of it.*

95 Rheita: Oculus Enoch. Bd. 1. S. 336-356.

Zeilen gedruckt, die zudem verschlüsselt waren! Sie waren allerdings leicht zu entziffern:

> *Convexa quatuor melius dicta objecta erigunt, multumque amplificant. Rite vero tertium colloca in punctum confusionis. Sunt vero vitra tria ocularia convexa objectivum quartum.*

Das neue Rohr war demnach kein Binoculum, sondern hatte vier konvexe hintereinander gesetzte Linsen, drei Okularlinsen und eine Objektivlinse. Wichtig war die Anweisung, die dritte Okularlinse genau in den Brennpunkt der Objektivlinse zu setzen. Die Worte 'Okular' und 'Objektiv' erscheinen hier im 'Oculus' zum ersten Mal in der Literatur. Zuvor hatte Rheita berichtet, wie man sphärische Schleifschalen zubereitet, und wie man am besten Linsen darin schleift und poliert. Eine zweite verschlüsselte Stelle gab das Geheimnis der besten Polierschale preis: *Chartam patinae lenissimo pulmento ingeniosè agglutina tripoli uitrum polito inea:* "Papier wird mit sehr feinem Leim geschickt in die Schale eingeklebt, bevor das Glas mit Tripel darin poliert wird".

Besonders ging Rheita auf die Herstellung 'zweiäugiger' Fernrohre ein. Er lobte die 'Binocula' ausdrücklich, weil er wie viele seiner Zeitgenossen der Meinung war, mit zwei Augen könne man mehr erkennen. Seine Vorliebe für das Fernrohr mit zwei Tuben, die zum Himmel zeigen, spiegelt sich sogar im Titel seines Buches wider: Enoch (Henoch) und Elias fuhren beide am Ende ihres irdischen Lebens direkt in den Himmel auf. Genauso kann man durch ein Binokulum mit beiden Augen die Wunder des Sternenhimmels sehen.

Rheita hatte dieses Kapitel über die Fernrohrtechnik zwei Freunden und Gönnern in Antwerpen gewidmet: dem Maler Franciscus de Goubau (1622-1678/9) und dem Juristen Jacobus Edelheer. Dieser besaß eine reiche Sammlung wertvoller Bücher und kostbarer Objekte aus Kunst und Naturwissenschaften.[96] Darunter fand Christiaan Huygens 1652 das erste Wiesel-Fernrohr, das er zu sehen bekam.[97] Im Vorwort zu diesem Kapitel seines Werks wies Rheita darauf hin, daß die neuen Fernrohre auch zu kaufen seien, falls man sie nicht selbst herstellen könnte, und zwar bei "Johann Wiesel, wohl dem führenden Meister in dieser optischen Kunst in ganz Europa, auch von mir in vielem unterwiesen, in langer Praxis äußerst erfahren, Bürger und Opticus in der berühmten Stadt Augsburg, ... und bei dem kaiserlichen Opticus Gervasius Mattmüller":

> *Cumque non cuilibet statim tam felici successu forsan cessura sit praxis vt sibi aptum specillum pro astris contemplandis conficiat: En virum & artificem mechanicum in hac arte optica totius Europae facilè principem tibi denomino, notificoque, vtpotè à nobis etiam in multis instructum, diurturnaque praxi*

[96] Biographie Nationale. t. 6. Bruxelles 1878. S. 450-452.

[97] OC Huygens Bd. 1. S. 215. 1.1.1653. Christiaan Huygens an Daniel de Vogelaer; siehe Kap. II.3.5

exercitatißimum Ioannem scilicet Wiselium Civem & Opticum inclytae Vrbis Augustae Vindeliciae, à quo competenti pretio, cuiuscunque etiam speciei qualitatis, & longitudinis Telescopia perfectissimè quidem elaborata, tam pro astrorum quàm pro terrestribus obiectis accommodatos habere obtinereq. poteris. Neque etiam huic cedit alter, scilicet Sac.Caes.Maiestatis Opticus Geruasius Mattmuller, virtam in practicis quam speculatiuis opticis versatißimus. Hi igitur duo, non tam in hac arte ignantiam tuam supplebunt, quàm desiderium similia instrumenta habendi explebunt: quos ideo hic notifico, commendoq., cum paucißimi inueniantur, qui lentes exactißima forma & politura, elaborare & perficere sciant.[98]

Aus diesem Text schlossen manche Zeitgenossen und spätere Autoren, daß Gervasius Mattmüller in Augsburg arbeitete. Er lebte aber in Wien.[99] Rheitas Aussage über Wiesel: *à nobis etiam in multis instructum*, "er ist in vielem von mir unterrichtet worden", wird sich wohl vor allem auf theoretisches Wissen beziehen. Auf sie gehen sämtliche Behauptungen zurück, Wiesel sei ein Schüler Rheitas gewesen, Wiesel habe bei ihm das Linsenschleifen erlernt, Rheita habe in Augsburg die erste optische Werkstatt gegründet. Angesichts der Tatsache, daß Wiesel bereits über zwanzig Jahre in seiner eigenen optischen Werkstatt arbeitete, erwiesen sie sich als falsch.[100] Der Kapuziner nannte Wiesel einen in langer Praxis erfahrenen Opticus und sah in ihm den besten in Europa. Das dürfte er in diesen Jahren auch gewesen sein, denn erst 1646 begann Eustachio Divini in Rom mit dem Verkauf optischer Instrumente. Rheita kannte die Situation in Italien, Deutschland und den habsburgischen Landen aus eigener Anschauung sehr genau.

Ob Rheita mit den vollständig fertigen Plänen für das Erdfernrohr nach Augsburg kam, weil er wußte, daß er dort in Wiesel den fähigsten Optiker antreffen würde, wie Rolf Willach argumentierte, und dann Wiesel nur Rheitas Anweisungen ausführte, ist nicht sehr wahrscheinlich.[101] Nach Willach stellen die beiden verschlüsselten Texte Erfindungen Rheitas dar: Die Politur der Linsen in mit Papier ausgeklebten Schleifschalen und das Fernrohr mit vier Linsen. Die Frage, warum Rheita beides verschlüsselte, führte Willach zu folgender Hypothese: Wissenschaftler publizierten verschlüsselte Texte, wenn sie sich die Priorität einer Entdeckung oder Erfindung sichern wollten, die Veröffentlichung aber noch nicht reif sei, sei es, weil der Autor seine Vermutung noch nicht beweisen könne, sei es, daß eine Erfindung noch nicht vollständig durchdacht sei. Dies träfe für Rheitas

---

98 Rheita: Oculus Enoch Bd.1. S. 339f.

99 Mersenne Bd. 13. S. 541-544, hier S. 544. 25.11.1645. Mersenne an Hevelius: [...] *sunt duo artifices Augustae Vindelicorum*; Court/Rohr: A history. S. 212: [...] *two opticians at Augsburg*.[...]; Thewes: Oculus Enoch S. 34: [...] *in Augsburg, wo sich später Gervasius Mattmüller hinzugesellte* [...]

100 Doppelmayr: Historische Nachricht. 1730. S. 126. Anm. rr; Thewes: Oculus Enoch. S. 34; u.a.

101 Willach: Schyrl de Rheita.

'Geheimnisse' nicht zu. Die Fernrohr-Idee sei fertig gewesen, vermutete Willach. Außerdem war die Verschlüsselung leicht aufzulösen. Warum hatte aber Rheita verschlüsselt? Willach meinte, Rheita durfte als Mönch keinen Profit aus seinen Erfindungen ziehen, sei aber daran interessiert gewesen, daß sie an die Öffentlichkeit gelangten. Um sein Fernrohr herzustellen und zu verbreiten, bedurfte es eines fähigen Optikers. Der beste der damaligen deutschen Optiker sei Wiesel gewesen. Dieser erkannte als Praktiker sofort die Vorteile des Papier-Polierverfahrens wie auch die Möglichkeiten des Erdfernrohrs. Am liebsten hätte er beides für sich behalten und 'verlangte' von Rheita die Geheimhaltung. Sie 'einigten' sich schließlich auf die Verschlüsselung. Wiesel hatte die leichte Auflösung nicht erkannt, und konnte so durch Rheita getäuscht werden. Deshalb sei das spätere kühle Verhältnis entstanden. Von Wiesel ist nämlich kein einziges Wort über Rheita bekannt. Nur der Hinweis auf die neun Jupitertrabanten in Wiesels Preisliste von 1647 deutet auf Rheitas 'novem stellae' und auf die Zusammenarbeit der beiden. Rheita erwähnte in den folgenden Jahren Wiesel nur noch einmal, am 31.10.1650, in der uns bekannten Korrespondenz mit dem Kurfürsten von Mainz: *Was vor diesem der Wiseler, Opticus in Augspurg, dem Hauptmann Lorenz for ein Instrumentum p.80 Dukaten anerbotten, damit hinter einer Maur, was draußen beschieht, gesehen kann werden, das will* [ich] *E.Churf.Gd. um den halben wertt, so guett, als es Er, Wiseler zuwege bringen und liefern.* Das klingt nun schon eher nach Konkurrenz! Es zeigt aber auch, daß sich Rheita über Wiesels Produkte informieren ließ.[102]

Wenn Rheita mit den fertigen Bauplänen zu Wiesel gekommen wäre, hätte Wiesel keinerlei Recht gehabt, irgendeine Geheimhaltung zu fordern. Man könnte eine andere Hypothese aufstellen: Der Kapuziner hatte Wiesels Verfahren bei seinen Besuchen in Augsburg persönlich kennengelernt, und das Erdfernrohr hatte in den Diskussionen mit dem Optiker Gestalt gewonnen. Um Wiesel nicht zu sehr zu verärgern, wenn er Geheimnisse aus seiner Werkstatt verriet, stellte Rheita das neue Polierverfahren und die Zusammensetzung des neuen Fernrohrs in seinem Buch verschlüsselt dar. Nur bei einer Mitwirkung Wiesels ergäbe das einen Sinn.

Zusammenfassung:

Wiesel baute etwa ab dem Frühjahr 1643 an dem neuen terrestrischen Fernrohr. 1643/44 weilte Rheita in Augsburg. Die Entwicklung bis zum brauchbaren Instrument zog sich einige Jahre hin, wobei durch die letzten Kriegsjahre Verzöge-

[102] StaatsA Würzburg Bestand Schönborn-Archiv. Korrespondenzen Johann Philipp 510 fol. 96v-97r. 31.10.1650; ebd. 577 fol. 76r: am 21.3.1651 wiederholte Rheita: *Und solch ein Instrument hat der Wiseler zu Augsburg dem Hauptmann Lorenz um 80 Dukaten geboten.*

rungen eintraten. Etwa 1645/46 muß die Augsburger Preisliste der Fernrohre entstanden sein, in der das neue Teleskop erstmals aufgeführt wird. Darin heißt es, vom Erdfernrohr sei *noch keines außkommen oder verkauft worden, dann es erst erfunden ist.* Das Wörtchen 'erst' kann sich allerdings auf einen längeren Zeitraum beziehen als wir aus dem heutigen Gebrauch des Wortes schließen würden. Die Liste wurde 1647 von Hamburg an Samuel Hartlib in London geschickt. Die erste uns bekannte Lieferung eines Erdfernrohrs erfolgte im Sommer 1649 nach England. Wiesels Linsen müssen von außerordentlicher Güte für die damalige Zeit gewesen sein, und es ist möglich, daß das von Rheita zum ersten Mal im Druck erwähnte neue Polierverfahren wesentlich dazu beitrug.

Die Fragen, warum Rheita verschlüsselte, wie groß Wiesels Beitrag zu den beiden Erfindungen war, bleiben ungeklärt. Durch das Secretum in Rheitas 'Oculus Enoch', die erste Nennung des Erdfernrohrs im Druck, bürgerte sich die Bezeichnung 'Rheitasches Fernrohr' ein.[103] Man spricht auch vom terrestrischen Fernrohr, weil es ein aufrechtes Bild zeigt. Mit seiner Veröffentlichung hatte Rheita der Optik-Technologie wichtige Impulse gegeben. Durch die Herstellung und den Verkauf der neuen Rohre trug Wiesel entscheidend zum Bekanntwerden des aus mehreren Linsen zusammengesetzten Okulars bei. In England wurde es sofort von Richard Reeve adaptiert, nachdem Sir Paul Neile es im Dezember 1649 in Wiesels Fernrohr gesehen hatte.[104] Später, bereits nach Wiesels Tod, entwikkelten Huygens und Campani ihre etwas abweichenden Formen des zusammengesetzten Okulars. Es hatte dem optischen Handwerk einen beachtlichen Fortschritt gebracht: Das Gesichtsfeld der terrestrischen Fernrohre war größer geworden und bei geschickter Anordnung der Linsen konnte eine Verringerung des Farbfehlers erreicht werden.

Diese Form blieb bis ins 19. Jahrhundert die übliche Bauart des Erdfernrohrs. 1853 verwendete der Italiener Ignazio Porro, der damals in Paris lebte, zum ersten Mal Prismen zur Bildumkehrung im Monokular. Das verbesserte System für beide Augen, wie wir es heute im Feldstecher kennen, wurde von Ernst Abbe 1893 zum Patent angemeldet und ab 1894 von der Firma Zeiss in Jena gebaut.[105]

---

[103] Drechsler: Lexikon der Astronomie S. 63.
[104] Siehe Kap. II.3.3.
[105] Riekher S. 238-245.

3.4 Wiesels Fernrohr-Preisliste

Erst 1930 wurde von dem englischen Sammler Thomas Henry Court (1868-1951) in der British Library in London die Kopie einer lateinischen Preisliste von Wiesels Fernrohren aus dem Jahr 1647 gefunden. Sie wurde von Court und seinem deutschen Freund Moritz von Rohr veröffentlicht.[106] Von Rohr (1868-1940) war Mitarbeiter der Firma Zeiss in Jena und verfaßte wesentliche Beiträge zur Geschichte der optischen Instrumente. Er glaubte, mit der Liste von 1647 sei die älteste Fernrohr-Preisliste gefunden worden. Inzwischen kennen wir Wiesels Listen von 1625 und 1630, die zum Teil auch schon mit Preisen versehen waren. Es sind dies außerordentlich frühe Beispiele für die Praxis der Instrumentenmacher, mit festen Preisen versehene Angebotslisten zu verschicken. Entweder wurden die Arbeiten auf Bestellung ausgeführt, oder es wurde ein bestimmtes einzelnes Instrument angeboten. Natürlich kam es auch vor, daß der Kunde selbst die Werkstatt besuchte, falls er in der gleichen Stadt wohnte oder auf Reisen dorthin kam. Öfters wurde ein örtlicher Agent eingeschaltet, der sah, was der Meister angefertigt hatte bzw. die Wünsche des Kunden überbrachte und der auch den Preis aushandelte.

Von Wiesel sind noch keine gedruckten Listen bekannt. Das Verzeichnis seines Schwiegersohns Depiere von 1674 ist die erste gedruckte Preisliste eines Optikers, die uns überliefert ist. Wir kennen Wiesels Fernrohr-Preisliste nur in zwei Kopien, deutsch und lateinisch, die beide Ende September 1647 von Samuel Hartlib verschickt wurden. Er hatte die Liste aus Hamburg erhalten. Weder aus den Kopien noch aus Hartlibs Korrespondenz geht hervor, wann die Preisliste in Augsburg verfaßt wurde. Der Zeitpunkt wird etwa zwischen Ende 1645 und Mitte 1647 zu suchen sein. Allerdings war zwischen August und Oktober 1646 die Stadt blockiert und belagert; deshalb kann man vielleicht für die Entstehungszeit der Preisliste die erste Hälfte des Jahres 1647 ansetzen.

Im folgenden wird die deutsche Fassung abgedruckt . Hevelius bewahrte sie unter seiner Korrespondenz auf, mit der sie in die Bibliothek des Pariser Observatoriums gelangte. Zu ihrer Geschichte ist schon in Kapitel II.2.1 und in den Abschnitten England und Danzig von Kapitel II.3 berichtet worden. Die lateinische Form von Wiesels Preisliste findet sich im Anhang A.1.

---

[106] BL Ms Sloane 651 fol. 173r-174r. Extract; Fotografische Reproduktion in: Court/Rohr: New knowledge. S. 118f.; Rohr: Neue Kunde; Rohr: Älteste Fernrohr-Preisliste; zu Court: Insley; zu von Rohr: Boegehold.

Copia
Daß Verzeichnuß so Johan Wiselius Opticus zu Augspurg geschickt wegen deß Pretij der perspectiven.

Extract eines Schreibens aus Hamburg. 28.Sept.1647

Es wirdt zu wissen begeret, waß ein groß perspectiv kostet.
Nun sindt dreyerley maniere.

Die erste manier ist die alte, die seindt von 2 gläsern, alß einem convexo vndt concavo: derselbigen Preiß ist nachdem sie lang oder kurtz sind, man hat sie von 3 schuch, kosten 6. Ducaten: auch von 5. à 6. schuch, kosten 12 biß in 15. Duckaten: Mit diesen kan man wann eß hell [klares] *wetter ist 4 à 5 deutsche meylen sehen: Man hat sie auch von 10.12.14. schuch vndt mit denen kan man 8.10. meilen sehen, solche kosten 30. 40. biß 50 Duckaten. Nun hat man auch geringere, zu 4. à 5. Duckaten, die seindt von 2. 3. Spannen, das ist die erste alte maniere.* [1 Spanne ca. 7,5 cm]

Folget die erste von den Newen maniren mit vnterschiedlichen convexis, mit welchen man die objecta vmbgekehret siehet, vndt werden meistentheilß zu den Astris gebrauchet, doch haben auch grossen nutz bey tage zu Lande zu gebrauchen, weil man damit auff einmal sehr grosse Plätze vndt viel Dinge mit einander übersehen, da man hingegen auff die alte maniere kaum den dreissigsten Theil gegen diß zu rechnen sehen kan: deren länge ist von 10 biß 14 schuch [,] *kosten 50. biß 60. Duckaten den nechsten* [billigsten] *Preiß.*

Folget die andere manier zu welcher unterschiedliche gläser gebrauchet werden, hiermit kan man sehr weit vndt fern eine armada von sieben biß in achttausendt mann auff einmal deutlich vndt klar übersehen, vndt solches nicht vmbgekehret, sondern geradt vndt aufrecht, vndt mit diesen kan man am Vollmondt wunderliche gestallt im Mond sehen, wie auch vmb den Jovem nicht nur 4. sondern wol 9. kleine sterne finden vndt sehen. Dieses perspectives länge ist 10. 12. biß 14. schuch, wenn es außeinander gezogen vndt gerichtet wirdt. Aber ein solches wirdt nicht näher alß umb 120 Duckaten verkaufft. Von dieser gattung ist noch keines außkommen oder verkauft worden, dann es erst erfunden ist.[107]

Aus dieser Liste ist zu ersehen, daß Wiesel um 1645 alle drei damals bekannten Fernrohrtypen baute, sie aber noch nicht mit den heute geläufigen Namen benannte:
1. das holländische oder Galileische Fernrohr
2. das astronomische oder Keplersche Fernrohr.
3. Das Erdfernrohr oder Rheitasche Fernrohr.

Einige Bemerkungen zu den drei Fernrohrarten:

1. Die Bauart mit Konkav- und Konvexlinse hatte sich trotz des geringen Gesichtsfeldes in kleineren Fernrohren ohne Auszug und in den ganz kurzen Perspectivröhrchen erhalten. Sie wird heute noch in den binokularen Theatergläsern verwendet. Wiesel baute sämtliche Typen dieser Art.

[107] OP Correspondance de Hevelius. C 1. t. 1 fol. 79r-v; 'näher': billiger.

2. Das von Kepler entworfene Fernrohr mit zwei konvexen Linsen nannte Wiesel um 1645 noch 'neu', obwohl Keplers 'Dioptrice' bereits 1611 gedruckt worden war. Sie war lateinisch abgefaßt und als theoretische Abhandlung schwer zu verstehen. Vielleicht dauerte es deshalb so lange, bis astronomische Fernrohre in größerem Umfang gebaut wurden. Sie hatten den Vorteil, ein größeres Gesichtsfeld als die holländischen Fernrohre zu haben, stellten aber das Bild auf den Kopf; auch das erwies sich als Hindernis für eine schnelle Verbreitung. Die ersten Keplerschen Rohre soll Christoph Scheiner um 1614 gebaut und zur Erforschung der Sonnenflecken verwendet haben. Er projizierte das Bild der Sonne durch das Fernrohr auf ein weißes Papier.[108] In Italien wurden die astronomischen Rohre Mitte der dreißiger Jahre durch Fontana bekannt.[109]

Bereits in der 'Dioptrice' gab Kepler an, daß man durch eine dritte Linse das Bild umkehren und damit richtig stellen könne. Deshalb heißt diese Linse Umkehrlinse. Wiesel hatte das astronomische Fernrohr sicher schon vor 1645 im Programm. Sein bekanntestes Exemplar dürfte dasjenige sein, das die Jesuitenpatres Riccioli und Grimaldi in Bologna zur Mondbeobachtung benutzten und ihren anderen Fernrohren vorzogen. Die mit Wiesels Teleskop entstandene, von Grimaldi gezeichnete Mondkarte veröffentlichte Riccioli 1651 in seinem Buch 'Almagestum novum'. Der lateinische Text über Wiesels Fernrohr aus diesem Buch lautet:

> *Nos verò etsi olim tubis opticis faciem Lunae contemplati, diagrammatismos quosdam typis ligneis incidendos curauimus, postquam tamen Langreni & Hevelii figuras intueri datum est, & de libratione Lunaris globi rumor percrebuit, tum verò exarsit animus studiosissimis obseruationibus discernendi, num predicta schemata veritati, quoad omnes particulas congruerent; & quinam termini, quaeue periodi apparentis huius librationis essent. Cui negotio praeter Telescopia Galilaei, Fontanae, Torricelli, & Manzini, vel donata nobis, vel commodata; aliud à Bauaro artifice nobis venditum omnium optimè inferuiuit, non tam longitudine, etsi ea sit pedum 15. quàm lentium vtrimq. conuexarum copula, adeò feliciter associatarum, vt quamuis totum Lunae saltem Apogee discum simul exhibeant; ita tamen illum ac singulas eius portiones amplificent, vt in illis discernere detur vel minimas partium etiam paruarum particulas, quas ab alijs vel non visas, vel neglectas aduertimus.*[110]

Daß dieser 'bayerische Künstler' wirklich Wiesel war, obwohl Augsburg damals nicht zu Bayern gehörte, finden wir in den Briefen von Hevelius bestätigt.[111] Das Fernrohr war 15 Fuß (etwa 4,50 m) lang, und besaß beidseitig (utrimque) konvexe Linsen. Obwohl man zur Zeit der größten Entfernung des Mondes von der Erde (Apogäum) mit dem Instrument die ganze Mondscheibe im Gesichtsfeld hatte,

---

[108] Scheiner: Rosa Ursina. 1630; Daxecker: Rosa Ursina S. 25, 28-30.
[109] Arrighi; Van Helden: The astronomical telescope.
[110] G.B.Riccioli: Almagestum Novum I. 1651. S. 203f.; siehe auch Kap. II.3.2: Italien.
[111] Siehe Kap. II.3.4: Danzig.

konnte man die kleinsten Teile gut erkennen, was mit den anderen Fernrohren nicht möglich war.

Die Bemerkung, daß dieser Erfolg nicht der Länge des Instruments zu verdanken sei, sondern der glücklichen Kombination der Linsen (adeò feliciter associatarum), wirft die Frage auf, ob Wiesel in diesem Gerät bereits mehr als zwei Linsen verwendet hatte.[112] Beim astronomischen Fernrohr mit zwei Linsen gibt es nur eine Anordnung, die (für normalsichtige Augen) vollen Erfolg verspricht: die Brennpunkte der beiden Linsen müssen zusammenfallen. Nach ihren Aufzeichnungen hatten die beiden Patres in Bologna Mitte 1649 mit ihren Beobachtungen begonnen.[113] Zu dieser Zeit baute Wiesel bereits die aus mehr als zwei Linsen bestehenden Fernrohre und verkaufte eins mit vier Linsen speziell zu astronomischen Beobachtungen nach England.[114] In seiner Preisliste schrieb er an zweiter Stelle von der *neuen Manier mit den unterschiedlichen convexis mit welchen man die Objekte umgekehrt sieht.* Es ist nicht klar, ob er hier zwei oder mehr Linsen meinte.[115] Die Mondkarte Grimaldis wurde mit aufrechtem Bild gedruckt, der Nordpol des Mondes lag oben, der Südpol unten. Im Text am Kopf der Zeichnung ist zu lesen: *Optimo Telescopio ex plurib. Lunae phasib. Selecta, in qua Langreni, Hevelij, Eustachij, Sirsalis etc. Selenogr. partim firmavit, partim ita correxit, et duxit, ut vel minimae particulae ex aliquib. partibus evidentiam sit assecutus,* d.h. "mit dem besten Teleskop wurde die Mondkarte gezeichnet, die Karten früherer Astronomen teils bestätigt teils korrigiert und eingearbeitet und auch die kleinsten Teilchen aus verschiedenen Mondphasen hinzugefügt".

Ewen Whitaker führt in seiner Studie über die Selenographie im 17. Jahrhundert aus, daß Riccioli und Grimaldi mit ihrer Mondkarte alle vorherigen übertroffen hätten, wenn sie auch ästhetisch nicht so ansprechend sei wie die von Hevelius. Ihre größere Genauigkeit sei nicht erkannt worden, weshalb die Karten von Hevelius weiterhin im Ruf größerer Zuverlässigkeit standen.[116]

3. Das Erdfernrohr besaß ebenfalls nur konvexe Linsen: Rheita und Wiesel fügten zu der Umkehrlinse noch die Feldlinse hinzu. Das neue Fernrohr besaß also eine Objektivlinse und ein Okular, das aus drei Linsen zusammengesetzt war. Wiesel experimentierte in den folgenden Jahren weiter und verwendete sogar vier oder fünf Okularlinsen. Durch eine geschickte Zusammensetzung dieser Okularlinsen konnte der Farbfehler wesentlich verringert werden. Wiesels Teleskop,

---

[112] Van Helden: The telescope in the 17th century. S. 47f.: Van Helden übersetzte utrimque mit "both" und schloß daraus auf ein zweilinsiges Fernrohr.

[113] Riccioli: Almagestum novum. S. 209f.

[114] 'Telescopium zu den Astris': Beschreibung siehe unten.

[115] Von Rohr und Van Helden warfen beide diese Frage auf.

[116] Whitaker, Selenography. S. 134: *A careful study of the map shows ...: The chief errors of the earlier maps have been removed, and most of the newly added detail can be identified with considerable certainty. Unfortunately, the map is aesthetically less pleasing than the Hevelius maps; its superior accuracy was not generally recognized, so that the Hevelius maps tended to be regarded as the more trustworthy.*

welches er 1654 an die Familie Huygens verkauft hatte, konnte von Rolf Willach rekonstruiert werden (vgl. nächsten Abschnitt 3.5). Mit diesen Werten konnte Willach zeigen, daß Wiesel die Korrektur des Farbfehlers im Vergleich mit anderen Herstellern besonders gut gelungen war. Nur ein Fernrohr von Campani aus dem Jahr 1680 übertraf das von Wiesel wesentlich (Abb. 35).[117]

Das erste dieser Fernrohre, von dem wir wissen, gelangte im Sommer 1649 nach England. Aus den folgenden Jahren sind Nachrichten von etwa 15 Instrumenten dieser Bauart überliefert, die Wiesel in ganz Europa verkaufte: England, Paris, Wolfenbüttel, Gotha, Schweden, Antwerpen, Holland, Dänemark, Dresden, Danzig, Türkei. Sicher waren es mehr, nicht alle sind uns bekannt. Während Wiesel beim ersten Teleskop (1644) noch von zwei Jahren Bauzeit sprach, konnte er ein solches Rohr 1650 in nur zwei Monaten anfertigen.[118]

3.5 Beschreibung einzelner Fernrohre mit zusammengesetztem Okular

Wiesel pflegte seinen Instrumenten eine Gebrauchsanweisung, oft 'Unterricht' genannt, beizulegen. Schon im 16. Jahrhundert hatten Augsburger Instrumentenmacher ihren Produkten Beschreibungen mitgegeben, vor allem, wenn es sich um komplizierte Geräte handelte. Im Mathematisch-Physikalischen Salon in Dresden wird z.B. neben der Augsburger Globusuhr von Roll und Reinhold ihre Beschreibung aufbewahrt, die Georg Roll 1586 angefertigt hatte.[119] Vielleicht hatte Herzog August d.J. Wiesels Gebrauchsanweisung angeregt. Er hatte schon 1630 von Hainhofer eine solche verlangt: *von obgedachten Spiegel, muß ich grundtliche beschreibung seines gebrauches haben.*[120] Hundert Jahre später führte Brander diese Tradition fort. Er ließ die Beschreibungen seiner einzelnen Instrumente sogar drucken. Die früheste uns bekannte fügte Wiesel Mitte 1649 dem ersten Instrument nach England bei. Eine Abschrift von Wiesels Hand findet sich in der Korrespondenz von Herzog August in Wolfenbüttel:[121]

---

[117] Willach S. 190f.

[118] HAB 98 Novi fol. 309v. Wiesel an Hzg. August: *Wo es nun Ihro hochfl.Gnaden umb solchen Preiß ein dergleichen Telescopium belieben wurde, kan eines inner 2.Monaten verfertiget und auf abfordern eingehendiget und daß gelt dargegen gezogen werden.* Beilage zu Hirts Brief vom 12/22.3.1650. HAB 98 Novi fol.302r-303v. Vgl. Anlage A.3 Nr. 26.

[119] Schillinger: Die mathematisch-technischen Instrumente. S. 319: Handschrift: Georg Rollens kurtze Beschreibunge vber vorkaufften Globum coelestem oder Himlischen Kraiß.

[120] HAB 95 Novi fol. 228r. 30.9.[10.10.] 1630. Hzg. August an Hainhofer (Gobiet 1019).

[121] HAB 98 Novi fol. 309r-310r. Beschreibung original von Wiesels Hand; vgl. Anhang A.3 Nr. 26; Das Instrument war im September 1649 bereits in Amsterdam; rechnet man eine Trans-

[309v] *Beschreibung dieses großen Perspectives*
Wie es auf dreierlej weiß zu gebrauchen

Beij Tag zue Landt ist dieß seine güete, daß es einen sehr großen Platz in der ferne dem Aug repraesentiert, daß man etliche 1000 Mann haltendt mit Unverwenthem tubo auf einmal ubersehen kan, Da man sonsten mit den alten besten Perspectiven eben von einer solchen lenge kaum 6. Mann uf [310r] *einmal bescheidenlich ubersehen kan. So wurdt eß auch bej heller Nacht zu den Astris mit großem lob gebrauchet. Die Comides Jovj kan man darmit gantz deutlich sehen, wie Sie Ihre stellen verändern, Auch der Venus ab: und zunemmen. Item wie der Saturnus von 3.Cörpern, und der Mars gleich einem Spitzigen Berg gestaltet seye. Den Mohn siehet Mann Unglaublicher größe und weitter nit alß in 3. oder 4. Spannen vom* [Auge] *stehendt, darinnen wunderlich Ding gesehen werden.*
Dritens ist noch eine richtung, die nähere obiecta an einer wandt angeklebt, also zu vergrößen daß sich alle Weld darob zu verwundern, Alß zum exempel ein Perspectiv Gemähl, von schönen Soylen [Säulen], *im Diameter einer Spannen hoch, soll sich so groß alß der gröste Saal repraesentiren, Wie dan von diesem Telescopio ein ordentliche Beschreibung soll beigelegt werden.*
Sonsten hat dieser tubus 11 Rören oder Außzüeg undt von 7 Gläßern zusammengesezt. *Johann Wießel Opticus*

Dieser Bericht sagt nur wenig über die Bauweise aus. Es wird lediglich erwähnt, daß das Fernrohr aus elf Rohren bestand und sieben Linsen besaß. Wahrscheinlich war eine farbige zur Sonnenbeobachtung dabei, so daß das Okular aus fünf Linsen zusammengesetzt war. Mehr Informationen bietet ein Brief Wiesels an Moriaen vom 17.12.1649 über ein Fernrohr zu astronomischen Beobachtungen, das zweite Instrument, das nach England geliefert wurde,. Moriaen schickte am 4. März 1650 eine Kopie dieses Briefes an Hartlib. Eingestreute Texte über Wiesels Beobachtungen wurden hier ausgelassen:[122]

Copia des schreibens vom Optico zu Augspurg. Johan Wiessel
sub dato 17.Xbr.1649.

Mein leztes war das ich das Telescopium zue den Astris dem Herrn von Stetten auff Ihr befelch einhändigen vnd dargegen die 100 Reichsthaler empfangen werde, welches den dato geschehen. Ob Ich nun woll bey leztem Tubo ausfuhrlichen vnderricht uberschrieben wie der selbe anzurichten ds man alles nach lauth der

portzeit von drei Monaten, war es etwa im Juni 1649 von Augsburg abgegangen. (OP C 1. t. 2 Nr. 194. 9.4.1650. Moriaen an Hevelius).

122 HP 37/144A-B. 17.12.1649. Wiesel an Moriaen; Kopie von Moriaens Hand am 4.3.1650 an Hartlib. Voller Text im Anhang A.3 Nr. 22; eine Kopie findet sich auch unter den Hevelius-Briefen: OP C 1. t. 2 Nr. 171. Eine englische Übersetzung in den Hartlib Papers (HP 8/34), wurde abgedruckt in: Van Helden: The Development. S. 34f.

beschreibung besichtigen vnd nicht woll Irren könne, So will Ich doch bey diesem Nächtlichen astralischen Tubo ein andere description erfinden wie dan nachfolgend zue vernehmen.
Erstlich sind der Röhren oder auszuge eilffen vnd eine Jede Röhre mit 2 buchstaben als A vnd B bezeichnet, der Gläßer sind 4 als fornen im kleinen Rohr ist einverschraufft das große objectivum; Im großen ledernen Rohr ist ein kurzer Tubus mit 2 convexgläßern in dem schwartzen Holtz mit einer starckhen schrauben oder gewint ein geschraubet, davon das eine glaß von einem Circul, und das andere von einem vnbekandten schnidt formiret, dieses kleine Rohr schrauffet man vom großen Ledern rohr ganz heraus, vnd werden dieselbe 2 gläser, als das weiße fornen beim aug, vnd also beede mit Ihren flächen gegen dem aug sehend eingelegt, vnd mit Ihren schrauffen angezogen vnd hierin gar nicht geirret werden.
(Nota: ita habet textus: ad sensum complendum supplemento opus est. vnd kan oder muß hierin &c.)
Zum dritten ist noch ein großes ocular glaß in dem grösten rohr so auff das Lederne folget, einverschrauffet, dießes wird auch allezeit eingelegt daß seine fläche gegen dem aug gerichtet seye: wan nun diese gläßer alle durch langwürigen gebrauch staubig worden, sollen selbige herausgenommen, mit ganz weißer Leinwath [Leinwand] *abgeseubert vnd ohnbemackelt iedes wieder an seinen ortt eingelegt vnd zuegeschraufft werden.*
Nun ist mein Hochgeehrter Herr gänzlich versichert das diß der erste astralische Tubus so noch niemahlen auff dieße manier von meiner hand gemacht worden, auch so gut das Er allen andern weitt vorgehet, mich auch selbsten ansehlich erfreuet als Ich das erst mahl dardurch gesehen. [...]
Weil ich dan im probieren funden das Er bey Tag (doch scheinender Sonnen) die nähere objecta weit mehr als andere vorige perspectiv ergrößet als hab Ich diesen gebrauch nicht hinderlaßen sondern zue dienst vnd gefallen auch hier verrzeichnen wollen, bey der Nacht zue den astris werden alle Röhren biß zue dem A gerichtet, vnd zue den nähern objectis bey tage zue scheinender Sonnen biß zue allen B gezogen, da soll man ein perspectiv gemähl eines bogen Pappier groß an eine Sonn bescheinende Weyße Maur oder Wandt vnder über sich ankleben oder hangen vnd die weite vom Rohr biß zum Gemähl soll sein 32 1/2 augspurger Ehlen, da wird sich alles lebensgroß repraesentirn vnd diß mit sonderlichen lust zue schawen. [...]
Nota Gutt were das ein leichter Canal halb rundt ausgehohlt, gemacht würde das Telescopium darauff zuelegen damit es sich wegen der lenge nicht biegen könne.

Obwohl es sich um ein besonders zu astronomischen Beobachtungen geeignetes 'Telescopium zu den astris' handelte, wie es von Moriaen verlangt worden war, hatte es Wiesel aus vier Gläsern zusammengesetzt. Vielleicht spielte dabei eine Rolle, daß Wiesel dadurch den Farbfehler verringern konnte, was bei der Keplerschen Bauart mit zwei konvexen Gläsern damals noch nicht möglich war. Man erfährt weiter, daß es wieder elf Rohre zum Ausziehen besaß und daß das Objektiv im kleinsten Rohr eingeschraubt war. Das äußerste Rohr war mit Leder überzogen. In ihm war ein kleiner Tubus mit zwei Linsen des Okulars eingeschraubt. Die dritte Okularlinse saß im nächsten Rohr. Alle drei Okularlinsen waren plankonvex. Ihre ebene Seite sollte zum Auge schauen. Wiesel fügte hinzu, man könne das Fernrohr auch am Tage benützen, sofern man eine andere Einstellung wähle. Der doppelte Hinweis, *bei scheinender Sonnen*, deutet darauf hin, daß durch die größere Anzahl von Linsen und durch den kleinen Durchmesser der Objektivlinse die Helligkeit des Bildes nicht sehr hoch gewesen sein kann.

Zum Schluß gab Wiesel den Ratschlag, das Teleskop auf einen ausgehöhlten Kanal zu legen, damit es sich nicht durchbiegen könne. Auf dem Bild der Hevelius-Sternwarte kann man solche 'Kanäle' erkennen. Dort sieht man auch, wie man zur damaligen Zeit die langen Fernrohre montierte, sie z.B. an Masten aufhängte.[123] Oft wurden sie allerdings nur auf das Fensterbrett oder etwa auf die Sprossen einer Leiter gelegt, wenn man beobachten wollte.[124]

Über das Fernrohr, das Wiesel 1652 nach Dänemark verkauft hatte, gibt es einige Hinweise. Der Hofmeister des jungen Prinzen von Sachsen-Gotha notierte 1654 nach dem Besuch in Wiesels Werkstatt, daß Wiesel erzählt habe, *das große perspectiv, so nach Dennemark kommen, were 28 werkschuh lang gewesen, und hatte nur 3 gläser gehabt, der größe wie eine mittelmäßige glasscheibe; ... gedachtes perspectiv hette die corpora umgekehrt gezeigt, daherrs Sie aber recht stehen solten, müßte der tubus noch um ein glas vermehret und 7 schuhe länger werden.*[125] Das Instrument hatte demnach die beachtliche Länge von etwa 8,40 m. Die Größe der Linsen verglich Wiesel wieder mit einer 'Glasscheibe'. Obwohl es drei Linsen besaß, zeigte dieses Fernrohr die Bilder umgekehrt,. Wiesel bemerkte außerdem, daß das Instrument für aufrechte Bilder eine vierte Linse benötigte und auf 35 Schuh (11 bis 12 m) verlängert werden müßte. Fernrohre solcher Länge wurden in den folgenden Jahren von Richard Reeve in England gebaut.

Eine weitere Fernrohr-Beschreibung hat sich unter den Huygens Manuskripten erhalten: Ende 1654 verkaufte Wiesel Fernrohre und ein Mikroskop an Daniel de Vogelaer, einen Verwandten von Huygens. Christiaan übersetzte Wiesels Anweisungen ins Niederländische.[126] Während Wiesels Original-Beschreibung des Mikroskops noch in der Universitätsbibliothek Leiden liegt, ging die des Fernrohrs verloren. Hier die Rückübersetzung von Rolf Riekher:

---

[123] Hevelius: Machinae Coelestis 1673, gegenüber S. 382; z.B. in: Bud/Warner S. 600.

[124] Z.B. Teichmann S. 181. Abb. 181: Greenwicher Sternwarte. Kupferstich 1676.

[125] Thür. StaatsA Gotha. E IV o Nr. 2b. 1654: Hiob Ludolph: Diarium der Lustreyse Herzog Johann Ernst im September 1654 nach Nürnberg, Augsburg, Ulm gethan (31.8.-25.9.1654). fol. 3r-v.

[126] Beschreibung gedruckt in: OC Huygens Bd. 1. S. 308f.

Unterricht
28.11.1654

betreffend die nach neuer Manier hergestellten Fernrohre mit 6 Gläsern.
Es sind 7 Röhren, die ineinander schiebbar sind und 6 Gläser. Das Vorglas (objectivum) ist vorn in die kleinste Röhre eingeschraubt. Danach folgen 4 Okulargläser: das erste ist in dem dritten Stück oder Röhre D, das zweite in dem vierten Stück C, das dritte in dem fünften Stück B, und das vierte Okularglas in dem sechsten Stück A; und die Gläser sind so zwischen hölzernen Ringen eingeschraubt, daß die erhabenen Seiten der Gläser nach innen kommen, und die flachen näher dem Auge zu. Wenn nun alle Gläser wie gesagt und gut gesäubert eingelegt worden sind, so zieht man alle Stücke auseinander bis zu den schwarzen Ringen, und man bringt das Auge an die kleine Öffnung in dem ledernen Rohr; und sieht man durch alle hindurch, so werden sich die Objekte vergrößern und sehr klar zeigen. Und dies ist die Stellung bei Tag über Land. Man soll auch von allen Rohren die schwarzen Linien in Übereinstimmung bringen, gleich als ob es eine durchgehende Linie wäre.

Will man nun die Sonne beobachten, so muß das Sonnenglas zuvor in das lederne Rohr hinter die kleine Öffnung eingeschraubt und so durchgesehen werden; so sollen sich die Sonnenflecken, welche zu mancher Zeit in der Sonne gesehen werden, klar dem Auge zeigen, und man wird ihren Aus- und Eintritt betrachten können. Und dies ist die zweite Stellung um die Sonne zu observieren.

Es folgt die dritte Stellung um in die Sterne zu sehen.

Hierzu wird das Sonnenglas ausgeschraubt und beiseite gelegt, weil es zu diesem Gebrauch nicht notwendig ist. Und man läßt das Fernrohr gleich in der vorigen Stellung bei Tag über Land, und gebraucht es so um den Mond und andere Planeten zu sehen. Aber durch die lange Sternenbrille (Sternenröhre) viel größer. Will man dann viele Sterne zugleich sehen, so legt man das lederne Stück als auch das von A beiseite, und gebraucht allein die übrigen 5 Teile mit ihren Gläsern, dann allein zieht man das Stück B bis an C, und C bis D, und D bis E, und E bis F, und damit ist es eingestellt um viele Sterne zugleich zu sehen. Das Auge wird an die Röhre B angesetzt und so hindurch gesehen.

Folgt die vierte Stellung
um nahebei gelegene und kleine Objekte zu vergrößern.

Zu diesem Gebrauch bleibt das Fernrohr so eingestellt wie zuvor um viele Sterne zu sehen, es bleiben die Teile B, C und D bei ihren Buchstaben; Dann werden die anderen zwei Rohre E und F weiter ausgezogen bis an die zwei eingezeichneten O. Hiermit ist es richtig für nahe gelegene Objekte. Zuerst legt man das so eingestellte Fernrohr auf zwei Böcke oder Stützen, welche an der Seite Gabeln mit Stellschrauben haben, so daß man es hoch und niedrig verstellen und gerade gegenüber dem Objekt legen kann. Und man muß die Stellschrauben anziehen, damit es nicht wackelt. Dann legt man das Auge dicht an das Glas in der Röhre B, und man sieht nach dem Objekt (dem Perspectiv Gemälde), das nicht über einen Fuß groß im Quadrat sein darf; so wird sich alles wunderbarerweise vergrößern und einen großen Genuß geben. Man muß das Bild mit den vier Ecken mit Wachs so an der Mauer befestigen, daß sein Unterstes oben steht, alsdann wird dieses Fernglas die Malerei wieder aufrichten, daß es so gesehen wird. Der Abstand zwischen dem Fernrohr und der Malerei beträgt 13 Ellen und 19 Zoll, wie ich mit einem beigelegten Draht angewiesen habe, welcher mit dem einen Ende an das Bild gehalten werden muß und mit dem anderen die vordere Öffnung berührt, worin das große Glas liegt. So spart man viel Mühe, die man sonst haben würde um den richtigen Abstand zu suchen. Damit nun einem jeden möglich ist dieses Fernrohr zu gebrauchen, so habe ich auf einem weißen Zettel an dem kleinsten Rohr viererlei Gesichter [Sehvermögen] *mit kleinen Linien und Ziffern 1. 2. 3 und 4 angezeichnet. Das erste Strichlein mit 1. bedeutet das mehrere und gute Gesicht: das andere mit 2. das Quartier: das dritte das kurze Mindergesicht: und das 4. das ganz kurze und scharfe Minder Gesicht, damit auf diese Weise ein jeder durch Ausziehen und Zusammenschieben von einer Linie zur andern, sein Gesicht suchen und kennzeichnen kann. Welche Linie nun dem Gesicht am besten paßt, nach derselben wird es bezeichnet und ausgesprochen, so wie neben den Linien zu lesen ist.*

Das Fernglas von 3 Fuß, als auch die anderen 2 von anderthalb Fuß sind auf den Röhren mit schwarzen Ringen gezeichnet. Die anderen von schwarzem Horn, eine Spanne lang, haben beide den Knopf wo das Verkleinerungsglas darinnen liegt mit einer Schraube verfertigt, so daß man sie nach jedermanns Gesicht ein wenig länger oder kürzer schrauben kann .

Nota. Wenn die Gläser durch langen Gebrauch etwas Staub anziehen, so soll man sie herausschrauben, und mit einem reinem Tuch abwischen und jedes wieder auf seinen Platz legen und zuschrauben, doch wieder so, daß die gekrümmte Seite der Gläser einwärts in die Rohre kommt, und die Fläche nach dem Auge zu.

Johann Wiessel, Augustanus, Opticus

Zusätzliche Information bietet eine Aufzeichnung von Huygens selbst. Die Überschrift lautet in Übersetzung: "Fernrohr von Wiselius, von 4 1/2 Fuß von 7 Stükken". Das Teleskop war also etwa 1,4 m lang, wenn man den rheinländischen Fuß zugrunde legt. Huygens gab außerdem die Entfernungen zwischen den Linsen und ihre Brennweiten durch Striche an, zeichnete einen Kreis, der die Öffnung der Objektivlinse (22 mm) zeigen sollte und notierte, daß alle Okularlinsen plankonvex waren, die Objektivlinse bikonvex.[127] Rolf Willach rekonstruierte nach diesen Angaben Wiesels Instrument und fertigte eine Skizze des Strahlengangs an.[128]

---

[127] Universitätsbibl. Leiden, Hug. 17. fol. 71r, gedruckt in OC Huygens Bd. 13-2. S. 599.

[128] Willach S. 189. Abb. 14.

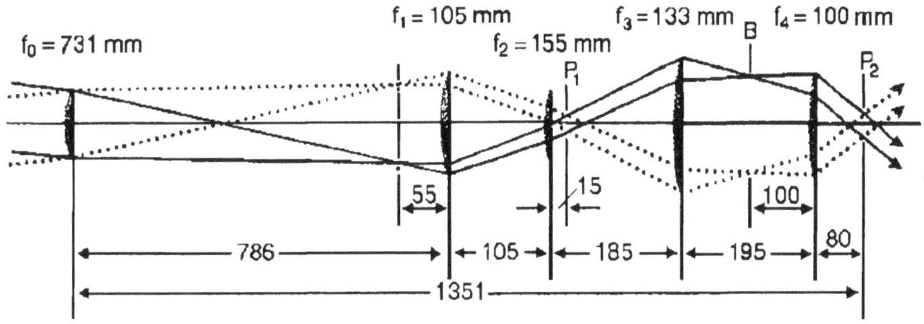

Abb. 8. Willach: Rekonstruktion eines Wiesel-Teleskops nach den Angaben von Huygens um 1654 (OC Bd. 13-2. S. 599); nicht maßstäblich.

P_1 = Zwischenpupille, B = Gesichtsfeldblende, P_2 = Austrittspupille
Objektivbrennweite f_O = 731 mm,
Brennweite des Linsensystems des Okulars f_{OC} = 71,5 mm
Vergrößerung 10.

Aus dem vorletzten Absatz von Wiesels Bericht in den Huygens-Papieren läßt sich schließen, daß die Sendung aus Augsburg noch einige kleinere Instrumente enthielt: eines 90 cm lang (3 Fuß), zwei von 45 cm Länge, dazu noch zwei kleine Rohre, eine Spanne (etwa 20 cm) lang aus schwarzem Horn. Christiaan Huygens hat außerdem einige Maße und Preise weiterer Wiesel-Fernrohre überliefert, die er entweder in den Niederlanden oder in Paris gesehen hatte:

Telescopia Wiselij Augustae Vind.
1) 16 pedes longum, 3 lentibus. ejusdem effectus atque vulgare pèdum 30 constant. 110 ducatis. "16 Fuß [etwa 5 m] Länge, 3 Linsen. Es bringt den gleichen Effekt wie ein gewöhnliches von 30 Fuß [9,4 m]. 110 Dukaten."
2) 10 vel 12 pedum, 7 vitris ad solem contuendum et terrestria quoqu. 75 ducatis, ni fallor. "Ungefähr 3,10 m bis 3,70 m lang, 7 Linsen, zur Beobachtung der Sonne und terrestrischer Objekte, 75 Dukaten, wenn ich nicht irre."
3) 7 vel 8 p. 5 vitris, ad astra, 70 aureis n.f. "2,20 m bis 2,50 m lang, 5 Gläser, zur Himmelsbeobachtung, 70 Dukaten."
4) 4 vel 5 pedum eidem usui. 4 vitris. 40 aureis, puto. "1,25 m bis 1,57 m lang zum selben Gebrauch. 4 Gläser, 40 Dukaten, glaube ich."[129]

Das oben beschriebene, 1654 nach Holland gelieferte Fernrohr war den beiden Instrumenten in Skokloster sehr ähnlich. Diese sind nur wesentlich länger, ausgezogen erreichen sie 270 bis 280 cm. Sie bestehen aus elf Rohren, enthielten aber ebenso wie das an Vogelaer verkaufte Instrument vier, heute verlorene Okularlinsen, die auch in den Rohren A bis D befestigt waren. Sie tragen ebenso die aufge-

[129] OC Huygens Bd. 13-2. S. 598f.

klebten Zettel mit den Buchstaben für die Rohre A bis K, mit den beiden O, und mit den vier Strichen für das "Gesicht" (Abb. 31).

Rolf Willach hat die beiden Skokloster-Fernrohre vermessen (Abb. 32) und versucht, aus den meßbaren Abständen der Linsenfassungen den Aufbau des Okulars und die Brennweiten der Linsen des Instruments Inv. Nr. 10643 mit der Signatur: I·W·A·O·F zu rekonstruieren. Er ging dabei von drei Annahmen aus:

1. Der Farbvergrößerungsfehler war weitgehend behoben, wie es Wiesel bei dem von Huygens ausgemessenen Rohr gelungen war.
2. Die Austrittspupille liegt genau in der Öffnung der Augenmuschel.
3. $f_3 = 2 \cdot f_2$; $f_2 = 2 \cdot f_1$
   Diese Beziehung der Linsenbrennweiten wurde 1655 von Monconys für ein terrestrisches Fernrohr überliefert, wobei es sich nur um eins nach Rheita-Wieselscher Bauart gehandelt haben kann.[130]

Das Ergebnis zeigt Willachs Zeichnung (Abb. 9):

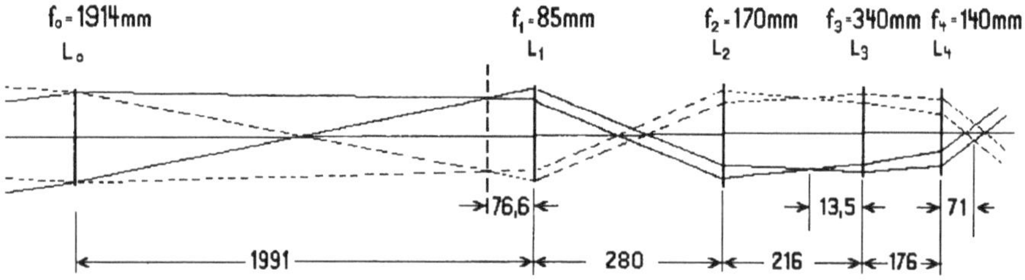

Abb. 9. Strahlengang im Skokloster-Rohr (Inv. Nr. 10643); nicht maßstäblich.

Brennweite des Objektivs f_O = 1 914 mm
Brennweite des zusammengesetzten Okulars f_{OC} = 69 mm
Vergrößerung etwa 28.

Die von Wiesel angezeichneten Einstellungen für die verschiedenen Sehstärken auf dem letzten Rohr K führen zu folgenden Werten:

Mehrer-Gesicht: + 1,9 Dioptrien: weitsichtig
Minder-Gesicht: – 2,6 Dioptrien: kurzsichtig
Sehr Minder: – 6,3 Dioptrien: stark kurzsichtig

[130] Monconys 1665 Bd. 2. S. 243f.

1657 gelangte ein Wiesel-Fernrohr in die Kunstkammer des Kurfürsten von Sachsen. Es ähnelte in den Ausmaßen und wohl auch in seinem Äußeren den Skokloster-Instrumenten. 10 Schuh (sächsische oder Augsburger) entsprechen etwa 3 m Länge. Johann Theophilus Michaelis (1704-1740) war seit 1727 Kunstkammer-Adjunkt, seit 1728 für das 'Mathematisch-Physikalische Cabinet' zuständig. Ab 1739 betreute er auch die Kunstkammer. 1730 stellte er einen Katalog der optischen Instrumente her. Der betreffende Eintrag lautet:

> *Ein großer Tubus, 10 Schuh lang, davon die oberste Röhre mit schwartzem Leder überzogen ist, und diese Buchstaben J.W.A.O. mit Golde darauf gedruckt sind, die übrigen Röhren sind mit Türckschem Papier überzogen. Der Tubus bestehet aus 4.Ocularen und einem Objective und 12. Auszügen welches in seiner gehörigen Länge, 4 ½ Elle beträgt. Wobey sich über dieses auch ein Blend-Glas zu Sonnenfinsternißen oder Betrachtung derer Macularum solarium befindet, damit dieser Tubus zugleich ein Helioscopium abgeben kan. Er ist zu Augspurg von Johann Wießnern verfertiget und 1657. den 17. Nov. damahls in die Kunst-Cammer eingekommen.*

Am Rand wurde von anderer Schrift später hinzugefügt:

> *Das objectivglaß zu diesem Tubo hat sein distantiam focalem ohngefehr 6 Schuh, und weil es an sich gantz gut ist, so habe ich die ohnedem schadhafte und unbrauchbahre Papierne Röhre hinweggethan, und hingegen das objectif samt gehörigen ocularen in ein Rohr von weißem Blech fassen lassen, und sindie Capsuln, worinn die gläser liegen, sauber auß Buxbaum gedrechselt.*
> *Nach derVeränderung, so ich gemacht, dienet dieser Tubus nunmehr zu einem Telescopio Astronomico. Walz*[131]

Von diesem Blechrohr war nichts mehr zu finden. Die *schadhafte papierne Röhre* deutet darauf hin, daß das Fernrohr wirklich benützt worden war, nicht nur als Kunstkammerobjekt diente. Johann Theophilus Waltz (+1747) war Hofarchitekt, Mathematiker und Geograph, 1746 bis 1747 Inspektor des Mathematisch-Physikalischen Cabinets.[132] Die von ihm angegebene Brennweite des Objektivs von ca. 1,80 m paßt recht gut zu dem von Willach ermittelten Wert der Skokloster-Rohre.

Die beiden Rohre in Skokloster enthalten keine Linsen mehr. Entweder zerbrachen die Gläser, oder man baute sie später aus und verwendete sie für neue Fernrohre, wie es von Walz in Dresden wörtlich überliefert wurde. Es ist bemerkenswert, daß der Inspektor die 90 Jahre alten Linsen immer noch als sehr gut beurteilte. In der Mitte des 18. Jahrhunderts hatte die Technik der Linsenherstel-

---

[131] Mathematisch-Physikalischer Salon Dresden. Bibl. III c 18: Michaelis Catalogus. 1730. fol. 24a-24b.

[132] Weichold: S. 429 Anhang 9: Die Kämmerer, Inspektoren [...] der sächsischen Kunstkammer zu Dresden.

In England war es zwar gelungen, durch die Zusammensetzung von zwei verschiedenen Glassorten achromatische Linsen anzufertigen. Dadurch, daß Kron- und Flintglas die Farben des Lichts verschieden brechen, konnte der Farbfehler weitgehend beseitigt werden. Aber selbst Brander hatte Schwierigkeiten, sie nachzubauen. Außerdem war es sehr schwierig, Flintglas zu bekommen.

Um 1656/57 muß Hevelius ein Fernrohr aus Augsburg erhalten haben. Außer dem hohen Preis von 180 Reichstalern und etlichen Lobsprüchen wissen wir nicht viel darüber. Es hatte fünf Linsen, war 12 Fuß, d.h. ca. 3,60 m, lang[133] und zeigte ein Gesichtsfeld von drei Vollmonddurchmessern.[134] Am 26.10.1658 schrieb Hevelius an Caramuel Lobkowitz:

> *Aber nicht alle Fernrohre entdecken den Begleiter des Saturn, wenn sie auch die Flecken des Mondes und der Sonne und weiter die Begleiter des Jupiter sehr klar zeigen. Jenes Fernrohr, das ich benütze, habe ich zu diesen Beobachtungen mit eigner Hand hergerichtet, alle übrigen, wie auch das aus Augsburg, das ich von Wiselius, Opticus Augustanus, für 180 Reichstaler gekauft habe, zeigen diesen Begleiter auf keine Weise, wenn sie auch die übrigen näheren Objekten ausgezeichnet darbieten.*[135]

Dem Professor der Medizin Caspar March in Rostock berichtete Hevelius:

> *Ich habe einen* [Tubum] *fur* [vor] *etlichen jahren lassen von Auspurg* [sic] *kommen, der mir 100 Ducaten zu Auspurg zustehen kömbt, meritiret daß der Herr umb deshalben allein nach Dantzig kommen von Rostock. Wie wol der meister auch andere wol feiler hatt als* [Randverlust] *50 Ducat. 30, 20, 10 ducaten, der allein die maculas ☽* [Lunae] *dermassen weisen soll, muß nicht weniger als 30 oder 40 ducaten kösten v. diese dennoch wird nichts bey den ♄* [Saturn] *thun können noch die brachia noch den newen comitem circa ♄ anzeigen (173) auch diesen newen circumsaturnalem weiset auch meiner nicht für 100 Ducat., sondern ich habe selbsten einen andern gemacht, welcher ungleich besser ad ♄ num ist, als dieser, ...*[136]

---

[133] OP C 1. t. 8 S. 1181. 7.2.1667. Hevel an J.G.Rabener in Berlin: *Tubi optici alicuius virtutis ad observationes coelestes nulli hic apud nos prostant. In Hollandia et Anglia sine dubio reperirentur, dummuo* [?] *do ibidem aliquis harum rerum opticarum bene gearer* [?] *adesset, qui lentes discernent Augusti Vindelicorum Joh.Wiselius olim praestantissima fabricavit Telescopia, cuius generis quoddam 12 ped.long. ex quinque lentibus convexis perfectum mihi ipsi constitit 180 Imperial.; sed isti artifex iam fato concessit; reliquit tamen socerum ni fallor, qui paria perspicilla construit*; OP C 1. t. 9 S. 1309 (BN Man. lat. 10348 t. 9 S. 87). 24.9.68. Hevel an Stanislaus Solski SJ: *Ego ipsemet telescopium tale possideo ex quinque vitris convexis longitudine 12 ped. pro quo in Germanià solvi centum flor. Ungaricos.*

[134] OP C 1. t. 5 S. 672. 16.7.1661. Hevel an Jacob Oiselianus in Utrecht: ... *lunae diametro triplo maiorem detegit spatium.*

[135] OP C.1. t. 4 fol. 526r-v und 3. 4.Seite; (BNP Man. lat. 10347 t. 4 S. 78-81). 26.10.1658. Hevelius an Caramuel; hier OP fol. 526v bzw. BNP S. 79. Übs. Spring.

[136] BNP Man. lat. 10347 t. 4 S. 172. 31.5.1660. Hevel an Caspar March in Rostock.

Während die früher entdeckten Jupitermonde zwischen 4,6. und 5,7. astronomischer Größe (Helligkeitsklasse) liegen, ist der Saturnmond Titan nur 8,3. Größe, also wesentlich schwächer. Er wurde 1655 von Christiaan Huygens entdeckt. Während die Lichtstärke von Wiesels Fernrohr in Danzig vermutlich wegen der kleinen Objektivlinse und dem geringen Öffnungsverhältnis nicht genügte, um ihn zu zeigen, bescheinigte Hevelius dem Instrument andererseits hervorragende Abbildungseigenschaften. Wahrscheinlich war die hohe optische Qualität des Linsensystems dafür verantwortlich.[137]

Im Verlauf des 17. Jahrhunderts wurde es üblich, die Linsen am Rand mit dem eingravierten Namen des Optikers zu signieren. Ob Wiesel das auch schon praktizierte, wissen wir nicht. Depiere benutzte diese Art des Signierens, wie Beuther notierte: Auf den Objektivlinsen *fand sich sein Nahmen mit dem Diamant nahe am Rand herum eingezeichnet: Daniel Depiere Opticus Augustanus (oder in Augusta).*[138] Unter den 33 Nummern seines Katalogs gibt es zehn, die die verschiedenen Fernrohre betreffen. Von Verkäufen ist nichts überliefert, abgesehen von kleineren Teleskopen für Herzog August d.J. von Braunschweig-Lüneburg und einigen Fernrohren, die Beuther noch um 1740 in Augsburg vorfand. Cuno führte zwar Fernrohre in seinem Angebot; über sie ist aber nichts bekannt.

Der Preis für das Erdfernrohr war sehr hoch: In der Preisliste von 1647 werden 120 Dukaten (240 Reichstaler) angegeben. Den höchsten bezahlten Preis, 110 Dukaten oder 220 Reichstaler notierte Huygens um 1654 für ein etwa 5 m langes Rohr mit 3 Linsen.[139] 160 Reichstaler oder 240 Gulden wurden für das erste Instrument bezahlt, das nach England ging. Hevelius entrichtete 180 Taler.[140] 1651 erhielt Wiesel für ein Fernrohr, das er nach Gotha geliefert hatte, 100 Reichstaler (Abb. 38),[141] und 1661 für ein kleines Perspectiv zwei Taler.[142]

Dagegen zahlte Herzog Ernst von Gotha 1659 für ein 'Einhorn', den Zahn eines Narwals, 200 Taler. Die begehrte Rarität hatte ihren Preis.[143] 100 Taler entsprachen 1651 in Gotha 114 Gulden 6 Groschen. Man kann den Wert ermessen, wenn man liest, daß im Herzogtum Gotha die Lehrer auf dem Lande neben freier Woh-

---

[137] Unter Öffnungsverhältnis versteht man das Verhältnis von Objektivdurchmesser zu Objektivbrennweite. Letztere entspricht ungefähr der Länge des Fernrohrs.

[138] SuStBA Nachlaß Beuther Mappe 2.

[139] OC Huygens Bd. 13-2. S. 598: *16 pedes longum, 3 lentibus. ejusdem effectus atque vulgare pedum 30 constat. 110 ducatis.*

[140] HAB 98 Novi fol. 309r; OP C 1. t. 4 fol. 526v; (BNP Man. lat. 10347 t. 4 S. 79). 26.10.1658. Hevelius an Caramuel Lobkowitz.

[141] Thür. StaatsA Gotha. Friedensteinsche Kammerrechnungen Bd. 12. 1650/51. S. 357: *114 fl. 6 gr. oder 100 Rthl. vor ein perspectiv so von Augspurgk anhero geschickt worden, den 3. April 1651*; Belege 1650/51. Bd. 3. Blatt 430.

[142] Thür. StaatsA Gotha. Friedensteinsche Kammerrechnungen 1661/62. S. 322; Beleg dazu Nr. 1595.

[143] Zimmermann, W.: Sammlungsgegenstände. S. 634f.

nung und Sachleistungen, z.B. Getreide und Brennholz, 50 Gulden als Jahresgehalt erhielten, der Rektor des Gymnasiums Gotha 300 Gulden.[144]

In den Kammerrechnungen des Kurfürsten Friedrich Wilhelm von Brandenburg für das Jahr 1653/54 sind Ausgaben für Pferde eingetragen. Demnach kostete ein Pferd je nach Qualität zwischen 55 und 100 Reichstaler. Das teuerste Tier war ein Pferd für die Kutsche der Kurfürstin, *ein Schwarzbraun Pferd in meiner gnädigsten Frawen gespan.*[145] Demnach hätte man für Wiesels größte Fernrohre etwa zwei sehr gute Pferde kaufen können.

1674, etwa 20 Jahre später, wurde von Depiere ein großes Rohr mit sieben Gläsern für 50 Taler angeboten (Nr. 7 seines Katalogs). Dabei muß man berücksichtigen, daß die Zeit des Dreißigjährigen Krieges und kurz danach in Augsburg eine Zeit mit enormer Teuerung gewesen war.

3.6 Binokulare Fernrohre

Schon 1608, als der Brillenmacher Lipperhey dem holländischen Statthalter Moritz von Nassau seine Fernrohre vorstellte, ist von einem binokularen Fernrohr die Rede, und es taucht auch in den folgenden Jahren immer wieder auf, etwa 1625 auf dem Flugblatt des Meisters Chorez in Paris. Einerseits sollte es das Sehen erleichtern. Andererseits meinte man, man würde ein helleres und größeres Bild erhalten, wenn man mit beiden Augen schauen könnte. Rheita pries das Binokulum deshalb in seinen Schriften 1643 und 1645 als die Krone der Instrumente. Heute verwendet man binokulare Instrumente wie Feldstecher oder auch Mikroskop vor allem des stereoskopischen Effekts wegen. Neuere Untersuchungen haben aber ergeben, daß man mit beiden Augen tatsächlich schwache oder wenig kontrastreiche Objekte besser erkennen kann, was auch mit der Verarbeitung der aufgenommenen Daten im Gehirn zusammenhängt. Je mehr Daten geliefert werden desto exakter ist das Ergebnis. Das trifft auch für astronomische Objekte wie schwach leuchtende Nebel zu. Voraussetzung dafür ist, daß die optischen Systeme beiden Augen die gleiche Vergrößerung bieten und daß die Rohre genau parallel liegen.[146] Diese Bedingungen, vor allem das Schleifen identischer Linsen, waren im 17. Jahrhundert schwierig zu verwirklichen.

Es gibt einige Zeugnisse, daß Wiesel binokulare Instrumente baute:

---

[144] Roob S. 32.

[145] Brandenburgisches LandeshauptA Potsdam. Kurmärkische Kriegs- und Domänenkammer. Rechnungsregistratur R 61.

[146] Bowen.

Am 30.12.1649 schrieb Wiesel an Moriaen:

> *Berichte auch, daß ich dieser Zeit einen kleinen Tubum Binoculum nur eines fingers lang von helffenbein gemacht, wan durch denselben mit beiden augen gesehen wird kommen die objecta umb fast noch eins so groß zue sehen als dergleichen von einem einsichtigen zue geschehen pfleget. Ist eine schwehre arbeit, doch bezahlt es alle muhe und gegen dem Herrn wo Er dergleichen vonnöthen umb 8 Ungrische Ducaten verlaßen.*[147]

Ende 1652 notierte Huygens die Aussagen Edelheers in Antwerpen über Johann Wiesels Fernrohre: "Da sind außerdem welche durch die man mit beiden Augen zugleich hindurch sieht, was ergötzlich ist und fürs Gesicht sehr bequem."[148]

1654 verkaufte Wiesel ein 'zweiäugiges Perspectiv' zu zehn Dukaten an den Kurfürsten von Mainz.[149]

1656 schrieb Martin Zeiller in seinem Handbuch über die Wiesel-Werkstatt: *Item werden auch zweyäugige Perspectiv verfertiget, mit welchen man noch so groß als durch ein einfaches sehen thut.*[150]

---

[147] HP 37/144B. 30.12.1649. Wiesel an Moriaen. Kopie von Moriaen an Hartlib (geschickt am 11.3.1650); OP C 1. t. 2 Nr. 171. Kopie von Hartlib an Hevelius; Anlage A.3 Nr. 23.

[148] OC Huygens Bd. 1. S. 215 Nr. 148. Huygens an Daniel de Vogelaer, niederländisch, deutsche Übs. von R.Riekher.

[149] SuStBA Beuther-Nachlaß Mappe 7. 12.7.1656. Konzept eines Briefes von Wiesel an den Kurfürsten von Mainz; siehe auch Kap. II.2.2 und A.3 Nr. 44.

[150] Zeiller: Handbuch S. 348.

4. Mikroskope

Die Erfindung des Mikroskops ist schwieriger zu datieren als die des Fernrohrs. Sie fand etwa zur gleichen Zeit oder sogar schon etwas früher statt, also um 1600. Bisweilen wird auch vermutet, das Mikroskop sei erst nach dem Fernrohr erfunden worden. Vermutlich waren es Niederländer, die erstmals aus zwei Linsen Mikroskope zusammensetzten. Die Verbreitung dieses zweiten neuen optischen Geräts ging wesentlich langsamer vor sich als die Verbreitung des Fernrohrs. Das Mikroskop hatte weder Einfluß auf revolutionäre wissenschaftliche Theorien, noch war es bei der Kriegsführung oder der Navigation von Schiffen von Nutzen. Es dauerte ein halbes Jahrhundert bis man erkannte, daß es ein nützliches Instrument für die biologische und medizinische Forschung sein konnte.[1] Der Name 'Microscopium' wurde 1625 in der Accademia dei Lincei in Rom von deren Mitglied Johannes Faber geprägt.[2]

4.1 Das Schraubgewinde an den Flohgläsern

Optische Linsen waren schon seit langem bekannt. Mindestens seit dem 16. Jahrhundert benutzte man einzelne Linsen als Vergrößerungsgläser.[3] Der Antwerpener Miniaturmaler Georg Hoefnagel (1542-1600) verwendete die Lupe zur Zeichnung von Pflanzen und kleinen Tieren, die von seinem Sohn Jacob 1592 in Kupfer gestochen wurden.[4] Zum 'Kunst- oder Flohbüchslein' war es ein kleiner Schritt. Es wurde auch Flohglas (lat.vitrum pulicare oder pulicarium, engl. flea-glass) genannt: eine konvexe Vergrößerungslinse bildete den Deckel einer runden Dose mit einem Boden aus Glas oder einem anderen durchsichtigen Material wie beispielsweise Glimmer oder kristallinem Gips, auch Fraueneis oder Marienglas genannt, in die man etwa einen Floh steckte oder ihn auf den Boden klebte. Flöhe, lästiges Ungeziefer, gab es zur damaligen Zeit in ausreichender Menge. Man konnte diese Gläser gegen das Licht halten und das Objekt im Durchlicht be-

1 Winau: Medizin und Technik.

2 Siehe Kap. I.2; 13.4.1625. J. Faber an Cesi (engl.Übersetzung): "I also mention his [Galileo's] new occhiale to look at small things and call it a microscope" nach Fournier: fabric of life. S. 21; Zur Erfindung und Geschichte des Mikroskops: Gloede; Rooseboom; G.L'E. Turner: Essays; G.L'E. Turner: Mikroskope (deutsch).

3 Z.B. Papst Leo X. mit einer Lupe. Gemälde von Raffael um 1517. Aus: Kuisle S. 24.

4 Jacob Hoefnagel: Archetypa Studiaque Patris Georgii Hoefnagelii, 1592; Gloede S. 14 u. 17.

trachten.[5] Hainhofer verschickte sie wiederholt, nicht nur Wieselsche sondern auch solche aus Italien. Im Oktober 1624, als er Herzog August das Teleskop von Galilei samt drei gläsernen Büchsen und einem vergrößernden Spiegel schickte, gab er einen anschaulichen Bericht davon:

> *Die 3. gläserne Büchslen belangent, sein dieselbe dahin angesehen, das was man darein legt, vnd das aine orth zum aug vnd gegen das lichte, oder vnder sich gegen dem boden helt, so vergrösert es merkhlich was darinnen ligt, alß zum exempel, wan man .2. lebendige flöhe darein thuet, scheint es, alß wan 2. razen* [Ratten] *darinnen were, vnd sihet man am Ihnen alle härlen auf dem ruggen vnd schier Ihre zähn in den meulen, die 2. klainere büchslen haben die vergröserungs gläßlen aussen vnd Innen rund gemugelet oder verhebt gedrehet, das grösere büchslin aber, dessen dekhel geschraufft ist, hat das vergroser gläßlin hool gedrehet, vnd wan man in dieses büchßlin ainen demant, rubin, oder andere stain legt, so sihet man gar perfect dessen federn, schrükhen, gewidekh oder andere vnraine vnd haben diese büchselen neben der kurzweil auch Ihrn nuzen.*[6]

Der Gebrauch des Mikroskops, um Fehler in Edelsteinen zu erkennen, wird später immer wieder erwähnt.

In den ersten Verzeichnissen, die wir von Wiesel kennen, finden sich solche Flohbüchsen. In den Widemann-Briefen an August Fürst zu Anhalt (AFzA) liest man unter Nr.4 von Wiesels Bericht vom März 1625: *Item so mache Ich auch Kunstbixlein welche nur eines Daumens breittes hoch vnd eines kleinen fingers digkh. Wann man in solch ein geschraufft gläseren büxlin den kleinsten Floh einthuett, scheinet er so groß als ein grosse grillen.* Vier Wochen später, am 30. April 1625 fügte Wiesel hinzu: ... *darinnen man ein Ding mehr dann 100 Mahl grösser sehen kann, costet 6.Thaler.*[7] Man erfährt nicht nur, daß der Preis ziemlich hoch war, sondern auch in etwa die lineare Vergrößerung, nämlich 1:10, wenn man die Länge eines Flohs mit 3 mm annimmt und die einer großen Grille mit 3 cm. Wiesels Angabe von einer 100fachen Vergrößerung paßt sehr gut dazu. Es war üblich, die Vergrößerung der Fläche anzugeben (10 x 10).

Im Mai 1625 bestellte der Fürst zwei Kunstbüchslein, die etwa zwei Monate später über die Naumburger Messe geliefert wurden. Die Bezahlung lief über einen Agenten in Leipzig.[8] Drei Jahre später schrieb Wiesel an den Fürsten:

---

[5] Flohglas: Abbildungen in Athanasius Kircher: Ars magna lucis. Rom 1646 und in Johannes Zahn: Oculus artificialis. Nürnberg 1685 (2. Auflage 1702 S. 342); Gloede S. 35 u. 36; A. Turner: Early Scientific Instruments S. 102.

[6] NSAW 1 Alt 22 Nr. 177b fol. 61v. 21/31.10.1624. Hainhofer an Hzg. August (Gobiet Nr. 775).

[7] NSLB Hannover Ms IV 341 S. 852 u. 855: Widemann an August Fürst zu Anhalt.

[8] NSLB Hannover Ms IV 341 S. 855 u. 857f.

hierbei übersende ich E.F.G. .2. kunstbüchslein so Ich scharf nach dem centro geschnitten, dardurch man das cleinste steublein nach artt und form desselben erkennen und zue gesicht bringen kann. Will man es aber noch mehr übergrößern, so schrauff man das convexum umb ein gewindt 1 oder 2 auff In die höhe. ains umb 5 Thaler.[9]

Im Februar 1630 verkaufte Wiesel ein *Kunstbixlen* an den Grafen Ott Heinrich Fugger, als dieser sich in Augsburg aufhielt. Ott Heinrich stand um diese Zeit als Offizier in kurbayerischen Diensten.[10] Herzog August d.J. bestellte im Oktober 1631 ein Flohbüchslein.[11] Auch im Kunstschrank, der 1632 von der Stadt Augsburg König Gustav Adolf von Schweden überreicht wurde, befand sich ein Flohglas, diesmal in Form einer kleinen Tonne aus Bein oder Knochen gedrechselt. (Abb. 28). Ob es von Wiesel stammte, ist nicht mehr festzustellen.[12] Daß er kleine Instrumente aus Elfenbein anfertigte, geht aus einem Brief an Moriaen hervor: Wiesel schrieb hier von einem kleinen *Tubum binoculum*, d.h. einem zweiäugigen Fernröhrchen, aus Elfenbein.[13] Vermutlich drechselte er das Elfenbein selbst. Eine Bemerkung des Drechslers Tobias Treffler über Wiesel, daß er *Sich rühmete dinge durchs drechseln (dadurch wie es Scheinet Er Seine gläser zurichtet) zu* [machen - unleserlich], *welche doch an sich selbst unmöglich wären,* deutet daraufhin, daß keine Zusammenarbeit mit den Drechslern stattgefunden hatte.[14]

Wiesel nannte sich in seinem Bericht vom März 1625 *cristall dreer* [Dreher] *und perspectivmacher*. Darin schrieb er, er könne Kristall und Glas drehen (drechseln) und habe die Kunst des *Cristall Schrauffens* (Schraubens) selbst erfunden. Er drehte Schraubgewinde in Glas und in andere Materialien. Bemerkenswert ist vor allem, daß Wiesel diese Schraubgewinde bereits 1625 zum Justieren der Instrumente verwendete, z.B. bei der Windbrille mit vier Gläsern, *damit man im auff und zuschrauffen den Puncten* [die Scharfstellung] *finden mag.*[15] 1628 betonte Wiesel beim gläsernen Kunstbüchslein: *Will man es* [das Objekt] *aber noch mehr übergrößern, so schrauff man das convexum umb ein gewindt 1 oder 2 auff In die höhe.*[16] Später hieß es von den kleinen Perspektivrohren, man *mag ein iede Schrifft oder Truckh nach gefallen dammit vergrößern, welches allein mit dem*

[9] NSLB Hannover Ms IV 341 S. 864. 22.9.1628. Wiesel an FAzA.

[10] FA 1.2.78c (1629) fol. 55r (Rechnungsbuch Ott Heinrich Fugger); siehe Kap. II.1.3.

[11] HAB 95 Novi fol. 282r. 29.10.1631. Hzg. August an Hainhofer (Gobiet 1085).

[12] Böttiger Bd. 3. S. 70 u. 87 (Foto); HAB Cod. Aug. 11.22 fol. 2r. Beschreibung von Hainhofer: *ain getröhetes bainines büchßlin, durch deßen klaines löchlin im deckhelin man .2. am boden ligende flöhe vergrösert, gar perfect sehen kan.* (Gobiet S. 822); Nach Mitteilung von Herrn Olof Amelin, Direktor des Gustavianums in Uppsala, ist die Linse verloren.

[13] OP C.1 t. 2 Nr. 171. 30.12.1649. Wiesel an Moriaen.

[14] OP C.1 t. 2 Nr. 171. 1.3.1650. Unbekannter Schreiber an Hartlib oder Moriaen; zu Tobias Treffler siehe Kap. II.6.2.

[15] NSLB Hannover Ms IV 341 S. 852-853. März 1625: siehe Anhang.

[16] NSLB Hannover Ms IV 341 S. 864.

mittlern schraufen zu verrichten, Je weitter nun durch aufschraufung die beede gläßer von einander kommen, Je größer die Schrifften gesehen werden.[17]

Die Schraube war schon im Altertum bekannt. Im Mittelalter wurde sie vor allem in Pressen und Winden verwendet, im 15. Jahrhundert in der Buchdruckerpresse, der Münzpresse oder in den Wein- und Olivenpressen. Zu Beginn des 17. Jahrhunderts waren kleine Schrauben aus Metall im Uhren- und im Waffenbau gebräuchlich. Befestigungsschrauben lassen sich seit dem 15. Jahrhundert nachweisen.[18] Allerdings fand Rüdiger Krause vor kurzem, daß die Teile eines 1362 entstandenen Reliquienkreuzes in Melk bereits durch Schrauben und Gewinde zusammengehalten werden.[19] Hundert Jahre später beschäftigte sich Leonardo da Vinci (1452-1519) mit der Schraube. An medizinischen Geräten kannte man Schrauben als Hilfsmittel um Körperhöhlen behutsam zu erweitern, Gliedmaße zu strecken oder Fremdkörper aus Wunden zu entfernen.[20] Glasschrauben und -gewinde kennt man noch aus dem Anfang des 18. Jahrhunderts. Für den Kurfürst von Sachsen wurden Riesenpokale aus Glas angefertigt, bei denen der Fuß und das Gefäß durch ein Gewinde verschraubt wurden.[21]

Wenn Wiesel bereits zu Beginn seiner Augsburger Tätigkeit Schraubgewinde herstellte, befand er sich auf der Höhe der damaligen Technik. Die Stadt war ein Zentrum des Uhren- und des Waffenhandwerks und bot sicherlich genügend Anregungen. Auch Schraubgewinde aus Bein waren in Augsburg bekannt: Hainhofer schrieb im November 1618 von einem *compendiosisch bainin schreibzeuglin*, also einem Schreibzeug, das aus verschiedenen Stücken bestand: *vnd kan das hinderthail in alle stükhlen geschrauffet werden, weiln die Schrauffen alle auf ain ander gerecht sein.*[22] Das Schraubgewinde wurde vor allem bei der zweiten Art des Mikroskops, dem zusammengesetzten Mikroskop, von Bedeutung.

Es gab noch ein anderes Instrument, das man manchmal als Flohglas oder als Lupe, manchmal als Mikroskop bezeichnete. Es bestand aus einer kleinen Lupe, die mit einem dahinterstehenden Draht verbunden war, auf dem ein Floh oder andere Objekte aufgespießt werden konnten. Eine Abbildung findet sich 1646 bei Athanasius Kircher neben dem vorher beschriebenen Instrument sowie 1676 in einem Buch des Altdorfer Physikprofessors Johann Christoph Sturm.[23] Einige wenige solcher Instrumente sind in Mikroskopsammlungen zu sehen. Zum Teil verbergen sie sich in einem sogenannten Compendium, einem Röhrchen, das man durch Aufschrauben in verschiedene Teile zerlegen kann. Es kann dann sowohl

---

17 NSAW 1 Alt 22 Nr. 170 fol. 10r.

18 Kellermann/Treue; Brooks: Origins, usage and production; Würth, Museum; Henze/Gericke.

19 Probst, Ernst: Frühe Gewinde. In: Augsburger Allgemeine. 23.12.1997 S. 12.

20 Habrich: Par la bénéfice d'une vis.

21 Rückert S. 32 Nr. 42: Riesenpokal Dresden 1720, ohne Deckel ca. einen halben Meter hoch.

22 NSAW 1 Alt 22 Nr. 172 fol. 193r-v. 5/15.11.1618. Hainhofer an Hzg. August (Gobiet 422).

23 Kircher: Ars 1646 S. 834; Sturm: Collegium 1676. S. 139; Zahn 1685; Gloede S. 35f.

ein solches Mikroskop als auch ein kleines Fernrohr zum Vorschein kommen.[24] Der Kunstschrank, den Hainhofer 1647 an Herzog August d.J. verkaufte, enthielt ein ähnliches Instrument, das Hainhofer um 1640 folgendermaßen beschrieb:

1. helfenbeinenes pfeiflin, welches man 2-mal außeinander schraufet, und man durch ein optisch vergrössergläßlin einen an ein subtilen draat gespiesten flohe, durch das perspectivgläßlin sehr groß sehen kan.[25] Es ist dies die älteste mir bekannte Beschreibung eines Compendiums. Das Instrument könnte von Wiesel angefertigt worden sein. Der Hersteller ist allerdings nicht vermerkt.

Heute noch werden unter den Namen Dosenlupen, Käfiglupen oder Flaschenlupen kleine Geräte verkauft, die nach dem Prinzip der damaligen Flohbüchsen gebaut sind und wie diese zur Betrachtung von 'Kleinlebewesen' dienen.[26] Wo wollte man auch heute die Flöhe hernehmen?

4.2 Zusammengesetzte Mikroskope

Die aus zwei Linsen zusammengesetzten Mikroskope wurden schon früh neben den Flohgläsern hergestellt. Galilei hatte bald erkannt, daß er sein holländisches Fernrohr (aus Konkav- und Konvexlinse) auch zur Vergrößerung kleinster Körper gebrauchen könnte, wenn er den Abstand der Linsen verlängerte. 1611 konnte er damit die Facettenaugen der Insekten erkennen.[27] Der holländische Ingenieur und Erfinder Cornelis Drebbel (1572-1633) lebte von 1605 bis 1610 in England, danach drei Jahre am Kaiserhof in Prag und arbeitete seit 1613 wieder in England. Dort baute er zusammengesetzte Mikroskope mit zwei konvexen Linsen, die er 1622 durch Jakob Kuffler, einen Bruder seines Schwiegersohns, auf das Festland bringen ließ. Bei der Vorstellung vor der Königin Maria de Medici in Paris war der einflußreiche Adlige Nicolas Claude Fabri de Peiresc aus Aix zugegen, der uns einen anschaulichen Bericht darüber hinterließ.[28] Als Kuffler 1624 in Rom starb, bevor er das Mikroskop präsentieren konnte, wußte man dort nicht viel damit anzufangen. Erst als Galilei kurze Zeit später nach Rom kam, gelang es ihm, das Instrument funktionsfähig zu machen. Das zeigt, daß das zusammengesetzte Mikroskop um diese Zeit in Italien noch kaum bekannt war. Drebbels Instrumente

[24] Beispiele im Science Museum London; Nowak Tafeln 10 u. 11; Turner: Mikroskope S. 26.

[25] HAB 83 Extrav. 2° fol. 319v: 'Inhaltsverzeichnis eines Kunstschranks' (Gobiet S. 836-861 Nr. 1514). Hans-Olof Boström stellte fest, daß dieses Inventar zu dem sogenannten Wrangelschrank gehörte. Hzg. August hatte ihn gegen Ende des Dreißigjährigen Kriegs dem Feldmarschall Wrangel verehrt. Später gelangte er nach Wien in das Kunsthistorische Museum. Leider ist der gesamte Inhalt verloren; Boström: Ein wiederentdeckter Hainhoferschrank.

[26] Z.B. Leybold Didactic: Katalog S. 13.

[27] C. Singer: Älteste Abbildungen. S. 197-201.

[28] Humbert: Peiresc et le microscope; eine englische Übersetzung von Briefen des Peiresc darüber und über Kufflers Tod in Rom in: Govi S. 590-594; siehe auch Kap. II.3.2.

hatten schon zwei ineinandergleitende Rohre, mit denen man durch Auseinanderziehen die Vergrößerung verändern konnte. Es ergab sich ein umgekehrtes Bild. Die Skizze eines Drebbelschen Mikroskops auf drei Beinen von 1631 stammt von dem Niederländer Isaac Beeckman.[29] Es ist wohl die erste Zeichnung eines zusammengesetzten Mikrokops, die allerdings erst 1945 veröffentlicht wurde. Erste Skizzen im Druck erschienen 1637 bei Descartes in der 'Dioptrique' und 1657 bei Schott in der 'Magia universalis'.[30] Diese frühen Instrumente waren ziemlich groß. Galilei sprach 1624 davon, daß sein Mikroskop nicht höher sei als sein Eßtisch (ca. 80cm).[31] Selbst das von Depiere 1665 nach Dresden gelieferte Instrument erreichte ausgezogen noch die stattliche Höhe von etwa 47 cm, ein Mikroskop des italienischen Optikers Divini von 1671 nahezu 60 cm (Abb. 43 und 44).[32]

Wann die Kunde von diesen zusammengesetzten Mikroskopen nach Augsburg gelangte, konnte nicht festgestellt werden. In den Quellen, die bisher über Wiesels Werkstatt bekannt geworden sind, taucht das Instrument zum ersten Mal im Februar 1650 auf, als Wiesel erwähnte, daß er ein Mikroskop mit drei Gläsern verkauft habe.[33] Der Einbau einer dritten Linse setzt aber voraus, daß Wiesel vorher zweilinsige Mikroskope gefertigt hatte. Depiere hatte solche noch 1674 in seinem Verzeichnis.

Feldlinse und Schraubgewinde

Nachdem es in den vierziger Jahren gelungen war, dem Fernrohr eine dritte Linse einzusetzen, die das Gesichtsfeld vergrößerte und deshalb Feldlinse genannt wurde, baute Wiesel – wahrscheinlich als erster Optiker – die Feldlinse auch in das Mikroskop ein und verbesserte dadurch das bisher aus zwei konvexen Linsen zusammengesetzte Mikroskop. Die Feldlinse brachte noch weitere Vorteile: Die Helligkeit des Bildes wurde gesteigert, weil durch die dazwischenliegende Linse mehr von den vom Objekt und der Objektivlinse ausgehenden Strahlen in die Okularlinse gelangten als ohne sie. Man nannte deshalb die Feldlinse auch Kollektivglas oder Kollektive. Außerdem bewirkte sie ein ebenes Sehfeld und eine Verringerung der Farbfehler. Später wurde sie in das Okularsystem integriert und fester Bestandteil der Mikroskope.[34] Zu Wiesels Zeiten mag die schlechte Qualität des Glases manchmal das Ergebnis negativ beeinflußt haben.

---

29 Waard: Beeckman; Skizze des Drebbel-Mikroskops in Bd. 3. S. 442; Abb. in Gloede S. 27.

30 Descartes: Discours. Oeuvres Bd. 6. S. 207; Schott: Magia universalis S. 534; Gloede S. 34f.

31 Wilson S. 76.

32 Engelmann S. 63; Padua: Duecento anni di Fisica a Padova. Hg. Museo di Storia della Fisica. Padova 1996. S. 42.

33 OP C 1. t. 2 Nr. 171. 17.2.1650. Wiesel an Moriaen.

34 Frey S. 14-16; Gloede S. 54-56, 67, 233.

In der Literatur finden sich die Namen verschiedener Persönlichkeiten, denen der Einbau der Feldlinse in das Mikroskop zugeschrieben wurde: Monconys, Reeve, Campani. Monconys scheidet als Konstrukteur aus. Das Mikroskop, von dem in der Literatur die Rede ist, hatte er 1664 in Augsburg bei Depiere gekauft. Reeve hatte die dritte Linse erst eingefügt, nachdem Wiesels Mikroskope in England angekommen waren. Campani fertigte seine Geräte erst nach Wiesels Tod.

Erstes Zeugnis über das dreilinsige Mikroskop gibt Wiesels Brief vom 17.2.1650 an Johann Moriaen:

> *Vor 14. tagen machte Ich der Churfürstl. Durchl. zue München ein Microscopium, von 5 Zoll hoch, und 3. gläßern, vor 8 Ducaten oder 16 Rthl; dieses machet einen flooh so groß, alß ein Schildkroten, auch wer solchen durch dieses Instrumentlein schawete, müßte sich von hertzen darüber entsetzen. Das allerkleinste Mahnsamen* [Mohn?] *Körnlein so groß alß ein handball, dergleichen noch nie gesehen worden.*[35]

Dieses Instrument war relativ klein. 5 Zoll entsprechen etwa 12 bis 13 cm. Auf diesen Brief hin bestellte Moriaen etliche Mikroskope (vier auf die Frankfurter Messe), verkaufte 1651 einige nach England und eines 1652 an Hevelius. Samuel Hartlib sorgte für die Verteilung in England. Benjamin Worsley und der junge Robert Boyle (1627-1691), der damals mit Hartlib sehr befreundet war, hatten welche bestellt.[36] Daß die Engländer diesen Typ nachbauten, zeigt sich daran, daß er später als 'englisches Mikroskop' bezeichnet wurde, wie Johann Michael Conradi (+1742) 1710 in seinem Buch 'Der Dreyfach geartete Sehe-Strahl' vermerkte: *Von der Combination dreyer Gläser. Den Vorzug vor andern Instrumenten mit dreyen Gläsern hat das so genannte Englische Microscopium.*[37] Besonders schön kann man diese Zuordnung in dem Kunstkammer-Verzeichnis des Herzogs von Württemberg sehen, das Johann Schuckard, Mathematikprofessor am Stuttgarter Gymnasium, zwischen 1705 und 1723 angelegt hatte. Sein Eintrag lautet (Abb. 41):

> *Zwey* .. *Engländische* .. *Microscopia von einerley größe und facon, so sich auf und abschrauben lassen, jedes von 5 cylindris oder Tubis, davon der außerste mit schwartz Corduan überzogen und Zier vergult, zu unterst seind Messingscheiben welche sich herumbdrehen lassen, mit unterschieden darauf geleimten Objectis, haltend in der Lang, gantz zusammen geschraubt einen schuch. Authore I · W · A · O.*

Zusatz in einem späterem Inventar 1776: *unten aber haben sie Gestelle von schwarzem gebeizten Holz.* Das Wort *Engländische* war nachträglich darüberge-

[35] OP C 1. t. 2 Nr. 171. 17.2.1650. Wiesel an Moriaen.

[36] HP 37/146B. 25.3.1650. Moriaen an Hartlib; HP 37/150A. 8.4.1650. Moriaen an Hartlib.

[37] Johann Michael Conradi: der Dreyfach geartete Sehe-Strahl. Coburg 1710. S. 108; Conradi lebte als Lehrer in Coburg und Dresden: Poggendorf Bd. 1. Sp. 472.

schrieben worden. Die Bedeutung der Signatur: *I · W · A · O,* d.h. "Johann Wiesel Augustanus Opticus", war Schuckard nicht mehr bekannt gewesen. Die Mikroskope wurden 1776 mit anderen mathematischen und physikalischen Instrumenten in die öffentliche Bibliothek abgegeben.[38] Trotz intensiver Nachforschungen war von den beiden Instrumenten nichts mehr zu finden.

In England haben sich einige derartige Mikroskope aus dem späteren 17. Jahrhundert erhalten, die von englischen Optikern gebaut worden waren.[39] Mikroskope ohne Beleuchtungsspiegel sind sicher vor 1710 entstanden.

Im 'Mathematischen Lexikon' des Christian Wolff (1716) heißt es: *Microscopium Anglicanum, das Englische Vergrößerungs-Glaß, wird dasjenige genennet, so aus drey Gläsern zusammen gesetzet wird. Es führet sonder zweifel diesen Nahmen, weil es Drebbel ein Holländer in Engelland zu erst verfertiget.*[40] Mit dieser Annahme irrte Wolff. Drebbels Mikroskope hatten nur zwei Linsen. Das dreilinsige Instrument wurde erstmals von Wiesel gebaut. Wie auch aus dem obigen, etwa gleichzeitigen Stuttgarter Kunstkammerinventar zu ersehen, war Wiesel zu Anfang des 18. Jahrhunderts schon weitgehend vergessen. Wolff beschrieb noch andere Formen des Mikroskops, erwähnte aber auch seinen Zeitgenossen Cuno nicht. Das Buch enthält noch weitere Fehler. Wolff schrieb die Erfindung der binokularen Mikroskope Johannes Zahn zu. Sie gehen aber auf den Kapuziner Cherubin d'Orleans zurück, der sie um 1670 baute oder bauen ließ.

Wiesels Beschreibungen

Moriaen verkaufte Wiesels Mikroskope auch in Holland, z.B. an Constantijn Huygens, den Vater des Physikers.[41] Nachdem Christiaan Huygens seinem Verwandten Daniel de Vogelaer von Wiesel berichtet hatte, erwarb dieser 1654 ein Fernrohr und ein zusammengesetztes Mikroskop von Wiesel und stellte es seinem Neffen Christiaan zur Verfügung.[42] In den Korrespondenzen von Hevelius und von Huygens haben sich eigenhändige Gebrauchsanweisungen von Wiesel erhalten. Die ältere, die Moriaen im Februar 1652 an Hevelius beigelegt hatte,[43] ist

[38] HauptstaatsA Stuttgart Hofsachen: Kunstkammerinventare A 20a Büschel 23 S. 44; Büschel 109 fol. 9r Nr. 48.

[39] Z.B. im Science Museum in London und im Museum for the History of Science in Oxford. G.Turner: Mikroskope. S. 38; A. Turner: Early Scientific Instruments. S. 109; Christie's Auktion 4.10.1995. Katalog S. 47: Mikroskop von John Marshall signiert.

[40] Christian Wolff: Mathematisches Lexikon. S. 897.

[41] Worp: C. Huygens Bd. 5. S. 240 Nr. 5414. 9.6.1655. C.Huygens an Colvius; vgl. Kap. II.3.5.

[42] OC Huygens Bd. 1. S. 215 Nr. 148. 1.1.1653. Christiaan Huygens an Daniel de Vogelaer.

[43] OP C 1. t. 2 Nr. 304 (BNP Man. lat. 10347 t. 2 fol. 296). 22.2.1652. Moriaen an Hevel: [...] *habe ich das Microscopium sambt der Instruction zu desselben Gebrauch H*[errn] *Cornelis Leendert zugestellet und dagegen 17 Rthaler von Ihm empfangen. 16 Rth. habe* [ich] *zu*

vermutlich die älteste bekannte Beschreibung eines zusammengesetzten Mikroskops mit einer Feldlinse, verfaßt 1651 (Abb. 39):[44]

Underricht den Microscopijs beyzuelegen.
Wie die Microscopia zum vergrößen angeordnet undt
gerichtet werden
Erstlich ist zue wißen, das bey einem solchen tubo 3 glaßen.
Dieselben alle vor dem gebrauch heraus geschraubt mit ganz
weißem Leinwath woll abgeseubert und ein jedes wieder
an seinen orth iust eingelegt und befestigt werden wie
hernach zu sehen.
Zum ersten ist das kleineste gläßlein von beeden seiten
gleiches schnidts so Ich das objectivum nenne. unden
ein Carthonen schrauben zwischen Horn eingeschraubt, mit
deme es dan kein bedenkhen wie es eingelegt werde.
Das große mittlere glaß wird also eingethan das
die convexitas oder Höche des glaßes allewege
in die röhren hinein und die fläche gegen dem aug sehn
thue.
Das dritte glaß so beym aug zwischen dem hornen mund-
stückh ein verschraubet [,] *ist auch gleichseitig derowegen*
kein bedenkhen wie es eingethan wird.
Nach diesem soll man den Carthonen schrauben wie auch die
andern auszüge bis zue den verzeichneten schwartzen ringen
auseinanderziehen und richten, so wird man alles kleine under
gelegte wesen dermaßen ergrößen, das sich alle weltt dar-
ob zu verwundern, auch zur SommersZeit großen lust
machet wan man von allerley Bluhmen und sonderlich weiße [Rand]
gilgen [sic] *und Porzelan blütlein auffleget* [,] *wird alles schö-*
ner als obselbiges Silbern und gulden stuckh mit Dia-
mant und Perlen gestickt weren, das man also deut[-]
lich sehen kan wie Gott der Almächtig auch in den
allerkleinsten geschöpffen seine manier gehalten
in dem Er selbige so schön mit allerley farben bekleidet
dieselbe biß zue seiner reiffen zeitig nur mit Hülsen
und schildt sehr woll verwahret.
Johannes Wiselius
Augustanus opticus

[305v] *NS Wan alles zum durchsehen gerichtet* [,] *solle das aug woll*

Augsburg dafür bezahlt, für fracht undliefflohn, die noch nicht in Rechnung gebracht sindt, habe [ich] *provisionaliter 1 Rthl. gefordert und empfangen.*

44 OP C 1. t. 2 fol. 305r-v; der Text wurde nach dem Original gesetzt.

in das mundstuckh hinein gestegt werden. Und nachdem etwas höchers undergelegt, solle der undere schraub auch etwas höchers uber sein Zeichen heraus geschraubt werden welches der gebrauch dan selbsten an die handt gibt.

Die Beschreibung, die Wiesel zwei Jahre später an Huygens schickte, lautet ähnlich, liefert aber zusätzliche Informationen. Auch sie ist nicht datiert. Huygens übersetzte sie am 12. Dezember 1654 ins Niederländische:[45]

Usus undt gebrauch
des uf die Neue Manir gemachten
Macroscopij
Erstlich ist dieses Instrument von 3. rören
oder Außzuegen, Wie auch von 3. gläßern
eingerichtet. Daß erste glaß ist im Lederen
ror zwischen schwartz Horn verschrauffet,
daß andere größere glaß ist im ror A.
von Innen zwischen einen hültzenen ring
also verschraufet, daß die Höche des glaßes
in die rören hienein: und die fläche gegen dem
Aug zue, sehen thue. Undt daß dritte gläßlen
alß das Obiectiuum ist im ror B. unden
am rothen Carthonen schraufen. Zwischen schwartz
Horn verschraufet. Wann nun alle gläßer
mit weißer Leinwath wol abgeseubert
undt iedes an seinen orth eingelegt und wider
zuegeschraufet worden, So soll man alle
rören, wie auch den Carthonen rothen schraufen
biß zue den gemachten schwartzen ringen iust
außeinander also richten, daß die lange
schwartze Linien auf den 2. Außzüegen,
und die guldene schrifft auf dem Ledernen ror
fein aufeinander folgen, alß ob es nur ein
eintzige Linien were, Alßdan nimbt man
mit dem ersten finger daß Meßene schüberlen,
[45v] *bej dem Knöpflen ziehet eß hien undt heer,*
biß daß Jenige so man sehen will, iust in mitten
deß centri zue stehen komme, daß ist wan die
mitte eines Jeden dinges, zwischen den beeden
Punctlen uf dem Maß neben dem schüberlen,

45 Universitätsbibliothek Leiden Collection Huygens Hug. 45. Eigenhändiger Brief von Johann Wiesel [1654]; der Abdruck in OC Huygens Bd. 1. S. 310 Nr. 207 enthält einige Lesefehler. Übersetzung ins Holländische von Huygens in: OC Bd. 1. S. 311 Nr. 208.

gesehen wurdt, welche daß rechte centrum
andeutet, undt truckht daß Aug wol gegen
dem glaß im Lederen ror hienein, so wurdt
man alles undergelegte über Naturlichen
Weise ergrößen, daß man die wunder
der Natur: auch bei den aller kleinesten
staublen an formb und gestalt den Augen
vorstellen kan, Eß ist auch in acht zue-
nemmen, wan man man daß Instrument wider
in daß futral einthun und aufheben will,
daß der rothe Carthonen schrauf nit gantz
hinunder biß uf daß Jenige, so zu sehen
geschrauft: und alles zu Nicht gemacht
werde, und dieses wohl obseruiren
daß der Tag fein auf den fueß und
die Jenige sachen so man sehen will scheinen thue.
welches dan der gebrauch selbsten
Lehrnen wurdt.
Johann Wießel Augusta-
nuß Opticus

Das Instrument von 1654 hatte drei Rohre, die durch Verschieben auseinandergezogen wurden. Das äußerste war mit Leder überzogen und mit goldener Schrift geprägt, vermutlich mit Wiesels Signatur. Okular- und Objektivlinse, beide bikonvex, waren in schwarze Hornfassungen eingeschraubt, die mittlere Linse, die Feldlinse – größer als die Okularlinse und plankonvex – war in Holz verschraubt. Nach den Notizen, die Huygens darüber hinterlassen hat, wurde 1954 ein Nachbau angefertigt, über den unten mehr berichtet wird (Abb. 10 u. 11).

In beiden Beschreibungen ist von einem Schraubgewinde am untersten Rohr die Rede, in dem die kleine Objektivlinse saß, Daß es zur Scharfeinstellung verwendet wurde, geht aus dem Nachsatz von 1652 hervor: Wenn ein höheres Objekt betrachtet werden sollte, mußte die Schraube etwas höher herausgeschraubt werden als mit der Linie auf dem Rohr angezeichnet war. Wie man sich diese *Carthonen schrauben* vorstellen kann, zeigt ein 1671 von dem italienischen Optiker Divini signiertes Mikroskop, das im Museo di Storia della Fisica der Universität Padua verwahrt wird.[46] Es trägt an seinem untersten Rohr ein Gewinde von aufgeklebten breiten Pappstreifen. Das Ganze ist mit Pergament überzogen. Die auf drei Beinen sitzende Fassung, ein kurzes Rohr aus Pappe, trägt innen das dazupassende Gewinde (Abb. 44). Daß man mit einer solchen Karton-Schraube die Rohre sehr fein einstellen kann, läßt sich an einem Modell von Klaus Meyer

[46] Bedini: Italian Microscopes. S. 388f; Padua: Duecento anni di Fisica a Padova. Hg. Museo di Storia della Fisica. Padova 1996. S. 42. Mein herzlicher Dank gilt Herrn Professor Gian A. Salandin, Padua, für seine Informationen.

demonstrieren.[47] In Depieres Mikroskop, das sechs Jahre früher, 1665, nach Dresden geliefert wurde, waren die Gewinde an beiden Teilen in Holz gearbeitet. Es ist möglich, daß Divini von Wiesels Mikroskopen gehört hatte oder sie kannte, erregte doch die Feldlinse ziemlich großes Aufsehen. Sicher hatte er 1664 bei Monsieur Monconys das Mikroskop gesehen, das dieser im April bei Depiere gekauft hatte (siehe unten). Monconys fuhr von Augsburg aus nach Italien und traf in Rom mit Divini zusammen, von dem er ebenfalls optische Instrumente besaß.

Die Kartonschraube Wiesels war ein erster Versuch, die Schraube, die er an kleinen Flohbüchsen und Perspektiven schon zur Justierung angebracht hatte, auf das größere Mikroskop zu übertragen. Das Instrument konnte durch die Benützung eines Schraubgewindes leichter und genauer scharf eingestellt werden als es durch das Verschieben der Tuben möglich war.[48]

Objekthalter und Beleuchtung

1654 schrieb Wiesel, man müsse aufpassen, daß beim Einpacken in das Futteral die Schraube nicht zu weit hinuntergeschraubt und dadurch das dort liegende Objekt beschädigt werde. Während 1652 nur vom *untergelegten Wesen* die Rede war, wurde zwei Jahre später das Objekt auf ein *Meßenes schüberlen* gelegt. Hierbei handelte es sich um einen Schieber aus Meßing, den man hin und herziehen konnte, um das Objekt genau im Zentrum zu plazieren. Der Tubus, vermutlich in einem dreibeinigen Gestell eingeschraubt (wie es später von Depiere bekannt ist), war demnach bereits 1654 fest mit der Unterlage verbunden. Mit dem Mikroskop, das Wiesel im Februar 1661 für Herzog August d.J. von Braunschweig-Lüneburg anfertigt hatte, schickte er nicht nur eine Gebrauchsanweiung nach Wolfenbüttel, sondern auch ein *kleines Verzeichnuß, was am Itzo auf demselbigen aufgeleimet, zu observiren ist.*[49] Ähnliches lesen wir im Stuttgarter Kunstkammer-Inventar: *zu unterst seind Messingscheiben welche sich herumbdrehen lassen, mit unterschieden darauf geleimten Objectis.*[50] Die gleiche Konstruktion besaß vermutlich ein Mikroskop, das Wiesel im Frühjahr 1661 für den Herzog von Sachsen-Altenburg baute.[51] Die an die fürstlichen Höfe gelieferten Instrumente waren offensichtlich zur Demonstration und Ergötzung gedacht.

---

47 Klaus Meyer: Frühe Mikroskope als Repliken. S. 278f.

48 Pfeiffer: Schrauben und Gewinde; W. Pfeiffer, Optisches Museum Oberkochen, nennt als frühe Beispiele die 'Micrographia' von Hooke, 1665, und die einfachen Mikroskope von Leeuwenhoek um 1670. Beide Beispiele stammen erst aus der Zeit nach Wiesels Tod 1662.

49 HAB 84 Novi fol. 27r-v. 24.2.1661. Wiesel an J.G. Anckel. Weder das Mikroskop noch die Beschreibung oder das Verzeichnis konnten in Wolfenbüttel gefunden werden.

50 HauptstaatsA Stuttgart Hofsachen. A 20a Büschel 23 S. 44.

51 HAB 84 Novi fol. 21r-22v. 7./17.2.1661. Anckel an Hzg. August.

Die geeigneten Beobachtungsobjekte wurden mitgeliefert. Zahn nannte solche Instrumente 'microscopia ludicra'.[52]

Wiesel betonte 1654 ausdrücklich, daß *der Tag fein* auf das Objekt scheinen solle. Damit sprach er das Problem der Beleuchtung an. Mit dem 'Tag' war das Tageslicht oder die Sonne gemeint. Man konnte nur in hellem Auflicht beobachten, denn die Instrumente waren zu groß, um sie wie die Flohgläser gegen das Licht halten zu können Die Anbringung eines Planpiegels unter dem Objekttisch, mit dessen Hilfe man das Objekt auch in Durchlicht anschauen konnte, wurde erst um 1712 durch Christian Gottlieb Hertels Bücher bekannt.[53] Es hatte allerdings schon vorher Versuche gegeben, mit einer Kerze unter einer Glasplatte das Objekt von unten zu beleuchten, z.B. 1664 durch den englischen Arzt Henry Power (1623-1668).[54] Auf einem Brief von Constantijn Huygens an seinen Bruder Christiaan vom 30.8.1679 hatte Christiaan eine kleine Skizze entworfen, in der ein um 45° geneigter Planspiegel unter einem gläsernen Beobachtungstisch das Licht von unten auf das Objekt lenkte. In seinem Antwortbrief vom 8. September schickte er seinem Bruder die Zeichnung.[55] Robert Hooke zeichnete 1665 in seiner 'Micrographia' eine mit Wasser gefüllte Glaskugel, um das Licht eines Öllämpchens zu verstärken (Schusterkugel). Durch eine Sammellinse wurde das Licht auf das Objekt gelenkt. Diese Methode zur Auflichtbeobachtung scheint aber zu umständlich gewesen zu sein. Der englische Optiker Edmund Culpeper (1666-1738) verwendete um 1730 statt der Schusterkugel einen silbernen Hohlspiegel. In Hookes Zeichnung wird außerdem zum ersten Mal die seitliche Befestigung des Tubus an einem Stativ gezeigt.[56]

Von den späteren Mikroskopen Wiesels gibt es keine ausführlichen Beschreibungen. Die beiden Mikroskope in der Stuttgarter Kunstkammer hatten fünf Rohre (vier Auszüge) und waren mitsamt dem hölzernen Stativ zusammengeschraubt und zusammengeschoben einen Schuh, etwa 30cm hoch. Das 1661 in die Kunstkammer von Herzog Ernst von Sachsen-Gotha gelieferte Instrument besaß ebenfalls vier Auszüge. Alle Geräte waren von schwarzem Leder mit Goldornamenten überzogen: *schwartz Corduan und Zier vergult.*[57]

---

52 Zahn: 'Oculus ...', zitiert nach Petri S. 17; ludicrus, a, um, lat. kurzweilig, zum Spiel gehörig.

53 Christian Gottlieb Hertel: 'Novum inventum microscopii'. 1712; ders.: 'Vollständige Anweisung zum Glass-Schleiffen'. 1716. S. 77 u. 140; Rooseboom S. 275.

54 Gloede S. 56; ders. S. 239f: vgl. Anhang A.4:Zeittafel 2.

55 OC Huygens Bd. 8. Nr. 2188. 26.8.1679; ders. Nr. 2191. 8.9.1679.

56 Gloede S. 56, 65, 70f.

57 HauptstaatsA Stuttgart Hofsachen A 20a Büschel 23 S. 44; Thür.StaatsA Gotha. Kammer Immediate Capitel VIII Titul VII Nr. 5 (Nr. 1377): *Inventarium über die fstl. Friedensteinische Kunstkammer Anno 1717, mense Juli verfertigt.*

Der Nachbau in Leiden 1954

Christiaan Huygens notierte Linsenwerte (Brennweiten und Öffnungen) und Abstände der Linsen aus Wiesels Mikroskop (*Vergrootglas van Wiselius*) von 1654 in Form von Strichen und Kreisen. Er vermerkte, daß alle Linsen in der gleichen Schale (*zelfde schotel*) geschliffen seien, deren Radius "einen Daumen" (*een duym)* betragen habe. Daneben äußerte er sich über die Kartonschraube zum Einstellen: *Was onder met een platte kaertpapiere schroef om af en aen te setten.* Als Vergrößerung gab er 56 an: *Vergroot ontrent 56 mael.* Ausdrücklich erwähnte er das große Gesichtsfeld: *en maeckt een groot gat.*

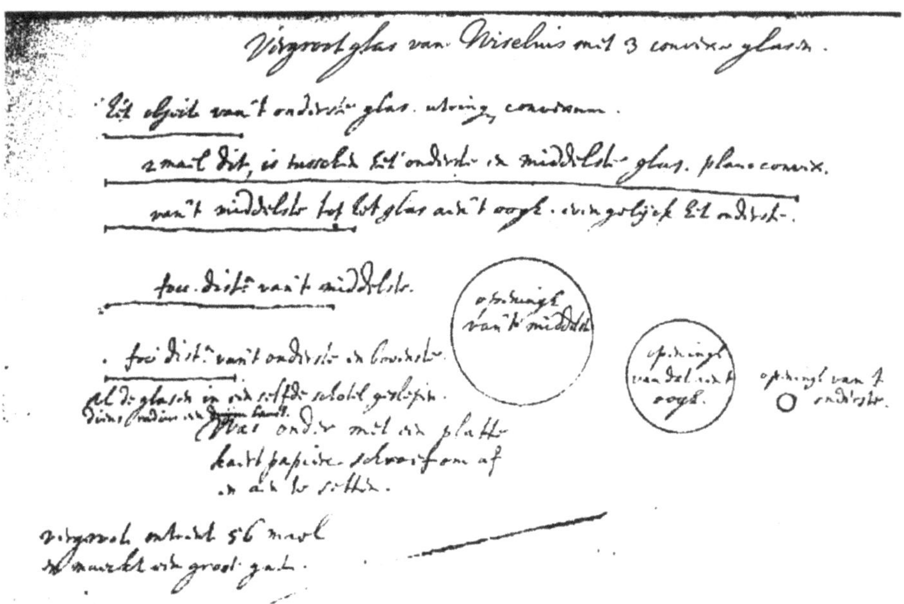

Abb. 10. Universitätsbibliothek Leiden Hug. 17. fol.71v.[58]

1954, also dreihundert Jahre später, wurde unter Maria Rooseboom, der damaligen Direktorin des Boerhaave Museums in Leiden, nach diesen Notizen eine Rekonstruktion angefertigt, die noch heute im Museum aufbewahrt wird. Das äußere Erscheinungsbild gleicht sicherlich nicht dem Original. Es fehlt z.B. die Karton-

[58] OC Huygens Bd.13-2. S. 676, mit französischer Übersetzung. (In der Jahreszahl 1654 wurden die Ziffern 5 und 4 vertauscht.)

schraube, die Grundplatte zum Darauflegen des Objekts und der Objekthalter. Leider sind heute die Rohre verklemmt. Aus dem Text, der im Boerhaave Museum liegt (Original holländisch):[59]

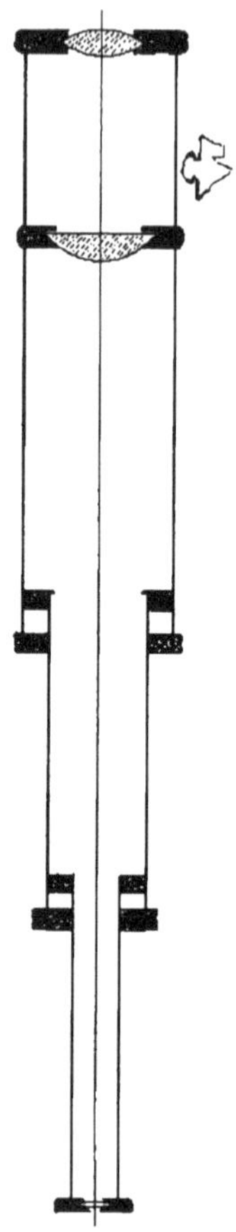

"Rekonstruktion des Mikroskops von Johann Wiesel 1654 durch den Instrumentenmacher A. de Vink im Februar 1954, Signatur M 300, angefertigt aus Holz und Karton nach der Zeichnung von Huygens in den Oeuvres Complètes Bd.13-2 S.676 (Abb. 10).

Die Linsen wurden in der Glasschleiferei 'Kamerlingh Onnes Laboratorium' in Leiden geschliffen.

3 Tuben; 3 Linsen: Objektiv, Feldlinse und Okular, alle drei mit demselben Krümmungsradius von 1 Duim [2,616 cm]. Objektiv und Okular sind bikonvex, die Feldlinse (F) ist plankonvex.

$f_{obj} = f_{oc} = 27$ mm; $f_F = 54$ mm [f Brennweite]
(49 mm nach Huygens)

Abstand Okular – Feldlinse = ca 60 mm

Die Vergrößerung ist berechnet für einen Bildabstand von 25 cm.

[Bildabstand: Abstand Auge – Objekt, ohne Mikroskop]

Ganz zusammengeschoben: Länge des Mikroskops 21 cm;
Abstand Feldlinse – Objektiv = 145 mm:
Vergrößerung 29 fach.

Ganz ausgezogen: Länge beinahe 35 cm
Abstand Feldlinse – Objektiv = 285 mm:
Vergrößerung 47,5 fach."

Die zugehörige Schnittzeichnung zeigt die nebenstehende Abbildung 11.

Die äußere Gestalt eines zusammengesetzten Augsburger Mikroskops zeigt die Fotografie des oben erwähnten Mikroskops, das Depiere 1665, nur drei Jahre nach Wiesels Tod, dem Kurfürst Johann Georg II. von Sachsen nach Dresden lieferte (Abb. 43). Mehr darüber im Abschnitt III.4.4.

[59] Für den Hinweis auf die Rekonstruktion sowie für Zeichnung und Beschreibung danke ich den Mitarbeitern des Museums Frau Dr. Marian Fournier und Herrn Dr. Rob van Gent sehr herzlich.

4.3 Beobachtungen und Zeichnungen

In den letzten Jahren seines Lebens scheint sich Wiesel stärker dem Mikroskopbau zugewandt zu haben. Es häufen sich die Beschreibungen von mikroskopischen Beobachtungen, die sich bereits in seinen ersten Verzeichnissen gefunden hatten. Während man in zeitgenössischen Berichten lesen kann, ein Fliege sei so groß zu sehen gewesen wie ein Elefant und ein Floh so groß wie ein Kamel,[60] blieb Wiesel recht nüchtern. Er verglich das vergrößerte Insekt mit einer Grille, später beim Gebrauch des zusammengesetzten Mikroskops aus drei Linsen mit einer Schildkröte. Er gab aber schon im März 1625 detailliertere Schilderungen:

> *Wann man in solch ein geschraufft gläseren büxlin den kleinsten Floh einthuett, scheinet er so groß als ein grosse grille, daß man Ir auch die augen und wann sie solche auff und zue thuett neben einem schwartzen Angel so sie bisweilen zum Maull zwischen 2 schauffel herauß thuet ... Auch welches ein Weiblein oder ein Mennlein. Und wie sie zuesammen kommen, Ja sogar das Inngewaid und des Mennleins glid wann sie beisammen im Weiblein gar scheinbarlich sihet.*[61]

Im August 1625 schrieb der Optiker an den Fürsten zu Anhalt:

> *Wegen der Kunstbüxlein, deren 2.Irer fl.gdn nein* [hinein ?] *seindt gesendet worden, können dieselbe auch gebrauchtt werden wann man sie schon nitt beweget oder schütteldtt Als gesetztt. Wann man ein Käßstaub oder Kees Milben hinein Ins büxlein legt, so sieht Man augenscheinlich ders ain Leben. zimlichen groß. Man sieht gar Alle füeß. Und wie sie auffn Rugken stachell haben gar ein Wundersthier. Welches sonsten dem Menschlichen gesicht vnmöglichen Ist zue sehen wegen der Kleine.*

Karl Widemann, der an Wiesels Beobachtungen teilgenommen hatte, fügte hinzu:

> *Diß Alles hab Ich mitt meinen augen gesehen Den 1/11. August. d.ij. vormittag In des Wiesels Hauß. Ist wunderlichen zue sehen, das ainem der Käß auch von diser ainigen Vrsach wegen solle erleiden* [?] *was für heßliche Tier oder monstra In disem Kaßstaub oder KaßMilben seindt v. gefunden werden: das Man also auch In andern sachen so gar klein vill Wunderliches sehen vnd erfaren würde.*[62]

---

[60] Scheiner in 'Rosa Ursina' 630, Hevelius in 'Selenographia' 1647: siehe Gloede S. 33; Franciscus Fontana benützte 1646 in seinen 'Observationes ', S. 146, die gleichen Worte.

[61] NSLB Hannover Ms IV 341 S. 852 u. 853.

[62] NSLB Hannover Ms IV 341 S. 859. 3/13.8.1625.

Diese Notizen gehören zu den frühesten, die über mikroskopische Beobachtungen aufgezeichnet worden sind. Aus ihnen spricht die Erwartung, daß man mit Hilfe des Mikroskops noch 'viel Wunderliches' entdecken würde.[63]

Das Mikroskop war in der ersten Hälfte des 17. Jahrhunderts noch keineswegs ein Instrument, das man zu wissenschaftlichen Untersuchungen einsetzte. Man ergötzte sich an dem, was man beim Durchsehen erkennen konnte und bestaunte es als ein Wunder Gottes, was ja auch Wiesel 1652 in seinem 'Unterricht' ausdrückte. Immerhin gab es Ansätze zu einer wissenschaftlichen Nutzung. Benjamin Worsley aus dem Hartlib-Kreis schrieb 1648 über das Mikroskopieren, er habe in seinen Mußestunden mehr Vergnügen und Befriedigung daran gefunden, all die kleinen und winzigen Körper in diesen Gläsern zu betrachten als an irgend etwas anderem[64] und er habe herausgefunden, daß die Mikroskope in zwei Richtungen nützlich sein könnten. Erstens könne durch nichts anderes die ungeheure Weisheit Gottes besser aufgezeigt und bewiesen werden, daß nichts durch Zufall oder bei Gelegenheit geschehen sei. Zweitens könne eine Kennzeichnung der Pflanzen nur dadurch geschehen, daß ihre Samen und Blüten als die wahren Repräsentanten und bewundernswerten Teile mit der Hilfe des Mikroskops unterschieden würden. Er glaube, es würde viele Jahre erfordern und einen großen Band füllen, der Welt dieses kleine Atlantis oder den unbekannten Teil der Schöpfung zu entdecken, um den sich bisher noch kaum jemand genügend gekümmert habe.[65] Neben der Freu-

---

63 Belloni: tierforschende Mikroskopie. S. 449; Belloni nennt als ersten gedruckten Bericht über die Käsemilben den von Fontana in den 'Observationes' 1646.

64 HP 8/27/1A-2B (auch HP 42/1/1A). 22.6.1648. Worsley, Amsterdam: [8/27/1A] [...] *having received more pleasure & satisfaction at spare howres by looking all small & minute bodies in these glaßes, then almost from anything.*

65 HP 8/27/2B - 4B (5 fehlt). 27.6.1648. Worsley: [2B] [...] *having found 2 uses of them, not mentioned by others, The one to prove a Maxim which I think more setts out the immensity of the wisedome of God then any other, & proves that nothing was done by chance or occasion, [?viz that as man, so all & singular even the least species, have not only a numericall for me, barely as the schooles say, but an outward, visible externall character or difference to distinguish them one from another, to that wee may say, not every man only but every beast, or fowlke of the same, species, yea every sand is knowne by its name. I having taken up though to appearance in the hand, are no way different, yet being putt into ye glaße and distinctily & accuratly* [3r] *marked, the discrimen is playne, & easy to be discerned. Some being of one colour, some of another, some of one magnitude, some of another, some opacous, some cleare, & diaphanous, some more some leße angular, and though they all seeme round in the hand, yet in the glaße I could never find one perfectly round: so in small seeds of plants, where not ye least difference can be made by the eye alone, a very great & manifest difference is found, which putts me in mind of a 2^d use that the signatures of plants, in the Investigatione of which wee have certainly least reason to lear(n)e out the inspection of their seeds & flowres being the truly repraesentative & most admirable parts cannot bee perfected without the helfre of these: I having found first in seeds those wonderfull figures, & shapes, as are imaginable: & in flowers, lookt upon things, some time, not without amazement, & which most remarkeable, havé seene the greatest & rarest things, in those which are most neglected, the thrums & litle pendules in flowers, that fall away, or are most disregarded requiring the greatest need & attention. I having seene a 1000 (I meane an in* [3v] *nummerable num-*

de am Instrument und der Bewunderung für die Schöpfung Gottes klingt hier schon die Überlegung an, daß das Mikroskop bei einer Klassifizierung der Pflanzen nützlich sein könnte. Der später berühmte Chemiker Robert Boyle sah in diesen Jahren bereits die Chance voraus, daß man durch das Mikroskop Erkenntnisse gewinnen könnte, die weder durch die Vernunft (*by all the reasons of the world*) noch durch chemische Versuche (*chymical resolutions*) gefunden werden könnten. Boyle stellte erste Experimente mit Haaren und mit Quecksilber an.[66]

Im dritten Teil seiner 'variarum quaestionum' berichtete Martin Zeiller ausführlich von Wiesels Beobachtungen mittels seines erneut verbesserten Mikroskops, die der Optiker ihm in einem Brief vom 13.10.1658 mitgeteilt hatte:

> *namblich daß sie, die Milben haben acht Füeßlein, vornen rothe, gespizte, zerspaltene Klauen, einen rothen gespizten Schnabel wie ein Säu-Rüeßel, zwey schwartzbraune Aeuglein, der Leib von hinden her blat, oder geviert, vergleicht sich den größern theil einer Fischblatern, durchsichtig, mit heraußgewachsnen langen Haaren wie die Porst* [Borsten] *an den Spitzlein röthlicht, sonsten über den gantzen Leib weiß haarig. An stat ihres Unflats gebehren sie aus dem Rucken lauter lebendige Junge Milben, zu 4 und 5 auf einmal, und so bald sie geboren, schliest sich die Geburtsstatt, daß nichts davon zu sehen, sondern wider glat und durchsichtig wird; die Geburt aber lauft der Mutter nach, allenthalben umb den Leib, und henget sich an ihre Füeße: welche die Mutter an ein ander bequemes Ort am Käse hinschleppet, daselbsten abstreiffet, und mit verlassung der Jungen wider an ihr altes Orth eylet.*

Wie weit bei dieser Schilderung die Phantasie mitgespielt hat, sei dahingestellt. Es gibt aber tatsächlich Käsemilben, die lebendige Jungen gebären. In Zeillers Bericht heißt es weiter:

> *Bey den Flöhen hat wolernanter Herr Wiesel auch etwas sonderliches wahrgenommen: Wann man im Anfang der Hundstäge ein Weibllein, so größer als das Männlein in ein Floch-Glaß versperrt, so werden nach Außgang der Hundstäg lauter weiße Rätzlen mit vilen Füßlein und gelben Köpflein aus ihrem Eylein: leben ohne Speiß lange Zeit.*[67]
>
> *Einmals spazierte Herr Wiesel in seinem Garten, sahe im Weg einen anderthalbspännigen Regen-Wurm kriechen, und auff demselben ein klein rothes*

---

ber) of perfect flowers in one. So that to omitt mor particulars or their use toward Insects, or discerning the figures of salts. I beleeve it would imploy many yeares, & fill a good volume, to discover to ye world this little Atlantis, or Unknowne part of the Creation, hitherto not well looked after by Any. This also makes me by so much ye more to admire Dr.Goddard & Hevelius, their Curiosity: no 2 particulars Arts being certainly so excellent, as the Optickes & Chymia.

66 HP 28/1/3A: Ephemerides 1649; HP 28/2/3B und 28/2/12B: Ephemerides 1651.

67 Mitteilung der Biologin Dr. Malvine Hagen: Die jungen Flöhe haben keine Füße, sind aber lebhaft beweglich. Man kann leicht die Borsten ihrer 13 Körperringe als Füße deuten.

Omeyßlein [Ameise] *hangen, das zwickte und stach den Wurm, biß er todt bliben. Diser Tödtung nun wolte Er gern Ursach wißen, nahm das Omeyßlein, ertränkte es in Brantenwein, und legte es under sein Microscopium: Da Er dann sahe, wie solches an den zween vordern Füeßlein Scheren wie die Krebs und fornen im Maul zwey lange krumme gespizte Hörnlein hatte; mit welchen und den Scheeren es den Wurm zwickte und sich damit hielt, daß es im umbwenden des Wurms nicht herunder fallen kunte. Es beugete und krümte den gantzen hindern Leib bis zu den 2 gescheerten fordern Füeßlein, und stach daselbst den Wurm, daß er dick geschwollen und auffgeloffen, und dises an etlichen Orten, bis er todt gebliben. Des andern Tags fand Herr Wiesel an einem zerklufften Spenlingbaum große fliegende Omeißen, deren nahm Er eine in die Hand und sahe, daß sie einen großen Angel, fast Glaichs lang, heraus streckte, darhinder Er ein weiß Papir hielte, durch welches sie den Angel truckte, und stunde zu ende des Spitzleins des Angels ein klares tröpflein Wasser, so sie durch den Angel nach dem stich ausließe. Dises tröpflein hat Er fornen auff die Spitze seiner Zungen, davon die Zunge augenblicklich auffloffe und als Feuer brennete: welches Er, Herr Wiesel, vor ein starck brennendes Gifft gehalten, und das davon auch der obgedachte Wurm sein Leben laßen müeßen.*

Ferners hat offtwohlgedachter Herr Wiesel durch sein Instrument gefunden, daß die Mucken oder Fliegen nicht sovil Augen als es Theils machen, sondern nur drey, ein großes und zwei kleinere, und zwar alle drey vornen mitten auf der Stirnen stehend haben, das groß oben in einem ablangen grauen Feld, die zwey kleineren aber underhalb deßelbn, nebeneinander wie die schöniste schwartze Perlen, schön rund.[68]

Am 30.12.1661, ein Vierteljahr vor Wiesels Tod, schrieb Anckel voll Verwunderung an Herzog August d.J.:

als Ich mich bey Ihme Wiseln damahlen über 2.stunden lange in discursu aufgehalten, hatt er mir auch under anderen ein sonder: wunderliches perspectiv gezeiget so er vor wenig tagen erst verferttiget, und nun nennet Microscopium. Alß er H[err] *Wisel auch in daß kleine schißselin ein klein Messerspizlin voll Staub oder Milben, so auß einem Keese waxen, gethan, hatt sich durch hinunder schawung des selben alles also vergrößert, daß man an iedem stücklin so gar eigentlich die füesse, ja augen etc. hatt leben oder bewegen und besehen können, ja ein jedes Stäublin sich dardurch also groß gerepraesentirt, alßwann eß eine große Haselnuß wär: Dieses perspectiv so meinet Er Wisel, daß eß für Ihre Röm: Kaiserl. Mayest. einhandeln werde·*[69]

68 Zeiller: 'Centuria III variarum quaestionum.' 1659. S. 457-463.

69 HAB 84 Novi fol. 220r. 20/30.12.1661. Anckel an Hzg. August.

Mikroskopische Zeichnungen

Von der Beobachtung zur Zeichnung war ein weiterer Schritt. In der Astronomie war die Zeichnung des nächtlichen Himmels, der Sterne in der Form von Sternbildern, schon lange üblich. Nach der Erfindung des Fernrohrs wurden Skizzen des Mondes, der Planeten und der Sonnenflecken angefertigt, wobei man erst lernen mußte, das Bild, das man durch das Instrument sah, richtig zu deuten. Es galt vor allem zu unterscheiden, welcher Teil des Bildes wirklich vom Objekt her kam und welcher Teil durch die noch unvollkommene Optik verursacht wurde.[70] Zeichnungen der mikroskopischen Objekte waren dagegen zu Anfang des 17. Jahrhunderts selten. Die ersten, die wir kennen, entstanden in Italien. Galilei hatte 1624 dem Prinzen Federigo Cesi in Rom, dem Gründer der Accademia dei Lincei, ein *occhialino*, wie er das Mikroskop nannte, verehrt. In diesem Kreis der 'Luchsgenossen oder Luchsäugigen', aus dem auch die Bezeichnung *Mikroskop* kam, entstanden die ersten Zeichnungen von Pflanzenteilen unter dem Mikroskop, die zum Teil von Künstlern ausgeführt wurden. Francesco Stelluti (1577-1651) veröffentlichte 1625 zusammen mit Cesi das 'Apiarium', einen Bericht über mikroskopische Untersuchungen der Bienen, der Wappentiere des Papstes Urban VIII. (Maffeo Barberini, Pontifikat 1623-1644). Aus demselben Jahr stammen Wiesels erste schriftliche Aufzeichnungen von mikroskopischen Beobachtungen. Auf dem Titelblatt des 'Apiariums' wurde der Name 'Microscopium' erstmals gedruckt.[71] Fünf Jahre später nahm Stelluti das 'Apiarium' in sein Buch 'Persio tradotto' auf, wodurch es einem größeren Leserkreis zugänglich wurde. In dieses Werk fügte er auch die Abbildung eines Rüsselkäfers in natürlicher Größe wie auch vergrößert ein.[72] Diese Methode benutzte Cuno 1734 des öfteren in seinen 'Observationes', um die Vergrößerung eindrucksvoll darzustellen.

Bis zum Erscheinen von Malpighis Arbeiten und der 'Micrographia' von Robert Hooke (1665) blieben Berichte und Zeichnungen über mikroskopische Beobachtungen spärlich. Äußerst interessant ist die Zeichnung des Fliegenauges, die Giovanni Battista Odierna 1644 in 'L'occhio della mosca' in Palermo veröffentlichte. Er hatte das Auge in vier Schichten zerlegt, bevor er es mit dem Mikroskop untersuchte. Odierna lieferte damit ein frühes Beispiel mikroskopischer Anatomie, die dann vor allem durch Malpighi weiterentwickelt wurde. Malpighis erstes Werk 'De pulmonibus', 1661 in Bologna erschienen, war ebenfalls mit Zeichnungen versehen.[73] Fontana veröffentlichte zwar 1646 in seinem Buch Bilder von Mond und Planeten, den Beschreibungen seiner mikroskopischen Untersuchungen

---

[70] Winkler/Van Helden: Representing the Heavens. S. 195-217.

[71] Singer: Die ältesten Abbildungen. S. 197-201.

[72] Belloni: Die Entstehungsgeschichte der mikroskopischen Anatomie. S. 115.

[73] Belloni: ebd. S. 117-121; Giorgio Abetti: Odierna. In: DScB Bd. 10. S. 176.

aber fügte er keine Abbildungen hinzu.[74] Dasselbe gilt für die mikroskopischen Experimente, die der englische Arzt Henry Power 1664 in seiner 'Experimental Philosophy' abdruckte.[75] Die hundert 'Observationum Microcospicarum' von Petrus Borellus, 1656 in Den Hag gedruckt, enthalten nur einige, wenig aussagende Holzschnitte.[76]

Um so beachtlicher ist es, daß man sich im Hause Wiesel nicht mit dem Beobachten begnügte, sondern auch Zeichnungen anfertigte oder anfertigen ließ. Christoph Weickmann aus Ulm erwähnte 1659 in seinem Sammlungsverzeichnis ein Wieselsches Mikroskop, das ihm von dem Ulmer Ratsherrn Theodorus Schad zusammen gesetzt worden war, *bey welchem auch eine zimbliche Anzahl auf Pergamin Contrafether Sachen/ so durch dises Macroscopium repraesentirt werden/ mit höchster Verwunderung zu sehen* waren, ("auf Pergament abgezeichnete mikroskopische Objekte").[77] Schad war der Auftraggeber von Wiesels Porträtstich. Sicher kann man ihn ähnlich seinem Augsburger Kollegen Johann Koch als sehr interessierten Amateur im Bau von optischen Instrumenten ansehen. Beide hatten offenbar bei Wiesel gelernt (siehe Kapitel I.1). Als der Student Martin Fogel aus Hamburg am 27. August 1662, fünf Monate nach Wiesels Tod, die Werkstatt von Depiere besuchte, sah er dort *ein schön Nahglas* [und] *etlich abriße von ungezieffer auf papier gemahlet, wie sie anzusehen durch dergleichen glas.*[78]

Wenn auch solche Beobachtungen und Zeichnungen der für wissenschaftliche Arbeiten nötigen Systematik entbehrten, zeigen sie dennoch, daß sich um Wiesel und seine Instrumente ein interessierter Kreis von Amateuren gebildet hatte, die teils durch persönliche Bekanntschaft, teils durch Briefwechsel Anregungen empfingen. Schriftsteller waren darunter wie Harsdörffer in Nürnberg und Zeiller in Ulm, Ärzte (Widemann, Henisius, Schaffner) und gelehrte Ratsherrn wie Schad und Koch.

Cuno, der 24 Jahre später Depieres Witwe heiratete, führte diese Tradition fort. Er ließ 1734, nachdem er von den *Herren Liebhabern und Hohen Gönnern ersucht worden,*[79] seine Zeichnungen sogar drucken. Cuno kannte allerdings die Arbeiten anderer Mikroskopiker aus der zweiten Hälfte des 17. Jahrhunderts, vor allem die der Niederländer Jan Swammerdam und Antoni van Leeuwenhoek. Cuno vermochte allerdings deren Qualität nicht zu erreichen. Sein Ziel war es wohl in erster Linie, die Leistungsfähigkeit seiner Mikroskope zu zeigen. Daneben

---

[74] Fontana 1646 S. 146-151.

[75] Power: Experimental Philosophy. 1664.

[76] Borellus: Observationum microcospicarum. 1656.

[77] Weickmann 1659. S. 65. Nach Auskunft des Ulmer städtischen Museums sind nur noch ganz wenige Stücke aus der Weickmannschen Sammlung vorhanden.

[78] NSLB Hannover Ms VI 618^a: Reisebericht des Fogelius 1662/3; Martin Fogel (1634-1675) geboren in Hamburg; 1662-1666 auf Reisen, 1663 Dr. med. in Venedig, 1675 Prof. der Logik und Metaphysik am Hamburger Gymnasium, Schüler und Biograph des Joachim Jungius.

[79] Cuno: Observationes 1734. Einleitung; siehe Kap. II.5.6.

klingt auch bei ihm die Freude über diese wunderbare kleine Welt durch, die man mit Hilfe des Mikroskops zum Lobpreis Gottes entdecken konnte, Gedanken, die uns schon Mitte des 17. Jahrhunderts bei Worsley und bei Wiesel begegnet sind. Sie spielten bei den holländischen Mikroskopikern, vor allem bei Swammerdam, eine Rolle, und sie werden noch im 18. Jahrhundert bei den vielen Liebhabern der Mikroskopie zu finden sein.

4.4 Depieres Mikroskope

Obwohl Daniel Depiere in seinem Verzeichnis von 1674 alle möglichen optischen Geräte anbot, blieb er späteren Zeiten vor allem wegen seiner Mikroskope in Erinnerung. Dies ist in erster Linie auf die vielgelesenen Reiseberichte des Monsieur de Monconys zurückzuführen. Balthasar de Monconys, 1611 in Lyon geboren, wurde von seinen wohlhabenden Eltern 1628 wegen der Pest zum Studium der Rechte nach Salamanca geschickt. Es schlossen sich mehrere ausgedehnte Reisen bis nach Ägypten und Indien an. Weil sich Monconys vor allem für die Naturwissenschaften interessierte, besuchte er überall Wissenschaftler und Sammler von Naturalien und Instrumenten, aber auch deren Hersteller. Dadurch sind seine Reiseberichte, die zum ersten Mal 1665, kurz nach seinem Tod, veröffentlicht und später in andere Sprachen übersetzt wurden, ein anschauliches Zeugnis der damaligen Handwerkskunst, speziell des optischen Handwerks.[80] Zwischen die Berichte über Reiserouten und Sehenswürdigkeiten streute er Briefe, medizinische Rezepte, Notizen über Arbeitsmethoden der Handwerker und Angaben über Instrumente, die er gekauft hatte, ein. Er hatte eine Vorliebe für optische Geräte und führte seine Mikroskope und Ferngläser auf den Reisen mit sich. Zwischendurch kehrte er nach Lyon zurück, wo er 1665 starb. Er war dreimal in Italien und besuchte auf seiner ersten Reise im November 1646 Torricelli in Florenz. Das von ihm bestellte Fernrohr erhielt er am 14. Juli 1647 in Ägypten, wenige Monate vor Torricellis Tod.[81] 1660 besuchte Monconys Rom, wovon es keinen Bericht gibt. 1662/63 sah er sich bei den Optikern in Holland und England um. Er traf 1662 Richard Reeve in London und im August 1663 Christiaan Huygens in Den Haag und den Amsterdamer Bürgermeister und Mathematiker Johannes Hudde (1628-1704). Dieser zeigte ihm seine kleinen Mikroskope mit einer einzigen geschmol-

[80] Erste Ausgabe: Journal des voyages de Monsieur de Monconys 1. Teil Lyon 1665; 2. u. 3. Teil Lyon 1666. Über seine Reise durch Schwaben siehe Dussler Bd. 1. S. 156-162. Dieser Übersetzung liegt die Ausgabe Paris 1695 zugrunde; deutsche Ausgaben: a) *Des Herrn de Monconys ungemeine und sehr curieuse Beschreibung seiner* [...] *Reisen*. Leipzig/Augsburg 1697. Sie läßt laut Dussler S. 156, alle schwierigen Stellen des französischen Textes aus. b) *Curieuse Beschreibung* ... übs. von V.M. Christian Juncker, Leipzig 1734.

[81] Ausgabe Lyon 1665 S. 273; Aufenthalt in Florenz S. 112-130.

zenen Linse und erklärte ihre Herstellung.[82] Die optischen Werkstätten in London interessierten Monconys genauso wie Depieres Arbeiten in Augsburg.

Im Februar 1664, fast zwei Jahre nach Wiesels Tod, kam Balthasar de Monconys in Begleitung des Herzogs von Chevreuse nach Augsburg. Er überbrachte dem Braunschweiger Rat H.G.Anckel ein Empfehlungsschreiben, das er von Henry Oldenburg, dem Sekretär der Royal Scientific Society in London, erhalten hatte.[83] Anckel führte die beiden Herren am 16. Februar durch die Reichsstadt und auch zu Daniel Depiere, wo sie eine Lesebrille, eine Linse und zwei Taschenfernrohre kauften. In den folgenden Tagen gab es weitere Besichtigungen. Monconys selbst hielt sich viel bei Drechslern auf, besuchte Depiere noch zweimal, ließ ihn Glasflaschen und Phiolen blasen und erhielt schließlich von ihm eine Linse aus Bergkristall (*cristal de roche*) zum Geschenk. Am 22. Februar setzten die Franzosen die Reise über Fürstenfeldbruck und München nach Regensburg fort, wo sie einen längeren Aufenthalt einlegten. Während dieser Zeit reiste Depiere ebenfalls nach Regensburg und besuchte dort nun seinerseits Monconys, wo er Gelegenheit hatte, das Fernrohr, das Monconys früher von Divini gekauft hatte, zu besichtigen.[84] Erst auf Monconys Rückreise kam es am 4. April zum Kauf eines von Depiere angefertigten Mikroskops um sechs Dukaten.[85]

Am 5. April fuhr Monconys mit dem Herzog über Landsberg nach Italien. Am 29. Mai suchte ihn in Rom Eustachio Divini auf, um die mitgebrachten optischen Geräte zu sehen, darunter das neue Mikroskop von Depiere. Am Abend des folgenden Tages erprobte Monconys zusammen mit dem Herzog die Fernrohre des Divini und fand sie überaus vortrefflich (*excellentissimes*).[86] Von Campani wird nichts berichtet. Auf der Rückreise besuchte Monconys Viviani in Florenz und Septala in Mailand.[87]

Eingestreut in die Schilderung der ersten Reise nach Italien im Jahr 1646 findet man Notizen über die von Monconys später erworbenen optischen Instrumente sowie einige Briefe über diese. Es heißt dort, er sei der erste in Frankreich gewesen, der 1650 ein Fernglas von Divini erhielt, mit zwei Konvexlinsen, für 13 Pistolen, überbracht vom Courrier Gray. Von Rheita ließ er sich eins mit vier Linsen anfertigen. Das muß im Sommer 1654 gewesen sein als sich Rheita in Lyon auf-

---

82 Ausgabe Lyon 1666 S. 161.

83 Oldenburg Bd. 1. S. 288f.: Oldenburg war 1658 auf der Durchreise in Augsburg gewesen und hatte Anckel und Wiesel besucht; siehe Kap. II.3.3.

84 Monconys: Voyage d'Allemagne. Lyon 1666: S. 369; (1695: S. 332): 11.März 1664: *Monsieur de Piere essaia mes Lunettes de Divini.* Depieres Reise nach Regensburg ist auch durch Anckels Briefe nach Wolfenbüttel bezeugt.

85 Monconys: Voyage d'Allemagne 1666 S. 384 (1695: S. 358) 3.April 1664: [...] *puis chez Monsieur de Piere, qui me fit voir un excellent Microscope, dont il refusa six ducats;* 4.April: [...] *puis achéter le microscope;* deutsche Ausgabe 1697 S. 831f. Bei Dussler fehlen diese Notizen über die Rückreise, die vom 3. bis 5. April wieder durch Augsburg führte.

86 Monconys: Troisième Voyage d'Italie 1666, S. 473.

87 Monconys 2. Teil 1695 S. 514; dt. 1697 S. 905.

hielt.[88] Das paßt zu der nächsten Aussage, daß Monconys zehn Jahre später (1664) von Divini ein Teleskop von 15 Palmes und 5 Gläsern kaufte, und vom *Schwiegersohn des Viselius* ein Mikroskop.[89] Auf diesem Bericht fußt wohl die irrige Aussage bei Moritz von Rohr, dieser Schwiegersohn des Wiselius sei Giuseppe Campani in Rom gewesen. Von Rohr hatte offenbar die Stelle in Monconys Buch übersehen, an der über den Einkauf bei Depiere in Augsburg berichtet wurde.[90] Monconys schätzte Depieres Mikroskop außerordentlich und fügte dessen Beschreibung etwas später in seinen Text ein:[91]

> *Distanz des objects von dem ersten lente anderthalb Zoll*
> *Der focus des ersten lentis 1 Zoll*
> *Distanz von dem ersten biß zum anderen lente 15 Zoll*
> *Der andere lens hat den focus anderthalb Zoll (frz. 2 und 1/2)*
> *Distanz von dem andern biß zum dritten 1 Zoll 8 Linien*
> *Der dritte lens hat den focus 1 Zoll 8 Linien*
> *Distanz des Auges zu dem dritten lente 8 Linien.*
> *Es hat 2 Punkte, einen welcher vergrößert und den anderen welcher unterscheidet.*

Zwei mit Monconys bekannte französische Jesuiten erwähnten ihn bald nach seinem Tod in ihren Büchern, die beide in Paris erschienen: Honoratus Fabri beschrieb 1667 das Mikroskop mit drei Linsen und fügte an, daß das erste dieser Art seines Wissens in Augsburg gemacht worden sei. Monconys habe ihm eine Kopie davon herstellen lassen. In der beigefügten Abbildung zeigte er den Strahlengang

---

88 Rheita: Les iustes assevrances du monde detrompé ... Lyon 1654: Überlegungen zur Sonnenfinsternis am 12.8.1654 (l'Eclipse du Soleil qui doit arrive le 12. d'aoust 1654). Die Schrift enthält eine Widmung von Rheita an *Charles-Francois-Hyacinthe de Simiane, Marquis de Pianesse, Premier conseiller, et ministre de son Altesse Royale de Savoye*, geschrieben am 1. August 1654 in Lyon.

89 Monconys: Premier Voyage d'Italie. 1665: Bd. 1. S. 117 (1695: S. 233); dt. Ausgabe 1697 S. 142: *dix ans après il fit travailler au même Divini un Telescope de quinze palmes à 5. verres, & au beau-fils de Viselius, un Microscope qu'il estimoit beaucoup, & dont on trouvera les mesures cidessous.*

90 Monconys: Voyage d'Allemagne 1666 S. 384; 1695: S. 358; dt. Ausgabe 1697 S. 831f; Court/v.Rohr: A history ... S. 213; Clay/Court S. 22.

91 *Distance de l'objet à la premiere lentille un poûce & demi.*
Le focus de la premiere lentille un poûce.
Distance de la premiere lentille à la seconde 15.poûces.
Seconde lentille a de focus 2.poûces & demi.
Distance de la seconde à la troisième un poûce, 8.lignes.
Troisième lentille a de focus un poûce, 8.lignes.
Distance de l'oeil à la troisième lentille 8.lignes.
Il a 2. poincts; un qui grossit, l'autre qui distingue.
Die Beschreibung des Mikroskops findet sich auf S. 257-258 der französischen Ausgabe 1695, auf S. 157 der deutschen.

im dreilinsigen Mikroskop.[92] Milliet Dechales, dessen Buch 1674 herauskam, kannte ebenfalls Monconys Mikroskop.[93]

Auch von dem Mikroskop, das Depiere im Oktober 1665 nach Dresden lieferte, besitzen wir eine Beschreibung, die Michaelis 1730 für den Katalog der Kunstkammer angefertigt hatte:[94]

> [28v] *Ein schön wohl verseztes Microscopium* [29r] *mit drey Auszügen, und drey Gläsern, davon die lens ocularis convexo convexa faßt 1.Zoll in Diameter, und accurat einen Zoll den focum wirfft. Das in der andern Röhre befindliche Planum convexum hält mehr als 1 ½ Zoll in Diameter und Distantia foci beträgt 2 ½ Zoll, lens objectiva ist an foco, Diametro, wie das Ocular. Die obere Röhre, item die Ringe an dem mit türckischen Papier überzogenen Auszügen, und das Piedestal ist von roth und schwartz auß Marmor Arth laccirtem Holtze. Das Piedestal bestehet aus der runden basi, und einer oben darüberstehenden eingeschnittenen Schrauben Mutter, welche vermittelst dreyer meßingenen ausgebogenen Schienen, so wohl an der basi, als Schrauben* [29v] *Mutter angeschraubt sind, folglich bey des voneinander in gehöriger Weite erhalten wird. In diese Schrauben Mutter wird die an der äußersten Röhre eingeleimte durchbohrte, und mit breiten Schrauben Gängen versehene Schraube, so roth angestrichen, und am Ende die verschraubte lentem objectivam führet, bis an die schwartze Linie hineingeschraubt, und die Röhren auch bis an ihre schwartzen Circul ausgezogen, so ist das Microscopium accurat gestellet, daß wenn man durch die oben verschraubte Lentem ocularem hindurch siehet, die auf der meßingenen Scheibe, so unten an der basi des Piedestal angemacht, befindlichen minutia, nach Verschib und Drehung der gezähnten Scheibe eines nach dem andern, in unge-* [30r] *meiner Größe und Deutlichkeit, besonders wenn die Sonne die Objecta erleuchtet, erscheint. Die Höhe des Microscopii, nach dem es ordentlich gestellet und ausgezogen, ist fast 18 Zoll, und der Abstand des Objectiv-Glases von Objecto 1 ½ Zoll. Die Vergrößerung, die ich nach Anleitung der beschriebenen Methode des gelehrten Jesuiten Zahns in seinem Oculo artificiali Fundamento III pag. 97 gesucht habe, davon finde ich magnitudinem apparentem linearem tanquam radix 69 den superficiellen Quadrat-Inhalt aber 6241, um so viel mahl würde also durch dieses Microscopium die obere Fläche eines jeden Körpergens, so man unter das Microscopium bringt, den Auge größer vorgestellet, als man es nudo oculo erkennen kan. Dieses Microscopium hat Daniel de Piere Opticus in Augspurg gemacht, welches* [30v] *auf der Churfürst Joh. Georg II. Befehl von daher verschrieben, und den 19. Octbr 1665 nach Dreßden gebracht worden.*

92 Honoratus Fabri: Synopsis Optica. 1667. S. 153. Figur 125.

93 Claudius Franciscus Milliet Dechales: Cursus seu Mundus Mathematicus. Tomus secundus. Lugduni 1674. S. 673f. Propositio XXIX u. XXX.

94 Mathematisch-Physikalischer Salon Dresden. Bibl. III c 18 (O 48): J.T. Michaelis Catalogus Instrumentorum Opticorum Catoptricorum et Dioptricorum Musaei Regii Mathematici 1730, fol. 28v-30v: Dioptrica. Nr. 28.

Die Brennweite der Augenlinse war kleiner als im Mikroskop des Monsieur de Monconys; sie betrug nur 1 Zoll (etwa 2,5 cm) gegenüber 1 Zoll 8 Linien (etwa 4,1 cm). Die Brennweiten der anderen beiden Linsen waren die gleichen, die der Feldlinse betrug 2,5 Zoll (etwa 6,25 cm) und die des Objektivs 1 Zoll (2,5 cm). Als Vergrößerung im Quadrat des Dresdner Mikroskops ist 6241 angegeben, das entspricht einer linearen Vergrößerung von 79. Die Höhe, zum Gebrauch ausgezogen, gibt Michaelis mit 18 Fuß an, Engelmann mit *annähernd 470 mm.*[95]

Sicher hatten die aus drei Linsen zusammengesetzten Mikroskope aus Wiesels Werkstatt, die dieser seit etwa 1650 baute, Ähnlichkeit mit Depieres Mikroskopen. Das Instrument in Dresden ging im letzten Krieg verloren; es blieb nur eine Fotografie erhalten (Abb. 43). Zu beachten ist das hölzerne Schraubengewinde am kleinsten Rohr zur Einstellung. Auch bei den Wiesel-Mikroskopen ist ja schon von 'Schrauffen' aus Karton die Rede. *Diese Art der Einstellung beanspruchte übrigens Campani 1686 für sich*, schrieb Max Engelmann. Man wird bei Wiesel, Depiere und Divini zumindest eine Vorform sehen können. Campani hatte zuerst wie Divini Schiebetubus-Mikroskope gefertigt,. verwendete aber ab Mitte der achtziger Jahreum nur noch Holz- oder Metalltuben, die er alle – nicht nur das unterste Rohr – mit Schraubgewinden versah. Dadurch konnten die einzelnen Rohre viel feiner eingestellt werden als es durch Verschieben möglich war. Screw-barrel-microscope wird diese Form im englischen Sprachraum genannt, Gloede nennt sie Gewindetubus-Mikroskop. Eine weitere Verbesserung von Campani war eine Feder am Objekthalter, mit der das Objekt eingeklemmt werden konnte.[96]

Die Bezeichnung 'screw barrel' wurde später auch auf einfache Mikroskope übertragen. 1694 benützte der Physiker Nicolaas Hartsoeker (1656-1725) das Schraubgewinde beim einfachen Mikroskop zur Scharfstellung. Dieser Typ wurde um 1700 vor allem durch den Londoner Instrumentenbauer James Wilson (ca.1665 - ca.1730) gebaut und viel verkauft.[97]

In Depieres Verzeichnis von 1674 sind unter Nr. 15 bis Nr. 19 fünf Mikroskopmodelle genannt. Ob es sich bei der Nr. 15 um ein Flohbüchslein handelt, ist nicht klar. Nr. 17 schildert ein Gerät mit zwei Gläsern, die Nummern 18 und 19 beschreiben Instrumente mit drei Linsen. Die Angabe der Vergrößerung, *etliche 1000. mahl* (Nr. 17) und *viel tausendmahl* (Nr. 18), entspricht der Angabe beim Dresdner Mikroskop. Nr. 19, *ein Microscopium auf ein neue Art, vergrössert mehr als tausendmahl tausend einer Lauß oder Floh über 16. Zoll und daß mit grösserm Spatio, daß ich wol 3. Flach gantz übersehen kan*, stellt demgegenüber

---

95 Engelmann S. 63.

96 Engelmann S. 62f.; Gloede S. 54f.; Bedini: Compound Microscopes S. 400-408. Ein schönes Beispiel für Campanis frühe Mikroskope wurde 1997 bei Christie´s in South Kensington versteigert. Das 1671 für Cosimo III. de Medici gebaute Mikroskop befindet sich heute im Boerhaave Museum in Leiden. Christie´s Katalog vom 9.4.1997.

97 Gloede S. 51f., 82f.

vielleicht eine Verbesserung dar mit stärkerer Vergrößerung und weiterem Gesichtsfeld, wenn uns auch eine *tausendmal tausend*fache Vergrößerung (in der Fläche) übertrieben erscheint. Der Verlust des Dresdener Mikroskops ist sehr zu bedauern. Es wäre heute das älteste datierbare zusammengesetzte Mikroskop.[98]

4.5 Die 'einfachen' Mikroskope von C. C. Cuno

Unter Nr.16 wurde von Depiere ein Instrument angeboten, das in der folgenden Zeit in der Mikroskopie eine größere Rolle spielen sollte, das sogenannte 'einfache Mikroskop' (microscopium simplex, simple microscope), das *von einem Glaß allein nicht grösser seye als der vierdte Theil eines Zolls; auch noch kleiner*. Der Durchmesser der Linse von höchstens dem Viertel eines Zolls hatte etwa 0,6 cm betragen (etwa 40fache Vergrößerung). Der Durchmesser der Linsen verringerte sich in den folgenden Jahren weiter, bis hin zu einem Millimeter. Daß so kleine Linsen schwierig herzustellen waren, zeigt sich am Preis des Instruments, bei Depiere 4 bis 5 Taler. Das zweilinsige Mikroskop bot Depiere um 6 bis 7 Taler an, das mit drei Gläsern um 10 bis 14 Taler.[99] Weil sich Cosmus Conrad Cuno mit diesen einfachen Mikroskopen einen besonderen Namen machte, soll hier noch ein Abschnitt über dieses Gerät angefügt werden.

Die Beobachtung durch das zusammengesetzte Mikroskop war nicht ganz einfach, vor allem kostete es einige Mühe, das Instrument scharf einzustellen. Die Feldlinse hatte zwar ein größeres Gesichtsfeld beschert und die Lichtstärke erhöht. Mancher Beobachter zog trotzdem das einfache Mikroskop mit seiner winzigen Linse vor. Aber auch dieses Gerät hatte seine Probleme. Erstens war es schwierig, solch kleine Linsen herzustellen, zweitens war die Handhabung kompliziert, vor allem solange man es nicht mit einem Stativ verband sondern in der Hand halten mußte. Drittens mußte der Abstand zwischen Objekt und Linse wie auch zwischen Linse und Auge ganz gering sein, d.h. man mußte das Instrument ganz nah vor das Auge halten. Das Beobachten strengte die Augen an, wie Hooke 1678 in einer Vorlesung feststellte:

> "Ich fand, daß der Gebrauch der kleinen Linsen meine Augen angriff und mein Sehvermögen sehr anstrengte und schwächte, weshalb ich es vermied, sie zu benützen. Allerdings lassen sie wahrhaftig ein Objekt sehr viel klarer und deutlicher erscheinen, und vergrößern genau soviel wie das Mikroskop mit zwei Gläsern. Wer es aber aushalten kann, der kann mit einem einfachen Mikroskop viel eher Entdeckungen machen als mit einem doppelten, weil die

---

[98] Fournier: fabric of life S. 24: *not a single artefact* [Mikroskop] *dating unquestionably from before 1670 has survived.*

[99] Depiere Verzeichnis S. 17f.

> Farberscheinungen, die die gute Sicht im doppelten Mikroskop sehr stören, im einfachen nicht auftreten".[100]

Hooke nannte hier die Vorteile des einfachen gegenüber dem 'doppelten' Mikroskop mit zwei Linsen: Es erzielte die gleiche Vergrößerung, zeigte die Objekte klarer und schärfer und erzeugte keine Farberscheinungen. Wegen dieser Vorteile und auch infolge des Bekanntwerdens der Beobachtungen einiger Holländer mit dem einfachen Mikroskop wandte sich das Interesse vieler Liebhaber diesem Gerät zu. Man konnte entweder kleine geschliffene Linsen verwenden oder Glastropfen. Das waren winzige Kügelchen, die entstanden, wenn man einen dünnen Glasstab in eine Kerzenflamme hielt. Hooke hatte diese Methode im Vorwort seiner 'Micrographia' beschrieben. Der Amsterdamer Bürgermeister Johannes Hudde befestigte ein kleines Stückchen Glas auf der Spitze einer Nadel und brachte es zum Schmelzen.

Der erfolgreichste Mikroskopiker der damaligen Zeit war Antoni van Leeuwenhoek in Delft. Etwa ab 1670 widmete er sich der Herstellung kleiner Linsen, sowohl geschliffen als geschmolzen, die er zwischen zwei Blechplatten faßte und mit einer Nadel verband, auf die er das Beobachtungsobjekt spießte. Daneben beherrschte er bereits die Technik, von seinen Objekten feinste Schnitte anzufertigen.[101] Seine Herstellungsmethode hielt er streng geheim und gab keines seiner Mikroskope aus der Hand. 1695 veröffentlichte er aber in seinem Buch 'Arcana Naturae detecta' 38 von etwa 300 Briefen, in denen er seine Beobachtungen in Wort und Zeichnungen mitgeteilt hatte. Die meisten dieser Briefe waren an die Royal Society in London gerichtet, die sie von 1673 bis zu Leeuwenhoeks Tod im Jahr 1723 in ihrer Zeitschrift 'Philosophical Transactions' abdruckte.[102]

Der Arzt Jan Swammerdam, der zweite Holländer, der als Mikroskopiker sehr erfolgreich war, bezog seine Instrumente aus der Werkstatt des Instrumentenmachers Samuel van Musschenbroek in Leiden. Dieser hatte das einfache Mikroskop mit einer Art Stativ versehen, so daß der Benutzer beide Hände zum Experimentieren frei hatte. Die Linsen konnten leicht ausgetauscht werden.

Als Cuno 1684 mit 32 Jahren nach Augsburg kam, brachte er die Kenntnis des Mikroskopbaus mit, wie in Kapitel II.5 ausgeführt wurde. Nach seiner Heirat

---

[100] *I have found the use of them [of the small lenses] offensive to my eye, and to have much strained and weakened the sight which was the reason why I omitted to make use of them, though in truth they do make the object appear much more clear and distinct, and magnifie as much as the double Microscopes: nay, to those whose eyes can well endure it, 'tis possible with a single Microscope to make discoveries much better than with a double one, because the colours which do much disturb the clear vision in double Microscopes is clearly avoeded in the single*; Robert Hooke: 'Lectiones Cutlerianae' 1679. In: Gunther Bd. 8. S. 297-320.

[101] Gloede S. 40.

[102] Klaus Meyer: Geheimnisse: Dt. Übs. der 'Arcana Naturae detecta' mit Kommentar u. optisch-experimentellem Anhang, I und II; ders.: Sendbriefe; Fournier: fabric of life. S. 113-134, 217-219: Liste der mikroskopischen Beiträge in den Philosophical Transactions von 1665-1750.

(1686) konnte er die von Depiere hinterlassene Werkstatt übernehmen. Wie wir sahen, muß der erste Bericht über seine Mikroskope 1685 vor seiner Hochzeit gedruckt worden sein.[103] Zahn veröffentlichte 1702 in der zweiten Auflage seines 'Oculus artificialis' sowohl die Zeichnung von Cunos Mikroskopen aus diesem Bericht als auch eine Skizze der Mikroskope von Johan Musschenbroek. Die Instrumente ähneln sich sehr. Auch Cunos Instrument Nr.1 hatte bewegliche und verstellbare Glieder wegen der Kugelgelenke, die später als 'Musschenbroeksche Nüsse' in die Literatur eingegangen sind. Sollte Cuno in Leiden gewesen sein, bevor er sich in Augsburg niederließ? Durch seine Übersetzungen holländischer Verse wissen wir, daß er der Sprache mächtig war.[104]

Die Abbildung der Cuno-Instrumente von 1685 zeigt noch zwei andere einfache Mikroskope (Abb. 6): Ein Instrument mit einer runden drehbaren Scheibe, die mehrere Präparate, eingelassen in Gipsplättchen (Mica, Fraueneiß, Marienglas) enthielt (Figur 2), und ein Gerät, das später als sogenanntes Zirkelmikroskop (Figur 3, engl. compass-microscope) viel gebaut wurde. Gloede bezeichnet Cuno sogar als den Erfinder des Zirkelmikroskops.[105] Richard J. Petri gab eine anschauliche Beschreibung der Cuno-Mikroskope:

> *Zu diesen Mikroskopen gehörte ein Linsensatz von sechs Stück, deren Brennweiten bis zu 1/100 römische Fuß herabreichten. Die Hornfassungen der Linsen, A, wurden bei Fig.1 der Tafel auf den beweglichen Arm des Gestells bei cc, bei Fig. 3 auf die feststehende Verlängerung des Griffes bei e und bei Fig. 2 in das Loch der Okularscheibe bei G eingesetzt. Die stärksten Linsen konnte man an dem Instrument Nummer 2 verwenden, welches dazu auch bei H eine feine Einstellungsvorrichtung besaß (Zahn: oben bei H ist kunstvoll ein Rädchen mit einer kleinen Winde angebracht, welche die kleine Mikroskoplinse nach Belieben dem Objekt bald näher bald ferner zu bringen vermag, je nachdem dies zur Durchmusterung desselben nötig ist.). Es war aus den beiden Platten F und A auf einem Handgriff aufgebaut. Die gegen das Licht zu richtende Platte trug oben eine kreisrunde Blendenscheibe mit fünf verschieden weiten Öffnungen R,B,C,D,E, und zwischen beiden Platten befand sich die Ojektträgerscheibe J J. Fig. 3 war aus Holz, Fig. 1 und 2 aus Messing und Holz angefertigt.*[106]

Der zweite Typ der Cuno-Mikroskope ähnelt einem von Christiaan Huygens vorgeschlagenen Instrument. Huygens hatte sich 1678, wohl durch Leeuwenhoeks Entdeckung der Einzeller angeregt, einige Zeit mit der Konstruktion von einfachen Mikroskopen beschäftigt und verschiedene Typen entwickelt, die er im Juli 1678 der Académie des Sciences in Paris vorstellte.[107] Die Nachricht davon ge-

---

[103] Siehe Kap. II.5.2.

[104] Siehe Kap. II.5.6.

[105] Gloede S. 38, 80, 83.

[106] Petri S. 48f.

[107] Fournier: Huygens' Designs. S. 590-593.

langte schnell nach Deutschland, wie ein Brief von Henri Justel, Sekretär des französischen Königs, an Gottfried Wilhelm Leibniz beweist. Am 22. Juli 1678 berichtete er, Huygens sei aus Holland zurückgekommen und habe kleine Mikroskope mitgebracht, die man "vor der Lampe mache".[108] Die winzigen Linsen wurden demnach als Kügelchen geschmolzen. Im Herbst 1678 wurde in London ein Brief des Pariser Instrumentenmachers Michael Butterfield (ca 1635-1724) abgedruckt, in dem er schrieb, er habe einige solcher Instrumente hergestellt. Er berichtete dann weiter über seine Methode, die Glaskügelchen zu erzeugen, indem er pulverisiertes, gut gereinigtes Glas auf der Spitze einer silbernen Nadel in einer Weingeistflamme schmelzen ließ.[109] Zu Beginn des nächsten Jahres veröffentlichte Butterfield in Paris eine Flugschrift mit dem Titel 'L'Vsage dv novveav Microscope, fait avec une seule et tres-petite Boulle de Verre', die eine Skizze seines Mikroskops enthält.

Der Briefwechsel zwischen dem Berliner Arzt Johann Sigismund Elsholz (1623-1688), Leibarzt von Kurfürst Friedrich Wilhelm von Brandenburg und Mitglied der Academia naturae curiosorum, und Leibniz zeigt, wie die Kunde von den holländischen und französischen Mikroskopen nach Deutschland gelangte und wie sehr Elsholz und Leibniz daran interessiert waren. Im Oktober 1678 berichtete Elsholz von einem Besucher, der im Jahr zuvor aus England zurückgekehrt war:

> *Dieweil ich auch dem H.Krafft damahls einige Microscopia sehen ließ, hat er mihr vor allen gelobet, diejenige art, welche gegenwertig verfertiget werden von H. Samuel von Musschenbroeck in der Oostersche Lampe op de lange Brueghe in Leyden mit 5 oder 6 Gläsern, die man verendert und einschiebet, nachdem die corpora, die man besehen wil, groß oder klein sind. Und dieweil er vermerckte, daß ich eines dergleichen verlanget, hat er mir versichert, daß durch M. h. Herrn Rahts* [Leibniz] *vermittelung ich schon eines erlangen würde, angesehen derselbe mit dem besagten M. ohn zweiffel in kundschafft stünde. Mein h.Herr würde mich also höchlich obligiren, wan Er so güetig seyn, und mihr zu einem solchen Microscopio, umb gute Bezahlung behilfflich erscheinen wolte. Er hat zugleich noch von einer newen invention meldung gethan, welche aus einem sehr kleinen Glaß-Küglein bestünde, und von einem in Delfft, namens Lewenhuck verfertiget würden: dergleichen ich dan auch gern haben möchte.*[110]

Elsholz besaß also schon einige Mikroskope und versuchte sich in der folgenden Zeit selbst darin, mit Glasstückchen aus der Potsdamer Kristallglashütte kleine

[108] Leibniz: Schriften und Briefe I. Reihe Bd. 2. S. 354. Justel: *Monsr Huggens est revenu depuis peu de Hollande d'ou il a apporté de petits Microscopes qui se font a la lampe*

[109] Philosophical Transactions Bd. 12. Nr. 141 (Sept/Oct and Nov. 1678) S. 1026f.: *Extract of a Letter from Mr.Butterfield.*

[110] Leibniz: Schriften. I. Reihe Bd. 2. S. 378. 27.10./6.11.1678. J.S. Elsholz (auch Elsholt) an Leibniz.

Glaskügelchen zu schmelzen.[111] Anfang April 1679 bedankte er sich bei Leibniz für einen Brief *mit Beyschluß von Pariß ... in hoffnung, alhier ein solch Microscope nachmachen zu lassen, doch weiß ich nicht, in welcher perfection.* Weiter führte er aus:

> *Ich habe indessen eins bey mihr etliche tage gehabt von denen, welche der H.Müschenbroek zu Leyden verfertiget, und zwar aus vergünstigung des Königl. Dänischen abgesanten. Es hatte vier verenderungen der Gläser, welche das ihrige wol thaten, aber das kleinste war nur globular, und doch nicht so klein alß das Parisische.*[112]

Elsholz hatte dank der Vermittlung von Leibniz Butterfields Schrift und vielleicht sogar ein Instrument erhalten. Schon im März 1679 sandte er einen Bericht über die Flugschrift an die Zeitschrift der Academia Naturae Curiosorum, in der dieser 1680 abgedruckt wurde.[113] Elsholz Bemühungen, ein gutes einfaches Mikroskop herzustellen, führten offenbar zu keinem Erfolg, denn er bat Leibniz im September nochmals um ein Mikroskop 'nach der Parisischen Mode'.[114] Wie man sieht, spielte Leibniz, der sich von 1672 bis 1676 als Mainzer Diplomat in Paris aufgehalten hatte, eine nicht unerhebliche Rolle bei der Vermittlung von Nachrichten über die neuen einfachen Mikroskope. Er war von den Erfolgen der Mikroskopiker beeindruckt, besuchte 1689 auf seiner Italienreise Malpighi und korrespondierte 1715, ein Jahr vor seinem Tod, mit Leeuwenhoek. Er hatte die Bedeutung des Mikroskops für die biologische und medizinische Forschung erkannt und bedauerte um die Jahrhundertwende wie Hooke, daß das Mikroskop so wenig mehr eingesetzt werde: *Es sind nicht zehn Personen in der Welt, die sich dieses herrlichsten Instruments zur Untersuchung der natürlichen Geheimnisse bedienen.*[115] Leibniz verbrachte übrigens im April 1688 auf der Suche nach Quellen für den Stammbaum der Braunschweiger Herzöge einige Tage in Augsburg. Im Reisejournal, das vor allem sein Begleiter verfaßte, wurden neben den Münzmeistern, Gold- und Silberschmieden besonders die technischen Besonderheiten von Augsburg erwähnt.[116] Ein Treffen mit dem Optiker Cuno wäre möglich gewesen, scheint aber nicht stattgefunden zu haben. Cuno hätte vermutlich in seinem späteren Buch davon berichtet.

Ein dem Butterfieldschen sehr ähnliches Mikroskop wurde im Mai 1996 bei Christie's in London versteigert und vom Boerhaave Museum in Leiden erwor-

---

[111] Leibniz: Schriften. I.2. S. 419. 29.1./8.2.1679. Elsholz an Leibniz.

[112] Leibniz: Schriften. I.2. S. 462. 5/15.4.1679. Elsholz an Leibniz.

[113] Miscellanea Curiosa Medico-physica 9/10 (1680) S. 280f: *Observatio CXV D. Joh. Sigismundi Elsholtii De Microscopiis Globularibus.*

[114] Leibniz: Schriften. I.2. S. 516 Nr. 510 u. 512. 24.8./3.9.1679 und 7/17.9.1679. Elsholz an Leibniz.

[115] O. Klopp Hg: Leibniz. Werke I. Bd. 6. S. 215; aus Steudel: Leibniz u. die mikroskopische Forschung.

[116] Leibniz: Reise-Journal 1687-88. Faksimilie der Handschrift: Hildesheim 1966.

ben.[117] Diesen Instrumenten gleicht ein Mikroskop von Nicolas Chapotot (tätig ca.1670-1686) aus Paris, das heute in Florenz aufbewahrt wird. Es könnte auch von Chapotots gleichnamigen Sohn stammen, der etwa von 1700 bis 1721 arbeitete.[118] Cunos Gerät Nr.2 von 1685 zeigt eine etwas veränderte Form. Ganz ähnliche Mikroskope stellte der Pariser Instrumentenmacher J.Depouilly (ca 1660-1710) wohl seit Anfang der achziger Jahre und der Londoner Optiker John Marshall her.[119] Wegen der Verzierungen und der mit mehreren Objekten versehenen drehbaren Scheibe werden sie eher als Demonstrations- denn als Arbeitsinstrumente angesehen. Noch heute heißen sie bisweilen 'Cuno-Mikroskope'.[120]

Diese Form des einfachen Mikroskops wurde sehr wahrscheinlich durch Wilhelm Homberg (1652-1715) nach Rom gebracht und dort im August 1685 in der Accademia Fisica Matematica vorgestellt.[121] Homberg ist ein anschauliches Beispiel, wie naturwissenschaftliches Wissen durch Reisen und persönliche Begegnungen in Europa verbreitet wurde. Er wurde in Batavia geboren, wo sein Vater in holländischen Diensten stand. Man liest deshalb auch den Vornamen Willem. 1670 kehrte die Familie nach Europa zurück. Wilhelm studierte in Jena und Leipzig Jura und wurde 1674 Advokat in Magdeburg. Die Bekanntschaft mit Otto von Guericke veranlaßte ihn, seine naturwissenschaftlichen Studien zu vertiefen und in Padua, Bologna und Rom Medizin zu studieren. Ausgedehnte Studienreisen nördlich der Alpen führten ihn nach London zu Boyle und 1682 nach Paris, das er ein Jahr später nach dem Tod seines Gönners Colbert wieder verließ. 1685 folgte ein längerer Aufenthalt in Rom. Wieder in Paris, wurde er Professor an der Sorbonne und Mitglied der Academie Royale (1691). Homberg starb in Paris. Seine größten Verdienste liegen auf chemischem Gebiet.[122] Cuno berichtete in seinen 'Observationes' über eine Unterhaltung mit Homberg, ohne eine Jahreszahl anzugeben.[123] Vermutlich traf Cuno mit Homberg zusammen, als dieser auf der Durch-

---

117 Christie's Auktion: 30.5.1996. Katalog S. 58f.

118 Fournier: Huygens' Design. S. 591-593; G. Turner: Katalog Florenz. S. 30f Nr. 8. Abb. S. 33.

119 Depouilly-Mikroskope z.B. im Science Museum London, in der Billings Collection Washington DC, zwei unsignierte Instrumente in der Sammlung Nachet; Marshall-Instrument in Privatsammlung nach Mitteilung von Herrn Prof. G.L'E. Turner.

120 Bracegirdle: Simple Microscopes. S. 299-302; Katalog der Auktion 'Relics, Photographs, Cameras, Mechanical Music, Barometers and Scientific Instruments' der Firma Bonhams, Chelsea London. 9.11.1995. S. 46: das Depouilly-Mikroskop wurde für 8 200 Pfund verkauft; am 30.9.1997 kam es in eine Auktion bei Sotheby's. Es scheinen keine genauen Lebensdaten von Depouilly bekannt zu sein. Der Katalog von Sotheby's S. 17 nennt Arbeiten von ihm aus den Jahren 1681 bis 1692. Er verkaufte auch Magnete und mechanische Instrumente.

121 Fournier: Huygens' Designs. S. 593f.

122 Grete Ronge in: NDB Bd. 9. S. 585f.; Marie Boas Hall: Wilhelm Homberg. In: DScB Bd. 6. S. 477f.; Kattanek: Guericke-Forschung über Grenzen. S. 102; Studium und Promotion zum Dr.med. in Wittenberg können nicht belegt werden. Dagegen promovierte 1676 Wilhelms Bruder Andreas Homberg in Wittemberg zum Dr. med.: freundliche Mitteilung von Herrn Dr. Hans-Theodor Koch in Merseburg.

123 Cuno: Observationes. S. 8f.

reise in Augsburg Station machte. Nachdem Cuno erst ab Februar 1684 in Augsburg bezeugt ist, muß Hombergs Besuch entweder 1684/5 auf seiner Reise nach Rom oder um 1690 auf der Rückreise nach Paris stattgefunden haben.

In einer Schrift von Carlo di Napoli in Rom 'Nuove inventioni di tubi ottici, Dimostrate nell' Accademia Fisicomatematica Romana l'Anno 1686' ist ein Mikroskop beschrieben und abgebildet, das dem Cuno-Mikroskop vom Typ 2 verblüffend ähnlich sieht. Nach Di Napoli muß es Homberg in der Akademie in Rom präsentiert haben. Es wäre möglich, daß Homberg nicht nur die Pariser Mikroskope bekannt waren, sondern daß er auf der Reise nach Rom in Augsburg Cunos Mikroskope gesehen und vielleicht sogar eines gekauft hatte. Das würde die außerordentliche Ähnlichkeit der beiden Mikroskope erklären. Man nimmt an, daß Carlo di Napoli ein Pseudonym des Direktors der römischen Accademia Fisica Matematica, Giovanni Giustino Ciampini, war. Seine Schrift wurde 1686 in Rom publiziert[124]. Eine weitere Ausgabe erschien ein Jahr später. Ihr war ein Brief vom 7. Dezember 1686 von C.A.Tortoni an den Augsburger Kanonikus (von St. Moritz) Hieronymus Ambrosius Langenmantel (1641-1718) beigefügt.[125] Sie wurde also später gedruckt als Cunos erster Bericht, der spätestens im September 1685 veröffentlicht wurde.[126] Ob Cuno mit Langenmantel Kontakt hatte, ist nicht überliefert.

Erst im Mai 1996 tauchte ein von Cuno signiertes Kästchen im Kunsthandel auf, das ein solches Mikroskop vom Typ 2 und vier Flohgläser enthält. Es war vorher über hundert Jahre in Privatbesitz gewesen. Im Innern des Deckels findet sich auf Marmorpapier in gut erhaltener Goldprägung:

16·C·C·C·A·V·F·92

d.h. "Cosmus Conrad Cuno Augusta Vindelicorum fecit 1692".

Der Griff des Mikroskops wurde aus Elfenbein gedrechselt, ebenso die Linsenfassungen und eine kleine runde Scheibe mit vier verschieden großen Blendenöffnungen (1, 1.8, 2.8, 3.4 mm). Die drei runden Scheiben, Vorder- und Rückseite und Objektrevolver, bestehen aus Holz. Die mittlere Scheibe enthält acht Präparate zwischen Fraueneißplättchen: 1. Mottenschuppen, 2. Holzfaser, 3. Flügel einer Fliege, 4. Flügel einer Wespe [?], 5. nicht identifiziert, 6. Haare, 7. Samenhülsen, 8. Bienenstachel [?]. Durch eine kleine Schraube an der Spitze des

[124] Carlo di Napoli: Nuove inventioni di tubi ottici, Dimostrate nell' Accademia Fisicomatematica Romana l'Anno 1686. S. 7-9 und Tafel: Fig. 11; Mayall S. 1031-1032; Bedini: Italian compound microscopes. S. 397f.; Fournier: Huygens' Designs. S. 593f.

[125] Lettera scritta da D. Carlo Antonio Tortoni Sac. all'Illustriss. Reverendiss. Sig. Il Sig. D. Girolamo Ambrogio de Langenmantel (7.12.1686) Rom 1687; Stadtlexikon 1998 (Geffcken: Langenmantel "vom RR", Hieronymus Ambrosius).

[126] Siehe Kap. II.5.2.

Instruments kann die Entfernung zwischen Vorder- und Objektplatte reguliert und dadurch fokussiert werden. Eine größere Schraube in der Mitte hält den Objektträger an seinem Platz. Das ganze Gerät ist 113 mm lang und hat einen Durchmesser von 49 mm. Neben dem Mikroskop selbst liegen in dem mit Leder gefütterten Unterteil des Kästchens noch drei weitere in Elfenbein gefaßte Okulare zum Einschrauben und ein Elfenbein-Döschen mit drei weiteren Objekten zwischen Gips-plättchen. Die Linsen mit Brennweiten zwischen 3 und 8 mm werden durch einen Messingring in der Fassung gehalten.

Die vier Flohgläser haben einen Durchmesser von 25 mm und eine Höhe von 35 mm. Die kleinen Tuben sind mit Buntpapier bekleidet, die Fassungen sind aus Holz. Die Linsen haben verschiedene Brennweiten von etwa 12 bis 25 mm. Das Kästchen (130 mm x 82 mm x 47 mm) ist mit dunkelbraunem Leder überzogen und trägt auf dem Deckel goldene Prägungen und das interessante Monogramm "E·W·v·T". Vermutlich war es als Geschenk für den sächsischen Arzt und Gelehrten Ehrenfried Walther von Tschirnhaus in Dresden gedacht.[127] Einer Verbindung Cunos mit dem fast gleichaltrigen Tschirnhaus wäre noch nachzugehen. Tschirnhaus hatte in Leiden studiert, reiste viel und experimentierte später mit der Herstellung größerer Glasblöcke. Um 1700 entstanden große Brennspiegel und Linsen für Brenngläser.[128] Das Kästchen mit dem Mikroskop wurde auf der Auktion vom Mathematisch-Physikalischen Salon in Dresden erworben.[129] Es ist die einzige von Cuno signierte Arbeit, die wir kennen (Abb. 18 und 19).

Das Science Museum in London bewahrt ein Mikroskop vom gleichen Typ auf. Es sieht der Figur 2 auf Cunos Flugschrift außerordentlich ähnlich und wurde deshalb dem Augsburger Optiker zugeschrieben, obwohl weder das Instrument noch das Etui signiert ist. Das Instrument, im ganzen 9 cm lang, besteht aus Messing; nur der Griff (2,8 cm) ist aus Holz gedrechselt. Der Durchmesser der Scheibe beträgt 3,5 cm. Der Objektrevolver enthält sechs runde Löcher für Objekte. Zwei Objektscheibchen sind noch vorhanden (Abb. 46 und 47).[130]

Die Instrumente von Georg Friedrich Brander, der 1734 als junger Mann nach Augsburg kam, geben manchen Hinweis, daß Brander von der Augsburger Tradition beeinflußt war: Die Linsenfassungen sind oft aus Holz gedrechselt, wenn er auch später bevorzugt in Metall arbeitete. An kleinen Instrumenten wie den einfachen Mikroskopen verwendete er Elfenbein. Er baute nicht nur Zirkelmikroskope sondern auch den Typ Nr. 2 von Cuno, was ein kleiner Mikroskopkasten bezeugt, der im Besitz des Deutschen Museums in München war, aber leider verloren ging.

---

[127] Persönliche Mitteilung von Herrn Dr. Schillinger, Math. Phys. Salon Dresden.

[128] Schillinger: Brennspiegel und Brenngläser von E.W. von Tschirnhaus; Schillinger: Solare Brenngeräte; siehe auch Kap. III.5.1.

[129] Beschreibung mit Abbildungen in: Christie's Auktion 30.5.1996. Katalog S. 56f.; Sybille Schiller: "Cunos einziges Kleinod" in: Augsburger Allgemeine. Nr. 187. 14.8.1996. S. 27.

[130] Science Museum London Inv. Nr. A 61149. Dem freundlichen Entgegenkommen von Herrn Senior Curator Neil Brown verdanke ich Kenntnis und Fotografien.

Er enthielt zwei einfache Mikroskope. Das eine war den Musschenbroekschen Instrumenten nachgebaut, das andere dem oben beschriebenen Cuno-Mikroskop (Abb. 48).[131] Dieses trug die Signatur *G.F.Brander Ratisb.* [Ratisbona: Regensburg], war demnach ein frühes Werk, denn später verband Brander seinen Namen stets mit 'Augusta Vindelicorum' oder 'Augsburg'. Dieses Gerät könnte ein Hinweis sein, daß er Cuno und seine Mikroskope gekannt hat, was ja naheliegend ist, wofür es sonst jedoch keinen Beleg gibt.

Am 13.12.1996 kam bei Christie's in London ein Brandersches Compendium zum Aufruf, wie es in dieser Form bisher nicht bekannt war. Der Kasten enthält ein einfaches Screw-Barrel-Mikroskop (nach Wilson), das durch ein anschraubbares Rohr zum Mikroskop mit zwei Linsen ergänzt werden kann. Außerdem weist er ein Zirkelmikroskop, verschiedene Linsen und Objektträger sowie ein 'Ochsenauge' auf, mit dem man das Objektiv in verschiedene Richtungen lenken kann. Die Instrumente in diesem Kasten hatte Brander aus vergoldetem Messing und mit Griffen und Zusätzen aus Elfenbein hergestellt (Abb. 50).[132]

Über Cunos mikroskopische Beobachtungen und Zeichnungen wurde bereits im Kapitel II.5.6 berichtet. Cunos Methode, kleine Linsen herzustellen, ähnelte der von Hooke 1665 in seiner Micrographia beschriebenen, der sich auch die Musschenbroeks bedienten.[133] Conrad Beuther notierte nach einem Besuch bei Cuno im Jahr 1642, drei Jahre vor Cunos Tod:

> *Cosmus Conrad Cuno, Excelliert zu machen in Microscopiis simplicibus.*
>
> *Zu denen kleinst microscopium Gläsgen nimmt er Röhrlein von dieser Dicke* (| |) *die er von Nürnberg bekommt, wovon er über dem Licht kleine Kügelgen auf Muschenbroeksche: und Leewenhoeksche Art, doch nicht leicht kleiner als so* (O) *schmiltzt und hernach in eine von ihme besonders beschriebene Capsulam setzet, die gewiß guten Effect haben.*
>
> *Er gestehet doch, daß ihm unter 12 offt kaum eins recht gerathe. Welches er noch mit weitmehrern verdruß unter einem Brennglas, dessen Diameter 17.Zoll und doch fon* [sic] *ziemlicher Convexitaet erfaßt* [?] *habe, so daß er diese letztern Methodam gäntzlich abandoniert.*
>
> *Ein solches Kügellein ohne Capsul läßt er sich regulariter vor 1.fl. bezahlen.*[134]

Wiesel verkaufte um 1625 seine Flohbüchsen um sechs, später um fünf Taler.[135] Für das aus drei Linsen zusammengesetzte Mikroskop, das er im Februar 1650 für den Kurfürsten von Bayern anfertigte, verlangte er 8 Dukaten oder 16 Reichstaler.

---

[131] Clay/Court S. 33 u. 38: Fig. 15; freundliche Mitteilung von Herrn Max Seeberger.

[132] Christie's Auktion. 13.12.1996. Katalog S. 62f.; Das Compendium wurde um £ 38 000 von einem amerikanischen Privatsammler ersteigert.

[133] Christian Gottlieb Hertel: Vollständige Anweisung zum Glass-Schleiffen. Halle 1716; Clercq: Oriental Lamp. S. 116.

[134] SuStBA Beuther-Nachlaß Mappe 7: *Ad Historiam Opticae spectantia* (o.S.).

[135] NSLB Hannover Ms IV 341 S. 855. Widemann an August Fürst zu Anhalt.

Genausoviel kostete das Instrument, das 1652 durch Moriaen an Hevelius geliefert wurde. Hinzu kam noch 1 Reichstaler für *Fracht und Brieflohn*. 1661 ging ein Mikroskop um ca. 9 Taler nach Gotha.[136] Eines der letzten Wieselschen Mikroskope, von dem wir Kunde haben, wurde 1661 in einem Kästchen mitsamt den aufgeleimten Objekten, einem Verzeichnis dieser Objekte und der Gebrauchsanweisung (*Unterricht*) um 24 Reichstaler nach Wolfenbüttel verkauft.[137]

Monconys bezahlte drei Jahre später 12 Taler an Depiere. In seinem Verzeichnis von 1674 bot Wiesels Schwiegersohn verschiedene Instrumente an: Mikroskope mit drei Linsen für 10 bis 14 Taler, solche mit zwei Linsen für 6 bis 7 Taler, einfache Mikroskope mit nur einer Linse für 4 bis 5 Taler. Kleine Mikroskope mit schwacher Vergrößerung gab es schon für 1 bis 3 Taler. Depiere war demnach gegenüber Wiesel billiger geworden. Einerseits hatten sich die Herstellungskosten verbilligt, andererseits waren die Preise allgemein gesunken.

Von Cunos Instrumenten kennen wir allein Beuthers Angabe, daß eine kleine Mikroskoplinse um 1740 1 Gulden oder 60 Kreuzer kostete. Das war weniger als ein Taler (1 Reichstaler hatte 90 Kreuzer).

Die gedruckten Kataloge von Brander und Höschel nennen keine Preise, weil sie längere Zeit gültig bleiben sollten. Einem Brief an Johann Friedrich von Uffenbach vom 7. Juni 1753 lag eine Liste mit Preisen bei. Darin sind einige zusammengesetzte Mikroskope notiert, jetzt allerdings mit Mikrometer und Beleuchtungsspiegeln versehen, vermutlich zumindest teilweise aus Messing gearbeitet, zu Preisen zwischen 40 und 60 Gulden.[138]

---

136 Thür.StaatsA Gotha Friedensteinsche Cammer Rechnungen 1660/61. fol. 236r. Nr. 1477. 6.5.1661: Mikroskop von Wiesel kam in die Kunstkammer auf Schloß Friedenstein in Gotha um 13 fl. 15 gr. [Groschen?].

137 HAB 84 Novi fol. 25r-26v. 14/24.2.61. Anckel an Hzg. August; HAB 84 Novi fol. 27r. [14.]24.2.61. Wiesel an Anckel.

138 Brachner: Brander S. 319 u. 341f.

5. Andere optische Instrumente

5.1 Brenngeräte und Laternen

Brennspiegel und Brenngläser

Über Brennspiegel bzw. Brenngläser ist in den ersten Briefen zwischen Widemann, Wiesel und August Fürst zu Anhalt und später in Depieres Korrespondenz die Rede. Es ist anzunehmen, daß die Brenngeräte ständig in der Produktion der Wieselschen Werkstatt enthalten waren. Wiesels erste *Brennspiegel* waren wohl keine Spiegel im heutigen Sinn. Sie bestanden nicht aus verspiegeltem Glas, sondern aus Metall. Wie schon bei den Brillen und Fernrohren besprochen, konnte im damaligen Sprachgebrauch das Wort *Spiegel* sowohl Spiegel als auch Linse bedeuten. Als Brenngeräte wurden auch Linsen aus Glas verwendet. Da aber im 17. Jahrhundert die Herstellung von Linsen mit großem Durchmesser noch Schwierigkeiten bereitete, wurden Metallspiegel bevorzugt, weil mit ihnen eine höhere Temperatur (Brennleistung) erreicht werden konnte. Andererseits bot die Linse den Vorteil, daß sich die Lichtquelle und das Brenngut nicht auf derselben Seite des optischen Geräts befinden mußten wie beim Spiegel. Depiere führte 1674 in seinem Verzeichnis sowohl *Glaß Proportional-Spiegel*, womit man *durch Hilff der Sonnen das Holtz und andere Ding anzünden* könnte (Nr. 28), *Vergröß-Gläser*, die man auch als Brennglas verwenden konnte (Nr. 29), als auch *allerhand Metallen Spieglen* (Nr. 33).[1]

Daß die Brennspiegel 1625 und danach im Briefwechsel mit August Fürst zu Anhalt eine große Rolle spielten, mag mit der Vorliebe dieses Fürsten für die Alchemie zusammenhängen. Brennspiegel und Brenngläser wurden für Experimente benützt, da man durch das Zusammenführen der Sonnenstrahlen auf eine kleine Fläche schon relativ hohe Temperaturen erreichen konnte, höhere als mit Kohle- oder Holzfeuer. Blei (Schmelzpunkt 327° C) und Silber (Schmelzpunkt 960° C) konnten beispielsweise problemlos geschmolzen werden. Ende des 17. Jahrhunderts gelang es E.W. von Tschirnhaus Temperaturen bis zu 1500° zu erreichen.

---

[1] Depiere Verzeichnis S. 19-21.

Es sind schon aus der Antike Erzählungen über Brennspiegel bekannt, zum Beispiel die berühmte Geschichte von Archimedes, der bei der Belagerung von Syrakus im Jahre 212 v. Chr. durch Brennspiegel römische Schiffe in Brand gesetzt haben soll. Gerade sie aber gehört ins Reich der Phantasie. Als Brenngeräte dienten im Altertum kugel- oder linsenförmig geschliffene Bergkristalle oder mit Wasser gefüllte Glaskugeln, aber auch bereits ausgehöhlte, konkav geschliffene Spiegel. Aus arabischen Schriften des 10. bis 13. Jahrhunderts sind Hinweise auf Brennspiegel bekannt. Die Araber erkannten, daß parabolische Spiegel eine größere Wirkung erzielten als sphärische (kugelförmige). Man setzte Brennspiegel auch aus vielen kleinen ebenen Spiegeln zusammen. Als Metall wurde Bronze, das Arsen enthielt, verwendet. Dieses konnte leicht gehärtet und poliert werden, was wichtig war, um eine gute Reflexion der Lichtstrahlen zu erreichen. Roger Bacon (1214-1292) beschäftigte sich mit der Theorie der Brenngeräte, später Johannes Regiomontan und Leonardo da Vinci. Als das Experiment in den Naturwissenschaften im 16. und 17. Jahrhundert eine immer größere Rolle spielte, nahm die Verwendung der Brenngeräte zu. Weil man Metallspiegel mit größerem Durchmesser herstellen konnte als Linsen aus Glas, konnte man mit ihnen höhere Temperaturen erreichen. Die erzielte Temperatur war abhängig vom Durchmesser des Geräts, vom Schliff, der Politur und der guten Bündelung der Lichtstrahlen auf einer möglichst kleinen Fläche. Im 17. Jahrhundert wurde der Brennspiegel in verschiedenen Schriften zur Optik behandelt, z.B. von Athanasius Kircher. Genauere Beschreibungen sind von François Villette (1621-1698) in Lyon bekannt. Einige seiner Metallspiegel sind noch erhalten.[2] Manfred Septala in Mailand gelang es, einen sphärischen Spiegel mit einem Durchmesser von etwa 106 cm und einer Brennweite von 4,90 m herzustellen (Brennraumdurchmesser von 7,5 cm). Etwas später versuchte sich Ehrenfried Walther von Tschirnhaus in Sachsen an Metallspiegeln. Vor 1682 schuf er seinen ersten Brennspiegel aus Kupfer. Er wurde auf einem Holzgestell befestigt. Die konkave Seite der Spiegel wurde mit Stahl poliert. Die Tätigkeit von Tschirnhaus setzte also etwa im Todesjahr von Depiere ein. Wesentliche Erfolge in der Herstellung von größeren Glasblöcken und somit von größeren Brenngläsern erzielte Tschirnhaus gegen Ende des Jahrhunderts.[3]

Man sieht aus diesem historischen Rückblick, daß Wiesel auch mit der Herstellung von Brenngeräten ein Gebiet betrat, das sich voll in der Entwicklung befand. Aus den Briefen Widemanns und Wiesels an den Fürsten zu Anhalt ist zu entnehmen, daß Wiesel um das Jahr 1625 Spiegel anbot, die einen ganzen Scheiterhaufen entzünden sollten (*Speculum Ustorium*). Es wurden verschiedene Grö-

---

2 Z.B. im Astronomie- und Technikmuseum Orangerie in Kassel.

3 Diese Ausführungen zur Geschichte und Funktion der Brenngeräte sind den Abhandlungen des Mathematisch-Physikalischen Salons in Dresden entnommen: Klaus Schillinger: Brennspiegel und Brenngläser von Ehrenfried Walther von Tschirnhaus'; Schillinger: Solare Brenngeräte.

ßen hergestellt, sie kosteten nicht weniger als einige hundert Taler, eine immense Summe. Aber Fürst August hatte Verständnis dafür, denn die Brennspiegel mußten sehr genau zentriert werden. Er besaß bereits einen konkaven Spiegel mit einem Durchmesser von einer 3/4 Elle (ca. 42 cm),[4] der fast auf 8 Schuh (ca. 2,4 m) weit zündete. Wiesel gab einen Durchmesser bis zu 3 Schuh (ca. 90 cm) an und eine Brennweite bis zu 1000 Schritt (mehr als 300 m ?). Dann aber fragte der Fürst, *ob er Im getrauet aines Dreyers braitt in die Runde ain brennglesel oder Ustorium* [,] *so von oben hinein zündete auff aines fingers lang oder halbes fingers lang* zu machen. Damit muß er nun wirklich eine Linse gemeint haben, wo das Licht von oben hindurch scheint und zündet. Wiesel gab zu bedenken, daß das Glas, weil es so klein sein sollte, nicht so schnell zünden würde.

Texte aus dem Briefwechsel von Karl Widemann (an die heutige Schreibweise angeglichen; Originale im Anhang A.1 und A.3)
1625:

> *Einen Spiegel kann er* [Wiesel] *zubereiten, dadurch man durch Hilfe der Sonne alsobald einen hölzernen Turm oder ganzen Scheiterhaufen kann anzünden.* [S. 850]

Februar 1625, August Fürst zu Anhalt (AFzA):

> *Ein concavum ist vorhanden so einen Durchmesser von 3/4 der Ellen hat. Der zündet fast auf 8 Schuh weit.* [S. 851]

März 1625, Wiesel: (Verzeichnis ... Meiner Arbeitt)

> *3. Brennspiegel: Neben vielen andern wunderlichen Brennspiegeln, Als Speculum Ustorium. Welcher gar in die Ferne nach gewisser Distanz brenne. Welcher ein großes Geld kostet.* [S. 852]

25. März 1625, AFzA:

> *Die Concavitet des Brennspiegels muß sehr genau aufs Zentrum gehen und groß sein, das machet die Kosten.* [S. 854]

30. April 1625, Wiesel:

> *Was erstlich anlangen tut die specula parabolica (oder parabilia) oder speculum Ustorium, werden solche unterschiedlicher Größe und Länge gemacht, teils von einem, zwei und bis in drei Schuh gemacht, Welche man auf gewisse Weite von 100, 200, 300, 400, 500 ja bis in 1000 Schritt die BrennLinien oder Punkten richten kann: Denn je größer der Spiegel und weiter der runde Winkel ist, je weiter der Punkt brennen tut. und kann der kleinste hierunter nicht unter 500 Talern gemacht werden.* [S. 855]

---

[4] Sächsische Elle 56 cm (Schillinger); Augsburger Elle: kleine oder Barchentelle 58,65 cm; große oder Krämerelle 60,64 cm; Stadtlexikon 1985 und 1998 (Lengle: Maße und Gewichte); Rainer Beck gibt 59,24 cm (2 Schuh) bzw. 60,95 cm an.

7. Juni 1625 AFzA:

Wisel wäre zu vermelden ob er sich getrauet eines Dreiers breit in die Runde ein BrennGläsel oder Ustorium so von oben hinein zündete auf eines fingers lang oder halben fingers lang oder ob ein solch Keilchen .∇. zu formieren, welches so fern brennete, und etwa als ein Pfennig wie sonsten ein gemein Ustorium ein Canterium könnte machen, oder brennen: N: Ich setze, man sollte einen .Δ. Kegel haben, und ins freie Feld setzen, Mitt einem verborgenen Röhrlein angefüllt, mit einem Schlagsalz, und dies Ustorium darein stecken oder darauf legen, sobald sollte sichs zünden wann die Sonne heiß schiene, so bedürfte man keiner Lunten. [S. 857]

16. Juli 1625 Wiesel:

Den Kegel Brennspiegel anlangend ob derselbe nicht eines Dreiers breit in der Runden oben. Und auf ein halben oder ganzen Finger lang in dem Puncten oder Spitzen anzündet gemacht werden könne. Sag Ich hierauf da dann solche alle groß oder klein aus einer Linie erwachsen. Allein ist zu besorgen, weil das Stücklein an Ihm selbsten gar klein, die radii Solares nicht haufenweis und in der langen Schärfen zu fallen können, nicht so geschwind anzünden wird. denn je größer das Stuck je länger Linie [?] *und geschwinder zünden.* [S. 857-858]

21. Juli 1625 AFzA:

Der Wiesel hat gar wohl indicirt, hoffe auch werde mit einem Usterio können aufkommen. das stets auf dem Löchlein liege wenns allein zündet. die specula können so lang nicht stette [ruhig] *gehaldtten werden als dieses erfordert, denn die Radii müssen unverhindert einfallen.* [S. 858]

13. August 1625 Wiesel:

dies runde Glas (notetur) brennt und zündet auch an auf einen Spann oder anderthalb. Solis Lunten Pulver und anders. Nach dem es in Tieffe Scheiben geschnitten ist. [S. 859]

28. August 1625 AFzA:

Ich dann gern sehe [, daß] *mit dem Instrumentlein so man könnt auf ein Röhrlein setzen*[?]. *und was im Röhrlein oder .2. oder 3. Finger quer darunder zündet, ein Versuch getan würde: die andern Ustoria muß man stettig movieren* [bewegen]. *Dieses müßte immobile sein.* [S. 859]

1630 schickte Widemann an Herzog August d.J. von Braunschweig-Lüneburg ein Verzeichnis von Wiesel. Darin liest man vom *Brennspiegel, welcher gar in die ferne nach gewiser distanz brendt, kostet ein großes geld, etlich 100 Thaler.*[5] Zeiller meldete 1655 in seinem Handbuch, *Herr Johann Wiesel, weitberümter Opticus in Augspurg hat folgende Optische werck ausgefertiget, als von Metall,*

[5] HAB Wolfenbüttel Bibliotheksarchiv: Widemann-Briefe; Anhang A.1 Nr. II.

underschiedliche Spiegel gegossen.[6] In Depieres Verzeichnis beziehen sich die Nummern 28, 29 und 33 auf Brenngeräte und auf Seite 21 werden die Brennspiegel nochmals genannt. Der volle Text findet sich im Anhang A.1.

Laternen und Scheinwerfer

Aus Depieres Verzeichnis geht hervor, daß Hohlspiegel sowohl als Brenngeräte als auch als Laternen und Scheinwerfer Verwendung fanden. Laternen treffen wir schon im 16. Jahrhundert an. Nur ganz wenige haben sich erhalten. Im Kunstgewerbemuseum in Berlin steht eine in einen Schirm aus vergoldetem Messing eingelassene Linse mit einem Durchmesser von etwa 10 cm. Diese Lampe sieht aus wie ein kleiner Ofenschirm mit je zwei Seitenteilen. Hinter der Linse befindet sich eine Öllampe. Dahinter ist ein Hohlspiegel aus Metall befestigt. Das von der Öllampe ausgehende Licht, das durch die Linse scheint, wird durch die am rückwärtigen Spiegel reflektierten Strahlen verstärkt. Eine ganz ähnliche Lampe befand sich im Mathematischen Salon in Dresden. Sie ging im letzten Krieg verloren.[7] Engelmann meinte, diese Lampen seien als Hausgeräte zur Beleuchtung eines Zimmers benützt worden und würden wohl aus Süddeutschland stammen.[8]

In einem Verzeichnis, das 1668 von der Kunstkammer des Straßburger Handelsmanns Künast gedruckt wurde, kommen solche Spiegel vor:

> *Ein großer stählener Feurspiegel, so bey der Nacht mit einem Liecht davor gehalten, gar weit leuchtet, und alles sehr vergrössert; ... dito ein kleiner, so mit einem darvor gestellten brennenden Licht sehr weit leuchtet, auch einen kleinen Truck zu lesen.*[9]

Wiesels Laternen wurden nach einem ähnlichen Prinzip gebaut. Im Juli 1637 hatte Hainhofer den dänischen Gesandten, den Reichsgrafen Christian von Pentz, zu Wiesel gebracht. Dieser bestellte Vergrößerungsgläser zum Lesen (Lupen oder Brillen), und eine Schiffslaterne, *die ain groses liecht in die weittin würft*, wofür er Wiesel 300 Reichstaler zahlte. Diese Summe war der Jahreslohn eines "wohlbezahlten Schiffsbaumeisters" in Dänemark.[10] Später berichtete Hainhofer:

---

6 Zeiller: Handbuch 1655. S. 346.

7 Mitteilung Dr. K. Schillinger. Mathematisch-Physikalischer Salon, Dresden.

8 Engelmann S. 45-47 mit Abbildung der Dresdner Lampe. Eingraviert im Schirm der Berliner Lampe: 'J G', wohl die Initialen des Goldschmieds.

9 Künast 1668 o.S.

10 NSAW 1 Alt 22 Nr. 177n fol. 48v u. 51r. 6./16.7.1637 und 13/23.7.1637. Hainhofer an Hzg. August (Gobiet 1214 u. 1215); Brief von Herrn Direktor Mogens Bencard vom 9.2.1999.

Er [Wiesel] *hatt dem König in Dennemk:* [Dänemark] *eine latern auf ein schiff zu steckhen gemacht, dass man auf 10. und noch vil mehr meil wegs das liecht bey der nacht sehen, und andere schiff darnach fahren khönden.*[11]

Es war nicht möglich, in einem der großen maritimen Museen (Amsterdam, Bremen, Greenwich, Stockholm) eine solche Laterne zu finden. Schiffslaternen aus dem 17. Jahrhundert sind dort heute unbekannt. Erst 1998 wurde Wiesels Laterne in Schloß Rosenborg in Kopenhagen entdeckt. Sie war nach Christian IV. Tod in die Kunstkammer gegeben worden und nach deren Auflösung (1824) in die Ausstellungsräume von Schloß Rosenborg gelangt. Auf der Rückseite der runden Messingdose ist das Monogramm von Christian IV. mit der Krone eingraviert. Zwischen Linse und flachem versilbertem Konkavspiegel aus Metall lieferte eine Kerze, die man hochschieben konnte, das Licht (Abb. 14 u. 29).[12] In Deneckes 'Lehrgebäude der ganzen Optik' sind auf Tafel 87 zwei ganz ähnliche 'Wurf- oder Blendlaternen' abgebildet. Im zugehörigen Text zitiert der Autor die Schrift von Johann Georg Leutmann aus dem Jahr 1738. In Zeillers Handbuch ist zu lesen, daß man mit Wiesels

Metall-Spiegel bey der finstersten Nacht / auff eine grosse Weite / einen solchen breiten Schein werfen kan/ daß man einen Druck darbey lesen / vnd einer gantzen Compagnia darmit in einem Marsch, zünden / vnnd fortleuchten mag.[13]

Als Martin Fogel im August 1662 nach Augsburg kam und die Wieselsche Werkstatt kurz nach dem Tod des Meisters besuchte, erwähnte er unter den ausgestellten Objekten auch parabolische Spiegel.[14] Depiere lieferte 1668 zwei Metallspiegel nach Salzburg, die als Scheinwerfer dienen konnten. Am 4.11.1677 schrieb er an Hevelius:

In Methallischen Spiegeln thut dieser [hyperbolisch] *und wie auch die Parabol gar viel, dan ich vor 9 Jahren einen solchen Parabolischen Spiegel auß Metal hab gefertiget. Sein diameter war von 2 Schuh 4 Zoll* [Durchmesser etwa 70 cm], *darmit hab ich bey Nachts auf 400 Schritt* [120 m] *einen Schein geworfen, daß ein gantz Compagnie Reuter überleucht und am selben Ohrt einen Brief zu lesen von dem Schein, dieser Spiegel und noch ein kleiner hat bekommen der vorige Fürst in Salzburg.*[15]

1677 regierte Max Gandolf Graf Kuenberg (1668 bis 1687). Sein Vorgänger war Fürsterzbischof Guidobald Graf Thun, der von 1654 bis 1668 regierte. Während des Reichstags 1653/54, als Wiesel dem Kaiser seine Instrumente brachte, war Thun Bischof von Regensburg und kaiserlicher Principal Commissarius gewesen.

---

11 HAB 17.29 Aug.4° fol. 178v. 15/25.9.1642. Hainhofer an Johann Valentin Andreae.
12 Beschreibung siehe Anhang A 2 Nr. 1 Verzeichnis der Instrumente.
13 Zeiller: Handbuch 1655 S. 346.
14 NSLB Hannover Ms VI 618ᵃ: Reisebericht des Fogelius 1662/3.
15 BNP Man. lat. 10348 t. 12 S. 374. 4.11.1677. Depiere an Hevel.

Leider war weder im Archiv noch im Museum in Salzburg eine Spur von Depieres Spiegeln zu entdecken.[16]

5.2 Die Camera obscura

Erklärung

Die Camera obscura (die "dunkle Kammer") war neben der Brille das erste optische Gerät, mit dem es möglich war, das menschliche Sehen zu erweitern. Mit Brillengläsern konnte man angeborene oder erworbene Fehler der Augenlinse korrigieren oder die Linsen als schwache Vergrößerungsgläser verwenden. Mit Hilfe der Camera obscura konnte man Bilder der Außenwelt in ein Zimmer oder auf ein Zeichenblatt projizieren: *Hereinziehen* nannte es Wiesel.

Tritt man in einen völlig dunklen Raum, in dessen Wand an einer Stelle ein kleines Loch gebohrt ist, so kann man nach einiger Zeit, nachdem sich die Augen an die Dunkelheit gewöhnt haben, an der gegenüberliegenden Wand ein schwaches Bild der Außenwelt erkennen, das allerdings auf dem Kopf steht. Es handelt sich um einen einfachen strahlenoptischen Vorgang. Je größer die Öffnung ist, umso heller wird das Bild, aber auch entsprechend weniger scharf, weil ein Originalpunkt auf ein größeres Flächenstück abgebildet wird. Verkleinert man die Kammer zur kleinen Kiste, entsteht eine sogenannte 'Lochkamera'. Wird als Rückwand eine Mattscheibe benützt, erhält man dort ein auf dem Kopf stehendes und seitenverkehrtes Bild. Wechselt man die Mattscheibe gegen eine fotografische Platte, so kann man bei entsprechend langer Belichtungszeit bemerkenswert gute Bilder bekommen.

Man kann dieses Schauspiel auch beobachten, wenn die Sonne durch eine kleine Öffnung beliebiger Form, etwa ein Schlüsselloch oder eine Rolladenritze, in ein dunkles Zimmer scheint. Auf der gegenüberliegenden Wand oder einem Blatt Papier wird sie als Scheibchen abgebildet, das umso größer aber auch unschärfer wird, je weiter das Bild von der Öffnung entfernt ist. Ein ähnliches Phänomen können wir in der Natur beobachten, wenn die Sonne durch das Blätterdach der Bäume scheint und auf dem Boden infolge der Lücken zwischen den Blättern in Form von vielen runden Scheibchen abgebildet wird. Schon Aristoteles kannte die

[16] Herrn Magister Peter Husty, der mir im Salzburger Museum Carolino Augusteum tatkräftig bei der Suche half, sei herzlicher Dank gesagt.

heute 'Sonnentaler' genannten Erscheinungen.[17] Sogar große Sonnenflecken sind in den 'Sonnentalern' erkennbar. Wird die Sonne bei einer partiellen Sonnenfinsternis durch den Mond teilweise bedeckt, so erhält man statt des Kreises die entsprechende Gestalt.

Setzt man eine Sammellinse in das Loch der Camera obscura ein, kann die Öffnung vergrößert werden, wodurch eine höhere Lichtstärke erzielt wird. Die Bildweite, der Abstand Linse – Bildebene, ist nach den Linsengesetzen festgelegt und kann durch die Maße der gewählten Linse verändert werden. Bei weit entfernten Objekten liegt das Bild in der Brennebene der Linse, d.h. die Bildweite entspricht der Brennweite. Bringt man einen Spiegel in den Strahlengang, kann man das Bild aufrichten und dorthin dirigieren, wohin man es haben will.

Zur Geschichte

Das Phänomen der Camera obscura war schon in der Antike bei Chinesen und Griechen bekannt. 1038 beschrieb der arabische Gelehrte Ibn al Haitam, genannt Alhazen (963-1039), ihre Anwendung in seiner Schrift 'Über die Gestalt der Finsternis'. Roger Bacon und Leonardo da Vinci beschäftigten sich mit der schwarzen Kammer. Der niederländische Gelehrte Reinerus Gemma Frisius (1508-1555) veröffentlichte wohl zum ersten Mal die Illustration einer Camera obscura zur Beobachtung der Sonnenfinsternis am 24. Januar 1544 in Löwen.[18] 1550 schlug Girolamo Cardano (1501-1576), Professor der Mathematik in Mailand, vor, ein Glas in das Loch einzusetzen. 1569 beschrieb der Venezianer Daniele Barbaro in 'La pratica della perspettiva', wie er eine Linse einfügte und diese bis auf ein kleines Loch abblendete. Schließlich brachte Giovanni Battista della Porta in Neapel in der zweiten Auflage seines Buchs 'Magiae Naturalis libri XX' 1589 eine ausführliche Erklärung und Beschreibung des Geräts. Er benützte bereits Spiegel zum Aufrichten des Bildes. Seitdem fand die Camera obscura weite Verbreitung in Europa und wurde wiederholt zur Beobachtung der Sonne benützt, etwa bei Finsternissen oder beim Durchgang von Planeten vor der Sonne. Um 1600 entstand eine tragbare Form.[19] Johann Kepler benützte 1605 in Prag eine Camera obscura in einem Zelt um eine Sonnenfinsternis zu beobachten.[20]

Durch Daniel Schwenter, Professor in Altdorf, wurde 1636 das sogenannte 'Ochsenauge' (scioptric ball) bekannt, ein Kugelgelenk in einem Holzbrett, das

[17] Schlichting: Sonnentaler fallen nicht vom Himmel; ders.: Sonnentaler – Abbilder der Sonne.

[18] Abbildung in Langkavel S. 414.

[19] Baier: Quellendarstellungen. S. 6-15; Hammond; Beez: Kino aus Uromas Zeiten Teil 1.

[20] Kepler: Gesammelte Werke Bd. 11/2. München 1993. S. 524. Anmerkung 338/31. (2/12.10.1605 Beobachtung zusammen mit Gesandten des Fürstentums Pfalz-Neuburg im Lusthaus des kaiserlichen Gartens).

man z.B. in einen Fensterladen oder in eine Wand einsetzen konnte. Verband man dieses Ochsenauge mit Linsen und Spiegeln, so konnte man die Außenwelt unter verschiedenen Blickwinkeln in das Zimmer projizieren oder man konnte dem Lauf der Sonne folgen, indem man das Gelenk nachführte. Daraus wurde das sogenannte Sonnenmikroskop entwickelt.[21] In vielen Büchern über die optischen Instrumente finden sich fortan Abbildungen der Camera obscura. Kleine tragbare Formen beschrieben die Würzburger Kleriker Kaspar Schott 1657 in 'Magia Universalis' und Johannes Zahn 1685 in 'Oculus artificialis'. Johann Daniel Major (1634-1693), Professor der Medizin an der Universität Kiel, Mitglied der Leopoldina und Freund von Philipp Jacob Sachs von Löwenheim, besaß 1670 eine solche tragbare Camera obscura, die er im Rahmen seines Medizinerkollegs (Collegium Medico-Curiosi) als Lehrmittel einsetzte, indem er mit ihrer Hilfe akkurate Zeichnungen anfertigen ließ.[22]

Die Herstellung in Augsburg

In der optischen Werkstatt von Johann Wiesel gehörte die Camera obscura immer zum Programm, wenn auch dieser Name zu Beginn noch nicht auftauchte. Im Februar 1625, im ersten uns bekannten Bericht Wiesels ist von einem Spiegel die Rede: *Ain Spiegel preparieren dadurch In verschloßner stuben oder cammer alles zue sehen was auf der gassen geschihtt.*[23] Weil damals 'Spiegel' sowohl Linse als auch Spiegel in unserem heutigen Sinn bedeuten konnte, ist nicht zu entscheiden, ob es sich um eine Camera obscura oder um ein Polemoscopium handelte. Im zweiten Verzeichnis, das Wiesel einen Monat später, im März 1625, nach Plötzkau schickte, kam aber ganz eindeutig eine Camera obscura vor: 'Landschaftsspiegel' nannte Wiesel das Gerät. Dieser Name, ebenso wie die Beschreibung deuten auf die Benutzung durch Zeichner und Maler:

> *Item so mache Ich auch Landtschafttspiegel die auf 1 ganze Maill einen Thurm und anders herein ziehen, und dasselbe nit allain under sich, sondern auch über sich gekertt mag sehen, Ja sogar nach der Perspectiv abreissen kann, Welches nicht ohne verwunderung zu sehen.*[24]

---

21 Schwenter 1636, S. 255; Brachner: Brander S. 236-240; Christie's Auktion 13.12.1996. Katalog S. 62f.: Ein Mikroskop-Kasten von Brander, der ein Ochsenauge enthält. In der englischen Literatur findet sich sowohl die Bezeichnung scioptic als auch scioptric ball (Abb. 50).

22 Steckner S. 614.

23 NSLB Hannover Ms IV 341 S. 850. Februar 1625. Widemann an AFzA: Nr. 7 der Liste im Anhang A.1 Nr. I a.

24 NSLB Hannover Ms IV 341 S. 852. März 1625. Wiesel an AFzA: Nr. 2 der Liste A.1 Nr. I b.

Das Bild wurde *über sich gekehrt*, d.h. aufrecht, wiedergegeben. Die Künstlerin oder der Künstler konnte es *nach der Perspectiv abreissen*, d.h. abzeichnen. Diese Camera obscura enthielt demnach einen Spiegel. Im April 1625 gab Wiesel den Preis mit zwölf Talern an.[25] Fünf Jahre später, im Verzeichnis, das Widemann 1630 an Herzog August d.J. sandte, erschien der Text unverändert, der Preis war gleich geblieben.[26]

In den Briefen an August Fürst zu Anhalt kommt später nochmals eine Beschreibung vor:

Copia Schreibens Hansen Wisels ahn I.f.gn.
AfzA vom 22.7ber anno 1628

berichte also hierauff

aa. daß Ich einen modum erfunden, die Landschafften in ain Zimmer sehr groß zu reflectieren u. fürzustellen. Welcher Spiegel seinen conum In der Lengge von 11 und in 12. Spannen sehr groß centralisch ausstreuet

bb. Verner so hab Ich auch ain grossen Proportionalspiegel zue den speciebus mitt welchem Ich dise grosse umbgekerte Zerstreuung des Landschaftspiegel gar schon lustig und gerad aufsteendt an ain gegenübersteende weiß wandtt oder ainer großen Taffel Pappier zum Abreißen oder Mahlen werffen kan, so sehr nützlich.

Diese beiden grossen Stugk so beisammen sein müessen, Ist der nechste [billigste] *kauff 30 Taler.*[27]

Vielleicht gehörten die in Nürnberg aufbewahrten, von Wiesel signierten restlichen Teile eines Geräts zu einer Camera obscura, worauf auch die Schwärzung des Holzteils auf der Innenseite hindeuten könnte (Abb. 36 und 37).[28] Einige Abbildungen bei Zahn zeigen optische Kästen mit ähnlich langen Rohren.[29]

Im Verzeichnis von Depiere von 1674 findet man die Camera obscura unter ihrem noch heute üblichen Namen und in verschiedener Ausführung:

Nr. 20. Gläser zu der Camera obscura, von unterschiedlicher Läng oder Distans, zeigt das Object unters über sich, aber mit allen ihren Farben, gar deutlich, daß ein Kunstmahler nicht nach machen kan, es können auch mit Hilff eines Spiegels die Objecta aufrecht gestellt werden, per 2.3.4.Thaler.

Nr. 21. Ein Species Tubi, welches die Species in einem finstern Gemach aufrecht darstellt, per 10.Thaler. So mach ich auch daß die Species in einer hellen Stuben unders über sich, wie auch aufrecht bey hellen Sonnenschein mit Lust mögen gesehen werden.

---

25 NSLB Hannover Ms IV 341 S. 855. 20/30.4.1625. Wiesel an AFzA; Anhang A.1 Nr. I c.
26 HAB Bibliotheksarchiv, Widemann-Briefe. 1630; Anhang A.1 Nr. I c.
27 NSLB Hannover Ms IV 341 S. 864. 22.9.1628. Wiesel an AFzA; Anhang A.3 Nr. 18.
28 Siehe Anhang A.2 Nr. 4.
29 Zahn 1685 z.B. Fundamentum I. S. 176, III. S. 270; Abb. auch in Hammond S. 38.

Die Camera obscura und die Künstler

Trotz des hohen Preises (12 Taler bei Wiesel, 10 Taler bei Depiere) wird sich mancher Maler des Instruments bedient haben. Die perspektivische Ansicht einer Landschaft, einer Stadt, von Gebäuden oder von einem Innenraum richtig zu zeichnen, war eine schwierige Aufgabe, womit sich Künstler, Architekten und Wissenschaftler schon lange beschäftigten. Der italienische Schriftsteller und Theologe Tomaso Garzoni schrieb 1585 in seinem Buch 'Piazza universale':

> *Die Perspectiva oder Optica hat eine ziemliche nahe Verwandtschafft und Gemeinschafft mit der Geometria ... und weiter: Es begreiffet die Scientia Perspectiva alle diese Ding in sich, nemlich das Liecht, die Farbe, den Schatten, die Distanz, wie weit ein Ding von dem andern abgelegen.*[30]

Dieses Zitat ist wieder ein Beispiel dafür, daß vor Erfindung der optischen Instrumente das Wort Optica synonym mit Perspectiva verwendet wurde.

Einige Künstler hatten sich mechanische Hilfsmittel gebaut. Am bekanntesten ist wohl Dürers Holzschnitt vom Zeichnen einer Laute aus seiner Perspektivlehre.[31] Unter anderen entwickelte Johann Faulhaber, Mathematiker und Ingenieur in Ulm, einen 'Perspektivtisch'.[32] Der Jesuit Jean Baptiste Dubreuil zeigte 1642 in seiner 'Perspective pratique', wie man sich mit einem in einen Rahmen gespannten Netz aus senkrechten und waagrechten Fäden helfen könnte, eine Methode, die auch Dürer schon angewandt hatte.[33] Nun hatte die Optik den Künstlern mit der Camera obscura ein effizientes Gerät an die Hand gegeben. Der Nachweis, daß ein Maler sie benützt hat, ist allerdings schwer zu führen. Vermeer Van Delft (1632-1675) soll sich ihrer bedient haben, obwohl neuere Untersuchungen eher dagegen sprechen. Antonio Canaletto (1697-1768) und sein Neffe Bernardo Bellotto (1720-1780), der sich ebenfalls Canaletto nannte, sind zwei Maler, die mit hoher Wahrscheinlichkeit die Camera obscura als Hilfsmittel gebrauchten.[34]

Da Wiesel den Gebrauch zum Abzeichnen betonte, muß diese Verwendung auch unter Augsburger Künstlern sehr verbreitet gewesen sein. In Beuthers Nachlaß fand sich folgende Bemerkung aus dem Jahr 1747: *In der Straßburgischen Bibel verlegt von Lazarus Zehmers Erben 1630 groß fol. befinden sich viele Kupfer, zumahl Prospecte von Merian; die meisten sind artige Landschaften, welche der Künstler mit Hülfe der Camerae Obscurae nach der Natur gezeichnet ha-*

30 Garzoni 1585; dt. Übs. 1619. S. 232 u. 235.

31 Dürer: Underweysung 1525; May: Die Kunstfertigkeit der Perspektive.

32 Hawlitschek S. 141-145. Abb. 38.

33 Jean Baptiste Dubreuil: La perspective pratique, nécessaire à tous peintres, graveurs etc. Paris 1642. Dt. Übs. von Johann Christoph Rembold. Augsburg 1710.

34 Kemp; Mills: Vermeer.

ben solle. Viele von diesen Kupferstichen wählte Beuther aus, um sie von einem Miniaturmaler auf Glasscheibchen für die Laterna magica abmalen zu lassen.[35]

Um 1750 schuf der Augsburger Maler Johann Jakob Haid (1704-1767) eine Folge von Künstlerbildnissen, alle in allegorischen Rahmungen von Johann Georg Bergmüller (1688-1762). Neben das Porträt des Münchner Hofmalers Johann Joachim Beich (1665-1748) plazierte Bergmüller als Attribute des geschätzten Landschaftsmalers Palette, Zeichenstock, einen Putto mit Vergrößerungsglas und eine Camera obscura.[36]

Georg Friedrich Brander stellte das Gerät in tragbarer Form her. Die gedruckte Beschreibung des Instruments von 1767 enthält einen Kupferstich, auf dem ein Künstler beim Abzeichnen einer Figur zu sehen ist. Daß Branders Camera obscura ein beliebtes und viel verkauftes Gerät war, sieht man daran, daß diese Schrift von 1767 bis 1779 vier Auflagen erlebte:

> *G.F.Brander: Kurze Beschreibung einer ganz neuen Art einer Camerae Obscurae ingleichen eines Sonnen Microscops welches man bequem aller Orten hinstellen und ohne Verfinsterung des Zimmers gebrauchen kann womit allerley Objekte auf eine sehr leichte Art in einer selbst beliebigen Größe gezeichnet und aufgerissen werden können, Augsburg 1767.*[37]

Das Verlangen, das von der Camera obscura erzeugte Bild zu fixieren, führte 1839 zur Erfindung der Fotografie. Fortan dienten den Malern (Cézanne, Picasso, Delacroix ...) die Fotografien als Vorlage.[38]

5.3 Ophthalmoscopium – Tubus anatomicus

Im November 1649 schrieb Wiesel zum ersten Mal in einem Brief an Moriaen über sein *Ophthalmoscopium*, ein Gerät zur Untersuchung der Augen. Der Name Ophthalmoscopium für Wiesels Instrument stiftet einige Verwirrung, ist er doch heute fest mit dem Augenspiegel verbunden, den Hermann von Helmholtz (1821-1894) 1850, zweihundert Jahre nach Wiesel, erfand. Mit dem Ophthalmoscopium von Helmholtz gelang es zum ersten Mal, den Augenhintergrund sichtbar zu ma-

---

[35] SuStBA Nachlaß Beuther Mappe 10: *Laterna magica*; Matthäus Merian (1593-1650) lebte in Frankfurt.

[36] Abbildung und Beschreibung des Schabkunstblatts durch Angelika Steinmetz-Oppeland in: 'Augenblicke' S. 44f. Vorlage für das Porträt war ein Gemälde von Georg Desmarees (1697-1776). In: Barockgalerie. S. 50 Abb. 41. Bergmüller amtierte seit 1730 als Direktor der Reichsstädtischen Kunstakademie in Augsburg.

[37] Brachner: Brander S. 229-240. S. 383.

[38] Scheid S. 14.

chen.[39] Dazu war es nötig, die Lichtstrahlen über einen Spiegel durch die Pupille in das Augeninnere zu leiten. Die Lichtquelle stand neben oder schräg hinter dem Patienten. Helmholtz benutzte dünne halbdurchlässige, ebene Glasplatten als Reflektor. Der Leipziger Augenarzt Theodor Ruete (1810-1867) verwendete 1852 einen durchbohrten Hohlspiegel und eine Sammellinse zwischen diesem und dem Auge. Dieses Gerät war besser zu handhaben als die erste Form von Helmholtz und erreichte eine größere Helligkeit. In den ersten Jahren nach Helmholtzs Erfindung bedeutete 'Ophthalmoskopie' immer noch die Untersuchung der äußeren Augenabschnitte. Der Begriff 'Ophthalmoskop' für den neuen Augenspiegel erschien in Deutschland zum ersten Mal 1855 in einer Dissertation aus Halle.[40] Erst danach verstand man unter 'Ophthalmoskopie' die Untersuchung des Augenhintergrunds und unter 'Ophthalmoskop' das dabei verwendete Gerät.[41]

Schon vor Helmholtz hatte es in der Augenheilkunde vereinzelte Versuche gegeben, optische Hilfsmittel zur Diagnose zu benutzen.[42] Die Kenntnis von diesen Versuchen reicht allerdings nicht bis ins 17. Jahrhundert zurück. Im Universallexikon von Zedler (1730) findet man zwar dreißig Spalten über den *Staar*, aber kein Wort zur Diagnose. Ähnlich verhält es sich, wenn man die mehrbändige Wundarzneilehre von Benjamin Bell aus dem Jahr 1785 aufschlägt, die die Situation des 18. Jahrhunderts wiedergibt: Dreihundert Seiten informieren über Augenkrankheiten, mehr als siebzig über die Staroperationen, aber über diagnostische Apparate ist nichts zu erfahren. Der Augenarzt untersuchte das kranke Auge ohne optische Hilfsmittel, höchstens mit einer Lupe.[43]

Wiesels Erfindung scheint demnach im 17. Jahrhundert singulär gewesen zu sein. Er hatte den Namen für sein Gerät genau so gebildet, wie vorher die Namen für die anderen neuen optischen Instrumente entstanden waren:

> Mit dem Telescopium konnte man in die Ferne sehen,
> mit dem Microscopium in die kleine Welt, den Mikrokosmos,
> mit dem Ophthalmoscopium konnte man in das Auge schauen.

Vermutlich ließ sich mit Wiesels Gerät nur der vordere Abschnitt des Auges betrachten. Es war ja noch gar nicht lange her, daß man den Bau des Auges begriffen hatte und ihn erklären konnte, wozu vor allem Kepler und Scheiner beigetragen hatten. Die frühere Meinung war, daß sich auf der Vorderseite der Augenlinse ein aufrechtes Bild der Umwelt abbilde. Kepler erkannte dadurch, daß er auf die

---

39 Schett; Bei den Überlegungen, wie Wiesels Gerät wohl ausgesehen haben könnte, waren mir die Herren Dr. Klaus Meyer, Soest, und Joachim Rienitz, Tübingen, sehr behilflich. Ich danke ihnen sehr für Erklärungen, Diskussionen und besonders für Modelle.

40 Herzberg: De ophthalmoscopiorum constructionibus. Diss. Halle 1855.

41 Remky.

42 Remky; Haugwitz

43 Bell, B.: A System of Surgery; deutsch: Lehrbegriff der Wundarzneykunst. 3. Teil; freundliche Mitteilung von Klaus Meyer.

Augenlinse den optischen Strahlengang anwendete, daß das Bild im Augeninneren auf der Netzhaut umgekehrt und seitenverkehrt abgebildet wird. Er veröffentlichte diese Überlegungen 1604 in seiner 'Astronomia pars optica'. Scheiner verhalf Keplers Entdeckung 1619 durch Abbildungen in seinem Lehrbuch 'Oculus, hoc es fundamentum opticum' und durch praktische Versuche an Tier- und Menschenaugen zum Durchbruch.[44] Es mußte nun erst einmal die Idee entstehen, optische Geräte für die Untersuchung am menschlichen Körper einzusetzen, am lebenden Menschen. Im Jahr 1686 wurde in den Acta eruditorum in Leipzig ein Kupferstich aus Italien veröffentlicht, auf dem ein Arzt ein zusammengesetztes Mikroskop von Giuseppe Campani benützte, "zum Betrachten von Wunden und Schrammen". Daneben steht eine Helferin und hält eine Kerze und eine Linse, durch die das Licht auf die Wunde geworfen wird. Wir sehen also auch hier das Problem der Beleuchtung.[45] Diese Abbildung entstand fast 40 Jahre nachdem Wiesel sein Augeninstrument erfunden hatte.

Ob die deutschen Ärzte bereits zu Wiesels Zeiten das Mikroskop zu Diagnostik einsetzten, ist nicht bekannt. Allerdings berichtete Martin Zeiller 1655 in seinem Handbuch, man könne bei Wiesel einen *tubus Anatomicus* kaufen, *von etlichen Gläsern / deren sich die Medici in ihrer Anatomia gebrauchen*. Depiere nannte 1674 in seinem Verzeichnis das Ophthalmoscopium ein treffliches Instrument für die Mediziner und Ärzte und bot daneben den *Tubus Anatomicus, welchen die Medici in der Anatomia gebrauchen*, an. Das waren dieselben Worte wie sie Zeiller verwendet hatte. Christoph Weigel schrieb 1698: *Die Anatomie weiß nicht genug die Vergrösser-Gläser zu preisen und würde viel sonder* [ohne] *deren Erfindung unerfunden geblieben seyn*.[46] Nach Zeiller handelte es sich bei dem Tubus anatomicus um ein Instrument mit *etlichen*, also wohl mehr als zwei Gläsern. Das läßt an das zusammengesetzte Mikroskop denken. Wiesels Mikroskop mit drei Linsen, das er 1650 nach München lieferte, war nur 5 Zoll, etwa 12,5 cm, hoch. Campanis kleine Mikroskope maßen zwischen 8,5 und 11 cm. Wenn man Campanis Kupferstich betrachtet, leuchtet es ein, daß eine solche Wundbetrachtung nicht mit einem Gerät von etwa einem halben Meter Länge möglich war – der üblichen Länge der frühen Mikroskope.[47]

Cuno führte noch um 1690 *Tubi Anatomici* und *Ophthalmoscopia* in seinem Programm.[48] Der aus Augsburg stammende Johann Christoph Rembold, der um 1720 in Berlin ein Verzeichnis seiner *Kunst-Wercke* drucken ließ, bot darin eben-

---

[44] Kepler: Ad Vitellionem Paralipomena. 1604; Scheiner: Oculus 1619; Jaeger; Daxecker: Scheiner in der optischen Literatur.

[45] Acta eruditorum. Leipzig 1686. S. 371f. Unterschrift: *eius usus ad conspiciendo vulnera & cicatrices*; Abb. in Gloede S. 47 und in Turner: Mikroskope S. 47.

[46] Christoph Weigel: Hauptstände S. 398.

[47] Bedini: Italian Compound Microscopes. S. 400-408.

[48] C.C. Cuno: Bericht an die Herren Liebhabere Optischer Kunst-Wercken; vgl. Anhang A.1 Nr. VI b.

so beide Instrumente an. Er gebrauchte fast die gleichen Worte wie Depiere. Das mag als Beweis gelten, daß er die medizinischen Instrumente aus der Werkstatt Wiesel - Depiere und Depieres Verzeichnis kannte.[49] Man kann nur bedauern, daß sie später offenbar wieder in Vergessenheit gerieten. Von Brander wird berichtet, daß er am Anfang seiner Augsburger Tätigkeit chirurgische Geräte baute. Nähere Angaben fehlen jedoch.[50]

Das Medizinalwesen hatte in Augsburg einen hohen Stand. Schon im 14. Jahrhundert gab es einen Stadtarzt. 1582 wurde das Collegium Medicum gegründet. Neben den akademischen Ärzten praktizierten die Barbiere und die Wundärzte, zu denen der 'Chirurgus' gehörte. Dieser mußte vor allem Wunden versorgen und Operationen durchführen, weshalb man ihn auch unter den Namen Steinschneider oder Bruchartz antrifft. 1489 läßt sich in Augsburg ein 'Oculist' (Augenarzt) nachweisen, dem es vor allem oblag, den Star zu stechen.[51] Alle diese Wundärzte hatten kein Studium nötig, sondern eine Ausbildung wie die Handwerker mit Lehr- und Gesellenzeit und Meisterstück. Wiesel hatte gute Kontakte zu Augsburger Ärzten. Die ersten Verzeichnisse seiner Geräte wurden 1625 von dem Stadtarzt Dr. Carl Widemann verschickt. 1641 und in den folgenden Jahren stand der angesehene Stadtarzt Dr. Johann Henisius bei seinen Enkelkindern Pate. Der zweite Pate bei den Kindern von Anna Wiesel und Daniel Depiere war von 1641 bis 1656, bis kurz vor seinem Tod, der Barbier und Wundarzt Gabriel Knuth d.Ä., der zu dem großen Familienverband Arnold – Miller gehörte. Es ist anzunehmen, daß Wiesel auch mit dem Oculisten David Schaffner verkehrte, der 1644 nach Augsburg gekommen war, denn 1668 heiratete Daniel Depiere in zweiter Ehe dessen Tochter Regina Salome.[52] Ob Wiesels Erfindung des Ophthalmoscopiums auf die Anregung und das Interesse Schaffners oder anderer Ärzte zurückzuführen ist, ließ sich nicht ermitteln. Auf jeden Fall mußte Wiesel durch die Herstellung von Brillen und besonders von Augengläsern für Patienten, denen der Star gestochen worden war, auf die Krankheiten des Auges aufmerksam geworden sein. Dazu kam sein Interesse an den mikroskopischen Beobachtungen, das sich bis in die Anfangsjahre seiner optischen Tätigkeit zurückverfolgen läßt. Zumindest Widemann hatte daran Anteil genommen. War es so fernliegend, das Mikroskop auch einmal auf das Auge zu richten? Das größte Problem hierbei stellte die Beleuchtung dar.

Vermutlich war Wiesels Ophthalmoscopium ein Vergrößerungsglas oder eine Art von Mikroskop. Über sein Aussehen ist außer dem Hinweis, daß es sich um ein kleines Instrument mit einem besonderen Objektiv gehandelt habe, nichts bekannt. Es könnte dem einfachen Mikroskop ähnlich gewesen sein, das heißt, eine

49 Rembold: Verzeichnis Nr. 8 und Nr. 9.
50 Brachner: Brander S. 18.
51 Gensthaler S. 48, FN. 225: StAA Steuerbuch 1489 fol. 9a.
52 Siehe Kap. II.4.1.

einzige sehr kleine Linse besessen haben. Oder sollte man aus Wiesels Hinweis, daß es *ein besonderes Object* [Objektiv] gehabt habe, schließen, daß auch ein Okular vorhanden war? Oben wurde schon davon berichtet, daß Zeiller von *etlichen Gläsern* schrieb. In dieser Zeit baute Wiesel die sehr kleinen *Perspectivröhrlein* zum Lesen und Schreiben, die man in der Hand verbergen konnte. Sie konnten dem Alterssichtigen die Brille ersetzen, mit der man sich, zumindest in der Öffentlichkeit, nicht gerne zeigte. Die kleinen Rohre hatten eine Konkav- und eine Konvexlinse mit kurzen Brennweiten, waren also kleine Galileische Fernröhrchen, etwa 7 bis 8 cm lang.[53]

Um 1851 kam erneut ein ähnliches Instrument in Gebrauch, nach dem Erfinder, dem Medizinprofessor Ernst Wilhelm von Brücke (1819-1892), 'Brücke'sche Lupe' genannt. Durch das Hinzusetzen eines konkaven Okulars zu einer konvexen Linse oder zu einem System aus zwei Linsen konnte ein größerer Abstand vom Objekt gehalten und eine etwas höhere Vergößerung erzielt werden als bei einer einfachen Lupe. Harting erwähnt besonders den Gebrauch der Brücke'schen Lupe bei der Untersuchung des Auges. Er weist aber auch darauf hin, daß der Pariser Instrumentenmacher Charles Chevalier (1804-1859) schon zwanzig Jahre früher eine vergleichbare Lupe angeboten hatte.[54] Bereits aus dem Jahr 1727 findet sich in einer in Erfurt von dem Arzt und Professor der Medizin Andreas Elias Büchner 1731 publizierten Zeitschrift eine Nachricht aus Paris:

> *Neue Ferngläser und Perspective. Aus Paris wurde unter dem Datum vom 11. Juli 1727 geschrieben, daß Herr Le Maire eine Art von einem Fern-Glas verfertiget habe, wodurch man den Grund des Auges eines andern, wie auch seiner eigenen Augen betrachten könne, welches den Oculisten sehr nützlich wäre.*[55]

Die Bezeichnung als eine 'Art von Fernglas' deutet auf ein Instrument mit mindestens zwei Linsen hin. Ab ca. 1720 waren verschiedene Instrumentenbauer der Familie Le Maire in Paris tätig, die vor allem Vermessungsinstrumente herstellten. Dieser von Büchner genannte Le Maire könnte entweder Pierre I. (1672-ca.1745) oder sein Bruder Jacques (tätig von 1714 bis 1762) gewesen sein.[56] Der ursprüngliche französische Text konnte nicht aufgefunden werden. Interessant wäre zu wissen, ob Le Maire die deutschen 'Ophthalmoskope' kannte, oder ob er sein In-

---

[53] HAB 98 Novi fol. 487r. 7.9.1651. Hirt an Hzg. August: *Sonsten hat höchstgedachter Ihrer Churfürstlichen Durchlaucht* [Maximilian I. von Bayern] *Er Wisel ein gar kurtzes perspectivröhrlin gemacht, welches Sie in der linckhen Hand halten, und mit der rechten schreiben.* Siehe Kap. III.2.4.

[54] Harting S. 77f.; Malambre S. 61; Boegehold: Die Lupe S. 468.

[55] SuStBA Nachlaß Beuther Mappe 4: Kopie aus Büchner: Miscellanea ... 1731. S. 576; Andreas Elias Büchner (1701-1769) lebte später in Halle und war von 1735 bis 1769 Präsident der Leopoldina; Poggendorf Bd. 1. S. 334.

[56] Freundliche Mitteilung von Herrn Antony Turner, Le Mesnil-le-Roi; Schillinger: Zeicheninstrumente. S. 30 Nr. 78: ein Reduktionszirkel um 1750, signiert 'Le Maire fils'.

strument selbst erfunden hatte. Vielleicht ließe sich eine Linie ziehen, von Wiesel über Depiere und Cuno, Le Maire und Chevalier in Paris zu Brücke?

Offen bleibt die Frage nach der Betrachtung der Flecken und Unregelmäßigkeiten im eigenen Auge mit einem optischen Instrument. Julius Hirschberg schreibt, daß diese Erscheinungen und ihre Deutung die Wissenschaftler und Ärzte durch die Jahrhunderte beschäftigten. Die alten Griechen sprachen von 'fliegenden Mücken' und von 'Fantasien', Begriffe, die im Mittelalter und der Frühen Neuzeit noch verwendet wurden. Der Göttinger Physikprofessor Johann Benedikt Listing führte 1845 den Ausdruck 'entoptische Gesichts-Erscheinungen' ein,[57] den Helmholtz übernahm. Sein Handbuch der Physiologischen Optik enthält ein Kapitel 'Entoptische Erscheinungen'.[58] Der Autor beschreibt darin, wie man 'kleine schattengebende Körper' in den durchsichtigen Teilen des Auges sichtbar machen könne. Joachim Rienitz in Tübingen ist aufgrund früherer Beobachtungen an seinen eigenen Augen der Ansicht, daß Wiesel ein solches subjektives Schattenverfahren gekannt haben muß. Nach seiner Vorstellung benutzte Wiesel eine kleine Linse von wenigen Millimetern Brennweite und erzeugte damit dicht vor dem Auge ein sehr kleines Bild einer Lichtquelle, z.B. von einer Kerze. Dieses kleine Lichtquellenbild projiziert alle Unregelmäßigkeiten der Augenmedien durch Schattenwurf auf die Netzhaut und macht sie sichtbar, wie Zeiller es beschrieben hat. Mit einer Kerze etwa im Armabstand und einem Mikroskopobjektiv von etwa 40facher Vergrößerung, das mit der Frontlinse (Okular) dicht vor das Auge gehalten wird, kann der Versuch nachvollzogen werden. Auf diese Weise konnte Rienitz Irregularitäten in seinen Augen lokalisieren. Da nur der Experimentator selbst das Netzhautbild sieht, handelt es sich hier um ein subjektives Schattenverfahren.[59]

Die Texte über Wiesels augendiagnostisches Instrument mögen für sich sprechen:

Am 17.11.1649 schrieb Wiesel an Moriaen von einem

> *kleinen Instrumentlein, mit dem man mit hülff eines besondern objecti alle inwendige fehler und mängel der augen sehen könne, alß wenn selbige auffm Papier abgemahlt gesehen würden, welches ein werck so niemalß gewesen, vielweniger erdacht oder davon geschrieben, und seinen überauß großen nutzen bringet.*[60]

Im Mai 1652 berichtete Wiesel, er habe ein

---

57 Hirschberg Bd 2. S. 265-272; Listing: Beitrag zur physiologischen Optik. Göttingen 1845.

58 Helmholtz 2. Auflage 1896. S. 184-202. (Erster Druck 1856).

59 Rienitz: Optical inhomogeneities; ders.: Historisch-physikalische Entwicklungslinien.

60 OP C 1. t. 2 Nr. 171. 17.11.1649. Wiesel an Moriaen.

ophthalmoscopium verfertiget und nach Dennemarkh versandt, ad 10 Ducaten, mit welchem ein jede Persohn sehen mag, was vor mängel einer in seinen augen von Innen habe, dergleichen nie erdacht gewesen weniger gemacht worden.[61]

Bei Martin Zeiller kann man 1655 lesen:

Item ein tubus Anatomicus von etlichen Gläsern / deren sich die Medici in ihrer Anatomia gebrauchen. ...
Item hat ehrngedachter Herr Wiesel bey kurtzer Zeit auch ein wunder Instrumentlein erdacht, so er Ophthalmoscopium nennet, mit welchem ein jedwedere Person sehen mag, was zu innerst in seinen Augen verborgen, auch wann sich andere beschwerliche Zustände eraignen; wie dann derselben manichfaltig, als da seynd ansetzende Staaren, item allerhand vor den Augen schwebende Mücklein, Feuerflämlein, Streimlein, so nach der länge runde Kuglen, von innen holl, an einander hangend, gesehen werden; so kan man alles durch dieses Instrument inwendig in den Augen, so deutlich sehen, als ob solche Sachen, auff einem Papier, vor seinen Augen abgemahlet weren. Derowegen es bey manchem wol gut, welcher solche Beschwerung empfindet, daß er sich eines solchen Wercks öfters gebrauchet. Dann er damit kan sehen, was vor ein Staar von Farben sich ansetzet, und noch bey Zeiten rath schaffen könte.[62]

Daniel Depiere führt die medizinischen Geräte in seinem Verzeichnis unter Nr. 13 und 14 auf. Wiesels Preis für das Ophthalmoscopium war 10 Dukaten gewesen, was 20 Reichstalern entsprach. Depiere verlangte 12 Taler.[63]

5.4 Das Polemoscopium

Unter den deutschen Bezeichnungen für dieses Instrument findet sich der 'Wallgucker', was auf die Verwendung des Instruments hinter einem Wall, einer Stadt- oder Burgmauer hindeutet. Es enthielt zwei Spiegel, mit deren Hilfe man 'um die Ecke' schauen, also sehen konnte, was vor der Mauer geschah, ohne sich in Kriegszeiten selbst in Gefahr zu bringen. Auf diese Verwendung im Krieg spielt auch der Name Polemoskop an (griech. polemos: Krieg, scopein: sehen). Nahm man noch zwei Linsen dazu, besaß das Gerät zusätzlich die Eigenschaften eines Fernrohrs. 1647 schrieb Hevelius in der 'Selenographia' zum ersten Mal darüber und druckte eine Skizze ab. Er gilt deshalb als sein Erfinder: "Ich selbst habe mir

---

[61] OP C 1. t. 2 fol. 306r. 28.5.1652. Moriaen an Hevelius.

[62] Zeiller: Handbuch 1655. S. 347; Dieser Zeillersche Text wurde schon einmal, 1933, von Jezewski publiziert, allerdings fast ohne Kommentar und ohne Beachtung durch die Medizinhistoriker.

[63] Depiere: Verzeichnis S. 17; voller Text im Anhang A.1 Nr. V.

dieses optische Instrument Anno 1637 ausgedacht und angefertigt, und ich glaube nicht, daß es zu dieser Zeit irgendjemand gekannt oder hergestellt hat."[64] Offenbar war das Prinzip aber schon vorher an anderen Orten bekannt gewesen.

Mit einem Spiegel kann man einen Lichtstrahl in eine andere Richtung lenken. Noch im 20. Jahrhundert wurden außen an manchen Fensterrahmen Spiegel angebracht, die sogenannten Spione. Schaute man vom Zimmer aus hinein, konnte man beobachten, was auf der Straße geschah, ohne selbst gesehen zu werden. Man mußte den Spiegel nur im richtigen Winkel befestigen. Auf demselben Prinzip beruht der Seitenspiegel am Auto.

Die Beschreibung von Wiesels Tubus mit 4 Gläsern von 1625 ist nicht einfach zu verstehen. Fernrohre mit vier Linsen kannte man zu dieser Zeit noch nicht. Die beste Auflösung gibt die Deutung als Polemoscopium, wenn man zwei der vier 'Gläser' als Spiegel interpretiert, was berechtigt erscheint, schreibt doch Wiesel im weiteren Text selbst von Spiegeln, die die Strahlen reflektieren:

Spiegel auff vill Meill zue sehen bey tag und nachtt

Erstlich mach Ich grosse Rohr die einer fenster Scheiben digkh, 11 Spannen lang und von 4 glasen. Im vordern theill wirdt ein Ainwurff Spiegel so mit ainem Kergel außgeschnitten, eingelegtt. Welcher anstatt der fordern verfinsterung der convexa gebraucht und Rectangala eingefüert wirdt: Im andern Teill des volgenden Rohrs wirdt die convexa eingelegt, auff dise volget ein lehres Rohr ohne glaß: auff dise und auff (irge ain) letzten hindern taill wirdt vornen an ain Reflectirte verfünstrerungs Spiegel mit ebenmeßigem kergelschnitt eingethan. Welche Radii beder schnitt sich undereinander richtwinckeltt reflectieren. Damit es dem concavo welches vornen am Aug ligtt per Reflexionem kergelsweiß möge zuegestünget werden. Welches vill besser als nur von zwaien glaßen befinde. Auch wann es haitter oder gar hell im Sommer gegen Abendt umb 6 Uhren über 14 Meil über Füssen hinauf Bäum underscheiden kan.[65]

Rolf Willach versuchte, nach diesen Angaben einen Bauplan zu zeichnen (Abb. 24).

Das einzige Mal, als Rheita nach 1645 Wiesel erwähnte, stand im Zusammenhang mit dem hohen Preis von Wiesels Polemoskop. Am 31.10.1650 schrieb Rheita an den Bischof von Mainz: *Was vor diesem der Wiseler, Opticus in Augspurg, dem Hauptmann Lorenz for ein Instrumentum p. 80 Dukaten anerbotten, damit hinter einer Maur, was draußen beschieht, gesehen kann werden, das will* [ich] *E.Churf.Gd. um den halben wertt, so guett, als es Er, Wiseler zuwege brin-*

---

[64] Hevelius: Selenographia. 1647. S. 24-28: *Hoc instrumentum Opticum ipsemet Anno 1637 excogitavi & adornavi neque credo ante illud tempus (quod citra jactantiam dictum velium) unquam fuisse conspectum, aut ab ullo compositum*; Berger.

[65] NSLB Hannover Ms IV 341 S. 852; vgl. Anhang A.1 Nr. I b.

gen und liefern.[66] Drei Monate später wiederholte Rheita nochmals diesen Bericht. Der Mainzer Hauptmann Lorenz, den Rheita in Trier in seine Geheimnisse einweihen sollte, stand also mit Wiesel in Kontakt. Das Polemoscopium scheint um 1650 noch eine Rarität gewesen zu sein. Erst drei Jahre vorher hatte Hevelius das Instrument im Druck vorgestellt.

Martin Zeiller gab in seinem Handbuch eine ausführliche Beschreibung von Wiesels Instrument:

> *Polemoscopia, in Kriegs: und andern gefährlichen Zeiten zugebrauchen. Mit diesem Instrument kan man einen sehen / der mich nicht wider sihet. Man kan mitten in einem Zimmer sitzen / und alles sehen / und erkennen / was nahe / und weit / underwarts / auffwarts / und was auff allen Seiten geschihet / und vorgenommen wird. In Belagerungen kan man hinder den Schantzkörben sicher / mit verdecktem gantzen Leib / stehen / und noch alles sehen / was der Feind beginnet / und vornimbt. In Vestungen / kan man hinder den brustwehren stehen / unnd alles sehen was der Feind in der Krafft vornimbt / und wie weit er in dem approchiren* [annähern] *kommen; da ein anderer / mit Leib und lebens / Gefahr / wegen der auffpassenden Mußquetirer / solches nicht verrichten kan.*[67]

Selbst gegen Ende von Wiesels Leben erregte das Polemoscopium noch Aufsehen. Als der Engländer Robert Southwell im Oktober 1661 auf seiner Heimreise aus Italien in Augsburg Station machte und Wiesel besuchte, berichtete er Viviani in Florenz:

> "Unter anderem hatte er ein Instrument von eigentümlicher Gestalt, nicht um in die Weite zu sehen, sondern in die Nähe, aber nur in eine Richtung. Man schaut hinein durch ein anderes Stück wie es diese rohe Zeichnung zeigt: (a) ist das Fenster und (b) ein Teil des Fernrohrs, das in Richtung der Straße nach links weist, und senkrecht darauf steht die andere Seite (c). Wenn man bei dem Auge hineinschaut, sieht man jedes Ding in vollkommener Weise. d d sind die verschiedenen Teile." [68]

Die etwas verunglückte Figur rechts am Rohr (c) soll das Auge darstellen.

[66] StaatsA Würzburg Bestand Schönborn-Archiv. Korrespondenzen Johann Philipp 510. fol. 96v-97r; Thewes: 'Oculus ...' S. 24.

[67] Zeiller: Handbuch. S. 348.

[68] Biblioteca nazionale Firenze: Cod. Galileiana vol. 254. fol. 176r-177v. 9.10.1661. Southwell an Viviani (ital.); hier fol. 176v; Übs. Helga Lehmann.

In Kaspar Schotts 'Technica curiosa', gedruckt 1664, findet sich eine Beschreibung samt Zeichnung von Wiesels 'Catoptricum spectaculum novum Augustanum' (Abb. 42). Diese Beschreibung beruht auf einem Brief des Jesuitenpaters Christophorus Offenhausen (1628-1674).[69] Zwei seiner Conpatres hatten Wiesel aufgesucht und dabei das 'optische Wunderwerk' gesehen. Der Zeichner hat allerdings den Strahlengang überhaupt nicht verstanden. Das Bild hätte Wiesel vermutlich amüsiert, wenn er es gesehen hätte, denn Offenhausen erzählte, daß der Optiker den Kasten wegräumte, als einer der Patres ihn allzu genau untersuchen und ausmessen wollte. Der Versuch, das Gerät nachzubauen, bereitete Offenhausen etliche Schwierigkeiten. Schott beschrieb in demselben Buch ein ähnliches Gerät von Gervasius Mattmüller.[70]

In Depieres Verzeichnis ist das Instrument natürlich vorhanden, und zwar gleich nach den Fernrohren:

> *Nr. 12. Ein Polemoscopium, oder Kriegs-Instrument / in 5. Gläsern bestehen / von 6.8.10. Schuh lang / mit welchem ich einen kan sehen / der mich nicht sihet / ich kan gleichwohl in einem Zimmer sitzen / und sehen was von aussen nahe und weit auf allen Seiten geschehen thut; In Belägerungen kan man hinter den Brustwehren stehen / und alles sehen / was der Feind in den Lauffgräben vornimt / und wie weit er in dem approchiren gekommen ist / da ein andrer mit Leibs- und Lebens-Gefahr / wegen der aufpassenden Mußquetierer / solches nicht verrichten kan / per 36. 40. Thaler es wird perfect gemacht.*[71]

Dieser Text hat sehr viel Ähnlichkeit mit dem von Zeiller zwanzig Jahre früher publizierten. Depiere hat öfters Wiesels Ausdrucksweise übernommen. Der Preis war allerdings viel geringer geworden. Rheita hatte 1650 von 160 Talern geschrieben, demnach mußte man damals bei Wiesel viermal so viel bezahlen als 1674 bei seinem Schwiegersohn. Erinnert man sich an Wiesels Instrument mit den vier 'Gläsern', so fällt auf, daß auch Depiere noch nicht zwischen Linsen und Spiegeln unterschied, sondern einfach von fünf Gläsern sprach.

Depiere hatte außerdem weitere Geräte in seinem Programm, die sehr der Beschreibung bei Schott ähneln. Er nannte sie 'Optische Kästen':

> *Nr. 23 Ein Optischer Kasten / welchen man vor das Fenster hinauß setzet / kan darinnen von beyden Seiten die Gassen / wie auch alles was sich darauf reget gesehen werden / und daß in Lebensgrösse / per 12. Thaler.*[72]

---

[69] Der Brief wurde in Dillingen geschrieben. C.Offenhausen aus Brixen wurde 1646 Jesuit und war später Prediger in Amberg, wo er starb; Sommervogel Bd. 5. S. 1873.

[70] Schott: Technica curiosa. S. 836-837, dazwischen Zeichnung; ebd. S. 835: Mattmüllers Apparat.

[71] Depiere Verzeichnis S. 16f.

[72] Depiere Verzeichnis S. 18.

5.5 Optische Spielereien und Vergnügungen

Vexierbrillen, Anamorphosen und anderes

Im Laufe des 17. Jahrhunderts entwickelte sich ein Absatzmarkt für optische Spielereien. Die 'Curiositäten' nahmen in den Kunstkammern einen bevorzugten Platz ein. Während einerseits 'curios' im Sinne des lateinischen *curiosus* als wißbegierig und neugierig verstanden wurde[73], trat daneben die Deutung der Curiosität als Merkwürdigkeit und Absonderlichkeit in den Vordergrund.

Nicht nur Kinder ergötzten sich an den gebrochenen Bildern, die durch das Kaleidoskop oder durch die Vexierbrille entstanden, an dem am Prisma in Farben zerlegten Licht oder an den seltsam verzerrten Bildern, die erst in einem entsprechenden Kegel-oder Zylinderspiegel als Porträt oder als mythologische Darstellung zu erkennen waren, den sogenannten Anamorphosen. Besondere Konstruktionen stellten die Bilder dar, die etwa mehrere Porträts zeigten. Betrachtete man sie durch ein spezielles Instrument, sah man nur noch ein Bild, z.B. das Porträt des Landesfürsten, das aus einzelnen Teilen der anderen Bilder zusammengesetzt wurde.[74] Etwas Ähnliches bot Depiere unter Nr. 32 seines Verzeichnisses an.

In Hainhofers Berichten tauchten immer wieder solche Geräte auf. Vor allem waren sie in den Kunstschränken wie dem, den Hainhofer 1628 nach Innsbruck lieferte, enthalten: ... *ein geschnitner acht ecketer spiegel, so vil angesichter gibet vnd alles multiplicieret ... ain gröserer spiegel mit Facetti geschniten, sehr mathematisch, welcher gespaltene angesichter vnd nasen abgibet, 1 Vexier spiegel, welcher lange vnd braite angesichter gibet.*[75] 1629 findet man in der *Beschreibung eines Tischlins* [Inhalt]: *Ain dreyauglig venedisch glas, allerhand farben, vnd In die weiten darin zuesehen* [Prisma], *Ain baar geschnittne venedische vexier brillen, die alles vermehren und multipliciren,*[76] und in einem anderen, undatierten Inhaltsverzeichnis eines Kunstschranks: *1.dreyauglicht glaß in die ferne, auch Regenbogen vnd allerley farben, wie auch alles vnder über sich darinnen zusehen; Item brief darmit zubeschweren; ... 1.Vexierspiegelein, welches gespaltene, auch viel angesichter abgibt.*[77]

---

[73] Z.B. im Namen der deutschen Akademie der Naturforscher: 'Academia naturae curiosorum'.

[74] Zahn 1685 III. S. 264.

[75] Doering S. 121 u. 136.

[76] NSAW 1 Alt 22 Nr. 170 fol. 72v-73r (Gobiet S. 819 Nr. 1510).

[77] HAB 83 Extrav. 2° fol. 320v-321r (Gobiet S. 842 Nr. 1514).

Im Kunstschrank, der 1632 Gustav Adolf überreicht wurde, lag neben einer normalen Brille eine Vexierbrille mit gebrochen geschliffenen, grünen Gläsern (Abb. 27).[78]

1640 lieferte Hainhofer nach Wolfenbüttel ein *perspectiv, durch welches die grablegung Christj. vnd wan man vnden (beim bendelin) zeucht, die auferstehung Christj, mit ainem aug durch ain löchlin gesehen würdt.*[79]

Es ist nicht überliefert, ob einige der von Hainhofer beschriebenen Gegenstände von Wiesel stammten und ob dieser überhaupt solche Spielereien anfertigte. In Depieres Verzeichnis sind einige Dinge vermerkt. Augsburger Maler wie Daniel Volkert fertigten Anamorphosen. Manche scheinen sich darauf spezialisiert zu haben. So finden sich zahlreiche Anamorphosen mit der Signatur *W. fac. Fig. Aug. Vind.* mitsamt den zugehörigen pyramiden- oder kegelförmigen Spiegeln in verschiedenen Sammlungen in und außerhalb Augsburgs.[80]

Die Laterna Magica und der Guckkasten

Die Camera obscura verwendete man, um damit Bilder der Außenwelt auf eine Wand oder eine Mattscheibe zu projizieren. Die Laterna magica oder optische Laterne war dagegen ein Vorläufer unseres heutigen Projektionsapparats. Man benutzte kleine, auf Glas gemalte Bilder, die von hinten angestrahlt wurden. Durch eine vorgesetzte Linse konnte man ihr Bild vergrößert auf eine Wand werfen. Hielt man den Vorgang ein wenig geheim, konnte dem Zuschauer das Geschehen als durch Magie verursachte übernatürliche Erscheinung ausgegeben werden, besonders, wenn er es zum ersten Mal erlebte. Der Name 'Laterna magica' verweist auf entsprechende Vorstellungen.

Weil die damaligen Lichtquellen, Kerze oder Öllampe, Rauch aussandten, mußte die Laterne einen Rauchabzug besitzen, der oft wie ein kleiner Kamin aussah. Vielleicht verstärkte der Rauch noch die magische Erscheinung. Schon die Abbildung in einer Handschrift des Giovanni Fontana (1395?-1455?) zeigt einen Teufel, der vergrößert an die Wand projiziert wird.[81] Besonders im 18. Jahrhundert wurde das Gerät von Illusionisten benützt. Die magische Laterne wurde auch zu pädagogischen Zwecken eingesetzt und als Spielzeug angeboten und gern ge-

---

78 Böttiger Bd. 3. S. 70. Tafel 87.

79 HAB Bibl.Archiv II 12.1: 6.7.1640. *Fattura über 3. küsten n° 70.71.72.* In Nr. 72. (Gobiet S. 690 Nr. 1290).

80 Z.B. in Hauchs Physiske Cabinet in Sorø Dänemark. Zu Volkert siehe Kap. II.6.3; Eser: S. 114-125.

81 Abb. in Giovanni Fontana: Bellicorum instrumentorum liber. fol. 70r; BStB München Cod. Iconogr. 242; Battisti S. 140.

kauft. Dadurch haben sich etliche Laternen in einigen Sammlungen, vor allem in Museen zur Geschichte der Fotografie und des Films, erhalten.[82]

Zu Wiesels Zeit waren die magischen Laternen bereits bekannt. Giovanni Battista della Porta und Athanasius Kircher schrieben von ihnen. Christiaan Huygens und der Däne Thomas Walgenstein (1622-1701) entwickelten Ende der fünfziger Jahren des 17. Jahrhunderts brauchbare Apparate. Walgenstein bereiste Europa um mit ihnen Demonstrationen zu geben. Ob Wiesel solche magischen oder optischen Laternen herstellte, war nicht festzustellen. Auf Wiesels Schiffslaterne in Kopenhagen sitzt jedenfalls ein Rauchabzug, der denen auf den magischen Laternen sehr ähnelt. Depiere hatte die Laterne 1674 in seinem Verzeichnis:

> *25. Ein Optische Latern, welche, so man will allerhand Gemähl und Schrifft in einem finstern Zimmer an einer weisse Wand mit allen ihrem Farben praesentirt, über Lebens grosse, per 12. 24. 30. und mehr Thaler.*

Am Rande sei hier noch auf eine andere Art optischer Geräte hingewiesen, die 'Guckkästen', die ab Mitte des 18. Jahrhunderts in Gebrauch kamen. Der Betrachter sah nicht das projizierte Bild an der Wand, sondern schaute in den Guckkasten hinein. Durch eine optische Linse und Spiegel und mit Hilfe geschickter Beleuchtung wurde die perspektivische Wirkung der hineingelegten Zeichnung verstärkt, so daß sich aus dem flachen Bild die Illusion der dritten Dimension entwickelte. Meistens verwendete man seitenverkehrte, kolorierte Kupferstiche von Städten oder Landschaften. Augsburg, das in Deutschland als Zentrum der graphischen Kunst galt, war bis zur Mitte des 19. Jahrhunderts der bedeutendste Herstellungsort der 'Guckkastenblätter'.[83]

Der oben erwähnte Kanold schrieb 1721: *Es ist an Johann Wiesels in Augsburg Vergrößerungs-Spiegeln gedacht worden, daß durch selbige kleine Perspectiv-Gemälde, welche in der Vierung nur 1.Schuh betragen, so vergrössert worden, daß sie dem größten Saale gleich geschienen.* Freilich wußte Kanold nicht mehr so genau, wie das Experiment durchgeführt worden war. Er vermutete, mit Hilfe von Spiegeln, es sei denn, er verwendete hier 'Spiegel' im Sinn von Linsen oder sogar Fernrohren.[84] Wiesel hatte diese Spielerei seinen Kunden in der Beschreibung der Erdfernrohre genannt. Es gab für die Fernrohre drei Anwendungsmöglichkeiten: Man konnte ferne Objekte auf der Erde erkennen, die Sterne am Himmel beobachten oder man konnte die kleine Zeichnung z.B. eines Raumes durch das Fernrohr anschauen und damit die Illusion eines großen Saales erwecken. Am 17.12.1649 schrieb Wiesel an Moriaen:

---

[82] Hrabalek; Hansen; Mackensen: Die Sammlung in Kassel. S. 128; Beez: Kino aus Uromas Zeiten Teil 2. Abbildungen aus dem Optischen Museum Jena.

[83] Seitz, W.: Das Fernsehen von damals; Seitz, W.: Die Augsburger Guckkasten-Verlage; Füsslin/Nekes/Seitz.

[84] Kanolds '38 Versuche'. 18. Versuch. S. 555.

> *zue den nähern objectis bey tage zue scheinender Sonnen* [werden die Rohre] *biß zue allen B gezogen da soll man ein perspectiv gemähl eines bogen pappir groß an eine Sonne bescheinende weyße Maur oder wandt under über sich ankleben oder hangen u. die weite vom Rohr biß zum Gemähl soll sein 32 1/2 augspurger Ehlen, da wird sich alles lebensgroß repraesentirn u. diß mit sonderlicher lust zue schauen.*[85]

Im März 1650 lautete die Beschreibung:

> *Dritens ist noch eine richtung, die nähere obiecta an einer wandt angeklebt, also zu vergrößen daß sich alle Weld darob zu verwundern, Alß zum exempel ein Perspectiv Gemähl, von schönen Soylen [Säulen], im Diameter einer Spannen hoch, soll sich so groß alß der gröste Saal repraesentiren.*[86]

Erinnert diese Beschreibung nicht an den später aufkommenden Guckkasten? Welchen Sinn sollte diese Verwendung des Fernrohrs haben wenn nicht den, Vergnügen und Verwunderung zu erzeugen?

---

[85] HP 37/144A; OP C 1. t. 2 Nr. 171. 17.12.1649. Wiesel an Moriaen; vgl. Anhang A.3 Nr. 22.

[86] HAB 98 Novi fol. 309r-310r, Wiesel an Hzg. August (Beilage 2 zu Hirts Brief an Hzg. August vom 12/22.3.1650: HAB 98 Novi fol. 302r-303v); vgl. A.3 Nr. 26.

Nachwort

Die Geschichte von Johann Wiesels Werkstatt hat uns viel weiter in die Frühzeit der optischen Instrumente zurückgeführt, als zu erwarten war. Der 'Augustanus Opticus' war ab etwa 1630 bis über die Mitte des 17. Jahrhunderts hinaus eine herausragende Gestalt des jungen optischen Handwerks in ganz Europa. Verfolgt man seinen Weg, so erlebt man die Entwicklung des Fernrohrbaus von den ersten Anfängen, relativ lichtschwachen Instrumenten mit kleinem Gesichtsfeld, hin zu immer längeren Geräten mit besseren Linsen. Erste Höhepunkte stellten die astronomischen und die Erdfernrohre dar. Wiesels Zusammenarbeit mit dem Kapuzinerpater Rheita zeigt, welche Impulse von solchen Begegnungen zwischen Wissenschaftler und Handwerker ausgehen konnten. Daß andererseits die Instrumente erst in der Hand fähiger Beobachter zu ihrer vollen Wirkung gelangten, sehen wir an der gelungenen Mondkarte der Bologneser Jesuiten Riccioli und Grimaldi.

Als höchst interessant hat sich auch die Entwicklung des zweiten optischen Instruments der frühen Neuzeit, des Mikroskops, erwiesen. Schon bei den Flohgläsern setzte Wiesel neue Techniken wie Schrauben und Gewinde zur Justierung ein. Diese brachten später den zusammengesetzten Mikroskopen eine wesentliche Verbesserung. Am bedeutendsten aber wirkte sich der Einbau der Feldlinse aus.

Neben diesen beiden wichtigsten Instrumenten Fernrohr und Mikroskop baute Wiesel, wie wir gesehen haben, noch andere optische Geräte, zum Teil schon länger bekannte wie Brennspiegel und Brennglas, Laternen und die Camera obscura, zum anderen Teil neu erfundene wie das Polemoskop oder das Ophthalmoskop. Wiesel bemühte sich ferner, seinen Kunden immer besser angepaßte Brillen zu liefern und für diese die verschiedensten Befestigungsmöglichkeiten zu ersinnen.

Die hier erstmals entfaltete Geschichte der Augsburger Werkstatt beweist nicht zuletzt, wie wichtig die Kommunikation zwischen den Wissenschaftlern untereinander und zwischen Wissenschaftlern und Produzenten aber auch die vielfältigen Handelsbeziehungen der Augsburger Kaufleute für die Verbreitung der Instrumente und damit auch für deren wirtschaftlichen Erfolg waren. Daß die Wirkungszeit des aufstrebenden Perspektivmachers Johann Wiesel mit der Lebenszeit des bedeutenden Augsburger Kunsthändlers Philipp Hainhofer zusammenfiel, war insofern ein ausgesprochener Glücksfall.

Bei unserer Beschäftigung mit den optischen Instrumenten des 17. Jahrhunderts sind wir mit den vielfältigen sonstigen Entwicklungen in Berührung gekommen, die damals im Gange waren. Das waren nicht nur die Astronomie mit ihren umwälzenden Erkenntnissen über den Bau des Weltalls, sondern auch Medizin, Biologie und Chemie. Erst zu Beginn des Jahrhunderts war es Kepler gelungen, den Sehvorgang im Auge und wichtige Grundlagen der geometrischen Optik zu erklären. Das Mikroskop eröffnete eine bis dahin völlig unsichtbare Welt und trug somit zum Verständnis des Aufbaus und der Funktion von Pflanzen und Tieren, ja des Lebens bei. In seinen letzten Lebensjahren widmete sich Wiesel, wie wir erfahren haben, verstärkt dem Bau von Mikroskopen. Aber erst zu Lebzeiten seiner Nachfolger konnten mit Hilfe dieses Instruments durch interessierte Wissenschaftler und Laien bahnbrechende Einsichten gewonnen werden.

Wiesels Erfolge lassen sich nur vor dem Hintergrund des Dreißigjährigen Krieges und von dessen Begleitumständen Teuerung, Blockaden, Hunger und Pest voll ermessen. Trotz erheblicher Einschränkungen in Handel und Verkehr konnte sich die Kunde von den gelungenen Augsburger Geräten verbreiten und gelangten die Instrumente selbst an ihren oft weit entfernten Bestimmungsort. Daß Johann Wiesel in den fünfziger Jahren nach dem Bekanntwerden seiner neuartigen Instrumente mit dem zusammengesetzten Okular nachgeahmt und überflügelt wurde, mag mit dem fortgeschrittenen Alter des Augsburger Optikers aber auch mit dem Fehlen wissenschaftlicher Beratung und Anregung in Deutschland zusammenhängen. Das letztere dürfte auch für seinen Schwiegersohn Daniel Depiere zutreffen. Wie Wiesels Instrumente basierten auch seine Geräte noch durchwegs auf praktischer Erfahrung und nicht auf theoretischen Kenntnissen der optischen Wissenschaft, wie sie dann vor allem durch Christiaan Huygens eingeführt wurden. Eine Verbindung der optischen Instrumente mit Meßinstrumenten oder der Einbau eines Mikrometers war den Augsburger Optikern noch fremd. Divini hatte bereits 1649 ein Fadenkreuz in der Brennebene befestigt. Die Schraubenmikrometer wurden erst nach Wiesels Tod bekannt, so 1666 das Modell des Astronomen Adrien Auzout in Paris und ein Jahr später das schon um 1640 von William Gascoigne erfundene in London.

Als Cosmus Conrad Cuno bald nach Depieres Tod nach Augsburg kam, brachte er neue Impulse mit. Gegen Ende des 17. Jahrhunderts fertigte er die modernsten Formen einfacher Mikroskope an. Um diese Zeit hatte sich das optische Handwerk jedoch auch andernorts etabliert, wiewohl heute nur noch wenige Namen der damaligen Handwerker bekannt sind. Rom, London und Leiden waren nun zu den wichtigsten Herstellungsorten geworden. Im 18. Jahrhundert stellte England die führenden Optiker Europas, zumal es ihnen gelang, durch das Zusammensetzen zweier Glassorten, Kron- und Flintglas, achromatische Linsen herzustellen. Auch die Entwicklung des Spiegelteleskops, angestoßen 1663 durch James Gregory und 1668 durch Isaac Newton), erfolgte vor allem in England. Das bedeutet jedoch nicht, daß in Augsburg jegliche Aktivität auf dem optischen Gebiet endete. Zu der Zeit, als Cuno 1745 hochbetagt starb, hatte vielmehr mit der Niederlassung Georg Friedrich Branders in Augsburg (1734) bereits ein neues Kapitel des Instrumentenbaus in Süddeutschland begonnen, in dem die alte Reichsstadt noch einmal – und zum letzten Mal – zu einem Zentrum deutscher Instrumentenbaukunst wurde.

Summary [1]

Johann Wiesel (1583-1662) and the optical craft in Augsburg

Johann Wiesel was one of the first craftsmen in Germany to make telescopes and other optical instruments commercially. The book opens with an introduction to life in Augsburg at the beginning of the 17th century, and describes the state of science and astronomy in the city at that time.

I. Augsburg in about 1600

In the 16th century the Free Imperial City of Augsburg was well known as a commercial city with good connections to all the business centres of Europe, and also for its craftsmen, who worked particularly for the export trade. More than 2000 weavers lived in the city, alongside numerous goldsmiths and silversmiths, makers of clocks, watches and scientific instruments, among whom Christoph Schissler (d.1608) was the most famous.

The inhabitants numbered about 45 000. Most of the citizens were protestant, but the autonomous government, which was responsible only to the German emperor, was dominated by catholic patricians. Two 'Stadtpfleger' were the principal authorities, supported by six 'Bürgermeister', of whom two in turn acted in charge for four months. Beside these men were the seven members of the 'Secret Council', who effectively governed the city. The citizens were divided into classes, the first two consisted of the patricians and related families, the 'Mehrer', who assembled in the 'Bürgerstube'; the third class belonged to the 'Kaufleutestube' and were mostly great merchants but also pastors, physicians, lawyers and teachers. The remaining citizens were craftsmen and labourers.

The city government founded a Latin school, the 'Gymnasium bei St. Anna' in 1531, and a library in 1537. Rectors and teachers of the school were interested in astronomy, and by 1600 there was already a long tradition of observation of the sky. The Dane Tycho Brahe, later famous as an astronomer, visited Augsburg

[1] I am deeply grateful to Dr. Anita McConnell who gave me great help in improving this summary.

when he was a young man to learn from the instrument makers. He stayed in the city for nearly a year, from 1569 to 1570, and became well acquainted with Hieronymus Wolf, the director of the Gymnasium and Johann Mair (Maior), a teacher of mathematics. Tycho lived in the house of the goldsmith Laurentius Danus (Lorenz Den), who was an alchemist, while he designed a great quadrant with a side of 5 m length for his patrons, the brothers and members of the city-parliament Johann Baptist and Paul Hainzel in 1570. This instrument was the first of this size in Germany and was installed in Paul Hainzel's gardens. It was used by the astronomers of Augsburg until a storm destroyed it four years later. The observations were carried on by Johann Mair and the physician Dr. Georg Henisch who began to teach mathematics in the Gymnasium in 1575, and who each year compiled an almanac for the city, as well as books on mathematics, astronomy and medicine. The two teachers initiated the building of a platform for celestial observations on top of the tower of the city library beside the school in 1613/14. As in most other regions of Europe, the ideas of Copernicus were not yet accepted in Augsburg, as evidenced by the armillary sphere built by Christoph Schissler in 1606.

The Jesuits established a Gymnasium in the city in 1582, which was supported by some of the rich catholic families, especially the Fuggers. Two years later a dispute over the reformed 'Gregorian' calendar, proposed by Pope Gregory, led to a great riot among the citizens. Most of the protestants voted against the papal calendar, but the city council introduced it, particularly because of the trade with Italy. In the protestant regions of northern Germany the old 'Julian' calendar was used until 1700.

Markus Welser (1558-1614), a descendant of the famous mercantile family of that name, was a councillor at this time; from 1600 until his death he was one of the two Stadtpfleger. He was well educated, had travelled all over Europe and lived some years in Italy. His various interests in history, antiquities, arts, but also in science, led him to found in 1594 a publishing house with the device 'at insigne pinus', the pine cone figuring on Augsburg's coat of arms. Welser issued not only literary and religious books but also scientific ones, for example the 'Uranometria', a star-atlas by the jurist Johann Bayer who lived in Augsburg, in 1603, the 'Dioptrice' by Johann Kepler in 1611 and the letters on sunspots by Apelles, which was a pseudonym of Christoph Scheiner, a Jesuit and professor of mathematics at the Bavarian university in Ingolstadt in 1612. Welser sent those letters to Galileo.

The physicians of Augsburg were also interested in science, and had founded a medical college in 1582. Some of them were influenced by the ideas of Paracelsus. The first metallic remedies were therefore included in the 'Pharmacopoia Augustana' in 1613.

II. Perspectivmaker, opticians and their workshops

1. Johann Wiesel Augustanus Opticus (1583-1662)

Johann Wiesel probably came to Augsburg in 1620, where he married Regina Arnold in January 1621. She was the daughter of a cabinet-maker and citizen of Augsburg. By his marriage, Wiesel was granted citizenship and could set up a workshop for making optical instruments. Wiesel had been born in Burrweiler, a small village in the Palatinate, in 1583, and had trained as a scribe; it is not known where he had spent the years before his marriage, nor where he had learned his optical skills. Spectacle making was a free art in Augsburg, not organised by any guild as it was in Nuremberg and Regensburg. There was no spectaclemaker living in Augsburg in 1620, so that Wiesel, who called himself 'Perspectivmacher', had no rivals. His wife was not poor; members of her large family were mostly goldsmiths, and these circumstances gave Wiesel a good start.

In 1620 the making of optical instruments was not yet widespread in Europe. The new optical instruments: telescope and microscope, had been invented a mere ten years previously in the Low Countries. Spectaclemakers had been working since the thirteenth century, but it was far more difficult to grind suitable lenses for telescopes than for spectacles. Consequently, scientists often made their own optical instruments. Today we know only a few names of professional optical craftsmen from about 1620: Francini in Florence, Fontana in Naples, Chorez in Paris, Tooke who worked for Thomas Harriot in England, and Drebbel, a Dutchman, who at this time lived in London where he produced the first microscopes with two convex lenses. But Drebbel was an engineer and inventor, rather than a craftsman. Heinrich Stolle, a learned watchmaker in Prague, left us a small perspective which he probably made for the German Emperor.

The first time that Wiesel was mentioned as 'working on glass' was in a municipal document of 1622. He soon became well known outside Augsburg, however, especially through his acquaintance with the physician Carl Widemann, a Paracelsist, who was in correspondence with a wide circle of those interested in alchemy. Philipp Hainhofer, art dealer and agent of several princes and dukes, became another patron of Wiesel around 1630. The correspondence of these men yields plentiful information concerning Wiesel's workshop and his spectacles and instruments. His first lists of instruments of 1625, some priced, were sent by Widemann to August, Prince of Anhalt. As unique examples of the optical craft, they are printed in the appendix of this book for the first time.

Wiesel's first years in Augsburg were very difficult and even dangerous. The early 1620s saw a general increase of prices. An outbreak of the plague around 1628 caused a high death rate in the following years. The peak of the counter-reformation came in 1629, when the edict of restitution was enforced. Protestant services were forbidden, protestant preachers had to leave the city, and protestant municipal employees were dismissed if they did not adopt the catholic faith. The situation totally changed when the Swedish king Gustav II Adolf conquered Augsburg in 1632. For three years Swedish troops occupied the city, imposing hardship on the citizens. The king gave orders to strengthen the city walls, and to raise a city guard from among the protestant craftsmen, which Wiesel had to join as a lieutenant. After the Swedish army had suffered a heavy defeat in September 1634, Augsburg was besieged by the armies of the German Emperor Ferdinand II and the Bavarian Elector Maximilian I. The plague raged again in the city and a hard cold winter set in, bringing a terrible famine, until the city was surrendered by the Swedish troops at the end of March 1635. The city council became catholic again and the citizens had to pay exorbitant fines to the conquerors.

Despite such troubles, Wiesel was able to enlarge his workshop. He was well known because of his good spectacles, telescopes, flea-glasses, magnifying glasses, burning mirrors, camera obscuras and so on. He already worked for the Emperor Ferdinand II and Maximilian I of Bavaria in 1630. When Daniel Depiere, a glass-worker from Danzig, arrived in Augsburg in 1638, he was employed by Wiesel. Two years later he married Anna Wiesel, his master's eldest daughter. In 1637 Wiesel bought a house, where he installed a furnace to melt and recast glass plates when he needed thicker glass. This house survives to the present day, being still known as 'Wiesel-Haus'. It is situated not far from the cathedral. The Wiesel familiy had to move to another house opposite the Holy Cross church in 1642, because the old one was requisitioned by the Carmelites, who had built their new monastery in the neighbourhood.

In the documents for the sale of the former house Wiesel was for the first time referred to as 'opticus'. Hitherto, an opticus was a man familiar with the science of optics, one who understood the behaviour of light rays. 'Opticus' became the name for the optical craftsman in Germany around 1640. Wiesel's wife died after 1642, and he remarried in 1645, to a widow named Anna Maria Ulstett. The Ulstett family belonged to Augsburg's upper class. Some of its members were patricians, some like Anna Maria belonged to the 'Kaufleutestube'. Wiesel became a member of this 'Kaufleutestube' because of his marriage, which meant a considerable increase of his social prestige. The marriage was only possible because of his good reputation as a maker of the sophisticated optical instruments. By now he was known all over Europe, 'inside and outside the German Empire' as Hainhofer wrote. He had already sold spectacles or instruments to the German Emperors Ferdinand II and III, to various German dukes and princes, and to Sweden, Denmark, and Italy. Philipp Hainhofer, who had a widespread clientele, was a good promoter for Wiesel. Busy roads from north to south and east to west passed through Augsburg, and Wiesel was able to sell his instruments to travellers who interrupted their journeys in the city.

Anton Maria Schyrle de Rheita, generally known as Rheita, was born into a noble family in Reutte in the Tyrol in 1604. As a very young man he became an Augustine friar and went to the Bavarian university of Ingolstadt in 1623. The professors of philosophy were all Jesuits, and every student had first to study the seven free arts in the faculty of philosophy, before proceeding to theology, medicine or law. In the years before Rheita came to Ingolstadt Christoph Scheiner and Johann Baptist Cysat had taught there and the study of mathematics and astronomy enjoyed great esteem. Rheita's interest in astronomy was probably awakened at this university, which, however, he had to leave in 1626. He went over to the Capuchins in 1627 and lived in the monasteries of Passau and Linz. When the Elector and Archbishop of Trier was accused of having connections with France and therefore arrested by the Emperor and brought to Vienna in 1637, he passed through Linz. Rheita became his confessor and adviser and accompanied him to Vienna. He had to leave Vienna in 1640 and in the following years lived mostly in Cologne where he applied himself to the study of astronomy and optics. Rheita spent some time in Augsburg in 1643 and in the spring of 1644. He often visited Wiesel's workshop and conversed with him, as is known from a letter to Sir Charles Cavendish, an English virtuoso. Rheita may have supplied Wiesel with theoretical knowledge. It seems that the novel terrestrial telescope with a compound eyepiece of three lenses was developed to a practical state during these discussions. In the summer of 1644 Rheita went to Antwerp where he published a book 'Oculus Enoch et Eliae' in 1645. One chapter deals with the grinding of lenses and the construction of telescopes. In a cryptogramm Rheita advised gluing paper in the mould for polishing the lenses. Another short cryptogram told the reader that the best telescope which shows the objects upright should contain four convex lenses. Rheita announced that such telescopes could be obtained from two opticians, Johann Wiesel and Gervasius Mattmüller (who lived in Vienna). Although Wiesel was already known in Europe, this book did much to spread his fame. The Elector of Trier was released in 1645 and returned to his residence in Trier. Rheita immediately joined him, having no further communication with Wiesel in later years. When the Elector died in 1652 Rheita had to leave Trier; he lived in various places, fell into the hands of the inquisition some years later and died in house arrest in a monastery in Ravenna in November 1659 or 1660.

In the final stages of the Thirty Years War battles were again fought in the southeast of Germany, and Augsburg was once more besieged by French and Swedish troops in 1646 which caused much starvation but was not successful for the besiegers. Delivery of Wiesel's new telescopes may have been delayed by this situation. In 1647 Samuel Hartlib in London obtained a telescope price list from Wiesel and sent copies to his correspondents. Telescopes were sold from 1649 onward to England, Wolfenbüttel, Sweden, Denmark, Gotha, Dresden, the Low Countries, Danzig, Turkey, and elsewhere.

Wiesel was probably the first optician to embody the field-lens in the microscope, to give a greater field of vision, in about 1650. At the same time he created an ophthalmoscope. Maximilian I of Bavaria presented Wiesel with a golden chain and his medallion. Duke August the Younger of Brunswick-Luneburg also sent him a portrait medallion decorated with rubies and diamonds as a token of gratitude for his good services after August's cataract operation. Wiesel's name occurs in several books published after 1645 by the following authors: Rheita, Hevelius, Riccioli, Harsdörffer, Zeiller, Schott, Borellus, Bonanni. He was still being mentioned in a few books and journals published after 1700.

Wiesel endured episodes of severe illness, but recovered each time. He suffered for some years from gout. It was reported that he had some chemical knowledge and in the 1650s made up for himself a medicine which cured his bad knee. This chemical knowledge helped him perhaps to make lacquerware, when it became fashionable in the middle of the century. Merchants from the Low Countries brought Japanese lacquerwork from Asia to Europe. European craftsmen tried to imitate such products, especially small furniture, boxes and so on. Wiesel made lacquered walking sticks of hollow cane, which, fitted with lenses, could probably be used as telescopes by unscrewing caps from both ends.

The last years of Wiesel's life brought success, both in his work and in his personal life. He was elected to the outer council of the city, in 1649, and he was appointed treasurer of his protestant parish of the Holy Cross in 1653/54. This church had been destroyed by the catholics in 1630, following the edict of restitution and was only rebuilt in Wiesel's term of office.

Theodorus Schad, a nobleman, councillor and mayor of the neighbouring Free Imperial City of Ulm, had a copper engraving of Wiesel's portrait printed in December 1660 and wrote a dedicatory ode to the 77-year-old opticus, his 'highly esteemed friend'. Schad was interested in optics and Wiesel had taught him how to make microscopes like Johann Koch, a nobleman of Augsburg. Wiesel was active, especially on microscopes, until his last days. Following his death, he was buried on the 27th March 1662, nearly 79 years old.

2. Transfer of knowledge and instruments

Extensive networks of information existed in 17th century Europe. Sovereigns needed information about political and military affairs. Great merchants received news from their factors in different cities and countries. Scientists and virtuosi were interested in new scientific theories and novel inventions. Young noblemen went on their 'grand tours' through Europe, accompanied by a learned tutor. Sometimes they could stay for some time at a university, perhaps in Leiden, Paris or in Italy. German students preferred the Italian universities especially for medicine and law, protestants went to Leiden. Before 1620 Heidelberg was a favourite place for reformed protestant students.

Augsburg was a nexus for information. 'Nachrichtenschreiber', news scribes, comparable to our modern journalists, already lived there in the 16th century and 'Neue Zeitungen', broadsheets with mostly curious and sensational news, were printed. Many Augsburg presses edited illustrated texts in German to a great extent. Since Augsburg was a craft centre and a gathering point for information, and held the main office of the Taxispost, some princes had their agents in the city, for example Duke August of Brunswick-Luneburg or Duke Ernst of Saxe-Gotha.

But Augsburg was not a centre for scientists, as London, Paris, Florence or Rome were; indeed there was in Germany no such centre. Certainly the various German dukes and Electors tried to bring good craftsmen to their residences and to attract famous scientists to their universities. But the universities were often located away from the residences, and the interest in scientific matters had waned during the Thirty Years War.

It is interesting to follow the routes by which news of Wiesel's instruments circulated in Europe. In the first years of his workshop, patrons like Widemann or Hainhofer wrote about him to their correspondents. Visitors who passed Augsburg on diplomatic or military business bought his instruments. Most of what is known about Wiesel refers to his dealings with princely clients in Germany, simply because these documents have survived in greatest number. After the war the princes wanted to restore their 'Kunstkammers', for it raised their reputation to be able to display to visitors a collection of art, craft and natural specimens. It depended on the personal interest of the prince which artifacts dominated. For example, items demonstrating technical and manufacturing skills formed the main part of the Saxonian Kunstkammer in Dresden.

The spectacles and other smaller instruments were sent mostly by post. Merchants who went to the fairs in Frankfurt, Naumburg or Leipzig carried the goods with them, and handed them over at the fair to merchants coming from their destination. Trade was dangerous at that time, not only during the war when the carriers risked being attacked by patrolling soldiers. Letters or parcels sometimes got lost in the post. The horse-drawn vehicles sometimes overturned or rain soaked into the parcels. If the instruments were not securely packed they could break during transport.

Sometimes Wiesel delivered the instruments to the clients in person, especially to Munich. When in May 1653 the Emperor Ferdinand III came to Augsburg for the election of his son Ferdinand as king of Germany, Wiesel worked for him and he went to the Emperor in Regensburg by raft on the rivers Lech and Danube in September 1653, where a Diet took place from 1653 to 1654. In 1660 Wiesel spent some weeks working for the bishop of Eichstätt in that city.

3. Clients in Europe

Scandinavia

Sweden: Swedish officers may have been the first foreign clients of Wiesel when they conquered Augsburg in 1632. The city government presented king Gustav II Adolf with a 'Kunstschrank'. It is preserved in the University of Uppsala together with its contents among which two spectacles and a flea-glass are to be found. The king, who was shortsighted, ordered five kinds of 'glasses' from Wiesel. These may have been eyeglasses, or perhaps magnifying glasses or telescopes. Around 1650 General Wrangel bought two long telescopes which are today the only known surviving instruments by Wiesel (albeit without lenses). They are preserved in the Wrangel's castle, Skokloster, near Uppsala.

Denmark: The Danish envoy Reichsgraf Christian von Pentz passed through Augsburg on his way to the German emperor in 1637. Hainhofer brought him to Wiesel, from whom he bought spectacles and ordered a big lantern to be carried on a ship when it was at sea. For this lantern he paid the considerable sum of 300 Reichstaler. An ophthalmoscopium and a long telescope were sold to the Danish king in 1652. The royal astronomer Villum Lange wrote to Hevelius about lunar observations. Four years later prince Ulrik Frederik Guldenlöw, a natural son of king Frederik III, who had studied in Italy, passed through Augsburg on his way home and bought a terrestrial telescope.

Italy and France

Italy: Wiesel sold instruments to Italy but the sources are very sparse. The Duke of Bracciano, Giovanni Giordano II Orsini, who lived in Rome, passed through Augsburg in 1637. Christoph Scheiner had dedicated his book on sunspots, 'Rosa Ursina', printed in Bracciano in 1630, to the Duke. We do not know what Wiesel sold the Duke; Hainhofer wrote: 'strange things' (wunderliche Sachen). The two Jesuit astronomers Giovanni Battista Riccioli and Francesco Maria Grimaldi of Bologna preferred an astronomical telescope by Wiesel to all their other instruments made by Fontana, Torricelli and Manzini, as reported by Riccioli in his 'Almagestum novum', printed in 1651. The result of their observations was a map of the moon where they conferred the names of the lunar formations which we still use today. Wiesel was also known at the Florentine court. Rudolf Strauch, the tutor (Hofmeister) of a young Swedish Earl of Baner informed Samuel Hartlib that he had seen mirrors by Wiesel in Florence.

France: Some comments about Wiesel are found in the correspondence of the French Minim and mathematician Marin Mersenne. He knew of Rheita's book in 1645 and told his friend Torricelli about the novel telescopes made in Germany. He obtained the price-list through Hartlib two years later and in 1648, shortly before his death, spoke of his wish to see a telescope made by Wiesel. Wiesel himself wrote in 1650 that he was working on a big telescope for the university of Paris; however no supporting evidence of this has been found in Paris.

England

English scientists and virtuosi were extremely interested in optical instruments. Samuel Hartlib saw in the improvement of glass manufacture and optical instrumentation the possibility of useful benefit to mankind. He disseminated the information he obtained from his continental correspondents to interested members of his circle. When he had received Wiesel's pricelist from a correspondent in Hamburg in 1647 he sent copies to his friends, among them John Pell, Hevelius and Mersenne. In Amsterdam Johann Moriaen became the intermediary between Wiesel and the Hartlib circle. The first terrestrial telescope by Wiesel we know about was sent to Moriaen in 1649. He sold it to Benjamin Worsley, a member of the Hartlib circle. The instrument arrived in London in December 1649 and in the same month Sir Paul Neile came to Hartlib's house to see and examine it. Under Neile's patronage the optician Richard Reeve had for some time been trying to improve the grinding of lenses. They wanted to surpass Wiesel, which shows that Wiesel's instruments were considered to be of a very good quality. Microscopes with three lenses by Wiesel arrived in England in 1651. By 1652 Reeve had already improved his own microscopes along similar lines, and also his telescopes. In the following years English terrestrial telescopes were constructed in a similar fashion to those of Wiesel: the ocular lenses were fastened in the thickest and outermost tubes and the objective lens in the smallest one. Reeve became the first of a great many of English opticians of high reputation. The interest in Wiesel's instruments did not wane in England: two English travellers visited Wiesel in Augsburg, Henry Oldenburg in 1658 and Robert Southwell in 1661.

The Low Countries

Johann Moriaen sold instruments by Wiesel not only to England but also to customers in the Low Countries, for example to the globemaker Blaeu and to the father of Christiaan Huygens. In 1652 when Huygens himself, with his brother, became interested in the grinding of lenses, he found a telescope by Wiesel in the collection of James Edelheer in Antwerp. Another telescope and a microscope by Wiesel came into the possession of Christiaan Huygens in 1654. The scientist examined them and also other instruments by Wiesel, for example a little perspective, very carefully and noted the focal lengths of the lenses. Probably he saw in these instruments for the first time the compound eyepiece, which he improved some years later.

Danzig

The famous astronomer Johannes Hevelius had travelled to Leiden, England and the South of France in his youth and later kept in touch with his friends by letter. He received a copy of Wiesel's price list from Hartlib at the end of 1647. He was very interested in information on Wiesel's instruments. When Moriaen announced the compound microscope with field-lens in 1650 he at once ordered such an instrument which he received in 1652. Wiesel's description of it is perhaps the oldest in existence of a microscope with three lenses. (See chapter on microscopes). Some years later Hevelius bought a long telescope by Wiesel for 180 Reichstaler.

4. Daniel Depiere (d.1682)

Daniel Depiere (de Piere) was born in Danzig before 1620. He came to Augsburg in 1638, worked with Wiesel for 24 years and continued the workshop after Wiesel's death until he died in 1682. Anna Wiesel, whom he married in 1640, gave birth to eleven children and died probably with the twelfth in 1657. Depiere married his second wife in 1668, Salome Schaffner, the daughter of an 'oculist', who lived in his neighbourhood in Augsburg. His third wife whom he married in 1677, Sara Ruepprecht, was born of a noble family in Memmingen, a smaller imperial city in Swabia. Many connections existed between families and firms of Augsburg and Memmingen. Depiere and his first wife Anna Wiesel bought the membership of the Kaufleutestube after Wiesel had become a member. When Depiere died in 1682, probably four sons by the first marriage, a daughter by the second and a little son by the third survived their father. One of his sons, Hans Heinrich Depiere (b. 1653) became an optician, but nothing is known about his work. He left Augsburg in about 1695.

Today Depiere's name is known especially because of the compound microscopes which he sold to the Frenchman Balthasar de Monconys and to the Duke Johann Georg II of Saxony (see microscopes). In 1674 Depiere had a catalogue of the instruments which he made printed in Latin and German. This 'Verzeichnus' is today the oldest known example of a printed handlist of an optical craftsman, and probably of any maker of scientific instruments. Only one example is known in the Staats- und Stadtbibliothek of Augsburg (Abb. 4). A reproduction is given in appendix 1 (Anhang A.1 Nr.V).

5. Cosmus Conrad Cuno (1652-1745)

Cosmus Conrad Cuno, born in Hamburg in 1652, learned the goldsmith's skills, especially the making of filigree. Nothing is known about his youth. He travelled, probably visited the Low Countries, because he spoke Dutch. Cuno lived some time in Nuremberg in about 1680 where a well known physician, Dr. Volckamer became his patron. Cuno showed him how to make microscopes, and so must have acquired this knowledge before he arrived in Nuremberg. Volckamer recommended Cuno to his colleague Lucas Schröck in Augsburg in 1684. Both physicians were members of the German 'Academia naturae curiosorum' founded in 1652, later called the 'Leopoldina'. The members of this academy, in its first years consisting only of physicians, lived in various parts of Germany and were thus unable to assemble like the members of the Royal Societies in London or Paris. They exchanged ideas and experiences by letter, and in 1670 founded a journal, the 'Miscellanea curiosa ...' or 'Ephemerides'. Volckamer became president of the society, and Schröck the editor of the journal. After Volckamer's death Schröck succeeded him as president in 1693.

The start of Cuno's career in Augsburg was not easy. He published a pamphlet with the description and an illustration of three of his simple microscopes in 1685: 'Bericht an die Herren Liebhabere' (report to the lovers of microscopes). He married Depiere's widow in 1686 and therefore became a citizen of Augsburg and a member of the gold-smiths's guild in the same year. On a second edition of his pamphlet Cuno signed as 'Bürger' (citizen) of Augsburg, which he had not done on the first one. Cuno also offered other optical instruments in this leaflet but he specialized in simple microscopes. Two of these are depicted on the portrait of Cuno which was engraved in about 1700 (Abb. 45).

Four children were born to Cuno and his wife. Only one son was later known to have become a goldsmith, but not an optician. A second marriage took place in 1708. Cuno's second wife Susanna Mayr was a very rich widow. Her father had been a well known painter, Johann Ulrich Mair, and her maternal grandfather, a businessman, belonged to the richest families of Augsburg in the second half of the 17th century. Cuno possessed two houses where he collected a cabinet full of curiosities, examples of craftsmanship and also specimens of the natural and mineral world. His visitors' book covering the years 1629 to 1638 is kept in the Augsburg city archives, and shows names from the whole of Europe, men and women of all professions. Citizens of Augsburg also inscribed their names, especially artists and men who were interested in improving education, who wanted to bring more natural and physical science into the school curriculum.

In later years Cuno also worked as a writer. He translated Dutch poems into German for his friend Kolb, a painter and printer, who wanted the text for the engravings which he copied out of Dutch books. One of these books which Kolb edited shows emblemata written by Jacob Cats, which were all the vogue at that time. Cuno's last work was a book with engravings of his microscopical observations, printed in 1734 (Abb. 49). It was the first book on this subject since those of Leeuwenhoek and Joblot (1718); not a scientific work but rather one for amateurs and virtuosi, an example of the wide-spread popularity of microscopical studies.

6. Other opticians in Augsburg

We know the names of other seventeenth-century craftsmen besides Wiesel, Depiere and Cuno, but their work was not restricted to optics. Knauss, a contemporary of Wiesel, was a turner who made small perspectives; nothing more is known about him. Johann Philipp Treffler (1625-1698), son of a silver turner, went to Florence in about 1650; he served the Medici court as a clockmaker and turner for some years, and learned to grind lenses. When Treffler returned to Augsburg in 1664 and married the daughter of a physician he became a member of the 'Kaufleutestube', and so was not obliged to join a guild. Nevertheless he got into trouble with the turners' guild when he produced silverware, because he had not made a masterpiece. Besides other activities he made perspectives and called himself opticus; nothing is known, however, about his optical instruments.

After 1700 some craftsmen worked in optics in the city. They made spectacles and common perspectives, microscopes and other optical devices. Johann Konrad Beuther (1721-1783), an engineer and mathematician of Lindau, visited all the optical workshops when he arrived in Augsburg in about 1740. He left us some notes on these visits and some names. He judged Cuno as the leading optician in the city at that time.

In 1734 Georg Friedrich Brander (1713-1783) settled in Augsburg. He soon became known for his excellent mathematical and astronomical instruments. The life and work of Brander and his son in law Christoph Caspar Höschel (1744-1820) is well documented in the catalogue 'G.F.Brander 1713-1783', Munich, 1983. Brander has personal connections with Augsburg: his father-in-law was Daniel Thenn, a magister of the Gymnasium bei St. Anna, and in his youth his brother-in-law, Johann Christoph Thenn a protestant pastor, also taught at the Gymnasium for a few years. Both were interested in the experimental sciences. Therefore Brander had good connections to that school and made his first 'Sternfinder' (starfinder) for it. Brander and his wife were buried in the grave of Daniel Thenn. The plate which Thenn sponsored in 1766 still exists in the protestant cemetary in Augsburg (Abb. 52).

The last optician in Augsburg who built himself optical instruments, among them a greater Newtonian telescope for the university of Würzburg, was Anton Andreas Schwaiger (1791-1879). By this time Guinand and Fraunhofer had already found new ways for the production of glass and the construction of instruments, and they took the leading position in the optical craft in Germany.

7. Opticians outside Augsburg

This chapter enquires into other opticians working in Germany outside Augsburg, and in Europe. In the first half of the 17th century no other German optician is known by name. After 1650 some names are found, but there is very little information on them. The situation changed after about 1700.

In Europe Wiesel was one of the first generation of professional opticians to specialize in optical instruments – his contemporaries were Fontana, Francini or Reeve – one of the best in about 1646, when Eustachio Divini in Rome began to produce optical instruments. Wiesel gave a tremendous impulse to the craft at that time, by his development, with Rheita, of the compound eyepiece for telescopes and microscopes. Reeve, on seeing the compound eyepiece in Wiesel's instruments when they first arrived in England in 1649, immediately adopted it in his own products. He improved his instruments with the assistance of scientists and virtuosi. Reeve and his apprentice Christopher Cock were the first of a long chain of very good English opticians in the following centuries. The compound eyepiece also became common in the Low Countries and in Italy, where in the fifties Divini probably surpassed Wiesel. When Wiesel died in 1662, Giuseppe Campani showed his telescopes to the public for the first time. He was to become Europe's leading optician in the following years.

III. Optical instruments

1. Raw material and its processing

Glass: some remarks are given on its composition and on the history of glassmaking, also on the process of grinding and polishing optical lenses. Several German and Austrian princes tried to install glasshouses for making Venetian clear 'white' glass during the 16th century. None of those glasshouses operated for more than a few years because of considerable problems in importing the ash and in obtaining the vast quantity of wood for the furnace. Only one glasshouse in Hall in Tirol near Innsbruck existed for any length of time, from 1534 to 1615. Therefore Wiesel needed Venetian 'cristallo' for his lenses. It was not difficult to buy it because many Augsburg merchants had good connections with Venice. When he subsequently discovered by experiment that the 'white glass' was not stable, Wiesel preferred pieces of broken mirrors. Some complaints about the crumbling and darkening of the lenses are known from the late fifties. Wiesel discussed the cause for what is still known as 'glass sickness' with Venetian glassmakers and also with his client Johann Moriaen.

Metal: The spectaclemakers of Regensburg had to be able to fabricate the basins of metal for the grinding of lenses themselves, as had been decreed in 1600. Wiesel and Depiere were also able to produce these basins, and to construct mirrors of metal.

Papers, cardboard, parchment, leather: craftsmen for making all these materials lived in Augsburg. The tubes for the optical instruments were made out of cardboard in the 17th century. The outermost tubes were covered with parchment or leather, sometimes decorated with golden ornaments. That this work was undertaken by bookbinders is confirmed by the discovery in Augsburg city library of books with the same decoration as on Wiesel's telescopes.

The use of marbled papers to cover the inner tubes is of special interest. The 'Turkish paper' became known in European countries outside the Ottoman Empire at the end of the 16th century. It was used and perhaps produced very early in Augsburg. The telescope of the 'Pommerscher Kunstschrank' which was sold by Hainhofer to the Duke of Pomerania in 1617 is an early example. This telescope may be of Italian workmanship because it was sold before Wiesel worked in the city. But it is conceivable that Hainhofer obtained only the lenses from Italy and had them put into the telescope in Augsburg itself, because the Turkish paper on the tubes was also used in other parts of the Kunstschrank. This instrument is today kept in the Kunstgewerbemuseum in Berlin (Abb. 12). Wiesel's telescopes in Skokloster which may have been produced in about 1650 are covered with so-called 'Kamm-Marmor'-paper, because the pattern was made with a comb (Abb.15).

Horn and ivory: Wiesel used horn or tortoise-shell for the frames of spectacles or for the mountings of lenses, bone or ivory for small perspectives, flea-boxes or compendia. Horn or bone were prepared by the combmakers. Ivory was often used by the gold-smiths. Therefore these materials were available in Augsburg.

2. Spectacles and other remedies for eye defects.

Wiesel made spectacles from the inception of his workshop, such goods being probably the basis of his business. Previously spectacles could be bought in Augsburg only at the fairs, where they were offered especially by traders from France and Savoy. We know of Wiesel's spectacles from the correspondence of Duke August the Younger of Brunswick-Luneburg and his agents in Augsburg. They had to provide him with news and with books for his famous library but also with items of art and the necessities of daily life. Duke August had already ordered spectacles in 1613 when his connection to Philipp Hainhofer began. From 1630 Hainhofer bought optical goods from Wiesel, for example a pair of spectacles for a 'man of fifty years'. Wiesel soon improved his spectaclemaking by asking for a 'measure of the sight' (Maß des Gesichts) of the client. This involved a length of thread and an example of a text. The length of the thread indicated the distance at which client was able to read the text. Furthermore Wiesel probably made his spectacles from crystal glass; at any rate, they became famous from Trier to Vienna, from Brunswick to Italy.

The famous protestant pastor Johann Valentin Andreae who had initiated the Rosicrucian movement lived at Stuttgart in 1642. He was friendly with Hainhofer and asked him for a magnifying glass. He wanted it to be set as the cover of an empty case like a book which he intended to take with him into the pulpit in church. On the lowermost side of this book he wanted to be able to draw out a strip of paper on which his sermon was written. The magnifying glass would help him to read the text and a small clock, which the book-case should also contain, would remind him of the passing time. Wiesel made this glass to Andreae's satisfaction. In this correspondence we find a comparison of the price between rock-crystal and Venetian cristallo. The magnifying glass, 6,5 cm x 9,5 cm, would have cost more than 50 guilders (fl.) in rock-crystal. Wiesel made it from cristallo and charged 16 fl. The story also shows that no optician comparable to Wiesel worked in Stuttgart and in Nuremberg in 1642.

Little perspectives named 'Perspectivröhrlein' were made by Wiesel at that time. The client could hide such a small instrument in his hand, so nobody was aware that he needed spectacles. These small glasses were used not only to discern distant objects but also to read books or letters (Abb. 7).

Duke August had to endure an operation for cataract in 1653. Wiesel sold him many cataract lenses. When he possessed no piece of glass sufficiently thick for these lenses he remelted glass in his furnace to produce one. We also learn about the different trials for the mountings of the spectacles. Leather frames sat on the nose like a pince-nez. Wiesel also made a ring of metal to hang the glasses, and sent glasses which could be fastened on the Duke's cap. The form of frames which we use today, fastened behind our ears, was not invented before the 19th century.

Shot lenses (Schießbrillen): This was the name for single lenses which were put on a rifle to improve the sight of the marksman. Even before 1600, master spectaclemakers in Regensburg had to be able to make these lenses. Wiesel sold such glasses to the Dukes of Bavaria and Brunswick and also to the German Emperors. There are some hints that he produced similar instruments for guns.

3. Telescopes

There are some examples which show how difficult it was to obtain usable telescopes in the years after 1610 and in about 1620 when Wiesel began to work in Augsburg. Philipp Hainhofer made great efforts to obtain lenses or instruments from his friends in Italy. The name for the new optical instrument was not yet defined. In Germany it was variously known as 'Spiegel' (mirror), perspective, perspicill, tubus opticus or telescopium.

Wiesel differed from the spectaclemakers from the outset by calling himself perspective-maker. In the forties he described himself as opticus. By 1625 he was offering so-called perspectives or 'Spiegel' to enlarge the moon. He sold two Galilean telescopes to German dukes in 1632. They had ivory mountings and several draw tubes, the outermost covered with velvet and decorated with golden lace, as we can see on the instrument from the Pommerscher Kunstschrank.

Wiesel began to develop the terrestrial telescope with a compound eyepiece of three lenses in about 1643. It is unclear who invented the new telescope; probably it was developed in the course of discussions between Wiesel and Rheita. Wiesel produced and sold many of these terrestrial telescopes with four and more lenses all over Europe in the following years, and in this way the compound eyepiece became widely known. Because of his great experience Wiesel was able to diminish the chromatism of the lenses by a clever arrangement of the lenses in the tubes. Wiesel wrote a price-list for his telescopes after 1645, which reached Samuel Hartlib London via Hamburg in the autumn of 1647. Hartlib distributed this list in German or in Latin to the interested friends of his circle of correspondents. In this list we find the three kind of telescopes known at that time, which today we call Galilean or Dutch, Astronomical or Keplerian and Terrestrial telescope. The German text is given in chapter III.3; the Latin text of the list is printed in appendix 1 (Anhang A.1 Nr. III).

Attached to his telescopes Wiesel sent descriptions for the use of the instruments. Some of them are printed in this chapter, and also a description of the Skokloster-telescopes.

4. Microscopes

Wiesel offered flea-glasses (Flohbüchslein) in 1625, small cylindrical boxes, which contained a magnifying lens on the top and a slip of glass or mica on the bottom. They were especially used to put insects inside and had to be held against the light. The two parts of the box were screwed together and Wiesel already used the screw to obtain a clear image of the object (to adjust the instrument).

Wiesel must also have built compound microscopes with two lenses in later years because he added a third lens in about 1650. The first microscope with a third lens, the field-lens, which served to enlarge the field of vision, was mentioned by Wiesel in a letter to Johann Moriaen in Amsterdam in February 1650. Therefore Wiesel may have been the first optician who added the field-lens into the microscope. It was an important improvement because it also meant that more light was concentrated on the object. In Wiesel's time the defects of the glass may sometimes have impaired the result of the observations, but today each compound microscope contains a field-lens. Wiesel sold such microscopes mostly with an enclosed 'Unterricht', a description of the instrument. Some of them are printed in this chapter, the first one written in 1652. To adjust the instrument Wiesel used a coarse screw made from cardboard, a 'Kartonschraube', to screw the nosepiece into the tripod. The objects were fastened on a disc which could be turned below the objective-lens. Such a screw of cardboard at a microscope made by the Italian optician Divini in 1671 is preserved in Padua (Abb. 44).

Very early on, Wiesel wrote about his microscopical observations made mostly on insects, already with the fleaglass. Sketches of the objects were made in the 1650s at the latest.

Balthasar de Monconys, a French nobleman and traveller, who was very interested in science and in optics, visited the optical craftsmen in all the cities which he passed on his journeys. He wrote detailed reports on his journeys where he also described Depiere's microscope. They were edited by his brother after his death in 1665. The book ran into several editions and was translated into foreign languages, and was therefore well known in scientific circles.

The microscope which Depiere sold to Johann Georg II, Elector of Saxony, in 1665, was preserved in the Kunstkammer of Dresden, which became the Mathematisch-Physikalischer Salon. Regrettably, this instrument was destroyed in the last months of World War II. Only a photograph survived to show how the microscopes of the Augsburg-workshop looked around 1660. It was somewhat tall, nearly 50cm high, with three lenses on a tripod with a movable disk for the objects. It was possible to adjust the microscope by means of a coarse screw on the lowermost wooden tube which fitted in the socket of the tripod. Until 1945 it was the oldest existing microscope in Europe with a fixed date (Abb. 43).

In Depiere's catalogue of 1674 we find compound microscopes of two and more lenses, and also a microscope with one tiny lens, the so-called simple microscope. This instrument was to become known in the second half of the 17th century because of the remarkable discoveries made by some microscopists in Italy, England and especially in the Low Countries. It was often made by the scientists themselves. Apart from Depiere, the first craftsman to make these simple microscopes commercially was Samuel Musschenbroek of Leiden, who began to produce scientific instruments in about 1660. When Christiaan Huygens had shown his models in Paris in 1678, some French instrument makers began to include them among their wares. Michael Butterfield announced such a microscope in a leaflet in 1679.

Cuno issued a leaflet with the description and sketch of three different simple microscopes in Augsburg in 1685, which was reprinted several times in the following years (Abb. 6). Nr. 1 of these instruments resembled one of the Musschenbroek models, nr. 2 to one of Huygens's examples, while nr. 3 was to become the compass-microscope. The Science Museum in London has a small instrument like nr. 2, but it is not signed (Abb. 46 u. 47). The only signed work by Cuno 'C·C·C·A·V·1692' is a small box which contains a microscope like nr. 2 and four flea-glasses. It was purchased by the Mathematisch-Physikalischer Salon in Dresden at Christie's South Kensington in 1996, because the box was made for the Saxonian scientist Ehrenfried Walther von Tschirnhaus (Abb. 18). That Brander also built this model in his early years is shown by an instrument which was kept in the Deutsches Museum in Munich, but unfortunately stolen in 1974 (Abb. 48).

5. Various other optical instruments

1. Burning mirror, burning glass and lantern: In the first letters between Widemann, Wiesel and the Prince of Anhalt burning mirrors were frequently mentioned. They were probably employed in alchemists' laboratories. Metallic mirrors were used as reflectors in lanterns: a lens was put in front of an oil-lamp and a mirror behind it. Wiesel sold such a lantern for a ship for 300 Reichstaler to Denmark in about 1637, which is kept today in the Rosenborg Castle in Copenhagen (Abb. 14 u. 29). Depier made great mirrors for lanterns for the Bishop (Fürstbischof) of Salzburg in 1679.

2. Camera obscura: Wiesel offered this instrument under the name 'Landschaftsspiegel' in 1625 and he recommended it as a device to aid artists in drawing perspective. In Depiere's catalogue 1674 this apparatus was listed as Camera obscura.

3. Ophthalmoscopium and Tubus anatomicus: This instrument has nothing in common with the modern ophthalmoscope of the 19th century, which was developed by Helmholtz and enables the physician to examine the back of the eye. Wiesel first wrote of this oculists' device in 1649. But the client himself should also be able to recognize the defects in his eyes. The configuration of this little instrument is unknown; perhaps it resembled a small Galilean tube (like a Brückelens). On the other hand, Wiesel's descriptions, which are added to this paragraph, could have referred to entoptic phenomena which can be seen by tiny lenses. Depiere and Cuno both built ophthalmoscopes. Likewise, a similar instrument made by Lemaire in Paris in 1727 is known only from a description published by Büchner in Erfurt in 1731.

4. Polemoscopium: In 1625 Wiesel had written of a tube with four glasses. A further description shows that there must have been two lenses and two mirrors, and that the instrument resembled the polemoscope introduced in print by Hevelius in the 'Selenographia' in 1647 (Abb. 24). Both men certainly developed the instrument independently.

5. Optical instruments for pleasure and amusement: Hainhofer sometimes bought distorting spectacles, mirrors, and prisms, especially to fill his cabinets (Kunstschränke). It is not known if Wiesel made such things but he recommended using a terrestrial telescope to look at a small painting, for example the perspective view of a hall, when the viewer would be astonished to see a great hall, seeming life size, through the instrument. Depiere offered the magic lantern.

Abbildungen

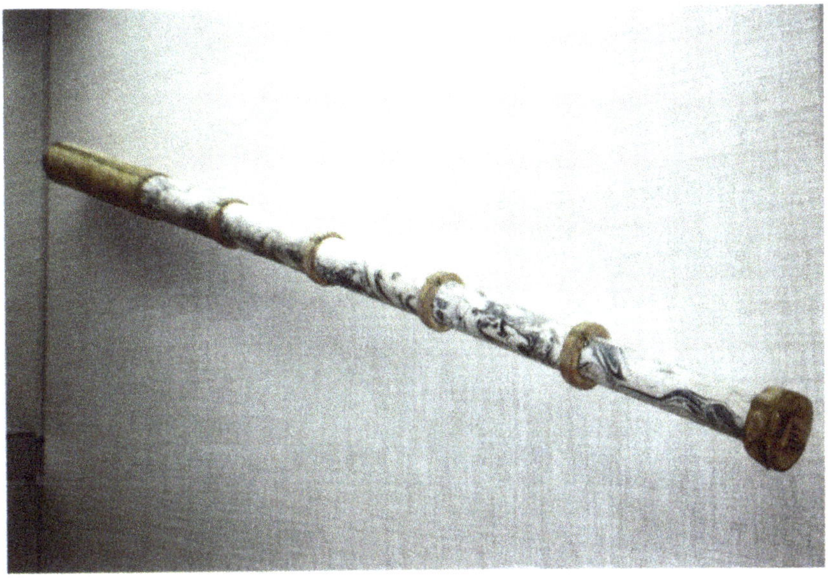

Abb. 12. Fernrohr aus dem Pommerschen Kunstschrank, 1617 geliefert. Kunstgewerbemuseum Berlin. Tiergartenstraße.

Abb. 13. Marmorpapier aus dem Pommerschen Kunstschrank. Rückwand eines Bildes (Übergabe des Schrankes von Anton Mozart). Vgl. Abb. 12.

Abb. 14. Direktor i.R. M. Bencard hält die Schiffslaterne von Johann Wiesel, die zwischen 1637 und 1640 für König Christian IV. von Dänemark angefertigt wurde. Im Hintergrund: Christian IV. Gemälde von Karel von Mander. Schloß Rosenborg Kopenhagen.

Abb. 15. Zwei Fernrohre von Wiesel, um 1650 von C.G. Wrangel erworben. Länge voll ausgezogen etwa 2,70 m. Schloß Skokloster. Schweden.

Abb. 16. Fernrohre in Skokloster. Links Einblick (Okular), rechts Objektivende. Kappe der Objektivlinse abgeschraubt. Vgl. Abb. 30 bis 33.

Abb. 17. Relikt eines optischen Gerätes von Wiesel. Medaillon mit dem Monogramm I·W. In zwei weiteren Medaillons AUG und OPT. Originalgröße des Medaillons 7 cm x 12,5 cm. Goldprägung auf Leder. Germanisches Nationalmuseum Nürnberg. Vgl. Abb. 36/37; A.2.1 Nr.4.

Abb. 18. Kästchen mit Mikroskop und vier Flohbüchsen von C.C. Cuno. 1692. Drei Wechsellinsen. Kleine Dose mit Objektscheiben. Elfenbein. Holz. Mathematisch-Physikalischer Salon. Zwinger Dresden. Vgl. A.2.1 Nr. 5. Foto Christie´s South Kensington.

Abb. 19. wie Abb. 18. Cunos Signatur im Deckel.

Abb. 20 und Abb. 21.

Sogenanntes Wieselhaus.

Augsburg
Äußeres Pfaffengäßchen 23
Vorder- und Rückseite.

Abb. 22. Josef Weidenbacher: Heilig-Kreuz-Straße in Augsburg. Aquarell.
Links zweites Haus: Wiesels zweites Haus.
Rechts die 1653 neu erbaute evangelische Kirche Heilig Kreuz.
Aus: Dr. Josef Weidenbacher 1886-1973. Hg.: Galerie Hassold und Kreissparkasse Augsburg. S. 8.

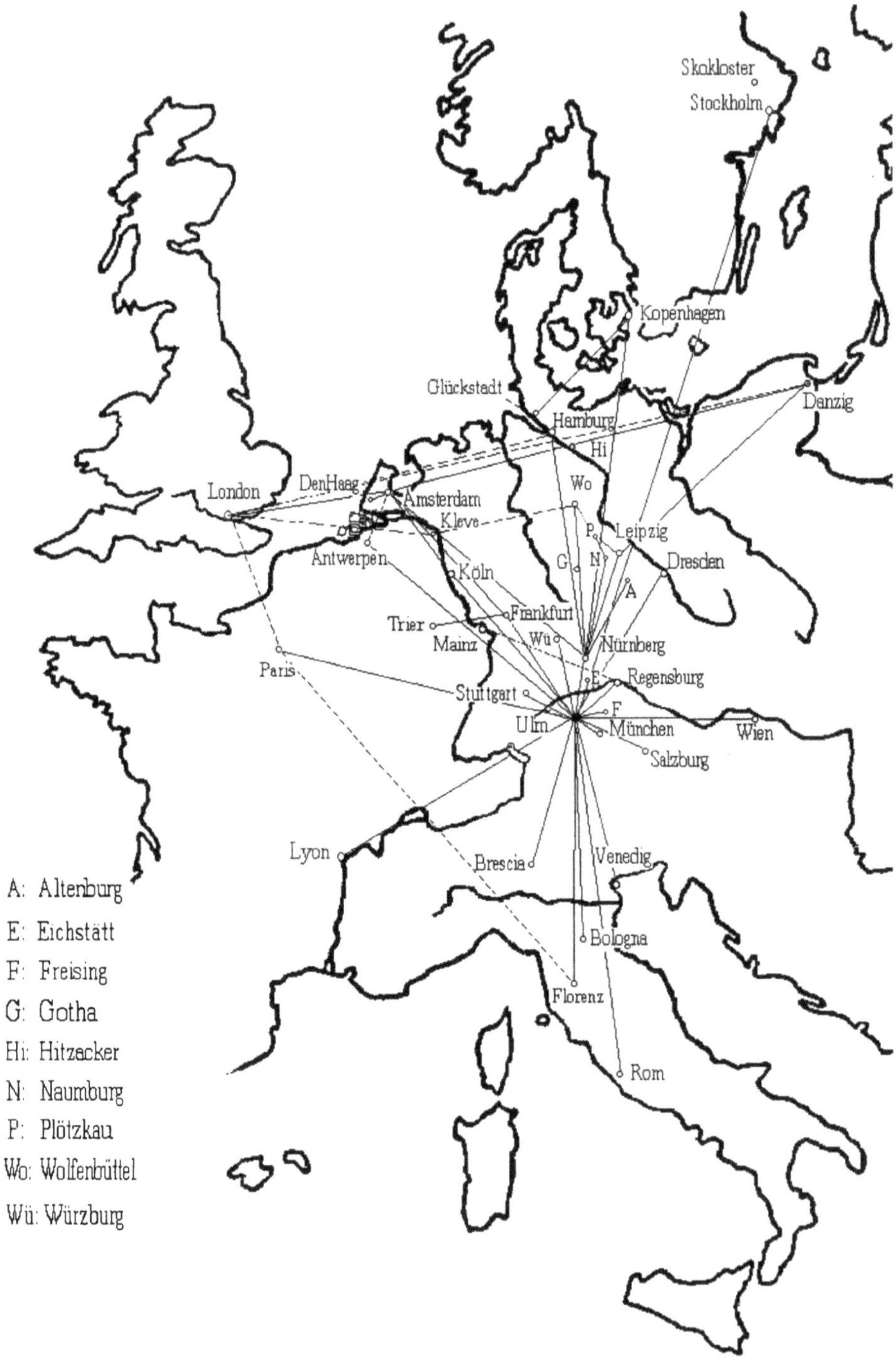

Abb. 23. Bestimmungsorte der Augsburger Instrumente, soweit bekannt. Kommunikations- und Transportwege.

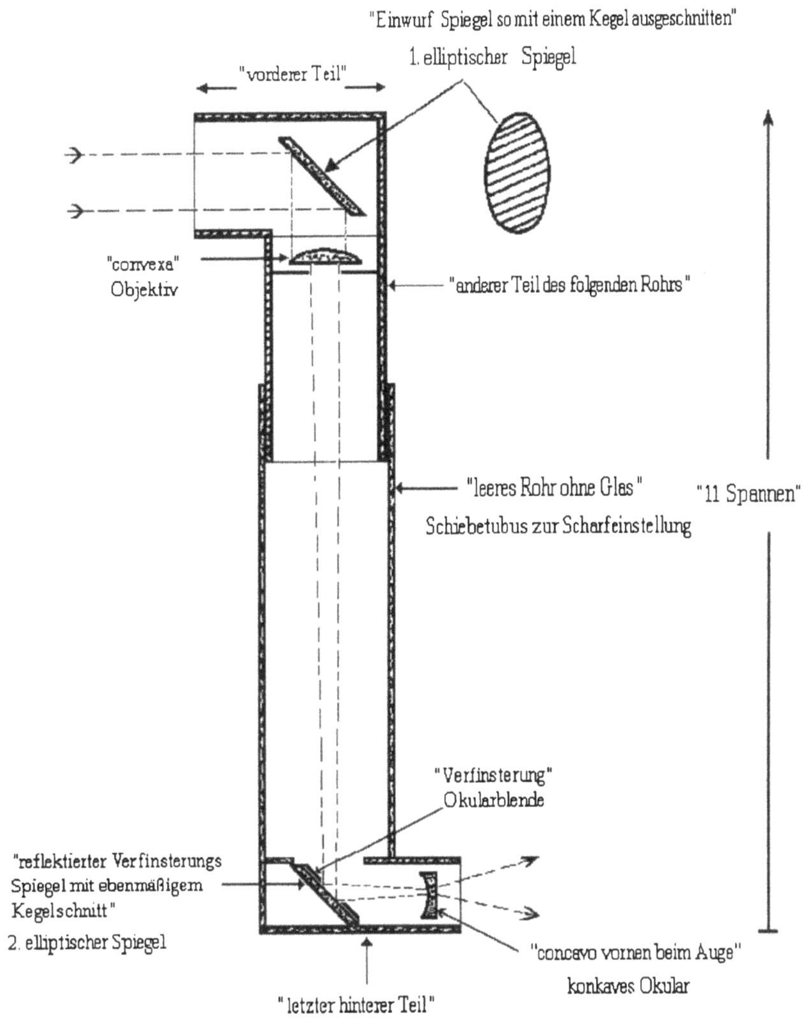

Abb. 24. Rolf Willach: Schnitt durch das von Wiesel 1625 beschriebene Fernrohr mit vier Gläsern. Versuch einer Deutung.
Text im Anhang A.1 Nr. I b.

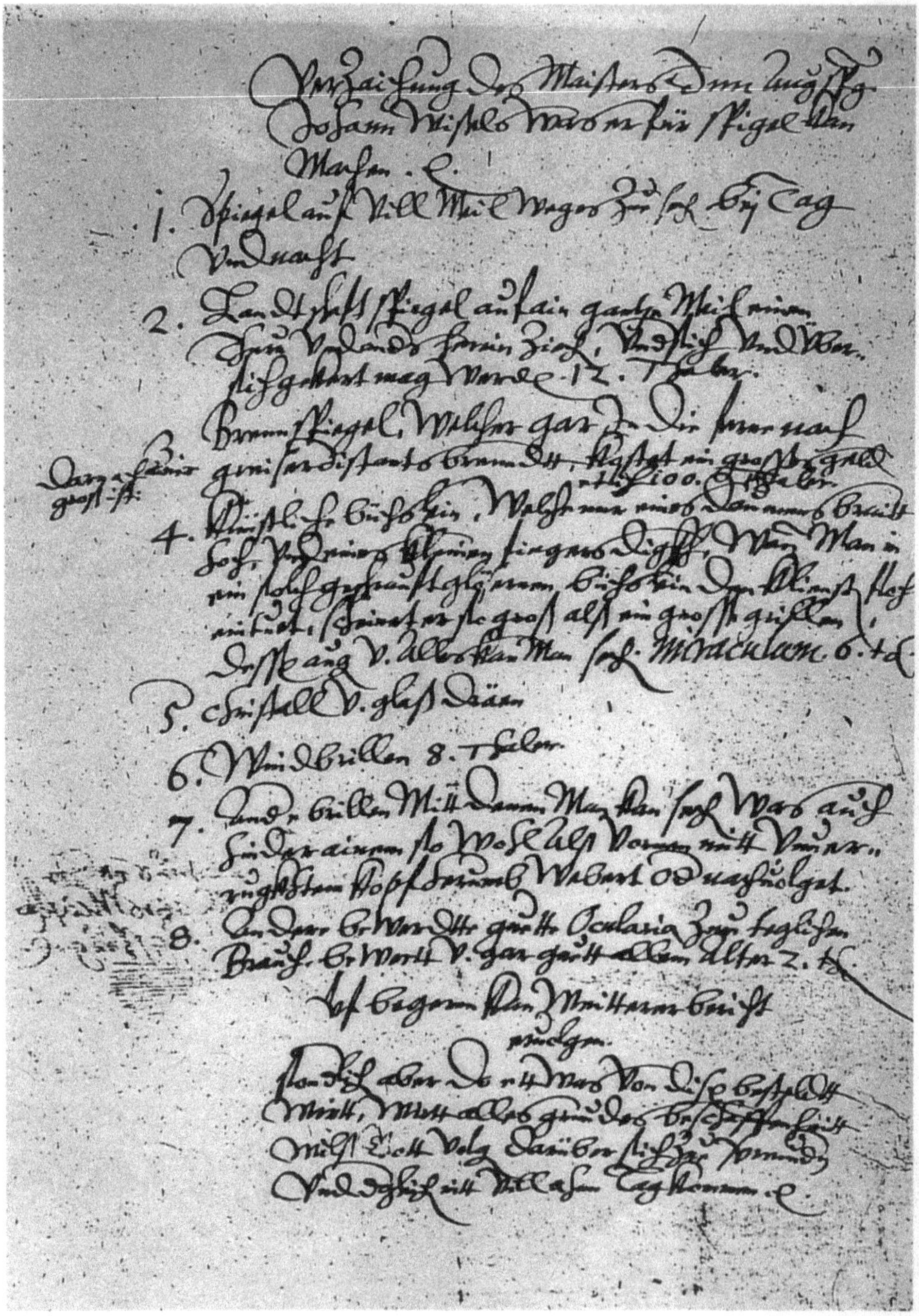

Abb. 25. Instrumentenverzeichnis von J. Wiesel, 1630 an Herzog August d.J. von Braunschweig-Lüneburg geschickt. Handschrift C. Widemann. HAB Wolfenbüttel Bibliotheksarchiv. BA II, 1-12,1. Vgl. A.1 Nr. II.

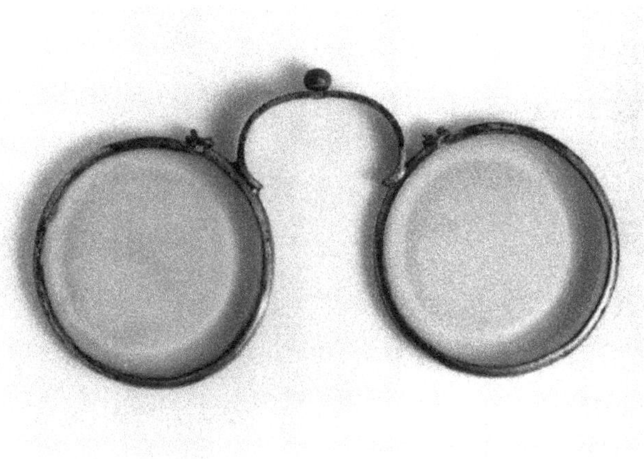

Geräte aus dem Kunstschrank, den die Stadt Augsburg 1632 König Gustav II. Adolf von Schweden verehrte.

Universität Uppsala. Museum Gustavianum.

Abb. 26. Brille, Silber vergoldet, bikonvexe Gläser. Länge 9 cm.

Abb. 27. Vexierbrille, Leder. Länge 9 cm.

Abb. 28. Flohbüchslein, Bein. Höhe 3 cm.
Foto Bo Gyllander Örsundsbro Schweden.

Abb. 29. Schiffslaterne von Wiesel. Vgl. Abb.14. Rauchabzug und Rückseite mit dem Spiegel geöffnet. In der Mitte das Loch für die Kerze. Rosenborg.

Abb. 30. Fernrohre in Skokloster. Vgl. Abb. 15, 16, 31, 32 und 33.
Zusammengeschoben etwa 70 cm lang. Vgl. A.2.1 Nr. 2 und 3.

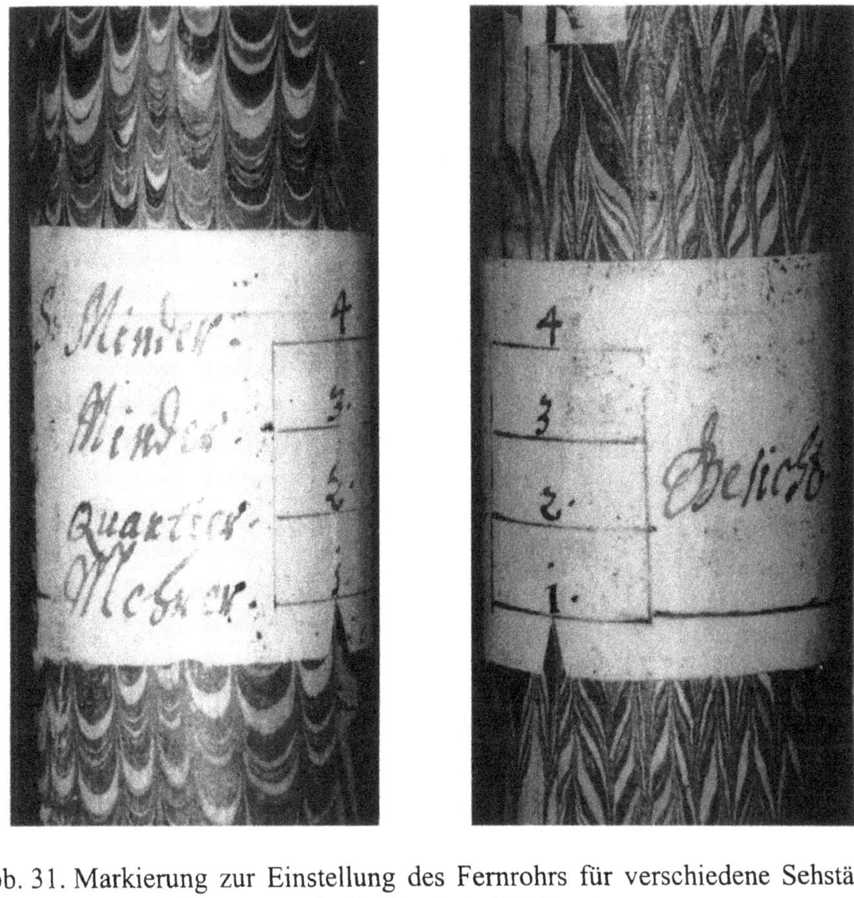

Abb. 31. Markierung zur Einstellung des Fernrohrs für verschiedene Sehstärken auf dem dünnsten Rohr K. Handschrift Wiesel

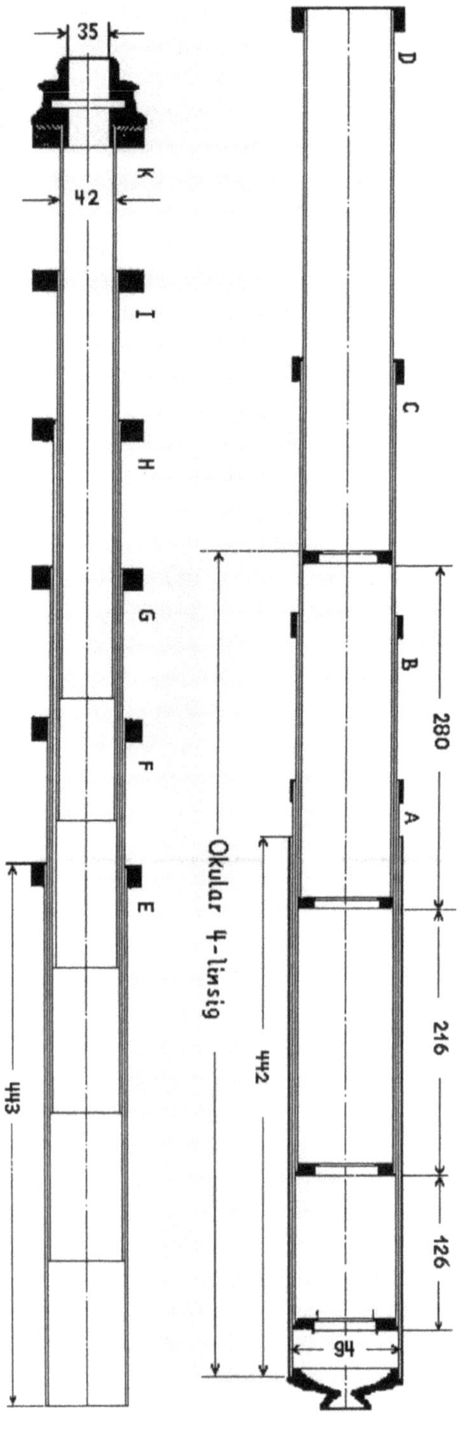

Abb. 32. R.Willach: Schnitt durch das Skokloster-Fernrohr Nr. 10643: I·W·A·O·F

Prägungen

Abb. 33.
Skokloster-Fernrohr:
Gold auf schwarzem Leder.

Abb. 34.
Staats- u. Stadtbibliothek
Augsburg:
Schweinsledereinband 1679.

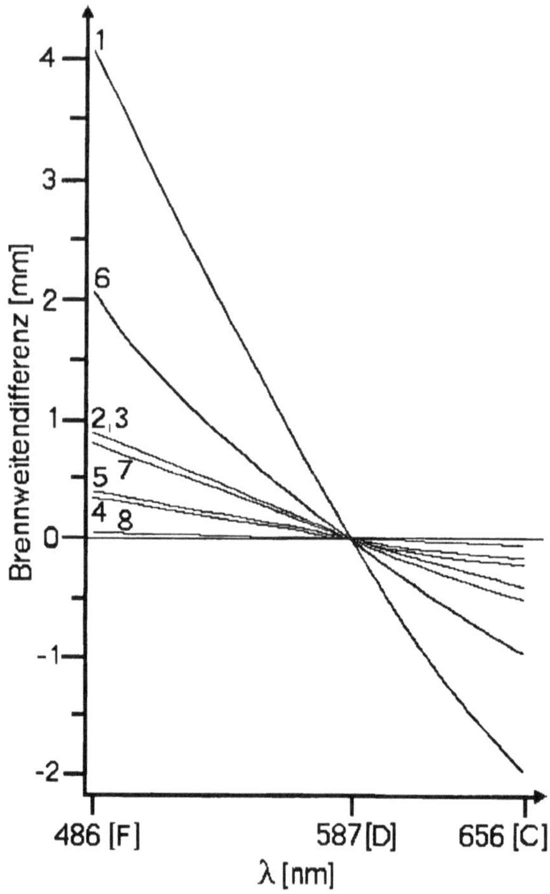

Abb. 35. Rolf Willach: Die berechneten Farbfehler (Brennweitendifferenzen) verschiedener zusammengesetzter Fernrohrokulare des 17. Jahrhunderts. Brennweite f reduziert auf 100 mm. An der Abzisse sind die Fraunhofer-Linien C, D und F (H_{α}, N_a und H_{β}) angegeben.

1 – zweilinsig,	terrestrisch	(Kepler)
2 – dreilinsig,	terrestrisch	(Rheita)
3 – einlinsig,	astronomisch	(Kepler)
4 – zweilinsig,	astronomisch	(Huygens)
5 – vierlinsig,	terrestrisch	(Wiesel)
6 – vierlinsig,	terrestrisch	(Divini)
7 – dreilinsig,	terrestrisch	(Campani 1664)
8 – dreilinsig,	terrestrisch	(Campani 1680)

Abb. 36 und 37. Reste eines optischen Gerätes von Wiesel.

Germanisches Nationalmuseum Nürnberg.
Inv. Nr. WJ 455.

Papprohr mit Leder überzogen:
Länge 35 cm
Durchmesser 8 cm

Quaderförmiges Holzteil:
Länge 14 cm

Vgl. Abb. 17 und A.2.1 Nr. 4.

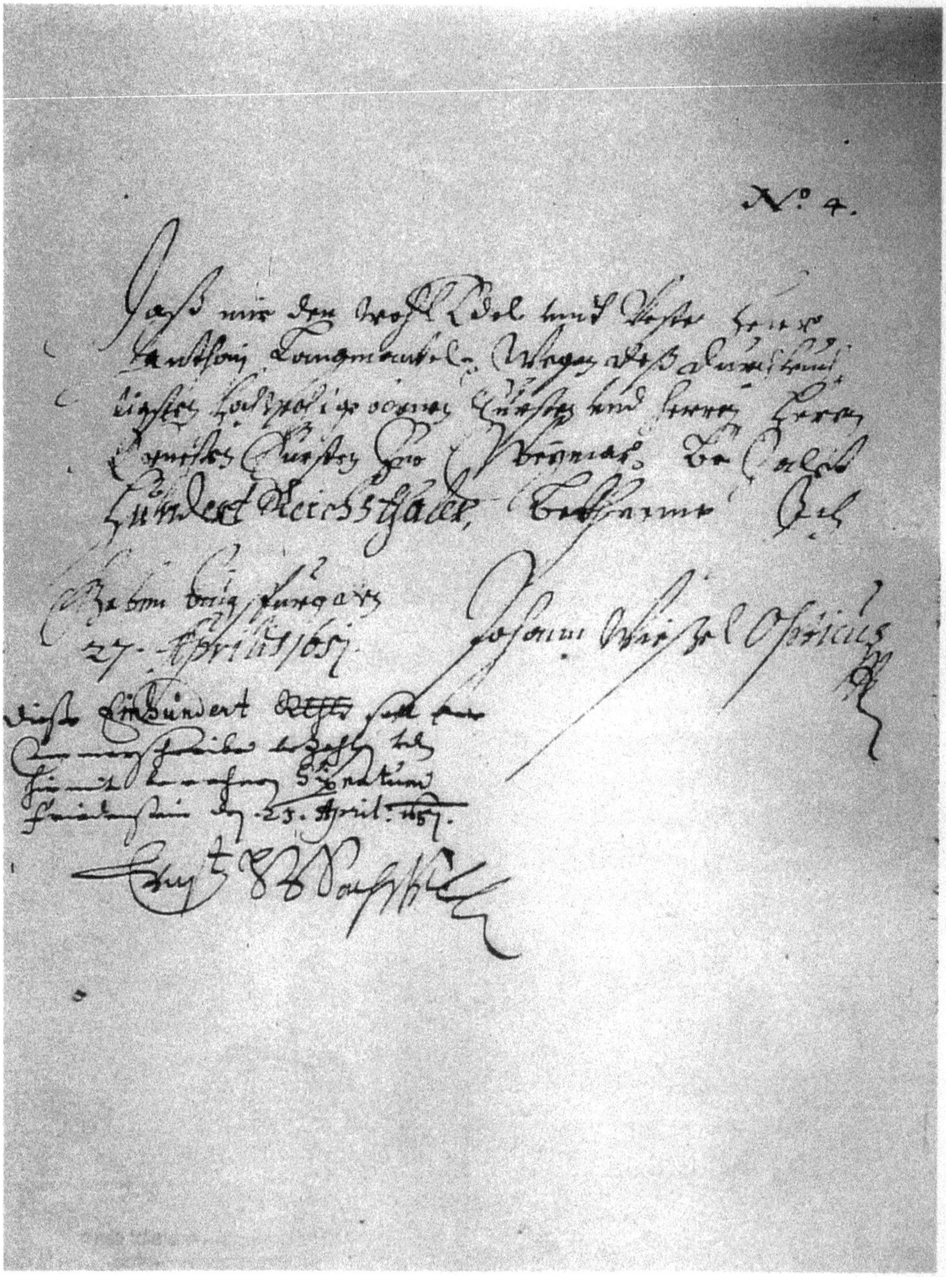

Abb. 38. Rechnungsbeleg über 100 Reichstaler für ein 1651 nach Gotha geliefertes Fernrohr. Vgl. Anhang A.3 Nr. 27. Handschrift Wiesel. Thüringisches Staatsarchiv Gotha.

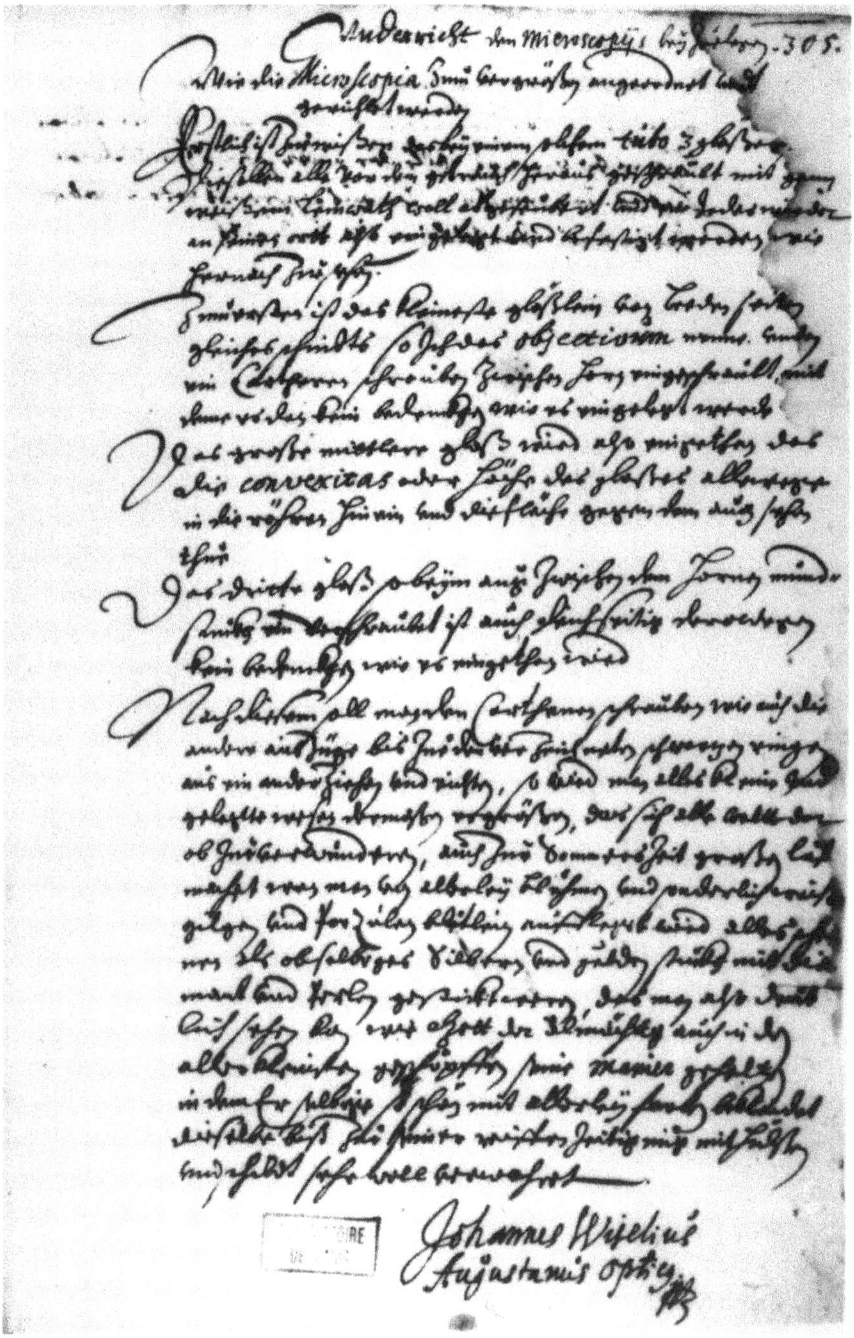

Abb. 39. Unterricht den Mikroskopen beizulegen. 1652. Handschrift Wiesel.
Transkription in Kapitel III.3.2.
Observatoire de Paris. Correspondance Hevelius. C 1. t. 2 fol. 305r-v.

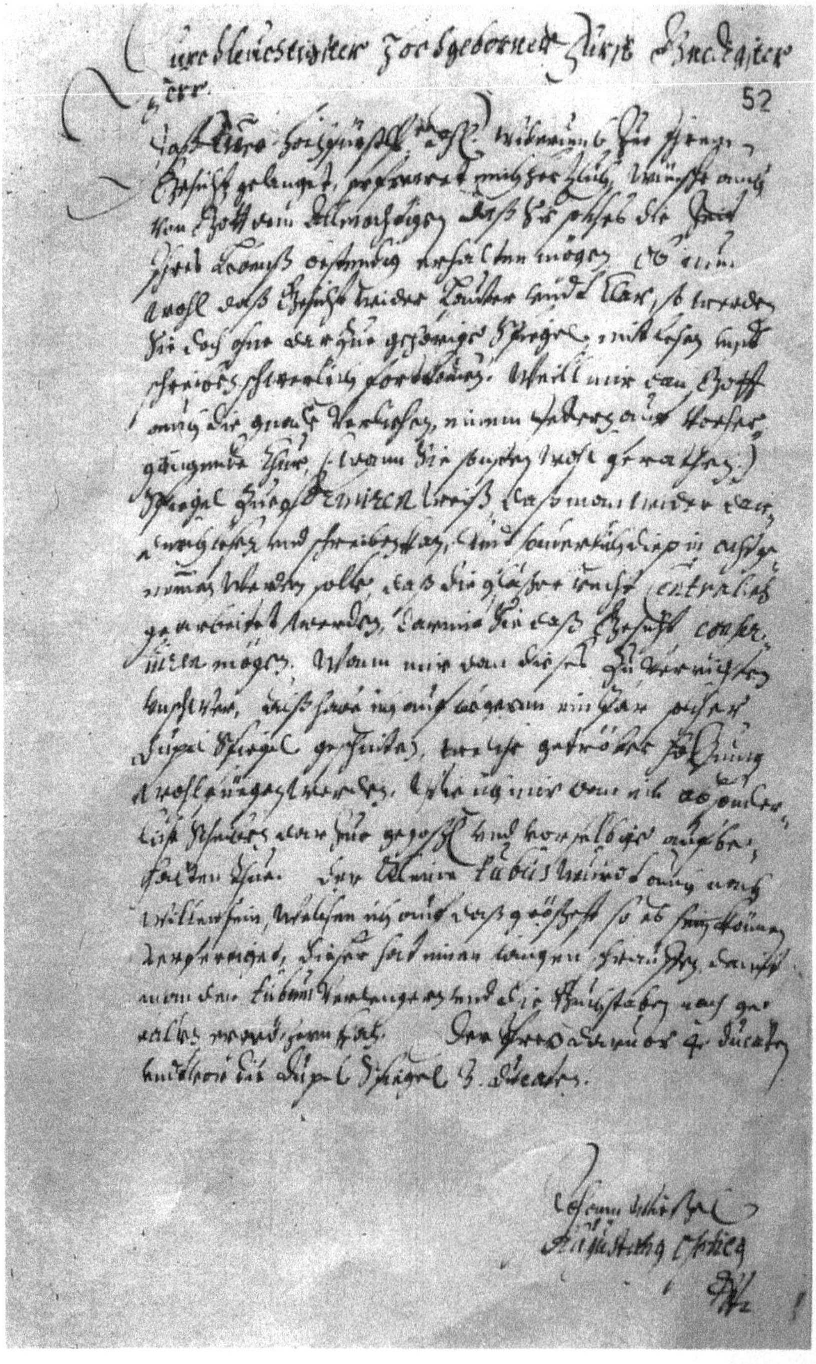

Abb. 40. Eigenhändiger Brief von Johann Wiesel an Herzog August d.J. v. Braunschweig-Lüneburg. Ende 1653. Vgl. A.3 Nr. 34.
Niedersächsisches Staatsarchiv Wolfenbüttel 1 Alt 22 Nr. 170 fol. 52r.

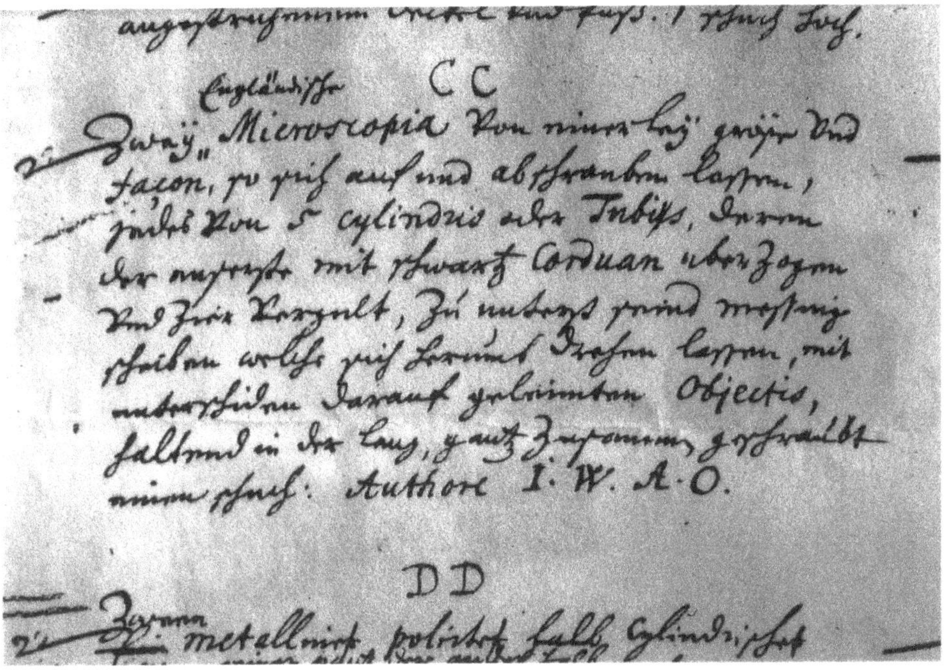

Abb. 41. Eintrag im Kunstkammerinventar des Herzogs von Württemberg.
Ausschnitt. Transkription in Kapitel III.3.2.
Hauptstaatsarchiv Stuttgart. Hofsachen A 20a Büschel 23. S. 44.

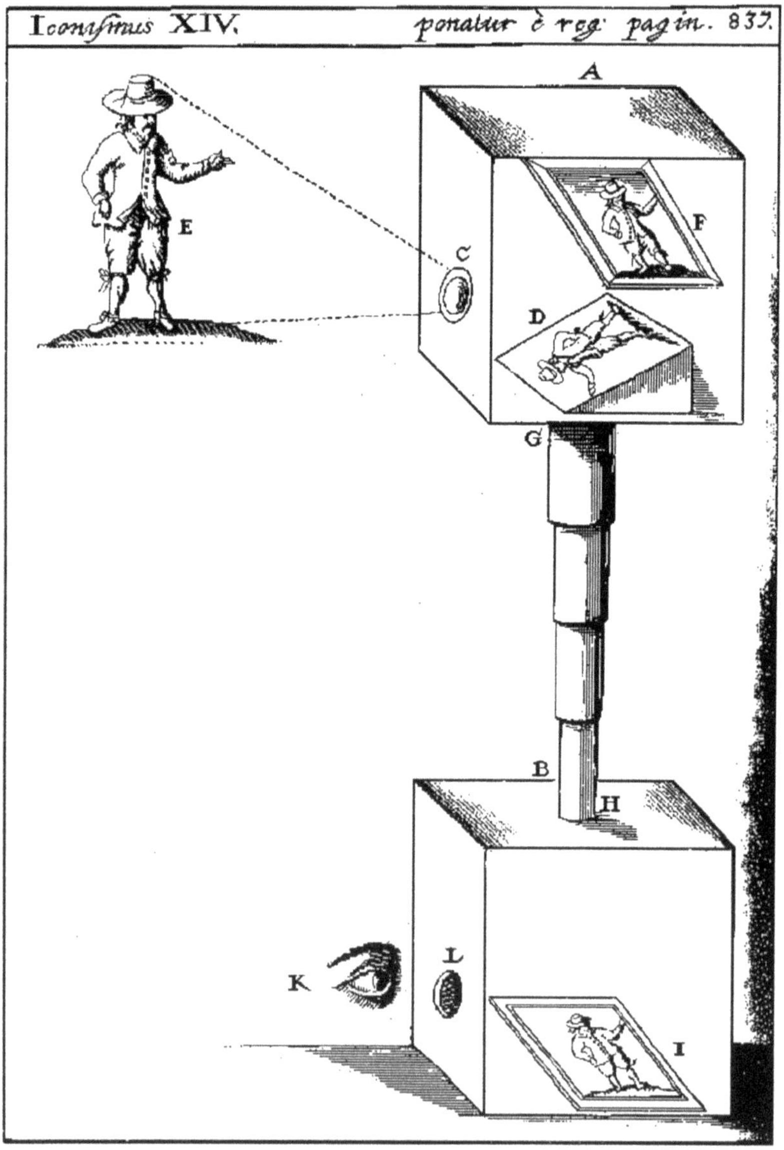

Abb. 42. Catoptricum spectaculum novum Augustanum.
In: Kaspar Schott: Technica curiosa. Nürnberg 1664.

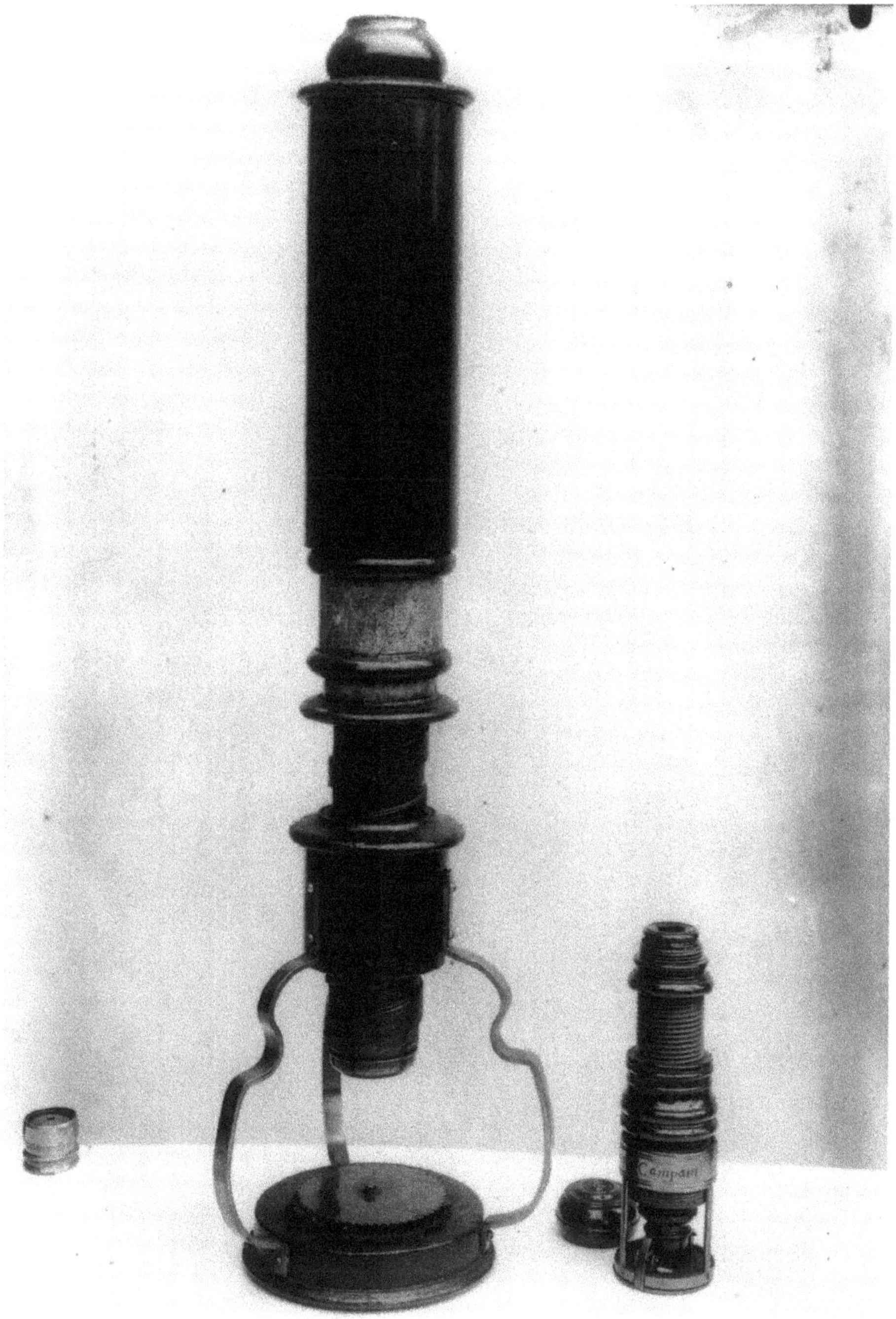

Abb. 43. Mikroskop, das Depiere 1665 nach Dresden lieferte, bis zu 48 cm hoch. Daneben Screw-barrel-Mikroskop von Giuseppe Campani, um 1686. Kriegsverlust. Foto Mathematisch-Physikalischer Salon Dresden.

Abb. 44. Eustachio Divini: Mikroskop mit Kartonschraube, 1671, ausgezogen bis zu 60 cm hoch. Universität Padua. Museo di Storia della Fisica.

Abb. 45. Cosmus Conrad Cuno. Kupferstich von (Marc Christoph I.) Steudner. Nach einem Gemälde von Johann Christoph Beyschlag. Um 1700.

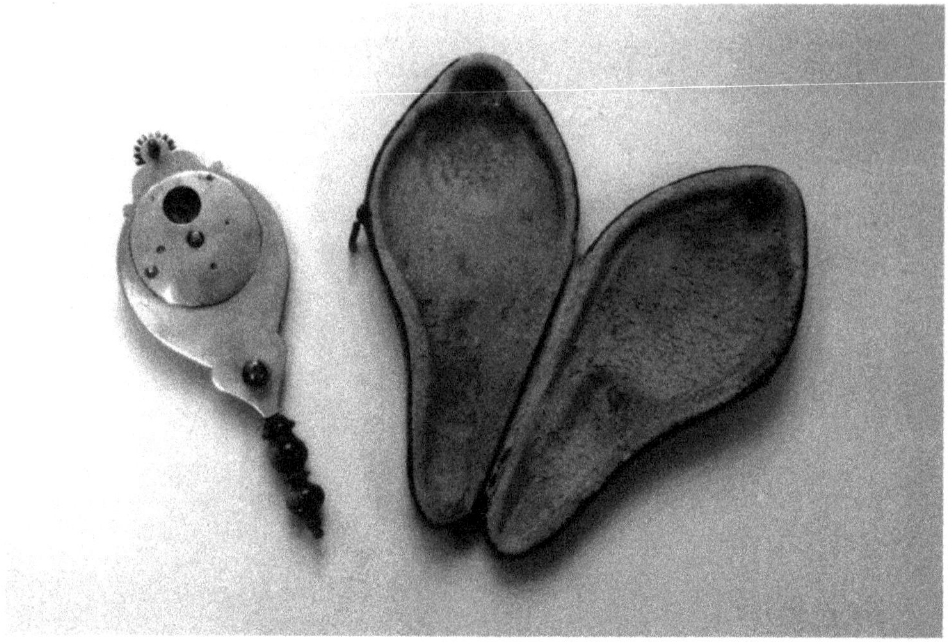

Abb. 46 und 47. Mikroskop Cuno zugeschrieben. Vorder- und Rückseite. Science Museum London. Vgl. A.2.1 Nr. 6.

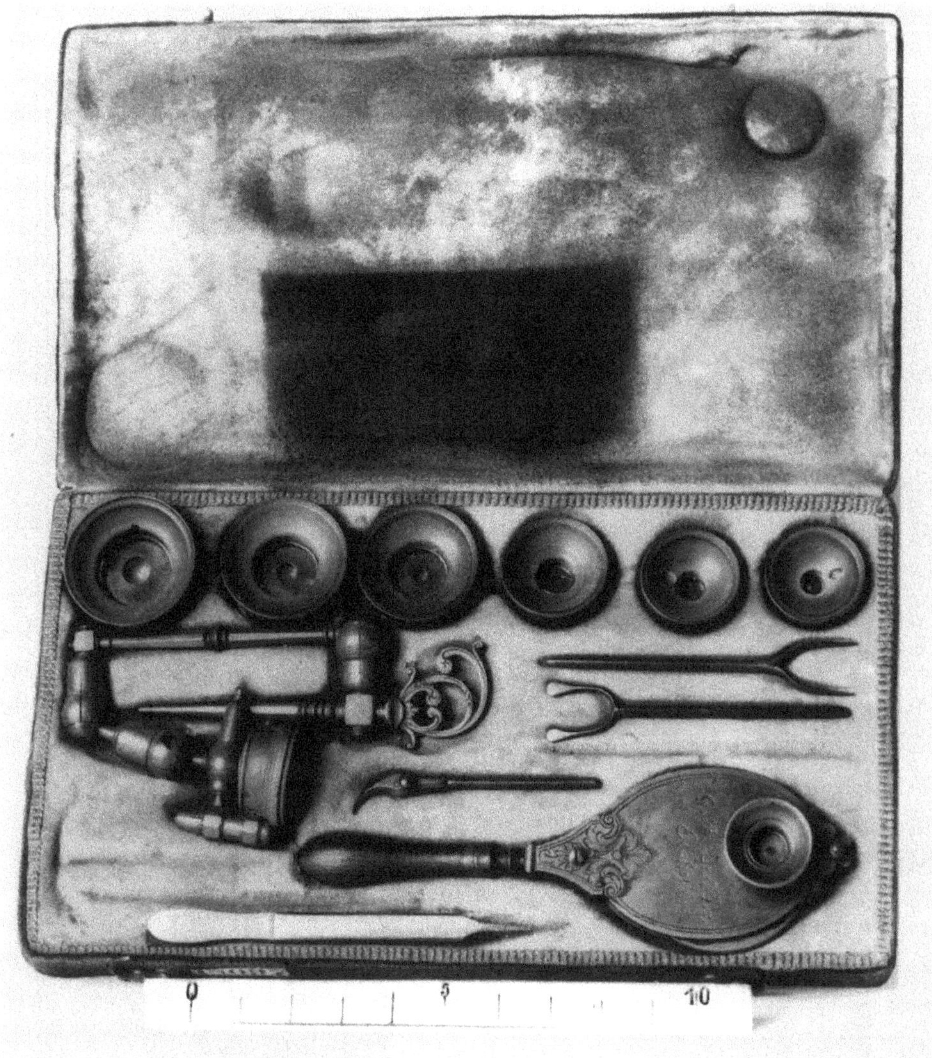

Abb. 48. Georg Friedrich Brander: Mikroskopkasten (verloren). Signatur: 'G. F. Brander Ratisb.[onae]'. Foto Deutsches Museum München.

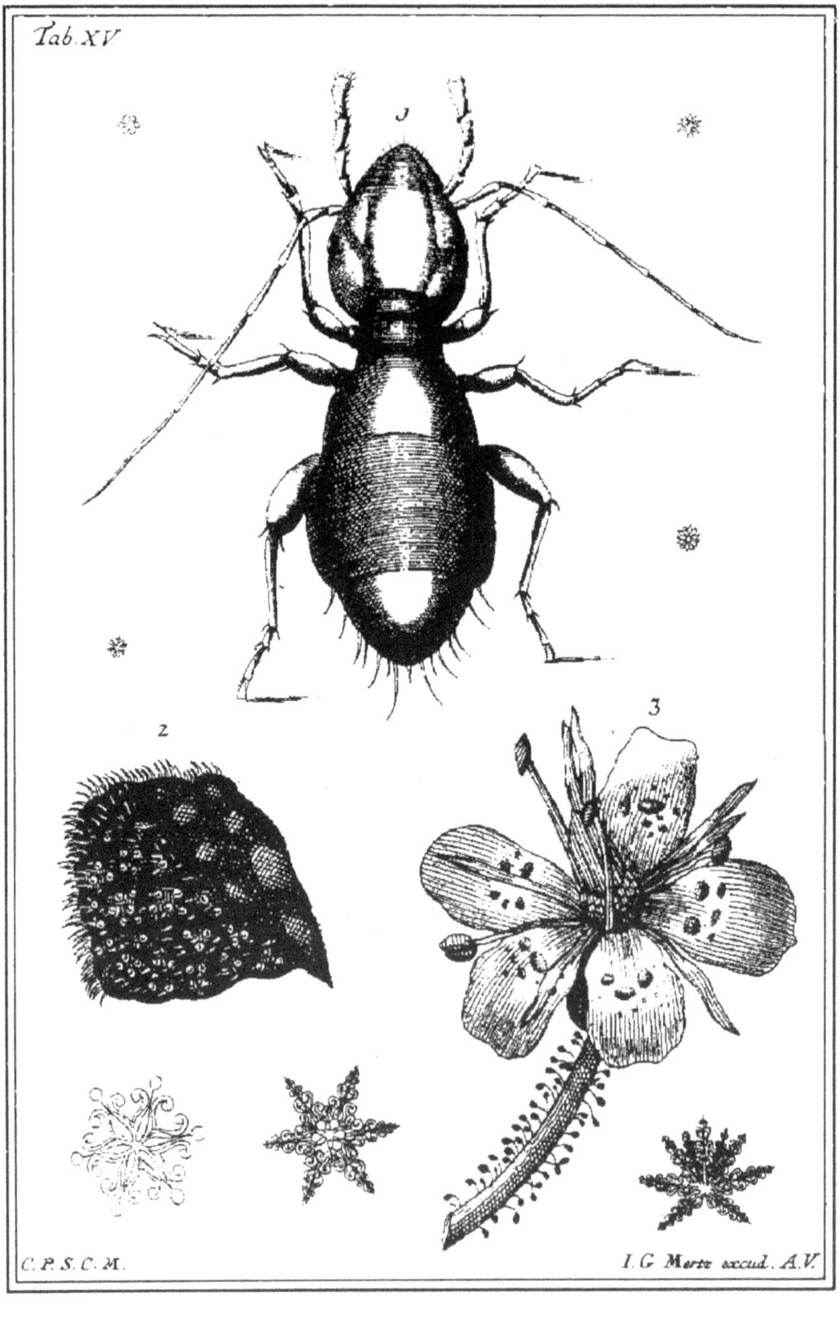

Abb. 49. Cuno: Tafel XV aus den Observationes 1734: 1. holländischer Seewurm, 2. Salvenblatt, 3. Saldanella und Schneeflocken in natürlicher Größe und duchs Mikroskop observiert. Originalgröße 19,3 cm x 12,9 cm.

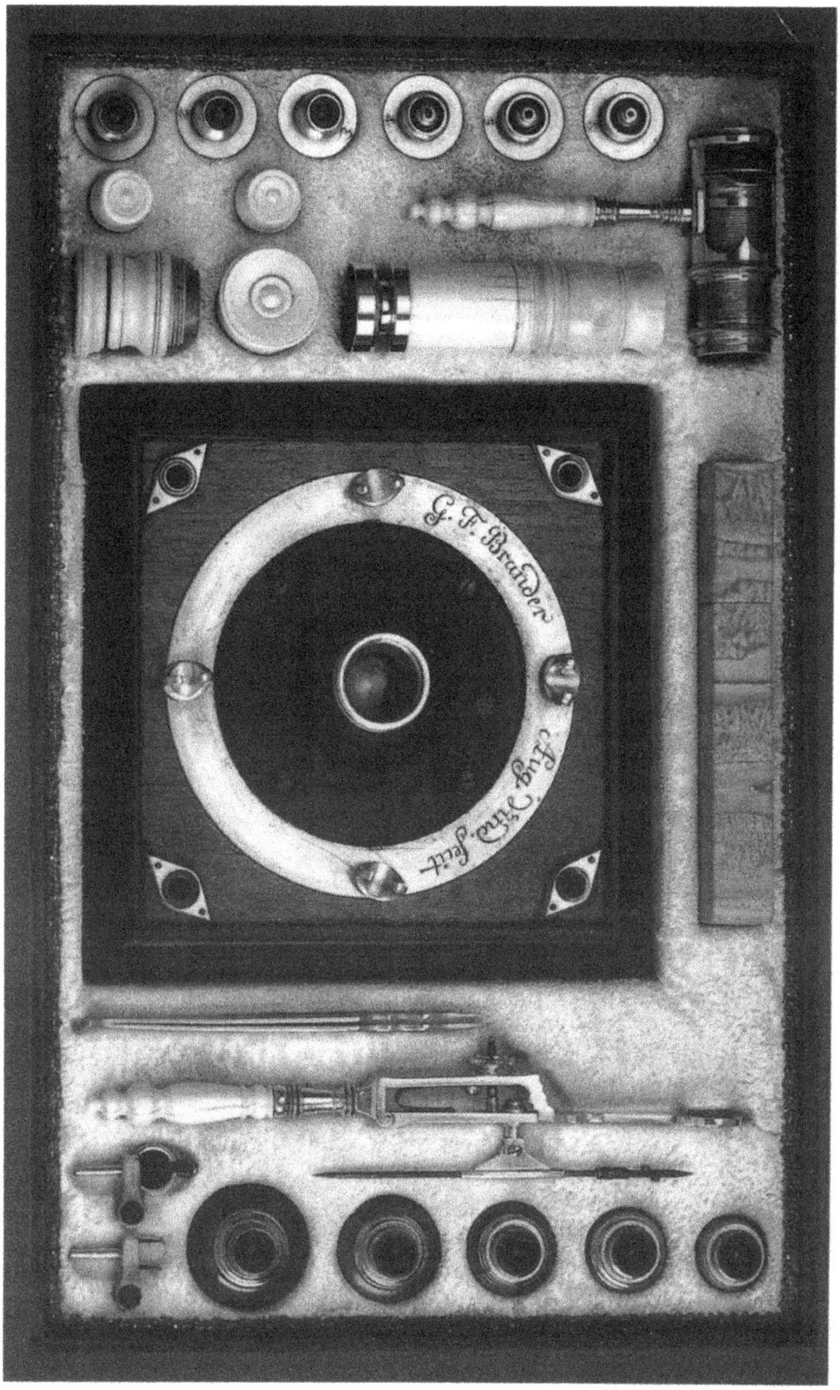

Abb. 50. Brander: Mikroskopkasten. 1996 versteigert. Privatbesitz.
Foto Christie´s South Kensington.

Abb. 51.

Georg Friedrich Brander

Zeichnung von Sophonias de Derichs. Um 1770. Radierung von Georg Christoph Kilian.

Abb. 52.

Grab Thenn, in dem Brander begraben liegt.

Protestantischer Friedhof Augsburg.

Platte von 1766.

IV. Anhang

A.1 Texte der Produktionsverzeichnisse im Wortlaut

I. 1625: Aus Briefen von Dr. Carl Widemann und Johann Wiesel an August Fürst zu Anhalt.

Eigenhändige Kopien Widemanns. Randglossen, Seitenüberschriften und Unterstreichungen von Widemann.
Es wurde versucht, die Anordnung des Textes beizubehalten.
Hannover Niedersächsische Landesbibliothek Ms IV 341 S. 850-855.

I a. Februar 1625

[850] Sequentes effectus ettlicher artificialischer Spiegel
kann machen ainer zue Augspurg mit nahmen Johann Wiesel
vt in seqntib.

1. Ainen Spiegel darinnen man 5 vnd 6 Meill sehen kann
zimlich scharff und aigentlich.
2. Ainen Spiegel kan er beraitten durch welches Hülff
ain gantze Stuben Volckhes ohn alles liecht bei der
nacht gar wohl sehen und Iere gschäfft verrichten können.
3. Ainen Spiegel üff ain Rohr oder büchsen kann er beraitten
dardurch das Zihl sonsten auff ettliche.100.schritt weitt, nur
ainen claffter weitt scheinet. dß ainer also ds schwartze
allezeit kan dreffen. Wann er stett ist vnd nitt zittertt.
4. Ainen Spiegel kan er zurberaitten, dadurch man durch
Hülff der Sonnen alsobaldtt ain hülzin Thor oder
gantz Scheitterhauffen kan anzünden.
5. Dan gar scharffe Ocularia oder augenspiegel machen noch
besser als die aus Engeland kommen.
6. kan die Ocularia probieren ob sie rem obiectam recht presentieren
oder nicht: da sie falsch und ein Teil guet das andere böß oder
falsch so verderben diese Spiegel gewaltig das gesichtt. Ist den augen gar schadt.
7. Ain Spiegel preparieren dadurch In verschloßner stuben oder
cammer alles zue sehen was auf der gassen geschihtt.
8. Ainen Spiegel beraitten, dardurch der Mond gleichsam rein-
zogen wirdt daß er so kaum über 2 oder 3 größer scheindt zue
sein daß man alles in .☽. kan sehen gantze dörffer, häuser
gsichter maculi Zweiffelson kann dis auf die Sonn auch usurpirt
werden. Wie denn Galiläus de Galileis de maculis ☉is gschaut hat.

I b. März 1625

[852] ∴ Sequentia ausm schriftlichen Bericht
∴ an Iere fstl. gn. AfzA von Johann Wiesel.
∴ cristall Dreer vnd Perspectiumacher
∴ alhie inn Augspurg. Martio 1625.

1. Verzaichnis taills Meiner Arbeitt

Spiegel vff vill Meill zue sehen bey Tag und nachtt — Erstlich mach Ich grosse Rohr die einer fenster
Scheiben digkh. 11. Spannen lang vnd von 4 glasen,
Im vordern theill wirdt ein Ainwurff Spiegel
so mit ainem Kergel außgeschnitten, eingelegtt. Welcher
anstatt der fordern verfünsterung der conuexa ge=
braucht vnd Rectangala eingefüert wirdt: Im
andern Theill des volgenden Rohrs wirdt die con=
uexa eingelegt, auff dise volget ein lehres Rohr
ohne glaß: auff dise vnd auff (·irge ain·) leßten
hindern taill wirdt vornen an ain Reflectirte ver=
fünstrerungs Spiegel mit ebenmessigem kergelschnitt
eingethan. Welche Radij beder schnitt sich vndereinander
richtwinckeltt reflectieren. Damit es dem concauo
welches vornen am Aug ligtt per Reflexionem ker=
gelsweis möge zuegefüeget werden. Welches
vill besser als nur von zwaien glasen befinde
Auch wann es haitter oder gar hell im Sommer gegen
Abendt vmb 6 vhren über. 14. Meil über Füessen
hinauff Bäum vnderschaiden kan.

2. Landt schaft Spiegel — Item. so mache Ich auch LandtschafttSpiegel die auf. 1. gantze
Maill einen Thurn vnd anders herein ziehen. vnd
dasselbe nit Allain vnder sich, sondern auch über sich
gekertt mag sehen, Ja so gar nach der Perspectiu
abreissen kan. Welches nicht ohne verwunderung
zue sehen.

3. BrennSpiegel — Neben vilen Andern Wunderlichen Brenn-
spiegeln, Als Speculum Vstorium, Welcher gar in
die ferne nach gewisser distants brenne. Welcher ein
grosses geldtt kostet.

4. Item so mache Ich auch Kunstbixlein Welche nur eines Daumens
breittes hoch vnd eines kleinen fingers digkh. Wann
man in solch ein geschraufft gläseren büxlein den kleinsten Floch

[853] [Widemann:] Spiegel. dis hab Ich bei Ime gesehen.

Floch einthuett, scheinet er so groß als ein grosse grillen.
daß man Ir auch die augen vnd wann sie solche auff — ∴ NB ∴ floh heirat miraculum magnum.
und zue thuett neben einem schwartzen Angel so sie bis=
weilen zum Maull zwischen .2. schauffel herauß thuett
Auch welches ein Weiblein oder ein Mennlein. Vnd wie
sie zuesammen kommen, Ja sogar das Inngewaid vnd
Ruem authoris — des Mennleins glid wann sie beisammen im Weiblein
gar scheinbarlich sihet. Darff mich wohl rüemen
daß Mir keiner den Puncten so hoch suechet. deren doch — ∴ NB ∴
sonsten vill. 100. Aber gegen dem Meinen wie Taag
vnd Nacht zue Straßburg, Inn Frangkreich vnd Mehr

Andern Ortten gemachet werden.
Sonsten Ist mein Thuen von Christall vnd glaß Dräen [drehen] 5.
cristall v.glaß dräen vnd schrauffen — vnd dasselbe zue Balsam vnd andern Büxlein zue schrauffen Welche kunst des Cristall Schrauffens selbst erpracti= ciertt. Dann es niemals gewesen. Wie Mir Alle historici dessen beyfall geben müeßten.
Ja Wann Ich Meine arbeitt Alle Zue Pappier brechtte, ein gantzen Tractat gebe, so Ich vmb meiner Jugendtt willen noch nicht bedachtt.

Windtprillen — Der Windtprillen auch zue gedengkhen 6.
Können wohl gemacht werden daß man damit so vill als mitt einem kleinen Perspectiu sehen mag: Aber solche müessen von.4.glasen vnd sonderlich gar digkem glaß gemachet werden, damitt die concavitet desto dieffer vnd die Conuexa desto höher geschnitten werden mag. doch müessen baide conuexa fornen mit Langen beiren [beinernen] schrauffen auffgeschraufft werden damitt Man Im auff vnd zueschrauffen den Puncten finden mag.
Item mache Ich auch Windttbrillen mitt welchen man
[854] sehen mag was auch hinder ainem so wohl alß vornen mit vnverugktem kopff, herumb webertt oder nach volgett.

Johann Wiesel Cristall Dreher vnd
Perspectiumacher Inn Augspurg

I c. 20/30. April 1625

[854] Sequentia respondit ad literas augustissimi Augusti 20/30 Aprilis. ☿. Johann Wiesel a°.1625.

Verzaichnus diser hernach beschribenen
Werckh vnd was ein yedes besonder
In seiner perfection cosstet.

1. Was erstlich anlangen thuet die specula parabolica (·oder parabilia·) oder speculum ustorium, werden solcher underschidlicher grösse und lenge gemacht, theils von eim, zwey vnd biß in drey Schuech gemachet, Welche man vff gewise Weite [855] von .100.200.300.400.500. Ja biß In.1000. Schritt die BrennLinien oder Puncten richten kan: Dann Je grösser der Spiegel vnd weitter der Runde Wingkel ist, Je weitter der Punct brennen thuett. vnd kan die kleinste hierunder nicht vnder .500. Thalern gemachet werden.
2. Ainen Landschafft Spiegel welcher auch über sich kerendt, anzaigt costet.12.Thaler.
3. Ain kunstbixlein, so Ich der Zeit vnd über eines Daumens hoch und kleinen fingers digkh nicht mache, darinnen man ein Ding mehr dann.100.Mahl grösser sehen kann.

costet 6.thaler. Dann Ich hierinn den kleinen v.grösten
Puncten, vnd also den Lesten gesuechet. Also daß
waitter nicht zue kommen.

4. Windtprillen mit welchen man zue gleich unuerwentes
kopffs auch sehen kan, wer hinder Ihme v. nachfolgen
thuett. Kosstet .8. thaler.

Johann Wiesel perspectifmacher
Inn Augspurg.

II. 1630: Verzeichnis von Wiesel

HAB Bibliotheksarchiv BA II, 1-12,1; o.S., o.D.
verschickt von Dr. Carl Widemann an Herzog August d.J. von Br.-Lüneburg;
bestätigt vom Herzog am 30. September 1630. Handschrift Widemann. Vgl. Abb. 25.

Verzaichnung des Maisters Inn Augspurg
Johann Wißels was er für Spigel kann
Machen.

1. Spiegel auf vill Meil Weges zu sehen bej Tag
vnd nacht
2. Landschaftspiegel auf ain gantze Meil einen
Thurn vnd anders herein ziehen. Vnder sich vnd über
sich gekert mag werden.12.Thaler
3. Brennspiegel. Welcher gar In die ferne nach
gwiser distants brenndtt. Kostet ein großes geld.
darnach ainer etlich 100.Thaler.
groß ist
4. Künstliche büchslein. Welche nur eines Daumens breitt
hoch. Vnd eines kleinen fingers digkh. Wan Man in
ein solch geschrauft gläsernen büchslein den kleinsten floh
eintuet, scheinet er so groß alß ein grosse grillen.
Dessen augen v. Alles kan man sehen. Miraculum .6.tl.
5. Christall v. glaß Dräen [Drehen]
6. Windbrillen 8.Thaler.
7. Andere brillen Mitt Denen Man kan sehen was auch
hinder ainem so wohl Alß vornen mitt Vnuer=
rugkhtem kopf herumb webert oder nachuolget.
8. Andere bewerdtte guette Ocularia zum teglichen
Brauch. bewertt v. gar guett allem Alter 2.tl.

vf begeren kan weitterer bericht
eruolgen.

sonderlichen aber da ettwas von disen besteldtt
wirtt, wirtt alles genau des beschaffenheitt
wils Gott volgen darüber sich zue verwundern
vnd dergleichen nitt vill ahnn Tag kommen.

III. Um 1646: Fernrohr-Preisliste

im September 1647 über Hamburg nach England gelangt und von Samuel Hartlib weiter verschickt.

III a. Lateinische Version, von Hartlib wahrscheinlich an Pell geschickt

British Library Ms Sloane 651. fol. 173r-174r.

Kopie der Handschrift abgedruckt in
1. Court/v. Rohr: New Knowledge of Old Telescopes. In:
   Transactions of the Optical Society. London 1930/31. S.117-120.
2. Von Rohr: Neue Kunde ... In: Zeitschrift für Instrumentenkunde 52 (1932) S. 519-520.
3. Von Rohr: Die älteste Fernrohr-Preisliste. In: Zeiss-Notizen Heft 24 (1933) S. 3f.

Ex Epistola Hamburgo missa. Sept. 25. 1647
Apographum
Tabulae transmissae a Johanne Wiselio, Optico
Augustano pretium Tuborum opticorum referentis.

De pretio horum Tuborum opticorum referentis: Ubi notandum tria eorum genera esse.

Unum Antiquiorum ex duobus vitris constantium, convexo altero altero concavo, quorum pretium pro longitudine ipsorum attolitur: quidam enim tres pedes longi 6. Ducatis constant: quidam sex pedes, pretio inter 12. et 15. Ducatos intermedio. Hisce coelo sereno ad 4 aut 5. milliaria Germanica visus prorogari potest. Alii 10. 12. 14. pedes longi, qui visum in 8. 10. milliaria Germanica visus prorogari potest. Alii 10. 12. 14. pedes longi, qui visum in in 8. 10. milliaria proferunt, et 30. 40. 50 Ducatis veneunt. Sed et habentur viliores, duarum vel trium spithamarum longitudine, pro 4. aut 5. Ducatis. Et hoc primum genus est Antiquius.

[173v] Alterum est Recentiorum ac primo quidem ex diversis vitris compositorum, quibus objecta conspiciuntur inversa, et ut plurimum ad Astrorum contemplationem adhibentur: Nihilominus eximium in terra quoque usum probent interdiu, quoniam per illos spatium amplissimum plurimaque res in illo contenta unico intuita offerentur - cum è contra vebustioribus illis vix trigesima horum pars appareat. Eorum longitudo 10. aut 14. pedes non excedit quorum minimum pretium ad 50. aut 60. Ducatos assurgit.

Tertium genus sequitur: Hi recentissimi sunt, ex diversis vitris compositi: quibus totum exercitum 7. aut 8. circiter millium simul perspicué contueri et quam clarissimé lustrare licet: Et quidem non ut in priori situ inverso sed recto et genuino. Per hos in plenilunae mirabiles figuras et circa Jovem non tantum 4. sed vel novem Stellas minores conspiciuntur. Hujusce tubi protracti et ad usum accommodati 10. 12. vel 14. pedum longitudo est, [174r] pretiumque non infra 120. Ducatos Neque ullus adhuc ex hoc genere hactenus in Lucem prodiit aut vendibus est nuperrimé quippe inventur.

III b. Deutsche Version, von Hartlib an Hevelius geschickt

OP C 1. t. 1. alt: fol. 79r-v. neu: fol. 192r-v; fehlt in BN.
Beilage zu Hartlibs Brief an Hevel vom 28.10.1647: OP C 1. t. 1. alt: fol. 78r. neu: fol. 191r; BN Man. lat. 10347. t. 1 fol. 120r; HP 7/18/1A.

Wortlaut siehe Kapitel II.3.4: Fernrohre

IV. Um 1650: Englische Liste von Wiesel.

HP 39/2/143 A-143 B. Nicht Wiesels Handschrift

A list of some new workes, which now
are made by mee here underwritten

1. The little hand Perspectiues which are not to bee drawne out, of foure severall Lenghts made of the best Christall, which cost two ducats a peice.
2. A Telescope to looke in the Starres with three Glasses, and one glasse to looke into the Sunne the lenght of 16: foot or Eight elles; whereby the wonderfull forme and shape of the Planets as also in the day time the Coale-black spots in the Sunne may bee seene without any prejudice or paine to the Eyes very distinctly; and may bee brought to paper for in this Telescope the Sunne doth not appeare altogether distante from the Eyes the lenght of two spannes. Whereof the lowest price is a hundred Ducats.
3. Also one of about 9. 10. and 11. foot long with seven Glasses to bee made vse of 4. manner of wayes; as in the daytime by Land, at night for the Starres; also to greaten or multiply the Objects, which are little & neere at hand, and then also in the free, open, bright, and burning sun without any prejudice to the Eyes, to see the spots thereof distinctly in what shape and forme they are; Also in this glasse the Sunne and the Moon will not seeme to bee 3. spannes lenght distant from the Eye; The price herof is, 80: ducats.
4. Item for one of the same lenght, with 5.glasses [143 B] to bee vsed by day on the Land, and at night for the Starres, The price. 60. Ducats.
5. Item one of five foot lenght with 4. glasses to bee vsed on the Land, The price, 30. Ducats.
6. Item for a Perspectiue of the Lenght of one finger to bee lookt into with both Eyes at once, 10. Ducats price.
7. Item a Microscope with three glasses which will make a small seed of Poppie to Appeare as big as a resonable Hennes Egge, The price, 10: Ducats.

It is to bee observed that with all the fore mentioned new invented Perspectives (because they containe a great Number of glasses) that without turning of the Tube a whole Armie of some thousands of men may bee seene at once, whereas by the longest and best Perspectives you cannot see aboue five or six men at once, and one may with the foresaid great Perspectives distinguish vpon a plaine, not only at the distance of 3: or 4: but at the distance of 5: 6: yea 7. miles, a single Horse or ffoot-man.

John Wiessel.

P.S. I forgot to tell you that the Perspective with 7: glasses to bee made vse of foure Manner of wayes, is in a readinesse, and to bee sold at the forenamed price.

V. 1674: Verzeichnis von Daniel Depiere.

Staats- und Stadtbibliothek Augsburg (24 Seiten) Druck; Signatur 4° Aug 1075.

[S. 1] Danielis de Piere Gedanensis,
Civis & Optici Augustani
Designatio
Instrumentorum & artificiorum opticorum,
tam vulgarium & veterum, quam rariorum &
novorum,
quae apud ipsum haberi & aquo
pretio comparari
possunt.
DC LXXIV.
Augustae Vindelicorum, Typis Koppmayerianis.

[..... S. 13] Verzeichnuß
aller
Instrumenten und Optischen
Kunstwercken / so wohl Bekandten als
Ungemein / welche umb billichen Preiß zu
kauffen seyn
bey
Daniel Depiere / gebürtig von Danzig / Bur=
gern und Opticum in Augspurg.
1 6 7 4.

[S. 14] Dieweiln vor disem allhier in Augspurg Herr Johann Wisel seel.Gedächtnuß / wegen seiner sonderbarn vortrefflichen Wissenschaft in der Gesicht=Kunst / und Erfahrenheit in allerhand optischen Künsten sehr berühmt gewesen / also daß sein Kunstwerck in der Welt / weit und breit begehret / und verführet worden: Nunmehr aber nach dessen zeitlichen Hintritt wenigsten bekandt / daß alle dieselbe / und noch vil andere mehr / bey mir Daniel Depiere / gebürtig von Dantzig / und Burger allhier / als seinen Eydam / annoch zu haben seyn / als der ich bey ihm in die 24. Jahre mich aufgehalten / und neben ihme / als meinen Herrn Schweher Seel. ohnaufhörlich gearbeitet / auch alle neue Erfindungen darbey beflissen / so habe solches hiemit in offentlichen Truck kommen lassen wollen / weiln von andern solche Verzeichnungen allbereit schon außgefertiget / welche doch dergleichen Berühmligkeit als Herr Wisel / mein Herr Schweher Seel. und ich nicht haben / damit ein jeder Günstiger Leser sich darinn ersehen / und was beliebig bey mir / wie vor disem von ihme / um billichen Preiß erlangen könne / wie folget.

1. Der kleinen Faust oder Reit Perspectivae ohne Außzug / von 1.2.3.4. und 5.Zoll lang gemacht / diese kan man einem jeden nach seinem Gesicht richten / es seye das Gesicht so kurtz als er wolle / per 1.2.3.Thaler.

2. Fern-Perspectiv, welche bestehen in 2.Glässer als in [S. 15] einem Convex und Concavo, von unterschidlicher Läng mit Außzug als von 2.3.5.6.8. und mehr Schuhe. Diese geben einen kleinen Spatium, aber gut fassen sie / das Objectum ins Gesicht / auf etliche Meilen / per 4.6.8.12.Thaler.

3. Stern=Rohr oder Astronomische Tubj mit welchen eigentlich die Gestalt der Planeten und dero Maculae, als deß Monds Sonnen / und andere Planeten zu observiren / auch in solche grösse und nähe / daß man nicht anders vermeint als stünden sie über

zwey Schuh nicht vom Gesicht / diese werden von 6. biß 20. Schuh lang gefertiget / per 12. 20. 30. und 40.Thaler.

4. Unterschidliche Spazierstäb oder Stöck / wie die Chavaliers zugebrauchen pflegen / zugleich ein Perspectiv, damit auf etliche Stund zu sehen / was reitet oder gehet / per 12. 16. in 20. Thaler.

5. Fern-Perspectiv, von 3.5.6.8. Schuh lang mit 4.Gläsern / damit auf etliche Meilen deutlich zu sehen / und daß mit einem grossen Spatio, daß man ein gantz Feld übersehen kan / per 8. 12. 16. 18. Thaler.

6. Fern-Perspectiv von grösser Gattung / als 10. 15. 20. 30. und mehr Schuh lang. Diese Länge seind am bequemsten zu regiren / weilen sie wohl gemacht / verrichten so vil / als wann sie noch so lang wären / bestehen in 4. und 5. Gläsern / damit kan man nicht allein zu Land auf einen Fernweg sehen; sondern sein auch sehr nutzlich bey Nachts zu den Astris, und daß mit einem grossen Spatio. Mit diesen können auch die Sterne / so umb den Polum (sonsten unsichtbar) gesehen werden / daß es also mit dem Telescopio polari überein kommet / per 30. 36. 40. 50. biß 100. Thaler.

7. Ein Fern-Perspectiv, welches auch ein Helioscopium von 10. in 11. Schuh lang mit 17. [Druckfehler; richtig: "7."] Gläsern / auf viererley Weg zu gebrauchen. Als erstlich zu Land auf etliche Meilen [S. 16] eine gantze Armee von etlichen Tausenden zu übersehen; Vors ander / darmit in die hellscheinende Sonnen ohne Empfindung der Augen dero Maculas deutlich vor das Gesicht zu stellen / Drittens / in einem langen Zimmer oder Saal die kleinere Objecta, als da seind klein perspectivische Gemähl / nicht über eines Schuchs in geviert / also zu vergrössern / daß es einem grossen Saal gleich scheint. Vierdtens bey Nachts zu den Astris, alle Planeten, und den Mond deutlich vor die Augen stellen / per 50. Thaler.

8. Ein Perspectiv, dadurch man mit zweyen Augen zugleich sehen kan. Diese geben noch so ein grosses Spatium als die andern. Das Object auch aufrecht / nach dem sie lang oder kurtz / per 36. 45. 50 Thaler.

9. Ein Astronomischer Tubus von 12. Schuh lang / die Stern / Mond / und Sonnen gar deutlich vorzustellen / auch auf die nahende Objecta in einem Saal unglaublich zu ergrössern / daß ein kleins Bild kleins Fingers lang Lebens grösse erscheint / per 36 Thaler.

10. Ein Perspectiv mit 2. und 3. Convex-Gläsern von 9. und 10. Schuh lang / bey Tag auf etlich Meilen deutlich zu sehen / und daß aufrecht mit einem grossen Spatio, auch dients zu Nachts zu den Astris, per 36 Thaler.

11. Perspectiv, damit man in einem Zimmer auf einen Sessel sitzend / oder zu Bette ligend / alles war vor der Haußthür auf allen Seiten der grossen [Gassen] Geschicht / sehen kan / per 12. 15. Thaler.

12. Ein Polemoscopium, oder Kriegs=Instrument / in 5.Gläsern bestehend / von 6.8.10. Schuh lang / mit welchem ich einen kan sehen / der mich nicht sihet / ich kan gleichwohl in einem Zimmer sitzen / und sehen was von aussen nahe und weit auf allen Seiten / geschehen thut; In Belägerungen kan man hinter den Brustwehrn stehen / und alles sehen / was der Feind in den Lauffgräben [S. 17] vornimmt / und wie weit er in dem approchiren gekommen ist / da ein ander mit Leibs= und Lebens=Gefahr / wegen der aufpassenden Mußquetierer / solches nicht verrichten kan / per 36. 40. Thaler es wird perfect gemacht.

13. Ein Tubus Anatomicus, welchen die Medici in der Anatomia gebrauchen / hat seinen Nutzen zu mehr Sachen / per 12. Thaler.

14. Ein Opthalmoscopium [sic] mit welchem ein jede Person seine Augen / von innen sehen und betrachten kan / ob sich etwan ein böser Zustand in denselben begeben wurde / als da seind allerhand Catharacta oder Hirnfäll, und andere Ding mehr / so sich in den Humoribus [Flüssigkeiten] zu Zeiten befinden / den Medicis und Aertzten ein trefflichs Instrument / per 12.Thaler.

15. Von unterschiedlichen kleinen Microscopiis, darmit allerhand Saamen / Blumen / Kräuter / und was von kleinen Sachen zu sehen begehret wird / welche von unterschiedliche Vergrösserung / so ist der Preiß auch unterschied / per 1.2.3. Thaler.

16. Ein Microscopium, die Edelgestein allen Fehl darinnen zu erkennen / zu andern Sachen mehrers zugebrauchen. Dieses ist auch deß Herrn Monfredj Septalij zu Meyland Microscopio gleich auch noch kleiner / welches der Herr Terzagus in seiner Beschreibung meldet / von einem Glaß allein nicht grösser seye / als der vierdte Theil eines Zolls; auch noch kleiner / und das jenige welches ein Haar in grösse einer Feder vorstellet / per 4.5. Thaler.

17. Ein Microscopium mit 2.Gläsern / so ein klein unachtsames Ding etlich 1000.mahl ergrössern / per 6.7.Thaler.

18. Ein Microscopium mit 3.Gläser / welches ein Sach viel tausenmahl ergrössert / eine Lauß oder Floh einen Schuh repraesentirt / per 10.Thaler.

19. Ein Microscopium auf ein neue Art, vergrössert [S. 18] mehr als tausendmahl tausend einer Lauß oder Floh über 16.Zoll und daß mit grösserm Spatio, daß ich wol 3.Flach gantz übersehen kan / den Käß Staub oder Milben observirt / und befunden daß sie 6 Füßlen vorn gespalten / am Köpfflein rother Farb / Schnabel gleich einem Schweinrüsel / zwey schwartzbraun Aeuglen / der Leib von hinten her geviert / und gantz weiß gleich dem grössern Theil einer Fischblasen / durchsichtig / über dem Ruck gerunzelt / lang Haar / an statt ihrs Unflats / gebähren sie lauter lebendige junge Milben / zu vier und fünff / lauffen gleich der Mutter allenthalben umb den Leib / halten sich in den Haaren / wann die Mutter der Jungen will ledig werden / so waltzt sich umb und umb biß sie abfallen / hab dero Ding mehr observirt / so nicht zu beschreiben / per 14.Thaler.

20. Gläser zu der Camera obscura, von unterschiedlicher Läng oder Distans, zeigt das Object unters über sich / aber mit allen ihren Farben / gar deutlich / daß ein Kunstmahler nicht nach machen kan / es können auch mit Hilff eines Spiegels die Objecta aufrecht gestellt werden / per 2.3.4.Thaler.

21. ein Species Tubi, welches die Species in einem finstern Gemach aufrecht darstellt / per 10.Thaler. So mach ich auch daß die Species in einer hellen Stuben / unders über sich / wie auch aufrecht bey hellen Sonnenschein mit Lust mögen gesehen werden.

22. Ein Instrument in Form einer Perspectiv Latern / solches kan bey Tag zu einem Finster hinauß gehengt / daß solches Parallel hänge / mögen alle auf der Gassen von beyden Seiten gehende Personen in diesem Werck erscheinen / und von denen die in der Stuben am Tisch sitzen / gesehen werden / per 8. 10. Thaler.

23. Ein Optischer Kasten / welchen man vor das Finster hinauß setzet / kan darinnen von beyden Seiten die Gassen / wie auch alles was sich darauf reget gesehen werden / und daß in Lebensgrösse / per 12. Thaler.

24. [S. 19] Ein Optisches Instrument darmit man allerhand Figuren / Schrifften / und andere dergleichen über ein Gassen bey Tag durch den Sonnenschein und bey Nachts bey Liecht sehen kan / per 26. 30. Thaler.

25. Ein Optische Latern / welche / so man will allerhand Gemähl und Schrifft in einem finstern Zimmer an einer weisse Wand mit allen ihren Farben praesentirt / über Lebensgrosse / per 12. 24. 30. und mehr Thaler.

26. Ein Gassen Latern / welche über ein Gassen lang einen Schein würfft / daß man bey dem Schein einen Brieff lesen mög / und die vorübergehende Leut erkennen / und er verborgen bleibt / per 6.8.10. Thaler.

27. Eine Reyse oder Windbrillen beym staubigen Wetter auf der Reys vor die Augen zu binden / mit diesem kan ich zugleich auf einmahl mit unverwendtem Haupt hinder sich und fürwartz sehen/ ja wenn ein gantze Compagnia hinder mir reite / wolt ich sehen was einer oder der ander thäte / keiner solte ein Finger regen / oder einige Gebärden verrichten / ich wolts sehen / und weder das Pferd noch meinen Kopff wenden; dieses nennen etliche Napolitanische Spiegel oder Brillengläser / weil sie alles / was hinderrucks geschihet / zeugen per 12.Thaler.

28. Allerhand grösse von Glaß Proportional-Spiegel von 5.7.8.10. Zoll im Diametro in welchen man sein eigen Kopff so groß als ein Saltzscheiben / und recht proportionirt sihet / man kan auch die Augen darinnen wohl betrachten / ob sich nichts darinnen befind / so würfft er auch alle vorgehaltne Ding / als einen Degen und andere Ding her-

ausser / daß solche im Lufft weit vor dem Spiegel herauß schweben / mit Verwunderung / wird dann in gwisser Distans ein perspectivisches klein Gemahl darvor gehalten / so vergröst es gewaltig / auch kan man darmit durch Hilff der Sonnen das Holtz und andere Ding anzünden / per 8. 12. 15. 20. 24. Thaler.

29. [S. 20] Allerhand Vergröß=Gläser von 2.3.5.7.8.Zoll im Diametro, mit diesen Gläsern kan man die kleine Schrifften lesen / auch mit einem Zusatz kan man bey Tag / über ein Gassen in ein schattigen Ort oder Zimmer eine Schrifft werffen / auch dient es den Mahlern wann sie ein solches Glaß im Schatten halten oder stellen / daß von aussen die Objecta darauffallen / gar schön perspectivisch kan darnach gezeichnet werden / deßwegen auch etliche einen durchsichtigen Mahlerspiegel nennen / auch durch Hilff deß Sonnenschein kan mit den Gläsern Holtz anzünden und Bley schmeltzen / per 3.4.10.18.24.Thaler.

30. Allerhand Vexier=Spieglen die das Gesicht wunderlich vorstellen / per 4.6.8. Thaler.

31. Allerhand Cylinder=Spiegel welches ein nidergedrucktes und gemachtes Conterfey gantz unerkandlich / erkändlich aufrichten / per 6.8.Thaler.

32. Ein kleiner Tubus, mit welchem ein Conterfey in vil Stuck zertheilt und auf einer Tafel zerstreuet angemacht / daß keiner sehen kan was solches ist / oder bedeutet / aber durch den Tubum gesehen / bringet das Conterfey recht wider hervor / per 10. Thaler.

33. Allerhand Metallen Spieglen / die nach den Circulen und nach den dreyen Sectionibus, als Parabola, Hyperbole, und Ellipsi gemacht / welche grosse Verrichtungen leisten / vorauß der / welche nach der Parabol außgearbeitet. Mit diesen kan man auf eine grosse Weitte bey der Nacht einen Clast oder Schein werffen / daß man darbey den kleinesten Truck lesen kan / auch mit diesem Schein allein ein gantze Compagnie geführet werden / so dienen sie auch gewaltig die Umbras in einer finstern Kammer oder Zimmer viel klärer zu geben / als andere / so seind sie im aufdecken der Weibsbilder die besten / per 10. biß 100. in mehr Reichstthaler.

[S. 21] Ferner sind bey mir zu finden.

Glatt--gerundete, Glatt--hole Gläser
Kugelrund und gleich Centralisch gerundete. -- hole.
Gerundet -- hole.
beederseits hole.
beederseits gerundete.
Linsengläser / damit die Schrifften gewaltig zu ergrössern.
hole Linsengläser/welche entweder glatt gerundet/oder glatt hole.
glatt gerundete oder beederseits gerundete.
rund / ablange Cylindrische Spiegel.
holgerundete -- Cylinidrische oder Conische Spiegel
Conische gerundete hole Spiegel.
Parabolische Spiegel. Hyperbolische, Elliptische Spiegel.
Brennspiegel.
glatt vileckichte Spiegel.
vilseitige Gläser unterschiedlicher Gestalten/und Arten.
Prismatische oder dreyeckichte 4.5.6.achteckichte.

Was die Sprach und GehörRohr belangt / laß ich den Messing= und Kupfferschlager anheims gestellt / die Liebhaber / können solches nach dem berühmten Kirchero so er in seinem Buch lehret / darnach machen lassen.

Hierbey kan ich nicht wohlmeinend umbgehen zu gedencken / wegen deren Augen=Spiegel / derer sich fast Jedermann / so wohl Geistlich als Weltliche bedienen müssen / und ist eines / so ist diß von GOtt ein sonderbahre Gab / daß man den Augen ein Hilffleistung / [S. 22] mit den Spieglen thun kan / es wäre mancher ein armer Mann / wann er diese Hilff nicht hätte / worzu dann die Optische Kunst sehr reichlich hilfft und theilet auß / was einem jeden in solchem Fall von nöthen.

Nun ist bekandt / daß der Gesichter sehr mannigfaltig / und einer nicht wie der ander sein sehen habe:

1. Seind auf unterschiedliche Arten die das kurtz Gesicht haben / die sehend in der nahe gar scharff / aber in die fern gehts ihnen ab. 2. Gibts bey zunehmenden Alter / die das Gesicht wohl in die fern haben / hergegen vergehet es ihnen in der nähe. 3. Gibts jung Personen / welche über 20.Jahr nicht Alt / brauchen wol 80.jährige Spiegel / daß also auf das Alter nicht zu gehen. 4. Dann gibts vil / welche an dem Starn gestochen / dieselbe können weder in der nähe noch in die fern ohne Spiegel sehen. 5. Die jenige welche mit einem Ansatz deß Starns oder Hirnfäll behafftet / denen seind gar keine Spiegel zu machen / es seye dann / daß demselben durch einen erfahrnen Artzt durch die Nadel geholffen / alsdenn kan ihnen mit Spieglen gedient werden. Diese alle vorhergehende Gesichter / welche mit den Augenspieglen Hilff von nöthen / sollen sich umb rechte Centralische Spiegel oder Gläser umbsehen / von einem erfahrnen Optico gemacht / wodurch das Gesicht conservirt wird / dahergegen die falsche schlechte Brillen / die da ungleich gearbeitet / und ein Sach was rund ablang [eckig] ins Gesicht zeigen / so gibts auch Brillen in welchen zweyerley Gläser / daß ein Glaß ist auf ein Alts. Daß andre auf ein jungs Gesicht / oder man nimbt Gläser ungefähr / wann sie nur wohl vergrössern / so sey ihnen schon geholffen / daß doch besser wäre / sie hätten niemahls kein Brillen gebraucht / dann dadurch wird das Gesicht sehr geschwecht. Solte dann meines Raths hierinnen begehrt werden / müsse man mich berichten auf nachfolgende Weiß. [S. 23]

1. Wann eine Person / sie sey von was Alter sie immer wolle die noch nie keine Brillen gebraucht / und ein guts Gesicht in die fern hat / aber in die nähe anfanget zu vergehen / der kan mit rechtschaffen Conservation-Spiegel bedienen / daß sie ihr Gesicht biß ins hohe Alter haben können.

2. Die jenige welche schon Spiegel gebraucht / müssen mir ein Glaß von selbigem Spiegel schicken / damit man die Aufsteigung darauß sehen möge / und ob einer noch in die ferne ein gutes Gesicht / (auch wie hoch das Alter) dem sein auch mit guten Spieglen zu begegnen / wofern die Augen mit schlechten Spieglen nicht verderbt.

3. Die jenige welche kurtze Gesichter haben / welche wegen der kürtze sehr unterschiedlich seyn / müssen einen gemeinen Truck lesen / und einen Faden vom Aug biß zu dem gelesnen Truck ziehen / und mir diese weite oder länge deß Fadens sampt den gelesnen Truck zu schicken / auß welcher länge deß Fadens und höhe deß Buchstabens ich kan sehen / vor was Gläser in die fern taugen / dann selten diese Person Spiegel in die nähe brauchen / weilen die Gesichter in die nähe scharff.

4. Welche am Starn wohl curiert / daß die Fell nicht mehr aufgestanden / denen ist durch Spieglen wohl zu helffen / daß sie in der nähe und ferne sehen können / der Preiß nach dem das Gesicht von 1.2.3. in 4.fl.

Die Seh=Kunst laßt das Aug vil seltne Wunder sehen
Und lehrt es durch ein Glaß den Sternen näher gehen:
Das man iezt Sachen siht am hohen Himmels=Zelt
Davon so lange Zeit nichts wust die vorig Welt.
Wer künstlich bauen will muß vor Ihr nider knien,
Der Maler seine Strich nach ihren Reglen ziehen,
Zu bilden nah und fern. Wenn mangel am Gesicht,
Dem gibt Ihr Spiegel=Glas ein schärffers Augen=Liecht.
Herr Wisell hatt vormals hierinn sich hoch beflissen
Und seine grosse Kunst Europen lassen wissen:
Jetzt stelt sich Herr Depier sein werther Tochter=Mann
Mit gleichem Geist nd Kunst begabet auf die Bahn.
Wer diese Schrifft durchlist, wird wol darauß ersehen,
Daß sein sinneicher Kopff nicht trachte still zu stehen
Bey dem was schon bekandt: wer habe will die Prob,
Der komm und schau und geb dem Künstler Ehr und Lob.

Carl = Christian Ris

VI. 1685: Verzeichnis von Cosmus Conrad Cuno

VI a. vermutlich 1. Auflage 1685

British Library London. Druck 8°. Signatur 8707 fff.1.(3.)
ohne Datum, ohne Seitenzahlen. 9 Seiten.

Cosmus Conrad Cuno,
von Hamburg
Bericht
An die Herren Liebhabere Optischer Kunst-
Wercken / den Handgrif und Gebrauch seiner hierbey
verzeichneten Microscopiorum, samt denen darzu
nöthigen Instrumenten betreffend.

[..... Schluß:]
Kan doch benebens zu berichten/ nicht umgehen/ daß auch andere dergleichen Optische Sachen bey mir zu finden/ als da seyn: Kleine Faust=oder Reit Perspectiv von 2. 3. 4. biß 5. Zoll/ Fern Perspectiv mit 2. Gläsern und ihren Außzügen von etlichen Schuhen: Stern=Röhren und Telescopia von unterschiedlicher Länge: Helioscopia oder Sonnen=Gläser/ ihre Gestalt und maculas zu betrachten: Fern=Perspectiv mit 4. Gläsern auf etliche Schuh: Spatzier=Stäbe/ so zugleich Perspectiv in sich haben: Perspectiv, dardurch man mit 2. Augen zugleich sehen kan: Perspectiv, damit man in einem Sessel sitzend/ oder in einem Bett ligend/ was auf der Gassen vor der Thür geschiehet/ sehen kann: Tubi anatomici: Microscopia mit 2. oder 3. Gläsern: Ein Microscopium, die Wapen=Ringe und Edelsteine zu betrachten: Gläser zu der Camera obscura: Optische Laternen/ die Farben deren objectorum an einer Wand zu praesentiren: Gassen=Laternen/ über eine Gassen weit einen Schein zu werfen: Unterschiedliche Vexier=Spiegel: Grosse und kleine Metallene Spiegel: Allerhand Arten Augen=Spiegel nach jedes Gesicht: Reyß= und Wind=Brüllen/ mit welchen man ohne Umwendung des Haupts/ zugleich hinter= und vor sich sehen kan/ so sehr zum Reysen dienlich.

Solte nun einem und andern curieusen Liebhaber eines oder das andere hiervon belieben/ so wird demselben so wol willigst/ als schuldigst/ nach Möglichkeit von mir aufgewartet werden/ der ich unterdessen verbleibe

Ihr dienst=beflissener
Cosmus Conradus Cuno,
Hamburgensis

VI b. 2. Auflage. Herbst 1686 oder später

HAB Wolfenbüttel. Druck 4°. Signatur Nx 89 (8). Kopie SuStBA Phys 1684.
Hier sind auch die Ophthalmoscopia enthalten.
Text siehe Kapitel II.5.2: Cunos erster Druck über seine Mikroskope.

VI c. 3. [?] Auflage. Gedruckt bei Jacob Koppmayer Augsburg. Ohne Jahr

Universitätsbibliothek Erlangen/Nürnberg. Druck. Signatur H 61 Trew 233 tw.
Bis 1769 im Besitz von Christoph Jacob Trew, Arzt in Nürnberg.

A.2 Instrumente von Wiesel, Depiere und Cuno

Vermutlich kennen wir nur einen geringen Teil der Produktion. Sieht man von den kleinen kurzen Perspectivröhrchen ab, so kann man 27 größere Fernrohre von Wiesel zählen, deren Herstellung belegt ist, darunter mindestens 20 große astronomische oder terrestrische Fernrohre mit vier oder mehr Linsen nach 1644. Von den zusammengesetzten Mikroskopen, die eine Feldlinse enthielten, kann man 15 Instrumente nachweisen, die zwischen 1650 und 1662 gebaut wurden. Die Instrumente sind chronologisch aufgelistet.

A.2.1 Existierende Instrumente

1. Schiffslaterne.

Schloß Rosenborg Kopenhagen. Inv. Nr. 1.64
Abb. 14 und 29

Hersteller: J. Wiesel
Besitzer: König Christian IV. von Dänemark

Rückseite der Laterne: Monogramm des Königs:
Entstehungszeit: zwischen 1637 und 1640
Signatur: keine

Im Juli 1637 von Graf Christian von Pentz auf der Durchreise in Augsburg bestellt. Er gab Wiesel 300 Reichstaler *auf die Hand.* Die Laterne wurde spätestens 1640 geliefert, kam später in die Kunstkammer und wurde 1824 nach Schloß Rosenborg gebracht. In einer liegenden runden Dose aus Messing ist vorne eine Linse, hinten ein Spiegel aus versilbertem Metall befestigt. Unten sitzt eine Hülse, die auf einen hölzernen Stab geschoben wird. In die Hülse wird eine Kerze gesteckt, die je nach Brennstand neunmal hoch geschoben werden kann. Oben ein Rauchabzug in Form einer kleinen Laterne. Der hölzerne Stab wurde 1838 durch eine neue Stange ersetzt.

Durchmesser der Dose 19 cm, Tiefe 15 cm,
Höhe der Dachlaterne 13 cm, Durchmesser der Dachlaterne 6,6 cm.
Länge der Hülse 27,5 cm. Gesamte Höhe mit Stab 1,92 m.
Durchmesser der Linse ca. 15 cm, der vorderen Öffnung 13 cm.
Durchmesser des Spiegels 17,7 cm.

Inventar der Kunstkammer 1674, 28a: *En messing Lampe*
Inventar 1690, 90/30: *Een Laterna som hoyloflig Ihukommelse Christianus Quartus haver brugt paa floden*
(Eine Laterne, die Christian IV. von hochlöblicher Erinnerung auf der Flotte gebrauchte).

Literatur: Gundestrup II S. 270

2. Fernrohr (A).

Schloßmuseum Skokloster. Inv. Nr. 10643. Abb. 9, 15, 16, 30 bis 34.

Hersteller: J. Wiesel
Besitzer: Feldmarschall Carl Gustav Wrangel
Entstehungszeit etwa 1650
Vergrößerung 28 fach
Signatur: ' I·W·A·O·F ' Goldprägung auf dem äußersten Rohr.

11 Rohre; das Hauptrohr ist mit schwarzem Leder überzogen und mit Goldprägungen verziert; die inneren Rohre sind mit Marmorpapier bekleidet. 5 Linsen, die fehlen. Das Objektiv saß im dünnsten Rohr; dort Markierungen für ' Mehrer-, Quartier-, Minder-, Sehr Minder – Gesicht '.

Länge zusammengeschoben 69 cm, ausgezogen 265 cm.
Auf dem dicksten Rohr Deckel mit Okularmuschel: 9 mm großes Loch.
Okularlinse 43 mm Durchmesser. 2. Rohr: Linse 48 mm, 3. Rohr: Linse 42 mm;

Die Fernrohre Nr. 2 und 3 wurden vielleicht während des Friedensexekutionskongresses April 1649 - Juli 1651 in Nürnberg erworben, an dem Wrangel teilnahm.

Literatur: Losman; Willach.

3. Fernrohr (B).

Schloßmuseum Skokloster. Inv. Nr. 10641
ähnlich Nr. 2. Rohre teilweise verklemmt.

Signatur: I·W·A
O·F

Literatur und Abbildungen wie Nr. 2

4. Relikt.

Germanisches Nationalmuseum Nürnberg. Inv. Nr. WJ 455. Abb. 17, 36, 37.

Hersteller: J. Wiesel
Früherer Besitzer unbekannt
Herstellungszeit: nach 1640
Signatur: In drei golden geprägten Medaillons: ' J W ' ' AUG ' ' OPT '
auf dem mit hellbraunem Leder überzogenen Papprohr.

Das Rohr steckt auf einem durchbohrtem, innen und außen schwarz gefärbten Holzteil, am andern Ende außen von quadratischem Querschnitt. Der Kragen, den dieser Quader trägt, läßt darauf schließen, daß er in einer Wand oder in einem größeren Kasten steckte. Das hölzerne Rohr ist mit Papier beklebt: einer Notenhandschrift mit Text, Ausschnitt aus einem Marienhymnus. Linsen und Linsenfassungen fehlen.
Bestimmung unklar, Teil einer Camera obscura?

Länge des aufgesteckten Papprohrs etwa 35 cm, Durchmesser 8 cm.
Länge des eckigen Holzteils etwa 14 cm.

5. Einfaches Mikroskop und vier Flohgläser in Kästchen.

Staatlicher Mathematisch-Physikalischer Salon Zwinger Dresden. Inv. Nr. B V 180
Abb. 18 und 19.

Hersteller: C.C. Cuno
Erster Besitzer: Ehrenfried Walther von Tschirnhaus.
Auf dem Deckel des Kästchens Signatur ' E·W·v·T '
Herstellungszeit: 1692
Signatur im Kästchendeckel: ' 16·C·C·C·A·V·F·92 '

4 Linsen zum Auswechseln, Brennweiten 3 bis 8 mm. Stärkste Linse fehlt.
Griff, 4 Linsenfassungen, Blendenscheibe und Reservedose aus Elfenbein, runde Scheiben aus Holz. Blendenöffnungen (1; 1,8; 2,8; 3,4 mm).
Die mittlere drehbare Scheibe trägt 8 Präparate zwischen Glimmerplättchen:
1. Mottenschuppen, 2. Holzfaser, 3. Flügel einer Fliege, 4. Flügel einer Wespe ?, 5. nicht identifiziert, 6. Haare, 7. Samenhülsen, 8.Bienenstachel ?. Drei Glimmerplättchen in der Dose. Mit einer Schraube am oberen Ende des Geräts kann der Abstand der Linse vom Objekt reguliert werden.
Kästchen mit braunem Leder überzogen, innen mit Ziegenleder ausgeschlagen, Kästchendeckel innen mit Marmorpapier beklebt. Signaturen in goldenen Buchstaben.

Länge: 113 mm; Durchmesser 49 mm; Kästchen: 130 mm x 82 mm x 47 mm.

Flohgläser: Durchmesser 25 mm; Höhe 35 mm.
Die kleinen Tuben sind mit Marmorpapier bekleidet, die Fassungen sind aus Holz gedrechselt.
Die Linsen haben verschiedene Brennweiten von etwa 12 bis 25 mm.

Lit.: Christie's South Kensington, Auktionskatalog: 'Fine scientfic instruments' London 30. Mai 1996. S. 56f.; Augsburger Allgemeine 14.8.1996; Stadtlexikon 1998 (Cuno).

6. Einfaches Mikroskop in Lederetui.

London, Science Museum. Inv. Nr. A 61149
Abb. 46 und 47.

Hersteller: Cuno zugeschrieben, weil große Ähnlichkeit mit Instrument Nr. 2 auf der Graphik von 1685.
Früherer Besitzer unbekannt
Herstellungszeit nach 1685
Signatur: keine

Länge 90 mm; Durchmesser der Scheibe 35 mm.

Drehbare Objektscheibe mit 6 Präparaten; zwei zusätzliche Objektscheibchen sind noch vorhanden; Messing mit Holzgriff.
Etui mit Leder überzogen, mit Prägungen verziert.

A.2.2 Bestellte oder gelieferte Instrumente

Abkürzungen: HAdJ: Herzog August der Jüngere von Braunschweig-Lüneburg;
AFzA: August Fürst zu Anhalt.
* Verkauf nachgewiesen

Johann Wiesel: Werkstatt in Augsburg 1621-1662

Januar-März 1625 Angebots-Listen an August Fürst zu Anhalt
(Kopie von Widemann) siehe Anhang A.1 Liste I.

* Mai 1625 AFzA bestellte zwei Kunstbüchslein, die etwa zwei Monate später über die Naumburger Messe geliefert wurden. Die Bezahlung lief über den Agenten des Fürsten in Leipzig. (NSLB Hannover. Ms IV 341 S. 855 und S. 857f.)

Mai 1625 AFzA bestellte außerdem (Ms IV 341 S. 855):
Landschaftsspiegel zu 8 Taler
Windbrillen zu 8 Taler.

* 3/13. August 1625 Fernrohr: Perspectiv für AFzA soll in 14 Tagen verfertigt werden. (Ms IV 341 S. 856)

3/13.12.1626 AFzA bestellt ein Mikroskop aus zwei nach Augsburg geschickten Kristallscheiben: *tubo die minutissima dadurch zu erkennen.* (Ms IV 341 S. 861)

* 22.9.1628 Wiesel an AFzA: *hierbei übersende ich E.F.G. .2.kunstbüchslein so Ich scharf nach dem centro geschnitten, dardurch man das cleinste steublein nach artt und form desselben erkennen und zue gesicht bringen kann. Will man es aber noch mehr übergrößern, so schrauff man das convexum umb ein gewindt 1 oder 2 auff In die höhe... ains umb 5 Thaler.* (Ms IV 341 S. 864)

22.9.1628 Wiesel an AFzA: Angebot eines neuen binokularen Instruments. Siehe Anhang A.3 (Briefe) Nr. 18.

* 8.2.1630 Graf Ott Heinrich Fugger bezahlt 22 fl. 30 kr. (15 Reichstaler) *für underschidliche wahren, alß ein geschüzKästlen, ein proportional Spigel, und ein Kunstbixlen.* (Dillingen FA 1.2.78c (1629) fol. 55r)

* 17.3.1630 Ott Heinrich Fugger bezahlt 18 fl. für ein *Reit Perspectif und andere Sachen.* (FA 1.2.78d (1630) fol. 47v)

Sept. 1630 Angebots-Liste an HAdJ (Kopie von Widemann) siehe Anhang A.1 Liste II
1630 Hainhofer: Wiesel arbeitet für den Kaiser und Kurfürst Maximilian I. von Bayern. (NSAW 1 Alt 22 Nr. 177h fol. 92r). HAdJ bestellt:
* 1 Fernrohr, geliefert Juni 1632 s.u.
* Windbrillen, geliefert 1637 s.u.
* 2 Paar Brillen zum täglichen Gebrauch, geliefert 1631. (HAB 95 Novi fol. 228r)

* Okt. 1631: 2 Brillen an HAdJ, mit Beschreibung. (NSAW 1 Alt 22 Nr. 177i fol. 51v)

Ende Juni 1632
* Fernrohr für HAdJ: 6 Teile, roter Samt, Elfenbein, 1,5 Meilen weit zu sehen.
(NSAW 1 Alt 22 Nr. 177k fol. 19v-20r. Hainhofer an HAdJ; HAB 14 Noviss. 8° fol. 158r-v. 26.4.1650. HAdJ an Hirt)

* Fernrohr für Herzog Ernst von Sachsen-Weimar (später Gotha), persönlich in Augsburg gekauft: 6 Teile, 2 Gläser, roter Samt, Fassungen Elfenbein.
(NSAW 1 Alt 22 Nr. 177k fol. 14v. Hainhofer an HAdJ; ThStA Gotha, Kammer Immediate Capitel VIII Titul VII No. 5 (Nr. 1377) *Inventarium über die fstl. Friedensteinische Kunstkammer Anno 1717, mense Juli verfertigt* [spätere Zusätze bis 1732] fol. 108r: *An Tubis Opticis und Perspectiven*)

Juni/Juli 1632 *fünferley Gläser* für König Gustav Adolf von Schweden in Arbeit.
(NSAW 1 Alt 22 Nr. 177k fol. 14v. Hainhofer an HAdJ)

* Februar 1637 HAdJ bestellt 2 Paar Brillen zum Lesen und Schreiben.
(HAB 95 Novi fol. 385r), geliefert Dezember 1637 nach Muster (Faden). (NSAW 1 Alt 22 Nr. 177n fol. 77v. Hainhofer an HAdJ)

6/16.7.1637 Graf Christian Pentz, dänischer Gesandter in Augsburg.
Angebot: *Tubus per 150 Reichstaler, durch welchen man bei heiterer Zeit auf 14 Meilen in das Gebirge sehen kan.*
* Vergrößerungsglas oder Brille gekauft.
* Schiffslaterne für Dänemark bestellt, 300 Rtl. siehe oben A.2 Nr. 1.

* Dezember 1637 Zwei Windbrillen, *darinnen man die, die hinter einem gehen oder reiten, auch sehen kann*, für HAdJ und für Kaiser Ferdinand III. (NSAW 1 Alt 22 Nr. 177n fol. 41r und 77v. Hainhofer an HAdJ)

* Arbeiten für den Herzog von Bracciano, Paolo Giordano Orsini II. in Rom. Im Winter 1636/37 war der Herzog in Augsburg.
(HAB 17.26 Aug. 4° fol. 214r; HAB 17.29 Aug. 4° fol. 177r. Hainhofer: Kopialbücher)

* 1639 Neun Augengläser für Kurfürst Maximilian I. von Bayern à 1 Dukaten = 3 fl. (HauptstaatsA München Hofzahlamtsrechnungen Bd. 89 (1639) fol. 249r Nr. 10: '27fl.' Rubrik Churfürstliche Durchlaucht Camer)

* Brillen nach Wien. (HAB 17.29 Aug 4° fol. 62r und 170v)

* 1642 Brille für Kanzler Johann v. Anethan in Trier. (HAB 17.29 Aug. 4° fol. 75r-v)

* Juli 1642 Vergrößerungsglas aus Cristallo bestellt von J.V. Andreae in Stuttgart, für ein Kästchen in Form eines Buches, 6,5 cm x 9,5 cm groß: 5-6 Dukaten; geliefert im Nov. 1643. (HAB 74 Noviss. 2° fol. 57r, 100r, 107r, 114r; 17.29 Aug. 4° fol. 177r-178v)

1642 Wiesel in München bei Kfst. Maximilian I. (HauptstaatsA München Hofzahlamtsrechnungen Bd. 92 (1642) fol. 445r)

* 12.12.1643 an HAdJ geschickt: *2erlay perspectivröhrlen, darunter ain gar kurzes*, in einem 'Schreibtisch'. (Gobiet 1513 S. 832)

* 9.4.1644 HAdJ bestellt 6 kurze Perspectivröhrlein. (Gobiet 1383 S. 739)

20.11.1644 Brief aus Augsburg an Charles Cavendish: Wiesel macht neues Perspectiv (terrestrisches Fernrohr) für den Kaiser, fertig im Frühjahr, zwei Jahre Bauzeit, also im Frühjahr 1643 begonnen, 250 Dukaten. (BL Ms Add. 4278 fol. 192r-v, 193r)

1644 Wiesel am Hof in München.
(HauptstaatsA München Hofzahlamtsrechnungen Bd. 94 (1644) fol. 432v)

* Dezember 1644 Drei kurze *perspectiv röhrlein* an HAdJ. (Gobiet Nr. 1407, 1409)

* 5.1.1645 Drei kurze *perspectiv röhrlein* an HAdJ. (Gobiet Nr. 1410)

* 1645 für Waren (u.a. Schießbrille ?) für Kfst. Maximilian I. und Zehrung 50 fl. bezahlt. (HauptstaatsA München Hofzahlamtsrechnungen Bd. 95 (1645) fol. 254v und 410r; HAB 83 Novi fol 246 r-v. 23.5.1658. Anckel an Hzg. August)

5/15.11.1645 J.V.Andreae bestellt einen Tubus. (HAB 74 Noviss. 2° fol. 212r)

Sommer 1647 Hainhofer verkauft Schreibtisch an HAdJ; Geschenk für Generalfeldmarschall Wrangel; heute teilweise in Wien, leer. Hersteller der optischen Geräte unbekannt. Inhalt Gobiet S. 836-861. Nr. 1411. Darin
* ein *artlich perspectiv röhrlin in die ferne zu sehen*
* ein mikroskopisches Compendium
* ein Flohbüchslein aus Elfenbein
* ein Brillenglas zum Vergrößern
* ein Vexierspiegel, * ein Prisma

September 1647: Samuel Hartlib verschickt deutsche und lateinische Kopien von Wiesels Fernrohr-Preisliste. Siehe Anhang A.1 Liste III.

* 17.12.1648 Zwei kleine Tubi an HAdJ, 4 Taler. (HAB 98 Novi fol. 115v)

* Astronomischer Tubus an Giovanni Battista Riccioli in Bologna: 2 (?) konvexe Gläser; 15 Fuß, etwa 4,50 m lang, zeigte ganze Mondscheibe, aber auch kleinste Einzelheiten; die Mondbeobachtungen von Riccioli und Grimaldi begannen im Sommer 1649 und dauerten bis Ende 1651. (Riccioli: Almagestum novum, Bologna 1651, S. 204 u. 209f.)

* 11.3.49 Brille für HAdJ geliefert (HAB 98 Novi fol. 143v); am 23.2.1649 bestellt. (HAB 14 Noviss. 8° fol. 67r).

* Sommer 1649 Tubus bei Tag und Nacht nach Amsterdam für Benjamin Worsley über Christian Kottenbach in Nürnberg; September 1649 in Amsterdam angekommen; Tubus weiter nach England; Dezember 1649 in London (HP 28/1/36B Ephemerides 1649).
11 Rohre, 7 Gläser, 80 Ungarische Dukaten = 240 fl.; großes Gesichtsfeld, etliche 1 000 Mann gegenüber früher 6 Mann; zu den *Astris; Mond weiter nit alß in 3 oder 4 Spannen vom Auge stehendt.* (HAB 98 Novi fol. 309r-310r Moriaen an Wiesel)
Im Frühjahr 1650 an Mr. Dudley Palmer in Gray's Inn in London verkauft.
(HP Ephemerides 1650)

17.11.1649 Wiesel an Moriaen: erste Erwähnung eines Ophthalmoscopiums: *kleines Instrumentlein, mit dem man mit hülff eines besondern objecti alle inwendige fehler und mängel der augen sehen könne.* (OP C 1. t. 2 Nr. 171; OP C 1. t. 2 S. 306)

* 17.12.1649 Wiesel an Moriaen: 'astralischer' Tubus 'zu den Sternen' nach England, 100 Taler, Bezahlung über die Augsburger Firma Stetten; im März 1650 in England ange-

kommen. 11 Rohre; jedes Rohr mit 2 Buchstaben bezeichnet, Leder; 4 plankonvexe Gläser: Objektiv im kleinsten [engsten] Rohr; kurzer Tubus mit 2 Gläsern im ledernen Rohr verschraubt, Durchmesser etwa 2 cm,; drittes großes Okularglas im nächstdicken Rohr verschraubt, so groß wie der Tubus-Durchmesser. (OP C 1. t. 2 Nr. 171)

30.12.1649 ein kleiner tubus binoculus aus Elfenbein, ein Finger lang, für 8 ungarische Dukaten angeboten. (OP C 1. t. 2 Nr. 171)

* Um 1650 zwei Fernrohre für General Wrangel, siehe oben A.2.1 Nr. 2 und 3.

17.2.1650 Wiesel an Moriaen: Tubus für die Universität Paris in Arbeit.
(OP C 1. t. 2 Nr. 171)

* 17.2.1650 Microscopium, von 5 Zoll hoch, und 3 Gläsern für 8 Dukaten oder 16 Rtl. an Kurfürst Maximilian I. in München. Erstmals Mikroskop mit Feldlinse erwähnt. (Wiesel an Moriaen, Kopie Moriaen an Hartlib, geschickt 11.3.50. HP 37/144B)

* Etliche Mikroskope [vier auf die Frankfurter Messe], von Moriaen bestellt; verkauft 1651; einige nach England, u.a. an B. Worsley u. Robert Boyle. (HP 37/146 B. 25.3.1650 Moriaen an Hartlib; HP 37/150A. 8.4.1650 Moriaen an Hartlib)

* Marschierstock mit Fernrohr für Herrn Deupold in Augsburg. (HAB 98 Novi fol. 309r)

8.3.1650 HAdJ bestellt
* Windbrillen, geliefert 17.3.1650, 8 Dukaten.
* Marschierstock mit Fernrohr, geliefert 28.4.1650. 20-24 Taler.
(HAB 14 Noviss. 8° fol. 142v; HAB 98 Novi fol. 193r und 316r)

*13/23.6.1650 großer Tubus für HAdJ geliefert: 10 Schuh (3 m), 7 Linsen; 80 Dukaten = 160 Rtl. (HAB 98 Novi fol. 334v-335r); angeboten am 21/31.3.1650 (HAB 98 Novi fol. 302r-v, 310r), bestellt am 16/26.4.1650. (HAB 14 Noviss. 8° fol. 158v)

Februar 1651 Wiesel an Moriaen: Astrischer Tubus 20 Schuh, *tut soviel als ein anderer von 45 Fuß*. (OP C 1. t. 2 fol. 215v. 20.3.1651 Hartlib an Hevelius)

Fernrohre nach Gotha:
* 3.4.1651 durch Anton Langenmantel in Augsburg: 8 Rohre, 4 Gläser, schwarzes goldgeprägtes Leder, hölzernes Futteral; 100 Rtl. (Thür.Staatsarchiv Gotha, Friedensteinsche Cammer Rechnung 1650/51 Rubrik Uhrmacher, S. 357, Nr. 4; Kammerrechnungen Belege, 1650/51, Bd. III. Blatt 430 Nr. 4) Abb. 38
* 1650-51: 12 Rohre, schwarzes, goldgeprägtes Leder. Vermutlich Geschenk von Pfalzgraf Karl Gustav von Pfalz-Zweibrücken, dem späteren König von Schweden.
(ThStA Gotha Capitel VIII Titul VII No 5 (nr. 1377): *Inventarium über die fstl. Friedensteinische Kunstkammer Anno 1717 mense Julii verfertigt.* fol. 108r; OP C 1. t. 3 fol. 371r-v. 26.6.1652 Brief A. Reyher an Hevelius)

* 1.[11.] 7.1651 HAdJ bestellt vier kurze Perspectivröhrlein. (HAB 14 Noviss. 8° fol. 273r); 10/20.7 1651 Hirt bestätigt Bestellung (HAB 98 Novi fol. 471r); 31.7./10.8.1651 geliefert (HAB 98 Novi fol. 478v Hirt); Ankunft bestätigt am 22.8.1651 (HAB 14 Noviss. 8° fol. 284r HAdJ)

10.8.1651 Tubus 16 Schuh für Sonne und bei Nacht, 100 Dukaten.
(OP C 1. t. 2 fol. 238r. 7.10.1651 Moriaen an Hevel)

* 25.8.1651 Moriaen bestellt 2 Mikroskope, Wiesel bestätigt am 14. Sept.; 16 Dukaten. (OP C 1. t. 2 fol. 238r. 7.10.1651 Moriaen an Hevel)

* 22.2.1652 Mikroskop durch Moriaen an Hevelius geschickt: 16 Reichstaler + 1 Taler "Fracht und Brieflohn". (OP C 1. t. 2 fol. 304r). Beschreibung Abb. 39.

* April 1652 Astronomisches Fernrohr nach Amsterdam. Moriaen: *jüngst empfangener Tubus astralis. die jüngste Sonnenfinsternis* [8.April] *war alhie woll dardurch zue observirn.* (HP 8/4A-B; OP C 1. t. 2 fol. 306r. 28.5.1652 Moriaen an Hevelius)

* Mai 1652 Wiesel an Moriaen: Ophthalmoscopium nach Dänemark versandt, ad 10 Dukaten. (OP C 1. t. 2 fol. 306r. 28.5.1652 Moriaen an Hevel)

* Herbst 1652 Tubus für den König von Dänemark nach Kopenhagen; Villum Lange an Hevel: "vor 14 Tagen damit beobachtet." (BN Man. lat. 10347 t. 3 fol. 15v. 20.11.1652). 28 werkschuh (ca. 8,40 m) lang, 3 Gläser, das größte wie eine mittelmäßige Glasscheibe; *gedachtes perspectiv hette die corpora umgekehrt gezeigt*, d.h. astronomisches Fernrohr mit Feldlinse. (E IV o Nr. 2b, 1654, Diarium der Lustreyse Herzog Johann Ernst von Sachsen-Gotha im September 1654 von Hiob Ludolph. fol. 3v.) Fernrohr beim Brand des Runden Turms 1728 vernichtet, falls es dort aufbewahrt wurde. Falls es in die Kunstkammer gekommen war, entweder 1795 verbrannt oder 1824 versteigert worden.

* Dez. 1652 Pensionaris Jacob Edelheer in Antwerpen besitzt Wiesel-Teleskop: vier Linsen, schickt es an Christiaan Huygens.
(OC Huygens Bd. 1. S. 215 Huygens an Vogelaer; S. 224 Huygens an Gutschoven)

* 22.3.1653 HAdJ an Hirt, bestätigt kurzes Perspecil und Starbrille (nach Staroperation);
* bestellt nochmals kurzes perspecil oder tubus. (HAB 14 noviss. 8° fol. 434r)
Hirt: Lieferzeit 3 Wochen (HAB 99 Novi fol. 161)

Mai 1653 Kaiser Ferdinand III. in Augsburg.
* Sept. 1653 Wiesel liefert bestellte Waren (u.a. Schießbrille?); Reise nach Regensburg.

* 16.10.1653 Wiesel an HAdJ: 1 Paar Staarenspiegel: Fadenbrille; 3 Dukaten
(NSAW 1 Alt 22/170 fol. 49r und 57r)

13/23.10.1653 J.V. Andreae bestellt eine Brille. (HAB 99 Novi fol. 239r-241v)

* 25.10.1653 HAdJ Ring über die Haube, an dem die Brillengläser angeschraubt wurden.

* 20.11.1653 Wiesel an HAdJ, Dank für Gnadenpf., "letztgesandte Brillen": Atlasstoff an die Mütze in Form einer Mondsichel. (1653 ? NSAW 1 Alt 22/170 fol. 50r-v u. 52r-v)

4.12.1653 Wiesel an HAdJ, Herzog hat Tubus bestellt, eine halbe Elle lang, mit ziemlich großen Gläsern. (NSAW 1 Alt 22/170 fol. 54r-v)

* 26.3.1654 Wiesel an HAdJ, liefert kleinen Tubus, 6 Dukaten, (NSAW 1 Alt 22/170 fol. 58r-60v)

* 1653 oder 1654 Binoculum: *zweyaugiges Perspectiv* samt beigeschlossenem Unterricht auf dem Reichstag in Regensburg an den Kurfürst von Mainz J.Philipp von Schönborn verkauft, 10 Dukaten. Zusicherung des Kaufpreises durch den Hofzahlmeister Kurtzrockh am 4.6.1654, Schreiben Wiesels vom 12.7.1656 an den Kfst., klagt Geld ein.
(Konzept SuStBA Nachlaß Beuther)

1654 Christiaan Huygens erhält Wiesel-Instrumente durch seinen Verwandten Daniel de Vogelaer (1599-1669) in Amsterdam:
* Fernrohr 7 Auszüge, 5 Linsen, 4 Okularlinsen in 4 Rohren, plus Sonnenglas; Sternbeobachtung mit 4 Linsen, wenn 2 Auszüge abgenommen werden. (OC Huygens Bd. 1. S. 308f.; Bd. 13-2. S. 599) Abb. 8.
* Fernrohr 3 Fuß lang (90 cm)
* zwei Fernrohre von eineinhalb Fuß (45 cm)
* zwei kleine Rohre aus schwarzem Horn, eine Spanne lang (ca. 20 cm), mit Schraube zum Einstellen (OC Huygens Bd. 1 S. 308f.)
* Mikroskop, 3 Linsen, mit Kartonschraube zum Einstellen, Vergrößerung etwa 56 mal. 12 Dukaten? Universitätsbibl. Leiden Hug. 17. fol. 96v; OC Huygens Bd. 1. S. 310f.; Bd. 13-2. S. 676). 1954 Nachbau im Museum Boerhaave Leiden. Vgl. Abb. 10 u. 11.

um 1654 Huygens notierte mehrere Fernrohre von Wiesel, die er gesehen hat:
* 16 Fuß lang (5 m), 3 Linsen, es bringt die gleiche Wirkung wie ein gewöhnliches von 30 Fuß (9,4 m). 110 Dukaten.
* 10 oder 12 Fuß (3,10 m bis 3,70 m), 7 Linsen, zum Betrachten der Sonne und terrestrischer Objekte. Zum Fernrohr gehörte demnach ein getrübtes Glas zur Sonnenbeobachtung. 75 Dukaten.
* 7 oder 8 Fuß (2,20 m bis 2,50 m), 5 Gläser, astronom. Rohr, 70 Golddukaten (aurici)
* 4 oder 5 Fuß (1,25 m bis 1,57 m), ebenfalls astronomisch. 4 Gläser. 40 Dukaten (OC Huygens Bd. 13-2. S. 598f.)
* kleines Perspektivröhrlein: Länge 3 Duijm [Daumen], ca. 7,5 cm;
Abstand der beiden Linsen 6,25 cm. Das Okular war in einer Schale von etwa 1,7 cm Radius geschliffen, das Objektiv in einer Schale von 8,75 cm Radius. Öffnung etwa 0,8 cm. (Universitätsbibliothek Leiden, Hug. 3. fol. 43v: Notiz von Huygens mit Skizze nach 1654); in OC Huygens Bd. 13-2. S. 598 FN. 3: ohne Skizze. Vgl. Abb. 7.

* 24.12.1654 Wiesel an HAdJ, kündigt 2 Paar Brillen an. (NSAW 1 Alt 22/170 fol. 61r)

* Januar 1655 Windbrille mit 4 Gläsern für HAdJ. 7 Dukaten. (HAB 99 Novi fol. 381r u. 385r)

* 1655 Constantijn Huygens d.Ä. besaß ein Wiesel-Mikroskop, wollte ein weiteres bei Moriaen bestellen. (Worp Bd. 5. S. 240 Nr. 5414. 9.6.1655)

* 12.8.1656 Fernrohr an Prinz Ulrich Frederik Guldenlöw nach Dänemark verkauft:
5 Gläser, davon 4 Okulare in den ersten vier Rohren; mit Leder überzogen. 'Unterricht' (nur erste Seite vorhanden, Schluß fehlt) an den Hofmeister Carl Christian Todt von Torgau in Sachsen, (SuStBA Nachlaß Beuther; HAB 100 Novi fol. 87r, 90v)

* 18.10.1656 Zwei 'Fernrohrbrillen' für HAdJ; je 4 Gläser mit Schraube zum Einstellen, jede Brille 6 Dukaten (NSAW 1 Alt 22/170 fol. 62r-63r. Wiesel an Anckel)

18.12.1656 Wiesel an HAdJ: Brille an Messingschiene zu hängen, besondere Schmelze, 4 Dukaten (NSAW 1 Alt 22/170 k fol. 65r-v)

* 1656/57 Teleskop an Hevelius, 180 Taler (100 Ungarische fl.), 12 Fuß, 5 Linsen
(OP C 1. t. 8 S. 1181; OP C 1. t. 9 S. 1309; BN Man. lat. 10347 t. 9 S. 85f.)
Gesichtsfeld größer als drei Vollmond-Durchmesser. (OP C 1. t. 5 S. 672)
Beim Brand der Hevelschen Sternwarte 1679 verbrannt.

* 1657 Objektivglas oder Fernrohr für den Grafen von Waldeck,
ging auf der Post verloren. (HP 42/2/7A: 5.4.1657. Wiesel an Moriaen).

1657 Korrespondenz mit Moriaen über Rissigwerden des Glases. Moriaen bestellt Objektivglas. (HP 42/2/7A-B. 5.4.1657 Wiesel an Moriaen; 4.5.57 Moriaen an unbekannt)

* Mai 1657 Eine Brille und 4 Perspectivröhrlein für Herzog Johann Friedrich von Braunschweig-Lüneburg (HAB 83 Novi fol. 88v-89r)
* 7/17.5.1657 Brille für HAdJ in Lederfassung 6 Rtl.
* Brille für Oberamtmann Wolf in Wolfenbüttel (HAB 83 Novi fol. 91v)

* 17.11.1657 Tubus in die sächsische Kunstkammer in Dresden gekommen; 10 Schuh lang, 12 Auszüge, 5 Linsen; Brennweite des Objektivs ungefähr 6 Schuh; Linsenfassungen aus Buchsbaum; zusätzlich ein gefärbtes Glas zur Sonnenbeobachtung. Rohre bezogen mit schwarzem Leder und türkischem Papier, Goldprägung J·W·A·O.
1746/47 Gläser samt Fassungen in neues Blechrohr gesetzt, diente dann als astronomisches Fernrohr. (Staatl. Math.-Phys. Salon Dresden: Michaelis-Katalog fol. 24a-b)

* 3/13.6.1658 Schießbrille an HAdJ geliefert (23.5.1658 bestellt): 1 Glas in Fassung und zusätzlich ein ungefaßtes. (HAB 83 Novi fol. 254v-255r)

* Sommer 1658 Henry Oldenburg in Augsburg, kauft kurzes Röhrchen eines Mannes Hand lang (etwa 18 cm), passend zu seinen Augen, 1 Dukaten.
(Hall/Boas Hall: Oldenburg. Bd. I. S. 288. Nr. 147: 23.7.1659 Oldenburg an Hartlib).

* 1658 Großer Tubus nach Smyrna für den Türkischen Kaiser.
* 1658 Spazier-Stäbe von *Japonischer* Lack-Arbeit nach Smyrna. (Zeiller: Centuria III variarum quaestionum. Ulm 1659. S. 462f.)

* 5.12.1658 Perspektiv für HAdJ repariert. Linsen nachgeschliffen. (HAB 83 Novi fol. 334v)

* 1659 Mikroskop nach Wiesel von Theodorus Schad: Sammlung Weickmann Ulm.

* 8.1.1660 Wiesel an HAdJ: liefert Lesebrille in Schildkröten Horn, damit selbige an die Kopfschiene gehängt werden kann. 3 Dukaten. (HAB 83 Novi fol. 526r)

* 12/22.1.1660 Hirt: *Gestrigen tages hat mir Herr Donat Fendt ein Perspectiv Röhrlin, welches Herr Wisel einem Patritio Norico vor diser Zeit einmal verfertiget, alhero geschickht, das glas darinnen, so in etwas dunckhel worden, zu reparieren, und liechter machen zulassen* (HAB 100 Novi fol. 354v)

* um 1660 ? Zwei Mikroskope für den Herzog von Württemberg; signiert J.W.A.O,
5 Tuben, äußerster mit schwarzem Leder überzogen und vergoldet, zusammengeschraubt 30 cm (1 Schuh), Objekte auf drehbare Messingscheibe geleimt, Gestelle von schwarz gebeiztem Holz; später in der Kunstkammer Stuttgart; vgl. Abb. 41.
(StaatsAStuttgart, Rep. A 20a, Büschel 23, S. 44: Kunstkammerinventar etwa 1720); 1776 mit anderen mathematischen und physikalischen Geräten in die öffentliche Bibliothek gegeben, waren schadhaft. (Rep. A 20a Büschel 109. fol. 9r. Nr. 48)

* 24.2.1661 Anckel an HAdJ: Wiesel hat Mikroskop geliefert in einem Kasten;
12 Dukaten oder 24 Rtl. (HAB 84 Novi fol. 25v)
14/24.2.61 Wiesel an Anckel: Mikroskop samt dem notwendigen Unterricht und einem Verzeichnis *was aufgeleimt zu observieren* ist. 12 Dukaten. (HAB 84 Novi fol. 27r)

Februar 1661 Mikroskop für Herzog Friedrich Wilhelm II. von Sachsen-Altenburg in Arbeit. (HAB 84 Novi fol. 21r-22v)

11/21.4.1661
*Perspektivröhrlein für Hofmarschall Hoyn
*Brille für Proviantverwalter Poppe, beide in Wolfenbüttel. (HAB 84 Novi fol. 66r)

* 6.5.1661: Mikroskop von Wiesel kam in die Kunstkammer auf Schloß Friedenstein in Gotha, 4 Auszüge, schwarzes Leder, JWAO, 13 fl. 15 gr. [Groschen?] [ca 9 Rtl.] (ThStAGotha, Friedensteinsche Cammer Rechnungen 1660/61. S. 236r. Nr. 1477; YY VIII a) 2/11: Inventarium der Kunstkammer; 29. Febr. 1659 [wohl später ergänzt] S. 22)

9.10.1661 Robert Southwell in Augsburg, sah bei Wiesel verschiedene Arten von Fernrohren mit 2, 4 oder 5 Linsen, gute Mikroskope, Flohgläser (Occialini di pugno), ein Polemoskop. (Bibl. Nazionale Florenz, Cod. Galilaeana 254. fol. 176r-v)

* 11.11.1661: *Schwarzes Perspectiv der Mitteln Gattung* für Herzog Ernst von Sachsen-Gotha, 2 Rtl. (ThStAGotha Kammerrechnungen, Belege Blatt 322 Nr. 1595)

30.12.1661 Anckel an HAdJ: Wiesel arbeitet an einem Mikroskop, will es dem Kaiser *einhandeln*. (HAB 84 Novi fol. 220r)

* Verkauf an Abraham oder Johann Hecker, Verwandter von Hevelius.
4.11.1677 Depiere an Hevel: *Herrn Hecker in Dantzig haben wir unterschiedliche Sachen geschickt wie noch mein Herr Schwer S.* [Schwäher selig] *im Leben war.*
(OP C 1. t. 12 S. 1823 (155), BN Man. lat. 10348 t. 12 S. 374-375)

27.3.1662 Wiesel begraben.

Daniel Depiere: ab 1638 bei Wiesel, 1662 selbständig.

27. August 1662 Martin Fogelius bei Depiere, sah Mikroskope und mikroskopische Zeichnungen, parabolische Spiegel, Polemoskop u.a.:
(NSLB Hannover Ms VI 618 a: Reisebericht S. 44-48: 31.8.1662 Fogel in Augsburg)

1664 Balthasar de Monconys mit dem Herzog von Chevreuse bei Depiere.
* 16. Februar: Monconys kauft Lesebrille für 1 Taler und
* Linse von eineinhalb Zoll für zwei Taler. Der Herzog kauft
* zwei Taschenperspective für sechs Taler.
Monconys bestellt Flaschen zum Wasserwiegen (aus Glas geblasen).
* Depiere schenkt Monconys eine Linse aus Bergkristall.
* 4. April: Monconys kauft ein Mikroskop für 6 Dukaten (12 Rtl.). Beschreibung in: Voyages de M. Monconys; siehe Kapitel III.4.4: Depieres Mikroskope.

* 10.4.1664 Kurzer Tubus mit Schraube für HAdJ, 4 Dukaten (HAB 85 Novi fol. 63r: Depiere an HAdJ; HAB 85 Novi fol. 58r: 31.3./10.4. Anckel an HAdJ)

* 19.10.1665 Mikroskop nach Dresden: kein Preis bekannt. Abb. 43.
5 Rohre, 3 Linsen, 47 cm hoch; Schraubgewinde. Instrument 1945 im Krieg verloren; vgl. Kap. III.4.4 (Math.Salon Dresden, Michaeliskatalog, Blatt 30)

* 1666 Fernrohr aus 5 Rohren nach Wolfenbüttel.
31.5. [?] 1666 Anckel: Perspectivröhrlein, 4.fache Auszüge sollen nach den Strichen o--|--|--|--|--o aufeinander gerichtet werden. (HAB 85 Novi fol. 498v)

17.9.1666 HAdJ +

* 1668 Zwei metallene Parabolspiegel für Guidobald Graf Thun, Fürstbischof von Salzburg [regiert 1654 bis 1668].
a) Durchmesser 2 Schuh 4 Zoll (ca. 70 cm); Depiere: *darmit hab ich bey Nachts auf 400 Schritt einen Schein geworffen, daß ein gantz Compagnie Reuter überleucht und am selben Ohrt einen Brief zu lesen von dem Schein.*
b) kleiner Spiegel, ohne näheren Angaben.
(OP C 1. t. 12 S. 1823; BN Man. lat. 10348 t. 12 S. 372-375. 4.11.1677 Depiere an Hevel); vgl. A.3 Nr. 55.

1674 Instrumenten-Verzeichnis siehe Anhang A.1 Liste V.

* verschiedene Linsen für einen Grafen (Kapuziner) aus Italien.
(Depiere an Hevel. 4.11.1677 [st.n.] OP C 1. t. 12 S. 1823)

* Objektivlinse für Fortunato Vinacesi in Brescia. (ebd.)

* Fernrohr von vier Schuhen (ca. 1,20 m) 1740 in Michels Gartenhaus vor dem Klinker Tor in Augsburg. (SuStBA Beuther Nachlaß (2) S. 4)

* Zwei Objektiv-Gläser, 1742 im Besitz von C.C. Cuno. Von Beuther geprüft; vgl. Kapitel II.4.2.
a) Durchmesser 3 Zoll und 1 Linie (ca. 8 cm) mit dem Diamant am Rand eingeritzt: *16 Schuh gut*. Beidseitig konvex. Dicke: 1/8 Zoll (ca. 0,3 cm). Glas etwas grünlich mit ziemlich vielen Bläslein, sonst fehlerfrei; Politur rein , hin und wieder leichte Riße; nicht völlig aber beinahe zentriert.
b) äußerlich dem ersten gleich. Focus ca 14 Schuh 8 Zoll (ca. 4,40 m) Glas grünlich-gräulich mit unzähligen Punkten; nicht gut zentriert.
(SuStBA Beuther Nachlaß (2) fol. 1r-2r)

Mai/Juni 1682 Depiere +

Cosmus Conrad Cuno: seit 1684 in Augsburg.

1685: 'An die Herren Liebhabere Optischer Kunstwerken'.
Beschreibung und Abbildung von drei 'einfachen' Mikroskopen. Siehe Abb. 6.
Angebot weiterer optischer Instrumente; siehe Kap. II.5.2 und Anhang A.1 Nr. VI.

* 1685: Cuno verschickt Mikroskope durch Dr. med. Lukas Schroeck an den Frankfurter Arzt Sebastian Scheffer. (4° Cod. Aug. 214. Schroeck an Volckamer)

* 1692: Mikroskopkästchen für E.W. von Tschirnhaus; siehe oben A.2 Nr. 5.

1740 Eine kleine Mikroskoplinse 1 Gulden. Sonst keine Preise bekannt.
(SuStBA Beuther-Nachlaß)

31.8.1745 Cuno +

A.3 Briefe von und an Wiesel bzw. Depiere

Es werden hier außer der Korrespondenz Widemann – Wiesel – Anhalt 29 teils eigenhändige Briefe von oder an Wiesel und acht Briefe von oder an Depiere ediert, vermehrt um einige Briefe oder Briefstellen anderer Schreiber, die mit diesen Briefen in Zusammenhang stehen und dem Verständnis dienen. Die Instrumenten-Verzeichnisse und Beschreibungen von Wiesels Hand werden aufgeführt, ihr Text wird aber in den betreffenden Kapiteln wiedergegeben.

Wiesel datierte wie in Augsburg üblich nach dem neuen Gregorianischen Kalender (st.n.), Hainhofer und Hirt schrieben beide Daten. In Braunschweig, Holland, England und Danzig wurde der alte Kalender benützt (st.v.). In England fing das neue Jahr erst am 1. April an.

Zusätzliche Bemerkungen stehen in eckigen Klammern.

Nr. 1 bis Nr. 18: Hannover Niedersächsische Landesbibliothek Ms IV 341 S. 850-864. Kopien von Widemanns Hand aus dem Briefwechsel von Dr. Carolus Widemann, Stadtarzt in Augsburg, mit Fürst August zu Anhalt (Kürzel in den Briefen: AFzA). Er enthält auch Kopien von Wiesel-Briefen an AFzA und Widemann

1) S. 850 Carl Widemann an August Fürst zu Anhalt. o.D.

Sequentes effectus ettlicher artificialischer Spiegel
kan machen ainer zue Augspurg mit nahmen Johann Wiesel
[Siehe Anhang A.1 Produktionsliste Nr. I a]

[Zusatz:] Graf Moritz ★ in den Niderlanden hatt ain Mann bei sich kan
ain brief auf 3.Meil Weges lesen, gibt ime Alle Monat 500 thl [Taler]
verehrung oder bestallung.
★ Obiit Anno 1625 Aprili vor der Belagerung Breda. Welches Spinola in namen des königes in Hispanien Philippi .IIII. Monat belagert hatt. Ist Ihm Alle Tag ·100· Brabandische gulden das ist ·60000· Teutsche gulden aufgangen.

2) S. 851 August Fürst zu Anhalt an Widemann. Februar 1625.

Sequentia Augustiss. August. FzA: in literis ad
me anno .1625. Mense Februario. vf Meinen
Bericht der artificialischen Spiegel folij praecedente.
Wegen des Reüchlini seu Caprionis Speculo Oculari [Buch von Reuchlin]
ist weitter nachzufragen.
Was des Lands Mannes specula bedrifft Weren solche
wohl zu sehen. Weilen es feine Optica seindtt.
Ain concauum ist vorhanden so ein diametrum von ¾ der
elen hatt. Der zündet vast auff .8. Schuech weitt. ♁sis
Des Archimedis damit er die Schiff classem oder armada omnib:
verbrenndtt hat, Mueß groß gewesen sein. vid: in
Der Herr rede mitt Ihme, ob nicht müglich Ocularia Zue seqentib.
machen die man vorbindet alß die Staubprillen, daß man

eben auff die Weitte damit köndte recognoscieren alß
durch die Röhren, es ligt doch nur an der Scheiben. Vnd das
das vordere glaß Mehr Weiß dann helle seye:
Kayser Rudolff hatt ein Perspicill gehabt, daß Er vom
Retschin Zue Prag auff der grossen bruggen Zue Prag .1. Schreiben
lesen können: Wann die Zeitten besser wurden vnd der
guette Mann ainmahl auff Leipzigk keme, so kundtte
man villeicht einander besser versteen:
Was man mitt dem Scheiben Rohr tuett dauon sende der herr
ain Prob, es wirt doch müessen aufgeschraubet werden.
Sonsten Möchte Ich wohl von grüenem glaß ainen Liechtschirm
haben. durch welches das Liecht auff die Schrifft
fallen tuet in lucubrationibus [Nachtarbeit]: Dem gsicht nicht wehe

3) S. 852-854 Wiesel an August Fürst zu Anhalt. März 1625.

Sequentia ausm schriftlichen Bericht
an Iere f.g. AFzA von Johann Wiesel.
cristall Dreer vnd Perspectiumacher
alhie inn Augspurg. Martio .1625.

[Siehe Anhang A.1 Produktionsliste Nr. I b]

4) S. 854 August Fürst zu Anhalt an Widemann. 25.3./4.4.1625.

Sequentia ex literis augustissimi AFzA: pro
Responsione ad praecedentia Ioännis Wiesel:
de dato.25.Martij.antiq.Vel 4.Aprilis noui styli
anno 1625.

Des Jungen Meisters sachen seindt Zue aestimieren vnd Zue
.1. mahnen Welt der Teutschen Nation hierunder die Ehre erhalten
Brenn.. Ich möcht wohl etwas von seiner Arbeit haben was Ihr
..spiegel. am besten beduncket. Die concauitet des Brennspiegels
.2. mues sehr genau auffs centrum gehen vnd groß sein, das
Landt machet den costen.
schafft Das mitt der Landtschaft Wer neben den büchslein die
spiegel. kleinen Tierlein zue vnderschaiden. Wie auch die Windprillen
.3. hinder sich und vor sich gerne zue sehen.
Windbrille Ich verstandtt man künde ain Scheiben Rohr auch also
.4. zue richten daß das Zihl gar nahe scheinet. Verstee es Müesse
ScheibenRohr. auffs Rohr geschraufft werden.
.5. Der grüene liecht Schirm von glaß ist also Zue versteen daß
Liechtschirm das liecht auff die Schrift falle. vnd
dem gesicht die lucubrationes weniger schaden. Wir
haben sie auch schön. Villeicht kan der Meister darzue rathen,
Ich hab gedrachtet von langen Jahren Zue haben.1.grossen
Spiegel die kleinsten Staubscheinlin [?] (.atomos.) dardurch zue
signieren das solte nun ein solch kunstbüxlein können thun.

5) S. 854-855 Wiesel an August Fürst zu Anhalt. 20/30.4.1625.

Sequentia respondit ad literas augustissimi
Augusti 20/30 Aprilis. ☿. Iohann Wiesel a°.1625.
Verzaichnus dieser hernach beschriebenen Werckh

[Siehe Anhang A.1 Produktionsliste Nr. I c]

6) S. 855-856 August Fürst zu Anhalt an Widemann. 4/14.5.1625.

Sequentia ex literis augustissimi AfzA de a°.1625.
dato 4/14 May. propter Specula praenominata:
Der Wiesel wolle mir auff dangkbarliche Zahlung
ehest auff Leipzigk von Ritzen senden ain Landtschaft
Spiegel per.8.thaler. Zwai kunstbüxlein Jedes per
.6.thaler. Vnd ain Windtbrillen per.8.thaler. Item
ain perspectiu Inn die ferne zue sehen. So man kann bey
sich stegken mit den kegelen:
Was das speculum parabolicum (.oder parabile.)
bedrifft, kann beßer auff vernern beschaidt anstandt
haben.
Ob noch ain Mittel zue finden zue den Lucubrationibus
das die Schrifft durch durchfallenden Schatten heller
vnd ergrössert werde, das wirt er Mich berichten können.
[856] Die gemainen Vstoria wann sie recht aptiert Werden
zaigen im Schatten die Landtschafft auch farben v. scheinen
aber vmbgekertt. [aptare: genau anpassen]

7) S. 856 Wiesel an August Fürst zu Anhalt. 1/11.6.1625

Responsio auf Irer f.Gn. gn. begeren Von
Johann Wiesel perspectiu Macher 1/11.Junij.625.
Was die von Ir hochfstl.gd. an Mich begerte sachen
belangen thuen, kan erstlich Innerhalb 14. Tagen
Mehr nicht als die zwai angedeütte kunstbüxlein
außgemacht vnd hernach zuegesanndt werden.
Vnd was hernach das klaine perspectiu In die ferne
Item die Windprille und Landtschafftspiegel anlangt
kann In solcher Kürtze nichts von solchen stugken gemachett
werden. dann man vfs wennigste Inn .6. Wochen darmitt
zue thuen. Inn welcher Zeitt dann solch angedeutt vnd
begerte .3.stugkh auch gefertiget vnd durch Herrn
Wideman eurer hochfl gn. vbersendet werden sollen.
Ein Mittel Zue den Lucubrationis zu finden daß die
Schrifft durch durchfallenden Schatten möge hell
und vergrössert werden, Ist nicht möglich, dann
Alle stugkh so auf die Vergrösserung geschnitten
werden, füren zwar das Liecht hell aber nur
durch den conum auff die geschrifft gespitzt Zue
Also das die helle auf der Schrifft Mehr nicht
als aines Thalers groß vnd doch die Schrifft nicht
größer sondern wohl klainer scheint deswegen vf

solche weiß Ich noch zur Zeitt kein Mittel zue erfinden erdengken kan. Welches Alles Ich auf Weittern bericht hiermit kürtzlich andeütten wollen.

Johann Wiesel Perspectiumacher
Inn Augspurgkh

8) S. 857 August Fürst zu Anhalt an Widemann. 7/17.6.1625.

Sequentia ex literis Augustissimi ·AfzA· de 7./17. Junij, Anno 1625.

Will auf Naumburger Meeßen wartten die Kunstbüchslein vnd andere Verzaichnus: Man hatt Mich berichtet, Als Ich auch mehrmaln geschriben Printz Moritz Sel. gehabt habe Ocularia Mit welchen er können ain gantzes Leger vbersehn. Wiesel were zue vermelden Ob er Im getrauet aines Dreyers braitt in die Runde ain brenn glesel oder Vstorium so von oben hinein zündete auff aines fingers lang oder halbes fingers lang oder ob ein sollich keilichen .∇. zue formieren, Welches so fern brennete, vnd etwa alß ein Pfenning wie sonsten ein gemein Vstorium ein Canterium köndtte machen, oder brennen: N: Ich setze man soltte ainen .Δ. Kegel haben, vnd ins freye feldtt setzen, mitt ain verborgenen Rörlein angefüldtt, mitt aim Schlagsalz. vnd diß Vstorium drein stegken oder drauff legen. sobald solt sichs zünden wann die Sonne haiß schine, so dörfft man kein Lunden.

9) S. 857-858 Wiesel an August Fürst zu Anhalt. 6/16.7.1625

Responsio vff obgeschribene Puncten:

Erstlichen Printz Moritzen Augenglaß bedreffendt, Mitt welchem er ain gantzes Leger vbersehen können, kan sein vnd ist wahr, dann Ich des Herren Obristen von Schönbergs Herrn Brueder S: dergleichen aines gemachtt. Welches Wie ain klainer Teller in der größe gewesen. Welches aber nur für dise Leutt so ein kurtzen conum Ieres gesichtes haben vnd Inn die Weitte nicht sehen können: Solcher Schnitt dises glases heißt ain Quartier Schnidtt so den kurtzen gesichten einen Langen conum geben, das sie so scharff alß einer der sonsten guetten gesichtes, sehen mögen.

Den Keegel Brennspiegel anlangendtt Ob derselbe nichtt eines Dreyers braitt in der Runden oben. Vnd vff ain halben oder gantzen finger lang in dem Puncten oder Spitzen anzündet gemacht werden könne. Sag Ich hierauff Ja: dann solche Alle groß oder klein auß einer Linien erwachsen. Allain ist zue besorgen, weil das stügklein ahn Ihme selbsten gar klein, [858] Die radii Solares nicht hauffenweiß vnd in der langen schärffen zue fallen können, nicht so geschwindt ahnzünden würdtt dann Je grösser das stugkh je lenger die Linie desto [stärker ?] vnd geschwinders zünden. a°.1625. den 6/16. Julii. diej ☿.

10) S. 858 August Fürst zu Anhalt an Widemann. 21/31.7.1625.

Sequentia ex literis Illustrissimi AfzA
de dato 21/31. Julij .anno.1625.
Ehrnvester hochgelertter besonders lieber H: Doctor
Der Wiesel hatt gar wohl indicirt, hoff auch werde
mit ainem Vstoria können aufkommen. das stetts auf
dem Löchlein lige wanns allain zündet. die specula
können so lang nicht stette gehaldtten werden Alß dises
erfordert, dann die Radii müessen vnuerhindert
einfallen. sonsten erwartte Ich noch das Perspectiu
und ein ingrossatorium nudum (also zue reden)
da man die geringsten steüblein so in aim gle-
sernem cucurbit im Wasser oder sonsten erscheinen
möchten, dardurch köndtte erkennen.
Die Kunstbüchslein thuen sehr wohl. Aber zue disem
kain berüerung (motum bewegung) leiden
will, kann man sie nicht brauchen.

11) S. 858-859 Widemann an August Fürst zu Anhalt. 3/13.8.1625.

Responsio des Wiesels auff vorgeendes
Ierer f.gn Schreiben de dato 3/13 Augii: 625.
Was das Perspectiu anlangt solle solches Inn.14.
Tagen verfertiget werden.
Anlangendt das ingrossatorium nudum. Möcht
Wiesel Wohl ausfüerlichen Bericht hierüber leiden [?]
So vill Ime bedunncktt Wirt es ein doppelt ge-
schnitten conuexa (conuixa) sein Müessen. so
vngefehr ainer fenster Scheiben groß, Inn der Mitte
sehr digkh und gäh auff die Runde dünn
zugeschnitten: ✶✶ folio sequente
Wüsste Iere fl. gn. einen anderen vnd nähern
modum oder form, Welle sie sich gnedig erklern [?]
ahn Machung Alsdann solle W.G. [Wills Gott?] kain Mangel erscheinen.
[859] ✶✶ Diß Runde glaß (.notetur.) brenndt vnd zündet
auch an vff ain Spann oder anderthalb. Solis. Lunden.Pul=
fer vnd anders. Nach dem es in Tieffe Scheiben geschnitten ist.
Wegen der Kunstbüxlein, deren.2.Irer f.gdn [hi]nein seindt
gesendet worden, können dieselbe auch gebrauchtt
werden Wann man sie schon nitt beweget oder schütteldtt
Alß gesetztt. Wann man ein Käßstaub oder Kees
Milben hinein Inß büxlein legt so sieht Man augen-
✶scheinlich ders ain Leben. zimlich groß. Man sieht gar
Alle füeß. Vnd Wie sie auffn Rügken stachell haben
gar ein Wundersthier. Welches sonsten dem Menschlichen
gesicht vnmöglich Ist Zue sehen wegen der kleine.

Keeß staub oder Milben

[Widemann:]Dis Alles hab Ich mitt meinen augen gesehen. den 1/11 Aug:
✶ d.ij. .☽. Vormittag In des Wiesels Hauß Ist Wunderlichen
zue sehen, das ainen der Käß auch von diser ainigen Vrsach wegen
solle erleiden[?]. Was für heßliche Tier oder monstra In disem
Käßstaub oder Käß Milben seindt v. gefunden werden: das
Man also auch In andern sachen so gar klein vill Wunder=
liches sehen vnd erfaren würde.

12) S. 859-860 August Fürst zu Anhalt an Widemann. 28.8./7.9.1625.

Sequentia ex literis Augustissimi AfzA
de dato 28.Augusti Veter. Vel 7.7ber noui .625.
Ehrenvester hochgelerter l.h.dr. [lieber Herr Doctor] dem Ritzen vnd Gering [Bering?]
ist abermaln befelch geschehen der vorigen anordnung nachzukommen
vnd für die noch besteldtten Instrumenta sich verfaßt zu haldten
gestaldt Ich dann gern sehe Mitt dem Instrumentlein so man köndt
auf ain Rörlein setzen[?]. Vnd was im Rörlein oder .2. oder 3. finger quer
darunder Zündet, ein Versuech gethan wurde: die andern Vstoria mues
man stettig mouieren. Dises Müeste immobile sein . cristallen so
Die beikommenden cristallen sonderlich die erhabene tuett ettwas aber hergesendett
Meil bej ainer halben Allain. Ob sie kundtte flacher geschnitten werden
Zue aim Perspicill: Ich hab einmahl ein solches Weisses glaß ge..
habt das hatt das gsicht vber die Massen Wohl berichtet auff ein
3. Meil Wegs. Alß wann es ein büchsenschuß were. Ist Mir Zue
Eisenach durch verwahrlosung der Meiningen entwendet worden .a°.17.
[860] das flache kann er wohl als ein groß nadelknopf auff
baiden seitten ummlauffen lassen, aufs Centrum oder wie es
Ihme am besten gefeldtt, sie mögen wohl zue einer anderen de-
monstration sein inuentiert worden, findt er was darin
kann er sie auch wohl also lassen.

13) S. 860 Wiesel an Widemann. 3.12.1625 st.n.

folio Copij Schreibens vom Johann Wiesel de dato
sequente 3ten December anno.1625. die ♀
Edel Ehrenuest. v. hochgelerter, demselben seind Mein
grueß v. willige Dienst beuor sonders gnd. lieber Herr
Doctor. Ich hab von Meiner Hausfraue verstanden,
daß E.E. In Abwesen Meiner Mir wegen angefrimbter
sachen für Iere hochfstl. gn. zuesprechen wollen vnd ob der
selben nuhnMehr bej Mir im Anfang sein möchten:
So ist nun Ohne[?] nicht das bereitt ain Zimliche Zeitt verflossen
vnd Mich also wider Mein einiges verhoffen etwas mit
außmachung vorlengst angefrimbter Arbeitten verspättet
Weil selbige aber nun Mehr sehr Zum ende gebrachtt
Also soll dis nach solchen mein nechstes anfangen
sein. Weil es nun Mehr Zimlich im Wintter vnd die
Sonn in dem cono nichts Mehr praestiert, also kan solches
bis nauß gegen dem früeling verschoben vnd hergegen
die Windtprillen Wie auch den doppelten Landtschaft
Spiegel under die handt genommen, vnd gefertiget Werden.
2: cristall Sonsten möcht Ich von Ir Hochfstl. gnd. Wohl bericht leiden
blettlein was Ich aus den mir zuegeschigktten zwai christall
Blättlein schneiden soll. Zwai schöne perspectiuspiegell
Wie ich deßwegen bericht getan, darauß machen vnd sauber
Inn helfenbain fassen solle. welche Iere fstl.gnd.
sehr wohl gefallen werden. Solches hab ich E.E. zum
bericht im Fstl. Sch[reiben] einzuebringen neben empfehlung
Göttlichem Obhaldtt nicht verhalten sollen. Datum den
3.10ber .1625. Dienstwilliger
E.E. Johann Wiesel Perspectiffmacher

14) S. 861 August Fürst zu Anhalt an Widemann. 13/23.12.1625.

Sequentia ex literis Augustissimi AfzA. de dato
23/13 Mensis Decemb. anno.1625.

Was sonsten der Wiesel machen will hab ich vom .3.December
gesehen idem wirt er wie Ich vorhin geschrieben von den
Brillichen dardurch man die minutissima außwendig
kan sehen die der Galiaeus gemacht bericht geben: kan er
aus denen ein guet Perspectiu machen das wohl In die
ferne bringt vnd ergrößert, soll Mir nicht zue wider
sein. Certo Ich hab befunden, so das Vorderglaß nur
weiß, vnd auf ainer großen ♀(·kupfer·) Scheiben
an vnd flach genug geschnitten daß es drefflich herainer
brichtt. Vnd wer so groß oder lang gewachsen, Als die Ir
mir gesandt habtt:

15) S. 861-62 August Fürst zu Anhalt an Widemann. 3/13.12.1626.

Ex autographo Augustissimi AfzA de dato 13/3
Decembris.anno.1626. literarum ad me.

Dem Wiesel meinen grues Zue vermelden: v. daß er Mitt den gesagten
Wercken dem Landtspiegel Wie auch Windtbrillen vnd den
baiden christallen Blatten zue dem thubo die minutissima dar-
durch zu erkennen, Mitt ehisten wolle verfahren. die Ver-
ordnung soll durch den Gering zue verfertigen anbefohlen
werden. Es ist gleich ain guetter Mann bei Mir
gewesen. Welcher mich berichtet das Zue Cölln ainer seij
sehr perfect Inn solchen Sachen. der hab ainen gesellen Maister
Morian genandtt. Bringe die Landtschafftten vber. Zue cölln

1. ain Hauß zue sehen in ainen geringen Punct.
2. Vnd bearbeitte sich sehr auff vill
   Meil Wegs in forma & quantitate
   die Örter herein zue bringen. Wie sie im
   Weesen da außen seindtt.
3. Mir ist auch beineben ain Horologium
   Pulsus, das man In auff 130.grad kan
   abtailen, versprochen worden. Wie schwär
   es Mir yetzo feldtt. doch vernehme Ich
   den grundtt vnd die Experientz gern. Vnd
4. hab nun Mehr bewisen durch dises admini-
   culum, daß man wohl ain Schinlein kan
   auff aine abgebrochene NadelSpitz

[862] haldtten. Wie solte dann der so Inß
verborgene sieht v. Alles gewusst ehe ettwas
NB Vonn worden 1.Was 2.Vnd Wie 3.v. Wie lang
Gott dem es sein Würde, nichtts erkennen v. endtlich
Allmechtigen die Schälckheitt v. Boßheit auffmercken
kriegen deren so sie mitt Profession verbringen Alles
zue ferkeren. Was noch möchte In der Weldtt Ju=
gent haben, ipse faciet.

pp filium Wegen grossen bedrängnus so man dißer Ortt leidet Ist dem
herrn nichts für seinen Sohn zue verhaissen: Will er Inn aber
lassen herausser kommen auff die Oster Meeß v. Mich Gott leben leßt

will Ich sehen wo Ich Ihm ettwa bei den Meinigen underhaldtte. Zwar zue Gott seind wir der vngezweiffelten Hoffnung Er werde uns endtlich wider auch liberieren dise Landt neuerliche beschwerden v. den hochgeehrten v. bestendigen Friden ahn Leib v. Sell geben. Des Lestern Wir versichert. das andere aber Inn Gottes heil.Willen geschlossen sein lassen. Es will alhie Im landt könftig aine solche Teürung werden. Die vollendts was nicht gestorben, aufreiben soltt. Doch ist die hand Gottes zue helffen noch vnuerkürtztt. Dem seii es anhaimb gesteldt v. Er darmitt dem Allmechtigen Zum seligen Bschluß dieses vnd gnadenreichen Anfang des zuekunftigen Jahres befelchen Datum 13/3 Xber anno.1626. Sein williger AfzA.

Neuen Jahres Wunsch

16) S. 862-863 Wiesel an August Fürst zu Anhalt. 17.2.1627 [st.n.].

Copia Schreibens Johann Wiesells an Ir f.g.
August: zue Anhalt den 17.Febr. a° .1627.
Bericht vf vorgeendes J.f.g. Schreibens.

Speculum Archimedis.

Durchlauchtiger hochgeborener Fürstl.gn.Herr.
Erstlich das derJenige, Welcher den speculum Archime=dis tuett angeben Inn beisein viler Personen practicieren will durch derselben Straalen auf.10.Teutsche Meilen zue werffen, will Mir gar schwer fürkommen. Mueß der wegen nach Meinem Vermainen ain solches corpus sein an Welchem nitt nur ainer sondern etliche Personen werden zue dragen haben. doch seindt der Schnitt v.Weege vnderschidlich sehr vill so Mir etwan alß ainem Jungen Maister noch zuer Zeitt in Weittem feldt ligen v.Ich deswegen kainem nichts hiemitt will abgeschnitten haben.
[863] Wann aber diser künstler ain solch werckh das so starckh v.Rüemlich wirt zue laisten wissen, so ist für gewiß v. wahr, daß man auch sachen die sehr vbernatürlich scheinen hiermitt kan zue Wege bringen. Alß nemblich ainer mitt dem Andern auff so vill Meilen durch Schrifft werffen zue correspondieren.
Dann sonsten nicht vnmüglich bej der Allerfünstersten Nacht (.ie fünsterer Je besser.) durch ain sonderlich zue Gerichten Spiegel ainen yeden seinen namen oder was es sonst anders sein mag, Inn die Lufft zue reflectieren, so vonn Leütten bey ainer halben Meil Wegs daruon auch Mag deüttlich verstanden v. gelesen werden. Wie Ich dann dergleichen ainen geliebts Gott Innerhalb .2. Jahr Zeitten werde fertig haben.
Was nun andere sachen anlangen die vor e.f.g.bei Mir angefrimbtt worden, werde Ich Mich damitt Zue fertigen nicht saumen: dann Ich nun Mehr starckh Alles zum endtt zue bringen fortfare. Wer auch beraitt schon ettwas fertig, wo Ich nicht Mit andern vnder handtt gehabten sachen zue verfertigen Wer ver-

spettet worden: E. Fl. Gn wegen dißes Vnuer-
shenen Verzugs Mir es nicht Im vblen zue vermerken
vnderthenig auisieren v. der gnedigen Protection Gottes
getreülich empfelen wollen. Datum Augspurg den
.17. Februar a°.1627.

e.f.gn. vndertheniger v. gehorsamster Willigster
Johann Wiesell Perspectiu Macher.

vnd das ist das Ich verhaissen. In aim Taag .8. oder .14.
Mich weitter auff e.f.g.Schreiben zue resoluieren
Was Meine Mainung oder guettduncken von dem an-
gedeütten Spiegel seije. Dauon praecedente[?] folio.A.&.B.
Meldung geschehen ist.

17) S. 864 August Fürst zu Anhalt an Widemann. 24.2.1627 [st.n.].

Sequentia ex literis Augustissimi AfzA
vf vorgeendtt Schr. des Wisels de dato 24.Febr. 627.
Was Hr Wisel schreibt darinn bin Ich mitt Ihm einß. daß eintweder
Speculum das corpus sehr groß mueß gewest sein des Archimedis, oder
Archimedis. hatt In andern corporib: seine Reflexion gehabtt. die sich
.862. wohl erst im dritten mögen augiert haben.
Für die Ocularien bedangkt Ich mich gn. hoff sollen recht tuen.

18) S. 864 Wiesel an August Fürst zu Anhalt. 22.9.1628 [st.n.].

Copia Schreibens Hansen Wisels ahn J.f.gn.
AfzA vom 22.7ber .a°.1628.
hierbei vbersende Ich e.f.g .2. kunstbüchslein so Ich scharf nach
dem centro geschnitten, darduch Man das cleineste stäublein nach artt v.
form desselben erkennen v.zue gesicht bringen kan. Will manns aber noch
mehr vbergreßern so schrauff man das convexum umb ein gewindt
oder .2. auff In die höhe wie es dan zu jedwederm ding sein Rechtes cen-
trum geben würdt. sende deren .2. ains umbs 5 Thaler.
Waitter waiß Ich mich noch wohl zu erinnern daß E.f.g. in ainem Schreiben
vom 5/15 October a°.1626. an Mich gn.abgangen begert, Wann Ich was
weitters von kunststugklein erpracticieren v. finden werde e.f.g. den
usum derselben auisieren wolte. berichte Also hierauff

aa. daß Ich einen modum erfunden, die Landschafftten in ain Zimmer
sehr groß zue reflectieren v. fürzuestellen. Welcher Spiegel seinen
conum In der Lengge von 11. vnd In 12. spannen sehr groß
centralisch ausstreüett.

bb. Weiter so hab Ich auch ainen grossen Proportionalspiegel zue den
speculas[?] Mitt Welchem Ich dise grosse vmbgekerte Zerstreüung
des Landschaftspiegel gar schon lustig v. gerad aufsteendt
an aine gegenvbersteende Weiß wandtt oder ainer großen
Tafel Pappier Zum Abreißen oder Mahlen werffen kan, so sehr nutzlich
Diese beeden grossen stugk so beisammen sein müessen, Ist der nechste
kauff 30[?] Taler.

cc. Item so hab Ich auch einen sonderbahren Neuen Vnerhörten Spiegel erprac-
ticiert. Welcher wo er auf seinem Kugelfueß in ainem Zimmer auf ein
Taffell oder Tisch gestellet wirdt das er ein gegenvber liegendes Ortt
ein veldtt oder dorff wohl ansehen können, so mag man mit einschauende

beede offene Augen denselben Ortt Inn großer Perfection ansehn vnd für sich bringen Ja so groß Alß Wann ainer disen Ortt durch ainen gemeinen[?] tubum oder perspectiu sehe. Welches wohl ein Wunderbarlich Neues v. nutzbarliches Instrument. Mitt welchem Ich schon vill Jahr in gedangkhen vmbgangen. Welcher geliebts Gott Inner 2 Monatt fertig wirdtt. Welches Instrument Ich under.100. Ducaten nicht zu verkauffen gedengkhe.

E.f.g.underdienst vnd gehorsam williger. Johann Wiesel Perspectiu Macher

[Aus der Zeit vor Hainhofers Tod im Juli 1647 sind keine Briefe von Wiesel an ihn oder an Herzog August d.J. von Braunschweig-Lüneburg bekannt. Der folgende Brief vom September 1642 gibt zusammenfassend die Meinung Hainhofers über Wiesel wieder, gut zwanzig Jahre nach Gründung der Werkstatt.]

19) Philipp Hainhofer an J.V. Andreae in Stuttgart. 15/25.9.1642.
Eigenhändig. Kopialbuch. HAB 17.29 Aug. 4° fol. 177v-178v

[177v] Stutgart Herr D^r:Andrea, den 15/25 7bris, 1642. Bey unserm hiesigen Brillenmacher Johann Wisel (·welcher mit seiner Khunst nunmehr inner und ausser reichs bekhant ist, für den Keyßer, König in Dennemarkh, Duca di Bracciano zu Rom, und andere grosse herrn, stattliche wunderliche sachen gemacht hat, under andern auch für unsern Hertzogen Augustum, einen tubum, durch welchen [178r] man auf etliche meil wegs distinctè [deutlich] ain Ding sehen und erkhennen khan, Item Brillen, in denen Ihre Frl.D. sehen khünden, auf der Rayß oder Jacht [Jagd], wer hinder Ihr hero geht·) habe Ich außfüehrlich wegen ainer Cristallinen vergrößerplatten, geredet, in forma ohngefehrlich wie ds gesandte papirlin, der sagt mir, ds dergleichen vergrößerblatten von Cristall di Montagna, über die 50.fl gestehen wurde. Er wolte aber von goßnem Cristallin glaß p 5: in 6. dk^ten: ein dergleichen plättlin machen, wann Er iezt uf Michaelis auß seinem allten in ein neües hauß gezogen seye, in deme Er erst wider müesse einen neuen guß v. schmeltzofen bawen v.zurichten lassen, alßdann ein rund glaß eines daumens dickh oder noch dickher in der grösse wie ein quartblatt ohngefahr güessen. darnach dasselbige außdrehen und zum vergrößern richten, forts [?] zu einem gevierten ablangen blatten, in der forma wie ds musterlin ist, schneiden, und auf 4 füeßlen, ds ds blättlin ein wenig erhöhet seye, setzen, dann wann ds glaßblättlin uf der schrifft auflege, wurde es kheinen effect thuen. vorhin ist der Galilaeus de [178v] Galilaeis in perspettiva & optica arte zu florentz beruembt gewesen. Jetzt füret diser Wisel den ruem, der khan perspicilla für Junge v.alte gesichter machen, wann Er gleich die Persohn nit sihet, wann Er nur die lenge an einem faden hatt, wie weit ainer eine zimbliche schrifft zu lesen siehet.
Er hatt dem König in Dennemk: eine latern auf ein schiff zu steckhen gemacht, ds man auf 10.und noch vil mehr meil wegs ds liecht bey der nacht sehen, und andere schiff darnach fahren khönden, Er ist zwar theür, macht aber schöne arbait.

20) Hans Martin Hirt an Hzg. August d.J. 1/11.3.1649
Auszug. HAB 98 Novi fol. 143r-144v

[143v] [...] EFD übersende ich hiebey ein par augenspiegel von dem beriembten Optico Johann Wiseln gemacht, Underthänigest, Die werden deroselben, meines erachtens, und nach meinem Alter, nachdem ich mit Gottes hülff heüte das 61.Jahr beschliesse, ohne Zweifel wol passen. Ich habe solche darumben so schlecht verfertigen: und mit leder allein füettern lassen, bis von EFD [144r] zuvor gnedigste schreiben ich erhaltte, wie sie deroselben anstehen, alsdann will ich schon schönere und säubere bestellen: Den Beyligenden, von ihme Wiseln selbst geschribenen Zetel kenden EFD verwahren lassen, dienet ins khünfftig, wann etwan die gläser /. wie leichtlich geschehen kann ./ zerbrechen, zuer nachrichtung. [...] [Zettel von Wiesel fehlt]

21) Johann Moriaen an Wiesel. 22.10.1649 [st.v.]
Kopie von Hirt. HAB 98 Novi fol. 308r-v
Beilage Lit:C zu Hirts Brief an Hzg. Ad.J. HAB 98 Novi fol. 302-303 (Nr. 26a)

[308r] Extract Schreibens auß Ambsterdam von Monsr: Joan Morian
an Herrn Johann Wiseln zu Augspurg.
Immanu - El. 22^{t} Octob: A° 1649.

Ehrenhaffter, Insonders gg: vilgeliebter Herr, daß der von dem Herrn verfertigte Tubus seiner Zeit alhie wol angelangt, hat derselbe von Herrn von Kottenbach zweifelsohne vor dißem vernommen, Under deßen haben wür auch nicht underlaßen, denselben auf alle vorgeschribene weise und wege zu probieren, und soll darnach hievon zu berichten nicht underlaßen, daß sovil die Theoriam Caeli anlanget, wür ein sattsames genügen finden, Immaßen wür denselben auff alle sichtbare planeten versucht, und observierten dardurch 4 Errantes circa Jovem, Veneram Cornutam, und waß andere auch die Beste in dem Mond entdeckht haben, daß befinden wür alles gleicherweise mit gutem Benügen, das Spectaculum an der Wande ist wol anzusehen, und meines wissens bißhero ohnbekhant gewesen. Bey tag hat diser Tubus diß sonderlich, daß vil Dinge zugleich darmit über sehen werden mögen, und demnach man das obiect nicht lange zu suchen hat; Wür haben auch die Bewegung der lufft oder streichenden winde dardurch observiert, und sehr Bescheidenlich gesehen, aber weit entlegne Örter kenden wür nicht zu gesichte bekhommen, Ob wür nun nicht recht darmit verfahren, oder ob hiesiger neblicher lufft daran schuldig ist, wie ich gentzlich darfür halte, steet zur erfahrung, wann derselbe etwan in Engellandt, oder anderstwa da gebürgen und ein hellerer lufft ist, würt gebraucht werden, dann außer allem Zweifel solche örter das obiectum beßer und heller representieren, sonderlich wa Schneegebürge sich finden, deren es dann in dem Mitternächtigen Schottland genugsam hat.
[308v] Und stehet demnach des Herrn Werkhe Uns sowol an, daß ich ursach haben werde, der selben und anderer seiner werckhe mehr zu verschreiben. Dises mal aber möchte ich gerne bericht sein, wann der Herr einen Tubum expresso und allein zur Nacht allein ververtigen solte, ob ein solcher nicht noch etwas mehrers thun solte als diser, der zu tag und nacht bereitet würt, Und im fall deme also, so wolte ich einen zur nacht allein haben, so gut er nur zumachen ist, und denselben, wann er verfertiget were zu Augspurg empfangen und entrichten lassen, möchte auch auf solchen Fall wol wünschen daß der Herr wie eher wie lieber darmit einen anfang machte, und die Zeit zu gewinnen, und mich in antwort dises mit dem ersten mich berichten wolle, waß sein Urtheil und wille dißfals ist. Er kan die Brief an Herrn Grillen daselbsten, oder einen andern Khauffman der anhero Correspondiert einzuschlagen geben, oder auf Nürnberg an Herrn Abraham Plomart, auf Franckhfurt an Herrn Peter Neefen oder Jacob te Tamars, oder auf Cöln an H. Peter von Zevel senden, so werden sie mir wol zu khommen. Und ich verpleibe

22) Wiesel an Moriaen. 17.12.1649 [st.n.].
Kopie Moriaen an Hartlib 4.3.1650 [st.v.]. HP 37/144A-B
Beilage Saturnzeichnung (Abb. 53). HP 37/145A
Kopie Hartlib an Hevelius. OP C 1. t. 2 Nr. 171
Zeitgenössische engl. Übs.: HP 8/34A (Van Helden: Compound eyepieces S.34f.)

[37/144A Moriaen:] Immanu-El. 4 Martij 1650 ambsterdam
Mein herr Als Ich eben an Ihn geschrieben vnd mein schreiben weg gesandt hatte so empfing Ich des H[errn] vom 25ten diß, vnd gehet hiebey Copia des schreibens vom Optico

1: sub dato 17. Xbr. 1649.

[Wiesel:] Mein leztes war, daß ich das Telescopium zu den Astris dem H.von Stetten auff Ihr befelch einhändigen vnd dargegen die 100 Reichsthlr. empfangen werde, welches dan dato geschehen. Ob Ich nun woll bey leztem Tubo außführlichen vnderricht uberschrieben wie derselbe anzuerichten daß man alles nach laut der beschreibungg besichtigen vnd nicht woll Irren könne, So will Ich doch bey diesem Nächtlichen Astralischen Tubo ein andere description erfinden, wie dann nachfolgend zu vernehmen.
Erstlich sind der Röhren oder außzüge Eilffen, v. eine Jede Röhre mit 2.buchstaben alß A. v. B. bezeichnet. der Gläßer sind 4. Alß fornen im kleinen Rohr ist einverschraufft das große objectivum. Im großen ledernen Rohr ist ein kurzer Tubus mit 2.convexgläßern in dem schwarzen Holtz mit einer starkhen schrauben oder gewint eingeschraubet, davon das eine glaß von einem Circul, vnd das andere von einem vnbekandten schnidt formiret, dieses kleine Rohr schrauffet man vom grosen Ledernen rohr ganz heraus, vnd werden dieselbe 2.gläser als das weisse fornen beim Auge, vnd also beede mit Ihren flächen gegen dem aug sehend eingeleget, vnd mit Ihren schrauffen angezogen vnd hierin gar nicht geirret werden.
(Nota: ita habet textus: Ad sensum complendum supplemento opus est. vnd kan oder muß hierin)
Zum dritten ist noch ein großes ocular glaß in dem grösten Rohr so auff das Lederne folget, einverschrauffet [,] dieses wird auch allezeit eingeleget, das seine fläche gegen dem aug gerichtet seye: wan nun diese gläßer alle durch langwürigen gebrauch staubig worden sollen selbige heraus genommen, mit ganz weißer Leinwath abgeseubert vnd ohnbemackelt iedes wieder an seinen ortt eingeleget vnd zuegeschraufft werden.
Nun ist mein hochgeehrter H[err]. gänzlich versichert, daß diß der erste Astralische Tubus so noch niemahlen auff diese manier von meiner Hand gemacht worden, auch so guet, daß er allen andern weitt vorgehet, mich auch selbsten ansehlich erfrewet, als Ich das erste mahl dardurch gesehen: dann mir in einem augenblick der Mohn uber alle maßen groß, nur auff einen schuhe braitt vor meinen augen gestanden, das Ich in demselben mehr andere dinge gefunden, die Ich zuvorn durch meine beste Perspectiv nie war genommen noch zu gesicht gebracht, wie Ich dan erst vorige nacht den 16. 9vbr. zue abends umb 7. vhren den Saturnum in solcher form vnd gestalt gefunden, wie aus beyligendem abriß zue ersehen.

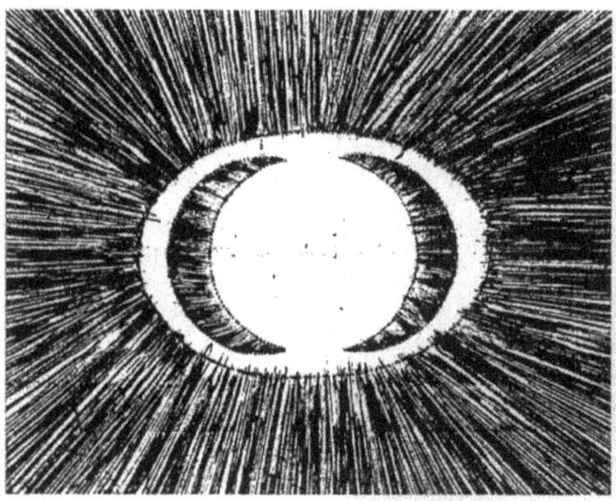

Abb. 53

[Original: 17,2 cm x 13,7 cm.
Abbildung mit freundlicher Genehmigung der Universitätsbibliothek Sheffield.]

Weil Ich dan im probiren funden das Er bey Tag (doch scheinender Sonnen) die nähere objecta weit mehr als andere vorige perspectiv ergrößet als hab Ich diesen gebrauch nicht hinderlassen sondern zue dienst v.gefallen auch hier verzeichnen wollen, bey der Nacht zue den astris werden alle röhren biß zue dem A gerichtet, und zue den nähern objectis bey tage zue scheinender Sonnen biß zue allen B gezogen da soll man ein perspectiv gemähl eines bogen Pappier groß an eine Sonn bescheinende Weyße Maur oder wandt under über sich ankleben oder hangen v die weite vom Rohr biß zum Gemähl soll sein 32 ½ augspurger Ehlen, da wird sich alles lebensgroß repraesentirn v. diß mit sonderlicher lust zue schauen

Nun hab Ich auch einen großen Tubum under handen, den Ich bey Tage zue land gebrauche, dieser wird auch von dieser newen Manier der gläßer zusammengesezt [,] mit dem getraude Ich mir wunder zue wurkhen vnd alle entfrembde objecta umb ein namhafftes weiters zue vergrößen vnd vor augen zue stellen.

Mit nechstem werd Ich etwas rars vberschreiben wie man durch ein kleines Instrumentlein mit Hulff eines besondern objecti alle inwendige fehler vnd mängel der augen sehen könne, als wan selbige auffm Pappire abgemahlt gesehen würden welches ein werkh so niemahls gewesen viel weniger erdacht oder davon geschrieben vnd seinen uberauß großen nuzen bringt. dieses nun habe meinem hochgeehrten Herrn Ich freundlichst neben empfehlung Göttlicher gnaden kürzlich entdeckhen wollen Augsp: den 17.10br: ao. 1649

[144B] Nota Gutt were das ein leichter Canal halb rundt ausgehohlt, gemacht würde das Telescopium darauff zuelegen, damit es sich wegen der lenge nicht biegen könne.

[Die beiden Kopien unterscheiden sich in der Rechtschreibung. Hier wurde die Fassung in Moriaens Handschrift aus den Hartlib Papers transkribiert. Hartlibs Fassung wurde von einem Schreiber kopiert.]

23) Wiesel an Moriaen. 30.12.1649 [st.n.].
Kopie Moriaen an Hartlib. 11.3.1650 [st.v.]. HP 37/144 B
Kopie Hartlib an Hevelius. OP C 1. t. 2 Nr. 171

[144B] Sub dato 30. 10br. 1649

Berichte auch, daß ich dieser Zeit einen kleinen Tubum Binoculum nur eines fingers lang von helffenbein gemacht, wan durch denselben mit beiden augen gesehen wird kommen die objecta umb fast noch eins so groß zue sehen als dergleichen von einem einsichtigen zue geschehen pfleget. Ist eine schwehre arbeit, doch bezahlt es alle muhe und gegen dem Herrn wo Er dergleichen vonnöthen umb 8 Ungrische Ducaten verlaßen.

24) Wiesel an Moriaen. 17.2.1650 [st.n.].
Kopie Moriaen an Hartlib. 11.3.50 [st.v.]. HP 37/144 B
Kopie Hartlib an Hevelius. OP C 1. t. 2 Nr. 171

[144B] Sub dato 17. Feb.

Mit diesem hab ich nicht underlaßen wollen zue vernehmen ob der Tubus ainsten ankommen und wie derselbe reusiert, der hoffnung das solcher noch der beste sey so Jemahlen gemacht worden, habe wieder einen underhanden so von der Universitet zue paris bestellet worden, weil selbige nation vor andern dieser zeit in allen künsten floriren, auch in opticis nit die geringsten sein, wil ich nun gern vernommen was weiter zue tage komet und etwas rares sein underlaß ich es zue überschreiben nit, fält dan dieser zeit in holland auch was nutzliches, pitte ich umb gleichmeßigen bericht.

Vor 14 Tagen machte Ich der Churf[ürst]l. Durchl. zue München ein Miscopiam (ferte microscopium) von 5 Zoll hoch und dreijen gläßern vor 8 Ducaten oder 16 Rthl. dieses machet einen floh so groß als ein Schildkroten, auch wer solchen durch dießes Instrumentlein schauete müßte sich von hertzen darvor entsetzen. Das allerkleinste mohensamen Körnlein so groß als ein Handtball, dergleichen noch nie gesehen worden. Bin auch woll versichert das mirs leichtlich keiner wird nachmachen wegen der Instrumenten so man hier zue von nöthen und Ich mir dieselbige selbsten anrichte und machen thue, So ich dem Herrn nicht unangefüget laße. Pitte auch umb bericht wie und was durch den Tubum bey heller nacht am Mondt und den planeten observiret worden, ob wir zuegleich mit einander eintreffen. Gottes schuz ob allen den 17 Feb: 1650

24a) Moriaen an Hartlib. 11.3.1650 [st.v.]. HP 37/144B

Immanu-el. 11 Martij. 1650. Ambsterdam
Mein herr [.] zue folge des H[errn] gliebtem schreiben vom 15 Feb. Sende ich hiebey die abschrifften aller schreiben des optici von Augspurg so viel dem H[errn] zue wißen nötig oder dienlich [...]

25) Anonym an Hartlib. 1.3.1650
Kopie Hartlib an Hevelius, Handschrift Hartlib. OP C 1. t. 2 Nr. 171

Zu Wolfenbüttel ward ich auch mit des Herzogs Elffenbeindrechsler nahmens Treuffler [Treffler] von Augspurg bekandt, der wegen Seiner Kunst von maniglichen alda Sehr gerühmet wirdt. Der gedachte, das Er den Wissel zu Auspurg wohl kennete, ließ Ihn auch in Seiner Kunst paßieren, [tadelte ?] aber an Ihm, daß Er gar zu hoffertig damit wehre, auch Sich rühmete Dinge durchs drechseln (dadurch wie es Scheinet Er Seine gläßer zurichtet) zu [thun ?], welche doch an Sich Selbst vnmöglich wehren: hette Sonst zimlich geld durch Seine Kunst zu wege gebracht. Es wehre aber ein Kaufman zu Augspurg nahmens Koch, der bei Weisseln gelernet, der thäte es Ihm mit gläßer Schleiffen v. Perspectiv machen noch weit zuvor, machte aber keine mit der Kunst, sondern nur zu Seinem eigenem contentement, weil Er doch reich genug wehre.

26) Wiesel an Hzg. August. März 1650.
Eigenhändig. HAB 98 Novi fol. 309r-310v
Beilage Lit:B zu Hirt: 12/22.3.1650. HAB 98 Novi fol. 302r-303v (Nr. 26a)

[309r] Daß Perspectiv in form eines Marschierstaabs soll auch, wie herrn Deupolt, Per 10 Ducaten ehistes gefertiget, vnd, noch bej erstkünfftiger Leipßiger Meß geliefert werden.
Daß große vf die Neue Manir gemachte Perspectiv von 11 Außzügen vnd 7.Gläßern, So einem Englischen Herrn Worschley genandt, Per 80.Vngrische Ducaten bestellet: Durch Herrn Christian von Kottenbach abforderen, und mir dargegen von herren Johann Moriaen zue Ambsterdam alhier in Augspurg daß benante gelt bei Herren Christoph Georg Mayr Handelßherrn in Wixel zuemachen vndt bezalen laßen. Derowegen dan auch dieses empfangs halber eine Quittung per 240 fl. verfertiget vnd herrn Christian von Kottenbach nacher Nürnberg versendet, selbe Herrn Moriaen in Ambsterdamb zue zumachen, wie aus Beiliegendem Schreiben zu ersehen. derowegen Ihre Hochfürstliche Gnaden wegen desen Preißes Vnrecht berichtet worden, daß mir nit 100 Thaler vor ein solches werckh: sondern 80. ducaten oder 240 fl. bezalet worden. [309v] Darunder auch keines dergleichen ich nimmermer machen werde, sondern in solchem werth sein verbleiben haben. Wo es nun Ihro hochfl.Gnaden umb solchen Preiß ein dergleichen Telescopium belieben wurde, kan eines inner 2.Monaten verfertiget vnd auf abfordern eingehendiget und daß gelt dargegen gezogen werden.

Damit Ihre hochfl.Gnd. auch wißen mögen, ob Ihr gelt recht angelegt worden, kan daß Perspectiv von hero alhier durch den wohlEdlen und Vesten Herren Johann Martin Hirthen zue gnügen Probieret, von mir recht versigelt durch Ihne vbermacht werden, dan auf meine gefahr ich nichts mehr verschickhe, weil ich in wenig Jaren bei diesen unsicheren Lauften mehr dan umb 1000 fl. verloren.

Beschreibung dieses großen Perspectives
Wie es auf dreierlej weiß zu gebrauchen

Beij Tag zue Landt ist dieß seine güete, daß es einen sehr großen Platz in der ferne dem Aug repraesentiert, daß man etliche 1000 Mann haltendt mit Unverwenthem tubo auf einmal ubersehen kan, Da man sonsten mit den alten besten Perspectiven eben von einer solchen lenge kaum 6. Mann vf [310r] einmal bescheidenlich ubersehen kan. So wurdt eß auch bej heller Nacht zu den Astris mit großem lob gebrauchet. Die Comides Jovj kan man darmit gantz deutlich sehen, wie Sie Ihre stellen verändern, Auch der Venus ab: vnd zunemmen. Item wie der Saturnus von 3. Cörpern, vnd der Mars gleich einem Spitzigen Berg gestaltet seye. Den Mohn siehet Mann Vnglaublicher größe vnd weitter nit alß in 3. oder 4. Spannen vom stehendt, darinnen wunderlich Ding gesehen werden.
Dritens ist noch eine richtung, die nähere obiecta an einer wandt angeklebt, also zu vergrößen daß sich alle Weld darob zu verwundern, Alß zum exempel ein Perspectiv Gemähl, von schönen Soylen, im Diameter einer Spannen hoch, soll sich so groß alß der gröste Saal repraesentiren, Wie dan von diesem Telescopio ein ordentliche Beschreibung soll beigelegt werden.
Sonsten hat dieser tubus 11 Rören oder Außzüeg vndt von 7. Gläßern zusammengesezt.

Johann Wießel Opticus

[310 v Wiesel:] 'Beschreibung des begerten Neuen Tubi sambt deßselben Preises'
[Hirt:] 'Herrn Johan Wisels bericht uber den großen Tubum und waß solcher Costen wurt, namblichen Ducaten 80. Lit:B'

[Paul Deupoldt, Augsburger Kaufmann: Hainhofer an Andreae. 4/14.8.1642. HAB 17.29 Aug 4° fol. 170r]

26a) Hirt an Hzg. August. 21/31.3.1650.
Eigenhändig. Auszug. HAB 98 Novi fol. 302r-303v

[302r] [...] Bey dem Optico Johann Wiseln bin ich under deßen zweymahlen gewesen, mit ihme wegen des großen Tubi: und daß vor EFD er auf das bäldest, so immer möglich würt sein khönden einen dergleichen machen solle, Conferentz gehaltten. Der will aber weniger nicht als 80. Ducaten, das sein 160. Reichsthaler davor haben, auch ehender kheinen anfang daran machen, EFD hetten sich dann zuvor gnedigest resolvieret, daß Sie solchen umb gemeltes geltt behaltten wolten, wie sein aigene handschrifft Lit:B. lauttet. Sonsten hat der Jenige Kauffmann zu Amsterdam Mon:s Jean Morian wegen des empfangenen großen Tubj, an ihne Wiseln volgendes schreiben Lit:C. so ich abcopiert, abgehen laßen, darinnen er dises werckh hoch commendieret, und hat zugleich [302v] einen anderen Tubum, der allein bey der nacht zugebrauchen, umb 100. Rthler Bey ihme bestelt, den er auch bereits zu Amsterdam empfangen hat. [...]

27) Wiesel an Moriaen. 21.4.1650 [st.n.].
Kopie Moriaen an Hartlib. 29.4.1650 [st.v.]. HP 37/153 A-B

[153A] Augsburg 21 April: 1650
Sein geliebtes vom 8ten April ist mir fleißig behändigt, den empfang des wolgehändigten perspectif daraußen gern verstanden, das aber in dem Astrischen Tubo das dritte große glaß umb etwas ledig, kan mir hiruber andere gedankhen nicht machen dan das solcher zue lang underwegen zimblich feucht worden das der schrauben im großen rohr lucker worden, wan das rohr wieder in die truckene kombt der schrauffen vber dem glaß sich wieder leichtlich einziehen solle, vnd weil sie es verleimen laßen kan der leim mit einem naßen schwam wieder auffgeweicht vnd an der lufft getrucknet werden, damit man das glaß underweilen von beeden seiten abwischen könne.
Zum andern wird gemeldet das sie unsere Ehlen nicht recht gegen Ihre wißen abzuemeßen v. das objectum an der wandt dießes mangels wegen nicht recht deutlich dem gesicht die größung vorstellen können. also hab Ich die 32 1/2 ellen Augspurger mit einem faden abgemeßen vnd beigeschloßen dieser kan mit dem einen ende an das objectum v. das andere endt mit der Hand an dem Tubum vor das objectiv glaß gehalten werden so wird sich dan alles wie beschrieben deutlich repraesentirn.
Die von newem [?] bestelte microscopia will Ich machen, weil ich aber vnder dieser Zeit in diesen microscopiis meine gedanken noch weiters geführet v. gefunden das ich die kleine steublein vnd andere mit den augen vnbegreiffliche sachen nochmehr dan umb noch so groß ergrößen kan als will Ich die bestelte stukhen nach dieser manier verfertigen. Der Tubus wird von 3 röhren zimblich dickh v. im außzug vff 1 oder in 2 schuhe lang. sollen (ita habet textus) dagegen alle vorige diesem das waßer nicht bieten sondern für nichts gehalten sein sollen v. kan keines anderster als umb 10 Vngrische ducaten verfertiget werden. Ich will es also machen v. richten das man hiervon wunder haben soll.
NB weil Ich aber das stuckh per 10 Ducaten gesezt will Ich doch um fernerer khundschafft willen ein jedes umb 8 ducaten verlaßen.

[Zusatz von Moriaen an Hartlib. 29.4.1650. [st.v.] HP 37/153 A]
Ambst[erdam] 29. Apr:1650
Mein hochgeehrter H[err]. obiges ist Copia oder außzug eines sch[reibens] von Joh:Wieselio so ich gestern empfangen. [...]

28) Wiesel an Moriaen. 19.7.1650 [st.n.]. Antwort auf Schreiben vom 8. Juli.
Eigenhändig, von Moriaen an Hartlib geschickt. HP 37/154 A-155B

[154A] Wohledler und vester, hochgeehrter glr lieber Herr.
Sein geliebtes vom 8. Julij ist vleißig gehendiget, Inhalt verstanden, daß Sie mit gesendtem Letztern astrischen tubo nicht zurechtkommen, die obiecta unlieblich und confuse vorstellen, befrembtet mich sehr hoch, da Ich doch bei Gott dem Herrn betewern kan, daß es noch der beste so von meiner hand auf die Nacht gemacht worden. Auch daß obiectum uber die maßen klar und sehr groß zeige wie dan uber 10.Persohnen den Saturnum dardurch sehr klar und hell (. wie Er von 3 Körpern gestaltet, gantz deutlich observirt undt gesehen. daß Er mich deßhalben von Hertzen gefreuet, und uber die maßen wohl darmit zu bestehen verhoffet, weill nun kein mangel an demselben in meiner handt gewesen, müßte es etwan daher rüren, wie mir mein hochgeehrter herr geschrieben, daß er den tubum unverlezt empfangen, allein were daß dritte große glaß in dem schraufen ledig worden, derotwegen Sie daß glaß hienein verleimet, derotwegen mir geschrieben ob Sie recht oder unrecht damit gethan, darauf ich in antwort uberschrieben, daß man trachte, solches wider aufzuweichen, undt mit einem andern schraufen zu befestigen, damit man ds glaß, sowohl alle andere herraußnemmen und abwischen könne, dann die weiße Gläßer baldt wegen Ihres bei sich uberhabenden Salzes anlauffen, derotwegen

man Sie offters Lauth ubersanten berichts heraußnemmen und mit weißer Leinwath abseubern, auch iedes also an seinen orth einlegen, daß die höhe deß glaßes in die rören hienein: und die fläche gegen dem Aug sehen thue. Nun möchte sein, daß mein herr daß glaß, als Sie es hinein verleimet, auch unrecht eingelegt, wo es beschehen, würde [HP 37/154v] man damit nicht zurecht kommen, wen die höche gegen dem Aug, würde daß glaß den andern zweien zusammen gefaßten kleinen Gläßern umb 3.Meßerungen all zu nahe komen undt nothwendig andere signa habe müeßte. welches der erste fehler, der ander aber dieser: Wenn daß glaß schon recht eingelegt und aber einverleimet worden, So kan man solches nit mehr herraußnemen und säubern, ob wohl die eußere seitten geseubert werden kan, so wurde es doch an der Innwendigen fehlen, in dem man mit keiner Hand hienein zum glaß kommen kan. Derowegen und dieß fals man sich nimmer einiger klarheit zu getrösten, biß dieser mangel geändert, und man recht zu dem glaß kommen und abseubern kan, fals solches beschiehet, würdt es nach allem wunsch sein. Wo aber noch wider Verhoffen ein mangel undt Sie solches nit in alten standt richten kundten, müeste daß Perspectiv wider auff hero gebracht und durch mich wider zurecht eingerichtet und ehistes wider an den herren auf anweißen, ubermacht werden.
Die 4. Microscopia werden auf Franckhfurter HerbstMeß auch fertig, auf welche Zeit Sie dan abzufordern, und zu befehlen, weme ich solche einhendigen solle. Die Delineation von Hn. Hevelio erwarte ich der Vertröstung nach, auch ehistes. Indeßen Gottes gnedigen schutz wohlergebendt. Augspurg den 19. Julij 1650.
Meines hochgeehrten Herrn alleZeit dienstergebener Johann Wießel Opticus.
[am Rand von Moriaens Hand:] Mr.Hartl.[ib] In diesem augenblikh empfang diß schr[eiben] und ubersende, kan mir bei zuefälliger gelegenheit wieder gesandt werden. D H d[ienstwilliger] J.M.

[155A] [von anderer Hand:] A Monsieur Monsr Sam: Hartlieb, in charring Crosse right ouer the Countesse of Peterbarough London
[155B] [Wiesels Hand:] Herrn Iohann Moriaen
Großgünstig zu handen In Ambsterdam [Siegel]

29) Quittung von Wiesel über ein Fernrohr. 27.4.1651 [st.n.]
Eigenhändig. Abb. 38
ThStA Gotha Kammerrechnungen Belege, 1650/51, Bd.III. Blatt 430. No. 4

Daß mir der wohlEdel undt Veste Herr
Anthoni Langmantel Wegen deß Durchleuchtigsten Hochwohlgebornen Fürsten und Herren Herrn
Ernsten Fürsten zue Weymar Bezalet
Hundert Reichsthaler, Bekhenne Ich

Geben Augspurg den 27. Aprilis 1651. [st.n.] Johann Wießel Opticus

[von anderer Hand:]
Dieße Einhundert Rthlr soll der
Cammerschreiber bezahlen Idem [?]
hiemit berechnen Signatum
Friedenstein den .23. April:1651. [st.v.]

Ernst HvSachsen

[eigenhändig]

30) Wiesel an Hirt o.D. [23.10./2.11.51].
Eigenhändig. NSAW 1 Alt 22 Nr. 170 fol. 10r-v
Beilage zu Hirt an August vom 2.11.1651 [st.n.]. HAB 98 Novi fol. 496v

[10r] WohlEdler und vester, hochgeehrter g., lieber Herr, Hierbej sende ich daß kurtze Perspectivlen, welches allein in Schreiben und Lesen zu gebrauchen, dan daselbe uber 15.Zoll keine Wurckhung mehr, sondern sich gantz verdunckhlet, Innerhalb der 15.Zoll aber mag man ein iede Schrift oder Truckh nach gefallen darmit vergrößern, welches allein mit dem mittlern schraufen zu verrichten, Je weitter nun durch aufschraufung die beede gläßer von einanderkommen, Je größer die Schrifften gesehen werden. doch mit etwaß näherung deß Gesichtes, Darvor der negste Preiß drej ducaten.
Meines hochgeehrten herrn dinstergebener Johann Wießel Opticus

31) Wiesel: Underricht den Microscopijs beijzulegen. o.D. [1651]
Eigenhändig. OP C 1 t. 2 fol. 305r-v
Beilage zu Moriaen an Hevelius 22.2.1652. OP C 1 t. 2 fol. 304r-v

Text siehe Kapitel III.3.2. Abb. 39.

32) Wiesel an Hzg. August. [6.] 16.10.1653.
Eigenhändig. NSAW 1 Alt 22 Nr. 170 fol. 49r-v

[49r] Durchlauchtig hochwolgeborner Fürst und gnedigster Herr,
Wann ich umbständtlich den sachen nachgesonnen, wie mann verbeßern undt die Buchstaaben undt Schrifften wol ergrößern möge: Alß habe ich zue solchem ende sehr dickhe gläßer schmeltzen müßen, damit ich einen solchen Schnidt führen, welcher daß, waß ich suche, Tauren und Leiden könnd. eines schönen Tages erwartet, den gueß gethan, undt an der reine sehr wohl gefallen, Worauff dan gleich angefangen, die Spiegel E D begeren abzuetrehen, undt zue formiren. Undt also gerichtet daß Sie noch umb ein guetes alß die Letztgesandte, den Buchstaaben ergrößern werden. Undt soll mann sonderlich in obacht nemmen, daß die flächere seitten der gläßer allweg gegen den Augen gekheret werde, und wo möglich negst vor die Augen kommen, so wurdt im Leesen undt schreiben viel ein größeres spatium fallen, undt alleß erkandtlicher machen. Solches zu verrichten, sey dieser modus. machete zwey Bendelen an beede gläßer, undt henge solche an die beede ohren, daß Sie negst den Augen hangen, so werden Sie [49v] auch einen zimblich kleinen Truckh ergrößern, undt erkandtlich machen. Hoffe also darmit bej Ihren Hochfürstl. Gn. diesesmalß wol zue bestehen, Solte aber wieder mein hoffen noch mangel erscheinen, köndte mir solcher umbstendtlich notificiret werden, damit ich darauß ersehen, ob der Sachen noch ferner zue helfen seye. Solle mich keine mühe, Wie groß auch die, gantz nicht tauren, undt darvon abhalten. Undt waß hierinnen zue thun, werde ich gewiß vor vielen, in dießer Kunst Wißens haben undt sonderlich gegen Eürer Hochfürstl. Dhl. zue üben mich allerunderthenigst erbietig machen. Die Ich immittelst Gottes gnediglichem Seegen demütigst empfiele. Augspurg den 16. Octobris Ao 1653. Ewer Hochfürstl Dhl. Allerunderthenigster Diener Johann Wießel Opticus

33) Wiesel an Hzg. August. [10.] 20.11.1653.
Eigenhändig. NSAW 1 Alt 22 Nr. 170 fol. 50r-51v

[50r] Durchleuchtiger Hochgeborner Fürst Gnedigster Herr. Vor Acht Tagen ist mir von dem Edlen undt Werten Herrn Martin Hürth Ihrer Fürstl.Dhl. Rath ein wohl verwart und ungeöffnetes Schachtelen eingehendiget, darinnen ein Ansehendtlicher von Goldt und Edelgestein besetzer Conterfeytischer Bildtnuß undt Gnaden Pfennig gewesen. So Ihr

Hochfürstl Dhl. mir zue einer recompens auß sondern Gnaden verehren laßen. So mich uber alles daßjenige so ich habe, hertzlich erfreuet, mir auch die Zeit meines Lebens ein sehr liebreiches Stuckh sein und in ehren halten werde. Vor welche große gnad Ich E Hochfürstl.Dhl. underthenigst großen danckh sage. Will Gott inniglich Piten daß Er E Hochfürstl. Dhl. Ihr Gesicht mit noch fernere Beßerung, biß an das von Gott bestimbte ende Ihres Lebenß Vätterlich erhalten wolle. Wie ich dann hievon gantz nicht zweiffle. Maßen mir daß vor vierzehen tagen eigenhandig Schreiben über alle maßen wohlgefallen, daß alle Buchstaaben wider in so schöner ordnung underschieden undt abgesetzet, daß es nit beßer sein können,
[50v] Die letztgesandte Spiegel betreffendt, sollen selbige den truckh etwaß größers machen alß die vorher gesandten, dan ich diesem letzten ein vergrößer gegenschnit gegeben, daß Jenige aber waß man siehet, den Augen etwaß nähers sein soll, würde auch den Augen sehr guet sein und im Schreiben undt Lesen viel beßer fortkommen. Wann unden daß Cäpplen einer Zwerchhandt breit, biß an beede Schläfen reichendt, mit einem schwartzen steiffen Atlaß besetzet würde, daß es einen finger breit über die anhangende Spiegel uberreiche, so würdt daß Gesicht im schatten liegen, und vor der Helle deß Tages und lichtes (.so sonsten auf die Gläßer fallet und sich zu rückh mit in die Augen reflectiret, daß Jenige waß man recht sehen undt underscheiden will, nicht deutlich erkennen kan.) wohl sicher sein. So Ich E Hochfürstl.Dhl. Underthenigster schuldigkeit nach, nicht unangefüeget laßen. Undt dabei Gottes obschutzes wohl empfelen wollen. Augspurg den 20. November A° 1653 E. Hochfürstl.Dhl. Underthenigster so lang ich lebe. Johann Wießel Opticus

[51r leer; 51v] Dem durchleuchtigsten, hochgebornen, Fürsten vndt Herrn, Herrn Augusto. Herzogen zue Braunschweig vnd Lünenburg, Meinem gnedigsten Fürsten vndt Herrn.

34) Wiesel an Hzg. August. o.D. Abb. 40.
Eigenhändig. NSAW 1 Alt 22 Nr. 170 fol. 52r-v

[52r] Durchleuchtigster Hochgeborner Fürst Gnedigster Herr.
Daß Ewer Hochfürstl. Dhl. widerumb zue Ihrem Gesicht gelanget, erfreuet mich hertzlich, wünsche auch von Gott dem Allmechtigen daß Sie solches die Zeit Ihres Lebenß bestendig erhalten mögen. Ob nun wohl daß Gesicht wieder Lauter undt Clar, so werden Sie doch ohne darzue gehörige Spiegel mit lesen undt schreiben schwerlich fortkommen. Weill mir dan Gott auch die gnade verliehen, einem Jederen auf vorhergangende Chur (. wann Sie sonsten wohl gerathen.) Spiegel zue formiren weiß, daß man wider dardurch lesen und schreiben kan, undt sonderlich dies in acht genommen werden solle, daß die gläßer recht Centralich gearbeitet werden, damit Sie daß Gesicht conserviren mögen. Wann mir dan dieses zu verrichten unschwer, Alß habe ich auf begeren ein Par solcher Dupel Spiegel geschniten, welche getröster Hoffnung wohl füegent werden. Wie ich mir dan ein absonderliche Scheiben darzue gegoßen und vorselbige aufbehalten thue. Der kleine tubus wurdt auch nach willen sein, welchen ich auf daß größest so es sein können verfertiget, dieser hat einen langen schrauffen, damit man den tubum verlengern und die Buchstaben nach gefallen ergrößern kan. Der Preis daruor 4.Ducaten undt vor die Dupel Spiegel 3.Ducaten. Johann Wießel Augustanus Opticus

[52v]
[Wiesel:] Underricht. Wegen deß kleinen Tubi undt Dupel Spigel, solchen beizulegen
[Hirt:] Johann Wisels Bericht wegen der Augenspiegel und des kleinen Tubi.

35) Wiesel an Hzg. August. o.D.
Eigenhändig. NSAW 1 Alt 22 Nr. 170 fol. 53r-v. Beilage zu 35a)

[53r] 1. Dem Meister ist zue wißen vonnöthen, wan ein Persohn schon Spiegel gebrauchet, muß Er derselben gläßer eines haben, damit Er die steigrung deß Gesichts darauß ersehe, dan man in den schlechten uncenturalischen gläßern von 2. zu 3. Jahren aufsteiget, da hergegen in den Centuralischen Conservativ Spiegeln nimmer geändert oder gestiegen: sondern so lang einer lebet, daß Gesicht erhalten und gebeßert wurdt.
2. Zum andern wo eine Persohn nie keine spigel gebrauchet, So wolle Er einen Truckh ufs weitest Er immer kan, lesen, und mir diese weite oder Distanz vom Aug biß zum Truckh, sampt demselben wort so Er gelesen, an einem faden oder spaagen zueschickhen, auß dieser lenge des spagens und höche deß Buchstabenß ich dem gesicht nach Just Anständige Conservativspiegel zu richten und zue schneiden weiß. Dann es nit alle mal an den Jaren oder dem alter gelegen. offtmalß muß ein 18.Jährige Persohn der steigerung nach wohl 80.Jährige Spiegel gebrauchen, dan einer hat dieß, der ander daß gesicht, der eine daß Quartier, der ander daß Minder oder gar kurtze gesicht. In anderm Theil daß Mehrer und doch schwache sehen, und so fortahn. Wann nun obige 2.Puncten observirt und mein begeren ervolgt, kan Jedwederm Herrn zur Ihren Gesichten fueglich gedienet werden, so im gegenfall auß mangel berichts nit geschehen kan, welches ich nicht hab sollen unbericht laßen.
Johann Wiesell Perspectifmacher in Augspurg
[53v] Wiesel: Bericht wegen der Centuralischen Augenspiegel.

35a) Hirt an Hzg. August. 24.11./4.12.53.
Eigenhändig. Auszug. HAB 99 Novi fol. 256r-257v

[256r] Schreiben vom 13.11.s.v. erhalten [...] [257r) Waß an EFD Herr Johan wisel geschriben, das haben EFD hiebey gnedigest zu empfahen, er hat mir das schreiben zum lesen sub sigillo volante geschickht, so ich wider zugemacht. [...]

36) Wiesel an Hzg. August. [24.11.] 4.12.53.
Eigenhändig. NSAW 1 Alt 22 Nr. 170 fol. 54r-v

[54r] Durchleuchtiger Hochgeborner Fürst, Gnedigster Herr. Waß Euer Hochfürstl.Dhl. an Ihren Rath, Herrn Hirten alhier gnedig gelangen laßen, Ist mir auch zue lesen vleißig zuegestelt, Innhalt Verstanden, Wie daß Ihr Fürstl Dhl. einen tubum auf eine halbe ehlen in der Lenge mit zimblich großen gläßern desideriren. Undt der nicht außzueziehen seye. Worauf Ich underthenigst nicht verhalten soll, daß dieses ein sach, so schwer, ein solche kurtzes Gesicht zuegleich auch in die ferne zue leiten, weill aber diese Kunst noch alleweil Hüelff Leistete, Wo nur der Meister daß seinige so Ime Gott verliehen (.neben der Natur.) vleißig in acht nimmet, würdt niemandt ohne getröst hinweckh gehen, oder gelaßen werden. Wie ich dan ein solches werckhstellig zue machen mich mehr dan schuldig erkhenne, und verobligirt bin. Soll also nit underlaßen, meine gedanckhen weitter zue haben, wie der sachen noch umb etwaß möge geholffen werden, darzue ich andere Instrumenta vonnöten /: die ich anizo noch nicht :/ gießen werde, und noch wenige Zeit erfordert. Alß Pite ich underthenig, eine kleine Zeit noch gl. nachzuesehen. soll in keinem Vergeß pleiben.
[54v] Den tubum oder daß Perspectiv betreffendt. Understehe ich mich auch zu richten. allein muß eß an einem endt mit einem kleinen außzüeglein sein, damit man underschiedliche weitte ziehen könne, wie ich es dan uff daß bequembste richten werde.
Daß Printz Moritz einen tubum gehabt, mit welchem man uber einen breiten blatz in einem andern hauß einen brieff am Fenster lesen können, Ist wohl möglich. Deren auch

von mir schon viel gemacht worden. Wie dan daß Jenige große Perspectiv so Ihr hochfürstl. Dhl. vor diesem von mir erkauffen laßen, dergleichen verrichtet, undt nur am signiren gelegen, wo ich denselben noch bei der handt, gleich richten wolte. So Ich Ihr Hochfürstl.Dhl. underthenigst berichten und den Gnaden Gottes wohl empfelen wollen. Datum Augspurg den 4. 10bris A° 1653 Ewer Hochfürstl.Dhl. underthenigster

Johann Wießel Opticus

37) Hzg. August an Hirt. 28.11.[8.12.] 53.
Auszug. In Schreiber – Handschrift. HAB 14 Noviss. 8° fol. 504r-505v

[504r] [...] Die grosse Danksagung des Herrn Wisels für das geringschäzige übersandte war unnötig gewesen. Wyr vermeinen noch zu wenig übersandt zu haben wegen der guten Hülfe so uns durch Ihn an unserem Gesichte widerfahren. Wollen des Tubi zu Seiner guten gelegenheit erwarten. Dan er damit zu eylen nicht vonnöthen hat. Er kommet zeitig genug: [...]
[505v] Hirt: resp.8/18.12.

38) Wiesel an Hzg. August. 5.2.54 [st.n.].
Eigenhändig. NSAW 1 Alt 22 Nr. 170 fol. 55r-56v

[55r] Hochwolgeborner Fürst Gnedigster Herr. Weiln ich auß Ewer Hochfürstl.Dhl. von 5/15 Decembriß Jüngsthien an mich abgelaßenes aigenhändiges Schreiben, /.so mich nicht nur wenig erfrewet Indeme ich gesehen, daß die Schrifft so nett undt Trefflich guet, daß selbige nicht zu verbeßern, schließen muß, daß Gesicht Je lenger Je beßer würdt. So viel mir Zur außmachung deß bestelten Tubi die Zeitt mit außfertigung deßelben mir gnedigst heimbgestellet, undt wohl vonnöthen gehabt. In dem ich vast in die 3.wochen lang an einem hitzigen Fieber darnider gelegen. Wolte sonsten Eurer Hochfurstl.Dhl. so lang darmit nicht aufgehalten haben. Werden also Ihro Hochfl.Dhl. solches Perspectiv von Ihrem Rath Herrn Hürthen In einem Verwarten Hültzenen Futter zue empfahen haben. Auf dem Außzueg ist ein Weiß Zetelen mit dreien signis angedeutet; Wann nun daß vor biß zu N° 1. gezogen undt gerichtet, siehet man darmit in die ferne; Biß zue N° 2. gezogen, siehet man in 2: oder 300. [55v] Schritt weith. Undt biß zum letzten undt 3. Zeichen gerichtet, siehet man uber eine Gaßen breith von 20.in 30.schritt, alles sehr nett undt bescheidenlich. Und dieses allein werden Ihre Hochfurstl.Dhl: bei diesen Signis sehen, undt kein anderer nicht.
Nun hatt ich mir auch vorgenomen ferner noch ein Par Augenspiegel Zue verfertigen, Weiln ich aber auß Ewer Hochfurstl.Dhl. Schrifften ersehe, daß alles uber die maßen rein undt guet geschrieben, finde ich so viel daß man dieser Zeit noch VergröserungsSpigl weitter nicht nöttig. Dann dieß viel eine größere Kunst, daß Gesicht herrunder zubehalten, alß hienauf zue treiben. Solte aber wieder alleß verhoffen enderung deß sehenß halber fürgehen, so ich mir doch nicht einbilde, Kann es doch Jeder Zeit mit wenigem uberschrieben werden. Zue welcher Hülffe Ich mich Ihrer Hochfl.Dhl. verobligirt halte. [56r] Undt wann es Ihr Hochfurstl.Dhl. Belieben wurde, den Tubum mit gutter gelegenen Zeitt und schönem wetter bej den 3. angedeuten Zeichen zue Probiren, undt die befindung eineß oder deß andern Zeichens, mir unbeschwert notificiren laßen, dienete erstlich vor mich Zue künfftiger nachrichtung undt dan vor Ihr Hochfl.Dhl. auch selbsten. In dem man künfftiger arbeit halber vielen Schreibenß geubriget sein kundte. So ich E.Hochfurstl.Dhl. Neben ergebung Göttlichen Seegens in allerunderthenigkeit anfügen wollen. Dato Augspurg den 5. Februarij A° 1654. E.Hochfurstl.Dhl.

AllerUnderthenigster so lang ich lebe Johann Wießel Opticus

[56v] Dem Durchleuchtigsten Hochgebornen Fürsten undt Herren, Herrn Augusto Hertzogen zue Braunschweig undt Lüneburg, Meinem Gnedigsten Fursten und Herrn.

39) Wiesel an Hirt. o.D.
Eigenhändig. NSAW 1 Alt 22 Nr. 170 fol. 57r-v

[57r] Woledler undt Vester, hochgeehrter glr. Lieber Herr Daß Sie unserm Gnedigsten Fursten undt Herrn Schreiben, undt den Preiß meiner dahin gemachten Arbeit zue wißen vonnöthen, Alß ist vor daß bestelte Perspectiv (.So ich morgen bei Zeiten einhendigen werde.[)] Sechs ducaten, undt dan vor die 2. Par Staarenspigel, so den 15ten August versendet worden, vor ein Par 3. Ducaten, thut 6. Ducaten, und dan noch vor ein Par Staarenspigel So den 16. Oktober verschickhet worden, darvor 3. Ducaten. So in allem 15. Ducaten. So meinem hochgeehrten herrn neben frl^{r}. begrüßung nicht verhalten wollen. Meines hochgeehrten Werthen herrn dienstergebener Johann Wießel Opticus.
[57v] [Hirt:] Herrn Wisel Zetel per R.Thl. 30.

40) Hzg. August an Hirt. 6.[16.] 2.54.
Auszug. HAB 14.1 Noviss. 8° fol. 11r-12v

[11r] [...] Wir haben den Tubum alhie woll erhalten werden über 8 Tage den H.Wiesel welchen wir grüßen lassen, ausführlich berichten, wie wir denselben befunden, dan wir ihn noch nicht probiret. Die Zahlung werdet ihr ihm vor den Tubum und die unterschiedene Augenspiegel, sofern noch nicht geschehen, alsobald thun [...]

41) Wiesel an Hzg. August. 26.3.54 [st.n.].
Eigenhändig. NSAW 1 Alt 22 Nr. 170 fol. 58r-60v

[58r] Durchleuchtigst Hochwolgeborner Furst, gnedigster Herr. Jüngsten uf verschienen 5. dieß ist berichtet, Wie daß ich den von Ihre Hochfurstl.Dhl. begehrten kurtzen tubum, nemblich den vierten Theil so lang alß der Jenige, so vor wenig wochen uberkomen, ohne Außzueg, richten solle, Alß hab ich mit außfertigung deßelben nicht gefeyret, sondern wol angelegen sein laßen, Undt weyl mir zue dießem Werckh : sonderlich zue dem concavo, alle gläßer zue dien, alß habe ich nothalber meinen Glaß: und Schmelzofen hierzue wider repariren undt bawen laßen, damit ich obbedeuter maßen gläßer nach bedurfftiger Dickhe schmeltzen undt haben möge, Wie dan E.Hochfurstl.Dhl. selbsten an diesem concavo gnedigst ersehen werden, wie dickh daß glaß sein müeße, so es anderst nicht in der mitten durchgeschnitten oder excaviert werden solle.
Waß nun anlanget, daß in Jüngstem Ihrer Hochfurstl.Dhl. Schreiben bermeldet worden, daß beede gläßer etwaß größers: alß die in dem vorigen rohr gewesen, sein sollen, [58v] so ist hierauf zue wißen, Wann auch die gläßer einer Fensterscheiben größe hetten, müeßen Sie doch nach proportion widerumb bedeckhet werden, damit die ubrige Liechte oder Helle Unser Natürliches Augenliecht nicht uberleuchte, und daß Jenige so man recht sehen solle, zue nicht mache, Welches dan nicht der geringsten wißenschafft eine, die ein Opticus wohl wißen undt Verstehen solle, Damit die Augen in guetem standt erhalten und conserviert werden mögen. Maßen an diesem kleinen unaußgezogenen tubo alleß bestermaßen observiret undt in acht genommen worden, auch denselben also gerichtet, daß er dem Lengern wenig bevor geben wurdt.
Ferner ist zue wießen daß beede gläßer zwischen den Schraufen liegen, daß, wann dieselbe zue zeitten staubig worden, Aufgeschraufet, herraußgethan, mit Weißer Leinwath wohl abgeseubert, nach solchem ein iedeß wieder an seine stell eingelegt undt zuegeschrauffet werden, und dieses so offt eß Vonnöthen, auch allweg zusehen, daß die düffeste seitten im einlegen gegen dem Aug [60r] gekheret, undt daß Aug hardt an daß glaß angesetzet werde. Nun ist mein verdienst bei diesem Instrumentlen Sechß Ducaten sehr wohl Verdienet. So Ich E.Hochfürstl.Dhl. dießmal so schuldigst anfuegen und Göttlicher Vorsehung wohl empfelen wollen. Datum Augspurg den 26. Martij A° 1654
E:Hochfurstl.Dhl. Underthenigst gehorsambster Diener Johann Wießel Opticus.

[59r] P.S. Den 26. dieß ist mir durch Herrn Hirthen E.Hochfl.Dhl. Schreiben zu lesen ubergeben, worinnen ich voriges begeren anwider gefunden, Nemblich daß die gläßer in diesem kurtzen tubo größer sein sollen, alß die jenige, welche in dem Jüngsten ubersannten tubo geweßen. Weiln aber auß beigefuegtem Schreiben anvor zu ersehen, daß die größe der gläßer bej der sachen nichts thuen, sondern einig und allein der Centralische Schnitt nach Jedeß Menschen sehen, Verrichten muß.
Werden E.Hochfl.Dhl. an diesem kleinen stuckh nur solche Kunst Vermerckhen, deßen Ich wohl Versichert, mir keiner nachmachen wurdt. Weiln ich ein unbekandten Schnit der gläßer gefuhret, wie ich dan berichtet, an guetem Vleiß mich nichtes abhalten noch hindern solle, Allein wollen E.Hochfl. Dhl. ein kleine mühe nicht ansehen biß Sie daß Aug iust in dem Centro deß glaßes haben und Treffen werden. Wo es nun einmal gefunden der lust alles erstatten wurdt. [59v leer]

[60v] Dem Durchleuchtigen Hochwolgebornen Fursten und Herrn, Herrn Augusto Hertzog zue Braunschweig vnndt Lünenburg, Meinem gnedigsten Fursten und Herrn.
Sampt einem Paquetlen mit N° 1.
[Herzog:] Wisels screiben. Alia

42) Wiesel: Gebrauchsanweisung für ein Mikroskop o.D. [1654]
Eigenhändig. Universitätsbibliothek Leiden Collection Huygens Hug. 45
am 12.12.1654 von C. Huygens ins Niederländische übersetzt.

Usus undt gebrauch des uf die Neue Manir gemachten Macroscopij
Text im Kapitel III.3.2; OC Huygens Bd.1. S. 310 Nr. 207

43) Wiesel an Hzg August. [14.] 24.12.54.
Eigenhändig. NSAW 1 Alt 22 Nr. 170 fol. 61r-v

[61r] Durchleuchtigster Hochgeborner Fürst, Gnedigster Herr.
Von S.Hochfurstl.Dhl. Rath Herrn Martin Hirten alhier, ist mir auß Fürstl. Schreiben abgelesen, Ob nit noch ein Par gläßer also zu richten, welche beßer in die ferne zeigen, alß die jenigen, so vor diesem ubersendet, undt von beeden seitten convex geschniten worden. Alß habe Ich mich in den gefurten Schnitten der Spiegel (.welche Ich alle Vleißig aufgeschrieben.) umbgesehen, undt befunden, daß es noch uf zweierlei weege geschehen könne, daß, Je ein Par vor daß andre guete wurckhung Verrichte, Umb deßen underschied zusehen, Ich solche 2.Par ehistes machen und ubersenden will. So underdeßen Ich E.Hochfurstl.Dhl. in allen Gnaden Gottes: undt mich Zue underthenigsten gehorsamen diensten empfolen haben wölle. Dato[?] Augspurg den 24. 10bris 1654.
E:Hochfurstl.Dhl. Underthenigst undt gehorsambster Diener Johann Wießel Opticus

[61v] [Hirt:] Herrn Johann Wisels Opticj in Augspurg Bedenckhen über 2.par Brillen.

44) Wiesel an den Kurfürst von Mainz, Johann Philipp von Schönborn 12.7.1656 [st.n.]
Eigenhändiges Konzept. SuStBA Beuther-Nachlaß Mappe 7

Hochwürdigster in Gott gnedigster Churfürst und Herr.
Dieses an Eure Churfl. Gnaden mit wenigem zue berichten, wie daß ich viel underschiedliche Schreiben [Einschub: einkommen ?] mit nit wenig beschwerden der außlegenden Brief: und Postgelter an E.Churfl.Gnaden Hofzalmeistern Herrn Johann Jacob Kurtzrockh [?] wegen deß ubersandten und zue recht gelieferten Zweyaugigen Perspectives sampt beigeschloßenem underricht und deßelben Preißes abgehen laßen. welcher mir in einem Schreiben A° 54. den 4. Juny datirt von Regenspurg auß Per Posta volgen-

der gestalt zugeschrieben: Auf mein Bericht nach Wurzburg hab Per Posta gestern in antwort erhalten, daß dem Herrn wegen deß vorhien uberschickhten Perspectivis ich die gesonnene Zehen Ducaten bezalen solle. dieweil ich nun noch ein Tag funf hier verpleiben werde, So woll der Herr seine quittung uber diese 10 Ducaten herunder schickhen und das geldt durch ainen seiner bekanten hier bei mir abnemen laßen. dabei Gott befohlen. Regenspurg wie oben. So weit der Inhalt seines schreibens. Alß habe hierauf alsobalden die begerte Quitung neben einem schreiben noch selbigen Tag gefertigt und solche an meinen Herrn Schwagern Christoph Georg Bachern in Regenspurg bej der Post zu geschickht, auch derselbe gleich in das ChurMaintzische Quartier getragen und dero bemelten Herrn Hofzalmeistern zustellen wollen, berichtet man, daß derselbe schon vor 8 tag von Regenspurg abgereiset, welches mein herr Schwager Bacher [?] neben wieder zuruckhsendung der Quittung mir schrifftlich angedeutet, darauf ich underschiedliche Schreiben nit allein nacher Würtzburg sondern auch nacher Meintz an Ine abgehen laßen. Aber auf solene Beschwerlichheiten niemalß einigen Buchstaaben erhalten können, derowegen ich diesen zuestandt E.Churfl.Gnaden underthenigst selbsten klagen müßen. welche Hierinen (: wie auch erstmalß an Kurtzrockh beschehen :) gnedigst noch einmal befehlen laßen, daß ich dieser 10 Ducaten habhafft werden möchte, so ich in aller underthenigkeit die Zeit meines lebens hochrumblich gedenkhen solte. E.Churfl.Gn. under dienstwilligster
1656 12. Julij

45) Wiesel an J.G. Anckel. 18.10.56 [st.n.].
Eigenhändig. NSAW 1 Alt 22 Nr. 170 fol. 62r-64v

[62r] Ehrenvester wolfürnemer Insonders grg viel geehrter gd. lieber Herr, Jüngsten hab ich uberschrieben, daß ich 2.Par Fernspiegel [sic] auf eine besondere Manier schneiden und hinder einander richten wolle, daß Ihre hochfl. gd. ein sonders belieben darob haben sollen, Ob ich nun wohl vermeinet noch ein ander Par auf die erste Manir, so vor diesem gemacht und dienstlich befunden worden, auch gedopelt zue richten, und mit zuesenden, umb zue Probiren welche am besten dienen werden. Wie ich dan selbe auch gentzlich außgemacht und auf begerte Manir hinder einander gesetzet, in der Prob aber gantz zue dunckhel und undüchtig befunden, also alhier behalten, und einer andern manir nachgesonnen, deren daß eine glaß convex: und das ander ein concavum seye, welche ich auch gleich nach dem außmachen Probieret und sehr guet befunden. Wie mir dan nit zweifelt, wann Ihre Hochfl gd. eines nach dem andern vor den Augen Probieren, alle beede dergleichen auch guet befinden werden.Wie aber nun solche recht sollen Probirt werden, beschiehet wie volget., Alß Ihre Hfl Gn. erkiesen ein orth, daß in 4: oder 500 schritt endtlegen, und heben eines von dieser beeden Manir gemachten dopelten gefaßtes glaß vor das Aug, und fangen gemächlichen an die gläßer ein: oder von einander zueschraufen, biß dieser orth am claresten gesehen wurdt, alßdan mag man eß also gerichter unverändert verbleiben laßen, so wurdt man auf alle distanz daß rechte sehen haben.
[62v] Daß fürnembste aber ist, wie diese gefaßte Prillen an die Mützen befestiget werden, daß Sie geradt daß obiectum bilden, beschiehet, daß man die breite ränfft [sic] enden durchlöchle und an die Augenlöcher an der Mütze annehe, und die Eisenfeder sampt dem Holtz zwischen beede Prillen anlege. So werden beede rören mit Ihren Inhabenden gedopelten gläßern geradt auf daß obiectum streichen, und nit nach der seitten gesehen werden. Die gläßer seindt mit geschraufften ringen befestiget, und leichtlich herauß zue thun, ein iedes ringlein hat von Innen 2. krünelen [sic], in dieselbe soll man einen aufgethanen SpitzCircul einsetzen, und nach der Linckhen handt umbtrehen, so kan man die gläßer außnemmen und etwan in Silber oder ander Mettal geschmeidig faßen laßen, doch daß der höche nichts benommen, sondern ehe etwas höchers oder längers im Schraufen gemacht werden, Und wol zue sehen, wann die gläßer außgenommen, ein iedes wider an seine rechte stell eingelegt, und mit den ringlen wider angezogen, und darmit nit geirret

werde. Wann nun alles beschriebener maßen angeordnet worden, will ich nit zweifeln Ihre hochfl.Gnd. werden gueten effect spüren und zue dieser invention ein sonders belieben tragen. Damit man aber wiße welches die Jenige Spiegel sein, so mit Zweien Concavis gemacht worden, hab ich selbige auf dem andern breiten ranfft mit einem kleinen lateinischen W. bezeichnet.
[63r] Damit man den Underschied wiße, welche under diesen beden Paren am besten füegen, und zu notiren sein. Haben in Warheit viel mühe und nachdenkhens gebrauchet, dan der gläßer 8.stuckh und ie 2. und 2. hinder einander gesetzet, also 4.Par Prillen geben, und mir vor daß Par iedesmalß 3 Ducaten bezalet worden, daß also zuesamen 12 Ducaten, wohl verdienet, Solte sich aber wider Verhoffen ein mangel finden, soll derselbe auf wider bericht
(' anderst der Kunst noch etwaß ubrigs, beizuesetzen') höchster schuldigkeit nach gern willig geendert werden. Darzue mich dan diese invention zue weittern gedankhen anreitzen. Werde ich nun noch ein beßers finden und zue wegen bringen, seindt Ihre Hfl Gndn vor gewiß die erste, denen Ich es notificiren und darmit dienen werde. Bede Par Prillen hab ich nach meinem gutdunckhen von einander geschraufet, Wie sie in die ferne dienen sollen. Doch mögen vielleicht Ihre hochfl gd. etwan ein dienlichers richten im ein: und außschraufen finden. Gottes Schutz und Seegen ob allen. Augspurg den 18.8br 1656.
Meines hochgeehrten Herrn dienstergebener Johann Wießel Opticus

[63v] Dem Theuersten wohlvornemmen Herrn Johann Geörg Anckeln hochfürstlichen Lüneburgischen Cammers-Schreibers, Meinem geehrten Lieben Herrn Bevern
[Herzog:] Brillen des Wisels

[64r] Insonders günstiger lieber Herr. In meinem Schreiben hab ich vergeßen, wann die gläßer außgethan werden, wie dieselbe wider einzulegen, nemblich also: daß die höche der gläßer im wider einthun allweg gegen feldt; und die fläche gegen den Augen gekheret werde. Item wie die Stählene feder uber die rörlen anzulegen, beschiehet also, mann muß erstlich die Köpf gantz herabschraufen und die feder uber die underste rörlen aufzwingen und anlegen, alßdan die Köpff wider auf ein iedes zuschraufen, undt so weit biß sich alles Clar anzeigen thuet. J:Wießel
[64v] Herren Johann Georg Anckhel gegl. zu handen.

46) Wiesel an Hirt. o.D. [4/14.12.56]
Eigenhändig. HAB 100 Novi fol. 102r-v

[102r] Wohledler und gestrenger, Hochgeehrter g. Lieber Herr, will hoffen mein geliebter Herr wurdt die Prillen nunmehr von dem Futralmacher empfangen haben. Vor diese große Spiegel sampt der Meßenen Schienen ist mein Verdinst vier ducaten wohl verdienet. Hierbey auch ein Schreiben an Ihre HFD wie der gebrauch dieser Spiegel zu verstehen, den Kosten hab ich auch in das Fürstliche Schreiben gesetzet. Meines hochgeehrten Herrn dinstergebener Johan Wiesel
[102v] [Hirt:] Augspurg. Herr Johan Wiesel praes. den 4/14ten 10b: 1656.

47) Wiesel an Hzg. August. 18.12.1656 [st.n.].
Eigenhändig. NSAW 1 Alt 22 Nr. 170 fol. 65r-67v

[65r] Durchleuchtigster Hochgeborner Fürst, Gnedigster Herr. Weil bey diesen letsten Zeitten dieser Welt alle Künsten dermaßen so hochgestiegen, daß mann nit vermeinet noch etwaß ubrig seye, herfüer zu geben, under welchen dan die Optic sich auch hochrümblich herfüer gethan; daß ich mir selbsten eingebildet nicht wohl etwaß weitters darinnen zu erforschen sein werde, So gibt doch Gott noch alle Tag weittern Verstandt und seegen, daß mit dieser Kunst vielen 1000 Persohnen noch ferner kan gedienet wer-

den, Wie dan auch bey diesen speculis zuesehen, welche in der circumferenz sehr groß, seinen sonderlichen Nutzen hat, und von Zweyen Neuen Maniren geschniten, damit die Sehe [sic] der Augen iust in mitte der gläßer eintreffen und die Schrifft oder daß obiectum Centralisch bilden mögen, worbej man dan versichert, die Augen dardurch sehr gebeßert und von vielen beschwernußen befreyet und in gueter ordnung erhalten werden, Wie ich dan zue diesem behueff [65v] ein Meßene [Messing] Schiene machen laßen, umb die Prillen daran zu befestigen und uber die Mützen anlegen, So werden die Prillen der Nasen gantz nit beschwerlich sein oder dieselbe truckhen, sondern nur auf der Nasen liegen, und also gerichtet, daß Sie dem SchreibPult gantz parallel stehen, im Lesen und schreiben annemblich fallen, daß Creutz zu hinderst an der Schinen soll auch uber die Mützen in der Anckhen [Ecke ?] gehen, und darmit die Schiene halten, daß Sie zue keiner seitten wanckhe, sondern allweeg geradt in mitten uber den Kopf gehen, und under den Augen die Spiegel hangen mögen, Solte aber wieder Verhoffen noch waß fehlen, gedenkhe ich daßelbe uf wider bericht höchster schuldigkeit nach zu endern, Auch sonderlich gerne Vernemmen, wie diese Neue Invention der Spiegel anstendig, darmit in künfftiger Arbeit ich mich desto baß richten kondte. Hette auch vor diese Spiegl [66r] Vier Ducaten wohl Verdienet, dan ich ein besonder schmeltzen anfangen müßen, umb die dickhe der gläßer zu haben, Nun Gott erhalte E.Hochfürstl.Gnaden in stetem frieden, und gueter bestendiger gesundtheit.
Datum Augspurg den 18.ten 10bris 1656.
E Hochfürstl.Dhl. Underthenigster Diener Johann Wießel Opticus

[66v] Dem Durchleuchtigsten Hochgebornen Fursten undt Herrn, Herrn Augusto, Hertzogen zue Braunschweig undt Lüneburg Meinem gnedigsten Fursten undt Herrn.
[67v Hirt:] Herrn Wisels underthänigster Bericht wegen beygefügter Augenspiegel

48) Wiesel an Hzg. August. o.D.
Eigenhändig. HAB 83 Novi fol. 93r-v
Vermutlich Beilage zu Anckel an Herzog 17.5.1657. HAB 83 Novi fol. 91-92v

[93r] Durchleuchtigster Hochgeborner Fürst, Gnedigster Herr. Es hat Herr Johann Georg Ankhel, vor wenig wochen vor Ihre Hochfürstliche Dhl. bei mir ein Par Spiegel so auf einer seiten hoch convex aufs vleißigest angeben und bestellet, ehister gueten Manir außzufertigen und Ine solche dan zuestellen solle. So dan hiermit beschiehet, Underthenisgt pitendt mir den Verzueg nicht in ublem vermerkhen, dan ich dermalß keine dickhe gläßer zue solchen Spiegeln in handen, derowegen von neuem hierzue schmeltzen müssen. Will hoffen werden sehr annemblich fallen.
E.Hochfürstl. Dhl. Underthenigster Diener Johann Wießel Opticus

49) Wiesel an Moriaen. 5.4.1657 [st.n.].
Kopie von Moriaens Hand. HP 42/2/7 A

Augspurg 5 April. 1657.
Deßelben liebes von 23 Martii auß Arnheim ist mir woll gehändiget, Inhalt wohl verstanden vnd erwogen, wie daß etzliche gläßer in den perspectiven so windtrißig worden, daß sie fast zu schriter [Bedeutung Splitter?] gehen, Was doch dieses die warhaffte Vrsache, vnd wie doch solchen vnheil zu begegnen, hierauf soll meinem H[errn] vnverhalten, daß Ich bißhero diesen mangel auch mit großem schaden erfahren vnd mir anderster nie einbilden können, als das die weiße Moranische glößer etwan in dem kühlofen nicht abgekühlet worden, das Sie hernach weder frost noch kälte vertragen können, oder aber

ob die Soda etwan zu viel Salz habe, welches fast auch zu glauben, vnd ein anzeigen giebet, wan solche weise gläßer eine Zeit in einem Tubo verschloßen gemeinlich anlauffen, v. wan man mit der Zungen aufflecket man große Saltzigkeit vermercket, ob nun von beijden meinungen dieses ein vrsach stehet, mit andern verständigen davon auch zu discurriren. Mein großer schade hatt mich auch dahin getrieben das Ich es den Venetianischen glaßmachern durch bekandte Kauffleute entbieden laßen, was doch die ursach deßen sein möchte, die mir zur antwort ertheilet, das es fürnemlich durch große kälte zu geschehen pfleget auch offtermahls die gläßer in den verwarten Kästen zerspringen. Wan Ich den mit großem schaden innen worden, das es allein beij den gesaltzenen weißen gläßern zu geschehen pfleget laß ich mir von der weisen Soda keines mehr arbeiten, sondern nur allein von dem besten Schauspiegel Zeug runde Taffeln schmeltzen die Ich beständiger finde. Nun ist ohne nicht, je weißer ein glaß ie schöner u. klärer zusehen, aber eine solche gefahr dabeij zu haben ist mir lieber der Spiegel Zeug hier zu, wan nur die arbeit gutt Darbeij gethan wirdt.

Ich hab sehr viel gross und lange Perspectiven mein Tag aussgefertiget zu 7.8.10.12.15.18.21.24.30. biß in 40 schue lang. Weil aber dieser Zeit so weit kommen das mir ein kurtzes von 7.Schuhen meiner handt so viel thut als vor diesem eine von 16. Schuhe lange gethan; Und ein 10 Schuhiger so viel verrichtet alß zuvor einer von 20 in 24 Schuhe lang gethan, auch solche viel besser zu regieren. Das lange Objectivum will Ich gerne machen, allein auf meine gefahr nicht versenden, dan Ich erst newlich dem Graffen von Waldegk, welcher zu Bartenstein an den Kindsblattern gestorben, auff begehren bei der Post geschickt aber nicht empfangen, sondern auf der Post verlohren gangen, will also die bezahlung deßwegen nicht folgen; derwegen Ich auf mein gefahr keins mehr versende; wo aber ein kauffman alhier mir benennet, deme Ich es zustelle, vnd das gelt dagegen ziehen solle so erbitte Ich mich etwas rars zumachen. Jetzo hab Ich nicht Zeit eine specification meiner ietzigen arbeit aufzusetzen, solle mit nechstem folgen.

[Der hier genannte Graf von Waldeck konnte nicht identifiziert werden.]

50) Wiesel an Hzg. August. 8.1.1660 [st.n.].
Eigenhändig. HAB 83 Novi fol. 526r-v [527r-v leer]

[526r] Durchleuchtigster Hochgeborner Furst gnedigster Herr. Ewer Hochfurstlichen Gnaden wünsche ich von Gott dem Allmechtigen ein glückhseelig frid und freudenreiches Neues Jar erwünschte guete bestandige gesundtheit, und alles daß jenige so wir von Gott erpietten, gewehret werden mögen.

Daß Ewer Hochfurstliche Durchlaucht mehr malß einer gueten Lese Prill vonnöthen, undt ehistes zu verfertigen von Herrn Anckheln an mich bestellen laßen hab ich wohl verstanden. Undt weil mir nicht zweifelt selbige ehistes zu erwarthen, Alß habe ich mich keines Weges darmit aufhalten: sondern solche gleich an die Handt nemmen, verfertigen und übersenden wollen, Wie dan hiermit beschiehet, Hoffendt wohl anstehen werden, Hab solche in Schildkroten Hornen gefaßet, damit selbigs an die Kopffschiene zue fueglichem gebrauch gehenget werden mögen. So mir dan durch obgedachten [526v] Herrn Anckheln mit drei ducaten Preises gleich guet gemacht worden, So Ich Ewer Hochfurstlch.Durchlcht neben Göttlicher Beschützung berichten, Wie auch mich noch zue Eweren Gnaden und gewogenheiten Underthenigst befehlen wollen. Augspurg den 8 Januarij 1660.

Ewer Hochfürstlch. Dlcht Underthenigster gehorsambster Diener

Johann Wiesel Opticus

51) Wiesel an Anckel. 24.2.61 [st.n.].
Eigenhändig. HAB 84 Novi fol. 27r-v

[27r] Edler Vester Hochgeehrter gdr lieber Herr
Hierbey daß von der Neuesten Manir gemachten Microscopio sampt dem notwendigen underricht, So main hochgeehrter Herr Ihrer Hochfl.Dhl würdt ehistes sicherlich zue ubermachen wißen.
Der Bericht neben angedeuten Negsten Preiß alß 12.Ducaten und einer kleinen Verzeichnuß, waß am Itzo auf demselbigen aufgeleimet, zu observiren ist. Pite gantz dienstlich mein geehrter Herr wolle sowohl thun, mich bey Ihrem Hochfl Durchleucht bestenß entschuldigen, daß ich nicht selbsten geschrieben, dan es nit in meinem Vermögen wegen der außgestandenen kranckheit, in dere ich noch in Unvermögenheit stehe Und Ihren Hochfl Dhl mich underthenigst befehlen. Will es umb meinen geehrten Lieben Herrn anderwertlich widerumb getreulich verschulden. Interim unß allerseits Gottes gnaden ergeben, Zue Hauß den 24. Februari 1661.
Meines geliebten Herrn dienstfertigster Johann Wießel Augustanus opticus
Dieses Instrument hab ich vleißig eingemacht und mit meinem Petschafft verwarth. Gott gebe glückh, daß es zu recht komme; gueth were daß zuvor ein Furstlicher Bedienter dieses Instrument recht nach dem Bericht zu richten wüßte, ehe und dan solches Ihrer Hochfl Dhl furgewiesen wurdt.

[27v] Dem Edlen und Vesten Herrn Johann Georg Anckhel, Meinem hochgeehrten und geliebten Herrn. [Siegel]

[Der Bericht und das Verzeichnis der Objekte war nicht zu finden.]

52) Rechnungsbeleg über ein Perspektiv, ausgestellt am 11.11.1661 in Gotha
ThStA Gotha Kammerrechnungen Belege, 1661/62 (Nr. 1595)

Zwen thaler Vor ein schwartzes perspectiv der mitteln Gattung, so von denen von Augspurg geschikten behalten worden dem Optico daselbst Johann Weiseln zu zahlen, sollen bey der cammer entrichtet, vnd mit diesem belegt werden.
Signatum Friedenstein am 11. November A° 1661
Ernst von Sachsen [Unterschrift eigenhändig]

53) Daniel Depiere an Hzg. August. 10.4.1664 [st.n.].
Eigenhändig. HAB 85 Novi fol. 63r-64v

[63r] Durchleuchtigst Hochwolgeborner Fürst. Gnedigster Herr. Hiebey werden Ihr Hochfl: Dhl: den begerten kurzen Tubum, welcher auf ds beste gefertiget zu empfahen haben. ist auch Meines bedunkhen nach, wie es izo gerichtet. auf dero gesicht Recht, im fal ds es noch etwas fehlen solt. kan mit der schrauffen noch etwas geholffen werden. als wollen Iro Dhl nur den Schrauffen etwas weniges herauß oder hinein als dan so ds gesicht recht gestelt. auf der schraufen ein Zeichen machen. Dieß ist ds Erste So ich vor Iro Hochfl: Dhl: nach Meines geehrten H Schweer Seeligen Todt mache. Hoff aber ds solches woll anschlagen werde. Es sollen Iro Hochfl: Dhl. versichert sein, ds ich mit meiner wenigkeit Meinen fleiß nicht werde sparen, Iro Dhl. auf zu warten, wie es zu Meinem H.Schweer S: Zeiten geschen; Vor diesen kurzen Tubum ist vor mein verdienst 4. ducaten. So ich E:Hochfl:Dhl. dieses mals schuldigst anfügen und Gottlicher Vorsehung woll empfelen wollen. Augspurg. den 10. Aprilis Ao:1664. Hfl Dhl Dienst ergebener Daniel Depiere opticus:

[63v, 64r leer]
[64v] Dem Durchleuchtigsten Hochwolgebornen Fürsten undt Herren, Herren Augusto Hertzogen zu Braunschweig undt Lunenburg. Meinem gnedigsten Fursten und Herren. Braunschweig.

[Depiers Siegel, beschädigt]

54) Depiere an Hevelius. 2.9.1677 [st.n.].
Eigenhändig. OP C 1. t. 12. S. 1790 (118)
Kopie. BNP Man. lat. 10348 t. 12 S. 285-286

[285] Hochgeehrter Herr, hab inliegendes Briefgen auß Italien von Brescia bekommen, im Befehle solches Meinem geehrten Herrn zu überschicken, [286] das vorige so mein Herr schon empfangen, hab ich auch durch [Rand ?] Einschlag übermacht. dieser Italian bericht mich, daß ich werde etliche Bücher von meinem Herrn zu empfangen haben, Sobald alß ichs empfange werde ichs gleich übersenden, ich bin zwar mit diesem Herrn nicht viel bekant, als nur mit Schreiben, doch hab ich ihm unterschiedliche Arbeit von meiner Hand müssen fertigen. Spüre wol daß er ein grosser Liebhaber der Optic seyn muß, wie er denn auch darin arbeitet, aber nur zur Lust, womit freundlich salutiret[.] Gottes gnädigen Schutz empfehlend verbleibe

M.H. dienstgeflissener Daniel de Piere
[Siegel] opticus

55) Depiere an Hevelius. 4.11.1677 [st.n.].
Eigenhändig. OP C 1. t. 12 S. 1823 (155)
Kopie. BNP Man. lat. 10348 t. 12 S. 372-375

[372] Augspurg A dii 4 9bre Ao 1677
Edel, Vester, Wolführnemmer insonders Hochgel Herr.
Dessen geliebtes sampt Einschluß an Herrn Fortunato hab ich gar wol 31 dieses erhalten, werde auch mit nächster Post das Brieflein Hn. Fortunato überschicken. [373] Mein geliebter Herr meldet daß er gern wissen möcht, wer doch dieser Herr in Italien sey[.] Kan ich nicht anderes berichten, alß mir mein Sohn von Venedig geschrieben, daß drey Brüder seyn sollen, zwei sind Kaufleute, dieser aber lebet von seiner Rente und hab wol studiret, thut nicht ander alß daß er sich mit allerhand Künsten verlustiret, er hat mich berichtet daß er schon in die 10 Jahr mit der Optic umbgehet, wie er den an mir begehret hat, daß ich ihm soll ein objectiv Glaß von meiner Hand senden, dargegen wolle er mich auch eines von Seiner Hand schicken, umb solches zum Gedächtniß gegen einander aufzuhalten, er hat sich zwar gerühmbt, daß seine objectiv Gläser vor die besten in Italien sind gehalten worden, So schreibet aber er, wie er das meinige erhalten, daß er sagen muß daß sein Glaß gegen dem meinen nicht zu vergleichen und habe so viel daran gesehen, als er in zehen Jahr nicht gelernet habe, die Wahrheit zu bekennen so ist es wahr daß sein objectiv zimlich schlecht, aber die Italiener sind die ahrt, daß Sie den Ruhm haben wollen und solt es noch so schlecht seyn, biß dato hab ich noch wenig gewin von ihm die wort seind sehr gut aber in der That hab ich noch wenig gespühret, es möcht noch kommen.
Die Bücher [Hevelius Werke] von Frankfurth aus, hab gestern erhalten, die andern werd ich auch dieser Tage bekommen, so bald die fuhren werden ankommen, als dan werd ich mir angelegen seyn lassen, über Bozen ihm [Fortunatus] zuzuschicken, werde auch meines hochgünstigen Herrn Seine Meinung Herrn Fortunato zu verstehen geben, die Ma-

schinam [in den Büchern] will ich gern besehen wodurch die hyperbolischen Gläser können geschliffen werden, getrauet sich einer zu machen, so unterstehe ich mich durch [374] meine Drehekunst, in dem ich den Cristal und das Glas drehen kan gleich als das Bein, ich habe zwar schon Hand angelegt an dergleichen Gläser aber wenig gutes gefunden, möchte wol eines sehen das just [richtig] wäre, nur was darhinter steckt. In Methallischen Spiegeln thut dieser und wie auch die Parabol gar viel, dan ich vor 9 Jahren einen solchen Parabolischen Spiegel aus Metal hab gefertiget, sein diameter war von 2 Schuh 4 Zoll. darmit hab ich bey Nachts auf 400 Schritt einen Schein geworffen, daß ein gantz Compagnie Reuter überleucht und am selben Ohrt einen Brief zu lesen von dem Schein. Dieser Spiegel und auch ein kleiner hat bekommen der vorige Fürst in Salzburg, wenn mein hochgünstiger Herr [Hevelius] ein justes hyperbolisches Glaß hat, wil ich ihm ein objectiv dargegen von 10, 12 oder mehr Schuh fertigen, nur zu sehen was es thun kan. Es ist vor wenig Jahren ein Capuziner, ein gebohrner Graf mir zu gefallen aus Italien gezogen, mit mir Kuntschaft zu machen, welcher auch in dieser Wissenschaft war, welcher gros prahlens von dergleichen Gläser gemacht. da ich begehret nur eines zu sehen, hat er mir unterschiedliche gezeiget, wie ich sie aber examinieret, befand ich daß es übelgemachte Circul Gläser waren, wie er darnach meine Gläser gesehen, hat er mir unterschiedliche abgehandelt. Wan mein Hochgeehrter Herr Objectiv Gläser verlanget, in den Tubis so er von meinem Herrn Schweher S.[elig]. erkaufft, werd ich dieselben so gut machen als mir [sic! mein] Herr Schwer S. nicht gemacht hat, und auch um Preis daß es keine Klag wird sein, Herrn Hecker in Dantzig haben wir unterschiedliche Sachen geschickt [375] wie noch mein Herr Schwer S. im Leben war, ich habe dazumahl viel Arbeit gemacht, daß vor Seine Handt Arbeit ist weggegeben worden, den ich hab über 20 Jahr bey ihm gearbeitet. Es erfreuet mich daß ich mit meinem geliebten H[errn] in Kundschaft geraht, den ich viel von seiner Wissenschaft gehöret, wünsche meinem H[err]n zu dienen wie nicht weniger auch daß ich beständig verbleibe Nebenst Empfehlung göttlicher Gnaden.

D. H[errn] dienstgeflissener Daniel depiere. Opticus

[1677, vor 9 Jahren: 1668. 1668 bis 1687 regierte Max Gandolf Graf Kuenberg. Der "vorige Fürst" war Guidobald Graf Thun; er regierte von 1654 bis 1668.
Die Familie Hecker war mit Hevelius verwandt. Abraham Hecker weilte 1652/53 in London (Hartlib Eph.1653, 28/2/55B); Johann Hecker (+1675) beschäftigte sich mit Astronomie, veröffentlichte unter anderem 'Ephemerides motum coelestium' von 1666 bis 1680 und 'Tractatus de Mercurio in Sole viso.' 1672. (Poggendorf I. S. 1044)]

56) Depiere an Hevelius. 30.11.1677 [st.n.]
Eigenhändig. OP C 1. t. 12 S. 1832
Kopie. BN Man. lat. 10348 t. 12 S. 385

Augspurg Adi 30 9bre Ao 1677
Edler Vester Wolfürnehmer Insonders hochgünstiger Herr.
Hoffe daß mein Schreiben von 4 Wochen so ich an Meinem Hrerrn hab abgehen lassen, woll werde gehendiget seyn. Hierbey wird mein geliebter Herr auch ein Brieflein von Herrn Vinacesi zu empfangen haben; welcher mir bericht daß er Meinem Herrn Spitz zu einem Kragen überschickt. So bald ich solches werde empfangen, übersende ich es gleich. Mein Sohn bericht mich daß er dabey gewesen wie es Herr Vinacesi gekauft, daß er 10 Dobel davor gegeben. Ich hab vor das Paket Bücher so mir von Frankfurth zu kommen [,] müssen ½ Thl zahlen als Drinkgelt, vor das ander Paket von Leipzig aus auch 30 fl., daß ich also guten Gewin von dergleichen commission habe, man muß ein ander dienen.

[Dobel: Doppia - Doublone ?]

Ich hab Meinem geliebten H[errn] in meinem vorigen Schreiben berichtet, daß ich wol ein rechtes hyperbolisches Glaß sehen möcht, waß den vor große Tugend dahinter Stekke, ich habe viel darinnen gearbeitet aber noch wenig Nützen gefunden, Meines H[errn] [Hevelius] Machinam hab ich fleissig abgezeichnet, aber ich fürchte es werde auch im centro das Glas gleichsahm ein wartz abgeben, dan es nicht just geben kan, doch wil ich es practisiren, möchte wol wissen wie es in meinem Vaterlande Stünde, als zu Dantzig, ich höre daß grosse Verenderung dorten abgebe, zwischen den Herrn und der gemein und daß solches mehrers durch H[errn] Doct.Strauch herrühre, Gott gebe daß sie nicht umb ihre freyheit kommen, vor 37 Jahren Stund es noch wol, womit freundl. Salutiret Gottes Schutz empfohlen

des H[errn]dienstgeflissener Daniel dupiere opticus

57) Depiere an Hevelius. 6.1.1678 [st.n.].
Eigenhändig. OP C 1. t. 12 S. 1831
Kopie. BN Man. lat. 10348 t. 12 S. 384-385

Augspurg, adij 6 Januarij 1678
Edel, Vester, Wolfürnehmer, Insonders Hochgelehrter Herr.
Hoffe daß mein Schreiben nebenst Herrn Venacesi wol wird erhalten seyn. Hiebey wird mein hochg[...]stiger Herr ein Paketlein von gemeldten Herrn Venacesi zu empfahen haben, hab solches wie ich Befohlen gehabt, über Leipzig gesand, will hoffen, daß solches wird recht zu Handen kommen, als ein Spitz zum [385] Kragen und ein objectiv Glaß, wie Herr Venacesi in meinem Schreiben meldet, benebenst wünsch ich dem Herrn von Gott ein glückliches fried und freudenreiches wohlgesegnetes an Leib und Seel gesundes Jahr, und deren viel was mein Herr selbst wünschen mag mit freundl.Salutation

d[es] H[errn] dienstgeflissener Daniel de piere opticus

57a) A.Ihle schickt Päckchen von Depiere an Hevelius. 16.1.1678.
OP C 1. t. 13 S. 1856 [p.21]
Kopie. BNP Man. lat. 10349 t. 13 S. 44

58) Hevelius an Depiere. 14.4.1678 [st.v.]
Kopie. OP C 1. t. 12 S. 1833
Kopie. BNP Man. lat. 10348 t. 12 S. 386-387

[386] Ehrenvester Vorachtbahrer
Des H[errn] beide Schreiben nebenst H[errn] Vinacesi und die Schachtel ist mir wohl eingehändiget worden. Bedancke mich fürs erste wegen meines H[errn] dienstwilligkeit, vernehme auch daß er einige Unkösten meinentwegen aufgewandt, welche ich hertzlich gern all miteinander, auch so etwa noch möchte für mich etwas ausgegeben werden, wieder gerne willig mit grossem Danck erstatten. Bitte nur recht anzuzeigen wie viel es recht sey und wann ichs soll zustellen: wo nicht andere besser Gelegenheit möchte obhanden seyn, wil ichs H[errn] Pinna von Nürnberg der öffter anhero mit der Post kommet zustellen. An dem H[errn] Vinacesi bitt ich dis brieflein zu bestellen (daß Postgeld will ich auch gern wieder zahlen) in welchem ich mich bedanke für die Spitzen zum Frawen Kragen, imgleichen für das objectiv Glaß von 60 Spithamarum; wie gros aber bey ihm ein spithamen sey und also wie lang 60 sein, nach einem röhmischen oder andern bekandten Schuch möchte ich wol gerne von dem H[errn] verständiget seyn, daß

man nicht lang den Tubum und dessen Auszug suchen dürffte. Die hyperbolischen Gläser, deren ich noch nur 2 zu meinem Gebrauch habe, sind im centro gar gut, wie es ein jeder erkennen wird, thun viel mehr als andere sphaerische.

In unser guten stadt [Danzig] hat es bishero grossen Unwillen gegeben biß zu Ihrer Maj. abreise, da den ein decret gesprochen wie es in künfftige in allen streitigen Dingen soll gehalten werden. Die Wercke aber ein theil (wiewol lange nicht alle) sind dennoch nicht damit gantz zufrieden; wollen unter anderen den H[errn] [387] Doct.Strauchen wieder anhero von Custrin gefordert haben. Welches auch die drey ordnungen schon bewilliget, ob ihn aber Ihr Churfl.Durchl. zu Brandenburg wird erlassen, muß die Zeit lehren. Gott gebe daß auch damit alles möge zum guten und sicheren frieden Stande gelangen. Womit in dem Schutz des Allerhöchsten empfohlen. In Dantzig Ao 1678 den 14 April.

Des H[errn] dienstgeflissener
Johan Hewelcke
Rathsverwandter der alten Stadt

[Aegidius Strauch (1632-1682) Professor in Wittenberg, seit 1669 Geistlicher in Danzig]

59) Depiere an Hevelius 21/31.12.1678.
Eigenhändig. OP C 1. t. 13 S. 1914 (80). Kopie in BNP fehlt.

[1914] 21/31 Xber 1678

Ich hab m.H. vor 1/4 Jahr ein brieflein übersant, wegen des bewußten freinds aus Italien, hab aber biß dato nichts erhalten als geschieht dies mit wenigen willen, dieser Italiener mir wiederumb zu geschrieben wegen einer Sachen hab ich Sein eigen brieflein dem Herrn wollen hierbei übersenden, damit mein Hr. selbst an Seinem eignen Schreiben ersehen kann, was Sein begeren. So bald mein geehrter Herr ihm wird an mir waß schickhen, soll fleißig übermacht werden. Sonst ist dieser Herr gar Müheselig.

Mecht wohl wissen wie es anietzo inn Preisen [Preußen] Stehet, wegen derer Schwedischen Armee, dann Alhier groß sagent, daß die Schweden große Progres machen in Preisen. Nun weiß ich wol das inn Preisen nicht gar solche furchtsame Leuthe sein. womit frdl. salutiert, nebens wünschung von Gott Ein glückseliges Fried und Freudenreiches wohl gesegnetes Neues Jahr und deren viel, was Mein Herr mehr verlangt.

Dienstgeflißener Daniel depiere opticus.

60) Hevel an Depiere. 18.3.1679 [st.v.]
OP C 1. t. 13 S. 1915. Kopie in BNP fehlt

[nicht wörtlich:] ... Hevel schickt die Machinae Coelestis durch Herrn Pina. ... Falls von Italien etwas kommt soll es an Ihle in Leipzig geschickt werden

A.4 Zeittafeln

Zeittafel zur Entwicklung der Linsen-Fernrohre (Refraktoren)

Augsburg (A.)	Europa
	1608 Niederlande:
	Fernrohr (FR) wird bekannt
1609 Erste Fernrohre in Augsburg	1609/10 Harriot; Galilei
1611 Kepler: 'Dioptrice': astronomisches FR	
1612 Welser druckt Sonnenflecken-	1612 Neri: 'Arte vitraria'
Briefe von Scheiner	
1613 Sternwarte am Anna-Gymnasium	
Sternwarte von Ph.Ed.Fugger	Um 1615 Scheiner: astronom. FR
1617 Pommerscher Kunstschrank	1618 Sirturus: 'Telescopium'
	1619 Francini Florenz
	1619-1637 Moriaen in Köln
	1620 Chorez Paris
1620 Wiesel kommt nach Augsburg	Fontana Neapel
1621 Januar Heirat, Werkstattgründung	1623-26 Rheita in Ingolsadt
1625 erste Preislisten	1625 Chorez Flugblatt
1630 Preisliste an Hzg. August d.J.	
1632 Gustav II. Adolf in Augsburg	
1632 Fernrohre für Hzg. Ernst v. Weimar	
und Hzg. August d.J.	
1634/35 Belagerung u. Hungersnot	1636 Rheita in Linz
1637 Herzog v. Bracciano in Augsburg	1637 Mattmüller in Wien
Graf Pentz in A.	1637-40 Rheita in Wien
1638 Depiere in A.	1639 Reeve arbeitet mit Pell
	für C.Cavendish
1640 Depiere heiratet Anna Wiesel	um 1640 Torricelli schleift
	Linsen; Hevelius ebenso
1643 Rheita: 'Novem stellae'	1642 Galilei +
1643/44 Rheita in Augsburg	
Erdfernrohr wird entwickelt	1644 Rheita in Antwerpen
1644 Mattmüller in Augsburg	1645 Rheita: 'Oculus Enoch' Secreta:
	Polieren auf Papier, Erdfernrohr
1646 Belagerung von Augsburg	1645-52 Rheita in Trier
	1646 Divini beginnt in Rom
Wiesel: Fernrohr-Preisliste	
1647 Preisliste in England, NL	1647 Torricelli +
Danzig, Paris	

1648 Westfälischer Friede

1648 Wiesel FR in Amsterdam?	1648 Mersenne +
1649 Dez. 1. Wiesel-FR in England	1649 Divini: Flugblatt
Sir Neile bei Hartlib	1649/50 Wrangel in Nürnberg
Fernrohr nach Bologna	
1650 Verkauf von terr. Fernrohren	1650 Rheita: FRe für Kfst. v. Mainz
1650 Zweites FR in England	1651 Riccioli: 'Almagestum novum'
1651 Harsdörffer: 'Erquickstunden'	

1652 Academia naturae curiosorum

1652 FR nach Kopenhagen	1652 Rheita in Brüssel
FR nach Amsterdam	Edelheer in Antwerpen hat Wiesel-Fernrohr
1653 Mai Kaiser Ferdinand III. in A.	1653 Huygens untersucht es
Sept. Wiesel in Regensburg	1653 Reeve baut lange Fernrohre
Binoculum für Kfst. v. Mainz	mit zusammengesetztem Okular
1654 FR und Mikr. nach Holland	
Huygens prüft Wiesel-Geräte	1655/56 Huygens schleift Linsen
1655 Zeiller: 'Handbuch'	1655 Huygens entdeckt Saturnmond
um 1656 Fernrohr an Hevelius	Rheita in Italien
1658 FR nach Smyrna	1659 oder 1660 Rheita +
	1659 Huygens: 'Systema Saturnium'
1660 Wiesel Porträt mit FR	

1660/1662 Royal Scientific Society

1662 März: Wiesel +	1662 Rom: Campani beginnt
Depiere führt Werkstatt weiter	Huygens-Okular
1664 Monconys bei Depiere	1663 Gregory Spiegelteleskop

1665 Paris: Societé Royale

	1666 Reeve +
	Christopher Cock arbeitet

1667 Paris: Observatorium begonnen

	1668 Newton Spiegel
	1669 Cassini in Paris
	1670-77 Griendel v. Ach in Nürnberg
	1671/72 Cassini entdeckt mit Campani-Linsen Saturnmonde
	1673 Hevelius: 'Machinae Coelestis'
1674 Depiere Verzeichnis	
	1677 Nürnberg: Eimmart Sternwarte
	1679 Hevelius: Brand der Sternwarte
1682 Depiere +	1683 Yarwell, London: 'tradecard'
1684 Cuno in Augsburg	1685 Divini +
	1687 Hevelius +
	1695 Huygens +

1700 Berlin: Akademie der Wissenschaft

	1712 Yarwell +
	1715 Campani +
	1723 Marshall +
1734 Brander in Augsburg	1729-33 Chester Moor Hall: achromatisches Objektiv
1745 Cuno +	
	1758 Dollond: Achromaten
1759 München: Akademie der Wissenschaft	
1783 Brander + Nachfolger Höschel	1806/7 Fraunhofer bei Utzschneider
	1807 Benediktbeuren
1820 Höschel +	1826 Fraunhofer +

Zeittafel zur Entwicklung des Mikroskops in Augsburg

Augsburg:	Europa:
	Niederlande: Erfindung um 1600 ?
	1610 Galilei verwendet holländ. Fernrohr als Mikroskop
1621 Wiesel gründet Werkstatt	1620 Drebbel in London: 2 konvexe Linsen
	1622 Kuffler bringt Drebbel-Mikr. nach Paris u.Rom
	1624 Galilei sieht es dort sendet Mikroskop für Cesi
1625 Flohbüchsen: Beobachtung von Flöhen, Käsemilben Schraubgewinde zur Fokussierung Preislisten	1625 'Apiarium' Name: Microscopium
	1630 'Persio tradotto' Francesco Fontana in Neapel baut FR und Mikroskop
	1637 Descartes: 'Dioptrique' Skizzen, Spiegel
1643/44 Rheita in Augsburg Erste Erdfernrohre	1644 Odierna Palermo: 'occhio della mosca'
	1646 Beginn von Divini, Rom Schiebetuben
Mikroskope mit 2 Linsen	1646 Fontana: 'Observationes' Kircher beobachtet Essigälchen
1650 Febr. erste Erwähnung der Feldlinse im zusammengesetzten Mikroskop. Verkauf an Kfst. von Bayern.	

1651 März: 2 Wiesel-Mikroskope in England angekommen

1652 Febr. Verkauf an Hevelius 'Underweisung': Dreibein Schraubgewinde aus Karton

1652/53 Nachbau der Wiesel-Mikroskope durch Richard Reeve in London

1654 Verkauf an die Familie Huygens: Objekt-Schieber

1658/59 Berichte über Wiesel-Mikroskope von Zeiller und Weickmann in Ulm: Objekt-Drehscheibe (Revolver) Mikroskopische Zeichnungen

1660 Leiden: Samuel Musschenbroek Malpighi: Kapillaren u.a.

1661 " : 'De pulmonibus'

1662 Wiesel + Nachfolger Depiere

1662 Beginn von Campani in Rom

1664 April: Mikroskop an M. de Monconys verkauft

1664 Monconys in Rom bei Divini

1665 Beschreibung gedruckt

1665 Hooke: 'Micrographia' seitliches Stativ

1665 Mikroskop nach Dresden Holzschraube

1665 Journal des Sçavans

1665 Philosophical Transactions

1668 Divini: Okular mit 2 sich berührenden Linsen (Dublett)

1670-77 Griendel v.Ach in Nürnberg Swammerdam: einfache Mikr. Samuel Musschenbroek: Stativ Leeuwenhoek

1670 Miscellanea (Ephemeriden): Sachs von Löwenheim über Mikroskopie und Mikroskope

1671 Divini: Mikroskop Dreibein, Karton-Schraube

1673 Hevelius verbessert Fokussierung am seitlichen Stativ durch Schrauben

1674 Depiere: 'Verzeichnis' enthält zusammengesetzte und einfache Mikroskope

1677 Cherubin d'Orleans: Dreibein, binokulares Mikroskop

1678 Huygens-Entwürfe für einfaches Mikroskop Nachbau von Butterfield in Paris

1679 Butterfield: Flugschrift Huygens: Planspiegel, nicht veröffentlicht

1681 Samuel Musschenbroek + Nachfolger Johan Joosten M.

1682 Depiere +

1682 Acta eruditorum

1683 Yarwell: 'tradecard'

Cuno in Nürnberg bei Volckamer
1684 Cuno kommt nach Augsburg
1685 'An die Herren Liebhabere'
3 einfache Mikroskope
Objektrevolver
Blendenrevolver
Zirkelmikroskop
1686 Cuno heiratet Witwe Depiere.
Weitere Auflagen seiner
Broschüre

1692 Cuno: Kästchen mit einfachem
Mikroskop u. 4 Flohgläsern
für E.W. v. Tschirnhaus
4 Wechsel-Okulare

Um 1700 Porträt von Cuno
mit 2 Mikroskopen

Cunos Naturalien- und
Kuriositätenkabinett

1734 Cuno: 'Observationes'
1734 Brander kommt nach Augsburg
einfache Mikr. nach Cuno
zusammengesetzte
v.a. nach engl. Vorbild
1745 Cuno +

1761 Brander: Glasmikrometer
Sonnenmikroskop
Zeichenapparat

1783 Brander +
Nachfolger Höschel

1820 Höschel +

Depouilly in Paris baut
einfache Mikr. nach Huygens
1685 Divini +
Campani: kleines Screw-barrel-
Mikroskop
Tortoni: Durchlichtbeobachtung
Marshall London
1686 Campani: Mikroskop zum
'Betrachten von Wunden'
1687 Griendel von Ach +
Griendel: 'Micrographia nova'
Dublett, Dreibein,
Schraube, Zeichnungen
1694 Hartsoeker: Gewinde am
einfachen Mikroskop

Muth Frankfurt/Kassel

1702 Zahn: 'Oculus artificialis' 2.Aufl.
1707 Johan Musschenbroek +
Nachfolger Jan Musschenbroek
1709 Teuber Zeitz: einfaches Mikr.
1712 Hertel: Planspiegel am zusam-
mengesetzten Mikr., Mikrometer
1715 Campani +
1720 Wilson: Screw barrel
nach Hartsoeker
1723 Leeuwenhoek +
um 1725 Culpeper: Dreibein
konkaver Spiegel

um 1740 Lieberkühn-Spiegel
1743 Cuff London: Messing

1746 G.Adams d.Ä.: Objektivrevolver
1746-1761 Rösel v. Rosenhof:
'Insectenbelustigungen'
1747 Meyen: 'Kurzer Unterricht'

1759-1763 Ledermüller:
'Mikroskopische
Gemüths- u. Augen-Ergötzung'

Gegen Ende des 18. Jahrhunderts:
achromatische Mikroskopobjektive

Abbildungsverzeichnis

Abb.1 Sternwarte des Anna-Gymnasiums 1623. Ausschnitt 19
Abb.2 Johann Wiesels Porträt 1660 39
Abb.3 Wiesels Wappen 98
Abb.4 Daniel Depiere: Verzeichnis 1674. Titelblatt 161
Abb.5 Cosmus Conrad Cuno: Observationes. Figur 7 aus Tafel XII 185
Abb.6 Cunos Mikroskope 1685 217
Abb.7 Christiaan Huygens: Notiz über ein Perspektivröhrlein von Wiesel 257
Abb.8 Rolf Willach: Strahlengang im Fernrohr, das 1654 nach Holland kam 301
Abb.9 Willach: Strahlengang im Skokloster-Fernrohr Nr.10643 302
Abb.10 Huygens: Notiz über ein Wiesel-Mikroskop 1654 321
Abb.11 Bauplan des Mikroskops von Abb.10 322
Abb.12 Fernrohr aus dem Pommerschen Kunstschrank 1617. Berlin 391
Abb.13 Rückseite eines Gemäldes aus diesem Kunstschrank 391
Abb.14 Wiesel: Schiffslaterne um 1640. Rosenborg Kopenhagen 392
Abb.15 Wiesel: Fernrohre Skokloster um 1650, ausgezogen 393
Abb.16 Wiesel: Fernrohre Skokloster. Detail 393
Abb.17 Wiesel: Relikt Germanisches Museum Nürnberg. Monogramm 394
Abb.18 Cuno: Kasten mit einfachem Mikroskop und 4 Flohbüchslein 1692 395
Abb.19 Cuno: Signatur im Deckel des Mikroskopkastens 395
Abb.20 Sogenanntes Wieselhaus 396
Abb.21 Rückseite des Wieselhauses 396
Abb.22 Josef Weidenbacher: Heilig-Kreuz-Straße in Augsburg 397
Abb.23 Bestimmungsorte der Augsburger Instrumente 398
Abb.24 Rolf Willach: Zeichnung: Fernrohr mit 4 Gläsern 1625 399
Abb.25 Wiesel: Instrumentenverzeichnis 1630 400
Abb.26 - 28 Brillen und Flohglas aus dem 'Gustav-Adolf-Schrank'. Uppsala 401
Abb.29 Wiesel: Schiffslaterne um 1640. Geöffnete Rückseite 402
Abb.30 Wiesel: Fernrohre. Skokloster 403
Abb.31 Wiesel: Einstellung für verschiedene Sehstärken. Skokloster 403
Abb.32 Willach: Schnitt durch Skokloster Fernrohr Nr.10643 404
Abb.33 Wiesel: Fernrohr Skokloster. Prägung 405
Abb.34 Bucheinband SuStBA. Prägung 405
Abb.35 Willach: Farbfehler verschiedener Okulare des 17. Jahrhunderts 406
Abb.36 u. 37 Wiesel: Relikt. Germanisches Museum Nürnberg 407
Abb.38 Wiesel: Rechnungsbeleg Gotha 1651 408
Abb.39 Wiesel: Unterricht den Mikroskopen beizulegen 1652 409
Abb.40 Brief von Wiesel an Herzog August d.J. Ende 1653 410
Abb.41 Eintrag im Kunstkammerinventar Stuttgart 411

Abb.42 Schott: 'Catoptricum spectaculum novum Augustanum'. 1664 412
Abb.43 Depiere: Mikroskop, 1665 nach Dresden geliefert 413
Abb.44 Divini: Mikroskop mit Kartonschraube 1671. Padua 414
Abb.45 Cunos Porträt um 1700 415
Abb.46 Mikroskop Cuno zugeschrieben. London Science Museum 416
Abb.47 Rückseite des Mikroskops von Abb.47 416
Abb.48 G.F.Brander: Mikroskopkasten Deutsches Museum München 417
Abb.49 Cuno: Observationes 1734: Tafel XV. 418
Abb.50 Brander: Mikroskopkasten. Christie's South Kensington. 419
Abb.51 Brander: Porträt 420
Abb.52 Grab Thenn, in dem Brander begraben liegt. Prot.Friedhof Augsburg 420
Abb.53 Saturnzeichnung von Wiesel 1649 467

Abkürzungsverzeichnis

Abb.	Abbildung
Abhandlungen	Abhandlungen zur Geschichte der Stadt Augsburg
ADB	Allgemeine Deutsche Biographie
Barockgalerie	Städtische Kunstsammlungen Augsburg, Kataloge Bd.2, Deutsche Barock-Galerie, Katalog der Gemälde. Augsburg 1984
BL	British Library London
BNP f.fr.	Bibliothèque Nationale Paris, fonds français
BNP Man.lat.	Bibliothèque Nationale Paris, Manuscrit latin
Diss.	Dissertation
DNB	Dictionary of National Biography
DOW	Deutsche Optische Wochenschrift
DOZ	Deutsche Optiker Zeitung
DScB	Dictionary of Scientific Biography
dt.	deutsch
ebd.	ebenda
Ev.KRAA	Evangelisches Kirchenregisteramt Augsburg
EWA	Evangelisches Wesensarchiv im StadtA Augsburg
FA	Fürstliches und Gräfliches Fugger'sches Familien- und Stiftungsarchiv Dillingen
fl.	Gulden
fstl.	fürstlich
FN.	Fußnote

fol.	folio
HAB	Herzog August Bibliothek Wolfenbüttel
Hg., hg.	Herausgeber, herausgegeben
HP	Hartlib Papers, University Library Sheffield
Hzg.	Herzog
JHA	Journal for the History of Astronomy. Cambridge
Kap.	Kapitel
Kat.	Katalog
Kfst.	Kurfürst
kr.	Kreuzer
lat.	lateinisch
Lebensbilder	Lebensbilder aus dem Bayerischen Schwaben.
masch.	maschinenschriftlich
Ms.	Manuskript
ND	Neudruck
NDB	Neue Deutsche Biographie
N.F.	Neue Folge
NSAW	Niedersächsisches Staatsarchiv Wolfenbüttel
NSLB	Niedersächsische Landesbibliothek Hannover
o.D.	ohne Datum
o.S.	ohne Seiten-Numerierung
OC Huygens	Oeuvres Complètes de Christiaan Huygens
OP	Bibliothèque de l'Observatoire de Paris
Rtl.	Reichstaler
SIS	Scientific Instrument Society
Sp.	Spalte
st.n.	stilo novo (Datum nach dem neuen Kalender)
st.v.	stilo vetero (Datum nach dem alten Kalender)
StaatsA	Staatsarchiv
StaatsAA	Staatsarchiv Augsburg
StaatsA München	Bayerisches Hauptstaatsarchiv München
StaatsB	Staatsbibliothek
StAA	Stadtarchiv Augsburg
Stadtlexikon	Augsburger Stadtlexikon. 1985; 2.Auflage 1998
SuStBA	Staats- und Stadtbibliothek Augsburg
SuW	Sterne und Weltraum
t.	tomus, tome
Thür.StaatsA	Thüringisches Staatsarchiv
Übs., übs.	Übersetzung, übersetzt
Umbruch	Welt im Umbruch. Katalog Augsburg 1980
vol.	volumen, volume
ZHVS	Zeitschrift des Historischen Vereins für Schwaben

Quellen- und Literaturnachweis

Ungedruckte Quellen

Augsburg: Stadtarchiv (StAA)
- Reichsstadt:
  - Ämterbesetzung 1548-1806 (Rep.39)
  - Bauamt: Bauamtsbücher, Wochenbücher, Protokolle, Rechnungsbelege
  - Bürgeraufnahmen (Bürgerbuch)
  - Erfindungen, Handwerkerakten, Lilienthal-Kartei der Handwerker
  - Hochzeitsbücher, Gottesackerakten, Nachlässe, Pflegschaftsbücher
  - Ratsakten
  - Schätze: Musterbücher 1615, 1619, 1645
  - Steuerbücher
  - Schuldbücher, Strafbücher, Urgichten
- Collegium medicum
- Ev. Wesensarchiv (EWA)
  - EWA Ev. Heilig Kreuz 883 und 884
  - EWA 1042: Brief Henischs
  - EWA Akt 1585 tom.3: Hochzeitsordnungen
- Grundbuchauszüge: Repertorien 336-353, Namensregister: Rep. 361-364
- Nachlaß von Maximilian Bobinger
- Sammlung Von Paris: Augs. N 221 K 21 Stammbuch von Cuno

Augsburg: Staatsarchiv (StaatsAA)
- Grundbücher: Reichsstadt Augsburg Literalien

Augsburg: Bischöfliches Archiv
- Taufbücher

Augsburg: Ev.Dekanatsarchiv
- Scholarchatsakten

Augsburg: Archiv der Industrie- und Handelskammer
- Nr. 53 Protokollbuch der Kaufleutestube 1541-1710

Augsburg: Ev. Kirchenregisteramt (Ev.KRAA)
- Hochzeitsbücher, Taufbücher, Sterbebücher

Augsburg: Staats- und Stadtbibliothek (SuStBA)
- 4° Cod. Aug. 214 Briefe von Lucas Schroeck d.Ä. und d.J.
- 4° Cod. Aug. 238 Tagebuch des Bartholomäus Bayer (Bavarus) 1648-51
- 4° Cod. Aug. 264 Matrikelbuch des Collegium Medicum Augustanum
- 2° Cod. Aug. 148 Relatio die Wahl König Ferdinand IV. 1653 betreffend
- 2° Cod. Aug. 376 Verzeichnis der Vorraths an Instrumenten ... bei St. Anna.
- 2° Cod. Aug. 441 Beschreibung aller Handwerks-Ordnungen. 16.Jh.
- 2° Cod. Aug. 443 Decrete, die Handwerke betreffend. 1600-1792
- 2° Cod. S 93 Nachrichten vom Geschlechte der Hainzel

2° Cod. S 145 Extract aus des Stadtpflegers Bernhard Rehlinger Amtsprotokoll 1624-1644
2° Cod. S 231 Notizen Paul von Stettens, die Kunst betreffend, um 1780
4° Gen. 66 Ludwig von Hartlieb: Eine Vorstudie zur Hartlieb'schen Familiengeschichte, 1893
Nachlaß Beuther, Bucheinbände, Chroniken, Steueramtsakten
Graphik: Porträtstiche u.a.

Berlin: Staatsbibliothek Berlin. Haus 2 Potsdamer Platz
Ms lat. 2° 640 Jesuiten-Briefe
Berlin: Archiv der Akademie der Wissenschaften
Protokolle der Sitzungen der Mathematischen Classe I - XIV 26
Akten des Observatoriums 1713-1720

Dillingen: Fuggerarchiv (FA)
Rechnungsbuch Ott Heinrich Fugger

Dresden: Mathematisch-Physikalischer Salon
Bibl. III c 18 (O 48) J.T. .Michaelis Catalogus Instrumentorum Opticorum Catoptricorum et Dioptricorum Musaei Regii Mathematici 1730

Florenz: Biblioteca Nazionale
Cod. Galileiana vol. 254 Briefe an Viviani

Gotha: Thüringisches Staatsarchiv (Thür.StaatsA)
Kammerrechnungen; Kunstkammer-Inventare; Reiseberichte

Hamburg: Staats- und Universitätsbibliothek
Jungius Handschriften

Hannover: Niedersächsische Landesbibliothek (NSLB)
Ms IV 314 Sylva Scientarum et artium laudabilium. Thesaurus in aestimabilis
Ms 618 [a] Reisebericht des M. Fogelius 1662/3

Innsbruck: Tiroler Landesarchiv
Ambraser Akten; Oberösterreichische Kammer Raitbücher. Bd. 191 (1659)

Kassel: Gesamthochschulbibliothek. Murrhardtsche Bibliothek
Widemann Briefe

Leiden: Universitätsbibliothek
Huygens Handschriften

London: British Library Manuscript Department
Ms Additional (Add.) 4278-4280 Briefe von und an J.Pell
Ms Sloane 651 Preisliste von Wiesel u.a.; Ms Sloane 427.7 Nachrichten für Hartlib

München: Bayerisches Hauptstaatsarchiv (StaatsA)
Hofkammerrechnungen Kfst. Maximilian I. von Bayern
Bestand Kloster Altomünster
Geheimes Wittelsbacher Hausarchiv Hausakten Nr. 1719 Nachlaßverzeichnis von Albert Sigismund von Bayern (1623-1685), Bischof von Freising
München: Bayerische Staatsbibliothek
Cod. Germ. 7228 (1587) Augsburger Prediger-Aquarelle

Nürnberg: Stadtarchiv
Brillenmacherakten

Oranienbaum: Landesarchiv Sachsen-Anhalt
Abteilung Köthen A 17a Nr. 100 Briefe zwischen C. Widemann und Fürst August zu Anhalt-Plötzkau

Paris: Bibliothèque Nationale (BNP)
Man. lat. 10347 (tome 1-4); 10348 (t. 9-12); 10349 (t. 13-16) Kopien der Hevelius-Briefe. Es fehlen die Bände 5-8. (Numerierung: folio, ab Bd. 3: Seiten)
f. fr. 9531 Lettres de Peiresc
f. fr. 13020 Lettres de Desnoyers à Boulliau, 1657-1659
Paris: Observatoire de Paris (OP)
C 1. t. 1 - t. 16 Correspondance Hevelius. Originale. (Band 1: neue Numerierung folio, alte Numerierung briefweise; ab Band 2 nur alte Numerierung briefweise.)

St. Petersburg: Staatsbibliothek Handschriftenabteilung
Φ N 998 Nachlaß von Georg Christoph Eimmart. 57 Bände

Potsdam: Brandenburgisches Landeshauptarchiv
Kurmärkische Kriegs- und Domänenkammer. Rechnungsregistratur R 61. Ausgaben 1653/54

Regensburg: Stadtarchiv
Brillenmacherakten

Saarbrücken: Saarland Landesarchiv
Bestand „von der Leyen“: Burrweiler-Akten

Sheffield: Universitätsbibliothek
Hartlib Papers (HP)

Speyer: Landesarchiv
Grundbücher
Speyer: Zentralarchiv der Ev. Kirche der Pfalz
Hochzeitsbücher der Pfarrei Böchingen

Stockholm: Reichsarchiv
E 199 Briefwechsel Wrangel

Stuttgart: Hauptstaatsarchiv
Hofsachen. Kunstkammer-Inventare A 20a

Ulm: Stadtarchiv
Nachlaß und Akten der Familie Schad von Mittelbiberbach

Wien: Staatsarchiv
Reichs-Hof-Rats-Akten Karton 97

Wolfenbüttel: Herzog August Bibliothek (HAB)
Cod. Guelf. 17.22 bis 17.29 Aug. 4° Copialbücher von Philipp Hainhofer 1604-1645
Cod. Guelf. 93, 94, 95 Novi Briefe von Hzg. August d.J. von Braunschweig-Lüneburg an Hainhofer
Cod. Guelf. 96, 97 Novi Hainhofer an Hzg. August
Cod. Guelf. 98, 99, 100 Novi Briefe von Hirt 1647-1661
Cod. Guelf. 14 Novissimi 8° Hzg. August an Hirt 1647-1653
Cod. Guelf. 14.1 Novissimi 8° ebenso 1654-1661
Cod. Guelf. 83, 84, 85 Novi Briefe von Anckel an Hzg. August 1656-1666
Die Antwortbriefe des Herzogs an Anckel sind verloren.
Wolfenbüttel: Niedersächsisches Staatsarchiv (NSAW)
1 Alt 22 Nr. 170 Beilagen zu Briefen aus Augsburg, darunter Briefe von Wiesel
1 Alt 22 Nr. 171-177 Briefe Hainhofers an Hzg. August 1613 bis 1647
1 Alt 22 Nr. 143a und 143b Briefe von Prinz Rudolf August und Fritz von Kram an Hzg. August

Würzburg: Staatsarchiv
Schönbornsches Archiv. Korrespondenz Kurfürst Johann Philipp

Zeitgenössische Drucke bis 1750

Auswahl in chronologischer Reihenfolge, um die Entwicklung des optischen Handwerks und der optischen und der mit ihr verbundenen Wissenschaften zu zeigen. Die Liste enthält auch Titel zur Augsburger Geschichte.

Albrecht Dürer: Underweysung der Messung mit dem zirckel vnd richtscheyt, in Linien ebnen unnd gantzen corporen. Nürnberg 1525.

Agricola, Georg: De re metallica Libri XII. Basel 1556. dtv reprint: Vom Berg- und Hüttenwesen. Vollständige Ausgabe nach dem lateinischen Original. München 1994.

Pena, Jean: Euclidis optica ... Paris 1557.

Porta, Giambattista della: Magia Naturalis. Neapel 1558; spätere Auflagen Neapel 1589, 1593.
--: Magia Naturalis deutsch: 1612, 1613, 1680;
--: Magia naturalis oder Hauß, Kunst und WunderBuch. (20 Bücher) Nürnberg 1713.
Risner, Friedrich Hg.: Opticae Thesaurus, Alhazeni Arabis libri septem nunc primum editi. Eiusdem liber de Crepusculis et Nubium ascensionibus. Item Vitellionis Thuringopoloni libri X. Basel 1572.
Simler, Josias: De Alpibus Commentarius. Zürich 1574. Dt. Übs. von Alfred Steinitzer: Die Alpen. München 1931.
Mathesius, Johann: Die Predig vom Glass und Glassmachen. Nürnberg 1578. ND München 1928.
Bartisch, Georg: Augen-Dienst. Oder Kurtz und deutlich verfasster Bericht von allen und jeden in- und äusserlichen Mängeln/ Schäden/ Gebrechen und Zufällen der Augen. Dresden 1583.
Garzoni, Tomaso: La piazza universale di tutte le professioni del mondo. Venedig 1584; dt. Übs.: Allgemeiner Schauwplatz oder Marckt vnd Zusammenkunfft aller Professionen, Künsten, Geschäfften, Händlen vnd Handwercken, so in der gantzen Welt geübt werden. Frankfurt am Main 1619.
Brahe, Tycho: De mundi aetherei recentioribus phaenomenis. Uraniborg 1588; wiedergegeben in Dreyer: Opera omnia. Bd.4.
Hoefnagel, Jacobus F. Hg.: Archetypa studiaque patris Georgii Hoefnagelii. Frankfurt am Main 1592.

1600
Brahe, T.: Astronomiae instauratae Progymnasmata. Prag 1602.
Bayer, Johann: Uranometria. Augusta Vindelicorum 1603.
Kepler, Johannes: Ad Vitellionem paralipomena, quibus astronomiae pars optica traditur. Frankfurt 1604.
Henisch, Georg: Commentarius in sphaeram Procli Diadochi. Augsburg 1609.
Galilei, Galileo: Sidereus Nuncius. Venedig 1610.
Kepler, Johannes: Dissertatio cum nuncio sidereo. Prag 1610. Florenz 1610. Frankfurt 1611.
--: Dioptrice. Augsburg 1611.
Fabricius, Johannes: De Maculis in Sole observatis ... Narratio. Witebergae 1611.
Rhodius, Ambrosius: Optica. Wittenberg 1611.
Dominis, Marcus Antonius de: De radiis visus et lucis. Venetiis 1611.
Neri, Antonio: L'Arte vetraria distinta in sette libri. Florenz 1612. Erste Übersetzungen ins Englische: Christopher Merret London 1662; in Latein: Frisius Amsterdam 1668; ins Deutsche: Geissler 1678 und Kunckel 1679.
Apelles (Scheiner): Tres epistolae de maculis solaribus scriptae ad Marcum Velserum. Augusta Vindelicorum 1612;
--: De maculis solaribus et stellis circa Jovem errantibus accuratior disquisitio. Augusta Vindelicorum 1612.
Christmann, Jacob: Nodus Gordius ex doctrina sinuum explicatus. Heidelberg 1612.
Galilei, G.: Istoria e dimostrazioni intorno alle macchie solari... Rom 1613.

Aguilonius, Franciscus: Opticorum libri sex Philosophis iuxta ac Mathematicis vtiles. Antverpiae 1613. (siehe Ziggelaar 1983)
Ghevara, Franciscus de: Speculum ustorium verae ac primigeniae suae Formae restitutum. Romae 1613.
Ratichius, Wolfgang: Kurtzer Bericht von der Didactica Ratichii. Frankfurt 1613.
Marius, Simon: Mundus Iovialis. Noribergensis 1614; Die Welt des Jupiter. (Hg. und bearbeitet von Schlör 1988.)
Bacon, Roger: Perspectiva, Frankfurt 1614.
Sirturus, Hieronymus: Compendium Politicum ex Universa Civili Doctrina Justi Lipsi. Frankfurt am Main 1614.
Henisch, G.: Teutsche Sprach und Weißheit. Augsburg 1616.
Sirturus, H.: Telescopium Sive Ars perficiendi Novum Illud Galilaei Visorum Instrumentum ad Sydera. Frankfurt 1618.
Scheiner, Christoph: Oculus, hoc est fundamentum opticum. Oeniponti 1619.
Kepler, J.: De cometis libelli tres. Augsburg 1619.
Minderer, Raimund: De pestilentia liber unus. Aug.Vind.1619.

1620
Ramelli, Agostino: Schatzkammer mechanischer Künste. Leipzig 1620.
Bacon, Francis: Novum Organum. London 1620.
Henisius, Johannes: Kurtzer Bericht von der Pestilentz. Augsburg 1621.
Daza de Valdes: Uso de los Antojos. Sevilla 1623.
Prasch, Daniel: Epitaphia Augustana Bd.1-3. Augsburg 1624-1626.
Chorez, Daniel: Les admirables lunettes d'approche [...], dedié au Roy, l'an 1625. Paris 1625.
Cesi, Federico u. Stelluti, Francesco: Apiarium. Mit Melissographia. Hg: Accademia dei Lincei. Rom 1625.
Scheiner, Christoph: Rosa Ursina sive Sol. Bracciani 1626-1630.
Harvey, William: Exercitatio anatomica de motu cordis et sanguinis in animalibus. Frankfurt 1628.
Stelluti, F.: Persio tradotto in verso sciolto e dichiarato. Rom 1630.
Faulhaber, Johann: Ingenieurs-Schul Erster Theyl [...] Frankfurt a.M.1630.
Augustin, Caspar: Der newen Cornet und Fahnen, welche in Augsburg der Außgewählten Burgerschaft gegeben worden. Augsburg 1633.
Schwenter, Daniel: Deliciae phisico-mathematicae. Nürnberg 1636.
Trew, Abdias: Astronomiae pars sphaerica. Nürnberg 1637.
Descartes, René: Discours de la methode pour bien conduire sa raison et chercher la vérité dans les sciences. Plus la dioptrique, les météores, et la géométrie. Leiden 1637.

1640
Novem Stellae Circa Jovem visae Coloniae exeunte Anno 1642 & ineunte 1643. Et de iisdem Petri Gassendi Iudicium, Paris 1643.
Novem stellae circa Iovem, circa Saturnum sex, circa Martem nonnullae, a P. Antonio Reita detectae & Satellitibus adiudicate. De primis D. Petri Gaßendi Iudicium, D. Ioannis Caramuel Lobkowitz eiusdem Iudicii. Lovanii 1643.

Hirzgarter, Matthias: Detectio dioptrica, Corporum Planetarum Verorum. Das ist/ Von der wundersamen/ doch wesentlichen/ wahren vnd natürlichen Bildnuß/ vnd Cörperlichen Form/ vnd Gstalt der sieben Planetsternen/ vnd etlicher Fixen Sternen/ seltzamen/ vnd zuvor vnerhörten Erscheinung im Firmament/ weliche man zu diesen letzten Zeiten/ durch die künstliche Instrumenta Dioptrica, erst recht gesehen/ vnd gründlich erfahren hat. Franckfurt am Mayn/ bei Matthaeo Merian/ Im Jahr 1643.

Torricelli, Evangelista: De sphaera et solidis sphaeralibus. Florentiae 1644.

Odierna, Giovanni Battista: L'occhio della mosca. Discorso fisico intorno all'anatomia dell'Occhio in tutti gl'Animali Anulosi, dtti Insetti. Palermo 1644.

Severino, Marco Aurelio: Zootomia Democritaea. Nürnberg 1645.

Rheita, Anton Maria Schyrleus de: Oculus Enoch et Eliae sive radius sidereomysticus. Antwerpen 1645.

Fontana, Francesco: Novae coelestium terrestriumque rerum observationes, [...] Neapoli 1646.

Kircher, Athanasius: Ars magna lucis et umbrae. Romae 1646. 2.Auflg. Amsterdam 1671.

Niceron, Jean François: Thaumaturgus Opticus. Paris 1646.

Hevelius, Johannes: Selenographia sive Lunae Descriptio. Gedani 1647; ND Leipzig 1967.

Maignan, Emanuel: Perspectiva horaria. Rom 1648.

Divini, Eustachio: Flugblatt, Rom 1649.

1650

Harsdörffer, Georg Philipp: Der Mathematischen und Philosophischen Erquickstunden Zweyter Teil. Nürnberg 1651. Dritter Theil 1653.

Mersenne, Marin: L'Optique et le Catoptrique. Paris 1651.

Riccioli, Giovanni Battista: Almagestum novum astronomiam. Bononiae 1651.

Niceron, Jean François. La perspective curieuse. Paris 1652.

Zucchi, Nicolo: Optica philosophia. Lugduni 1652-56.

Kircher, A.: Artis Magneticae. Rom 1654.

Rheita, A.M.: Les iustes assevrances du monde detrompé [...] Lyon 1654.

Zeiller, Martin: Handbuch allerlei Natur- und Kunstsachen II. Ulm 1655.

Worm, Ole: Museum Wormianum. Lugdunum Batavorum 1655.

Borel, Pierre (Borellus, Petrus): De vero Telescopii Inventore cum brevi omnium conspicilliorum historia. Den Haag 1655.

--: Observationum microcospicarum centuria. Den Haag 1656.

--: Historiarum et Observationum Medico-physicarum Centuria. Paris 1656

Huygens, Christiaan: De Saturni luna observatio nova. Den Haag 1656.

Gassendi, Petrus: Institutionis Astronomicae. Hagae-Comitis 1656.

Kircher, A.: Itinerarium exstatiam coeleste. Rom 1656. 2.Auflage Herbipoli 1660.

Schott, Kaspar: Magia universalis naturae et artis I-II. Herbipoli 1657-1659. (Magia optica Lib.X). 2.Aufl. Bamberg 1677.

Kircher, A.: Scrutinium Physico-Medicum contagiosae Luis, quae Pestis dicitur [...] Rom 1658.

Gassendi P.: Opera omnia. Lyon 1658. ND Stuttgart 1964.

Huygens, C.: Systema Saturnium. Hagae Comitis 1659.

Zeiller, M.: Centuria III variarum quaestionum oder das Dritte Hundert Fragen von allerley Materien und Sachen samt unvorgreifflicher Antwort darauf aus vornehmer und gelehrter Leute Schrifften genommen und gesamlet. Ulm 1659.

Comenius, Johann Amos: Orbis pictus. 1659. ND Detroit 1968.

Weickmann, Christoph: Exoticophylacium Weickmannianum. Ulm 1659.

1660

Manzini, Carlo Antonio: L'Occhiale all'occhio. Dioptrica pratica. Bologna 1660.

Malpighi, Marcello: De pulmonibus observationes anatomicae (Epistolae duae ad Jo. Alphons. Borellium). Bologna 1661.

Schott, K.: Cursus mathematicus. Herbipoli 1661.

Weigel, Erhard: Speculum Uranicum. Frankfurt 1661.

Merret, Christopher: The art of glass. Neri's De Arte vitraria, translated by C.Merrett with his Observations. London 1662.

Schott, K.: Physica curiosa. Würzburg 1662.

1662 (Wiesel +)

Kohlhans, Johann Christoph: Tractatus opticus. Lipsiae 1663. deutsch: Neu erfundene mathematische und optische Curiositäten, Leipzig 1677.

Power, Henry: Experimental Philosophy in three Books, containing New Experiments, Microscopical, Mercurial, Magnetical. London 1664.

Schott, K.: Technica curiosa. Nürnberg 1664.

Terzago, Paolo Maria: Musaeum Septalianum. Tortonae 1664.

Philosophical Transactions. London 1665 -.

Journal des Sçavans. Paris 1665 -.

Hooke, Robert: Micrographia. London 1665.

Weigel, E.: Fortsetzung des Himmelsspiegels. Jena 1665.

Monconys, Balthasar de: Journal des Voyages de Monsieur de Monconys... où les sçavants trouveront un nombre infini de nouveautez, en machines de mathématique, expériences physiques, raisonnements de la belle philosophie, curiositez de chymie, et conversations des illustres de ce siècle. 2 Bde. Lyon 1665; 2. Ausgabe Lyon 1666.

Swammerdam, Jan: De Respiratione. Lugdunum Batavorum 1667.

Divini, E.: Another extract out of the Italian Journal [Giornale de Letterati 1667], being a description of a microscope of a new fashion, by the means whereof there hath been seen an animal lesser than any of those seen hitherto. In: Philosophical Transactions 3 (1668) S.842.

Fabri, Honoratus: Synopsis Optica, in qua illa omnia quae ad Opticam, Dioptricam, Catoptricam pertinent. Lugduni 1667.

--: Physica. Lugduni 1669-71. (VIII De corpore coelesti)

Redi, Francesco: 1668. Übs. ins Englische von M.Bigelow 1909.

Künast, Philipp Ludwig: Exotikothaumaturgematatotameion. Das ist Ordentliche Verzeichnuß derjenigen Raritäten [...] Künast Balthasar Ludwig E.Grossen Raths zu

Straßburg alten Beysitzers und fürnehmen Handelsmans sel. hinderlassener Kunstkammer [...] Straßburg 1668.
Swammerdam: Historia generalis insectorum. Utrecht 1669.

1670
Miscellanea curiosa sive Ephemeridum medico-physicarum Germanicarum Academiae Naturae Curiosorum. 1670 -.
Sachs von Löwenheim, Philipp Jacob: Messis observationum microscopicarum è variis authoribus collectarum. In: Miscellanea curiosa 1 (1670) S.34-49.
Lana, P.Francesco Terzi: Prodromo Ouero saggio di alcune inventioni [...] Brescia 1670.
Cherubin d'Orléans, Francois: La Dioptrique oculaire. Paris 1671.
Schott, K.: Magia Optica. Bamberg 1671; deutsch: das ist geheime doch naturmässige Gesichts- und Augen-Lehr. Frankfurt 1740.
Beutel, Tobias: Churfürstlicher Cedern-Wald [...] Dresden 1671.
Guericke, Otto von: Experimenta nova Magdeburgica de vacuo spatio. Amsterdam 1672; deutsch: Hans Schimank, Hg., Neue Magdeburger Versuche über den leeren Raum, Düsseldorf 1968.
Hevelius, J.: Machinae coelestis. 3 Bde. Danzig 1673-1679; ND Leipzig 1969.
Grew, Nehemia: The anatomy of roots. 1673.
Depiere, Daniel: Verzeichnuß/ aller Instrumenten und Optischen Kunstwercken/ so wohl Bekandten als Ungemein/ welche umb billichen Preiß zu kauffen seyn. bey Daniel Depiere, gebürtig von Danzig/ Burgern und Opticum in Augspurg. 1674; lat. u. dt.
Dechales, Claudius Franciscus Milliet: Cursus seu Mundus Mathematicus. Lugduni 1674.
Olearius, Adam: Gottorffische Kunst-Kammer. Schleswig 1674.
Malpighi, M.: Anatome plantarum. 2 Bde. London 1675-79.
Traber, Zacharius: Nervus Opticus sive tractatus Theoricus in tres Libros Opticam, Catoptricam, Dioptricam distributus. Viennae 1675.
Sandrart, Joachim von: Teutsche Academie der edlen Bau-, Bild- und Mahlerey-Künste. 2 Bde. Nürnberg 1675-1679.
Sturm, Johannes Christophorus: Collegium experimentale sive curiosum. Nürnberg 1676.
Cherubin d'Orleans, F.: La vision parfaite. Paris 1677.
--: De visione perfecta. Paris 1678.
Hooke, R.: Lectures and collections. London 1678. ND in Gunther Bd.8 S.297-320.
Neri, A.: Ars vitraria experimentalis oder Vollkommene Glasmacher-Kunst. Übersetzung durch F.Geissler. 1678.
Kunckel, Johann: Vollkommene Glasmacher-Kunst. Übersetzung von Neri und Merret mit Zusätzen von J.Kunckel. Frankfurt/Leipzig 1679.
Butterfield, Michael: L'Vsage dv novveav Microscope, fait avec une seule et tres-petite Boulle de Verre. Paris 1679.
Grew, N.: The anatomy of trunks. London 1679.
Treffler, Christoff: Die sich selbst bewegende Himmels-Kugel [...], Augsburg 1679

1680
Weigel, E.: Cosmologia. Jena 1680.
Borelli, Giovanni Alfonso: De motu animalium [...] Opum posthumum. 2 Bde. Rom 1680/81.
Kirch, Gottfried: Neue Himmelszeitung. Nürnberg 1681.
Schrader, Friedrich: Dissertatio epistolica de microscopiorum usu in naturali scientia et anatome. Göttingen 1681.
Becher, Johann Joachim: Närrische Weisheit und Weise Narrheit. Frankfurt 1682.
Grew, N.: The Anatomy of Plants with an Idea of a Philosophical History of Plants. London 1682.
Mencke, Otto, Hg.: Acta Eruditorum. Leipzig 1682-1782.
Happel, Eberhard Werner (Guerner): Größte Denkwürdigkeiten der Welt. Hamburg 1683-1691, Bd.II.
Olhoff, Johann Ericus: Excerpta ex Literis illustrium et clarissimorum Virorum ad Nobilissimum Ampliss. et Consultiss. Dn.Johannem Hevelium. Gedani 1683.
Lana, P.Francisco Tertius de, Societatis Brixiiensis: Magisterium nature et artis opus physical mathematicum. Brescia 1684.
Zahn, Johannes: Oculus artificialis teledioptricus sive telescopium. Würzburg 1685; 2.Auflage Nürnberg 1702.
Cuno, Cosmus Conrad: C.C.C. von Hamburg Bericht An die Herren Liebhabere Optischer Kunst-Wercken / den Handgrif und Gebrauch seiner hierbey verzeichneten Microscopiorum, samt denen darzu nöthigen Instrumenten betreffend. [1685].
--: Bericht An die Herren Liebhabere Optischer Kunst-Wercken / den Handgriff und Gebrauch / deren hierbey verzeichneten Microscopiorum, samt denen darzu nöthigen Instrumenten / betreffend; Cosmus Conrad Cuno, Burgers und Optici in Augspurg. [Augsburg 1686 oder später].
Campani, Giuseppe: Novum Microscopium Dn: Josephi Campani ejusque usus. In: Acta Eruditorum. Leipzig 1686.
Malpighi, M.: Opera omnia. 2 Bde. London 1686-87.
Giornale de'Letterati. Parma/Modena 1686.
Griendel von Ach, Johann Franz: Micrographia nova, oder neucurieuse Beschreibung verschiedener kleiner Körper; lat. u. dt. Nürnberg 1687.
Verbiest, Ferdinand: Astronomia Europaea. 1687.
Stalker, John: A Treatise of Japanning and Varnishing. Oxford 1688.
Anonym: Kurtze Anweisung Die Gläser zu schleiffen und Perspective zuzurichten. Dresden 1689.

1690
Huygens, C.: Traité de la lumière. Leiden 1690.
Eimmart, Georg Christoph: Observatio CCXXV. In: Miscellanea curiosa...II Dec. 9. Nürnberg 1690. S.417-423.
Glaser, Christoph Jacob: Epistola eucharistica ad virum [...] Martinum Knorre [...] qua Vraniae Noricae Templum Eimmartinum [...] breviter descripsit. Nürnberg 1691.
Bonanni Filippo: Micrographia curiosa. In: Observationes circa viventia. Rom 1691.

Misson, François Maximilian: Nouveau Voyage d'Italie. 2 Bde., Den Haag 1691; dt. Übs.: Reise nach Italien. Leipzig 1701, 1713.
Leeuwenhoek, Antoni Van: Derde vervolg der Brieven [...] Delft 1693. (Fortsetzung 1702 u. 1704).
Hartsoecker, Nicolaas: Essai de Dioptrique. Paris 1694.
Leeuwenhoek, A.: Arcana natura detecta. Delft 1695.
Novellen Aus Der gelehrten und curiösen Welt ... communiciret von G.Z.J.C. Frankfurt/Gotha 1695.
Zahn, J.: Specula Physico-Mathematico Historia. Nürnberg 1696.
Anonym (Kunckel?): Der Curieusen Kunst und Werck-Schul. 2 Bde. Nürnberg 1696.
Malpighi, M.: Opera posthuma. London 1697.
Weigel, Christoph: Abbildung der Gemein-Nützlichen Haupt-Stände von denen Regenten und ihren so in Friedens- als Kriegs-Zeiten zugeordneten Bedienten an biß auf alle Künstler und Handwerker nach jedes Ambts- und Beruffs-Verrichtungen [...] Regensburg 1698. ND Nördlingen 1987.

1700

Pasch, Georg: De novis inventis. 2.Auflage. Leipzig 1700.
Zahn, J.: Oculus artificialis teledioptricus. 2.Auflage. Nürnberg 1702.
Newton, Isaac: Opticks. 1704.
Harris, John: Lexicon technicum. London 1704.
Zeidler, Johann Gottfried: Buchbinder-Philosophie. Halle 1708.
Bonnani F.: Musaeum Kircherianum. Rom 1709.
Conradi, Johann Michael: Der dreyfach geartete Sehe-Strahl. Coburg 1710.
Balthasaris, Theodor: Micrometria. Basel 1710.
Wolff, Christian: Die Anfangsgründe aller mathematischen Wissenschaften. Halle 1710.
Du Breuil, Jean Baptista: La perspective pratique, nécessaire à tous peintres, graveurs etc. 3 vols Paris 1642-1648. Perspectiva Practica oder Vollständige Anleitung zu der Perspectiv-Reiß-Kunst, allen Mahlern, Kupfferstechern, Baumeistern, Goldschmieden, Bildhauern, Stickern, Tapezierern u.a. so sich der Zeichen-Kunst bedienen. Sehr deutlich und ordentlich beschrieben und durchaus mit netten Kupffer-Figuren versehen. Erstmals durch Ein unbenahmtes Mit-Glied der Societät Jesu in Paris heraus gegeben / Nun aber aus dem Frantzösischen ins Teutsche übersetzet Durch J.Christoph Rembold, Aug. Philo-Math. Verlegt von Jer.Wolff Kunsthandlern in Augspurg. 1710.
Hertel, Christian Gottlieb: Novum inventum microscopii cuiusdam compositi, res quascumque minutissimas diaphanas pariter opacas etc. descriptum. Liegnitz 1712.
Bion, Nicolaus: Neueröffnete mathematische Werck-Schule. Frankfurt/Leipzig 1712.
Valentini, Michael Bernhard von: Museum museorum. Frankfurt am Main, 1714.
Hertel, C.G.: Vollständige Anweisung zum Glaß-Schleiffen. Halle 1716.
Wolff, Christian: Mathematisches Lexikon. Leipzig 1716.
Rein, Johann Friedrich: Das gesamte Augspurgische Evangelische Ministerium I bis III. Augsburg 1717.
Bion, N.: Weitere Eröffnung der neuen mathematischen Werck-Schule. Nürnberg 1717.
Kaschube, Johann Wenzeslaus: Cursus mathemathicus oder: deutliche Begriffe mathematischer Wissenschaften. Jena 1718.

Rost, Johann Leonhard: Astronomisches Handbuch. Nürnberg 1718.
Joblot, Louis: Descriptions et usages de plusieurs nouveaux microscopes, tant simples que composez. Paris 1718.
Leeuwenhoek, Antoni Van: Sendbrieven. Delft 1718.
Leutmann, Johann Georg: Neue Anmerkungen vom Glasschleiffen. Wittemberg 1719, 2.Auflage Halle 1738.

1720
Rembold, Johann Christoph: Verzeichniß Unterschiedlicher Mathematischer/ Optischer/ Mechanischer/ Physico-Mechanischer/ Hydraulischer/ Gnomonischer Kunst=Wercke/ So bey Johann Christoph Rembold/ von Austburg/ Dermahlen Reg. Societatis Scientiarum Optico in Berlin/ Eines Theils bereits vorhanden/ übrigen Theils aber auf Begehren verfertiget werden. Berlin [um 1720].
Neickel, Caspar Friedrich (eigentlich Jenckel): Museographia oder Anleitung zum rechten Begriff und nützlicher Anlegung der Museorum oder Raritätenkammer von C.F.Neickelio, vermehret von D.J Kanold. Leipzig/Breslau 1727.
Doppelmayr, Johann Gabriel: Historische Nachricht von den Nürnbergischen Mathematicis und Künstlern. Nürnberg 1730.
Spitzel, Christiana Rosina, geb. Corvinus: Poetische Ergötzungsstunden. Augsburg 1731.
Büchner, Andreas Elias, Miscellanea Physico Medico Mathematica Anno 1727. Erfurt 1731.
Zedler, Johann Heinrich: Grosses vollständiges Universal-Lexicon aller Wissenschaften und Künste. 64 Bde. 4 Suppl. Halle/Leipzig 1732-1754. ND Graz 1961-1964.
Cuno, C.C.: Observationes durch dessen verfertigte Microscopia. Augspurg 1734.
Wolff, C.: Elementa matheseos universae, III. Halle 1735.
Kanold Johannes: Kanolds 1717 bis 1726 herausgegebene 38 Versuche derer sogenannten Sammlungen von Natur- und Medicin wie auch hiezu gehörigen Kunst und Literatur Geschichte, zum Druck befördert durch A.E.Büchner. Erfurt 1736.
Swammerdam: Biblia naturae. Hg. Herman Boerhaave. Leiden 1737/38; deutsch: Bibel der Natur [...] Leipzig 1752.
Smith, Robert: A compleat system of opticks, in four books. Cambridge 1738. (Deutsch siehe Kästner 1755)
Doppelmayr, J.G.: Atlas Coeli. Nürnberg 1738.

1740
Keyßler, Johann Georg: Neueste Reisen durch Deutschland, Böhmen, Ungarn, die Schweiz, Italien und Lothringen. Hannover 1740. 2.Auflage Hannover 1751.
Martin, Benjamin: Micrographia nova. Reading 1742.
Baker, Henry: The microscope made easy. London 1742. Dt. Übs von Johann Ludwig Steiner: Das zum Gebrauch leicht gemachte Microscopium. Zürich 1748.
Lieberkühn, Johann Nathanael: De fabrica villorum intestinorum. 1745.
Adams, George: Micrographia illustrata, or, the knowledge of the microscope explain'd... London 1746.
Rösel von Rosenhof, August Johann: Insectenbelustigungen. Nürnberg 1746-1761.

Meyen, Joachim Friedrich: Kurzer Unterricht von der Beschaffenheit und dem Gebrauch der Vergrösserungsgläser und Teleskopien. Dresden. Leipzig 1747.
Muth, Heinrich Ludwig: Perspicilla conservatoria ac corroboratoria. Oder: Augen- stärkende und Gesicht erhaltende Augen-Gläser. Cassel 1747.

Literatur nach 1750

Abhandlungen der Stadt Augsburg. Schriftenreihe des Stadtarchivs Augsburg.
Adelung, J.C.: Fortsetzung und Ergänzungen zu C.G.Jöchers allgemeinem Gelehrten-Lexico. Leipzig 1784-1897. 7 Bde. ND 1960-1961.
Ahorner von Ahornrain, Josef Georg Franz von Paula: Aufsätze zum Apotheken- und Medizinalwesen in Augsburg. In: Intelligenz-Blatt und Beilage zum Intelligenzblatt. Augsburg 1832-1836.
Alfter, Dieter: Die Geschichte des Augsburger Kabinettschranks. Augsburg 1986.
Alm, Josef: Om sjökikarens utveckling. In: Sjöhistorisk Årsbok (1950) S.138-183.
Allgemeine Deutsche Biographie. 56 Bde. Leipzig 1875-1912.
Amelin, Olov: Museum Gustavianum. In: Uppsala Newsletter. History of Science. Nr.26 (1997) S.1f.
Anderson, R.G.W./Burnett, J./Gee, B.: Handlist of Scientific Instrument-Makers'Trade Catalogues 1600-1914, National Museums of Scotland 1990 in association with The Science Museum.
Anderson, R.G.W/Bennett J.A./Ryan W.F. Hg.: Making Instruments Count. Essays on Historical Scientific Instruments presented to Gerard L'Estrange Turner. Aldershot 1993.
Andreae, Johann Valentin: ...Vita ab ipso conscripta. Übersetzt vom lateinischen Manuskript und hg. von David Christoph Seybold. Winterthur 1799. Hg. von F.H.Rheinwald. Berlin 1849.
Anonym: Anweisung zur Buchbinderkunst Bd.2. Leipzig 1762.
Anonym: Augsburger Astronomen und Sternwarten. In: Neue Augsburger Zeitung Nr.97. 26.4.1912.
Arnold, F.E.G.: Der Ulmer Maler Jonas Arnold und seine Söhne. In: Das schwäbische Museum (1931) Heft 5/6. S.171-190.
--: Herkunft und Verbreitung der Augsburg-Nürnberger Goldschmiedfamilie Arnold. In: Deutsches Familienarchiv Bd. VI. Neustadt/Aisch 1957.
Arrighi, Gino: Gli "Occhiali" di Francesco Fontana in un carteggio inedito di Antonio Santini nella collezione Galileiana della Biblioteca Nazionale di Firenze. In: Physis 6 (1964) S.432-448.
Asemissen, H.U.: Jan Vermeer. Frankfurt/Main 1993.
Aufgebauer, Peter: Die Astronomenfamilie Kirch. In: Die Sterne 47 (1971) S.241-247.

Augenblicke von Dürer bis Daumier. Graphik aus dem Optischen Museum Jena. Ausstellung in der Galerie der Jenoptik. Katalog hg. von Jenoptik AG. Jena 1996.

Augenheilkunde. Die Sammlung Münchow. Eine Ausstellung des Deutschen Hygiene-Museums Dresden. Katalog. Redaktion Daniela Martinowa, May Schäflein. Dresden 1991.

Augsburger Barock. Katalog. Augsburg 1968.

Augsburger Frauenlexikon. Augsburg 1992.

Augsburger Stadtlexikon. Hg. Wolfram Baer u.a. Augsburg 1985; 2.Auflage Hg. Günther Grünsteudel, Günter Hägele und Rudolf Frankenberger. Augsburg 1998.

Bachmann, Hans-Reinhard: Sonnenuhren als Eichinstrumente für alte Räderuhren. In: Alte Uhren 6 (1983) S.55-60.

Backmann, Sibylle: Italienische Kaufleute in Augsburg 1550-1650. In: Burkhardt, J. Hg.: Augsburger Handelshäuser. S.224-240.

Baer, Wolfram/Hecker, Hans Joachim, Hg.: Die Jesuiten und ihre Schule St.Salvator in Augsburg 1582. Katalog München 1982.

Baer/Kruft/Roeck, Hg.: Elias Holl und das Augsburger Rathaus. Katalog. Regensburg 1985.

Bäumer, Änne: Geschichte der Biologie. Frankfurt a.M. Bd.1 u.2: 1991, Bd.3: 1996.

Baiada, Enrica/Bònoli, Fabrizio/Braccesi, Alessandro: Museo della Specola Bologna. Katalog. Bologna 1995.

Baier, Wolfgang: Quellendarstellungen zur Geschichte der Fotografie. Leipzig 1977.

Baker, Henry: Employment for the Microscope. London 1753. Dt.Übs.: Beyträge zu nützlichem und vergnügendem Gebrauch und Verbesserung des Micrsocopii in zwey Theilen. Augsburg 1754.

Baltrusaitis, Jurgis: Der Spiegel. Giessen 1996.

Barnett, Pamela R.: Theodore Haak, FRS. Den Haag 1962.

Barovier, R., Hg.: L'arte vetraria. ND 1980.

Bastl, Beatrix: Das Tagebuch des Philipp Eduard Fugger (1560-1569) als Quelle zur Fuggergeschichte. Tübingen 1987.

Batori, I.: Reichsstädtisches Regiment, Finanzen und bürgerliche Opposition. In: Gottlieb Augsburg. S.457-468.

Battisti, Eugenio: Le Macchine cifrate di Giovanni Fontana. Milano 1984.

Bauer, Ludwig: M. Peter Meiderlin, Ephorus des Kollegiums bei St. Anna von 1612-1650. Augsburg 1906.

Bauer, Richard, Hg.: Geschichte der Stadt München. München 1992.

Baumann, Claus/Beez, Helga: A spectacle of spectacles. Katalog Edinburgh/Leipzig 1988.

Baur, Joseph: Philipp von Sötern. 2 Bde. Speyer 1897 und 1914.

Beck, August: Ernst der Fromme, Herzog zu Sachsen-Gotha und Altenburg. 2 Bde. Weimar 1865.

Beck, Rainer: Maß und Gewicht in vormoderner Zeit. Das Beispiel Augsburg. In: ZHVS 91. 1998 (1999) S.169-198.

Becksmann, Rüdiger, Hg.: Deutsche Glasmalerei des Mittelalters Bd.1. Berlin 1995.

Bedini, Silvio, A.: 'The Clock of Death'. in: Bulletin,, The National Association of Watch and Clock Collectors (1953).
--: J.Ph.Treffler, Clockmaker of Augsburg. In: Bulletin of the National Association of Watch and Clock Collectors. Columbia PA 1956. S.1-41.
--: Agent for the Archduke. In: Physis 3 (1961) S.137-158.
--: The Optical Workshop Equipment of Giuseppe Campani. In: Journal of the History of Medicine and Allied Sciences 16 (1961) S.18-38. Reprint in: Bedini: Science and Instruments, with Addenda and corrigenda.
--: On making telescope tubes in the 17th century. In: Physis 4 (1962) S.110-116. Reprint in: Bedini: Science and Instruments.
--: Giuseppe Campani, Pioneer Optical Inventor. In: Ithaca 1962 S.401-404.
--: Seventeenth Century Italian Compound Microscopes. In: Physis 5 (1963) S.383-422; Reprint in: Bedini: Science and Instruments, with Addenda and corrigenda.
--: The Evolution of Science Museums. In: Technology and Culture 6 (1965) S.1-29.
--: Lens making for Scientific Instrumentation in the Seventeenth Century. In: Applied Optics, Vol.5 Nr.5 (1966) S.687-694.
--: The Cover Design. An early optical lens-grinding lathe. In: Technology and Culture 8 (1967) S.74-77.
--: The instruments of Galileo Galilei. In: Ernan McMullin, Hg.: Galileo, Man of Science. New York 1967. S. 256-292. Reprint in Bedini: Science and Instruments.
--: The makers of Galileo's scientific instruments. In: Atti del Simposio Internazionale di storia, Metodologia, Logica e Filosofia della scienza, Firenze 1967, 2, S.89-115; Reprint in: Bedini: Science and Instruments.
--: The tube of long vision: the physical characteristics of the early 17th-century telescope. In: Physis 13 (1971) S.147-204. Reprint in Bedini: Science and Instruments.
--: Citadels of learning: the Museo Kircheriano and other 17th-century Italian science collections. In: Enciclopedismo in Roma Barocca. Hg. M.Casciato, M.G.Ianniello, M.Vitale. Venezia 1986. S.249-267. Reprint in: Bedini: Science and Instruments.
--: The Pulse of Time. Galileo Galilei, the determination of longitude, and the pendulum clock. Biblioteca di "Nuncius" vol.3. Florenz 1991.
--: Science and Instruments in Seventeenth-Century Italy. Collected Studies Series. Aldershot 1994.
--: 'A Treatise on Optics' by Giovanni Christoforo Bolantino. In: Annals of Science 52 (1995) S.103-126.
--: The Fate of the Medici-Lorraine Scientific Instruments. In: Journal of the History of Collections 7 no.2 (1995) S.159-170.
--: Uncommon Genius. The Life and Work of Giuseppe Campani. In Vorbereitung.
Beeckman, Isaac: Journal tenu par Isaac Beeckman de 1604 à 1634 (1631 letter from Drebbel to King James I) siehe Waard, Hg.
Beez, Helga: Brillen zum Sehen und Gesehen werden. In: Löber S.33-60.
--: Kino aus Uromas Zeiten. In: DOZ (1996), Heft 4, S.26f.; Heft 5, S.28-31.
--: Optisches Museum der Ernst-Abbe-Stiftung Jena. Hg.: Optisches Museum. Lindenberg 1998.
Behringer, Wolfgang: Fugger und Taxis. In: Burkhardt, J. Hg.: Augsburger Handelshäuser. S.241-248.

Bell, Arthur E.: Christiaan Huygens and the development of science in the 17th century. London 1947.
Bell, Benjamin: A System of Surgery. Vol.3. Edinburgh 1785; deutsch: Lehrbegriff der Wundarzneykunst. 3.Teil. Leipzig 1806.
Belloni Luigi: Severinus als Vorläufer Malpighis. In: Nova Acta Leopoldina N.F. 27 (1962) Nr.167 S.213-224.
--: Die Entstehungsgeschichte der mikroskopischen Anatomie. In: Medizinische Monatsschrift 19 (1965) S.113-122.
--: Zur Geschichte der tierforschenden Mikroskopie. In: Nova Acta Leopoldina N.F. 30 (1965) S.443-458.
--: Athanasius Kircher: Seine Mikroskopie, die Animalcula und die Pestwürmer. In: Medizinhistorisches Journal 20 (1985) S.58-65.
Bellot, Josef: Humanismus – Bildungswesen – Buchdruck und Verlagsgeschichte. In: Gottlieb Augsburg. S.343-357.
--: Coelum Stellatum Christianum. In: Umbruch I. S.353f.
Bennett, J.A.: The mathematical science of Christopher Wren. Cambridge 1982.
Bepler, Jill: Augsburg - England - Wolfenbüttel. In: Brüning/Niewöhner S.119-139.
Berger, Karl R.: Vom Polemoskop zum Scherenfernrohr. In: DOW 58 (1937) S.337f.
Beuther, Johann Konrad: Kurze aber gründlich erklärte Einleitung der vier Haupt-Arten aller Wechselrechnungen, den Anfängern zum Besten verfasset. Augsburg 1762.
--: Tabellarische Aufzeichnungen sowohl zu Mr. Davilers ausführlicher Anleitung zu der ganzen Civilbaukunst, als auch zu des Vignolae Säulenordnungen und Bogenstellungen. ... Augsburg o.J. (ca. 1770) bei Georg Christoph Kilian.
--: Gründliche erklärte, praktische Rechenkunst ... Augsburg 1772.
--: Münzlexikon. Augsburg 1774
Bialas, Volker: Vom Himmelsmythos zum Weltgesetz. Eine Kulturgeschichte der Astronomie. Wien 1998.
Biedermann, Rolf: Gedruckte Eitelkeiten. In: Augsburger Allgemeine Nr.173, 28.7.1984, S.25.
Biographie Nationale. Bruxelles 1866-1938
Blau, Josef: Vom Erfinder des Kreidenglases. In: Glasindustrie-Zeitung Diamant 47 (1925) S.668f.
--: Patterlmacher und Patterlhütten im Böhmerwald. Mitteilungen aus der älteren Zeit der Glasmacherei im böhmisch-bayerischen Grenzgebirge. In: Glastechnische Berichte 19 (1941) S.89-98.
--: Die Glasmacher in Böhmen und Bayerwald. In: Volkskunde und Kulturgeschichte. Regensburg 1954.
Blendinger, Friedrich: Zacharias Geizkofler. In: Lebensbilder 8 (1961) S.163-197.
--: Augsburger Handel im 30jährigen Krieg nach Konzepten von Fedi di Sanita, Politen, Attesten u.ä. In: Wirtschaftskräfte und Wirtschaftswege. Stuttgart 1978.
--: Reisende, Durchreisende und Handelsleute der ehemaligen Reichsstadt Augsburg. In: Blätter des Bayer. Landesvereins für Familienkunde 44 (1981) Bd.14 Heft 4. S.121-151.
Boas Hall, Marie: Hartlib. In: DScB. Bd.6. S.140-142.

Bobinger, Maximilian: Christoph Schißler d.Ä. und d.J. Augsburg/ Basel 1954.
--: Alt-Augsburger Kompaßmacher, Sonnen-, Mond- und Sternuhrmacher. (Abhandlungen 16) Augsburg 1966.
--: Kunstuhrmacher in Alt-Augsburg. Augsburg 1969.
Boegehold, H.: Die Lupe. In: Czapski Siegfried/Eppenstein Otto: Grundzüge der Theorie der optischen Instrumente nach Abbe. 3.Aufl. Leipzig 1924.
--: Moritz von Rohr als Geschichtsforscher und Geschichtsschreiber der Optik. In: Moritz von Rohr zum 70. Geburtstag. Zeiss-Nachrichten Sonderheft 3. Jena 1938.
Boehm, Laetitia u.a. Hg.: Biographisches Lexikon der Ludwig-Maximilians-Universität München. Teil I: Ingolstadt-Landshut 1472-1826. Berlin 1998.
Boerhaave Museum Hg.: Christiaan Huygens 1629-1695. Katalog Leiden 1979.
Böttiger, John: Philipp Hainhofer und der Kunstschrank Gustav Adolfs in Uppsala. 4 Bde. Stockholm 1909/1910.
Bos, H.J.M, u.a. Hg.: Studies on Christiaan Huygens. Lisse 1980.
Boström, Hans-Olof: Philipp Hainhofer and Gustavus Adolphus's Kunstschrank in Uppsala. In: Impey/MacGregor S.90-101.
--: Philipp Hainhofer: Seine Kunstkammer und seine Kunstschränke. In: Grote Mikrokosmos S.555-580.
--: Philipp Hainhofer als Vermittler von Luxusgütern zwischen Augsburg und Wolfenbüttel. In: Brüning/Niewöhner 1995. S.140-157.
--: Ein wiederentdeckter Hainhoferschrank. In: Konsthistorisk Tidskrift LXIV Heft3 (1995) S.129-146.
Bowen, Keith P.: Binocular Astronomy: Is there a difference? In: Sky & Telescope 69 (1985) S.572f.
Boyer, Martha: Japanese Export Lacquers. The National Museum Copenhagen 1959, S.48-51.
Bracegirdle, Brian: Seventeenth-Century Simple Microscopes. In: Anderson u.a. Hg: Making Instruments count. S.295-305.
Brachner, Alto: Mit den Wellen des Lichts. Ursprünge und Entwicklung der Optik im süddeutschen Raum. München 1987.
-- Hg.: G.F.Brander 1713-1783, Wissenschaftliche Instrumente aus seiner Werkstatt. Katalog München 1983.
Bradbury, Savile: The Evolution of the Microscope. Oxford 1967.
Brandt, Lutz: Die Mikrometer in der Astronomie und ihre Geschichte. In; SuW 20 (1981) S.129-138.
Brandstätter, Franz August: Johannes Hevelius. Danzig 1861.
Brather, Hans-Stephan, Hg.: Leibniz und seine Akademie. Berlin 1993.
Bregenzer, Madlen: Pietistische Pädagogik und Schulreformen im Augsburger Bildungswesen des 18.Jhs. In: Reinhard Schwarz, Hg.: Samuel Urlsperger (1685-1772). (Colloquia Augustana, Bd.4) Berlin 1996. S.131-148.
Breughel: Pieter Breughel der Jüngere – Jan Brueghel der Ältere. Flämische Malerei um 1600. Tradition und Fortschritt. Katalog Kulturstiftung Ruhr Essen. Lingen 1997.
Breymayer, Reinhard, Hg.: J.V.Andreae. Ein geistliches Gemälde. Tübingen 1991.
Brockmann, Günther: Die Medaillen der Welfen. Bd.1. Köln 1985.

Brooks, Randall C.: Origins, usage and production of screws: an historical perspective. In: History and Technology 8 (1990) S.51-76.
--: Diamonds in Instrument Making. In: Bulletin of the Scientific Instrument Society 47 (1995) S.17-22.
Brown, Harcourt: Scientific Organisations in Seventeenth Century France (1620-1680). Baltimore 1934. ND New York 1967.
--: Peiresc, Nicolas Claude Fabri de. In: DScB 10, S.488-492.
Brüning, Jochen/Niewöhner, Friedrich, Hg.: Augsburg in der frühen Neuzeit. Berlin 1995 (Colloquia Augustana Bd.1).
Brunner, Walter: Martin Zeiller. Steiermärkisches Landesarchiv Neue Reihe Band 4. 2.Auflage. Graz 1990.
Bryden, D.J./ Simms D.L.: Spectacles Improved to Perfection and Approved of by the Royal Society. In: Annals of Science 50 (1993) S.1-32.
Bud, Robert/ Warner Deborah J., Hg.: Instruments of Science. New York/London 1998.
Burke, John G. Hg: The Uses of Science in the Age of Newton. Berkeley 1983.
Burkhardt, Johannes: Der Dreißigjährige Krieg. Frankfurt/Main 1992.
-- Hg.: Augsburger Handelshäuser im Wandel des historischen Urteils. (Colloquia Augustana Bd.3) Berlin 1996.

Calvert, H.R.: Scientific Trade Cards in the Science Museum Collection. London 1971.
Capelli, Adriano: Lexicon Abbreviaturarum. Milano 1994.
Chapin, Seymour L.: The Astronomical Activities of Nicolas Claude Fabri de Peiresc. In: Isis 48 (1957) S.13-29.
Chevalley, Denis A.: Der Dom zu Augsburg (Die Kunstdenkmäler von Bayern NF 1). München 1995.
Christie's South Kensington Auktionskataloge: 4.10.1995. Fine Scientific Instruments.
--: 30.5.1996. Fine Scientific Instruments.
--: 13.12.1996. Fine Scientific Instruments.
--: 8.4.1998. Exceptional Scientific and Engineering Works of Art, Instruments and Models.
--: 17.12.1998. Scientific and Engineering Works of Art, Instruments and Models.
Clagett Marshall: Critical Problems in the History of Science. Madison 1959.
Clasen, Claus-Peter: The Palatinate in European history, 1555-1618. Oxford 1963.
--: Die Augsburger Steuerbücher um 1600. Augsburg 1976.
--: Die Augsburger Weber. Leistungen und Krisen des Textilgewerbes um 1600. (Abhandlungen 27). Augsburg 1981.
--: Textilherstellung in Augsburg in der frühen Neuzeit. 2 Bde. Augsburg 1995.
Clay, Reginald S./Court, Thomas H.: The History of the Microscope Compiled from Original Instruments and Documents, up to the Introduction of the Achromatic Microscope. London 1932. ND London 1985.
Clercq, Peter de: Exporting Scientific Instruments around 1700. In: Tractrix 3 (1991) S.79-120.

--: At the sign of the Oriental lamp. The Musschenbroek workshop in Leiden, 1660-1750. Rotterdam 1997.

Clifton, Gloria: The Spectaclemakers' Company and the Origins of the Optical Instrument-Making Trade in London. In: Anderson u.a. Hg: Making Instruments count. S.341-364.

--: Directory of British Scientific Instrument Makers, 1550-1851. London 1994/1995.

Coester A./Gerland E.: Beschreibung der Sammlung astronomischer, geodätischer und physikalischer Apparate im Königlichen Museum zu Cassel. Cassel 1878.

Corsi, Pietro/Weindling, Paul, Hg.: Information Sources in the History of Science and Medicine. London 1983.

Corson, Richard: Fashion in Eyeglasses. London 1967.

Court, Thomas/Rohr, Moritz von: A History of the Development of the Telescope from about 1675 to 1830 based on Documents in the Court Collection. In: Transactions of the Optical Society 30 (1928/29) S.207-260.

--: New Knowledge of old Telescopes. In: Transactions of the Optical Society 32 (1930-31) S.113-117.

Da guckste! Technik- und Kulturgeschichte der Brille. Katalog. Koblenz 1994.

Dallmeier Martin: Die Alpenrouten im Postverkehr Italiens mit dem Reich. In: Lindgren Alpenübergänge. S.17-26.

Dansk Biografisk Leksikon. 16 Bde. Kobenhavn 1979-1984.

Daujon, André/Couder, A.: Lunettes et Télescopes. Paris 1935.

Daumas, Maurice: Les instruments scientifiques aux XVIIe et XVIIIe siècles. Paris 1953; engl. Übs. von M.Holbrook: Scientific Instruments of the Seventeenth and Eighteenth Centuries and their Makers. New York 1972.

Daxecker, Franz: Christoph Scheiner's eye studies. In: Documenta Ophthalmologica 81 (1992) S.27-35.

--: Der Naturwissenschaftler Christoph Scheiner SJ in der optischen Literatur. Ein medizinhistorischer Beitrag. In: Berichte des Naturwissenschaftlich-Medizinischen Vereins in Innsbruck 80 (1993) S.411-420.

--: Further studies by Christoph Scheiner concerning the optics of the eye. In: Documenta Ophthalmologica 86 (1994) S.153-161.

--: Briefe des Naturwissenschaftlers Christoph Scheiner SJ an Erzherzog Leopold V. von Österreich-Tirol, 1620-1632. Innsbruck 1995.

--: Das Hauptwerk des Astronomen P.Christoph Scheiner SJ "Rosa Ursina sive Sol". (Berichte des Naturwissenschaftlich-Medizinischen Vereins in Innsbruck, Supplementum 13) Innsbruck 1996.

Deißer, J.: Trift und Flößerei auf Lech und Wertach von 1500-1900. In: Alt-Füssen. Historische Beilage zum Füssener Blatt Nr. 20-34 (1927) und Nr. 1-8 (1928).

Denecke, C.L.: Vollständiges Lehrgebäude der gantzen Optik oder der Sehe- Spiegel- und Strahlbrech-Kunst. Altona 1757.

Der Große Kurfürst. Sammler – Bauherr – Mäzen. Katalog. Potsdam-Sanscoussi 1988.

D'Ester, Karl: Fuggerzeitungen. In: Heide Sp.1187-1198.

Deutsche Barockgalerie, Katalog der Gemälde. Hg. Städtische Kunstsammlungen. Augsburg 1984.

Dictionnaire de Biographie Française. Paris 1929 -.

Dictionary of National Biography (DNB) Oxford 1882 -.

DNB – missing persons. Oxford 1993.

Dictionary of Scientific Biography (DScB) ed. by Charles C.Gillispie. 16 Bde. New York 1970-1980.

Diem, Walter/Bieberstein, Michael: Buntpapiere selber machen. Ravensburg 1981.

Diemer, Dorothea: Giovanni Ambrogio Maggiore und die Anfänge der Kunstdrechselei um 1570. In: Jahrbuch des Zentralinstituts für Kunstgeschichte 1 (1985) S.295-342.

--: Handwerksgeheimnisse der Vischer-Werkstatt. In: Münchner Jahrbuch der bildenden Kunst 3/47 (1996) S.25-54.

Dietz, Alexander: Frankfurter Handelsgeschichte. 4 Bde. Frankfurt a.M. 1910-1925.

Dizionario Biografico degli Italiani. Rom 1960 -.

Döring, Detlef: Korrespondenten von G.W.Leipzig. In: Studia Leibnitiana. Bd.21 Heft 1 (1989) S.101-123.

--: Der Briefwechsel zwischen Gottfried Kirch und Adam A.Kochanski 1680-1694. (Abhandlungen der Sächsischen Akademie der Wissenschaften zu Leipzig Phil.-histor. Klasse Bd.74 Heft 5) Berlin 1997.

Doering, Oskar: Des Augsburger Patriciers Philipp Hainhofer Beziehungen zu Herzog Philipp II. von Pommern-Stettin. Correspondenzen aus den Jahren 1610-1619. (Quellenschriften für Kunstgeschichte und Kunsttechnik des Mittelalters und der Neuzeit. N.F. Bd.6.) Wien 1894.

--: Des Augsburger Patriciers Philipp Hainhofer Reisen nach Innsbruck und Dresden. (Quellenschriften (wie oben) Bd.10) Wien 1901.

Doppelmayr, Johann Gabriel: Historische Nachricht von den Nürnbergischen Mathematicis und Künstlern. Nürnberg 1730.

Douglas, Ronald Walter/Frank, Susan: A History of Glassmaking. Henley-on-Thames 1972.

Drake, Stillman: The Accademia dei Lincei. In: Science 151 (1966) S.1194-1200.

Drechsler, Adolph: Illustriertes Lexikon der Astronomie. Leipzig 1881.

Dreier, Franz Adrian: Venezianische Gläser und "Façon de Venise". Katalog 147. Kunstgewerbemuseum Berlin 1989.

Dreyer, J.L.E.: Tycho Brahe, Edinburgh 1890. Dt. Übs. Karlsruhe 1894; Reprint 1972.

-- Hg.: Tychonis Brahe Dani Opera omnia. Kopenhagen 1913-1929.

Duerbeck, H.W.: Die Uranometria des Johannes Bayer. In: SuW 17 (1978) S.405-411.

--: Der christliche Sternhimmel des Julius Schiller. In: SuW 18 (1979), S.408-413.

Duncan, George Sang: Bibliography of Glass. Sheffield 1960.

Dussler, Hildebrand, Hg.: Reisen und Reisende in Bayerisch-Schwaben. 2 Bde. Weißenhorn 1968.

Eckert, Heinrich: Die Krämer in süddeutschen Städten bis zum Ausgang des Mittelalters. Berlin 1910.

Edelhäuser. U.: Emblematik. In: Baer/Kruft/Roeck S.255f.

Egg, Erich: Die Glashütten zu Hall und Innsbruch im 16.Jh. Innsbruck 1962.

Elsas, Moritz John: Umriß einer Geschichte der Preise und Löhne in Deutschland. Bd.1. Leiden 1936.

Enderli, Hans: Buntpapiere. Winterthur 1971.

Engel, Michael: Auf dem Wege zur modernen Chemie – Chemie und Alchemie 1550 bis 1725. Innovation, Repräsentation, Diffusion. In: Lindgren: Naturwissenschaft und Technik im Barock. S.131-156.

Engelmann, Max: Optische Instrumente im Mathematischen Salon zu Dresden. In: Mitteilungen aus den Sächsischen Kunstsammlungen VII (1916) S.44-65.

Eser, Thomas: Schiefe Bilder. Die Zimmernsche Anamorphose und andere Augenspiele aus den Sammlungen des Germanischen Nationalmuseums. Katalog Nürnberg 1998.

Evelyn, John: The Diary. Hg. E.S.de Beer. Oxford 1955.

Faulmüller, Annemarie: Die Reichsstadt Augsburg im spanischen Erbfolgekrieg. (Abhandlungen 5) Augsburg 1933.

Favaro, Antonio: Intorno alla vita ed ai lavori di Tito Livio Burattini. Venezia 1896

Feddersen, Martin: Japanisches Kunstgewerbe. Bibliothek für Kunst- und Antiquitätenfreunde Bd.2. Braunschweig 1960. S.150-209.

Festschrift: 1531 - 1981. 450 Jahre Gymnasium bei Sankt Anna. Augsburg 1981.

Field, J.V./James, A.J.L., Hg.: Renaissance and Revolution: Humanists, Scholars, Craftsmen and Natural Philosophers in Earlyy Modern Europe. Cambridge 1993.

Fink, A.: Das Augsburger Kunsthandwerk und der dreissigjährige Krieg. In: Rinn: Augusta 955-1955. S.323-332.

Fischer, Karl August: Johann Andreas Stein, der Augsburger Orgel- und Klavierbauer. In: ZHVS 50 (1932/3) S.149-177.

Fleck, Heinrich: Ich stöbere in Augsburger Brillenmacher-Akten. In: Optische Rundschau und Photo-Optiker 33 (1942) S.165-167.

Fleischhauer, Walther: Die Geschichte der Kunstkammer der Herzöge von Württemberg in Stuttgart. (Veröffentlichungen der Kommission für geschichtliche Landeskunde Serie B, 87) Stuttgart 1976.

Fletcher, John E.: Astronomy in the life and correspondence of Athanasius Kircher. In: Isis 61 (1970) S.42-67.

--: Athanasius Kircher and his correspondence. In: Fletcher Hg.: A.Kircher und seine Beziehungen. 1988, S.139-162.

--: Hg.: Athanasius Kircher und seine Beziehungen zum gelehrten Europa seiner Zeit. (Wolfenbütteler Arbeiten zur Barockforschung Bd.17) Wiesbaden 1988.

Forbes, Eric: Das Eimmartische Observatorium zu Nürnberg (1691-1757). In: SuW 9 (1970) S.311-315.

Ford, Brian J.: The Revealing Lens: Mankind and the Microscope. London 1973.

--: Single lens: The Story of the Simple Microscope. New York 1985.

Fournier, Marian: Huygens' Microscopical Researches. In: Janus 68 (1981) S.199-209.

--: Huygens' Designs for a Simple Microscope. In: Annals of Science 46 (1989) S.575-596.

--: The Fabric of Life. The Rise and Decline of Seventeenth-Century Microscopy. Den Haag 1991.

François, Etienne: Die unsichtbare Grenze. Protestanten und Katholiken in Augsburg 1648-1806. Sigmaringen 1991.

Franz, Heinrich, Zentralstelle für Berufsbildung des Ministeriums für Glas- und Keramikindustrie. Ilmenau. Hg.: Roh- und Werkstoffe der Glastechnik. Leipzig 1978.

Frey, Heinrich: Das Mikroskop und die mikroskopische Technik. Ein Handbuch für Ärzte und Studierende. 2.Auflage Leipzig 1865.

Füsslin, G./Nekes, W./Seitz, W. u.a: Der Guckkasten. Stuttgart 1995.

Fulton, John F.: Sir Kenelm Digby, F.R.S. In: Notes and records of the Royal Society 15 (1960) S.199-209.

Gabrieli, Giuseppe: Pratica e tecnica del telescopio e del microscopio presso i primi Lincei. In: Atti della Reale Accademia d'Italia. Rendiconti della Classe di scienze morali e storiche. Serie VII (1941) S.18-43.

Galilei, Galileo: Le opere di Galileo Galilei. Edizione Nazionale. Par A.Favaro/V.Cerutti et al. 20 Bde. Firenze 1890-1909.

Galuzzi Paolo/ Torrini: Le opere dei discepoli di Galileo Galilei. Florenz 1942.

Gebele: Augsburg im Urteil der Vergangenheit S.113.

Gelehrtes Schwaben. Wissenschaftler aus und in Bayerisch-Schwaben vom Mittelalter bis ins 19. Jahrhundert. Katalog Universität Augsburg. Augsburg 1991.

Gensthaler, Gerhard: Das Medizinalwesen der freien Reichsstadt Augsburg bis zum 16.Jh. mit Berücksichtigung der ersten Pharmakopöe von 1564 und ihrer weiteren Ausgaben. (Abhandlungen 21) Augsburg 1973.

Gerlach, Annette, Hg.: Magister Andreas Reyher. (Veröffentlichungen der Forschungsbibliothek Gotha 30) Gotha 1992.

Gerlach, Walther: Die Sprache der Physik. Bonn 1962.

Geus, Armin: Die Microscopia des Cosmus Conrad Cuno. In: Mikrokosmos 65 (1976) S.132-135.

Gier, Helmut/ Janota Johannes, Hg., Augsburger Buchdruck und Verlagswesen. Wiesbaden 1997.

Gilly, Carlos, Hg.: J.V.Andreae 1586-1986. Katalog einer Ausstellung in der Bibliotheca Philosophica Hermetica. Amsterdam 1986.

--: Adam Haslmayr. Amsterdam 1994.

--: Theophrastica Sancta. In: Telle: Analecta S.425-488.

-- Hg: Cimelia Rhodostaurotica, Die Rosenkreuzer im Spiegel der zwischen 1610 und 1660 entstandenen Handschriften und Drucke; Ausstellung der Bibliotheca Philosophica Hermetica Amsterdam und der HAB Wolfenbüttel. Amsterdam 1995.

Glaser, Hubert, Hg.: Um Glauben und Reich. Kurfürst Maximilian I. Beiträge zur Bayerischen Geschichte und Kunst 1573-1651. München 1980.

Gleichen genannt Rußworm, Wilhelm Friedrich von: Geschichte der gemeinen Stubenfliege, hg. von J.Chr.Keller. Nürnberg 1764.

--: Versuch einer Geschichte der Blatlaeuse und Blatlausfresser des Ulmenbaums. Nürnberg 1770.

--: Auserlesene mikroskopische Entdeckungen bey den Pflanzen, Blumen und Blüthen, Insekten und anderen Merkwürdigkeiten. Nebst einer Abhandlung vom Sonnenmikroskop. Nürnberg 1777-1781.

--: Abhandlung ueber die Saamen- und Infusionsthierchen. Nürnberg 1778.

Glocker, Winfrid: Glastechnik. München 1992.

Gloede, Wolfgang: Vom Lesestein zum Elektronenmikroskop. Berlin 1986.

Gobiet, Ronald, Hg.: Der Briefwechsel zwischen Philipp Hainhofer und Herzog August d.J. von Braunschweig-Lüneburg. (Forschungshefte des Bayerischen Nationalmuseums Bd.8) München 1984.

Godfrey, Eleanor S.: The Development of English Glasmaking. Oxford 1975.

Goercke, Ernst: Die Rivalen Christoph Scheiners: David und Johann Fabricius. In: Ingolstädter Heimatblätter 48 (1985) S.39f u.43f.

--: Mediceische Sterne kontra Brandenburgisches Gestirn: Das Leben von Simon Marius. In: Die Sterne 62 (1986) S.223-231.

--: Christoph Scheiners Ausführungen über Glaslinsen und ein moderner Nachahmungsversuch. In: Die Sterne 66 (1990) S.371-379.

--: Der Schliff asphärischer Linsen nach Angaben des Rheita. In: Technikgeschichte 58 (1991) S.179-187.

--: Christoph Scheiners allgemeine Aussagen über Fernrohre. In: Die Jesuiten in Ingolstadt. Katalog. S.140-143; 150-159.

--: Anton Maria Schyrlaeus de Rheita über das Vakuum. In: Monumenta Guerickiana Heft 3, 27 (1996) S.43-48.

Gottlieb, Gunther/Baer, Wolfram u.a. Hg.: Geschichte der Stadt Augsburg von der Römerzeit bis zur Gegenwart. Stuttgart 1984.

Gouk, Penelope: The Ivory Sundials of Nuremberg. 1500-1700. Cambridge 1988.

Govi, Gilberto: Il microscopio composto inventato da Galileo. Neapel 1888. Engl. Übs.: The Compound Microscope invented by Galileo. In: Journal of the Royal Microscopical Society 9 (1889) S.574-598.

Grande Dizionario Enciclopedico UTET. Terza edizione. 20 Bde. Turin 1967-1975.

Grau, Conrad: Berühmte Wissenschaftsakademien. Leipzig 1988.

Greeff, Richard: Daza de Valdes: Uso de los Antojos. In: Zeitschrift für ophthalmologische Optik 6 (1918) S. 97-104.

--: Eine venetianische Brillenmacherordnung aus den Jahren 1284-1317. In: DOW 8 (1922) S.600-602, 620-623, 639-642.

--: Eine zweite venetianische Brillenmacherordnung vom Jahre 1319-1330. In: DOW 8 (1922) S.824-827, 870-874.

--: Kurze Geschichte der farbigen Schutzgläser. In: Optische Rundschau und Photo-Optiker (1938) S.554f.

--: Physiologische Optik. In: Greeff/Pistor. S.89-140.

Greeff, R./Pistor Hermann Hg.: Der Augenoptiker. 2. Bd.: Das menschliche Auge. 3. Auflg. Pösseneck/Jena 1947.

Greeff. R./Radicke, Karl: Die Regensburger Brillenmacherordnung. In: DOW 8 (1922) S.22-26 und 46f.

--: Die Nürnberger Brillenmacher-Ordnungen und Ratserlasse. In unser heutiges Deutsch übertragen. In: DOW 8 (1922) S.134-138 und 155-158.

Greengrass, Mark/ Leslie, Michael/ Raylor, Timothy, Hg.: Samuel Hartlib & Universal Reformation. Cambridge 1994.

Greiner: Das Memorial- und Reisebuch des Hans Schad. In: Württembergische Vierteljahreshefte für Landesgeschichte, N.F. 17 (1908) S.334-420.

Greiner, Karl: Zur Familiengeschichte der Greiner [Glasmacherfamilie] Bd.1. Öhringen 1926. ND Sonthofen 1989.

Grimm, Claus, Hg.: Glück und Glas. Zur Kulturgeschichte des Spessartglases. Veröffentlichungen zur Bayerischen Geschichte und Kultur Bd.2/84 hg. vom Haus der Bayerischen Geschichte. München 1984.

Grimm, Jacob und Wilhelm: Deutsches Wörterbuch. 16 Bde. Leipzig 1854-1954.

Groiss, Eva: Automatophone Musik. In: Maurice: Die Welt als Uhr. S.127-132.

Groll, Thomas: Das Neue Augsburger Domkapitel (1817-1945). St.Ottilien 1996.

Grote, Andreas, Hg.: Macrocosmos in Microcosmo. Die Welt in der Stube. Zur Geschichte des Sammelns 1450 bis 1800. Opladen 1994.

Guhrauer, Gottschalk Eduardus: Joachim Jungius und sein Zeitalter. Stuttgart/Tübingen 1850.

Gumpelzhaimer, Christian Gottlieb: Regensburg's Geschichte. Bd.3. 1618-1790. Regensburg 1838.

Gundestrup, Bente: Det kongelige danske Kunstkammer 1737. The Royal Danish Kunstkammer 1737. Nationalmuseet Kopenhagen 1991.

Gunther, Robert William Theodore, Hg.: Early Science in Oxford. 14 Bde. Oxford 1923-45.

Haas, Brigitte: Glasfunde ... in Monte Sacro. In: Anzeiger des Germanischen Nationalmuseums Nürnberg (1993).

Habacher, Maria: Mathematische Instrumentenmacher, Mechaniker, Optiker und Uhrmacher im Dienste des Kaiserhofes in Wien (1630-1750). In: Blätter für Technikgeschichte 22.Heft (1960) S.5-80.

Habich, Georg: Eine Sammlung von Augsburger Reformatoren-Bildnissen des 16. Jahrhunderts. Augsburg 1928.

Habrich, Christa: "Par la bénéfice d'une vis." Schrauben und Gewinde als funktionelle Bestandteile ärztlicher Instrumente. In: Hennze/Gericke S.135-146.

--: Deutsches Medizinhistorisches Museum. In: Museen in Ingolstadt. Hg. Stadt Ingolstadt 1997.

Häberlein, Mark: Brüder, Freunde und Betrüger. Soziale Beziehungen, Normen und Konflikte in der Augsburger Kaufmannschaft um die Mitte des 16. Jahrhunderts. (Colloquia Augustana Bd.9) Berlin 1998.

Häcker, Otto: Die Kunst- und Naturalkammer des Ulmer Patriziers Christoph Weickmann. In: Ulmer Historische Blätter II (1926) Nr.10 S.7f; Nr.11 S.3-6.

--: Martin Zeiller. In: Schwäbische Lebensbilder I. Stuttgart 1940, S.563-576.

Haemmerle, Albert: Die Augsburger Künstlerfamilie Kilian. Augsburg 1922.

--: Die Familie der Eichel. In: Das schwäbische Museum. Augsburg 1926. S.57f.

--: Die Familie der Steudner. Ebenda. Augsburg 1926. S.97-114 (mit Werkverzeichnis).

--: Der Kupferstecher und Maler Elias Holl. Ebenda. Augsburg 1930. S.11-17.

--: Evangelisches Totenregister zur Kunst- und Handwerksgeschichte Augsburgs. Augsburg 1928.
--: Alphabetisches Verzeichnis der Berufs- und Standesbezeichnungen. München 1933.
-- Hg: Die Hochzeitsbücher der Augsburger Bürgerstube und Kaufleutestube bis zum Ende der Reichsfreiheit. Privatdruck. München 1936.
Härtel, Helmar: Herzog August und sein Bücheragent Johann Georg Anckel. Studien zum Erwerbsvorgang. In: Wolfenbütteler Beiträge hg. von Paul Raabe. Bd. 3. Frankfurt a. M. 1978. S.235-282.
Haeutle, Christian: Die Reisen des Augsburger Bürgers Philipp Hainhofer nach Eichstätt, München und Regensburg in den Jahren 1611, 1612 und 1613. In: ZHVS 8 (1881) S.1-316.
Halliwell, James Orchard: A Collection of Letters illustrative of the Progress of Science in England from the Reign of Queen Elizabeth to that of Charles the Second. London 1841.
Hamel, Jürgen: Astrologie - Tochter der Astronomie? Jena/Berlin 1987.
--: Astronomie und Astrologie im 17. Jahrhundert. In: Naturwissenschaftliche Revolution im 17.Jh. Beiträge zur Wissenschaftsgeschichte. Berlin 1988. S.75-92.
--: Nicolaus Copernicus. Leben, Werk und Wirkung. Heidelberg 1994.
--: Die astronomischen Forschungen in Kassel unter Wilhelm IV. Acta Historica Astronomiae Vol. 2. Thun/Frankfurt a.M. 1998.
--: Geschichte der Astronomie von den Anfängen bis zur Gegenwart. Basel 1998.
Hammerl, Josef und Reiner Hg.: Geigenlacke. Frankfurt 1988.
Hammond, John: The Camera Obscura. A Chronicle. Bristol 1981.
Hampe, Th.: Die Augsburger Wachsbossierer Familie Neuberger und ihre Arbeiten. In: Schwäbisches Museum. Augsburg 1930. S.113-132.
Hansen, Harald: Optisches Spielzeug und Laterna magicas aus der Sammlung Harald Hansen. Austellungskatalog hg. vom Städtischen Museum Schloß Rheydt. Mönchengladbach 1990.
Hardy, John: Western Japanning 1670-1770. In: William Watson Hg.: Lacquerwork in Asia and Beyond. London 1982. S.159-165.
Harris, Jack: Letters in religion, art, and science. In: Interdisciplinary Science Reviews 22 (1997) S.1-7.
Hart, Hermann: Augsburg. In: Heide: Zeitungswissenschaft. Spalte 386-403.
Harting, Pieter: Das Mikroskop. Theorie, Gebrauch, Geschichte und gegenwärtiger Zustand desselben. Deutsche Originalausgabe vom Verfasser revidiert und vervollständigt. Übs. aus dem Holländischen von W.Theile. Braunschweig 1859. 2.Aufl.1866. ND Amsterdam 1970.
Hartung, J.: Die direkten Steuern und die Vermögensentwicklung in Augsburg. Leipzig 1898.
Hassinger, Herbert: Geschichte des Zollwesens. Stuttgart 1987.
Hatch, Robert: The Collection Boulliau. An Inventory. Philadelphia 1982.
Haugwitz, Thilo von: Ophthalmologisch-optische Untersuchungsgeräte. Stuttgart 1981.
Hawlitschek, Kurt: Johann Faulhaber 1580-1635. Ulm 1995.
Heide, Walter: Handbuch der Zeitungswissenschaft I. Leipzig 1940/41.
Heimer, Heinrich: Die Glashütte zu Hall in Tirol. Diss. München 1959.

Helk, Vello: Dansk-norske Studierejser 1536-1660. Odense 1987.

Helmholtz, Hermann von: Handbuch der Physiologischen Optik. 2. Auflg. Hamburg/ Leipzig 1896. (1. Auflg. 1856)

Helms, P.Gregor: G.F.Brander und St.Stephan. In: Stephania 55 (1983) S.47-54.

Hemmerling, Kurt/Feustel, Hanns: Historische Mikroskope des Physikalischen Kabinetts im Hessischen Landesmuseum Darmstadt. Darmstadt 1983.

Hennze, Joachim/Gericke, Wolf-Dieter, Hg: Museum Würth. Schrauben und Gewinde. Sigmaringen 1992.

Herbst, Klaus-Dieter: Das Wechselverhältnis von Astronomie und Maschinenbau, dargestellt am Beispiel des Wirkens von Georg von Reichenbach (1771-1826). In: NTM-Schriftenreihe für Geschichte der Naturwissenschaft, Technik und Medizin 28 (1991) S.61-72.

--: Astronomie um 1700. Kommentierte Edition des Briefes vom Gottfried Kirch an Olaus Römer vom 25.Oktober 1703. Acta Historica Astronomiae Vol.4. Thun/ Frankfurt 1999.

Herre, Franz: Das Augsburger Bürgertum im Zeitalter der Aufklärung. (Abhandlungen 6) Augsburg 1951.

Hevelke, Johannes: Gert Havelke und seine Nachfahren. Danzig 1927.

Hiersemann, Lothar: Jacob Leupold: ein Wegbereiter der technischen Bildung in Leipzig. Wissenschaftliche Berichte der technischen Hochschule Leipzig 17. Leipzig 1982.

Hildebrand, Josephine/Theuerkauff, Christian. Redakteure: Die Brandenburgisch-Preussische Kunstkammer. Berlin 1981.

Hildebrandt, Reinhard: Die "Georg Fuggerischen Erben". Kaufmännische Tätigkeit und sozialer Status 1555-1600. (Schriften zur Wirtschafts- und Sozialgeschichte. Bd.6.) Berlin 1966.

Hirschberg, Julius: Handbuch der gesamten Augenheilkunde. 21. Auflg. Leipzig 1899. ND 1977 (Geschichte der Medizin Bd.XII)

Hochadel, Oliver: Blitzableiter, Physikunterricht und umherziehende Schausteller. Zur Wissenschaftspopularisierung in Augsburg in der zweiten Hälfte des 18. Jhs. In: Mitteilungen Institut für Europäische Kulturgeschichte der Univ.Augsburg. S.33-39.

Hochgesang, Georg: Historische Nachricht von der Verfertigung des Glases. Gotha 1780.

Hoff, Arne: Feuerwaffen II. Braunschweig 1969.

Hofmann, Siegfried: Christoph Scheiner – Galileo Galilei. In: Die Jesuiten in Ingolstadt. S.160-165.

Hofpfalzgrafenregister. 3 Bde. Neustadt an der Aisch 1966.

Hollstein's German Engravings, Etchings and Woodcuts ca. 1400-1700. Amsterdam 1954 ff.

Holzhausen, Walter: Lackkunst in Europa. Braunschweig 1959.

Hoppe, Günther: Zwischen Augsburg und Anhalt. In: ZHVS 90. 1997 (1998) S.125-157.

Hortzitz, Nicoline: Von den unmenschlichen Taten des Totengräbers Heinrich Krahle zu Frankenstein und andere wahrhaftige »Neue Zeitungen« aus der Frühzeit der Sensationspresse. Frankfurt a. M. 1997.

Hrabalek, Ernst: Laterna Magica. München 1985.

Hudig, Ferrand Whaley: Das Glas. Wien 1923.

Hughes, Arthur: Peter Mundy, the first English microscopist. In: Journal of the Microscopical Society 78 (1958) S.74-76.
Humbert, P.: Un amateur: Peiresc 1580-1637. Paris 1933.
--: Peiresc et le microscope. In: Revue d'histoire des sciences et de leurs applications 4 (1951) S.154-158.
Hunter, Michael/Schaffer, Simon Hg.: Robert Hooke: New Studies. Woodbridge 1989.
Huth, Hans: Lacquer of the West. Chicago-London 1971.
Huygens, Christiaan: Oeuvres Complètes de Christiaan Huygens publiées par la Société Hollandaise des Sciences. 22 Bde. Den Haag 1888-1950.

Imhoff, Christoph von, Hg.: Berühmte Nürnberger aus neun Jahrhunderten. 2.Auflage Nürnberg 1989.
Impey, Oliver/ MacGregor, Arthur, Hg.: The Origins of Museums. The cabinet of curiosities in sixteenth- and seventeenth-century Europe. Oxford 1985.
Ingolstadt, Stadtarchiv. Hg.: Die Jesuiten in Ingolstadt 1549-1773. Katalog 1991.
Insley, Jane: Court, Crisp and Clay – Some Notes on Collectors and Collections of Antique Microscopes. In: Microscopy. The Journal of the Quekett Microscopical Club vol.34 (1982) S.345-353, 376.
Isenburg, Wilhelm Karl Prinz von: Stammtafeln zur Geschichte der Europäischen Staaten. Maiburg 1953.

Jaeger, Wolfgang: Die Begründung der physiologischen Optik im 17. Jahrhundert. Von Kepler (1604) bis Newton (1704). In: SuW 29 (1990) S.148-156.
Jahn, Ilse u.a.: Geschichte der Biologie: Theorien, Methoden, Institutionen, Kurzbiographien. Jena 1982. 2. Auflg. Jena 1998.
Jaschke, Brigitte: Glasherstellung. München 1986.
Jesse, Horst: Die Geschichte der Evangelischen Kirche in Augsburg. Pfaffenhofen 1983.
Jezewski, Käthe von: Ein Vorläufer des Augenspiegels und sein Erfinder. In: Albrecht von Gräfes Archiv für Ophthalmologie Bd. 129. Berlin 1933. S.266f.
Jochmann, Fritz: Das Glas in Konstein - Mfr. von 1570 bis 1961. In: Glas-Email-Keramo-Technik (1961) S.279-282.
Jöcher, Christian Gottlieb: Allgemeines Gelehrten-Lexicon. 4 Bde. Leipzig 1750-1751. ND 1960-1961. Fortsetzung siehe Adelung.
Jürgensmeier, Friedhelm: J.Ph. v. Schönborn. In: Fränkische Lebensbilder 6. Würzburg 1975. S.161-184 (mit Literaturangaben).

Källström, O./Ahlström, Otto: The Telescope in the Baton, reprinted from 'the Optician' 25.11. und 2.12.1949.
Kästner, A.G.: Vollständiger Lehrbegriff der Optik nach Robert Smiths Englischen. Altenburg 1755.
--: Geschichte der Mathematik IV. Göttingen 1800.

Kaiser, Hermine: Ortsgeschichte von Bad Wiessee. In: Hans Halmbacher, Hg.: Das Tegernseer Tal in historischen Bildern I. Hausham 1980. S.373-444.

Kattanek, Siegfried: Guericke-Forschung über Grenzen. In: Monumenta Guerickiana Heft 3. Magdeburg 1996. S.100-103.

Keil, Inge: Tycho Brahes Aufenthalt in Augsburg oder: Wer war der Augsburger Gastfreund Tychos? In: ZHVS 85 (1992) S.357f.

--: Technology transfer and scientific specialization: Johann Wiesel, optician of Augsburg, and the Hartlib circle. In: Greengrass S.268-278.

--: Der Augsburger Optiker Johann Wiesel und seine Beziehungen zu Herzog August dem Jüngeren von Braunschweig-Lüneburg. In: Brüning/Niewöhner S.158-169.

--: Johann Wiesel Augustanus Opticus. In: SuW 34 (1995) S.888-890.

--: Aus den Augsburger optischen Werkstätten des 17. Jahrhunderts. In: Meinel Hg.: Instrument – Experiment: Historische Studien. Bassum 1999. S.278-286.

--: Die Fernrohre von Herzog Ernst I., dem Frommen, von Sachsen-Gotha. In: W.R.Dick /J.Hamel Hg.: Beiträge zur Astronomiegeschichte Bd. 2. Acta Historica Astronomiae Vol. 5 (1999). S.70-79.

Keil, Inge/Keil Karl-August: Astronomie am Gymnasium bei St.Anna. In: Festschrift Gymnasium bei Sankt Anna. S.12-23.

Kellenbenz, Hermann: Augsburger Wirtschaft 1530-1620. In: Umbruch I. S.50-71.

--: Wirtschaftsleben (Augsburgs) der Blütezeit. In: Gottlieb/Baer S.258-301.

Kellermann, Rudolf/Treue, Wilhelm: Die Kulturgeschichte der Schraube. München 1962.

Kemp, Martin: The Science of Art. New Haven 1990.

Kepler, Johannes: Gesammelte Werke, Hg. von W.v.Dyck und M.Caspar. München ab 1937.

King, Henry C.: The History of the Telescope. London 1955.

Klarwill, V. Hg.: Fuggerzeitungen. 1923.

Kleinpaul, Johannes: Das Nachrichtenwesen der deutschen Fürsten. Leipzig 1930.

--: Der Nachrichtendienst der Herzöge von Braunschweig im 16. und 17. Jh.. In: Zeitungswissenschaft 5/2 (1930) S.82-94.

"Knochenarbeit". Zusammengestellt von Mostafa Kokabi, Björn Schlenker, Joachim Wahl; Archäologische Informationen aus Baden-Württemberg. Heft 27. Stuttgart 1994.

Köberlin, Karl: Geschichte des Humanistischen Gymnasiums bei St.Anna in Augsburg von 1531 bis 1931. Augsburg 1931.

Koelbing, Huldrych Martin: Renaissance der Augenheilkunde 1540-1630. Bern/Stuttgart 1967.

Königfeld, Peter: Der Maler Johann Heiß. Memmingen und Augsburg 1640-1704, Weißenhorn 1982.

Kohl, Jill/Lindemann, Mary: "Augustus in tenebris". In: Chloe 3. Barocker Lust-Spiegel. Amsterdam 1984. S.187-204.

Kothmann, Hella: Vom Kunst-Wort zur Wissenschaftssprache. In: Johannes Keplers Beitrag zur deutschen Fachsprache. Berichte der Kepler-Kommission Heft 9. München 1998. S.7-49.

Kraus, Jürgen: Das Militärwesen der Reichsstadt Augsburg 1548-1806 (Abhandlungen 26). Augsburg 1980.

Krenzer, Oskar: Dr. Johannes Faber aus Bamberg. In: Bamberger Blätter für fränkische Kunst und Geschichte 6 (1929) S.65f, 70f, 74f, 77f, 82-84, 87f.

Krinner, P.: Die Venediger Botenordnung der Reichsstadt Augsburg. In: Archiv für Postgeschichte in Bayern 1 (1925) S.15ff.

Kröner, Gerhard: Poliermittel für Glas. In: Glastechnische Berichte 26 (1953) S.300-306.

Krünitz, Johann Georg: Oekonomisch-technologische Encyklopaedie. Berlin 1773-1858

Kühn, Gerhard/Roos, Wolfgang: Sieben Jahrhunderte Brille. Deutsches Museum München. Abhandlungen und Berichte 36 (1968) Heft 3.

Kuisle, Anita: Brillen – Gläser, Fassungen, Herstellung. München 1985.

Laeven, Hubert: The "Acta Eruditorum" under the editorship of Otto Mencke (1644-1707). Amsterdam/Maarssen 1990.

Langkavel, Arno: Astronomie live im Klassenraum. In: Der mathematische und naturwissenschaftliche Unterricht (MNU) 44 (1991) S.412-414.

Lebensbilder aus dem Bayerischen Schwaben. München, Weißenhorn 1952 -

Ledermüller, Martin Frobenius: Physicalische Beobachtungen derer Saamentiergens. Nürnberg 1756.

--: Mikroskopische Gemüths- und Augen-Ergötzungen. Nürnberg 1759-63.

Lehmann, Paul: Eine Geschichte der alten Fuggerbibliotheken. (Studien zur Fuggergeschichte Bd.12 und 15) Tübingen 1956/1960.

Leibniz, Gottfried Wilhelm: Sämtliche Schriften und Briefe. Bd.1. Darmstadt 1923.

Lenk, Leonhard: Augsburger Bürgertum im Späthumanismus und Frühbarock (1580-1700). (Abhandlungen 17) Augsburg 1968.

Lessing, Julius/Brüning, Adolf, Hg.: Der Pommersche Kunstschrank im Königlichen Kunstgewerbe-Museum. Berlin 1905.

Lessmann, Johanna: Der Elfenbeindrechsler Tobias Treffler als Lehrer Anton Ulrichs. In: Anton-Ulrich von Braunschweig, Katalog Braunschweig 1983. S.26.

Leybold Didactic, Hg: Katalog Mikroskopie und Cytologie. Hürth 1997.

Lieb, Norbert: Octavian Secundus Fugger (1549-1600) und die Kunst. (Studien zur Fuggergeschichte 27) Tübingen 1980.

Liebhart, Wilhelm: Der Dreißigjährige Krieg im Dachauer Land. In: Amperland 17/1 (1981) S.135-137.

Lindberg, David C.: Auge und Licht im Mittelalter. Frankfurt 1987.

Lindgren, Uta, Hg.: Alpenübergänge vor 1850. Landkarten – Straßen – Verkehr. (Beiheft 83 zur Vierteljahresschrift für Sozial- und Wirtschaftsgeschichte) Stuttgart 1987.

-- Hg.: Naturwissenschaft und Technik im Barock. Bayreuther Historische Kolloquien. Bd.11. Köln/Weimar/Wien 1997.

Lobmeyr, Ludwig, Hg.: Die Glasindustrie, ihre Geschichte, gegenwärtige Entwicklung und Statistik. Stuttgart 1874.

Löber, Ulrich Hg.: Da guckste! Technik- und Kulturgeschichte der Brille. Koblenz 1994.

Löhr, Rudolph, Hg.: Protokolle der Hochdeutsch-Reformierten Gemeinde in Köln von 1599-1794. 1.Teil 1599-1630. Köln 1976; 4.Teil: Register, bearbeitet von Ursula Schmitz. Köln 1990, S.11-33: Zur Geschichte der vier heimlichen Kölner Gemeinden.

Losman, Arne: Carl Gustaf Wrangel och Europa. Studies and sources published by the Swedish history of Science Society Nr.33. Stockholm 1980.

--: Das Informationssystem und die deutschen kulturellen Verbindungen des schwedischen Magnaten Carl Gustaf Wrangel. In: Studien zur europäischen Rezeption deutscher Barockliteratur. Wiesbaden 1983. S.119-128.

--: Skokloster – Europe and the World in a Swedish Castle. In: The Age of New Sweden. Stockholm 1988. S.85-101.

Losman, A./Sigurdson, Irene: Äldre vetenskapigla instrument på Skokloster. Skokloster Studies published by Skokloster Castle no.10. Uppsala 1975. Reprint aus Lychnos 1973-1974. S.86-103.

Lualdi, Alberto: A Trade Brochure by François Baillou. In: Bulletin of the SIS Nr.40 (1994) S.16f.

--: François de Baillou, un Ottico della Milano Teresiano. In: Nuncius 11 (1996) S.613-630.

--: Pietro Patroni, an 18th-century Milanese Optician. In: Bulletin of the SIS Nr.47 (1995) S.12f.

--: Pietro Patroni, un ottico della Milano. In: Nuncius 10 (1995) S.671-689.

Ludwig, E.: Die Nürnberger Brillenmacher und Drahtzieher. In: Nordbayerische Zeitung 6.7.1914.

Lundsgaard, K.K.K.: Brillernes Historie. Kopenhagen 1913.

MacGregor, Arthur: The Cabinet of Curiosities in Seventeenth-Century Britain. In: Impey/Mac Gregor S.147-158.

Mackensen, Ludolf von: Die naturwissenschaftlich-technische Sammlung in Kassel. Kassel 1991.

Macleod, Christine: Accident or Design? George Ravenscroft's patent and the Invention of Lead-Crystal Glass. In: Technology & Culture 28 (1987) S.776-803.

Maffioli, C.S./Palm, Lodewijk Carel: Italian Scientists and the Low Countries in the 17th and 18th Centuries. Amsterdam 1989.

Maistrov, Leonid Efimovic: Naucnye pribory (Wissenschaftliche Instrumente) Moskau 1968.

--: Pribory i instrumenty istoritschskogo snatschenija: Mikroskopy (Vorrichtungen und Instrumente von historischer Bedeutung: Mikroskope). Moskau 1974.

Malambre, Wieland: Geometrische Optik. Sonderdruck aus 'Der Augenoptiker'. Düsseldorf.

Mančal, Josef: Zu Augsburger Zeitungen vom Ende des 17. bis zur Mitte des 19. Jahrhunderts: Abendzeitung. Postzeitung und Intelligenzzettel. In: Gier/Janota 1997. S.683-733.

--: Aspekte Augsburger Musikgeschichte in: Stadtlexikon 1998 S.186-197.

Marly, Pierre: Lunettes et lorgnettes; engl: Spectacles & Spyglases. Beide Paris 1988.

Martin, Hubert de: Griendel von Ach. Ein Mikroskopiker der Barockzeit. Wien 1970.

Martin, Hubert und Waltraud de: Vier Jahrhunderte Mikroskop. Wiener Neustadt 1983.

Mathematisch-physikalischer Salon Dresden – Zwinger, Hg.: Uhren – Globen – Wissenschaftliche Instrumente. Dresden 1993.

Maurach, H.: Glasschmelzöfen in alter Zeit. In: Glastechnische Berichte 12 (1934) S.265-274.

Maurice, Klaus: Augsburger Räderuhren und das wissenschaftliche Instrument im 17. Jh. In: Augsburger Barock S.389-393.

--: Der drechselnde Souverän. In: Kurfürst Max Emanuel. Katalog Bd. 1. München 1976. S.277f.

Maurice, K./Mayr, Otto Hg.: Die Welt als Uhr. Katalog. München 1980.

May, Peter: Die Kunstfertigkeit der Perspektive zu Nürnberg. In: Gerhard Bott, Hg.: Wenzel Jamnitzer und die Nürnberger Goldschmiedekunst 1500-1700. Katalog. München 1985. S.161-165.

Mayall John Jr.: Cantor Lectures on the Microscope. In: Journal of the Royal Society of Arts 34 (1886) S.987-996, 1007-1021, 1031-1048, 1055-1081.

Mayr Anton: Die großen Augsburger Vermögen in der Zeit von 1618-1717. (Abhandlungen 4). Augsburg 1931.

Mazzolini, Renato G.: L'illusione incomunicabile: Il declino della microscopia tra Sei e Settecento. In: Schmutz, Hans-Konrad Hg.: Phantastische Lebensräume, Phantome und Phantasmen. Marburg an der Lahn 1997. S.197-219.

McConnell, Anita: A survey of the networks bringing a knowledge of optical glass-working to the London trade, 1500-1800. London 1997. Unpublished paper. Centre for Metropolitan History, Institute of Historical Research. Senate House. London WC1E 7HU.

Meinel, Christoph: In physicis futurum saeculum respicio. Joachim Jungius und die Naturwissenschaftliche Revolution des 17. Jahrhunderts. Göttingen 1984.

--: 'Das letzte Blatt im Buch der Natur'. In: Studia Leibnitiana 20/1 (1988) S.3-18.

--: Die Bibliothek des Joachim Jungius. Göttingen 1992.

-- Hg.: Instrument – Experiment: Historische Studien. Bassum 1999.

Memminger Pfarrerbuch. In: Memminger Geschichtsblätter 1976.

Menges, Richard: Einwohner des dahnischen Amtes Geisburg vom 14. bis 17. Jahrhundert. Teil 1 und 2. In: Pfälzische Familien- und Wappenkunde 4. Bd. 12 (1963) S.281-293.

--: Ein Beitrag zur Geschichte des alten Weindorfes Burrweiler. In: 100 Jahre Männergesangsverein Liederkranz 1871. Burrweiler 1971. S.9-31.

Mentz, Georg: Johann Philipp von Schönborn 1605-1673. Bd.I Jena 1896, II Jena 1899.

Mersenne, Marin: Correspondance du P. Marin Mersenne, religieux Minime. Publié par P.Tannery/C.de Waard & A.Beaulieu. 17 Bde. Paris 1932-1988.

Mertens, Hieronymus Andreas: 2. bis 6. Fortsetzung der Nachricht von der jetzigen Verfassung des ev. Gymnasiums in Augsburg. Augsburg 1776 - 1778.

Meusel, Johann Georg: Lexikon der vom Jahr 1750-1800 verstorbenen teutschen Schriftsteller. Leipzig. ND Hildesheim 1967.

Meyer, Christian Hg.: Die älteste Abschrift der Hauschronik der Familie Holl. München 1910.

Meyer, Karl: Optische Lehre und Forschung im frühen 17.Jh., dargestellt vornehmlich an den Arbeiten des Joachim Jungius. Diss. Hamburg 1974.

Meyer Klaus: Antoni van Leeuwenhoek, Send-Brieven. Aus dem Lat. übs. und kommentiert. Privatdruck Soest 1995.

--: Geheimnisse des Antoni van Leeuwenhoek. Ein Beitrag zur Frühgeschichte der Mikroskopie. Lengerich/Berlin 1998.

--: Frühe Mikroskope als Repliken. In: Mikrokosmos 87 (1998) S.274-280.

Middleton, William Edgar Knowles: The Experimenters. A Study of the Accademia del Cimento. Baltimore/London 1971.

Mills, Allan A.: Single-Lens Magnifiers. In: SIS No 54 (1997) S.29f; No.55 (1997) S.30-32 und S.36; No.56 (1998) S.29-31; No.57 (1998) S.30f; No.58 (1998) S.28-32; No.59 (1998) S.22-26.

--: Vermeer and the Camera Obscura: Some practical Considerations. In: Leonardo 31 (1998) S.213-218.

Mitteilungen des Vereins für die Geschichte der Stadt Nürnberg.

Mittel, Heinz: Führer durch das Wellheimer Tal und seine Geschichte. Ingolstadt 1981. S.36-43.

Montgomery, J.W.: Cross and Crucible: J.V.Andreae (1586-1654). Phoenix of the Theologians. Den Haag 1973.

Moran, Bruce T. Hg.: Patronage and Institutions. Science, Technology, and Medicine at the European Court 1500-1750. Rochester NY/Woodbridge 1991.

Müller, C.: Die Regensburger Brillenmacherordnung um 1600. In: DOW 7 Nr.39 (1921).

Müller, Gerhard, H.: Cosmus Conrad Cunos Beschreibung der Stubenfliege (1734): ein Beispiel für den Fortschritt in der Mikroskopie seiner Zeit. In: NTM-Schriftenreihe. Leipzig 15 (1978) S.37-44.

--: Die Erstbeschreibung der Mikroskope des C.C.Cuno. In: Mikrokosmos 67 (1978) Heft 6. S.163-166.

--: Der Augsburger C.C.Cuno und die Originalbeschreibung seiner Mikroskope. In: ZHVS 72 (1978) S.111-121.

--: Cosmus Conrad Cuno (1652-1745) über einen menschlichen Ektoparasiten: Die Kopflaus. In: Der Hautarzt 30 (1979) S.384-387.

Müller, J: Augsburgs Warenhandel mit Venedig und die Augsburger Handelspolitik im 30jährigen Krieg. In: Archiv für Kulturgeschichte 1 (1903) S.326-347.

Müller, Kurt: Hat es in Nürnberg eine Brillenmacherzunft gegeben? In: Süddeutsche Optikerzeitung (1961) S.38f.

--: Die Geschichte des Zielfernrohrs. In: Süddeutsche Optiker-Zeitung. Stuttgart. Nr.10 (1961) S.518-524.

Münch, Paul: Die Lebensformen in der frühen Neuzeit. Berlin 1992.

Münchow, Wolfgang: Geschichte der Augenheilkunde. In: Karl Velhagen Hg.: Der Augenarzt. Bd.IX, Leipzig 1983.

Mudry, Anna Hg.: Galileo Galilei: Schriften, Briefe, Dokumente, dt. Übs. 2 Bde. Berlin 1987.

Museum Boerhaave Hg.: Museum Boerhaave Leiden. Leiden 1991.

Nachet, Albert: Collection Nachet. Instruments Scientifiques et Livres Anciens. Paris 1929. ND Paris 1976.

Nachtigall, Walter u.a.: Glas. Berlin 1988.

Newton & Davison: Conservation of glass. 1989.

Nebinger Gerhard: Das Augsburger Bürgerbuch 1557-1680. In: Blätter des Bayerischen Landesvereins für Familienkunde 37 (1974) Bd.XII.

Neidinger, Hans: Die Entstehung der evangelisch-reformierten Gemeinde in Nürnberg als rechtsgeschichtliches Problem. In: Mitteilungen des Vereins für Geschichte der Stadt Nürnberg 43 (1952) S.225-340.

Nellen, Henk J.M.: Ismael Boulliau. Maarssen 1994.

Neue Deutsche Biographie. Berlin 1953 -

Niesseler, Martin: Augsburger Schulen. Ein Beitrag zur Geschichte des Augsburger Schulwesens. Augsburg 1984.

--: Joseph Anton Schneller, Hieronymus Andreas Mertens. Neusäß-Steppach 1988.

North, John: Thomas Harriot and the first telescopic observations of sunspots. In: Shirley S.129-157.

North, J.D./Roche, J.J. Hg.: The Light of Nature. Essays in the History and Philosophy of Science presented to A.C.Crombie. Dordrecht 1985.

Nowak, Hans Peter: Geschichte des Mikroskops. Rothenthurm 1984.

Nürck, Hermann: 700 Jahre Burrweiler. Burrweiler 1976.

Observatoire de Paris, Hg.: Observatoire de Paris. Son histoire 1667-1963. Paris 1984.

Oldenburg, Henry: The Correspondence of Henry Oldenburg. Edited and translated by A.Rupert Hall and Marie Boas Hall. 13 Bde. Madison, London, 1963-1986.

Otte, Wolf-Dieter: Johann Martin Hirt und die Augsburger Agentur 1647-1661. In: Brüning/Niewöhner S.39-118.

Palm, Lodewijk Carel/Snelders, Henricus Adrianus Marie, Hg.: Antoni van Leeuwenhoek 1632-1723. Studies on the life and work of the Delft scientist commemorating the 350th anniversary of his birthday. Amsterdam 1982.

Paulus, Julian: Alchemie und Paracelsismus um 1600. Siebzig Porträts: In: Telle Analecta S.335-406.

Pedersen, Olaf: Sagredo's Optical Researches. In: Centaurus 13 (1968) S.139-150.

Peiresc, Nicolas-Claude Fabri de: Lettres de Peiresc. publiées par Philippe Tamizey de Larroque. 7 Bde. Paris 1887-1898.

Pepys, Samuel: The diary of Samuel Pepys 1660-1669. 8 Bde. London 1924.

--: 11 Bde. Hg. Latham Robert und Matthews William. London 1970-1983.

Peterhof, Joseph Fischer vom: Augsburger Frauen. Augsburg 1952.

Petri, Richard Julius: Das Mikroskop. Von seinen Anfängen bis zur jetzigen Vervollkommnung für alle Freunde dieses Instruments. Berlin 1896.

Pfänder, Heinz G. Hg.: Schott Glaslexikon. Überarbeitet, ergänzt von Hubert Schröder. (München 1980) Landsberg 1986.

Pfaud, Robert: Das Bürgerhaus in Augsburg. Tübingen 1976.

Pfeiffer, Wolfgang: Ein Blick in die Geschichte des Mikroskops. In: mta-journal 4 (1982) S.37f u. 78-80.

--: Brille. In: Lexikon des Mittelalters Bd.2. Zürich/München 1983. S.689f.

--: Schrauben und Gewinde als technische Elemente des Mikroskops. In: Henn-ze/Gericke S.161-165.

Pfeilsticker, Walther: Neues Württembergisches Dienerbuch. 3 Bde. Stuttgart 1957, 1963, 1974.

Pflugk, Albert von: Die Ordnungen der Nürnberger Brillenmacher. In: Forschungen zur Geschichte der Optik. 1 (1936) S.203-222; (Zeiss/Marwitz: Beiträge. S.70-80).

Pilz, Kurt: Nürnberg und die Niederlande. In: Mitteilungen des Vereins für Geschichte der Stadt Nürnberg 43 (1952) S.1-153.

--: 600 Jahre Astronomie in Nürnberg. Nürnberg 1977.

Pingré, A.-G.: Annales Célestes du 17. siècle publié par M.G.Bigourdan. Paris 1901.

Pintard, René: Le Libertinage érudit dans la première moitié du XVIIe siècle. Genève/Paris 1983.

Pleticha, Heinrich Hg.: Deutsche Geschichte. Bd.7: Dreißigjähriger Krieg und Absolutismus 1618-1740. Gütersloh 1984.

Pölnitz, Götz Freiherr von, Hg: Die Matrikel der Ludwig-Maximilians Universität Ingolstadt – Landshut – München. Teil I Bd.2: Ingolstadt 1600-1700. München 1939.

Poggendorff, Johann Christian: Biographisch-Literarisches Handwörterbuch zur Geschichte der exacten Wissenschaften, Bd 1 und 2, Leipzig 1863.

Poulet, W.: Atlas zur Geschichte der Brille, 1-3, Bonn 1978-1980.

Prechtl, Johann Baptist: Beiträge zur Geschichte der Stadt Freising. 19.Jh. ND 1980.

Prinz, Wolfram: Deutsche Kunstdrechsler am Florentiner Hof. (Kunsthistorisches Institut Mitteilungen 13) Florenz 1967/68. S.173-184.

Probst, Ernst: Frühe Gewinde. In: Augsburger Allgemeine. 23.12.1997. S.12.

Rabenalt, Ansgar: Briefe G.F.Branders, mechanici in Augsburg, an Placidus Fixlmiller OSB, 1.Direktor der Sternwarte von Kremsmünster. In: Studien und Mitteilungen zur Geschichte des Benediktiner-Ordens und seiner Zweige. Bd.96. St.Ottilien 1985. S.144-195.

Rathke-Köhl, Sylvia: Geschichte des Augsburger Goldschmiedegewerbes vom Ende des 17. bis zum Ende des 18. Jhs. (Schwäbische Geschichtsquellen und Forschungen Bd.6) Augsburg o.J. (1964).

Rajkay, Barbara: Bevölkerungsentwicklung in Augsburg 1607-1650. Ein Vergleich der Pfarreien Anna und Moritz. Magisterarbeit Augsburg 1984.

Rauch, Marga: Handwerk in Augsburg. Bad Wörishofen 1985.

Redondi, Pietro: Galilei, der Ketzer. München 1991.

Reindl, Maria: Lehre und Forschung in Mathematik und Naturwissenschaften, insbesondere Astronomie, an der Universität Würzburg von der Gründung bis zum Beginn des 20.Jahrhnderts. Quellen und Beiträge zur Geschichte der Universität Würzburg. Beiheft 1. Neustadt an der Aisch 1966.

Reindl, Peter, Hg.: Wissenschaftliche Instrumente. Ausstellung aus den Beständen des Historischen Museums Basel April - Oktober 1978. Katalog. Basel 1978.

Reinhard Wolfgang, Hg.: Augsburger Eliten des 16. Jahrhunderts 1500-1620. Berlin 1996.

Reith, Reinhold. Hg.: Lexikon des alten Handwerks. Vom Spätmittelalter bis ins 20. Jahrhundert. München 1990.

Remky, Hans: Ophthalmoskopieversuche vor Helmholtz. In: Klinische Monatsblätter für Augenheilkunde 193 (1988) S.211-218.

Reschke, Gisela: Wolkenkleister, Marmor und Brokat. Historische Buntpapiere. Staatsbibliothek zu Berlin. Ausstellungskataloge Neue Folge Nr.24. Berlin 1997.

Reute, Willy: Aus der Geschichte des Glashandels. In: Glastechnische Berichte 30 (1957) S.514-519.

Riekher, Rolf: Fernrohre und ihre Meister. 2., stark bearbeitete Auflage. Berlin 1990.

Rienitz, Joachim: Ein Virtuose aus Aix. In: Schwäbisches Tagblatt. 30.5.1981.

--: Kulturgeschichte des Fernrohrs. Sammlung Rienitz. Tübingen 1985.

--: Optical inhomogeneities: schlieren and shadowgraph methods in the seventeenth and eighteenth centuries. In: Endeavour 21 (1997) S.77-81.

--: Historisch-physikalische Entwicklungslinien optischer Instrumente – Von der Magie zur partiellen Kohärenz. Lengerich/Berlin 1999. Im Druck.

Righini Bonelli, Maria Luisa/Van Helden, Albert: Divini and Campani. Firenze 1981.

Ringler, Josef: Die Tiroler Glashütten Kramsach und Hörbrunn. In: Alte und moderne Kunst 4 (1959) Heft 3. S.10-13.

Rinn, Hermann Hg.: Augusta 955-1955. Forschungen und Studien zur Kultur- und Wirtschaftsgeschichte Augsburgs. München 1955.

Robertson, James Craigie, Hg.: Pope Alexander the Seventh and the College of Cardinals by Johan Bargrave, D.D. with a Catalogue of Dr.Bargrave's Museum. London 1867. Reprint London 1968.

Roeck, Bernd: "Arme" in Augsburg zu Beginn des 30jährigen Krieges. In Zeitschrift für Bayerische Landesgeschichte 46 (1983) S.515-558.

--: Elias Holl, Architekt einer europäischen Stadt. Regensburg 1985.

--: Bäcker, Brot und Getreide in Augsburg. (Abhandlungen Bd.31) Sigmaringen 1987.

--: Eine Stadt in Krieg und Frieden. Studien zur Geschichte der Reichsstadt Augsburg zwischen Kalenderstreit und Parität. (Schriftenreihe der Historischen Kommission bei der Bayerischen Akademie der Wissenschaften Bd.37.) 2 Bde. Göttingen 1989.

--: Reisende und Reisewege von Augsburg nach Venedig in der zweiten Hälfte des 16. und der ersten des 17.Jhs. In: Lindgren Alpenübergänge. S.179-187.

--: Geschichte, Finsternis und Unkultur. Zu Leben und Werk des Marcus Welser (1558-1614). In: Archiv für Kulturgeschichte 72 (1990) S.115-141.

--: Als wollt die Welt schier brechen. München 1991.

--: Philipp Hainhofer Unternehmer in Sachen Kunst. In: Carlen, Louis/Imboden, Gabriel Hg: Kräfte der Wirtschaft. Unternehmergestalten des Alpenraums im 17.Jahrhundert. Brig 1992. S.9-53.

Rösch, Herbert: Christoph Scheiner. In: Lebensbilder 7 (1959) S.183-211.

Röttel, Karl Hg.: Peter Apian. Astronomie, Kosmographie und Mathematik am Beginn der Neuzeit. Buxheim/Eichstätt 1995.

Rohr, Moritz von: Zur Geschichte des optischen Glases. In: DOW 1 (1915/16) S.369-471; 2 (1917) S.207-209.

--: Über die Entwicklung der Brille bis zum Anfang des 19. Jahrhunderts. In: Central-Zeitung für Optik und Mechanik (1916) S.211f, 227f, 243f.
--: Zur Brillenherstellung vor 300 Jahren. In: DOW (1917) S.1-5.
--: Die optischen Instrumente. Berlin/Leipzig 1918.
--: Die binokularen Instrumente. 2.Auflage. Berlin 1920.
--: Optische Bemerkungen zur Regensburger Brillenmacherordnung um 1600. In: Zeitschrift für ophthalmoskopische Optik 8 (1920) S.76-84, 97-103.
--: Ein Versuch zur Ermittelung der optischen Kenntnisse der Brillenhersteller um das Jahr 1600. In: Zeitschrift für ophthalmoskopische Optik 10 (1922) S.1-8. ND. in Zeiss und Marwitz S.106-111.
--: Die Nürnberger Brillenherstellung. In: Central-Zeitung für Optik und Mechanik, Elektrotechnik u. verwandte Berufszweige. 43 (1922) S.185-187, 206-208, 225-227.
--: Zu Thomas Youngs Gedächtnis. Beiträge zur Geschichte des Brillenhandels von den ersten Anfängen bis zu Thomas Youngs Auftreten. In: Central-Zeitung für Optik und Mechanik 45 (1924) S.194-198, 213-215, 225f, 238-240.
--: Ein Beitrag zur Geschichte des optischen Glases – bis zur Eröffnung des Jenaer Glaswerkes. In: Nova acta Leopoldina. NF.2 (1932).
--: Neue Kunde von der Entwicklung des Erdfernrohrs. In: Zeitschrift für Instrumentenkunde 52 (1932) S.517-521.
--: Die älteste Fernrohrpreisliste. In: Zeiss-Notizen. Heft 24 (1933) S.3f.
--: Zur Entwicklung des Erdfernrohrs in der Zeit vor der Farbenhebung (zwischen 1645 und 1730). In: Optische Rundschau und Photo-Optiker 24 (1933) 723-727.
--: Forschungen zur Geschichte der Optik. 2 Bde. 1938.
--: Leitlinien zur Erfindung, Verbesserung und Herstellung der optischen Geräte. In: Zeitschrift für Instrumentenkunde 58 (1938) S.100-119 und 138-157.
Ronan, C.A./Hartley, Sir Harold: Sir Paul Neile. In: Notes and records of the Royal Society 15 (1960) S.159-165.
Roob, Helmut: Der Gothaer Schulmethodus – Pädagogik unter Herzog Ernst dem Frommen von Sachsen-Gotha und Andreas Reyher. In: Gothaer Museumsheft zur Regionalgeschichte. Gotha 1993. S.22-34.
Roos, Wilhelm: Die Chronik des Jakob Wagner über die Zeit der schwedischen Okkupation in Augsburg vom 20.April 1632 bis 28.März 1635. Programm des Realgymnasiums Augsburg 1901/02.
Rooseboom, Maria: The History of the Microscope. In: Proceedings of the Royal Microscopical Society 2 (1967) S.266-293.
Rosen, Edward: The naming of the telescope. New York 1947.
--: The Invention of Eyeglasses. In: Journal of the History of Medicine and Allied Sciences 11 (1956) S.13-46 and 183-218.
Rosenborg. Official Guide. Copenhagen 1997.
Rossi, Frank: Die Brille. Leipzig 1989.
Roth, Leon, Hg.: Correspondence of Descartes and Constantijn Huygens. Oxford 1926.
Roth, Paul W.: Werkstoff Glas. In: Ferrum. Nachrichten aus der Eisenbibliothek Nr.63. Schaffhausen 1991. S. 33-39.
Rückert, Rainer: Glas des 16. bis 19.Jahrhunderts. Hohlgläser aus dem Besitz des Bayerischen Nationalmuseums. Begleitheft zur Ausstellung. München 1992.

Rueppercht, Hans-Ulrich Freiherr von: Die Memminger Patrizier. In: Memminger Geschichtsblätter 1981/82. Memmingen 1983. S.5-144.
Ruestow, Edward G.: The Microscope in the Dutch Republic. Cambridge 1996.
Rummel, Peter: Katholisches Leben in der Reichsstadt Augsburg 1650-1806. Augsburg 1984.
Rupp, Bertold Paul: Johann Bayer. In: Gelehrtes Schwaben. Augsburg 1990. S.84f.

Sammler, Fürst, Gelehrter. Herzog August zu Braunschweig und Lüneburg 1579-1666. Katalog. Wolfenbüttel 1979.
Sax, Julius: Die Bischöfe und Reichsfürsten von Eichstätt 745-1806. Landshut 1884.
Scheid, Uwe: Photographica sammeln. München 1977.
Schett, Alfred: Vom Helmholtz-Augenspiegel zur Funduskamera. Aarau/Frankfurt am Main/Salzburg 1990.
Schieck, Franz: Grundriß der Augenheilkunde für Studierende. 7.Auflage Berlin 1939.
Schiller, Sabine: "Cunos einziges Kleinod". In: Augsburger Allgemeine. Nr.187. 14.8.1996. S.27.
Schillinger, Klaus, Hg.: Brennspiegel und Brenngläser von E.W. von Tschirnhaus. Dresden 1983.
--: Johann Gottlob Rudolph (1721-1776) – Lebensweg eines bedeutenden sächsischen Mechanikus. In: Feingerätetechnik 35 (1986) S.319-321.
--: Zeicheninstrumente. Dresden 1990.
--: Die mathematisch-technischen Instrumente im Kunstkammerinventar von 1587. In: Sächsische Heimatblätter 6/1990. S.315-319.
--: The Development of Saxon Scientific Instrument-Making Skills from the Sixteenth century to the Thirty Years War. In: Annals of Science 47 (1990) S.277-289.
--: Solare Brenngeräte. Katalog. Dresden 1992.
Schinkel, Eckhard: Einführende Informationen zur Ausstellung: Sammler Fürst Gelehrter, Herzog August zu Braunschweig und Lüneburg. Wolfenbüttel 1979.
Schlichting, H.Joachim: Sonnentaler – Abbilder der Sonne. In: Praxis der Naturwissenschaften – Physik 43/4 (1994) S.19-23.
--: Sonnentaler fallen nicht vom Himmel. In: MNU 48 (1995) S.199-207.
Schlör, Joachim. Hg.: Simon Marius. Mundus Iovialis – Die Welt des Jupiter – lateinisch u. deutsch. (Johann Schrenk Hg.: Fränkische Geschichte Bd. 4.) Gunzenhausen 1988.
Schmidbauer, Richard: Die Augsburger Stadtbibliothekare durch vier Jahrhunderte 1537-1952. (Abhandlungen 10). Augsburg 1963.
Schmiedecke, Adolf: Der Bau der Leibnizschen Rechenmaschine in Zeitz. In: Sächsische Heimatblätter 19 (1973) S.236-238.
Schmitz, E.H.: Handbuch zur Geschichte der Optik. Bonn 1981-1995.
Schneider, Ditmar: Otto von Guericke. Stuttgart/Leipzig 1995.
Schönach, Ludwig: Beiträge zur Kulturgeschichte Tirols. In: Der Sammler. Blätter für tirolische Heimatkunde und Heimatschutz IV (1910) S.175f.
Schöne, W. Hg.: Der Aviso des Jahres 1609. Faksimile. Leipzig 1939.
--: Die Relation des Jahres 1609. Faksimile. Leipzig 1940.
Schöningh, Franz Josef: Die Rehlinger von Augsburg. Paderborn 1927.

Scholze, H.: Was ist Glas? In: Grimm: Glück und Glas. S.127-136.
Schorr, Richard: Die Astronomie in Hamburg in früheren Jahrhunderten. In: Beiträge zur Jungius-Forschung. Hamburg 1929. S.51-55.
Schott, Adolf: Die evangelische Kirche zum Heiligen Kreuz. Augsburg 1903.
Schramm, Helmut: Astronomische Instrumente. Katalog. Staatlicher Mathematisch-Physikalischer Salon Dresden Zwinger. Dresden 1989.
Schramm, Jochen: Sterne über Hamburg. Hamburg 1996.
Schröder, Hans, Hg.: Lexikon der Hamburgischen Schriftsteller bis zur Gegenwart. 8 Bde. Hamburg 1851-1853.
Schrötter, Friedrich Freiherr von: Wörterbuch der Münzkunde. Berlin 1970.
Schubert, Martin: Die botanischen Werke und die naturwissenschaftliche Arbeitsweise des Nehemia Grew. In: Mikrokosmos 86 (1997) S.257-264.
Schulz, Hans: Die Geschichte der Glaserzeugung. Leipzig 1928.
Schwarz, Werner: Vom 'stimpelnden' Uhrmacher zum Kunstverleger. Jeremias Wolff und seine Nachfolger. In: Gier/Janota S.587-620.
Schweig, Bruno: Mirrors. In: Antiquitiy 15 (1941) S.257-268.
Seelig, Lorenz: Scagliola und Pietra dura. Farbige Stein- und Stuckintarsien in Münchner Schlössern und Museen. In: Kunst & Antiquitäten (1987) S.26-39.
--: Die Münchner Kunstkammer. In: Jahrbuch der Bayerischen Denkmalpflege 1986, Bd.40 (1989) S.101-138.
--: Silber und Gold. Augsburger Goldschmiedekunst für die Höfe Europas. 2 Bde. München 1994.
--: Höfische Pracht der Augsburger Goldschmiedekunst. München/New York 1995.
Seifert, Johann: Genealogische Stammtafeln. o.J.
Seitz, A.: Wie man früher auf einfache Weise Optiker werden konnte. In: DOW (1929) Nr.39, S.645-647.
Seitz, Wolfgang: Das Fernsehen von damals: Guckkästen und Guckkastenblätter. In: Sammlerjournal 1977 Heft 10 S.588-591.
--: Die Augsburger Guckkasten-Verlage. Ausstellung. Kreissparkasse Augsburg 1991.
-- Hg.: Augsburg in alten Ansichtskarten. Frankfurt am Main 1978.
Seling, Helmut: Die Kunst der Augsburger Goldschmiede 1529-1868: Meister, Marken, Werke. 3 Bde. München 1980. Ergänzungsband 1994.
Sellner, Christiane, Hg.: Der Gläserne Wald. Glaskultur im Bayerischen und Oberpfälzer Wald. München 1988.
Shirley, J.W. Hg.: Thomas Harriot: Renaissance Scientist. Oxford 1974.
Sieh, Katharina: Gesellschaftliche Führungsgruppen in Augsburg. In: Gottlieb Augsburg S.301-311.
Sieh-Burens, Katharina: Oligarchie, Konfession und Politik im 16.Jh. Zur sozialen Verflechtung der Augsburger Bürgermeister und Stadtpfleger 1518-1618. (Schriften der Philosophischen Fakultäten der Universität Augsburg. Historisch-sozialwissenschaftliche Reihe Bd.29) München 1986.
Simonsfeld, Henri: Der 'fondaco dei Tedeschi' in Venedig und die deutsch-venezianischen Handelsbeziehungen. 2 Bde. Stuttgart 1887.
Simpson, Allen D.C.: Richard Reeve – the 'English Campani' – and the origins of the London telescope-making tradition. In: Vistas in Astronomy 28 (1985) S.357-365.

--: Robert Hooke and practical optics: technical support at a scientific frontier. In: Hunter/Schaffer S.33-61.
--: James Gregory and the Reflecting Telescope. In: JHA 23 (1992) S.79-92.
Singer, Charles: Notes on the Early History of Microscopy. In: Proceedings of the Royal Society of Medicine 7 (1913-14) S.247-279.
--: Die ältesten Abbildungen mikroskopischer Objekte. In: Endeavour 12 (1953) S.197-201.
Singer, Hans Wolfgang: Allgemeiner Bildniskatalog. Leipzig 1934.
Sluiter, Engel: The telescope before Galileo. In: JHA 28 (1997) S.223-234.
Snelders, Henricus Adrianus Marie: Science and religion in the seventeenth century. In: Maffioli/Palm.
Sönmez, Nedim: EBRU – Marmorpapiere. Ravensburg 1992.
--: Zur Geschichte des Marmorpapiers. In: IADA Preprints. Tübingen 1995 (Internationale Arbeitsgemeinschaft der Archiv-, Bibliotheks- und Graphikrestauratoren).
Sommervogel, C. S.J.: Bibliothèque de la Compagnie de Jésus. Nouvelle édition. 11.Bde, Brüssel/Paris 1890-1932. (Première partie: Bibliographie par les pères A.& A.de Backer; seconde partie: Histoire par le père Auguste Carayon).
Soweit der Erdkreis reicht. Johann Moritz von Nassau Siegen. 1604-1679. Katalog. Hg. Stadt Kleve. Kleve 1979 (1980).
Spiegl, Walter: Böhmische Einflüsse. In: Sellner S.26-35.
Spring, Siegfried: Georg Henisch. In: Lebensbilder 13 (1986) S.90-117.
--: David Hoeschel 1556-1617. In: Lebensbilder 14 (1993) S.85-121.
Stadtmüller, Winfried: Münzwesen und Preispolitik im 17. Jahrhundert. In: Pleticha S.140-152.
Stark, Augustin: Beschreibung der meteorologischen Instrumente nebst einer Anleitung zum Gebrauche derselben bey den Beobachtungen, mit 5 Kupfertafeln, von Canonicus Augustin Stark. Gedruckt auf Kosten des Verfassers. Augsburg 1815.
Steckner, Cornelius: Das Museum Cimbricum von 1688. In: Grote S.603-628.
Steinmeyer, E. von: Matrikel der Universität Altdorf. 1912.
Stetten d.Ä., Paul von: Geschichte der Heil. Röm. Reichs Freyen Stadt Augspurg. Aus bewährten Jahrbüchern u. tüchtigen Urkunden gezogen. 2 Bde. Frankfurt 1743-1758.
Stetten d.J., Paul von: Geschichte der adelichen Geschlechter in der freyen Reichsstadt Augsburg. Augsburg 1762.
--: Erläuterungen der in Kupfer gestochenen Vorstellungen aus der Geschichte der Reichsstadt Augsburg. In historischen Briefen an ein Frauenzimmer. Augsburg 1765.
--: Neues Ehrenbuch oder Geschichte des adeligen Geschlechtes der v. Stetten. Augsburg 1766.
--: Kunst-, Gewerb-, und Handwerksgeschichte der Reichs-Stadt Augsburg. 2 Bde. Augsburg 1779-1788.
Steudel, Johannes: Leibniz und die mikroskopische Forschung. In: International Congress of the History of Science 12. Paris 1968. Actes. Tome 3 B. Paris 1971. S.137-141.
Stoye, John: Marsigli's Europe. New Haven & London 1994.

Sträßer, Edith M.H.: Lackkunst, um eine Werkstoffliste vermehrter Sonderdruck aus Reclams Handbuch der künstlerischen Techniken. Band 3, Stuttgart 1986. Hg. vom Museum für Lackkunst, Münster.

Sturdy, David/Henig, Martin: The gentle traveller. John Bargrave, Canon of Canterbury, and his Collection. Abingdon 1983.

Sudhoff, Karl: Versuch einer Kritik der Echtheit der Paracelsischen Schriften II. Berlin 1899.

Swerdlow, Noel M.: A Star Catalogue used by Johannes Bayer. In: JHA 17 (1986) S.189-197.

Sylvan, Nils: Jag Gustav Adam Baner. Uppsala 1988.

Syndram, Dirk: Wissenschaftliche Instrumente und Sonnenuhren. Kunstgewerbesammlung der Stadt Bielefeld, Stiftung Huelsmann. München 1989.

Tamizey de Larroque, Philippe Hg.: Les correspondants de Peiresc. 2 Bde. Paris 1887. ND Genf 1972.

-- Hg.: Lettres de Peiresc. 7 Bde. Paris 1888-1898.

Taton, René/Wilson, Curtis, Hg.: The General History of Astronomy. Bd.II: Planetary Astronomy from the Renaissance to the rise of astrophysics. Part A: Tycho Brahe to Newton. Cambridge 1989.

Tautz, Kurt: Die Bibliothekare der Churfürstlichen Bibliothek zu Cölln an der Spree. 53. Beiheft zum Zentralblatt für Bibliothekswesen. Leipzig 1925.

Taylor, Eva Germaine R.: The Mathematical Practitioners of Tudor and Stuart England. Cambridge 1954.

Teichmann, Jürgen: Wandel des Weltbilds. München 1980.

Telle, Joachim, Hg.: Analecta Paracelsica. Stuttgart 1994.

--: Vom Stein der Weisen. In: Telle Analecta S.167-212.

Tering, Arvo: Album Academicum der Universität Dorpat (Tartu) 1632-1710. Tallinn 1984.

Thewes, Alfons: Oculus Enoch ... Oldenburg 1983.

--: Pater Anton Maria Schyrleus de Rheita. Eine Episode aus seiner politischen Laufbahn. In: Zeitschrift für die Geschichte der Saargegend 31 (1983) S.11-18.

--: Das "Auge von Mainz". In: SuW 25 (1986) S.16f.

--: Ein Ordensbruder und Astronom aus dem Kapuzinerkloster Passau. In: Ostbairische Grenzmarken. Passauer Jahrbuch für Geschichte, Kunst und Volkskunde 30 (1988) S.95-104.

--: Beziehungen Südtirols zur Entdeckungsgeschichte des Fernrohrs. In: Der Schlern 65 (1991) S.284-295.

Thieme U./Becker F.: Allgemeines Lexikon der bildenden Künstler. 37 Bde. Leipzig 1907-1950.

Tierie, Gerrit: Cornelis Drebbel. Amsterdam 1932 (engl.Übs.).

Toepell, M.: Mathematiker und Mathematik an der Universität München. München 1996.

Toepke, G.: Die Matrikel der Universität Heidelberg von 1386 bis 1662. Heidelberg 1886.

Torricelli, Evangelista: Opere di Evangelista Toricelli. Hg. Loria G. und Vassura G. 5 Bde. 1919.

Turnbull, G.H.: Hartlib, Dury and Comenius. London 1947.

--: Samuel Hartlib's influence on the early history of the Royal Society. In: Notes and records of the Royal Society. 10, Nr.2. London 1953. S.101-130.

Turner, Anthony: Early Scientific Instruments. Europe 1400-1800. London 1987.

--: Les instruments scientifiques. In: Antiquités et Objets d'Arts Nr.36 (1992).

--: Interpreting the History of Scientific Instruments. In: Anderson u.a. Hg.: Making Instruments Count. S.17-26.

-- & Gomez Nadine: Pierre Gassendi, explorateur des sciences. Digne-les-Bains 1992.

Turner, Gerard L'Estrange: Decorative Tooling on 17th and 18th Century Microscopes and Telescopes. In: Physis 8 (1966) S.99-128.

--: The History of Optical Instruments. A Brief Survey of Sources and Modern Studies. In: History of Science 8 (1969) S.31-93.

--: Essays on the History of the Microscope. Oxford 1980.

--: Mikroskope. München 1981.

--: Three Late-Seventeenth Century Italian Telescopes, two signed by Paolo Belletti of Bologna. In: Annali dell'Istituto e Museo di Storia della Scienza di Firenze 9 (1984) S.41-64.

--: Animadversions on the Origins of the Microscope. In: North/Roche: The Light of Nature. S.193-207.

--: The Great Age of the Microscope: the Collection of the Royal Microscopical Society through 150 Years. Bristol 1989.

--: Scientific Instruments and Experimental Philosophy, 1550-1850. Aldershot 1991.

--: Museo di Storia della Scienza: Catalogue of Microscopes. Firenze 1991.

Turner G.L'E./Bryden, D.J.: A classified Bibliography on the history of scientific instruments. Oxford 1997.

Uebele, Hellfried: Mathematiker und Physiker aus der ersten Zeit der Münchner Universität. Diss. Universität München 1972.

Uhl, Anton: Augustin Stark (1771-1839) u. St. Stephan. In: Stephania 58 (1986) S.44-49.

Van Cittert, P.H.: Descriptive Catalogue of the Collection of Microscopes in Charge of the Utrecht University Museum. Groningen 1934.

Van der Star, P.: Descriptive Catalogue of the simple Microscopes in the Rijksmuseum vor de Geschiedenis der Natuurwetenschappen at Leyden (Boerhaave Museum). Leiden 1953.

Van Helden, Albert: Eustachio Divini versus Christiaan Huygens: A Reappraisal. In: Physis 12 (1970) S.36-50.

--: The Telescope in the Seventeenth Century. In: Isis 65 (1974) S.38-58.

--: Saturn and his anses. In: JHA 5 (1974) S.105-121.

--: "Annulo Cingitur": The Solution of the Problem of Saturn. In: JHA 5 (1974) S.155-174.

--: The "Astronomical Telescope" 1611-1650. In: Annali dell'Istituto e Museo di Storia della Scienza di Firenze 1 (1976) S.13-36.
--: The importance of the transit of Mercury of 1631. In: JHA 7 (1976) S.1-10.
--: The Invention of the Telescope. In: Transactions of the American Philosophical Society, 67 part 4 (1977) S.3-67.
--: The development of compound eyepieces, 1640-1670. In: JHA 8 (1977) S.26-37.
--: Huygens and the Astronomers. In: Bos u.a. Hg. 1980. S.147-165.
--: Measuring the Universe. Chigaco 1985.
--: The Birth of the Modern Scientific Instrument, 1550-1700. In: Burke Hg. S.49-84.
--: Telescopes and Authority. In: Osiris 9 (1994) S.8-29.
Van Helden, Albert/Hankins Thomas L.: Instruments in the History of Science. In: Osiris 9 (1994) S.1-6.
Van Helden, Anne C./Van Gent Rob H.: The Huygens Collection. Leiden 1995.
--: The Lens Production by Christiaan and Constantijn Huygens. In: Annals of Science 56 (1999) S. 69-79.
Varetti, Carlo Vittorio: L'artefice di Galileo Ippolito Francini detto Tordo. Reale Accademia Nazionale dei Lincei. Rendiconti della Classe de Scienze Morali, Storiche e Filologiche. Ser.6 vol.15 fasc.3-4. Roma 1939.
Vaughan R.: The Protectorate of Oliver Cromwell and the State of Europe. 2 Bde. London 1838.
Vetter, August: Alt-Augsburg. Aufsätze aus dem Feuilleton der Neuen Augsburger Zeitung. Augsburg 1928; 2.Bd. zusammengestellt und bearbeitet von Georg Johann Meyer. Augsburg 1928.
Voelckers, Otto: Glas und Fenster. Berlin 1939.
Vogel, Jekaterina: Ernst I. genannt der Fromme 1601-1675. Herzog von Sachsen-Gotha-Altenburg. Hg. Museen der Stadt Gotha. Gotha 1990.
--: Andreas Reyher 1601-1673. In: Gothaer Persönlichkeiten. Schriftenreihe des Museums für Regionalgeschichte und Volkskunde Gotha. o.J.
Volk-Knüttel, Brigitte: Maximilian I. von Bayern als Sammler und Auftraggeber. Seine Korrespondenz mit Philipp Hainhofer 1611-1615. In: Hubert Glaser Hg.: Quellen und Studien zur Kunstpolitik der Wittelsbacher vom 16. bis zum 18. Jh. München/Zürich 1980. S.83-128. (Mitteilungen des Hauses der Bayerischen Geschichte Bd.1)
Vopelius, Eduard: Entwicklungsgeschichte der Glasindustrie Bayerns. Stuttgart 1895.
Vries, Theun de: Baruch de Spinoza. Rowohlts Monographien. 8.Auflage Reinbek 1994.

Waard, C. de, Hg.: Journal tenu par Isaac Beeckman de 1604 à 1634. Publié avec une introduction et des notes par C. de Waard. 4 Bde. Den Haag 1939-1953.
Wackernagel, Hans Georg, Hg.: Die Matrikel der Universität Basel. Bd.3 1601/2-1665/66. Basel 1962.
Warmbrunn, Paul: Zwei Konfessionen in einer Stadt. Das Zusammenleben von Katholiken und Protestanten in den paritätischen Reichsstädten Augsburg, Biberach, Ravensburg und Dinkelsbühl von 1548 bis 1648. (Veröffentlichungen des Instituts für europäische Geschichte Mainz Bd.111) Wiesbaden 1983.

Warner, Deborah Jean: "What is a scientific Instrumnet, when did it become one, and why?" In: British Journal for History of Science (1990) S.83-93.

--: Telescopes for Land and Sea. In: Rittenhouse 12 (1998) S.33-54.

Wattenberg, Diedrich: Zur Geschichte der Astronomie in Berlin im 16. bis 18. Jahrhundert. In: Die Sterne 48 (1972) S.161-172 und 49 (1973) S.104-116.

Webster, Charles: The origins of the Royal Society. In: History of Science 6 (1967) S.106-128.

--: Samuel Hartlib and the Advancement of Learning. Cambridge 1970.

--: The great Instauration: Science, Medicine and Reform, 1626-1660. London 1975.

--: Benjamin Worsley: engineering for universal reform from the Invisible College to the Navigation Act. In: Greengrass u.a.: Hartlib S.213-235.

Weichold, Arthur: Wilhelm Gotthelf Lohrmann. Leipzig 1985.

Weigl, Engelhard: Instrumente der Neuzeit. Die Entdeckung der modernen Wirklichkeit. Stuttgart 1990.

Weigle, Fritz Hg.: Die Matrikel der deutschen Nation in Siena 1573-1738. Tübingen 1962.

Weilbachs Kunstnerleksikon. 3 Bde. Kobenhavn 1947-1952.

Weiss, August: Das Handwerk der Goldschmiede in Augsburg bis zum Jahre 1681. Gotha 1897.

Weiß, Gustav: Ullstein Gläserbuch. Berlin/Frankfurt/Wien 1966.

Welser, Johann Michael Freiherr von: Die Welser. 2 Bde. Nürnberg 1917.

Welt im Umbruch. Augsburg zwischen Renaissance und Barock. Katalog. 3 Bde. Augsburg 1980.

Werner, Anton: Augsburger Goldschmiede. Verzeichnis der Augsburger Goldschmiede, Silberarbeiter, Juweliere und Steinschneider von 1346-1803. Augsburg 1913.

Werner, Karl: Aus der Frühzeit physikalischer Werkstätten – kleiner Beitrag zu einem Lebensbild Jacob Leupolds (1674-1727). In: NTM, Zeitschrift für Geschichte der Naturwissenschaft, Technik und Medizin 3 (1962) S.45-56.

Werner, Lorenz: Augsburger Stammbücher aus dem 18.Jh. In: ZHVS 20 (1893) S.53-92.

Weyermann, Albrecht: Nachrichten von Gelehrten, Künstlern und anderen merkwürdigen Personen aus Ulm. Ulm 1798.

--: Neue historisch-biographisch-artistische Nachrichten von Gelehrten und Künstlern, auch alten und neuen adeligen und bürgerlichen Familien aus der vormaligen Reichsstadt Ulm. Ulm 1829.

Whipple, Robert S.: John Yarwell or the story of a trade card. In: Annals of Science 7 (1951) S.62-69.

Whitaker, Ewen A.: Selenography in the seventeenth century. In: Taton/Wilson, S.119-143.

Wiedemann, Hans: Augsburger Pfarrerbuch. Die evangelischen Geistlichen der Reichsstadt Augsburg 1524-1806. Nürnberg 1962.

Wilde, Emil: Geschichte der Optik. Berlin 1838/1843. ND Wiesbaden 1968.

Will, Georg Andreas: Nürnbergisches Gelehrten Lexicon 1-4. Nürnberg 1755-1758.

Willach, Rolf: Schyrl de Rheita und die Verbesserung des Linsenfernrohres Mitte des 17. Jahrhunderts. In: SuW 34 (1995) S.102-110; 186-192.

Wilson, Catherine: The Invisible World: Early Modern Philosophy and the Invention of the Microscope. Princeton 1995.

Winau, Rolf: Zur Frühgeschichte der Academia Naturae Curiosorum. In: Fritz Hartmann/Rudolf Vierhaus, Hg.: Der Akademiegedanke im 17. und 18. Jh.. Göttingen 1977 (Wolfenbütteler Forschungen Bd.3). S.117-137.

--: Medizin und Technik: Interdependenzen und ethische Herausforderungen. In: Nachrichtenblatt der deutschen Gesellschaft für Geschichte der Medizin, Naturwissenschaft und Technik 47 (1997) S.170-187.

Winkler, Mary G./Van Helden, Albert: Representing the Heavens. In: Isis 83 (1992) S.195-217.

--: Johannes Hevelius and the visual language of astronomy. In: Field/James. S.97-116.

Wirtz, F.A.: 3 Tage in Augsburg. Anhang zu Jäger-Waitzmann: Geschichte der Kreishauptstadt Augsburg. Augsburg 1840.

Wittig, J.: Joseph Fraunhofer – Begründer des wissenschaftlichen Fernrohrbaus. In: Feingerätetechnik 36 (1987) 3. S.129-131.

Wolf, C. Historie de l'observatoire de Paris. Paris 1902.

Wolf Rudolf: Biographien zur Kulturgeschichte der Schweiz Bd.1. Zürich 1858

--: Mathias Hirzgarter von Zürich 1574-1653. In: Biographien Bd.1. S.81-94.

--: Hans Kaspar Schmutz. In: ebd. Bd.I S.108f.

--: Geschichte der Astronomie. Zürich 1877.

--: Handbuch der Astronomie, ihrer Geschichte und Literatur. Zürich 1890.

Worp, J.A., Hg.: Constantijn Huygens. De briefwisseling. In: Ryks Geschiedkundige Publikatieèn. S'Gravenhage 1911-1916.

Wotschke, Th.: Der Posener Kirchenpfleger Georg Hartlieb. In: Historische Monatsblätter für die Provinz Posen XI (1910) S.1-5.

Würth, Museum, Hg.: Die Schraube zwischen Macht und Pracht. Katalog hg. vom Museum Würth Künzelsau und Archäologischen Landesmuseum Baden-Württemberg. Künzelsau 1995.

Wynter Harriet/Turner Anthony: Scientific Instruments. London 1975.

Young, John T.: Faith, Medical Alchemy and Natural Philosophy. Johann Moriaen, Reformed Intelligencer, and the Hartlib Circle. Aldershot 1998.

Zach, Franz Xaver von: Monatliche Correspondenz zur Beförderung der Erd- und Himmelskunde. Gotha um 1800.

Zapf, Georg Wilhelm: Augsburgische Bibliothek. Augsburg 1759. 2 Bde.

Zecchin, L.: Bortolo d'Alvise ai tre mori. In: Vetro e Silicati XIII. 76 (Juli/August 1969) S.22-25.

Zeiss und Marwitz & Hauser, Hg.: Beiträge zur Geschichte der Brille. Sammlung wissenschaftlicher Aufsätze und Berichte über die Brille und ihre Geschichte. Oberkochen 1958.

Zeitschrift des Historischen Vereins von Schwaben (und Neuburg) (ZHVS).

Ziggelaar, August: François de Aguilón S.J. (1567-1617). Scientist and Architect. Rom 1983.
--: Astronomie der Jesuiten nördlich der Alpen. Vier unveröffentlichte Jesuitenbriefe 1611-1620. In: Sammelblatt des Historischen Vereins Ingolstadt, 102/103 (1993/4) S.369-384.
Zimmermann, Eduard: Augsburger Zeichen und Wappen. Augsburg 1970.
Zimmermann, Wolfgang: Sammlungsgegenstände aus Natur und Technik der Kunstkammer Ernst I. von Sachsen-Gotha-Altenburg (1640-1675). In: Grote: Microcosmos S.629-642.
Zingg, Raoul: Zwei Jahrhunderte Entwicklungsgeschichte des Mikroskops. In: Mikrokosmos 63 (1973) S.129-136.
Zinner, Ernst: Geschichte und Bibliographie der astronomischen Literatur in Deutschland zur Zeit der Renaissance. Leipzig 1941.
--: Entstehung und Ausbreitung der copernicanischen Lehre. Erlangen 1943; 2.Auflage hg. und ergänzt von Heribert M. Nobis und Felix Schmeidler. München 1988.
--: Deutsche und niederländische astronomische Instrumente des 11. bis 18. Jahrhunderts. München 1956.
Zorn, Wolfgang: Grundzüge der Augsburger Handelsgeschichte 1648-1806. Augsburg 1956.
--: Gesellschaftsgeschichte 1518-1650. In: Umbruch Bd.1 S.72-75.
--: Augsburg. Geschichte einer europäischen Stadt. 3., ergänzte Auflage. Augsburg 1994.
--: Augsburg und die Türken. In: ZHVS 89 (1996) S.139-155.
Zweckbronner, Gerhard: Rechenmeister, Ingenieur und Bürger zu Ulm – Johann Faulhaber (1580-1635) in seiner Zeit. In: Technikgeschichte 47 (1980) S.114-132.

Museen, die historische Instrumente aufbewahren, und Glasmuseen (Auswahl)

Arhus DK: Steno Museet (Wissenschaftshistorisches Museum)
Amsterdam: Historisches Museum; Nederlands Scheepvaart Museum
Augsburg: Handwerkermuseum (Uhrmacherwerkstatt);
Städtisches Maximilianmuseum; Gymnasium bei St.Stephan
Basel: Historisches Museum
Benediktbeuren: Historische Fraunhofer-Glashütte
Berlin: Kunstgewerbemuseum Tiergartenstraße; Archenhold Sternwarte
Bielefeld: Kunstgewerbesammlung der Stadt, Stiftung Huelsmann
Bologna: Universitätsmuseen: Physik; Astronomie (Specola)
Braunschweig: Anton Ulrich Museum; Landesmuseum; Städtisches Museum
Cambridge GB: Whipple Museum of the History of Science
Cambridge Mass. USA: Sammlungen der Havard Universität

Chicago: Adler Planetarium
Coburg: Veste (Glassammlung)
Darmstadt: Hessisches Landesmuseum
Dresden: Staatl.Mathematisch-Physikalischer Salon; Hygienemuseum
Edinburgh: The Royal Scottish Museum
Florenz: Istituto e Museo di Storia della Scienza Firenze
Franeker NL: Eise Eisinga Planetarium
Frankfurt: Städtisches Historisches Museum
Freising: Museum des Historischen Vereins
Genf: Musée de L'Histoire des Sciences
Groningen NL: Universitätsmuseum
Gotha: Schloßmuseum
Greenwich: Maritime Museum; Royal Observatory
Hamburg: Museum für Kunst und Gewerbe
Hannover: Städtisches Museum
Haarlem NL: Teylers Museum
Heidelberg: Deutsches Apothekenmuseum
Helsinki: Observatorium
Ingolstadt: Deutsches Medizinhistorisches Museum; Städtisches Museum
Innsbruck: Volkskundemuseum
Jena: Optisches Museum der Abbe-Stiftung
Kassel: Museum für Astronomie- und Technikgeschichte Orangerie
Köln: Städtisches Museum
Kopenhagen: Runder Turm; Schloß Rosenborg; Nationalmuseum;
Medizinhistorisches Museum
Kremsmünster: Stift
Lauscha: Museum für Glaskunst
Leiden NL: Museum Boerhaave
Lindau: Stadtmuseum
London: British Museum; Science Museum; Victoria and Albert Museum;
The Wellcome Museum of the History of Medicine im Science Museum
Lübeck: St.Annen Museum
Lüneburg: Städtisches Museum
Mailand: Museo Civico di Storia Naturale
Mannheim: Museum für Technik und Arbeit; Reißmuseum
München: Bayerisches Nationalmuseum;
Deutsches Museum (auch Abteilung Glastechnik);
Städtisches Museum (Fraunhofer-Werkstatt im Fotomuseum)
Moskau: Staatliches Historisches Museum; Staatliches Politechnisches Museum
Nürnberg: Germanisches Nationalmuseum; Gewerbemuseum
Oberkochen: Optisches Museum der Firma Zeiss
Oxford: Museum of the History of Science

Padua: Museo di Storia della Fisica, Universita degli Studi di Padova
Paris: Conservatoire National des Arts et Métiers; Observatoire de Paris;
Musée de la Marine; Musée Pierre Marly
Passau: Glasmuseum

Prag: Technisches Museum (Národni technické muzeum);
Kunstgewerbemuseum (Umlecko Primyslové)
Regensburg: Keplerhaus; Städtisches Museum
Rom: Osservatorio Astronomico di Monte Mario
Salzburg: Museum Carolino Augusteum; Dommuseum
Schleswig: Schloß Gottorf
Skokloster Schweden: Schloßmuseum
Sorø Dänemark: Hauchs Physiske Cabinet (Sorø Akademie)
Stockholm: Observatoriemuseet (altes Observatorium);
Schloß: Livrustkammaren (Kgl. Rüstkammer); Nordiska Museet;
Sjöhistoriska Museet
St.Moritz: Heimatmuseum
St.Petersburg: Eremitage; Kunstkammer; Observatorium Pulkowo
Stuttgart: Württembergisches Landesmuseum
Theuern: Bergbau- und Industriemuseum Ostbayern
Turku Finnland: Altes Observatorium
Ulm: Städtisches Museum
Uppsala: Universität (Museum Gustavianum): Kunstschrank Gustav Adolf;
Observatorium
Utrecht: Universitätsmuseum
Weimar: Schloßmuseum
Washington D.C.: The Billings Microscope Collection
Wien: Kunsthistorisches Museum; Technisches Museum
Wolfenbüttel: Herzog August Bibliothek
Würzburg: Mainfränkisches Museum Festung Marienberg
Zürich: Medizinhistorisches Museum; Landesmuseum
Zwiesel: Bayerisches Waldmuseum (Glas)

Register der Orts- und Personennamen

Im folgenden Register wurden alle Personen- und Ortsnamen verzeichnet, die im Text oder in den Fußnoten vorkommen. Auf einen Registereintrag 'Augsburg' und 'Johann Wiesel' wurde verzichtet. Frauen werden, wenn nicht anders angegeben, unter ihrem Mädchennamen genannt. Landesherren sind unter dem Namen des Territoriums aufgenommen, lediglich Päpste, Kaiser und Könige finden sich unter den Vornamen.

Es wurden folgende Abkürzungen verwendet:

Hzg.	Herzog	Erzhzg.	Erzherzog	SJ	Societas Jesu
Großhzg.	Großherzog	Kfst.	Kurfürst		

A

Abbe, Ernst (1840-1905) 290
Adriaenszoon (Metius), Jacob (+1628) 47
Agricola. Georg (1494-1555) 226
Ainmüller, Christoph 242
Aitzema, Leo de (1600-1669) 212
Alhazen (963-1039) 351
Alletag, Glasschleifer 190
Altare 223, 224
Altdorf 64, 90, 95f., 163, 192, 197, 203, 242, 351
Altenburg 81, 319, 398
Altomünster 67
Amman, Paulus 175
Amsterdam 47, 69, 92, 103, 113, 115, 119f., 126f., 130-134, 147, 172, 174, 177, 213, 215, 225, 231, 244, 283, 296, 348, 379, 386, 398, 440, 442, 461, 480
Anckel, Johann Georg (+1676) 54, 77, 83, 88f., 92, 99, 137, 151, 157, 185f., 260, 262, 326, 330, 470f., 472, 474
Andreae, Johann Valentin (1586-1654) 55, 63, 65, 116, 118, 226f., 253-255, 264, 270f., 385, 439f., 442, 456
Anethan, Johann von, Kanzler (+1668) 265, 439
Anhalt, August Fürst zu (1575-1653) 15, 46f., 51, 53, 99, 112, 125, 199, 245, 249f., 278f., 309, 323, 344-347, 353, 373, 388, 423-426, 438, 447-456
Antonio, Maestro 48
Antwerpen 13, 22, 68, 78, 111, 119, 133, 147f., 204, 225f., 235f., 244, 284 -287, 295, 307, 398, 442, 479f.
Apian
- Peter (1495-1552) 90
- Philipp (1531-1589) 90, 224
- Sabina (1570-1615) 90
Archimedes von Syrakus (287-212 v.Chr.) 345, 447, 454f.
Aristoteles (384-322 v. Chr) 30, 32, 34, 350
Armanno, Brillenmacher 48
Arnold
- Barbara 43, 61

- Hans 43, 61
- Jonas d.Ä. (um 1570-1617) 44
- Jonas d.J. (1609-1669) 44, 91
- Philipp 44, 61, 62
- Regina 42-44, 61-63, 65, 70, 91, 373
- Regina (1615-1626) 86
- Sabina 43
- Samuel 44
- Susanna 44
- Weigand 42
- Wolfgang (um 1564-1622) 44f., 62, 86
Auzout, Adrien (1630-1691) 370
Avignon 139

B

Bacci, Girolamo 48
Bacon
- Francis (1561-1626) 242
- Roger (1214-1292) 345, 351
Baden-Baden
Ludwig Wilhelm, Markgraf 171
Bacher, Christoph Georg 470
Baeck, Elias (1679-1747) 178
Bailloû, Francus de 215
Baker, Henry (1698-1774) 180
Bamberg 32, 92
Baner
- Gustav Adam (1632-1681) 121f.
- Johan (1596-1641) 122
Bargrave, John (1610-1680) 138
Barmet, Thomas 271f.
Barovier, Angelo (1405-1460) 223
Basel 15, 29, 174, 215
Baumgartner, Ulrich (1580-1652) 242
Bausch, Johann Lorenz (1605-1665) 162
Bayer (Bavarus), Bartholomäus (1598-1682) 75
Bayer, Johannes (1572-1625) 30, 32, 37, 93, 108, 372
Bayern
- Albert Sigismund, Fürstbischof von Freising (1623-1685) 157, 206
- Albrecht V. Hzg. (1528-1579) 106
- Ernst, Kfst. (1554-1612) 32, 269
- Max Emanuel, Kfst. (1679-1726) 171
- Max I., König (1756-1825) 196
- Maximilian I., Kfst. (1573-1651) 55, 73f., 87, 92, 108f., 250, 255, 261-264, 273, 279, 342, 359, 374, 438-441
- Wilhelm V., der Fromme, Hzg. (1548-1626) 109
Bechler, Christoph (1603-1652) 25
Beeckman, Isaak (1588-1637) 126, 148, 234, 313
Behaim, Georg Friedrich (1616-1681) 204
Behem, Albrecht 271f.
Beich, Johann Joachim (1665-1748) 355
Belletti, Paolo 215
Bellotto, Bernardo, genannt Canaletto (1720-1780), 354
Benz, Johann Bartholomäus (1643-1718) 110, 200, 204f., 211
Bergmüller, Johann Georg (1688-1762) 355
Berkenstein, Glaser 190, 237
Berlin 17f., 64, 78, 107, 146, 174f., 190f., 201f., 204, 208-210, 226, 243, 276, 337, 348, 357, 384, 391, 480
Bernegger, Matthias (1582-1640) 90
Bernhard, Johann Baptist (um 1655-1714) 155
Bessel, Friedrich Wilhelm (1784-1846) 269
Beuther, Johann Conrad (1721-1783) 92, 152, 158, 176, 183, 189-192, 207, 235-237, 305, 342, 354f., 382, 446
Beyer. Johann (1673-1751) 209
Beyschlag, Johann Christoph (1645-1712) 169f.
Birk. Sixt (1501-1554) 26, 29
Blaeu, Joan (1598-1673) 148, 379
Bobinger, Maximilian (1895-1973) 12
Bodenehr, Gabriel d.Ä. (1673-1765) 174
Bologna 14, 36, 69, 93, 95, 121, 141, 167, 207, 214f., 293f., 327, 339, 378, 398, 440, 480
Bonnani, Philipp SJ (1638-1725) 95
Borelli, Giovanni Alfonso (1608-1679) 167
Borellus, Petrus (1620-1689) 94, 328
Börer, Conrad (1711-1756) 174
Boswell, Sir William 282

Boulliau (Bullialdus), Ismael (1605-1694) 102f., 105, 139, 145f., 200

Boyle, Robert (1627-1691) 102, 124, 132, 314, 325, 339, 441

Bozen 157, 231, 476

Brahe, Tycho (1546-1601) 27f., 34, 68, 102, 268f., 371

Brandenburg

- Friedrich Wilhelm, Kfst. (1620-1688) 128, 130, 269, 306, 337, 478
- Joachim Ernst, Markgraf (1583-1625) 269

Brander

- Barbara Euphrosina (*1754) 194
- Georg Friedrich (1713-1783) 12, 85, 177, 183, 191-197, 235, 295, 304, 341-343, 352, 355, 358, 370, 382, 387, 417, 419f., 481, 483

Braun, Antonius (1685-1728) 211

Braunschweig 54, 85, 116, 128, 261, 447, 465

Braunschweig-Lüneburg

- Anton Ulrich (1633-1714) 77
- August d.J., Hzg. (1579-1666) 14, 35, 46, 51f., 54f., 57, 59, 65, 75-77, 81, 84, 88f., 92, 99, 106, 110-117, 128, 130, 157, 186, 212, 245, 250f., 253, 258, 261f., 264, 273-275, 279f., 295f., 305, 309f., 312, 319, 326, 347, 353, 376f., 384f., 400, 410, 426, 438-446, 456f., 460f., 464-469, 471-474., 479
- Johann Friedrich (1625-1679) 111, 116, 264f., 444
- Rudolf August (1627-1704) 128-130

Breithaupt, Johann Christian (1736-1799) 195f.

Brescia 157, 398, 446, 475

Brücke, Ernst Wilhelm von (1819-1892) 359f.

Brueghel d. Ä., Jan (um 1520-1525) 267

Brüssel 24, 68f., 200, 480

Büchner, Andreas Elias (1701-1769) 97, 210, 359, 388

Burattini, Tito Livio (1617-1682) 145

Burrweiler 41f., 373

Buschmann

- Hans (1600-1662) 79

Buschmann, Familie 46

Bushel 135

Butterfield, Michael (um 1635-1724) 167, 337, 387, 482

C

Cambridge 123

Campani, Giuseppe (1635-1715) 141, 147, 209, 211, 214-216, 264, 290, 295, 314, 330f., 333, 357, 383, 406, 413, 480-483

Canaletto, Antonio (1697-1768) 354

Canterbury 138

Cardano, Girolamo (1501-1576) 351

Cassini, Giovanni Domenico (1625-1712) 141, 214, 480

Cats, Jacob (1577-1660) 181f., 381

Cavendish

- Sir Charles (1591-1654) 118-120, 127, 211, 283f., 286, 375, 440, 479
- William, Earl of Newcastle 120, 283

Cesi, Federico, Fürst (1585-1630) 33, 272, 308, 327, 481

Chapotot, Nicolas (tätig 1670-1686) 339

Cherubin d'Orleans (1613-1697) 66, 215, 236, 315, 482

Chevalier, Charles (1804-1859) 359f.

Chevreuse, Hzg. von 330, 445

Chorez, Daniel (um 1580-1659) 48, 214, 306, 373, 479

Christian IV., König von Dänemark (1577-1648) 16, 59, 116, 264, 349, 392, 435

Christine, Königin von Schweden (1626-1689) 58, 89

Christmann, Jacob (1554-1613) 270

Ciampini, Giovanni Giustino 340

Coburg 92, 314

Cock, Christopher (+1697) 135, 211, 216, 383, 480

Colvius, Andreas (1594-1627) 148

Comenius, Jan Amos (1592-1670) 124, 128

Conradi, Johann Michael (+1742) 169, 314

Constante, Vergilio 265

Contarini, Familie 230

Copernicus, Nicolaus (1473-1543) 26f., 144, 268, 372
Corvinus, Johann August (1683-1738) 174
Court, Thomas Henry (1868-1951) 291
Cram (Kram), Friedrich von 128f.
Cremona 225
Culpeper, Edmund (1666-1738) 137, 320, 483
Cuno
- Cosmus Conrad (1652-1745) 12-14, 16, 95, 150, 158, 162-185, 190f., 206, 208, 217, 236, 305, 327f., 334-343, 357, 360, 370, 380-382, 387, 395, 415f., 418, 434f., 437, 446, 480f., 483
- Johann Conrad (1690-1764) 165, 173, 184
- Mauritz (+1712) 162f., 165, 168
- Moritz 162f.
Cysat, Johann Baptist SJ (1587-1657) 30, 66f., 108, 375

D

Dahn, Ludwig von (+1603) 42
d'Alvise, Bortolo 224
Danus *Siehe* Thenn
Danzig (Gdansk) 12, 16, 24, 60, 78, 81, 103-105, 107f., 112, 122f., 128, 133, 138-140, 144-147, 151f., 174, 295, 305, 374f., 379f., 398, 447, 478
Darmstadt 209
Daza de Valdes 49, 248
Dechales, Milliet SJ (1621-1678) 332
Delaune, Etienne (1518/9-1583) 234
Delft 168, 212, 335, 354
Den *Siehe* Thenn
Den Haag 213, 216, 267, 329, 398
Denecke, C.L. 169, 349
Depiere
- Daniel (+1682) 12f., 15f., 60, 70, 83, 95f., 123, 147, 150-161, 165f., 169f., 184f., 188f., 201, 203, 206, 210, 237, 239, 244, 246, 252, 291, 305f., 313f., 319, 322, 328-334, 336, 343-345, 349f., 353f., 358, 360f., 364f., 367, 370, 374, 380f., 383, 387f., 413, 429-433, 435, 445-447, 474-480, 482
- Hans Antoni (*1656) 60
- Hans Heinrich (*1653) 155, 380
- Helena Barbara (1669-1704) 153-155, 165
- Leonhard David (1681-1741) 154, 165, 171
Depouilly, J. (um 1660-um1710) 339, 483
Deregni, Angelo 214
Derichs, Sophonias de (1712-1773) 201, 420
Descartes, René (1596-1650) 102, 126, 148, 175, 235, 313, 481
Deupold, Paul 441, 461
Dietrich, Magdalena (+1604) 42
Digby, Sir Kenelm (1603-1665) 120, 124, 277
Dillingen 56, 67, 364
Divini, Eustachio (1610-1685) 89f., 94, 113, 116, 119f., 123, 143f., 202, 211, 214-216, 264, 288, 313, 318f., 330f., 333, 370, 383, 386, 406, 414, 479-483
Dobler, Johann Michael (+um 1742) 210f.
Dominis, Marco Antonio de (1560-1624) 273
Doppelmayr, Johann Gabriel (1677-1750) 95f., 163, 192
Dörffel, Georg Samuel (1643-1688) 201
Drebbel, Cornelis (1572-1633) 47f., 50, 89, 102, 148, 236, 312f., 315, 373, 481
Drentwett, Balduin (1545-1627) 45
Dresden 16, 31, 55, 78, 92, 106, 157f., 185, 202f., 208, 277, 295, 303f., 311, 313f., 319, 322, 332-334, 341, 348, 375, 377, 387, 395, 398, 413, 437, 444f., 482
Dubreuil, Jean Baptiste SJ (1582-1663) 210, 354
Duncker, Johann Heinrich (1767-1843) 198
Dürer, Albrecht (1471-1528) 354
Dury (Duraeus), John (1596-1680) 124f.

E

Eberle, Veltlin 42
Eberspach
- Johann Friedrich (1653-1704) 172
- Regina 173
Edelheer, Jacobus (1597-1657) 148, 235f., 287, 379, 442, 480
Ehinger, Elias (1573-1653) 34, 37

Ehrenberg, Christian Gottfried (1795-1876) 204
Ehrhardt, Balthasar (1700-1756) 179
Eichel
- Emanuel d.Ä. (1690-1752) 174
- Emanuel d.J. (1718-1782) 174
Eichstätt 83, 111, 229, 377, 398
Eimmart
- Georg Christoph (1638-1705) 95f., 155, 163, 203f., 207, 480
- Maria Clara (1676-1707) 95f.
Elbing 123, 125
Elsholz, Johann Sigismund (1623-1688) 337f.
Endris, Philipp (+1612) 45
Erfurt 97, 101, 112, 359, 388
Erhart, Antoni 103
Erlangen 434
Essig
- Johann Gottfried (1688-1751) 176
- Johann Philipp 176
Eszterhazy, Graf 174

F

Faber, Johann (1574-1629) 32f., 308
Fabri, Honoratus SJ (1606-1688) 331
Fabricius
- David (1564-1617) 33
- Johannes (1587-1615) 33
Faulhaber, Johann (1580-1635) 64, 102, 108, 354
Fendt, Donat 231, 444
Ferdinand II., Kaiser (1578-1637) 55, 270, 374, 438
Ferdinand III., Kaiser (1608-1657) 59, 69, 79, 86f., 97, 109, 200, 252, 262, 374, 377, 439f., 442
Ferdinand IV., deutscher König (1633-1654) 86, 109
Firmian, Anton Leopold von, Erzbischof 175
Fischer, Susanna (1600-1674) 172
Flamsteed, John (1646-1719) 212
Flemlingen 41f
Florenz 48, 55, 104, 119, 121f., 124, 137, 167, 187, 213, 215f., 224, 226, 275f., 329f., 339, 363, 377f., 398, 479
Fogel, Martin (1634-1675) 156, 328, 349, 445
Fontana, Francesco (1580-1656) 49, 89, 94, 96, 116, 119-121, 163, 206, 214, 277, 293, 323f., 327, 373, 378, 383, 479, 481
Fontana, Giovanni (1395?-1455?) 366
Forstenhäuser, Georg (+1659) 111, 115, 264
Francini, Ippolito (1593-1653) 48, 94, 213, 276, 373, 383, 479
Francke, August Hermann (1663-1727) 176
Frankfurt am Main 71, 91, 112, 125, 131, 157, 164, 206, 209, 247, 269, 272f., 314, 355, 377, 398, 441
Fraunhofer, Joseph von (1787-1826) 196-198, 233, 235, 269, 382, 481
Frederik III., Kg. von Dänemark (1609-1670) 60, 116f., 263, 442
Freiburg i.Br. 68, 200
Freising 66, 96, 157, 184, 190, 206-208, 398
Frisius, Gemma (1508-1555) 351
Fuchs von Bimbach, Johannes Philipp von 269, 272
Fuchs, Franziskus 242
Fugger
- Georg (1518-1569) 35
- Hans-Ernst (1590-1639) 273
- Octavian Secundus (1559-1600) 36, 241
- Ott Heinrich (1592-1644) 56, 58, 263, 273, 276, 279, 310, 438
- Philipp Eduard (1546-1618) 35-37, 273, 277, 479
Fürst, Onophrius 43
Fürth 209
Füssen 66, 111, 231, 279, 281, 362

G

Gailenbach 78f.
Galantha 174
Galilei, Galileo (1564-1642) 31-33, 47f., 50, 65, 89, 94, 102, 121, 213, 268-270, 276, 278, 309, 312f., 327, 423, 453, 456, 479, 481
Gascoigne, William (1619-1644) 370
Gassendi, Pierre (1592-1655) 118, 139, 283
Gebhard, Anna Veronica 184
Geisburg 41f.
Geizkofler, Zacharias (1560-1616) 36f., 92

Gepeckh, Veit Adam von, Fürstbischof von Freising (1584-1651) 66, 206
Glauber, Rudolf (1604-1670) 126
Gleichen genannt Rußworm, Johann Friedrich von (1717-1783) 180
Glückstadt 59, 116, 281, 398
Goddard, Jonathan (1617-1675) 211
Göllner, Adam (um 1653.1724) 211
Gotha 15f., 77, 81, 99f., 106, 111, 140, 199, 205, 280, 295, 305f., 320, 343, 375, 398, 408, 441, 445, 474
Goubau, Franciscus de (1622-1678/9) 287
Graff, Carolus, Pater 155
Gray, Courier 330
Greenwich 139, 141, 207, 212, 348
Gregor XIII., Papst (1502-1585) 24
Gregory, James (1638-1675) 370
Greiner, Hans 229
Gretser, Jakob SJ (1562-1625) 32
Grew, Nehemia (1628-1711) 167
Griendel von Ach, Franz (1631-1687) 13, 181, 203, 480, 482f.
Grill, Paul (?) 130
Grimaldi, Francesco Maria SJ (1618-1663) 93, 121, 293f., 369, 378, 440
Grimm, Jakob d.Ä. 70, 72
Gross, Hans 228
Grundtner, Andreas 175
Guericke, Otto von (1602-1686) 110, 204, 339
Guinand, Pierre Louis (1748-1824) 198, 232, 235, 382
Gustav II. Adolf, König von Schweden (1594-1632) 55-58, 99, 114, 250f., 264, 280, 366, 374, 401
Gutschoven, Gerard van (1615-1668) 134, 149, 235
Gyldenlove (Guldenlöw) Ulrik Frederik (1638-1704) 111, 117, 378, 443
Gyntelberg, Nicolaus (Niels) (1626-1661) 116
Gyrott, Catharina 63

H

Haak, Theodore (1605-1690) 103, 120, 124
Haas
- Johann Jacob (1693-1754) 193
- Johann Matthias (1684-1742) 194
- Salomon (1648-1702) 194
Haid, Johann Jakob (1704-1767) 355
Hainhofer
- Augusta 77
- Barbara verh. Barmet 118, 271
- Barbara verh. Hirt (+1647) 78
- Hieronymus (1611-1683) 127
- Melchior (1560-1626) 72, 118, 271
- Philipp (1578-1647) 14, 25, 34f., 46f., 53-60, 63-65, 72, 75, 77, 87, 99, 103, 105, 108, 111, 116-118, 127, 142, 150, 226, 230, 242f., 250-256, 264f., 271, 273-277, 279-281, 295, 309, 311f., 348, 365f., 369, 373f., 377f.
- Regina (+1654) 72
Hainzel
- Hans Heinrich 90
- Johann Baptist (1524-1581) 27, 90, 93, 372
- Paulus (1527-1581) 27, 93, 372
- Veronica (1577-1635) 90
Halder, Joseph von (1701-1757) 193
Hall, Chester Moor (1704-1771) 481
Hall in Tirol 225, 229, 383
Halle a.d.Saale 97, 112, 175f., 356, 359
Hamburg 16, 36, 56, 69, 85, 103, 110f., 117f., 121f., 127, 156, 162f., 165f., 174, 196, 202, 209, 226, 281, 283f., 290-292, 328, 379f., 386, 398, 427
Hannover 15, 52
Harriot, Thomas (1556-1621) 33, 48, 268, 373, 479
Harsdörffer, Georg Philipp (1607-1658) 64, 94, 111, 114f., 242f., 328, 376, 480
Härtl, Johann Rupert 173
Hartlib, Samuel (1600-1662) 14f., 17, 97, 102f., 120-128, 131f., 134f., 137, 139, 142f., 147, 214, 252, 264, 290f., 296, 314, 324, 375, 378-380, 386, 427, 440, 458-460, 462f, 476, 480
Hartlieb
- Georg (+1627) 123
- Nikolaus 123
-Jakob 123

Hartsoeker, Nicolaas (1656-1725) 333, 483
Harvey, William (1578-1658) 167
Häsel, Theodor (1595-1658) 202
Hecker
- Abraham 476
- Johannes (1625-1675) 147, 445, 476
Heggenauer (Heckenauer), Leonhard (+1705) 154
Heidelberg 41, 79, 125, 270, 376
Heilsbruck 41
Heiß, Johann (1640-1704) 164f.
Helmholtz, Hermann von (1821-1894) 355f., 360, 388
Helwig, Christoph (1581-1617) 36
Henisch, Georg (1549-1618) 24, 29, 32-34, 36f., 250, 278, 372
Henisius, Johannes (1585-1656) 61, 153, 328, 358
Henshaw, Thomas (1618-1700) 124, 136
Hertel
- Christian Gottlieb (1683-1743) 237, 320, 483
- Hans Georg (1626-um 1698) 129
Hessen-Kassel-
Karl, Landgraf (1654-1730) 209
Hevelius (Hevel), Johannes (1611-1687) 12, 78, 80, 93, 95, 97, 101, 103-105, 107, 113, 119, 121, 128, 131-133, 138-147, 152, 155, 157, 200-202, 236f., 244f., 291, 294, 298, 304f., 314f., 325, 343, 349, 361, 363, 378-380, 388, 409, 427, 442f., 445, 458- 460, 464, 476-480, 482
Hirschmann, Maximilian Christoph 174
Hirt, Hans Martin (1588-1661) 25, 54, 74-79, 82, 87f., 99, 109f., 113, 117, 129f., 151, 186f., 231, 250, 255f., 261, 276, 447, 457, 460f., 464-469, 471f.
Hirzgarter, Matthias (1574-1653) 49, 205f., 459
Hitzacker 54, 111, 280, 398
Höchstetter, Sebastian (1511-1569) 225
Hoeb, Christian 210
Hoefnagel, Georg (1542-1600) 308
Holl
- Elias (1573-1646) 33f., 44, 54, 196
- Elias d.J. (1611-1657) 44
Homberg, Wilhelm (1652-1715) 339f.
Hooke, Robert (1635-1703) 103, 135-137, 164, 167, 211, 319f., 327, 334f., 338, 342, 482
Hopfer, Thomas (1618-1678) 88
Horn, Bengt, Baron 146, 202
Horngacher, Martin 244
Hortensius, Martinus (1605-1639) 47
Höschel
- Christoph Kaspar (1744-1820) 12, 85, 191, 194-197, 382, 481, 483
- David (1556-1617) 31, 36f., 165, 195
- Michael (1644-1706) 165, 183
Hosenestel
- Abraham (1604-1670) 61, 172
- Anna Maria 172
- Isaak (1599-1679) 172
Hößlin, Balthasar von (1690-1750) 175
Howard, Lord William (1563-1640) 249
Hoyn, Hofmarschall 264, 445
Hübner, Joachim (1611-1666) 124, 128, 130
Hudde, Johannes (1628-1704) 329, 335
Huthmann, Henning 209
Huygens
- Christiaan (1629-1695) 14, 102, 104, 134, 141, 146-150, 188, 202, 213, 215f., 235f., 287, 290, 295, 298-302, 305, 307, 315, 317, 320-322, 329, 337, 367, 370, 379, 387, 406, 442f., 469, 480, 482f.
- Constantijn d.Ä. (1596-1687) 104, 148, 315, 379, 443
- Constantijn d.J. (1628-1697) 148f., 213, 320
Hven 27f.

I

Ihle, Abraham (1627-um 1700) 157, 199, 201, 477f.
Indersdorf 66
Ingolstadt 30, 32, 46, 51, 66, 90, 108, 203, 207, 270, 272, 372, 375
Innsbruck 55, 224f., 231, 272, 365, 383
Istanbul 68

J

Janssen, Sacharias (+ um 1630) 47
Jena 18, 92, 95, 163, 175, 198, 200f., 208, 290f., 339, 367
Joblot, Louis (1645-1723) 181, 381
Johann II. Kasimir, König von Polen (1609-1672) 105, 145
Jungius, Joachim (1587-1657) 36, 103, 110, 328
Jungmayr
- Georg (1564-1634) 43, 61
- Magdalena 61
Juni (Junius), Ulrich (1670-1726) 201
Justel, Henry (1620-1693) 337

K

Kager, Matthias (1575-1634) 45
Kanold, Johann (1679-1729) 97, 367
Karl Gustav, Pfalzgraf, König von Schweden (1622-1660) 122, 441
Karl V., Kaiser (1500-1558) 21, 225
Karl VI., Kaiser (1685-1740) 263
Kassel 52, 196, 209, 225, 345, 367
Katzenschwanz, Georg 44
Kempten 71, 225
Kepler, Johannes (1571-1630) 31f., 64, 93, 102, 108, 269f., 277, 293, 351, 356f., 369, 372, 406, 479
Keyser, Pieter 30
Keyßler, Johann Georg (1693-1743) 104, 176
Kilian
- Bartholomäus (1630-1696) 39, 91, 154
- Georg Christoph (1709-1781) 420
- Lukas (1579-1637) 19, 43, 72, 277
- Susanna 60
- Wolfgang (1581-1662) 25, 30, 43-45, 61, 91, 100
Kinig, Hieronymus SJ (1582-1646) 66
Kirch, Gottfried (1639-1710) 107, 191, 201, 209
Kircher, Athanasius SJ (1602-1680) 108, 114, 119, 138f., 143f., 205, 242, 311, 345, 367, 433, 481
Kleve 128f., 398
Klieber, Tobias (um 1545-1619) 29
Kluge, Georg Caspar 199
Knauss, Bernhard 186, 382
Kneulin, Anna-Barbara 188
Knuth
- Gabriel d.Ä. (1599-1656) 60, 154, 358
- Gabriel d.J. 154
Koch von Gailenbach
- Johann (1614-1693) 78-80, 90f., 199, 286, 328, 376, 460
- Matthias (1610-1680) 78
Koch, Johann, Arzt 1
Koch, Matthias (1581-1633) 78
Kolb, Johann Christoph (1680-1743) 182f.
Köln 23, 47, 67, 103, 125, 127, 131, 138, 199, 222, 232, 282, 284, 398, 453, 479
Königsberg 113, 122f., 142, 148, 174, 202
Konstein 229
Kopenhagen 16, 77, 116, 238f., 263, 349, 367, 388, 392, 398, 402, 435, 442, 480
Kopp, Katharina 187
Koppmayer, Jakob (1640-1701) 160, 166, 434
Kottenbach, Christian von 130, 440, 457, 460
Kram *Siehe* Cram
Kramsach 225
Krasser, Jeremias 23
Krüger, Peter (1580-1639) 138f.
Kuenberg, Max Gandolf, Graf, Fürsterzbischof von Salzburg (+1687) 349, 476
Kuffler
- Familie 125
- Jakob (+1622) 50, 312
Kunckel, Johannes (um 1638-1703) 226
Kurtzrockh, Johann Jacob 442, 469f.
Küsel, Melchior (1626-1683) 72

L

Labinger, Franz 210
Landau 41, 42, 123
Landsberg 330
Lang, Lucas (1635-1680) 155
Lange, Villum (1624-1682) 116, 378, 442

Langenbucher
- Balthasar (+1674) 189
- Familie 46, 187, 189
- Kaspar (um 1620-1677/8) 79, 187
- Melchior 187
- Veit (um 1587-1631) 187
Langenmantel
- Anton (1602-1670) 100, 441
- Hieronymus Ambrosius (1641-1718) 340
- Melchior (1569-1644) 99, 100, 280
Lederle, Georg (1608-1699) 188
Ledermüller, Martin Frobenius (1719-1769) 180, 483
Leeuwenhoek, Antoni van (1632-1723) 13, 17, 168, 175, 179, 181, 213, 319, 328, 335, 337f., 381, 482f.
Lehmann, Hans 230
Leibniz, Gottfried Wilhelm (1646-1716) 102, 200, 203, 208f., 337-339
Leiden 14, 16, 33, 104, 116, 122, 128, 138, 149, 168, 213, 257, 299, 321f., 333, 335f., 339, 341, 370, 376, 379, 387, 443, 482
Leipzig 51, 78, 101, 111f., 122, 157, 191, 194, 197, 199, 200f., 208, 230, 309, 339, 357, 377, 398, 438, 477f.
Lemaire (Le Maire)
- Jacques (tätig 1714-1762) 359f.
- Pierre (1672- um 1745) 359f.
Lencker, Johannes (um 1573-1637) 43, 45
Leo X., Papst (1475-1521) 308
Leopold I., Kaiser (1640-1705) 92, 162, 200, 204, 445
Leovitius, Cyprian (1514-1574) 35
Leupold, Jacob (1674-1727) 191, 208
Leutmann, Johann Georg (1667-1736) 237, 349
Lieberkühn
- Johann Nathanael (1711-1756) 175
- Samuel (1710-1777) 175
Liegnitz 174, 237
Lindau 22, 187, 189, 382
Linz 67, 270, 375, 479
Lipperhey, Hans (+1619) 47, 267
Lipsius, Justus (1547-1606) 273
Listing, Johann Benedikt (1808-1882) 360
Lobkowitz, J. Caramuel (1606-1682) 214, 283, 304
London 15, 18, 47f., 102, 104, 120f., 123, 126, 128, 134-136, 139, 148, 151, 162, 166-168, 185, 207, 211f., 216, 236, 249, 258, 290f., 312, 315, 329f., 335, 337, 339, 341f., 370, 373, 375, 377, 379, 381, 386f., 416, 427, 434, 437, 440, 463, 476, 480-483
Lorenz, Hauptmann 70, 289, 362f.
Lotter, Familie 78, 174
Löwen (Louvain) 235, 282f., 351
Lucca 78
Ludolph, Hiob (1624-1704) 100, 298
Lüttich (Liège) 225
Lyon 104, 123, 156, 329-331, 345, 398

M

Maestlin, Michael (1550-1631) 108
Magdeburg 110, 111, 130, 339
Magni, Valeriano (1581-1661) 145
Maignan, Emanuel (1601.1676) 119, 236
Mailand 22, 89f., 214, 272, 330, 345, 351
Mainz 70, 109, 398
Maior (Mayr), Johann (+1615) 27, 34, 372
Mair, Alexander (1559-nach 1617) 30, 32, 381
Major, Johann Daniel (1634-1693) 352
Malpighi, Marcello (1628-1694) 167, 327, 338, 482
Mangold, Ursula 165
Manlich, Johann Heinrich (1660-1718) 170
Mansel, Sir Robert 226
Manzini, Carlo Antonio (um 1605-1677) 49, 121, 214, 293
March, Caspar (1619-1677) 146, 201f., 304
Maria Maihingen 67, 157, 206
Marie-Louise de Gonzaga, Königin von Polen (1612-1667) 105
Marius, Simon (1573-1624) 108, 269
Marquart, Hans 29
Marshall, John (1663-1723) 137, 212, 315, 339, 481, 483
Marsigli, Luigi Ferdinando, Graf (1658-1730) 207

Maschenbauer, Johann Andreas Erdmann (1719-1773) 194
Mattmüller, Gervasius (1893-1668) 64, 68, 77, 103, 119, 200, 205, 285-288, 364, 375, 479
Maurstötter, Matthias 207
Mayr
- Benedikt (*1673) 172
- Christoph Georg (1591-1671) 130, 172, 460
- Johann Ulrich (1630-1704) 72, 172
- Susanna (1663-1745) 172, 184, 381
Medici
- Cosimo I., Großhzg. (1519-1574) 224
- Cosimo II., Großhzg. (1590-1621) 272
- Cosimo III., Großhzg. (1642-1723) 216
- Ferdinando II., Großhzg. (1610-1670) 167, 188, 213
- Leopoldo, Kardinal (1617-1675) 167
- Maria, Königin von Frankreich (1573-1642) 50, 312
- Mattias (1613-1667) 55
Mehlführer, Gabriel (*1581) 243, 277
Meiderlin, Peter (1582-1651) 36f., 59
Melanchthon, Philipp (1497-1560) 26
Memmingen 73, 123, 154, 164, 172, 174, 179, 183, 380
Ménard
- Guillaume? 215
- Simeon 215
Mencke, Otto (1644-1707) 200
Merian, Matthäus (1593-1650) 91, 355
Merret, Christopher (1615-1695) 124, 226
Mersenne, Marin (1588-1648) 14, 102-104, 118-121, 139, 378f., 480
Mertens, Hieronymus Andreas (1743-1799) 176, 189, 194f., 197
Merz, Georg (1793-1867) 198
Merz, Johann Georg (1694-1762) 178
Meyen, Joachim Friedrich (1704-1772) 208, 483
Mezger, Heinrich (+1748) 175
Michael, Jeremias (um1575-1640) 44
Michaelis, Johann Theophilus (1704-1740) 234, 303, 332f., 456
Michel, Johann Balthasar 158, 176, 446
Michelspacher 64
Middelburg 225, 234, 267
Mieser, Abraham (1676-1742) 242
Miller
- Balthasar 87
- Barbara 43, 61
- Susanna 45
- Wendel (+1607) 43
- Wendel (1520-1597) 43, 45
Minderer
- Balthasar 28
- Raymund (um 1575-1621) 28f., 33, 37
Misson, Maximilian (um 1650-1722) 177
Monconys, Balthasar de (1611-1665) 98, 104, 123, 150, 152, 156, 184, 215, 302, 314, 319, 329-333, 343, 380, 387, 445, 480, 482
Moriaen, Johann (1591- um 1668) 14, 96f., 103, 112f., 121, 123-133, 137, 142f., 147f., 172, 199, 211, 215, 227, 231f., 234, 238, 258, 296, 298, 307, 310, 314f., 343, 355, 360, 367, 379f., 383, 386, 440-444, 457-460, 462-464, 472f., 479
Morin, Jean-Baptiste (1583-1656) 121
Moskau 210
Mozart, Anton (1573-1625) 243, 391
Müller
- Christian 64
- Johann Heinrich 96
München 12, 15, 17, 24, 51, 81, 106, 108, 190, 192, 196-198, 206f., 225, 235, 250, 255, 314, 330, 342, 357, 377, 398, 439-441, 460, 481
Mur, Christian (1635-1721) 96, 157f., 206-208
Murano 223f., 226, 229f
Musschenbroek van
- Jan (1687-1748) 213
- Johan Joosten (1660-1707) 168, 213, 336, 482
- Samuel (1639-1681) 168, 213, 335, 337, 387, 482
Muth, Heinrich Ludwig (1673-1754) 209, 483
Mylius (Müller), Georg (1548-1607) 24

N

Nachet, Albert 98

Napoli, Carlo di *Siehe* Ciampini

Nassau-Siegen, Johann Moritz von (1604-1679) 129

Naudé, Gabriel (1600-1653) 283

Naumburg 112, 309, 377, 398, 438, 450

Neapel 33, 49, 72, 96, 116, 119, 163, 206, 351, 479, 481

Neefen, Peter 130, 457

Neile, Sir Paul (1613-1686) 134f., 211, 290, 379, 480

Neri, Antonio (1576-1614) 124, 226, 238, 479

Neuberger, Daniel d.J. (1620-1674/81) 177

Neuhofer, Jeremias 175

Neuwald

- Amos (1575-1634) 45
- Anna geb. Drentwett 45

Newton, Isaac (1643-1727) 212, 370

Nicolai, Friedrich (1733-1811) 104

Nilson, Johann Esaias (1721-1788) 194

Nitsche & Günther 198

Noyers, Pierre des (1606-1693) 105, 144

Nürnberg 16, 18, 22, 24, 26, 43, 46, 64, 71, 85, 95f., 111, 114f., 122-128, 130, 138, 155, 162-166, 168, 174, 181, 192, 194, 197, 199, 203f., 206, 223, 225, 240, 242, 247f., 254, 264f., 269, 274f., 280, 328, 342, 353, 385, 394, 407, 436, 440, 457, 460, 478, 480, 482f.

O

Odierna, Giovanni Battista (1597-1660) 163, 327, 481

Oettingen-Wallerstein, Graf 174

Offenhausen, Christophorus SJ (1628-1674) 364

Oldenburg, Henry (um 1618-1677) 102f., 137, 147, 185, 258, 330, 379, 444

Olearius, Adam (um 1599-1671) 200

Oranien, Moritz von, Prinz, Statthalter der Niederlande (1567-1625) 267, 306, 447, 450, 466

Oranienbaum 52

Orsini

- Alessandro, Kardinal (1593-1626) 55, 270
- Paolo Giordano II., Hzg. von Bracciano (1591-1656) 65, 111, 118, 378, 439, 456, 479

Osnabrück 59

Österreich, Albrecht VII., Erzhzg. (1559-1622) 268

Otter, Christian (1598-1660) 113, 142, 148, 202

Oxford 85, 135, 137, 315

P

Padua 31, 35, 51, 116, 268f., 318, 339, 386, 414

Palmer, Dudley (um 1617-1666) 127f., 440

Paracelsus (1493-1541) 28f., 52, 372

Paris 15, 22, 48, 50, 78, 89, 91, 94, 102-104, 108, 118-121, 133, 139, 141f., 145, 151, 162f., 167f., 215f., 236, 272, 283, 286, 290, 295, 301, 306, 312, 331, 336-340, 359, 370, 373, 376f., 379, 381, 387f., 398, 409, 441, 479-483

Passau 67, 203, 375

Patroni, Petrus (1676/7-1744) 215

Peiresc, Nicolas Claude Fabri de (1580-1637) 48, 102f., 146, 312

Pell, John (1611-1685) 103, 118f., 123, 126f., 147, 236, 283-286, 379, 427, 479

Pena, Jean (1528-1558) 89

Pentz, Christian von, Graf (1600-1651) 59, 111, 115f., 264, 281, 348, 378, 435, 439, 479

Pepfenhauser, Familie 46

Peurlin (Beuerle, Beyrlin)

- Georg (+1617) 71, 105
- Hans Georg (1584-1649) 105

Pfalz-Neuburg, Wolfgang Wilhelm, Hzg. (1614-1653) 229

Pfinzing, Paul (1554-1609) 64

Pisa 167, 224, 226

Plomart, Abraham (+1656) 130, 457

Plötzkau 47, 51, 53, 112, 352, 398

Ponthier

- Emmanuel 155f., 173
- Georg 156

Poppe, Proviantverwalter 264, 445

Porro, Ignazio (1801-1875) 290

Porta, Giovanni Battista della (1535-1615) 33, 49, 351, 367
Posen 123
Potsdam 226, 338
Power, Henry (1623-1668) 320, 328
Prag 22, 24, 32, 47, 69, 74, 106, 174, 263, 269, 312, 351, 448
Ptolemäus, Claudius (2.Jh. nach Chr.) 26, 29, 31
Puteanus, Erycius (1574-1646) 282f.

R

Rabener, Johann Gebhard (1632-1701) 146, 202
Rain am Lech 30
Rasch, Erasmus 214
Ratdolt, Erhard (um 1447-1528) 27
Ratichius (Ratke), Wolfgang (1571-1635) 36f., 103
Rauchwolf
- Katharina (+1615) 86
- Matthaeus d.J. 86
Rauschmeyer, Maria 187
Rauwolf, Sixtus (um 1556- nach 1625) 85
Ravenna 69
Ravenscroft, George (1623-1683) 220f.
Rechlinger, Hieronymus 73
Reeve
- Richard jr. 212
- Richard sen. (+1666) 14, 126, 134-136, 147, 211f., 215f., 283, 290, 298, 314, 329, 379, 383, 479f., 482
Regensburg 22, 37, 46, 71, 95, 97, 108-110, 122, 151, 190, 199, 247f., 275, 330, 342, 373, 377, 383, 385, 398, 442f., 480
Regiomontan, Johannes (1436-1476) 27, 203, 345
Rehlinger, Marcus Conrad (1575-1642) 241
Rehm
- Barbara (+1648) 71
- Ludwig (1564-1633) 71
Reichart, Martin 43f., 60
Reichenbach, Georg von (1771-1826) 196
Reinhold, Johann (um 1550-1596) 295
Rem, Elisabeth 187
Rembold, Johann Christoph (+1723) 209f., 354, 357
Rende, Johann Christian 175
Repsold, Johann Georg (1770-1830) 196
Rest, Michael 198
Reutte in Tirol 66
Reval 146, 202
Reyher, Andreas (1601-1673) 100, 441
Rheita, Anton Maria Schyrleus de (1604-1659/60) 13f., 66-70, 76f., 89, 93f., 98, 109f., 119f., 127, 142, 147f., 157, 204-206, 214f., 234-238, 282-290, 295, 302, 306, 330f., 362-364, 369, 375f., 378, 383, 386, 406, 479-481
Rhodius, Ambrosius (1577-1633) 89
Riccioli, Giovanni Battista SJ (1598-1671) 14, 93, 121, 143f., 293f., 369, 378, 440
Ris
- Carl-Christian 160, 434
- Georg Philipp (1626-1691) 160
- Sabina Rosina 173
Rodenstock 198
Rogel, Hans (+1592/93) 34
Rohr, Moritz von (1868-1940) 14, 64, 277, 291, 331
Roll, Georg (um 1546-1592) 295
Rom 12, 26, 31-33, 36, 50, 65, 67, 70, 72, 89, 104, 110, 113f., 116, 118-120, 122, 139, 143, 146f., 151, 202, 214, 216, 264, 272, 277f., 288, 308f., 312, 319, 327, 329-331, 339f., 370, 377f., 398, 439, 456, 479-482
Rooseboom, Maria (1909-1978) 14, 149, 321
Roschbach 41
Rösel von Rosenhof, August Johann (1705-1759) 180, 483
Rost, Johann Leonhard (1688-1727) 207
Rostock 146, 201f., 304f.
Rouen 225
Ruete, Theodor (1810-1867) 356
Ruette, Mace (1598-1644) 242
Rugendas, Familie 46
Rupprecht
- David 154
- Georg Ludwig 183
- Sara (1649-1707) 154, 164f., 172, 380

S

Sachariassen, Johannes (*1611) 234
Sachs von Löwenheim, Philipp Jacob (1627-1672) 164, 352, 482
Sachsen
- August, Kfst. (1526-1586) 106, 249
- Johann Georg II., Kfst. (1613-1680) 157f., 303, 322, 332, 380, 387
Sachsen-Altenburg, Friedrich Wilhelm II., Hzg. (1603-1669) 320, 444
Sachsen-Gotha
- Ernst der Fromme, Hzg. (1601-1675) 57, 99-101, 106, 114, 140, 205, 245, 280f., 305, 320, 377, 408, 439, 441, 445, 463, 474, 479
- Johann Ernst 100, 298
Sachsen-Weimar
- Bernhard, Hzg. (1604-1639) 57, 241
- Ernst *Siehe* Sachsen-Gotha
Saltzmann, Frau J.E. 174
Salzburg 157, 184, 239, 349f., 388, 398, 446, 476
Sandtner, Johann Jacob 173
Schad von Mittelbiberach
- Albrecht (1568-1615) 90
- Hans (1575-1634) 90
- Theodorus (1603-1668) 89-91, 111, 199, 328, 376
Schaffner
- David (+ um 1670) 153, 328, 358
- Regina Salome (*1646) 153, 358, 380
Schaurhammer, Hanns Jacob 200
Scheffer, Sebastian (1631-1686) 164, 446
Scheiner. Christoph SJ (1573/75-1650) 30, 32f., 66, 93, 108, 118, 270, 272f., 293, 356, 357, 372, 375, 378, 479
Schenk von Castell, Marquard II., Bischof von Eichstätt (1605-1687) 83, 111
Schickard, Wilhelm (1592-1635) 108
Schiffle
- Jeremias d.Ä. (1559-1627) 23, 42, 101
- Jeremias d.J. (+1667) 101
Schiller, Julius (+1627) 30, 37, 93
Schirle *Siehe* Schyrle
Schißler, Christoph d.Ä. (um 1531-1608) 12, 30f., 55, 263, 371
Schleswig 200
Schmid, Jochimb, Oculist 261
Schmidt, Heinrich 281
Schmutz
- ? (1659-1737) 205
- Hans Kaspar (1624-1686) 205
Schnell, Barbara 187
Schober, Christian 208
Schönborn, Johann Philipp von, Kfst. von Mainz (1605-1673) 70, 79, 101, 109f., 204, 362, 442, 469f.
Schönburg, Hans Reichardus von (+1617) 42
Schott, Kaspar SJ (1608-1666) 94, 108, 110, 120, 205, 313, 352, 364, 412
Schroeck, Lukas d.J. (1646-1730) 162, 164, 166, 185, 189, 380, 446
Schuch, Franz SJ 207
Schuckard, Johann (1640-1725) 136, 315
Schwaiger, Anton Andreas (1791-1879) 197f., 382
Schwenter, Daniel (1585-1636) 64, 242, 351
Schyrle
- Albrecht 67
- Elias 67
- Georg 66
- Johann Burchard *Siehe* Rheita
Seitz, Mang (1485-1544) 45
Selden, John (1584-1654) 120
Semitecolo, Leonardo 214
Septala (Settala), Manfred (1600-1680) 90, 94, 330, 345
Serrurier, Pierre 125
Seutter
- Johann Christoph (um 1657-1693) 165
- Paulus (1646-um 1696) 165
Severino, Marco Aurelio (1580-1656) 163
Sheffield 15f., 18
s'Hertogensbosch 225
Sibenbürger, Andreas (1579-1624) 42f.
Siena 117, 122

Simler, Josias (1530-1576) 248
Sirturus, Hieronymus 233, 235f., 238f., 272f., 275, 479
Skokloster 16f., 114f., 117, 140, 239f., 242, 276, 302-304, 378, 384, 386, 393, 398, 403-405, 436
Smethwick 137
Smyrna (Izmir) 78, 444, 480
Sofie Amalie, Königin von Dänemark (1628-1685) 116
Sorø 366
Sötern, Philipp Christoph von, Kfst. von Trier (1567-1652) 67, 69, 265
Southwell, Robert (1635-1702) 137, 363, 379, 445
Späth, Johann Leonhard (1759-1842) 197
Sperling, Catharina geb. Heckel (1699-1741) 179
Spinoza, Baruch (1632-1677) 213
Spitzel, Christiana Rosina, geb.Corvinus (1710-1740) 174
St. Petersburg 96, 210, 237
Stahel, Andreas (+1634/5) 46
Stark, Augustin (1771-1839) 196f.
Stein, Johann Andreas (1728-1792) 194
Steinheil, Carl August von (1801-1870) 198
Stelluti, Francesco (1577-1651) 327
Stenglin
- Leopold 165
- Marx (+1654) 153
Sterr, Johannes (um 1667-1746) 96, 206-208
Stetten
- Christoph von (1609-1673) 115, 131, 296, 440
- David von (1595-1675) 131, 296
- Johann von d.Ä. (1658-1738) 174f.
- Johann von d.J. (1694-1773) 176
- Paul d.J. von (1731-1808) 11, 68, 79, 85, 87, 95, 97, 165f., 190, 192-195, 209, 242, 285f., 297
Steudner, Marc Christoph (+1704) 169f.
Stobwasser, Johann Heinrich (1740-1829) 85
Stockholm 57, 88, 115, 251, 348, 398
Stolle, Heinrich (+1626) 48, 373
Stoy, Georg Christoph (1670-1750) 242
Stralsund 201
Straßburg 22, 46f., 90, 122, 174, 199, 201, 247, 424
Strauch
- Aegidius (1632-1682) 477f.
- Rudolf (um1617-1681) 121f., 252, 264, 378
Strohmeyer, Johann Jacob 175
Sturm, Johann Christoph (1635-1703) 163, 203f., 311
Stuttgart 15, 81, 106, 136, 174, 253f., 264, 320, 384f., 398, 411, 439, 444
Suppius, Johann Sigmund 172
Swammerdam, Jan (1637-1680) 168, 213, 328f., 335, 482
Syrach, Jesus (um 200 v.Chr.) 170
Syrakus 345

T

Tassius, Adolf 103
Tauber, Johannes Leonhard (1724-1777) 193
Temme, Ludwig 209
Teuber, Gottfried (1656-1731) 208, 483
Thenn
- Daniel (1690-1774) 193, 195, 382, 420
- Johann Christoph (1729-1783) 192-194, 382
- Sabina Barbara (*1727) 193
Thenn (Danus, Den), Lorenz (+1599) 28, 52, 372
Thorn 26
Thun, Graf Guidobald, Fürsterzbischof von Salzburg (+1668) 157, 349, 446, 476
Tirol
- Ferdinand, Erzhzg. (1529-1595) 224
- Maximilian III., Erzhzg. (1558-1618) 271f.
Titel, Basilius (+1682) 200
Todt, Carl Christian 117, 443, 475
Tooke, Christopher (1572-1630) 48
Torricelli, Evangelista (1608-1647) 119-121, 123, 213, 293, 329, 378, 479
Tortoni, Carlo Antonio (1640-1700) 340
Tränkel, Veit 190
Treffler
- Jakob (1588-1660?) 44
- Johann Christoph (1623-1686) 187
- Johann Philipp (1625-1698) 187-189, 382

- Tobias (1598- vor 1665) 78, 187, 310

Trew

- Abdias (1597-1669) 203
- Christoph Jacob (1695-1769) 166, 434

Trier 69f., 111, 205, 363, 375, 384, 398, 479

Tschirnhaus, Ehrenfried Walther von (1651-1708) 185, 341, 344f., 387, 437, 446, 483

Tübingen 90, 176, 360

U

Ulm 22, 44, 60, 71, 83, 89-91, 94, 104, 108, 111, 123, 129, 171, 174, 199, 225, 229, 237, 328, 354, 376, 398, 444, 482

Ulstett

- Anna Maria (1604-1665) 70-72, 93, 105, 230, 374
- David (1606-1672) 71
- Felicitas (*1605) 71
- Hans (1570?-1635) 71f., 230
- Hans (1623-1654) 71
- Ludwig (1572-1642) 71
- Marx (+1556) 71
- Marx (1600-1666) 71

Uppsala 58, 114, 207, 245, 310, 378, 401

Urban VIII., Papst (1568-1644) 327

Utrecht 126, 149, 304

V

Van Assche, Justinus 125f.

Van Zevel

- Odilia 126
- Peter 130

Venedig 23, 31, 46, 48, 57, 71, 76, 85, 122, 131, 148, 155, 214, 220, 222-227, 230f., 241, 244, 246f., 249, 253, 265, 268-270, 273, 328, 383, 398, 475

Vermeer Van Delft (1632-1675) 354

Veroliet (+ 1764) 204

Vetter, August (1862-1923) 97

Villette, François (1621-1698) 345

Vinacesi, Fortunato 157, 446

Vinci, Leonardo da (1452-1519) 311, 345, 351

Vitelleschi, Mutius SJ (1563-1645) 270

Vitl, Wolfgang (+1540) 225

Viviani, Vincenzo (1622-1703) 137, 188, 330, 363

Vogelaer, Daniel de (1599-1669) 148f., 299, 302, 315, 443

Volckamer

- Johann Christoph (1644-1720) 163
- Johann Friedrich 174
- Johann Friedrich (1651-1712) 163
- Johann Georg d.Ä. (1616-1693) 162f., 165, 380
- Johann Georg d.J (1662-1744) 163

Volkert

- Daniel (1677-1761) 190, 208, 366
- Jeremias (1716-1773) 191

W

Waldeck, Graf 443, 473

Walgenstein, Thomas (1622-1701) 367

Waltz, Johann Theophilus (+1747) 303

Warmberger

- Johann Jacob (+1671) 91, 93
- Rosina 91

Warschau 105, 145f.

Washington DC 339

Weickmann, Christoph (1617-1681) 91, 94, 199, 328, 444, 482

Weigel

- Christoph (1654-1725) 95, 357
- Erhard (1625-1699) 95, 200f.

Weiß, Leonhard d.J. (+1701) 153f.

Welsch, Hans Caspar 156

Welser, Markus (1558-1614) 31-33, 36f., 61, 102, 273, 277f., 372, 479

Wendelin, Godefrid (1580-1667) 283

Wenger, Max, Büchsenmacher 263

Wenng

- Christoph Heinrich (1710-1771) 193
- Johann Jacob 176
- Johann Marcus 176

Wernersberg 41

Weysenmaier, Christoph 60

Widemann, Carl (Carolus) (1555-1637) 14f., 28, 37, 51-56, 84, 99, 102, 150, 249, 278f., 309, 323, 328, 344-347, 352, 358, 373, 377, 388, 400, 423-426, 438, 447-455
Wielandt, Johann Ulrich 60
Wien 22, 24, 36, 46, 59, 61, 64, 67f., 77f., 92, 115, 138, 174, 200, 203-205, 211, 225, 263, 265, 269, 271, 281, 286, 288, 312, 398, 439f., 479
Wiesel
- Anna (1621-1657) 45, 60, 152f., 155, 358, 374, 380, 479
- Hans Martin 41
- Johannes (*1623) 45, 70
- Regina (*1626) 45
Wijck, Johan van der 212f.
Wilson, James (um 1665-um 1730) 212, 333, 342, 483
Wittenberg 26f., 29, 33, 89, 194, 208, 215, 237, 340, 478
Wladislaw IV. Sigismund, König von Polen (1595-1648) 105
Wolf
- C. Oberamtmann 264, 444
- Hieronymus (1516-1580) 26f., 29, 36, 372
Wolfenbüttel 15-17, 52, 54, 75, 78, 81, 88, 92, 107, 110, 116f., 128f., 157, 166, 187, 212, 230f., 239, 253, 256, 259, 268, 295f., 319, 343, 366, 375, 398, 400, 410, 434, 444f., 460
Wolff
- Christian (1679-1754) 64, 209, 315
- Jeremias (1663-1724) 35, 63, 165, 210
Worsley, Benjamin (1618-1677) 120, 127, 132, 135, 314, 324, 329, 379, 393, 441
Wrangel, Carl Gustav (1613-1676) 78, 114f., 122, 140, 312, 378, 393, 436, 440f., 480
Wren Christopher (1632-173) 124, 135f., 212
Württemberg, Johann Friedrich Hzg. (1582-1628) 270
Würzburg 66, 70, 94, 108-110, 139, 198, 203-205, 382, 398
Wyhe, von der , Obrist 201

Y

Yarwell, John (um 1648-1712) 136, 212, 480-482

Z

Zahn, Johann Andreas 209
Zahn, Johannes (1641-1707) 95, 98, 166, 168, 203, 205, 315, 320, 336, 352f., 483
Zainer, Günther (+1478) 26
Zeiller
- Felicitas (+1608) 71
- Martin (1589-1661) 83f., 91, 94, 97, 104, 111, 238, 307, 325, 328, 347, 357, 359-361, 363f., 480, 482
Zeiss, Carl (1816-1888) 198
Zeitz 208, 483
Zimmerman, Regina 52
Zorn, Georg (1564-um 1632) 46
Zorzi, Regina 52
Zucchi, Niccolò SJ (1586-1670) 270
Zürich 174, 180, 206

Abbildungsnachweis

Staats- und Stadtbibliothek Augsburg: Abb. 1 - 6, 42, 45, 49, 51

Galerie Hassold, Augsburg: Dr. Josef Weidenbacher 1886 – 1973: Abb. 22

Kunstgewerbemuseum Berlin: Tiergartenstraße: Abb. 13

Christie's South Kensington, London: Abb. 18, 50

Mathematisch-Physikalischer Salon Dresden: Abb. 43

Thüringisches Staatsarchiv Gotha: Abb. 38

Karl-August und Inge Keil: Abb. 12, 14 - 17, 19 - 21, 23, 29 - 31, 33f., 36f., 52

Boerhaave Museum Leiden: Abb. 11

Universitätsbibliothek Leiden: Abb. 7, 10

Science Museum London: Abb. 46f.

Deutsches Museum München: Abb. 48

Universität Padua. Museo di Storia della Fisica: Abb. 44

Observatoire de Paris: Abb. 39

Universitätsbibliothek Sheffield: 53

Hauptstaatsarchiv Stuttgart: Abb. 41

Universität Uppsala. Museum Gustavianum: Abb. 26 - 28

Rolf Willach, Tägerwilen: Abb. 8f., 24, 32, 35

Herzog August Bibliothek Wolfenbüttel: Abb. 25

Niedersächsisches Staatsarchiv Wolfenbüttel: Abb. 40

www.ingramcontent.com/pod-product-compliance
Lightning Source LLC
LaVergne TN
LVHW070905300926
849162LV00012B/1858